The Handbook for Electrical Engineer

# 电气工程师手册

（供配电专业篇）

第2版

杨贵恒　主　编
常思浩　金丽萍　许东忠　曹均灿　王盛春　副主编

·北京·

## 内容简介

本书依据全国勘察设计注册工程师管理委员会颁布的《注册电气工程师（供配电）执业资格考试专业考试大纲》编写而成，内容涵盖了注册电气工程师（供配电专业）执业资格考试专业考试要求的全部内容。全书共分为15章，内容包括：安全，环境保护与节能，负荷分级与负荷计算，110kV及以下供配电系统，110kV及以下变配电所所址选择及电气设备布置，短路电流分析，110kV及以下电气设备选择，35kV及以下导体、电缆与架空线路的设计，110kV及以下变配电所控制、测量、继电保护及自动装置，变配电所操作电源，防雷及过电压保护，接地，照明，电气传动以及建筑智能化。

全书内容紧扣考试大纲范围，叙述条理分明，概念清晰，是（供配电）注册电气工程师考生参加考试复习的必备参考书，是工业与民用供配电设计人员的案头工具书，也可作为大专院校电气工程、电力系统及其自动化、电力电子与电力传动等相关专业师生的教学参考书。

### 图书在版编目（CIP）数据

电气工程师手册.供配电专业篇/杨贵恒主编；常思浩等副主编.—2版.—北京：化学工业出版社，2022.4（2024.10重印）
ISBN 978-7-122-40650-7

Ⅰ.①电… Ⅱ.①杨… ②常… Ⅲ.①电工技术-技术手册②供电系统-技术手册③配电系统-技术手册 Ⅳ.①TM-62

中国版本图书馆CIP数据核字（2022）第016966号

---

责任编辑：高墨荣　　　　　　　　装帧设计：王晓宇
责任校对：李雨晴

---

出版发行：化学工业出版社（北京市东城区青年湖南街13号　邮政编码100011）
印　　装：北京天宇星印刷厂
787mm×1092mm　1/16　印张60¼　字数1555千字　2024年10月北京第2版第2次印刷

购书咨询：010-64518888　　　　　　售后服务：010-64518899
网　　址：http://www.cip.com.cn
凡购买本书，如有缺损质量问题，本社销售中心负责调换。

---

定　　价：198.00元　　　　　　　　　　　　　　　　　版权所有　违者必究

# 《电气工程师手册（供配电专业篇）》（第2版）
# 编审委员会

主　审：李　龙　张颖超　强生泽　季占兴　张寿珍

主　编：杨贵恒

副主编：常思浩　金丽萍　许东忠　曹均灿　王盛春

参　编：阮　喻　张瑞伟　刘小丽　王培文　沈怡君
　　　　向成宣　李　锐　刘　凡　杨　翱　赵　茨
　　　　雷　雨　余佳玲　何养育　张　飞　郑真福
　　　　蒲红梅　朱真兵　吴兰珍　李光兰　温中珍
　　　　杨楚渝　温廷文　杨　胜　汪二亮　杨　蕾
　　　　杨沙沙　杨　洪　杨昆明　杨　新　邓红梅

# 前　言

为了加强对勘察设计行业的管理，保证工程质量，维护社会公共利益和人民生命财产安全，规范设计市场，原人事部、建设部先后印发了《勘察设计行业注册工程师制度总体框架及实施规划》和《注册电气工程师执业资格考试实施办法》等文件，全面启动了勘测设计执业资格注册管理制度。随着职业资格考试制度的健康发展、不断规范与完善，注册电气工程师执业资格考试已成为社会关注、行业重视、个人迫切需求的人才选拔制度之一。为了帮助电气设计工作者全面、系统掌握全国注册电气工程师执业资格考试专业考试大纲，提高复习效率，笔者在2014年编写出版了《电气工程师手册（供配电专业篇）》。《手册》自出版以来，深受读者欢迎，销量超万册，成了诸多考生考取注册电气工程师的得力助手。

近年来，我国的工程建设规模和技术水平有了很大提高，许多工程建设标准和规程规范都进行了修订，原手册中的部分内容已不能与现行工程建设标准和规程、规范相适应，为此编写出版《电气工程师手册（供配电专业篇）》（第2版），以满足考生应考复习之需。

本手册依据全国勘察设计注册工程师管理委员会颁布的《注册电气工程师（供配电）执业资格考试专业考试大纲》编写而成，内容涵盖了注册电气工程师（供配电专业）执业资格考试专业考试要求的全部内容。全书共分为15章，其主要内容包括：安全，环境保护与节能，负荷分级与负荷计算，110kV及以下供配电系统，110kV及以下变配电所所址选择及电气设备布置，短路电流分析，110kV及以下电气设备选择，35kV及以下导体、电缆与架空线路的设计，110kV及以下变配电所控制、测量、继电保护及自动装置，变配电所操作电源，防雷及过电压保护，接地，照明，电气传动以及建筑智能化。

本手册由陆军工程大学杨贵恒主编，常思浩、金丽萍、曹均灿、王盛春、许东忠（解放军31121部队）副主编，阮喻、张瑞伟、刘小丽、王培文等参编。

全书内容紧扣考试大纲范围，叙述条理分明，概念清晰，是注册电气工程师（供配电）考生参加考试复习的必备参考书，是工业与民用供配电设计人员的案头工具书，也可作为大专院校电气工程、电力系统及其自动化、电力电子与电力传动等相关专业师生的教学参考书，还可供相关专业技术人员用于提高专业理论水平和解决实际技术问题。

本书在编写过程中参考了国内同行的多部著作以及国家和行业现行标准规范，部分经验丰富的电气工程师也给我们提供了很多宝贵意见，在此，对他们表示衷心感谢！

由于水平有限，书中难免存在疏漏和不妥之处，真诚希望读者提出宝贵意见。

编者

# 目 录

## 第 1 章 安全 　　001

### 1.1 工程建设标准电气专业强制性条文 　　001
- 1.1.1 相关国家标准和行业标准 　　001
- 1.1.2 重点掌握的设计规范条款 　　003

### 1.2 电流对人体的效应 　　010
- 1.2.1 常用术语 　　010
- 1.2.2 人体的阻抗 　　014
- 1.2.3 15~100Hz 范围内正弦交流电流的效应 　　022
- 1.2.4 直流电流的效应 　　025

### 1.3 安全电压及电击防护 　　026
- 1.3.1 常用术语 　　026
- 1.3.2 安全电压 　　028
- 1.3.3 电击防护的基本原则 　　030
- 1.3.4 电击防护规定 　　032
- 1.3.5 电击防护措施 　　037
- 1.3.6 电气装置内的电气设备及其防护规定的配合 　　039

### 1.4 低压系统接地故障的保护设计与等电位连接 　　044
- 1.4.1 低压系统接地故障保护的一般规定 　　044
- 1.4.2 各种接地系统的故障保护 　　044
- 1.4.3 等电位连接的种类 　　047
- 1.4.4 等电位连接的应用 　　048

### 1.5 危险环境电力装置的特殊设计 　　051
- 1.5.1 爆炸性环境的电力装置设计 　　051
- 1.5.2 活动受限制的可导电场所的设计要求 　　057
- 1.5.3 数据处理设备用电气装置的设计要求 　　058

### 1.6 电气设备防误操作的要求及措施 　　059
- 1.6.1 电气设备防误装置的要求 　　059
- 1.6.2 电气设备防误装置的功能 　　060
- 1.6.3 设计、制造及选用电气设备防误装置的原则 　　060

### 1.7 电气工程设计的防火要求及措施 　　060
- 1.7.1 变电站内建（构）筑物的火灾危险性、耐火等级及防火间距 　　060
- 1.7.2 建（构）筑物的安全疏散和建筑构造 　　062
- 1.7.3 变压器及其他带油电气设备 　　063
- 1.7.4 电缆及电缆敷设 　　063
- 1.7.5 消防给水、灭火设施及火灾自动报警 　　064

| | | |
|---|---|---|
| 1.7.6 | 供暖、通风和空气调节 | 067 |
| 1.7.7 | 消防供电、应急照明 | 067 |
| 1.8 | 电气设施抗震设计和措施 | 068 |
| 1.8.1 | 抗震设计总原则 | 068 |
| 1.8.2 | 选址与总体布置 | 069 |
| 1.8.3 | 抗震设计方法 | 069 |
| 1.8.4 | 电气设施布置 | 070 |
| 1.8.5 | 电力通信 | 070 |
| 1.8.6 | 安装设计抗震要求 | 071 |
| 1.8.7 | 电气设备的隔震与消能减震设计 | 071 |

# 第 2 章　环境保护与节能　　073

| | | |
|---|---|---|
| 2.1 | 电气设备对环境的影响及防治措施 | 073 |
| 2.1.1 | 电磁污染对环境的影响及防治措施 | 073 |
| 2.1.2 | 环境质量标准和排放标准 | 076 |
| 2.1.3 | 工程项目环境影响评价 | 087 |
| 2.2 | 供配电系统设计的节能措施 | 091 |
| 2.2.1 | 变压器节能 | 091 |
| 2.2.2 | 供配电系统节能 | 094 |
| 2.2.3 | 电动机节能 | 096 |
| 2.2.4 | 风机水泵的节能 | 103 |
| 2.2.5 | 低压电器的节能 | 106 |
| 2.3 | 电能质量 | 107 |
| 2.3.1 | 电压偏差及其调节 | 107 |
| 2.3.2 | 电压波动/闪变及其抑制 | 114 |
| 2.3.3 | 谐波及其抑制 | 122 |
| 2.3.4 | 三相电压不平衡度及其补偿 | 128 |

# 第 3 章　负荷分级与负荷计算　　132

| | | |
|---|---|---|
| 3.1 | 负荷分级的原则及供电要求 | 132 |
| 3.1.1 | 用户供电系统的组成 | 132 |
| 3.1.2 | 用电负荷的分级 | 133 |
| 3.1.3 | 负荷分级示例 | 133 |
| 3.1.4 | 各级负荷的供电要求 | 139 |
| 3.2 | 负荷计算方法 | 140 |
| 3.2.1 | 负荷计算概述 | 140 |
| 3.2.2 | 三相用电设备组计算负荷的确定 | 149 |
| 3.2.3 | 单相用电设备组计算负荷的确定 | 154 |
| 3.2.4 | 尖峰电流及其计算 | 156 |
| 3.2.5 | 供电系统的功率损耗 | 157 |

|  |  |  |
|---|---|---|
| 3.2.6 | 企业年电能需要量的计算 | 162 |
| 3.2.7 | 供电系统的电能损耗 | 163 |

# 第4章　110kV及以下供配电系统　165

## 4.1　供配电系统电压等级选择　165
- 4.1.1　电源及供电系统的一般规定　165
- 4.1.2　低压配电系统设计原则　165
- 4.1.3　供配电电压选择原则　166

## 4.2　供配电系统的接线方式及特点　167
- 4.2.1　高压供配电系统的接线方式及特点　167
- 4.2.2　高压供配电系统中性点接地方式　167
- 4.2.3　低压配电系统的接线方式及特点　173

## 4.3　应急电源和备用电源的选择及接线方式　174
- 4.3.1　应急电源和备用电源的种类　174
- 4.3.2　应急电源系统　175
- 4.3.3　柴油发电机组　176
- 4.3.4　不间断电源系统 UPS　179
- 4.3.5　应急电源 EPS　187

## 4.4　无功补偿装置——并联电容器　188
- 4.4.1　接入电网基本要求　189
- 4.4.2　功率因数及补偿容量的计算　189
- 4.4.3　电气接线　191
- 4.4.4　电器和导体的选择　192
- 4.4.5　保护装置和投切装置　197

# 第5章　110kV及以下变配电所所址选择及电气设备布置　199

## 5.1　变配电所所址选择　199
- 5.1.1　变配电所分类　199
- 5.1.2　20kV及以下变配电所所址选择　199
- 5.1.3　35~110kV变配电站站址选择　200

## 5.2　变配电所布置设计　201
- 5.2.1　20kV及以下变配电所型式与布置　201
- 5.2.2　35~110kV变电站型式与布置　202

## 5.3　配电装置的布置设计　202
- 5.3.1　配电装置内安全净距　202
- 5.3.2　配电装置型式选择　207
- 5.3.3　配电装置布置　207
- 5.3.4　配电装置内的通道与围栏　207
- 5.3.5　防火与蓄油设施　208

## 5.4　变配电所对有关专业的要求　209

      5.4.1　20kV 及以下变配电所对有关专业的要求　209
      5.4.2　35~110kV 变电站对有关专业的要求　211
　5.5　特殊环境的变配电装置设计　218
      5.5.1　污秽地区变配电装置设计　218
      5.5.2　高海拔地区变配电装置设计　220
      5.5.3　高烈度地震区变配电装置设计　221
　5.6　柴油电站设计　227
      5.6.1　建设原则与设计程序　228
      5.6.2　布置形式与基础设计　229
      5.6.3　通风降噪系统设计　237
      5.6.4　电气系统设计　244

# 第 6 章　短路电流分析　247

　6.1　短路电流的计算　247
      6.1.1　概述　247
      6.1.2　电力系统短路过程分析　249
      6.1.3　高压系统短路电流计算　253
      6.1.4　低压系统短路电流计算　260
      6.1.5　短路电流计算结果的应用　269
　6.2　短路电流的影响　270
      6.2.1　短路电流的电动力效应　270
      6.2.2　短路电流的热效应　271
      6.2.3　影响短路电流的因素　272
      6.2.4　限制短路电流的措施　272

# 第 7 章　110kV 及以下电气设备选择　274

　7.1　常用电气设备选择的技术条件和环境条件　274
      7.1.1　一般原则　274
      7.1.2　技术条件　274
      7.1.3　环境条件　277
      7.1.4　环境保护　280
　7.2　高压变配电设备及电气元件的选择　281
      7.2.1　电力变压器　281
      7.2.2　高压断路器　289
      7.2.3　高压熔断器　293
      7.2.4　高压隔离开关　296
      7.2.5　高压负荷开关　298
      7.2.6　72.5kV 及以上气体绝缘金属封闭开关设备　298
      7.2.7　交流金属封闭开关设备　301
      7.2.8　电流互感器　302

|  |  |  |
|---|---|---|
| 7.2.9 | 电压互感器 | 305 |
| 7.2.10 | 限流电抗器 | 308 |
| 7.2.11 | 中性点设备 | 310 |
| 7.2.12 | 过电压保护设备 | 314 |
| 7.2.13 | 绝缘子及穿墙套管 | 316 |

### 7.3 低压配电设备及电器元件的选择　　318

- 7.3.1 低压电器选择的一般要求　　318
- 7.3.2 常用低压电器　　325
- 7.3.3 低压配电线路的保护及保护电器的选择　　342

## 第 8 章　35kV 及以下导体、电缆及架空线路的设计　　355

### 8.1 导体的选择和设计　　355
- 8.1.1 3~35kV 配电装置导体的选择　　355
- 8.1.2 低压配电系统导体的选择　　359

### 8.2 电线、电缆的选择和设计　　365
- 8.2.1 电力电缆导体材质　　365
- 8.2.2 电力电缆绝缘水平　　365
- 8.2.3 电力电缆绝缘类型　　366
- 8.2.4 电力电缆护层类型　　366
- 8.2.5 电力电缆芯数　　368
- 8.2.6 电力电缆导体截面　　369
- 8.2.7 控制电缆及其金属屏蔽　　384

### 8.3 电缆敷设的设计　　385
- 8.3.1 一般规定　　385
- 8.3.2 敷设方式选择　　388
- 8.3.3 电缆直埋敷设　　389
- 8.3.4 电缆保护管敷设　　390
- 8.3.5 电缆沟敷设　　393
- 8.3.6 电缆隧道敷设　　394
- 8.3.7 电缆夹层敷设　　395
- 8.3.8 电缆竖井敷设　　395
- 8.3.9 其他公用设施中敷设　　396
- 8.3.10 水下敷设　　396

### 8.4 电缆防火与阻燃设计　　397
- 8.4.1 阻燃与耐火电缆及其分级　　397
- 8.4.2 电缆的防火与阻燃措施　　400
- 8.4.3 电缆的防火与阻燃设计　　401

### 8.5 架空线路设计要求　　402
- 8.5.1 架空电力线路径　　402
- 8.5.2 气象条件　　403
- 8.5.3 导线、电线、绝缘子和金具　　404

8.5.4　绝缘配合、防雷和接地　406
8.5.5　杆塔及其相关设计要求　409

# 第9章　110kV 及以下变配电所控制、测量、继电保护及自动装置　422

## 9.1　变配电所控制、测量与信号设计　422
9.1.1　变配电所控制系统　422
9.1.2　变配电所电测量装置　423
9.1.3　变配电所电能计量　429
9.1.4　计算机监控系统的测量　431
9.1.5　电测量变送器　432
9.1.6　测量用电流、电压互感器　432
9.1.7　测量二次接线　434
9.1.8　仪表装置安装条件　435
9.1.9　信号系统　436

## 9.2　电气设备和线路继电保护的配置、整定计算及选型　436
9.2.1　电力变压器保护　436
9.2.2　电力线路保护　445
9.2.3　母线保护　449
9.2.4　电力电容器和电抗器保护　450
9.2.5　3kV 及以上电动机保护　453

## 9.3　变配电所自动装置及综合自动化的设计　457
9.3.1　自动重合闸装置　457
9.3.2　备用电源和备用设备的自动投入装置　458
9.3.3　自动低频低压减负荷装置　458
9.3.4　变配电所综合自动化设计　459
9.3.5　变配电所控制室布置的一般要求　461

# 第10章　变配电所操作电源　463

## 10.1　直流操作电源设计　463
10.1.1　系统设计　463
10.1.2　直流负荷　466
10.1.3　保护与监控　469
10.1.4　设备选择　476
10.1.5　设备布置　499
10.1.6　专用蓄电池室对相关专业的要求　500

## 10.2　UPS 电源设计　501
10.2.1　UPS 的主要性能指标　501
10.2.2　UPS 的主要组成部分　509
10.2.3　UPS 的冗余连接及常见配置型式　515
10.2.4　UPS 的容量计算　517

| | | |
|---|---|---|
| 10.3 | 交流操作电源设计 | 520 |
| 10.3.1 | 不带 UPS 的交流操作电源 | 520 |
| 10.3.2 | 带 UPS 的交流操作电源 | 520 |

# 第 11 章 防雷及过电压保护    523

| | | |
|---|---|---|
| 11.1 | 电力系统过电压的种类和过电压水平 | 523 |
| 11.1.1 | 电气装置绝缘上作用的电压 | 523 |
| 11.1.2 | 电气设备在运行中承受的过电压 | 523 |
| 11.1.3 | 绝缘配合 | 523 |
| 11.2 | 交流电气装置过电压保护设计要求及限制措施 | 534 |
| 11.2.1 | 内部过电压及其限制 | 534 |
| 11.2.2 | 外部过电压及其保护 | 538 |
| 11.3 | 建筑物防雷的分类及措施 | 554 |
| 11.3.1 | 雷电活动规律 | 554 |
| 11.3.2 | 建筑物防雷的分类 | 558 |
| 11.3.3 | 建筑物防雷措施 | 559 |
| 11.3.4 | 电涌保护器 | 572 |
| 11.4 | 建筑物防雷和防雷击电磁脉冲设计的计算方法和设计要求 | 576 |
| 11.4.1 | 防雷装置 | 576 |
| 11.4.2 | 滚球法确定接闪器的保护范围 | 582 |
| 11.4.3 | 防雷击电磁脉冲的计算方法与设计要求 | 589 |

# 第 12 章 接地    599

| | | |
|---|---|---|
| 12.1 | 电气装置接地的一般规定及保护接地的范围 | 599 |
| 12.1.1 | 电气装置接地的一般规定 | 599 |
| 12.1.2 | 电气装置保护接地的范围 | 599 |
| 12.2 | 高压电气装置的接地设计 | 600 |
| 12.2.1 | 发电厂和变电站的接地网 | 600 |
| 12.2.2 | 高压架空线路的接地 | 609 |
| 12.2.3 | 6~220kV 电缆线路的接地 | 611 |
| 12.2.4 | 高压配电电气装置的接地 | 611 |
| 12.3 | 低压电气装置的接地设计 | 612 |
| 12.3.1 | 低压系统接地的形式 | 612 |
| 12.3.2 | 低压电气装置的接地电阻与总等电位连接 | 616 |
| 12.3.3 | 低压电气装置的接地装置和保护导体 | 617 |
| 12.4 | 接地电阻的计算 | 624 |
| 12.4.1 | 接地电阻的基本概念 | 624 |
| 12.4.2 | 土壤和水的电阻率 | 625 |
| 12.4.3 | 自然接地极接地电阻的计算 | 626 |

        12.4.4 人工接地极接地电阻的计算 629
        12.4.5 架空线路杆塔接地电阻的计算 631
    12.5 接触电位差与跨步电位差的计算 633
        12.5.1 接触电位差与跨步电位差的概念 633
        12.5.2 入地故障电流及电位升高的计算 634
        12.5.3 接触电位差与跨步电位差的计算方法 636

# 第13章 照明 641

    13.1 照明方式和照明种类 641
        13.1.1 基本术语 641
        13.1.2 照明方式的分类及其确定原则 642
        13.1.3 照明种类及其确定原则 643
    13.2 照度数量和质量 643
        13.2.1 照度 643
        13.2.2 照度均匀度 644
        13.2.3 眩光限制 645
        13.2.4 光源颜色 649
        13.2.5 反射比 649
    13.3 照度标准值 649
        13.3.1 居住建筑 650
        13.3.2 公共建筑 650
        13.3.3 工业建筑 657
        13.3.4 通用房间或场所 662
    13.4 光源、电器附件的选用和灯具选型 664
        13.4.1 照明光源的类型、特性及其选择 664
        13.4.2 照明灯具及其附属装置的选择与布置 669
    13.5 照明供电及照明控制 678
        13.5.1 照明电压 678
        13.5.2 照明配电系统 678
        13.5.3 照明控制 679
    13.6 照度计算 680
        13.6.1 利用系数法 680
        13.6.2 概算曲线法 681
        13.6.3 比功率法（单位容量法） 682
        13.6.4 逐点计算法 685
    13.7 照明工程节能标准及措施 688
        13.7.1 照明节能原则 688
        13.7.2 照明节能的主要技术措施 688
        13.7.3 照明功率密度（LPD）限值 691

# 第 14 章　电气传动　　697

## 14.1　电气传动系统的组成与分类　　697
### 14.1.1　电动机　　697
### 14.1.2　电源装置　　705
### 14.1.3　控制系统　　707

## 14.2　电动机选择　　707
### 14.2.1　选择电动机的基本要求　　707
### 14.2.2　直流电动机与交流电动机的比较　　708
### 14.2.3　电动机的选择　　709
### 14.2.4　电动机结构形式的选择　　711
### 14.2.5　电动机的四种运行状态　　712
### 14.2.6　电动机的容量（功率）计算　　712
### 14.2.7　电动机的校验　　716

## 14.3　交、直流电动机的启动方式及启动校验　　723
### 14.3.1　电动机启动的一般规定与启动条件　　723
### 14.3.2　三相异步电动机的启动方式及启动校验　　724
### 14.3.3　同步电动机的启动及其计算方法　　729
### 14.3.4　直流电动机的启动　　733

## 14.4　交、直流电动机调速技术　　734
### 14.4.1　直流电动机调速　　735
### 14.4.2　交流电动机调速　　751

## 14.5　交、直流电动机的电气制动方式及计算方法　　779
### 14.5.1　机械制动　　779
### 14.5.2　能耗制动　　780
### 14.5.3　反接制动　　781
### 14.5.4　回馈制动　　783
### 14.5.5　低频制动　　783

## 14.6　电动机保护配置及计算方法　　785
### 14.6.1　低压电动机保护的一般规定　　785
### 14.6.2　短路和接地故障保护电器选择　　787
### 14.6.3　过载与断相保护电器的选择　　790

## 14.7　低压电动机控制电器的选择　　792
### 14.7.1　低压交流电动机控制回路的一般要求　　792
### 14.7.2　低压交流电动机的主回路　　793
### 14.7.3　启动控制电器的选择　　794

## 14.8　电动机调速系统性能指标　　797
### 14.8.1　静态性能指标　　797
### 14.8.2　动态性能指标　　799

## 14.9　PLC 的应用　　801
### 14.9.1　PLC 的系统组成　　801
### 14.9.2　PLC 的软件与汇编语言　　804

14.9.3 PLC 的工作原理 806
14.9.4 PLC 的网络通信技术 810
14.9.5 PLC 的分类与主要技术指标 814

# 第 15 章 建筑智能化 816

## 15.1 火灾自动报警系统及消防联动控制 816
15.1.1 建筑分类和耐火等级 816
15.1.2 火灾自动报警系统的基本规定 818
15.1.3 消防联动控制设计 826
15.1.4 火灾探测器的选择 836
15.1.5 系统设备的设置 840
15.1.6 典型场所火灾自动报警系统 847
15.1.7 火灾自动报警系统的供电 853
15.1.8 火灾自动报警系统的布线 853

## 15.2 建筑设备监控系统 854
15.2.1 一般规定 855
15.2.2 系统网络结构 855
15.2.3 冷热源系统监控 863
15.2.4 空调及通风系统监控 867
15.2.5 给水与排水系统监控 871
15.2.6 供配电系统监测 873
15.2.7 照明系统监控 874
15.2.8 电梯和自动扶梯系统监控 874
15.2.9 建筑设备一体化监控系统 874

## 15.3 安全技术防范系统 876
15.3.1 一般规定 876
15.3.2 入侵报警系统 877
15.3.3 视频监控系统 878
15.3.4 出入口控制系统 884
15.3.5 电子巡查系统 886
15.3.6 停车库（场）管理系统 886
15.3.7 楼宇对讲系统 888
15.3.8 传输线路 890
15.3.9 安防监控中心 890
15.3.10 安防综合管理系统 890
15.3.11 应急响应系统 892

## 15.4 通信网络系统 892
15.4.1 一般规定 892
15.4.2 信息接入系统 892
15.4.3 用户电话交换系统 893
15.4.4 数字无线对讲系统 896

- 15.4.5 移动通信室内信号覆盖系统 ... 900
- 15.4.6 甚小口径卫星通信系统 ... 902
- 15.4.7 数字微波通信系统 ... 903
- 15.4.8 会议系统 ... 904
- 15.4.9 多媒体教学系统 ... 910
- 15.5 有线电视和卫星电视接收系统 ... 916
  - 15.5.1 一般规定 ... 916
  - 15.5.2 有线电视系统设计原则 ... 916
  - 15.5.3 有线电视系统接入 ... 917
  - 15.5.4 卫星电视接收系统 ... 917
  - 15.5.5 自设前端 ... 918
  - 15.5.6 HFC接入分配网 ... 918
  - 15.5.7 IP接入分配网 ... 919
  - 15.5.8 传输线路选择 ... 920
- 15.6 公共广播与厅堂扩声系统 ... 920
  - 15.6.1 一般规定 ... 920
  - 15.6.2 公共广播系统 ... 921
  - 15.6.3 厅堂扩声系统 ... 922
  - 15.6.4 设备选择 ... 922
  - 15.6.5 设备布置 ... 924
  - 15.6.6 线路及敷设 ... 925
  - 15.6.7 控制室 ... 926
  - 15.6.8 供电电源、防雷与接地 ... 927
- 15.7 呼叫信号和信息发布系统 ... 927
  - 15.7.1 一般规定 ... 927
  - 15.7.2 呼叫信号系统设计 ... 927
  - 15.7.3 信息引导及发布系统设计 ... 930
  - 15.7.4 时钟系统设计 ... 932
  - 15.7.5 设备选择及机房 ... 933
  - 15.7.6 供电电源、防雷与接地 ... 933
- 15.8 综合布线系统 ... 934
  - 15.8.1 一般规定 ... 934
  - 15.8.2 系统设计 ... 934
  - 15.8.3 系统配置 ... 939
  - 15.8.4 系统指标 ... 940
  - 15.8.5 设备间及电信间 ... 941
  - 15.8.6 工作区设备 ... 942
  - 15.8.7 线缆选择和敷设 ... 942
  - 15.8.8 接地 ... 943

**参考文献** ... **944**

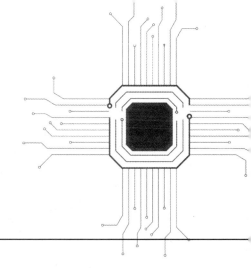

# 第1章 安全

## 1.1 工程建设标准电气专业强制性条文

"安全第一,预防为主"是电力工业的一贯方针,电力安全是一项复杂的系统工程,既要遵循国家的法律、条例、管理制度等政策文件,又要执行行业标准、规范和规程等技术规定。《工程建设标准电气专业强制性条文》是这一部分内容的汇总,其中所有条款均为强制性的,是工程建设强制性标准实施监督的依据。

### 1.1.1 相关国家标准和行业标准

我国注册电气工程师(供配电)执业资格考试专业考试大纲规定注册电气工程师(供配电)应熟悉的相关国家标准和行业标准(规程、规范)共79个。

☆1.《绝缘配合 第1部分:定义、原则和规则》GB 311.1—2012;

○2.《电磁环境控制限值》GB 8702—2014;

○3.《电气简图用图形符号 第7部分:开关、控制和保护器件》GB/T 4728.7—2008;

○4.《户外严酷条件下的电气设施 第1部分:范围和定义》GB 9089.1—2008;

○5.《户外严酷条件下的电气设施 第2部分:一般防护要求》GB 9089.2—2008;

○6.《防止静电事故通用导则》GB 12158—2006;

☆7.《电能质量 供电电压允许偏差》GB 12325—2008;

☆8.《电能质量 电压波动和闪变》GB 12326—2008;

○9.《用电安全导则》GB/T 13869—2017;

★10.《电流对人和家畜的效应 第1部分:通用部分》GB/T 13870.1—2008;

○11.《电流对人和家畜的效应 第2部分:特殊情况》GB/T 13870.2—2016;

○12.《系统接地的型式及安全技术要求》GB 14050—2008;

☆13.《电能质量 公用电网谐波》GB/T 14549—1993;

☆14.《电能质量 三相电压不平衡》GB/T 15543—2008;

○15.《可编程序控制器 第3部分:编程语言》GB/T 15969.3—2017;

○16.《低压电气装置 第4-42部分:安全防护 热效应保护》GB/T 16895.2—2017;

☆17.《低压电气装置 第5-54部分:电气设备的选择和安装 接地配置和保护导体》GB/T 16895.3—2017;

○18.《建筑物电气装置 第 5 部分：电气设备的选择和安装 第 53 章：开关设备和控制设备》GB 16895.4—1997；

○19.《低压电气装置 第 4-43 部分：安全防护 过电流保护》GB 16895.5—2012；

☆20.《低压电气装置 第 5-52 部分：电气设备的选择和安装 布线系统》GB/T 16895.6—2014；

○21.《低压电气装置 第 7-706 部分：特殊装置或场所的要求 活动受限制的可导电场所》GB 16895.8—2010；

○22.《建筑物电气装置 第 7 部分：特殊装置或场所的要求 第 707 节：数据处理设备用电气装置的接地要求》GB/T 16895.9—2000；

☆23.《低压电气装置 第 4-44 部分：安全防护 电压骚扰和电磁骚扰防护》GB/T 16895.10—2010；

☆24.《低压电气装置 第 4-41 部分：安全防护 电击防护》GB 16895.21—2020；

☆25.《电击防护装置和设备的通用部分》GB/T 17045—2020；

○26.《用能单位能源计量器具配备和管理通则》GB 17167—2006；

☆27.《电力变压器能效限定值及能效等级》GB 20052—2020；

☆28.《建筑设计防火规范》GB 50016—2014；

★29.《建筑照明设计标准》GB 50034—2013；

○30.《人民防空地下室设计规范》GB 50038—2005；

★31.《供配电系统设计规范》GB 50052—2009；

★32.《20kV 及以下变电所设计规范》GB 50053—2013；

★33.《低压配电设计规范》GB 50054—2011；

★34.《通用用电设备配电设计规范》GB 50055—2011；

★35.《建筑物防雷设计规范》GB 50057—2010；

★36.《爆炸危险环境电力装置设计规范》GB 50058—2014；

★37.《35~110kV 变电站设计规范》GB 50059—2011；

★38.《3~110kV 高压配电装置设计规范》GB 50060—2008；

★39.《66kV 及以下架空电力线路设计规范》GB 50061—2010；

★40.《电力装置的继电保护和自动装置设计规范》GB/T 50062—2008；

☆41.《电力装置电测量仪表装置设计规范》GB/T 50063—2017；

★42.《交流电气装置的过电压保护和绝缘配合设计规范》GB/T 50064—2014；

★43.《交流电气装置的接地设计规范》GB/T 50065—2011；

☆44.《汽车库、修车库、停车场设计防火规范》GB 50067—2014；

○45.《人民防空工程设计防火规范》GB 50098—2009；

☆46.《工业电视系统工程设计标准》GB/T 50115—2019；

★47.《火灾自动报警系统设计规范》GB 50116—2013；

○48.《石油化工企业设计防火规范》GB 50160—2008；

☆49.《数据中心设计规范》GB 50174—2017；

☆50.《民用闭路监视电视系统工程技术规范》GB 50198—2011；

○51.《有线电视系统工程技术标准》GB 50200—2018；

★52.《电力工程电缆设计标准》GB 50217—2018；

★53.《并联电容器装置设计规范》GB 50227—2017；

☆54.《火力发电厂与变电站设计防火标准》GB 50229—2019；

○55.《电力设施抗震设计规范》GB 50260—2013；

☆56.《城市电力规划规范》GB 50293—2014；

★57.《综合布线系统工程设计规范》GB/T 50311—2016；

○58.《智能建筑设计标准》GB/T 50314—2015；

☆59.《建筑物电子信息系统防雷技术规范》GB 50343—2012；

☆60.《安全防范工程技术标准》GB 50348—2018；

☆61.《厅堂扩声系统设计规范》GB 50371—2006；

○62.《绿色建筑评价标准》GB/T 50378—2019；

☆63.《入侵报警系统工程设计规范》GB 50394—2007；

☆64.《视频安防监控系统工程设计规范》GB 50395—2007；

☆65.《出入口控制系统工程设计规范》GB 50396—2007；

○66.《钢铁冶金企业设计防火标准》GB 50414—2018；

☆67.《视频显示系统工程技术规范》GB 50464—2008；

☆68.《红外线同声传译系统工程技术规范》GB 50524—2010；

☆69.《公共广播系统工程技术规范》GB 50526—2010；

○70.《110~750kV 架空输电线路设计规范》GB 50545—2010；

★71.《会议电视会场系统工程设计规范》GB 50635—2010；

☆72.《电子会议系统工程设计规范》GB 50799—2012；

○73.《消防应急照明和疏散指示系统技术标准》GB 51309—2018；

★74.《民用建筑电气设计标准》GB 51348—2019；

☆75.《住宅建筑电气设计规范》JGJ 242—2011；

☆76.《配电变压器能效技术经济评价导则》DL/T 985—2012；

★77.《电力工程直流电源系统设计技术规程》DL/T 5044—2014；

★78.《导体和电器选择设计技术规定》DL 5222—2005；

○79. 中国电力企业联合会著，《工程建设标准强制性条文》（电力工程部分）2016 年版，中国电力出版社，2018。

## 1.1.2 重点掌握的设计规范条款

前述的 79 个规程、规范，注册电气工程师（供配电）执业资格考试均以当年 1 月 1 日以前实施的最新版本为准。从历届注册电气工程师（供配电）专业考试情况看，序号前带"★"的规程、规范为注册电气工程师（供配电）执业资格考试重点考试内容（共 22 个，几乎每年必考）；序号前带"☆"的规程、规范为注册电气工程师（供配电）执业资格考试一般考试内容（共 31 个，有时候考）；序号前带"○"的规程、规范为注册电气工程师（供配电）执业资格考试次要考试内容（共 26 个，较少考）。在这一节里，我们仅简述在后续章节中没有述及的需重点掌握的相关设计规范的有关条款。

（1）《低压配电设计规范》GB 50054—2011

《低压配电设计规范》GB 50054—2011 应重点掌握的条款如表 1-1 所示。

表 1-1 《低压配电设计规范》GB 50054—2011 应重点掌握的条款

| 条款号 | 条款内容 |
|---|---|
| 3.1.4 | 在TN-C系统中不应将保护接地中性导体隔离,严禁将保护接地中性导体接入开关电器 |
| 3.1.7 | 半导体开关电器,严禁作为隔离电器 |
| 3.1.10 | 隔离器、熔断器和连接片,严禁作为功能性开关电器 |
| 3.1.12 | 采用剩余电流动作保护电器作为间接接触防护电器的回路时,必须装设保护导体 |
| 3.2.13 | 装置外可导电部分严禁作为保护接地中性导体的一部分 |
| 4.1.3 | 配电室内除本室需用的管道外,不应有其他的管道通过。室内水、汽管道上不应设置阀门和中间接头;水、汽管道与散热器的连接应采用焊接,并应做等电位连接。配电屏的上、下方及电缆沟内不应敷设水、汽管道 |
| 4.2.3 | 高压及低压配电设备设在同一室内,且两者有一侧柜顶有裸露的母线时,两者之间的净距不应小于2m |
| 4.2.4 | 成排布置的配电屏,其长度超过6m时,屏后的通道应设2个出口,并宜布置在通道的两端,当两出口之间的距离超过15m时,其间尚应增加出口 |
| 4.2.5 | 当防护等级不低于现行国家标准《外壳防护等级(IP代码)》GB 4208规定的IP2X级时,成排布置的配电屏通道最小宽度应符合表1-2(原表4.2.5)的规定。 |
| 4.2.6 | 配电室通道上方裸带电体距地面的高度不应低于2.5m;当低于2.5m时,应设置不低于现行国家标准《外壳防护等级(IP代码)》GB 4208的规定的IPXXB级或IP2X级的遮栏或外护物,遮栏或外护物底部距地面的高度不应低于2.2m |
| 4.3.2 | 配电室长度超过7m时,应设2个出口,并宜布置在配电室两端。当配电室双层布置时,楼上配电室的出口应至少设一个通向该层走廊或室外的安全出口。配电室的门均应向外开启,但通向高压配电室的门应为双向开启门 |
| 5.1.2 | 标称电压超过交流方均根值25V容易被触及的裸带电体,应设置遮栏或外护物。其防护等级不应低于现行国家标准《外壳防护等级(IP代码)》GB 4208规定的IPXXB级或IP2X级。为更换灯头、插座或熔断器之类部件,或为实现设备的正常功能所需的开孔,在采取了下列两项措施后除外:<br>(1)设置防止人、畜意外触及带电部分的防护措施;<br>(2)在可能触及带电部分的开孔处,设置"禁止触及"的标志 |
| 5.1.10 | 在电气专用房间或区域,不采用防护等级等于或高于现行国家标准《外壳防护等级(IP代码)》GB 4208规定的IPXXB级或IP2X级的遮栏、外护物或阻挡物时,应将人可能无意识同时触及的不同电位的可导电部分置于伸臂范围之外 |
| 5.1.11 | 伸臂范围[图1-1原图(5.1.11)]应符合下列规定:<br>(1)裸带电体布置在有人活动的区域上方时,其与平台或地面的垂直净距不应小于2.5m;<br>(2)裸带电体布置在有人活动的平台侧面时,其与平台边缘的水平净距不应小于1.25m;<br>(3)裸带电体布置在有人活动的平台下方时,其与平台下方的垂直净距不应小于1.25m,且与平台边缘的水平净距不应小于0.75m;<br>(4)裸带电体的水平方向的阻挡物、遮栏或外护物,其防护等级低于现行国家标准《外壳防护等级(IP代码)》GB 4208规定的IPXXB级或IP2X级时,伸臂范围应从阻挡物、遮栏或外护物算起;<br>(5)在有人活动区域上方的裸带电体的阻挡物、遮栏或外护物,其防护等级低于现行国家标准《外壳防护等级(IP代码)》GB 4208规定的IPXXB级或IP2X级时,伸臂范围2.5m应从人所在地面算起;<br>(6)人手持大的或长的导电物体时,伸臂范围应计及该物体的尺寸 |
| 5.2.4 | 建筑物内的总等电位连接,应符合下列规定:<br>(1)每个建筑物中的下列可导电部分,应做总等电位连接:<br>① 总保护导体(保护导体、保护接地中性导体);<br>② 电气装置总接地导体或总接地端子排;<br>③ 建筑物内的水管、燃气管、采暖和空调管道等各种金属干管;<br>④ 可接用的建筑物金属结构部分。<br>(2)来自外部的本条第(1)款规定的可导电部分,应在建筑物内距离引入点最近的地方做总等电位连接。<br>(3)总等电位连接导体,应符合本规范第3.2.15条~第3.2.17条的有关规定。<br>(4)通信电缆的金属外护层在做等电位连接时,应征得相关部门的同意 |
| 5.2.9 | TN系统中配电线路的间接接触防护电器切断故障回路的时间,应符合下列规定:<br>(1)配电线路或仅供给固定式电气设备用电技术的末端线路,不宜大于5s;<br>(2)供给手持式电气设备和移动式电气设备用电的末端线路或插座回路,TN系统的最长切断时间不应大于表1-3(原表5.2.9)的规定 |

续表

| 条款号 | 条款内容 |
|---|---|
| 6.2.1 | 配电线路的短路保护电器,应在短路电流对导体和连接处产生的热作用和机械作用造成危害之前切断电源 |
| 6.3.6 | 过负荷断电将引起严重后果的线路,其过负荷保护不应切断线路,可作用于信号 |
| 6.4.3 | 为减少接地故障引起的电气火灾危险而装设的剩余电流监测或保护电器,其动作电流不应小于300mA;当动作于切断电源时,应断开回路的所有带电导体 |
| 7.4.1 | 除配电室外,无遮护的裸导体至地面的距离,不应小于3.5m;采用防护等级不低于现行国家标准《外壳防护等级(IP代码)》GB 4208规定的IP2X的网孔遮栏时,不应小于2.5m。网状遮栏与裸导体的间距,不应小于100mm;板状遮栏与裸导体的间距,不应小于50mm |

表1-2 (原表4.2.5) 成排布置的配电屏通道最小宽度  单位:m

| 配电屏种类 | | 单排布置 | | | 双排面对面布置 | | | 双排背对背布置 | | | 多排同向布置 | | | 屏侧通道 |
|---|---|---|---|---|---|---|---|---|---|---|---|---|---|---|
| | | 屏前 | 屏后 | | 屏前 | 屏后 | | 屏前 | 屏后 | | 屏间 | 前、后排屏距墙 | | |
| | | | 维护 | 操作 | | 维护 | 操作 | | 维护 | 操作 | | 前排屏前 | 后排屏后 | |
| 固定式 | 不受限制时 | 1.5 | 1.0 | 1.2 | 2.0 | 1.0 | 1.2 | 1.5 | 1.5 | 2.0 | 2.0 | 1.5 | 1.0 | 1.0 |
| | 受限制时 | 1.3 | 0.8 | 1.2 | 1.8 | 0.8 | 1.2 | 1.3 | 1.3 | 2.0 | 1.8 | 1.3 | 0.8 | 0.8 |
| 抽屉式 | 不受限制时 | 1.8 | 1.0 | 1.2 | 2.3 | 1.0 | 1.2 | 1.8 | 1.0 | 2.0 | 2.3 | 1.8 | 1.0 | 1.0 |
| | 受限制时 | 1.6 | 0.8 | 1.2 | 2.1 | 0.8 | 1.2 | 1.6 | 0.8 | 2.0 | 2.1 | 1.6 | 0.8 | 0.8 |

注:1.受限制时是指受到建筑平面的限制、通道内有柱等局部突出物的限制;
　　2.屏后操作通道是需在屏后操作运行中的开关设备的通道;
　　3.背靠背布置时屏前通道宽度可按本表中双排背对背布置的屏前尺寸确定;
　　4.控制屏、控制柜、落地式动力配电箱前后的通道最小宽度可按本表确定;
　　5.挂墙式配电箱的箱前操作通道宽度,不宜小于1m。

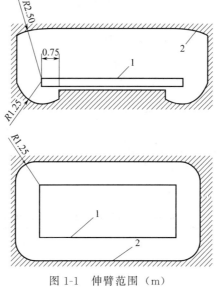

图1-1 伸臂范围(m)
1—平台;2—手臂可达到的界限

表1-3 TN系统的最长切断时间

| 相导体对地标称电压/V | 切断时间/s |
|---|---|
| 220 | 0.4 |
| 380 | 0.2 |
| >380 | 0.1 |

(2)《城市电力规划规范》GB 50293—2014

《城市电力规划规范》GB 50293—2014应重点掌握的条款如表1-4所示。

表1-4 《城市电力规划规范》GB 50293—2014应重点掌握的条款

| 条款号 | 条款内容 |
|---|---|
| 7.6.1 | 城市电力线路分为架空线路和地下电缆线路两类 |
| 7.6.2 | 城市架空电力线路的路径选择,应符合下列规定:<br>(1)应根据城市地形、地貌特点和城市道路网规划,沿道路、河渠、绿化带架设电力线路。路径做到短捷、顺直,减少同道路、河流、铁路等的交叉,并应避免跨越建筑物;<br>(2)35kV及以上高压架空电力线路应规划专用通道,并应加以保护;<br>(3)规划新建的66kV及以上高压架空电力线路,不宜穿越过市中心地区、重要风景名胜区或中心景观区;<br>(4)宜避开空气严重污秽区或有爆炸危险品的建筑物、堆场、仓库;<br>(5)应满足防洪、抗震要求 |
| 7.6.3 | 内单杆单回水平排列或单杆多回垂直排列的市区35~1000kV高压架空电力线路规划走廊宽度,宜根据所在城市的地理位置、地形、地貌、水文、地质、气象等条件及当地用地条件,按表1-5(原表7.6.3)的规定合理确定 |
| 7.6.4 | 市区内高压架空电力线路宜采用占地较少的窄基杆塔和多回路同杆架设的紧凑型线路结构,多路杆塔宜安排在同一走廊 |
| 7.6.5 | 高压架空电力线路与邻近通信设施的防护间距,应符合现行国家标准《架空电力线路与调幅广播收音台的防护间距》GB 7495的有关规定 |
| 7.6.6 | 高压架空电力线路导线与建筑物之间的最小垂直距离、导线与建筑物之间的水平距离、导线与地面间最小垂直距离、导线与街道行道树之间最小垂直距离应符合现行国家标准《66kV及以下架空电力线路设计规范》GB 50061、《110~750kV架空输电线路设计规范》GB 50545、《1000kV架空输电线路设计规范》GB 50665的有关规定 |
| 7.6.7 | 规划新建的35kV及以下电力线路,在下列情况下,宜采用地下电缆线路:<br>(1)在市中心地区、高层建筑群区、市区主干路、人口密集区、繁华街道等;<br>(2)重要风景名胜区的核心区和对架空导线有严重腐蚀性的地区;<br>(3)走廊狭窄,架空线路难以通过的地区;<br>(4)电网结构或运行安全的特殊需要线路;<br>(5)沿海地区易受热带风暴侵袭的主要城市的重要供电区域 |
| 7.6.8 | 城区中、低压配电线路应纳入城市地下管线统筹规划,其空间位置和走向应满足配电网需求 |
| 7.6.9 | 城市地下电缆线路路径和敷设方式的选择,除应符合现行国家标准《电力工程电缆设计规范》GB 50217的有关规定外,尚应根据道路网规划,与道路走向相结合,并应保证地下电缆线路与城市其他市政公用工程管线间的安全距离,同时电缆通道的宽度和深度应满足电网发展需求 |

表1-5 (原表7.6.3)市区35~1000kV高压架空电力线路规划走廊宽度

| 线路电压等级/kV | 高压线走廊宽度/m |
|---|---|
| 直流±800 | 80~90 |
| 直流±500 | 55~70 |
| 1000(750) | 90~110 |

续表

| 线路电压等级/kV | 高压线走廊宽度/m |
|---|---|
| 500 | 60～75 |
| 330 | 35～45 |
| 220 | 30～40 |
| 66,110 | 15～25 |
| 35 | 15～20 |

(3)《建筑设计防火规范》GB 50016—2014(2018 年版)

《建筑设计防火规范》GB 50016—2014 应重点掌握的条款如表 1-6 所示。

表 1-6 《建筑设计防火规范》GB 50016—2014 应重点掌握的条款

| 条款号 | 条款内容 |
|---|---|
| 5.4.12 | 燃油或燃气锅炉、油浸变压器、充有可燃油的高压电容器和多油开关等,宜设置在建筑外的专用房间内;确需贴邻民用建筑布置时,应采用防火墙与所贴邻的建筑分隔,且不应贴邻人员密集场所,该专用房间的耐火等级不应低于二级;确需布置在民用建筑内时,不应布置在人员密集场所的上一层、下一层或贴邻,并应符合下列规定:<br>(1)燃油或燃气锅炉房、变压器室应设置在首层或地下一层的靠外墙部位,但常(负)压燃油或燃气锅炉可设置在地下二层或屋顶上。设置在屋顶上的常(负)压燃气锅炉,距离通向屋面的安全出口不应小于 6m。采用相对密度(与空气密度的比值)不小于 0.75 的可燃气体为燃料的锅炉,不得设置在地下或半地下;<br>(2)锅炉房、变压器室的疏散门均应直通室外或安全出口;<br>(3)锅炉房、变压器室等与其他部位之间应采用耐火极限不低于 2.00h 的防火隔墙和 1.50h 的不燃性楼板分隔。在隔墙和楼板上不应开设洞口,确需在隔墙上设置门、窗时,应采用甲级防火门、窗;<br>(4)锅炉房内设置储油间时,其总储存量不应大于 $1m^3$,且储油间应采用耐火极限不低于 3.00h 的防火隔墙与锅炉间分隔;确需在防火隔墙上设置门时,应采用甲级防火门;<br>(5)变压器室之间、变压器室与配电室之间,应设置耐火极限不低于 2.00h 的防火隔墙;<br>(6)油浸变压器、多油开关室、高压电容器室,应设置防止油品流散的设施。油浸变压器下面应设置能储存变压器全部油量的事故储油设施;<br>(7)应设置火灾报警装置;<br>(8)应设置与锅炉、变压器、电容器和多油开关等的容量及建筑规模相适应的灭火设施;<br>(9)锅炉的容量应符合现行国家标准《锅炉房设计规范》GB 50041 的规定。油浸变压器的总容量不应大于 1260kV·A,单台容量不应大于 630kV·A;<br>(10)燃气锅炉房应设置爆炸泄压设施。燃油或燃气锅炉房应设置独立的通风系统,并应符合本规范第 9 章的规定。<br>注:布置在民用建筑内的 35kV 及以下的干式变压器室,应符合本规范 6.2.7 条的规定;布置在民用建筑内的 35kV 以上的干式变压器室,应采用无任何开口的防火隔墙和耐火极限不低于 2.00h 的楼板与其他部位进行分隔,并设置独立的安全出口和疏散楼梯 |
| 6.2.7 | 附设在建筑内的消防控制室、灭火设备室、消防水泵房和通风空气调节机房、变配电室等,应采用耐火极限不低于 2.00h 的防火隔墙和 1.50h 的楼板与其他部位分隔。<br>设置在丁、戊类厂房内的通风机房,应采用耐火极限不低于 1.00h 的防火隔墙和 0.50h 的楼板与其他部位分隔。<br>通风、空气调节机房和变配电室开向建筑内的门应采用甲级防火门。消防控制室和其他设备房开向建筑内的门应采用乙级防火门 |
| 8.1.7 | 设置火灾自动报警系统和需要联动控制的消防设备的建筑(群)应设置消防控制室。消防控制室的设置应符合下列规定:<br>(1)单独建造的消防控制室,其耐火等级不应低于二级;<br>(2)附设在建筑内的消防控制室,宜设置在建筑内首层或地下一层,并宜布置在靠外墙部位;<br>(3)不应设置在电磁场干扰较强及其他可能影响消防控制设备正常工作的房间附近;<br>(4)疏散门应直通室外或安全出口;<br>(5)消防控制室内的设备构成及其对建筑消防设施的控制与显示功能以及向远程监控系统传输相关信息的功能,应符合现行国家标准《火灾自动报警系统设计规范》GB 50116 和《消防控制室通用技术要求》GB 25506 的规定 |

续表

| 条款号 | 条款内容 |
|---|---|
| 8.4.1 | 下列建筑或场所应设置火灾自动报警系统：<br>(1)任一层建筑面积大于1500$m^2$或总建筑面积大于3000$m^2$的丙类厂房,地下、半地下且建筑面积大于1000$m^2$的丙、丁类生产场所；<br>(2)除粮食仓库外,每座总建筑面积大于1000$m^2$的丙类仓库,高层或高架丁类仓库,总建筑面积大于1000$m^2$的地下或半地下丁类仓库；<br>(3)任一层建筑面积大于500$m^2$或总建筑面积大于1000$m^2$的商店、展览、财贸金融、客运和货运等类似用途建筑；建筑面积大于500$m^2$的地下或半地下商店、展览厅、观众厅等公共活动场所；<br>(4)每座藏书超过10万册的图书馆,重要的档案馆,博物馆；<br>(5)地市级及以上广播电视建筑、邮政建筑、电信建筑,城市或区域性电力、交通和防灾救灾等指挥调度建筑；<br>(6)特等、甲等剧场,超过800个座位的电影院或乙等剧场,座位数超过2000个座位的会堂或礼堂,超过3000个座位的体育馆；<br>(7)托儿所、幼儿园建筑,老年人照料设施,疗养院的病房楼,任一楼层建筑面积大于500$m^2$或总建筑面积大于1000$m^2$的其他儿童活动场所,不少于100床位的医院门诊楼、病房楼和手术部等；<br>(8)歌舞娱乐放映游艺场所,旅馆建筑；<br>(9)净高大于2.6m且可燃物较多的技术夹层,净高大于0.8m且有可燃物的闷顶或吊顶内；<br>(10)电子信息系统的主机房及其控制室、记录介质库,特殊贵重或火灾危险性大的机器、仪表、仪器设备室,贵重物品库房；<br>(11)二类高层公共建筑内建筑面积大于50$m^2$的可燃物品库房和建筑面积大于500$m^2$的营业厅；<br>(12)其他一类高层公共建筑；<br>(13)设置机械排烟、防烟系统,雨淋或预作用自动喷水灭火系统、固定消防水炮灭火系统、气体灭火系统等需与火灾自动报警系统联锁动作的场所或部位<br>注：老年人照料设施中的老年人用房及其公共走道,均应设置火灾探测器和声警报装置或消防广播 |
| 8.4.2 | 建筑高度大于100m的住宅建筑,应设置火灾自动报警系统。<br>建筑高度大于54m,但不大于100m的住宅建筑,其公共部位应设置火灾自动报警系统,套内宜设置火灾探测器。<br>建筑高度不大于54m的高层住宅建筑,其公共部位宜设置火灾自动报警系统。当设置需联动控制的消防设施时,公共部位应设置火灾自动报警系统。<br>高层住宅建筑的公共部位应设置具有语音功能的火灾声警报装置或应急广播。<br>住宅底部设置的商业服务网点总建筑面积大于1000$m^2$时,应设置火灾自动报警系统 |
| 8.4.2A | 建筑高度大于250m的民用建筑,火灾自动报警系统设置应符合下列规定：<br>(1)系统的消防联动控制总线应采用环形结构；<br>(2)旅馆客房及公共建筑中经常有人停留且建筑面积大于100$m^2$的房间内应设置消防应急广播扬声器；<br>(3)疏散楼梯间内每层应设置1部消防专用电话分机,每2层应设置一个消防应急广播扬声器；<br>(4)避难层(间)、辅助疏散电梯的轿厢及其停靠层的前室内应设置视频监控系统,视频监控信号应接入消防控制室,视频监控系统的供电回路应符合消防供电的要求；<br>(5)消防控制室应设置在建筑的首层 |
| 8.4.3 | 建筑内可能散发可燃气体、可燃蒸气的场所应设置可燃气体报警装置 |
| 10.1.1 | 下列建筑物的消防用电应按一级负荷供电：<br>(1)建筑高度大于50m的乙、丙类厂房和丙类仓库；<br>(2)一类高层民用建筑 |
| 10.1.1A | 建筑高度大于250m的民用建筑消防用电应按特级负荷供电。应急电源应采用柴油发电机组,柴油发电机组的消防供电回路应引至专用母线段,连续供电时间不应小于3.0h |
| 10.1.2 | 下列建筑物、储罐(区)和堆场的消防用电应按二级负荷供电：<br>(1)室外消防用水量大于30L/s的厂房(仓库)；<br>(2)室外消防用水量大于35L/s的可燃材料堆场、可燃气体储罐(区)和甲、乙类液体储罐(区)；<br>(3)粮食仓库及粮食筒仓；<br>(4)二类高层民用建筑；<br>(5)座位数超过1500个的电影院、剧场,座位数超过3000个的体育馆,任一层建筑面积大于3000$m^2$的商店和展览建筑,省(市)级及以上的广播电视、电信和财贸金融建筑,室外消防用水量大于25L/s的其他公共建筑 |

续表

| 条款号 | 条款内容 |
|---|---|
| 10.1.3 | 除本规范第10.1.1条和第10.1.2条外的建筑物、储罐(区)和堆场等的消防用电,可按三级负荷供电 |
| 10.1.4 | 消防用电按一、二级负荷供电的建筑,当采用自备发电设备作备用电源时,自备发电设备应设置自动和手动启动装置。当采用自动启动方式时,应能保证在30s内供电。不同级别负荷的供电电源应符合现行国家标准《供配电系统设计规范》GB 50052的规定 |
| 10.1.5 | 建筑内消防应急照明和灯光疏散指示标志的备用电源的连续供电时间应符合下列规定:<br>(1)建筑高度大于100m的民用建筑,不应小于1.50h;<br>(2)医疗建筑,老年人照料设施,总建筑面积大于100000$m^2$的公共建筑和总建筑面积大于20000$m^2$的地下、半地下建筑,不应少于1.00h;<br>(3)其他建筑,不应少于0.50h |
| 10.1.6 | 消防用电设备应采用专用的供电回路,当建筑内的生产、生活用电被切断时,应仍能保证消防用电。备用消防电源的供电时间和容量,应满足该建筑火灾延续时间内各消防用电设备的要求 |
| 10.1.7 | 消防配电干线宜按防火分区划分,消防配电支线不宜穿越防火分区 |
| 10.1.8 | 消防控制室、消防水泵房、防烟和排烟风机房的消防用电设备及消防电梯等的供电,应在其配电线路的最末一级配电箱处设置自动切换装置 |
| 10.1.9 | 按一、二级负荷供电的消防设备,其配电箱应独立设置;按三级负荷供电的消防设备,其配电箱宜独立设置。消防配电设备应设置明显标志 |
| 10.1.10 | 消防配电线路应满足火灾时连续供电的需要,其敷设应符合下列规定:<br>(1)明敷时(包括敷设在吊顶内),应穿金属导管或采用封闭式金属槽盒保护,金属导管或封闭式金属槽盒应采取防火保护措施;当采用阻燃或耐火电缆并敷设在电缆井、沟内时,可不穿金属导管或采用封闭式金属槽盒保护;当采用燃烧性能为A级的耐火电线电缆时,可直接明敷。<br>(2)暗敷时,应穿管并应敷设在不燃性结构内且保护层厚度不应小于30mm。<br>(3)消防配电线路宜与其他配电线路分开敷设在不同的电缆井、沟内;确有困难需敷设在同一电缆井、沟内时,应分别布置在电缆井、沟的两侧,且消防配电线路应采用燃烧性能为A级的耐火电线电缆。<br>(4)电线电缆的燃烧性能分级应符合现行国家标准《电缆及光缆燃烧性能分级》GB 31247的规定 |
| 10.1.10A | 建筑高度大于250m的民用建筑消防供配电线路应符合下列规定:<br>(1)消防电梯和辅助疏散电梯的供电电线电缆应采用燃烧性能为A级、耐火时间不小于3.0h耐火电线电缆,其他消防供配电电线电缆应采用燃烧性能不低于$B_1$级、耐火时间不小于3.0h的耐火电线电缆。电线电缆的燃烧性能分级应符合现行国家标准《电缆及光缆燃烧性能分级》GB 31247的规定;<br>(2)消防用电应采用双路由供电方式,其供配电干线应设置在不同的竖井内;<br>(3)避难层的消防用电应采用专用回路供电,且不应与非避难楼层(区)共用配电干线 |
| 10.1.10B | 建筑高度大于250m的民用建筑非消防用电线电缆的燃烧性能应不低于$B_1$级 |
| 10.2.1 | 架空电力线与甲、乙类厂房(仓库),可燃材料堆垛,甲、乙、丙类液体储罐,液化石油气储罐,可燃、助燃气体储罐的最近水平距离应符合表1-7(原表10.2.1)的规定。<br>35kV及以上架空电力线与单罐容积大于200$m^3$或总容积大于1000$m^3$液化石油气储罐(区)的最近水平距离不应小于40m |
| 10.2.4 | 开关、插座和照明灯具靠近可燃物时,应采取隔热、散热等防火措施。<br>卤钨灯和额定功率不小于100W的白炽灯泡的吸顶灯、槽灯、嵌入式灯,其引入线应采用瓷管、矿棉等不燃材料作隔热保护。<br>额定功率不小于60W的白炽灯、卤钨灯、高压钠灯、金属卤化物灯、荧光高压汞灯(包括电感镇流器)等,不应直接安装在可燃物体上或采取其他防火措施 |
| 10.3.1 | 除建筑高度不大于27m的住宅建筑外,民用建筑、厂房和丙类仓库的下列部位应设置疏散照明:<br>(1)封闭楼梯间、防烟楼梯间及其前室、消防电梯间的前室或合用前室、避难走道、避难层(间);<br>(2)观众厅、展览厅、多功能厅和建筑面积大于2000$m^2$的营业厅、餐厅、演播室等人员密集的场所;<br>(3)建筑面积大于1000$m^2$的地下或半地下公共活动场所;<br>(4)公共建筑内的疏散走道;<br>(5)人员密集的厂房内的生产场所及疏散走道 |

续表

| 条款号 | 条款内容 |
|---|---|
| 10.3.2 | 建筑内疏散照明的地面最低水平照度应符合下列规定：<br>(1)对于疏散走道，不应低于1.0lx；<br>(2)对于人员密集场所、避难层(间)，不应低于3.0lx；对于老年人照料设施、病房楼或手术部的避难间，不应低于10.0lx；<br>(3)对于楼梯间、前室或合用前室、避难走道，不应低于5.0lx；对于人员密集场所、老年人照料设施、病房楼或手术部内的楼梯间、前室或合用前室、避难走道，不应低于10.0lx |
| 10.3.2A | 建筑高度大于250m的民用建筑的消防水泵房、消防控制室、消防电梯及其前室、辅助疏散电梯及其前室、疏散楼梯间及其前室、避难层(间)的应急照明和灯光疏散指示标志，应采用独立的供配电回路。<br>疏散照明的地面最低水平照度，对于疏散走道不应低于5.0lx；对于人员密集场所、避难层(间)、楼梯间、前室或合用前室、避难走道不应低于10.0lx。<br>建筑内不应采用可变换方向的疏散指示标志 |
| 10.3.3 | 消防控制室、消防水泵房、自备发电机房、配电室、防排烟机房以及发生火灾时仍需正常工作的消防设备房应设置备用照明，其作业面的最低照度不应低于正常照明的照度 |
| 10.3.4 | 疏散照明灯具应设置在出口的顶部、墙面的上部或顶棚上；备用照明灯具应设置在墙面的上部或顶棚上 |
| 10.3.5 | 公共建筑及其他一类高层民用建筑、高层厂(库)房，甲、乙、丙类厂房应沿疏散走道和在安全出口、人员密集场所的疏散门正上方设置灯光疏散指示标志，并应符合下列规定：<br>(1)安全出口和疏散门的正上方应采用"安全出口"作为指示标识；<br>(2)沿疏散走道设置的灯光疏散指示标志，应设置在疏散走道及其转角处地面高度1.0m以下的墙面上，且灯光疏散指示标志间距不应大于20m；对于袋形走道，不应大于10m；在走道转角区，不应大于1.0m |
| 10.3.6 | 下列建筑或场所应在疏散走道和主要疏散路径的地面上增设能保持视觉连续的灯光疏散指示标志或蓄光疏散指示标志：<br>(1)总建筑面积大于8000m²的展览建筑；<br>(2)总建筑面积大于5000m²的地上商店；<br>(3)总建筑面积大于500m²的地下或半地下商店；<br>(4)歌舞娱乐放映游艺场所；<br>(5)座位数超过1500个的电影院、剧场，座位数超过3000个的体育馆、会堂或礼堂；<br>(6)车站、码头建筑和民用机场航站楼中建筑面积大于3000m²的候车、候船厅和航站楼的公共区 |
| 10.3.7 | 建筑内设置的消防疏散指示标志和消防应急照明灯具，除应符合本规范的规定外，还应符合现行国家标准《消防安全标志》GB 13495和《消防应急照明和疏散指示系统》GB 17945的规定 |

**表1-7 （原表10.2.1） 架空电力线与甲、乙类厂房（仓库），可燃材料堆垛等的最近水平距离** 单位：m

| | |
|---|---|
| 甲、乙类厂房(仓库)，可燃材料堆垛，甲、乙类液体储罐，液化石油气的储罐，可燃、助燃气体储罐 | 电杆(塔)高度的1.5倍 |
| 直埋地下的甲、乙类液体储罐和可燃气体储罐 | 电杆(塔)高度的0.75倍 |
| 丙类液体储罐 | 电杆(塔)高度的1.20倍 |
| 直埋地下的丙类液体储罐 | 电杆(塔)高度的0.60倍 |

# 1.2 电流对人体的效应

## 1.2.1 常用术语

（1）一般定义

① 纵向电流（longitudinal current）：纵向流过人体躯干的电流（如从手到脚）。

② 横向电流（transverse current）：横向流过人体躯干的电流（如从手到手）。

③ 人体内阻抗 $Z_i$（internal impedance of the human body）：与人体两个部位相接触的两电极间的阻抗，不计皮肤阻抗。

④ 皮肤阻抗 $Z_S$（impedance of the skin）：皮肤上的电极与皮下可导电组织之间的阻抗。

⑤ 人体总阻抗 $Z_T$（total impedance of the human body）：人体内阻抗与皮肤阻抗的矢量和（见图1-2）。

⑥ 人体初始电阻 $R_0$（initial resistance of the human body）：在接触电压出现瞬间，限制电流峰值的电阻。

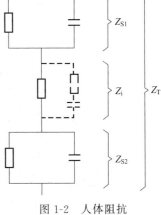

图1-2 人体阻抗

$Z_i$—内阻抗；$Z_{S1}$，$Z_{S2}$—皮肤阻抗；$Z_T$—总阻抗

⑦ 干燥条件（dry condition）：人在正常室内环境条件下休息时，皮肤接触表面积的湿度的条件。

⑧ 水湿润条件（water-wet condition）：浸入于市政供水（平均电阻率 $\rho=3500\Omega\cdot cm$，$pH=7\sim9$）的水中1min，皮肤接触表面积的条件。

⑨ 盐水湿润条件（saltwater-wet condition）：浸入于3%NaCl（氯化钠）的水溶液（平均电阻率 $\rho=30\Omega\cdot cm$，$pH=7\sim9$）中1min，接触表面积皮肤的条件。

【注】假设盐水湿润条件模拟在海水中游泳或浸没后的人的皮肤条件，还有进一步调查研究的必要。

⑩ 偏差系数 $F_D$（deviation factor）：在给定的接触电压，人口某百分数的人体总阻抗 $Z_T$ 除以人口50%百分数的人体总阻抗 $Z_T$。

$$F_D(X\%, U_T) = Z_T(X\%, U_T) / Z_T(50\%, U_T) \tag{1-1}$$

(2) 在15～100Hz范围内的正弦交流电流的效应

① 感知阈（threshold of perception）：通过人体能引起任何感觉的接触电流的最小值。

② 反应阈（threshold of reaction）：能引起肌肉不自觉收缩的接触电流的最小值。

③ 摆脱阈（threshold of let-go）：人手握电极能自行摆脱电极时接触电流的最大值。

④ 心室纤维性颤动阈（threshold of ventricular fibrillation）：通过人体能引起心室纤维性颤动的接触电流最小值。

⑤ 心脏-电流因数 $F$（heart-current factor）：电流通过某一路径在心脏中所产生的电场强度（电流密度）与该等量接触电流通过左手到双脚时在心脏内产生的电场强度（电流密度）之比。

【注】在心脏内，电流密度与电场强度成正比。

⑥ 易损期（vulnerable period）：心搏周期中较短的一段时间，在此期间心脏纤维处于不协调的兴奋状态，如果受到足够大的电流激发，就会发生心室纤维性颤动。

【注】易损期对应于心电图中T波的前段，约为心搏周期的10%（见图1-3和图1-4）。

(3) 直流电流的效应

① 人体的总电阻 $R_T$（total body resistance）：人体内部电阻与皮肤电阻之和。

② 直流/交流的等效因数 $k$（DC/AC equivalence factor）：直流电流与其能诱发相同心室纤维性颤动概率的等效的交流电流的方均根（r.m.s）值之比。

【注】以电击持续时间超过一个心搏周期，并且心室纤维性颤动概率为50%为例，对10s的等效因数约为（见图1-5和图1-6）：

$$k = \frac{I_{DC-纤维性颤动}}{I_{AC-纤维性颤动(r.m.s)}} = \frac{300mA}{80mA} = 3.75 \tag{1-2}$$

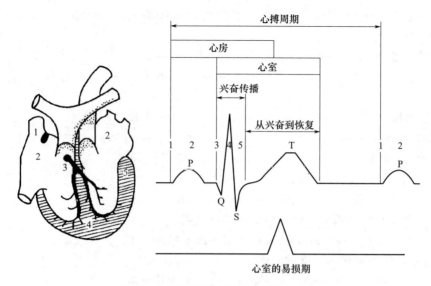

图 1-3 心搏期间心室易损期的出现
注：数字表示兴奋传导的后续阶段

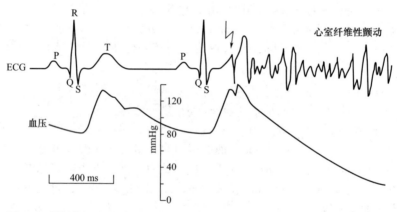

图 1-4 易损期心室纤维性颤动的触发——对心电图（ECG）和血压的影响

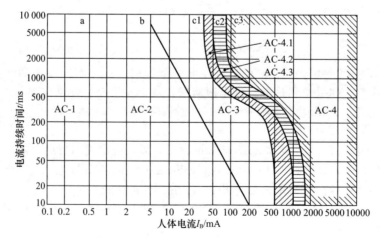

图 1-5 电流路径为左手到双脚的交流电流（15～100Hz）
注：对人效应的约定时间/电流区域（说明见表 1-8）

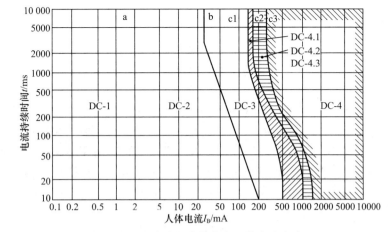

图 1-6 电流路径为纵向向上的直流电流

注：对人效应的约定时间/电流区域（说明见表 1-9）

③ 向上电流（upward current）：通过人体使脚处于正极性的直流接触电流。

④ 向下电流（downward current）：通过人体使脚处于负极性的直流接触电流。

表 1-8 一手到双脚的通路，交流 15～100Hz 的时间/电流区域（图 1-5 区域的简要说明）

| 区域 | 范围 | 生理效应 |
| --- | --- | --- |
| AC-1 | 0.5mA 的曲线 a 的左侧 | 有感知的可能性，但通常没有被"吓一跳"的反应 |
| AC-2 | 曲线 a 至曲线 b | 可能有感知和不自主地肌肉收缩但通常没有有害的电生理学效应 |
| AC-3 | 曲线 b 至曲线 c | 可强烈地不自主地肌肉收缩；呼吸困难；可逆性的心脏功能障碍；活动抑制可能出现；随着电流幅度而加剧的效应；通常没有预期的器官破坏 |
| AC-4[①] | 曲线 c1 以上 | 可能发生病理-生理学效应，如心搏停止、呼吸停止以及烧伤或其他细胞的破坏。心室纤维性颤动的概率随着电流的幅度和时间增加 |
| | c1～c2 | AC-4.1 心室纤维性颤动的概率增到约 5% |
| | c2～c3 | AC-4.2 心室纤维性颤动的概率增到大约 50% |
| | 曲线 c3 的右侧 | AC-4.3 心室纤维性颤动的概率超过 50% |

① 电流的持续时间在 200ms 以下，如果相关的阈被超过，心室纤维性颤动只有在易损期内才能被激发。关于心室纤维性颤动，本图与在从左手到双脚的路径中流通的电流效应相关。对其他电流路径，应考虑心脏电流系数。

表 1-9 直流——一手到双脚通路的时间/电流区域（图 1-6 区域的简要说明）

| 区域 | 范围 | 生理效应 |
| --- | --- | --- |
| DC-1 | 2mA 曲线 a 的左侧 | 当接通、断开或快速变化的电流流通时，可能有轻微的刺痛感 |
| DC-2 | 曲线 a 至曲线 b | 实质上，当接通、断开或快速变化的电流流通时，很可能发生无意识地肌肉收缩，但通常没有有害的电气生理效应 |
| DC-3 | 曲线 b 至曲线 c | 随着电流的幅度和时间的增加，在心脏中很可能发生剧烈的无意识的肌肉反应和可逆的脉冲成形传导的紊乱。通常没有所预期的器官损坏 |
| DC-4[①] | 曲线 c1 以上 | 有可能发生病理-生理学效应，如心搏停止、呼吸停止以及烧伤或其他细胞的破坏。心室纤维性颤动的概率也随着电流的幅度和时间而增加 |
| | c1～c2 | DC-4.1 心室纤维性颤动的概率增加到约 5% |
| | c2～c3 | DC-4.2 心室纤维性颤动的概率增加到约 50% |
| | 曲线 c3 的右侧 | DC-4.3 心室纤维性颤动的概率大于 50% |

① 电流的持续时间在 200ms 以下，如果相关的阈被超过，则心室纤维性颤动只有在易损期内才能被激发。在这个图中的心室纤维性颤动，与路径为左手到双脚而且是向上流动的电流效应相关。至于其他的电流路径，已由心脏电流系数予以考虑。

## 1.2.2 人体的阻抗

人体的阻抗值取决于许多因素，如电流的路径、接触电压、电流的持续时间、频率、皮肤的潮湿程度、接触的表面积、施加的压力和温度等。人体阻抗示意图如图 1-2 所示。

(1) 人体的内阻抗（$Z_i$）

人体的内阻抗大部分可认为是阻性的。其数值主要由电流路径决定，与接触表面积的关系较小。测定表明，人体内阻抗存在很少的电容分量（见图 1-2 中的虚线）。

图 1-7 所示为人体不同部位的内阻抗，是以一手到一脚为路径的阻抗百分数表示。对于电流路径为手到手或手到脚时，阻抗主要是四肢（手臂和腿）。若忽略人体躯干的阻抗，可得出如图 1-8 所示的简化电路（假设手臂和腿的阻抗值相同）。

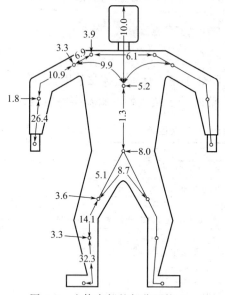

图 1-7 人体内部的部分阻抗 $Z_{ip}$

注：数字表示相对于路径为一手到一脚的相关的人体部分内阻抗的百分数。为了计算关于所给出的电流路径的人体总电阻 $Z_T$，对电流流通的人体所有部分的部分内阻抗 $Z_{ip}$ 以及接触表面积的皮肤阻抗都必须相加。人体外面的数字表示当电流进入那点时，才要加到总数中的部分内阻抗

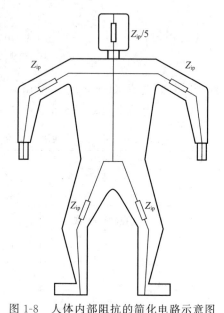

图 1-8 人体内部阻抗的简化电路示意图

$Z_{ip}$——一个肢体（手臂或腿）部分的内阻抗

注：从一手到双脚人体内部阻抗大约是 75%，从双手到双脚为 50%，而从双手到人体躯干的阻抗为手到手或一手到一脚阻抗的 25%

(2) 皮肤阻抗（$Z_S$）

皮肤阻抗可视为由半绝缘层和许多小的导电体（毛孔）组成的电阻和电容性网络。当电流增加时皮肤阻抗下降。有时可见到电流的痕迹。

皮肤的阻抗值取决于电压、频率、通电时间、接触的表面积、接触的压力、皮肤的潮湿程度、皮肤的温度和种类等。

对较低的接触电压，即使是同一个人，其皮肤阻抗值也会随着条件的不同而具有很大的变化，如接触的表面积和条件（干燥、潮湿、出汗）、温度、快速呼吸等。对于较高的接触电压，则皮肤阻抗显著下降，而当皮肤击穿时，其阻抗可忽略不计。

至于频率的影响，则是频率增加时皮肤阻抗减少。

(3) 人体总阻抗（$Z_T$）

人体的总阻抗是由电阻性和电容性分量组成。对比较低的接触电压，皮肤阻抗 $Z_S$ 具有

显著的变化,而人体总阻抗 $Z_T$ 也随之变化。对于比较高的接触电压,则皮肤阻抗对总阻抗的影响越来越小,其数值接近于内阻抗 $Z_i$ 的值。见图 1-9～图 1-14。

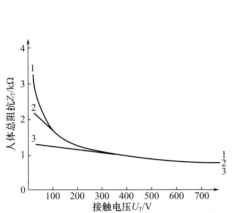

图 1-9　干燥、水湿润和盐水湿润条件,大的接触表面积,电流路径为手到手,50Hz/60Hz 交流接触电压 $U_T$ 为 25V 至 700V,50% 被测对象的人体总阻抗 $Z_T$(50%)

1—干燥条件(表 1-10);2—水湿润条件(表 1-11);
3—盐水湿润条件(表 1-12)

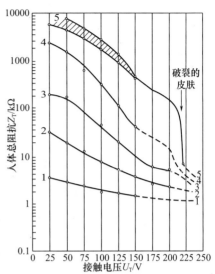

图 1-10　干燥条件,50Hz 交流接触电压时,一个活人的总阻抗 $Z_T$ 与接触表面积之间的关系曲线

1—接触表面积 8200mm²;2—接触表面积 1250mm²;
3—接触表面积 100mm²;4—接触表面积 10mm²;
5—接触表面积 1mm²(在 220V 时皮肤击穿)

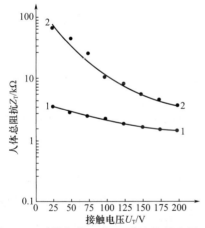

图 1-11　干燥条件,50Hz 交流接触电压 $U_T$ 为 25V 至 200V,电流最大持续时间为 25ms,从右手到左手的两食指尖的电流路径与右手到左手的大的接触面积的路径相比较,一个活人的人体测定总阻抗 $Z_T$ 与接触电压 $U_T$ 之间的关系曲线

1—大的接触表面积(约 8000mm²),电流路径
为手到手;2—两指夹的表面积(约 250mm²),
路径为从右手食指尖到左手食指尖

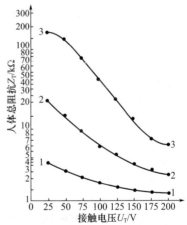

图 1-12　干燥条件,大的、中等的和小的接触表面积(数量级分别为 10000mm²、1000mm² 和 100mm²),活人的 50% 被测对象的人体总阻抗 $Z_T$ 与 50Hz/60Hz 交流接触电压 $U_T$ 为 25V 至 200V 的关系曲线

1—大的接触表面积,A 型电极(数量级为 10000mm²),
据表 1-10 数据;2—中等尺寸的接触表面积,B 型电极(数
量级为 1000mm²),根据表 1-13 数据;3—小的接触表面积,
C 型电极(数量级为 100mm²),根据表 1-16 数据

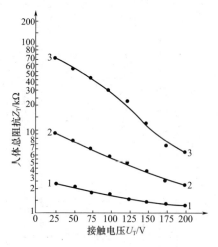

图 1-13 水湿润条件，大的、中等的和小的接触表面积（数量级分别为 10000mm², 1000mm² 和 100mm²），活人 50% 被测对象的人体总阻抗 $Z_T$ 与 50Hz/60Hz 交流接触电压 $U_T$ 为 25V 至 200V 的关系曲线

1—大的接触表面积，A 型电极（数量级为 10000mm²），根据表 1-11 数据；2—中等尺寸的接触表面积，B 型电极（数量级为 1000mm²），根据表 1-14 数据；3—小的接触表面积，C 型电极（数量级为 100mm²），根据表 1-17 数据

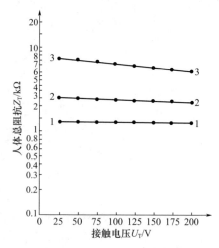

图 1-14 盐水湿润条件，大的、中等的和小的接触表面积（数量级分别为 10000mm², 1000mm² 和 100mm²），活人 50% 被测对象的人体总阻抗 $Z_T$ 与 50Hz/60Hz 交流接触电压 $U_T$ 为 25V 至 200V 的关系曲线

1—大的接触表面积，A 型电极（数量级为 10000mm²），根据表 1-12 数据；2—中等尺寸的接触表面积，B 型电极（数量级为 1000mm²），根据表 1-15 数据；3—小的接触表面积，C 型电极（数量级为 100mm²），根据表 1-18 数据

关于频率的影响，计及频率与皮肤阻抗的依从关系，人体总阻抗在直流时较高，且随着频率增加而减少。

(4) 影响人体初始电阻（$R_0$）的因素

在接触电压出现的瞬间，人体电容尚未充电，所以皮肤阻抗 $Z_{S1}$ 和 $Z_{S2}$ 可忽略不计，故初始电阻 $R_0$ 大约等于人体内阻抗 $Z_i$（见图 1-2），初始电阻 $R_0$ 主要取决于电流通路，与接触表面关系较少。初始电阻 $R_0$ 限制了短脉冲电流的峰值（例如来自电栅栏控制器的电击）。

(5) 人体总阻抗（$Z_T$）值

在干燥、水湿润和盐水湿润条件下的大的、中等的和小的接触表面积（数量级分别为 10000mm², 1000mm² 和 100mm²），活人 50% 被测对象的人体总阻抗，在交流接触电压 $U_T$ 从 25V 至 200V 时的关系曲线，如图 1-12、图 1-13 和图 1-14 中所示。

① 关于大的接触表面积的 50Hz/60Hz 的正弦交流电流　在表 1-10、表 1-11 和表 1-12 中的人体总阻抗值，适用于具备下列条件的活人，即在干燥（表 1-10）、水湿润（表 1-11）和盐水湿润（表 1-12）条件下的大的接触表面积（数量级为 10000mm²），而且电流的路径为手到手。

在图 1-9 中所表示的是分别在干燥、水湿润和盐水湿润的条件下，对于大的接触表面积，接触电压一直到 700V，50% 被测对象的人体总阻抗的范围。

表 1-10、表 1-11 和表 1-12 所表示的是关于活着的成年人所知道的人体总阻抗 $Z_T$ 的数值。儿童的人体总阻抗 $Z_T$ 稍高于成年，但数量级相同。

表 1-10 干燥条件，大的接触表面积，50Hz/60Hz 交流电流路径为手到手的人体总阻抗 $Z_T$

| 接触电压/V | 不超过下列三项的人体总阻抗 $Z_T$ 值/Ω | | |
|---|---|---|---|
| | 被测对象的 5% | 被测对象的 50% | 被测对象的 95% |
| 25 | 1750 | 3250 | 6100 |
| 50 | 1375 | 2500 | 4600 |
| 75 | 1125 | 2000 | 3600 |
| 100 | 990 | 1725 | 3125 |
| 125 | 900 | 1550 | 2675 |
| 150 | 850 | 1400 | 2350 |
| 175 | 825 | 1325 | 2175 |
| 200 | 800 | 1275 | 2050 |
| 225 | 775 | 1225 | 1900 |
| 400 | 700 | 950 | 1275 |
| 500 | 625 | 850 | 1150 |
| 700 | 575 | 775 | 1050 |
| 1000 | 575 | 775 | 1050 |
| 渐近值＝内阻抗 | 575 | 775 | 1050 |

注：1. 有些测定表明，电流路径为一手到一脚的人体总阻抗，稍低于电流路径为手到手的人体总阻抗（10%～30%）。
2. 对于活人的 $Z_T$ 值，相应于电流的持续时间约为 0.1s。对于更长的持续时间，$Z_T$ 值可能减少（约 10%～20%），而当皮肤完全破裂后，$Z_T$ 则接近于内阻抗 $Z_i$。
3. 对于电压为 230V 的标准值（网络一系统 3L+N，230V/400V），可以假设人体的总阻抗值与接触电压为 225V 时相同。
4. $Z_T$ 值被舍入到 25Ω 的数值。

表 1-11 水湿润条件，大的接触表面积，50Hz/60Hz 交流电流路径为手到手的人体总阻抗 $Z_T$

| 接触电压/V | 不超过下列三项的人体总阻抗 $Z_T$ 数值/Ω | | |
|---|---|---|---|
| | 被测对象的 5% | 被测对象的 50% | 被测对象的 95% |
| 25 | 1175 | 2175 | 4100 |
| 50 | 1100 | 2000 | 3675 |
| 75 | 1025 | 1825 | 3275 |
| 100 | 975 | 1675 | 2950 |
| 125 | 900 | 1550 | 2675 |
| 150 | 850 | 1400 | 2350 |
| 175 | 825 | 1325 | 2175 |
| 200 | 800 | 1275 | 2050 |
| 225 | 775 | 1225 | 1900 |
| 400 | 700 | 950 | 1275 |
| 500 | 625 | 850 | 1150 |
| 700 | 575 | 775 | 1050 |
| 1000 | 575 | 775 | 1050 |
| 渐近值＝内阻抗 | 575 | 775 | 1050 |

注：同表 1-10 注。

在表 1-10 至表 1-12 中所给予的数值是从对人体［成年人（男人和女人）］进行测定的结果推算出来的。

在电压高于 125V 的水湿润条件和电压高于 400V 盐水湿润条件下的人体总阻抗与干燥条件的数值相同（见图 1-9）。

表 1-12　盐水润湿条件，大的接触表面积，50Hz/60Hz 交流电流路径为手到手的人体总阻抗 $Z_T$

| 接触电压/V | 不超过下列三项的人体总阻抗 $Z_T$ 数值/Ω | | |
|---|---|---|---|
| | 被测对象的 5% | 被测对象的 50% | 被测对象的 95% |
| 25 | 960 | 1300 | 1755 |
| 50 | 940 | 1275 | 1720 |
| 75 | 920 | 1250 | 1685 |
| 100 | 880 | 1225 | 1655 |
| 125 | 850 | 1200 | 1620 |
| 150 | 830 | 1180 | 1590 |
| 175 | 810 | 1155 | 1560 |
| 200 | 790 | 1135 | 1530 |
| 225 | 770 | 1115 | 1505 |
| 400 | 700 | 950 | 1275 |
| 500 | 625 | 850 | 1150 |
| 700 | 575 | 775 | 1050 |
| 1000 | 575 | 775 | 1050 |
| 渐近值＝内阻抗 | 575 | 775 | 1050 |

注：同表 1-10 注。

② 关于中等的和小的接触表面积的 50Hz/60Hz 的交流电流　人体内阻抗 $Z_i$ 和人体初始电阻 $R_0$ 的数值，仅是在很小程度上取决于接触表面积。然而，当接触的表面积非常小，小到几平方毫米时，其数值是增加的。

皮肤被击穿（对接触电压超过大约为 100V 和电流比较长的持续时间）以后，人体总阻抗 $Z_T$ 接近于内阻抗 $Z_i$ 的数值，而且仅在很小程度上取决于接触表面积及其潮湿的条件。

对 50Hz 的交流接触电压在 25V 至 200V 的范围内，在干燥的条件下，对一个人关于电流路径为手到手的人体总阻抗 $Z_T$ 与接触表面积（从 1mm² 直至最大约达 8000mm²）之间所测定的关系曲线，如图 1-10 所示。对于接触电压在 100V 以下，而且是只有几平方毫米数量级的小的接触表面积，所测定的偏差可能很容易达到平均值的约 +50%，它取决于温度、压力、手掌中的部位等。对接触电压在 200V 以上，关于人体的表面积处于水湿润和盐水湿润条件的 $Z_T$ 还没有有用的数据。

在左右两手的食指尖之间（接触表面积约 250mm²）的人体总阻抗 $Z_T$，与 50Hz/60Hz 的交流接触电压从 25V 至 200V 范围之间的关系曲线，如图 1-11 所示。从图 1-11 中的 1 号曲线可推算出，对 200V 的接触电压，一根食指的部分阻抗为 1000Ω 的数量级。

在图 1-10 和图 1-11 中所表示的是仅对一个活人进行的人体总阻抗 $Z_T$ 测定的结果。

关于活人的 5%、50% 和 95% 被测对象的人体总阻抗 $Z_T$，根据目前所获得的资料，是在干燥、水湿润和盐水湿润条件下，对于大的、中等的和小的接触表面积（其数量级分别为 10000mm²、1000mm² 和 100mm²）给出的：

对于大的接触表面积，在表 1-10、表 1-11 和表 1-12 中的数据，是在干燥、水湿润和盐水湿润条件下，关于 50Hz/60Hz 的交流接触电压 $U_T$ 从 25V 至 1000V 的范围给出的；

对于中等和小的接触表面积，在表 1-13、表 1-14 与表 1-15 以及表 1-16、表 1-17 和表 1-18 中所列的数据，是在干燥、水湿润和盐水湿润条件下，关于 50Hz/60Hz 的交流接触电压 $U_T$ 从 25V 至 200V 范围给出的。

表 1-13　干燥条件，中等接触表面积，电流路径为手到手，
50Hz/60Hz 交流接触电压 $U_T$ 为 25V 至 200V 的人体总阻抗 $Z_T$（舍入到 25Ω 的数值）

| 接触电压/V | 不超过下列三项的人体总阻抗 $Z_T$ 数值/Ω | | |
|---|---|---|---|
| | 被测对象的 5% | 被测对象的 50% | 被测对象的 95% |
| 25 | 11125 | 20600 | 38725 |
| 50 | 7150 | 13000 | 23925 |
| 75 | 4625 | 8200 | 14750 |
| 100 | 3000 | 5200 | 9150 |
| 125 | 2350 | 4000 | 6875 |
| 150 | 1800 | 3000 | 5050 |
| 175 | 1550 | 2500 | 4125 |
| 200 | 1375 | 2200 | 3525 |

表 1-14　水湿润条件，中等接触表面积，电流路径为手到手，
50Hz/60Hz 交流接触电压 $U_T$ 为 25V 至 200V 的人体总阻抗 $Z_T$（舍入到 25Ω 的数值）

| 接触电压/V | 不超过下列三项的人体总阻抗 $Z_T$ 数值/Ω | | |
|---|---|---|---|
| | 被测对象的 5% | 被测对象的 50% | 被测对象的 95% |
| 25 | 5050 | 9350 | 17575 |
| 50 | 4100 | 7450 | 13700 |
| 75 | 3400 | 6000 | 10800 |
| 100 | 2800 | 4850 | 8525 |
| 125 | 2350 | 4000 | 6875 |
| 150 | 1800 | 3000 | 5050 |
| 175 | 1550 | 2500 | 4125 |
| 200 | 1375 | 2200 | 3525 |

表 1-15　盐水湿润条件，中等接触表面积，电流路径为手到手，
50Hz/60Hz 交流接触电压 $U_T$ 为 25V 至 200V 的人体总阻抗 $Z_T$（舍入到 25Ω 的数值）

| 接触电压/V | 不超过下列三项的人体总阻抗 $Z_T$ 数值/Ω | | |
|---|---|---|---|
| | 被测对象的 5% | 被测对象的 50% | 被测对象的 95% |
| 25 | 1795 | 2425 | 3275 |
| 50 | 1765 | 2390 | 3225 |
| 75 | 1740 | 2350 | 3175 |
| 100 | 1715 | 2315 | 3125 |
| 125 | 1685 | 2280 | 3075 |
| 150 | 1660 | 2245 | 3030 |
| 175 | 1525 | 2210 | 2985 |
| 200 | 1350 | 2175 | 2935 |

表 1-16　干燥条件，小的接触表面积，电流路径为手到手，
50Hz/60Hz 交流接触电压 $U_T$ 为 25V 至 200V 的人体总阻抗 $Z_T$（舍入到 25Ω 的数值）

| 接触电压/V | 不超过下列三项的人体总阻抗 $Z_T$ 数值/Ω | | |
|---|---|---|---|
| | 被测对象的 5% | 被测对象的 50% | 被测对象的 95% |
| 25 | 91250 | 169000 | 317725 |
| 50 | 74800 | 136000 | 250250 |
| 75 | 42550 | 74000 | 133200 |
| 100 | 23000 | 40000 | 70400 |
| 125 | 12875 | 22000 | 37850 |
| 150 | 7200 | 12000 | 20225 |
| 175 | 4000 | 6500 | 10725 |
| 200 | 3500 | 5400 | 8650 |

表 1-17 水湿润条件，小的接触表面积，电流路径为手到手，
50Hz/60Hz 交流接触电压 $U_T$ 为 25V 至 200V 的人体总阻抗 $Z_T$（舍入到 25Ω 的数值）

| 接触电压/V | 不超过下列三项的人体总阻抗 $Z_T$ 数值/Ω | | |
|---|---|---|---|
| | 被测对象的 5% | 被测对象的 50% | 被测对象的 95% |
| 25 | 39700 | 73500 | 138175 |
| 50 | 29800 | 54200 | 99725 |
| 75 | 22600 | 40000 | 72000 |
| 100 | 17250 | 30000 | 52800 |
| 125 | 12875 | 22000 | 37850 |
| 150 | 7200 | 12000 | 20225 |
| 175 | 4000 | 6500 | 10725 |
| 200 | 3500 | 5400 | 8650 |

表 1-18 盐水湿润条件，小的接触表面积，电流路径为手到手，
50Hz/60Hz 交流接触电压 $U_T$ 为 25V 至 200V 的人体总阻抗 $Z_T$（舍入到 25Ω 的数值）

| 接触电压/V | 不超过下列三项的人体总阻抗 $Z_T$ 数值/Ω | | |
|---|---|---|---|
| | 被测对象的 5% | 被测对象的 50% | 被测对象的 95% |
| 25 | 5400 | 7300 | 9855 |
| 50 | 5105 | 6900 | 9315 |
| 75 | 4845 | 6550 | 8840 |
| 100 | 4590 | 6200 | 8370 |
| 125 | 4330 | 5850 | 7900 |
| 150 | 4000 | 5550 | 7490 |
| 175 | 3700 | 5250 | 7085 |
| 200 | 3400 | 5000 | 6750 |

③ 频率 20kHz 及以下的正弦交流电流　50Hz/60Hz 的人体总阻抗值在更高频率时由于皮肤电容的影响下降，当频率高于 5kHz 时，则接近于人体内阻抗 $Z_i$。图 1-15 所示为频率与人体总阻抗 $Z_T$ 的关系，其电流路径为手至手、大的接触表面积、接触电压 10V 和频率 25Hz 至 20kHz。图 1-16 所示为频率与人体总阻抗 $Z_T$ 的关系，其电流路径为手到手、大的接触表面积、接触电压为 25V。由此结果推导出图 1-17 的一组曲线，它给出人群中 50% 被测对象的人体总阻抗 $Z_T$ 与频率的依赖关系，其接触电压 10V 至 1000V、频率范围 50Hz 至

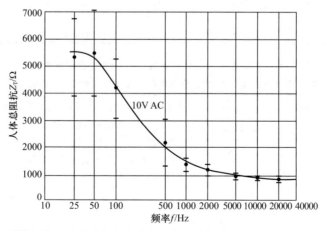

图 1-15　干燥条件，手到手的电流路径，大的接触表面积，接触电压为 10V 时，
10 个活人测定的人体总阻抗 $Z_T$ 与频率从 25Hz 至 20kHz 的关系曲线

2kHz、大的接触表面积和干燥条件下的电流路径为手到手或一手到一脚。

【注】没有在水湿润和盐水湿润条件下进行过测量。

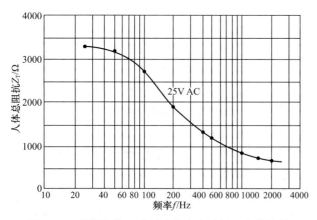 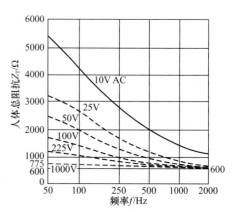

图 1-16　干燥条件，手到手的电流路径，大的接触表面积，接触电压为 25V 时，一个活人测定的人体总阻抗 $Z_T$ 与频率从 25Hz 至 2kHz 的关系曲线

图 1-17　干燥条件，大的接触表面积，电流路径为手到手或一手到一脚，接触电压从 10V 至 1000V、频率范围从 50Hz 至 2kHz，50% 被测对象人体总阻抗 $Z_T$ 与频率的关系曲线

④ 直流电流　人体直流总电阻 $R_T$ 在接触电压约在 200V 及以下时，由于人的皮肤电容的阻塞作用，比交流人体总阻抗 $Z_T$ 高。

在干燥的条件下，用直流电流和大的接触表面积所测量的直流人体总阻抗 $R_T$ 值位于表 1-19（见图 1-18 中的实线）。

【注】没有在水湿润和盐水湿润条件下进行过测定。

表 1-19　干燥条件，大的接触表面积，直流电流路径为手到手的人体总电阻 $R_T$

| 接触电压/V | 不超过下列三项的人体总电阻 $R_T$ 数值/Ω | | |
| --- | --- | --- | --- |
| | 被测对象的 5% | 被测对象的 50% | 被测对象的 95% |
| 25 | 2100 | 3875 | 7275 |
| 50 | 1600 | 2900 | 5325 |
| 75 | 1275 | 2275 | 4100 |
| 100 | 1100 | 1900 | 3350 |
| 125 | 975 | 1675 | 2875 |
| 150 | 875 | 1475 | 2475 |
| 175 | 825 | 1350 | 2225 |
| 200 | 800 | 1275 | 2050 |
| 225 | 775 | 1225 | 1900 |
| 400 | 700 | 950 | 1275 |
| 500 | 625 | 850 | 1150 |
| 700 | 575 | 775 | 1050 |
| 1000 | 575 | 775 | 1050 |
| 渐近值 | 575 | 775 | 1050 |

注：1. 有些测定表明，电流路径为一手到一脚的人体总阻抗 $R_T$，稍低于电流路径为手到手的人体总阻抗（10%～30%）。
　　2. 对于活人的 $R_T$ 值，相应于电流的持续时间约为 0.1s。对于更长的持续时间，$R_T$ 值可能减少（约 10%～20%），而当皮肤完全破裂后，$R_T$ 则接近于初始人体电阻 $R_0$。
　　3. $R_T$ 的数值被舍入到 25Ω 的数值。

当忽略电压范围在 100V 以下，交流和直流的 $Z_T$ 之间可能存在的微小差别时，对于水湿润

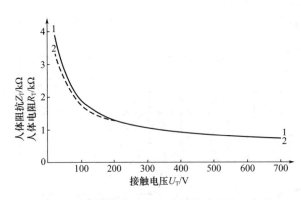

图 1-18 干燥条件，电流路径为手到手，大的接触表面积，50Hz/60Hz 交流和直流接触电压至 700V 时，活人 50% 被测对象的人体总阻抗 $Z_T$ 和总电阻 $R_T$ 测定的统计值
1—直流的人体电阻 $R_T$；2—交流 50Hz 的人体阻抗 $Z_T$

和盐水湿润条件下的大的接触表面积的人体总电阻 $R_T$，可以足够精确地根据表 1-11 和表 1-12 来确定。对于所有其他情况，交流的数据表可被用作保守的估计。

（6）人体初始电阻（$R_0$）值

电流路径为手到手或一手到脚和大的接触表面积，对交流和直流的 5%、50% 和 95% 的人体初始电阻 $R_0$ 的数值，可分别取 500Ω、750Ω 和 1000Ω（类似于表 1-10）。这些数值几乎与接触表面积和皮肤的状况没什么关系。

【注】因为在刚一接触时，皮肤的电容和人体内部的电容都还未被充电，所以初始电阻 $R_0$ 数值，与 50Hz/60Hz 的交流人体总阻抗 $Z_T$ 的渐近值和关于直流人体总电阻 $R_0$ 的数值相比，都显稍低。

### 1.2.3　15~100Hz 范围内正弦交流电流的效应

本节说明频率范围为 15Hz 至 100Hz 的正弦交流电流通过人体时的效应。除非另有说明，以后所说的电流值均为方均根值。接触电流及其效应的实例如图 1-5 所示。

（1）感知阈

感知阈取决于若干参数，如与电极接触的人体的面积（接触面积）、接触的状况（干燥、潮湿、压力、温度），而且，还取决于个人的生理特性。

（2）反应阈

反应阈取决于若干参数，如与电极接触的人体的面积（接触面积）、接触的状况（干燥、潮湿、压力、温度），而且，还取决于个人的生理特性。与时间无关的 0.5mA 的电流值，是在本节中假设作为当接触可导电表面时的反应阈。

（3）活动抑制

在本节中的"活动抑制"意味着这样一种电流效应，即受电流影响的人的身体（或身体的部分）不能自主地活动。

对肌肉的效应有可能是由于电流通过受损伤的肌肉或通过相关联的神经或相关联的脑髓部分流通所导致的结果。能导致活动抑制的电流值取决于受损伤肌肉的体积、电流损伤的神经类型和脑髓的部位。

（4）摆脱阈

摆脱阈取决于若干参数，如接触面积、电极的形状和尺寸以及个人的生理特性等。在本节中，约 10mA 的值是针对成年男人而假设的，约 5mA 的数值适用于所有人。

（5）心室纤维性颤动阈

心室纤维性颤动阈取决于生理参数（人体结构、心脏功能状态等）以及电气参数（电流的持续时间和路径、电流的特性等）。心脏活动的说明见图 1-3 和图 1-4。

对于正弦交流电（50Hz 或 60Hz），如果电流的流通被延长到超过一个心搏周期，则纤维性颤动阈具有显著的下降。这种效应是由诱发期外收缩的电流，使心脏不协调的兴奋状态加剧所导致的结果。

当电击的持续时间小于 0.1s，电流大于 500mA 时，纤维性颤动就有可能发生，只要电击发生在易损期内，而数安培的电流幅度，则很可能引起纤维性颤动。这样强度的而持续的时间又超过一个心搏周期的电击，有可能导致可逆性的心跳停止。

对电流的持续时间超过一个心搏周期，图 1-19 表示的是来自动物的实验与人的来自对电气事故的统计计算的心室纤维颤动阈之间的比较。

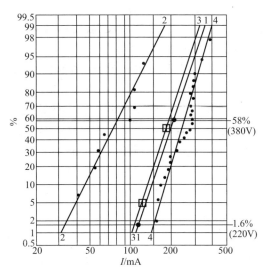

图 1-19 取自于实验的狗、猪和羊的心室纤维性颤动的数据；交流接触电压为 220V 和 380V，人体总阻抗 $Z_T$（5%），电流路径为手到手横向流动方向的电气事故统计的人的心室纤维性颤动数据

注：1—由对事故统计计算的关于人的纤维颤动的资料（$U_T$=220V，1.6%。$U_T$=380V，58%）；

2—电流的持续时间为 5s 时，关于狗的心室纤维性颤动的资料；

3—电流的持续时间大于 1.5 倍心搏周期时，关于猪的纤维性颤动的资料；

4—电流的持续时间为 3s 时，关于羊的纤维性颤动的资料

"•"表示是事故统计的计算数据（$U_T$=220V，1.6% 和 $U_T$=380V，58%，$I_T$ 分别为 110mA 和 220mA）；"田"表示对猪测定的统计数据 [$I$(5%)=120mA，$I$(50%)=180mA]；

图中实线表示用心脏-电流系数 $F$=0.4 校正的数据

在将动物的实验结果施用于人体时，以左手到双脚的电流路径，很方便地建立了一条经验曲线 c1（见图 1-5），在曲线 c1 以下，纤维性颤动是不大可能发生的。对处于 10mA 和 100mA 之间的短持续时间的高电平区间，被选做从 500mA 到 400mA 的递降的曲线。在电气事故资料的基础上，对持续时间长 1s 的较低的电平区间，被选做在 1s 时的 50mA 至持续时间长于 3s 的 40mA 的递减的曲线。两电平区间用平滑的曲线连接。

根据对动物实验结果的统计计算，建立了分别为 5% 和 50% 的纤维性颤动概率的曲线 c2 和 c3（见图 1-5）。曲线 c1、c2 和 c3 适用于关于左手到双脚的电流路径。

（6）与电击相关的其他效应

其他的电击效应，如肌肉收缩、血压上升、心跳脉冲的形成和传导的紊乱（包括心房纤维性颤动和瞬时的心律紊乱）都可能发生。这样一些效应通常并非是致命的。

如果有数安培电流持续的时间超过数秒，则深度烧伤和其他的内部伤害都可能产生，也可能见到外表烧伤。

高压事故不可能导致心室纤维性颤动的后果，而是产生其他的心搏停止的形式。这在事故统计方面被证明，并由动物的实验得到确认。然而，目前还没有足够的资料来鉴别这些情

况的可能性。

心室纤维性颤动是致命的，因为它拒绝能输送所需要氧的血液的流动。不涉及心室纤维性颤动的电气事故也可能致命。其他的效应有可能影响呼吸，而或许妨碍人大声呼救。这些相关机理包括呼吸调节的功能紊乱、呼吸肌肉的麻痹、肌肉的神经中枢活动通路的破坏和头脑内部呼吸调节机理的破坏。这些效应如若持久，则不可避免地会导致死亡。如果人要从可逆性呼吸效应中恢复原状，则必须强制性地实施果断的人工呼吸。尽管如此，其人仍有可能死亡。如果电流通过如脊髓或呼吸调节中枢这种关键部分，则很可能发生死亡。这些效应都在考虑中，而且，相应的阈也还没有被定义。

强的横跨膜电场可能破坏细胞，尤其是细长的细胞，如骨骼肌肉的细胞。这并不是热的效应。这些情况可见于高强度、短持续时间的人体电流（如由于瞬间的与高压配电线接触），它们作为例子已被观察到。强电场跨越细胞膜可能在膜中诱发毛孔的形成，这种效应被称为电制孔。这些毛孔可能是稳定的，而且基本上是全密闭的，或可能增大而变成不稳定的，并继而引起细胞膜破裂。于是，组织不可逆地被破坏了。这时，可能发生组织坏死，常常需要将受伤的肢体截肢。电制孔不限于任何特殊的电流幅度或任何特殊的电流通路或流通的持续时间。

相关的非电伤害，如外伤性的伤害应予以考虑。

(7) 电流对皮肤的效应

图 1-20 所示为人皮肤的变化与电流密度 $I_T$ (mA/mm$^2$) 和电流的持续时间之间的关系曲线。

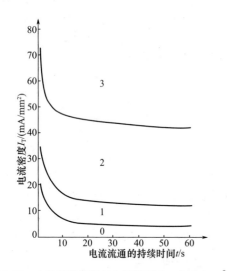

图 1-20　人的皮肤状况与电流密度 $I_T$ (mA/mm$^2$) 和电流的持续时间之间的关系曲线

注：区域 3 呈现皮肤炭化；区域 2 呈现电流伤痕；区域 1 呈现皮肤变红；区域 0 没有效应

作为指导，可给出下列数据：

① 在 10mA/mm$^2$ 以下，一般对皮肤观察不到变化，当电流的持续时间较长（若干秒）时，在电极下的皮肤可能是灰白色的粗糙表面（0 区）；

② 在 10mA/mm$^2$ 和 20mA/mm$^2$ 之间，在电极边缘的皮肤变红，出现带有类似的略带白色的隆起的波纹（1 区）；

③ 在 20mA/mm$^2$ 和 50mA/mm$^2$ 之间，在电极下的皮肤呈现褐色并深入皮肤。对于电流持续更长的时间（几十秒），在电极周围可观察到充满电流痕迹（2 区）；

④ 在 50mA/mm$^2$ 以上，可能发生皮肤被炭化（3 区）；

⑤ 采用大的接触表面积，尽管是致命的电流幅度，但电流密度仍可降低到不会引起皮肤的任何的变化。

(8) 心脏电流系数 (F) 的应用

心脏电流系数可用以计算通过除左手到双脚的电流通路以外的电流 $I_h$，此电流与图 1-5 中的左手到双脚的 $I_{ref}$ 具有同样心室纤维性颤动的危险。

$$I_h = I_{ref}/F \tag{1-3}$$

$I_{ref}$——图 1-5 中的路径为左手到双脚的人体电流；

$F$——表1-20中的心脏电流系数。

$I_h$——表1-20中各路径的人体电流。

【注】心脏电流系数被认为只是作为各种电流路径心室纤维性颤动相对危险的大致估算。

对于不同电流路径的心脏电流系数列于表1-20。

表1-20 不同电流路径的心脏电流系数 $F$

| 电流路径 | 心脏电流系数 |
| --- | --- |
| 左手到左脚、右脚或双脚 | 1.0 |
| 双手到双脚 | 1.0 |
| 左手到右手 | 0.4 |
| 右手到左脚、右脚或双脚 | 0.8 |
| 背脊到右手 | 0.3 |
| 背脊到左手 | 0.7 |
| 胸腔到右手 | 1.3 |
| 胸腔到左手 | 1.5 |
| 臂部到左手、右手或到双手 | 0.7 |
| 左脚到右脚 | 0.04 |

例如：从手到手225mA的电流与从左手到双脚的90mA电流，具有产生心室纤维性颤动的相同可能性。

## 1.2.4 直流电流的效应

本节说明通过人体的直流电流的效应。基本术语"直流电流"是指无纹波直流电流，然而，关于纤维性颤动效应，对于含有不大于10%方均根值的正弦纹波电流的直流，本节给出的数据是保守的。接触电流及其效应的实例如图1-21所示。

（1）感知阈和反应阈

这两个阈取决于若干参数，如接触面积、接触状况（干燥度、湿度、压力、温度）、通电时间和个人的生理特点等。与交流不同，在感知阈水平时直流只有在通、断时才有感觉，而在电流流过期间不会有其他感觉。在与交流类似的研究条件下测得的反应阈约为2mA。

（2）活动抑制阈和摆脱阈

与交流不同，直流没有确切的活动抑制阈或摆脱阈。只有在电流接通和断开时，才会引起肌肉疼痛和痉挛状收缩。

（3）心室纤维性颤动阈

如同在交流纤维颤动阈中所说明的，直流纤维性颤动阈也取决于生理和电气参数。

由电气事故资料得知，通常纵向电流才会有心室纤维性颤动的危险。至于横向电流，由动物实验得知在更高的电流强度时也可能发生。

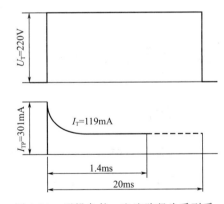

图1-21 干燥条件，电流路径为手到手，大的接触表面积，关于直流的接触电压 $U_T$ 和接触电流 $I_T$ 的示波图

注：$U_T$=220V，直流，电流的持续时间为20ms，接触电流 $I_T$=119mA，峰值 $I_{TP}$=301mA，人体总电阻 $R_T$=168Ω，人体初始电阻 $R_0$=664Ω。双手臂和双肩有强烈的、烧灼的感觉和无意识的肌肉痉挛

从动物实验及电气事故资料得知,向下电流的纤维性颤动阈,约为向上电流的两倍。

电击时间长于一个心搏周期时,直流的纤维性颤动阈比交流要高好几倍。当电击时间短于 200ms 时,其纤维性颤动阈和交流以方均根的阈值大致相同。

由动物的实验数据绘制的曲线,适用于纵向向上的(脚为正极性的)电流。在图 1-6 中的曲线 c2 和 c3 表示计算的电流强度和持续时间的组合,在这种情况下,当电流路径为纵向通过躯体(即从左前肢到双后脚)时,则动物的心室纤维性颤动的概率分别约为 5% 和 50%。曲线 c1 表示电流和持续时间的组合,低于曲线 c1,根据对动物的研究,对电流通过人体的同样的纵向通路,则心室纤维性颤动的可能比预计低很多。新近的研究表明,对于人的心室纤维性颤动阈,对每一个持续时间而言,都高于与动物相比的电流幅度。例如,对于健康的人,其左手到双脚的阈电流,对于长的电流持续时间,可能是 200mA 的数量级。然而,并不是所有人的心脏都是健康的,而且有些疾病可能会影响心室纤维性颤动阈。具有不健康心脏状况的某些人,其心室纤维性颤动阈低于正常标准,但对减少的量并无准确的了解。因此,在图中所表示的以研究动物为依据的 c1 曲线,用于说明关于人的心室纤维性颤动阈是保守的估计。还没有在 c1 曲线以下电击死亡的电气事故,这表明,对于所有人而言,c1 曲线或许是保守的。对于纵向向下的电流(双脚为负极性),以近似于 2 的系数,必须将曲线都变换到比较高的电流幅度。

(4)电流的其他效应

电流接近 100mA 时,通电期间,四肢有发热感。在接触面的皮肤内感到疼痛。

300mA 以下横向电流通过人体几分钟时,随着时间和电流量的增加,可引起可逆的心律失常、电流伤痕、烧伤、头昏以及有时失去知觉。超过 300mA 时,往往会失去知觉。

电流达数安培延续超过几秒,则可能发生深度烧伤或其他损伤,甚至死亡。

像电制孔这样的效应,有可能因同直流电路和交流电路的接触而引起。

有关非电气伤害,如外伤的伤害应予以考虑。

(5)心脏电流系数

与交流电流一样,心脏电流系数也适用于直流电流。

# 1.3 安全电压及电击防护

## 1.3.1 常用术语

### 1.3.1.1 接触电压(touch voltage)

①(有效)接触电压[(effective) touch voltage]:人或家畜同时触及两个可导电部分之间的电压。

【注】有效接触电压值可能受到与这些可导电部分发生电接触的人或家畜的阻抗明显的影响。

② 预期接触电压(prospective touch voltage):人或家畜尚未接触到可导电部分时,这些可能同时触及的可导电部分之间的电压。

### 1.3.1.2 绝缘(insulation)

表征一个绝缘体实现其功能的各种性质。

【注】相关特性例如电阻、击穿电压。绝缘有可能是固体、液体、气体（比如空气）及其组合。

① 基本绝缘（basic insulation）：能够提供基本防护的危险带电部分上的绝缘。

【注】本概念不适用于仅用作功能性目的的绝缘。

② 附加绝缘（supplementary insulation）：除了基本绝缘外，用于故障防护附加的单独绝缘。

③ 双重绝缘（double insulation）：既有基本绝缘又有附加绝缘构成的绝缘。

④ 加强绝缘（reinforced insulation）：危险带电部分具有相当于双重绝缘的电击防护等级的绝缘。

【注】加强绝缘可以由几个不能像基本绝缘或附加绝缘那样单独测试的绝缘层组成。

### 1.3.1.3 等电位连接（equipotential bonding）

为等电位而电气连接多个可导电部分。

【注】等电位连接的有效性可能取决于连接中电流的频率。

① 保护等电位连接（protective equipotential bonding）：为了安全（例如电击防护）的等电位连接。

② 功能等电位连接（functional equipotential bonding）：非为了安全而是为保证正常运行进行的等电位连接。

③ 等电位连接端子（equipotential bonding terminal）：设备或器件上用来与等电位连接系统进行电气连接的端子。

④ 保护连接端子（protective bonding terminal）：用于保护等电位连接的端子。

⑤ 保护导体（protective conductor）：为了安全，如电击防护中设置的导体。

⑥ PE 导体（PE conductor）：用于保护接地的保护导体。

⑦ PEN 导体（PEN conductor）：保护接地中性导体，兼有保护导体和中性导体功能的导体。

⑧ PEM 导体（PEM conductor）：保护接地中间导体，兼有保护导体和中间导体功能的导体。

⑨ PEL 导体（PEL conductor）：保护接地线导体，兼有保护接地导体和线导体功能的导体。

⑩ 保护联结导体（protective bonding conductor）：用于保护等电位连接的保护导体。

⑪ 线导体（line conductor）：相导体（交流系统）[phase conductors（in AC systems）]；极导体（直流系统）[pole conductors（in DC systems）]。

正常运行时带电并能用于输电或配电的导体，但不是中性导体或中间导体。

⑫ 中性导体（neutral conductor）：电气上与中性点连接并能用于配电的导体。

### 1.3.1.4 地（earth）

【注】"地"这一概念的意思指地球及其所有自然物质。

① 接地（动词）[earth；ground（US）]：在系统、装置或设备的给定点与局部地之间做电连接。

【注】与局部地之间的连接可以是：有意的，或无意的，或意外的及可以是永久性或临时性的。

② 参考地[reference earth；reference ground（US）]：不受任何接地配置影响的、视为导电的大地的部分，其电位约定为零。

③（局部）地［(local) earth；(local) ground (US)］：大地与接地极有电接触的部分，其电位不一定等于零。

④ 接地极［earth electrode；gorund electrode (US)］：埋入特定的导电介质（如混凝土或焦炭）中，与地有电气接触的可导电部分。

⑤ 接地导体［earthing conductor；grounding conductor (US)］：在系统、装置或设备中的给定点与接地极之间提供导电通路或部分导电通路的导体。

⑥ 接地配置［earthing arrangement；grounding arrangement (US)］：系统、装置和设备的接地所包含的所有电气连接和器件。

【注】在高压侧，可能是局部设置的相互连接的接地极。

⑦ 保护接地［protective earthing；protective grounding (US)］：为了电气安全将系统、装置或设备的一点或多点接地。

⑧ 功能接地［functional earthing；functional grounding (US)］：除电气安全之外的目的，将系统、装置或设备中的一点或多点接地。

### 1.3.1.5　特低电压（Extra Low Voltage，ELV）

在特定外部影响条件下，不超过预期接触电压即允许持续接触的电压的最大值。

① 安全特低电压系统——SELV system（safety extra low voltage system）。

电压不能超过特低电压的电气系统：正常的条件下；单一故障条件下，包括其他电气回路的接地故障。

② 保护特低电压系统——PELV system（protective extra low voltage system）。

电压不能超过特低电压的电气系统：正常的条件下；单一故障条件下，不包括其他电气回路的接地故障。

### 1.3.1.6　跨步电压（step voltage）

地面上相距1m（人的步距）的两点之间的电压。

## 1.3.2　安全电压

### 1.3.2.1　SELV系统和PELV系统

1）直接接触防护的措施和间接接触防护的措施，除第1.3.4节和第1.4节规定的防护措施外，亦可采用SELV系统和PELV系统作为防护措施。

2）SELV系统和PELV系统的标称电压不应超过交流方均根值50V。当系统由自耦变压器、分压器或半导体器件等设备从高于50V电压系统供电时，应对输入回路采取保护措施。特殊装置或场所的电压限值，应符合现行国家标准GB 16895《低压电气装置》系列标准中的有关标准的规定。

3）SELV系统和PELV系统的电源，应符合下列要求之一：

① 有符合现行国家标准GB 19212.7—2012《电源电压为1100V及以下的变压器、电抗器、电源装置和类似产品的安全　第7部分：安全隔离变压器和内装安全隔离变压器的电源装置的特殊要求和试验》的安全隔离变压器供电；

② 具备与上述①规定的安全隔离变压器有同等安全程度的电源；

③ 电化学电源或与高于交流方均根值50V电压的回路无关的其他电源。

④ 符合相应标准，且即使内部发生故障也保证能使出线端子电压不超过交流方均根值 50V 的电子器件构成的电源。当发生直接接触和间接接触时，电子器件能保证出线端子电压立即降低到小于等于交流方均根值 50V 时，出线端子电压可高于交流方均根值 50V 的电压。

4) SELV 系统和 PELV 系统的安全隔离变压器或电动发电机等移动式安全电源，应达到 Ⅱ 类设备或与 Ⅱ 类设备等效绝缘的防护要求。

5) SELV 系统和 PELV 系统回路的带电部分相互之间及与其他回路之间，应进行电气分隔，且不应低于安全隔离变压器的输入和输出回路之间的隔离要求。

6) 每个 SELV 系统和 PELV 系统的回路导体，应与其他回路导体分开布置。当不能分开布置时，应采取下列措施之一：

① SELV 系统和 PELV 系统的回路导体应做基本绝缘，并应将其封闭在非金属护套内；

② 不同电压的回路导体，应用接地的金属屏蔽或接地的金属护套隔开；

③ 不同电压的回路可包含在一个多芯电缆或导体组内，但 SELV 系统和 PELV 系统的回路导体应单独或集中按其中最高电压绝缘。

7) SELV 系统的回路带电部分严禁与地、其他回路的带电部分或保护导体相连接，并应符合下列要求：

① 设备的外露可导电部分不应与下列部分连接：地；其他回路的保护导体或外露可导电部分；装置外可导电部分。

② 电气设备因功能的要求与装置外可导电部分连接时，应采取保证这种连接的电压不会高于交流方均根值 50V 的措施。

③ SELV 系统回路的外露可导电部分有可能接触其他回路的外露可导电部分时，其电击防护除依靠 SELV 系统的保护外，尚应依靠可能被接触的其他回路的外露可导电部分所采取的保护措施。

8) SELV 系统，当标称电压超过交流方均根值 25V 时，直接接触防护应采取下列措施之一：

① 设置防护等级不低于现行国家标准 GB 4208—2017《外壳防护等级（IP 代码）》规定的 IPXXB 级或 IP2X 级的遮栏或外护物；

② 采用能承受交流方均根值 500V、时间为 1min 的电压耐受试验的绝缘。

9) 当 SELV 系统的标称电压不超过交流方均根值 25V 时，除国家现行有关标准另有规定外，可不设直接接触防护。

10) PELV 系统的直接接触防护，应采用上述第 8) 条规定的措施。当建筑物内外已设置总等电位连接，PELV 系统的接地配置和外露可导电部分已用保护导体连接到总接地端子上，且符合下列条件时，可采取直接接触防护措施：

① 设备在干燥场所使用，预计人体不会大面积触及带电部分并且标称电压不超过交流方均根值 25V；

② 在其他情况下，标称电压不超过交流方均根值 6V。

11) SELV 系统的插头和插座，应符合下列规定：

① 插头不应插入其他电压系统的插座；

② 其他电压系统的插头应不能插入插座；

③ 插座应无保护导体的插孔。

12) PELV 系统的插头和插座，应符合上述第 11) 条①②的要求。

### 1.3.2.2 FELV系统

1) 当不必要采用SELV系统和PELV系统保护或因功能上的原因使用了标称电压小于等于交流方均根值50V的电压，但本章1.3.2.1的规定不能完全满足其要求时，可采用FELV系统。

2) FELV系统的直接接触防护，应采取下列措施之一：

① 应装设符合GB 50054—2011《低压配电设计规范》要求的遮栏或外护物；

② 应采用与一次回路所要求的最低试验电压相当的绝缘。

3) 当属于FELV系统的一部分的设备绝缘不能耐受一次回路所要求的试验电压时，设备可接近的非导电部分的绝缘应加强，且应使其能耐受交流方均根值为1500V、时间为1min的试验电压。

4) FELV系统的间接接触防护，应采取下列措施之一：

① 当一次回路采用自动切断电源的防护措施时，应将FELV系统中的设备外露可导电部分与一次回路的保护导体连接，此时不排除FELV系统中的带电导体与该一次回路保护导体的连接；

② 当一次回路采用电气分隔防护时，应将FELV系统中的设备外露可导电部分与一次回路的不接地等电位连接导体连接。

5) FELV系统的插头和插座，应符合1.3.2.1第11）条①②的规定。

## 1.3.3 电击防护的基本原则

电击定义为电流流经人或家畜时产生的生理效应。生理效应可能是有害的（如心室纤维性颤动、灼伤和窒息），或是无害的（如肌肉反应和感知）。

在下列情况下，危险的带电部分不应是可触及的，而可触及的可导电部分不应是危险的带电部分：在正常条件下（工作在ISO/IEC Guide 51：2014中3.6规定的预期使用条件下，且没有故障）；或在单一故障条件下。

【注】对一般人员规定的可触及性规则，可能与熟练技术人员或受过培训的人员不同，而且还可能随着产品和位置的不同而有所变化。

对高压装置、系统和设备而言，进入危险区域就认为相当于触及危险的带电部分。基本防护提供正常条件（见1.3.3.1）下的防护。故障防护提供单一故障条件（见1.3.3.2）下的防护。如有必要，在适用情况下附加防护（见1.3.3.3）可作为防护措施的组成部分。加强防护的防护规定（见1.3.3.2的第（2）条）在正常条件和单一故障条件下均能提供防护。

### 1.3.3.1 正常条件

要满足基本规则中有关正常条件下的电击防护要求，则采用本节中所述的基本防护是必不可少的。

有关基本防护的防护规定的相关要求，在本章1.3.4.1中给出。

为了提供装置和设备的要求，指定以下区段：高压（HV）——用特殊措施，尤其是接地配置来确保电击防护；低压（LV）——用基本防护和一般的故障防护来确保电击防护；特低压（ELV）是低压区段的一部分，当使用特低压（ELV）时，不需要故障防护，在某些条件下，基本防护是由限制电压来提供的。这些条件包括特殊应用定义的接触面积、湿度、电压、电流及其他。表1-21指定上述区段的不同电压限值。

表 1-21 电压区段限值

| 电压区段 | | 交流 | 直流 |
| --- | --- | --- | --- |
| HV | | >1000V | >1500V |
| LV | | ≤1000V | ≤1500V |
| | ELV | ≤50V | ≤120V |

表 1-21 数值基于下列条件。交流系统——接地系统中相线对地电压及相间电压方均根值；不接地或非有效接地系统中相间电压方均根值。直流系统——接地系统中极对地电压及极间电压；不接地或非有效接地系统中极间电压。

多年来一直约定直流 120V 作为特低压（ELV）上限值。然而，对于给定的电压，现行标准 GB/T 13870.1—2008《电流对人和家畜的效应 第 1 部分：通用部分》中描述了不同环境和接触情况下会导致不同的接触电流值。而且电流波形和流过身体的路径，对危险水平有极大影响。因此，要求技术委员会非常仔细地考虑，特低压（ELV）值小于 120V DC 是否对制定标准是必要的。

### 1.3.3.2 单一故障条件

发生下列情况之一时，均认为是单一故障：①可触及的非危险带电部分变成危险的带电部分（例如，由于限制稳态接触电流和电荷措施的失效）；②在正常条件下可触及的不带电的可导电部分变成危险的带电部分（例如，由于外露可导电部分基本绝缘的损坏）；③危险的带电部分变成可触及的（例如，由于外护物的机械损坏）。

要满足在单一故障条件下的基本规则，故障防护和在一定情况下的附加防护是必不可少的。这种防护可采用如下方法实现：①采用独立于基本防护的进一步的防护规定（见 1.3.3.2 第（1）条）；②采用兼有基本防护和故障防护功能的加强防护（见 1.3.3.2 第（2）条）。这时需要考虑所有的相关影响。故障防护规定的相关要求见 1.3.4.2。

（1）采用独立防护的防护规定

每个独立防护规定应设计为，在相关技术委员会规定条件下都不太可能失效。独立防护规定间不应相互影响，这样一个防护规定失效就不至于损害其他防护规定。独立防护规定同时失效是不太可能的，因而通常不必考虑。可信赖于仍然有效未受影响的防护规定。

（2）采用加强防护的防护规定

加强防护规定的性能是应实现两个独立防护规定所达到的同样持续的保护效力。加强防护规定的相关要求见 1.3.4.3。

### 1.3.3.3 附加防护

如果预期使用中会增加固有风险，例如在人与地电位低阻抗接触的区域内，则技术委员会应考虑可能需要指定附加防护。这种附加防护可以在装置、系统或设备内提供。附加防护的相关要求见 1.3.4.4。

由一个或多个后续故障导致的单一故障的情况应被视为单一故障条件。

### 1.3.3.4 电灼伤防护

技术委员会应在其标准中提出电灼伤的防护措施。由于电流流经人体或家畜有足够的密度和持续时间，可能会导致电灼伤。电弧也能导致灼伤即使仅涉及身体的一小部分，也会导致严重后果。

【注】1. 可能发生深度烧伤及其他内部损伤或表面灼伤。

2. 多种电灼伤技术资料见 GB/T 13870.1—2008《电流对人和家畜的效应 第1部分：通用部分》，测量方法见 IEC 60990《Methods of measurement of touch current and protective conductor current，接触电流和保护导体电流的测量方法》。

### 1.3.3.5 不影响健康的生理效应的防护

技术委员会应考虑是否将下列效应纳入其标准：流经人体但不直接有危害的电流，可能导致不适或危险（如导致惊跳反应）。这也可能涉及感知阈、疼痛阈或热感知。

① 肌肉反应：依据 GB/T 13870.1—2008《电流对人和家畜的效应 第1部分：通用部分》，当流过人或家畜的电流为交流 15～100Hz 时的 AC-2 区域或直流 DC-2 区域范围内，会引发肌肉不自觉收缩。频率不超过 100Hz 的交流或波纹系数不超过 10% 的直流，接触电压反应阈不应超过表 1-22 中所列数值。

表 1-22 接触电压反应阈

| 反应类型 | 电压阈值 |
| --- | --- |
| 惊跳反应 | 交流 2V 或直流 8V |
| 肌肉反应 | 交流 20V 或直流 40V |

表 1-22 的值定义在干燥条件下，接触面积 $35mm^2$。

考虑在诸如盐水湿润、水湿润或浸没等其他环境条件下，以上数值可能要降低，这也取决于电流流经躯体的路径。

② 静电放电的接触电流效应：静电放电电流流经人体或家畜也可能发生惊跳反应。

③ 热效应：当小电流流经人体或家畜可能发生热感知，高频时更明显。也可能引发如血压升高、心脏搏动和传导的紊乱、停滞（包括心室纤维性颤动和短暂性心律紊乱）等情况。

## 1.3.4 电击防护规定

1.3.4.1～1.3.4.4 概述了不同的防护规定。防护措施由适当的防护规定组合而成。典型防护措施结构所述见 1.3.5。

按预期使用以及适当维护，所有防护规定的设计和安装都应使其在装置、系统或设备的预期寿命内有效。应根据 IEC 60721《Classification of environmental conditions，环境条件分类》系列标准中外界影响的分类，以及 IEC 60068《Environmental testing，环境测试》系列标准的测试方法来考虑环境的影响。尤其要注意的是周围温度、气候条件、水、机械应力、人的承受力以及人或家畜与地电位的接触面积。

技术委员会应考虑绝缘配合的要求。低压装置、系统和设备的绝缘配合要求详见 IEC 60664《Insulation coordination for equipment within low-voltage systems，低压系统内设备的绝缘配合》系列标准，该系列标准还提供了空气间隙和爬电距离以及固体绝缘的尺寸规格的指导。高压装置、系统和设备的绝缘配合要求详见 IEC 60071《Insulation coordination，绝缘配合》系列标准。

### 1.3.4.1 基本防护的规定

基本防护应由在正常条件下能防止与危险带电部分接触的一个或多个规定组成。

1.3.4.1(1)～(5) 规定了一些独立的基本防护规定。

【注】只有油漆、清漆、面漆及类似涂料，在正常使用中通常不被认为对电击防护提供足够的绝缘。

(1) 基本绝缘

① 当使用固体基本绝缘时，应能防止接触危险的带电部分。对于高压装置和设备，在固体绝缘的表面可能存在电压，因而可能要采取进一步的预防措施。

② 如果以空气作为基本绝缘，则应按照 1.3.4.1(2) 和 1.3.4.1(3) 的规定，应利用阻挡物、遮栏或外壳，防止接触危险的带电部分或进入危险区域；或按照 1.3.4.1(4) 的规定，将危险的带电部分置于伸臂范围之外。

(2) 防护遮栏或外壳

① 防护遮栏或外壳的作用：对于低压装置和设备，采用 IEC 60529《Degrees of protection provided by enclosure（IP code），外壳防护等级（国际防护等级代码）》规定的最低为 IPXXB 或 IP2X 的电击防护等级，其易接近的水平顶面的防护遮栏或外壳采用最低为 IPXXD 或 IP4X 的电击防护等级，以防止接近危险的带电部分；对于高压装置和设备，采用 IEC 60529 规定的最低为 IPXXB 或 IP2X 的电击防护等级，其易接近的水平顶面的防护遮栏或外壳采用最低为 IPXXD 或 IP4X 的电击防护等级，以防止进入危险区域。

【注】IP 代码适用于电压不超过 72.5kV 的电气设备外壳。

② 考虑到来自环境和外壳内的所有的相关影响，防护遮栏或外壳应有足够的机械强度、稳定性和耐久性，以保持所规定的防护等级。其应牢固固定在其位置上。

③ 如果在设计或结构方面允许拆除防护遮栏、打开外壳或拆卸外壳的部件，从而导致接近危险的带电部分或进入危险区域，应在具备下列条件之一时进行：

利用钥匙或工具；当危险的带电部分与电源隔离后，外壳不再起防护作用时，则只应在防护遮栏或外壳的部件复位或门关闭以后才能恢复供电；中间的遮栏仍保持所要求的防护等级，而这样的遮栏是只有用钥匙或工具才能拆除的。

(3) 阻挡物

① 阻挡物用于保护熟练技术人员或受过培训的人员，但不得用于保护一般人员。

② 装置、系统或设备运行时，在特殊的操作和维护条件下，其阻挡物的作用：对于低压装置和设备，应能防止无意接触危险的带电部分；对于高压装置和设备，应能防止无意地进入危险区域。

③ 阻挡物可以不用钥匙或工具就能挪动，但应保证不太可能被无意识地挪动。

④ 在可导电的阻挡物仅靠基本绝缘与危险的带电部分隔离的情况下，应视其为外露可导电部分，并应采取故障防护措施（详见 1.3.5）。

(4) 置于伸臂范围之外

① 在 1.3.4.1(1)、1.3.4.1(2)、1.3.4.1(3)、1.3.4.1(5) 和 1.3.4.1(6) 所规定的措施都不能采用时，可采用置于伸臂范围之外的措施，其作用为：对低压装置和设备，用以防止无意识地同时触及可能存在危险电压的可导电部分；对高压装置和设备，用以防止无意识地进入危险区域。具体的要求应由技术委员会规定。对于低压装置，通常认为距离大于 2.5m 的部分不会同时触及。如果仅限于对熟练技术人员或受过培训的人员，则规定的接近距离可缩短。

② 如果预期人因使用或手持物件（例如工具或梯子）而缩短距离，则技术委员会应规定相关的限制条件，或规定可能存在危险电压的可导电部分之间的距离。

(5) 电压限制

电压限制的规定要满足基本防护的要求，就要满足以下两个条件。

第一个条件。接触电压在任何情况下都不超过：对于仅能在干燥场所正常使用的设备，身体不可能大面积接触带电部分时，电压为交流方均根值 25V 或无波纹直流 60V；其他条件下电压为交流方均根值 6V 或无波纹直流 15V。

第二个条件。安全水平等同于 SELV 或 PELV 并由以下电源其中之一供电：

① 安全隔离变压器；

【注】安全隔离变压器符合 IEC 67558-2-6、GB 19212.7—2012《电源电压为 1100V 及以下的变压器、电抗器、电源装置和类似产品的安全 第 7 部分：安全隔离变压器和内装安全隔离变压器的电源装置的特殊要求和试验》。

② 安全等级等同于安全隔离变压器的电流源（如电动发电机）；

③ 电化学电源（比如电池）。

应承认这些电压限值取决于大量的影响因素（诸如环境条件、接触面积）。

(6) 稳态接触电流和能量的限制

稳态接触电流和能量的限制的规定是将接触电流和能量限制在非危险值。应防止人或家畜受到可能高于 1.3.4 规定的稳态接触电流和能量值的影响。

① 推荐以下接触电流值：正常运行条件下，可同时触及的导电部分间的稳态电流不应超过感知阈，即交流 0.5mA 或直流 2mA；非正常条件或故障条件下，电流值不应超过疼痛阈，即交流 3.5mA 或直流 10mA。

② 可同时触及的导电部分间的储存能量，依据 GB/T 13870.2—2016《电流对人和家畜的效应 第 2 部分：特殊情况》提出以下值：疼痛阈对应的 0.5mJ 和感知阈对应的 5μJ。

当有其他频率、波形或直流分量的交流值时，适当考虑使用相应的 IEC 60990《Methods of measurement of touch current and protective conductor current，接触电流和保护导体电流的测量方法》规定的过滤的接触电流电路来测量。

【注】在 IEC 60601《Medical electrical equipment，医用电气设备》系列标准范围内的医用电气设备需采用其他指标。

(7) 电位均衡

对于高压装置和设备，应设置均衡电位的接地极，防止人或家畜在正常条件下受到危险的跨步电压和接触电压的伤害。

【注】电位均衡通常应用于电气铁路系统和变电站，这种场所出现的接地电流大。

### 1.3.4.2 故障防护的规定

故障防护应由附加于基本防护中的独立的一项或多项规定组成。以下各项规定了用于故障防护的几种防护规定。

(1) 附加绝缘

附加绝缘是故障防护的一个规定，它提供了除基本绝缘以外的绝缘。附加绝缘应与基本绝缘有相同的承受能力。

(2) 保护等电位连接

保护等电位连接这个规定，是通过连接以防止危险接触电压。保护等电位连接系统应由如下部分中的一个、两个或多个适当组合构成。用于在设备中保护等电位连接的方法，详见

1.3.6；装置中的接地的或不接地的保护等电位连接；保护导体；PEN、PEL 或 PEM 导体；防护屏蔽；电源接地点或人工中性点；接地极（包括用作均衡电位的接地极）；接地导体。

对于高压装置和系统，因为有可能存在特殊的危险，如高的接触电压和跨步电压和由于放电而使外露的可导电部分变成带电体，故它们的等电位连接系统应与地连接。接地配置的对地阻抗值应规定为以不能出现危险的接触电压为标准。故障情况下可能变成带电的外露可导电部分，应接到接地装置上。

① 基本防护一旦损坏，可能带有危险接触电压的可触及的可导电部分，即外露可导电部分和任何的保护屏蔽体，都应与保护等电位连接系统连接。

【注】电气设备中可导电部分只有与外露可导电部分接触而带电，此可导电部分不认为是外露可导电部分。

② 保护等电位连接系统的阻抗值应是足够低的，以避免在绝缘失效的情况下，可导电部分之间出现危险的电位差，必要时应与故障电流动作的保护器件配合使用（见 1.3.4.2（5）自动切断电源）。电位的最大差值及其持续时间应以 IEC TR 60479-5《Effects of current on human beings and livestock—Part 5：Touch voltage threshold values for physiological effects，电流对人和家畜的影响 第 5 部分：生理影响的接触电压阈值》为基准。

这可能需要考虑保护等电位连接系统的不同组成部分的相应阻抗值。

在单一故障情况下，由于回路阻抗限制了稳态接触电流，因而在按 IEC 60990 的规定测量时，当交流方均根值不可能超过 3.5mA，或直流不可能超过 10mA 时，则这种情况的电位差不需要考虑。

在某些环境或状态下，例如医疗场所（参见 IEC 60601-1 规定的极限值）、高导电性场所、潮湿的区域以及类似区域，这种限值需要取较低值。

③ 保护等电位连接的所有部分的截面尺寸选定应做到，在可能出现热效应和电动应力时，不能损害保护等电位连接的特性。例如由于基本绝缘故障或短路。

④ 保护等电位连接系统的所有部分，都应能承受预期的内部和外部所有的影响（包括机械的、热的和腐蚀性的）。

⑤ 可活动的导电连接，例如铰接和滑块，不应视为是保护等电位连接的一部分，但符合上述②③④要求者除外。

⑥ 如果装置、系统或设备的部件是预期要拆卸的，则在拆卸这些部件时，不应分断用于装置、系统或设备的任何其他部分的保护等电位连接，除非首先切断其他部分的电源。

⑦ 除已在下述⑧中说明者外，保护等电位连接系统的所有组成部分都不应含有预期会中断电气连续性或引进有明显阻抗的任何器件。由于检验保护导体的连续性或测试保护导体电流，技术委员会可不执行这项要求。

⑧ 如果保护等电位连接系统的组成部分有可能被与相关的同一供电导体用的连接器或插头插座器件分断，则保护等电位连接系统不应在供电导体切断之前被分断。保护等电位连接应在供电导体重新接通之前先恢复连接。上述要求是不适用于设备在断电时分断和重新接通的情况。在高压装置、系统和设备中，在主触头达到能承受设备额定冲击耐受电压的分断距离之前，不应分断保护等电位连接。

⑨ 保护等电位连接系统的导体，不管是绝缘的或裸露的，其外形、位置、标志或颜色都应易于辨别。但只有破坏才能断开的那些导体除外。例如，绕线连接和电子设备中的类似布线以及在印刷电路板上的印制线。如果用颜色来识别，则应符合 IEC 60445《Basic and safety principles for man-machine interface，marking and identification—Identification of equipment terminals, conductor terminations and conductors，人机界面、标志和识别的基本原则和安全原则　设备终端、导体终端和导体的识别》的规定。功能接地导体不应使用黄绿双色绝缘。

(3) 保护屏蔽

保护屏蔽应由插在装置、系统或设备中的危险带电部分和被保护的部分之间的导电屏蔽体组成这种保护屏蔽体：应接到装置、系统或设备的保护等电位连接系统上，并且相互之间的连接应符合 1.3.4.2(2) 的要求；而且其本身应符合有关保护等电位连接系统的组成部分的要求，见 1.3.4.2(2) ②③④。

(4) 高压装置和系统中的指示和分断

应设置指示故障的器件。依据中性点的接地方式，故障电流应手动分断或自动分断［见 1.3.4.2(5)］。根据故障持续时间允许的接触电压值，应由技术委员会依据国家标准 GB/T 13870.1—2008《电流对人和家畜的效应　第 1 部分：通用部分》而确定。

(5) 自动切断电源

① 对于自动切断电源，应设置保护等电位连接系统，而且在故障时可忽略回路或设备的线导体与外露可导电部分或保护导体之间阻抗，故障电流动作保护器应能断开设备、系统或装置的供电线导体。自动切断电源的用于电击防护的低压和高压装置和设备，应满足相应的隔离功能。

② 保护电器应在由技术委员会依据 IEC 60479《Effects of current on human beings and livestock，电流对人和家畜的效应》系列标准规定的时间内切断故障电流。低压装置内规定的时间，取决于在保护等电位连接导体上产生的预期接触电压。对于电击防护而言，不必切断电源的稳态故障电流，可以约定接触电压限值。

③ 保护电器可设在装置、系统或设备上级的任一适当的位置，最好是被保护回路的受电点，其选择应考虑电源、负载、故障电流回路阻抗的特性。

(6) 简单分隔（回路之间）

一个回路与其他回路或地之间的简单分隔，应由其最高电压确定的基本绝缘来实现。连接在分隔回路之间的部件，应能承受跨接其上的绝缘规定的电气强度，而且其阻抗应能将流过该部件的预期电流限制到 1.3.4.1(6) 中指定的稳态接触电流值。

(7) 非导电环境

这种环境对地阻抗值至少为：50kΩ，如果系统标称电压不超过交流或直流 500V；100kΩ，如果系统标称电压高于交流或直流 500V，而不超过交流 1000V 或直流 1500V。

【注】1.绝缘地板和墙壁的电阻测试方法，见 GB/T 16895.23—2020《低压电气装置　第 6 部分：检验》。
　　　 2.不再考虑高压的阻抗值，因为不采用该防护措施。

(8) 电位均衡

电位均衡可通过设置附加的接地极，用以减小在故障情况下出现的接触电压和跨步电压。

【注】接地极通常埋深 0.5m，距离设备或其他可导电部分水平 1m，并且连接到接地配置。

(9) 其他防护措施

任何其他防护措施都应满足电击防护的基本要求，并能提供基本防护和故障防护。

### 1.3.4.3　加强防护的规定

加强防护的规定应兼有基本防护和故障防护功能。下述 1.3.4.3(1)、1.3.4.3(2)、1.3.4.3(3) 和 1.3.4.3(4) 说明了这些加强的规定。应设置使加强防护的规定所提供的防护不可能降级，从而不可能发生单一故障。

(1) 加强绝缘

加强绝缘的设计应使其能承受电的、热的、机械的以及环境作用,具有与双重绝缘同样的防护可靠性。这里所要求的设计和试验参数比基本绝缘更严格(见 GB/T 16935.1—2008《低压系统内设备的绝缘配合 第 1 部分:原理、要求和试验》)。

【注】1.以低压应用举例来说,适用过电压类别(见 GB/T 16895.10—2010《低压电气装置 第 4-44 部分:安全防护 电压骚扰和电磁骚扰防护》的 443 章)的概念加强绝缘的冲击电压值要符合该过电压类别的要求,且比基本绝缘的过电压类别高一级。

2.加强绝缘主要用于低压装置和设备,但也不排除在高压装置和设备中应用。

(2) 回路之间的防护分隔

某一回路与其他回路之间的防护分隔应采用如下方法之一来实现:基本绝缘和附加绝缘,各自按其最高电压值确定,即相当于双重绝缘;按其最高电压值确定的加强绝缘;由相邻回路耐压确定的回路基本绝缘,将每个相邻回路用保护屏蔽体隔开的保护屏蔽;以上规定的组合。

如果被分隔回路的导体是与多芯电缆或其他回路的导体绑扎在一起,应按其中最高电压单独或整体分隔,以实现双重绝缘分隔。连接在被分隔的回路之间的任何部件,都应符合保护阻抗器的相关要求。

(3) 限流源

限流源的设计应使其提供的接触电流不超过 1.3.4.1(6) 中规定的限值;限流源单个部件任何可能的损坏仍然要满足 1.3.4.1 (6) 的要求;该限值要由相关的技术委员会确定。

(4) 保护阻抗器

保护阻抗器应能可靠地将接触电流限制到不超过 1.3.4.1(6) 中规定的限值;保护阻抗器应能承受其跨接两端的绝缘所规定的电气强度;保护阻抗器单个部件任何可能的损坏仍然要满足上述要求。

### 1.3.4.4 附加防护的规定

① 剩余电流保护器(RCD) 在低压情况下规定了应用 $I_{\Delta n} \leqslant 30\text{mA}$ 的 RCD 作为附加防护;由 1.3.4.1(1)(基本绝缘)或 1.3.4.1(2)(防护遮栏或外壳)的规定作为基本防护;和/或由 1.3.4.2(2)(保护等电位连接)或 1.3.4.2(5)(自动切断电源)的规定之一作为故障防护。此防护规定是用于基本防护或故障防护的规定失效,或者使用者疏忽时的附加防护。附加保护器应切断所有带电导体,其绝缘间隙应满足隔离电器的相关技术要求。不考虑剩余电流监测器(RCM)作为保护器。

② 辅助等电位连接的附加防护 附加防护中辅助等电位连接这一规定,是防止被连接部件出现危险接触电压。提供辅助等电位连接作为附加防护的规定如下:由 1.3.4.1(1)(基本绝缘)或 1.3.4.1(2)(防护遮栏或外壳)的规定作为基本防护;并且由保护接地、1.3.4.2(2)(保护等电位连接)以及故障时自动断电 1.3.4.2(5)(自动切断电源)作为故障防护。此防护规定有助于防止同时接触的外露可导电部分和外界可导电部分间出现危险的接触电压。

### 1.3.5 电击防护措施

本节描述了典型防护措施的组成,指出在某些情况下用于基本防护、故障防护和附加防护的防护规定。在同一装置、系统或设备内，当具有正常运行条件以及单一故障条件时，可采用下列一种以上的防护措施。除 1.3.5.6 和 1.3.5.7 规定之外的特低电压（ELV），都不能作为防护措施。

### 1.3.5.1 采用自动切断电源的防护

自动切断电源应采用以下防护规定的组合：基本防护是由基本绝缘或危险带电部分与外露可导电部分之间的防护遮栏或外壳提供的；而故障防护是由自动切断电源提供的。根据 1.3.4.2(5) 自动切断电源的要求和 1.3.4.2(2) 指定的保护等电位连接系统规定设定。相应的最长切断时间可见 IEC 60364-4-41《Low-voltage electrical installations—Part 4-41：Protection for safety—Protection against electric shock，低压电气装置 第 4-41 部分安全防护 电击防护》。

### 1.3.5.2 采用双重的或加强绝缘的防护

在这种防护措施中，基本防护由对危险带电部分的基本绝缘提供的，故障防护由附加绝缘提供的；或基本防护和故障防护皆由在危险带电部分和可触及部分（可触及的可导电部分和绝缘材料的可触及表面）之间的加强绝缘提供。

### 1.3.5.3 采用保护等电位连接的防护

在这种防护措施中，基本防护是由在危险的带电部分与外露可导电部分之间的基本绝缘提供的；而故障防护是由可同时触及的外露的和外界的可导电部分之间的用于防止危险电压的保护等电位连接系统提供的。

### 1.3.5.4 采用电气分隔的防护

电气分隔应满足下列条件：基本防护是由被分隔电路的危险带电部分与外露可导电部分之间的基本绝缘提供的；而故障防护被分隔回路与其他回路及地之间采用简单分隔，以及如果被分隔回路给一台以上设备供电，则被分隔回路的外露可导电部分应与保护等电位连接互相连通，此保护等电位连接系统不应接地。不允许将外露可导电部分有意地连接保护接地导体或接地导体。

【注】电气分隔主要用于低压装置和设备，但也不排除用于高压装置和设备。

### 1.3.5.5 采用非导电环境的防护（低压）

在这种防护措施中，基本防护是由危险带电部分与外露可导电部分之间的基本绝缘提供的；而故障防护是由非导电环境提供的。

### 1.3.5.6 采用 SELV 系统防护

在这种防护措施中采用下述方式提供防护：回路的电压限制，见表 1-21 中（SELV 系统）的特低电压（ELV）限值；对 SELV 系统与除 SELV 和 PELV 外的所有回路进行保护分隔；对 SELV 系统与其他 SELV 系统、PELV 系统和地进行简单分隔。不允许将外露可导电部分有意地连接保护接地导体或接地导体。在需要采用 SELV 并按 1.3.4.2 中（3）规定采用保护屏蔽的特殊场所，保护屏蔽体应采用基本绝缘与每个相邻回路分隔，基本绝缘能耐受预期出现的最高电压。

## 1.3.5.7 采用 PELV 系统防护

在这种防护措施中采用下述方式提供防护：回路的电压限制，见表 1-21 中（SELV 系统）的特低电压（ELV）限值，回路可接地和/或可接地的外露可导电部分（PELV 系统）；对 PELV 系统与除 SELV 和 PELV 外的所有回路进行保护分隔。如果 PELV 回路是接地的，并按 1.3.4.2(3) 规定采用了保护屏蔽的，则在保护屏蔽体与 PELV 系统之间不必再设置基本绝缘。

【注】如果可同时触及 PELV 系统的带电部分与故障时可能带一次侧回路电位的可导电部分，则电击防护有赖于所有可导电部分间的保护等电位连接。

## 1.3.5.8 采用限制稳态接触电流和能量的防护

在这种防护措施中采用下述方式提供防护：回路供电采用限流源，或通过保护阻抗器；回路与危险带电部分之间采用保护分隔。

## 1.3.5.9 附加防护

① 采用 $I_{\Delta n} \leqslant 30\text{mA}$ 的剩余电流保护器的附加防护　除采用 $I_{\Delta n} \leqslant 30\text{mA}$ 的 RCD 之外的规定：由 1.3.4.1(1) 的基本绝缘或 1.3.4.1(2) 规定作为基本防护；或由 1.3.4.2(2)、1.3.4.2(5) 或 1.3.4.2(9) 规定之一作为故障防护。作为附加防护的 RCD 应适用于隔离。

② 采用辅助等电位连接的附加防护　除采用辅助等电位连接之外的规定：由危险带电部分和外露可导电部分之间的基本绝缘作为基本防护，并且由 1.3.4.2(1)、1.3.4.2(2) 或 1.3.4.2(9) 规定之一作为故障防护。此防护规定有助于防止可同时接触的外露可导电部分和外界可导电部分，以及它们之间出现的危险接触电压。

## 1.3.5.10 其他防护措施

任何其他防护措施都应满足电击防护的基本要求，并能提供基本防护和故障防护。

## 1.3.6 电气装置内的电气设备及其防护规定的配合

防护是由设备和器件结构配置及安装方法来综合实现的。技术委员会宜采用 1.3.5 的防护措施。用电设备应按照 1.3.6.1~1.3.6.4 的类别进行分类。1.3.6.1~1.3.6.4（也可见表 1-23）中规定了不同类别设备中所采用的防护措施。如果用这种分类方式对设备和器件不适用，则技术委员会应规定该产品相应的安装方法。对于某些设备，只有在安装以后才能划为属于某一类设备，例如安装后能防止触及带电部分。在这种情况下，应由制造厂或负责供应商提供适当的说明书。同一装置、装置的部分或设备内的不同防护措施不能互相影响，即某一防护措施失效不能损害其他防护措施。

表 1-23 低压装置中的设备应用

| 设备类别 | 设备标志或说明 | 符号 | 设备与装置的连接条件 |
| --- | --- | --- | --- |
| Ⅰ类 | 保护连接端子标志采用 IEC 60417-5019:2006-08(GB/T 5465.2《电气设备用图形符号　第 2 部分:图形符号》的 5019 号)符号，或字母 PE，或黄绿双色组合 | ⏚ | 将此端子连接到装置的保护等电位连接系统 |
| Ⅱ类 | 采用 IEC 60417-5172:2003-02(GB/T 5465.2 的 5172 号)符号(双正方形)作标志 | ⧈ | 不依赖于装置的防护措施 |

续表

| 设备类别 | 设备标志或说明 | 符号 | 设备与装置的连接条件 |
|---|---|---|---|
| Ⅲ类 | 采用 IEC 60417-5180：2003-02(GB/T 5465.2 的 5180 号)符号(在菱形内的罗马数字Ⅲ)作标志 | ◇Ⅲ◇ | 仅接到 SELV 或 PELV 系统 |

#### 1.3.6.1 0类设备

这类设备采用基本绝缘作为基本防护措施，而没有故障防护措施。凡是没有用最低限度的基本绝缘与危险带电部分隔开的所有可导电部分，都应视为危险带电部分。0类仅用于对地电压不超过150V，用软线和插头连接的设备。无论如何产品委员会宜在其标准中删除0类设备。

#### 1.3.6.2 Ⅰ类设备

这种设备至少采用一种规定作为基本防护，且采用连接保护导体作为故障防护措施。

(1) 绝缘

凡是没有用最低限度的基本绝缘与危险带电部分隔开，或者已用基本绝缘隔开，但通过未达到与基本绝缘相同电气强度的部件又将其连接到危险带电部分上的可导电部分，都应视为危险带电部分。

(2) 连接保护导体

设备的外露可导电部分应接到保护导体端子上。能被触及的可导电部分，如果其用保护分隔与危险带电部分隔开，则不是外露可导电部分。

【注】外露可导电部分包括仅涂有油漆、清漆、面漆及类似涂料的部分。

(3) 绝缘材料的可触及表面部分

若设备没有完全用可导电部分覆盖，则下列要求适用于绝缘材料的可触及表面部分：绝缘材料的可触及的表面部分是设计采用手抓握的；或易接触具有危险电位的可导电表面；或易与人体部分有相当大接触面的（面积大于 50mm×50mm）；该部分是用于高导电性污染的场所。则上述部分与危险的带电部分的分隔应采用：双重或加强绝缘；或基本绝缘和保护屏蔽；或这些规定的组合。

绝缘材料的所有其他可触及表面部分，至少都应用基本绝缘与危险的带电部分进行分隔。预期作为固定装置一部分的设备，其基本绝缘或是由厂家提供的或应在安装期间按厂家或负责供应商提供的说明书的规定处理。如果绝缘材料的可触及部分具备了符合规定的绝缘，则认为符合了上述要求。对绝缘材料的某些可触及部分（例如需要频繁接触的部分，如操作件），技术委员会可根据与人体的接触面积强行规定比基本绝缘更严格的要求。

(4) 保护导体的连接

① 除插头插座连接之外，其余连接件应采用 IEC 60417-5019：2006-08（GB/T 5465.2 的 5019 号）图形符号，或用字母 PE，或按照 IEC 60445 采用黄绿双色组合标志加以清晰识别。该标志不应放置或固定在螺钉、垫片或在连接导体时可能被拆掉的其他零件上。

② 对于包括固定的和插头、插座类型用柔性电缆连接的设备，在缓冲连接件故障时，保护导体应是最后被拉断的。

#### 1.3.6.3 Ⅱ类设备

Ⅱ类设备采用作为基本防护规定的基本绝缘，作为故障防护规定的附加绝缘，或能提供基本防护和故障防护功能的加强绝缘。

(1) 绝缘

① 可触及的可导电部分和绝缘材料的可触及表面部分应是：采用双重或加强绝缘与危险的带电部分隔离的；或其结构配置设计使其具有等效防护的，例如，用保护阻抗器。

对预期作为固定装置一部分的设备，此要求应在设备正确安装时予以满足。这就意味着其绝缘（基本的、附加的或加强的）和保护阻抗，都应由制造厂提供，或应在安装期间按厂家或负责供应商在其提供的说明书中加以规定。等效的故障防护配置，可由技术委员会根据设备的性能及其应用的相应要求加以规定。

② 与危险带电部分只靠基本绝缘分隔或由结构配置实现等效防护的所有可导电部分，都应采用附加绝缘或结构配置设计实现等效防护，以与可触及表面进行分隔。

没有按基本绝缘与危险的带电部分分隔的所有可导电部分，都应视为危险的带电部分加以处理，即它们都应按①的规定与可触及的表面进行分隔。

③ 当绝缘螺钉或其他固定件在安装、维修时需要移开或可能移开，且当它们由金属螺钉或其他固定件取代而可能破坏所要求的绝缘时，则外壳中不应包含有这样的绝缘螺钉或其他绝缘固定件。

④ Ⅱ类设备的绝缘应符合 GB/T 16935.1—2008《低压系统内设备的绝缘配合 第 1 部分：原理、要求和试验》的 5.1.6 规定。

(2) 保护连接

① Ⅱ类设备规定不应连接保护导体，除非适用于下列第②条规定。

② 当Ⅱ类设备提供了保护导体保持连续性的措施，但在所有其他方面都是按Ⅱ类设备构成的，则应按照 1.3.6.3(1) 绝缘。

封闭在绝缘外壳内的导电部分不应连接保护导体。然而，规定可以连接穿过外壳的保护导体。在外壳内，被视作带电部分的任何此类导体及其端子都应被绝缘，并且其端子应标记为 PE 端子。

③ Ⅱ类设备可提供由相关 IEC 标准认可的（区别于保护）的功能接地措施。这样的措施应利用双重或加强绝缘与带电部分分隔。功能接地措施应有明显标志以区别于保护接地措施，不应使用按照 IEC 60445 定义为 PE 的连接导体。

【注】功能接地可用于 EMC。

(3) 标志

Ⅱ类设备应采用 IEC 60417：2003-02 的 5172 号图形符号作标志。该标志应设置在电源数据牌附近，例如设置在额定值铭牌上。显然，该符号是技术数据的一部分，而且无论如何不能与厂家名称或其他的标识相混淆。当Ⅱ类设备有功能接地端子时，该端子应采用 IEC 60417：2011-07 的 5018 号图形符号作标志。

## 1.3.6.4 Ⅲ类设备

该设备将电压限制到特低电压（FLV）值作为基本防护规定，而没有故障防护的规定。

(1) 电压

① 设备应按最高标称电压不超过交流 50V 或直流（无纹波）120V 设计。

【注】1. 无纹波一词习惯上被定义为纹波电压含量中的方均根值不大于直流分量的 10%，有关非正弦波交流电压的最大值，在考虑中。

2. 根据 GB 16895.21—2011 的 411 条，Ⅲ类设备只允许用于与 SELV 和 PELV 系统连接。

技术委员会宜根据 IEC TS 61201《Use of conventional touch voltage limits-Application guide，常规接触电压限制的使用应用指南》、GB/T 3805—2008《特低电压（ELV）限值》确定其产品所允许的最高额定电压和其使用条件。

② 内部电路可在不超过①规定限值的任一标称电压下工作。

③ 在设备内部出现单一故障的情况下，可能出现或产生的稳态接触电压，不应超过①中规定的限值。

（2）保护连接

Ⅲ类设备不应提供连接保护导体的措施。然而，如果相关的国家标准认可，这类设备可以提供（区别于保护目的的）功能接地。在任何情况下，在这类设备中都不应为带电部分提供接地连接的措施。功能接地措施应有明显标志以区别于保护接地措施，不应使用按照 IEC 60445 定义为 PE 的连接导体。

（3）标志

设备应采用 IEC 60417：2003-02 的 5180 号图形符号作标志。当这类设备与特殊设计的 SELV 和 PELV 的电源相连接时，则上述要求不适用。

### 1.3.6.5 接触电流及保护导体电流

1.3.6.5 只适用于低压装置、系统和设备，考虑了由插头和插座系统连接的设备或永久连接或不易移动的设备，但目前没有考虑泄漏电流的影响。

（1）接触电流

在正常条件下触及可接触部分时，应采取措施使接触电流不超过 GB/T 13870.1—2008 规定的感知阈。接触电流应按 IEC 60990 的规定进行测量。当故障条件下允许额外的接触电流时，产品委员会应在标准中明确其允许条件和容许的额外电流。

（2）保护导体电流

装置和设备应采取措施，防止保护导体电流过大而损害装置的安全性或影响其正常使用。技术委员会应确保保护电器的正确动作，例如 RCD，不受其范围内的产品或系统产生的保护导体电流的影响。

制造商应提供正常工作条件下预期的保护导体电流值和特性的可用信息。对于 50Hz 或 60Hz 以外其他频率的产品，产品委员会鼓励使用最低可行的保护导体电流限值。

① 防止用电设备保护导体电流过大的要求：在正常条件下，导致电流流入其供电的电气设备的保护导体中，电气设备应符合其防护规定。

② 用电设备保护导体电流的交流分量的限制：在正常运行条件下，额定频率不大于 1kHz 的低压交流用电设备保护导体电流限值见表 1-24。

表 1-24 频率不大于 1kHz 的保护导体的最大电流

| 交流用电设备的额定电流 | 频率不大于 1kHz 的保护导体的最大电流 |
| --- | --- |
| $0 < I \leqslant 2\text{A}$ | 1mA |
| $2\text{A} < I \leqslant 20\text{A}$ | 0.5mA/A |
| $I > 20\text{A}$ | 10mA |

对于根据下述第④条规定的加强型保护导体连接的永久连接的用电设备，产品委员会宜规定保护导体电流的最大值，该值无论如何都不应超过每相额定输入电流的 5%。测量应在交付的设备上进行。

③ 保护导体电流直流分量的限制：在正常使用中，交流设备在保护导体中产生的直流分量不应超过表1-25的数值。这将防止影响装置中保护电器或其他设备的正常运行。

表1-25　保护导体最大直流电流

| 交流用电设备的额定电流 | 保护导体最大直流电流 |
| --- | --- |
| $I \leqslant 2A$ | 5mA |
| $2A < I \leqslant 20A$ | 2.5mA/A |
| $I > 20A$ | 50mA |

额定输入容量4kV·A及以下的可插拔电气设备应设计为，其保护电流中叠加平滑直流分量不超过6mA；额定输入容量大于4kV·A可插拔电气设备，与额定输入无关的永久连接的电气设备，应在操作手册中包含保护措施的建议；如果保护导体直流电流大于6mA，应选择适当的保护设备，如B型RCD等。

④ 装置中保护导体电流大于10mA的加强型保护导体连接的规定　用电设备中应提供：保护导体的连接端子设计成至少能连接10mm² 铜线或16mm² 铝线；或保护导体的第二个连接端子设计成能连接正常保护导体相同截面积的，以便将第二根保护导体连接到用电设备上。

【注】加强型保护导体要求见GB/T 16895.3—2017《低压电气装置　第5-54部分：电气设备的选择和安装　接地配置和保护导体》的543.7。

⑤ 资料：对于用于加强型保护导体永久连接的设备，其保护导体的电流值应由生产厂家在其文件资料中给出，而且还要提供符合1.3.6.5(3) ②的安装说明。

(3) 其他要求

① 信号系统：不允许使用电气设备的保护导体作为信号传输。

② 装置中保护导体电流超过10mA的加强型保护导体回路：对于永久连接而保护导体电流又大于10mA的用电设备，应提供GB/T 16895.3—2017《低压电气装置　第5-54部分：电气设备的选择和安装　接地配置和保护导体》规定的安全而可靠的对地连接。

(4) 其他效应

由于电流流过人体或家畜引起的肌肉收缩和热效应以及静电电荷放电效应通常不会导致危险情况，技术委员会应考虑：人或家畜可以通过与金属部件接触的导通电流值，防止用户遭受无意识肌肉收缩的预防措施是需要的；人或家畜可能遭受接触电流和有危害或可感知的电荷；1.3.3.5③中描述的电流流过人体或家畜几秒，深层烧伤和其他内部伤害（例如肾衰竭）可能发生，也可能出现表面烧伤。

### 1.3.6.6　高压装置的安全和最小间距以及危险警示

高压装置的设计应能限制接近危险区域。应考虑为熟练技术人员和受过培训的人员操作和维护所必需的安全间距。对于安全距离无法满足的场合，应安装永久性的防护设施。

应由相应的技术委员会规定如下值：遮栏的间距；阻挡物的间距；外栅栏和进出门的尺寸；最低高度和与接近危险区域的距离；与建筑物的间距。危险警示应明显地设置在所有出入口的门、围墙、防护遮栏、架空线电线杆和塔等上面。

### 1.3.6.7　功能接地

只有在相关IEC标准（如为了EMC）的需求被认可时，设备可以提供连接功能接地（不同于保护接地）的方式。这些方式应：与带电部分绝缘；及与外露可导电部分绝缘，除非外露可导电部分连接到一个保护等电位端子上，例如 PELV 设备。功能接地应有 IEC 60445 规定的标志或其他标识。

## 1.4 低压系统接地故障的保护设计与等电位连接

### 1.4.1 低压系统接地故障保护的一般规定

① 接地故障保护的设置应能防止人身间接电击以及电气火灾、线路损坏等事故。接地故障保护电器的选择应根据配电系统的接地形式，移动式、手握式或固定式电气设备的区别以及导体截面等因素经技术经济比较确定。

② 防止人身间接电击的保护采用下列措施之一时，可不采用上述规定的接地故障保护。

a. 采用双重绝缘或加强绝缘的电气设备（Ⅱ类设备）；

b. 采取电气隔离措施；

c. 采用安全超低压；

d. 将电气设备安装在非导电场所内；

e. 设置不接地的等电位连接。

③ 本节接地故障保护措施所保护的电气设备，只适用于防电击保护分类为Ⅰ类的电气设备。设备所在的环境为正常环境，人身电击安全电压限值为 50V。

④ 采用接地故障保护时，在建筑物内应将下列导电体做总等电位连接：

a. PE、PEN 干线；

b. 电气装置接地极的接地干线；

c. 建筑物内的水管、煤气管、采暖和空调管道等金属管道；

d. 条件许可的建筑物金属构件等导电体。

上述导电体宜在进入建筑物处接向总等电位连接端子。等电位连接中金属管道连接处应可靠地连通导电。

⑤ 当电气装置或电气装置某一部分的接地故障保护不能满足切断故障回路的时间要求时，尚应在局部范围内做辅助等电位连接。

当难以确定辅助等电位连接的有效性时，可采用下列公式进行校验：

$$R \leqslant 50/I_a \tag{1-4}$$

式中 $R$——可同时触及的外露可导电部分和装置外可导电部分之间，故障电流产生的电压降引起接触电压的一段线段的电阻，Ω；

$I_a$——切断故障回路时间不超过 5s 的保护电器动作电流，A。

当保护电器为瞬时或短延时动作的低压断路器时，$I_a$ 值应取低压断路器瞬时或短延时过电流脱扣器整定电流的 1.3 倍。

### 1.4.2 各种接地系统的故障保护

（1）TN 系统的接地故障保护

① TN 系统配电线路接地故障保护的动作特性应符合下式要求：

$$Z_a I_a \leqslant U_0 \tag{1-5}$$

式中 $I_a$——接地故障回路的阻抗，Ω；

$Z_a$——保证保护电器在规定的时间内自动切断故障回路的电流，A；

$U_0$——相线对地标称电压，V。

在 TN 系统内，电源有一点与地直接连接，负荷侧电气装置的外露可导电部分则通过 PE 线与该点连接。其定义应符合 GB/T 50065—2011《交流电气装置的接地设计规范》的规定。

② 相线对地标称电压为 220V 的 TN 系统配电线路的接地故障保护，其切断故障回路的时间应符合下列规定：

a. 配电线路或仅供给固定式电气设备用电的末端线路，不宜大于 5s；

b. 供电给手握式电气设备和移动式电气设备的末端线路或插座回路，不应大于 0.4s。

③ 当采用熔断器做接地故障保护，且符合下列条件时，可认为满足第②条的要求。

a. 当要求切断故障回路的时间不大于 5s 时，短路电流（$I_d$）与熔断器熔体额定电流（$I_n$）的比值不应小于表 1-26 的规定。

表 1-26 切断故障回路的时间不大于 5s 的 $I_d/I_n$ 的最小比值

| 熔体额定电流/A | 4～10 | 12～63 | 80～200 | 250～500 |
| --- | --- | --- | --- | --- |
| $I_d/I_n$ | 4.5 | 5 | 6 | 7 |

b. 当要求切断故障回路的时间不大于 0.4s 时，短路电流（$I_d$）与熔断器熔体额定电流（$I_n$）的比值不应小于表 1-27 的规定。

表 1-27 切断故障回路的时间不大于 0.4s 的 $I_d/I_n$ 的最小比值

| 熔体额定电流/A | 4～10 | 12～32 | 40～63 | 80～200 |
| --- | --- | --- | --- | --- |
| $I_d/I_n$ | 8 | 9 | 10 | 11 |

④ 当配电箱同时有第②条所述的两种末端线路引出时，应满足下列条件之一：

a. 自配电箱引出的第②条第 a 款所述的线路，其切断故障回路的时间不应大于 0.4s；

b. 使配电箱至总等电位连接回路之间的一段 PE 线的阻抗不大于 $U_L Z_S/U_0$，或做辅助等电位连接。安全电压 $U_L$ 限值为 50V。

⑤ TN 系统配电线路应采用以下接地故障保护：

a. 当过电流保护能满足第②条要求时，宜采用过电流保护兼作接地故障保护；

b. 在三相四线制配电线路中，当过电流保护不能满足第②条的要求且零序电流保护能满足时，宜采用零序电流保护，此时保护整定值应大于配电线路最大不平衡电流；

c. 当上述 a、b 款的保护不能满足要求时，应采用漏电电流动作保护。

（2）TT 系统的接地故障保护

① TT 系统配电线路接地故障保护的动作特性应符合下式要求

$$R_A I_a \leqslant 50V \tag{1-6}$$

式中 $R_A$——外露可导电部分的接地电阻和 PE 线电阻，Ω；

$I_a$——保证保护电器切断故障回路的动作电流，A。

当采用过电流保护电器时，反时限特性过电流保护电器的 $I_a$ 为保证在 5s 内切断的电流；采用瞬时动作特性过电流保护电器的 $I_a$ 为保证瞬时动作的最小电流。当采用漏电电流动作保护器时，$I_a$ 为其额定动作电流 $I_{\Delta n}$。

在 TT 系统内，电源有一点与地直接连接，负荷侧电气装置外露可导电部分连接的接地极和电源的接地极无电气联系。其定义应符合 GB/T 50065—2011《交流电气装置的接地设计规范》的规定。

② TT 系统配电线路内由同一接地故障保护电器保护的外露可导电部分，应用 PE 线连接至共用的接地极上。当有多级保护时，各级宜有各自的接地极。

(3) IT 系统的接地故障保护

① 在 IT 系统的配电线路中，当发生第一次接地故障时，应由绝缘监视电器发出音响或灯光信号，其动作电流应符合下式要求

$$R_A I_d \leqslant 50V \tag{1-7}$$

式中　$R_A$——外露可导电部分的接地极电阻，Ω；

　　　$I_d$——相线和外露可导电部分间第一次短路故障的故障电流，A，它计及泄漏电流和电气装置全部接地阻抗值的影响。

在 IT 系统内，电源与地绝缘或一点经阻抗接地，电气装置外露可导电部分则接地。其定义应符合 GB/T 50065—2011《交流电气装置的接地设计规范》的规定。

② IT 系统的外露可导电部分可用共同的接地极接地，亦可个别地或成组地用单独的接地极接地。

当外露可导电部分为单独接地，发生第二次异相接地故障时，故障回路的切断应符合 TT 系统接地故障保护的要求。

当外露可导电部分为共同接地，则发生第二次异相接地故障时，故障回路的切断应符合 TN 系统接地故障保护的要求。

③ IT 系统的配电线路，当发生第二次异相接地故障时，应由过流保护电器或漏电电流动作保护器切断故障电路，并应符合下列要求：

a. 当 IT 系统不引出 N 线，线路标称电压为 220/380V 时，保护电器应在 0.4s 内切断故障回路，并符合下式要求

$$Z_a I_a \leqslant \sqrt{3} U_0 / 2 \tag{1-8}$$

式中　$Z_a$——包括相线和 PE 线在内的故障回路阻抗，Ω；

　　　$I_a$——保护电器切断故障回路的动作电流，A。

b. 当 IT 系统引出 N 线，线路标称电压为 220/380V 时，保护电器应在 0.8s 内切断故障回路，并应符合下式要求

$$Z_a I_a \leqslant U_0 / 2 \tag{1-9}$$

式中　$Z_a$——包括相线、N 线和 PE 线在内的故障回路阻抗，Ω。

④ IT 系统不宜引出 N 线。

(4) 接地故障采用漏电电流动作保护

① PE 或 PEN 线严禁穿过漏电电流动作保护器中电流互感器的磁回路。

② 漏电电流动作保护器所保护的线路及设备外露可导电部分应接地。

③ TN 系统配电线路采用漏电电流动作保护时，可选用下列接线方式之一：

a. 将被保护的外露可导电部分与漏电电流动作保护器电源侧的 PE 线连接，并应符合 1.4.2 第 (1) 条第①款的要求。

b. 将被保护的外露可导电部分接至专用的接地极上，并应符合 1.4.2 第 (2) 条第②款的要求。

④ IT 系统中采用漏电电流动作保护器切断第二次异相接地故障时，保护器额定不动作

电流,应大于第一次接地故障时的相线内流过的接地故障电流。

⑤ 为减少接地故障引起的电气火灾危险而装设的漏电电流动作保护器,其额定动作电流不应超过 0.5A。

⑥ 多级装设的漏电电流动作保护器,应在时限上有选择性配合。

### 1.4.3 等电位连接的种类

(1) 等电位连接的作用

建筑物的低压电气装置应采用等电位连接,以降低建筑物内间接接触电压和不同金属物体间的电位差;避免自建筑物外经电气线路和金属管道引入的故障电压的危害;减少保护电器动作不可靠带来的危险和有利于避免外界电磁场引起的干扰、改善装置的电磁兼容性。

(2) 等电位连接的分类及与接地的关系

① 总等电位连接　总等电位连接是将建筑物电气装置外露导电部分与装置外导电部分电位基本相等的连接。通过进线配电箱近旁的总等电位连接端子板(接地母排)将下列导电部分互相连通:

a. 进线配电箱的 PE(PEN) 母排;

b. 金属管道如给排水、热力、煤气等干管;

c. 建筑物金属结构;

d. 建筑物接地装置。

建筑物每一电源进线都应做总等电位连接,各个总等电位连接端子板间应互相连通。

② 辅助等电位连接　将导电部分间用导体直接连通,使其电位相等或接近,称为辅助等电位连接。

③ 局部等电位连接　在一局部场所范围内将各可导电部分连通,称为局部等电位连接。可通过局部等电位连接端子板将 PE 母线(或干线)、金属管道、建筑物金属体等相互连通。下列情况需做局部等电位连接:

a. 当电源网络阻抗过大,使自动切断电源时间过长,不能满足防电击要求时;

b. 由 TN 系统同一配电箱供电给固定式和手持式、移动式两种电气设备,而固定式设备保护电器切断电源时间不能满足手持式、移动式设备防电击要求时;

c. 为满足浴室、游泳池、医院手术室等场所对防电击的特殊要求时;

d. 为避免爆炸危险场所因电位差产生电火花时;

e. 为满足防雷和信息系统抗干扰的要求时,参见防雷及过电压保护的有关规定。

④ 等电位连接与接地的关系　接地可视为以大地作为参考电位的等电位连接,为防电击而设的等电位连接一般均做接地,与地电位相一致,有利于人身安全。

(3) 等电位连接线的截面积

等电位连接线的截面积见表 1-28。

表 1-28　等电位连接线的截面积

| 取值 | 类别 | | | |
|---|---|---|---|---|
| | 总等电位连接线 | 局部等电位联络线 | 辅助等电位连接线 | |
| 一般值 | 不小于 0.5×进线 PE(PEN)线截面积 | 不小于 0.5×PE 线截面积① | 两电气设备外露导电部分间 | 较小 PE 线截面积 |
| | | | 电气设备与装置外可导电部分间 | 0.5×PE 线截面积 |

续表

| 取值 | 类别 | | | | |
|---|---|---|---|---|---|
| | 总等电位连接线 | 局部等电位联络线 | | 辅助等电位连接线 | |
| 最小值 | 6mm² 铜线 | 有机械保护时 | 2.5mm² 铜线或 4mm² 铝线 | 有机械保护时 | 2.5mm² 铜线或 4mm² 铝线 |
| | | 无机械保护时 | 4mm² 铜线 | 无机械保护时 | 4mm² 铜线 |
| | 16mm² 铝② | 16mm² 钢 | | | |
| | 50mm² 钢 | | | | |
| 最大值 | 25mm² 钢线或相同电导值导线① | | | — | |

① 局部场所内最大 PE 线截面积。
② 不允许采用无机械保护的铝线。采用铝线时，应保证铝线连接处的持续导通性。

(4) 等电位连接线的安装

① 金属管道上的阀门、仪表等装置需加跨接线连成电气通路。

② 煤气管入户处应插入一绝缘段（如在法兰盘间插入绝缘板），并在此绝缘段两端跨接火花放电间隙，由煤气公司实施。

③ 导体间的连接可根据实际情况采用焊接或螺栓连接，要求做到连接可靠。

④ 等电位连接线应有黄绿相间的色标，在总等电位连接端子板上刷黄色底漆并做黑色"↓"标记。

### 1.4.4 等电位连接的应用

(1) 等电位连接示意图（见图1-22）

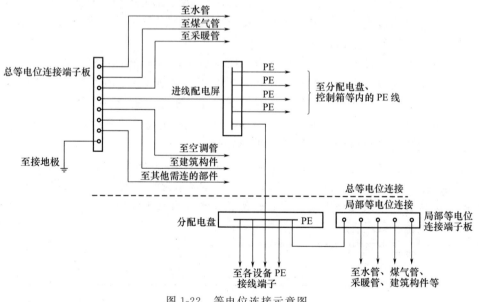

图 1-22 等电位连接示意图

(2) 总等电位连接示意图（见图1-23）

(3) 局部等电位连接和辅助等电位连接的应用

① 当配电线路较长，故障电流较小，过电流保护动作时间超过规定值时，可不放大线路截面来缩短动作时间，而以做局部等电位连接或辅助等电位连接来降低接触电压，从而更

可靠地防止电击事故的发生,如图 1-23 或图 1-24 所示(图中未表示相线)。

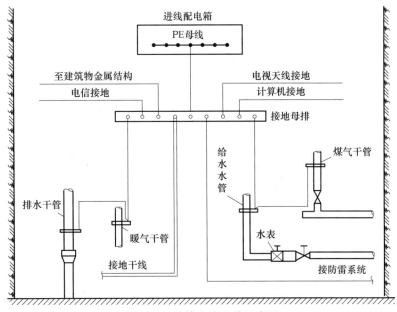

图 1-23 总等电位连接示意图

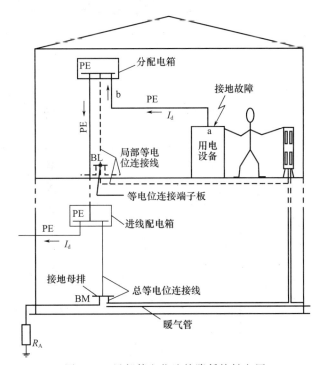

图 1-24 局部等电位连接降低接触电压

如图 1-24 所示做局部等电位连接后,各导电部分间故障时的接触电压大大降低,满足了防电击要求。为验证其安全有效性,可用下式进行校验

$$Z_{ab}U_0/Z_S \leqslant 50\text{V} \tag{1-10}$$

式中 $Z_{ab}$——a、b 两点间 PE 线的阻抗,Ω;

$Z_S$——接地故障回路阻抗,Ω,它包括故障电流所流经的相线、PE 线和变压器的阻抗,故障处因被熔焊,不计其阻抗;

$U_0$——相线对地标称电压,V,在我国为 220V。

如图 1-25 所示和辅助等电位连接后将不存在接触电压。

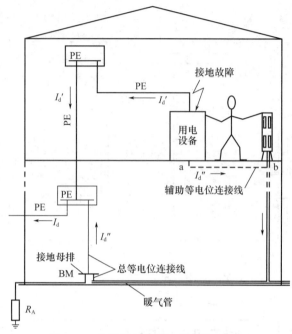

图 1-25　辅助等电位连接降低接触电压

② 如果同一配电盘既供电给固定式设备,又供电给手握式或移动式设备。当前者发生接地故障时,引起的危险故障电压将通过 PE 线蔓延到后者的金属外壳,而前者的切断故障时间可达 5s,这可能给后者的使用者带来危险,如图 1-26 所示。

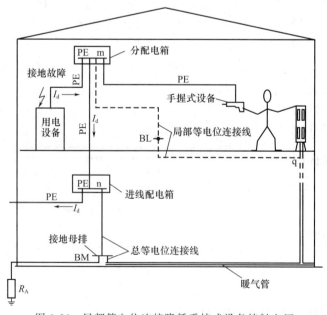

图 1-26　局部等电位连接降低手持式设备接触电压

可用式(1-11)验算手握式或移动式设备上的接触电压,其值为图 1-26 中 m—n 段保护线的电压降

$$\Delta U_{mn} = Z_{mn} U_0 / Z_S \leqslant 50 \text{V} \tag{1-11}$$

式中　$Z_{mn}$——m—n 段 PE 线的阻抗,Ω;

　　　$Z_S$——接地故障回路阻抗,Ω,它包括故障电流所流经的相线、PE 线和变压器的阻抗,故障处因被熔焊,不计其阻抗;

　　　$U_0$——相线对地标称电压,V,在我国为 220V。

如果 $\Delta U_{mn}$ 超过 50V,可放大导线截面使 $\Delta U_{mn}$ 小于 50V,但更好的防电击措施是设置局部等电位连接,如图 1-26 所示。这时接触电压只是故障电流分流在一小段局部等电位连接线 m—BL—q 段上的电压降,将大大小于 50V。

## 1.5　危险环境电力装置的特殊设计

### 1.5.1　爆炸性环境的电力装置设计

#### 1.5.1.1　一般规定

爆炸性环境的电力装置设计应符合下列规定:

① 爆炸性环境的电力装置设计宜将设备和线路,特别是正常运行时能发生火花的设备布置在爆炸性环境以外。当需设在爆炸性环境内时,应布置在爆炸危险性较小的地点。

② 在满足工艺生产及安全的前提下,应减少防爆电气设备的数量。

③ 爆炸性环境内的电气设备和线路应符合周围环境内化学、机械、热、霉菌以及风沙等不同环境条件对电气设备的要求。

④ 在爆炸性粉尘环境内,不宜采用携带式电气设备。

⑤ 爆炸性粉尘环境内的事故排风用电动机应在便于操作的地方设置事故启动按钮等控制设备。

⑥ 在爆炸性粉尘环境内,应尽量减少插座和局部照明灯具的数量。如需采用时,插座宜布置在爆炸性粉尘不易积聚的地点,局部照明灯宜布置在发生事故时气流不易冲击的位置。粉尘环境中安装的插座开口的一面应朝下,且与垂直面的角度不应大于 60°。

⑦ 爆炸性环境内设置的防爆电气设备应符合国家标准 GB 3836.1—2021《爆炸性环境　第 1 部分:设备　通用要求》的有关规定。

#### 1.5.1.2　爆炸性环境电气设备的选择

1) 在爆炸性环境内,电气设备应根据下列因素进行选择:

① 爆炸危险区域的分区;

② 可燃性物质和可燃性粉尘的分级;

③ 可燃性物质的引燃温度;

④ 可燃性粉尘云、可燃性粉尘层的最低引燃温度。

2) 危险区域划分与电气设备保护级别的关系应符合下列规定:

① 爆炸性环境内电气设备保护级别的选择应符合表 1-29 的规定。

表 1-29 爆炸性环境内电气设备保护级别的选择

| 危险区域 | 设备保护级别（EPL） |
|---|---|
| 0 区 | Ga |
| 1 区 | Ga 或 Gb |
| 2 区 | Ga、Gb 或 Gc |
| 20 区 | Da |
| 21 区 | Da 或 Db |
| 22 区 | Da、Db 或 Dc |

注：1. 爆炸性气体环境应根据爆炸性气体混合物出现的频繁程度和持续时间分为 0 区、1 区、2 区，分区应符合下列规定。0 区应为连续出现或长期出现爆炸性气体混合物的环境；1 区应为在正常运行时可能出现爆炸性气体混合物的环境；2 区应为在正常运行时不太可能出现或即使出现也仅是短时存在，爆炸性气体混合物的环境。
2. 爆炸危险区域应根据爆炸性粉尘出现的频繁程度和持续时间分为 20 区、21 区、22 区，分区应符合下列规定。20 区应为空气中的可燃性粉尘云持续地或长期地或频繁地出现的区域；21 区应为在正常运行时，空气中的可燃性粉尘云很可能偶尔出现的区域；22 区应为在正常运行时，空气中的可燃粉尘云一般不可能出现的，即使出现，持续时间也是短暂的区域。

② 电气设备保护级别（EPL）与电气设备防爆结构的关系应符合表 1-30 的规定。

表 1-30 电气设备保护级别（EPL）与电气设备防爆结构的关系

| 设备保护级别（EPL） | 电气设备防爆结构 | 防爆形式 |
|---|---|---|
| Ga | 本质安全型 | "ia" |
| | 浇封型 | "ma" |
| | 由两种独立的防爆类型组成的设备,每一种类型达到保护级别"Gb"的要求 | — |
| | 光辐射式设备和传输系统的保护 | "op is" |
| Gb | 隔爆型 | "d" |
| | 增安型 | "e"① |
| | 本质安全型 | "ib" |
| | 浇封型 | "mb" |
| | 油浸型 | "o" |
| | 正压型 | "px""py" |
| | 充砂型 | "q" |
| | 本质安全现场总线概念(FISCO) | — |
| | 光辐射式设备和传输系统的保护 | "op pr" |
| Gc | 本质安全型 | "ic" |
| | 浇封型 | "mc" |
| | 无火花 | "n""nA" |
| | 限制呼吸 | "nR" |
| | 限能 | "nL" |
| | 火花保护 | "nC" |
| | 正压型 | "pz" |
| | 非可燃现场总线概念(FNICO) | — |
| | 光辐射式设备和传输系统的保护 | "op sh" |

续表

| 设备保护级别（EPL） | 电气设备防爆结构 | 防爆形式 |
|---|---|---|
| Da | 本质安全型 | "iD" |
| Da | 浇封型 | "mD" |
| Da | 外壳保护型 | "tD" |
| Db | 本质安全型 | "iD" |
| Db | 浇封型 | "mD" |
| Db | 外壳保护型 | "tD" |
| Db | 正压型 | "pD" |
| Dc | 本质安全型 | "iD" |
| Dc | 浇封型 | "mD" |
| Dc | 外壳保护型 | "tD" |
| Dc | 正压型 | "pD" |

注：在1区中使用的增安型"e"电气设备仅限于下列电气设备：在正常运行中不产生火花、电弧或危险温度的接线盒和接线箱，包括主体为"d"或"m"型，接线部分为"e"型的电气产品；按国家标准GB 3836.3—2010《爆炸性环境 第3部分：由增安型"e"保护的设备》附录D配置的合适热保护装置的"e"型低压异步电动机，启动频繁和环境条件恶劣者除外；"e"型荧光灯；"e"型测量仪表和仪表用电流互感器。

③ 防爆电气设备的级别和组别不应低于该爆炸性气体环境内爆炸性气体混合物的级别和组别，并应符合下列规定：

a. 气体、蒸汽或粉尘分级与电气设备类别的关系应符合表1-31的规定。当存在有两种以上可燃性物质形成的爆炸性混合物时，应当按照混合后的爆炸性混合物的级别和组别选用防爆设备，无据可查又不可能进行试验时，可按危险程序较高的级别和组别选用防爆电气设备。对于标有适用于特定的气体、蒸汽的环境的防爆设备，没有经过鉴定，不得使用于其他的气体环境内。

表1-31 气体、蒸汽或粉尘分级与电气设备类别的关系

| 气体、蒸汽或粉尘分级 | 设备类别 |
|---|---|
| ⅡA | ⅡA、ⅡB或ⅡC |
| ⅡB | ⅡB或ⅡC |
| ⅡC | ⅡC |
| ⅢA | ⅢA、ⅢB或ⅢC |
| ⅢB | ⅢB或ⅢC |
| ⅢC | ⅢC |

注：爆炸性气体混合物应按其最大试验安全间隙（MESG）或最小点燃电流比（MICR）分级，应符合表1-32的规定。

表1-32 爆炸性气体混合物分级

| 级别 | 最大试验安全间隙（MESG）/mm | 最小点燃电流比（MICR） |
|---|---|---|
| ⅡA | ≥0.9 | >0.8 |
| ⅡB | 0.5<MESG<0.9 | 0.45≤MICR≤0.8 |
| ⅡC | ≤0.5 | <0.45 |

b. Ⅱ类电气设备的温度组别、最高表面温度和气体/蒸汽引燃温度之间的关系符合表1-33的规定。

表 1-33 Ⅱ类电气设备的温度组别、最高表面温度和气体/蒸汽引燃温度之间的关系

| 电气设备温度组别 | 电气设备允许最高表面温度/℃ | 气体/蒸汽的引燃温度/℃ | 适用的设备温度组别 |
| --- | --- | --- | --- |
| T1 | 450 | >450 | T1～T6 |
| T2 | 300 | >300 | T2～T6 |
| T3 | 200 | >200 | T3～T6 |
| T4 | 135 | >135 | T4～T6 |
| T5 | 100 | >100 | T5～T6 |
| T6 | 85 | >85 | T6 |

注：爆炸性气体混合物应按引燃温度分组，应符合表 1-34 的规定。

c. 安装在爆炸性粉尘环境中的电气设备应采取措施防止热表面点可燃性粉尘层引起的火灾危险，Ⅲ类电气设备的最高表面温度应按有关标准的规定进行选择。电气设备结构应满足电气设备在规定的运行条件下不降低防爆性能的要求。

表 1-34 引燃温度分组

| 组别 | 引燃温度 $t$/℃ |
| --- | --- |
| T1 | $450 < t$ |
| T2 | $300 < t \leqslant 450$ |
| T3 | $200 < t \leqslant 300$ |
| T4 | $135 < t \leqslant 200$ |
| T5 | $100 < t \leqslant 135$ |
| T6 | $85 < t \leqslant 100$ |

④ 当选用正压型电气设备及通风系统时，应符合下列规定：

a. 通风系统应采用非燃性材料制成，其结构应坚固，连接应严密，并不得有产生气体滞留的死角。

b. 电气设备应与通风系统联锁。运行前应先通风，并应在通风量大于电气设备及其通风系统管道容积的 5 倍时，接通设备的主电源。

c. 在运行过程中，进入电气设备及其通风系统内的气体不应含有可燃性的物质或其他有害物质。

d. 在电气设备及其通风系统运行中，对于 px、py 或 pD 型设备，其风压不应低于 50Pa；对于 pz 型设备，其风压不应低于 25Pa。当风压低于上述值时，应自动断开设备的主电源或发出信号。

e. 通风过程排出的气体不宜排入爆炸危险环境；当采取有效地防止火花和炽热颗粒从设备及其通风系统吹出的措施时，可排入 2 区空间。

f. 对闭路通风的正压型设备及其通风系统应供给清洁气体。

g. 电气设备外壳及通风系统的门或盖子应采取联锁装置或加警告标志等安全措施。

#### 1.5.1.3 爆炸性环境电气设备的安装

① 油浸型设备应在没有振动、不倾斜和固定安装的条件下采用。

② 采用非防爆型设备做隔墙机械传动时，应符合下列规定：安装电气设备的房间应用非燃烧体的实体墙与爆炸危险区域隔开；传动轴传动通过隔墙处，应采用填料函密封或有同等效果的密封措施；安装电气设备房间的出口应通向非爆炸危险区域，必须与爆炸性环境相通时，应对爆炸性环境保持相对的正压。

③ 除本质安全电路外，爆炸性环境的电气线路和设备应装设过载、短路和接地保护，不可能产生过载的可不装设过载保护。爆炸性环境的电动机应装设断相保护；如果自动断电引起比引燃危险造成的危险更大时，应采用报警装置代替自动断电。

④ 紧急情况下，在危险场所外合适地点应采取一种或多种措施对危险场所设备断电。连续运行设备不应包括在紧急断电回路中，而应安装在单独回路上，防止附加危险产生。

⑤ 变电站、配电站和控制室的设计应符合下列规定：变电站、配电站（包括配电室，下同）和控制室应布置在爆炸性环境以外，当为正压室时，可布置在 1 区、2 区内。对于可燃物质比空气重的爆炸性气体环境，位于爆炸危险区附加 2 区的变电站、配电站和控制室的电气和仪表的设备层地面应高出室外地面 0.6m。

### 1.5.1.4 爆炸性环境电气线路的设计

（1）爆炸性环境电缆和导线的选择应符合下列规定：

① 低压电力、照明线路采用的绝缘导线和电缆的额定电压应高于或等于工作电压，且 $U_0/U$ 不应低于工作电压。中性线的额定电压应与相线电压相等，并应在同一护套或保护管内敷设。

② 除在配电盘、接线箱或采用金属导管的配线系统内，无护套的电线不应作为供配电线路。

③ 在 1 区内应采用铜芯电缆；除本质安全电路外，在 2 区内宜采用铜芯电缆，当采用铝芯电缆时，其截面积不得小于 16mm²，且与电气设备的连接应采用铜-铝过渡接头。敷设在爆炸性粉尘环境 20 区、21 区以及在 22 区内有剧烈振动区域的回路，均应采用铜芯绝缘导线或电缆。

④ 除本质安全系统的电路外，爆炸性环境电缆配线的具体技术要求应符合表 1-35 的规定。

表 1-35 爆炸性环境电缆配线的技术要求

| 爆炸危险区域 | 项目 | | | 移动电缆 |
|---|---|---|---|---|
| | 钢管明配线路用绝缘导线的最小截面积 | | | |
| | 电力 | 照明 | 控制 | |
| 1 区、20 区、21 区 | 铜芯 2.5mm² 及以上 | 铜芯 2.5mm² 及以上 | 铜芯 1.0mm² 及以上 | 重型 |
| 2 区、22 区 | 铜芯 1.5mm² 及以上，铝芯 16mm² 及以上 | 铜芯 1.5mm² 及以上 | 铜芯 1.0mm² 及以上 | 中型 |

⑤ 除本质安全系统的电路外，在爆炸性环境内电压为 1000V 以下的钢管配线的技术要求应符合表 1-36 的规定。

表 1-36 爆炸危险环境内电压为 1000V 以下的钢管配线技术要求

| 爆炸危险区域 | 项目 | | | 管子连接要求 |
|---|---|---|---|---|
| | 钢管明配线路用绝缘导线的最小截面积 | | | |
| | 电力 | 照明 | 控制 | |
| 1 区、20 区、21 区 | 铜芯 2.5mm² 及以上 | | | 钢管螺纹旋合不应少于 5 扣 |
| 2 区、22 区 | 铜芯 2.5mm² 及以上 | 铜芯 1.5mm² 及以上 | | |

⑥ 在爆炸性环境内，绝缘导线和电缆截面积的选择还应符合下列规定：

a. 导体允许载流量不应小于熔断器熔体额定电流的 1.25 倍及断路器长延时过电流脱扣器整定电流的 1.25 倍，下述第 b 条除外。

b. 电压为 1000V 以下的引向低压笼型感应电动机支线的长期允许载流量不应小于电动机额定电流的 1.25 倍。

⑦ 在架空、桥架敷设时电缆宜采用阻燃电缆。采用能防止机械损伤的桥架时，塑料护套电缆可采用非铠装电缆。当不存在受鼠、虫等损害时，在 2 区、22 区电缆沟内敷设的可采用非铠装电缆。

(2) 爆炸性环境线路的保护应符合下列规定：

① 在 1 区内单相网络应装设短路保护，并同时断开相线和中性线。

② 对 3~10kV 电缆线路宜装设零序电流保护，在 1 区、21 区内保护装置宜动作于跳闸。

(3) 爆炸性环境电气线路的安装应符合下列规定：

1) 电气线路宜在爆炸危险性较小的环境或远离释放源的地方敷设，并应符合下列规定：

① 当可燃物质比空气重时，电气线路宜在较高处敷设或直接埋地；架空敷设时宜采用电缆桥架；电缆沟敷设时沟内应充砂，并宜设置排水措施。

② 电气线路宜在有爆炸危险的建筑物、构筑物的墙外敷设。

③ 在爆炸粉尘环境，电缆应沿粉尘不易堆积并且易于清除粉尘的位置敷设。

2) 敷设电气线路的沟道、电缆桥架或导管，所穿过的不同区域之间墙或楼板处的孔洞应采用非燃性材料严密堵塞。

3) 敷设电气线路时宜避开可能受到机械损伤、振动、腐蚀、紫外线照射以及可能受热的地方，不能避开时，应采取预防措施。

4) 钢管配线可采用无护套的绝缘单芯或多芯导线。当钢管中含有三根或多根导线时，导线包括绝缘层的总截面积不宜超过钢管截面积的 40%，钢管应采用低压流体输送用镀锌焊接钢管；钢管连接的螺纹部分应涂以铅油或磷化膏，在可能凝结冷凝水的地方，管线上应装设排除冷凝水的密封接头。

5) 在爆炸性气体环境内钢管配线的电气线路应做好隔离密封，且应符合下列规定：

① 在正常运行时，所有点燃源外壳的 450mm 范围内应做隔离密封。

② 直径 50mm 以上钢管距引入的接线箱 450mm 以内处应做隔离密封。

③ 相邻的爆炸性环境之间以及爆炸性环境与相邻的其他危险环境或非危险环境之间应进行隔离密封。密封内部应用纤维作填充层的底层或隔层，填充层的有效厚度不应小于钢管的内径，且不得小于 16mm。

④ 供隔离密封用的连接部件，不应作为导线的连接或分线用。

6) 在 1 区内电缆线路严禁有中间接头，在 2 区、20 区、21 区内不应有中间接头。

7) 当电缆或导线的终端连接时，电缆内部的导线如果为绞线，其终端应采用定型端子或接线端子进行连接。铝芯绝缘导线或电缆的连接与封端应采用压接、熔焊或钎焊，当与设备（照明灯具除外）连接时，应采用铜-铝过渡接头。

8) 架空电力线路不得跨越爆炸性气体环境，架空线路与爆炸性气体环境的水平距离不应小于杆塔高度的 1.5 倍。在特殊情况下，采取有效措施后，可适当减小距离。

### 1.5.1.5 爆炸性环境接地设计

1) 当进行爆炸性环境电力系统接地设计时，交流 1000V/直流 1500V 以下的电源系统的接地应符合下列规定：

① TN 系统应采用 TN-S 型。

② TT 系统应采用剩余电流动作保护电器。

③ IT 系统应设置绝缘监测装置。

2）爆炸性气体环境中应设置等电位连接，所有裸露的装置外部可导电部件应接入等电位系统。本质安全型设备的金属外壳可不与等电位系统连接，制造厂有特殊要求的除外。具有阴极保护的设备不应与等电位系统连接，专门为阴极保护设计的接地系统除外。

3）爆炸性环境内设备的保护接地应符合下列规定：

① 按照国家标准 GB/T 50065—2011《交流电气装置的接地设计规范》的有关规定，下列不需要接地的部分，在爆炸性环境内仍应进行接地。

在不良导电地面处，交流额定电压为 1000V 及以下和直流额定电压为 1500V 及以下的设备正常不带电的金属外壳；在干燥环境，交流额定电压为 127V 及以下，直流电压为 110V 及以下的设备正常不带电的金属外壳；安装在已接地的金属结构上的设备。

② 在爆炸危险环境内，设备的外露可导电部分应可靠接地。1 区、20 区、21 区内的所有设备以及 2 区、22 区内除照明灯具以外的设备应采用专用的接地线。该接地线若与相线敷设在同一保护管内时，应具有与相线相等的绝缘。2 区、22 区内的照明灯具，可利用有可靠电气连接的金属管线系统作为接地线，但不得利用输送可燃物质的管道。

③ 在爆炸危险区域不同方向，接地干线应不少于两处与接地体连接。

4）设备的接地装置与防止直接雷击的独立避雷针的接地装置应分开设置，与装设在建筑物上防止直接雷击的避雷针的接地装置、与防雷电感应的接地装置可合并设置。接地电阻值应取其中最低值。

5）0 区、20 区场所的金属部件不宜采用阴极保护，当采用阴极保护时，应采取特殊的设计。阴极保护所要求的绝缘元件应安装在爆炸性环境之外。

## 1.5.2　活动受限制的可导电场所的设计要求

所谓活动受限制的可导电场所是主要由金属或其他可导电体包围而构成的，在这种场所内的人员很可能通过其身体大面积与金属或其他的可导电体包围的部分相接触，而阻止这种接触的可能性是很小的。

1）电击防护。当采用安全特低电压时，无论标称电压数值如何，应采用以下直接接触防护方式：

① 采用遮栏或外护物防护，其外壳防护等级不应低于 IP2X。

② 或者加以绝缘，其耐受试验电压为 500V、历时 1min。

2）直接接触防护。不允许采用阻挡物及置于伸臂范围以外的保护措施。

3）间接接触防护。只允许下列供电方式用作保护措施：

① 对手持式工具及携带式计量设备的供电：a.采用安全特低电压。b.或者采用电气隔离，隔离变压器的一个二次绕组只应接一台设备，且应优先采用 II 类设备。当采用 I 类设备时，该设备应至少有一个把手，此把手用绝缘材料制成或具有绝缘衬层。

② 对手提灯的供电：a.采用安全特低电压。b.用安全特低电压电源供电的内装双绕组变压器的荧光灯，同样是允许的。

③ 对固定安装设备的供电。

4）安全电源和隔离电源应设置于活动受限制的可导电场所之外，但符合上述第 3）条第②项规定的荧光灯内装双绕组变压器可设置在活动受限制的可导电场所内。

5) 当某一固定安装的设备，要求功能性接地时，则在所有设备的外露可导电部分、活动受限制的可导电场所内的所有装置外露可导电部分和功能性接地之间应进行等电位连接。

### 1.5.3 数据处理设备用电气装置的设计要求

为抑制电源线路导入的干扰，数据处理设备常在其内的电源线路上配置有大电容量的滤波器，因此正常工作时就存在较大的对地泄漏电流。当此电流大于人体摆脱电流阈值 10mA 时，如果设备的 PE 线（保护导体）中断，接地失效，即使没有发生接地故障，人体如触及设备外露导电部分也将承受危险的接触电压。由于这类设备的接地具有特殊的要求，因此应注意采取相应的有效防电击的措施。

1) 正常泄漏电流超过 10mA 时防止 PE 线中断导致电击危险的措施：

① 提高 PE 线的机械强度。

a. 当采用独立的保护导体时，应是一根截面积不小于 $10mm^2$ 的导体或是两根有独立端头的，每根截面积不小于 $4mm^2$ 的导体。

【注】$10mm^2$ 或更大截面积的导体可以是铝质的。

b. 当保护导体与供电导体合在一根多芯电缆中时，电缆中所有导体截面积的总和应不小于 $10mm^2$。

c. 当保护导体装在刚性或柔性金属导管（其导电连续性应符合 GB/T 16895.3—2017《低压电气装置　第 5-54 部分：电气设备的选择和安装　接地配置和保护导体》的 543.3）内并与导管并接时，应采用不小于 $2.5mm^2$ 的导体。

d. 符合 GB/T 16895.3—2017《低压电气装置　第 5-54 部分：电气设备的选择和安装　接地配置和保护导体》的 543.3 要求的刚性或柔性金属导管、金属母线槽和槽盒以及金属屏蔽层和铠装。

② 装设 PE 线导电连续性的监测器，当 PE 线中断时自动切断电源。

③ 利用双绕组变压器限制电容泄漏电流的流经范围和路径中断的概率。双绕组变压器的二次回路宜采用 TN 系统（如图 1-27 所示），如有特殊需要时也可采用 IT 系统。

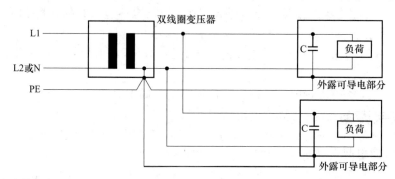

注：1. C 为滤波电容。
  2. L 和 N 接至电源；PE 接至总接地端子，既用作保护接地线也用作功能接地线。

图 1-27　双绕组变压器的连接方法

2) 对 TT 系统的补充要求：

采用 TT 系统时在供电回路上如设置剩余电流动作保护器（RCD），其额定动作电流应符合下式要求

$$I_1 \leqslant \frac{I_{\Delta n}}{2} \leqslant \frac{U_L}{2R_A} \tag{1-12}$$

式中  $I_1$——总泄漏电流，A；

$R_A$——接地极电阻，Ω；

$I_{\Delta n}$——RCD 额定动作电流，A；

$U_L$——接触电压限值，V，通常取为 50V。

如不能满足上述要求，应采取前述利用双绕组变压器的措施。

3）对 IT 系统的补充要求：

① 当因过大的泄漏电流，不能满足式 $R_A I_d \leqslant 50V$ 要求时，不宜将大泄漏电流的设备直接接入 IT 系统中。如果可能，可经双绕组变压器二次转换为 TN 系统给设备供电，以便在发生接地故障时迅速切断故障电路。

② 采用 IT 系统时，当满足式 $R_A I_d \leqslant 50V$ 要求，且设备制造厂明确该设备可直接接于 IT 系统内时，设备可直接由 IT 系统供电。当此 IT 系统的电源经阻抗接地时，设备的外露导电部分应通过 PE 线直接接至电源的接地极来实现接地。

4）低干扰水平接地装置的防电击措施：

① 数据处理设备的外露导电部分应用绝缘导体直接接至建筑物进线处的总接地母排作一点接地。

② 低干扰水平的安全接地应注意满足下述一般安全接地的要求：

a. 保证用作接地故障保护的过电流保护器对过电流保护的有效性；

b. 防止设备的外露导电部分出现过高的接触电压，并保证设备和邻近金属物体和其他设备之间在正常情况和故障情况下的等电位连接的有效性；

c. 防止过大对地泄漏电流带来的危险。

## 1.6 电气设备防误操作的要求及措施

为了加强防止电气误操作装置（以下简称防误装置）的专业管理，做好防误装置的设计、安装、运行维护和检修管理工作，使其更好地发挥作用，根据《电业安全工作规定》和有关文件的规定，国家安全生产监督管理总局和国家煤炭安全监察局特制订了能源安保（1990）1110 号文件——《防止电气误操作装置管理规定》（试行）。

### 1.6.1 电气设备防误装置的要求

① 凡有可能引起误操作的高压电气设备，均应装设防误装置，装置的性能和质量应符合产品标准和有关文件的规定。

② 新订购的高压开关设备，必须具有性能和质量符合要求的防误装置，对不符合要求的不得订货。

③ 新设计的发、变电工程中采用防误装置和操作程序，应经运行部门审查。

④ 新设计的发、变电工程中采用的防误装置，应做到与主设备同时投运。

⑤ 经两部和网、省（区、市）电力局鉴定的防误装置，必须经运行考核，取得运行经验，报两部审查同意后方可在全网推广使用。

## 1.6.2 电气设备防误装置的功能

防误装置应实现以下功能（简称"五防"）：
① 防止误分、误合断路器；
② 防止带负荷拉、合隔离开关；
③ 防止带电（挂）合接地线（开关）；
④ 防止带接地线（开关）合断路器（隔离开关）；
⑤ 防止误入带电间隔。
高压开关柜及间隔式的配电装置（间隔）有网门时，应满足"五防"功能的要求。

## 1.6.3 设计、制造及选用电气设备防误装置的原则

① 防误装置的结构应简单、可靠，操作维护方便，尽可能不增加正常操作和事故处理的复杂性。
② 电磁锁应采用间隙式原理，锁栓能自动复位。
③ 成套的高压开关设备用防误装置，应优先选用机械联锁。
④ 防误装置应有专用工具（钥匙）进行解锁。
⑤ 防误装置应满足所配设备的操作要求，并与所配用设备的操作位置相对应。
⑥ 防误装置应不影响开关设备的主要技术性能（如分合闸时间、速度等）。
⑦ 防误装置所用的电源应与继电保护、控制回路的电源分开。
⑧ 防误装置应做到防尘、防异物、防锈、不卡涩。户外防误装置还应有防水、防潮、防霉的措施。
⑨ "五防"中除防止误分、误合断路器可采用提示性的装置外，其他"四防"应采用强制性装置。
⑩ 新设计的户外110kV及以上复杂接线，应优先采用电气联锁或电磁锁方案。
⑪ 户内配电装置改造加装防误装置，应优先采用机械程序锁或电磁锁。
⑫ 应选用符合产品标准，功能齐全并经两部和网、省（市）电力局鉴定的产品。对不符合要求的应予以退换，并在订货合同中加以说明。

# 1.7 电气工程设计的防火要求及措施

## 1.7.1 变电站内建（构）筑物的火灾危险性、耐火等级及防火间距

① 根据 GB 50029—2019《火力发电厂与变电站设计防火标准》，变电站建（构）筑物的火灾危险性应根据生产中使用或产生的物质性质及其数量等因素分类，应符合表 1-37 规定。

表 1-37 建（构）筑物的火灾危险性分类及其耐火等级

| 建(构)筑物名称 | | 火灾危险性分类 | 耐火等级 |
| --- | --- | --- | --- |
| 主控通信楼、继电器室、阀厅、气体或干式变压器室 | | 丁 | 二级 |
| 户内直流开关场配电装置楼(室) | 单台设备油量60kg以上 | 丙 | 二级 |
| | 单台设备油量60kg及以下 | 丁 | 二级 |
| | 无含油电气设备 | 戊 | 二级 |

续表

| 建(构)筑物名称 | | 火灾危险性分类 | 耐火等级 |
|---|---|---|---|
| 油浸变压器室 | | 丙 | 一级 |
| 电容器室(有可燃介质)、油浸电抗器室、柴油发电机组机房 | | 丙 | 二级 |
| 干式电容器室、干式电抗器室 | | 丁 | 二级 |
| 检修备品仓库 | 有含油设备 | 丁 | 二级 |
| | 无含油设备 | 戊 | 二级 |
| 事故储油池 | | 丙 | 一级 |
| 空冷器室,生活、工业、消防水泵房,水处理室,雨淋阀室,泡沫设备室,污水、雨水泵房 | | 戊 | 二级 |

注:当特种材料库储存氢、氧、乙炔等气瓶时,火灾危险性应按储存火灾危险性较大的物品确定。

② 同一建筑物或建筑物的任一防火分区布置有不同火灾危险性的房间时,建筑物或防火分区内的火灾危险性类别应按火灾危险性较大的部分确定,当火灾危险性较大的房间占本层或本防火分区建筑面积的比例小于5%,且发生火灾事故时不足以蔓延至其他部位或火灾危险性较大的部分采取了有效的防火措施时,可按火灾危险性较小的部分确定。

③ 建(构)筑物构件的燃烧性能和耐火极限、变电站内建(构)筑物与变电站外的建(构)筑物之间的防火间距应符合 GB 50016—2014《建筑设计防火规范》的有关规定。

④ 变电站内各建(构)筑物及设备的防火间距不应小于表1-38的规定。

**表1-38 变电站内各建(构)筑物及设备的防火间距** 单位:m

| 建(构)筑物名称 | | 丙、丁、戊类生产建筑耐火等级 | | 屋外配电装置每组断路器油量/t | | 可燃介质电容器(棚) | 事故贮油池 | 生活建筑耐火等级 | |
|---|---|---|---|---|---|---|---|---|---|
| | | 一、二级 | 三级 | <1 | ≥1 | | | 一、二级 | 三级 |
| 丙、丁、戊类生产建筑耐火等级 | 一、二级 | 10 | 12 | — | 10 | 10 | 5 | 10 | 12 |
| | 三级 | 12 | 14 | | | 10 | 5 | 12 | 14 |
| 屋外配电装置每组断路器油量/t | <1 | — | | — | | 10 | 5 | 10 | 12 |
| | ≥1 | 10 | | | | | | | |
| 油浸变压器、油浸电抗器单台设备油量/t | 5~10 | 10 | | 见1.7.1第⑧条 | | 10 | 5 | 15 | 20 |
| | >10~50 | | | | | | | 20 | 25 |
| | >50 | | | | | | | 25 | 30 |
| 可燃介质电容器(棚) | | 10 | | 10 | | — | 5 | 15 | 20 |
| 事故储油池 | | 5 | | 5 | | 5 | — | 10 | 12 |
| 生活建筑耐火等级 | 一、二级 | 10 | 12 | 10 | | 15 | 10 | 6 | 7 |
| | 三级 | 12 | 14 | 12 | | 20 | 12 | 7 | 8 |

注:1. 建(构)筑物防火间距应按相邻两建(构)筑物外墙的最近距离计算,如外墙有凸出的可燃或难燃构件时,则应从其凸出部分外缘算起;变压器之间的防火间距为相邻变压器外壁的最近水平距离;变压器与带油电气设备的防火间距应为变压器和带油电气设备外壁的最近水平距离;变压器与建筑物的防火间距应为变压器外壁与建筑外墙的最近水平距离。
2. 相邻两座建筑较高一面的外墙如为防火墙时,其防火间距不限;两座一、二级耐火等级的建筑,当相邻较低一面外墙为防火墙且较低一座厂房屋顶无天窗,屋顶耐火极限不低于1h,或相邻较高一面外墙的门、窗等开口部位设置甲级防火门、窗或防火分隔水幕时,其防火间距不应小于4m。
3. 符合1.7.2第①条规定的生产建筑物与油浸变压器或可燃介质电容器除外。
4. 屋外配电装置间距应为设备外壁的最近水平距离。

⑤ 相邻两座建筑两面外墙均为不燃烧墙体且无外露的可燃性屋檐，每面外墙上的门、窗、洞口面积之和各不大于外墙面积的5%，且门、窗、洞口不正对开设时，其防火间距可按表1-38减少25%。

⑥ 单台油量为2500kg及以上的屋外油浸变压器之间、屋外油浸电抗器之间的最小间距应符合表1-39的规定。

表1-39 屋外油浸变压器之间、屋外油浸电抗器之间的最小间距

| 电压等级 | 最小间距/m | 电压等级 | 最小间距/m |
| --- | --- | --- | --- |
| 35kV及以下 | 5 | 220kV及330kV | 10 |
| 66kV | 6 | 500kV及750kV | 15 |
| 110kV | 8 | 1000kV | 17 |

注：换流变压器的电压等级应按交流侧的电压选择。

⑦ 当油量为2500kg及以上的屋外油浸变压器之间、屋外油浸电抗器之间的防火间距不能满足表1-39的要求时，应设置防火墙。防火墙的高度应高于变压器油枕，其长度超出变压器的贮油池两侧不应小于1m。

⑧ 油量为2500kg及以上的屋外油浸变压器或高压电抗器与油量为600kg以上的带油电气设备之间的防火间距不应小于5m。

⑨ 总油量为2500kg及以上的并联电容器组或箱式电容器，相互之间的防火间距不应小于5m，当间距不满足该要求时应设置防火墙。

⑩ 当变电站内建筑的火灾危险性为丙类且建筑的占地面积超过3000m²时，变电站内的消防车道宜布置成环形；当为尽端式车道时，应设回车道或回车场地。消防车道宽度及回车场的面积应符合GB 50016—2014《建筑设计防火规范》的有关规定。

⑪ 变电站站区围墙处可设一个供消防车辆进出的出入口。

## 1.7.2 建（构）筑物的安全疏散和建筑构造

1）生产建筑物与油浸变压器或可燃介质电容器的间距不满足表1-38要求时，应符合下列规定：

① 当建筑物与油浸变压器或可燃介质电容器等电气设备间距小于5m时，在设备外轮廓投影范围外侧各3m内的建筑物外墙上不应设置门、窗、洞口和通风孔，且该区域外墙应为防火墙，当设备高于建筑物时，防火墙应高于该设备的高度；当建筑物墙外5~10m范围内布置有变压器或可燃介质电容器等电气设备时，在上述外墙上可设置甲级防火门，设备高度以上可设防火窗，其耐火极限不应小于0.90h；

② 当工艺需要油浸变压器等电气设备有电气套管穿越防火墙时，防火墙上的电缆孔洞应采用耐火极限为3.00h的电缆防火封堵材料或防火封堵组件进行封堵。

2）设置带油电气设备的建（构）筑物与贴邻或靠近该建（构）筑物的其他建（构）筑物之间应设置防火墙。

3）控制室顶棚和墙面应采用A级装修材料，控制室其他部位应采用不低于B1级的装修材料。

4）地上油浸变压器室的门应直通室外；地下油浸变压器室门应向公共走道方向开启，该门应采用甲级防火门；干式变压器室、电容器室门应向公共走道方向开启，该门应采用乙级防火门；蓄电池室、电缆夹层、继电器室、通信机房以及配电装置室的门应向疏散方向开

启，当门外为公共走道或其他房间时，该门应采用乙级防火门。配电装置室的中间隔墙上的门可采用分别向不同方向开启且宜相邻的2个乙级防火门。

5）建筑面积超过250m²的控制室、通信机房、配电装置室、电容器室、阀厅、户内直流场、电缆夹层，其疏散门不宜少于2个。

6）地下变电站、地上变电站的地下室每个防火分区的建筑面积不应大于1000m²。设置自动灭火系统的防火分区，其防火分区面积可增大1.0倍；当局部设置自动灭火系统时，增加面积可按该局部面积的1.0倍计算。

7）主控制楼当每层建筑面积小于或等于400m²时，可设置1个安全出口；当每层建筑面积大于400m²时，应设置2个安全出口，其中1个安全出口可通向室外楼梯。其他建筑的安全出口设置应符合GB 50016—2014《建筑设计防火规范》的有关规定。

8）地下变电站、地上变电站的地下室、半地下室安全出口数量不应少于2个。地下室与地上层不应共用楼梯间，当必须共用楼梯间时，应在地上首层采用耐火极限不低于2h的不燃烧体隔墙和乙级防火门，将地下或半地下部分与地上部分的连通部分完全隔开，并应有明显的标志。

9）地下变电站当地下层数为3层及3层以上或地下室内地面与室外出入口地坪高差大于10m时，应设置防烟楼梯间，楼梯间应设乙级防火门，并向疏散方向开启。防烟楼梯间应符合GB 50016—2014《建筑设计防火规范》的有关规定。

## 1.7.3 变压器及其他带油电气设备

① 35kV及以下屋内配电装置当未采用金属封闭开关设备时，其油断路器、油浸电流互感器和电压互感器，应设置在两侧有不燃烧实体墙的间隔内；35kV以上屋内配电装置应安装在有不燃烧实体墙的间隔内，不燃烧实体墙的高度不应低于配电装置中带油设备的高度。

② 总油量超过100kg的屋内油浸变压器，应设置单独的变压器室。

③ 屋内单台总油量为100kg以上的电气设备，应设置挡油设施及将事故油排至安全处的设施。挡油设施的容积宜按油量的20%设计。

④ 户外单台油量为1000kg以上的电气设备，应设置贮油或挡油设施，其容积宜按设备油量的20%设计，并能将事故油排至总事故贮油池。总事故贮油池的容量应按其接入的油量最大的一台设备确定，并设置油水分离装置。当不能满足上述要求时，应设置能容纳相应电气设备全部油量的贮油设施，并设置油水分离装置。贮油或挡油设施应大于设备外廓每边各1m。贮油设施内应铺设卵石层，其厚度不应小于250mm，卵石直径宜为50～80mm。

⑤ 地下变电站的变压器应设置能贮存最大一台变压器油量的事故贮油池。

## 1.7.4 电缆及电缆敷设

① 长度超过100m的电缆沟或电缆隧道，应该采取防止电缆火灾蔓延的阻燃或分隔措施，并应根据变电站的规模及重要性采取下列一种或数种措施：采用耐火极限不低于2.00h的防火墙或隔板，并用电缆防火封堵材料封堵电缆通过的孔洞；电缆局部涂防火涂料或局部采用防火带、防火槽盒。

② 电缆从室外进入室内的入口处、电缆竖井的出入口处、建（构）筑物中电缆引至电气柜、盘或控制屏、台的开孔部位，电缆贯穿隔墙、楼板的空洞应采用电缆防火封堵材料进

行封堵,其防火封堵组件的耐火极限不应低于被贯穿物的耐火极限,且不低于 1.00h。

③ 在电缆竖井中,宜每间隔不大于 7m 采用耐火极限不低于 3.00h 的不燃烧体或防火封堵材料封堵。

④ 防火墙上的电缆孔洞应采用电缆防火封堵材料或防火封堵组件进行封堵,并应采取防止火焰延燃的措施,其防火封堵组件的耐火极限应为 3.00h。

⑤ 在电缆隧道和电缆沟道中,严禁有可燃气、油管路穿越。

⑥ 220kV 及以上变电站,当电力电缆与控制电缆或通信电缆敷设在同一电缆沟或电缆隧道内时,宜采用防火隔板进行分隔。

⑦ 地下变电站电缆夹层宜采用低烟无卤阻燃电缆。

### 1.7.5 消防给水、灭火设施及火灾自动报警

① 规划和设计变电站时,应同时设计消防给水系统,消防水源应有可靠的保证。

【注】变电站内建筑物满足耐火等级不低于二级,体积不超过 3000$m^3$,且火灾危险性为戊类时,可不设消防给水。

② 变电站同一时间内的火灾次数宜按一次确定。

③ 变电站建筑室外消防用水量不应小于表 1-40 的规定。

表 1-40  室外消火栓用水量                                   单位:L/s

| 建筑物耐火等级 | 建筑物火灾危险性类别 | 建筑物体积/$m^3$ | | | |
|---|---|---|---|---|---|
| | | $V \leqslant 3000$ | $3000 < V \leqslant 5000$ | $5000 < V \leqslant 20000$ | $20000 < V \leqslant 50000$ |
| 一、二级 | 丙类 | 15 | 20 | 25 | 30 |
| | 丁、戊类 | 15 | | | |

注:当变压器采用水喷雾灭火系统时,变压器室外消火栓用水量不应小于 15L/s。

④ 单台容量为 125MV·A 及以上的油浸变压器、200Mvar 及以上的油浸电抗器应设置水喷雾灭火系统或其他固定式灭火装置。其他带油电气设备,宜配置干粉灭火器。地下变电站的油浸变压器、油浸电抗器,宜采用固定式灭火系统。在室外专用贮存场地贮存作为备用的油浸变压器、油浸电抗器,可不设置火灾自动报警系统和固定式灭火系统。

⑤ 油浸变压器当采用有防火墙隔离的分体式散热器时,布置在户外或半户外的分体式散热器可不设火灾自动报警系统和固定式灭火系统。

⑥ 变电站户外配电装置区域(采用水喷雾的油浸变压器、油浸电抗器消火栓除外)可不设消火栓。

⑦ 下列建筑应设置室内消火栓并配置喷雾水枪:a.500kV 及以上的直流换流站的主控制楼;b.220kV 及以上的高压配电装置楼(有充油设备);c.220kV 及以上户内直流开关场(有充油设备);d.地下变电站。

⑧ 变电站内下列建筑物可不设室内消火栓:a.交流变电站的主控制楼;b.继电器室;c.高压配电装置楼(无充油设备);d.阀厅;e.户内直流开关场(无充油设备);f.空冷器室;g.生活、工业消防水泵房;h.生活污水、雨水泵房;i.水处理室;j.占地面积不大于 300$m^2$ 的建筑。

【注】上述建筑仅指变电站中独立设置的建筑物,不包含各功能组合的联合建筑物。

⑨ 变电站建筑室内消防用水量不应小于表 1-41 的规定。

表 1-41 室内消火栓用水量

| 建筑物名称 | 建筑高度 $H/m$、体积 $V/m^3$、火灾危险性 | | 消火栓用水量 /(L/s) | 同时使用消防水枪数 /支 | 每根竖管最小流量 /(L/s) |
|---|---|---|---|---|---|
| 控制楼、配电装置楼及其他生产类建筑 | $H \leqslant 24$ | 丁、戊 | 10 | 2 | 10 |
| | | 丙 $V \leqslant 5000$ | 10 | 2 | 10 |
| | | 丙 $V > 5000$ | 20 | 4 | 15 |
| | $24 < H \leqslant 50$ | 丁、戊 | 25 | 5 | 15 |
| | | 丙 | 30 | 6 | 15 |
| 检修备品仓库 | $H \leqslant 24$ 丁、戊 | | 10 | 2 | 10 |

⑩ 当地下变电站室内设置水消防系统时，应设置水泵接合器。水泵接合器应设置在便于消防车使用的地点，与供消防车取水的室外消火栓或消防水池取水口距离宜为 15~40m。水泵接合器应有永久性的明显标志。

⑪ 变电站消防给水量应按火灾时一次最大室内和室外消防用水量之和计算。

⑫ 具有稳压装置的临时高压给水系统应符合下列规定：a. 消防泵应满足消防给水系统最大压力和流量要求；b. 稳压泵的设计流量宜为消防给水系统设计流量的 1%~3%，启泵压力与消防泵自动启泵的压力差宜为 0.02MPa，稳压泵的启泵压力与停泵压力之差不应小于 0.05MPa，系统压力控制装置所在处准工作状态时的压力与消防泵自动启泵的压力差宜为 0.07~0.10MPa；c. 气压罐的调节容积应按稳压泵启泵次数不大于 15 次/h 计算确定，气压罐的最低工作压力应满足任意最不利点的消防设施的压力需求。

⑬ 500kV 及以上的直流换流站宜设置备用柴油发电机组消防泵，其容量应满足直流换流站的全部消防用水要求。

⑭ 消防水泵房应设直通室外的安全出口，当消防水泵房设置在地下时，其疏散出口应靠近安全出口。

⑮ 一组消防水泵的吸水管不应少于 2 条；当其中一条损坏时，其余的吸水管应能满足全部用水量。吸水管上应装设检修用阀门。

⑯ 消防水泵应采用自灌式吸水。

⑰ 消防水泵房应有不少于 2 条出水管与环状管网连接，当其中一条出水管检修时，其余的出水管应能满足全部用水量。消防泵组应设试验回水管，并配装检查用的放水阀门、水锤消除、安全泄压及压力、流量测量装置。

⑱ 消防水泵应设置备用泵，备用泵的流量和扬程不应小于最大一台消防泵的流量和扬程。

⑲ 消防管道、消防水池的设计应符合现行国家标准 GB 50974—2014《消防给水及消火栓系统技术规范》的有关规定。

⑳ 水喷雾灭火系统的设计应符合现行国家标准 GB 50219—2014《水喷雾灭火系统设计规范》的有关规定。

㉑ 对于丙类厂房、仓库，消火栓灭火系统的火灾延续时间不应小于 3.00h，对于丁、戊类厂房、仓库，消火栓灭火系统的火灾延续时间不应小于 2.00h。自动喷水灭火系统、水喷雾灭火系统和泡沫灭火系统火灾延续时间应符合现行国家标准 GB 50084—2017《自动喷水灭火系统设计规范》、GB 50219—2014《水喷雾灭火系统设计规范》和 GB 50151—2010

《泡沫灭火系统设计规范》的有关规定。

㉒ 变电站应按表 1-42 设置灭火器。

㉓ 灭火器的设计应符合 GB 50140—2005《建筑灭火器配置设计规范》的有关规定。

表 1-42 建筑物火灾危险类别及危险等级

| 建筑物名称 | 火灾危险类别 | 危险等级 |
|---|---|---|
| 主控制室 | E | 严重 |
| 通信机房、阀厅、继电器室、电缆夹层、户内直流开关场(有含油电气设备)、配电装置楼(室)(有含油电气设备) | E | 中 |
| 户内直流开关场(无含油电气设备)、配电装置楼(室)(有含油电气设备)、气体或干式变压器室、干式电抗器室、干式电容器室 | E | 轻 |
| 油浸变压器室、油浸电抗器室、电容器室(有可燃介质)、检修备品仓库(有含油设备) | B、E | 中 |
| 蓄电池室 | C | 中 |
| 柴油发电机组机房及油箱、生活、工业消防水泵房(有柴油发动机) | B | 中 |
| 检修备品仓库(无含油设备)、生活、工业消防水泵房(无柴油发动机)、水处理室,空冷器室,污水和雨水泵房 | A | 轻 |

㉔ 设有消防给水的地下变电站,必须设置消防排水设施。消防排水可与生产、生活排水统一设计,排水量按消防流量设计。对油浸变压器、油浸电抗器等设施的消防排水,当未设置能够容纳全部事故排油和消防排水量的事故贮油池时,应采取必要的油水分离措施。

㉕ 下列场所和设备应设置火灾自动报警系统:a.控制室、配电装置室、可燃介质电容器室、继电器室、通信机房;b.地下变电站、无人值班变电站的控制室、配电装置室、可燃介质电容器室、继电器室、通信机房;c.采用固定灭火系统的油浸变压器、油浸电抗器;d.地下变电站的油浸变压器、油浸电抗器;e.敷设具有可延燃绝缘层和外护层电缆的电缆夹层及电缆竖井;f.地下变电站、户内无人值班的变电站的电缆夹层及电缆竖井。

㉖ 变电站主要建(构)筑物和设备宜按表 1-43 的规定设置火灾自动报警系统。

㉗ 火灾自动报警系统的设计应符合现行国家标准 GB 50116—2013《火灾自动报警系统设计规范》的有关规定。

㉘ 有人值班的变电站的火灾报警控制器应设置在主控制室;无人值班的变电站的火灾报警控制器宜设置在变电站门厅,并应将火警信号传至集控中心。

表 1-43 主要建(构)筑物和设备的火灾探测器类型

| 建筑物和设备 | 火灾探测器类型 |
|---|---|
| 控制室、通信机房、阀厅、继电器室 | 点型感烟/吸气 |
| 户内直流场、电抗器室(不选用含油设备)、电容器室、配电装置室 | 点型感烟 |
| 电抗器室(选用含油设备)、电缆层和电缆竖井、室外变压器 | 缆式线型感温 |
| 室内变压器 | 缆式线型感温/吸气 |

## 1.7.6 供暖、通风和空气调节

① 地下变电站采暖、通风和空气调节设计应符合下列规定：a.所有采暖区域严禁采用明火取暖；b.电气配电装置室应设置火灾后排风设施，其他房间的排烟设计应符合 GB 50016—2014《建筑设计防火规范》的有关规定；c.当火灾发生时，送排风系统、空调系统应能自动停止运行。当采用气体灭火系统时，穿过防护区的通风或空调风道上的阻断阀应能立即自动关闭。

② 阀厅应设置火灾后排风设施。

③ 地下变电站的空气调节，地上变电站的采暖、通风和空气调节，应符合 GB 50029—2019《火力发电厂与变电站设计防火标准》第 8 章的有关规定。

## 1.7.7 消防供电、应急照明

1）变电站的消防供电应符合下列规定：

① 消防水泵、自动灭火系统、与消防有关的电动阀门及交流控制负荷，户内变电站、地下变电站，应按Ⅰ类负荷供电；户外变电站应按Ⅱ类负荷供电。

② 变电站内的火灾自动报警系统和消防联动控制器，当其本身带有不停电电源装置时，应由站用电源供电；当其本身不带有不停电电源装置时，应由站内不停电电源装置供电；当电源采用站内不停电电源装置供电时，火灾报警控制器和消防联动控制器应采用单独的供电回路，并应保证在系统处于最大负载状态下不影响报警控制器和消防联动控制器的正常工作，不停电电源的输出功率应大于火灾自动报警系统和消防联动控制器全负荷功率的 120%，不停电电源的容量应保证火灾自动报警系统和消防联动控制器在火灾状态同时工作负荷条件下连续工作 3h 以上。

③ 消防用电设备采用双电源或双回路供电时，应在最末一级配电箱处自动切换。

④ 消防应急照明、疏散指示标志应采用蓄电池直流供电，疏散通道应急照明、疏散指示标志的连续供电时间不应少于 30min，继续工作应急照明连续供电时间不应少于 3h。

⑤ 消防用电设备应采用专用的供电回路，当发生火灾切断生产、生活用电时，仍应保证消防用电，其配电设备应设置明显标志，其配电线路和控制回路宜按防火分区划分。

⑥ 消防用电设备的配电线路应满足火灾时连续供电的需要，当暗敷时应穿管并敷设在不燃烧体结构内，其保护层厚度不应小于 30mm；当明敷时（包括附设在吊顶内）应穿金属管或封闭式金属线槽，并采取防火保护措施。当采用阻燃或耐火电缆时，敷设在电缆井、电缆沟内可不穿金属导管或采用封闭式金属槽盒保护；当采用矿物绝缘类等具有耐火、抗过载和抗机械破坏性能的不燃性电缆时，可直接明敷。宜与其他配电线路分开敷设，当敷设在同一井沟内时，宜分别布置在井沟的两侧。

2）火灾应急照明和疏散标志应符合下列规定：

① 户内变电站、户外变电站的控制室、通信机房、配电装置室、消防水泵房和建筑疏散通道应设置应急照明。

② 地下变电站的控制室、通信机房、配电装置室、变压器室、继电器室、消防水泵房、建筑疏散通道和楼梯间应设置应急照明。

③ 地下变电站的疏散通道和安全出口应设灯光疏散指示标志。

④ 人员疏散通道应急照明的地面最低水平照度不应低于 1.0lx，楼梯间的地面最低水平照度不应低于 5.0lx，继续工作应急照明应保证正常照明的照度。

⑤ 疏散通道上灯光疏散指示标志间距不应大于 20m，高度宜安装在距地坪 1.0m 以下处；疏散照明灯具应设置在出入口的顶部或侧边墙面的上部。

# 1.8 电气设施抗震设计和措施

## 1.8.1 抗震设计总原则

1）根据 GB 50260—2013《电力设施抗震设计规范》，电气设施的抗震设计是为了贯彻执行《中华人民共和国防震减灾法》，实行"以预防为主、防御与救助结合"的方针，使电力设施经抗震设防后，减轻电力设施的地震破坏，避免人员伤亡，减少经济损失。

2）GB 50260—2013《电力设施抗震设计规范》适用于抗震设防烈度 6 度至 9 度地区的新建、扩建、改建的下列电力设施的抗震设计：

① 单机容量为 12MW 至 1000MW 火力发电厂的电力设施。

② 单机容量为 10MW 及以上水力发电厂的有关电气设施。

③ 电压为 110kV 至 750kV 交流输变电工程中的电力设施。

④ 电压为 ±660kV 及以下直流输变电工程中的电力设施。

⑤ 电力通信微波塔及其基础。

3）电力设施应根据其抗震重要性和特点分为重要电力设施和一般电力设施，并应符合下列规定：

① 符合下列条款之一者为重要电力设施：

a. 单机容量为 300MW 及以上或规划容量为 800MW 及以上的火力发电厂；

b. 停电会造成重要设备严重破坏或危及人身安全的工矿企业的自备电厂；

c. 设计容量为 750MW 及以上的水力发电厂；

d. 220kV 枢纽变电站，330~750kV 变电站，330kV 及以上换流站，500~750kV 线路大跨越塔，±400kV 及以上线路大跨越塔；

e. 不得中断的电力系统通信设施；

f. 经主管部（委）批准的，在地震时必须保障正常供电的其他重要电力设施。

② 除重要电力设施以外的其他电力设施为一般电力设施。

4）电力设施中的建（构）筑物根据其重要性可分为三类，并应符合下列规定：

① 重要电力设施中发电厂的主要建（构）筑物和输变电工程供电建（构）筑物为重点设防类，简称为乙类。

② 一般电力设施中的主要建（构）筑物和有连续生产运行设备的建（构）筑物以及公用建（构）筑物、重要材料库为标准设防类，简称为丙类。

③ 乙、丙类以外的次要建（构）筑物为适度设防类，简称为丁类。

5）电力设施的抗震设防地震动参数或烈度必须按国家规定的权限审批、颁发的文件（图件）确定。

6）电力设施的抗震设防烈度或地震动参数应根据 GB 18306—2015《中国地震动参数区划图》的有关规定确定。对按有关规定做过地震安全性评价的工程场地，应按批准的抗震设防设计地震动参数或相应烈度进行抗震设防。重要电力设施中的电气设施可按抗震设防烈度提高 1 度设防，但抗震设防烈度为 9 度及以上时不再提高。

7）各抗震设防类别的建（构）筑物的抗震设防标准，均应符合 GB 50223—2008《建筑工程抗震设防分类标准》的有关规定。

8）当架空送电线路的重要大跨越杆塔和基础需提高 1 度设防时，应组织专家审查，并报主管单位核准。

### 1.8.2 选址与总体布置

① 发电厂、变电站应选择在对抗震有利的地段，并应避开对抗震不利地段；当无法避开时，应采取有效措施。不得在危险地段选址。

② 发电厂不宜建在抗震设防烈度为 9 度的地区。当必须在 9 度抗震设防烈度地区建厂时，重要电力设施应建在坚硬（坚硬土或岩石）场地。

③ 连接发电厂的铁路、公路或变电站的进站道路应避开地震时可能发生崩塌、大面积滑坡、泥石流、地裂和错位的危险地段。

④ 电力设施的主要生产建（构）筑物、设备，根据其所处场地的地质和地形，应选择对抗震有利的地段进行布置，并应避开不利地段。

⑤ 当在 8m 以上高挡土墙、高边坡的上、下平台布置电力设施时，应根据其重要性适当增加电力设施至挡土墙或边坡的距离。

⑥ 发电厂的燃油库、酸碱库、液氨脱硝剂制备及存储车间宜布置在厂区边缘较低处。燃油罐、酸碱罐、液氨罐四周应设防护围堤。

⑦ 发电厂厂区的地下管、沟，宜简化和分散布置，并不宜平行布置在道路行车道的下面，抗震设防烈度为 7～9 度地震区不应布置在主要道路行车道内。地下管、沟主干线应在地面上设置标志。

⑧ 发电厂厂外的管、沟、栈桥不宜布置在遭受地震时可能发生崩塌、大面积滑坡、泥石流、地裂和错位等危险地段，宜避开洞穴和欠固结填土区。

⑨ 发电厂的主厂房、办公楼、试验楼、食堂等人员密集的建筑物，主要出入口应设置安全通道，附近应有疏散场地。

⑩ 发电厂道路边缘至建（构）筑物的距离应满足地震时消防通道不致被散落物阻塞的要求。发电厂、变电站水准基点的布置应避开对抗震不利地段。

### 1.8.3 抗震设计方法

1）电气设施的抗震设计应符合下列规定：a.重要电力设施中的电气设施，当抗震设防烈度为 7 度及以上时，应进行抗震设计；b.一般电力设施中的电气设施，当抗震设防烈度为 8 度及以上时，应进行抗震设计；c.安装在屋内二层及以上和屋外高架平台上的电气设施，当抗震设防烈度为 7 度及以上时，应进行抗震设计。

2）电气设备、通信设备应根据设防标准选择。对位于高烈度区且不能满足抗震要求或对抗震安全性和使用功能有较高要求或专门要求的电气设施，可采用隔震或消能减震措施。

3）电气设施的抗震设计宜采用下列方法：a.对于基频高于 33Hz 的刚性电气设施，可采用静力法；b.对于以剪切变形为主或近似于单质点体系的电气设施，可采用底部剪力法；c.除上述两类外的电气设施，宜采用振型分解反应谱法；d.对于特别不规则或有特殊要求的电气设施，可采用时程分析法进行补充抗震设计。

4）当电气设施采用静力设计法进行抗震设计时，地震作用产生的弯矩或剪力可按下列公式计算：

$$M = a_o G_{eq}(H_0 - h)/g = V(H_0 - h) \quad (1-13)$$

$$V = a_o G_{eq}/g \quad (1-14)$$

式中　$M$——地震作用产生的弯矩，kN·m；

$a_o$——设计基本地震加速度值，按表1-44采用；

$G_{eq}$——结构等效总重力荷载代表值，kN；

$H_0$——电气设施体系重心高度，m；

$h$——计算断面处距底部高度，m；

$g$——重力加速度；

$V$——地震作用产生的剪力，kN·m。

表1-44　设计基本地震加速度

| 烈度/度 | 7 | 8 | 9 |
|---|---|---|---|
| 设计基本地震加速度值 $a_o/g$ | 0.10 | 0.20 | 0.40 |

5）当电气设备有支撑结构时，应充分考虑支撑结构的动力放大作用；若仅做电气设施本体的抗震设计，地震输入加速度应乘以支承结构动力反应放大系数，并应符合下列规定：

① 当支架设计参数确定时，应将支架与电气设施作为一个整体进行抗震设计。

② 当支架设计参数缺乏时，对于预期安装在室外、室内底层、地下洞内、地下变电站底层地面上或低矮支架上的电气设施，其支架的动力反应放大系数的取值不宜小于1.2，且支架设计应保证其动力反应放大系数不大于所取值。

③ 安装在室内二、三层楼板上的电气设备和电气装置，建筑物的动力反应放大系数应取2.0。对于更高楼层上的电气设备和电气装置，应专门研究。

④ 安装在变压器、电抗器的本体上的部件，动力反应放大系数应取2.0。

6）电气设施抗震设计地震作用计算应包括以下几个部分：体系的总重力（含端子板、金具及导线的质量）、内部压力、端子拉力及0.25倍设计风载等产生的荷载，可不计算地震作用与短路电动力的组合。

### 1.8.4　电气设施布置

1）电气设施布置应根据设防烈度、场地条件和其他环境条件，并结合电气总布置及运行、检修条件，通过技术经济分析确定。

2）当抗震设防烈度为8度及以上时，电气设施布置应符合下列要求：

① 电压为110kV及以上的配电装置形式不宜采用高型、半高型和双层屋内配电装置。

② 电压为110kV及以上的管形母线配电装置的管形母线，宜采用悬挂式结构。

③ 电压为110kV及以上的高压设备，当满足GB 50260—2013《电力设施抗震设计规范》第6.4.1条抗震强度验证试验要求时，可按照产品形态要求进行布置。

3）当抗震设防烈度为8度及以上时，110kV及以上电压等级的电容补偿装置的电容器平台宜采用悬挂式结构。

4）当抗震设防烈度为8度及以上时，干式空心电抗器不宜采用三相垂直布置。

### 1.8.5　电力通信

1）重要电力设施的电力通信，必须设有两个及以上相互独立的通信通道，并应组成环形或有迂回回路的通信网络。两个相互独立的通道宜采用不同的通信方式。

2）一般电力设施的大、中型发电厂和重要变电站的电力通信，应有两个或两个以上相互独立的通信通道，并宜组成环形或有迂回回路的通信网络。

3）电力通信设备应具有可靠的电源，并应符合下列要求：

① 重要电力设施的电力通信电源，应由能自动切换的、可靠的双回路交流电源供电，并应设置独立可靠的直流备用电源。

② 一般电力设施的大型发电厂和重要变电站的电力通信电源，应设置工作电源和直流备用电源。

## 1.8.6 安装设计抗震要求

1）抗震设防烈度为 7 度及以上的电气设施的安装设计应符合本节要求。

2）设备引线和设备间连线宜采用软导线，其长度应留有余量。当采用硬母线时，应有软导线或伸缩接头过渡。

3）电气设备、通信设备和电气装置的安装必须牢固可靠。设备和装置的安装螺栓或焊接强度必须满足抗震要求。

4）变压器类安装设计应符合下列要求：

① 变压器类宜取消滚轮及其轨道，并应固定在基础上。

② 变压器类本体上的油枕、潜油泵、冷却器及其连接管道等附件以及集中布置的冷却器与本体间连接管道，应符合抗震要求。

③ 变压器类的基础台面宜适当加宽。

5）旋转电机安装设计应符合下列要求：

① 安装螺栓和预埋铁件的强度，应符合抗震要求。

② 在调相机、空气压缩机和柴油发电机组附近应设置补偿装置。

6）断路器、隔离开关、GIS（Gas Insulated Switchgear，气体绝缘金属封闭开关设备）等设备的操作电源或气源的安装设计应符合抗震要求。

7）蓄电池、电力电容器的安装设计应符合下列要求：

① 蓄电池安装应装设抗震架。

② 蓄电池间连线宜采用软导线或电缆连接，端电池宜采用电缆作为引出线。

③ 电容器应牢固地固定在支架上，电容器引线宜采用软导线。当采用硬母线时，应装设伸缩接头装置。

8）开关柜（屏）、控制保护屏、通信设备等，应采用螺栓或焊接的固定方式。当抗震设防烈度为 8 度或 9 度时，可将几个柜（屏）在重心位置以上连成整体。

## 1.8.7 电气设备的隔震与消能减震设计

① 应根据电气设备的结构特点、使用要求、自振周期以及场地类别等，选择相适应的隔震与消能减震措施。

② 隔震与减震措施分别为装设隔震器和减震器。常用的隔震器或减震器包括橡胶阻尼器、阻尼垫和剪弯型、拉压型、剪切型等铅合金减震器以及其他减震装置。

③ 当采用隔震或消能措施时，不应影响电气设备的正常使用功能。

④ 隔震器和消能减震器应满足强度和位移要求。

⑤ 隔震器或消能减震器宜设置在支架或电气设备与基础、建筑物及构筑物的连接处。

⑥ 减震设计应根据电气设备结构特点、自振频率、安装地点场地土类别，选择相适应的减震器，并应符合下列要求：a.安装减震器的基础或支架的平面应平整，每个减震器受力应均衡；b.根据减震器的水平刚度及转动刚度验算电气设备体系的稳定性。

⑦ 冬季环境温度低于－15℃及以下地区，应选用具有耐低温性能的隔震或减震器。

⑧ 在对装设减震器的体系进行抗震分析时，应计入其剪切刚度、弯曲刚度和阻尼比，其弯曲刚度可按制造厂规定的性能要求确定。

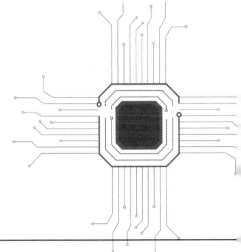

# 第2章 环境保护与节能

## 2.1 电气设备对环境的影响及防治措施

我国工程建设中电气设备对环境影响的主要内容包括以下几个方面：电磁污染、电压高次谐波、电流高次谐波、噪声污染、空气污染、水污染、无线电干扰、事故和检修对环境的污染以及腐蚀污染等。

电气设备可能产生的噪声污染、空气污染、水污染和腐蚀污染等方面的预防与防治要严格执行《中华人民共和国环境法》《中华人民共和国噪声污染防治法》《中华人民共和国大气污染防治法》《中华人民共和国水污染防治法》《中华人民共和国海洋环境保护法》和《中华人民共和国固定废物污染防治法》；高次谐波对环境的影响及防治措施详见 2.3，本节着重讲述电磁污染对环境的影响及防治措施。

### 2.1.1 电磁污染对环境的影响及防治措施

（1）电磁污染源

影响人类生活的电磁污染源可分为天然污染源与人为污染源两种。

天然的电磁污染是由大气中的某些自然现象引起的。最常见的是大气中由电荷的积累而产生的雷电现象；也可以是来自太阳和宇宙的电磁场源，如太阳的黑子活动、新星爆发和宇宙射线等。这种电磁污染除对人体、财产等产生直接的破坏外，还会在广大范围内产生严重的电磁干扰，尤其是对短波通信的干扰最为严重。

人为污染源是指人工制造的各种系统、电气和电子设备产生的电磁辐射，可能对环境造成影响。人为源包括某些类型的放电、工频场源与射频场源。工频场源主要指大功率输电线路产生的电磁污染，如大功率电机、变压器、输电线路等产生的电磁场，它不是以电磁波形式向外辐射，而主要是对近场区产生电磁干扰。射频场源主要是指无线电、电视和各种射频设备在工作过程中所产生的电磁辐射和电磁感应，这些都造成了射频辐射污染。这种辐射源频率范围宽，影响区域大，对近场工作人员危害也较大，因此已成为电磁污染环境的主要因素。人为电磁污染源的分类见表 2-1。

（2）电磁污染的传播途径

从污染源到受体，电磁污染主要通过两个途径进行传播。

表 2-1 人为电磁污染源的分类

| 分类 | | 设备名称 | 污染来源与部件 |
| --- | --- | --- | --- |
| 放电所致场源 | 电晕放电 | 电力线（配送电线） | 由高电压、大电流而引起静电感应、电磁感应、大地泄漏电流所造成 |
| | 辉光放电 | 放电管 | 白光灯、高压水银灯及其他放电管 |
| | 弧光放电 | 开关、电气铁道、放电管 | 点火系统、发电机、整流装置等 |
| | 火花放电 | 电气设备、发动机、冷藏车、汽车等 | 发电机、整流器、放电管、点火系统等 |
| 工频交变电磁场源 | | 大功率输电线、电气设备、电气铁道 | 高电压、大电流的电力线及电气设备 |
| 射频辐射场源 | | 无线电发射机、雷达 | 广播、电视与通信设备的振荡与发射系统 |
| | | 高频加热设备、热合机、微波干燥机等 | 工业用射频利用设备的工作电路与振荡系统 |
| | | 理疗机、治疗机 | 医学用射频利用设备的工作电路与振荡系统 |
| 家用电器 | | 微波炉、电脑、电磁灶、电热毯 | 功率源为主 |
| 移动通信设备 | | 手机、对讲机 | 天线为主 |
| 建筑物反射 | | 高层楼群以及大的金属构件 | 墙壁、钢筋、吊车 |

① 空间辐射　各种电气装置和电子设备在工作过程中，不断地向其周围空间辐射电磁能量，每个装置或设备本身都相当于一个多向的发射天线。它们发射出来的电磁能，在距场源不同距离的范围内，是以不同的方式传播并作用于受体的。一种是在以场源为中心、半径为一个波长的范围内，传播的电磁能以电磁感应的方式作用于受体；另一种是在以场源为中心、半径为一个波长的范围之外，电磁能以空间放射方式传播并作用于受体。

② 线路传导　线路传导指借助电磁耦合由线路传导。当射频设备与其他设备共用同一电源，或它们之间有电气连接关系时，那么电磁能即可通过导线传播。此外，信号的输入、输出电路和控制电路等，也能在强磁场中拾取信号，并将所拾取的信号进行再传播。

通过空间辐射和线路传导均可使电磁波能量传播到受体，造成电磁辐射污染。有时通过空间辐射与线路传导所造成的电磁污染同时存在，这种情况被称为复合传播污染。

(3) 电磁污染的危害

① 引燃引爆　如可使金属器件之间互相碰撞而打火，从而引起火药、可燃油类或气体燃烧或爆炸。

② 工业干扰　特别是信号干扰与破坏，这种干扰可直接影响电子设备、仪器仪表的正常工作，使信息失误，控制失灵，对通信联络造成意外。

③ 对人体健康带来危害　生物机体在射频电磁场的作用下，可吸收一定的辐射能量，并因此产生生物效应。这种效应主要表现为热效应。因为，在生物机体中一般均含有极性分子与非极性分子，在电磁场作用下，极性分子重新排列，非极性分子可被磁化。由于射频电磁场方向变化极快，这种分子重新排列的方向与极化的方向变化速度也很快。变化方向的分子与其周围分子发生剧烈碰撞而产生大量的热能。当射频电磁场的辐射强度被控制在一定范围时，可对人体产生良好的作用，如用理疗机治病；但当它超过一定范围时，则会破坏人体的热平衡，产生危害，会出现乏力、以记忆力减退为主的神经衰弱症候群和心悸、心前区疼

痛、胸闷、易激动和女性月经紊乱等症状。

电磁辐射对人体危害的程度与电磁波波长有关。按对人体危害程度由大到小排列，依次为微波、超短波、短波、中波、长波，即波长愈短，危害愈大。微波对人体作用最强的原因，一方面是其频率高，使机体内分子振荡激烈，摩擦作用强，热效应大；另一方面是微波对机体的危害具有积累性，使伤害不易恢复。

(4) 电磁污染的防护

控制电磁污染也同控制其他类型的污染一样，必须采取综合防治的方法，才能取得较好效果。要合理设计使用各种电气、电子设备，减少设备的电磁漏场及电磁漏能；从根本上减少放射性污染物的排量，通过合理的工业布局，使电磁污染源远离居民稠密区，以加强损害防护；应制定设备的辐射标准并进行严格控制；对已经进入到环境中的电磁辐射，要采取一定的技术防护手段，以减少对人及环境的危害。下面介绍常用的防护电磁场辐射的方法。

① 区域控制及绿化　对工业集中城市，特别是电子工业集中城市或电气、电子设备密集使用地区，可将电磁辐射源相对集中在某一区域，使其远离一般工作区或居民区，并对这样的区域设置安全隔离带，从而在较大的区域范围内控制电磁辐射的危害。

区域控制可分为四类。a.自然干净区：在此区域内要求基本上不设置任何电磁设备；b.轻度污染区：只允许某些小功率设备存在；c.广播辐射区：指电台、电视台附近区域，因其辐射较强，一般应设在郊区；d.工业干扰区：属于不严格控制辐射强度的区域，对此区域要设置安全隔离带并实施绿化。由于绿色植物对电磁辐射能具有较好的吸收作用，因此加强绿化是防治电磁污染的有效措施之一。依据上述区域的划分标准，合理进行城市、工业等的布局，可以减少电磁辐射对环境的污染。

② 屏蔽防护　使用某种能抑制电磁辐射扩散的材料，将电磁场源与其环境隔离开来，使辐射能被限制在某一范围内，达到防止电磁污染的目的，这种技术手段称为屏蔽防护。从防护技术角度来说，屏蔽防护是目前应用最多的一种手段。具体方法是在电磁场传递的路径中，安设用屏蔽材料制成的屏蔽装置。屏蔽防护主要是利用屏蔽材料对电磁能进行反射与吸收。传递到屏蔽上的电磁场，一部分被反射，且由于反射作用使进入屏蔽体内部的电磁能减少。进入屏蔽体内的电磁能又有一部分被吸收，因此透过屏蔽的电磁场强度会大幅度衰减，从而避免了对人体和环境造成危害。

a.屏蔽的分类　根据场源与屏蔽体的相对位置，屏蔽方式分为以下两类：

一类是主动场屏蔽（有源场屏蔽），将电磁场的作用限定在某一范围内，使其不对此范围以外的生物机体或仪器设备产生影响的方法称为主动场屏蔽。具体做法是用屏蔽壳体将电磁污染源包围起来，并对壳体进行良好接地。主动场屏蔽的主要特点是场源与屏蔽体的间距较小，结构严密，可以屏蔽电磁辐射强度很大的辐射源。

另一类是被动场屏蔽（无源场屏蔽），将场源放置于屏蔽体之外，使场源对限定范围内的生物机体及仪器设备不产生影响，称为被动场屏蔽。具体做法是用屏蔽壳体将需保护的区域包围起来。被动场屏蔽的主要特点是屏蔽体与场源间距大，屏蔽体可以不接地。

b.屏蔽材料与结构　屏蔽材料可用钢、铁、铝等金属，或用涂有导电涂料或金属镀层的绝缘材料。一般来说，电场屏蔽选用铜材为好，磁场屏蔽则选用铁材为佳。

屏蔽体的结构形式有板结构与网结构两种，可根据具体情况将屏蔽壳体做成六面封闭体或五面半封闭体，对于要求高者，还可做成双层屏蔽结构。为保证屏蔽效果，需保持整个屏蔽体的整体性，因此，对壳体上的孔洞、缝隙等要进行屏蔽处理，可采用焊接、弹簧片接触、蒙金属网等方法实现。

c. 屏蔽装置形式 根据不同的屏蔽对象与要求,应采用不同的屏蔽装置与形式。屏蔽罩适用于小型仪器或设备的屏蔽;屏蔽室适用于大型机组或控制室;屏蔽衣、屏蔽头盔、屏蔽眼罩,适用于个人的屏蔽防护。

③ 吸收防护 采用对某种辐射能量具有强烈吸收作用的材料,敷设于场源的外围,以防止污染范围的扩大。吸收防护是减少微波辐射危害的一项积极有效的措施,可在场源附近将辐射能大幅度降低,多用于近场区的防护上。常用的吸收材料有以下两类:

a. 谐振型吸收材料,利用某些材料的谐振特性制成的吸收材料,特点是材料厚度小,只对频率范围很窄的微波辐射具有良好的吸收率。

b. 匹配型吸收材料,利用某些材料和自由空间的阻抗匹配,吸收微波辐射能。特点是适于吸收频率范围很宽的微波辐射。

实际应用的吸收材料种类很多,可在塑料、橡胶、胶木、陶瓷等材料中加入铁粉、石墨、木材和水等制成,如泡沫吸收材料、涂层吸收材料和塑料板吸收材料等。

④ 个人防护 个人防护的对象是个体的微波作业人员,当因工作需要操作人员必须进入微波辐射源的近场区作业时,或因某种原因不能对辐射源采取有效屏蔽、吸收等措施时,必须采取个人防护措施,以保护作业人员的人身安全。个人防护措施主要有穿防护服、戴防护头盔和防护眼镜等。这些个人防护装备同样也是应用了屏蔽、吸收等原理,用相应材料制成。

## 2.1.2 环境质量标准和排放标准

(1) 环境空气质量标准

标准环境空气功能区质量要求见表2-2和表2-3。

表2-2 环境空气污染物基本项目浓度限值

| 序号 | 污染物项目 | 平均时间 | 浓度限值 | | 单位 |
|---|---|---|---|---|---|
| | | | 一级 | 二级 | |
| 1 | 二氧化硫($SO_2$) | 年平均 | 20 | 60 | $\mu g/m^3$ |
| | | 24小时平均 | 50 | 150 | |
| | | 1小时平均 | 150 | 500 | |
| 2 | 二氧化氮($NO_2$) | 年平均 | 40 | 40 | |
| | | 24小时平均 | 80 | 80 | |
| | | 1小时平均 | 200 | 200 | |
| 3 | 一氧化碳(CO) | 24小时平均 | 4 | 4 | $mg/m^3$ |
| | | 1小时平均 | 10 | 10 | |
| 4 | 臭氧($O_3$) | 日最大8小时平均 | 100 | 160 | $\mu g/m^3$ |
| | | 1小时平均 | 160 | 200 | |
| 5 | 颗粒物(粒径小于等于10μm) | 年平均 | 40 | 70 | |
| | | 24小时平均 | 50 | 150 | |
| 6 | 颗粒物(粒径小于等于2.5μm) | 年平均 | 15 | 35 | |
| | | 24小时平均 | 35 | 75 | |

表 2-3 环境空气污染物其他项目浓度限值

| 序号 | 污染物项目 | 平均时间 | 浓度限值 一级 | 浓度限值 二级 | 单位 |
|---|---|---|---|---|---|
| 1 | 总悬浮颗粒物（TSP） | 年平均 | 80 | 200 | $\mu g/m^3$ |
| 1 | 总悬浮颗粒物（TSP） | 24 小时平均 | 120 | 300 | $\mu g/m^3$ |
| 2 | 氮氧化物（$NO_x$） | 年平均 | 50 | 50 | $\mu g/m^3$ |
| 2 | 氮氧化物（$NO_x$） | 24 小时平均 | 100 | 100 | $\mu g/m^3$ |
| 2 | 氮氧化物（$NO_x$） | 1 小时平均 | 250 | 250 | $\mu g/m^3$ |
| 3 | 铅（Pb） | 年平均 | 0.5 | 0.5 | $\mu g/m^3$ |
| 3 | 铅（Pb） | 季平均 | 1 | 1 | $\mu g/m^3$ |
| 4 | 苯并[a]芘（BaP） | 年平均 | 0.001 | 0.001 | $\mu g/m^3$ |
| 4 | 苯并[a]芘（BaP） | 24 小时平均 | 0.0025 | 0.0025 | $\mu g/m^3$ |

注：1. 表 2-2 和表 2-3 摘自 GB 3095—2012《环境空气质量标准》；
    2. 环境空气功能区分为二类：一类区为自然保护区、风景名胜和其他需要特殊保护的区域；二类区为居住区、商业交通居民混合区、文化区、工业区和农村地区。一类区适用一级浓度限值，二类区适用二级浓度限值。

(2) 水质量标准

① 地面水环境质量标准（见表 2-4）

表 2-4 地表水环境质量标准基本项目标准限值　　　单位：mg/L

| 序号 | 项目 | | 分类及其标准值 | | | | |
|---|---|---|---|---|---|---|---|
| | | | Ⅰ类 | Ⅱ类 | Ⅲ类 | Ⅳ类 | Ⅴ类 |
| 1 | 水温 | | 人为造成的环境水温变化应限制在：周平均最大温升≤1℃ 周平均最大温降≤2℃ | | | | |
| 2 | pH 值（无量纲） | | 6～9 | | | | |
| 3 | 溶解氧 | ≥ | 饱和率90%（或7.5） | 6 | 5 | 3 | 2 |
| 4 | 高锰酸盐指数 | ≤ | 2 | 4 | 6 | 10 | 15 |
| 5 | 化学需氧量（COD） | ≤ | 15 | 15 | 20 | 30 | 40 |
| 6 | 五日生化需氧量（$BOD_5$） | ≤ | 3 | 3 | 4 | 6 | 10 |
| 7 | 氨氮（$NH_3$-N） | ≤ | 0.15 | 0.5 | 1.0 | 1.5 | 2.0 |
| 8 | 总磷（以 P 计） | ≤ | 0.02（湖、库 0.01） | 0.1（湖、库 0.025） | 0.2（湖、库 0.05） | 0.3（湖、库 0.1） | 0.4（湖、库 0.2） |
| 9 | 总氮（湖、库，以 N 计） | ≤ | 0.2 | 0.5 | 1.0 | 1.5 | 2.0 |
| 10 | 铜 | ≤ | 0.01 | 1.0 | 1.0 | 1.0 | 1.0 |
| 11 | 锌 | ≤ | 0.05 | 1.0 | 1.0 | 2.0 | 2.0 |
| 12 | 氟化物（以 $F^-$ 计） | ≤ | 1.0 | 1.0 | 1.0 | 1.5 | 1.5 |
| 13 | 硒 | ≤ | 0.01 | 0.01 | 0.01 | 0.02 | 0.02 |
| 14 | 砷 | ≤ | 0.05 | 0.05 | 0.05 | 0.1 | 0.1 |
| 15 | 汞 | ≤ | 0.00005 | 0.00005 | 0.0001 | 0.001 | 0.001 |

续表

| 序号 | 项目 | | 分类及其标准值 | | | | |
|---|---|---|---|---|---|---|---|
| | | | Ⅰ类 | Ⅱ类 | Ⅲ类 | Ⅳ类 | Ⅴ类 |
| 16 | 镉 | ≤ | 0.001 | 0.005 | 0.005 | 0.005 | 0.01 |
| 17 | 铬(六价) | ≤ | 0.01 | 0.05 | 0.05 | 0.05 | 0.1 |
| 18 | 铅 | ≤ | 0.01 | 0.01 | 0.05 | 0.05 | 0.1 |
| 19 | 氰化物 | ≤ | 0.005 | 0.05 | 0.2 | 0.2 | 0.2 |
| 20 | 挥发酚 | ≤ | 0.002 | 0.002 | 0.005 | 0.01 | 0.1 |
| 21 | 石油类 | ≤ | 0.05 | 0.05 | 0.05 | 0.5 | 1.0 |
| 22 | 阴离子表面活性剂 | ≤ | 0.2 | 0.2 | 0.2 | 0.3 | 0.3 |
| 23 | 硫化物 | ≤ | 0.05 | 0.1 | 0.2 | 0.5 | 1.0 |
| 24 | 粪大肠菌群/(个/L) | ≤ | 200 | 2000 | 10000 | 20000 | 40000 |

注：1. 本表摘自 GB 3838—2002《地表水环境质量标准》；
2. 依据地表水水域环境功能和保护目标，按功能高低依次划分为五类：Ⅰ类——主要适用于源头水、国家自然保护区；Ⅱ类——主要适用于集中式生活饮用水地表水源地一级保护区、珍稀水生生物栖息地、鱼虾类产卵场、仔稚幼鱼的索饵场等；Ⅲ类——主要适用于集中式生活饮用水地表水源地二级保护区、鱼虾类越冬场、洄游通道、水产养殖区等渔业水域及游泳区；Ⅳ类——主要适用于一般工业用水区及人体非直接接触的娱乐用水区；Ⅴ类——主要适用于农业用水区及一般景观要求水域。

② 地下水环境质量标准（见表 2-5）

表 2-5 地下水环境质量常规指标及限值

| 序号 | 指标 | 分类及其指标限值 | | | | |
|---|---|---|---|---|---|---|
| | | Ⅰ类 | Ⅱ类 | Ⅲ类 | Ⅳ类 | Ⅴ类 |
| | | 感官性状及一般化学指标 | | | | |
| 1 | 色(铂钴色度单位) | ≤5 | ≤5 | ≤15 | ≤25 | >25 |
| 2 | 嗅和味 | 无 | 无 | 无 | 无 | 有 |
| 3 | 浑浊度/NTU[a] | ≤3 | ≤3 | ≤3 | ≤10 | >10 |
| 4 | 肉眼可见物 | 无 | 无 | 无 | 无 | 有 |
| 5 | pH | 6.5≤pH≤8.5 | | | 5.5≤pH<6.5<br>8.5<pH≤9.0 | pH<5.5 或<br>pH>9.0 |
| 6 | 总硬度(以 $CaCO_3$ 计)/(mg/L) | ≤150 | ≤300 | ≤450 | ≤650 | >650 |
| 7 | 溶解性总固体/(mg/L) | ≤300 | ≤500 | ≤1000 | ≤2000 | >2000 |
| 8 | 硫酸盐/(mg/L) | ≤50 | ≤150 | ≤250 | ≤350 | >350 |
| 9 | 氯化物/(mg/L) | ≤50 | ≤150 | ≤250 | ≤350 | >350 |
| 10 | 铁/(mg/L) | ≤0.1 | ≤0.2 | ≤0.3 | ≤2.0 | >2.0 |
| 11 | 锰/(mg/L) | ≤0.05 | ≤0.05 | ≤0.10 | ≤1.50 | >1.50 |
| 12 | 铜/(mg/L) | ≤0.01 | ≤0.05 | ≤1.00 | ≤1.50 | >1.50 |
| 13 | 锌/(mg/L) | ≤0.05 | ≤0.50 | ≤1.00 | ≤5.00 | >5.00 |
| 14 | 铝/(mg/L) | ≤0.01 | ≤0.05 | ≤0.20 | ≤0.50 | >0.50 |
| 15 | 挥发性酚类(以苯酚计)/(mg/L) | ≤0.001 | ≤0.001 | ≤0.002 | ≤0.01 | >0.01 |

续表

| 序号 | 指标 | 分类及其指标限值 | | | | |
|---|---|---|---|---|---|---|
| | | Ⅰ类 | Ⅱ类 | Ⅲ类 | Ⅳ类 | Ⅴ类 |
| 16 | 阴离子表面活性剂/(mg/L) | 不得检出 | ≤0.1 | ≤0.3 | ≤0.3 | >0.3 |
| 17 | 耗氧量($COD_{Mn}$法,以$O_2$计)/(mg/L) | ≤1.0 | ≤2.0 | ≤3.0 | ≤10.0 | >10.0 |
| 18 | 氨氮(以N计)/(mg/L) | ≤0.02 | ≤0.10 | ≤0.50 | ≤1.50 | >1.50 |
| 19 | 硫化物/(mg/L) | ≤0.005 | ≤0.01 | ≤0.02 | ≤0.10 | >0.10 |
| 20 | 钠/(mg/L) | ≤100 | ≤150 | ≤200 | ≤400 | >400 |
| 微生物指标 | | | | | | |
| 21 | 总大肠菌群($MPN^b$/100mL 或 $CFU^c$/100mL) | ≤3.0 | ≤3.0 | ≤3.0 | ≤100 | >100 |
| 22 | 细菌总数/(CFU/mL) | ≤100 | ≤100 | ≤100 | ≤1000 | >1000 |
| 毒理学指标[d] | | | | | | |
| 23 | 亚硝酸盐(以N计)/(mg/L) | ≤0.01 | ≤0.10 | ≤1.00 | ≤4.80 | >4.80 |
| 24 | 硝酸盐(以N计)/(mg/L) | ≤2.0 | ≤5.0 | ≤20.0 | ≤30.0 | >30.0 |
| 25 | 氰化物/(mg/L) | ≤0.001 | ≤0.01 | ≤0.05 | ≤0.1 | >0.1 |
| 26 | 氟化物/(mg/L) | ≤1.0 | ≤1.0 | ≤1.0 | ≤2.0 | >2.0 |
| 27 | 碘化物/(mg/L) | ≤0.04 | ≤0.04 | ≤0.08 | ≤0.50 | >0.50 |
| 28 | 汞/(mg/L) | ≤0.0001 | ≤0.0001 | ≤0.001 | ≤0.002 | >0.002 |
| 29 | 砷/(mg/L) | ≤0.001 | ≤0.001 | ≤0.01 | ≤0.05 | >0.05 |
| 30 | 硒/(mg/L) | ≤0.01 | ≤0.01 | ≤0.01 | ≤0.10 | >0.10 |
| 31 | 镉/(mg/L) | ≤0.0001 | ≤0.001 | ≤0.005 | ≤0.01 | >0.01 |
| 32 | 铬(六价)/(mg/L) | ≤0.005 | ≤0.01 | ≤0.05 | ≤0.10 | >0.10 |
| 33 | 铅/(mg/L) | ≤0.005 | ≤0.005 | ≤0.01 | ≤0.10 | >0.10 |
| 34 | 三氯甲烷/(μg/L) | ≤0.5 | ≤6 | ≤60 | ≤300 | >300 |
| 35 | 四氯化碳/(μg/L) | ≤0.5 | ≤0.5 | ≤2.0 | ≤50.0 | >50.0 |
| 36 | 苯/(μg/L) | ≤0.5 | ≤1.0 | ≤10.0 | ≤120 | >120 |
| 37 | 甲苯/(μg/L) | ≤0.5 | ≤140 | ≤700 | ≤1400 | >1400 |
| 放射性指标[d] | | | | | | |
| 38 | 总α放射性/(Bq/L) | ≤0.1 | ≤0.1 | ≤0.5 | >0.5 | >0.5 |
| 39 | 总β放射性/(Bq/L) | ≤0.1 | ≤1.0 | ≤1.0 | >1.0 | >1.0 |

注：1. a——NTU为散射浊度单位；b——MPN表示最可能数；c——CFU表示菌落形成单位；d——放射性指标超过指导值，应进行核素分析和评价；

2. 本表摘自GB 14848—2017《地下水环境质量标准》；

3. 依据我国地下水质量状况和人体健康风险，参照生活饮用水、工业、农业等用水质量要求，依据各组分含量高低（pH值除外），将地下水质量划分为五类。Ⅰ类：地下水化学组分含量低，适用于各种用途；Ⅱ类：地下水化学组分含量较低，适用于各种用途；Ⅲ类：地下水化学组分含量中等，以GB 5749—2006《生活饮用水卫生标准》为依据，主要适用于集中式生活饮用水水源及工农业用水；Ⅳ类：地下水化学组分含量较高，以农业和工业用水要求以及一定水平的人体健康风险为依据，适用于农业和部分工业用水，适当处理后可作生活饮用水；Ⅴ类：地下水化学组分含量高，不宜作为生活饮用水水源，其他用水可根据使用目的选用。

③ 海水水质标准（见表2-6）

表2-6 海水水质标准　　　　　　　　　单位：mg/L

| 序号 | 项目 | | 第一类 | 第二类 | 第三类 | 第四类 |
|---|---|---|---|---|---|---|
| 1 | 漂浮物质 | | 海面不得出现油膜、浮沫和其他漂浮物质 | | | 海面无明显油膜、浮沫和其他漂浮物质 |
| 2 | 色、臭、味 | | 海水不得有异色、异臭、异味 | | | 海水不得有令人厌恶和感到不快的色、臭、味 |
| 3 | 悬浮物质 | | 人为增加的量≤10 | | 人为增加的量≤100 | 人为增加的量≤150 |
| 4 | 大肠菌群/(个/L) | ≤ | 10000 供人生食的贝类增养殖水质≤700 | | | — |
| 5 | 粪大肠菌群/(个/L) | ≤ | 2000 供人生食的贝类增养殖水质≤140 | | | — |
| 6 | 病原体 | | 供人生食的贝类养殖水质不得含有病原体 | | | |
| 7 | 水温/℃ | | 人为造成的海水温升夏季不超过当时当地1℃，其他季节不超过2℃ | | 人为造成的海水温升不超过当时当地4℃ | |
| 8 | pH | | 7.8~8.5,同时不超出该海域正常变动范围的0.2pH单位 | | 6.8~8.8,同时不超出该海域正常变动范围的0.5pH单位 | |
| 9 | 溶解氧 | > | 6 | 5 | 4 | 3 |
| 10 | 化学需氧量(COD) | ≤ | 2 | 3 | 4 | 5 |
| 11 | 生化需氧量($BOD_5$) | ≤ | 1 | 3 | 4 | 5 |
| 12 | 无机氮(以N计) | ≤ | 0.20 | 0.30 | 0.40 | 0.50 |
| 13 | 非离子氨(以N计) | ≤ | 0.020 | | | |
| 14 | 活性磷酸盐(以P计) | ≤ | 0.015 | 0.030 | | 0.045 |
| 15 | 汞 | ≤ | 0.00005 | 0.0002 | | 0.0005 |
| 16 | 镉 | ≤ | 0.001 | 0.005 | 0.010 | |
| 17 | 铅 | ≤ | 0.001 | 0.005 | 0.010 | 0.050 |
| 18 | 六价铬 | ≤ | 0.005 | 0.010 | 0.020 | 0.050 |
| 19 | 总铬 | ≤ | 0.05 | 0.10 | 0.20 | 0.50 |
| 20 | 砷 | ≤ | 0.020 | 0.030 | 0.050 | |
| 21 | 铜 | ≤ | 0.005 | 0.010 | 0.050 | |
| 22 | 锌 | ≤ | 0.020 | 0.050 | 0.10 | 0.50 |
| 23 | 硒 | ≤ | 0.010 | 0.020 | | 0.050 |
| 24 | 镍 | ≤ | 0.005 | 0.010 | 0.020 | 0.050 |
| 25 | 氰化物 | ≤ | 0.005 | | 0.10 | 0.20 |
| 26 | 硫化物(以S计) | ≤ | 0.02 | 0.05 | 0.10 | 0.25 |

续表

| 序号 | 项目 | | 第一类 | 第二类 | 第三类 | 第四类 |
|---|---|---|---|---|---|---|
| 27 | 挥发性酚 | ≤ | 0.005 | | 0.010 | 0.050 |
| 28 | 石油类 | ≤ | 0.05 | | 0.30 | 0.50 |
| 29 | 六六六 | ≤ | 0.001 | 0.002 | 0.003 | 0.005 |
| 30 | 滴滴涕 | ≤ | 0.00005 | 0.0001 | | |
| 31 | 马拉硫磷 | ≤ | 0.0005 | 0.001 | | |
| 32 | 甲基对硫磷 | ≤ | 0.0005 | 0.001 | | |
| 33 | 苯并(a)芘/(μg/L) | ≤ | 0.0025 | | | |
| 34 | 阴离子表面活性剂(以LAS计) | | 0.03 | 0.10 | | |
| 35 | 放射性核素/(Bq/L) | $^{60}$Co | 0.03 | | | |
| | | $^{90}$Sr | 4 | | | |
| | | $^{106}$Rn | 0.2 | | | |
| | | $^{134}$Cs | 0.6 | | | |
| | | $^{137}$Cs | 0.7 | | | |

注：1. 本表摘自 GB 3097—1997《海水质量标准》；
2. 按照海域的不同使用功能和保护目标，海水水质分为四类：第一类适用于海洋渔业水域，海上自然保护区和珍稀濒危海洋生物保护区；第二类适用于水产养殖区，海水浴场，人体直接接触海水的海上运动或娱乐区，以及与人类食用直接有关的工业用水区；第三类适用于一般工业用水区，滨海风景旅游区；第四类适用于海洋港口水域，海洋开发作业区。

④ 污水综合排放标准（见表2-7～表2-9）

表2-7　第一类污染物最高允许排放浓度　　　　　单位：mg/L

| 序号 | 污染物 | 最高允许排放浓度 | 序号 | 污染物 | 最高允许排放浓度 |
|---|---|---|---|---|---|
| 1 | 总汞 | 0.05 | 8 | 总镍 | 1.0 |
| 2 | 烷基汞 | 不得检出 | 9 | 苯并(a)芘 | 0.00003 |
| 3 | 总镉 | 0.1 | 10 | 总铍 | 0.005 |
| 4 | 总铬 | 1.5 | 11 | 总银 | 0.5 |
| 5 | 六价铬 | 0.5 | 12 | 总α放射性 | 1Bq/L |
| 6 | 总砷 | 0.5 | 13 | 总β放射性 | 10Bq/L |
| 7 | 总铅 | 1.0 | | | |

注：1. 本表摘自 GB 8978—1996《污水综合排放标准》；
2. 第一类污染物，不分行业和污水排放方式，也不受纳水体的功能类别，一律在车间或车间处理设施排放口采样，其最高允许排放浓度必须达到本标准要求（采矿行业的尾矿坝出水口不得视为车间排放口）。

表2-8　第二类污染物最高允许排放浓度（1997年12月31日之前建设的单位）

单位：mg/L

| 序号 | 污染物 | 适用范围 | 一级标准 | 二级标准 | 三级标准 |
|---|---|---|---|---|---|
| 1 | pH | 一切排污单位 | 6～9 | 6～9 | 6～9 |
| 2 | 色度（稀释倍数） | 染料工业 | 50 | 180 | — |
| | | 其他排污单位 | 50 | 80 | — |

续表

| 序号 | 污染物 | 适用范围 | 一级标准 | 二级标准 | 三级标准 |
|---|---|---|---|---|---|
| 3 | 悬浮物(SS) | 采矿、选矿、选煤工业 | 100 | 300 | — |
| | | 脉金选矿 | 100 | 500 | — |
| | | 边远地区砂金选矿 | 100 | 800 | — |
| | | 城镇二级污水处理厂 | 20 | 30 | — |
| | | 其他排污单位 | 70 | 200 | 400 |
| 4 | 五日生化需氧量($BOD_5$) | 甘蔗制糖、苎麻脱胶、湿法纤维板工业 | 30 | 100 | 600 |
| | | 甜菜制糖、酒精、味精、皮革、化纤浆粕工业 | 30 | 150 | 600 |
| | | 城镇二级污水处理厂 | 20 | 30 | — |
| | | 其他排污单位 | 30 | 60 | 300 |
| 5 | 化学需氧量(COD) | 甜菜制糖、焦化、合成脂肪酸、湿法纤维板、染料、洗毛、有机磷农药工业 | 100 | 200 | 1000 |
| | | 味精、酒精、医药原料药、生物制药、苎麻脱胶、皮革、化纤浆粕工业 | 100 | 300 | 1000 |
| | | 石油化工工业(包括石油炼制) | 100 | 150 | 500 |
| | | 城镇二级污水处理厂 | 60 | 120 | — |
| | | 其他排污单位 | 100 | 150 | 500 |
| 6 | 石油类 | 一切排污单位 | 10 | 10 | 30 |
| 7 | 动植物油 | 一切排污单位 | 20 | 20 | 100 |
| 8 | 挥发酚 | 一切排污单位 | 0.5 | 0.5 | 2.0 |
| 9 | 总氰化合物 | 电影洗片(铁氰化合物) | 0.5 | 5.0 | 5.0 |
| | | 其他排污单位 | 0.5 | 0.5 | 1.0 |
| 10 | 硫化物 | 一切排污单位 | 1.0 | 1.0 | 2.0 |
| 11 | 氨氮 | 医药原料药、染料、石油化工工业 | 15 | 50 | — |
| | | 其他排污单位 | 15 | 25 | — |
| 12 | 氟化物 | 黄磷工业 | 10 | 20 | 20 |
| | | 低氟地区(水体含氟量<0.5mg/L) | 10 | 20 | 30 |
| | | 其他排污单位 | 10 | 10 | 20 |
| 13 | 磷酸盐(以P计) | 一切排污单位 | 0.5 | 1.0 | — |
| 14 | 甲醛 | 一切排污单位 | 1.0 | 2.0 | 5.0 |
| 15 | 苯胺类 | 一切排污单位 | 1.0 | 2.0 | 5.0 |
| 16 | 硝基苯类 | 一切排污单位 | 2.0 | 3.0 | 5.0 |
| 17 | 阴离子表面活性剂(LAS) | 合成洗涤剂工业 | 5.0 | 15 | 20 |
| | | 其他排污单位 | 5.0 | 10 | 20 |
| 18 | 总铜 | 一切排污单位 | 0.5 | 1.0 | 2.0 |

续表

| 序号 | 污染物 | 适用范围 | 一级标准 | 二级标准 | 三级标准 |
|---|---|---|---|---|---|
| 19 | 总锌 | 一切排污单位 | 2.0 | 5.0 | 5.0 |
| 20 | 总锰 | 合成脂肪酸工业 | 2.0 | 5.0 | 5.0 |
|  |  | 其他排污单位 | 2.0 | 2.0 | 5.0 |
| 21 | 彩色显影剂 | 电影洗片 | 2.0 | 3.0 | 5.0 |
| 22 | 显影剂及氧化物总量 | 电影洗片 | 3.0 | 6.0 | 6.0 |
| 23 | 元素磷 | 一切排污单位 | 0.1 | 0.3 | 0.3 |
| 24 | 有机磷农药（以P计） | 一切排污单位 | 不得检出 | 0.5 | 0.5 |
| 25 | 粪大肠菌群数 | 医院*、兽医院及医疗机构含病原体污水 | 500个/L | 1000个/L | 5000个/L |
|  |  | 传染病、结核病医院污水 | 100个/L | 500个/L | 1000个/L |
| 26 | 总余氯（采用氯化消毒的医院污水） | 医院*、兽医院及医疗机构含病原体污水 | <0.5** | ≥3（接触时间≥1h） | ≥2（接触时间≥1h） |
|  |  | 传染病、结核病医院污水 | <0.5** | ≥6.5（接触时间≥1.5h） | ≥5（接触时间≥1.5h） |

注：1. 本表摘自GB 8978—1996《污水综合排放标准》；
2. * 指50个床位以上的医院；** 加氯消毒后须进行脱氯处理，达到本标准；
3. 第二类污染物，在排污单位排放口采样，其最高允许排放浓度必须达到本标准要求；
4. 标准分级：
a. 排入GB 3838 Ⅲ类水域（划定的保护区和游泳区除外）和排入GB 3097中二类海域的污水，执行一级标准；
b. 排入GB 3838中Ⅳ、Ⅴ类水域和排入GB 3097中三类海域的污水，执行二级标准；
c. 排入设置二级污水处理厂的城镇排水系统的污水，执行三级标准；
d. 排入未设置二级污水处理厂的城镇排水系统的污水，必须根据排水系统出水受纳水域的功能要求，分别执行a、b的规定；
e. GB 3838中Ⅰ、Ⅱ类水域和Ⅲ类水域中划定的保护区，GB 3097中一类海域，禁止新建排污口，现有排污口应按水体功能要求，实行污染物总量控制，以保证受纳水体水质符合规定用途的水质标准。

表2-9 第二类污染物最高允许排放浓度（1998年1月1日之后建设的单位）

单位：mg/L

| 序号 | 污染物 | 适用范围 | 一级标准 | 二级标准 | 三级标准 |
|---|---|---|---|---|---|
| 1 | pH | 一切排污单位 | 6～9 | 6～9 | 6～9 |
| 2 | 色度（稀释倍数） | 一切排污单位 | 50 | 80 | — |
| 3 | 悬浮物(SS) | 采矿、选矿、选煤工业 | 70 | 300 | — |
|  |  | 脉金选矿 | 70 | 400 | — |
|  |  | 边远地区砂金选矿 | 70 | 800 | — |
|  |  | 城镇二级污水处理厂 | 20 | 30 | — |
|  |  | 其他排污单位 | 70 | 150 | 400 |

续表

| 序号 | 污染物 | 适用范围 | 一级标准 | 二级标准 | 三级标准 |
|---|---|---|---|---|---|
| 4 | 五日生化需氧量（BOD$_5$） | 甘蔗制糖、苎麻脱胶、湿法纤维板、染料、洗毛工业 | 20 | 60 | 600 |
| | | 甜菜制糖、酒精、味精、皮革、化纤浆粕工业 | 20 | 100 | 600 |
| | | 城镇二级污水处理厂 | 20 | 30 | — |
| | | 其他排污单位 | 20 | 30 | 300 |
| 5 | 化学需氧量（COD） | 甜菜制糖、合成脂肪酸、湿法纤维板、染料、洗毛、有机磷农药工业 | 100 | 200 | 1000 |
| | | 味精、酒精、医药原料药、生物制药、苎麻脱胶、皮革、化纤浆粕工业 | 100 | 300 | 1000 |
| | | 石油化工工业（包括石油炼制） | 60 | 120 | 500 |
| | | 城镇二级污水处理厂 | 60 | 120 | — |
| | | 其他排污单位 | 100 | 150 | 500 |
| 6 | 石油类 | 一切排污单位 | 5 | 10 | 20 |
| 7 | 动植物油 | 一切排污单位 | 10 | 15 | 100 |
| 8 | 挥发酚 | 一切排污单位 | 0.5 | 0.5 | 2.0 |
| 9 | 总氰化合物 | 一切排污单位 | 0.5 | 0.5 | 1.0 |
| 10 | 硫化物 | 一切排污单位 | 1.0 | 1.0 | 1.0 |
| 11 | 氨氮 | 医药原料药、染料、石油化工工业 | 15 | 50 | — |
| | | 其他排污单位 | 15 | 25 | — |
| 12 | 氟化物 | 黄磷工业 | 10 | 15 | 20 |
| | | 低氟地区（水体含氟量<0.5mg/L） | 10 | 20 | 30 |
| | | 其他排污单位 | 10 | 10 | 20 |
| 13 | 磷酸盐（以P计） | 一切排污单位 | 0.5 | 1.0 | — |
| 14 | 甲醛 | 一切排污单位 | 1.0 | 2.0 | 5.0 |
| 15 | 苯胺类 | 一切排污单位 | 1.0 | 2.0 | 5.0 |
| 16 | 硝基苯类 | 一切排污单位 | 2.0 | 3.0 | 5.0 |
| 17 | 阴离子表面活性剂（LAS） | 一切排污单位 | 5.0 | 10 | 20 |
| 18 | 总铜 | 一切排污单位 | 0.5 | 1.0 | 2.0 |
| 19 | 总锌 | 一切排污单位 | 2.0 | 5.0 | 5.0 |
| 20 | 总锰 | 合成脂肪酸工业 | 2.0 | 5.0 | 5.0 |
| | | 其他排污单位 | 2.0 | 2.0 | 5.0 |
| 21 | 彩色显影剂 | 电影洗片 | 1.0 | 2.0 | 3.0 |
| 22 | 显影剂及氧化物总量 | 电影洗片 | 3.0 | 3.0 | 6.0 |

续表

| 序号 | 污染物 | 适用范围 | 一级标准 | 二级标准 | 三级标准 |
|---|---|---|---|---|---|
| 23 | 元素磷 | 一切排污单位 | 0.1 | 0.3 | 0.3 |
| 24 | 有机磷农药（以 P 计） | 一切排污单位 | 不得检出 | 0.5 | 0.5 |
| 25 | 乐果 | 一切排污单位 | 不得检出 | 1.0 | 2.0 |
| 26 | 对硫磷 | 一切排污单位 | 不得检出 | 1.0 | 2.0 |
| 27 | 甲基对硫磷 | 一切排污单位 | 不得检出 | 1.0 | 2.0 |
| 28 | 马拉硫磷 | 一切排污单位 | 不得检出 | 5.0 | 10 |
| 29 | 五氯酚及五氯酚钠（以五氯酚计） | 一切排污单位 | 5.0 | 8.0 | 10 |
| 30 | 可吸附有机卤化物（AOX，以 Cl 计） | 一切排污单位 | 1.0 | 5.0 | 8.0 |
| 31 | 三氯甲烷 | 一切排污单位 | 0.3 | 0.6 | 1.0 |
| 32 | 四氯化碳 | 一切排污单位 | 0.03 | 0.06 | 0.5 |
| 33 | 三氯乙烯 | 一切排污单位 | 0.3 | 0.6 | 1.0 |
| 34 | 四氯乙烯 | 一切排污单位 | 0.1 | 0.2 | 0.5 |
| 35 | 苯 | 一切排污单位 | 0.1 | 0.2 | 0.5 |
| 36 | 甲苯 | 一切排污单位 | 0.1 | 0.2 | 0.5 |
| 37 | 乙苯 | 一切排污单位 | 0.4 | 0.6 | 1.0 |
| 38 | 邻-二甲苯 | 一切排污单位 | 0.4 | 0.6 | 1.0 |
| 39 | 对-二甲苯 | 一切排污单位 | 0.4 | 0.6 | 1.0 |
| 40 | 间-二甲苯 | 一切排污单位 | 0.4 | 0.6 | 1.0 |
| 41 | 氯苯 | 一切排污单位 | 0.2 | 0.4 | 1.0 |
| 42 | 邻-二氯苯 | 一切排污单位 | 0.4 | 0.6 | 1.0 |
| 43 | 对-二氯苯 | 一切排污单位 | 0.4 | 0.6 | 1.0 |
| 44 | 对-硝基氯苯 | 一切排污单位 | 0.5 | 1.0 | 5.0 |
| 45 | 2,4-二硝基氯苯 | 一切排污单位 | 0.5 | 1.0 | 5.0 |
| 46 | 苯酚 | 一切排污单位 | 0.3 | 0.4 | 1.0 |
| 47 | 间-甲酚 | 一切排污单位 | 0.1 | 0.2 | 0.5 |
| 48 | 2,4-二氯酚 | 一切排污单位 | 0.6 | 0.8 | 1.0 |
| 49 | 2,4,6-三氯酚 | 一切排污单位 | 0.6 | 0.8 | 1.0 |
| 50 | 邻苯二甲酸二丁酯 | 一切排污单位 | 0.2 | 0.4 | 2.0 |
| 51 | 邻苯二甲酸二辛酯 | 一切排污单位 | 0.3 | 0.6 | 2.0 |
| 52 | 丙烯腈 | 一切排污单位 | 2.0 | 5.0 | 5.0 |

续表

| 序号 | 污染物 | 适用范围 | 一级标准 | 二级标准 | 三级标准 |
|---|---|---|---|---|---|
| 53 | 总硒 | 一切排污单位 | 0.1 | 0.2 | 0.5 |
| 54 | 粪大肠菌群数 | 医院*、兽医院及医疗机构含病原体污水 | 500 个/L | 1000 个/L | 5000 个/L |
| | | 传染病、结核病医院污水 | 100 个/L | 500 个/L | 1000 个/L |
| 55 | 总余氯（采用氯化消毒的医院污水） | 医院*、兽医院及医疗机构含病原体污水 | <0.5** | >3（接触时间≥1h） | >2（接触时间≥1h） |
| | | 传染病、结核病医院污水 | <0.5** | >6.5（接触时间≥1.5h） | >5（接触时间≥1.5h） |
| 56 | 总有机碳（TOC） | 合成脂肪酸工业 | 20 | 40 | — |
| | | 苎麻脱胶工业 | 20 | 60 | — |
| | | 其他污染企业 | 20 | 30 | — |

注：1. 本表摘自 GB 8978—1996《污水综合排放标准》；
2. * 指 50 个床位以上的医院；** 加氯消毒后须进行脱氯处理，达到本标准。

(3) 噪声标准

① 城市各类区域环境噪声标准（见表 2-10）

表 2-10 各类声环境功能区使用的环境噪声等效声极限值　　单位：dB（A）

| 声环境功能区类别 | | 时段 | |
|---|---|---|---|
| | | 昼间 | 夜间 |
| 0 类 | | 50 | 40 |
| 1 类 | | 55 | 45 |
| 2 类 | | 60 | 50 |
| 3 类 | | 65 | 55 |
| 4 类 | 4a 类 | 70 | 55 |
| | 4b 类 | 70 | 60 |

注：1. 本表摘自 GB 3096—2008《声量标准》；
2. 声环境功能区分类：按区域的使用功能特点和环境质量要求，声环境功能区分为以下五种类型：
0 类声环境功能区：指康复疗养区等特别需要安静的区域。
1 类声环境功能区：指以居民住宅、医疗卫生、文化教育、科研设计、行政办公为主要功能，需要保持安静的区域。
2 类声环境功能区：指以商业金融、集市贸易为主要功能，或者居住、商业、工业混杂，需要维护住宅安静的区域。
3 类声环境功能区：指以工业生产、仓储物流为主要功能，需要防止工业噪声对周围环境产生严重影响的区域。
4 类声环境功能区：指交通干线两侧一定距离之内，需要防止交通噪声对周围环境产生严重影响的区域，包括 4a 类和 4b 类两种类型。4a 类为高速公路、一级公路、二级公路、城市快速路、城市主干路、城市次干路、城市轨道交通（地面段）、内河航道两侧区域；4b 类为铁路干线两侧区域。

② 厂界环境噪声排放限值（见表 2-11）

表 2-11　工业企业厂界环境噪声排放限值　　　　　　　单位：dB（A）

| 厂界外声环境功能类别 | 时段 | |
|---|---|---|
| | 昼间 | 夜间 |
| 0 类 | 50 | 40 |
| 1 类 | 55 | 45 |
| 2 类 | 60 | 50 |
| 3 类 | 65 | 55 |
| 4 类 | 70 | 55 |

注：1. 本表摘自 GB 12348—2008《工业企业厂界环境噪声排放标准》；
　　2. 夜间频发噪声的最大声级超过限值的幅度不得高于 10dB(A)；
　　3. 夜间偶发噪声的最大声级超过限值的幅度不得高于 15dB(A)；
　　4. 当厂界与噪声敏感建筑物距离小于 1m 时，厂界环境噪声应在噪声敏感建筑物的室内测量，并将此表中相应的限值减 10dB（A）作为评价依据。

## 2.1.3　工程项目环境影响评价

### 2.1.3.1　环境影响评价的基本概念

环境影响评价是指对拟议中的建设项目、区域开发计划和国家政策实施后可能对环境产生的影响（后果）进行的系统性识别、预测和评估，并提出减少这些影响的对策措施。其根本目的是鼓励在规划和决策中考虑环境因素，最终达到更具环境相容性的人类活动。环境影响评价可明确开发建设者的环境责任及规定应采取的行动，可为建设项目的工程设计提出环保要求和建议，可为环境管理者提供对建设项目实施有效管理的科学依据。

建设项目环境影响评价编制依据的有关法律：
① 中华人民共和国主席令［2014］第 9 号《中华人民共和国环境保护法》。
② 中华人民共和国主席令［2018］第 24 号《中华人民共和国环境影响评价法》。
③ 中华人民共和国主席令［2018］第 16 号《中华人民共和国大气污染防治法》。
④ 中华人民共和国主席令［2017］第 70 号《中华人民共和国水污染防治法》。
⑤ 中华人民共和国主席令［2017］第 81 号《中华人民共和国海洋环境保护法》。
⑥ 中华人民共和国主席令［2018］第 24 号《中华人民共和国环境噪声污染防治法》。
⑦ 中华人民共和国主席令［2016］第 57 号《中华人民共和国固体废物污染环境防治法》。
⑧ 中华人民共和国主席令［2012］第 54 号《中华人民共和国清洁生产促进法》。
⑨ 中华人民共和国国务院令［2017］第 682 号《建设项目环境保护管理条例》。
⑩ 中华人民共和国生态环境部［2015］第 36 号令《建设项目环境影响评价资质管理办法》。

建设项目环境影响评价编制依据的有关技术规范与技术文件：
① 中华人民共和国生态环境部《环境影响评价技术导则　总纲》（HJ 2.1—2016）。
② 中华人民共和国生态环境部《环境影响评价技术导则　大气环境》（HJ 2.2—2018）。
③ 中华人民共和国生态环境部《环境影响评价技术导则　地面水环境》（HJ 2.3—2018）。
④ 中华人民共和国生态环境部《环境影响评价技术导则　声环境》（HJ 2.4—2009）。
⑤ 中华人民共和国生态环境部《环境影响评价技术导则　生态影响》（HJ 19—2011）。
⑥ 中华人民共和国生态环境部《环境影响评价技术导则　输变电》（HJ 24—2020）。

(1) 环境影响评价的分类

环境影响评价可分为环境质量评价（主要是环境现状质量评价）、环境影响预测与评价以及环境影响后评估三类。

环境质量评价是指根据国家和地方制定的环境质量标准，用调查、监测和分析方法，对区域环境质量进行定量判断，并说明其与人体健康、生态系统的相关关系。

环境质量评价根据不同时间域，可分为环境质量回顾评价、环境质量现状评价和环境质量预测评价。在空间域上，可分为局地环境质量评价、区域环境质量评价和全球环境质量评价等。建设项目环境质量评价主要为环境质量现状评价。

环境影响后评估是指开发建设活动实施后，对环境的实际影响程度进行系统调查和评估，检查对减少环境影响的落实程度和实施效果，验证环境影响评价结论的正确可靠性，判断提出的环保措施的有效性，对一些评价时尚未认识到的影响进行分析研究，以达到改进环境影响评价技术方法和管理水平，并采取补救措施，达到消除不利影响的作用。

(2) 理想环境影响评价的条件

理想的环境影响评价应满足下列条件：

① 基本上适用于所有可能对环境造成显著影响的项目，并能够对所有可能的显著影响做出识别和评估；

② 对各种替代方案（包括项目不建设或地区不开发的情况）、管理技术、减缓措施进行比较；

③ 生成清楚的环境影响报告书（EIS），以使专家和非专家都能了解可能的影响的特征及其重要性；

④ 包括广泛的公众参与和严格的行政审查程序；

⑤ 及时、清晰的结论，以便为决策提供信息。

(3) 环境影响评价的基本功能

环境影响评价的基本功能包括以下 4 点：

① 判断功能：以人的需求为尺度，对已有的客体做出价值判断。通过这一判断，可了解客体的当前状态，并揭示客体与主体间的满足关系是否存在以及在多大程度上存在。

② 预测功能：以人的需求为尺度，对将形成的客体做出价值判断。即在思维中构建未来的客体，并对这一客体与人的需要的关系做出判断，从而预测未来客体的价值。人类通过这种预测而确定自己的实践目标，哪些是应当争取的，哪些是应当避免的。

③ 选择功能：将同样都具有价值的课题进行比较，从而确定其中哪一个更具有价值，更值得争取，这是对价值序列（价值程度）的判断。

④ 导向功能：人类活动的理想是目的性与规律性的统一，其中目的的确立要以评价所判定的价值为基础和前提，而对价值的判断是通过对价值的认识、预测和选择这些评价形式才得以实现的。所以说人类活动的目的的确立应基于评价，只有通过评价，才能确立合理的合乎规律的目的，才能对实践活动进行导向和调控。

环境影响评价可以保证建设项目选址和布局的合理性，指导环境保护措施的设计，强化环境管理，为区域的社会经济发展提供导向，促进相关环境科学技术的发展。

### 2.1.3.2 环境影响评价的工作程序和主要内容

建设项目的环境影响评价工作，应由取得相应资格证书的单位承担。环境影响评价的工作程序分为三个阶段。

第一阶段为准备阶段，主要工作为研究有关文件，进行初步的工程分析和环境现状调查，筛选重点评价项目，确定各单项环境影响评价的工作等级，编制评价大纲；

第二阶段为正式工作阶段，其主要工作为详细的工程分析和环境现状调查，并进行环境影响预测和评价环境影响；

第三阶段为环境影响评价报告书编制阶段，其主要工作为汇总，分析第二阶段工作所得各种资料、数据，给出结论，完成环境影响报告书的编制。

环境影响评价程序表如图 2-1 所示。

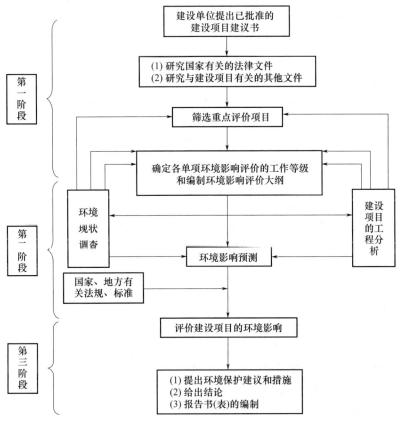

图 2-1　环境影响评价程序表

（1）工作等级的确定

建设项目各环境要素专项评价原则上应划分工作等级，一般可划分为三级。一级评价对环境影响进行全面、详细、深入评价，二级评价对环境影响进行较为详细、深入评价，三级评价可只进行环境影响分析。建设项目其他专题评价可根据评价工作需要划分评价等级。具体的评价工作等级内容要求或工作深度参阅专项环境影响评价技术导则、行业建设项目环境影响评价技术导则的相关规定。

工作等级的划分依据如下：

① 建设项目的工程特点（工程性质、工程规模、能源及资源的使用量及类型、源项等）。

② 项目的所在地区的环境特征（自然环境特点、环境敏感程度、环境质量现状及社会经济状况等）。

③ 建设项目的建设规模。

④ 国家或地方政府所颁布的有关法规（包括环境质量标准和污染物排放标准）。对于某

一具体建设项目,在划分各评价项目的工作等级时,根据建设项目对环境的影响、所在地区的环境特征或当地对环境的特殊要求情况可做适当调整。

(2) 评价大纲编写

① 总则(包括评价任务的由来、编制依据、控制污染与保护环境的目标、采用的评价标准、评价项目及其工作等级和重点等);

② 建设项目概况(如为扩建项目应同时介绍现有工程概况);

③ 拟建地区的环境简况(附位置图);

④ 建设项目工程分析的内容与方法(根据当地环境特点、评价项目的环境影响评价工作等级与重点等因素,说明工程分析的内容、方法和重点);

⑤ 建设项目周围地区的环境现状调查(包括一般自然环境与社会环境现状调查以及环境中与评价项目关系较密切部分的现状调查);

⑥ 环境影响预测与评价建设项目的环境影响(根据各评价项目工作等级、环境特点,尽量详细地说明预测方法、预测内容、预测范围、预测时段以及有关参数的估值方法等,如进行建设项目环境影响的综合评价,应说明拟采用的评价方法);

⑦ 评价工作成果清单、拟提出的结论和建议的内容;

⑧ 评价工作的组织、计划安排;

⑨ 评价工作经费概算。

(3) 环境影响报告书的编制

环境影响报告书应全面、概括地反映环境影响评价的全部工作,文字应简洁、准确,尽量采用图表和照片,以使提出的资料清楚,论点明确,利于阅读和审查。环境影响报告书的编制主要内容如下:

① 建设项目概况。

② 工程分析。工程分析的主要任务是对工程的一般特征、污染特征以及可能导致生态破坏的因素做全面分析。从宏观上掌握建设项目与区域乃至国家环境保护全局的关系,从微观上为环境影响预测、评价和污染控制措施提供基础数据。工程分析是项目决策的主要依据之一,为环境影响评价提供基础资料,为生产工艺和环保设计提供优化建议。

③ 建设项目周围地区的环境现状。包括地理位置、地质、地形地貌、气候与气象、地面水环境以及地下水环境等。

④ 环境影响预测。对于已确定的评价项目,都应预测建设项目对其产生的影响,预测的范围、时段、内容及方法均应根据其评价工作等级、工程与环境的特性、当地的环保要求而定。同时应尽量考虑预测范围内,规划的建设项目可能产生的环境影响。

⑤ 环境保护措施的评述及技术经济论证,提出各项措施的投资估算。

⑥ 环境影响经济损益分析。

⑦ 环境监测制度及环境管理、环境规划的建议。

⑧ 环境影响评价结论。

(4) 环境影响报告书的审批程序

环境影响评价报告书一律由建设单位负责提出,报主管部门预审,主管部门提出预审批意见后转报负责审批的环境保护部门审批。审批的主要内容包括:

①是否符合环境保护相关法律法规。涉及依法划定的自然保护区、风景名胜区、生活饮用水保护区及其他需要特别保护的区域的,是否征得相应一级人民政府部门或主管部门的同意;②项目选址、选线、布局是否符合区域、流域和城市总体规划,是否符合环境和生态区

划；③是否符合国家产业政策和清洁生产要求；④项目所在区域环境质量能否满足相应环境功能区划标准；⑤拟采用的污染防治措施能否确保污染物排放达到国家和地方规定的排放标准，满足控制要求；⑥拟采用的生态保护措施能否有效预防和控制生态破坏。

## 2.2 供配电系统设计的节能措施

我国是能源短缺的国家，但能源浪费却比较严重。无论是供配电系统还是用电设备，都存在着较大的节能潜力。要做好节能工作并取得良好效果必须做到以下几点：建立和健全节能管理机制，正确设计供配电系统，改进高电耗工艺，更换改造低效电气设备，选用节能产品。通过科学管理和合理组织生产，实现供配电系统及用电设备的经济运行。

### 2.2.1 变压器节能

(1) 变压器损耗及效率

变压器的损耗主要包括有功功率损耗和无功功率损耗两大部分。

① 变压器的有功功率损耗　变压器的有功功率损耗有铁损和铜损，铁损又称空载损耗，其值与铁芯材质等有关，而与负荷大小无关，是基本不变的；而铜损与负荷电流平方成正比，负载电流为额定值时的铜损又称短路损耗，变压器有功功率损耗可用下式计算

$$\Delta P = P_0 + \beta^2 P_k \tag{2-1}$$

式中　$\Delta P$——有功功率损耗，kW；
　　　$P_0$——变压器空载损耗，kW；
　　　$P_k$——变压器短路损耗，kW；
　　　$\beta$——变压器负载率（负荷系数），%。

② 变压器的无功功率损耗　变压器的无功功率损耗由两部分组成：一部分是由励磁电流即空载电流造成的损耗 $Q_0$，它与铁芯有关而与负荷无关；另一部分无功损耗指一、二次绕组的漏磁电抗损耗，其大小与负载电流平方成正比，此损耗又称变压器无功漏磁损耗 $Q_k$。

$Q_0$ 可用下式求得：

$$Q_0 = I_0 S_N \times 10^{-2} \tag{2-2}$$

式中　$Q_0$——变压器空载时的无功功率，kvar；
　　　$I_0$——空载电流百分数，%；
　　　$S_N$——变压器额定容量，kV·A。

$Q_k$ 可用下式求得：

$$Q_k = U_k S_N \times 10^{-2} \tag{2-3}$$

式中　$Q_k$——变压器额定负载时的无功功率，kvar；
　　　$U_k$——短路电压百分数，%。

变压器总的无功功率损耗按下式计算

$$\Delta Q = Q_0 + \beta^2 Q_k \tag{2-4}$$

式中　$\Delta Q$——变压器无功功率损耗，kvar。

③ 变压器的综合功率损耗　变压器的综合功率损耗，是指变压器的有功功率损耗、无功功率损耗折算成有功功率损耗两者之和，可按下式计算

$$\Delta P_Z = \Delta P + K_Q \Delta Q \tag{2-5}$$

式中　$\Delta P_Z$——变压器综合功率损耗，kW；

$K_Q$——无功经济当量,指变压器每减少1kvar无功功率损耗,引起连接系统有功功率损耗下降的千瓦值,其值见表2-12。

④ 变压器效率($\eta$) 变压器效率是变压器二次侧(负载侧)输出功率$P_2$与电源侧输入功率$P_1$之比的百分数,可按下式计算

$$\eta = \frac{P_2}{P_1} \times 100\% = \frac{\beta S_N \cos\varphi_2}{\beta S_N \cos\varphi_2 + P_0 + \beta^2 P_k} \times 100\% \tag{2-6}$$

式中 $P_1$——电源侧输入功率,kW;

$P_2$——变压器二次侧输出功率,kW;

$\beta$——变压器负载率(负荷系数),%;

$S_N$——变压器额定容量,kV·A;

$\cos\varphi_2$——二次侧功率因数;

$P_0$——变压器空载损耗,kW;

$P_k$——变压器短路损耗,kW。

表2-12 无功经济当量值

| 序号 | 变压器在连接系统的位置 | 值/(kW/kvar) | |
|---|---|---|---|
| | | 系统负载最大时 | 系统负载最小时 |
| 1 | 直接由发电厂母线以发电机电压供电的变压器 | 0.02 | 0.02 |
| 2 | 由发电厂以发电机电压供电的线路变压器(例如:由厂用和市内发电厂供电的工企变压器) | 0.07 | 0.04 |
| 3 | 由区域线路供电的110~35kV降压变压器 | 0.1 | 0.06 |
| 4 | 由区域线路供电的6~10kV降压变压器 | 0.15 | 0.1 |
| 5 | 由区域线路供电的降压变压器,但其无功负荷由同步调相机担负 | 0.05 | 0.03 |

变压器的效率与其负荷和损耗有关,也与负荷的功率因数有关。当变压器负载率为0.3~1时,其效率均较高;当变压器负载率为0.5~0.6时,其效率最高;当负载一定时,功率因数越高,则变压器的效率亦越高。

(2) 变压器节能措施

随着经济的发展,我国用电量逐年增加,作为电力系统实现电能输送与分配的重要设备之一,变压器的用量也势必不断增长,变压器的节能措施涵盖在变压器生产、使用、运行等各个方面。据统计,目前我国变压器总量约为$3.0 \times 10^9$kV·A。虽然变压器本身效率较高,但因其数量多、容量大,每年总电能损耗高达$4.5 \times 10^{10}$kW·h。据估计,我国变压器的总损耗占系统总发电量的3.0%左右,降低变压器损耗是势在必行的节能措施。

根据变压器产生损耗的原理以及影响损耗的因素,降低变压器损耗的主要方法有:a.在设计阶段根据经济合理性,选用低损耗变压器;b.设计阶段要合理配置变压器容量,防止容量过度富余,使变压器以较高的效率运行;c.在电力系统运行中,根据负荷情况合理调配变压器,提高变压器运行功率因数,减少损耗。

① 选用低损耗变压器 变压器损耗中的空载损耗即铁损,发生在变压器铁芯叠片内,主要是因交变的磁力线通过铁芯产生磁滞及涡流而带来的损耗。

最早用于变压器铁芯的材料是易于磁化和退磁的软熟铁,后经科技人员研究发现在铁中加入少量的硅或铝可大大降低磁路损耗,增大磁导率,且使电阻率增大,涡流损耗降低。经

多次改进，用 0.35mm 厚的硅钢片来代替铁线制作变压器铁芯。

近年来，变压器的铁芯材料已发展到现在最新的节能材料——非晶态磁性材料，使非晶合金铁芯变压器应运而生。这种变压器的铁损仅为硅钢变压器的 1/5，铁损大幅度降低。

我国 S7 系列变压器是 20 世纪 80 年代初推出的变压器，其效率较 SJ、SJL、SL、SL1 系列的高，其负载损耗仍较高。20 世纪 80 年代中期又设计生产出 S9 系列变压器，其价格较 S7 系列高出 20% 左右，空载损耗较 S7 系列平均降低 8%，负载损耗平均降低 24%。国家已明令淘汰 S7、SL7 系列变压器，大量使用 S9 系列变压器。

目前推广应用的是 S11 系列低损耗变压器。S11 型变压器卷铁芯改变了传统的叠片式铁芯结构。硅钢片连续卷制，铁芯无接缝，大大减少了磁阻，空载电流减少了 60%~80%，提高了功率因数，降低了电网线损，改善了电网的供电品质。

② 合理选择变压器容量和台数　选择变压器容量和台数时，应根据负荷情况，综合考虑投资和年运行费用，对负荷进行合理分配，选取容量与电力负荷相适应的变压器，使其工作在高效区内。当负荷率低于 30% 时，应予调整或更换。当负荷率超过 80% 并通过计算，发现不利于经济运行时，可放大一级容量选择变压器。对车间内停产后仍不能停电的负荷，宜设置专用变压器。大型厂房及非三班制车间宜设置照明专用变压器。

③ 变压器经济运行　变压器经济运行是指在变压器运行过程中降低有功功率损耗并提高其运行效率（即降低变压器损耗），以及降低变压器的无功功率消耗并提高变压器电源侧的功率因数。

在电力系统中，变压器经常成组配置，因此可根据负荷变化情况，利用成组变压器的合理调配达到降低损耗的目的：a. 当成组变压器的运行方式为分列运行方式时，可按用户的不同用电时间分别配置变压器，能将当前不使用的变压器切除，使其处于经济运行状态，从而减少无负载损耗；b. 当成组变压器的运行方式为并列运行方式时，可根据负荷情况，通过变压器损耗校验，合理安排调整变压器投入容量及数量，以达到运行的变压器均处于经济运行状态，从而减少变压器损耗。

在电力负荷中，电动机、感应电炉、电焊机等设备除消耗有功功率外，还要消耗相当数量的无功功率，如果这些设备接在电气回路上，回路的功率因数就会发生改变。在这种系统中，加装电力电容器进行无功补偿可提高功率因数。随着功率因数的提高，线路中的电流会相对减少，而变压器的铜损是其一、二次线圈电阻损耗之和，与负载电流的平方成正比，因此改善功率因数即可降低变压器的损耗。

(3) 高能耗变压器的更换与改造

更新变压器必然会带来有功电量和无功电量的节约，但要增加投资，这里就存在着一个回收年限问题。变压器不是损坏后才更新，而是老化到一定程度，还有一定剩值时即可更新。特别是当变压器需要大修时更应考虑更新，这在技术经济上是合理的。变压器厂家对各种不同形式、不同容量的变压器的使用寿命都有规定（一般为 20~30 年）。随着变压器运行年限的增长，其剩值也越来越小。变压器的回收年限计算公式如下。

① 旧变压器使用年限已到期，即折旧费已完，没有剩值，其回收年限计算公式为

$$T_B = (Z_n - G_J - Z_c)/G_d \tag{2-7}$$

式中　$T_B$——变压器回收年限，年；

$Z_n$——新变压器的购价，元；

$G_J$——旧变压器残存价值，可取原购价的 10%；

$Z_c$——变压器更换后减少电容器的总投资，元；

$G_d$——每年节约电费,元。

② 在①的情况下,如变压器需大修时,其回收年限公式为

$$T_B=(Z_n-G_{JD}-G_J-Z_c)/G_d \tag{2-8}$$

式中 $G_{JD}$——旧变压器大修费,元。

③ 旧变压器还未到使用年限,即还有剩值,其回收年限的计算公式为

$$T_B=(Z_n+W_J-G_J-Z_c)/G_d \tag{2-9}$$

式中 $W_J$——旧变压器的剩值,元。

$$W_J=Z_J-Z_JC_nT_y\times10^{-2} \tag{2-10}$$

式中 $Z_J$——旧变压器的投资,元;

$C_n$——折旧率,%;

$T_y$——运行年限,年。

④ 在③的情况下,如旧变压器需大修时,其回收年限的计算公式为

$$T_B=(Z_n+W_J-G_{JD}-G_J-Z_c)/G_d \tag{2-11}$$

关于更换变压器的回收年限,一般考虑,当计算的回收年限小于 5 年时,变压器应立即更新为宜;当计算的回收年限大于 10 年时,不应当考虑更新;当计算的回收年限为 5~10 年时,应酌情考虑,并以大修时更新为宜。

## 2.2.2 供配电系统节能

从电网送到企业的电能,经一次或二次降压和高、低压线路送到各车间、各部门的用电设备,构成企业供配电系统。电能在变压输送过程中造成损耗称为"线损",在 GB/T 3485—1998《评价企业合理用电技术导则》中规定线损率要求:一次变压不得超过 3.5%;二次变压不得超过 5.5%;三次变压不得超过 7%。

供配电线损主要由以下几部分构成:

① 企业各级降压变压器损耗;

② 企业内高压架空线损耗;

③ 企业内低压架空线损耗;

④ 电缆线路损耗;

⑤ 车间配电线路损耗;

⑥ 汇流排,高、低压开关柜,隔离开关,电力电容器及各种仪表元件等损耗。

供配电系统节能的主要环节包括如下。

(1) 合理设计供配电系统及其电压等级

① 根据负荷容量、供电距离及分布、用电设备特点等因素,合理设计供配电系统和选择供电电压,供配电系统应尽量简单可靠,同一电压供电系统变配电级数不宜多于两级。

② 变电所应尽量靠近负荷中心,以缩短配电半径,减少线路损失,企业内部变电所之间宜敷设联络线,根据负荷情况,可切除部分变压器,从而减少损耗。

③ 根据负荷情况合理选择变压器的容量和台数,其接线应能适应负荷变化时,按经济运行原则灵活投切变压器。对分期投产的企业,宜采用多台变压器方案,以避免轻载运行时增大变压器的损耗。

④ 按经济电流密度合理选择导线截面,一般按年综合运行费用最小原则确定单位面积经济电流密度。

（2）提高功率因数，减少电能损耗

1）提高功率因数的意义

① 提高功率因数可减少线路损耗。如果输电线路导线每相电阻为 $R$（Ω），则三相输电线路的功率损耗为

$$\Delta P = 3I^2 R \times 10^{-3} = \frac{P^2 R}{U^2 \cos^2 \varphi} \times 10^3 \tag{2-12}$$

式中　$\Delta P$——三相输电线路的功率损耗，kW；

　　　$P$——电力线路输送的有功功率，kW；

　　　$U$——线电压，V；

　　　$I$——线电流，A；

　　　$\cos\varphi$——电力线路输送负荷的功率因数。

由上式看出，在全厂有功功率一定的情况下，$\cos\varphi$ 越低，功率损耗 $\Delta P$ 也将越大。设法将 $\cos\varphi$ 提高，就可使 $\Delta P$ 减小。

在线路的电压 $U$ 和有功功率 $P$ 不变的情况下，改善前的功率因数为 $\cos\varphi_1$，改善后的功率因数为 $\cos\varphi_2$，则三相回路实际减少的功率损耗可按下式计算：

$$\Delta P = \left(\frac{P}{U}\right)^2 R \left(\frac{1}{\cos^2 \varphi_1} - \frac{1}{\cos^2 \varphi_2}\right) \times 10^3 \tag{2-13}$$

② 减少变压器的铜损。变压器的损耗主要有铁损和铜损。如果提高变压器二次侧的功率因数，可使总的负荷电流减少，从而减少铜损。提高功率因数后，变压器节约的有功功率 $\Delta P$ 和节约的无功功率 $\Delta Q$ 的计算公式为

$$\Delta P = \left(\frac{P_2}{S_N}\right)^2 \left(\frac{1}{\cos^2 \varphi_1} - \frac{1}{\cos^2 \varphi_2}\right) P_k \tag{2-14}$$

$$\Delta Q = \left(\frac{P_2}{S_N}\right)^2 \left(\frac{1}{\cos^2 \varphi_1} - \frac{1}{\cos^2 \varphi_2}\right) Q_k \tag{2-15}$$

式中　$\Delta P$，$\Delta Q$——变压器的有功功率节约值和无功功率节约值，kW、kvar；

　　　$P_2$——变压器负荷侧输出功率，kW；

　　　$S_N$——变压器额定容量，kV·A；

　　　$\cos\varphi_1$——变压器原负载功率因数；

　　　$\cos\varphi_2$——提高后的变压器负载功率因数；

　　　$P_k$——变压器的短路损耗，kW；

　　　$Q_k$——变压器额定负载时的无功功率，kvar。

③ 减少线路及变压器的电压损失。由于提高了功率因数，减少了无功电流，因而减少了线路及变压器的电流，从而减小了电压降。

④ 提高功率因数可以增加发配电设备的供电能力。由于提高了功率因数，供给同一负载功率 $P_2$ 所需的视在功率及负荷电流均将减少，所以，对现有设备而言，变压器的容量和电缆的截面就有了富余，这可用来增加部分负荷。即使再增加用电设备，现有配电设备的容量也可能够用。另外，由于提高了负荷的功率因数，在基建时可减少电源线路的截面及变压器的容量，节约设备的投资。

2）提高功率因数的措施

① 减少供用电设备无功消耗，提高企业自然功率因数，其主要措施有：

a. 合理安排和调整工艺流程，改善电气设备运行状态，使电能得到充分利用。

b. 合理使用异步电动机及变压器，使变压器经济运行。

c. 正确设计和选用变流装置，对直流设备的供电和励磁，应采用电力二极管整流、晶闸管整流和 PWM 整流装置，取代变流机组、汞弧整流器等直流电源设备。

d. 限制电动机和电焊机的空载运转。设计中对空载率大于 50% 的电动机和电焊机可安装空载断电装置。对大、中型连续运行的胶带运输系统，可采用空载自停控制装置。

e. 条件允许时，用同等容量的同步电动机代替异步电动机，在经济合算的前提下，也可采用异步电动机同步化运行。

对于负荷率小于 0.7 及最大负荷小于 90% 的绕组式异步电动机，必要时可使其同步化。即当绕线式异步电动机在启动完毕后，向转子三相绕组中送入直流励磁，即产生转矩把异步电动机牵入同步运行，其运转状态与同步电动机相似。在过励磁的情况下，电动机可向电网送出无功功率，从而达到改善功率因数的目的。

② 功率因数的人工补偿：按照全国供用电规则规定，高压供电的工业企业用户和高压供电装有带负荷调整电压装置的其他电力用户，在当地供电局规定的电网高峰负荷时，其功率因数应不低于 0.9。

当自然功率因数达不到上述要求时，可采取人工补偿的办法，以满足规定的功率因数要求。其补偿原则为：

a. 高、低压电容器补偿相结合，即变压器和高压用电设备的无功功率由高压电容器来补偿，其余的无功功率则需按经济合理的原则对高、低压电容器容量进行分配；

b. 分散与集中补偿相结合，对距供电点较远且无功功率较大的采用就地补偿，对用电设备集中的地方采用成组补偿，其他的无功功率则在变电所内集中补偿；

c. 固定与自动补偿相结合，即最小运行方式下的无功功率采用固定补偿，经常变动的负荷采用自动补偿。

### 2.2.3 电动机节能

(1) 各种电动机的特性

1) 效率

① 三相异步电动机。电动机的效率为

$$\eta = \frac{P_2}{P_1} = \frac{P_2}{P_2 + \Delta P} \times 100\% \tag{2-16}$$

式中　$P_2$——电动机的输出功率，kW；

　　　$P_1$——电动机的输入功率，kW；

　　　$\Delta P$——电动机的功率损耗。电动机的损耗分为负载损耗（主要是铜损）和空载损耗（主要是铁损），在小型异步电动机的各种损耗中，铜损约占 56%（定子铜损 40%，转子铜损 16%）；铁损约占 20%；杂散损耗约占 12%；机械损耗约占 2%。各种损耗和总损耗与负荷系数 $\beta$（即电动机实际负荷与额定负荷之比）的关系如图 2-2 所示。

当输出功率 $P_2$ 减少后，虽然总的损耗也在减少，但减少的速度较慢。因此，电动机的效率随负荷的减少而降低。特别是当负荷系数低于 0.5 以后，电动机效率下降得更快。当空载运行时，$P_2 = 0$，而总的损耗等于恒定损耗。因此，空载时电动机的效率为零。电动机效率 $\eta$ 和功率因数 $\cos\varphi$ 与负荷系数 $\beta$ 的关系如图 2-3 所示。

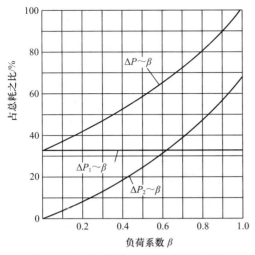

图 2-2　负荷系数与电动机损耗的关系

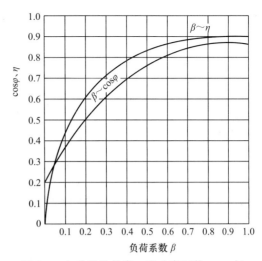

图 2-3　电动机的效率 $\eta$ 和功率因数 $\cos\varphi$ 与负荷系数 $\beta$ 的关系

② 直流电动机。直流电动机的效率通常比交流电动机差，主要是由于直流电动机的励磁损耗和铜损大。与同一容量的三相异步电动机相比，效率要低 2%～3%，这是近年来交流调速装置被引起重视的原因之一。而且，直流电动机需要励磁，为了连续使用，必须进行强迫冷却，在直流电动机较多时，风机的耗电也不可忽视。因此，在有条件且经济合理时宜用交流调速系统代替直流调速系统。

2) 电动机的功率因数　电动机功率因数 $\cos\varphi$ 的降低，不仅会增加电动机输电线路及变压器的电能损耗，而且会增加发电、输配电系统中的附加损耗，从而增加投资。

① 异步电动机的功率因数。异步电动机的等值电路如图 2-4 所示。对电源来说，相当于一个电阻和一个电感串联负荷，因而功率因数 $\cos\varphi$ 总是小于 1。为了建立磁场，异步电动机从电网吸取很大的无功电流 $I_0$，它在正常工作范围内几乎不变，在空载时定子电流 $I_1=I_0$，此时功率因数很低，一般 $\cos\varphi\approx 0.2$。当负载增加时，定子电流中的有功分量增加，使 $\cos\varphi$ 很快上升，当接近额定负载时，$\cos\varphi$ 达最大值。但负荷增大到一定程度后，由于转差率的增加，转子漏抗增大，转子电路的无功电流将增加，相应定子的无功电流也增加，因此，功率因数反而下降。异步电动机的 $\cos\varphi$ 与负荷系数的关系如图 2-3 所示。

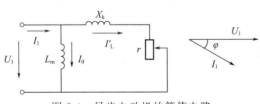

图 2-4　异步电动机的等值电路

② 同步电动机的功率因数。同步电动机的功率因数 $\cos\varphi$ 与异步电动机的不同。它可滞后，也可超前。当励磁电流改变时，对同步电动机的定子电流和功率因数有影响，但并不改变电动机的输出功率和转速。三相同步电动机的输出功率 $P_2$ 可用下式表示

$$P_2=\sqrt{3}UI\cos\varphi\eta_M \tag{2-17}$$

当电压 $U$ 不变时，在同一负荷下，电动机的效率 $\eta_M$ 也是不变的。这时定子电流 $I$ 与 $\cos\varphi$ 的乘积应该在励磁电流变化后仍然保持不变。在同步电动机中，控制励磁电流比较简单。在任何负荷下，只要把功率因数 $\cos\varphi$ 调整到 1，就可以使网络电流最小，于是电动机吸收网络中的无功功率（指感性无功）。与此相反，如果增大励磁电流，输入电流也增加，

则同步电动机给网络输送无功功率。图 2-5 为各种负荷系数的同步电动机 V 形曲线，表 2-13 表示同步电动机的功率因数与有功功率和无功功率的关系。

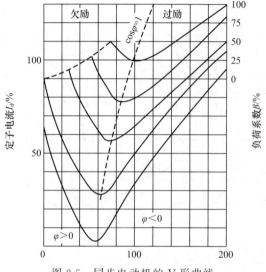

图 2-5　同步电动机的 V 形曲线

表 2-13　同步电动机的功率因数与有功功率和无功功率的关系

| cos$\varphi$ | 1 | 0.975 | 0.95 | 0.9 | 0.85 | 0.8 | 0.7 | 0.6 |
|---|---|---|---|---|---|---|---|---|
| 有功负荷/kW | 100 | 100 | 100 | 100 | 100 | 100 | 100 | 100 |
| 无功负荷/kvar | 0 | 23 | 33 | 49 | 62 | 75 | 100 | 133 |

3）电压变动引起的电动机特性变化　电动机端电压降低时，异步电动机的特性变化如表 2-14 所示。

表 2-14　电压偏差对异步电动机的影响

| 项目 | | 电压波动 | | |
|---|---|---|---|---|
| | | 90%电压 | 比例关系 | 110%电压 |
| 启动转矩和最大转矩 | | −19% | $U^2$ | +21% |
| 同步转速 | | 不变 | 恒定 | 不变 |
| 转差率百分数 | | +23% | $1/U^2$ | +17% |
| 满负荷转速 | | −1.5% | | +1% |
| 效率 | 满负荷<br>75%负荷<br>50%负荷 | −2%<br>实际不变<br>+(1~2)% | | 稍有增加<br>实际不变<br>−(1~2)% |
| 功率因数<br>cos$\varphi$ | 满负荷<br>75%负荷<br>50%负荷 | +1%<br>+(2~3)%<br>+(4~5)% | | −3%<br>−4%<br>−(5~6)% |
| 满负荷电流 | | +11% | | −7% |
| 启动电流 | | −(10~12)% | $U$ | +(10~12)% |
| 满负荷温度上升 | | 6~7℃ | | −(1~2)℃ |
| 电磁噪声 | | 稍有减少 | | 稍有增加 |

由表 2-14 可知，当电动机端电压下降时最成问题的是启动转矩与最大转矩的减少，使负荷电流增加，从而引起线路损耗增加，电动机温度上升等。而电压升高也要引起励磁电流的显著增加，温度上升和效率降低等，所以要加以注意。

（2）电动机的节能措施

根据以上分析，减少电动机电能损耗的主要途径是提高电动机的效率和功率因数。因此电动机的节能措施主要有如下几种。

1）采用高效率电动机　采取各种切实可行的措施，减少电动机的各部分损耗，提高其效率和功率因数。减少电动机损耗的各种措施如图 2-6 所示。

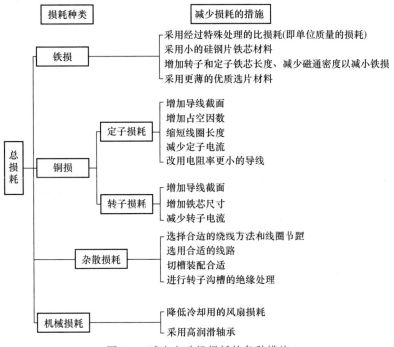

图 2-6　减少电动机损耗的各种措施

采取各种减少损耗措施后的高效电动机，其总损耗比普通电动机减少 20%～30%，电动机的效率可比普通的标准型提高 3%～6%。

我国新设计生产的 Y、YX 和 Y2-E 等系列电动机具有效率高、启动转矩大、噪声小、防护性能良好等特点。Y 系列电动机比 JO2 系列电动机效率提高 1%～3%，YX 系列电动机又比 Y 系列电动机提高 3% 左右，Y2-E 系列高效异步电动机在 50%～100% 负载下，较 Y 系列电动机效率高 0.58%～1.27%，现将 Y 系列电动机的技术数据列入表 2-15 中。

表 2-15　Y 系列电动机技术数据

| 功率/kW | 同步转速/(r/min) | | | | | | | |
|---|---|---|---|---|---|---|---|---|
| | 3000 | 1500 | 1000 | 750 | 3000 | 1500 | 1000 | 750 |
| | 效率/% | | | | 功率因数 $\cos\varphi$ | | | |
| 0.55 | | 70.5 | | | | 0.76 | | |
| 0.75 | 73.0 | 72.5 | 72.5 | | 0.84 | 0.76 | 0.70 | |
| 1.1 | 76.0 | 79.0 | 73.5 | | 0.86 | 0.78 | 0.72 | |

续表

| 功率/kW | 同步转速/(r/min) | | | | | | | |
|---|---|---|---|---|---|---|---|---|
| | 3000 | 1500 | 1000 | 750 | 3000 | 1500 | 1000 | 750 |
| | 效率/% | | | | 功率因数 $\cos\varphi$ | | | |
| 1.5 | 79.0 | 79.0 | 77.5 | | 0.85 | 0.79 | 0.74 | |
| 2.2 | 82.0 | 81.0 | 80.5 | 81.0 | 0.86 | 0.82 | 0.71 | 0.71 |
| 3 | 82.0 | 82.5 | 83.0 | 82.0 | 0.87 | 0.81 | 0.76 | 0.72 |
| 4 | 85.5 | 84.5 | 84.0 | 84.0 | 0.87 | 0.82 | 0.77 | 0.73 |
| 5.5 | 85.2 | 85.5 | 85.3 | 85.0 | 0.88 | 0.84 | 0.78 | 0.74 |
| 7.5 | 86.2 | 87.0 | 86.0 | 86.0 | 0.88 | 0.85 | 0.78 | 0.75 |
| 11 | 87.2 | 88.0 | 87.0 | 86.5 | 0.88 | 0.84 | 0.78 | 0.77 |
| 15 | 88.2 | 88.5 | 89.5 | 88.0 | 0.88 | 0.85 | 0.81 | 0.76 |
| 18.5 | 89.0 | 91.0 | 89.8 | 89.5 | 0.88 | 0.86 | 0.83 | 0.76 |
| 22 | 89.0 | 91.5 | 90.2 | 90.5 | 0.89 | 0.86 | 0.83 | 0.78 |
| 30 | 90.0 | 92.2 | 90.2 | 90.5 | 0.89 | 0.87 | 0.85 | 0.80 |
| 37 | 90.5 | 91.8 | 90.8 | 91.0 | 0.89 | 0.87 | 0.86 | 0.79 |
| 45 | 91.5 | 92.3 | 92.0 | 91.7 | 0.89 | 0.88 | 0.87 | 0.80 |
| 55 | 91.4 | 92.6 | 91.6 | | 0.89 | 0.88 | 0.87 | |
| 75 | 91.4 | 92.7 | | | 0.89 | 0.88 | | |
| 90 | 92.0 | 93.5 | | | 0.89 | 0.89 | | |

YZ系列高效三相异步电动机，其容量等级与Y系列电动机相同，但YZ系列电动机的加权平均效率较Y系列电动机也高3%左右。另外YZR系列新型电动机与JZR或JZR2系列电动机相比，平均功率因数高9%，也具有较好的节能效果。

采用高效电动机每年节约的电费可按下式计算：

$$G_d = \frac{J_d P t}{\eta_M}\left(\frac{1}{\eta_{M1}} - \frac{1}{\eta_{M2}}\right) \tag{2-18}$$

式中 $G_d$——高效电动机每年节约的电费，元；

$J_d$——电价，元/(kW·h)；

$P$——机械的轴功率，kW；

$t$——年运行时间，h；

$\eta_M$——机械传动装置的效率；

$\eta_{M1}$——低效电动机的效率；

$\eta_{M2}$——高效电动机的效率。

因此，在设计和技术改造中，应选用Y、YX和Y2-E等系列电动机，以节省电能。

普通高效电动机价格比一般电机高20%～30%，采用时要考虑资金回收期，即在短期内靠节电费用收回多花的费用。一般符合下列条件时可选用普通高效电动机：

① 负载率在 0.6 以上；
② 每年连接运行时间在 3000h 以上；
③ 电动机运行时无频繁启、制动（最好是轻载启动，如风机、水泵类负载）；
④ 单机容量较大。

2）根据负荷特性合理选择电动机　为了合理选择电动机，首先应了解电动机的负荷特性。通常选择电动机时要考虑表 2-16 所示的几个项目。

表 2-16　选择电动机时考虑的项目

| 负荷种类 | 泵，风扇，传送带 |
|---|---|
| 转矩特性 | 转矩特性曲线（降低特性、恒转矩特性、恒功率特性），启动转矩，最大转矩，容许转矩 |
| 负荷的 $GD^2$ | |
| 运行特性 | 使用种类（连续、短时、断续、反复），启动次数，有无过负荷，有无制动 |
| 性能 | 加速时间，减速时间，停止精度 |
| 控制 | 恒速，定位，调速，卷绕 |
| 使用场合 | 户内，户外，海拔高度，防护等级 |

对旧有设备使用的电动机，要进行必要的测试与计算，结合电动机工作环境及负载特点，选用适当的电动机取代"大马拉小车"的电动机，以提高电动机运行的效率和功率因数。

通常当电动机的负载率 $K$ 大于 0.65 时，可不必更换；$K$ 小于 0.3 时，不经计算便可更换；$K$ 在 0.3~0.65 之间时，则需经过计算后再确定。

3）改变电动机绕组接法　对经常处于轻负荷运行的电动机，应采用三角形-星形切换装置，将三角形接法的电动机改为星形接法，可以达到良好的节电效果。

电动机的星形接法和三角形接法的效率比 $\eta_Y/\eta_D$，功率因数比 $\cos\varphi_Y/\cos\varphi_D$ 与负荷系数 $\beta$ 的关系见表 2-17 和表 2-18。

表 2-17　负荷系数与不同接法时的电动机效率比

| 负荷系数 $\beta$ | 0.10 | 0.15 | 0.20 | 0.25 | 0.30 | 0.40 | 0.45 | 0.50 |
|---|---|---|---|---|---|---|---|---|
| 效率比 $\eta_Y/\eta_D$ | 1.27 | 1.14 | 1.10 | 1.06 | 1.04 | 1.01 | 1.005 | 1.00 |

表 2-18　负荷系数与不同接法时的电动机功率因数比

| $\cos\varphi_D$ | $\cos\varphi_Y/\cos\varphi_D$ | | | |
|---|---|---|---|---|
| | 负荷系数 | | | |
| | 0.1 | 0.2 | 0.3 | 0.4 |
| 0.78 | 1.94 | 1.80 | 1.64 | 1.49 |
| 0.79 | 1.90 | 1.76 | 1.60 | 1.46 |
| 0.80 | 1.96 | 1.73 | 1.58 | 1.43 |
| 0.81 | 1.82 | 1.70 | 1.55 | 1.40 |
| 0.82 | 1.78 | 1.67 | 1.53 | 1.37 |
| 0.83 | 1.79 | 1.64 | 1.49 | 1.33 |
| 0.84 | 1.72 | 1.61 | 1.46 | 1.32 |

续表

| $\cos\varphi_D$ | $\cos\varphi_Y/\cos\varphi_D$ | | | |
|---|---|---|---|---|
| | 负荷系数 | | | |
| | 0.1 | 0.2 | 0.3 | 0.4 |
| 0.85 | 1.69 | 1.58 | 1.44 | 1.30 |
| 0.86 | 1.66 | 1.55 | 1.41 | 1.24 |
| 0.87 | 1.63 | 1.52 | 1.38 | 1.24 |
| 0.88 | 1.60 | 1.49 | 1.35 | 1.22 |
| 0.89 | 1.59 | 1.46 | 1.32 | 1.19 |
| 0.90 | 1.57 | 1.43 | 1.29 | 1.17 |
| 0.91 | 1.54 | 1.40 | 1.26 | 1.14 |
| 0.92 | 1.50 | 1.36 | 1.23 | 1.11 |

由表 2-17 和表 2-18 可知，只有在负荷系数低于 0.3 后，将电动机的三角形接法改为星形接法才能使电动机的效率有明显提高。当负载系数为 0.5 时，星形接法和三角形接法的效率基本相等，无节能效果。当负荷系数大于 0.5 后，电动机星形接法的效率反而低于三角形接法。另外，电动机的功率因数 $\cos\varphi$ 在负载系数低于 0.4 后，将三角形接法改为星形接法后都有比较明显的提高，这对于变压器和输电线路的节能都有好处。

但电动机由三角形接法改为星形接法后，其极限容许负载大致为铭牌容量的 38%～45%。因此，在采用三角形改星形接法作为节能方法时，一定要考虑到改接后的电动机容量是否能满足负载的要求。

一般认为，由三角形改星形接法的转换点在 $\beta=0.2\sim0.4$。对于不同型号的电动机，其转换点并不一定完全相同，应进行具体分析计算后才能确定。根据经验，当 $\beta<0.3$ 时，将三角形连接的绕组改为星形连接往往可以节能。

4）电动机无功功率的就地补偿　对距供电点较远的大、中容量连续运行工作制的电动机，应采用电动机的无功功率就地补偿装置。

电动机无功功率就地补偿，对改变远距离送电的电动机低功率因数运行状态，减少线路损失，提高变压器负载率有着明显的效果。实践证明，每千乏补偿电容每年可节电 150～200kW·h，是一项值得推广的节能技术。特别是对于下列运行条件的电动机要首先应用：

① 远离电源的水源泵站电动机；
② 距离供电点 200m 以上的连续运行电动机；
③ 轻载或空载运行时间较长的电动机；
④ YZR、YZ 系列电动机；
⑤ 高负载率变压器供电的电动机。

为了防止产生自励磁过电压，单机补偿容量不宜过大，应保证电动机在额定电压下断电时电容器的放电电流不大于 $I_0$。

单台电动机的补偿容量由下式计算

$$Q_b \leqslant \sqrt{3} U_N I_0 \tag{2-19}$$

式中　$Q_b$——补偿电容器容量，kvar；
　　　$U_N$——电动机的额定电压，kV；
　　　$I_0$——电动机的空载电流，A。

一般，$I_0$ 应由电动机制造厂提供。若无空载电流 $I_0$ 这个参数时，空载电流 $I_0$ 可按以下方法估算

$$I_0 = 2I_N(1-\cos\varphi_N) \tag{2-20}$$

式中　$I_N$——电动机额定电流，A；
　　　$\cos\varphi_N$——电动机的额定功率因数。

$I_0$ 也可根据以下经验数据计算：一般大容量的电机，空载电流 $I_0$ 占额定电流的 20%～35%，小容量电机占 35%～50%。

5）电动机的其他节能方法

① 对于经常轻载（负载率小于 40%）的生产机械，也可采用具有启动功能的轻载节电器，以达到"轻载降压运行节能"的目的。

② 对大、中型电动机，宜更换为磁性槽楔，以便减少磁路损耗，提高效率。这是因为磁性槽楔能使气隙磁密分布趋于均匀，减少齿谐波的影响，降低脉振损耗和表面损耗，并使有效气隙长度缩短，所以能够改善电动机气隙磁势波形，减少空载电流，改善功率因数，降低电动机损耗，降低温升，提高电动机效率，并减少电磁噪声、振动，延长电动机使用寿命等。

③ 根据技术经济比较，大型恒速电动机应尽量选用同步电动机，并能进相运行，以提高自然功率因数。

## 2.2.4　风机水泵的节能

风机、水泵是企业内量大面广，耗电多的通用机械，其用电量约占企业总用电量的 40%，认真做好其节能工作具有重要意义。风机、水泵的节能方法如下。

（1）调节电动机转速

企业内许多风机、水泵的流量不要求恒定。根据风机、水泵的压力-流量特性曲线，按照工艺要求的流量，实现变速变流量控制，是节能的有效方法之一。从理论上讲，风机、泵类具有以下特点：

$$\frac{Q_2}{Q_1}=\frac{N_2}{N_1}, \frac{H_2}{H_1}=\left(\frac{N_2}{N_1}\right)^2, \frac{P_2}{P_1}=\left(\frac{N_2}{N_1}\right)^3 \tag{2-21}$$

式中　$Q_1$，$Q_2$——流量，$m^3/s$；
　　　$N_1$，$N_2$——转速，r/min；
　　　$P_1$，$P_2$——功率，kW；
　　　$H_1$，$H_2$——扬程，m。

即流量与转速成比例，而功率与流量的 3 次方成比例。由于风机、水泵一般用不调速的笼型电动机传动，当流量需要改变时，用改变风门或阀门的开度进行控制，效率很低。若采用转速控制，当流量减小时，所需功率近似按流量的 3 次方大幅度下降。

图 2-7 和图 2-8 分别为风门控制和转速控制流量的特性曲线。由图 2-7 可知，当流量降到 80% 时，功耗为原来的 96%，即

$$P_B = H_B Q_B = 1.2 H_A \times 0.8 Q_A = 0.96 P_A \tag{2-22}$$

由图 2-8 可见，当流量下降到 80% 时，功率为原来的 56%（即降低了 44%），即

$$P_C = H_C Q_C = 0.7 H_A \times 0.8 Q_A = 0.56 P_A \tag{2-23}$$

所以，调速比调风门增大的节能率为

$$\frac{0.96 P_A - 0.56 P_A}{0.96 P_A} \times 100\% = 41\% \tag{2-24}$$

可见，流量的转速控制节能效果显著。

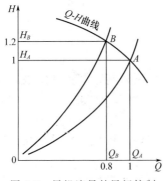

图 2-7 风机流量的风门控制

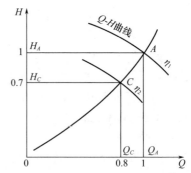

图 2-8 风机流量的转速控制（$\eta_1 \geqslant \eta_2$）

风机、水泵的调速方法有以下几种：

a. 对于小容量的笼型电动机，当流量只需几级调节时，可选用变极调速电动机；

b. 对于要求连续无级变流量控制，当为笼型电动机时，可采用变频调速或液力偶合器调速；当为绕线型电动机时，可采用晶闸管串级调速。

国内已生产的JTJ（Y）R系列三相异步电动机，是根据内反馈晶闸管串级调速原理而设计制造的特种调速电动机。这种电动机构成的内反馈晶闸管串级调整系统，既有优良的无级调速特性，又可取得比普通晶闸管串级调速更高的节能效果。同时，取消了逆变变压器，并通过内补偿大大提高了电动机的功率因数，同时有效地抑制了谐波对电网的影响。

必须指出，上述的变极调速、变频调速以及串级调速，均属高效率控制方式调速。而液力偶合器调速，如同转子串电阻或定子变电压调速以及电磁滑差离合器控制一样，属于转差功率不能回收利用的低效率调速。液力偶合器的调速范围为 $(20\% \sim 97\%)n_N$（$n_N$ 为电动机额定转速），有速度损失，因其装于电动机与负载之间，无法达到额定速度运转。因其转差功率损耗变为油的热能而使温升升高，必须采取适当冷却措施。由于低速小功率液力偶合器造价高，因而仅适用于高速大功率风机、泵类负载。

（2）合理选型

无论是风机或泵类，设计选型要求合理，使风机与水泵的额定流量和压力尽量接近于工艺要求的流量与压力，从而使设备运行时的工况，经常保持在高效区。

如图 2-9 中所示，图中 A 点是运行的高效点。如果选择不当，余量太大，如图中 B 点偏离高效区，则造成风机、水泵效率下降，浪费能源。如某厂水泵站应选用 4 级排水泵，运行效率可达 75%，但选配了较大容量的 6 级泵，运行效率仅 60%，一台这样的泵每年要多浪费电能 $18 \times 10^4$ kW·h。

（3）采用高效率设备

新设计的风机装置应选用高效率的新产品（包括控制装置、电动机、传动装置和风机），它们中任一设备效率的提高，对节能均有好处。

在传动装置中，如上所述，液力偶合器在企业中得到应用具有下述优点。

a. 可节省电能；

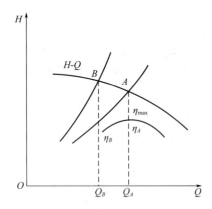

图 2-9 风机和水泵的 H-Q、η-Q 曲线

b. 采用液力偶合器启动风机时，属于空载启动，对变压器和其他用电设备无冲击，安全可靠；

c. 改善了运行状况，延长了机组及其部件寿命；

d. 采用液力偶合器，可取消调节阀门，减少进风阻力，提高风机效率。

因此，对连续运转并有调节流量要求的大、中型笼型电动机，通过技术经济比较，可采用液力偶合器调速或其他方式调速。

通常电动机与水泵配套时的容量按下式确定

$$P = K_c \frac{P_2}{\eta_m} = K_c \frac{\gamma QH}{102 \eta_{pum} \eta_m} \tag{2-25}$$

式中　　$P$——与水泵配套电机容量，kW；

　　　　$P_2$——水泵工作范围内的最大轴功率，kW；

　　　　$\eta_m$——机械传动效率；

$Q$，$H$，$\eta_{pum}$——水泵工作范围内的最大轴功率对应的流量（m³/s），扬程（m），效率（%）；

　　　　$\gamma$——水的密度，kg/m³；

　　　　102——换算系数（1kW=102kg·m/s）；

　　　　$K_c$——电动机的备用系数，见表2-19。

表 2-19　电动机的备用系数 $K_c$

| 水泵轴功率/kW | >5 | 5～10 | 10～50 | 50～100 | >100 |
|---|---|---|---|---|---|
| $K_c$ | 2.0～1.3 | 1.3～1.15 | 1.15～1.10 | 1.10～1.05 | 1.05 |

离心式水泵的效率通常有下列值：

a. 低压头泵为 0.4～0.7；

b. 中等压头泵为 0.5～0.7；

c. 高压头泵为 0.6～0.8；

d. 活塞式水泵为 0.6～0.9；

e. 新式结构的水泵为 0.9。

各种传动类型的机械效率如表 2-20 所示。

然而，在选择电动机时还要考虑发热、电网电压波动、电动机容量级差等因素，有时所选择的电动机很难和水泵的要求完全一致。一般认为，所选电动机的容量比水泵要求的适当地大些是容许的。在设计电动机时，常常把最高效率点设在额定功率的70%～100%之间。因此，从节能的角度看，80%满载时电动机的运行效果最佳。当电动机的平均负载在70%以上时，可以认为电动机的容量是合适的。但是，如果由于种种原因，电动机容量过大，负载太低，如离心泵、轴流泵低于60%的，应予以更换或改造。

表 2-20　传动方式与传动效率

| 类型 | 传动名称 | 效率 |
|---|---|---|
| 圆柱齿轮传动 | 6、7级精度闭式传动(油液润滑) | 0.98～0.99 |
| | 8级精度闭式传动(油液润滑) | 0.97 |
| | 9级精度闭式传动(油液润滑) | 0.96 |
| | 切制齿开式传动(油脂润滑) | 0.94～0.96 |
| | 铸造齿开式传动(油脂润滑) | 0.90～0.93 |

续表

| 类型 | 传动名称 | 效率 |
|---|---|---|
| 圆锥齿轮传动 | 6、7级精度闭式传动(油液润滑)<br>8级精度闭式传动(油液润滑)<br>切制齿开式传动(油脂润滑)<br>铸造齿开式传动(油脂润滑) | 0.97~0.98<br>0.94~0.97<br>0.92~0.95<br>0.88~0.92 |
| 减速器 | 单级圆柱齿轮减速器<br>双级圆柱齿轮减速器<br>单级行星内外啮合圆柱齿轮减速器<br>单级行星摆线针轮减速器<br>单级圆锥齿轮减速器<br>双级圆锥-圆柱齿轮减速器 | 0.97~0.98<br>0.95~0.96<br>0.95~0.98<br>0.90~0.96<br>0.95~0.96<br>0.94~0.95 |
| 带传动 | 平带无压紧轮开式传动<br>平带有压紧轮开式传动<br>平带交叉传动<br>平带半交叉传动<br>三角带开口传动<br>同步齿形带 | 0.98<br>0.97<br>0.90<br>0.92~0.94<br>0.95~0.96<br>0.96~0.98 |
| 联轴器 | 弹性联轴器<br>液力联轴器<br>齿轮联轴器 | 0.99~0.995<br>0.95~0.97<br>0.99 |
| 直接传动 |  | 1.00 |

(4) 风机、水泵其他节能的方法

① 减少空载运动时间　企业内有些风机、泵类不是连续运行的，应严格控制该类设备的空载运转，力争做到间歇停开电动机，如炼铁厂的铁扬风机、铁渣冲渣水泵等设备。设计时应注意下述问题：a.启动时电源电压降应在允许范围内；b.启动装置热容量能够满足要求；c.要考虑开关设备的寿命，当技术条件允许时，可装设真空开关开、停电动机；d.电动机寿命能满足要求。

另外，对大型非连续运转的异步笼型电动机，宜采用电动控制进风的控制方式，以调节流量节省电能。

② 更换或改造低效设备　在改造设计中，当通风机、鼓风机效率低于70%时，应予以更换和改造。

## 2.2.5 低压电器的节能

低压电器是量大面广的基础元件，就每只低压电器而言，所消耗的电能并不大，一般仅数瓦或数十瓦，但由于用量大（如热继电器、熔断器和信号灯等），所以，总的耗电量也很可观。因此，采用成熟、有效、可靠的节能型低压电器是节能工作中不可忽视的部分。

① 采用具有节能效果的低压电器更新老产品。

② 应用交流接触器的节能技术。交流接触器的节能原理是将交流接触器的电磁操作线圈的电流由原来的交流改为直流，目前我国生产的60A以上大、中容量交流接触器，其交流操作电磁系统消耗的有功功率在数十瓦至100W之间。功率的分配为：铁芯消耗功率占65%~75%，短路环占25%~30%，线圈占3%~5%，大中容量的交流接触器加装节电器后，将操作电源系统由原设计的交流操作改为直流吸持，则可省去铁芯和短路环中绝大部分的损耗功率，从而取得较高的节电效益，一般节电率高达85%以上，交流接触器采用节能技术还可降低线圈的温升及噪声，大中型交流接触器采用节能技术后，每台平均节电约50W。

## 2.3 电能质量

电能质量（power quality）描述的是通过公用电网供给用户端的交流电能的品质。理想状态的公用电网应以恒定的频率、正弦波形和标准电压对用户供电。在三相交流系统中，还要求各相电压和电流的幅值应大小相等、相位对称且互差120°。但由于系统中的发电机、变压器、输电线路和各种设备的非线性或不对称性，以及运行操作、外来干扰和各种故障等，这种理想状态并不存在，因此产生了电网运行、电力设备和供用电环节中的各种问题，也就产生了电能质量的概念。围绕电能质量的含义，从不同角度理解通常包括：电压质量、电流质量、供电质量和用电质量等方面。国内外对电能质量确切的定义至今尚没有形成统一的共识。但大多数专家认为，导致用户电力设备不能正常工作的电压、电流或频率偏差，造成用电设备故障或误动作的任何电力问题都是电能质量问题。所以，电能质量可定义为：电压或电流的幅值、频率、波形等参量距规定值的偏差。

近年来，国家相关部门相继颁布了涉及电能质量的7个国家标准：GB/T 12325—2008《电能质量 供电电压偏差》、GB/T 12326—2008《电能质量 电压波动和闪变》、GB/T 14549—1993《电能质量 公用电网谐波》、GB/T 15543—2008《电能质量 三相电压不平衡》、GB/T 15945—2008《电能质量 电力系统频率偏差》、GB/T 18481—2001《电能质量 暂时过电压和瞬态过电压》以及GB/T 24337—2009《电能质量 公用电网间谐波》，这些标准分别规定了供电电压偏差、电压波动和闪变、公用电网谐波、三相电压不平衡、电力系统频率偏差、暂时过电压和瞬态过电压以及公用电网间谐波的监测标准、监测方法和监测设备的要求。这些标准的实施，使我国的供电电能质量得到基本保证。

例如：电力系统若长期处于低频下运行，电动机转速将会下降，生产率降低，有些工厂可能出次品。频率下降也会使交流电钟计时不准。

根据GB/T 15945—2008《电能质量 电力系统频率偏差》规定，以50Hz作为我国电力系统的标准频率（工频），电力系统正常频率偏差的允许值为±0.2Hz，当系统容量较小时，可放宽到±0.5Hz；用户冲击负荷引起的系统频率变动一般不得超过±0.2Hz，根据冲击负荷性质和大小以及系统的条件，也可适当变动限值，但应保证近区电力网、发电机组和用户的安全、稳定运行以及正常供电。但该标准中并没有说明系统容量大小的界限，全国供用电规则中规定了供电局供电频率的允许偏差：电网容量在3000MW及以上者为±0.2Hz；电网容量在3000MW以下者为±0.5Hz。实际运行中，我国各跨省电力系统频率的允许偏差都保持在±0.1Hz的范围内。因此，电网频率目前在电能质量中最有保障。

### 2.3.1 电压偏差及其调节

(1) 电压偏差的含义及其限值

电压偏差（voltage deviation）是指实际运行电压对系统电压的偏差相对值，通常以百分数表示。

① GB/T 12325—2008《电能质量 供电电压偏差》中规定如下：a.35kV及以上供电电压正、负偏差绝对值之和不超过额定电压的10%〔注：如供电电压上下偏差同号（均为正或负）时，按较大的偏差绝对值作为衡量依据〕；b.20kV及以下三相供电电压偏差为额定电压的±7%；c.220V单相供电电压偏差为额定电压的+7%、-10%；d.对供电点短路容

量比较小、供电距离较长以及对供电电压偏差有特殊要求的用户，由供、用电双方协商确定。

② GB 50052—2009《供配电系统设计规范》规定，正常运行情况下，用电设备端子处电压偏差宜符合下列要求：

a. 电动机为±5%额定电压。b. 照明：在一般工作场所为±5%额定电压；对于远离变电所的小面积一般工作场所，难以满足上述要求时，可为+5%、-10%；应急照明、道路照明和警卫照明等为+5%、-10%额定电压。c. 其他用电设备当无特殊规定时为±5%额定电压。

(2) 引起电压偏差的原因

电压下降以及电压波动和闪变的根本原因，都是由网络中电流通过阻抗元件而造成的电压损失的变化——主要是线路和变压器的电压损失的变化。在串联电路中，阻抗元件两端电压相量的几何差称为电压降。图 2-10 所示为阻抗串联电路，$AD$ 间的电压降为

$$\Delta \dot{U} = \dot{U}_A - \dot{U}_D = \overrightarrow{DA} \tag{2-26}$$

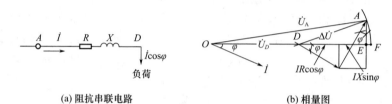

(a) 阻抗串联电路　　　　　(b) 相量图

图 2-10　阻抗串联电路及电压损失

电压损失是指串联电路中阻抗元件两端电压的代数差，如图 2-10(b) 中 $AD$ 间的电压损失为

$$\Delta \dot{U} = \dot{U}_A - \dot{U}_D = \overrightarrow{DF} \tag{2-27}$$

在工程计算中，电压损失取为电压降的横向分量 $\overrightarrow{DE}$，而误差 $\overrightarrow{EF}$ 忽略不计，即

$$\Delta U = |\overrightarrow{DE}| = \frac{I(R\cos\varphi + X\sin\varphi)}{1000}(\text{kV}) \tag{2-28}$$

通常用相对于系统标称电压的百分数表示，即

$$\Delta U = \frac{\sqrt{3}I(R\cos\varphi + X\sin\varphi)}{1000U_n} \times 100\% = \frac{\sqrt{3}I(R\cos\varphi + X\sin\varphi)}{10U_n}\% \tag{2-29}$$

式中　$U_n$——$AD$ 段所在系统的标称电压，kV；

　　　$I$——负荷电流，A；

　　　$\cos\varphi$——负荷的功率因数；

　　　$R$，$X$——阻抗元件的电阻和电抗（感抗），Ω。

① 线路电压损失通常按下式计算。

a. 三相平衡负荷线路：

$$\left.\begin{array}{l}\Delta u = \dfrac{\sqrt{3}Il}{10U_n}(R'\cos\varphi + X'\sin\varphi) = Il\Delta u_a \\[2mm] \Delta u = \dfrac{Pl}{10U_n^2}(R' + X'\tan\varphi) = Pl\Delta u_p\end{array}\right\} \tag{2-30}$$

b. 线电压的单相负荷线路：

$$\left.\begin{array}{l}\Delta u=\dfrac{2Il}{10U_\mathrm{n}}(R'\cos\varphi+X'\sin\varphi)\approx 1.15Il\Delta u_\mathrm{a}\\ \Delta u=\dfrac{2Pl}{10U_\mathrm{n}^2}(R'+X'\tan\varphi)=2Pl\Delta u_\mathrm{p}\end{array}\right\} \quad (2\text{-}31)$$

c. 相电压的单相负荷线路：

$$\left.\begin{array}{l}\Delta u=\dfrac{2\sqrt{3}\,Il}{10U_\mathrm{n}}(R'\cos\varphi+X'\sin\varphi)\approx 2Il\Delta u_\mathrm{a}\\ \Delta u=6Pl\Delta u_\mathrm{p}\end{array}\right\} \quad (2\text{-}32)$$

以上各式中　$\Delta u$——线路电压损失，%；

$U_\mathrm{n}$——系统标称电压，kV；

$I$——负荷电流，A；

$\cos\varphi$——负荷功率因数；

$P$——负荷的有功功率，kW；

$l$——线路长度，km；

$R'$，$X'$——三相线路单位长度的电阻和电抗，$\Omega/\mathrm{km}$；

$\Delta u_\mathrm{a}$——三相线路单位电流长度的电压损失，%/(A·km)；

$\Delta u_\mathrm{p}$——三相线路单位功率长度的电压损失，%/(kW·km)。

② 变压器的电压损失通常按下式计算

$$\Delta u_\mathrm{T}=\beta(u_\mathrm{a}\cos\varphi+u_\mathrm{r}\sin\varphi)=\dfrac{Pu_\mathrm{a}+Qu_\mathrm{r}}{S_\mathrm{rT}}\% \quad (2\text{-}33)$$

式中　$S_\mathrm{rT}$——变压器的额定容量，kV·A；

$P$——三相负荷的有功功率，kW；

$u_\mathrm{a}$——变压器阻抗电压的有功分量，$u_\mathrm{a}=100\Delta P_\mathrm{T}/S_\mathrm{rT}$，%；

$\Delta P_\mathrm{T}$——变压器的短路损耗，kW；

$Q$——三相负荷的无功功率，kvar；

$u_\mathrm{r}$——变压器阻抗电压的无功分量，$u_\mathrm{r}=\sqrt{u_\mathrm{T}^2-u_\mathrm{a}^2}$，%；

$u_\mathrm{T}$——变压器的阻抗电压，%；

$\beta$——变压器的负荷率，即实际负荷与额定容量 $S_\mathrm{rT}$ 的比值；

$\cos\varphi$——负荷的功率因数。

(3) 电压偏差的计算

如果在某段时间内线路或其他供电元件首段电压偏差为 $\delta u_1$，线路电压损失为 $\Delta u_1$，则线路末端电压偏差为

$$\delta u_\mathrm{x}=\delta u_1-\Delta u_1 \quad (2\text{-}34)$$

当有变压器或其他调压设备时，还应计入该类设备内的电压提升，即

$$\delta u_\mathrm{x}=\delta u_1+e-\sum\Delta u \quad (2\text{-}35)$$

在图 2-11 的电路中，其末端的电压偏差为

$$\delta u_\mathrm{x}=\delta u_1+e-\sum\Delta u=\delta u_1+e-(\Delta u_\mathrm{l1}+\Delta u_\mathrm{T}+\Delta u_\mathrm{l2}) \quad (2\text{-}36)$$

式中　$\delta u_1$——线路首端的电压偏差，%；

$\sum\Delta u$——回路中电压损失总和，%；

$\Delta u_\mathrm{l1}$，$\Delta u_\mathrm{l2}$——高压线路和低压线路的电压损失，%；

$\Delta u_T$——变压器电压损失，%；

$e$——变压器分接头设备的电压提升，%。常用配电变压器分接头与二次空载电压和电压提升的关系见表2-21。

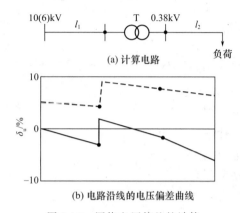

图 2-11 网络电压偏差的计算
注：实线表示最大负荷；虚线表示最小负荷

表 2-21 变压器分接头与二次侧空载电压和电压提升的关系

| 10(6)±5%/0.4kV 变压器分接头 | +5% | 0 | -5% |
|---|---|---|---|
| 变压器二次空载电压[①]/V | 380 | 400 | 420 |
| 低压提升[①]/% | 0 | +5 | +10 |

① 对应于变压器一次端子电压为网络标称电压10(6) kV时的电压。

如企业负荷不变，地区变电所供电母线电压也不变，则电路沿线各点的电压偏差也是固定不变的。但实际上用户和地区变电所的负荷是在最大负荷和最小负荷之间变动，电路沿线电压偏差曲线也相应地在图2-11所示的实线和虚线之间变动。电路某点电压偏差最大值与最小值的差额成为电压偏差范围。由图2-11可见，用户负荷变化引起网络电压损失的变化，从而引起各级线路电压偏差范围逐级加大，形成喇叭状。

（4）电压偏差超标的危害

① 对照明设备的影响　用电设备是按照额定电压进行设计、制造的。照明常用的白炽灯和荧光灯等，其发光效率、光通量和使用寿命均与电压有关。图2-12的曲线表示白炽灯和荧光灯端电压变化时其光通量、发光效率和寿命的变化。从图中可看到，白炽灯对电压变动很敏感，当电压较额定电压降低5%时，其光通量减少18%；当电压降低10%时，其光通量减少30%，使照度显著降低。当电压较额定电压升高5%时，白炽灯的寿命减少30%；当电压升高10%时，其寿命减少接近一半，这将使白炽灯的损坏率显著增加。

② 对交流电动机的影响　异步电动机占交流电动机的90%以上，在电网总负荷中占60%以上。电压偏差对交流异步电动机影响如下。

a. 转矩　在给定的电源频率及电动机参数下，异步电动机的最大转矩和启动转矩与定子绕组端电压的平方成正比。因此，当电压降低时，电动机的最大转矩和启动转矩均下降，这对于需要在重负荷下启动和运行的电动机的安全运行十分不利。

b. 滑差和转速　若转矩不变，电压下降会使滑差增大，相应的转速和功率减小。

c. 有功功率损耗　当负荷率较高时，机端电压下降引起电流增大，在定子绕组和转子中的损耗加大，电动机总的损耗增加；但当负荷率较低时，电压降低引起的励磁损耗下降的因

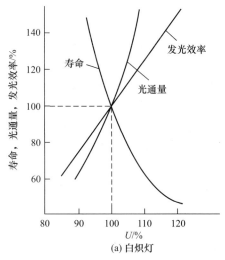 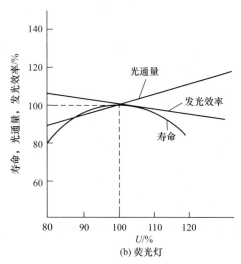

图 2-12 照明灯的电压特性

素超过了电流增大造成定子绕组和转子损耗加大的因素,电动机总的损耗会有所降低。

d. 无功功率　异步电动机的无功功率电压特性表现为在机端电压大于某一临界值时,无功功率随电压的升高而增大,电压越高,负荷率越低,其变化率 $dQ/dU$ 越大。但电压低于临界值时,电压降低反而会使无功功率增加。其原因是电动机漏抗上的无功功率损耗占了主要部分。电压临界值的大小与电动机的负荷率和负荷性质有关,负荷率越高,电压临界值也越高。

e. 电流　一般来说,异步电动机的端电压降低时,其定子和转子电流增大,励磁电流减少,定子电流增大的程度不如转子电流,应按转子电流确定电动机的允许负荷。如果异步电动机端电压超过额定电压很多,则由于磁路饱和,励磁电流增加很快,也会使定子电流增大。异步电动机如果长期处于更大的电压偏差下运行,特别是低电压运行,还是会发生损坏,例如烧坏电动机绕组、绕组绝缘老化而降低电动机使用寿命等。

③ 对电力变压器的影响

a. 对空载损耗的影响　变压器空载损耗包括铁芯损耗和附加损耗。铁芯损耗又称空载损耗,主要包括变压器运行时铁芯中磁通产生的磁滞损耗及涡流损耗,其大小与铁芯中的磁感应强度 $B$ 有关,变压器电压升高,$B$ 增大,铁芯损耗也增大。附加损耗是变压器中的杂散磁场在变压器箱体和其他一些金属零件中产生的损耗。额定电压下,变压器空载损耗一般占其额定容量的千分之几。

b. 对绕组损耗的影响　在传输同样功率的条件下,变压器电压降低,会使电流增大,变压器绕组的损耗增大。其损耗大小与通过变压器的电流的平方成正比。额定负荷时变压器绕组电阻中的功率损耗是变压器空载损耗的几倍,甚至十几倍。当传输功率比较大时,低电压运行会使变压器过电流。

c. 对绝缘的影响　变压器的内绝缘主要是变压器油和绝缘纸。

变压器油在运行中会逐渐老化变质,通常可分为热老化及电老化两大类。热老化在所有变压器油中都存在,温度升高时,残留在油箱中的氧和纤维分解产生氧,与油发生化学反应的速度加快,使油黏度增高,颜色变深,击穿电压下降。电老化指高场强处产生局部放电,促使油分子缩合成更高分子量的蜡状物质,它们积聚在附近绕组的绝缘上,堵塞油道,影响绕组散热，同时逸出低分子量的气体，使放电更加容易，变压器在高电压运行时，会使电场增强，加快其电老化速度。

绝缘纸等固体绝缘的老化是指绝缘受到热、强电场或其他物理化学作用逐渐失去机械强度和电气强度。绝缘老化程度主要由机械强度来决定，当绝缘变得干燥发脆时，即使电气强度很好，在振动或电动力作用下也会损坏。绝缘老化是由温度、湿度、局部放电、氧化和油中分解的劣化物质的影响所致。老化速度主要由温度决定。绝缘的环境温度越高，绕组中的电流和温升越大，绝缘老化速度也就越快，使用年限就越短。高电压运行会增强电场强度，加剧局部放电，特别在绝缘已受损伤或已有一定程度老化后，会加快老化的速度。

④ 对电力电容器的影响　并联电容器为系统提供的无功功率为 $Q_C = U^2/X_C$（式中 $U$ 为电容器电压；$X_C$ 为并联电容器容抗）。由上式可知，电容器向电网提供的无功功率与其两端的电压平方成正比，所以当电压 $U$ 下降时，电容器向电网提供的无功功率会下降更多。但电容器上的电压太高，会严重影响电容器的使用寿命。

⑤ 对家用电器的影响　许多家用电器内装有动力装置，如洗衣机、电风扇、空调机、电冰箱、抽油烟机等动力装置是各种类型电动机。电动机分为直流电动机、交流异步电动机及交流同步电动机等，但其中约 85% 是单相异步电动机。单相异步电动机类似三相异步电动机，电压过低会影响电动机的启动，使转速降低、电流增大，甚至造成绕组烧毁的后果。电压过高有可能损坏绝缘或由于励磁过大而过电流。例如，彩色电视机的显像管，在电源电压过低时运行不正常，造成图像模糊，甚至无法收看；电压过高，显像管的使用寿命会大大缩短。

⑥ 对电网经济运行的影响　输电线路和变压器在输送功率不变的条件下，其电流大小与运行电压成反比。电网低电压运行，会使线路和变压器电流增大，线路和变压器绕组的有功功率损耗与电流平方成正比，因此低电压运行会使电网有功功率损耗和无功功率损耗大大增加，增大供电成本。

(5) 供电电压偏差的测量

① 测量仪器性能的分类　测量仪器性能分两类，分别定义如下：

A 级性能——用于需要进行精确测量的地方，例如合同的仲裁、解决争议等。

B 级性能——用于进行调查统计、排除故障及其他不需要较高精确度的应用场合。

应该根据每个具体应用场合来选择测量仪器性能的级别。

② 测量方法　获得电压有效值的基本测量时间窗口应为 10 周波，并且每个测量时间窗口应该与紧邻的测量时间窗口接近而不重叠，连续测量并计算电压有效值的平均值，最终计算获得供电电压偏差值，其计算公式如下：

$$电压偏差(\%) = \frac{电压测量值 - 系统标称电压}{系统标称电压} \times 100\% \quad (2\text{-}37)$$

对 A 级性能电压监测仪，可根据具体情况选择四个不同类型的时间长度计算供电电压偏差：3s、1min、10min、2h。对 B 级性能电压监测仪，制造商应该标明测量时间窗口、计算供电电压偏差的时间长度。时间长度推荐采用 1min 或 10min。

③ 仪器准确度　A 级性能电压监测仪的测量误差不应超过 ±0.2%；B 级性能仪器的测量误差不应超过 ±0.5%。

(6) 供电电压的监测

① 电压合格率统计　被监测的供电点称为监测点，通过供电电压偏差的统计计算获得电压合格率。供电电压偏差监测统计的时间单位为 min，通常每次以月（或周、季、年）的时间为电压监测的总时间，供电电压偏差超限的时间累计之和为电压超限时间，监测点电压

合格率计算公式为:

$$电压合格率(\%) = \left(1 - \frac{电压超限时间}{总运行统计时间}\right) \times 100\% \tag{2-38}$$

② 电网电压监测点的分类 电网电压监测分为 A、B、C、D 四类监测点:

a. A 类为带地区供电负荷的变电站和发电厂的 20kV、10(6)kV 母线电压。

b. B 类为 20kV、35kV、66kV 专线供电的和 110kV 及以上供电电压。

c. C 类为 20kV、35kV、66kV 非专线供电的和 10(6)kV 供电电压。每 10MW 负荷至少应设一个电压监测点。

d. D 类为 380/220V 低压网络供电电压。每百台配电变压器至少设 2 个电压监测点。监测点应设在有代表性的低压配电网首末两端和部分重要用户处。

各类监测点每年应随供电网络变化进行调整。

③ 地区电网电压年(季、月)度合格率统计

a. 各类监测点电压合格率为其对应监测点个数的平均值:

$$月度电压合格率(\%) = \sum_{1}^{n} \frac{电压合格率}{n} \tag{2-39}$$

式中 $n$——各类监测点电压监测数。

$$年(季)度电压合格率(\%) = \sum_{1}^{m} \frac{月度电压合格率}{m} \tag{2-40}$$

式中 $m$——年(季)度电压合格率统计月数。

b. 电网年(季、月)度综合电压合格率 $\gamma$

$$\gamma(\%) = 0.5\gamma_A + 0.5\left(\frac{\gamma_B + \gamma_C + \gamma_D}{3}\right) \tag{2-41}$$

式中 $\gamma_A$, $\gamma_B$, $\gamma_C$, $\gamma_D$——A、B、C、D 类的年(季、月)度电压合格率。

(7) 改善电压偏差的主要措施

① 利用变压器分接头调压。双绕组电力降压变压器的高压绕组上,除主分接头外,还有几个附加分接头,供不同电压需要时使用。容量在 6300kV·A 及以下无载调压的电力变压器一般有 2 个附加分接头,主分接头对应变压器的额定电压 $U_n$,2 个附加分接头分别对应 $1.05U_n$ 和 $0.95U_n$。容量在 8000kV·A 及以上无载调压的电力变压器,一般有 4 个附加分接头,它们依次分别对应 $1.05U_n$、$1.025U_n$、$0.975U_n$ 和 $0.955U_n$。

对于不具有带负荷切换分接头装置的变压器,改变分接头时需要停电,因此必须在事前选好一个合适的分接头,兼顾运行中出现的最大负荷及最小负荷,使电压偏差不超出允许范围。这种分接头不适合频繁操作,往往只是做季节性调整。

② 合理减少配电系统阻抗。例如尽量缩短线路长度,采用电缆代替架空线,加大电缆或导线的截面等。

③ 合理补偿无功功率。

a. 调整并联补偿电容器组的接入容量。投入电容器后线路及变压器电压损失减少的数据可按以下两式估算或查表 2-22。

线路
$$\Delta u_1' \approx \Delta Q_C \frac{X_1}{1000U_n^2} \times 100\% \tag{2-42}$$

变压器
$$\Delta u_T' \approx \Delta Q_C \frac{u_T}{S_{rT}}\% \tag{2-43}$$

式中 $\Delta Q_C$——并联电容器的投入容量，kvar；
$X_1$——线路的电抗，Ω；
$U_n$——系统标称电压，kV；
$S_{rT}$——变压器的额定容量，kV·A；
$u_T$——变压器的阻抗电压，%。

表 2-22 投入电容器后电压损失减少的数据

| 供电元件 | 配电变压器 容量/kV·A | | | | | | 每千米架空线路 电压/kV | | | 每千米电缆线路 电压/kV | | |
|---|---|---|---|---|---|---|---|---|---|---|---|---|
| | 315 | 500 | 630 | 800 | 1000 | 1250 | 0.38 | 6 | 10 | 0.38 | 6 | 10 |
| 投入 100kvar 电容器后电压提高值/% | 1.27 | 0.8 | 0.71 | 0.56 | 0.45 | 0.36 | 28 | 0.11 | 0.04 | 5.5 | 0.022 | 0.008 |
| 电压提高 1% 需投入电容器容量/kvar | 79 | 125 | 140 | 178 | 222 | 278 | 3.6 | 900 | 2500 | 18 | 4500 | 12500 |

注：表中架空线、电缆电压损失的计算参数以架空线的截面积采用 10mm² 、电缆的截面积采用 50mm² 时的线路电抗值作为依据。

电网电压过高时往往也是电力用户负荷较低、功率因数偏高的时候，适时减少电容器组的投入容量，能同时起到合理补偿无功功率和调整电压偏差水平的作用。如果采用的是低压电容器，调压效果将更显著，应尽量采用按功率因数或电压调整的自动装置。

b. 调整同步电动机的励磁电流。在铭牌规定值的范围内适当调整同步电动机的励磁电流，使其超前或滞后运行，就能产生或消耗无功功率，从而达到改变网络负荷的功率因数和调整电压偏差的目的。

④ 尽量使三相负荷平衡。

⑤ 改变配电系统运行方式。如切、合联络线或将变压器分、并列运行，借助改变配电系统的阻抗，调整电压偏差。

⑥ 利用有载调压变压器调压。有载调压变压器又称带负荷调压变压器，其调压范围大一些，且可以随时调整，容易满足电力用户对电压偏差的要求，因此在电力系统中得到广泛使用。在经济发达国家中，其作为保证用户电压质量的主要手段被普遍采用，但它对电压稳定有一定反作用。有载调压变压器高压侧除主绕组外，还有一个可调分接头的调压绕组，调压范围通常是 1.25%、2.5% 和 2% 的倍数，由于带负荷调压变压器分接头开头的可靠性，其调节次数不能太频繁。

符合在下列情况之一的变电所中的变压器，应采用有载调压变压器：大于等于 35kV 电压的变电所中的降压变压器，直接向 35kV、10kV、6kV 电网送电时；35kV 降压变电所的主变压器，在电压偏差不能满足要求时。

10kV、6kV 配电变压器不宜采用有载调压变压器；但在当地 10kV、6kV 电源电压偏差不能满足要求，且用户有对电压要求严格的设备，单独设置调压装置技术经济不合理时，亦可采用 10kV、6kV 有载调压变压器。

## 2.3.2 电压波动/闪变及其抑制

(1) 电压波动和闪变的基本概念

① 电压波动 电压波动（voltage fluctuation）是指：电压方均根值（有效值）一系列的变动或连续的改变。电压波动值为电压方均根值的两个极值 $U_{max}$ 和 $U_{min}$ 之差 $\Delta U$，常以

系统标称电压 $U_N$ 的百分数表示其相对百分值，即

$$d = \frac{\Delta U}{U_N} \times 100\% = \frac{U_{\max} - U_{\min}}{U_N} \times 100\% \qquad (2\text{-}44)$$

若电压波动变化率低于每秒 0.2% 时，应视为电压偏差，它不属于电压波动的范围。

② 闪变　闪变（flicker）的定义是：灯光照度不稳定造成的视感。电弧炉、轧钢机等大功率装置的运行会引起电网电压波动，而电压波动常会导致许多电气设备不能正常工作。通常，白炽灯对电压波动的敏感程度要远大于日光灯、电视机等电气设备，若电压波动的大小不足以使白炽灯闪烁，则肯定不会使日光灯、电视机等设备工作异常。因此，通常选用白炽灯的工况来判断电压波动值是否能够被接受。闪变一词是闪烁的广义描述，它可理解为人对白炽灯明暗变化的感觉，包括电压波动对电工设备的影响及危害。但不能以电压波动来代替闪变，因为闪变是人对照度波动的主观视感。

闪变的主要决定因素如下：

a. 供电电压波动的幅值、频率和波形。

b. 照明装置。以对白炽灯的照度波形影响最大，且与白炽灯的功率和额定电压等有关。

c. 人对闪变的主观视感。由于人们视感的差异，须对观察者的闪变视感做抽样调查。

（2）电压波动和闪变的产生

① 电压波动的产生　电压波动是由用户负荷的剧烈变化所引起的。

a. 大型电动机启动时引起的电压波动　工厂供电系统中广泛采用笼型感应电动机和异步启动的同步电动机，其启动电流可达到额定电流的 4～6 倍（3000r/min 的感应电动机可达到其额定电流的 9～11 倍）。一方面，启动和电网恢复电压时的自启动电流流经网络及变压器，在各个元件上引起附加的电压损失，使该供电系统和母线都产生快速、短时的电压波动；另一方面，启动电流不仅数值很大，且有很低的滞后功率因数，将造成更大的电压波动。波动必然要波及该系统其他用户的正常工作，特别是对要启动的电动机，当电压降得比额定电压低得较多时，其转矩急剧减小，长时间达不到额定转速，从而使绕组过热。这种情况对有较多自启动电动机的车间更为不利，譬如使化工、石油、轻工业等行业生产车间中连续生产的电动机减速，甚至强迫其停止运行，直至全厂停工。这种影响对于容量较小的电力系统尤为严重。

工业企业中，当重型设备的容量增大和某些生产过程功率变化非常剧烈时，电压波动值大，波及面广。例如轧钢机的同步电动机，单台容量国外已达到 20000kW 以上，工作时有功功率的冲击值达到额定容量的 120%～300%，启动电流是额定电流的 7 倍，而且 1min 之内功率变化范围为 10～20 倍。

b. 带冲击负载的电动机引起的电压波动　有些机械由于生产工艺的需要，其电动机负载是冲击性的，如冲床、压力机和轧钢机等机械设备。其特点是，负荷在工作过程中做剧增和剧减变化，并周期性地交替变更。这些机械一般采用了带飞轮的电气传动系统，飞轮的储能和释能拉平了电动机轴上的负载，降低了电动机的能量损耗。但由于机械惯性较大，冲击电流依然存在，故伴随负荷周期性变化不可避免地会产生电压波动。

与此同时，利用大型可控整流装置供给剧烈变化的冲击性负荷也是产生电压波动或闪变的一个重要因素。不像具有较大惯量的机械变流机组，也不像具有快速调节励磁装置的同步电动机，它毫无阻尼和惯性，在极短的驱动和制动工作循环内，从电网吸收和向电网送出大量的无功功率，引起剧烈的电压波动或闪变。

c. 反复短时工作制负载引起的电压波动　这类负载的特点是，负载做周期性交替增减变

化,但其交替的周期和交替的幅值均不为定值。如吊运工件的吊车、手工焊接用的交直流电焊机等。大型电焊设备也会造成电压波动或闪变,但较之电弧炉,其影响面较小。一般来说,它只对 1000V 以下的低压配电网有较明显影响,例如接触焊机的冲击负荷电流约为额定值的 2 倍,在电极接触时能达到额定值的 3 倍以上。目前,企业为了节约用电,交直流电焊机均装设了自动断电装置。因此,在节约用电的同时,电动机的启动电流和焊接变压器的涌流却加剧了电网的电压波动。

d. 大型电弧炼钢炉运行时造成大的电压波动或闪变　电弧炉在熔炼期间频繁切断,甚至在一次熔炼过程可能达到 10 次以上。熔炼期间升降电极、调整炉体、检查炉况等工艺环节需要的电流很小,而炉料崩落则可在电极尖端形成短路,不同工艺环节所需电流的变化,导致了电压波动或闪变。

e. 供电系统短路电流引起的电压波动　当厂矿企业中高、低压配电线路及电气设备发生短路故障时,若继电保护装置或断路器失灵,可能使故障持续存在,也可能造成越级跳闸。这样可能会损坏配电装置,造成大面积停电,延长整个电网的电压波动时间并扩大波动范围。

② 电压闪变的产生　引起电压闪变的原因大致可以分为三类:一是电源引起电力系统电压闪变;二是负载的切换、电动机的启动引起电压闪变;三是冲击性负荷投入电网运行引起的电压闪变。下面就各种闪变源进行阐述。

a. 电源引起的电压闪变　电源引起电压闪变主要是指风力发电机发电时产生的闪变。这是因为风力发电机组的出力(输出功率)随风速变化而改变,随机性很大,造成功率的连续波动和暂态扰动,从而使电网产生电压波动和闪变。研究表明,闪变的大小与风电场及网络连接点的阻抗 $X/R$ 值有很大的关系,配电网络 $X/R$ 值一般在 $0.5\sim10$ 之间,当 $X/R=1.75$ 时,闪变最小。对于定速定桨距风机,在高风速状态下比低风速状态下产生的闪变大得多。定速变桨距风机在接近额定风速时产生的闪变最大,若风速更高,则闪变会明显减弱,而且比定桨距风机产生的闪变要弱得多。变速风机产生的闪变要比定速风机弱,变速定桨距风机产生的闪变较小。

b. 电动机启动引起的电压闪变　在实际工作中,许多用户的电动机根据工序要求需要不断启停。在电动机启动时,高浪涌电流和低功率因数共同作用引起闪变。电扇、泵、压缩机、空调、冰箱、电梯等属于这种负载。另外,功率因数校正电容器的投切也会引起电压闪变。根据电动机引起的闪变干扰限制,电动机启动引起的电压变动越大,就要求其单位时间内启动的次数越少。

c. 冲击性负荷的投入引起的电压闪变　冲击性负荷的种类很多,如电弧炉、轧钢机、矿山绞车、电力机车等。这类负荷的功率都很大,达几万千瓦甚至几十万千瓦,它们具有以下共同特点:有功功率和无功功率随机地或周期地大幅度波动;有较大的无功功率,运行时的功率因数通常较低;负荷三相严重不对称;产生大量的谐波反馈入电网中,污染供电系统。

因此,当这些负荷运行时,电网电压不稳定,产生快速或缓慢的波动。而且,由于这些冲击性负荷的特性又各有差异,它们产生的闪变情况也各不相同。

电弧炉冶炼的原理是:将废钢装入炉内,封闭炉盖,插入三相电极,接通三相工频电源,则在电极和废钢之间产生工频大电流电弧,利用电弧热量熔化废钢。由于废钢和电极之间存在直接电弧,废钢的熔化必然引起电弧长度的变化,进而导致燃弧点的移动,电弧极不稳定,电弧快速变动导致周期闪变。

电弧炉的冶炼过程可分为熔化期和冶炼期。在初始熔化期,由于炉内温度较低,电弧维持困难，电弧频繁地时燃时灭，电流是断续的。随着熔化的进行，电极逐渐下降，废钢从电极附近开始熔化，进入熔化中期。在熔化中期，废钢的熔化先从下部开始，下部废钢熔化后，上部的钢块不稳定，于是纷纷落下，引起电极端突发的短路，电弧电流出现了急剧的大幅度变化，电弧电流的变动引起了电压闪变。这种由电极短路引起的急剧变动导致非周期闪变。熔化中期过后，炉底有了相当的钢液，电弧相对稳定，闪变程度大大减轻。熔化完成后，进入冶炼期边升温边加入铁矿石和氧，以便进行氧化精炼。之后，对钢渣进行还原性精炼，加石灰进行脱氧脱硫。这一时期，电弧较稳定，电流变化较小，闪变基本消失。

电弧炉负荷所产生的电压闪变的频谱范围集中在 1～14Hz，且其频率分量的幅值基本上与其频率成正比，此频谱正处于人类视觉敏感区域，引起的闪变最严重。

由晶闸管整流供电的大型轧机，其负荷虽然很大，但与电弧炉负荷相比，其变化要慢得多，因此其视感度系数较小，引起的闪变效应也不是很严重。电力机车运行引起电压波动的频率较低，所以由它引起的电压闪变效应也不是很明显。电焊机分电弧焊机和电阻焊机等类型。交流电弧焊机的功率小，通电时间长，虽然工况变化较大，但功率不大，不会引起闪变干扰；电阻焊机通电时间短，仅几个周波，但它的使用率低，功率因数低，容量大，多为单相负荷，对电网的闪变干扰较大。然而，电焊机的容量远小于电弧炉，因此由其引起的电力扰动范围远小于电弧炉。

综上所述，电弧炉引起的电网电压波动和闪变是比较严重的。因此国内外有关规定主要是针对电弧炉而言的，只要能满足电弧炉的标准，一般就能满足对其他类型负荷的波动要求。有关研究表明，电弧炉运行引起的电网电压波动大小与调幅波的调制频率有关，其关系为 $V_f \propto 1/f^n$，一般情况下，$n=0.5$。

由各种电压闪变源的特点可知，电压闪变现象可分为两类，即周期性闪变和非周期性闪变。前者主要是由周期性电压波动引起的，如往复式压缩机、点焊机、电弧炉等；后者往往与随机性电压波动有关，如风力发电机的运行、大型电动机的启动；有些负荷既可以引起周期性的闪变，也可以引起非周期性的闪变，如电弧炉、电焊机等。因此，电压波动和闪变信号是一种随机的、动态的信号，也就是说它是一种非平稳信号。

（3）电压波动和闪变的危害

供电系统中的电压波动问题主要是由大容量的、具有冲击性功率的负荷引起的，如变频调速装置、炼钢电弧炉、电气化铁路和大型轧钢机等。当系统的短路容量较小时，若这些非线性、不平衡冲击性负荷在生产过程中有功和无功功率随机地或周期性地大幅度变动，其波动电流流过供电线路阻抗会产生变动的压降，导致同一电网上其他用户电压以相同的频率波动，危害其他馈电线路上用户的电气设备，严重时会使其他用户无法正常工作。由于一般用电设备对电压波动敏感度远低于白炽灯，通常选择人对白炽灯照度波动的主观视感，即闪变作为衡量电压波动危害程度的评价指标，电压波动的危害主要表现在以下方面。

① 照明灯光闪烁引起人的视觉不适和疲劳，进而影响视力。试验测得，当电源电压变化 1% 时，稳态时白炽灯可见光变化为 3.2%～3.8%，因灯泡种类不同而有所变化，各种荧光灯可见光输出的变化范围为 0.8%～1.8%。

② 电视机画面亮度变化，图像垂直和水平摆动，从而刺激人的眼睛和大脑。

③ 电动机转速不均匀，不仅危害电动机、电器正常运行及寿命，而且影响产品质量。

④ 电子仪器、电子计算机、自动控制设备等工作不正常。

⑤ 影响对电压波动较敏感的工艺或实验结果，如实验时示波器波形跳动，大功率稳流

管的电流不稳定,导致实验无法进行。

(4) 电压波动和闪变的限值

1) 电压波动的限值 任何一个波动负荷用户在电力系统公共连接点产生的电压变动,其限值和变动频度、电压等级有关。对于电压变动频度(例如 $r \leqslant 1000$ 次/h)或规则周期性电压波动,可通过测量电压方均根值曲线 $U(t)$ 确定其电压变动频度和电压变动值。电压波动限值见表2-23。

表2-23 电压波动限值

| $r/(次/h)$ | $d/\%$ | |
|---|---|---|
| | LV、MV | HV |
| $r \leqslant 1$ | 4 | 3 |
| $1 < r \leqslant 10$ | 3 * | 2.5 * |
| $10 < r \leqslant 100$ | 2 | 1.5 |
| $100 < r \leqslant 1000$ | 1.25 | 1 |

注:1. 很少的变动频度 $r$(每日少于1次),电压变动限值 $d$ 还可以放宽,但不在本标准中规定。
2. 对于随机性不规则的电压波动,如电弧炉负荷引起的电压波动,表中标有"*"的值为其限值。
3. 参照 GB/T 156—2017《标准电压》,本标准中系统标称电压 $U_N$ 等级按以下划分:
  低压(LV) $U_N \leqslant 1$kV
  中压(MV) $1$kV$< U_N \leqslant 35$kV
  高压(HV) $35$kV$< U_N \leqslant 220$kV
  对于220kV以上超高压(EHV)系统的电压波动限值可参照高压(HV)系统执行。

2) 闪变的限值 电力系统公共连接点,在系统正常运行的较小方式下,以一周(168h)为测量周期,所有长时间闪变值 $P_{lt}$ 都应满足表2-24闪变限值的要求。

表2-24 闪变限值

| $P_{lt}$ | |
|---|---|
| $\leqslant 110$kV | $> 110$kV |
| 1 | 0.8 |

任何一个波动负荷用户在电力系统公共连接点单独引起的电压变动和闪变值一般应满足下列要求。

① 电力系统正常运行的较小方式下,波动负荷处于正常、连续工作状态,以一天(24h)为测量周期,并保证波动负荷的最大工作周期包含在内,测量获得的最大长时间闪变值和波动负荷退出时的背景闪变值,通过下列计算获得波动负荷单独引起的长时间闪变值:

$$P_{lt2} = \sqrt{P_{lt1}^3 - P_{lt0}^3} \quad (2-45)$$

式中 $P_{lt1}$——波动负荷投入时的长时间闪变测量值;
$P_{lt0}$——背景闪变值,是波动负荷退出时一段时期内的长时间闪变测量值;
$P_{lt2}$——波动负荷单独引起的长时间闪变值。

波动负荷单独引起的闪变值根据用户负荷大小、其协议用电量占总供电容量的比例以及电力系统公共连接点的状况,分别按三级做不同的规定和处理。

② 第一级规定。满足本级规定,可以不经闪变核算,允许接入电网。

a. 对于 LV 和 MV 用户,第一级限值见表2-25。

表 2-25　LV 和 MV 用户第一级限值

| $r/(\text{次}/\min)$ | $k=(\Delta S/S_{sc})_{\max}/\%$ |
|---|---|
| $r<10$ | 0.4 |
| $10 \leqslant r \leqslant 200$ | 0.2 |
| $r>200$ | 0.1 |

注：表中 $\Delta S$ 为波动负荷视在功率的变动；$S_{sc}$ 为公共连接点 PCC（point of common coupling——电力系统中一个以上用户的连接处）短路容量。

b. 对于 HV 用户，满足 $(\Delta S/S_{sc})_{\max}<0.1\%$。

c. 满足 $P_{lt}<0.25$ 的单个波动负荷用户。

d. 符合 GB 17625.2 和 GB/Z 17625.3 的低压用电设备。

③ 第二级规定。波动负荷单独引起的长时间闪变值须小于该负荷用户的闪变限值。

每个用户按其协议用电容量 $S_i$（$S_i=P_i/\cos\varphi_i$）和总供电容量 $S_t$ 之比，考虑上一级对下一级闪变传递的影响（下一级对上一级的传递一般忽略）等因素后确定该用户的闪变限值。单个用户闪变限值的计算如下。

首先求出接于 PCC 点的全部负荷产生闪变的总限值 $G$：

$$G=\sqrt[3]{L_P^3-T^3L_H^3} \tag{2-46}$$

式中　$L_P$——PCC 点对应电压等级的长时间闪变限值 $P_{lt}$ 限值；

$L_H$——上一电压等级的长时间闪变值 $P_{lt}$ 限值；

$T$——上一电压等级对下一电压等级的闪变传递系数，其推荐为 0.8。不考虑超高压（EHV）系统对下一级电压系统的闪变传递。各电压等级的闪变限值见表 2-24。

单个用户闪变限值 $E_i$ 为：

$$E_i=G\sqrt[3]{\frac{S_i}{S_t}\times\frac{1}{F}} \tag{2-47}$$

式中　$F$——波动负荷的同时系数，其典型值 $F_{MV}=0.2\sim0.3$（但必须满足 $S/F\leqslant S_t$）。

④ 第三级规定。对不满足第二级规定的单个波动负荷用户，经过治理后仍超过其闪变限值，可根据 PCC 点的实际闪变情况和电网的发展预测适当放宽其限值，但 PCC 点的闪变值必须符合表 2-24 的规定。

(5) 电压波动和闪变的测量和计算

① 电压波动的测量和计算　电压波动可以通过电压方均根值曲线 $U(t)$ 来描述，电压变动 $d$ 和电压变动频度 $r$ 则是衡量电压波动大小和快慢的指标。

当电压变动频度较低且具有周期性时，可通过电压方均根值 $U(t)$ 的测量，对电压波动进行评估。单次电压变动可通过系统和负荷参数进行估算。

当已知三相负荷的有功功率和无功功率的变化量分别为 $\Delta P_i$ 和 $\Delta Q_i$ 时，则用下式计算：

$$d=\frac{R_L\Delta P_i+X_L\Delta Q_i}{U_N^2}\times 100\% \tag{2-48}$$

式中　$R_L$，$X_L$——分别为电网阻抗的电阻和电抗分量。

在高压电网中，一般 $X_L\gg R_L$：

$$d\approx\frac{\Delta Q_i}{S_{sc}}\times 100\% \tag{2-49}$$

式中　$S_{sc}$——考察点（一般为 PCC）在正常较小方式下的短路容量。

对于平衡的三相负荷：

$$d \approx \frac{\Delta S_i}{\Delta S_{sc}} \times 100\% \tag{2-50}$$

式中　$\Delta S_i$——负荷容量的变化量；

对于相间单相负荷：

$$d \approx \frac{\sqrt{3}\Delta S_i}{S_{sc}} \times 100\% \tag{2-51}$$

【注】当缺少正常较小方式下的短路容量时，设计所取的系统短路容量可以用投产时系统最大短路容量乘以系数 0.7 进行计算。

② 闪变的测量和计算　闪变是电压波动在一段时间内的累计效果，通过灯光照度不稳定造成的视感来反映，主要由短时间闪变 $P_{st}$ 和长时间闪变值 $P_{lt}$ 来衡量。

a. 短时间闪变 $P_{st}$ 的计算方法：根据 IEC 61000-4-15:1996 制造的 IEC 闪变仪是目前国际上通用的测量闪变的仪器，有模拟式的，也有部分或全部是数字式两种结构，其简化原理框图如图 2-13 所示。

图 2-13　IEC 闪变仪模型的简化框图

框 1 为输入级，它除了用来实现把不同等级的电源电压（从电压互感器或输入变压器二次侧取得）降到适用于仪器内部电路电压值的功能外，还产生标准的调制波，用于仪器的自检。框 2、3、4 综合模拟了灯-眼-脑环节对电压波动的反应。其中框 2 对电压波动分量进行解调，获得与电压变动呈线性关系的电压；框 3 的带通加权滤波器反映了人对 60W、230V 钨丝灯在不同频率的电压波动下照度变化的敏感程度，通频带为 0.05～35Hz；框 4 包含一个平方器和时间常数为 300ms 的低通滤波器，用来模拟灯-眼-脑环节对灯光照度变化的暂态非线性响应和记忆效应。框 4 的输出 $S(t)$ 反映了人的视觉对电压波动的瞬时闪变感觉水平，如图 2-14(a) 所示，可对 $S(t)$ 做不同的处理来反映电网电压引起的闪变情况。进入框 5 的 $S(t)$ 值用积累概率函数 CPF（cumulative probability function，其横坐标表示被测量值，纵坐标表示超过对应横坐标值的时间占整个测量时间的百分数）的方法进行分析。在观察期内（10min），对上述信号进行统计。

图 2-14(a) 中为了简明起见，分为 10 级。以第 7 级为例，由图可得：

$$T_7 = \sum_{i=1}^{5} t_i \tag{2-52}$$

用 $CPF_7$ 代表 S 值处于 7 级（或 1.2～1.4p.u.）的时间 $T_7$ 占总观察时间的百分数，相继求出 $CPF_i$（$i=1\sim10$）即可做出图 2-14(b) CPF 曲线。实际仪器分级数应不小于 64 级。

由 CPF 曲线获得短时间闪变值：

$$P_{st} = \sqrt{0.0314P_{0.1} + 0.0525P_1 + 0.0657P_3 + 0.28P_{10} + 0.08P_{50}} \tag{2-53}$$

式中　$P_{0.1}$，$P_1$，$P_3$，$P_{10}$，$P_{50}$——分别为 CPF 曲线上等于 0.1%、1%、3%、10% 和 50% 时间的 $S(t)$ 值。

b. 长时间闪变值 $P_{lt}$ 由测量时间段内包含的短时间闪变值计算获得：

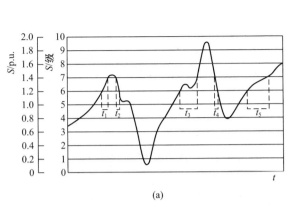
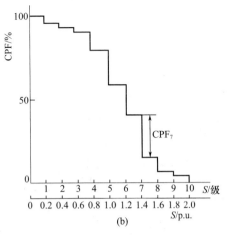

图 2-14 由 $S(t)$ 曲线做出的 CPF 曲线示例

$$P_{lt} = \sqrt[3]{\frac{1}{n}\sum_{j=1}^{n}(P_{stj})^3} \tag{2-54}$$

式中 $n$——长时间闪变值测量时间内所包含的短时间闪变值个数。

$P_{st}$ 和 $P_{lt}$ 由图 2-13 框 5 输出。

每计算获得一个 $P_{st}$ 可依据上式进行递推计算，获得一个 $P_{lt}$。

各种类型电压波动引起的电压闪变均可采用符合 IEC 61000-4-15：2010《Electromagnetic compatibility (EMC)—Part 4-15: Testing and measurement techniques-Flickermeter-Functional and design specifications，电磁兼容性（EMC） 第 4-15 部分：试验和测量技术 闪烁计 功能和设计规范》制造的 IEC 闪变仪进行直接测量，这是闪变量值判定的基准方法。对于三相等概率的波动负荷，可以任意选取一相测量。

当负荷为周期性等间隔矩形波（或阶跃波）时，闪变可通过其电压变动 $d$ 和频度 $r$ 进行估算。已知电压变动 $d$ 和频度 $r$ 时，可以利用图 2-15（或表 2-26）用 $P_{st}=1$ 曲线由 $r$ 查处对应于 $P_{st}=1$ 的电压变动 $d_{Lim}$，计算出其短时间闪变值：

$$P_{st} = d/d_{Lim} \tag{2-55}$$

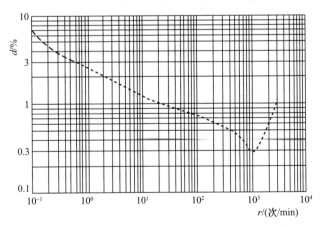

图 2-15 周期性矩形（或阶跃）波电压变动的单位闪变（$P_{st}=1$）曲线

表 2-26　周期性矩形（或阶跃）波电压变动的单位闪变（$P_{st}=1$）曲线对应数据

| $d/\%$ | 3.0 | 2.9 | 2.8 | 2.7 | 2.6 | 2.5 | 2.4 | 2.3 | 2.2 | 2.1 | 2.0 | 1.9 | 1.8 |
|---|---|---|---|---|---|---|---|---|---|---|---|---|---|
| $r/(次/min)$ | 0.76 | 0.84 | 0.95 | 1.06 | 1.20 | 1.36 | 1.55 | 1.78 | 2.05 | 2.39 | 2.79 | 3.29 | 3.92 |
| $d/\%$ | 1.7 | 1.6 | 1.5 | 1.4 | 1.3 | 1.2 | 1.1 | 1.0 | 0.95 | 0.90 | 0.85 | 0.80 | 0.75 |
| $r/(次/min)$ | 4.71 | 5.72 | 7.04 | 8.79 | 11.16 | 14.44 | 19.10 | 26.6 | 32.0 | 39.0 | 48.7 | 61.8 | 80.5 |
| $d/\%$ | 0.70 | 0.65 | 0.60 | 0.55 | 0.50 | 0.45 | 0.40 | 0.35 | 0.29 | 0.30 | 0.35 | 0.40 | 0.45 |
| $r/(次/min)$ | 110 | 175 | 275 | 380 | 475 | 580 | 690 | 795 | 1052 | 1180 | 1400 | 1620 | 1800 |

(6) 抑制电压波动和闪变的措施

① 合理选择变压器的分接头以保证用电设备的电压水平。在新建变电站或用户新增配电变压器，条件许可时应尽可能采用有载调压变压器。

② 设置电容器进行人工补偿。电容器分为并联补偿和串联补偿。并联电容补偿主要是为了改变网络中无功功率分配，从而抑制电压的波动、提高用户的功率因数、改善电压的质量；串联补偿主要是为了改变线路参数，从而减少线路电压损失，提高线路末端电压并减少电能损耗。

③ 线路出口加装限流电抗器。在发电厂 10kV 电缆出线和大容量变电所线路出口加装限流电抗器，以增加线路的短路阻抗，限制线路故障时的短路电流，减小电压变化的波及范围，提高变电所的 35kV 母线遭短路时的电压。

④ 采用电抗值最小的高低压配电线路方案。通常，架空线路的电抗约为 $0.4\Omega/km$，电缆线路的电抗约为 $0.08\Omega/km$。可见，在同样长度的架空线路和电缆线路上因负载波动引起的电压波动是相差悬殊的。因此，条件许可时，应尽量优先采用电缆线路供电。

⑤ 配电变压器并列运行。变压器并列运行是减少变压器阻抗的唯一方法。

⑥ 大型感应电动机带电容器补偿。其目的主要是对大型感应电动机进行个别补偿。在线结构上使电动机和电容器同时投入运行，电动机较大的滞后启动电流和电容器较大的超前冲击电流的抵消作用，使其从一开始启动就有良好的功率因数，并且在整个负荷范围内都保持良好的功率因数，对电力系统电压波动起到了很好的稳定作用。

⑦ 采用电力稳压器稳压。随着电力电子技术的进一步发展，目前国产的各类电力稳器质量都较可靠，这种电力稳压器主要用于低压供配电系统，能在配电网络的供电电压波动或负载发生变化时自动保持输出电压的稳定，确保用电设备的正常运行。

### 2.3.3　谐波及其抑制

(1) 谐波（分量）harmonic(component)的基本概念

交流电网中，由于许多非线性电气设备的投入运行，其电压、电流波形实际上不是完全的正弦波形，而是不同程度畸变的非正弦波。非正弦波通常是周期性电气分量，根据傅里叶级数分析，可分解成基波分量和具有基波分量整数倍的谐波分量。非正弦波的电压或电流有效值等于基波和各次谐波电压或电流有效值的方均根（平方和的平均值的平方根）值。基波频率为电网频率（工频 50Hz）。谐波次数（$h$）是谐波频率与基波频率的整数比。

谐波含有率是周期性电气量中含有的第 $h$ 次谐波分量有效值与基波分量有效值之比，用百分数表示。第 $h$ 次谐波电压含有率为

$$HRU_h = \frac{U_h}{U_1} \times 100\% \tag{2-56}$$

式中 $U_h$——第 $h$ 次谐波电压（有效值），kV；
$U_1$——基波电压（有效值），kV。

第 $h$ 次谐波电流含有率为

$$HRI_h = \frac{I_h}{I_1} \times 100\% \tag{2-57}$$

式中 $I_h$——第 $h$ 次谐波电流（有效值），A；
$I_1$——基波电流（有效值），A。

谐波含量（电压或电流）是周期性电气量中含有的各次谐波分量有效值的方均根值。谐波电压和谐波电流含量分别为

$$U_H = \sqrt{\sum_{h=2}^{\infty} U_h^2} \tag{2-58}$$

$$I_H = \sqrt{\sum_{h=2}^{\infty} I_h^2} \tag{2-59}$$

表征波形畸变程度的总谐波畸变率，是用周期性电气量中的谐波含量与其基波分量有效值之比，用百分数表示。电压、电流总谐波畸变率分别为

$$THD_U = \frac{U_H}{U_1} \times 100\% \tag{2-60}$$

$$TIID_I = \frac{I_H}{I_1} \times 100\% \tag{2-61}$$

谐波按照相序，分为正序谐波（第 4、7、10、……、$3n+1$ 次）、负序谐波（第 2、5、8、……、$3n-1$ 次）和零序谐波（第 3、6、9、……、$3n$ 次）。按照谐波次数，分为偶次谐波、奇次谐波和分次谐波（非整数次谐波）。

（2）谐波的产生原因

电力系统本身包含的能产生谐波电流的非线性元件主要是变压器的空载电流，交直流换流站的晶闸管控制元件，晶闸管控制的电容器、电抗器组等。但是，电力系统谐波更主要的来源是各种非线性负荷用户，如各种整流设备、调节设备、电弧炉、轧钢机以及电气拖动设备。各种低压电气设备和家用电器所产生的谐波电流也能从低压侧馈入高压侧，对于这些设备，即使供给它理想的正弦波电压，其电流也是非正弦的，即有谐波电流存在。其谐波含量取决于它本身的特性和工况，基本上与电力系统参数无关，因而可看作谐波恒流源。这些用电设备产生的谐波电流注入电力系统，使系统各处电压含有谐波分量变压器的励磁回路也是非线性电路，也会产生谐波电流。荧光灯和家用电器单个容量不大，但数量很多且散布于各处，电力部门又难以管理，如果这些设备的电流谐波含量过大，则会对电力系统造成严重影响，因此对该类设备的电流谐波含量，在制造时即应限制在一定的数量范围内。

（3）谐波的影响与危害

① 对旋转电动机的影响与危害　旋转电动机定子中的正序和负序谐波电流，分别形成正向和反向旋转磁场，使旋转电动机产生固定数的振动力矩和转速的周期变化，从而使电动机效率降低，发热增加。对于同步电动机的转子，又分别感应出正序和负序谐波电流。由于集肤效应，其主要部分并不是在转子绕组中流动，而是在转子表面形成环流，造成明显局部发热，缩短其使用寿命。

② 对变压器的影响与危害　变压器等电气设备由过大的谐波电流而产生附加损耗，从而引起过热，使绝缘介质老化加速，导致绝缘损坏。正序和负序谐波电流同样使变压器铁芯

产生磁滞伸缩和噪声，电抗器产生振动和噪声。

③ 对并联电容器的影响与危害　并联电容器的容性阻抗特性，以及阻抗和频率成反比的特性，使得电容器容易吸收谐波电流而引起过载发热；当其容性阻抗与系统中感性阻抗相匹配时，容易构成谐波谐振，使电容器发热导致绝缘击穿的故障增多。谐波电压与基波电压峰值发生叠加，使得电容器介质更容易发生局部放电；此外，谐波电压与基波电压叠加时使电压波形增多了起伏，倾向于增多每个周期中局部放电的次数，相应地增加了每个周期中局部放电的功率，而绝缘寿命则与局部放电功率成反比。

④ 对断路器的影响与危害　谐波电流的发热作用大于有效值相等的工频电流，能降低热元件的发热动作电流。高次谐波含量较高的电流能使断路器的开断能力降低。当电流的有效值相同时，波形畸变严重的电流与工频正弦波形的电流相比，在电流过零时的 $di/dt$ 可能较大。当存在严重的谐波电流时，某些断路器的磁吹线圈不能正常工作。

⑤ 对电子设备的影响与危害　使相位控制设备的正常工作因控制信号紊乱而受到干扰，如电子计算机误动作、电子设备误触发、电子元件测试无法进行等。

⑥ 对继电保护的影响与危害　使某些类型的继电保护，如晶体管整流型距离保护、变压器及母线复合电压保护由于相位变化而误动或拒动。

⑦ 对通信线路的影响与危害　使通信线路、信息线路产生噪声，甚至造成故障。

⑧ 其他影响与危害　消弧线圈是按照所接的局部电网的工频参数来调谐的，对于谐波实际上不起作用。谐波电压使电缆绝缘局部放电增加，对电缆使用寿命有较大影响。大容量高压变压器由谐波造成的涌磁过程能延续数秒或更长时间，有可能引起谐波过电压，并使有关避雷器的放电时间过长，放电能量过大而受到损坏。三相或单相电压互感器往往由谐波引起的谐振而导致损坏。谐波电流引起的电气设备及配电线路过载导致短路，甚至引发火灾的事件屡有发生。

（4）谐波电压限值和谐波电流允许值

根据国家标准 GB/T 14549—1993《电能质量　公用电网谐波》的规定，公共电网谐波电压（相电压）限值见表 2-27。

公共连接点的全部用户向该点注入的谐波电流分量（方均根值）不应超过表 2-28 中规定的允许值。当电网公共连接点的最小短路容量不同于表 2-28 基准短路容量时，按下式修正表 2-28 中的谐波电流允许值：

$$I_h = (S_{k1}/S_{k2})/I_{hp} \qquad (2-62)$$

式中　$S_{k1}$——公共连接点的最小短路容量，MV·A；

$S_{k2}$——基准短路容量，MV·A；

$I_{hp}$——表 2-28 中的第 $h$ 次谐波电流允许值，A；

$I_h$——短路容量为 $S_{k1}$ 时的第 $h$ 次谐波电流允许值。

表 2-27　公共电网谐波电压（相电压）

| 电网标称电压/kV | 电压总谐波畸变率/% | 各次谐波电压含有率/% ||
|---|---|---|---|
| | | 奇次 | 偶次 |
| 0.38 | 5.0 | 4.0 | 2.0 |
| 6 | 4.0 | 3.2 | 1.6 |
| 10 | | | |

续表

| 电网标称电压/kV | 电压总谐波畸变率/% | 各次谐波电压含有率/% ||
|---|---|---|---|
| | | 奇次 | 偶次 |
| 35 | 3.0 | 2.4 | 1.2 |
| 66 | | | |
| 110 | 2.0 | 1.6 | 0.8 |

表 2-28 注入公共连接点的谐波电流允许值

| 标称电压/kV | 基准短路容量/MV·A | 谐波次数及谐波电流允许值/A |||||||||||
|---|---|---|---|---|---|---|---|---|---|---|---|---|
| | | 2 | 3 | 4 | 5 | 6 | 7 | 8 | 9 | 10 | 11 | 12 | 13 |
| 0.38 | 10 | 78 | 62 | 39 | 62 | 26 | 44 | 19 | 21 | 16 | 28 | 13 | 24 |
| 6 | 100 | 43 | 34 | 21 | 34 | 14 | 24 | 11 | 11 | 8.5 | 16 | 7.1 | 13 |
| 10 | 100 | 26 | 20 | 13 | 20 | 8.5 | 15 | 6.4 | 6.8 | 5.1 | 9.3 | 4.3 | 7.9 |
| 35 | 250 | 15 | 12 | 7.7 | 12 | 5.1 | 8.8 | 3.8 | 4.1 | 3.1 | 5.6 | 2.6 | 4.7 |
| 66 | 500 | 16 | 13 | 8.1 | 13 | 5.4 | 9.3 | 4.1 | 4.3 | 3.3 | 5.9 | 2.7 | 5.0 |
| 110 | 750 | 12 | 9.6 | 6.0 | 9.6 | 4.0 | 6.8 | 3.0 | 3.2 | 2.4 | 4.3 | 2.0 | 3.7 |

| 标称电压/kV | 基准短路容量/MV·A | 谐波次数及谐波电流允许值/A |||||||||||
|---|---|---|---|---|---|---|---|---|---|---|---|---|
| | | 14 | 15 | 16 | 17 | 18 | 19 | 20 | 21 | 22 | 23 | 24 | 25 |
| 0.38 | 10 | 11 | 12 | 9.7 | 18 | 8.6 | 16 | 7.8 | 8.9 | 7.1 | 14 | 6.5 | 12 |
| 6 | 100 | 6.1 | 6.8 | 5.3 | 10 | 4.7 | 9.0 | 4.3 | 4.9 | 3.9 | 7.4 | 3.6 | 6.8 |
| 10 | 100 | 3.7 | 4.1 | 3.2 | 6.0 | 2.8 | 5.4 | 2.6 | 2.9 | 2.3 | 4.5 | 2.1 | 4.1 |
| 35 | 250 | 2.2 | 2.5 | 1.9 | 3.6 | 1.7 | 3.2 | 1.5 | 1.8 | 1.4 | 2.7 | 1.3 | 2.5 |
| 66 | 500 | 2.3 | 2.6 | 2.0 | 3.8 | 1.8 | 3.4 | 1.6 | 1.9 | 1.5 | 2.8 | 1.4 | 2.6 |
| 110 | 750 | 1.7 | 1.9 | 1.5 | 2.8 | 1.3 | 2.5 | 1.2 | 1.4 | 1.1 | 2.1 | 1.0 | 1.9 |

注：220kV 基准短路容量取 2000MV·A。

同一公共连接点的每个用户向电网注入的谐波电流允许值按此用户在该点的协议容量与其公共连接点的供电设备容量之比进行分配。

(5) 谐波的计算

① 第 $h$ 次谐波电压含有率 $HRU_h$ 与第 $h$ 次谐波电流分量 $I_h$ 的关系：

$$HRU_h = \frac{\sqrt{3} Z_h I_h}{10 U_N} (\%) \tag{2-63}$$

近似的工程估算按下面两个公式计算：

$$HRU_h = \frac{\sqrt{3} U_N I_h h}{10 S_k} (\%) \tag{2-64}$$

或

$$I_h = \frac{10 S_k HRU_h}{\sqrt{3} U_N h} (\%) \tag{2-65}$$

式中 $U_N$——电网的标称电压，kV；

$S_k$——公共连接点的三相短路容量，MV·A；

$I_h$——第 $h$ 次谐波电流，A；

$Z_h$——系统的第 $h$ 次谐波阻抗，Ω。

② 两个谐波源的同次谐波电流在一条线路的同一相上叠加，当相位角已知时按下式计算：

$$I_h = \sqrt{I_{h1}^2 + I_{h2}^2 + 2I_{h1}I_{h2}\cos\theta_h} \tag{2-66}$$

式中 $I_{h1}$——谐波源 1 的第 $h$ 次谐波电流，A；

$I_{h2}$——谐波源 2 的第 $h$ 次谐波电流，A；

$\theta_h$——谐波源 1 和谐波源 2 的第 $h$ 次谐波电流之间的相位角。

当相位角不确定时，可按下式进行计算：

$$I_H = \sqrt{I_{h1}^2 + I_{h2}^2 + K_h I_{h1} I_{h2}} \tag{2-67}$$

式中，$K_h$ 系数按表 2-29 选取。

表 2-29 式(2-67) 中系数 $K_h$ 的值

| $h$ | 3 | 5 | 7 | 11 | 13 | 9 | >13 | 偶次 |
|---|---|---|---|---|---|---|---|---|
| $K_h$ | 1.62 | 1.28 | 0.72 | 0.18 | 0.08 | | 0 | |

两个以上同次谐波电流叠加时，首先将两个谐波电流叠加，然后再与第三个谐波电流相叠加，依此类推。两个及以上谐波源在同一节点同一相上引起的同次谐波电压叠加的计算式与式(2-66) 或式(2-67) 类同。

③ 在公共连接点处第 $i$ 个用户的第 $h$ 次谐波电流允许值（$I_{hi}$）按下式计算：

$$I_{hi} = I_h (S_i/S_t)^{1/a} \tag{2-68}$$

式中 $I_h$——按式(2-62) 换算的第 $h$ 次谐波电流允许值，A；

$S_i$——第 $i$ 个用户的用电协议容量，MV·A；

$S_t$——公共连接点的供电设备容量，MV·A；

$a$——相位叠加系数，按表 2-30 取值。

表 2-30 谐波的相位叠加系数

| $h$ | 3 | 5 | 7 | 11 | 13 | 9 | >13 | 偶次 |
|---|---|---|---|---|---|---|---|---|
| $a$ | 1.1 | 1.2 | 1.4 | 1.8 | 1.9 | | 2 | |

(6) 谐波的测量

① 谐波电压（或电流）测量应选择在电网正常供电时可能出现的最小运行方式，且应在谐波源工作周期中产生的谐波量大的时段内进行（例如：电弧炼钢炉应在熔化期测量）。当测量点附近安装有电容器组时，应在电容器组的各种运行方式下进行测量。

② 测量的谐波次数一般为第 2 到第 19 次，根据谐波源的特点或测试分析结果，可以适当变动谐波次数测量的范围。

③ 对于负荷变化快的谐波源（例如：炼钢电弧炉、晶闸管变流设备供电的轧机、电力机车等），测量的间隔时间不大于 2min，测量次数应满足数理统计的要求，一般不少于 30 次。对于负荷变化慢的谐波源（例如：化工整流器、直流输电换流站等），测量间隔和持续时间不做规定。

④ 谐波测量的数据应取测量时段内各相实测量值的 95% 概率值中最大的一相值，作为判断谐波是否超过允许值的依据。但对负荷变化慢的谐波源，可选 5 个接近的实测值，取其算术平均值。

**【注】** 为了实用方便，实测值的 95% 概率值可按下述方法近似选取：将实测值按由大到小次序排列，舍弃前面 5% 的大值，取剩余实测值中的最大值。

⑤ 谐波的测量仪器

a. 仪器的功能应满足 GB/T 14549—1993《电能质量 公用电网谐波》的测量要求。

b. 为了区别暂态现象和谐波，对负荷变化快的谐波，每次测量结果可为 3s 内所测值的平均值。推荐采用下式计算：

$$U_h = \sqrt{\frac{1}{m}\sum_{k=1}^{m}(U_{hk})^2} \quad (2\text{-}69)$$

式中 $U_{hk}$——3s 内第 $k$ 次测得的 $h$ 次谐波的方均根值；

$m$——3s 内取均匀间隔的测量次数，$m \geq 6$。

c. 仪器准确度。谐波测量仪的允许误差见表 2-31。

d. 仪器有一定的抗电磁干扰能力，便于现场使用。仪器应保证其电源在标称电压 ±15%，频率在 49~51Hz 范围内电压总谐波畸变率不超过 8% 条件下能正常工作。

表 2-31 谐波测量仪的允许误差

| 等级 | 被测量 | 条件 | 允许误差 |
|---|---|---|---|
| A | 电压 | $U_h \geq 1\%U_N$<br>$U_h < 1\%U_N$ | $5\%U_h$<br>$0.05\%U_N$ |
| A | 电流 | $I_h \geq 3\%I_N$<br>$I_h < 3\%I_N$ | $5\%I_h$<br>$0.15\%I_N$ |
| B | 电压 | $U_h \geq 3\%U_N$<br>$U_h < 3\%U_N$ | $5\%U_h$<br>$0.15\%U_N$ |
| B | 电流 | $I_h \geq 10\%I_N$<br>$I_h < 10\%I_N$ | $5\%I_h$<br>$0.50\%I_N$ |

注：1. $U_N$ 为标准电压，$U_h$ 为谐波电压；$I_N$ 为额定电流，$I_h$ 为谐波电流。
2. A 级仪器频率测量范围为 0~2500Hz，用于较精确的测量，仪器的相角测量误差不大于 ±5′ 或 ±1°；B 级仪器用于一般测量。

⑥ 对不符合式 (2-69) 规定的仪器，可用于负荷变化慢的谐波源的测量。如用于负荷变化快的谐波源的测量，测量条件和次数应分别符合 ①条和 ③条的规定。

⑦ 在测量的频率范围内，仅用互感器、电容式分压器等谐波传感设备应有良好的频率特性，其引入的幅值误差不应大于 5%，相角误差不大于 5°。在没有确切的频率响应误差特性时，电流互感器和低压电压互感器用于 2500Hz 及以下频率的谐波测量；6~110kV 电磁式电压互感器可用于 1000Hz 及以下频率测量；电容式电压互感器不能用于谐波测量。在谐波电压测量中，对谐波次数或测量精度有较高需要时，应采用电阻分压器（$U_N < 1kV$）或电容式分压器（$U_N \geq 1kV$）。

（7）抑制谐波的措施

为保证供电质量，防止谐波对电网及各种电力设备的危害，除对发、供、用电系统加强管理外，还须采取必要措施抑制谐波。这应该从两方面来考虑，一是产生谐波的非线性负荷，二是受危害的电力设备和装置。这些应该相互配合，统一协调，作为一个整体来研究，减小谐波的主要措施如表 2-32 所列。实际措施的选择要根据谐波达标的水平、效果、经济性和技术成熟度等综合比较后确定。

表 2-32 减小谐波的主要措施

| 序号 | 名称 | 内容 | 评价 |
| --- | --- | --- | --- |
| 1 | 增加换流装置的脉动数 | 改造换流装置或利用相互间有一定移相角的换流变压器 | (1)可有效地减少谐波含量<br>(2)换流装置容量应相等<br>(3)使装置复杂化 |
| 2 | 加装交流滤波装置 | 在谐波源附近安装若干单调谐或高通滤波支路,以吸收谐波电流 | (1)可有效地减少谐波含量<br>(2)应同时考虑无功补偿和电压调整效应<br>(3)运行维护简单,但须专门设计 |
| 3 | 改变谐波源的配置或工作方式 | 具有谐波互补性的设备应集中布置,否则应分散或交错使用,适当限制谐波量大的工作方式 | (1)可以减小谐波的影响<br>(2)对装置的配置或工作方式有一定的要求 |
| 4 | 加装串联电抗器 | 在用户进线处加装串联电抗器,以增大与系统的电气距离,减小谐波对地区电网的影响 | (1)可减小与系统的谐波相互影响<br>(2)同时考虑功率因数补偿和电压调整效应<br>(3)装置运行维护简单,但须专门设计 |
| 5 | 改善三相不平衡度 | 从电源电压、线路阻抗、负荷特性等找出三相不平衡的原因,加以消除 | (1)可有效地减少 3 次谐波的产生<br>(2)有利于设备的正常用电,减小损耗<br>(3)有时需要用平衡装置 |
| 6 | 加装静止无功补偿装置(或称动态无功补偿装置) | 采用 TCR、TCT 或 SR 型静补装置时,其容性部分设计成滤波器 | (1)可有效地减少波动谐波源的谐波含量<br>(2)有抑制电压波动、闪变、三相不对称和无功补偿的功能<br>(3)一次性投资较大,须专门设计 |
| 7 | 增加系统承受谐波能力 | 将谐波源改由较大容量的供电点或由高一级电压的电网供电 | (1)可以减小谐波源的影响<br>(2)在规划和设计阶段考虑 |
| 8 | 避免电力电容器组对谐波的放大 | 改变电容器组串联电抗器的参数,或将电容器组的某些支路改为滤波器,或限制电容器组的投入容量 | (1)可有效地减小电容器组对谐波的放大并保证电容器组安全运行<br>(2)须专门设计 |
| 9 | 提高设备或装置抗谐波干扰能力,改善抗谐波保护的性能 | 改进设备或装置性能,对谐波敏感设备或装置采用灵敏的保护装置 | (1)适用于对谐波(特别是暂态过程中的谐波)较敏感的设备或装置<br>(2)须专门研究 |
| 10 | 采用有源滤波器、无源滤波器等新型抑制谐波的措施 | 逐步推广应用 | 目前还仅用于较小容量谐波源的补偿,造价较高 |

## 2.3.4 三相电压不平衡度及其补偿

(1) 基本概念

① 电压不平衡(voltage unbalance):三相电压在幅值上不同或相位差不是 120°,或兼而有之。

② 电压不平衡度(unbalance factor):指三相电力系统中三相不平衡的程度,用电压、电流负序基波分量或零序基波分量与正序基波分量的方均根值百分比表示。电压、电流的负序不平衡度和零序不平衡度分别用 $\varepsilon_{U2}$、$\varepsilon_{U0}$ 和 $\varepsilon_{I2}$、$\varepsilon_{I0}$ 表示。

③ 正序分量(positive-sequence component):将不平衡的三相系统的电量按对称分量法分解后其正序对称系统中的分量。

④ 负序分量(negative-sequence component):将不平衡的三相系统的电量按对称分量法分解后其负序对称系统中的分量。

⑤ 零序分量(zero-sequence component):将不平衡的三相系统的电量按对称分量法分

解后其零序对称系统中的分量。

⑥ 公共连接点（point of common coupling）：电力系统中一个以上用户的连接处。

⑦ 瞬时（instantaneous）：用于量化短时间变化持续时间的修饰词，其时间范围为工频0.5周波～30周波。

⑧ 暂时（monentary）：用于量化短时间变化持续时间的修饰词，指时间范围为工频30周波～3s。

⑨ 短时（temporary）：用于量化短时间变化持续时间的修饰词，指时间范围为工频3s～1min。

（2）引起电压不平衡的原因

电力系统中三相电压不平衡主要是由负荷不平衡、系统三相阻抗不对称以及消弧线圈的不正确调谐所引起的。由系统阻抗不对称而引起的三相电压不平衡度，一般很少超过0.5%，但在高峰负荷时，或高压线停电时，不平衡有时超过1%。一般架空线路的不平衡电压不超出1.5%，其中超出1%以上的情况往往是分段的架空线路，其换位是在变电所母线上实现的。电缆线路的不平衡度等于零，因为无论是三芯电缆或单芯电缆，各相芯线对接地的铠装外皮来说都处于对称的位置。

在中性点不接地系统（6kV、10kV、35kV）中，当消弧线圈调谐不当和系统对地电容处于串联谐振状态时，会引起中性点电压过高，从而引起三相对地电压的严重不平衡。国家标准 GB/T 50064—2014《交流电气装置的过电压保护和绝缘配合设计规范》中规定，中性点电压位移率应小于15%相电压。需要指出，这种由零序电压引起的三相电压不平衡并不影响三相线电压的平衡性，因此不影响用户的正常供电，但对输电线、变压器、互感器、避雷器等设备的安全是有威胁的，也必须加以控制。关于消弧线圈补偿电网的不平衡问题已有大量文献论述，本书仅涉及负序分量引起的不平衡问题，这种不平衡主要是由不对称负荷引起的。

（3）三相不平衡的危害

三相电压或电流不平衡会对电力系统和用户造成一系列的危害：

① 引起旋转电机的附加发热和振动，危及其安全运行和正常出力。

② 引起以负序分量为启动元件的多种保护发生误动作（特别是电网中存在谐波时）会严重威胁电网安全运行。

③ 电压不平衡使发电机容量利用率下降。由于不平衡时最大相电流不能超过额定值，在极端情况下，只带单相负荷时，则设备利用率仅为 $UI/\sqrt{3}UI=0.577$。

④ 变压器的三相负荷不平衡，不仅使负荷较大的一相绕组过热导致其寿命缩短，而且还会由于磁路不平衡，大量漏磁通经箱壁、夹件等使其严重发热，造成附加损耗。

⑤ 对于通信系统，电力三相不平衡时，会增大对其干扰，影响正常通信质量。

（4）电压不平衡度限值及其换算

1）电压不平衡度限值

① 电力系统公共连接点电压不平衡度允许值为：电网正常运行时，负序电压不平衡度不超过2%，短时不得超过4%；低压系统零序电压限值暂不做规定，但各相电压必须满足GB/T 12325 的要求。

【注】1. 不平衡度为在电力系统正常运行的最小方式（或较小方式）下、最大的生产（运行）周期中负荷所引起的电压不平衡度的实测值。

2. 低压系统是指标称电压不大于1kV 的供电系统。

② 接于公共连接点的每个用户引起该点负序电压不平衡度允许值一般为1.3%，短时不

超过 2.6%。根据连接点负荷状况以及邻近发电机、继电保护和自动装置安全运行要求，该允许值可做适当变动、但必须满足①条的规定。

2) 用户引起的电压不平衡度允许值换算　负序电压不平衡度允许值一般可根据连接点的正常最小短路容量换算为相应的负序电流值作为分析或测算依据；邻近大型旋转电机的用户其负序电流值换算时应考虑旋转电机的负序阻抗。有关不平衡度的计算如下。

① 不平衡度的计算表达式

$$\varepsilon_{U2} = \frac{U_2}{U_1} \times 100\% \tag{2-70}$$

$$\varepsilon_{U0} = \frac{U_0}{U_1} \times 100\% \tag{2-71}$$

式中　$U_1$——三相电压正序分量方均根值，V；
　　　$U_2$——三相电压负序分量方均根值，V；
　　　$U_0$——三相电压零序分量方均根值，V。

如将上两式中的 $U_1$、$U_2$、$U_0$ 分别更换为 $I_1$、$I_2$、$I_0$，则为相应的电流不平衡度 $\varepsilon_{I2}$ 和 $\varepsilon_{I0}$ 的表达式。

② 不平衡度的准确计算式

a. 在三相系统中，通过测量获得三相电量的幅值和相位后应用对称分量法分别求出正序分量、负序分量和零序分量，由式(2-70) 和式(2-71) 求出不平衡度。

b. 在没有零序分量的三相系统中，当已知三相量 $a$、$b$、$c$ 时，也可以用下式求负序不平衡度：

$$\varepsilon_2 = \sqrt{\frac{1-\sqrt{3-6L}}{1+\sqrt{3-6L}}} \times 100\% \tag{2-72}$$

式中，$L = (a^4 + b^4 + c^4)(a^2 + b^2 + c^2)$。

③ 不平衡度的近似计算式

a. 设公共连接点的正序阻抗与负序阻抗相等，则负序电压不平衡度为：

$$\varepsilon_{U2} = \frac{\sqrt{3} I_2 U_L}{S_k} \times 100\% \tag{2-73}$$

式中　$I_2$——负序电流值，A；
　　　$S_k$——公共连接点的三相短路容量，V·A；
　　　$U_L$——线电压，V。

b. 相间单相负荷引起的电压不平衡度可近似为：

$$\varepsilon_{U2} \approx \frac{S_L}{S_k} \times 100\% \tag{2-74}$$

式中　$S_L$——单相负荷容量，V·A。

(5) 不平衡度的测量与取值

① 测量条件　测量应在电力系统正常的最小方式(或较小方式)下，不平衡负荷处在正常、连续工作状态下进行，并保证不平衡负荷的最大工作周期包含在内。

② 测量时间　对于电力系统的公共连接点，测量持续时间取一周（168h），每个不平衡度的测量间隔可为 1min 的整数倍；对于波动负荷，按①的规定，可取正常工作日 24h 持续测量，每个不平衡度的测量间隔为 1min。

③ 测量取值　对于电力系统的公共连接点，供电电压负序不平衡度测量值的 10min 方均根值的 95% 概率大值应不大于 2%，所有测量中的最大值不大于 4%。对日波动不平衡的负荷，供电电压负序不平衡度测量值的 1min 方均根值的 95% 概率大值应不大于 2%，所有测量中的最大值不大于 4%。对于日波动不平衡的负荷也可以按时间取值：日累计大于 2% 的时间不超过 72min，且每 30min 中大于 2% 的时间不超过 5min。

【注】1. 为了实用方便，实测值的 95% 概率值可将实测值按由大到小次序排列，舍弃前面 5% 的大值，取剩余实测值中的最大值。

2. 以时间取值时，如果 1min 方均根值大于 2%，按超标 1min 进行累计。

3. 所有测量值是指以④要求得到的所有测量结果。

④ 不平衡度测量仪器的测量要求　仪器记录周期为 3s，按方均根取值。电压输入信号基波分量的每次测量取 10 个周波的间隔。对于离散采样的测量仪器推荐按下式计算：

$$\varepsilon = \sqrt{\frac{1}{m}\sum_{k=1}^{m}\varepsilon_k^2} \tag{2-75}$$

式中　$\varepsilon_k$——在 3s 内第 $k$ 次的不平衡度；

$m$——在 3s 内均匀间隔取值次数（$m \geqslant 6$）。

对于特殊情况由供用电双方另行商定。

【注】以上③中 10min 或 1min 方均根值由所记录周期的方均根值的算术平均求取。

⑤ 仪器的不平衡度测量误差　电压不平衡度的测量误差应满足下式规定：

$$|\varepsilon_U - \varepsilon_{UN}| \leqslant 0.2\% \tag{2-76}$$

式中　$\varepsilon_{UN}$——电压不平衡度实际值；

$\varepsilon_U$——电压不平衡度的仪器测量值实际值。

电流不平衡度的测量误差应满足下式规定：

$$|\varepsilon_I - \varepsilon_{IN}| \leqslant 1\% \tag{2-77}$$

式中　$\varepsilon_{IN}$——电流不平衡度实际值；

$\varepsilon_I$——电流不平衡度的仪器测量值实际值。

(6) 降低不平衡度的措施

由不对称负荷引起的电网三相电压不平衡可以采用下列措施：

① 将不对称负荷分散接到不同的供电点，以减小集中连接造成的不平衡度超标问题。

② 使不对称负荷合理分配到各相，尽量使其平衡化。

③ 由地区公共低压电网供电的 220V 负荷，线路电流小于等于 60A 时，可采用 220V 单相供电；大于 60A 时，宜采用 220/380V 三相四线制供电。

④ 将不对称负荷接到更高电压级上供电，以使连接点的短路容量足够大。

⑤ 采用平衡装置。

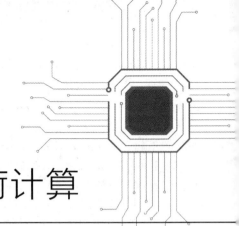

# 第3章 负荷分级与负荷计算

## 3.1 负荷分级的原则及供电要求

### 3.1.1 用户供电系统的组成

电力用户供电系统（electric power supply system）由外部电源进线、用户变配电所、高低压配电线路和用电设备组成，有些用户还具有自备电源。按供电容量的不同，电力用户可分为大型、中型和小型三种类型。

(1) 大型电力用户供电系统（容量通常在10000kV·A以上）

大型电力用户的用户供电系统采用的外部电源进线供电电压等级为35~110kV，特大型企业可采用220kV，需要经用户总降压变电所（main step-down substation）和车间变电所（distribution transformer substation）两级变压。总降压变电所将进线电压降为6~10kV的内部高压配电电压，然后经高压配电线路引进至各车间变电所，车间变电所再将电压变为220/380V的低电压供用电设备使用。其结构示意图如图3-1所示。

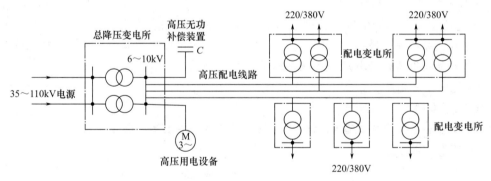

图 3-1 大型电力用户供电系统结构示意图

某些厂区环境和设备条件许可的大型电力用户也有采用所谓"高压深入负荷中心"的供电方式，即35kV的进线电压直接一次降为220/380V的低压配电电压。

(2) 中型电力用户供电系统（容量通常在1000~10000kV·A之间）

中型电力用户一般采用10kV的外部电源进线供电电压，经高压配电所（high-voltage distribution station）和10kV用户内部高压配电线路馈电给各车间变电所，车间变电所再将电压变换成220/380V的低电压供用电设备使用。高压配电所通常与某个车间变电所合建，其结构示意图如图 3-2 所示。

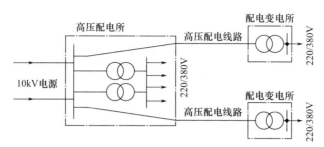

图 3-2 中型电力用户供电系统结构示意图

（3）小型电力用户供电系统（容量通常在 1000kV·A 及以下）

一般的小型电力用户也用 10kV 外部电源进线电压，通常只设有一个相当于车间变电所的降压变电所，容量特别小的小型电力用户可不设变电所，由公共变电所采用 220/380V 的低电压直接进线。

### 3.1.2 用电负荷的分级

根据 GB 51348—2019《民用建筑电气设计标准》，用电负荷应根据对供电可靠性的要求及中断供电所造成的损失或影响程度确定，并符合下列要求。

1）符合下列情况之一时，应定为一级负荷（first grade load）。

① 中断供电将造成人身伤害；

② 中断供电将造成重大损失或重大影响；

③ 中断供电将影响重要用电单位的正常工作，或造成人员密集的公共场所秩序严重混乱。

特别重要场所不允许中断供电的负荷应定为一级负荷中的特别重要负荷。

2）符合下列情况之一时，应定为二级负荷（second grade load）。

① 中断供电将造成较大损失或较大影响；

② 中断供电将影响较重要用电单位的正常工作或造成人员密集的公共场所秩序混乱。

3）不属于一级和二级的用电负荷应定为三级负荷（third grade load）。

### 3.1.3 负荷分级示例

1）根据 GB 51348—2019《民用建筑电气设计标准》，各级负荷分级如下。

① 150m 及以上的超高层公共建筑的消防负荷应为一级负荷中的特别重要负荷。

② 当主体建筑中有一级负荷中的特别重要负荷时，确保其正常运行的空调设备宜为一级负荷；当主体建筑中有大量一级负荷时，确保其正常运行的空调设备宜为二级负荷。

③ 重要电信机房的交流电源，其负荷级别应不低于该建筑中最高等级的用电负荷。

④ 住宅小区的给水泵房、供暖锅炉房及换热站的用电负荷不应低于二级。

⑤ 大中型商场、超市营业厅、大开间办公室、交通候机/候车大厅及地下停车库等大面积场所的二级照明用电，应采用双重电源的两个低压回路交叉供电。

⑥ 民用建筑中各类建筑物或场所的主要用电负荷级别见表 3-1。

表 3-1 民用建筑中各类建筑物或场所的主要用电负荷分级

| 序号 | 建筑物名称 | 用电负荷名称 | 负荷级别 |
|---|---|---|---|
| 1 | 国家级会堂、国宾馆、国家级国际会议中心 | 主会场、接见厅、宴会厅照明,电声、录像、计算机系统用电 | 一级★ |
| | | 客梯、总值班室、会议室、主要办公室、档案室用电 | 一级 |
| 2 | 国家及省部级政府办公建筑 | 客梯、主要办公室、会议室、总值班室、档案室用电 | 一级 |
| | | 省部级行政办公建筑主要通道照明用电 | 二级 |
| 3 | 国家及省部级数据中心 | 计算机系统用电 | 一级★ |
| 4 | 国家及省部级防灾中心、电力调度中心、交通指挥中心 | 防灾、电力调度及交通指挥计算机系统用电 | 一级★ |
| 5 | 办公建筑 | 建筑高度超过100m的高层办公建筑主要通道照明和重要办公室用电 | 一级 |
| | | 一类高层办公建筑主要通道照明和重要办公室用电 | 二级 |
| 6 | 地、市级及以上气象台 | 气象业务用计算机系统用电 | 一级★ |
| | | 气象雷达、电报及传真收发设备、卫星云图接收机及语言广播设备、气象绘图及预报照明用电 | 一级 |
| 7 | 电信枢纽<br>卫星地面站 | 保证通信不中断的主要设备用电 | 一级★ |
| 8 | 电视台<br>广播电台 | 国家及省、市、自治区电视台、广播电台的计算机系统用电,直接播出的电视演播厅、中心机房、录像室、微波设备及发射机房用电 | 一级★ |
| | | 语音播音室、控制室的电力和照明用电 | 一级 |
| | | 洗印室、电视电影室、审听室、通道照明用电 | 二级 |
| 9 | 剧场 | 特大型、大型剧场的舞台照明、贵宾室、演员化妆室、舞台机械设备、电声设备、电视转播、显示屏和字幕系统的消防用电 | 一级 |
| | | 特大型、大型剧场的观众厅照明、空调机房用电,中小型剧场的消防用电 | 二级 |
| 10 | 电影院 | 特大型电影院的消防用电和放映用电 | 一级 |
| | | 特大型电影院放映厅照明、大型电影院的消防用电负荷与放映用电 | 二级 |
| 11 | 会展建筑<br>博展建筑 | 特大型会展建筑的应急响应系统用电,珍贵展品展室照明及安全防范系统用电 | 一级★ |
| | | 特大型会展建筑的客梯、排污泵、生活水泵用电,大型会展建筑的客梯用电,甲等、乙等展厅安全防范系统、备用照明用电 | 一级 |
| | | 特大型会展建筑的展厅照明,主要展览、通风机、闸口机用电;大型及中型会展建筑的展厅照明,主要展览、排污泵、生活水泵、通风机、闸口机用电;中型会展建筑的客梯用电;小型会展建筑的主要展览、客梯、排污泵、生活水泵用电;丙等展厅备用照明及展览用电 | 二级 |
| 12 | 图书馆 | 藏书量超过100万册及重要图书馆的安防系统、图书检索用计算机系统用电 | 一级 |
| | | 藏书量超过100万册的图书馆阅览室及主要通道照明和珍本、善本书库照明及空调系统用电 | 二级 |

续表

| 序号 | 建筑物名称 | 用电负荷名称 | 负荷级别 |
|---|---|---|---|
| 13 | 体育建筑 | 特级体育建筑的主席台、贵宾室及其接待室、新闻发布厅等照明用电;计时记分、现场影像采集及回放、升旗控制等系统及其机房用电;网络机房、固定通信机房、扩声及广播机房等的用电;电台和电视转播设备用电;应急照明用电(含TV应急照明);消防和安防设备等的用电 | 一级★ |
| | | 特级体育建筑的临时医疗站、兴奋剂检查室、血样收集室等设备的用电;VIP办公室、奖牌储存室、运动员及裁判员用房、包厢、观众席等照明用电;场地照明用电;建筑设备管理系统、售检票系统等用电;生活水泵、污水泵等用电;直接影响比赛的空调系统、泳池水处理系统、冰场制冰系统等的用电<br>甲级体育建筑的主席台、贵宾室及其接待室、新闻发布厅等照明用电;计时记分、现场影像采集及回放、升旗控制等系统及其机房用电;网络机房、固定通信机房、扩声及广播机房等的用电;电台和电视转播设备用电;场地照明用电;应急照明用电;消防和安防设备等的用电 | 一级 |
| | | 特级体育建筑的普通办公用房、广场照明等的用电<br>甲级体育建筑的临时医疗站、兴奋剂检查室、血样收集室等设备的用电;VIP办公室、奖牌储存室、运动员及裁判员用房、包厢、观众席等照明用电;建筑设备管理系统、售检票系统等用电;生活水泵、污水泵等用电;直接影响比赛的空调系统、泳池水处理系统、冰场制冰系统等的用电<br>乙级及丙级体育建筑(含相同级别的学校风雨操场)的主席台、贵宾室及其接待室、新闻发布厅等照明用电;计时记分、现场影像采集及回放、升旗控制等系统及其机房用电;网络机房、固定通信机房、扩声及广播机房等的用电;电台和电视转播设备用电;应急照明用电;消防和安防设备等的用电;临时医疗站、兴奋剂检查室、血样收集室等设备的用电;VIP办公室、奖牌储存室、运动员及裁判员用房、包厢、观众席等照明用电;场地照明用电;建筑设备管理系统、售检票系统等用电;生活水泵、污水泵等用电 | 二级 |
| 14 | 商场、百货商店、超市 | 大型百货商店、商场及超市的经营管理用计算机系统用电 | 一级 |
| | | 大中型百货商店、商场、超市营业厅、门厅公共楼梯及主要通道的照明及乘客电梯、自动扶梯及空调用电 | 二级 |
| 15 | 金融建筑(银行、金融中心、证交中心) | 重要的计算机系统和安防系统用电;特级金融设施用电 | 一级★ |
| | | 大型银行营业厅备用照明用电;一级金融设施用电 | 一级 |
| | | 中小型银行营业厅备用照明用电;二级金融设施用电 | 二级 |
| 16 | 民用机场 | 航空管制、导航、通信、气象、助航灯光系统设施和台站用电;边防、海关的安全检查设备用电;航班信息、显示及时钟系统用电;航站楼、外航住机场办事处中不允许中断供电的重要场所的用电 | 一级★ |
| | | Ⅲ类及以上民用机场航站楼中的公共区域照明、电梯、送排风系统设备、排污泵、生活水泵、行李处理系统用电;航站楼、外航住机场航站楼办事处、机场宾馆内与机场航班信息相关的系统用电;综合监控系统及其他信息系统;站坪照明、站坪机务;飞行区内雨水泵站等用电 | 一级 |
| | | 航站楼内除一级负荷以外的其他主要负荷,包括公共场所空调系统设备、自动扶梯、自动人行道用电;Ⅳ类及以下民用机场航站楼的公共区域照明、电梯、送排风系统设备、排水泵、生活水泵等用电 | 二级 |

续表

| 序号 | 建筑物名称 | 用电负荷名称 | 负荷级别 |
|---|---|---|---|
| 17 | 铁路旅客车站综合交通枢纽 | 特大型铁路旅客车站、集大型铁路旅客车站及其他车站等为一体的大型综合交通枢纽站中不允许中断供电的重要场所的用电 | 一级★ |
| | | 特大型铁路旅客车站、国境站和集大型铁路旅客车站及其他车站等为一体的综合交通枢纽站的旅客站房、站台、天桥、地道用电、防灾报警设备用电;特大型铁路旅客车站、国境站的公共区域照明;售票系统设备、安防及安全检查设备、通信系统用电 | 一级 |
| | | 大、中型铁路旅客车站、集铁路旅客车站(中型)及其他车站等为一体的综合交通枢纽站的旅客站房、站台、天桥、地道、防灾报警设备用电;特大和大型铁路旅客车站、国境站的列车到发预告显示系统、旅客用电梯、自动扶梯、国际换装设备、行包用电梯、皮带输送机、送排风机、排污水设备用电;特大型铁路旅客车站的冷热源设备用电;大、中型铁路旅客车站的公共区域照明、管理用房照明及设备用电;铁路旅客车站的驻站警务室用电 | 二级 |
| 18 | 城市轨道交通车站磁悬浮列车站地铁车站 | 专用通信系统设备、信号系统设备、环境与设备监控系统设备、地铁变电所操作电源等车站内不允许中断供电的其他重要场所的用电 | 一级★ |
| | | 牵引设备用电负荷;自动售票系统设备用电;车站中作为事故疏散用的自动扶梯、电动屏蔽门(安全门)、防护门、防淹门、排水泵、雨水泵用电;信息设备管理用房照明、公共区域照明用电;地铁电力监控系统设备、综合监控系统设备、门禁系统设备、安防设施及自动售检票设备、站台门设备、地下站厅站台等公共区照明、地下区间照明、供暖区的锅炉房设备等用电 | 一级 |
| | | 非消防用电梯及自动扶梯和自动人行道、地下站厅站台等公共区照明、附属房间照明、普通风机、排污泵用电;乘客信息系统、变电所检修电源用电 | 二级 |
| 19 | 港口客运站 | 一级港口客运站的通信、监控系统设备、导航设施用电 | 一级 |
| | | 港口重要作业区、一级及二级客运站主要用电负荷,包括公共区域照明、管理用房照明及设备、电梯、送排风系统设备、排污水设备、生活水泵用电 | 二级 |
| 20 | 汽车客运站 | 一级、二级汽车客运站主要用电负荷,包括公共区域照明、管理用房照明及设备、电梯、送排风系统设备、排污水设备、生活水泵用电 | 二级 |
| 21 | 旅游饭店 | 四星级及以上旅游饭店的经营及设备管理用计算机系统用电 | 一级★ |
| | | 四星级及以上旅游饭店的宴会厅、餐厅、厨房、康乐设施用房、门厅及高级客房、主要通道等场所的照明用电;厨房、排污泵、生活水泵、主要客梯用电;计算机、电话、电声和录像设备、新闻摄影设备用电 | 一级 |
| | | 三星级旅游饭店的宴会厅、餐厅、厨房、康乐设施用房、门厅及高级客房、主要通道等场所的照明用电;厨房、排污泵、生活水泵、主要客梯用电;计算机、电话、电声和录像设备、新闻摄影设备用电 | 二级 |
| 22 | 科研院所及教育建筑 | 四级生物安全实验室用电;对供电连续性要求很高的国家重点实验室用电 | 一级★ |
| | | 三级生物安全实验室用电;对供电连续性要求较高的国家重点实验室用电;学校特大型会堂主要通道照明用电 | 一级 |
| | | 对供电连续性要求较高的其他实验室用电;学校大型会堂主要通道照明、乙等会堂舞台照明及电声设备用电;学校教学楼、学生宿舍等主要通道照明用电;学校食堂冷库及厨房主要设备用电以及主要操作间、备餐间照明用电 | 二级 |

续表

| 序号 | 建筑物名称 | 用电负荷名称 | 负荷级别 |
|---|---|---|---|
| 23 | 医院 | 三级、二级医院的急诊抢救室、血液病房的净化室、产房、烧伤病房、重症监护室、早产儿室、血液透析室、手术室、术前准备室、术后复苏室、麻醉室、心血管造影检查室等场所中涉及患者生命安全的设备及其照明用电;大型生化仪器、重症呼吸道感染区的通风系统用电 | 一级★ |
| | | 三级、二级医院的急诊抢救室、血液病房的净化室、产房、烧伤病房、重症监护室、早产儿室、血液透析室、手术室、术前准备室、术后复苏室、麻醉室、心血管造影检查室等场所中的除一级负荷中特别重要负荷外的其他用电<br>三级、二级医院下列场所的诊疗设备及照明用电:急诊诊室、急诊观察室及处置室、分娩室、婴儿室、内镜检查室、影像科、放射治疗室、核医学室等;高压氧舱、血库及配血室、培养箱、恒温箱用电;病理科的取材室、制片室、镜检室设备用电;计算机网络系统用电;门诊部、医技部及住院部30%的走道照明用电;配电室照明用电;医用气体供应系统中的真空泵、压缩机、制氧机及其控制与报警系统设备用电 | 一级 |
| | | 三级、二级医院的电子显微镜、影像科诊断设备用电;肢体伤残康复病房照明用电;中心(消毒)供应室、空气净化机组用电;贵重药品冷库、太平柜用电;客梯、生活水泵、采暖锅炉或换热站等的用电<br>一级医院的急诊室用电 | 二级 |
| 24 | (超高层)住宅建筑 | 建筑高度大于150m的超高层公共建筑的消防用电 | 一级★ |
| | | 建筑高度大于54m的一类高层住宅的航空障碍照明、走道照明、值班照明、安防系统、电子信息设备机房、客梯、排污泵、生活水泵用电 | 一级 |
| | | 建筑高度大于27m但不大于54m的二类高层住宅的走道照明、值班照明、安防系统、客梯、排污泵、生活水泵用电 | 二级 |
| 25 | (一般)高层民用建筑 | 一类高层建筑的消防用电;值班照明;警卫照明;障碍照明用电;主要业务和计算机系统用电;安防系统用电;电子信息设备机房用电;客梯用电;排水泵、生活水泵用电 | 一级 |
| | | 一类高层民用建筑的主要通道及楼梯间照明用电。二类高层民用建筑的消防用电;主要通道及楼梯间照明用电;客梯用电;排水泵、生活水泵用电 | 二级 |
| 26 | 交通建筑 | 地下车站及区间的应急照明、火灾自动报警系统设备用电 | 一级★ |
| | | Ⅲ类及以上民用机场航站楼、特大型和大型铁路旅客车站、集民用机场航站楼或铁路及城市轨道交通车站为一体的大型综合交通枢纽站、城市轨道交通地下站以及具有一级耐火等级的交通建筑的消防用电;地铁消防水泵及消防水管电保温设备、防排烟风机及各类防火排烟阀、防火(卷帘)门、消防疏散用自动扶梯、消防电梯、应急照明等消防设备及发生火灾或其他灾害时仍需使用的设备用电;Ⅰ、Ⅱ类飞机库的消防用电;Ⅰ类汽车库的消防用电及其机械停车设备,采用升降梯作车辆疏散出口的升降梯用电;一类、二类隧道的消防用电 | 一级 |
| | | Ⅲ类以下机场航站楼、铁路旅客车站、城市轨道交通地面站、地上站、港口客运站、汽车客运站及其他交通建筑等的消防用电;Ⅲ类飞机库的消防用电;Ⅱ、Ⅲ类汽车库和Ⅰ类修车库的消防用电及其机械停车设备、采用升降梯作车辆疏散出口的升降梯用电;三类隧道的消防用电 | 二级 |

注:1. 负荷分级表中的"一级★"为一级负荷中特别重要负荷。
  2. 当序号1～24各类建筑与一类或二类高层民用建筑的用电负荷级别以及消防用电负荷级别不相同时,负荷级别应按其中高者确定。
  3. 本表中未列出的负荷分级可结合各类民用建筑的实际情况,根据标准GB 51348—2019《民用建筑电气设计标准》第3.2.1条(本章3.1.2)的负荷分级原则参照本表确定。

2) 根据 JBJ 6—1996《机械工厂电力设计规程》，机械工厂的负荷分级见表 3-2。

表 3-2 机械工厂的负荷分级

| 序号 | 建筑物名称 | 用电设备及部位名称 | 负荷级别 |
|---|---|---|---|
| 1 | 炼钢车间 | 总安装容量为 30MV·A 以上，停电会造成重大经济损失的多台大型电热装置（包括电弧炉、矿热炉、感应炉等） | 一级 |
| | | 100t 及以上的平炉加料起重机、浇铸起重机、倾动装置及冷却水系统的用电设备 | |
| | | 平炉鼓风机、平炉用其他用电设备。5t 以上电弧炼钢炉的电极升降机构、倾炉机构及浇铸起重机 | 二级 |
| | | 100t 及以下的平炉加料起重机、浇铸起重机、倾动装置及冷却水系统的用电设备 | |
| 2 | 铸铁车间 | 30t 及以上的浇铸起重机、重点企业冲天炉鼓风机 | 二级 |
| 3 | 热处理车间 | 井式炉专用淬火起重机、井式炉油槽抽油泵 | 二级 |
| 4 | 锻压车间 | 锻造专用起重机、水压机、高压水泵、抽油机 | 二级 |
| 5 | 金属加工车间 | 价格昂贵、作用重大、稀有的大型数控机床、停电会造成设备损坏。如自动跟踪数控仿形铣床、强力磨床等设备 | 一级 |
| | | 价格贵、作用大、数量多的数控机床工部 | 二级 |
| 6 | 电镀车间 | 大型电镀工部的整流设备、自动流水作业生产线 | 二级 |
| 7 | 试验站 | 单机容量为 200MW 以上的大型电机试验、主机及辅机系统、动平衡试验的润滑油系统 | 一级 |
| | | 单机容量为 200MW 及以下的大型电机试验、主机及辅机系统，动平衡试验的润滑油系统 | 二级 |
| | | 采用高位油箱的动平衡试验润滑油系统 | 二级 |
| 8 | 层压制品车间 | 压机及供热锅炉 | 二级 |
| 9 | 线缆车间 | 熔炼炉的冷却水泵、鼓风机、连铸机的冷却水泵、连轧机的水泵及润滑泵<br>压铅机、压铝机的熔化炉、高压水泵、水压机<br>交联聚乙烯加工设备的挤压交联冷却、收线用电设备。漆包机的传动机构、鼓风机、漆泵<br>干燥浸油缸的连续电加热、真空泵、液压泵 | 二级 |
| 10 | 磨具成型车间 | 隧道窑鼓风机、卷扬机构 | 二级 |
| 11 | 油漆树脂车间 | 2500L 及以上的反应釜及其供热锅炉 | 二级 |
| 12 | 熔烧车间 | 隧道窑鼓风机、排风机、窑车推进机、窑门关闭机构<br>油加热器、油泵及其供热锅炉 | 二级 |
| 13 | 热煤气站 | 煤气加压机、加压油泵及煤气发生炉鼓风机 | 一级 |
| | | 有煤气罐的煤气加压机、有高位油箱的加压油泵 | 二级 |
| | | 煤气发生炉加煤机及传动机构 | 二级 |
| 14 | 冷煤气站 | 鼓风机、排送机、冷却通风机、发生炉传动机构、高压整流器等 | 二级 |
| 15 | 锅炉房 | 中压及以上锅炉的给水泵 | 一级 |
| | | 有汽动水泵时，中压及以上锅炉的给水泵 | 二级 |
| | | 单台容量为 20t/h 及以上锅炉的鼓风机、引风机、二次风机及炉排电机 | 二级 |

续表

| 序号 | 建筑物名称 | 用电设备及部位名称 | 负荷级别 |
|---|---|---|---|
| 16 | 水泵房 | 供一级负荷用电设备的水泵 | 一级 |
|  |  | 供二级负荷用电设备的水泵 | 二级 |
| 17 | 空压站 | 离心式压缩机润滑油泵 | 一级 |
|  |  | 有高位油箱的离心式压缩机润滑油泵 | 二级 |
|  |  | 部重点企业单台容量为 $60m^3/min$ 及以上空压站的空气压缩机、独立励磁机 | 二级 |
| 18 | 制氧站 | 部重点企业中的氧压机、空压机冷却水泵、润滑油泵（带高位油箱） | 二级 |
| 19 | 计算中心 | 大中型计算机系统电源（自带 UPS 电源） | 二级 |
| 20 | 理化计量楼 | 主要实验室、要求高精度恒温的计量室的恒温装置电源 | 二级 |
| 21 | 刚玉、碳化冶炼车间 | 冶炼炉及其配套的低压用电设备 | 二级 |
| 22 | 涂装车间 | 电泳涂装的循环搅拌、超滤系统的用电设备 | 二级 |

3）根据 GB 50016—2014《建筑防火设计规范》，消防负荷分级见表 3-3。表中所列为消防负荷分级的最低要求。当建筑物另有更高级别的负荷时，消防负荷应与之同级；当建筑物设有应急供电系统时，消防负荷应归入应急负荷。

表 3-3 消防负荷分级

| 序号 | 消防负荷名称 | 负荷级别 |
|---|---|---|
| 1 | 建筑高度大于 50m 的乙、丙类厂房和丙类仓库中消防负荷 | 一级 |
| 2 | 一类高层民用建筑中消防负荷 | 一级 |
| 3 | 室外消防用水量大于 30L/s 的厂房（仓库）中消防负荷 | 二级 |
| 4 | 室外消防用水量大于 35L/s 的可燃材料堆场、可燃气体储罐（区）和甲、乙类液体储罐（区）中消防负荷 | 二级 |
| 5 | 粮食仓库及粮食筒仓中消防负荷 | 二级 |
| 6 | 二类高层民用建筑中消防负荷 | 二级 |
| 7 | 座位数超过 1500 个的电影院、剧场，座位数超过 3000 个的体育馆，任一层建筑面积大于 $3000m^2$ 的商店和展览建筑，省(市)级及以上的广播电视、电信和财贸金融建筑中消防负荷 | 二级 |
| 8 | 室外消防用水量大于 25L/s 的其他公共建筑中消防负荷 | 二级 |

## 3.1.4 各级负荷的供电要求

根据 GB 51348—2019《民用建筑电气设计标准》，各级用电负荷的供电要求如下：
1）一级负荷应由双重电源（duplicate power supply）供电，当一个电源发生故障时，另一个电源不应同时受到损坏。
2）对于一级负荷中的特别重要负荷，其供电应符合下列要求：
① 除双重电源供电外，尚应增设应急电源（electric source for safety services）供电；
② 应急电源供电回路应自成系统，且不得将其他负荷接入应急供电回路；
③ 应急电源的切换时间，应满足设备允许中断供电的要求；

④ 应急电源的供电时间,应满足用电设备最长持续运行时间的要求;

⑤ 对一级负荷中特别重要负荷的末端配电箱,切换开关上端口宜设置电源监测和故障报警。

3) 一级负荷应由双重电源的两个低压回路在末端配电箱处切换供电,另有规定者除外。

4) 二级负荷的供电应符合下列规定:

① 二级负荷的外部电源进线宜由35kV、20kV或10kV双回线路供电;当负荷较小或地区供电条件困难时,二级负荷可由一回35kV、20kV或10kV专用的架空线路供电;

② 当建筑物由一路35kV、20kV或10kV电源供电时,二级负荷可由两台变压器各引一路低压回路在负荷端配电箱处切换供电,另有特殊规定者除外;

③ 当建筑物由双重电源供电,且两台变压器低压侧设有母联开关时,二级负荷可由任一段低压母线单回路供电;

④ 对于冷水机组(包括其附属设备)等季节性负荷为二级负荷时,可由一台专用变压器供电;

⑤ 由双重电源的两个低压回路交叉供电的照明系统,其负荷等级可定为二级负荷。

5) 三级负荷可采用单电源单回路供电。

6) 互为备用工作制的生活水泵、排污泵为一级或二级负荷时,可由配对使用的两台变压器低压侧各引一路电源分别为工作泵和备用泵供电。

7) 对于不允许电源瞬时中断的负荷,应设置UPS不间断电源装置供电。

## 3.2 负荷计算方法

### 3.2.1 负荷计算概述

#### 3.2.1.1 计算负荷的概念

供电系统要能可靠地正常运行,就必须使其元件包括电力变压器、电器、电线电缆等满足负荷电流要求。因此有必要对供电系统各环节的电力负荷进行统计计算。

通过对已知用电设备组的设备容量进行统计计算求出的,用来按发热条件选择供电系统中各元件的最大负荷值,称为计算负荷。按计算负荷选择电力变压器、电器、电线电缆,如以最大负荷持续运行,其发热温度不致超出允许值,因而也不会影响其使用寿命。

计算负荷是供电设计计算的基本依据。如果计算负荷确定过大,将使设备和导线相关性能参数值选择得偏大,造成投资和有色金属的浪费;如果计算负荷确定过小,又将使设备和导线相关性能参数值选择得偏小,造成运行时过热,增加电能损耗和电压损失,甚至有可能使设备和导线烧毁,造成事故。可见,正确计算电力负荷具有重要意义。但是由于负荷情况复杂,影响计算负荷的因素很多,虽然各类负荷的变化有一定规律可循,但准确确定计算负荷却十分困难。实际上,负荷也不可能是一成不变的,它与设备的性能、生产的组织及能源供应的状况等多种因素有关,因此负荷计算也只能力求接近实际。

#### 3.2.1.2 用电设备的工作制

电气载流导体的发热与用电设备的工作制关系较大,因为在不同的工作制下,导体发热的条件是不同的。

(1) 连续工作制（continuous running duty）

这类设备长期连续运行，负荷较稳定，如通风机、水泵、空气压缩机、电动扶梯、电炉和照明灯等。机床电动机的负荷虽然变动较大，但大多也是长期连续工作的。由于导体通过额定电流达到稳定温升的时间大约为（3～4）$\tau$（$\tau$ 为发热时间常数），而截面在 16mm² 以上的导体的 $\tau$ 值均在 10min 以上，也就是载流导体大约经 30min 后可达到稳定的温升值。因此，长期连续工作制的用电设备在工作时间内，电气载流导体能达到稳定的温升。

(2) 短时工作制（short-time duty）

这类设备的工作时间较短，而停歇时间相对较长，如机床上的某些辅助电动机（如进给电动机、升降电动机等）。短时工作制的用电设备在工作时间内，电气载流导体不会达到稳定的温升，断电后却能完全冷却。

(3) 周期工作制（intermittent periodic duty）

这类设备周期性地工作—停歇—工作，如此反复运行，而工作周期一般不超过 10min，如电焊机和起重机械。周期工作制的用电设备在工作时间内，电器载流导体也不会达到稳定的温升，停歇时间内也不会完全冷却，在工作循环期间内温升会逐渐升高并最终达到稳定值。

周期工作制的设备，可用负荷持续率 $\varepsilon$（cyclic duration factor，又称暂载率）来表征其工作特征。$\varepsilon$ 为一个工作周期内工作时间与工作周期的百分比，即

$$\varepsilon = \frac{t}{T} \times 100\% = \frac{t}{t + t_0} \times 100\% \tag{3-1}$$

式中　$T$——工作周期；

$t$——工作周期内的工作时间；

$t_0$——工作周期内的停歇时间。

### 3.2.1.3　设备功率的计算

(1) 连续工作制的设备功率

这类设备组的设备功率 $P_e$，一般取所有设备（不含备用设备）的铭牌额定功率 $P_r$ 之和。当用电设备的额定值为视在功率 $S_r$ 时，应换算为有功功率 $P_r$，即 $P_r = S_r \cos\varphi$。

(2) 短时工作制和周期工作制的设备功率

短时工作制和周期工作制设备，在不同的负荷持续率下工作时，其输出功率不同。在进行负荷计算时，要求将所有设备在不同负荷持续率下的铭牌额定功率换算为连续工作制的设备功率（有功功率），才能与其他负荷相加。例如，某设备在铭牌 $\varepsilon_r$ 下的额定功率为 $P_r$，那么该设备在连续工作制的设备功率 $P_e$ 是多少呢？这就需要进行"等效"换算，即按同一周期内相同发热条件来进行换算。

假设设备的内阻为 $R$，则电流 $I$ 通过设备在 $t$ 时间内产生的热量为 $I^2Rt$，因此，在 $R$ 不变而产生的热量又相等的条件下，$I \propto 1/\sqrt{t}$；当电压相同时，设备功率 $P \propto I$，因此 $P \propto 1/\sqrt{t}$；而同一周期的负荷持续率 $\varepsilon \propto t$。由此可得 $P \propto 1/\sqrt{\varepsilon}$，即设备功率与负荷持续率的平方根值成反比，因此

$$P_e = P_r \sqrt{\frac{\varepsilon_r}{\varepsilon}} \tag{3-2}$$

① 当设备要求统一换算到 $\varepsilon = 100\%$ 时的功率（如电焊设备），则

$$P_e = P_r\sqrt{\frac{\varepsilon_r}{\varepsilon_{100}}} = P_r\sqrt{\varepsilon_r} \tag{3-3}$$

式中 $P_r$——额定负荷持续率下的额定功率（铭牌上标定的额定有功功率）；

$\varepsilon_r$——与铭牌额定功率对应的负荷持续率（计算中用小数）；

$\varepsilon_{100}$——其值是100%的负荷持续率（计算中用1）。

② 采用需要系数法计算负荷时，要求设备功率统一换算到 $\varepsilon=25\%$ 时的额定功率（起重机/吊车电动机），即

$$P_e = P_r\sqrt{\frac{\varepsilon_r}{\varepsilon_{25}}} = 2P_r\sqrt{\varepsilon_r} \tag{3-4}$$

式中 $\varepsilon_{25}$——其值是25%的负荷持续率（用0.25计算）。

### 3.2.1.4 负荷曲线

调查研究表明，相同性质的用电设备，其用电规律也大致相同。设计中的供电系统用电设备组计算负荷的确定，就可以利用现有的负荷曲线及其有关系数。

负荷曲线（load curve）是表征电力负荷随时间变动情况的图形。它绘在直角坐标上，纵坐标表示负荷功率，横坐标表示负荷变动所对应的时间。负荷曲线按负荷对象分，有工厂的、车间的或某台设备的负荷曲线；按负荷的功率性质分，有有功和无功负荷曲线；按所表示的负荷变动时间分，有年的、月的、日的或最大负荷工作班的负荷曲线。如图3-3所示是一班制工厂的日有功负荷曲线。

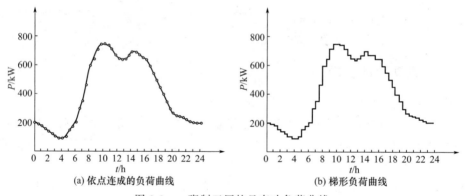

图 3-3 一班制工厂的日有功负荷曲线

为了便于求计算负荷，绘制负荷曲线采用的时间间隔 $\Delta t$ 为30min。这是考虑到对于较小截面（$3\times16mm^2$ 左右）的载流导体而言，30min的时间已能使之达到稳定温升，对于较大截面的导体发热，显然有足够的余量。另外，求确定计算负荷的有关系数，一般是依据用电设备组最大负荷工作班的负荷曲线，所谓最大负荷工作班并不是指偶然出现的，而是每月应出现2~3次。

年负荷曲线，通常是根据典型的冬日和夏日负荷曲线来绘制。这种曲线的负荷从大到小依次排列，反映了全年负荷变动与对应的负荷持续时间（全年按 $365\times24=8760h$ 计）的关系。这种年负荷曲线全称为年负荷持续时间曲线，如图3-4（a）所示。另一种年负荷曲线，是按全年每日的最大半小时平均负荷来绘制的，又称为年每日最大负荷曲线，如图3-4（b）所示。这种年负荷曲线，主要用来确定经济运行方式，即用来确定何段时间宜多投入变压器

台数而另一段时间又宜少投入变压器台数，以使供电系统的能耗最小，获得最佳经济效益。

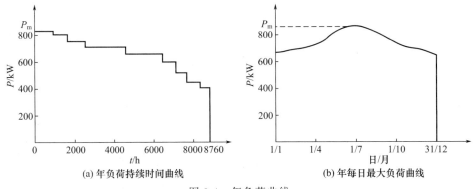

图 3-4 年负荷曲线

根据年负荷曲线可以查得年最大负荷 $P_m$，即为全年中有代表性的最大负荷班的半小时最大负荷，因此也可用 $P_{30}$ 表示。从发热等效的观点来看，计算负荷实际上与年最大负荷是基本相当的。所以计算负荷也可以认为就是年最大负荷，即 $P_e = P_m = P_{30}$。

年平均负荷 $P_{av}$ 如图 3-5 所示，就是电力负荷在全年时间内平均耗用的功率，即

$$P_{av} = W_a / 8760 \quad (3-5)$$

式中 $W_a$——全年时间内耗用的电能。

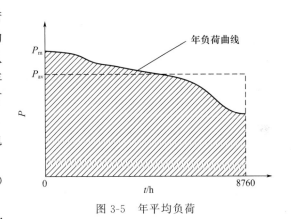

图 3-5 年平均负荷

通常将平均负荷 $P_{av}$ 与最大负荷 $P_m$ 的比值，定义为负荷曲线填充系数，亦称负荷率或负荷系数，用 $\alpha$ 表示（亦可表示为 $K_L$），即

$$\alpha = P_{av} / P_m \quad (3-6)$$

负荷曲线填充系数表征了负荷曲线不平坦的程度，亦即负荷变动的程度。从发挥整个电力系统的效能来说，就是要将起伏波动的负荷曲线"削峰填谷"，尽量设法提高 $\alpha$ 的值。因此，电力系统在运行中必须实行负荷调整。

#### 3.2.1.5 确定计算负荷的系数

根据负荷曲线，可以求出用于确定计算负荷的有关系数。

(1) 需要系数 $K_d$

需要系数定义为

$$K_d = P_m / P_e \quad (3-7)$$

式中 $P_m$——某最大负荷工作班组用电设备的半小时最大负荷；

$P_e$——某最大负荷工作班组用电设备的设备功率。

需要系数的大小取决于用电设备组中设备的负荷率、平均效率、同时利用系数以及电源线路的效率等因素。实际上，人工操作的熟练程度、材料的供应、工具的质量等随机因素都对 $K_d$ 有影响，所以 $K_d$ 只能靠测量统计确定。表 3-4～表 3-9 中列出了部分用电设备组的需要系数 $K_d$ 及相应的 $\cos\varphi$、$\tan\varphi$ 值以及 $\cos\varphi$ 与 $\tan\varphi$、$\sin\varphi$ 的对应值，供参考。

表 3-4　工业用电设备的 $K_d$、$\cos\varphi$ 及 $\tan\varphi$

| 用电设备组名称 | $K_d$ | $\cos\varphi$ | $\tan\varphi$ |
|---|---|---|---|
| 单独传动的金属加工机床 | | | |
| 　小批生产的金属冷加工机床 | 0.12～0.16 | 0.50 | 1.73 |
| 　大批生产的金属冷加工机床 | 0.17～0.20 | 0.50 | 1.73 |
| 　小批生产的金属热加工机床 | 0.20～0.25 | 0.55～0.60 | 1.52～1.33 |
| 　大批生产的金属热加工机床 | 0.25～0.28 | 0.65 | 1.17 |
| 锻锤、压床、剪床及其他锻工机械 | 0.25 | 0.60 | 1.33 |
| 木工机械 | 0.20～0.30 | 0.50～0.60 | 1.73～1.33 |
| 液压机 | 0.30 | 0.60 | 1.33 |
| 生产用通风机 | 0.75～0.85 | 0.80～0.85 | 0.75～0.62 |
| 卫生用通风机 | 0.65～0.70 | 0.80 | 0.75 |
| 泵、活塞型压缩机、电动发电机组 | 0.75～0.85 | 0.80 | 0.75 |
| 球磨机、破碎机、筛选机、搅拌机等 | 0.75～0.85 | 0.80～0.85 | 0.75～0.62 |
| 电阻炉(带调压器或变压器) | | | |
| 　非自动装料 | 0.60～0.70 | 0.95～0.98 | 0.33～0.20 |
| 　自动装料 | 0.70～0.80 | 0.95～0.98 | 0.33～0.20 |
| 干燥箱、加热器等 | 0.40～0.60 | 1.00 | 0 |
| 工频感应电炉(不带无功补偿装置) | 0.80 | 0.35 | 2.68 |
| 高频感应电炉(不带无功补偿装置) | 0.80 | 0.60 | 1.33 |
| 焊接和加热用高频加热设备 | 0.50～0.65 | 0.70 | 1.02 |
| 熔炼用高频加热设备 | 0.80～0.85 | 0.80～0.85 | 0.75～0.62 |
| 表面淬火电炉(带无功补偿装置) | | | |
| 　配电动发电机 | 0.65 | 0.70 | 1.02 |
| 　配真空管振荡器 | 0.80 | 0.85 | 0.62 |
| 中频电炉(中频机组) | 0.65～0.75 | 0.80 | 0.75 |
| 氢气炉(带调压器或变压器) | 0.40～0.50 | 0.85～0.90 | 0.62～0.48 |
| 真空炉(带调压器或变压器) | 0.55～0.65 | 0.85～0.90 | 0.62～0.48 |
| 电弧炼钢炉变压器 | 0.90 | 0.85 | 0.62 |
| 电弧炼钢炉的辅助设备 | 0.15 | 0.50 | 1.73 |
| 点焊机、缝焊机 | 0.35 | 0.60 | 1.33 |
| 对焊机 | 0.35 | 0.70 | 1.02 |
| 自动弧焊变压器 | 0.50 | 0.50 | 1.73 |
| 单头手动弧焊变压器 | 0.35 | 0.35 | 2.68 |
| 多头手动弧焊变压器 | 0.40 | 0.35 | 2.68 |
| 单头直流弧焊机 | 0.35 | 0.60 | 1.33 |
| 多头直流弧焊机 | 0.70 | 0.70 | 1.02 |
| 金属、机修、装配车间、锅炉房用起重机($\varepsilon=25\%$) | 0.10～0.15 | 0.50 | 1.73 |
| 铸造车间起重机($\varepsilon=25\%$) | 0.15～0.30 | 0.50 | 1.73 |
| 联锁的连续运输机械 | 0.65 | 0.75 | 0.88 |
| 非联锁的连续运输机械 | 0.50～0.60 | 0.75 | 0.88 |
| 一般工业用硅整流装置 | 0.50 | 0.70 | 1.02 |

续表

| 用电设备组名称 | $K_d$ | $\cos\varphi$ | $\tan\varphi$ |
|---|---|---|---|
| 电镀用硅整流装置 | 0.50 | 0.75 | 0.88 |
| 电解用硅整流装置 | 0.70 | 0.80 | 0.75 |
| 红外线干燥设备 | 0.85~0.90 | 1.00 | 0 |
| 电火花加工装置 | 0.50 | 0.60 | 1.33 |
| 超声波装置 | 0.70 | 0.70 | 1.02 |
| X光设备 | 0.30 | 0.55 | 1.52 |
| 电子计算机主机 | 0.60~0.70 | 0.80 | 0.75 |
| 电子计算机外部设备 | 0.40~0.50 | 0.50 | 1.73 |
| 试验设备（电热为主） | 0.20~0.40 | 0.80 | 0.75 |
| 试验设备（仪表为主） | 0.15~0.20 | 0.70 | 1.02 |
| 磁粉探伤机 | 0.20 | 0.40 | 2.29 |
| 铁屑加工机械 | 0.40 | 0.75 | 0.88 |
| 排气台 | 0.50~0.60 | 0.90 | 0.48 |
| 老炼台 | 0.60~0.70 | 0.70 | 1.02 |
| 陶瓷隧道窑 | 0.80~0.90 | 0.95 | 0.33 |
| 拉单晶炉 | 0.70~0.75 | 0.90 | 0.48 |
| 赋能腐蚀设备 | 0.60 | 0.93 | 0.40 |
| 真空浸渍设备 | 0.70 | 0.95 | 0.33 |

表3-5 民用建筑用电设备的 $K_d$、$\cos\varphi$ 及 $\tan\varphi$

| 序号 | 用电设备分类 | $K_d$ | $\cos\varphi$ | $\tan\varphi$ |
|---|---|---|---|---|
| 1 | 通风和采暖用电 | | | |
| | 各种风机、空调器 | 0.7~0.8 | 0.8 | 0.75 |
| | 恒温空调箱 | 0.6~0.7 | 0.95 | 0.33 |
| | 冷冻机 | 0.85~0.9 | 0.8 | 0.75 |
| | 集中式电热器 | 1.0 | 1.0 | 0 |
| | 分散式电热器 | 0.75~0.95 | 1.0 | 0 |
| | 小型电热设备 | 0.3~0.5 | 0.95 | 0.33 |
| 2 | 主机房设备 | | | |
| | 各种水泵 | 0.6~0.8 | 0.8 | 0.75 |
| | 锅炉设备 | 0.75~0.8 | 0.8 | 0.75 |
| | 冷冻机（组） | 0.85~0.9 | 0.8~0.9 | 0.75~0.48 |
| 3 | 起重运输用电 | | | |
| | 电梯 | 0.18~0.5 | 0.5~0.6 | 1.73~1.33 |
| | 传送带 | 0.6~0.65 | 0.75 | 0.88 |
| | 起重机械 | 0.1~0.2 | 0.5 | 1.73 |
| 4 | 厨房及卫生用电 | | | |
| | 食品加工机械 | 0.5~0.7 | 0.8 | 0.75 |
| | 电饭锅、电烤箱 | 0.85 | 1.0 | 0 |
| | 电砂锅 | 0.7 | 1.0 | 0 |
| | 电冰箱 | 0.6~0.7 | 0.7 | 1.02 |
| | 热水器（淋浴用） | 0.65 | 1.0 | 0 |
| | 除尘器 | 0.3 | 0.85 | 0.62 |

续表

| 序号 | 用电设备分类 | $K_d$ | $\cos\varphi$ | $\tan\varphi$ |
|---|---|---|---|---|
| 5 | 机修及辅助用电<br>　修理间机械设备<br>　电焊机<br>　移动式电动工具<br>　打包机<br>　洗衣房动力<br>　天窗开闭机 | 0.15～0.2<br>0.35<br>0.2<br>0.2<br>0.3～0.5<br>0.1 | 0.5<br>0.35<br>0.5<br>0.60<br>0.7～0.9<br>0.5 | 1.73<br>2.68<br>1.73<br>1.33<br>1.02～0.48<br>1.73 |
| 6 | 通信及信号设备<br>　载波机<br>　收信机<br>　发信机<br>　电话交换台 | 0.85～0.95<br>0.8～0.9<br>0.7～0.8<br>0.75～0.85 | 0.8<br>0.8<br>0.8<br>0.8 | 0.75<br>0.75<br>0.75<br>0.75 |
| 7 | 消防用电 | 0.4～0.6 | 0.8 | 0.75 |
| 8 | 客房床头电气控制箱 | 0.15～0.25 | 0.7～0.85 | 1.02～0.62 |

表3-6　旅游旅馆用电设备的 $K_d$、$\cos\varphi$ 及 $\tan\varphi$

| 用电设备组名称 | | $K_d$ | $\cos\varphi$ | $\tan\varphi$ |
|---|---|---|---|---|
| 照明 | 客房 | 0.35～0.45 | 0.90 | 0.48 |
| | 其他场所 | 0.50～0.70 | 0.60～0.90 | 1.33～0.48 |
| 冷水机组、泵 | | 0.65～0.75 | 0.80 | 0.75 |
| 通风机 | | 0.60～0.70 | 0.80 | 0.75 |
| 电梯 | | 0.18～0.50 | 0.50 | 1.73 |
| 洗衣机 | | 0.30～0.35 | 0.70 | 1.02 |
| 厨房设备 | | 0.35～0.45 | 0.75 | 0.88 |
| 窗式空调器 | | 0.35～0.45 | 0.80 | 0.75 |

表3-7　照明用电设备需要系数

| 建筑类别 | $K_d$ | 建筑类别 | $K_d$ |
|---|---|---|---|
| 生产厂房(有天然采光) | 0.80～0.90 | 体育馆 | 0.70～0.80 |
| 生产厂房(无天然采光) | 0.90～1.00 | 集体宿舍 | 0.60～0.80 |
| 办公楼 | 0.70～0.80 | 医院 | 0.50 |
| 设计室 | 0.90～0.95 | 食堂、餐厅 | 0.80～0.90 |
| 科研楼 | 0.80～0.90 | 商店 | 0.85～0.90 |
| 仓库 | 0.50～0.70 | 学校 | 0.60～0.70 |
| 锅炉房 | 0.90 | 展览馆 | 0.70～0.80 |
| 托儿所、幼儿园 | 0.80～0.90 | 旅馆 | 0.60～0.70 |
| 综合商业服务楼 | 0.75～0.85 | | |

表 3-8  照明用电设备的 $\cos\varphi$ 及 $\tan\varphi$

| 光源类别 | $\cos\varphi$ | $\tan\varphi$ | 光源类别 | $\cos\varphi$ | $\tan\varphi$ |
|---|---|---|---|---|---|
| 白炽灯、卤钨灯 | 1.00 | 0 | 高压汞灯 | 0.40~0.55 | 2.29~1.52 |
| 荧光灯(电感整流器,无补偿) | 0.50 | 1.73 | 高压钠灯 | 0.40~0.50 | 2.29~1.73 |
| 荧光灯(电感整流器,有补偿) | 0.90 | 0.48 | 金属卤化物灯 | 0.40~0.55 | 2.29~1.52 |
| 荧光灯(电子整流器) | 0.95~0.98 | 0.33~0.20 | 氙灯 | 0.90 | 0.48 |
|  |  |  | 霓虹灯 | 0.40~0.50 | 2.29~1.73 |

表 3-9  $\cos\varphi$ 与 $\tan\varphi$、$\sin\varphi$ 的对应值

| $\cos\varphi$ | $\tan\varphi$ | $\sin\varphi$ | $\cos\varphi$ | $\tan\varphi$ | $\sin\varphi$ | $\cos\varphi$ | $\tan\varphi$ | $\sin\varphi$ |
|---|---|---|---|---|---|---|---|---|
| 1.000 | 0.000 | 0.000 | 0.870 | 0.567 | 0.493 | 0.650 | 1.169 | 0.760 |
| 0.990 | 0.142 | 0.141 | 0.860 | 0.593 | 0.510 | 0.600 | 1.333 | 0.800 |
| 0.980 | 0.203 | 0.199 | 0.850 | 0.620 | 0.527 | 0.550 | 1.518 | 0.835 |
| 0.970 | 0.251 | 0.243 | 0.840 | 0.646 | 0.543 | 0.500 | 1.732 | 0.866 |
| 0.960 | 0.292 | 0.280 | 0.830 | 0.672 | 0.558 | 0.450 | 1.985 | 0.893 |
| 0.950 | 0.329 | 0.312 | 0.820 | 0.698 | 0.572 | 0.400 | 2.291 | 0.916 |
| 0.940 | 0.363 | 0.341 | 0.810 | 0.724 | 0.586 | 0.350 | 2.676 | 0.937 |
| 0.930 | 0.395 | 0.367 | 0.800 | 0.750 | 0.600 | 0.300 | 3.180 | 0.954 |
| 0.920 | 0.426 | 0.392 | 0.780 | 0.802 | 0.626 | 0.250 | 3.873 | 0.968 |
| 0.910 | 0.456 | 0.415 | 0.750 | 0.882 | 0.661 | 0.200 | 4.899 | 0.980 |
| 0.900 | 0.484 | 0.436 | 0.720 | 0.964 | 0.694 | 0.150 | 6.591 | 0.989 |
| 0.890 | 0.512 | 0.456 | 0.700 | 1.020 | 0.714 | 0.100 | 9.950 | 0.995 |
| 0.880 | 0.540 | 0.475 | 0.680 | 1.087 | 0.733 |  |  |  |

(2) 利用系数 $K_u$

利用系数定义为:

$$K_u = P_{av}/P_e \tag{3-8}$$

式中  $P_{av}$——用电设备组在最大负荷工作班消耗的平均功率;

$P_e$——该用电设备组的设备功率。

表 3-10 列出了部分用电设备组的利用系数 $K_u$、$\cos\phi$ 及 $\tan\phi$ 值。

表 3-10  部分用电设备组的利用系数 $K_u$、$\cos\varphi$ 及 $\tan\varphi$

| 用电设备组名称 | $K_u$ | $\cos\varphi$ | $\tan\varphi$ |
|---|---|---|---|
| 一般工作制小批生产用金属切削机床(小型车、刨、插、铣、钻床、砂轮机等) | 0.1~0.12 | 0.50 | 1.73 |
| 一般工作制大批生产用金属切削机床 | 0.12~0.14 | 0.50 | 1.73 |
| 重工作制金属切削机床(冲床、自动车床、六角车床、粗磨、铣齿床、大型车、刨、铣、立车、镗床) | 0.16 | 0.55 | 1.52 |
| 小批生产金属热加工机床(锻锤传动装置、锻造机、拉丝机、清理转磨筒、碾磨机等) | 0.17 | 0.60 | 1.33 |

续表

| 用电设备组名称 | $K_u$ | $\cos\varphi$ | $\tan\varphi$ |
|---|---|---|---|
| 大批生产金属热加工机床 | 0.20 | 0.65 | 1.17 |
| 生产用通风机 | 0.55 | 0.80 | 0.75 |
| 卫生用通风机 | 0.50 | 0.80 | 0.75 |
| 泵、空气压缩机、电动发电机组 | 0.55 | 0.80 | 0.75 |
| 移动式电动工具 | 0.05 | 0.50 | 1.73 |
| 不联锁的连续运输机械(提升机、带运输机、螺旋运输机等) | 0.35 | 0.75 | 0.88 |
| 联锁的连续运输机械 | 0.50 | 0.75 | 0.88 |
| 起重机及电动葫芦($\varepsilon=100\%$) | 0.15~0.20 | 0.50 | 1.73 |
| 电阻炉、干燥箱、加热设备 | 0.55~0.65 | 0.95 | 0.33 |
| 实验室用小型电热设备 | 0.35 | 1.00 | 0.00 |
| 10t 以下电弧炼钢炉 | 0.65 | 0.80 | 0.75 |
| 单头直流弧焊机 | 0.25 | 0.60 | 1.33 |
| 多头直流弧焊机 | 0.50 | 0.70 | 1.02 |
| 单头弧焊变压器 | 0.25 | 0.35 | 2.68 |
| 多头弧焊变压器 | 0.30 | 0.35 | 2.68 |
| 自动弧焊机 | 0.30 | 0.50 | 1.73 |
| 点焊机、缝焊机 | 0.25 | 0.60 | 1.33 |
| 对焊机、铆钉加热器 | 0.25 | 0.70 | 1.02 |
| 工频感应电炉 | 0.75 | 0.35 | 2.68 |
| 高频感应电炉(用电动发电机组) | 0.70 | 0.80 | 0.75 |
| 高频感应电炉(用真空管振荡器) | 0.65 | 0.65 | 1.17 |

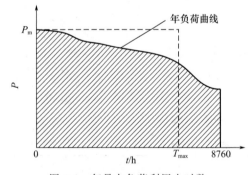

图 3-6 年最大负荷利用小时数

(3) 年最大负荷利用小时数 $T_{max}$

年最大负荷利用小时数 $T_{max}$ 是假设电力负荷按年最大负荷 $P_m$ 持续运行时，在此时间内电力负荷所耗用的电能恰与电力负荷全年实际耗用的电能相同，如图 3-6 所示。因此年最大负荷利用小时数是一个假想时间，按下式计算：

$$T_{max}=W_a/P_m \qquad (3-9)$$

式中 $W_a$——全年实际耗用的电能。

年最大负荷利用小时数是反映电力负荷时间特征的重要参数之一。它与企业的生产班制有关，例如一班制企业，$T_{max}=1800\sim3000h$；两班制企业，$T_{max}=3500\sim4500h$；三班制企业，$T_{max}=5000\sim7500h$。表 3-11 列出了不同行业的年最大负荷利用小时数参考值。

表 3-11 不同行业的年最大负荷利用小时数 $T_{max}$ 与最大负荷损耗小时数 $\tau$

| 行业名称 | $T_{max}/h$ | $\tau/h$ | 行业名称 | $T_{max}/h$ | $\tau/h$ |
|---|---|---|---|---|---|
| 有色电解 | 7500 | 6550 | 制造企业 | 5000 | 3400 |

续表

| 行业名称 | $T_{max}/h$ | $\tau/h$ | 行业名称 | $T_{max}/h$ | $\tau/h$ |
|---|---|---|---|---|---|
| 化工 | 7300 | 6375 | 食品企业 | 4500 | 2900 |
| 石油 | 7000 | 5800 | 农村企业 | 3500 | 2000 |
| 有色冶炼 | 6800 | 5500 | 农村灌溉 | 2800 | 1600 |
| 黑色冶炼 | 6500 | 5100 | 城市生活 | 2500 | 1250 |
| 纺织 | 6000 | 4500 | 农村照明 | 1500 | 750 |
| 有色采选 | 5800 | 4350 | | | |

### 3.2.2 三相用电设备组计算负荷的确定

#### 3.2.2.1 需要系数法

(1) 一组用电设备的计算负荷

按需要系数法确定三相用电设备组计算负荷的基本公式为

有功计算负荷（kW） $\qquad P_c = P_m = K_d P_e$ （3-10）

无功计算负荷（kvar） $\qquad Q_c = P_c \tan\varphi$ （3-11）

视在计算负荷（kV·A） $\qquad S_c = P_c / \cos\varphi$ （3-12）

计算电流（A） $\qquad I_c = \dfrac{S_c}{\sqrt{3} U_n}$ （3-13）

式中 $U_n$——用电设备所在电网的标称电压，kV。

必须指出：前述表格中所列需要系数值，适用于设备台数多，容量差别不大的负荷。若设备台数较少时，则需要系数值宜适当取大。当只有1～2台用电设备，需要系数 $K_d$ 可取为1；当只有4台用电设备，$K_d$ 可取为0.9；当只有1台电动机时，则此电动机的计算电流就取其额定电流。另外，当用电设备带有辅助装置时，如气体放电灯带有电感型镇流器，其辅助装置的功率损耗也应计入设备容量。

**【例3-1】** 已知某机修车间的金属冷加工机床组，其拥有三相电动机的具体数量和规格如下：2台22kW、6台7.5kW、12台4kW、6台1.5kW。试用需要系数法确定其计算负荷 $P_c$、$Q_c$、$S_c$ 和 $I_c$。

**解** 因为某机修车间的金属冷加工机床组，拥有三相电动机的具体数量和规格为：2台22kW、6台7.5kW、12台4kW、6台1.5kW，所以此机床组电动机的总功率为

$$P_e = \sum P_{r.i} = 22 \times 2 + 7.5 \times 6 + 4 \times 12 + 1.5 \times 6 = 146 \text{ kW}$$

查表3-4"小批生产的金属冷加工机床"项，得 $K_d = 0.12 \sim 0.16$（取0.16），$\cos\varphi = 0.5$，$\tan\varphi = 1.73$。因此可得：

有功计算负荷 $\qquad P_c = K_d P_e = 0.16 \times 146 = 23.36 \text{kW}$

无功计算负荷 $\qquad Q_c = P_c \tan\varphi = 23.36 \times 1.73 = 40.41 \text{kvar}$

视在计算负荷 $\qquad S_c = P_c / \cos\varphi = 23.36 / 0.5 = 46.72 \text{kV·A}$

计算电流 $\qquad I_c = \dfrac{S_c}{\sqrt{3} U_n} = \dfrac{46.72}{\sqrt{3} \times 0.38} = 70.98 \text{A}$

(2) 多组用电设备的计算负荷

在确定拥有多组用电设备的干线上或变电所低压母线上的计算负荷时，应考虑各组用电设备的最大负荷不同时出现的因素。因此在确定低压干线上或低压母线上的计算负荷时，可结合具体情况对其有功和无功计算负荷计入一个同时系数（又称参差系数）$K_\Sigma$。

对于配电干线，可取 $K_{\Sigma p}=0.80\sim1.0$，$K_{\Sigma q}=0.85\sim1.0$。对于低压母线，由用电设备组的计算负荷直接相加来计算时，可取 $K_{\Sigma p}=0.75\sim0.90$，$K_{\Sigma q}=0.80\sim0.95$；由干线负荷直接相加来计算时，可取 $K_{\Sigma p}=0.90\sim1.0$，$K_{\Sigma q}=0.93\sim1.0$。

总的有功计算负荷
$$P_c = K_{\Sigma p} \sum P_{c.i} \tag{3-14}$$

总的无功计算负荷
$$Q_c = K_{\Sigma q} \sum Q_{c.i} \tag{3-15}$$

总的视在计算负荷
$$S_c = \sqrt{P_c^2 + Q_c^2} \tag{3-16}$$

总的计算电流按式(3-13)计算。

由于各组设备的 $\cos\varphi$ 不一定相同，因此总的视在计算负荷和计算电流不能用各组的视在计算负荷或计算电流相加来计算。

【例 3-2】 某生产厂房内（380V 线路），接有水泵电动机 30 台共 205kW，另有生产用通风机 25 台共 45kW，电焊机（单头手动弧焊变压器）3 台共 10.5kW（ε=65%）。试确定线路上总的计算负荷。

**解** 先求各组用电设备的计算负荷。

① 水泵电动机组 查表 3-4 可知，$K_d=0.75\sim0.85$（取 $K_d=0.8$），$\cos\varphi=0.8$，$\tan\varphi=0.75$，因此
$$P_{c.1} = K_{d.1} P_{e.1} = 0.8 \times 205 = 164\text{kW}$$
$$Q_{c.1} = P_{c.1} \tan\varphi_1 = 164 \times 0.75 = 123\text{kvar}$$

② 通风机组 查表 3-4 可知，$K_d=0.75\sim0.85$（取 $K_d=0.8$），$\cos\varphi=0.8\sim0.85$（取 $\cos\varphi=0.8$），$\tan\varphi=0.75\sim0.62$（取 $\tan\varphi=0.75$），因此
$$P_{c.2} = K_{d.2} P_{e.2} = 0.8 \times 45 = 36\text{kW}$$
$$Q_{c.2} = P_{c.2} \tan\varphi_2 = 36 \times 0.75 = 27\text{kvar}$$

③ 电焊机组 查表 3-4 可知，$K_d=0.35$，$\cos\varphi=0.35$，$\tan\varphi=2.68$。先求出在统一负荷持续率 ε=100% 下的设备功率，即
$$P_e = P_r \sqrt{\frac{\varepsilon_r}{\varepsilon_{100}}} = P_r \sqrt{\varepsilon_r} = 10.5 \times \sqrt{0.65} = 8.47\text{kW}$$

则
$$P_{c.3} = K_{d.3} P_{e.3} = 0.35 \times 8.47 = 2.96\text{kW}$$
$$Q_{c.3} = P_{c.3} \tan\varphi_3 = 2.96 \times 2.68 = 7.93\text{kvar}$$

因此，总计算负荷（取 $K_{\Sigma p}=0.95$，$K_{\Sigma q}=0.97$）为
$$P_c = K_{\Sigma p} \sum P_{c.i} = 0.95 \times (164+36+2.96) = 192.81\text{kW}$$
$$Q_c = K_{\Sigma q} \sum Q_{c.i} = 0.97 \times (123+27+7.93) = 153.19\text{kvar}$$
$$S_c = \sqrt{P_c^2 + Q_c^2} = \sqrt{192.81^2 + 153.19^2} = 246.26\text{kV} \cdot \text{A}$$
$$I_c = S_c/(\sqrt{3} U_n) = 246.26/(\sqrt{3} \times 0.38) = 374.2\text{A}$$

在供电工程设计说明书中，为便于审核，常采用计算表格形式，例 3-2 的电力负荷计算表见表 3-12。

表 3-12 例 3-2 的电力负荷计算表

| 序号 | 用电设备名称 | 台数 | 设备功率 $P_e$/kW | $K_d$ | $\cos\varphi$ | $\tan\varphi$ | 计算负荷 | | | |
|---|---|---|---|---|---|---|---|---|---|---|
| | | | | | | | $P_c$/kW | $Q_c$/kvar | $S_c$/kV·A | $I_c$/A |
| 1 | 水 泵 | 30 | 205 | 0.8 | 0.8 | 0.75 | 164 | 123 | 205 | 311.47 |
| 2 | 通风机 | 25 | 45 | 0.8 | 0.8 | 0.75 | 36 | 27 | 45 | 68.37 |
| 3 | 电焊机 | 3 | 10.5(65%)<br>8.46(100%) | 0.35 | 0.35 | 2.68 | 2.96 | 7.93 | 8.46 | 12.85 |
| 总计 | | — | — | — | — | — | 202.96 | 157.93 | — | — |
| | | 取 $K_{\Sigma p}=0.95, K_{\Sigma q}=0.97$ | | | 0.78 | — | 192.81 | 153.19 | 246.26 | 374.2 |

### 3.2.2.2 利用系数法

利用系数法是以概率论和数理统计为基础,把最大负荷 $P_m$(计算负荷)分成平均负荷和附加差值两部分。后者取决于负荷与其平均值的方均根的差,用最大系数中大于1的部分来体现。

最大系数 $K_m$ 定义为:

$$K_m = P_m / P_{av} \tag{3-17}$$

在通用的利用系数法中,最大系数 $K_m$ 是平均利用系数和用电设备有效台数的函数。前者反映了设备的接通率,后者反映了设备台数和各台设备间的功率差异。采用利用系数法确定计算负荷的具体步骤如下。

(1) 求各用电设备组在最大负荷班内的平均负荷

有功功率
$$P_{av} = K_{u.i} P_{e.i} \tag{3-18}$$

无功功率
$$Q_{av.i} = P_{av.i} \tan\varphi_i \tag{3-19}$$

(2) 求平均利用系数 $K_{u.av}$

$$K_{u.av} = \sum P_{av.i} / \sum P_{e.i} \tag{3-20}$$

(3) 求用电设备的有效台数 $n_{eq}$

为便于分析比较,从导体发热角度出发,不同功率的用电设备需归算为同一功率的用电设备,于是可得到用电设备的有效台数 $n_{eq}$ 为

$$n_{eq} = (\sum P_{e.i})^2 / \sum P_{e.i}^2 \tag{3-21}$$

式中 $P_{e.i}$ ——用电设备组中,各台用电设备的功率。

然后根据用电设备的有效台数 $n_{eq}$ 和平均利用系数 $K_{u.av}$,查表 3-13 求出最大系数 $K_m$。

表 3-13 用电设备的最大系数 $K_m$

| $n_{eq}$ | $K_{u.av}$ | | | | | | | | | |
|---|---|---|---|---|---|---|---|---|---|---|
| | 0.1 | 0.15 | 0.2 | 0.3 | 0.4 | 0.5 | 0.6 | 0.7 | 0.8 | 0.9 |
| 4 | 3.43 | 3.11 | 2.64 | 2.14 | 1.87 | 1.65 | 1.46 | 1.29 | 1.14 | 1.05 |
| 5 | 3.23 | 2.87 | 2.42 | 2.00 | 1.76 | 1.57 | 1.41 | 1.26 | 1.12 | 1.04 |
| 6 | 3.04 | 2.64 | 2.24 | 1.88 | 1.66 | 1.51 | 1.37 | 1.23 | 1.10 | 1.04 |
| 7 | 2.88 | 2.48 | 2.10 | 1.08 | 1.58 | 1.45 | 1.33 | 1.21 | 1.09 | 1.04 |

续表

| $n_{eq}$ | $K_{u.av}$ | | | | | | | | | |
|---|---|---|---|---|---|---|---|---|---|---|
| | 0.1 | 0.15 | 0.2 | 0.3 | 0.4 | 0.5 | 0.6 | 0.7 | 0.8 | 0.9 |
| 8 | 2.72 | 2.31 | 1.99 | 1.72 | 1.52 | 1.40 | 1.30 | 1.20 | 1.08 | 1.04 |
| 9 | 2.56 | 2.20 | 1.90 | 1.65 | 1.47 | 1.37 | 1.28 | 1.18 | 1.08 | 1.03 |
| 10 | 2.42 | 2.10 | 1.84 | 1.60 | 1.43 | 1.34 | 1.26 | 1.16 | 1.07 | 1.03 |
| 12 | 2.24 | 1.96 | 1.75 | 1.52 | 1.36 | 1.28 | 1.23 | 1.15 | 1.07 | 1.03 |
| 14 | 2.10 | 1.85 | 1.67 | 1.45 | 1.32 | 1.25 | 1.20 | 1.13 | 1.07 | 1.03 |
| 16 | 1.99 | 1.77 | 1.61 | 1.41 | 1.28 | 1.23 | 1.18 | 1.12 | 1.07 | 1.03 |
| 18 | 1.91 | 1.70 | 1.55 | 1.37 | 1.26 | 1.21 | 1.16 | 1.11 | 1.06 | 1.03 |
| 20 | 1.84 | 1.65 | 1.50 | 1.34 | 1.24 | 1.20 | 1.15 | 1.11 | 1.06 | 1.03 |
| 25 | 1.71 | 1.55 | 1.40 | 1.28 | 1.21 | 1.17 | 1.14 | 1.10 | 1.06 | 1.03 |
| 30 | 1.62 | 1.46 | 1.34 | 1.24 | 1.19 | 1.16 | 1.13 | 1.10 | 1.05 | 1.03 |
| 35 | 1.56 | 1.41 | 1.30 | 1.21 | 1.17 | 1.15 | 1.12 | 1.09 | 1.05 | 1.02 |
| 40 | 1.50 | 1.37 | 1.27 | 1.19 | 1.15 | 1.13 | 1.12 | 1.09 | 1.05 | 1.02 |
| 45 | 1.45 | 1.33 | 1.25 | 1.17 | 1.14 | 1.12 | 1.11 | 1.08 | 1.04 | 1.02 |
| 50 | 1.40 | 1.30 | 1.23 | 1.16 | 1.14 | 1.11 | 1.10 | 1.08 | 1.04 | 1.02 |
| 60 | 1.32 | 1.25 | 1.19 | 1.14 | 1.12 | 1.11 | 1.09 | 1.07 | 1.03 | 1.02 |
| 70 | 1.27 | 1.22 | 1.17 | 1.12 | 1.10 | 1.10 | 1.09 | 1.06 | 1.03 | 1.02 |
| 80 | 1.25 | 1.20 | 1.15 | 1.11 | 1.10 | 1.10 | 1.08 | 1.06 | 1.03 | 1.02 |
| 90 | 1.23 | 1.18 | 1.13 | 1.10 | 1.09 | 1.09 | 1.08 | 1.05 | 1.02 | 1.02 |
| 100 | 1.21 | 1.17 | 1.12 | 1.10 | 1.08 | 1.08 | 1.07 | 1.05 | 1.02 | 1.02 |
| 120 | 1.19 | 1.16 | 1.12 | 1.09 | 1.07 | 1.07 | 1.07 | 1.05 | 1.05 | 1.02 |
| 160 | 1.16 | 1.13 | 1.10 | 1.08 | 1.05 | 1.05 | 1.05 | 1.04 | 1.02 | 1.02 |
| 200 | 1.15 | 1.12 | 1.09 | 1.07 | 1.05 | 1.05 | 1.05 | 1.04 | 1.01 | 1.01 |
| 240 | 1.14 | 1.11 | 1.08 | 1.07 | 1.05 | 1.05 | 1.05 | 1.03 | 1.01 | 1.01 |

注：表中的 $K_m$ 数据是按 0.5h 最大负荷计算的。计算以中小截面导线为基准，其发热时间常数 $\tau$ 为 10min，负荷热效应达到稳态的持续时间 $t$，按指数曲线约为 $3\tau$，即 0.5h。对于变电所低压母线或低压干线来说，$\tau \geqslant 20$min，$t \geqslant 1$h。当 $t > 0.5$h，最大系数按下式换算：

$$K_{m(t)} \leqslant 1 + \frac{K_m - 1}{\sqrt{2t}} \tag{3-22}$$

(4) 求计算负荷及计算电流

有功计算负荷 $$P_c = K_m \sum P_{av.i} \tag{3-23}$$

无功计算负荷 $$Q_c = K_m \sum Q_{av.i} \tag{3-24}$$

视在计算负荷按式(3-16)计算，计算电流按式(3-13)计算。

在实际工程应用中，若用电设备在 3 台及以下，则其有功计算负荷取设备功率总和；若用电设备在 3 台以上，而有效台数小于 4 时，其有功计算负荷取设备功率的总和，再乘以 0.9 的系数。

**【例 3-3】** 试运用利用系数法来确定例 3-1 中机床组的计算负荷。

**解** （1）用电设备组在最大负荷班的平均负荷

对机床电动机，查表 3-10 得 $K_u=0.1\sim0.12$（取 $K_u=0.12$），$\tan\varphi=1.73$，因此

有功功率 $\quad\quad\quad\quad P_{av}=K_{u.i}P_{e.i}=0.12\times146=17.52\text{kW}$

无功功率 $\quad\quad\quad\quad Q_{av.i}=P_{av.i}\tan\varphi_i=17.52\times1.73=30.31\text{kvar}$

（2）平均利用系数

因只有 1 组用电设备，故 $K_{u.av}=K_u=0.12$

（3）用电设备的有效台数

$$n_{eq}=\frac{(\sum P_{e.i})^2}{\sum P_{e.i}^2}=\frac{146^2}{22^2\times2+7.5^2\times6+4^2\times12+1.5^2\times6}=14.11\text{（取 14）}$$

（4）计算负荷及计算电流

利用 $K_{u.av}=0.12$，$n_{eq}=14$ 查表 3-13，通过插值求得最大系数 $K_m=2$，则

有功计算负荷 $\quad\quad P_c=K_m\sum P_{av.i}=2\times17.52=35.04\text{kW}$

无功计算负荷 $\quad\quad Q_c=K_m\sum Q_{av.i}=2\times30.31=60.62\text{kvar}$

视在计算负荷 $\quad S_c=\sqrt{P_c^2+Q_c^2}=\sqrt{35.04^2+60.62^2}=70.02\text{kV}\cdot\text{A}$

计算电流 $\quad\quad I_c=S_c/(\sqrt{3}U_n)=70.02/(\sqrt{3}\times0.38)=106.38\text{A}$

比较例 3-1 和例 3-3 的计算结果可以看出，按利用系数法计算的结果比按需要系数法计算的结果稍大，特别是在设备台数较少的情况下。供电设计的经验证明，选择低压分支干线或支线时，特别是用电设备台数少而各台设备功率相差悬殊时，宜采用利用系数法。随着计算机的普及，利用系数法将得到广泛应用。

### 3.2.2.3 单位指标法

对设备功率不明确的各类项目，可采用单位指标法确定计算负荷。

（1）单位产品耗电量法

单位产品耗电量法用于工业企业工程。有功计算负荷的计算公式为

$$P_c=\omega N/T_{max} \tag{3-25}$$

式中 $P_c$——有功计算负荷，kW；

$\omega$——每一单位产品电能消耗量，可查有关设计手册；

$N$——企业的年生产量；

$T_{max}$——年最大负荷利用小时数。

（2）单位面积功率法和综合单位指标法

单位面积功率法和综合单位指标法主要用于民用建筑工程。有功计算负荷的计算公式为

$$P_c=P_e S/1000 \text{ 或 } P_c=P'_e N/1000 \tag{3-26}$$

式中 $P_e$——单位面积功率，W/m²；

$S$——建筑面积，m²；

$P'_e$——单位指标功率，W/户、W/人或 W/床；

$N$——单位数量，如户数、人数、床位数。

各类建筑物的用电指标见表 3-14，住宅每户的用电指标见表 3-15。采用单位指标法确定计算负荷时，通常不再乘以需要系数。但对于住宅，应根据住宅的户数，乘以一个需要系数（参见表 3-16）。

表 3-14 各类建筑物的用电指标

| 建筑类别 | 用电指标/(W/m²) | 建筑类别 | 用电指标/(W/m²) |
| --- | --- | --- | --- |
| 公寓 | 30～50 | 医院 | 40～70 |
| 旅馆 | 40～70 | 高等学校 | 20～40 |
| 办公 | 30～70 | 中小学 | 12～20 |
| 商业 | 一般:40～80<br>大中型:60～120 | 展览馆 | 50～80 |
| 体育 | 40～70 | 演播室 | 250～500 |
| 剧场 | 50～80 | 汽车库 | 8～15 |

注:1. 此表摘自《全国民用建筑工程设计技术措施·电气》(2009年版)。
2. 此表所列用电指标的上限值是按空调采用电动压缩机制冷时的数据。当空调冷水机采用直燃机时,用电指标一般比采用电动压缩机制冷时的指标降低 25～35W/m²。

表 3-15 全国普通住宅每户的用电指标

| 套型 | 建筑面积 $S/m^2$ | 用电指标最低值/(kW/户) | 单相电能表规格/A |
| --- | --- | --- | --- |
| A | $S\leqslant 60$ | 3 | 5(20) |
| B | $60<S\leqslant 90$ | 4 | 10(40) |
| C | $90<S\leqslant 150$ | 6 | 10(40) |
| D | $S>150$ | ≥8 | ≥10(40) |

注:此表摘自 JGJ 242—2011《住宅建筑电气设计规范》。

表 3-16 住宅用电负荷需要系数（同时系数）

| 按三相配电计算时所连接的基本户数 | $K_d$通用值 | $K_d$推荐值 | 按三相配电计算时所连接的基本户数 | $K_d$通用值 | $K_d$推荐值 | 按三相配电计算时所连接的基本户数 | $K_d$通用值 | $K_d$推荐值 |
| --- | --- | --- | --- | --- | --- | --- | --- | --- |
| 9 | 1 | 1 | 36 | 0.50 | 0.60 | 72 | 0.41 | 0.45 |
| 12 | 0.95 | 0.95 | 42 | 0.48 | 0.55 | 75～300 | 0.40 | 0.45 |
| 18 | 0.75 | 0.80 | 48 | 0.47 | 0.55 | 375～600 | 0.33 | 0.35 |
| 24 | 0.66 | 0.70 | 54 | 0.45 | 0.50 | 780～900 | 0.26 | 0.30 |
| 30 | 0.58 | 0.65 | 63 | 0.43 | 0.50 | | | |

注:1. 表中通用值系目前采用的住宅需要系数值,推荐值是为了计算方便而提出,仅供参考。
2. 住宅的公用照明及公用电力负荷需要系数,一般按 0.8 选取。

## 3.2.3 单相用电设备组计算负荷的确定

在用户供电系统中,除了广泛应用三相电气设备外,还应用各种单相电气设备,特别是民用建筑物,大量应用的是各种单相电气设备。单相设备接在三相线路中应尽可能地均衡分配,使三相负荷尽可能平衡。如果三相线路中单相设备的总功率不超过三相设备总功率的15%,则不论单相设备如何分配,单相设备可与三相设备综合起来按三相负荷平衡计算。如果单相设备功率超过三相设备功率15%时,则应将单相设备功率换算为等效三相设备功率,再与三相设备功率相加。

由于确定计算负荷的目的,主要是选择供配电系统中的设备和导线电缆,使设备和导线在最大负荷电流通过时不致过热或烧毁;因此,在接有较多单相设备的三相线路中,不论单相设备接于相电压还是接于线电压,只要三相负荷不平衡,就应以最大负荷相有功负荷的3倍作为等效三相有功负荷,以满足线路安全运行的要求。

(1) 接于相电压的单相设备功率换算

按最大负荷相所接的单相设备功率 $P_{\text{e.mph}}$ 乘以 3 来计算，其等效三相设备功率为

$$P_{\text{e}}=3P_{\text{e.mph}} \tag{3-27}$$

(2) 接于线电压的单相设备功率换算

由于功率为 $P_{\text{e.ph}}$ 的单相设备接在线电压上产生的电流 $I=P_{\text{e.ph}}/(U_{\text{n}}\cos\varphi)$，这一电流应与等效的三相设备功率 $P_{\text{e}}$ 产生的电流 $I'=P_{\text{e}}/(\sqrt{3}U_{\text{n}}\cos\varphi)$ 相等，因此其等效的三相设备功率为

$$P_{\text{e}}=\sqrt{3}P_{\text{e.ph}} \tag{3-28}$$

(3) 单相设备接于不同线电压时的计算

如图 3-7 所示，设 $P_1>P_2>P_3$，且 $\cos\varphi_1\neq\cos\varphi_2\neq\cos\varphi_3$，$P_1$ 接于 $U_{\text{AB}}$，$P_2$ 接于 $U_{\text{BC}}$，$P_3$ 接于 $U_{\text{CA}}$。按照等效发热原理，可等效为图 3-7 所示三种接线的叠加：

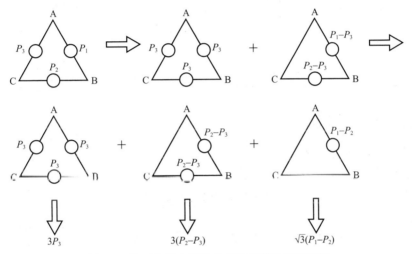

图 3-7 接于各线电压的单相负荷等效变换程序

① $U_{\text{AB}}$、$U_{\text{BC}}$、$U_{\text{CA}}$ 间各接 $P_3$，其等效三相功率为 $3P_3$；
② $U_{\text{AB}}$ 和 $U_{\text{BC}}$ 间各接 $P_2-P_3$，其等效三相功率为 $3(P_2-P_3)$；
③ $U_{\text{AB}}$ 间接 $P_1-P_2$，其等效三相功率为 $\sqrt{3}(P_1-P_2)$。

因此，$P_1$、$P_2$、$P_3$ 接于不同线电压时的等效三相设备功率为

$$P_{\text{e}}=\sqrt{3}P_1+(3-\sqrt{3})P_2 \tag{3-29}$$

$$Q_{\text{e}}=\sqrt{3}P_1\tan\varphi_1+(3-\sqrt{3})P_2\tan\varphi_2 \tag{3-30}$$

此时的等效三相计算负荷同样按需要系数法计算。

(4) 单相设备分别接于线电压和相电压时的负荷计算

首先应将接于线电压的单相设备功率换算为接于相电压的设备功率，然后分相计算各相的设备功率，并按需要系数法计算其计算负荷。而总的等效三相有功计算负荷为其最大有功负荷相的有功计算负荷的 3 倍，总的等效三相无功计算负荷为其最大有功负荷相的无功计算负荷的 3 倍。关于将接于线电压的单相设备功率换算为接于相电压的设备功率问题，可按下列换算公式进行换算：

A 相

$$P_{\text{A}}=P_{\text{AB}}p_{\text{AB-A}}+P_{\text{CA}}p_{\text{CA-A}} \tag{3-31}$$

$$Q_{\text{A}}=P_{\text{AB}}q_{\text{AB-A}}+P_{\text{CA}}q_{\text{CA-A}} \tag{3-32}$$

B 相

$$P_{\text{B}}=P_{\text{AB}}p_{\text{AB-B}}+P_{\text{BC}}p_{\text{BC-B}} \tag{3-33}$$

$$Q_B = P_{AB}q_{AB-B} + P_{BC}q_{BC-B} \tag{3-34}$$

C 相
$$P_C = P_{BC}p_{BC-C} + P_{CA}p_{CA-C} \tag{3-35}$$

$$Q_C = P_{BC}q_{BC-C} + P_{CA}q_{CA-C} \tag{3-36}$$

式中 $P_{AB}$，$P_{BC}$，$P_{CA}$——接于 AB、BC、CA 相间的有功设备功率，kW；

$P_A$，$P_B$，$P_C$——换算为接于 A 相、B 相、C 相的有功设备功率，kW；

$Q_A$，$Q_B$，$Q_C$——换算为接于 A 相、B 相、C 相的无功设备功率，kvar；

$p_{AB-A}$，$q_{AB-A}$，…——为接于 AB、……相间设备功率换算为接于 A、……相设备功率的有功及无功换算系数，见表 3-17。

表 3-17 线间负荷换算为相负荷的有功、无功换算系数

| 换算系数 | 负荷功率因数 | | | | | | | | |
|---|---|---|---|---|---|---|---|---|---|
|  | 0.35 | 0.40 | 0.50 | 0.60 | 0.65 | 0.70 | 0.80 | 0.90 | 1.00 |
| $p_{AB-A}$、$p_{BC-B}$、$p_{CA-C}$ | 1.27 | 1.17 | 1.00 | 0.89 | 0.84 | 0.80 | 0.72 | 0.64 | 0.50 |
| $p_{AB-B}$、$p_{BC-C}$、$p_{CA-A}$ | −0.27 | −1.07 | 0 | 0.11 | 0.16 | 0.20 | 0.28 | 0.36 | 0.50 |
| $q_{AB-A}$、$q_{BC-B}$、$q_{CA-C}$ | 1.05 | 0.86 | 0.58 | 0.38 | 0.30 | 0.22 | 0.09 | −0.05 | −0.29 |
| $q_{AB-B}$、$q_{BC-C}$、$q_{CA-A}$ | 1.63 | 1.44 | 1.16 | 0.96 | 0.88 | 0.80 | 0.67 | 0.53 | 0.29 |

### 3.2.4 尖峰电流及其计算

(1) 尖峰电流的有关概念

尖峰电流（peak current）是指持续时间 1～2s 的短时最大负荷电流。尖峰电流主要用来选择熔断器和低压断路器、整定继电保护装置和检验电动机自启动条件等。

(2) 单台用电设备尖峰电流 $I_{pk}$ 的计算

单台用电设备（如电动机）的尖峰电流就是其启动电流（starting current），因此尖峰电流 $I_{pk}$ 为

$$I_{pk} = I_{st} = k_{st}I_{r.M} \tag{3-37}$$

式中 $I_{st}$——用电设备的启动电流；

$k_{st}$——用电设备的启动电流倍数，对笼型电动机 $k_{st}=5\sim7$，绕线转子电动机 $k_{st}=2\sim3$，直流电动机 $k_{st}=1.7$，电焊变压器 $k_{st}\geqslant 3$；

$I_{r.M}$——用电设备的额定电流。

(3) 多台用电设备尖峰电流的计算

引至多台用电设备的线路上的尖峰电流按下式计算：

$$I_{pk} = K_\Sigma \sum_{i=1}^{n-1} I_{r.M.i} + I_{st.max} \tag{3-38}$$

或

$$I_{pk} = I_c + (I_{st} - I_{r.M})_{max} \tag{3-39}$$

式中 $I_{st.max}$——用电设备中启动电流与额定电流之差为最大的那台设备的启动电流；

$(I_{st} - I_{r.M})_{max}$——用电设备中启动电流与额定电流之差为最大的那台设备的启动电流与额定电流之差；

$\sum_{i=1}^{n-1} I_{r.M.i}$——将启动电流与额定电流之差为最大的那台设备除外的其他 $n-1$ 台设备的额定电流之和；

$K_\Sigma$——上述 $n-1$ 台设备的同时系数，按台数多少选取，一般为 0.75～1；

$I_c$——全部设备投入运行时线路的计算电流。

【例 3-4】 有一 380V 的三相线路,供电给表 3-18 所示的 4 台电动机。试计算该线路的尖峰电流。

表 3-18 例 3-4 的负荷资料

| 参数 | 电动机 | | | |
|---|---|---|---|---|
| | M1 | M2 | M3 | M4 |
| 额定电流 $I_{r.M}/A$ | 5.8 | 5 | 35.8 | 27.6 |
| 启动电流 $I_{st}/A$ | 40.6 | 35 | 197 | 193.2 |

**解** 由表 3-18 可知,电动机 M4 的 $I_{st}-I_{r.M}=193.2-27.6=165.6$A 为最大。因此按式(3-38)计算(取 $K_\Sigma=0.9$)可得该线路的尖峰电流为

$$I_{pk}=K_\Sigma \sum_{i=1}^{n-1}I_{r.M.i}+I_{st.max}=0.9\times(5.8+5+35.8)+193.2=235.1 \text{ A}$$

## 3.2.5 供电系统的功率损耗

供配电系统的功率损耗主要包括线路功率损耗和变压器的功率损耗两部分。下面分别介绍这两部分和电容器、电抗器功率损耗及计算方法。

### 3.2.5.1 线路的功率损耗

由于供配电线路存在电阻和电抗,所以线路上会产生有功功率损耗和无功功率损耗。其值分别按下式计算。

有功功率损耗 $\quad\quad\quad\quad \Delta P_W=3I_c^2R\times10^{-3} \quad\quad\quad\quad (3-40)$

无功功率损耗 $\quad\quad\quad\quad \Delta Q_W=3I_c^2X\times10^{-3} \quad\quad\quad\quad (3-41)$

式中　$I_c$——线路的计算电流,A;
　　　$R$——线路每相的电阻,$R=rl$,$\Omega$;
　　　$r$——线路单位长度的电阻值,$\Omega$/km;
　　　$l$——线路长度,km;
　　　$X$——为线路每相的电抗,$X=xl$,$\Omega$;
　　　$x$——线路单位长度的电抗值,$\Omega$/km。

在工程设计中,通常将电力线路每相单位长度的电阻、电抗预先计算出来制成表格(见表 3-19),以方便查用。

### 3.2.5.2 双绕组电力变压器的功率损耗

双绕组电力变压器功率损耗包括有功和无功两大部分。

(1) 变压器的有功功率损耗

变压器的有功功率损耗由两部分组成。

① 铁芯中的有功功率损耗,即铁损 $\Delta P_{Fe}$。铁损在变压器一次绕组的外施电压和频率不变的条件下是固定不变的,与负荷的大小无关。铁损可由变压器空载试验测定。变压器的空载损耗 $\Delta P_0$ 可认为就是铁损,因为变压器的空载电流 $I_0$ 很小,在一次绕组中产生的有功功率损耗可忽略不计。

表 3-19 三相线路电线电缆单位长度每相阻抗值

| 类别 | | 导线截面积/mm² | | | | | | | | | | |
|---|---|---|---|---|---|---|---|---|---|---|---|---|
| | | 6 | 10 | 16 | 25 | 35 | 50 | 70 | 95 | 120 | 150 | 185 | 240 |
| 导线类型 | 导线温度/℃ | 每相电阻 $r/(\Omega/\text{km})$ | | | | | | | | | | |
| 铝 LJ 绞线 | 20 | — | — | 1.798 | 1.151 | 0.822 | 0.575 | 0.411 | 0.303 | 0.240 | 0.192 | 0.156 | 0.121 |
| | 55 | — | — | 2.054 | 1.285 | 0.950 | 0.660 | 0.458 | 0.343 | 0.271 | 0.222 | 0.179 | 0.137 |
| LGJ 绞线 | 55 | — | — | — | — | 0.938 | 0.678 | 0.481 | 0.349 | 0.285 | 0.221 | 0.181 | 0.138 |
| 铜 BV 导线 | 20 | 2.867 | 1.754 | 1.097 | 0.702 | 0.501 | 0.351 | 0.251 | 0.185 | 0.146 | 0.117 | 0.095 | 0.077 |
| | 60 | 3.467 | 2.040 | 1.248 | 0.805 | 0.579 | 0.398 | 0.291 | 0.217 | 0.171 | 0.137 | 0.112 | 0.086 |
| VV 电缆 | 60 | 3.325 | 2.035 | 1.272 | 0.814 | 0.581 | 0.407 | 0.291 | 0.214 | 0.169 | 0.136 | 0.110 | 0.085 |
| YJV 电缆 | 80 | 3.554 | 2.175 | 1.359 | 0.870 | 0.622 | 0.435 | 0.310 | 0.229 | 0.181 | 0.145 | 0.118 | 0.091 |
| 导线类型 | 线距/mm | 每相电抗 $x/(\Omega/\text{km})$ | | | | | | | | | | |
| LJ 裸铝绞线 | 800 | — | — | 0.381 | 0.367 | 0.357 | 0.345 | 0.335 | 0.322 | 0.315 | 0.307 | 0.301 | 0.293 |
| | 1000 | — | — | 0.390 | 0.376 | 0.366 | 0.355 | 0.344 | 0.335 | 0.327 | 0.319 | 0.313 | 0.305 |
| | 1250 | — | — | 0.408 | 0.395 | 0.385 | 0.373 | 0.363 | 0.350 | 0.343 | 0.335 | 0.329 | 0.321 |
| LGJ 钢芯铝绞线 | 1500 | — | — | — | — | 0.390 | 0.380 | 0.370 | 0.350 | 0.350 | 0.340 | 0.330 | 0.330 |
| | 2000 | — | — | — | — | 0.403 | 0.394 | 0.383 | 0.372 | 0.365 | 0.358 | 0.350 | 0.340 |
| | 3000 | — | — | — | — | 0.434 | 0.424 | 0.413 | 0.399 | 0.392 | 0.384 | 0.378 | 0.369 |
| BV 导线 明敷 | 100 | 0.300 | 0.280 | 0.265 | 0.251 | 0.241 | 0.229 | 0.219 | 0.206 | 0.199 | 0.191 | 0.184 | 0.178 |
| | 150 | 0.325 | 0.306 | 0.290 | 0.277 | 0.266 | 0.251 | 0.242 | 0.231 | 0.223 | 0.216 | 0.209 | 0.200 |
| BV 导线 穿管敷设 | | 0.112 | 0.108 | 0.102 | 0.099 | 0.095 | 0.091 | 0.087 | 0.085 | 0.083 | 0.082 | 0.081 | 0.080 |
| VV 电缆(1kV) | | 0.093 | 0.087 | 0.082 | 0.075 | 0.072 | 0.071 | 0.070 | 0.070 | 0.070 | 0.070 | 0.070 | 0.070 |
| YJV 电缆 | 1kV | 0.092 | 0.085 | 0.082 | 0.082 | 0.080 | 0.079 | 0.078 | 0.077 | 0.077 | 0.077 | 0.077 | 0.077 |
| | 10kV | — | — | 0.133 | 0.120 | 0.113 | 0.107 | 0.101 | 0.096 | 0.095 | 0.093 | 0.090 | 0.087 |

注：计算线路功率损耗与电压损失时取导线实际工作温度推荐值下的电阻值，计算线路三相最大短路电流时取导线在20℃时的电阻值。

② 有负荷时一、二次绕组中的有功功率损耗，即铜损 $\Delta P_{\text{Cu}}$。铜损与负荷电流（或功率）的平方成正比。铜损可通过变压器短路试验测定。变压器的短路损耗 $\Delta P_K$ 可认为就是铜损，因为变压器短路时一次侧短路电压 $U_K$ 很小，在铁芯中产生的有功功率损耗可忽略不计。

因此，变压器的有功功率损耗的计算为

$$\Delta P_T = \Delta P_{\text{Fe}} + \Delta P_{\text{Cu}} \beta_c^2 \approx \Delta P_0 + \Delta P_K \beta_c^2 \qquad (3\text{-}42)$$

式中 $\Delta P_0$ ——变压器的空载损耗，kW；

$\Delta P_K$ ——变压器的短路损耗，kW；

$\beta_c$ ——变压器的计算负荷系数，$\beta_c = S_c / S_{r.T}$；

$S_c$ ——变压器的计算负荷，kV·A；

$S_{r.T}$ ——变压器的额定容量，kV·A。

(2) 变压器的无功功率损耗

变压器的无功功率损耗也由两部分组成。

① 用来产生主磁通即产生励磁电流的一部分无功功率，用 $\Delta Q_0$ 表示。它只与绕组电压有关，与负荷无关。它与励磁电流（或近似地与空载电流）成正比。即

$$\Delta Q_0 \approx \frac{I_0\%}{100} S_{r.T} \tag{3-43}$$

式中 $I_0\%$——变压器空载电流占额定一次电流的百分值。

② 消耗在变压器一、二次绕组电抗上的无功功率。额定负荷下的这部分无功功率损耗用 $\Delta Q_K$ 表示。由于变压器绕组的电抗远大于电阻，因此 $\Delta Q_K$ 近似地与短路电压（即阻抗电压）成正比，即

$$\Delta Q_K \approx \frac{U_K\%}{100} S_{r.T} \tag{3-44}$$

式中 $U_K\%$——变压器短路电压占额定一次电压的百分值。

因此，变压器的无功功率损耗的计算为

$$\Delta Q_T = \Delta Q_0 + \Delta Q_K \beta_c^2 \approx \frac{I_0\%}{100} S_{r.T} + \frac{U_K\%}{100} S_{r.T} \beta_c^2 = \left(\frac{I_0\%}{100} + \frac{U_K\%}{100} \beta_c^2\right) S_{r.T} \tag{3-45}$$

式(3-42)中的 $\Delta P_0$ 和 $\Delta P_K$ 以及式(3-45)中的 $I_0\%$ 和 $U_K\%$ 等均可从有关手册或产品样本中查得。S9 系列低损耗油浸式铜绕组电力变压器的主要技术数据见表 3-20。

表 3-20　S9 系列低损耗油浸式铜绕组电力变压器的主要技术数据

| 额定容量 /kV·A | 额定电压/kV | | 连接组别 | 损耗/W | | 空载电流 $I_0\%$ | 阻抗电压 $U_K\%$ |
| | 一次 | 二次 | | 空载 $\Delta P_0$ | 负载 $\Delta P_K$ | | |
|---|---|---|---|---|---|---|---|
| 30 | 11,10.5,10,6.3,6 | 0.4 | Yyn0 | 130 | 600 | 2.1 | 4 |
| 50 | 11,10.5,10,6.3,6 | 0.4 | Yyn0 | 170 | 870 | 2.0 | 4 |
| | | | Dyn11 | 175 | 870 | 4.5 | 4 |
| 63 | 11,10.5,10,6.3,6 | 0.4 | Yyn0 | 200 | 1040 | 1.9 | 4 |
| | | | Dyn11 | 210 | 1030 | 4.5 | 4 |
| 80 | 11,10.5,10,6.3,6 | 0.4 | Yyn0 | 240 | 1250 | 1.8 | 4 |
| | | | Dyn11 | 250 | 1240 | 4.5 | 4 |
| 100 | 11,10.5,10,6.3,6 | 0.4 | Yyn0 | 290 | 1500 | 1.6 | 4 |
| | | | Dyn11 | 300 | 1470 | 4.0 | 4 |
| 125 | 11,10.5,10,6.3,6 | 0.4 | Yyn0 | 240 | 1800 | 1.5 | 4 |
| | | | Dyn11 | 360 | 1720 | 4.0 | 4 |
| 160 | 11,10.5,10,6.3,6 | 0.4 | Yyn0 | 400 | 2200 | 1.4 | 4 |
| | | | Dyn11 | 430 | 2100 | 3.5 | 4 |
| 200 | 11,10.5,10,6.3,6 | 0.4 | Yyn0 | 480 | 2600 | 1.3 | 4 |
| | | | Dyn11 | 500 | 2500 | 3.5 | 4 |
| 250 | 11,10.5,10,6.3,6 | 0.4 | Yyn0 | 560 | 3050 | 1.2 | 4 |
| | | | Dyn11 | 600 | 2900 | 3.0 | 4 |
| 315 | 11,10.5,10,6.3,6 | 0.4 | Yyn0 | 670 | 3650 | 1.1 | 4 |
| | | | Dyn11 | 720 | 3450 | 3.0 | 4 |

续表

| 额定容量 /kV·A | 额定电压/kV | | 连接组别 | 损耗/W | | 空载电流 $I_0$% | 阻抗电压 $U_K$% |
| --- | --- | --- | --- | --- | --- | --- | --- |
| | 一次 | 二次 | | 空载 $\Delta P_0$ | 负载 $\Delta P_K$ | | |
| 400 | 11,10.5,10,6.3,6 | 0.4 | Yyn0 | 800 | 4300 | 1.0 | 4 |
| | | | Dyn11 | 870 | 4200 | 3.0 | 4 |
| 500 | 11,10.5,10,6.3,6 | 0.4 | Yyn0 | 960 | 5100 | 1.0 | 4 |
| | | | Dyn11 | 1030 | 4950 | 3.0 | 4 |
| | 11,10.5,10 | 6.3 | Yd11 | 1030 | 4950 | 1.5 | 4.5 |
| 630 | 11,10.5,10,6.3,6 | 0.4 | Yyn0 | 1200 | 6200 | 0.9 | 4.5 |
| | | | Dyn11 | 1300 | 5800 | 1.0 | 5 |
| | 11,10.5,10 | 6.3 | Yd11 | 1200 | 6200 | 1.5 | 4.5 |
| 800 | 11,10.5,10,6.3,6 | 0.4 | Yyn0 | 1400 | 7500 | 0.8 | 4.5 |
| | | | Dyn11 | 1400 | 7500 | 2.5 | 5 |
| | 11,10.5,10 | 6.3 | Yd11 | 1400 | 7500 | 1.4 | 5.5 |
| 1000 | 11,10.5,10,6.3,6 | 0.4 | Yyn0 | 1700 | 10300 | 0.7 | 4.5 |
| | | | Dyn11 | 1700 | 9200 | 1.7 | 5 |
| | 11,10.5,10 | 6.3 | Yd11 | 1700 | 9200 | 1.4 | 5.5 |
| 1250 | 11,10.5,10,6.3,6 | 0.4 | Yyn0 | 1950 | 12000 | 0.6 | 4.5 |
| | | | Dyn11 | 2000 | 11000 | 2.5 | 5 |
| | 11,10.5,10 | 6.3 | Yd11 | 1950 | 12000 | 1.3 | 5.5 |
| 1600 | 11,10.5,10,6.3,6 | 0.4 | Yyn0 | 2400 | 14500 | 0.6 | 4.5 |
| | | | Dyn11 | 2400 | 14000 | 2.5 | 6 |
| | 11,10.5,10 | 6.3 | Yd11 | 2400 | 14500 | 1.3 | 5.5 |
| 2000 | 11,10.5,10,6.3,6 | 0.4 | Yyn0 | 3000 | 18000 | 0.8 | 6 |
| | | | Dyn11 | 3000 | 18000 | 0.8 | 6 |
| | 11,10.5,10 | 6.3 | Yd11 | 3000 | 18000 | 1.2 | 6 |
| 2500 | 11,10.5,10,6.3,6 | 0.4 | Yyn0 | 3500 | 25000 | 0.8 | 6 |
| | | | Dyn11 | 3500 | 25000 | 0.8 | 6 |
| | 11,10.5,10 | 6.3 | Yd11 | 3500 | 19000 | 1.2 | 5.5 |
| 3150 | 11,10.5,10 | 6.3 | Yd11 | 4100 | 23000 | 1.0 | 5.5 |
| 4000 | 11,10.5,10 | 6.3 | Yd11 | 5000 | 26000 | 1.0 | 5.5 |
| 5000 | 11,10.5,10 | 6.3 | Yd11 | 6000 | 30000 | 0.9 | 5.5 |
| 6300 | 11,10.5,10 | 6.3 | Yd11 | 7000 | 35000 | 0.9 | 5.5 |
| 50 | 35 | 0.4 | Yyn0 | 250 | 1180 | 2.0 | 6.5 |
| 100 | 35 | 0.4 | Yyn0 | 350 | 2100 | 1.9 | 6.5 |
| 125 | 35 | 0.4 | Yyn0 | 400 | 1950 | 2.0 | 6.5 |

续表

| 额定容量 /kV·A | 额定电压/kV | | 连接组别 | 损耗/W | | 空载电流 $I_0$% | 阻抗电压 $U_K$% |
|---|---|---|---|---|---|---|---|
| | 一次 | 二次 | | 空载 $\Delta P_0$ | 负载 $\Delta P_K$ | | |
| 160 | 35 | 0.4 | Yyn0 | 450 | 2800 | 1.8 | 6.5 |
| 200 | 35 | 0.4 | Yyn0 | 530 | 3300 | 1.7 | 6.5 |
| 250 | 35 | 0.4 | Yyn0 | 610 | 3900 | 1.6 | 6.5 |
| 315 | 35 | 0.4 | Yyn0 | 720 | 4700 | 1.5 | 6.5 |
| 400 | 35 | 0.4 | Yyn0 | 880 | 5700 | 1.3 | 6.5 |
| 500 | 35 | 0.4 | Yyn0 | 1030 | 6900 | 1.2 | 6.5 |
| 630 | 35 | 0.4 | Yyn0 | 1250 | 8200 | 1.1 | 6.5 |
| 800 | 35 | 0.4 | Yyn0 | 1480 | 9500 | 1.1 | 6.5 |
| 800 | 35 | 10.5 / 6.3 / 3.15 | Yd11 | 1480 | 8800 | 1.1 | 6.5 |
| 1000 | 30 | 0.4 | Yyn0 | 1750 | 12000 | 1.0 | 6.5 |
| 1000 | 30 | 10.5 / 6.3 / 3.15 | Yd11 | 1750 | 11000 | 1.0 | 6.5 |
| 1250 | 35 | 0.4 | Yyn0 | 2100 | 14500 | 0.9 | 6.5 |
| 1250 | 35 | 10.5 / 6.3 / 3.15 | Yd11 | 2100 | 14500 | 0.9 | 6.5 |
| 1600 | 35 | 0.4 | Yyn0 | 2500 | 17500 | 0.8 | 6.5 |
| 1600 | 35 | 10.5 / 6.3 / 3.15 | Yd11 | 2500 | 16500 | 0.8 | 6.5 |
| 2000 | 35 | 10.5 / 6.3 / 3.15 | Yd11 | 3200 | 16800 | 0.8 | 6.5 |
| 2500 | 35 | 10.5 / 6.3 / 3.15 | Yd11 | 3800 | 19500 | 0.8 | 6.5 |
| 3150 | 38.5,35 | 10.5 / 6.3 / 3.15 | Yd11 | 4500 | 22500 | 0.8 | 7 |
| 4000 | 38.5,35 | 10.5 / 6.3 / 3.15 | Yd11 | 5400 | 27000 | 0.8 | 7 |
| 5000 | 38.5,35 | 10.5 / 6.3 / 3.15 | Yd11 | 6500 | 31000 | 0.7 | 7 |
| 6300 | 38.5,35 | 10.5 / 6.3 / 3.15 | Yd11 | 7900 | 34500 | 0.7 | 7.5 |

在负荷计算中,当变压器技术数据不详时,低损耗电力变压器的功率损耗可按下列简化公式近似计算。

有功功率损耗 $\quad\quad\quad\quad \Delta P_T \approx 0.01 S_c \quad\quad\quad\quad$ (3-46)

无功功率损耗 $\quad\quad\quad\quad \Delta Q_T \approx 0.05 S_c \quad\quad\quad\quad$ (3-47)

### 3.2.5.3 三绕组电力变压器的功率损耗

三绕组降压变压器的功率损耗,应将三个绕组分开计算。简化计算公式为

$$\Delta P_\mathrm{T} = \Delta P_0 + \Delta P_\mathrm{K}\beta_\mathrm{c}^2 = \Delta P_0 + \Delta P_\mathrm{KI}\beta_\mathrm{cI}^2 + \Delta P_\mathrm{KII}\beta_\mathrm{cII}^2 + \Delta P_\mathrm{KIII}\beta_\mathrm{cIII}^2 \tag{3-48}$$

$$\Delta Q_\mathrm{T} = \Delta Q_0 + \Delta Q_\mathrm{K}\beta_\mathrm{c}^2 = \Delta Q_0 + \Delta Q_\mathrm{KI}\beta_\mathrm{cI}^2 + \Delta Q_\mathrm{KII}\beta_\mathrm{cII}^2 + \Delta Q_\mathrm{KIII}\beta_\mathrm{cIII}^2 \tag{3-49}$$

式中  $\beta_\mathrm{cI}$,$\beta_\mathrm{cII}$,$\beta_\mathrm{cIII}$——变压器高压、中压、低压绕组的计算负荷系数,$\beta_\mathrm{c}=S_\mathrm{c}/S_\mathrm{r.T}$;

$\Delta P_\mathrm{KI}$,$\Delta P_\mathrm{KII}$,$\Delta P_\mathrm{KIII}$——变压器高压、中压、低压绕组的满载有功功率损耗,kW;

$\Delta Q_\mathrm{KI}$,$\Delta Q_\mathrm{KII}$,$\Delta Q_\mathrm{KIII}$——变压器高压、中压、低压绕组的满载无功功率损耗,kvar。

### 3.2.5.4 电容器的功率损耗

三相(或单相)交流电容器的有功功率损耗 $\Delta P_\mathrm{C}$ 为

$$\Delta P_\mathrm{C} = Q_\mathrm{C}\tan\delta \tag{3-50}$$

式中  $Q_\mathrm{C}$——三相(或单相)电容器容量,kvar;

$\tan\delta$——交流电容器介质损失角正切值,与电容器的介质性能和温度有关。

对于用电容器组装的并联补偿装置,要计及内部所接放电电阻、电抗器、保护和计量元件的损耗,一般取补偿电容器容量的 0.25%~0.5%。

### 3.2.5.5 电抗器的功率损耗

三相电抗器有功功率损耗 $\Delta P_\mathrm{R}$ 及无功功率损耗 $\Delta Q_\mathrm{R}$,分别按下式计算:

$$\Delta P_\mathrm{R} = 3\Delta P_\mathrm{K}\left(\frac{I_\mathrm{c}}{I_\mathrm{r.T}}\right)^2 \tag{3-51}$$

$$\Delta Q_\mathrm{R} = 3\Delta Q_\mathrm{K}\left(\frac{I_\mathrm{c}}{I_\mathrm{r.T}}\right)^2 \tag{3-52}$$

式中  $\Delta P_\mathrm{K}$——额定电流时电抗器一相中的有功功率损耗,kW;

$\Delta Q_\mathrm{K}$——额定电流时电抗器一相中的无功功率损耗,kvar;

$I_\mathrm{c}$——流过电抗器的实际负荷电流,即计算电流,A;

$I_\mathrm{r.T}$——电抗器额定电流,A。

## 3.2.6 企业年电能需要量的计算

(1) 年平均负荷法

企业年电能需要量又称年电能消耗量,可用年平均负荷和年实际工作小时数计算。当已知有功计算负荷 $P_\mathrm{c}$ 及无功计算负荷 $Q_\mathrm{c}$ 后,年有功电能消耗量(kW·h)及无功电能消耗量(kvar·h)可按下式确定:

$$W_\mathrm{p} = \alpha P_\mathrm{c} T_\mathrm{a} \tag{3-53}$$

$$W_\mathrm{q} = \beta Q_\mathrm{c} T_\mathrm{a} \tag{3-54}$$

式中  $\alpha$,$\beta$——年平均有功、无功负荷系数,应根据同类企业多年积累的统计数据取值,当缺乏数据时,$\alpha$ 值一般取 0.7~0.75,$\beta$ 值取 0.76~0.82;

$T_\mathrm{a}$——年实际工作小时数,当采用一班工作制时可取 $T_\mathrm{a}$ 为 1860h,当采用二班制时可取 $T_\mathrm{a}$ 为 3720h,当采用三班制时可取 $T_\mathrm{a}$ 为 5580h。

(2) 单位产品耗能法

当已知企业年产量的定额（$M$）及单位产品耗电量（$\omega$）后，年有功电能消耗量（kW·h）及无功电能消耗量（kvar·h）可按下式确定：

$$W_p = \omega M \tag{3-55}$$

$$W_q = W_p \tan\varphi \tag{3-56}$$

式中，$\tan\varphi$ 为企业年平均功率因数角的正切值，若考虑补偿后的年平均功率因数 $\cos\varphi = 0.85 \sim 0.95$，则相应的 $\tan\varphi = 0.62 \sim 0.33$。

### 3.2.7 供电系统的电能损耗

(1) 电力线路的电能损耗

线路上全年的电能损耗是由电流通过线路电阻产生的，可按下式计算：

$$\Delta W_a = 3 I_c^2 R_W \tau \tag{3-57}$$

式中　$I_c$——通过线路的计算电流；

　　　$R_W$——线路每相的电阻；

　　　$\tau$——年最大负荷损耗小时。

年最大负荷损耗小时 $\tau$：假设供配电系统元件（含线路）持续通过计算电流（即最大负荷电流）$I_c$ 时，在此时间 $\tau$ 内所产生的电能损耗恰与实际负荷电流全年在此元件（含线路）上产生的电能损耗相等。年最大负荷损耗小时 $\tau$ 与年最大负荷利用小时 $T_{max}$ 有一定关系，如图 3-8 所示。已知 $T_{max}$ 和 $\cos\varphi$，可由相应的曲线查得 $\tau$。

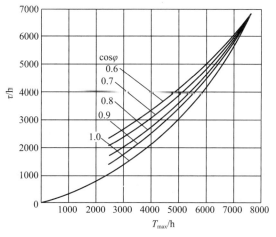

图 3-8　年最大负荷损耗小时 $\tau$ 与年最大负荷利用小时 $T_{max}$ 的关系

(2) 电力变压器的电能损耗

变压器的电能损耗包括铁损和铜损两部分。

① 全年的铁损 $\Delta P_{Fe}$ 产生的电能损耗　只要电源电压和频率不变，铁损 $\Delta P_{Fe}$ 产生的电能损耗就是固定不变的，可按下式计算：

$$\Delta W_{a1} = 8760 \times \Delta P_{Fe} \approx 8760 \times \Delta P_0 \tag{3-58}$$

② 全年的铜损 $\Delta P_{Cu}$ 产生的电能损耗　它与负荷电流平方成正比，即与变压器负荷率 $\beta_c$ 的平方成正比，可按下式计算：

$$\Delta W_{a2} = 8760 \times \Delta P_{Cu} \beta_c^2 \tau \approx 8760 \Delta P_K \beta_c^2 \tau \tag{3-59}$$

由此可得变压器全年的电能损耗为

$$\Delta W_a = \Delta W_{a1} + \Delta W_{a2} \approx 8760 \times (\Delta P_0 + \Delta P_K \beta_c^2 \tau) \tag{3-60}$$

式中 $\beta_c$——变压器的计算负荷系数，$\beta_c = S_c/S_{r.T}$；

$S_c$——变压器的计算负荷，kV·A；

$S_{r.T}$——变压器的额定容量，kV·A；

$\tau$——变压器的年最大负荷损耗小时，可查图 3-8 曲线得到。

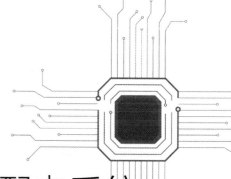

# 第4章 110kV及以下供配电系统

## 4.1 供配电系统电压等级选择

### 4.1.1 电源及供电系统的一般规定

① 符合下列条件之一时，用户宜设置自备电源：

a.需要设置自备电源作为一级负荷中的特别重要负荷的应急电源时或第二电源不能满足一级负荷的条件时。

b.设置自备电源较从电力系统取得第二电源经济合理时。

c.有常年稳定余热、压差、废弃物可供发电，技术可靠、经济合理时。

d.所在地区偏僻，远离电力系统，设置自备电源经济合理时。

e.有设置分布式电源的条件，能源利用效率高、经济合理时。

② 应急电源与正常电源之间，应采取防止并列运行的措施。当有特殊要求，应急电源向正常电源转换需短暂并列运行时，应采取安全运行的措施。

③ 供配电系统的设计，除一级负荷中的特别重要负荷外，不应按一个电源系统检修或故障的同时另一电源又发生故障进行设计。

④ 需要两回电源线路的用户，宜采用同级电压供电。但根据各级负荷的不同需要及地区供电条件，亦可采用不同电压供电。

⑤ 同时供电的两回及以上供配电线路中，当有一回路中断供电时，其余线路应能满足全部一级负荷及二级负荷。

⑥ 供配电系统应简单可靠，同一电压等级的配电级数高压不宜多于两级，低压不宜多于三级。

⑦ 高压配电系统宜采用放射式。根据变压器的容量、分布及地理环境等情况，亦可采用树干式或环式。

⑧ 根据负荷的容量和分布，配变电所应靠近负荷中心。当配电电压为35kV时，亦可采用直降至低压配电电压。

⑨ 在用户内部邻近的变电所之间，宜设置低压联络线。

⑩ 小负荷的用户，宜接入地区低压电网。

### 4.1.2 低压配电系统设计原则

① 带电导体系统的形式宜采用单相二线制、两相三线制、三相三线制和三相四线制。

低压配电系统接地形式，可采用 TN 系统、TT 系统和 IT 系统。

② 在正常环境的建筑物内，当大部分用电设备为中小容量，且无特殊要求时，宜采用树干式配电。

③ 当用电设备为大容量或负荷性质重要，或在有特殊要求（例如潮湿、腐蚀性环境或有爆炸和火灾危险的场所等）的车间、建筑物内，宜采用放射式配电。

④ 当部分用电设备距供电点较远，而彼此相距很近、容量很小的次要用电设备，可采用链式配电，但每一条环链回路设备不宜超过 5 台，其总容量不宜超过 10kW。容量较小用电设备的插座，采用链式配电时，每一条环链回路的设备数量可适当增加。

⑤ 在多层建筑物内，由总配电箱至楼层配电箱宜采用树干式配电或分区树干式配电。对于容量较大的集中负荷或重要用电设备，应从配电室以放射式配电；楼层配电箱至用户配电箱应采用放射式配电。

在高层建筑物内，向楼层各配电点供电时，宜采用分区树干式配电；由楼层配电间或竖井内配电箱至用户配电箱的配电，宜采取放射式配电；对部分容量较大的集中负荷或重要用电设备，应从变电所低压配电室以放射式配电。

⑥ 平行的生产流水线或互为备用的生产机组，应根据其生产要求，宜由不同的回路配电；同一生产流水线的各用电设备，宜由同一回路配电。

⑦ 在低压电网中，宜选用 Dyn11 接线组别的三相变压器作为配电变压器。

⑧ 在系统接地形式为 TN 及 TT 的低压电网系统中，当选用 Yyn0 接线组别的三相变压器时，其由单相不平衡负荷引起的中性线电流不得超过低压绕组额定电流的 25%，且其一相的电流在满载时不得超过额定电流值。

⑨ 当采用 220/380V 的 TN 及 TT 系统接地形式的低压电网时，照明和电力设备宜由同一台变压器供电。必要时亦可单独设置照明变压器供电。

⑩ 由建筑物外引入的配电线路，应在室内分界点便于操作维护之地装设隔离电器。

## 4.1.3　供配电电压选择原则

① 用户的供电电压应根据用电容量、用电设备特性、供电距离、供电线路的回路数、当地公共电网现状及其发展规划等因素，经技术经济比较确定。

② 供电电压大于等于 35kV 时，用户的一级配电电压宜采用 10kV；当 6kV 用电设备的总容量较大，选用 6kV 经济合理时，宜采用 6kV；低压配电电压宜采用 220/380V，工矿企业亦可采用 660V；当安全需要时，应采用小于 50V 电压。

③ 供电电压大于等于 35kV，当能减少变配电级数、简化接线及技术经济合理时，配电电压宜采用 35kV 或相应等级电压。

各级电压线路输送能力见表 4-1。

表 4-1　各级电压线路输送能力

| 额定电压/kV | 线路结构 | 送电功率/kW | 输送距离/km |
| --- | --- | --- | --- |
| 0.22 | 架空线 | <50 | 0.15 |
| | 电缆 | <100 | 0.2 |
| 0.38 | 架空线 | 100 | 0.25 |
| | 电缆 | 175 | 0.35 |

续表

| 额定电压/kV | 线路结构 | 送电功率/kW | 输送距离/km |
|---|---|---|---|
| 0.66 | 架空线 | 170 | 0.4 |
| | 电缆 | 300 | 0.6 |
| 3 | 架空线 | 100~1000 | 1~3 |
| 6 | 架空线 | 2000 | ≤10 |
| | 电缆 | 3000 | ≤8 |
| 10 | 架空线 | 3000 | 5~20 |
| | 电缆 | 5000 | ≤10 |
| 35 | 架空线 | 2000~10000 | 20~50 |
| 66 | 架空线 | 3500~30000 | 30~100 |
| 110 | 架空线 | 10000~50000 | 50~150 |
| 220 | 架空线 | 100000~500000 | 200~300 |

## 4.2 供配电系统的接线方式及特点

### 4.2.1 高压供配电系统的接线方式及特点

① 根据对供电可靠性的要求、变压器的容量及分布、地理环境等情况，高压配电系统宜采用放射式，也可采用树干式、环式及其组合方式。

a. 放射式。供电可靠性高，故障发生后影响范围较小，切换操作方便，保护简单，便于自动化，但配电线路和高压开关柜的数量多而造价较高。

b. 树干式。配电线路和高压开关柜数量少且投资少，但故障影响范围较大，供电可靠性较差。

c. 环式。有闭路环式和开路环式两种，为简化保护，一般采用开路环式，其供电可靠性较高，运行比较灵活，但切换操作较繁。

② 10(6) kV 配电系统接线方式见表 4-2，35kV 配电系统接线方式与此类似。

### 4.2.2 高压供配电系统中性点接地方式

电力系统中，作为供电电源的三相发电机或变压器绕组为星形连接时的中性点称为电力系统的中性点（neutral point）。电力系统中性点与（局部）地之间的连接方式称为电力系统中性点的接地方式(neutral point treatment)。电力系统的中性点接地方式是一个综合性的技术问题，它与系统的供电可靠性、人身安全、过电压保护、继电保护、通信干扰及接地装置等问题有密切的关系。

表 4-2　10(6) kV 配电系统接线方式

| 接线方式 | 接线图 | 简要说明 |
|---|---|---|
| 单回路放射式 | | 一般用于配电给二、三级负荷或专用设备，但对二级负荷供电时，尽量要有备用电源。如另有独立备用电源时，则可供电给一级负荷 |
| 双回路放射式 | | 线路互为备用，用于配电给二级负荷。电源可靠时，可供电给一级负荷 |
| 有公共备用干线的放射式 | | 一般用于配电给二级负荷。如公共（热）备用干线电源可靠时，亦可用于一级负荷 |
| 单回路树干式 | | 一般用于对三级负荷配电。每条线路装接的变压器不超过 5 台，一般不超过 2000kV·A |
| 单侧供电双回路树干式 | | 供电可靠性稍低于双回路放射式，但投资较省，一般用于二、三级负荷。当供电电源可靠时，也可供电给一级负荷 |
| 双侧供电双回路树干式 | | 分别由两个电源供电，与单侧供电双回路树干式相比，供电可靠性略有提高，主要用于二级负荷。当供电电源可靠时，也可供电给一级负荷 |

续表

| 接线方式 | 接线图 | 简要说明 |
|---|---|---|
| 单侧供电环式 | | 用于二、三级负荷配电,一般两回路电源同时工作开环运行,也可一用一备闭环运行。供电可靠性较高。电力线路检修时可对二级负荷配电,但保护装置和整定配合都较复杂 |
| 双侧供电环式 | | 用于二、三级负荷配电,正常运行时一侧供电或在线路的负荷分界处断开。配电系统应加闭锁,避免并联,故障后手动切换,寻找故障时要中断供电 |

我国电力系统中性点的接地方式有:中性点不接地、中性点经消弧线圈接地、中性点经低电阻(阻抗)接地和中性点直接接地等。中性点不接地和中性点经消弧线圈接地方式也称为中性点非有效接地方式;中性点经低电阻(阻抗)接地和中性点直接接地也可称为中性点的有效接地方式。

在我国,110kV电网一般都采用直接接地的方式,6~35kV配电系统的中性点常用的接地方式有中性点不接地、中性点经消弧线圈接地或经低电阻接地三种。

#### 4.2.2.1 中性点不接地系统

中性点不接地系统(isolated neutral system)是指除保护或测量用途的高阻抗接地以外中性点不接地的系统,又称中性点绝缘系统。

在电力系统中,三相输电导线之间以及各相输电导线与大地之间都存在电容分布,这种电容值是沿导线全长的分布参数。为方便研究,假设三相系统是对称的,各相输电导线间的分布电容数值较小,可以忽略不计,则各相对均匀分布的电容可由一个集中电容参数 $C$ 来表示,如图 4-1 所示。

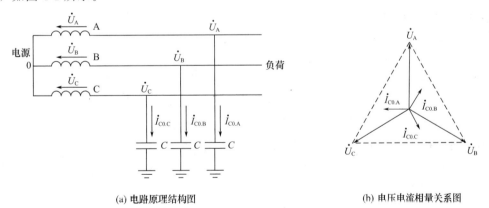

(a) 电路原理结构图　　(b) 电压电流相量关系图

图 4-1　正常运行时的中性点不接地系统

系统正常运行时,各相电源电压 $\dot{U}_A$、$\dot{U}_B$、$\dot{U}_C$ 以及对地电容都是对称的,各相对地电压即为相电压。各相对地电容电流 $\dot{I}_{C0.A}$、$\dot{I}_{C0.B}$、$\dot{I}_{C0.C}$ 也是三相对称的,其有效值为 $I_{C0}=\omega C U_{ph}$ ($U_{ph}$ 为各相相电压有效值),其相量和为零,也即(局部)地中没有电容电流通过,此时电源中性点与(局部)地等电位。

当任何一相（下面以 C 相为例）因绝缘损坏而导致接地短路故障时，该相的对地电容被短接，如图 4-2(a) 所示，各相电源对中性点的电压 $\dot{U}_A$、$\dot{U}_B$、$\dot{U}_C$ 以及输电导线的线电压 $\dot{U}_{AB}$、$\dot{U}_{BC}$、$\dot{U}_{CA}$ 仍保持不变，但各相对地电压 $\dot{U}_{A1}$、$\dot{U}_{B1}$、$\dot{U}_{C1}$，各相对地电容电流 $\dot{I}_{C1.A}$、$\dot{I}_{C1.B}$、$\dot{I}_{C1.C}$（在本例中为 $\dot{I}_{C1}$）以及中性点对地电压 $\dot{U}_0$ 均发生了改变，其相关相量图如图 4-2(b) 所示。

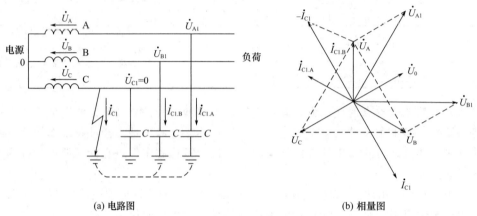

图 4-2 单相接地时的中性点不接地系统

各相及中性点对地电压满足下列关系：

$$\dot{U}_{C1}=0$$
$$\dot{U}_0=-\dot{U}_{C1}=\dot{U}_A e^{-j60°}$$
$$\dot{U}_{A1}=\dot{U}_A+\dot{U}_0=\sqrt{3}\dot{U}_A e^{-j30°}$$
$$\dot{U}_{B1}=\dot{U}_B+\dot{U}_0=\sqrt{3}\dot{U}_A e^{-j90°}$$

即
$$U_{C1}=0$$
$$U_0=U_{ph}$$
$$U_{A1}=\sqrt{3}U_{ph}$$
$$U_{B1}=\sqrt{3}U_{ph}$$

各相电容电流满足下列关系：

$$\dot{I}_{C1.A}=\dot{U}_{A1}\cdot jB=\sqrt{3}B\dot{U}_A e^{j60°}$$
$$\dot{I}_{C1.B}=\dot{U}_{B1}\cdot jB=\sqrt{3}B\dot{U}_A e^{j0°}$$
$$\dot{I}_{C1.C}=-(\dot{I}_{C1.A}+\dot{I}_{C1.B})=3B\dot{U}_A e^{-j150°}$$

即
$$I_{C1.A}=\sqrt{3}BU_{ph}=\sqrt{3}I_{C0}$$
$$I_{C1.B}=\sqrt{3}BU_{ph}=\sqrt{3}I_{C0}$$
$$I_{C1}=3BU_{ph}=3I_{C0}$$

式中 $B$——电力线路的电纳，Ω，$B=2\pi fC$。

从上述关系可知，电源中性点不接地的电力系统发生单相接地故障时，非故障相的对地电压升至电源相电压的 $\sqrt{3}$ 倍，非故障相的电容电流为正常工作时的 $\sqrt{3}$ 倍，而故障相的对地电容电流将升至正常工作时的 3 倍。

由于输电线路对地的分布电容 $C$ 难以确定，因而，单相接地电容电流 $I_{C1}$ 也难以精确计算。工程上，一般采用下列经验公式来估算：

$$I_{C1}=\frac{U_n(l_{oh}+35l_{cab})}{350} \tag{4-1}$$

式中 $I_{C1}$——系统的单相接地电容电流，A；
$U_n$——系统的额定电压，kV；

$l_{oh}$——同一电压 $U_n$ 具有电路联系的架空线路总长度，km；

$l_{cab}$——同一电压 $U_n$ 具有电路联系的电缆线路总长度，km。

从图 4-2 中可以看到，对于电源中性点不接地的电力系统，发生单相接地故障时，由于供电系统线电压未发生变化，所以三相负载仍能正常工作，因而该接地形式在我国被广泛用于 3～66kV 系统，特别是 3～10kV 系统中。但该系统不允许在单相接地故障情况下长期运行，否则有可能造成另一相又发生接地故障，形成两相接地故障，故障范围扩大，产生较大的短路电流，造成电气设备的损坏。所以，中性点不接地系统应装设绝缘监测装置或单相接地保护，在发生单相接地故障后及时通知运行人员。在 2h 内应设法排除单相接地故障，若 2h 后仍不能排除故障，则应切除该供电电源。

### 4.2.2.2 中性点经消弧线圈接地系统

在上述中性点不接地的电力系统中，发生单相接地故障后，若接地电流较大，则有可能在接地点引起不能自行熄灭的断续电弧。因在回路中有电阻、电感和电容的存在，有可能会发生 $R\text{-}L\text{-}C$ 串联谐振，从而在线路上出现为相电压峰值 2.5～3 倍的过电压，造成线路和电气设备的绝缘击穿。为有效防止这一现象的出现，需要减小接地电流，一般规定对于 3～10kV 电力系统中单相接地电流大于 30A，20kV 及以上电网中单相接地电流大于 10A 时，电源中性点必须采用经消弧线圈的接地方式。

消弧线圈是一个具有较小电阻和较大感抗的铁芯线圈。消弧线圈的外形与小型电力变压器相似，所不同的是为了防止铁芯磁饱和，消弧线圈的铁芯柱中有许多间隙，间隙中填充着绝缘材料，从而可得到较稳定的感抗值，使得消弧线圈的补偿电流 $I_L$ 与电源中性点的对地电压 $U_0$ 成正比，保持有效的消弧作用。电力系统正常工作时，由于三相系统是对称的，电源中性点对地电压 $U_0$ 为零，流过消弧线圈的电流 $I_L$ 也为零。发生单相接地故障时，如图 4-3(a) 所示，加在消弧线圈上的电压 $\dot{U}_{L1}$ 为电源相电压 $\dot{U}_C$，在消弧线圈上产生电感电流为 $\dot{I}_{L1}$，$\dot{I}_{L1}$ 应滞后 $\dot{U}_{L1}$（即 $\dot{U}_C$）90°，接地点流过的总电流应是故障相的接地电容电流 $\dot{I}_{C1}$ 和流过消弧线圈的电流 $\dot{I}_{L1}$ 之和。而从图 4-3(b) 可知，$\dot{I}_{C1}$ 超前 $\dot{U}_C$ 90°，因而 $\dot{I}_{L1}$ 与 $\dot{I}_{C1}$ 正好相位相反，在接地点处得到互相补偿，使总的接地电流减小，可以有效避免电弧的产生。有关的相量分析如图 4-3(b) 所示。

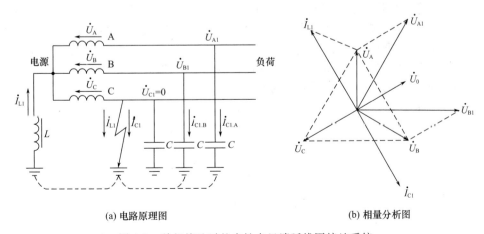

(a) 电路原理图　　　　　　　　　　(b) 相量分析图

图 4-3　单相接地时的中性点经消弧线圈接地系统

在中性点与地之间接入可调节电感电流的消弧线圈，由于电感电流与电容电流在相位上差180°，因此发生单相接地故障时，如：电感电流等于电容电流，称为全补偿；电感电流大于电容电流，称为过补偿；电感电流小于电容电流，称为欠补偿。

不能将消弧线圈调节在全补偿或欠补偿运行。这是因为在正常运行时，全补偿会使消弧线圈电感和对地电容组成 $L$-$3C$ 的串联回路，将会产生串联谐振过电压，而欠补偿则在中性点位移电压较高时，会使消弧线圈铁芯趋于饱和并使电感值降低，产生铁磁谐振。因此，消弧线圈必须在稍过补偿状态下运行，使经消弧线圈补偿后的故障点接地残余电流（感性电流）不超过10A。现代的电力系统已应用微机作为控制器来实现自动跟踪补偿。

需要指出的是，与电源中性点不接地的电力系统类似，电源中性点经消弧线圈接地的电力系统，在发生单相接地故障后，非故障相的对地电压也将升至正常工作时对地电压的$\sqrt{3}$倍，即为线电压。同时，为避免发生两相以上的短路，也只允许暂时继续运行2h，需在此时间内排除故障，否则需要切除此供电电源。

#### 4.2.2.3 中性点经低电阻接地系统

中性点经低电阻接地是世界上以美国为代表的一些国家中 6～35kV 中压电网采用的运行方式。我国过去一直采用电源中性点经消弧线圈接地的运行方式，但近年来电源中性点经低电阻接地的运行方式在我国的某些城市电网和工业企业的配电网中开始得到应用。

中性点经低电阻接地系统发生单相接地故障时的分析如图 4-4 所示。其中 $R_0$ 为连接中性点与大地之间的低电阻。以 C 相发生接地故障为例，$\dot{I}_R$ 为流经接地低电阻的接地电流，也是电网接地电流的有功分量；$\dot{I}_{C1}$ 为故障点的电容电流之和，也称全网电容电流。由于 $R_0$ 的存在，使得中性点对地电位 $\dot{U}_0$ 较小，未发生故障的 A、B 两相对中性点的电位上升幅度不大，基本维持在原有的相电压水平，从而抑制了电网过电压，使变压器绝缘水平要求降低。中性点经低电阻接地可消除中性点不接地系统的缺点，即能减少电弧接地过电压的危险性。这对具有大量高压电动机的企业来说非常有利。因为电动机的绝缘最薄弱，接地故障电流较大，继电保护可采用简单的零序电流保护，在电网参数发生变化时不必调节电阻值，电缆也可采用相对地绝缘较低的一种以节省投资。另一方面，由于中性点接地电阻 $R_0$ 的作用，这种系统的接地电流比电源中性点直接接地系统小，故对邻近通信线路的干扰较小。

中性点经低电阻接地系统，当发生单相接地时，由于人为地增加了一个较电容电流大而相位相差90°的有功电流，流过故障点的电流比不接地电网增加$\sqrt{3}$倍以上；因此，当其发生单相接地故障后要求迅速切断故障线路。为了获得快速选择性继电保护所需的足够动作电流，就必须降低电阻器的电阻值，一般选择的中性点接地电阻值较小。但电流越大，电阻器的功率要求越大，同时，也会带来电气安全方面的一些问题。根据运行经验，当 10(20)kV 系统中性点采用经低电阻接地方式时，接地电阻值一般取为 10(20)Ω，并保证系统发生单相接地故障后能迅速切断故障线路，即保护跳闸、中断供电。

#### 4.2.2.4 中性点直接接地系统

在正常工作条件下，中性点直接接地系统三相电源和各相线路对地电容电流均对称，因而流经中性点接地线的电流为零。

中性点直接接地系统在发生单相接地故障后，故障相电源经大地、接地中性线形成短路回路，其电路原理如图 4-5 所示。单相短路电流 $\dot{I}_d$ 的值很大，将使线路上的断路器、熔断器或继电保护装置动作，从而切除短路故障。

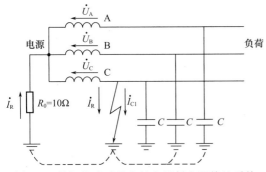
图 4-4　单相接地时的中性点经低电阻接地系统

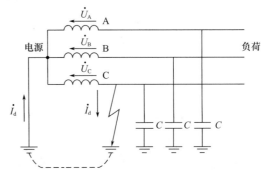
图 4-5　单相接地时的中性点直接接地系统

中性点直接接地系统由于在发生单相接地故障时，非故障相的对地电压保持不变，仍为相电压，因而系统中各线路和电气设备的绝缘等级只需按相电压设计。绝缘等级的降低，可以降低电网和电气设备的造价。我国 110kV 及以上的超高压系统一般采用中性点直接接地的运行方式，其目的在于降低超高压系统电气设备的绝缘水平和造价，防止超高压系统发生接地故障后引起的过电压。1kV 以下的低压配电系统一般也采用中性点直接接地运行方式，则是为了满足低压电网中 220V 单相设备的工作电压，便于低压电气设备的保护接地。

### 4.2.3　低压配电系统的接线方式及特点

（1）低压配电系统的接线方式

常用低压电力配电系统接线及有关说明见表 4-3。

表 4-3　常用低压配电系统接线方式

| 接线方式 | 接线图 | 简要说明 |
| --- | --- | --- |
| 放射式 | （220/380V 接线图） | 配电线故障互不影响，供电可靠性较高，配电设备集中，检修比较方便，但系统灵活性较差，有色金属消耗较多，一般在下列情况下采用：<br>① 容量大、负荷集中或重要的用电设备；<br>② 需要集中联锁启动、停车的设备；<br>③ 有腐蚀性介质或爆炸危险等环境，不宜将用电及保护启动设备放在现场者 |
| 树干式 | （220/380V 接线图） | 配电设备及有色金属消耗较少，系统灵活性好，但干线故障时影响范围大。<br>一般用于用电设备的布置比较均匀、容量不大、又无特殊要求的场合 |
| 变压器干线式 | （接线图） | 除了具有树干式系统的优点外，接线更简单，能大量减少低压配电设备。<br>为了提高母干线的供电可靠性，应适当减少接出的分支回路数，一般不超过 10 个。<br>频繁启动、容量较大的冲击负荷以及对电压质量要求严格的用电设备，不宜用此方式供电 |

续表

| 接线方式 | 接线图 | 简要说明 |
| --- | --- | --- |
| 链式 | 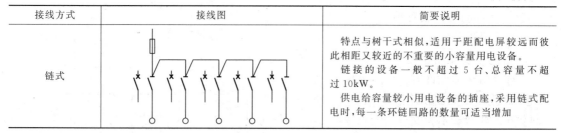 | 特点与树干式相似,适用于距配电屏较远而彼此相距又较近的不重要的小容量用电设备。链接的设备一般不超过 5 台、总容量不超过 10kW。供电给容量较小用电设备的插座,采用链式配电时,每一条环链回路的数量可适当增加 |

(2) 带电导体系统的分类

带电导体是指正常通过工作电流的导体,包括相线和中性线（N 线及 PEN 线）,但不包括 PE 线。带电导体系统根据相数和带电导体根数来分类,如图 4-6 所示。我国常用的带电导体系统的形式有三相四线制、三相三线制和单相二线制,有时也用两相三线制；此外,在 IEC 标准中还有单相三线制、两相五线制等。

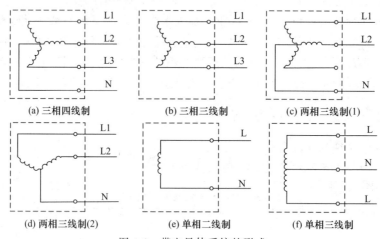

图 4-6　带电导体系统的形式

(3) 接地系统的分类

接地系统分类的根据是电源点的对地关系和负荷侧电气装置的外露导电部分的对地关系。电气装置是指所有的电气设备及其间相互连接的线路的组合。外露导电部分是指电气设备的金属外壳、线路的金属支架、套管及电缆的金属铠装等。低压配电系统的接地形式有 TN、TT 和 IT 三种。TN 系统按 N 线（中性线）与 PE 线（保护线）的组合情况还分 TN-S、TN-C-S 和 T-C 三种。详见第 12 章。

# 4.3　应急电源和备用电源的选择及接线方式

## 4.3.1　应急电源和备用电源的种类

应急电源和备用电源种类的选择,应根据一级负荷中特别重要负荷的容量、允许中断供电的时间、要求的电源是交流还是直流等条件来进行。

① 快速自启动的柴油发电机组。用于允许停电时间为 15s 以上的,需要驱动电动机且

启动电流冲击负荷较大的特别重要负荷。

② 带有自动投入装置独立于正常电源的专用馈电线路。用于允许停电时间大于自投装置的特别重要负荷。

③ 蓄电池装置用于允许停电时间为毫秒级，且容量不大又要求直流电源的特别重要负荷。干电池用于不允许有中断时间，且容量不大又要求直流电源的特别重要负荷。

④ 静止型不间断供电装置（Uninterruptable Power Supply，UPS）。用于允许停电时间为毫秒级，且容量不大又要求交流电源的特别重要负荷。

⑤ 应急电源装置 EPS（Emergency Power Supply）。用于允许停电时间为 0.25s 以上要求交流电源的特别重要负荷。

⑥ 机械储能电机型不间断供电装置。用于允许停电时间为毫秒级，需要驱动电机且启动电流冲击负荷较大的特别重要负荷。

### 4.3.2 应急电源系统

① 工程设计中，对于其他专业提出的特别重要负荷，应仔细研究，并尽可能减少特别重要负荷的负荷量，但需要双重保安措施者除外。

② 应急电源的供电时间，应按生产技术上要求的允许停车过程时间确定。

③ 各级负荷的备用电源设置可根据用电需要确定，备用电源必须与应急电源隔离。

④ 备用电源的负荷严禁接入应急供电系统。

⑤ 防灾或类似的重要用电设备的两回电源线路应在最末一级配电箱处自动切换。

大型企业及重要的民用建筑中往往同时使用几种应急电源，应使各种应急电源设备密切配合，充分发挥作用。应急电源系统接线示例（以蓄电池、不间断供电装置、柴油发电机同时使用为例）如图 4-7 和图 4-8 所示。

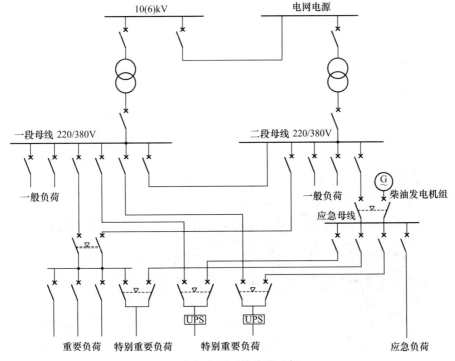

图 4-7　应急电源系统接线示例（1）

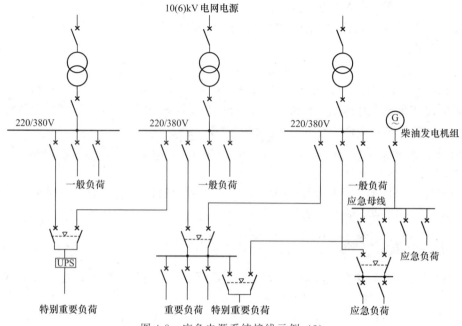

图 4-8　应急电源系统接线示例（2）

## 4.3.3　柴油发电机组

柴油发电机组是以柴油机作动力，驱动同步交流发电机发电的电源设备。柴油发电机组是目前世界上应用非常广泛的发电设备，主要用作电信、金融、国防、医院、学校、商业、工矿企业及住宅的应急备用电源；移动通信、战地及野外作业、车辆及船舶等特殊用途的独立电源；大电网不能输送到的地区或不适合建立火电厂的地区的生产与生活所需的独立供电主电源等。随着科学技术的不断发展，一些新技术和新成果的应用，柴油发电机组逐渐从人力启动向自动化（自启动、无人值守、遥控、遥信、遥测）、低排放和低噪声方向发展，以满足现代社会对柴油发电机组更高的要求。

（1）柴油发电机组的组成

柴油发电机组是内燃发电机组的一种，主要由柴油机、（交流同步）发电机、控制系统三大部分组成（如图 4-9 所示）。另外还包括联轴器、公共底座和消声器等。

图 4-9　柴油发电机组及其主要组成

一般生产的成套机组，都是用一公共底座将柴油机、交流同步发电机和控制系统等主要部件安装在一起，成为一个整体，即一体化柴油发电机组。而大功率机组除柴油机和发电机装置在型钢焊接而成的公共底座上外，控制系统的控制箱（屏）、燃油箱和水箱等设备均须单独设计，以便于移动和安装。

柴油机的飞轮壳与发电机前端盖轴向采用凸肩定位直接连接构成一体，并采用圆柱形的弹性联轴器由飞轮直接驱动发电机旋转。这种连接方式由螺钉固定在一起，使两者连接成一体，保证了柴油机的曲轴与发电机转子的同心度在规定范围内。

为了减小噪声，机组一般需安装专用消声器，特殊情况下需要对机组进行全屏蔽。为了减小机组的振动，在柴油机、发电机、控制箱和水箱等主要组件与公共底座的连接处，通常装有减振器或橡胶减振垫。有的控制箱还采用二级减振措施。

（2）柴油发电机组的性能等级

国家标准 GB/T 2820.1—2009《往复式内燃机驱动的交流发电机组 第一部分：用途、定额和性能》中的第 7 条对柴油发电机组规定了四级性能。

① G1 级性能：要求适用于只需规定其电压和频率的基本参数的连接负载。主要作为一般用途，如照明和其他简单的电气负载。

② G2 级性能：要求适用于对电压特性与公用电力系统有相同要求的负载。当负载发生变化时，可有暂时然而是允许的电压和频率偏差。如照明系统、泵、风机和卷扬机等。

③ G3 级性能：要求适用于对频率、电压和波形特性有严格要求的连接设备。如通信负载和晶闸管控制的负载。应该认识到，整流器和晶闸管控制的负载对发电机组电压波形的影响需要特殊考虑。

④ G4 级性能：要求适用于对频率、电压和波形特性有特别严格要求的负载。如数据处理设备或计算机系统。

（3）选购柴油发电机组的依据

市面上发电机组的品牌繁多，在选购时应注意所选机组的性能和质量必须符合有关标准的要求。目前，国内外对各个应用领域的发电机组都有较详细的标准法规，生产商应能示出国内或国际认证机构的鉴定或认证证书。

我国对各种柴油发电机组的标准主要有：GB/T 2820《往复式内燃机驱动的交流发电机组》（相当于国际标准 ISO 8528 系列，共有 12 部分）、JB/T 10303—2020《工频柴油发电机组技术条件》、GB/T 2819—1995《移动电站通用技术条件》和 GB/T 12786—2006《自动化柴油发电机组通用技术条件》等。

对于各个具体行业的标准是：军事部门的 GJB 4491—2002《固定通信电源站柴油发电机组通用规范》、电信部门的 YD/T 502—2020《通信用低压柴油发电机组》、船用部门的 GB/T 13032—2010《船用柴油发电机组》以及 GB/T 31038—2014《高电压柴油发电机组通用技术条件》等。

另外，在日益重视环境保护的今天，机组本身应具有或者经过其他特殊处理后，其尾气排放物和噪声应符合 GB 16297—1996《大气污染物综合排放标准》和 GB 12348—2008《工厂企业厂界噪声排放标准》的规定。

（4）应急柴油发电机组的选择

应急发电机组主要用于重要场所，在事故停电或紧急情况发生时，通过应急发电机组迅速恢复并延长一段供电时间。这类用电负荷称为一级负荷。对断电时间有严格要求的通信设备、仪表及计算机系统等，除配备发电机组外还应有蓄电池或 UPS 供电。

应急发电机组的工作有两个特点：一个是作应急用，连续工作的时间不长，一般只需要持续运行几小时（≤12h）；另一个特点是作备用，应急发电机组平时处于停机等待状态，只有当主用电源发生故障断电后，应急发电机组才启动运行供给紧急用电负荷；当主用电源恢复正常后，随即切换停机。

1) 应急柴油发电机组容量的确定　应急柴油发电机组的标定容量为经环境（海拔高度、环境温度和空气湿度等）修正后的12h标定容量，其容量应能满足紧急用电总计算负荷，并按发电机容量能满足一级负荷中单台最大容量电动机启动的要求进行校验。应急发电机一般选用三相交流同步发电机，其标定输出电压为400V。

在方案或初步设计阶段，按下述方法估算并选择其中容量最大者：

① 按建筑面积估算。建筑面积在 $10000m^2$ 以上的大型建筑按 $15\sim20W/m^2$，建筑面积在 $10000m^2$ 及以下的中小型建筑按 $10\sim15W/m^2$。

② 按配电变压器容量估算。占配电变压器容量的10%~20%。

③ 按电动机启动容量估算。当允许发电机端电压瞬时压降为20%时，发电机组直接启动异步电动机的能力为每1kW电动机功率需要5kW柴油发电机组功率。若电动机降压启动或软启动，由于启动电流减小，柴油发电机容量也按相应比例减小。按电动机功率估算后，进行归整，即按柴油发电机组的标定系列估算容量。

2) 应急柴油发电机组台数的确定　有多台发电机组备用时，一般只设置1台应急柴油发电机组，从可靠性考虑也可选用2台机组并联运行供电。供应急用的发电机组台数一般不宜超过3台。当选用多台柴油发电机组时，机组应尽量选用型号、容量相同，调压、调速特性相近的成套设备，所用燃油性质应一致，以便运行维修保养及共用备件。当供应急用的发电机组有2台时，自启动装置应使2台机组能互为备用，即市电电源故障停电经过延时确认以后，发出自启动指令，如果第一台机组连续3次自启动失败，应发出报警信号并自动启动第二台机组。

3) 应急柴油发电机组特性的选择　应急机组宜选用高速、增压、低油耗、高可靠性、同容量的柴油发电机组。高速增压柴油机单机容量较大，占据空间小；柴油机选配带有电子或液压调速装置的较好，其调速性能佳；发电机宜选配无刷励磁的交流同步发电机或永磁交流发电机，运行可靠，故障率低，维护检修较方便；机组装在附有减振器的公用底盘上；排烟管出口宜装设消声器，以减小噪声对周围环境的影响。

4) 应急柴油发电机组的控制　应急柴油发电机组的控制应具有快速自启动及自动投入装置。当发生主用电源故障断电后，应急机组应能快速自启动并恢复供电，一级负荷的允许断电时间从十几秒至几十秒，应根据具体情况确定。当重要工程的主用电源断电后，首先要有3~5s的确认时间，以避开瞬时电压降低及市电网合闸或备用电源自动投入的时间，然后再发出启动应急机组的指令。从指令发出、机组开始启动、升速到能带负荷需要一段时间。一般大中型柴油发电机组还需要预润滑及暖机过程，使紧急加载时的全损耗系统用油（机油）压力、全损耗系统用油（机油）温度、冷却水温度符合产品技术条件的规定；机组的预润滑及暖机过程可以根据不同情况预先进行。例如：电信及军事通信、大型宾馆的重要外事活动、公共建筑夜间进行大型群众活动、医院进行重要外科手术等的应急机组平时就应处于预润滑及暖机状态，以便随时快速启动，尽量缩短故障断电时间。

应急机组投入运行后，为了减少突加负荷时的机械及电流冲击，在满足供电要求的情况下，紧急负荷最好按时间间隔分级增加。根据国家标准和国家军用标准规定，自动化柴油发电机组自启动成功后的首次允许加载量：对于标定功率不大于250kW者，不小于50%标定负载；对于标定功率大于250kW者，按产品技术条件规定。如果对瞬时电压降及过渡过程要求不严格时，一般机组突加或突卸的负荷量不宜超过机组标定容量的 70%。

### 4.3.4 不间断电源系统 UPS

随着信息技术的不断发展和计算机的日益普及，一般的高新技术产品和设备对供电质量提出了越来越严格的要求。如工业自动化过程控制系统、数据通信处理系统、航空管理系统和精密测量系统等均要求交流电网对其提供稳压、稳频、无浪涌和无尖峰干扰的交流电。这是因为供电的突然中断或供电质量严重超出设备（系统）的标准要求之外，轻者造成数据丢失、系统运行异常和生产不合格产品，严重时会造成系统瘫痪或造成难以估量的损失。然而普通电网供电时，因受自然界的风、雨、雷电等自然灾害的影响以及受某些用户负载、人为因素或其他意外事故的影响，势必造成所提供的交流电不能完全满足负载要求。为了保证负载供电的连续性，为负载提供符合要求的优质电源，满足一些重要负载对供电电源提出的严格要求，从 20 世纪 60 年代开始出现了一种新型的交流不间断电源系统（Uninterruptible Power System/ Uninterruptible Power Supply，UPS），同那些昂贵的设备相比，配置 UPS 的费用相对较低，为保护关键设备配置 UPS 是非常值得的。近年来，UPS 得到了迅速发展，在电力、军工、航空、航天和现代化办公等领域已成为必不可少的电源设备。

#### 4.3.4.1 UPS 的定义与作用

（1）UPS 的定义

所谓不间断电源（系统）是指当交流电网输入发生异常时，可继续向负载供电，并能保证供电质量，使负载供电不受影响的供电装置。不间断电源依据其向负载提供的是交流还是直流可分成两大类型，即交流不间断电源系统和直流不间断电源系统，但人们习惯上总是将交流不间断供电系统简称为 UPS。

（2）UPS 的作用

理想的交流电源输出电压是纯粹的正弦波，即在正弦波上没有叠加任何谐波，且无任何瞬时的扰动。但实际电网因为许多内部原因和外部干扰，其波形并非标准的正弦波，而且因电路阻抗所限，其电压也并非稳定不变。造成干扰的原因很多，发电厂本身输出的交流电不是纯正的正弦波、电网中大电机的启动、开关电源的运用、各类开关的操作以及雷电、风雨等都可能对电网产生不良影响。

UPS 作为一种交流不间断供电设备，其作用有二：一是在市电供电中断时能继续为负载提供合乎要求的交流电能；二是在市电供电没有中断但供电质量不能满足负载要求时，应具有稳压、稳频等交流电的净化作用。

所谓净化作用是指：当市电电网提供给用户的交流电不是理想的正弦波，而是存在着频率、电压、波形等方面异常时，UPS 可将市电电网不符合负载要求的电能处理成完全符合负载要求的交流电。市电供电异常主要体现在以下几个方面（如图 4-10 所示）：

① 电压尖峰（Spike）：指峰值达到 6000V、持续时间为 0.01~10ms 的尖峰电压。它主要由雷击、电弧放电、静电放电以及大型电气设备的开关操作而产生。

② 电压瞬变（Transient）：指峰值电压高达 20kV、持续时间为 1~100μs 的脉冲电压。其产生的主要原因及可能造成的破坏类似于电压尖峰，只是在量上有所区别。

③ 电线噪声（Electrical Line Noise）：指射频干扰（RFI）和电磁干扰（EMI）以及其他各种高频干扰。电动机运行、继电器动作以及广播发射等都会引起电线噪声干扰。电网电线噪声会对负载控制线路产生影响。

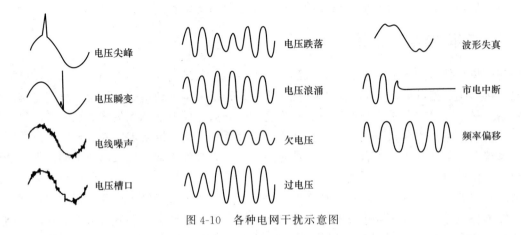

图 4-10 各种电网干扰示意图

④ 电压槽口（Notch）：指正常电压波形上的开关干扰（或其他干扰），持续时间小于半个周期，与正常极性相反，也包括半周期内的完全失电压。

⑤ 电压跌落（Sag or Brownout）：指市电电压有效值介于额定值的 80%～85% 之间，并且持续时间超过一个至数个周期。大型设备开机、大型电动机启动以及大型电力变压器接入电网都会造成电压跌落。

⑥ 电压浪涌（Surge）：指市电电压有效值超过额定值的 110%，并且持续时间超过一个至数个周期。电压浪涌主要是由电网上多个大型电气设备关机，电网突然卸载而产生的。

⑦ 欠电压（Under Voltage）：指低于额定电压一定百分比的稳定低电压。其产生原因包括大型设备启动及应用、主电力线切换、大型电动机启动以及线路过载等。

⑧ 过电压（Over Voltage）：指超过额定电压一定百分比的稳定高电压。一般是由接线错误、电厂或电站误调整以及附近重型设备关机引起。对单相电而言，可能是由三相负载不平衡或中线接地不良等原因造成。

⑨ 波形失真（Harmonic Distortion）：指市电电压相对于线性正弦波电压的偏差，一般用总谐波畸变（Total Harmonic Distortion，THD）来表示。产生的原因一方面是发电设备输出电能本身不是纯正的正弦波，另一方面是电网中的非线性负载对电网的影响。

⑩ 市电中断（Power Fail）：指电网停止电能供应且至少持续两个周期到数小时。产生的原因主要有线路上的断路器跳闸、市电供应中断以及电网故障等。

⑪ 频率偏移（Frequency Variation）：指市电频率的偏移超过 2Hz（<48Hz 或 >52Hz）以上。这主要由应急发电机的不稳定运行或由频率不稳定的电源供电所致。

以上污染或干扰对计算机及其他敏感仪器设备所造成的危害不尽相同。电源中断可能造成硬件损坏；电压跌落可能造成硬件提前老化、文件数据丢失；过电压、欠电压以及电压浪涌可能会损坏驱动器、存储器、逻辑电路，还可能产生不可预料的软件故障；电线噪声和瞬变电压可能会损坏逻辑电路和文件数据。

### 4.3.4.2 UPS 的分类

UPS 自问世以来，其发展速度非常快。初期的 UPS 是一种动态的不间断电源。在市电正常时，用市电驱动电动机，电动机带动发电机发出交流电。该交流电一方面向负载供电，同时带动巨大的飞轮使其高速旋转。当市电变化时，由于飞轮的巨大惯性对电压的瞬时变化没有反应，因此保证了输出电压的稳定。在市电停电时，依赖飞轮的惯性带动发电机继续向负载供电,同时启动与飞轮相连的备用发电机组。备用发电机组带动飞轮旋转并因此带动交流发电机向负载供电,如图 4-11(a) 所示。但在以上方案中,依靠动能储存的飞轮延长市电断电时的供电时间势必受到限制,为了进一步延长供电时间,后来采用如图 4-11(b) 所示的结构。市电经整流后一路给蓄电池充电,另一路为直流电动机供电,直流电动机又拖动交流发电机输出稳压稳频的交流电,一旦市电中断,依靠蓄电池组存储的能量维持交流发电机继续运行,达到负载供电不间断的目的。这种动态不间断电源设备存在噪声大、效率低、切换时间长、笨重等缺点,未被广泛采用。随着半导体技术的迅速发展,利用各种电力电子器件的静态 UPS 很快取代了早期的动态 UPS,静态 UPS 依靠蓄电池存储能量,通过静止逆变器变换电能维持负载电能供应的连续性。相对于动态 UPS,静态 UPS 体积小、重量轻、噪声低、操控方便、效率高、后备时间长。本书后续所述及的 UPS 均指静态 UPS。

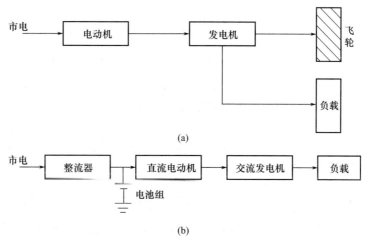

图 4-11 动态 UPS 结构框图

UPS 分类方法很多,按输出容量大小可分为:小容量(10kV·A 以下)、中容量(10～100kV·A)和大容量(100kV·A 以上);按输入、输出电压相数不同可分为单进单出、三进三出和三进单出型;按输出波形不同可分为:方波、梯形波和正弦波;但人们习惯上按 UPS 电路结构形式进行分类,可分为后备式、互动式和在线式。

(1) 后备式 UPS

后备式 UPS(passive stand-by UPS):交流输入正常时,通过稳压装置对负载供电;交流输入异常时,电池通过逆变器对负载供电。后备式 UPS 是静态 UPS 的最初形式,它是一种以市电供电为主的电源形式,主要由充电器、蓄电池、逆变器以及变压器抽头调压式稳压电源四部分组成,其工作原理框图如图 4-12 所示。

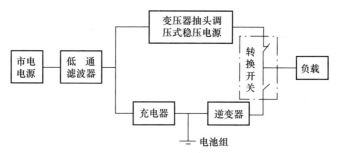

图 4-12 后备式 UPS 工作原理框图

1) 正常工作模式（normal mode of operation） 当输入交流电压、频率在允许范围内时，经由低通滤波器对来自电网的高频干扰进行适当的衰减抑制后，分两路去控制后级电路的正常运行：

① 经充电器对蓄电池组进行充电，以备市电中断时有能量继续支持 UPS 正常运行。

② 经位于交流旁路通道上的"变压器抽头调压式稳压电源"对起伏变动较大的市电电压进行稳压处理。然后，在 UPS 逻辑控制电路的作用下，经稳压处理的市电电源经转换开关向负载供电。

此时，逆变器仅处于空载运行状态，不向外输出能量，严格意义上讲逆变器不工作。

2) 逆变工作模式（stored energy mode of operation） 当输入交流电压或频率异常时，在 UPS 逻辑控制电路作用下，UPS 将按下述方式运行：

① 充电器停止工作。

② 转换开关在切断交流旁路供电通道的同时，将负载与逆变器输出端连接起来，从而实现由市电供电向逆变器供电的转换。

③ 逆变器吸收蓄电池中存储的直流电，变换为稳定的交流电（如：50Hz/220V）维持对负载的电能供应。根据负载的不同，逆变器输出电压可以是正弦波，也可以是方波。

根据后备式 UPS 的工作原理，可知其性能特点是：

① 电路简单，成本低，可靠性较高。

② 当市电正常时，逆变器仅处于空载运行状态，整机效率可达 98%。

③ 因大多数时间为市电供电，UPS 输出能力强，对负载电流的波峰系数、浪涌系数、输出功率因数、过载等没有严格要求。

④ 输出电压稳定精度较差，但能满足负载要求。

⑤ 输出有转换开关，市电供电中断时输出电能有短时间的间断，并且受切换电流能力和动作时间的限制，增大输出容量有一定的困难。因此，后备式正弦波输出 UPS 容量通常在 3kV·A 以下，而后备式方波输出 UPS 容量通常在 1kV·A 以下。

（2）在线式 UPS

在线式 UPS（on line UPS）：交流输入正常时，通过整流、逆变装置对负载供电；交流输入异常时，电池通过逆变器对负载供电。在线式 UPS 又称为双变换在线式或串联调整式 UPS。目前大容量 UPS 大多采用此结构形式。该型 UPS 通常由整流器、充电器、蓄电池、逆变器等部分组成，它是一种以逆变器供电为主的电源形式。其工作原理如图 4-13 所示。

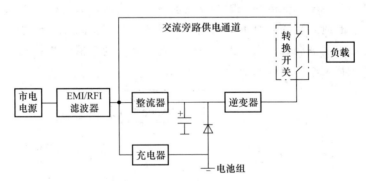

图 4-13 在线式 UPS 工作原理框图

1) 正常工作模式（normal mode of operation） 当输入交流电压、频率在允许范围内，经由 EMI/RFI 滤波器对来自电网的传导型电磁干扰和射频干扰进行适当的衰减抑制后分三路去控制后级电路的正常运行：

① 直接连接交流旁路供电通道，作为逆变器通道故障时的备用电源。

② 经充电器对位于 UPS 内的蓄电池组进行浮充电，以便市电中断时，蓄电池有足够的能量来维持 UPS 的正常运行。

③ 经过整流器和大电容滤波变为较为稳定的直流电，再由逆变器将直流电变换为稳压稳频的交流电，通过转换开关输送给负载。

2) 逆变工作模式(stored energy mode of operation)　当输入交流电压或频率异常时，在逻辑控制电路作用下，UPS 将按下述方式运行：

① 关充电器，停止对蓄电池充电。

② 逆变器改为由蓄电池供电，将蓄电池中存储的直流电转化为负载所需的交流电，用来维持负载电能供应的连续性。

3) 旁路工作模式(bypass mode of operation)　市电供电正常情况下，如果系统出现下列情况之一：①在 UPS 输出端出现输出过载或短路故障；②由环境温度过高和冷却风扇故障造成位于逆变器或整流器中的功率开关管温度超过安全界限；③UPS 中的逆变器本身故障。那么，UPS 将在逻辑控制电路调控下转为市电旁路直接给负载供电。

4) ECO 模式(ECO mode of operation)　交流输入正常情况下，UPS 通过静态旁路向负载供电；当交流输入异常时，UPS 切换至逆变器供电的工作模式。

根据在线式 UPS 的工作原理，可知其性能特点是：

① 不论市电正常与否，负载的全部功率均由逆变器给出。所以，在市电产生故障的瞬间，UPS 的输出不会产生任何间断。

② 输出电能质量高。UPS 逆变器采用高频正弦脉宽调制和输出波形反馈控制，可向负载提供电压稳定度高、波形畸变率小、频率稳定以及动态响应速度快的高质量电能。

③ 全部负载功率都由逆变器提供，UPS 的容量裕量有限，输出能力不够理想。所以对负载的输出电流峰值系数、过载能力、输出功率因数等提出限制条件，输出有功功率小于标定的数值，应付冲击负载的能力较差。

④ 整流器和逆变器都承担全部负载功率，整机效率低。

(3) 互动式 UPS

互动式 UPS (line interactive UPS)：交流输入正常时，通过稳压装置对负载供电，变换器只对电池充电；交流输入异常时，电池通过变换器对负载供电。互动式 UPS 又称为在线互动式 UPS 或并联补偿式 UPS。与（双变换）在线式 UPS 相比，该 UPS 省去了整流器和充电器，而由一个可运行于整流状态和逆变状态的双向变换器配以蓄电池构成。当市电输入正常时，双向变换器处于反向工作（即整流工作状态），给电池组充电；当市电异常时，双向变换器立即转换为逆变工作状态，将电池电能转换为交流电输出。其工作原理如图 4-14 所示。

1) 正常工作模式(normal mode of operation)　当输入交流电压、频率在允许范围内（如市电电压在 150~276V 之间）时，市电电源经低通滤波器对从市电电网窜入的射频干扰及传导型电磁干扰进行适当衰减抑制后，将按如下调控通道去控制 UPS 的正常运行：

① 当市电电压处于 176~264V 之间时，在 UPS 逻辑控制电路作用下，将开关 $Q_0$ 置于闭合状态的同时，闭合位于 UPS 市电输出通道上的转换开关。这样，把一个不稳压的市电电源直接送到负载上。

② 当市电电压处在 150~176V 之间时，鉴于市电输入电压偏低，在 UPS 逻辑控制电路

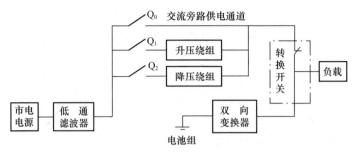

图 4-14 互动式 UPS 工作原理框图

作用下,将开关 $Q_0$ 置于分断状态的同时,闭合升压绕组输入端的开关 $Q_1$；使幅值偏低的市电电源经升压处理后,将一个幅值较高的电压经转换开关送到负载。

③ 当市电电压处在 264~276V 之间时,为防止输出电压过高而损坏负载,在 UPS 逻辑控制电路作用下,将开关 $Q_0$ 置于分断状态的同时,闭合降压绕组输入端的开关 $Q_2$；使幅值偏高的市电电源经降压处理后再经转换开关送到负载,达到用户负载安全运行的目的。

④ 经过处理后的市电电源除了供给负载电能以外,同时作为双向逆变器的交流输入电源。双向逆变器运行于整流状态,从电网吸收能量存储在蓄电池组中,以便在市电不正常时提供足够的直流能量。

2) 逆变工作模式(stored energy mode of operation) 当输入交流电压或频率异常（如市电输入电压低于150V 或高于276V）时,在机内逻辑控制电路的作用下,UPS 的各关键部件将完成如下操作:

① 切断连接负载和市电旁路通道的转换开关。

② 双向变换器由原来的整流工作模式转化为逆变工作模式。也就是说,此时系统不再对蓄电池进行充电,而是吸收蓄电池存储的直流电能,经正弦波逆变转化为稳压、稳频的交流电能输出给负载。

根据互动式 UPS 的工作原理,可知其性能特点如下:

① 效率高,可达 98% 以上。

② 电路结构简单,成本低,可靠性高。

③ 输入功率因数和输出电流谐波成分取决于负载电流,UPS 本身不产生附加的输入功率因数和谐波电流失真。

④ 输出能力强,对负载电流峰值系数、浪涌系数、过载等无严格限制。

⑤ 变换器直接接在输出端,并且处于热备份状态,对输出电压尖峰干扰有滤波作用。

⑥ 大部分时间为市电供电,仅对电网电压稍加稳压处理,输出电能质量差。

⑦ 市电供电中断时,因为交流旁路开关存在断开时间,所以 UPS 输出存在一定时间的电能中断,但比后备式 UPS 的转换时间短。

#### 4.3.4.3 UPS 的功能要求与选择

(1) UPS 的功能要求

① 静态旁路开关的切换时间一般为 2~10ms,并应具有如下功能：当逆变装置故障或需要检修时,应及时切换到电网（市电备用）电源供电；当分支回路突然故障短路,电流超过预定值时,应切换到电网（市电备用）电源,以增加短路电流,使保护装置迅速动作,待切除故障后,再启动返回逆变器供电；带有频率跟踪环节的不间断电源装置,当电网频率波动或电压波动超过额定值时,应自动与电网解列,当频率与电压恢复正常时再自动并网。

② 用市电旁路时，逆变器的频率和相位应与市电锁相同步。

③ 对于三相输出的负荷不平衡度，最大一相和最小一相负载的基波方均根电流之差，不应超过不间断电源额定电流的 25%，而且最大线电流不超过其额定值。

④ 三相输出系统输出电压的不平衡系数（负序分量与正序分量之比）应不超过 5%。输出电压的总波形失真度不应超过 5%（单相输出允许 10%）。

（2）不间断电源设备的选择

① 不间断电源设备输出功率，应按下列条件选择：不间断电源设备给电子计算机供电时，单台 UPS 的输出功率应大于电子计算机各设备额定功率总和的 1.5 倍。当不间断电源设备对其他用电设备供电时，其额定功率为最大计算负荷的 1.3 倍。负荷的最大冲击电流不应大于不间断电源设备额定电流的 150%。

② UPS 应急供电时间，应按下列条件选择：为保证用电设备按照操作顺序进行停机，其蓄电池的额定放电时间可按停机所需最大时间来确定，一般可取 8~15min；当有备用电源时，为保证用电设备供电的连续性，其蓄电池额定放电时间按等待备用电源投入考虑，一般可取 10~30min；如有特殊要求，其蓄电池额定放电时间应根据负荷特性来确定。

（3）UPS 系统的选择。

根据用电设备对供电可靠性、连续性、稳定性和电源诸参数质量的要求，UPS 系统宜采用以下几种类型，见表 4-4。

表 4-4 不同种类 UPS 系统的应用

| 序号 | 系统方式 | 系统图 | 简要说明 |
| --- | --- | --- | --- |
| 1 | 单一式不间断电源系统 | 市电电源 → UPS → 负载 | 因只有一个不间断电源设备，一般用于系统容量较小，可靠性要求不高的场所 |
| 2 | 冗余式不间断电源系统 | 市电电源 → 冗余式UPS → 负载 | 因不间断电源设备中增设一个或几个不间断电源模块作为备用，当某一模块出现故障时，可进行热插拔，取出维修故障模块，待修好故障后可继续投入使用，确保供电不间断。一般用于系统容量较小的系统中 |
| 3 | 并联式不间断电源系统 | 市电电源 → UPS/UPS/UPS → 负载 | 可组成大型 UPS 供电系统，供电可靠性较高，运行较灵活 |
| 4 | 并联冗余式不间断电源系统 | 市电电源 → 冗余式UPS/冗余式UPS/冗余式UPS → 负载 | 可组成大型 UPS 供电系统，供电可靠性高，运行灵活方便，便于检修，可用于互联网数据中心、银行清算中心等特别重要的负荷 |

### 4.3.4.4 UPS 的发展趋势

UPS 自问世以来，已从最初的动态式，经采用 SCR 的静止型 UPS，发展到现在采用全控型功率器件的具有智能化的 UPS 产品。UPS 之所以发展得如此迅速，主要得益于电子技术、器件制造技术、控制技术的飞速发展；得益于电源技术人员对电能变换方式和方法的不断深入研究；得益于信息产业的迅猛发展为 UPS 产品提供了广阔的应用领域。随着现代通信、电子仪器、计算机、工业自动化、电子工程、国防和其他高新技术的发展，对供电质量及可靠性要求越来越高，尤其是要求供电的连续性必须有保障。因而 UPS 作为交流不间断供电系统，今后必将得到持续发展。目前，电源技术人员对 UPS 的拓扑结构、使用的器件和材料、采用的控制方法和手段等方面的研究仍在不断深入，旨在提高 UPS 产品的性能、拓宽其应用领域、提高其可靠程度、增强其适应能力。根据现在的研究结果，可以预期 UPS 产品今后的发展主要围绕以下几个方面进行。

(1) 高频化

UPS 的高频化一方面是指逆变器开关频率的提高，这样可以有效地减小装置的体积和重量，并可消除变压器和电感的音频噪声，同时可改善输出电压的动态响应能力。由于新型开关器件 IGBT 等的广泛使用，中小容量 UPS 逆变器的开关频率已经可做到 20kHz 以上。提高逆变器开关频率，采用高频 SPWM 逆变已经是非常成熟的技术。

另一方面，在中小容量 UPS 中，为了进一步减小装置的体积和重量，必须去掉笨重的工频隔离变压器，采用高频隔离是 UPS 高频化的真正意义所在。高频隔离可采用两种方式实现：一是在整流器与逆变器之间加一级高频隔离的 DC/DC 变换器，另一种是采用高频链逆变技术，分别如图 4-15(a)(b) 所示。

如图 4-15(a) 所示为在通用（双变换）在线式 UPS 中插入一级高频 DC/DC 隔离变换构成的高频隔离 UPS，其特点是结构简单，控制方便。缺点是系统中存在两级高频变换，导致整个装置损耗增加，效率明显降低。如图 4-15(b) 所示的高频链逆变器形式就解决了这个问题，它将高频隔离和正弦波逆变结合在一起，经过一级高频变换得到 100Hz 的脉动直流电，再经一级工频逆变而得到所需的正弦波电压。相对于高频直流隔离来说，高频链逆变器形式只采用了一级高频变换，提高了系统效率。但是，这种形式控制相对复杂，目前只有少量的 UPS 应用了此项技术。

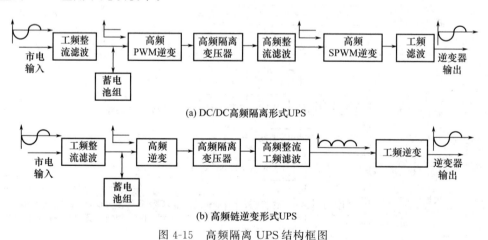

图 4-15　高频隔离 UPS 结构框图

(2) 绿色化

随着现代电力电子制造技术的发展，许多高性能、低污染和高效利用电能的现代电力电子装置不断涌现，例如网侧电流非常接近正弦的程控开关电源、具有高功率因数的 UPS、采用 IGBT 器件的变频调速器、高频逆变式整流焊机以及兆赫级 DC/DC 变换器等。这些基于高频变换技术的现代电源装置和系统具有一个突出的特点：高效节能和无污染。这正是电源产品"绿色化"的目标。

要实现 UPS 产品的绿色化，最主要的工作是提高网侧功率因数以减少电力污染，其次是利用先进的变换技术改善功率开关器件的工作状态，以降低功率开关器件的损耗和开关器件在开与关过程中所产生的干扰。对小型 UPS 而言，要提高其网侧功率因数可采用有源功率因数校正（APFC）方法，最成熟的就是采用升压型（Boost）功率因数校正（PFC），其基本结构如图 4-16 所示。要改善功率开关器件的工作状态、提高变换效率、减少干扰，可以利用软开关技术使功率开关器件工作在软开关状态。

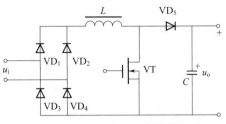

图 4-16　Boost 型 PFC 电路结构图

（3）智能化

大多数 UPS，特别是大容量 UPS 的工作是长期连续的。对运行中 UPS 状态的检测、UPS 出现故障时的及时发现和及时处理，减少 UPS 因故障或检修而造成的间断时间，使其真正成为不间断电源，是 UPS 研制和生产的目标之一，也是广大 UPS 用户最关注的。为了实现这些功能，采用普通的硬件电路是难以实现的，只有借助于计算机技术，充分发挥硬件和软件的各自特点，使 UPS 智能化，才能实现上述要求。

智能化 UPS 的硬件部分基本上是由普通 UPS 加上微机系统组成。微机系统通过对各类信息的分析综合，除完成 UPS 相应部分正常运行的控制功能外，还应完成以下功能：

① 对运行中的 UPS 进行监测，随时将采样点的信息送入计算机进行处理。一方面获取电源工作时的有关参数，另一方面监视电路中各部分的工作状态，从中分析出电路各部分是否工作正常。

② 在 UPS 发生故障时，根据检测结果，进行故障诊断，指出故障的部位，给出处理故障的方法与途径。

③ 完成部分控制工作，在 UPS 发生故障时，根据现场需要及时采取必要的自身应急保护控制动作，以防故障影响面的扩大。此外，通过对整流部分的控制，按照对不同蓄电池的不同要求，自动完成对蓄电池的分阶段恒流充电。

④ 自动显示所检测的数据信息，在设备运行异常或发生故障时，能够实时自动记录有关信息，并形成档案，供工程技术人员查阅。

⑤ 按照技术说明书给出的指标，自动定期地进行自检，并形成自检记录文件。

⑥ 能够用程序控制 UPS 的启动或停止，实现无人值守。

⑦ 具有交换信息功能，可随时向计算机输入信息或从计算机获取信息。

## 4.3.5　应急电源 EPS

EPS（Emergency Power Supply）是利用 IGBT 大功率模块及相关的逆变技术而开发的一种把直流电能逆变成交流电能的应急电源，其容量一般为 0.5~500kW，是一种新颖的、静态无公害的、免维护无人值守的、安全可靠的、集中供电式应急电源装置。

（1）应急电源 EPS 的工作原理

应急电源 EPS 主要由充电器、逆变器、蓄电池、隔离变压器、切换开关、监控器和显示、保护装置以及机箱等组成。

应急电源 EPS 一般分为不可变频应急电源和可变频应急电源。不可变频应急电源 EPS 工作原理如图 4-17 所示。其工作原理与 UPS 相似，不再详述。

可变频应急电源 EPS 工作原理如图 4-18 所示。当电网有电时，QF 吸合，经整流给逆

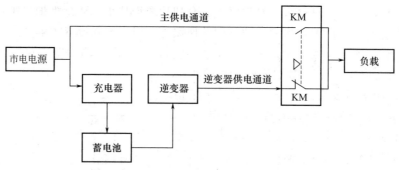

图 4-17 不可变频应急电源 EPS 工作原理

变器提供直流电,同时充电器对电池组充电。当电网断电时或者低于380V的15%时,KM吸合,由电池组给逆变器提供直流电。当需要电机负载工作时,给予启动信号(如运行信号、远程控制信号、消防联动信号),逆变器立即输出,从0~50Hz,电动机进行变频启动,其频率到达到50Hz后保持正常运行。手动/自动选择转换开关,在自动位置可进行远程控制和消防联动(DC 24V)操作,在手动位置可进行本机操作,此时远程控制和消防联动不能进行操作,运行信号和手动或者自动位置消防中心可监控。

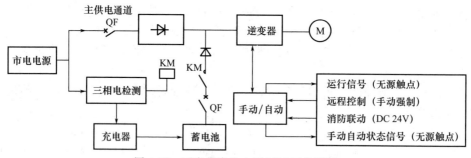

图 4-18 可变频应急电源 EPS 工作原理

(2) 应急电源 EPS 的切换时间和供电时间

应急电源 EPS 的应急供电切换时间为 0.1~0.25s,应急供电时间一般为 60min、90min、120min 三种规格,还可根据用户需要特别制造。

(3) 应急电源 EPS 的容量选择

选用 EPS 的容量必须同时满足以下条件:

① 负载中最大的单台直接启动的电机容量,只占 EPS 容量的 1/7 以下。

② EPS 容量应是所供负载中同时工作容量总和的 1.1 倍以上。

③ 直接启动风机、水泵时,EPS 的容量应为同时工作的风机、水泵容量的 5 倍以上;若风机、水泵为变频启动,则 EPS 的容量可为同时工作的电机总容量的 1.1 倍;若风机、水泵采用星-三角降压启动,则 EPS 的容量应为同时工作的电机总容量的 3 倍以上。

## 4.4 无功补偿装置——并联电容器

供电部门一般要求用户的月平均功率因数达到 0.9 以上。当用户的自然总平均功率因数较低,单靠提高用电设备的自然功率因数达不到要求时,应装设无功功率补偿设备,以进一步提高其功率因数。并联电容器具有投资少、有功功率损耗小、运行维护方便、故障范围小等优点，故在供配电系统中作为无功功率的补偿设备，得到了广泛应用。

### 4.4.1 接入电网基本要求

1) 并联电容器装置接入电网的设计，应按全面规划、合理布局、分层分区补偿、就地平衡的原则确定最优补偿容量和分布方式。

2) 变电站的电容器安装容量，应根据本地区电网无功规划和国家现行标准中有关规定经计算后确定，也可根据有关规定按变压器容量进行估算。用户的并联电容器安装容量，应满足就地平衡的要求。

3) 并联电容器分组容量的确定应符合下列规定：

① 在电容器分组投切时，应满足系统无功功率和电压调控要求。

② 当分组电容器按各种容量组合运行时，应避开谐振容量，不得发生谐波的严重放大和谐振，电容器支路接入所引起的各侧母线的任何一次谐波量均不应超过现行国家标准《电能质量——公用电网谐波》GB/T 14549—1993 的有关规定。

③ 发生谐振的电容器容量，可按下式计算：

$$Q_{cx} = S_d \left( \frac{1}{n^2} - K \right) \tag{4-2}$$

式中 $Q_{cx}$——发生 $n$ 次谐波谐振的电容器容量，MV·A；

$S_d$——并联电容器装置安装处的母线短路容量，MV·A；

$n$——谐波次数，即谐波频率与电网基波频率之比；

$K$——电抗率。

4) 并联电容器装置宜装设在变压器的主要负荷侧。当不具备条件时，可装设在三绕组变压器的低压侧。

5) 当配电站中无高压负荷时，不宜在高压侧装设并联电容器装置。

6) 低压并联电容器装置的安装地点和装设容量，应根据分散补偿和就地平衡的原则设置，并不得向电网倒送无功。

### 4.4.2 功率因数及补偿容量的计算

(1) 功率因数计算

补偿前平均功率因数为

$$\cos\varphi = \sqrt{\frac{1}{1+\left(\dfrac{\beta_{av} Q_c}{\alpha_{av} P_c}\right)^2}} \tag{4-3}$$

式中 $P_c$——企业的计算有功功率，kW；

$Q_c$——企业的计算无功功率，kvar；

$\alpha_{av}$，$\beta_{av}$——年平均有功、无功负荷系数，$\alpha_{av}$ 值一般取 0.7~0.8，$\beta_{av}$ 值一般取 0.76~0.82。

已经进行生产的用户，其平均功率因数为

$$\cos\varphi = \frac{W_m}{\sqrt{W_m^2 + W_{rm}^2}} = \sqrt{\frac{1}{1+\left(\dfrac{W_{rm}}{W_m}\right)^2}} \tag{4-4}$$

式中 $W_m$——月有功电能消耗量，即有功电能表的读数，kW·h；

$W_{rm}$——月无功电能消耗量，即无功电能表的读数，kvar·h。

（2）补偿容量的计算

补偿容量按无功负荷曲线或下式确定

$$Q = \alpha_{av} P_c (\tan\varphi_1 - \tan\varphi_2)(\text{kvar}) \tag{4-5}$$

或

$$Q = \alpha_{av} P_c q_c (\text{kvar}) \tag{4-6}$$

式中 $\tan\varphi_1$——补偿前计算负荷功率因数角的正切值；

$\tan\varphi_2$——补偿后功率因数角的正切值；

$q_c$——无功功率补偿率，kvar/kW，见表 4-5。

表 4-5 无功功率补偿率 $q_c$ 单位：kvar/kW

| 补偿前 $\cos\varphi_1$ | 补偿后 $\cos\varphi_2$ | | | | | | | | |
|---|---|---|---|---|---|---|---|---|---|
| | 0.85 | 0.86 | 0.88 | 0.90 | 0.92 | 0.94 | 0.96 | 0.98 | 1.0 |
| 0.60 | 0.71 | 0.74 | 0.79 | 0.85 | 0.91 | 0.97 | 1.04 | 1.13 | 1.33 |
| 0.62 | 0.65 | 0.67 | 0.73 | 0.78 | 0.84 | 0.90 | 0.98 | 1.06 | 1.27 |
| 0.64 | 0.58 | 0.61 | 0.66 | 0.72 | 0.77 | 0.84 | 0.91 | 1.00 | 1.20 |
| 0.66 | 0.52 | 0.55 | 0.60 | 0.65 | 0.71 | 0.78 | 0.85 | 0.94 | 1.14 |
| 0.68 | 0.46 | 0.48 | 0.54 | 0.59 | 0.65 | 0.71 | 0.79 | 0.88 | 1.08 |
| 0.70 | 0.40 | 0.43 | 0.48 | 0.54 | 0.59 | 0.66 | 0.73 | 0.82 | 1.02 |
| 0.72 | 0.34 | 0.37 | 0.42 | 0.48 | 0.54 | 0.60 | 0.67 | 0.76 | 0.96 |
| 0.74 | 0.29 | 0.31 | 0.37 | 0.42 | 0.48 | 0.54 | 0.62 | 0.71 | 0.91 |
| 0.76 | 0.23 | 0.26 | 0.31 | 0.37 | 0.43 | 0.49 | 0.56 | 0.65 | 0.85 |
| 0.78 | 0.18 | 0.21 | 0.26 | 0.32 | 0.38 | 0.44 | 0.51 | 0.60 | 0.80 |
| 0.80 | 0.13 | 0.16 | 0.21 | 0.27 | 0.32 | 0.39 | 0.46 | 0.55 | 0.75 |
| 0.82 | 0.08 | 0.10 | 0.16 | 0.21 | 0.27 | 0.33 | 0.40 | 0.49 | 0.70 |
| 0.84 | 0.03 | 0.05 | 0.11 | 0.16 | 0.22 | 0.28 | 0.35 | 0.44 | 0.65 |
| 0.85 | 0.00 | 0.03 | 0.08 | 0.14 | 0.19 | 0.26 | 0.33 | 0.42 | 0.62 |
| 0.86 | | 0.00 | 0.05 | 0.11 | 0.17 | 0.23 | 0.30 | 0.39 | 0.59 |
| 0.88 | | | 0.00 | 0.06 | 0.11 | 0.18 | 0.25 | 0.34 | 0.54 |
| 0.90 | | | | 0.00 | 0.06 | 0.12 | 0.19 | 0.28 | 0.48 |

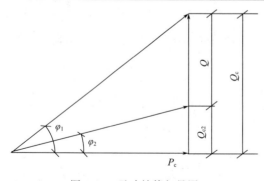

图 4-19 无功补偿矢量图

根据负荷计算得到的有功计算负荷 $P_c$ 和无功计算负荷 $Q_c$，则补偿容量可按下列步骤计算，如图 4-19 所示（图中 $Q_{c2}$ 为补偿后的无功功率）。

$$\tan\varphi_1 = Q_c/P_c \tag{4-7}$$

$$\tan\varphi_2 = Q_{c2}/P_c \tag{4-8}$$

因此

$$Q = Q_c - Q_{c2} = P_c(\tan\varphi_1 - \tan\varphi_2) \tag{4-9}$$

补偿后的功率因数为

$$\cos\varphi_2 = \frac{P_c}{\sqrt{P_c^2+(Q_c-Q)^2}} = \sqrt{\frac{P_c^2}{P_c^2+(Q_c-Q)^2}} = \sqrt{\frac{1}{1+\left(\frac{Q_c-Q}{P_c}\right)^2}} \quad (4\text{-}10)$$

### 4.4.3 电气接线

（1）接线方式

1) 并联电容器装置各分组回路可采用直接接入母线，并经总回路接入变压器的接线方式（如图 4-20 和图 4-21 所示）。当同级电压母线上有供电线路，经技术经济比较合理时，也可采用设置电容器专用母线的接线方式（如图 4-22 所示）。

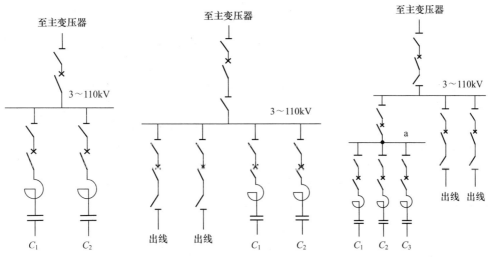

图 4-20　同级电压母线上无供电线路时的接线方式

图 4-21　同级电压母线上有供电线路的接线方式

图 4-22　设置电容器专用母线的接线方式（a 为电容器专用母线）

2) 并联电容器组的接线方式应符合下列规定：

① 并联电容器组应采用星形接线。在中性点非直接接地的电网中，星形接线电容器组的中性点不应接地。

② 并联电容器组的每相或每个桥臂，由多台电容器串并联组合连接时，宜采用先并联后串联的连接方式。

③ 电容器并联总容量不应超过 3900kvar。

3) 低压并联电容器装置可与低压供电柜同接一条母线。低压电容器或电容器组可采用三角形接线或星形接线方式。

（2）配套设备及其连接

1) 并联电容器装置应装设下列配套设备（如图 4-23 所示）：

① 隔离开关、断路器或负荷开关；

② 串联电抗器（含阻尼式限流器）；

③ 操作过电压保护用避雷器；

④ 接地开关；

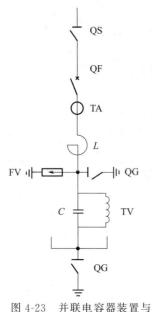

图 4-23 并联电容器装置与配套设备连接方式

⑤ 放电器件；

⑥ 继电保护、控制、信号和电测量用一次及二次设备；

⑦ 单台电容器保护用外熔断器，应根据保护需要和单台电容器容量配置。

2) 并联电容器装置分组回路投切开关应装设于电容器组的电源侧，开关型式应根据具体工程通过经济技术比较后确定。

3) 并联电容器装置的串联电抗器宜装设于电容器电源侧，并应校验其耐受短路电流能力。当铁芯电抗器的耐受短路电流能力不能满足电源侧要求时，应装设于中性点侧。

4) 电容器配置外熔断器时，每台电容器应配置一个专用熔断器。

5) 电容器的外壳直接接地时，外熔断器应串接在电容器的电源侧。电容器装设于绝缘框（台）架上且串联段数为 2 段及以上时，至少应有一个串联段的外熔断器串接于电容器的电源侧。

6) 并联电容器装置的放电线圈接线应符合下列规定：

① 放电线圈与电容器宜采用直接并联接线。

② 严禁放电线圈一次绕组中性点接地。

7) 并联电容器装置宜在其电源侧和中性点侧设置检修接地开关，当中性点侧装设接地开关有困难时，也可采用其他检修接地措施。

8) 并联电容器装置应装设抑制操作过电压的避雷器，其连接方式应符合下列规定：

① 避雷器连接应采用相对地方式（如图 4-24 所示）。

② 避雷器接入位置应紧靠电容器组的电源侧。

③ 不得采用三台避雷器星形连接后经第四台避雷器接地的接线方式。

9) 低压并联电容器装置宜装设下列配套元件（如图 4-25 所示）：

① 总回路刀开关和分回路投切器件；

② 操作过电压保护用避雷器；

③ 短路保护用熔断器；

④ 过载保护器件；

⑤ 限流线圈；

⑥ 放电器件；

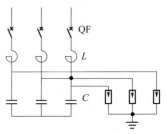

图 4-24 相对地避雷器接线

⑦ 谐波含量超限保护、自动投切控制器、保护元件、信号和测量表计等配套器件。

当采用的电容器投切器件具有限制涌流功能和电容器柜有谐波超值保护时，可不装设限流线圈和过载保护器件。

10) 低压电容器装设的外部放电器件可采用三角形接线或星形接线，并应直接与电容器（组）并联连接。

### 4.4.4 电器和导体的选择

(1) 一般规定

1) 并联电容器装置的设备选型，应根据下列条件确定：

① 电网电压、电容器运行工况。

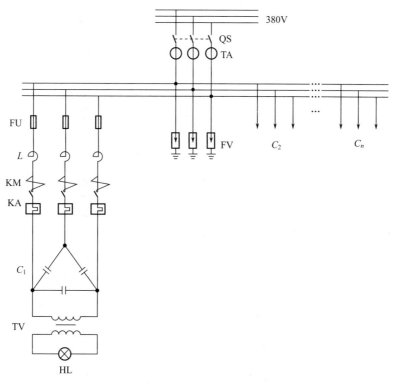

图 4-25 低压并联电容器装置元件配置典型接线
注：回路元件配置同图左侧

② 电网谐波水平。
③ 母线短路电流。
④ 电容器对短路电流的助增效应。
⑤ 补偿容量和扩建规划、接线、保护及电容器组投切方式。
⑥ 海拔高度、气温、湿度、污秽和地震烈度等环境条件。
⑦ 布置与安装方式。
⑧ 产品技术条件和产品标准。

2）并联电容器装置的电器和导体选择，应满足在当地环境条件下正常运行、过电压状态和短路故障的要求。

3）并联电容器装置总回路和分组回路的电器导体选择时，回路工作电流应按稳态过电流最大值确定。

4）并联电容器装置的电气设备绝缘水平，不应低于变电站、配电站（室）中同级电压的其他电气设备。

5）制造厂生产的并联电容器成套装置，其组合结构应便于运输、现场安装、运行检修和试验，并应使组装后的整体技术性能满足使用要求。

（2）电容器

1）电容器选型应符合下列规定：

① 组成并联电容器装置的电容器可选用单台电容器、集合式电容器。单组容量较大时，宜选用单台容量为 500kV·A 及以上的电容器。

② 在占地面积受限、高地震烈度、强台风地区宜选用一体化集合式电容器装置。

③ 电容器的温度类别应根据安装地点的环境空气温度或屋内冷却空气温度选择。

④ 安装在严寒、高海拔、湿热带等地区和污秽、易燃、易爆等环境中的电容器，应满足环境条件的特殊要求。

2) 电容器额定电压选择，应符合下列要求：

① 宜按电容器接入电网处的运行电压进行计算。

② 电容器应能承受 1.1 倍长期工频过电压。

③ 应计入串联电抗器引起的升高的电容器运行电压。接入串联电抗器后，电容器运行电压应按下式计算：

$$U_c = \frac{U_s}{\sqrt{3}S} \times \frac{1}{1-K} \quad (4-11)$$

式中 $U_c$——电容器的运行电压，kV；

$U_s$——并联电容器装置的母线运行电压，kV；

$S$——电容器组每相的串联段数；

$K$——电抗率。

3) 电容器的绝缘水平，应按电容器接入电网处的电压等级、由电容器组接线方式确定的串并联组合方式、安装方式要求等，根据电容器产品标准选取。不同电压等级并联电容器装置绝缘水平应符合表 4-6 规定的数值。

表 4-6 不同电压等级并联电容器装置绝缘水平[①]　　　　　　　　　　　单位：kV

| 系统标称电压 | 一次电路 | | 二次电路 |
|---|---|---|---|
| | 工频耐受电压（方均根值） | 雷电冲击耐受电压（峰值） | 工频耐受电压（方均根值） |
| 10 | 42 | 75 | 3 |
| 20 | 55 | 125 | 3 |
| 35 | 95 | 185 | 3 |
| 66 | 140 | 325 | 3 |
| 110 | 200<br>275[②] | 450<br>650[②] | 3 |

① 表中所示绝缘水平仅适用于海拔 1000m 及以下地区，对于海拔超过 1000m 地区，绝缘水平应进行海拔修正；低压等级电容器绝缘水平可参考 GB/T 16935《低压系统内设备的绝缘配合》系列标准的相关规定。

② 适用于 1000kV 变电站内 110kV 电压等级并联电容器。

4) 单台电容器额定容量选择，应根据电容器组容量和每相电容器的串联段数和并联台数确定，并宜在电容器产品额定容量系列的优先值中选取。

5) 低压电容器设备选择，应根据环境条件和使用技术要求选择。

(3) 投切开关

1) 用于并联电容器装置的断路器选型，应采用真空断路器、$SF_6$ 断路器等适合于电容器组投切的设备。对于 10kV 及以下并联电容器装置，宜选用真空断路器或真空接触器；对于 35kV 及以上并联电容器装置，宜选用 $SF_6$ 断路器或负荷开关。所选用断路器/负荷开关技术性能除应符合断路器/负荷开关共用技术要求外，尚应满足下列特殊要求：

① 应具备频繁操作的性能。

② 合、分时触头弹跳不应大于限定值。

③ 投切开关开合容性电流能力应满足国家标准《高压交流断路器》GB/T 1984—2014 中 C2 级断路器要求。

④ 应能承受电容器组的关合涌流和工频短路电流以及电容器高频涌流的联合作用。

2) 并联电容器装置总回路中的断路器,应具有切除所连接的全部电容器组和开断总回路短路电流的性能。分组回路断路器可采用不承担开断短路电流的开关设备。

3) 低压并联电容器装置中的投切开关切除电容器时,不应发生重击穿;投切开关应具有可频繁操作的性能。宜采用具有选相功能和功耗较小的开关器件。当采用普通开关时,其接通、分断能力和短路强度等技术性能,应符合设备装设点的电网条件。

（4）熔断器

1) 用于单台电容器保护的外熔断器选型时,应采用电容器专用熔断器。

2) 用于单台电容器保护的外熔断器的熔丝额定电流,应按电容器额定电流的 1.37～1.50 倍选择。

3) 用于单台电容器保护的外熔断器的额定电压、耐受电压、开断性能、熔断性能、耐爆能量、抗涌流能力、机械强度和电气寿命等,应符合国家现行有关标准的规定。

（5）串联电抗器

1) 串联电抗器选型时,应根据工程条件经技术经济比较后确定选用干式电抗器还是油浸式电抗器。安装在屋内的串联电抗器,宜采用设备外漏磁场比较弱的干式铁芯电抗器或者其类似产品。

2) 串联电抗器电抗率选择,应根据电网条件与电容器参数经相关计算分析确定,电抗率取值范围应符合下列规定:

① 仅用于限制涌流时,电抗率宜取 0.1%～1.0%。

② 用于抑制谐波时,电抗率应根据并联电容器装置接入电网处的背景谐波含量的测量值选择。当谐波为 5 次及以上时,电抗率宜取 5.0%;当谐波为 3 次及以上时,电抗率宜取 12%,亦可采用 5.0% 与 12.0% 两种电抗率混装方式。

3) 并联电容器装置的合闸涌流限值,宜取电容器组额定电流的 20 倍;当超过时,应采用装设串联电抗器予以限制。电容器组投入电网时的涌流计算,应符合下列规定。

① 同一电抗率的电容器组投入或追加投入时,涌流应按下列公式计算:

$$I_{*\text{ym}} = \frac{1}{\sqrt{K}} \left(1 - \beta \frac{Q_0}{Q}\right) + 1 \tag{4-12}$$

$$\beta = 1 - \frac{1}{\sqrt{1 + \frac{Q}{KS_d}}} \tag{4-13}$$

$$Q = Q' + Q_0 \tag{4-14}$$

式中 $I_{*\text{ym}}$——涌流峰值的标幺值（已投入的电容器组额定电流峰值为基准值）;

$Q$——同一母线上装设的电容器组总容量,Mvar;

$Q_0$——正在投入的电容器组总容量,Mvar;

$Q'$——所有正在运行的电容器组总容量,Mvar;

$\beta$——电源影响系数;

$S_d$——并联电容器装置安装处的母线短路容量,MV·A;

$K$——电抗率。

② 当有两种电抗率的多组电容器追加投入时,涌流计算应符合下列规定:

a. 设正在投入的电容器组电抗率为 $K_1$，当满足 $Q/(K_1 S_d) < 2/3$ 时，涌流应按下式计算：

$$I_{*ym} = \frac{1}{\sqrt{K_1}} + 1 \tag{4-15}$$

b. 仍设正在投入的电容器组电抗率为 $K_1$，两种电抗率中的另一种电抗率为 $K_2$，当满足 $Q/(K_1 S_d) \geqslant 2/3$ 时，且 $Q/(K_2 S_d) < 2/3$ 时，涌流应按下式计算：

$$I_{*ym} = \frac{1}{\sqrt{K_1}} \left(1 - \beta \frac{Q_0}{Q}\right) + 1 \tag{4-16}$$

$$\beta = 1 - \frac{1}{\sqrt{1 + \frac{Q}{K_1 S_d}}} \tag{4-17}$$

$$Q = Q' + Q_0 \tag{4-18}$$

式中 $I_{*ym}$——涌流峰值的标幺值（已投入的电容器组额定电流峰值为基准值）；

$Q$——同一母线上装设的电容器组总容量，Mvar；

$Q_0$——正在投入的电容器组总容量，Mvar；

$Q'$——所有正在运行的电容器组总容量，Mvar；

$\beta$——电源影响系数；

$S_d$——并联电容器装置安装处的母线短路容量，MV·A；

$K_1$——正在投入的电容器组电抗率。

4) 串联电抗器的额定电压和绝缘水平，应符合接入处的电网电压要求。

5) 串联电抗器的额定电流应等于所连接的并联电容器组的额定电流，其允许过电流不应小于并联电容器组的最大过电流值。

6) 并联电容器装置总回路装设有限流电抗器时，应计入其对电容器分组回路电抗率和母线电压的影响。

(6) 放电器件

1) 放电线圈选型时，应采用电容器组专用的油浸式或干式放电线圈产品。油浸式放电线圈应为全密封结构，产品内部压力应满足使用环境温度变化的要求，在最低环境温度下运行时不得出现负压。

2) 放电线圈的额定一次电压应与所并联的电容器组的额定电压一致。

3) 放电线圈的额定绝缘水平应符合下列要求：

① 安装在地面上的放电线圈，额定绝缘水平不应低于同电压等级电气设备的额定绝缘水平；

② 安装在绝缘框（台）架上的放电线圈，其额定绝缘水平应与安装在同一绝缘框（台）上的电容器的额定绝缘水平一致。

4) 放电线圈的最大配套电容器容量（放电容量）不应小于与其并联的电容器组容量；其放电时间应能满足电容器组脱开电源后，5s 内将电容器组的剩余电压降至 50V 及以下。

5) 放电线圈带有二次线圈时，其额定输出、准确级，应满足保护和测量的要求。

6) 低压并联电容器装置的放电器件应满足电容器断电后 3min 内将剩余电压降至 50V 及以下；当电容器再次投入时，端子上的剩余电压不应超过额定电压的 0.1 倍。

7) 同一装置中的放电线圈的励磁特性应一致。

(7) 避雷器

1) 用于并联电容器装置操作过电压保护的避雷器，应采用无间隙金属氧化物避雷器。

2) 用于并联电容器操作过电压保护的避雷器的参数选择，应根据电容器组参数和避雷器接线方式确定。

（8）导体及其他

1）单台电容器至母线或熔断器的连接线应采用软导线，其长期允许电流不宜小于单台电容器额定电流的 1.5 倍。

2）并联电容器装置的分组回路，回路导体截面应按并联电容器组额定电流的 1.3 倍选择，并联电容器组的汇流母线和均压线导线截面应与分组回路的导体截面相同。

3）双星形电容器组的中性点连接线和桥形接线电容器组的桥连接线，其长期允许电流不应小于电容器组的额定电流。

4）并联电容器装置的所有连接导体应满足长期允许电流的要求，并应满足动稳定和热稳定要求。

5）用于并联电容器装置的支柱绝缘子，应按电压等级、泄漏距离、机械荷载等技术条件以及运行中可能承受的最高电压选择和校验。

6）用于并联电容器组不平衡保护的电流互感器或放电线圈，应符合下列要求：

① 额定电压应按接入处的电网电压选择。

② 额定电流不应小于最大稳态不平衡电流。

③ 电流互感器应能耐受电容器极间短路故障状态下的短路电流和高频涌放电流，不得损坏。

④ 二次线圈准确等级应满足继电保护要求。

### 4.4.5 保护装置和投切装置

（1）保护装置

1）单台电容器内部故障保护方式（内熔丝、外熔断器和继电保护），应在满足并联电容器组安全运行的条件下，根据各地的实践经验配置。

2）并联电容器组（内熔丝、外熔断器和无熔丝）均应设置不平衡保护。不平衡保护应满足可靠性和灵敏度要求，保护方式可根据电容器组接线在下列方式中选取：

① 单星形电容器组，可采用开口三角电压保护（如图 4-26 所示）。

② 单星形电容器组，串联段数为两段及以上时，可采用相电压差动保护（如图 4-27 所示）。

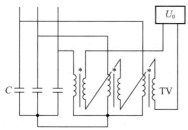

图 4-26　单星形电容器组开口三角电压保护接线原理图

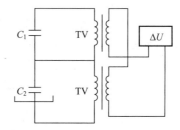

图 4-27　单星形电容器组相电压差动保护接线原理图

③ 单星形电容器组，每相能接成四个桥臂时，可采用桥式差电流保护；对于 110kV 及以上的大容量电容器组，宜采用串联双桥差电流保护（如图 4-28 所示）。

④ 双星形电容器组，可采用中性点不平衡电流保护（如图 4-29 所示）。

⑤ 不平衡保护的整定值应按电容器组运行的安全性、保护动作的可靠性和灵敏性，并根据不同保护方式进行计算确定。

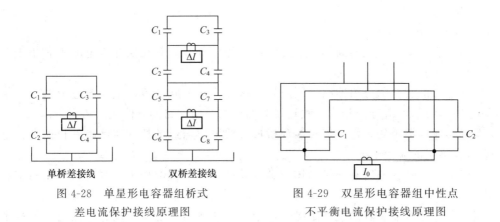

图 4-28　单星形电容器组桥式
差电流保护接线原理图

图 4-29　双星形电容器组中性点
不平衡电流保护接线原理图

3）并联电容器装置应设置速断保护，保护应动作于跳闸。速断保护的动作电流值，按最小运行方式下，在电容器组端部引线发生两相短路时，保护的灵敏系数应符合继电保护要求；速断保护的动作时限应大于电容器组的合闸涌流时间。

4）并联电容器装置应装设过电流保护，保护应动作于跳闸。过流保护的动作电流值应按大于电容器组的长期允许最大过电流整定。

5）并联电容器装置应装设母线过电压保护，保护应带时限动作于信号或跳闸。

6）并联电容器装置应装设母线失压保护，保护应带时限动作于跳闸。

7）并联电容器装置的串联电抗器应符合下列规定。油浸式串联电抗器，其容量为 $0.18MV·A$ 及以上时，宜装设气体保护。当油箱内故障产生轻微瓦斯或油面下降时，应瞬时动作于信号；当油箱内故障产生大量瓦斯时，应瞬时动作于断路器跳闸。干式串联电抗器，宜根据具体条件设置保护。

8）电容器组的电容器外壳直接接地时，宜装设电容器组接地保护。

9）集合式电容器应装设压力释放和温控保护，压力释放动作于跳闸，温控动作于信号。

10）低压并联电容器装置应有短路保护、过电流保护、过电压保护和失压保护，并宜装设谐波超值保护。

（2）投切装置

1）并联电容器装置宜采用自动投切方式，并应符合下列规定：

① 变电站的并联电容器装置，可采用按电压、无功功率和时间等组合条件的自动投切方式。

② 变电站的主变压器具有有载调压装置时，自动投切方式的电容器装置可与变压器分接头进行联合调节，但应对变压器分接头调节方式进行系统电压闭锁或与系统交换无功功率优化闭锁。

③ 对于不需要按综合条件投切的并联电容器装置，可分别采用电压、无功功率（电流）、功率因数或时间进行自动投切控制。

2）自动投切装置应具有防止保护跳闸时误合电容器组的闭锁功能，并应根据运行需要具有控制、调节、闭锁、联络和保护功能；同时应设置改变投切方式的选择开关。

3）变电站中有两种电抗率的并联电容器装置时，其中 12% 的装置应具有先投后切的功能。

4）并联电容器的投切装置严禁设置自动重合闸。

5）低压并联电容器装置应采用自动投切。自动投切的控制量可选用无功功率、电压、时间等参数。

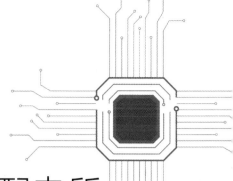

# 第5章 110kV 及以下变配电所所址选择及电气设备布置

## 5.1 变配电所所址选择

### 5.1.1 变配电所分类

GB 50059—2011《35～110kV 变电站设计规范》等国家标准中取消了"变电所"这个名称,统一改为"变电站",但人们习惯上仍将变配电站称为变配电所,所以,本书在没有述及相关标准时,仍将变配电站称为变配电所。变配电所是各级电压的变电所和配电所的总称。变配电所的名称及其含义见表 5-1。

表 5-1 变配电所的名称及其含义

| 序号 | 变配电所名称 | 含义 |
|---|---|---|
| 1 | 变电站(所) | 110kV 及以下交流电源经电力变压器变压后对用电设备供电 |
| 2 | 配电所 | 所内只有起开闭和分配电能作用的高压配电装置,母线上无主变压器 |
| 3 | 露天变电所 | 变压器位于露天地面上的变电所 |
| 4 | 半露天变电所 | 变压器位于露天地面上的变电所,但变压器的上方有顶棚或挑檐 |
| 5 | 附设变电所 | 变电所的一面或数面墙与建筑物的墙共用,且变压器室的门和通风窗向建筑物外开 |
| 6 | 车间内变电所 | 位于车间内部的变电所,且变压器室的门向车间内开 |
| 7 | 独立变电所 | 变电所为一独立建筑物 |
| 8 | 室内变电所 | 附设变电所、独立变电所和车间内变电所的总称 |
| 9 | 组合式成套变电所 | 由高低压开关柜和变压器柜组合而成的变电站 |
| 10 | 户外箱式变电站 | 由高压室、变压器室和低压室三部分组合成箱式结构的变电站 |
| 11 | 杆上式变电站 | 变压器安装在一根或几根电杆上的屋外变电站 |
| 12 | 高台式变电站 | 变压器安装在高台上,电源由架空线引接的屋外变电站 |

### 5.1.2 20kV 及以下变配电所所址选择

1) 变电所的所址应根据下列要求,经技术经济等因素综合分析和比较后确定:
① 宜接近负荷中心;

② 宜接近电源侧；

③ 应方便进出线；

④ 应方便设备运输；

⑤ 不应设在有剧烈振动或高温的场所；

⑥ 不宜设在多尘或有腐蚀性物质的场所，当无法远离时，不应设在污染源盛行风向的下风侧，或应采取有效的防护措施；

⑦ 不应设在厕所、浴室、厨房或其他经常积水场所的正下方处，也不宜设在与上述场所相贴邻的地方，当贴邻时，相邻的隔墙应做无渗漏、无结露的防水处理；

⑧ 当与有爆炸或火灾危险的建筑物毗连时，变电所的所址应符合现行国家标准《爆炸危险环境电力装置设计规范》GB 50058—2014 的有关规定；

⑨ 不应设在地势低洼和可能积水的场所；

⑩ 不宜设在对防电磁干扰有较高要求的设备机房的正上方、正下方或与其贴邻的场所，当需要设在上述场所时，应采取防电磁干扰的措施。

2) 油浸电力变压器的车间内变电所，不应设在三、四级耐火等级的建筑物内；当设在二级耐火等级的建筑物内时，建筑物应采取局部防火措施。

3) 在多层建筑物或高层建筑物的裙房中，不宜设置油浸变压器的变电所，当受条件限制必须设置时，应将油浸变压器的变电所设置在建筑物首层靠外墙的部位，且不得设置在人员密集场所的正上方、正下方、贴邻处以及疏散出口的两旁。高层主体建筑内不应设置油浸变压器的变电所。

4) 在多层或高层建筑物的地下层设置非充油电气设备的配电所、变电所时，应符合下列规定：

① 当有多层地下层时，不应设置在最底层；当只有地下一层时，应采取抬高地面和防止雨水、消防水等积水的措施；

② 应设置设备运输通道；

③ 应根据工作环境要求加设机械通风、去湿设备或空气调节设备。

5) 高层或超高层建筑物根据需要可以在避难层、设备层和屋顶设置配电所、变电所，但应设置设备的垂直搬运及电缆敷设的措施。

6) 露天或半露天的变电所，不应设置在下列场所：

① 有腐蚀性气体的场所；

② 挑檐为燃烧体或难燃体和耐火等级为四级的建筑物旁；

③ 附近有棉、粮及其他易燃、易爆物品集中的露天堆场；

④ 容易沉积可燃粉尘、可燃纤维、灰尘或导电尘埃且严重影响变压器安全运行的场所。

## 5.1.3 35~110kV 变配站站址选择

变电站站址的选择，应符合现行国家标准《工业企业总平面设计规范》GB 50187—2012 的有关规定，并应符合下列要求：

① 应靠近负荷中心；

② 变电站布置应兼顾规划、建设、运行、施工等方面的要求，宜节约用地；

③ 应与城乡或工矿企业规划相协调，并应便于架空和电缆线路的引入和引出；

④ 交通运输应方便；

⑤ 周围环境宜无明显污秽，空气污秽时，站址宜设在受污染源影响最小处；

⑥ 变电站应避免与邻近设施之间的相互影响，应避开火灾、爆炸及其他敏感设施，与爆炸危险性气体区域邻近的变电站站址选择及其设计应符合现行国家标准《爆炸危险环境电力装置设计规范》GB 50058—2014 的有关规定；

⑦ 应具有适宜的地质、地形和地貌条件（例如：应避开断层、滑坡、塌陷区、溶洞地带、山区风口和有危岩或易发生滚石的场所），站址宜避免选在有重要文物或开采后对变电站有影响的矿藏地点，无法避免时，应征得有关部门的同意；

⑧ 站址标高宜在 50 年一遇高水位上，无法避免时，站区应有可靠的防洪措施或与地区（工业企业）的防洪标准相一致，并应高于内涝水位；

⑨ 变电站主体建筑应与周边环境相协调。

## 5.2 变配电所布置设计

### 5.2.1 20kV 及以下变配电所型式与布置

1）变电所型式的选择应符合下列规定：

① 负荷较大的车间和动力站房，宜设附设变电所、户外预装式变电站或露天、半露天变电所；

② 负荷较大的多跨厂房，负荷中心在厂房的中部且环境许可时，宜设车间内变电所或预装式变电站；

③ 高层或大型民用建筑内，宜设户内变电所或预装式变电站；

④ 负荷小而分散的工业企业，民用建筑和城市居民区，宜设独立变电所或户外预装式变电站，当条件许可时，也可设附设变电所；

⑤ 城镇居民区、农村居民区和工业企业的生活区，宜设户外预装式变电站，当环境允许且变压器容量小于或等于 400kV·A 时，可设杆上式变电站。

2）非充油的高、低压配电装置和非油浸型的电力变压器，可设置在同一房间内，当二者相互靠近布置时，应符合下列规定：

① 在配电室内相互靠近布置时，二者的外壳均应符合现行国家标准《外壳防护等级（IP 代码）》GB 4208—2017 中 IP2X 防护等级的有关规定；

② 在车间内相互靠近布置时，二者的外壳均应符合现行国家标准《外壳防护等级（IP 代码）》GB 4208—2017 中 IP3X 防护等级的有关规定。

3）户内变电所每台油量大于或等于 100kg 的油浸三相变压器，应设在单独的变压器室内，并应有储油或挡油、排油等防火设施。

4）有人值班的变电所，应设单独的值班室。值班室应与配电室直通或经过通道相通，且值班室应有直接通向室外或通向变电所外走道的门。当低压配电室兼作值班室时，低压配电室的面积应适当增大。

5）变电所宜单层布置。当采用双层布置时，变压器应设在底层，设于二层的配电室应设搬运设备的通道、平台或孔洞。

6）高、低压配电室内，宜留有适当的配电装置备用位置。低压配电装置内，应留有适当数量的备用回路。

7）由同一配电所供给一级负荷用电的两回电源线路的配电装置，宜分开布置在不同的配电室；当布置在同一配电室时，配电装置宜分列布置；当配电装置并排布置时，在母线分段处应设置配电装置的防火隔板或有门洞的隔墙。

8) 供给一级负荷用电的两回电源线路的电缆不宜通过同一电缆沟；当无法分开时，应采用阻燃电缆，且应分别敷设在电缆沟或电缆夹层的不同侧的桥（支）架上；当敷设在同一侧的桥（支）架上时，应采用防火隔板隔开。

9) 大、中型和重要的变电所宜设辅助生产用房。

### 5.2.2 35~110kV 变电站型式与布置

(1) 变电站型式

① 一般为独立式变电站，但 35~110kV 企业总变电站为了高压深入负荷中心，也可采用附设式变电站。

② 按配电装置的型式，变电站可分为屋内式和屋外式。主变压器一般布置在室外，在特别污秽的地区，其绝缘应加强，或将主变压器也设在屋内，成为全屋内的变电站。

(2) 变电站布置要求

① 变电站应根据所在区域特点，选择合适的配电装置型式，抗震设计应符合现行国家标准《电力设施抗震设计规范》GB 50260—2013 的有关规定。

② 城市中心变电站宜选用小型化紧凑型电气设备。

③ 变电站主变压器布置除应运输方便外，并应布置在运行噪声对周边环境影响较小的位置。

④ 屋外变电站实体围墙不应低于 2.2m。城区变电站、企业变电站围墙形式应与周围环境相协调。

⑤ 变电站内为满足消防要求的主要道路宽度应为 4.0m 以上。主要设备运输道路的宽度可根据运输要求确定，并应具备回车条件。

⑥ 变电站的场地设计坡度，应根据设备布置、土质条件、排水方式确定，坡度宜为 0.5%~2%，且不应小于 0.3%；平行于母线方向的坡度，应满足电气及结构布置的要求。道路最大坡度不宜大于 6%。当利用路边明沟排水时，沟的纵向坡度不宜小于 0.5%，局部困难地段不应小于 0.3%。电缆沟及其他类似沟道的沟底纵坡，不宜小于 0.5%。

⑦ 变电站内的建筑物标高、基础埋深、路基和管线埋深，应相互配合；建筑物内地面标高，宜高出屋外地面 0.3m，屋外电缆沟壁，宜高出地面 0.1m。

⑧ 各种地下管线之间和地下管线与建筑物、构筑物、道路之间的最小净距，应满足安全、检修安装及工艺的要求。

⑨ 变电站站区绿化规划应与周围环境相适应，并应防止绿化物影响安全运行。

## 5.3 配电装置的布置设计

### 5.3.1 配电装置内安全净距

(1) 3~110kV 配电装置内安全净距

① 屋外配电装置的安全净距应不小于表 5-2 所列数值。电气设备外绝缘体最低部位距地面小于 2.5m 时，应装设固定遮栏。

表 5-2　屋外配电装置的安全净距　　　　　　　　　　单位：mm

| 符号 | 适应范围 | 系统标称电压/kV | | | | | |
|---|---|---|---|---|---|---|---|
| | | 3～10 | 15～20 | 35 | 66 | 110J | 110 |
| $A_1$ | ① 带电部分至接地部分之间<br>② 网状遮栏向上延伸线距地 2.5m 处与遮栏上方带电部分之间 | 200 | 300 | 400 | 650 | 900 | 1000 |
| $A_2$ | ① 不同相的带电部分之间<br>② 断路器和隔离开关的断口两侧引线带电部分之间 | 200 | 300 | 400 | 650 | 1000 | 1100 |
| $B_1$ | ① 设备运输时，其外廓至无遮栏带电部分之间<br>② 交叉的不同时停电检修的无遮栏带电部分<br>③ 栅状遮栏至绝缘体和带电部分之间<br>④ 带电作业时，带电部分至接地部分之间 | 950 | 1050 | 1150 | 1400 | 1650 | 1750 |
| $B_2$ | 网状遮栏至带电部分之间 | 300 | 400 | 500 | 750 | 1000 | 1100 |
| $C$ | ① 无遮栏裸导体至带电部分之间<br>② 无遮栏裸导体至建筑物、构筑物顶部之间 | 2700 | 2800 | 2900 | 3100 | 3400 | 3500 |
| $D$ | ① 平行的不同时停电检修的无遮栏带电部分之间<br>② 带电部分与建筑物、构筑物的边沿部分之间 | 2200 | 2300 | 2400 | 2600 | 2900 | 3000 |

注：1. 110J 系指中性点有效接地系统。
2. 海拔超过 1000m 时，$A$ 值应进行修正。
3. 本表所列各值不适用于制造厂的成套配电装置。
4. 带电作业时，不同相或交叉的不同回路带电部分之间，其 $B_1$ 值可在 $A_2$ 值上加 750mm。

② 屋外配电装置的安全净距应按图 5-1、图 5-2 和图 5-3 校验。

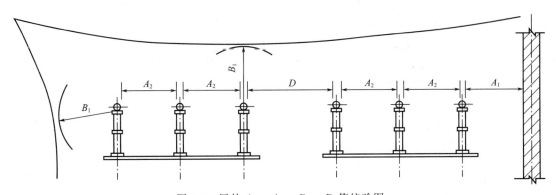

图 5-1　屋外 $A_1$、$A_2$、$B_1$、$D$ 值校验图

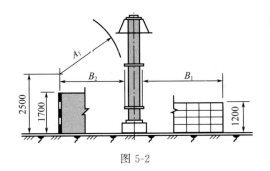

图 5-2

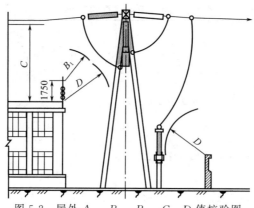

图 5-2 屋外 $A_1$、$B_1$、$B_2$、$C$、$D$ 值校验图

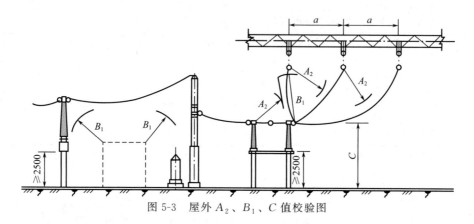

图 5-3 屋外 $A_2$、$B_1$、$C$ 值校验图

③ 屋外配电装置使用软导线时,在不同条件下,带电部分至接地部分和不同相带电部分之间的最小安全净距,应根据表 5-3 进行校验,并应采用最大数值。

表 5-3 带电部分至接地部分和不同相带电部分之间的最小安全净距　　单位:mm

| 条件 | 校验条件 | 设计风速/(m/s) | A 值 | 系统标称电压/kV | | | |
|---|---|---|---|---|---|---|---|
| | | | | 35 | 66 | 110J | 110 |
| 雷电过电压 | 雷电过电压和风偏 | 10① | $A_1$ | 400 | 650 | 900 | 1000 |
| | | | $A_2$ | 400 | 650 | 1000 | 1100 |
| 工作过电压 | ① 最大工作电压、短路和风偏(取 10m/s 风速)<br>② 最大工作电压和风偏(取最大设计风速) | 10 或最大设计风速 | $A_1$ | 150 | 300 | 300 | 450 |
| | | | $A_2$ | 150 | 300 | 500 | 500 |

① 在最大设计风速为 35m/s 及以上,以及雷暴时风速较大等气象条件恶劣的地区应采用 15m/s。

④ 屋内配电装置的安全净距应不小于表 5-4 所列数值。电气设备外绝缘体最低部位距地面小于 2.3m 时,应装设固定遮栏。

表 5-4 屋内配电装置的安全净距　　单位:mm

| 符号 | 适应范围 | 系统标称电压/kV | | | | | | | |
|---|---|---|---|---|---|---|---|---|---|
| | | 3 | 6 | 10 | 15 | 20 | 35 | 66 | 110J | 110 |
| $A_1$ | ① 带电部分至接地部分之间<br>② 网状遮栏向上延伸线距地 2.3m 处与遮栏上方带电部分之间 | 75 | 100 | 125 | 150 | 180 | 300 | 550 | 850 | 950 |

续表

| 符号 | 适应范围 | 系统标称电压/kV | | | | | | | | |
|---|---|---|---|---|---|---|---|---|---|---|
| | | 3 | 6 | 10 | 15 | 20 | 35 | 66 | 110J | 110 |
| $A_2$ | ① 不同相的带电部分之间<br>② 断路器和隔离开关的断口两侧引线带电部分之间 | 75 | 100 | 125 | 150 | 180 | 300 | 550 | 900 | 1000 |
| $B_1$ | ① 栅状遮栏至绝缘体和带电部分之间<br>② 交叉的不同时停电检修的无遮栏带电部分 | 825 | 850 | 875 | 900 | 930 | 1050 | 1300 | 1600 | 1700 |
| $B_2$ | 网状遮栏至带电部分之间 | 175 | 200 | 225 | 250 | 280 | 400 | 650 | 950 | 1050 |
| $C$ | 无遮栏裸导体至地(楼)面之间 | 2500 | 2500 | 2500 | 2500 | 2500 | 2600 | 2850 | 3150 | 3250 |
| $D$ | 平行的不同时停电检修的无遮栏带电部分之间 | 1875 | 1900 | 1925 | 1950 | 1980 | 2100 | 2350 | 2650 | 2750 |
| $E$ | 通向屋外的出现套管至屋外通道的路面 | 4000 | 4000 | 4000 | 4000 | 4000 | 4000 | 4500 | 5000 | 5000 |

注：1. 110J 系指中性点有效接地系统。
2. 海拔超过 1000m 时，$A$ 值应进行修正。
3. 当为板状遮栏时，$B_2$ 值可取 $A_1$ 值加上 30mm。
4. 通向屋外配电装置的出线套管至屋外地面的距离，不应小于表 5-2 中所列屋外部分的 $C$ 值。
5. 本表所列各值不适用于制造厂的产品设计。

⑤ 屋内配电装置的安全净距应按图 5-4 和图 5-5 校验。

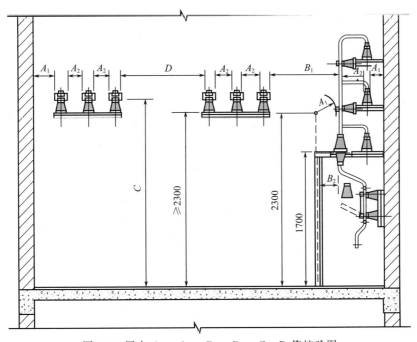

图 5-4　屋内 $A_1$、$A_2$、$B_1$、$B_2$、$C$、$D$ 值校验图

⑥ 配电装置中，相邻带电部分的系统标称电压不同时，相邻带电部分的安全净距应按较高的系统标称电压确定。

⑦ 屋外配电装置裸露的带电部分的上面或下面，不应有照明、通信和信号线路架空跨越或穿过；屋内配电装置裸露带电部分的上面不应有明敷的照明、动力线路或管线跨越。

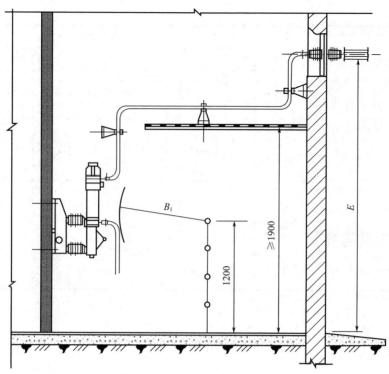

图 5-5 屋内 $B_1$、$E$ 值校验图

(2) 低压配电装置内安全净距

低压室内、外配电装置的安全净距应符合表 5-5 的规定。

表 5-5 室内、外配电装置安全净距    单位：mm

| 符号 | 适用范围 | 场所 | 额定电压/kV <0.5 |
|---|---|---|---|
| A | 无遮栏裸带电部分至地(楼)面之间 | 室内 | 屏前 2500；屏后 2300 |
| | | 室外 | 2500 |
| | 有 IP2X 防护等级遮栏的通道净高 | 室内 | 1900 |
| | 裸带电部分至接地部分和不同相的裸带电部分之间 | 室内 | 20 |
| | | 室外 | 75 |
| B | 距地(楼)面 2500mm 以下裸带电部分的遮栏防护等级为 IP2X 时，裸带电部分与遮护物间水平净距 | 室内 | 100 |
| | | 室外 | 175 |
| | 不同时停电检修的无遮栏裸导体之间的水平距离 | 室内 | 1875 |
| | | 室外 | 2000 |
| | 裸带电部分至无孔固定遮栏 | 室内 | 50 |
| C | 裸带电部分至用钥匙或工具才能打开或拆卸的栅栏 | 室内 | 800 |
| | | 室外 | 825 |
| | 低压母排引出线或高压引出线的套管至屋外人行通道地面 | 室内 | 3650 |

注：海拔高度超过 1000m 时，表中符号 A 项数值应按每升高 100m 增大 1% 进行修正；B、C 两项数值应相应加上 A 项的修正值。

## 5.3.2 配电装置型式选择

① 配电装置型式的选择,应根据设备选型及进出线方式,结合工程实际情况,并与工程总体布置协调,通过技术经济比较确定,在技术经济合理时,应优先选用占地少的配电装置型式。

② 66～110kV 配电装置宜采用敞开式中型配电装置或敞开式半高型配电装置。

③ Ⅳ级污秽地区、大城市中心地区、土石方开挖工程量大的山区,66～110kV 配电装置宜采用屋内敞开式配电装置;通过技术经济比较确定,在技术经济合理时,也可采用气体绝缘金属封闭开关设备配电装置。

④ 地震烈度为 9 度及以上地区的 110kV 配电装置宜采用气体绝缘金属封闭开关设备配电装置。

## 5.3.3 配电装置布置

① 配电装置的布置应结合接线方式、设备型式以及工程总体布置综合因素确定。

② 3～35kV 配电装置采用金属封闭高压开关设备时,应采用屋内布置。

③ 35～110kV 配电装置,双母线接线,当采用软母线配普通双柱式或单柱式隔离开关时,屋外敞开式配电装置宜采用中型布置,断路器宜采用单列式布置或双列式布置。

110kV 配电装置,双母线接线,当采用管型母线配双柱式隔离开关时,屋外敞开式配电装置宜采用半高型布置,断路器宜采用单列式布置。

④ 35～110kV 配电装置,单母线接线,当采用软母线配普通双柱式隔离开关时,屋外敞开式配电装置宜采用中型布置,断路器宜采用单列式布置或双列式布置。

110kV 配电装置,双母线接线,当采用管型母线配双柱式隔离开关时,屋外敞开式配电装置宜采用双层布置,断路器宜采用双列式布置。

⑤ 110kV 配电装置,气体绝缘金属封闭开关设备配电装置可采用户内或户外布置。

⑥ 110kV 配电装置,当采用管型母线时,管型母线宜采用单管结构。管型母线固定方式可采用支持式。当地震烈度为 8 度及以上时,管型母线固定方式宜采用悬吊式。

支持式管型母线在无冰无风状态下的跨中挠度大于管型母线外直径的 0.5～1.0 倍,悬吊式管型母线的挠度可适当放宽。

采用支持式管型母线时,应采用加装动力双环阻尼消振器、管内加装阻尼线,以及改变支持方式等措施消除母线对端部效应、微风振动及热胀冷缩对支持绝缘子产生的内应力。

## 5.3.4 配电装置内的通道与围栏

① 配电装置的布置,应便于设备的操作、搬运、检修和试验。

② 中型布置的屋外配电装置内的检修、维护用环形道路宽度不宜小于 3m。当成环有困难时,应具备回车条件。

③ 屋外配电装置应设置巡视和操作道路。可利用地面电缆沟的布置作为巡视路线。

④ 屋内配电装置采用金属封闭开关设备时,屋内各种通道的最小宽度(净距)宜符合表 5-6 的规定。

⑤ 屋内油浸变压器外廓与变压器室四周墙壁的最小净距应符合表 5-7 的规定。对于就地检修的屋内油浸变压器,室内高度可按吊芯所需的最小高度再加 700mm,宽度可按变压器两侧各加 800mm 确定。

表 5-6　配电装置屋内各种通道的最小宽度（净距）　　　单位：mm

| 布置方式 | 维护通道 | 操作通道 | |
|---|---|---|---|
| | | 固定式 | 移开式 |
| 单排布置 | 800 | 1500 | 单车长度+1200 |
| 设备双排布置 | 1000 | 2000 | 双车长度+900 |

注：1. 通道宽度在建筑物的墙柱突出处，可减少 200mm。
　　2. 移开式开关柜不需要进行就地检修时，其通道宽度可适当减小。
　　3. 固定式开关柜为靠墙布置时，柜后与墙净距宜取 50mm。
　　4. 当采用 35kV 开关柜时，柜后通道不宜小于 1m。

表 5-7　屋内油浸变压器外廓与变压器室四壁的最小净距　　　单位：mm

| 变压器容量 | 1000kV·A 及以下 | 1250kV·A 及以上 |
|---|---|---|
| 变压器外廓与后壁、侧壁之间 | 600 | 800 |
| 变压器外廓与门之间 | 800 | 1000 |

⑥ 设置于屋内的无外壳干式变压器，其外廓与四周墙壁的净距不应小于 0.6m，干式变压器之间的距离不应小于 1m，并应满足巡视维修的要求。全封闭型的干式变压器可不受上述距离的限制。

⑦ 66～110kV 屋外配电装置，其周围宜设置高度不低于 1.5m 的围栏，并应在围栏醒目地方设置警示牌。

⑧ 配电装置中电气设备的栅状遮栏高度不应小于 1.2m，栅状遮栏最低栏杆至地面的净距不应大于 200mm。

⑨ 配电装置中电气设备的网状遮栏高度不应小于 1.7m，网状遮栏网孔不应大于 40mm×40mm。围栏门应装锁。

⑩ 在安装有油断路器的屋内间隔内应设置遮栏，就地操作的油断路器及隔离开关，应在其操作机构处设置防护隔板，其宽度应满足人员操作的范围，高度不应小于 1.9m。

⑪ 屋外的母线桥，当外物有可能落在母线上时，应根据具体情况采取防护措施。

## 5.3.5　防火与蓄油设施

① 35kV 屋内敞开式配电装置的充油设备应在两侧有隔墙（板）的间隔内；66～110kV 屋内敞开式配电装置的充油设备应装在有防爆隔墙的间隔内。总油量超过 100kg 的屋内油浸电力变压器，宜装设在单独的防爆间内，并应设置消防设施。

② 屋内单台电气设备总油量在 100kg 以上时，应设置储油设施或挡油设施。挡油设施的容积宜按容纳 20% 油量设计，并应有将事故油排至安全处的设施，且不应引起环境污染。当无法满足上述要求时，应设置能容纳 100% 油量的储油或挡油设施。储油和挡油设施应大于设备外廓每边各 1m，四周应高出地面 100mm。储油设施内应铺设卵石层，其厚度不应小于 250mm，直径为 50～80mm。当设置有油水分离措施的总事故储油池时，储油池容量宜按最大一个油箱容量的 60% 确定。

③ 油量为 2500kg 及以上的屋外油浸变压器之间的最小净距应符合表 5-8 的规定。

④ 油量为 2500kg 及以上的屋外油浸变压器之间的最小防火净距不能满足表 5-8 的要求时，应设置防火墙。防火墙的耐火等级不宜小于 4h。防火墙的高度不宜低于变压器油枕的顶端高度，其长度应大于变压器储油池两侧各 1m。

⑤ 油量为 2500kg 及以上的屋外油浸变压器或电抗器与本回路油量为 600～2500kg 的充油电气设备之间的防火净距，不应小于 5m。

⑥ 在防火要求较高的场所，有条件时宜选用非油绝缘的电气设备。

表 5-8 屋外油浸变压器之间的最小净距　　　　　　　　　　　　单位：m

| 电压等级 | 最小净距 |
| --- | --- |
| 35kV 及以下 | 5 |
| 66kV | 6 |
| 110kV | 8 |

## 5.4 变配电所对有关专业的要求

### 5.4.1 20kV 及以下变配电所对有关专业的要求

（1）防火要求

1）变压器室、配电室和电容器室的耐火等级不应低于二级。

2）位于下列场所的油浸变压器室的门应采用甲级防火门：

① 有火灾危险的车间内；

② 容易沉积可燃粉尘、可燃纤维的场所；

③ 附近有粮、棉及其他易燃物大且集中的露天堆场；

④ 民用建筑物内，门通向其他相邻房间；

⑤ 油浸变压器室下面有地下室。

3）民用建筑内变电所防火门的设置应符合下列规定：

① 变电所位于高层主体建筑或裙房内时，通向其他相邻房间的门应为甲级防火门，通向过道的门应为乙级防火门；

② 变电所位于多层建筑物的二层或更高层时，通向其他相邻房间的门应为甲级防火门，通向过道的门应为乙级防火门；

③ 变电所位于单层建筑物内或多层建筑物的一层时，通向其他相邻房间或过道的门应为乙级防火门；

④ 变电所位于地下层或下面有地下层时，通向其他相邻房间或过道的门应为甲级防火门；

⑤ 变电所附近堆有易燃物品或通向汽车库的门应为甲级防火门；

⑥ 变电所直接通向室外的门应为丙级防火门。

4）变压器室的通风窗应采用非燃烧材料。

5）当露天或半露天变电所安装油浸变压器，且变压器外廓与生产建筑物外墙的距离小于 5m 时，建筑物外墙在下列范围内不得有门、窗或通风孔：

① 油量大于 1000kg 时，在变压器总高度加 3m 及外廓两侧各加 3m 的范围内；

② 油量小于或等于 1000kg 时，在变压器总高度加 3m 及外廓两侧各加 1.5m 的范围内。

6）高层建筑物的裙房和多层建筑物内的附设变电所及车间内变电所的油浸变压器室，应设置容量为 100% 变压器油量的储油池。

7) 当设置容量不低于20%变压器油量的挡油池时,应有能将油排到安全场所的设施。位于下列场所的油浸变压器室,应设置容量为100%变压器油量的储油池或挡油设施:

① 容易沉积可燃粉尘、可燃纤维的场所;

② 附近有粮、棉及其他易燃物大量集中的露天场所;

③ 油浸变压器室下面有地下室。

8) 独立变电所、附设变电所、露天或半露天变电所中,油量大于或等于1000kg的油浸变压器,应设置储油池或挡油池,并应符合上述第7)条的有关规定。

9) 在多层建筑物或高层建筑物裙房的首层布置油浸变压器的变电站时,首层外墙开口部位的上方应设置宽度不小于1.0m的不燃烧体防火挑檐或高度不小于1.2m的窗槛墙。

10) 在露天或半露天的油浸变压器之间设置防火墙时,其高度应高于变压器油枕,长度应长过变压器的储油池两侧各0.5m。

(2) 对建筑的要求

① 地上变电所宜设自然采光窗。除变电所周围设有1.8m高的围墙或围栏外,高压配电室窗户的底边距室外地面的高度不应小于1.8m,当高度小于1.8m时,窗户应采用不易破碎的透光材料或加装格栅;低压配电室可设能开启的采光窗。

② 变压器室、配电室、电容器室的门应向外开启。相邻配电室之间有门时,应采用不燃材料制作的双向弹簧门。

③ 变电所各房间经常开启的门、窗,不应直通相邻的酸、碱、蒸汽、粉尘和噪声严重的场所。

④ 变压器室、配电室、电容器室等房间应设置防止雨、雪和蛇、鼠等小动物从采光窗、通风窗、门、电缆沟等处进入室内的设施。

⑤ 配电室、电容器室和各辅助房间的内墙表面应抹灰刷白,其地面宜采用耐压、耐磨、防滑、易清洁的材料铺装而成。配电室、变压器室、电容器室的顶棚以及变压器室的内墙面应刷白。

⑥ 长度大于7m的配电室应设两个安全出口,并宜布置在配电室的两端。当配电室的长度大于60m时,宜增加一个安全出口,相邻安全出口之间的距离不应大于40m。当变电所采用双层布置时,位于楼上的配电室应至少设一个通向室外的平台或通向变电所外部通道的安全出口。

⑦ 配电装置室的门和变压器室的门的高度和宽度,宜按最大不可拆卸部件尺寸,高度加0.5m,宽度加0.3m确定,其疏散通道门的最小高度宜为2.0m,最小宽度宜为750mm。

⑧ 当变电所设置在建筑物内或地下室时,应设置设备搬运通道。搬运通道的尺寸及地面的承重能力应满足搬运设备的最大不可拆卸部件的要求。当搬运通道为吊装孔或吊装平台时,吊钩、吊装孔或吊装平台的尺寸和吊装荷重应满足吊装最大不可拆卸部件的要求,吊钩与吊装孔的垂直距离应满足吊装最高设备的要求。

⑨ 变电所、配电所位于室外地坪以下的电缆夹层、电缆沟和电缆室应采取防水、排水措施;位于室外地坪下的电缆进、出口和电缆保护管也应采取防水措施。

⑩ 设置在地下的变电所的顶部位于室外地面或绿化土层下方时,应避免顶部滞水,并应采取避免积水、渗漏的措施。

⑪ 配电装置的布置宜避开建筑物的伸缩缝。

(3) 采暖及通风要求

① 变压器室宜采用自然通风,夏季的排风温度不宜高于45℃,且排风与进风的温差不

宜大于15℃。当自然通风不能满足要求时，应增设机械通风。

② 电容器室应有良好的自然通风，通风量应根据电容器允许的温度，按夏季排风温度不超过电容器所允许的最高环境空气温度计算；当自然通风不能满足要求时，可增设机械通风。电容器室、蓄电池室、配套有电子类温度敏感器件的高、低压配电室和控制室，应设置环境空气温度指示装置。

③ 当变压器室、电容器室采用机械通风时，其通风管道应采用非燃烧材料制作。当周围环境污秽时，宜加设空气过滤器。装有六氟化硫气体绝缘的配电装置的房间，在发生事故时房间内易聚集六氟化硫气体的部位，应装设报警信号和排风装置。

④ 配电室宜采用自然通风。设置在地下或地下室的变、配电所，宜装设除湿、通风换气设备；控制室和值班室宜设置空气调节设施。

⑤ 在采暖地区，控制室和值班室应设置采暖装置。当配电室内温度低影响电气设备元件和仪表的正常运行时，也应设置采暖装置或采取局部采暖措施。控制室和配电室内的采暖装置宜采用钢管焊接，且不应有法兰、螺纹接头和阀门等。

（4）其他要求

① 高、低压配电室、变压器室、电容器室、控制室内不应有无关的管道和线路通过。

② 有人值班的独立变电所内宜设置厕所和给、排水设施。

③ 在变压器、配电装置和裸导体的正上方不应布置灯具。当在变压器室和配电室内裸导体上方布置灯具时，灯具与裸导体的水平净距不应小于1.0m，灯具不得采用吊链和软线吊装。

## 5.4.2 35~110kV 变电站对有关专业的要求

### 5.4.2.1 土建部分要求

（1）一般规定

① 土建设计应符合现行国家标准《混凝土结构设计规范》GB 50010—2010 和《钢结构设计标准》GB 50017—2017 的有关规定。

② 建筑物、构筑物及有关设施的设计，应统一规划、造型协调、整体性好，并应便于生产及生活，所选择的结构类型及材料品种应合理并简化。

③ 建筑物、构筑物的设计应符合下列要求：

a. 承载能力极限状态，应按荷载效应的基本组合或偶然组合进行荷载（效应）组合，并应采用下式进行设计：

$$\gamma_0 S \leqslant R \tag{5-1}$$

式中 $\gamma_0$——结构重要性系数；

$S$——荷载效应组合的设计值；

$R$——结构构件抗力的设计值，应按现行国家标准《混凝土结构设计规范》GB 50010—2010 和《钢结构设计标准》GB 50017—2017 的有关规定确定。

b. 正常使用极限状态，应根据不同的设计要求，采用荷载的标准组合、频遇组合或准永久组合。并应按下式进行设计：

$$S \leqslant C \tag{5-2}$$

式中 $C$——结构或结构构件达到正常使用要求的规定限值，应按国家标准《混凝土结构设计规范》GB 50010—2010 和《钢结构设计标准》GB 50017—2017 的有关规定采用。钢筋混凝土结构最大裂缝宽度限值为 0.2mm，其挠度限值不宜超过表 5-9 之规定。

④ 建筑物、构筑物的安全等级均不应低于二级，相应的结构重要性系数不应小于 1.0。

⑤ 架构、支架及其他构筑物的基础，当验算上拔或倾覆稳定时，荷载效应应按承载能力极限状态下荷载效应的基本组合，分项系数均应为 1.0，设计荷载所引起的基础上拔或倾覆弯矩应小于或等于基础的抗拔力或抗倾覆弯矩除以稳定系数（注：稳定系数 $K_S$ 为 1.8，用于按极限土抗力来计算基础的抗倾覆力矩及按锥形土体计算抗拔力；稳定系数 $K_G$ 为 1.3，用于按基础自重加阶梯以上土重计算抗倾覆力矩或抗拔力。当基础处于稳定的地下水位以下时，应计入浮力的影响）。

表 5-9 挠度限值

| 序号 | 构件类别 | | 挠度限值 |
|---|---|---|---|
| 1 | 架构横梁 | 220kV 及以下 | $L/200$（跨中），$L/100$（悬臂） |
| 2 | 架构单柱（无拉线） | | $H/100$ |
| 3 | 人字柱 | 平面内 | $H/200$ |
| | | 平面外（带端撑） | $H/200$ |
| | | 平面外（无端撑） | $H/100$ |
| 4 | 设备支架 | 隔离开关的横梁 | $H/300$ |
| | | 隔离开关的支柱 | $H/300$ |
| | | 其他设备支架柱 | $H/200$ |
| 5 | 独立避雷针 | | $H/100$ |

注：1. $L$ 及 $H$ 分别为梁的计算跨度及柱的高度，架构的 $H$ 一般不包含避雷针、地线柱。
2. 计算悬构件的挠度限值时，其计算跨度 $L$ 按实际悬臂长度的 2 倍取用。
3. 各类设备支架的挠度，尚应满足设备对支架提出的专门要求。

(2) 荷载

① 结构上的荷载可按下列分类：

a. 结构自重、导线及避雷线的自重和水平张力，固定的设备重、土重、土压力、水压力等永久荷载；

b. 风荷载、冰荷载、雪荷载、活荷载、安装及检修时临时性荷载、地震作用、温度变化等可变荷载；

c. 短路电动力、验算（稀有）风荷载及验算（稀有）冰荷载等偶然荷载。

② 荷载分项系数的采用应符合下列要求：

a. 永久荷载和可变荷载的分项系数，应按国家标准《建筑结构荷载规范》GB 50009—2012 和《建筑抗震设计规范》GB 50011—2010 的有关规定选取；

b. 对结构的倾覆、滑移或漂浮验算有利时，永久荷载的分项系数应取 0.9；

c. 偶然荷载的分项系数宜取 1.0；

d. 导线荷载的分项系数应按表 5-10 中数值取用。

表 5-10 导线荷载的分项系数

| 序号 | 荷载名称 | 最大风工况 | 覆冰工况 | 检修安装工况 |
|---|---|---|---|---|
| 1 | 水平张力 | 1.3 | 1.3 | 1.2 |

续表

| 序号 | 荷载名称 | 最大风工况 | 覆冰工况 | 检修安装工况 |
|---|---|---|---|---|
| 2 | 垂直载荷 | 1.3 | 1.3 | 1.2 |
| 3 | 侧向风压 | 1.4 | 1.4 | 1.4 |

注：垂直荷重当其效应对结构抗力有利时，其荷重分量系数可取1.0。

③ 可变荷载的荷载组合值系数应按下列要求采用：

a. 房屋建筑的基本组合情况：风荷载组合值系数应取0.6。

b. 构筑物的大风情况：连续架构的温度变化作用组合值系数应取0.85。

c. 构筑物最严重覆冰情况：风荷载组合值系数应取0.15（冰厚≤10mm）或0.25（冰厚＞10mm）。

d. 构筑物的安装或检修情况：风荷载组合值系数应取0.15。

e. 地震作用情况：建筑物的活荷载组合值系数应取0.5，构筑物的风荷载组合值系数应取0.2，构筑物的冰荷载组合值系数应取0.5。

④ 房屋建筑的楼面、屋面活荷载及有关系数的取值，不应低于表5-11所列的数值。当设备及运输工具的荷载标准值大于表5-11的数值时，应按实际荷载进行设计。

表5-11 建筑物均布活荷载及有关系数

| 序号 | 类别 | 标准值/(kN/m²) | 组合系数 $\psi_c$ | 频遇值系数 $\psi_f$ | 准永久值系数 $\psi_q$ | 计算主梁、柱及基础的折减系数 | 备注 |
|---|---|---|---|---|---|---|---|
| 1 | 不上人屋面 | 0.5 | 0.7 | 0.5 | 0 | 1.0 | |
| 2 | 上人屋面 | 2.0 | 0.7 | 0.5 | 0.4 | 1.0 | |
| 3 | 主控制室、继电器室及通信室的楼面 | 4.0 | 1.0 | 0.9 | 0.8 | 0.7 | 如电缆层的电缆系吊在主控制室或继电器室的楼板上时，则应按实际荷载计算 |
| 4 | 主控制楼电缆层的楼面 | 3.0 | 1.0 | 0.9 | 0.8 | 0.7 | |
| 5 | 电容器室楼面 | 4.0~9.0 | 1.0 | 0.9 | 0.8 | 0.7 | |
| 6 | 屋内6kV、10kV配电装置开关层楼面 | 4.0~7.0 | 1.0 | 0.9 | 0.8 | 0.7 | 用于每组开关重力≤8kN，无法满足时，应按实际荷载计算 |
| 7 | 屋内35kV配电装置开关层楼面 | 4.0~8.0 | 1.0 | 0.9 | 0.8 | 0.7 | 用于每组开关重力≤12kN，无法满足时，应按实际荷载计算 |
| 8 | 屋内110kV配电装置开关层楼面 | 4.0~8.0 | 1.0 | 0.9 | 0.8 | 0.7 | 用于每组开关重力≤36kN，无法满足时，应按实际荷载计算 |
| 9 | 屋内110kV GIS组合电器楼面 | 10.0 | 1.0 | 0.9 | 0.8 | 0.7 | |
| 10 | 办公室及宿舍楼面 | 2.5 | 0.7 | 0.6 | 0.5 | 0.85 | |
| 11 | 楼梯 | 2.5 | 0.7 | 0.6 | 0.5 | — | |
| 12 | 室内沟盖板 | 4.0 | 0.7 | 0.6 | 0.5 | 1.0 | |

注：1. 序号6、7、8也适用于成套柜情况，对3kV、6kV、10kV、35kV、110kV配电装置区以外的楼面活荷载标准值可采用4.0kN/m²。
2. 运输通道按运输的最重设备计算。
3. 准永久值系数仅在计算正常使用极限状态的长期效应组合时使用。

⑤ 构架及其基础宜根据实际受力条件,包括远景可能发生的不利情况,分别按终端或中间构架设计,下列荷载情况应作为承载能力极限状态的四种基本组合,并应按正常使用极限状态的条件对变形及裂缝进行校验:

a. 运行情况:取 50 年一遇的设计最大风荷载(无冰、相应气温)、最低气温(无冰、无风)及最严重覆冰(相应气温、风荷载)三种情况及其相应导线及避雷线张力、自重等。

b. 安装情况:指导线及避雷线的架设,应计入梁上作用的人和工具重力 2kN,以及相应的风荷载(风速按 10m/s 计取)、导线及避雷线张力、自重等。

c. 检修情况:取三相同时上人停电检修及单相跨中上人带电检修两种情况以及相应风荷载(风速按 10m/s 取)、导线张力、自重等。当档距内无引下线时可不加入跨中上人荷载。

d. 地震情况:应计及水平地震作用及相应的风荷载或相应的冰荷载、导线及避雷线张力、自重等,地震情况下的结构抗力或承载力调整系数应按现行国家标准《构筑物抗震设计规范》GB 50191—2012 的有关规定选取。

⑥ 设备支架及其基础应按下列荷载情况作为承载能力极限状态的三种基本组合,并应按正常使用极限状态条件对变形及裂缝进行校验:

a. 取 50 年一遇的设计最大风荷载及相应的引线张力、自重等最大风荷载情况。

b. 取最大操作荷载及相应的风荷载、相应的引线张力、自重等操作情况。

c. 计及水平地震作用及相应的风荷载、相应的引线张力、自重等地震情况,地震情况下的结构抗力或承载力调整系数应按现行国家标准《构筑物抗震设计规范》GB 50191—2012 的有关规定选取。

⑦ 高型及半高型配电装置的平台、走道及天桥的活荷载标准值宜采用 $1.5kN/m^2$,装配式板应取 1.5kN 集中荷载验算。在计算梁、柱及基础,活荷载标准值应乘以折减系数,当荷重面积为 $10\sim20m^2$ 时,折减系数宜取 0.7,当荷重面积超过 $20m^2$ 时,折减系数宜取 0.6。

⑧ 室外场地电缆沟荷载应取 $4.0kN/m^2$。

(3) 建筑物

① 控制楼(室)可根据规模和需要布置成单层或多层建筑。控制室(含继电器室)的净高宜采用 3.0m。电缆夹层的净高宜采用 $2.0\sim2.4m$;辅助生产房屋的净高宜采用 $2.7\sim3.0m$。

② 控制室宜具备良好的朝向,宜天然采光,屏位布置及照明设计应避免表盘的眩光。

③ 屋面防水应根据建筑物的性质、重要程度、使用功能要求采取相应的防水等级。主控制楼及屋内配电装置楼等设有重要电气设备的建筑,屋面防水应采用Ⅱ级,其余宜采用Ⅲ级。屋面排水宜采用有组织排水,结构找坡,坡度不应小于 3%。

④ 控制室等对防尘有较高要求的房间,地坪应采用不起尘的材料并应由工艺专业根据工程的具体情况确定是否设置屏蔽措施。

(4) 构筑物

① 屋外架构、设备支架等构筑物应根据变电站的电压等级、规模、施工及运行条件、制作水平、运输条件,以及当地的气候条件选择合适的结构类型,其外形应做到相互协调。

② 钢结构构件的长细比:受压弦杆及支座处受压腹杆、一般受压腹杆、辅助杆和受拉杆的容许长细比分别为 150、220、250 和 400,预应力拉条的容许长细比不限。各种架构的受压柱的整体长细比不宜超过 150。计算长度系数应按表 5-12 和表 5-13 的规定采用。

表 5-12 人字柱平面内、外压杆的计算长度系数 $\mu$

| 侧面 | 正面 | 人字平面内 $\mu$ | | 人字平面外 $\mu$ | |
|---|---|---|---|---|---|
| | | $N_1/N_2 \geq 0.6$ | $0 \leq N_1/N_2 < 0.6$ | 单跨 | 双跨及以上 |
| | 上铰下刚 | 0.8 | 0.85 | $\mu=0.8+0.6(1+N_1/N_2)$（无端撑）0.7(有端撑) | 0.8（无端撑）0.7(有端撑) |
| | 上刚下刚 | 0.7 | 0.8 | $\mu=0.66+0.17(1+N_1/N_2)+0.1(N_1/N_2)^2$ | 0.75 |

注：1. 人字柱钢管（或钢管混凝土）柱，当水平腹杆与弦杆刚性连接时，允许在计算中计入受拉弦杆对受压弦杆的帮助作用。若人字柱全部节点均为刚接，同时水平腹杆的直径不小于弦杆直径的 3/4，且布置于离地 $H/2 \sim 2H/3$ 范围内，则受拉杆在人字柱平面外的计算长度可取 $H_0=0.6H$。
2. 计算长度 $H_0=\mu H$（$H$ 计算至基础面）。

表 5-13 打拉线（条）柱平面内、外压杆的计算长度系数 $\mu$

| 侧面 | 正面 | 拉条平面内 $\mu$ | 拉条平面外 $\mu$ | | |
|---|---|---|---|---|---|
| | | | 单跨 | 双跨 | 三跨以上 |
| | 上铰下刚 | 1.0 | 2.0(无端撑)0.7(有端撑) | 1.6(无端撑)0.7(有端撑) | 1.6(无端撑)0.7(有端撑) |
| | 上刚下刚 | 1.0 | 1.2 | 1.0 | 0.95 |

注：1. 表中画的为双侧打拉线（条），单侧拉线（条）也适用。
2. 计算长度 $H_0=\mu H$。

③ 构筑物应采用有效的防腐措施。钢结构应采用热镀锌、喷锌或其他可靠措施，不宜因防腐要求加大材料规格。

④ 屋外钢结构构件及其连接件，当采用热镀锌防腐时，用材最小规格宜符合表 5-14 的规定。

表 5-14 屋外镀锌钢构件最小规格  单位：mm

| 角钢 | 钢管厚度 | 钢板厚度 | 圆钢 | 螺栓 | 地脚螺栓 | 架构拉条 | 基础地脚板厚度 |
|---|---|---|---|---|---|---|---|
| 50×5(弦杆)40×4(腹杆) | 3 | 4 | $\phi 12$ | M12 | M16 | $\phi 14$ | 16 |

⑤ 人字柱及打拉线（条）柱，其根开与柱高（基础面到柱的交点）之比，分别不宜小于 1/7 和 1/5。

⑥ 格构式钢梁梁高与跨度之比不宜小于 1/25。

⑦ 架构及设备支架的柱插入基础杯口的深度，除应满足计算要求外，不应小于 1.5D（架构）或 1.0D（支架）（注：D 为柱的直径。柱插入杯口的深度还不应小于杆身长度的 0.05 倍，当施工采取打临时拉线等措施时可不受限制）。

(5) 采暖、通风和空气调节

① 变电站的采暖通风和空气调节系统的设计，应符合现行国家标准《建筑设计防火规范》GB 50016—2014、《工业建筑供暖通风与空气调节设计规范》GB 50019—2015 和《火

力发电厂与变电站设计防火规范》GB 50229—2019 的有关规定。

② 变电站的控制室、计算机室、继电保护室、远动通信室、值班室等有空调要求的工艺设备房间，宜设置空调设施。

③ 变压器室宜采用自然通风，当自然通风不能满足排热要求时，可增设机械排风。当变压器为油浸式时，各变压器室的通风系统不应合并。

④ 蓄电池室应根据设备对环境温度、湿度要求和当地的气象条件，设置通风或降温通风系统，并应符合下列要求：

a. 防酸隔爆蓄电池室的通风应采用机械通风，通风量应按空气中的最大含氢量（按体积计）不超过 0.7% 计算；但换气次数不应少于 6 次/h，室内空气严禁再循环，并应维持室内负压。吸风口应在靠近顶棚的位置设置。

b. 免维护式蓄电池的通风空调设计应符合：夏季室内温度应小于或等于 30℃；设置换气次数不应少于 3 次/h 的事故排风装置，事故排风装置可兼作通风用。

c. 防酸隔爆蓄电池室和免维护式蓄电池室的排风机及其电动机应为防爆型。防酸隔爆蓄电池室通风设施及其管道宜采取防腐措施。

d. 蓄电池室不应采用明火采暖。采用电采暖时，应采用防爆型。采用散热器采暖时，应采用焊接的光管散热器，室内不应有法兰、丝扣接头和阀门等。蓄电池室地面下不应设置采暖管道，采暖通风管道不宜穿过蓄电池室的楼板。

⑤ 配电装置室及电抗器室等其他电气设备房间宜设置机械通风系统，并宜维持夏季室内温度不高于 40℃。配电装置室应设置换气次数不少于 10 次/h 的事故排风机，并可兼作平时通风用。通风机和降温设备应与火灾探测系统联锁，火灾时应切断其电源。

⑥ 六氟化硫开关室应采用机械通风，室内空气不应再循环。六氟化硫电气设备室的正常通风量不应少于 2 次/h，事故时通风量不应少于 4 次/h。

(6) 给水与排水

① 变电站生活用水水源应根据供水条件综合比较后确定，宜选用已建供水管网供水方式，不宜选用地表水作为水源的方案。

② 生活用水水质应符合现行国家标准《生活饮用水卫生标准》GB 5749—2006 的有关规定。

③ 变电站生活污水、生产废水和雨水宜采用分流制。

④ 变电站生活污水、生产废水应达到排放标准后排放。

#### 5.4.2.2 消防

① 变电站内建筑物、构筑物的耐火等级，应符合现行国家标准《火力发电厂与变电站设计防火规范》GB 50229—2019 的有关规定。

② 变电站内建筑物、构筑物与站外的民用建筑物、构筑物及各类厂房、库房、堆场以及储罐间的防火净距应符合国家标准《建筑设计防火规范》GB 50016—2014 的有关规定；变电站内部的设备间、建筑物与构筑物间及设备与建筑物及构筑物间的最小防火净距，应符合国家标准《火力发电厂与变电站设计防火规范》GB 50229—2019 的有关规定。

③ 变电站应对主变压器等各种带油电气设备及其建筑物配备适当数量的移动式灭火器，主控制室等设有精密仪器、仪表设备的房间，应在房间内或附近走廊内配置灭火后不会引起污损的灭火器。移动式灭火器设计应符合现行国家标准《建筑灭火器配置设计规范》GB 50140—2005 的有关规定。

④ 屋外油浸变压器之间，当防火净距小于现行国家标准《火力发电厂与变电站设计防火规范》GB 50229—2019 的规定值时，应设置防火隔墙，墙应高出油枕顶，墙长应大于贮油坑两侧各 1.0m，屋外油浸变压器与油量在 600kg 以上的本回路充油电气设备之间的防火净距，不应小于 5m。

⑤ 变压器室、电容器室、蓄电池室、电缆夹层、配电装置室以及其他有充油电气设备房间的门，应向疏散方向开启，当门外为公共走道或其他房间时，应采用乙级防火门。

⑥ 电缆从室外进入室内的入口处与电缆竖井的出、入口处，以及控制室与电缆层之间应采取防止电缆火灾蔓延的阻燃及分隔的措施。

⑦ 变电站火灾探测及报警装置的设置应符合现行国家标准《火力发电厂与变电站设计防火规范》GB 50229—2019 的有关规定。

⑧ 火灾探测及报警系统的设计和消防控制设备及其功能，应符合现行国家标准《火灾自动报警系统设计规范》GB 50116—2013 的有关规定。

⑨ 消防控制室应与变电站控制室合并设置。

### 5.4.2.3 环境保护

① 变电站及进出线的电磁场对环境的影响，应符合《电磁环境控制限值》GB 8702—2014 和《高压交流架空输电线路无线电干扰限值》GB 15707—2017 的有关规定。

② 变电站噪声对周围环境的影响，应符合现行国家标准《工厂企业厂界环境噪声排放标准》GB 12348—2007 和《声环境质量标准》GB 3096—2008 的有关规定。

③ 变电站噪声应首先从声源上进行控制，宜采用低噪声设备。

④ 变电站对外排放的水质应符合现行国家标准《污水综合排放标准》GB 8978—1996 的有关规定。

⑤ 变电站的生活污水，应处理达标后复用或排放。位于城市的变电站，生活污水应排入城市污水系统，并应满足相应排放水质要求。

⑥ 变电站的选址、设计和建设等各阶段，应符合水土保持的要求，可能产生水土流失时，应采取防止人为水土流失的措施。

### 5.4.2.4 劳动安全和职业卫生

① 变电站生产场所、附属建筑和易燃、易爆的危险场所，以及地下建筑物的防火分区、防火隔断、防火间距、安全疏散和消防通道的设计，应符合《建筑设计防火规范》GB 50016—2014 和《火力发电厂与变电站设计防火规范》GB 50229—2019 的有关规定。

② 安全疏散处应设置照明和明显的疏散指示标志。

③ 变电站的电气设备的布置应满足带电设备的安全防护距离要求，还应采取隔离防护措施和防止误操作措施；应采取防雷击和安全接地等措施。

④ 变电站的防机械伤害和防坠落伤害的设计，应符合《机械安全防护装置 固定式和活动式防护装置的设计与制造一般要求》GB 8196—2018 的有关规定。

⑤ 外露部分的机械转动部件应设置防护罩，机械设备应设置必要的闭锁装置。

⑥ 平台、走道、吊装孔和坑池边等有坠落危险处，应设置栏杆或盖板。

⑦ 变电站的六氟化硫开关室应设置机械排风设施。

⑧ 在建筑物内部配置防毒及防化学伤害的灭火器时，应设置安全防护设施。

⑨ 变电站噪声控制，应符合国家标准《工业企业噪声控制设计规范》GB/T 50087—2013 和《工业企业设计卫生标准》GBZ 1—2010 的规定。

⑩ 防振动的设计应符合现行国家标准《工作场所有害因素职业接触限值 第 2 部分：物理因素》GBZ 2.1—2007 和《工业企业设计卫生标准》GBZ 1—2010 的规定。

⑪ 变电站的防暑、防寒及防潮设计应符合现行国家标准《工业建筑供暖通风与空气调节设计规范》GB 50019—2015 和《工业企业设计卫生标准》GBZ 1—2010 的规定。

⑫ 变电站的电磁影响防护设计，应符合现行国家标准《电磁环境控制限值》GB 8702—2014 的有关规定。

#### 5.4.2.5 节能

1) 变压器应采用高效节能型产品，宜采用自冷冷却方式。
2) 站用电耗能指标应采取下列措施降低：
① 应根据室内环境温度变化和相对湿度变化对设备的影响，合理配置空气调节设备。
② 户内安装电气设备，常规运行条件下宜采用自然通风散热，宜减少机械通风。
③ 设备操作机构中的防露干燥加热，应采用温、湿自动控制。
④ 应采用高光效光源和高效率节能灯具。
⑤ 应合理选取站用变压器的容量。
3) 墙体应采用节能、环保的建筑材料，并应合理设置门窗洞口和尺寸。

## 5.5 特殊环境的变配电装置设计

### 5.5.1 污秽地区变配电装置设计

为了保证处于工业污秽、盐雾等污秽地区电气设备的安全运行，在进行配电装置设计时，必须采取有效措施，防止发生污闪事故。

(1) 污染源

导致配电装置内电气设备污染的污染源主要有：

1) 火力发电厂：火力发电厂燃煤锅炉的烟囱，每天排放出大量的煤烟灰尘，特别是设有冷水塔的发电厂，其水雾使粉尘浸湿，更易造成污闪事故。

2) 化工厂：化工厂的污秽影响一般比较严重，因其排出的多种气体（例如 $SO_2$、$NH_3$、$NO_2$、$Cl_2$ 等）遇雾形成酸碱溶液，附着在绝缘子和瓷套管表面，形成导电薄膜，使绝缘子和瓷套管的绝缘强度下降。

3) 水泥厂：水泥厂排出的水泥粉尘吸水性比较强，当其遇水结垢后不易清除，对瓷绝缘有很大危害。

4) 冶炼厂：冶炼厂包括钢铁厂，铜、锌、铅、镍冶炼厂及电解铝厂、铝氧厂等。这些厂排出的污物对电气设备外绝缘危害大，如铝氧厂排出的氧化钠、氧化钙，不仅量大且具有较大的黏附性，呈碱性，遇水便凝结成水泥状物质；电解铝厂排出的氟化氢和金属粉尘具有较高的导电性，且对瓷绝缘子和瓷套管的釉具有强烈的腐蚀作用；钢铁厂及铜、锌、铅、镍冶炼厂排出 $SO_2$ 气体，在潮湿气候下也会造成污闪事故。

5) 盐雾地区：在距海岸 10km 以内地区，随着海风吹来的盐雾，沉积在电气设备瓷绝缘表面。盐污吸水性强，在有雾或细雨情况下，使盐污受潮，极易造成污闪事故。

（2）污秽等级

污秽等级主要由污染源特征和对应的盐密来划分。线路和发电厂、变电所污秽分级标准见表 5-15。

表 5-15　线路和发电厂、变电所污秽分级标准

| 污秽等级 | 污秽特征 | 盐密/(mg/cm²) | |
| --- | --- | --- | --- |
| | | 线路 | 发电厂、变电所 |
| 0 | 大气清洁地区及离海岸盐场 50km 以上无明显污秽地区 | ≤0.03 | |
| Ⅰ | 大气轻度污秽地区，工业区和人口底密集区，离海岸盐场 10~50km 地区，在污闪季节中干燥少雾(含毛毛细雨)但雨量较多时 | >0.03~0.06 | ≤0.06 |
| Ⅱ | 大气中度污秽地区，轻盐碱和炉烟污秽地区，离海岸盐场 3~10km 地区，在污闪季节中潮湿多雾(含毛毛细雨)但雨量较少时 | >0.06~0.10 | >0.06~0.10 |
| Ⅲ | 大气污染较严重地区，重雾和重盐碱地区，离海岸盐场 1~3km 地区，工业和人口密集较大地区，离化学污染源和炉烟污秽 300~1500m 的较严重污秽地区 | >0.10~0.25 | >0.10~0.25 |
| Ⅳ | 大气污染特别严重地区，离海岸盐场 1km 以内，离化学污染源和炉烟污秽 300m 以内的地区 | >0.25~0.35 | >0.25~0.35 |

（3）污秽地区配电装置的要求及防污闪措施

① 尽量远离污染源：变电所配电装置的位置，在条件许可的情况下，应尽量远离污染源，并且应使配电装置在潮湿季节处于污染源的上风向。表 5-16 为屋外配电装置与各类污染源之间的最小距离。

表 5-16　屋外配电装置与各类污染源之间的最小距离

| 污染源类别 | 与各类污染源之间的最小距离/km |
| --- | --- |
| 制铝厂 | 2 |
| 化肥厂 | 1~2 |
| 化工厂和冶金厂 | 1.5 |
| 化工厂和一般厂 | 0.8 |
| 冶金厂和钢厂 | 0.6~1.0 |
| 一般厂(如水泥厂) | 0.5 |
| 冶金厂 | 0.6 |

② 合理选择配电装置型式：6~35kV 配电装置一般都采用屋内配电装置；66~110kV 配电装置处于Ⅱ级及以上污秽区时，宜采用屋内配电装置。在重污秽地区，经过技术经济分析，也可采用 $SF_6$ 全封闭电器。

③ 增大电瓷外绝缘的有效爬电距离或选用防污型产品：污秽地区电瓷外绝缘的有效爬电距离应不小于表 5-17 的规定值。

电瓷尽量选用防污型产品。防污型产品除爬电比距较大外，其表面材料或造型也有利于防污。如采用半导体釉、大小伞、大倾角、钟罩式等特制瓷套和绝缘子。

污秽地区配电装置的悬垂绝缘子串的绝缘子片数应与耐张绝缘子串相同。

表 5-17　各污秽等级下的爬电比距分级数值

| 污秽等级 | 爬电比距/(cm/kV) | | | |
| --- | --- | --- | --- | --- |
| | 线路 | | 发电厂、变电所 | |
| | 220kV 及以下 | 330kV 及以上 | 220kV 及以下 | 330kV 及以上 |
| 0 | 1.39<br>(1.60) | 1.45<br>(1.60) | — | — |
| Ⅰ | 1.39～1.74<br>(1.60～2.00) | 1.45～1.82<br>(1.60～2.00) | 1.60<br>(1.84) | 1.60<br>(1.76) |
| Ⅱ | 1.74～2.17<br>(2.00～2.50) | 1.82～2.27<br>(2.00～2.50) | 2.00<br>(2.30) | 2.00<br>(2.20) |
| Ⅲ | 2.17～2.78<br>(2.50～3.20) | 2.27～2.91<br>(2.50～3.20) | 2.50<br>(2.88) | 2.50<br>(2.75) |
| Ⅳ | 2.78～3.30<br>(3.20～3.80) | 2.91～3.45<br>(3.20～3.80) | 3.10<br>(3.57) | 3.10<br>(3.41) |

注：1. 线路和发电厂、变电所爬电比距计算时取系统最高工作电压。上表（ ）内数字为按额定电压计算值。
2. 对电站设备 0 级（220kV 及以下爬电比距为 1.48cm/kV、330kV 及以上爬电比距为 1.55cm/kV），目前保留作为过渡时期的污级。

④ 采用防污涂料：对于污秽严重地区，在绝缘瓷件表面敷防污油脂涂料也是有效的防污措施之一。

⑤ 加强运行维护：加强运行维护是防止污闪事故的重要环节。除运行单位定期进行停电清扫外，在进行重污秽地区配电装置设计时，应考虑带电水冲洗。

目前采用的带电水冲洗装置多为移动式。采用固定式带电水冲洗装置的效果更好，但需在设备瓷套管或绝缘子四周设置固定的管道系统和必要的喷头，投资较大。

## 5.5.2　高海拔地区变配电装置设计

当海拔高度超过 1000m 时，由于空气稀薄、气压低，使电气设备外绝缘和空气间隙的放电电压降低。因此，在进行高海拔地区配电装置设计时，应加强电气设备的外绝缘和放大空气间隙。

(1) 外绝缘补偿

① 对于安装在海拔高度超过 1000m 地区的电气设备外绝缘一般应予加强。当海拔高度在 3500m 以下时，其工频和冲击试验电压应乘以系数 $K$。系数 $K$ 的计算公式如下：

$$K = \frac{1}{1.1 - H/10000} \tag{5-3}$$

式中　$H$——安装地点的海拔高度，m。

② 当海拔高度超过 1000m 时，配电装置的 $A$ 值应按图 5-6 进行修正。$A$ 值按图 5-6 进行修正后，其 $B$、$C$、$D$ 值应分别增加 $A$ 值的修正差值。

(2) 高海拔地区配电装置设计所采用的措施

① 海拔高度超过 1000m 的地区，电气设备应采用高原型产品或选用外绝缘提高一级的产品。

② 由于现有 110kV 及以下电压等级的大多数电气设备如变压器、断路器、隔离开关、互感器等的外绝缘有一定的裕度，故可使用在海拔高度不超过 2000m 的地区。

③ 采用 $SF_6$ 全绝缘封闭电器，可避免高海拔对外绝缘的影响。

④ 海拔高度为 1000～3000m 地区的屋外配电装置，当需要通过增加绝缘子数量来加强绝缘时，耐张绝缘子串的片数应按下式进行修正

$$N_H = N[1+0.1(H-1)] \quad (5-4)$$

式中　$N_H$——修正后的绝缘子片数；
　　　$N$——海拔高度为 1000m 及以下地区的绝缘子片数；
　　　$H$——海拔高度，km。

⑤ 随着海拔高度升高，裸导体的载流量降低，裸导体的载流量在不同海拔高度及环境下，应采以综合修正系数，其综合修正系数见表 5-18。

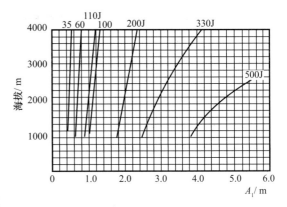

图 5-6　海拔高度超过 1000m 时，配电装置的 $A$ 值修正图

注：$A_2$ 值和屋内的 $A_1$、$A_2$ 值可按本图比例递增

表 5-18　裸导体载流量在不同海拔高度及环境温度下的综合修正系数

| 导体最高允许温度/℃ | 适应范围 | 海拔高度/m | 实际环境温度/℃ | | | | | | |
|---|---|---|---|---|---|---|---|---|---|
| | | | +20 | +25 | +30 | +35 | +40 | +45 | +50 |
| +70 | 屋内矩形、槽形、管形导体和不计日照的屋外软导线 | | 1.05 | 1.0 | 0.94 | 0.88 | 0.81 | 0.74 | 0.67 |
| +80 | 计及日照户外软导线 | 1000 及以下 | 1.05 | 1.00 | 0.95 | 0.89 | 0.83 | 0.76 | 0.69 |
| | | 2000 | 1.01 | 0.96 | 0.91 | 0.85 | 0.79 | | |
| | | 3000 | 0.97 | 0.92 | 0.87 | 0.81 | 0.75 | | |
| | | 4000 | 0.93 | 0.89 | 0.84 | 0.77 | 0.71 | | |
| | 计及日照户外管形导线 | 1000 及以下 | 1.05 | 1.00 | 0.94 | 0.87 | 0.80 | 0.72 | 0.63 |
| | | 2000 | 1.00 | 0.94 | 0.88 | 0.81 | 0.74 | | |
| | | 3000 | 0.95 | 0.90 | 0.84 | 0.76 | 0.69 | | |
| | | 4000 | 0.91 | 0.86 | 0.80 | 0.72 | 0.65 | | |

### 5.5.3　高烈度地震区变配电装置设计

我国地震区分布较广泛、震源浅、烈度高。大地震必将导致配电装置和电气设备遭受严重破坏，造成大面积、长时间停电，不仅给国民经济造成巨大损失，而且直接影响抗震救灾工作及恢复生产。因此，在进行高烈度地震区的配电装置设计时，必须进行抗震计算和采取有效的抗震措施，保证配电装置及电气设备在遭受到设防烈度及以下的地震袭击时能安全可靠地向用户供电。

#### 5.5.3.1　设防烈度

设防烈度取决于配电装置所在地区的地震烈度。地震烈度是表示地震时地面受到的影响和破坏程度。地震烈度不仅与震级有关，还与震源深度、距震中的距离以及地震波通过的介质条件（如岩石或土层的结构、性质）等多种因素有关。目前国际上普遍采用的是划分为 12 度的烈度表（分别用罗马数字Ⅰ、Ⅱ、Ⅲ、Ⅳ、Ⅴ、Ⅵ、Ⅶ、Ⅷ、Ⅸ、Ⅹ、Ⅺ和Ⅻ或阿拉伯数字 1～12 表示）。地震烈度见表 5-19（摘自 GB/T 17742—2020）。

表 5-19 地震烈度

| 地震烈度 | 房屋震害 | | 人的感觉 | 器物反应 | 评定指标 生命线工程震害 | 其他震害现象 | 仪器测定的地震烈度 $I_1$ | 合成地震动的最大值 加速度 /(m/s²) | 合成地震动的最大值 速度 /(m/s) |
|---|---|---|---|---|---|---|---|---|---|
| | 类型 | 震害程度 平均震害指数 | | | | | | | |
| Ⅰ(1) | — | — — | 无感 | — | — | — | $1.0 \leq I_1 < 1.5$ | $1.80 \times 10^{-2}$ $(<2.57 \times 10^{-2})$ | $1.21 \times 10^{-3}$ $(<1.77 \times 10^{-3})$ |
| Ⅱ(2) | — | — — | 室内个别静止中的人有感觉,个别较高楼层中的人有明显感觉 | — | — | — | $1.5 \leq I_1 < 2.5$ | $3.69 \times 10^{-2}$ $(2.58 \times 10^{-2} \sim$ $5.28 \times 10^{-2})$ | $2.59 \times 10^{-3}$ $(1.78 \times 10^{-3} \sim$ $3.81 \times 10^{-3})$ |
| Ⅲ(3) | — | 门、窗轻微作响 — | 室内少数静止中的人有感觉,少数较高楼层中的人有明显感觉 | 悬挂物微动 | — | — | $2.5 \leq I_1 < 3.5$ | $7.57 \times 10^{-2}$ $(5.29 \times 10^{-2} \sim$ $1.08 \times 10^{-1})$ | $5.58 \times 10^{-3}$ $(3.82 \times 10^{-3} \sim$ $8.19 \times 10^{-3})$ |
| Ⅳ(4) | — | 门、窗作响 — | 室内多数人、室外少数人有感觉,少数人梦中惊醒 | 悬挂物明显摆动,器皿作响 | — | — | $3.5 \leq I_1 < 4.5$ | $1.55 \times 10^{-1}$ $(1.09 \times 10^{-1} \sim$ $2.22 \times 10^{-1})$ | $1.20 \times 10^{-2}$ $(8.20 \times 10^{-3} \sim$ $1.76 \times 10^{-2})$ |
| Ⅴ(5) | — | 门窗、屋顶、屋架颤动作响,灰土掉落,个别房屋墙体抹灰出现细微裂缝,个别老旧 A1 类或 A2 类房屋墙体出现轻微裂缝或原有裂缝扩展,个别屋顶烟囱掉砖 — | 室内绝大多数、室外多数人有感觉,多数人梦中惊醒,少数人惊逃户外 | 悬挂物大幅度晃动,少数架上小物品、个别顶部沉重或放置不稳器物摇动或翻倒,水晃动并从盛满的容器中溢出 | — | — | $4.5 \leq I_1 < 5.5$ | $3.19 \times 10^{-1}$ $(2.23 \times 10^{-1} \sim$ $4.56 \times 10^{-1})$ | $2.59 \times 10^{-2}$ $(1.77 \times 10^{-2} \sim$ $3.80 \times 10^{-2})$ |

续表

| 地震烈度 | 房屋震害 | | | 评定指标 | | | | 合成地震动的最大值 | |
|---|---|---|---|---|---|---|---|---|---|
| | 类型 | 震害程度 | 平均震害指数 | 人的感觉 | 器物反应 | 生命线工程震害 | 其他震害现象 | 仪器测定的地震烈度 $I_1$ | 加速度 /(m/s²) | 速度 /(m/s) |
| Ⅵ(6) | A1 | 少数轻微破坏和中等破坏,多数基本完好 | 0.02~0.17 | 多数人站立不稳,多数人惊逃户外 | 少数轻家具和物品移动,少数顶部沉重的器物翻倒 | 个别梁桥挡块破坏,个别拱桥三拱圈出现裂缝及拱脚压碎;个别主变压器跳闸;个别老旧支线管道有破坏,局部水压下降 | 河岸和松软土地出现裂缝,饱和砂层喷砂冒水;个别独立砖烟囱轻度裂缝 | 5.5≤$I_1$<6.5 | 6.53×10⁻¹ (4.57×10⁻¹~9.36×10⁻¹) | 5.57×10⁻² (3.81×10⁻²~8.17×10⁻²) |
| | A2 | 少数轻微破坏和中等破坏,大多数基本完好 | 0.01~0.13 | | | | | | | |
| | B | 少数或个别轻微破坏,大多数基本完好 | ≤0.11 | | | | | | | |
| | C | 少数或个别轻微破坏,绝大多数基本完好 | ≤0.06 | | | | | | | |
| | D | 少数或个别轻微破坏,绝大多数基本完好 | ≤0.04 | | | | | | | |
| Ⅶ(7) | A1 | 少数严重破坏和中等破坏,多数轻微破坏 | 0.15~0.44 | 大多数人惊逃户外,骑自行车的人有感觉,行驶中的汽车驾乘人员有感觉 | 物品从架子上掉落,多数顶部沉重的器物翻倒,少数家具倾倒 | 少数梁桥挡块破坏,个别拱桥主拱圈出现明显裂缝和变形以及少数桥台开裂及少数管套管破坏,个别瓷柱型高压电气设备破坏;少数支线管道破坏,局部停水 | 河岸出现塌方,饱和砂层常见喷水冒砂,松软土地上地裂缝较多;大多数独立砖烟囱中等破坏 | 6.5≤$I_1$<7.5 | 1.35 (9.37×10⁻¹~1.94) | 1.2×10⁻¹ (8.18×10⁻²~1.76×10⁻¹) |
| | A2 | 少数中等破坏,多数轻微破坏和基本完好 | 0.11~0.31 | | | | | | | |
| | B | 少数中等破坏,多数轻微破坏和基本完好 | 0.09~0.27 | | | | | | | |
| | C | 少数中等破坏和轻微破坏,多数基本完好 | 0.05~0.18 | | | | | | | |
| | D | 少数轻微破坏和中等破坏,大多数基本完好 | 0.04~0.16 | | | | | | | |

续表

| 地震烈度 | 房屋震害 | | | 评定指标 | | | | 仪器测定的地震烈度 $I_1$ | 合成地震动的最大值 | |
|---|---|---|---|---|---|---|---|---|---|---|
| | 类型 | 震害程度 | 平均震害指数 | 人的感觉 | 器物反应 | 生命线工程震害 | 其他震害现象 | | 加速度 /(m/s²) | 速度 /(m/s) |
| Ⅷ(8) | A1 | 少数毁坏，多数中等破坏和严重破坏 | 0.42~0.62 | 多数人摇晃颠簸，行走困难 | 除重家具外，室内物品大多数倾倒或移位 | 少数梁桥梁体移位、开裂及多数挡块破坏，少数拱桥主拱圈开裂严重，少数变压器的套管破坏，少数瓷柱型高压电气设备破坏；多数支线管道破坏，部分区域停水 | 干硬土地上出现裂缝，饱和砂层绝大多数喷砂冒水；大多数独立砖烟囱严重破坏 | $7.5 \leqslant I_1 < 8.5$ | 2.79 (1.95~4.01) | $2.58 \times 10^{-1}$ $(1.77 \times 10^{-1}$ ~ $3.78 \times 10^{-1})$ |
| | A2 | 少数严重破坏，多数中等破坏和轻微破坏 | 0.29~0.46 | | | | | | | |
| | B | 少数严重破坏和中等破坏，多数轻微破坏 | 0.25~0.50 | | | | | | | |
| | C | 少数中等破坏，多数轻微破坏和基本完好 | 0.16~0.35 | | | | | | | |
| | D | 少数中等破坏，多数轻微破坏和基本完好 | 0.14~0.27 | | | | | | | |
| Ⅸ(9) | A1 | 大多数毁坏和严重破坏 | 0.60~0.90 | 行动的人摔倒 | 室内物品大多数倾倒或移位 | 个别梁桥墩柱局部压溃或落梁，个别拱桥垮塌或濒临垮塌；多数变压器移位、套管破坏，少数瓷柱型高压电气设备破坏；各类供水管道破坏、渗漏广泛发生，大范围停水 | 干硬土地上多处出现裂缝，可见基岩裂缝、错动、滑坡、塌方常见；独立砖烟囱多数倒塌 | $8.5 \leqslant I_1 < 9.5$ | 5.77 (4.02~8.30) | $5.55 \times 10^{-1}$ $(3.79 \times 10^{-1}$ ~ $8.14 \times 10^{-1})$ |
| | A2 | 少数毁坏，多数严重破坏和中等破坏 | 0.44~0.62 | | | | | | | |
| | B | 少数毁坏，多数严重破坏和中等破坏 | 0.48~0.69 | | | | | | | |
| | C | 多数严重破坏和中等破坏，少数轻微破坏 | 0.33~0.54 | | | | | | | |
| | D | 少数严重破坏，多数中等破坏和轻微破坏 | 0.25~0.48 | | | | | | | |

第 5 章　110kV 及以下变配电所所址选择及电气设备布置

续表

| 地震烈度 | 类型 | 房屋震害 | | 人的感觉 | 器物反应 | 生命线工程震害 | 其他震害现象 | 仪器测定的地震烈度 $I_I$ | 合成地震动的最大值 | |
|---|---|---|---|---|---|---|---|---|---|---|
| | | 震害程度 | 平均震害指数 | | | | | | 加速度 /(m/s²) | 速度 /(m/s) |
| X(10) | A1 | 绝大多数毁坏 | 0.88~1.00 | 骑自行车的人会摔倒；处不稳状态的人会摔离原地，有抛起感 | — | 个别梁桥桥墩压溃或折断，少数落梁；少数拱桥垮塌或折断于跨塌；多数变压器移位、脱轨，瓷套管大多破坏漏油；多数高压电气设备破坏；供水管网毁坏，全区域停水 | 山崩和地震断裂出现；大多数独立砖烟囱从根部破坏或倒毁 | $9.5 \leqslant I_I < 10.5$ | $1.19 \times 10^1$ $(8.31 \sim 1.72 \times 10^1)$ | $1.19$ $(8.15 \times 10^{-1} \sim 1.75)$ |
| | A2 | 大多数毁坏 | 0.60~0.88 | | | | | | | |
| | B | 大多数毁坏 | 0.67~0.91 | | | | | | | |
| | C | 大多数严重破坏和毁坏 | 0.52~0.84 | | | | | | | |
| | D | 大多数严重破坏和毁坏 | 0.46~0.84 | | | | | | | |
| XI(11) | A1 | | 1.00 | — | — | — | 地震断裂延续很大；大量山崩滑坡 | $10.5 \leqslant I_I < 11.5$ | $2.47 \times 10^1$ $(1.73 \times 10^1 \sim 3.55 \times 10^1)$ | $2.57$ $(1.76 \sim 3.77)$ |
| | A2 | | 0.86~1.00 | | | | | | | |
| | B | 绝大多数毁坏 | 0.90~1.00 | | | | | | | |
| | C | | 0.84~1.00 | | | | | | | |
| | D | | 0.84~1.00 | | | | | | | |
| XII(12) | 各类 | 几乎全部毁坏 | 1.00 | | | | 地面剧烈变化，山河改观 | $11.5 \leqslant I_I < 12.0$ | $>3.55 \times 10^1$ | $>3.77$ |

现将表 5-19 中所涉及的术语和定义、类别划分说明如下：
(1) 术语和定义
① 地震烈度（seismic intensity）：地震引起的地面震动及其影响的强弱程度。
② 震害指数（damage index）：房屋震害程度的定量指标，以 0.00 到 1.00 之间的数字表示由轻到重的震害程度。
③ 平均震害指数（mean damage index）：同类房屋震害指数的加权平均值，即各级震害的房屋所占的比率与其相应的震害指数的乘积之和。
④ 地震动（ground motion）：地震引起的地面运动。
(2) 类别划分
① 数量词的界定：数量词采用个别、少数、多数、大多数和绝大多数，其范围界定如下：
a. "个别"为 10% 以下；
b. "少数"为 10%～45%；
c. "多数"为 40%～70%；
d. "大多数"为 60%～90%；
e. "绝大多数"为 80% 以上。
② 评定烈度的房屋类型：用于评定烈度的房屋，包括以下五种类型：
a. A1 类：未经抗震设防的土木、砖木、石木等房屋；
b. A2 类：穿斗木构架房屋；
c. B 类：未经抗震设防的砖混结构房屋；
d. C 类：按照Ⅶ度（7度）抗震设防的砖混结构房屋；
e. D 类：按照Ⅶ度（7度）（7度）抗震设防的钢筋混凝土框架结构房屋。
③ 房屋破坏等级及其对应的震害指数：房屋破坏等级分为基本完好、轻微破坏、中等破坏、严重破坏和毁坏五类，其定义和对应的震害指数 $d$ 如下：
a. 基本完好：承重和非承重构件完好，或个别非承重构件轻微损坏，不加修理可继续使用。对应的震害指数范围为 $0.00 \leqslant d < 0.10$，可取 0.00；
b. 轻微破坏：个别承重构件出现可见裂缝，非承重构件有明显裂缝，不需要修理或稍加修理即可继续使用。对应的震害指数范围为 $0.10 \leqslant d < 0.30$，可取 0.20；
c. 中等破坏：多数承重构件出现轻微裂缝，少数有明显裂缝，个别非承重构件破坏严重，需要一般修理后可使用。对应的震害指数范围为 $0.30 \leqslant d < 0.55$，可取 0.40；
d. 严重破坏：多数承重构件破坏较严重，非承重构件局部倒塌，房屋修复困难。对应的震害指数范围为 $0.55 \leqslant d < 0.85$，可取 0.70；
e. 毁坏：多数承重构件严重破坏，房屋结构濒于崩溃或已倒毁，已无修复可能。对应的震害指数范围为 $0.85 \leqslant d < 1.00$，可取 1.00。

评定地震烈度时，Ⅰ度～Ⅴ度应以地面上以及底层房屋中的人的感觉和其他震害现象为主；Ⅵ度～Ⅹ度以房屋震害为主，参照其他震害现象，当用房屋震害程度与平均震害指数评定结果不同时，应以震害程度评定结果为主，并综合考虑不同类型房屋的平均震害指数；Ⅺ度和Ⅻ度应综合房屋震害和地表震害现象。

各类房屋平均震害指数 $D$ 可按下式计算：

$$D = \sum_{i=1}^{5} d_i \lambda_i \tag{5-5}$$

式中 $d_i$——房屋破坏等级为 $i$ 的震害指数；
　　　$\lambda_i$——破坏等级为 $i$ 的房屋破坏比，用破坏面积与总面积之比或破坏栋数与总栋数之比表示。

当计算的平均震害指数值位于表 5-19 中地震烈度对应的平均震害指数重叠搭接区间时，可参照其他判别指标和震害现象综合判定地震烈度。

以下三种情况的地震烈度评定结果，应做适当调整：①当采用高楼上人的感觉和器物反应评定地震烈度时，适当降低评定值；②当采用低于Ⅶ度抗震设计房屋的震害程度和平均震害指数评定地震烈度时，适当降低评定值；而当采用高于Ⅶ度抗震设计房屋的震害程度和平均震害指数评定地震烈度时，则应适当提高评定值；③当采用建筑质量特别差的房屋震害程度和平均震害指数评定地震烈度时，适当降低评定值；当采用建筑质量特别好的房屋震害程度和平均震害指数评定地震烈度时，则应适当提高评定值。

农村可按自然村，城镇可按街区为单位进行地震烈度评定，面积以 $1km^2$ 为宜。

#### 5.5.3.2　地震震级

地震震级（earthquake magnitude）：按地震时所释放出的能量大小确定的等级标准。地震震级是根据地震仪记录的地震波振幅来测定的，一般采用里氏震级标准。震级（M）是据震中 100km 处的标准地震仪（周期 0.8s，衰减常数约等于 1，放大倍率 2800 倍）所记录的地震波最大振幅值的对数来表示的。地震震级分为九级，一般小于 2.5 级的地震人无感觉；2.5 级以上人有感觉；5 级以上的地震会造成破坏。

地震震级与地震烈度的比较：震级代表地震本身的大小强弱，它由震源发出的地震波能量来决定。而烈度在同一次地震中是因地而异的，它受当地各种自然和人为条件的影响。对震级相同的地震来说，如果震源越浅，震中距越短，则烈度一般就越高。同样，当地的地质构造是否稳定，土壤结构是否坚实，对于当地的地震烈度高或低有着直接的关系。对于同一次地震只有一个地震等级，而地震影响范围内的各地却有不同的地震烈度。例如：在距地表下 15 公里发生的 5 级浅源地震，对建筑的破坏程度可能比发生在地表下 650 公里的 7 级深源地震对建筑的破坏程度更大。在不同地方发生同样等级震源相同的地震，因地质构造、土壤类型的不同，对当地建筑的破坏程度也不尽相同。所以，在设计时是无法用地震等级作为设计的基准的。所以，建筑抗震是以国家规定的当地抗震设防依据的地震烈度作为抗震设防烈度，并考虑建筑使用功能的重要性进行设计的。

#### 5.5.3.3　电气设施抗震设计和措施

为了便于工业与民用建（构）筑物设计，我国制订了全国地震烈度区划图。区划图中给出的地震烈度为该地区的基本烈度。在进行电气抗震设计时，一般情况下取基本烈度作为设防烈度；对于特别重要的大型发电厂和枢纽变电所，设防烈度可比基本烈度提高一度。提高设防烈度必须经上级主管部门批准。电气设施抗震设计和措施详见本书第 1.8 节。

## 5.6　柴油电站设计

柴油电站通常是将柴油机和交流同步发电机用联轴器直接连在一起，共同安装在钢制的整体式底座上，以组成柴油发电机组。任何一种高品质的柴油电站，其性能、寿命和可靠性能否达到理想水平，在很大程度上取决于电站设计是否科学合理。本节着重讲述其建设原则与设计程序、布置形式与基础设计、通风降噪与消防系统设计等。

## 5.6.1 建设原则与设计程序

### 5.6.1.1 柴油电站的建设原则

柴油电站的建设原则与电站的性质、柴油发电机组的特点有关。目前建设的电站多数是备用电站和应急电站，平时不经常运行。这类电站主要应考虑以下原则。

① 电站的位置应设置在负荷中心附近，一般靠近外电源的变配电室，尽量缩短与负载之间的供电距离，以减少功率损耗、便于管理，而且电源布线也比较节省，但不宜与通信机房相距太近，以免机组运行时，振动、噪声和电磁辐射影响通信设备的正常运行。

② 电站的容量应满足工程用电要求，备用电站应能保证工程一、二级负荷的供电；应急电站应能保证工程一级负荷的供电。电站的频率和电压应满足工程对供电质量的要求，应急供电时间应满足工程使用要求。

③ 柴油发电机组运行时将产生较大的噪声和振动，因此电站最好远离要求安静的工作区和生活区，对于安装在办公区和生活区的柴油发电机组，其机房内必须做必要的降噪减振处理，以达到噪声限值的国家和行业标准。

④ 柴油电站运行时需要一定量的冷却水并排出废水，因此应具有完善的给排水系统。柴油机运行排出的废气和冷却废水应进行必要的处理，防止环境污染。

⑤ 柴油电站设备质量大、体积大，要妥善考虑电站主要设备（机组）在安装或检修时的运输问题。在设备运输需要通过的通道、门孔等地方应留有足够的空间，为柴油电站的安装和检修尽量提供方便的运输条件。

⑥ 由于机组比较笨重，在民用建筑中的应急柴油电站一般作为建筑物的附属建筑单独建设，如果设在建筑物内，宜设置在最低层，尽量避免设在建筑物的楼板上。

### 5.6.1.2 柴油电站的设计程序

柴油电站设计一般分为初步设计和施工图设计两阶段。设计前应有齐全的设计资料，包括设计任务书、当地的海拔高度、气象资料和水质资料等。设计任务书中还应明确规定电站的性质、供电负荷量、供电要求及设置地点等。

(1) 初步设计的主要内容

① 设计说明书：设计说明书的主要内容一般包括设计依据、装机容量的确定、机组型号的选择、机组台数、运行方式、机房布置形式、供电方式、机房排除余热方式、柴油机冷却水系统、储油箱储油时间及储油量、储水库储水时间及储水量等。

② 设计图纸：主要有电站设备布置图、供电主接线系统图和主管线系统图等。

③ 附表：一般包括设计组成、主要设备材料表、燃油规格和水质资料等。

(2) 施工图设计的主要内容

初步设计经主管部门批准后，进行施工图设计。施工图设计应能满足电站施工、安装、运行和检修的要求。图纸数量应根据电站的性质和规模适当合并或补充。

① 设计组成、设计说明和施工说明：列出设计文件和图纸目录，说明初步设计的审批意见和设计中的变更内容，施工安装中应注意的事项。

② 设备材料表：列出电站的各项设备和主要材料，便于经费预算。

③ 设计图纸：电站的设计图纸应包括电站的建筑、结构、暖通、给排水和电气等各专业的设计图。电气设计图主要包括以下几个方面：电站总平面布置图和必要的剖面图；电站各种辅助设备布置图和系统原理图；电站供电系统图和各种管线布置图；柴油发电机组控制系统图（包括控制屏、配电屏等电气设备布置图）；电站动力、照明和接地系统图；其他图纸，包括设备标准图、安装大样图等。

## 5.6.2 布置形式与基础设计

### 5.6.2.1 柴油电站的安装要求

柴油电站的设备主要有柴油发电机组、控制屏和一些电站辅助系统，有的电站还有机组操作台，动力配电盘和维护检修设备等。这些设备在电站内布置要使电站安装、运行和维修方便，并符合有关规程的要求。对于大型电站还需要考虑必要的附属房间，以便放置一些必要的零配件和满足值勤人员的工作生活以及检修设备的需要。

安装柴油电站需要考虑的因素主要有：柴油发电机组的布置形式，地基的负重，通道及维护保养的位置，机组的振动、降噪和通风散热，排气管的连接、隔热和降噪，燃油箱的大小和位置以及与之有关的国家和地方建筑、环保条例与标准等。

(1) 电站设备的布置要求

固定式机组和移动式机组的安装布置分别有不同要求，企业大多安装固定式机组，对于固定式柴油发电机组而言，一般设置有专用机房，其安装布置要求如下。

① 柴油发电机组及其辅助设备的布置首先应满足设备安装、运行和维修的需要，要有足够的操作间距、检修场地和运输通道。

② 在电站设备布置时应认真考虑通风、给排水、供油、排烟以及电缆等各类管线的布置，要尽量减少管线的长度，避免交叉，减少弯曲。

③ 柴油电站的布置应符合工艺流程要求，注意消音、隔振、通风和散热，并应设置保证照明和消防的设施，做到整齐、美观，力争创造良好的使用条件和操作环境。

④ 机房的面积应根据机组的数量、功率的大小和今后扩容等因素考虑。在满足要求的前提下，尽量减少电站的建筑面积，做到经济合理。

⑤ 为保证机组安全、可靠地工作，机房应有保温措施，室内温度最好在5℃（冬季）到30℃（夏季）之间。机房的取暖和降温，最好采用暖气或空调。

⑥ 在进行机房规划设计和安装前，应通过选购柴油发电机组与控制屏，详细了解生产厂商所给使用说明书的安装工程要求。如果现场条件不能满足机组安装要求的全部条件或有困难和疑问时，应及时联系厂商解决技术方面的具体问题。

(2) 柴油电站的建筑设计要求

① 机组机房内应设置地沟，以便敷设电缆、水、油等管道。地沟应有一定坡度便于排除积水，地沟盖板宜采用钢板、钢筋混凝土盖板或经防火处理的木盖板。

② 设置控制室的机房，在控制室与机房之间的隔墙上应增设观察窗。在设计安装观察窗时要特别注意其隔声和吸声效果的处理。

③ 柴油电站的机房地面一般采用压光水泥地面，有条件时可采用水磨石或缸砖地面。柴油发电机组周围的地面应防止油渗入。

④ 机组的地基应有足够体积，以减小振动。带有公共底盘的地基表面应高出地面50~100mm，并采取防油浸措施。地基表面应设置排污沟槽和地漏，以排除表面积存的油污。

地基应尽量水平，地基与机组间、地基与周围地面间应采取一定的减振措施。

⑤ 安装容量较大的柴油发电机组的地脚螺栓应牢固地安装在混凝土地基上。地基和地脚螺栓的埋设应平坦、牢固和耐久，便于操作和维护机组。地基深度和长宽尺寸应根据机组的功率、重量以及机房的土质情况决定，在一般情况下，其深度取500～1000mm，长宽尺寸至少不小于机组的底座尺寸。

⑥ 在柴油发电机组纵向中心线上方应预留2～3个起重吊钩，其高度应能吊起电机和控制箱等，吊出活塞和连杆组件，为机组的安装和检修提供方便。

⑦ 在总体布置方面，可根据机房的建设条件，参照图5-7考虑机组的基础位置及进、排风通道。机组在机房内的位置，周边除散热水箱一端外，与机房墙体的距离应不小于1.5m，以利操作和维修。机房房顶的高度距机组顶端的距离，应不小于1.5m，通常要求房高不低于3.5m，这是机组通风、散热及检修起吊机件所必须持有的最小间距。对于大、中型机组应考虑安装或日后检修时，悬挂起重葫芦，起吊整台机组或各种部件。机房房梁的结构强度，应能承受最大一台发电机组重量3倍以上的承压。有条件时，可在机组安装的纵长轴中心线上方，贴机房屋顶搁架悬挂一条16♯～20♯工字钢，以便起吊机组用。

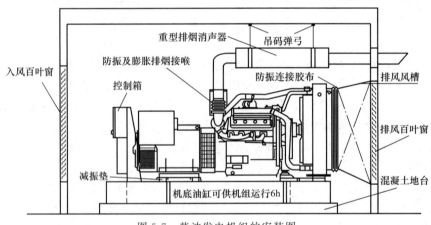

图5-7 柴油发电机组的安装图

## 5.6.2.2 柴油电站的布置形式与要求

(1) 柴油发电机组在机房内的布置形式

柴油电站机组的布置形式，应根据其性质、数量、功率和用户自身需要，选择合适的布置方式，应急机组一般只设一台机组，可把柴油发电机组和发电机控制屏设在同一间机房内。小容量机组一般把控制屏设置在机组上，形成机电一体化，也可设置在同一间机房内。对于装机容量较大、台数较多的机组，或者为了改善工作条件可把机组分为装设机组的机房和装设控制屏和配电屏的控制室，并设置必要的辅助房间。这种形式设置的机组，如果靠近市电电源的变配电室附近，可把机组的电气控制设备统一设在变配电室内。

① 应急机组的布置形式　应急机组和某些备用机组的连续运行时间较短，一般一次只要求运行几个小时，所以辅助系统可以简化，可把机组设备设在同一间机房内。图5-8所示是单台机组应急电站设计示意图。发电机的控制箱设置在机组的操作侧，冷却系统采用闭式循环，机头冷却水箱和排风扇经排风罩与室外相通，直接将风冷后的热空气排至室外，通过机房开启的门窗进风，常见国产柴油发电机组在机房布置的推荐尺寸见表5-20。

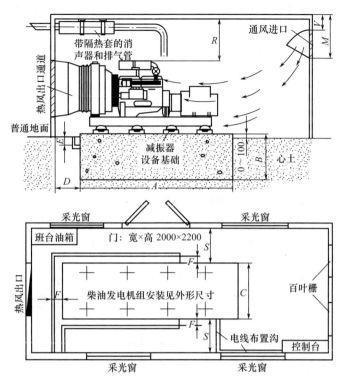

图 5-8 单台机组机房设备布置参考图

表 5-20 常见国产柴油发电机组在机房布置的推荐尺寸

| 机组型号 | 4105/4120 | 4135/6135 | 8V135/12V135 | 6160(A) | 6250(Z)/8V190/12V190 |
|---|---|---|---|---|---|
| 机组容量/kW | 50 以下 | 50～120 | 120～150 | 75～120 | 200～300 |
| 机组操作面尺寸 $a$/m | 1.3～1.5 | 1.5～1.7 | 1.7～1.9 | 1.7～1.9 | 1.8～2.0 |
| 机组背面尺寸 $b$/m | 1.1～1.3 | 1.2～1.5 | 1.3～1.6 | 1.4～1.7 | 1.5～1.8 |
| 柴油机端尺寸 $c$/m | 1.3～1.5 | 1.5～1.8 | 1.5～1.8 | 1.5～1.8 | 2.0～2.2 |
| 机组间距尺寸 $d$/m | 1.5～1.7 | 1.7～1.9 | 1.9～2.1 | 2.2～2.4 | 2.2～2.4 |
| 发电机端尺寸 $e$/m | 1.4～1.5 | 1.5～1.7 | 1.7～2.0 | 1.5～1.8 | 1.7～2.0 |
| 机房净高(平顶) $H$/m | 3.3～3.4 | 3.4～3.7 | 3.5～3.8 | 3.7～3.9 | 3.9～4.2 |
| 机房净高(拱形) $H_1$/m | 3.5～3.7 | 3.7～4.0 | 3.9～4.2 | 3.9～4.2 | 4.2～4.5 |
| 底沟深度 $h$/m | 0.5～0.6 | 0.5～0.6 | 0.6～0.7 | 0.7～0.8 | 0.7～0.8 |

② 常用机组的布置形式 常用机组一般采用多台机组，其辅助设备也比较齐全，并长期运行供电。为了给机组创造较好的工作环境，自备常用电站一般分为机房、控制室和辅助房间三大部分。机组设置在机房内，与机组关系密切的油库、水箱和进排风机等辅助设备设在机房附近。发电机组控制屏、配电屏和机组操作台等设在控制室内，值机人员主要在控制室操作和监视机组运行，控制室也可与市电变配电室设在一起，机组的值班休息室设在控制室附近。

通常自备电站都要配备两台或三台机组，以确保供电的可靠性，配备两台机组机房设备常见的布置形式有两种，如图 5-9(a) 和图 5-10(a) 所示。如果自备电站需要配备三台柴油发电机组，可参考图 5-9(b) 和图 5-10(b) 进行设计布置。若柴油电站建在地下室，机房设备可参考图 5-11 进行布置。图中常见尺寸见表 5-20。

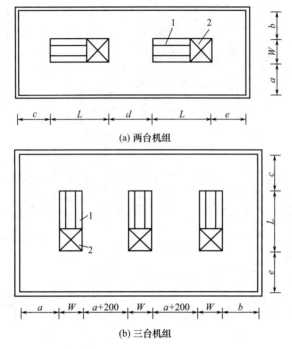

图 5-9 柴油发电机组在机房布置的推荐尺寸示意图
1—柴油机；2—交流同步发电机
$a$—机组操作面尺寸；$b$—机组背面尺寸；$c$—柴油机端尺寸；$d$—机组间距尺寸；
$e$—发电机端尺寸；$L$—机组长度；$W$—机组宽度

(2) 机组在机房内布置尺寸的一般原则

① 发电机组的进、排风管道和排烟管道架空敷设在机组两侧靠墙 2.2m 以上空间内。排烟管道一般敷设在机组的背面。

② 机组的安装、检修、搬运通道，在平行布置的机房中安排在机组的操作面；在垂直布置的机房中，安排在发电机端；对于双列平行布置的机房，则安排在两排机组之间。

③ 柴油电站机房的高度，主要考虑机组安装或检修时，利用预留吊钩用手动葫芦起吊活塞连杆组和曲轴等零部件所需的高度。

④ 与柴油发电机组引接的电缆、水、油等管道应分别设置在机组两侧的地沟内，地沟净深一般为 0.5~0.8m，并设置必要的支架，以防电缆漏电。

⑤ 布置尺寸不包括启动机组的启动设备和其他辅助设备所需的面积。

(3) 机组控制屏等控制设备的布置要求

发电机控制屏、低压配电屏等设备的布置与一般低压配电要求相同，应符合有关的国家标准和有关部门的电气设计规范，其基本要求如下。

① 操作人员能清晰地观察控制屏和操作台的仪表和信号指示，并便于控制操作。

② 屏前、屏后应有足够的安全操作和检修距离，单列布置的配电屏，屏前通道应不小于 1.5m，双列对面布置的屏前通道应不小于 2.0m。靠墙安装的配电屏，屏后的检修距离不小于 1m。配电屏顶部的最高点距房顶应不小于 0.5m。

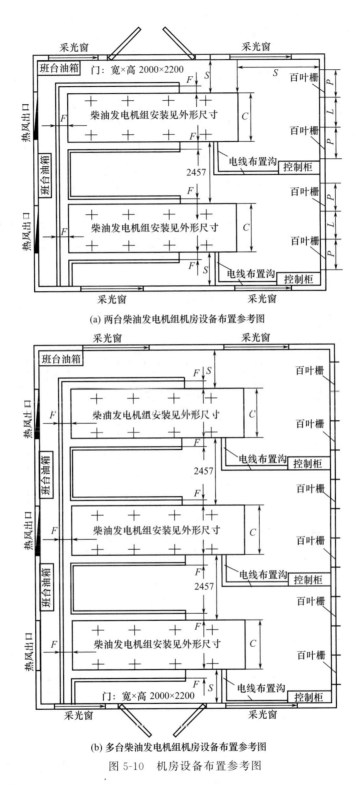

(a) 两台柴油发电机组机房设备布置参考图

(b) 多台柴油发电机组机房设备布置参考图

图 5-10 机房设备布置参考图

③ 如果机组设有操作台，机组操作台的台前操作距离不小于 1.2m，如设在配电屏前，控制台与屏之间的距离约 1.2~1.4m。

④ 配电屏的附近和上方不得设置水管、油管道或通风管道。

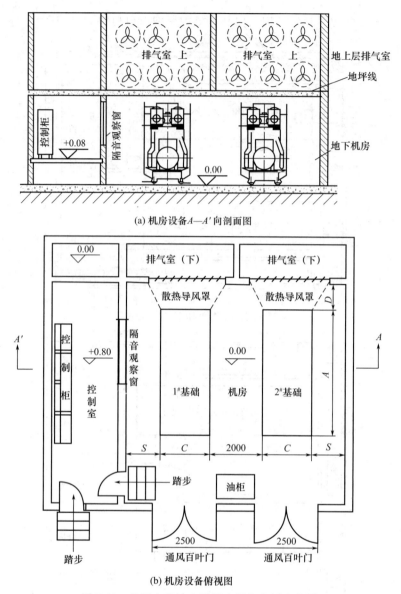

图 5-11 地下室柴油电站机房设备布置参考图

### 5.6.2.3 柴油电站的基础设计

柴油发电机组是往复式运转机械，运行时将产生较大的振动，因此其地基应能牢固地固定机组，保证机组正常运行，并尽量减小机组振动对附近建筑物的影响。对于中小型滑行式柴油发电机组都设有公共底盘，柴油机和发电机通过联轴器连接，装设在公共底盘上，机组在制造厂已进行精确调整，同时，机组与底盘间一般均装有减振器。因此，在噪声不是要求很严格的区域，这类机组对地基没有严格的要求，整台机组放置在硬质地面上就可以正常运行。对于固定的柴油机组必须通过螺栓安装在地基上，对地基支承机组的强度、吸振与隔振能力、承载质量等均有要求，以保证机组正常运行。

(1) 地基的设计要求

① 地基基础应有较好的土壤条件，其允许压力一般要求 $0.15\sim0.25\mathrm{MPa/cm^2}$。

② 地基一般为钢筋混凝土结构，地基重量为柴油发电机组总重的 2～5 倍，对于高速机组可取较小数值。混凝土强度等级不低于 C15 级。

③ 机组的地基与机房结构不得有刚性连接，以减小机房的振动。

④ 柴油发电机组运行和检修时会出现漏油、漏水等现象，因此其地基表面应进行防渗油和渗水的处理，并有相应的排水措施。

（2）地基的具体做法

典型的地基形式如图 5-12 所示。其基本尺寸要求如下。

① 机组地基与机房地面可以做成同一高度，也可以使地基高于或低于机房地面 200～300mm。在曲轴中心线上油底壳正下方的地面设置清污斜面，并有通道排到主排污沟内。最低中心为清污孔，直径为 φ40mm，四周呈凹形，以便自流清污。

② 地基周围每边应比柴油发电机组底盘每边各长出 200mm，如 200GF（12V135AD）型柴油发电机组的底盘长度为 3400mm，底盘宽度为 1150mm，则柴油发电机组的地基长度应为 3800mm，地基的宽度应为 1550mm。

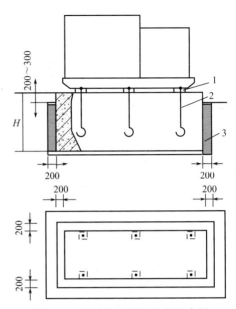

图 5-12 柴油发电机组地基示意图
1—减振垫；2—地脚螺钉；3—砂

③ 地基深度 $H$ 由下式计算确定：

$$H = \frac{KG}{dBL} \tag{5-6}$$

式中　$H$——地基深度，m；

　　　$K$——重量倍数，一般为 2～5；

　　　$G$——机组总重，kg；

　　　$d$——混凝土密度，约为 2400kg/m³；

　　　$B$——地基宽度，m；

　　　$L$——地基长度，m。

另外，考虑到地脚螺钉的深度，至少取 $H=0.5$m。

**例**　某型号柴油发电机组，机组的长、宽分别为 3925mm、1512mm，机组总重为 5670kg，求地基深度 $H$。

**解**　该机组的地基长度 $L=3925+400=4325$mm$=4.325$m

地基宽度 $B=1512+400=1912$mm$=1.912$m

取 $K=2.0$，则

$$H = \frac{KG}{dBL} = \frac{2.0 \times 5670}{2400 \times 4.325 \times 1.912} = 0.571\text{m}$$

因此，地基深度 $H$ 可取 0.6m。

④ 对于地质及环境有特殊防振要求时，在机组的地基与机房地面间应设 200mm 左右的隔振槽（沟），槽内可用细砂充填，槽的顶部以沥青水泥密封，如图 5-12 所示。地基的底部还应设置减振层，基坑底部夯实之后，用水泥、煤渣、沥青和水敷设，其厚度约 200mm，

混凝土浇注在此减振层上。设有隔振沟和减振层的地基结构，如图 5-13 所示。

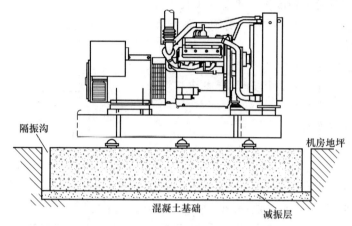

图 5-13　隔振沟和减振层基础示意图

机组的电缆、机油、燃油和冷却水管线沟应环绕地基挖砌，起到隔振和防振的作用，排污问题也可得到方便解决。此外，启动蓄电池置于电缆沟旁槽内。

⑤ 地基表面应进行防水、防油处理，基坑底面应夯实。

⑥ 机组的地脚螺钉可一次浇筑，也可预留孔进行二次浇筑。地脚螺钉位置尺寸应根据生产厂提供的准确尺寸确定。

⑦ 地基与机组底盘间最好设减振器。减振器在每个地脚螺钉处设一个，按机组总重量平均分配在各地脚螺钉上的压力选择，并留有一定裕量。机组与外部连接的油管、水管和排烟管路应采用橡胶管或金属波纹管软连接，以防止机组振动或受热膨胀时拉坏管路。

⑧ 柴油电站一般作为建筑物的附属建筑单独建设，如果设在建筑物内，最好设置在最低层，应尽量避免设在建筑物的楼板上。如某些个别的应急机组不得已设置在楼板上，这种机组就不可能做较深的地基，但楼板应能承受机组的静荷载和运行时的动荷载，并留有 1.5 倍的安全系数。机组底盘与楼板间的防振措施也要增强。

（3）地基材料与混凝土的配合比例

① 地基材料　地基应采用标号不低于 450 号的混凝土并夯筑平实。混凝土由水泥、砂、碎石和水拌和后凝固而成。所用的砂子要坚硬、无土（所含的泥土不超过总质量的 5%），最好的砂子为石英砂。石子大小最好在 5～50mm 之间，石子的大小应与砂子的粗细搭配使用。

② 混凝土的配合比例　混凝土通常采用容积配合比例，水泥∶砂∶石子的容积配合比例通常为 1∶2∶4、1∶3∶5 或 1∶3∶6。以容积比例配合的混凝土的材料用量如表 5-21 所示。

表 5-21　混凝土的容积配合比例

| 容积比 | 水　泥 | | 砂/$m^3$ | 碎石/$m^3$ |
| --- | --- | --- | --- | --- |
| | 质量/kg | 袋（50kg/袋） | | |
| 1∶2∶4 | 236 | 6.72 | 0.44 | 0.88 |
| 1∶3∶5 | 253 | 5.04 | 0.50 | 0.83 |
| 1∶3∶6 | 229 | 4.57 | 0.45 | 0.90 |

拌和混凝土时要拌得彻底，使水均匀地分布于水泥、砂子及石子颗粒表面。拌和时所加入的水量要适当。因为加入的水量仅一小部分（20%）与水泥发生水化作用，其余的水游离

而蒸发。游离蒸发后，其原来所占的地方就变成微小空隙，使混凝土的强度受到影响，所以水量不能太多。但是水量太少则不易拌透，浇注时也不易夯实，亦将造成大量空隙。混凝土拌和时用水量可按所用水泥的质量来计算，大约为水泥质量的60%。

(4) 地基的浇注

浇注前应根据地基的尺寸准备好模板，并检查模板支撑是否牢固，模板是否干净，基坑有无积水，然后向模板间断浇水2~3次，使板缝胀严，以免浇注时吸收混凝土的水分。施工时地基的基层要分层夯实。当混凝土灌入模框时，中间存有很多空隙，必须随时夯实，排除其中的空气。地基要一次浇注完毕，尽量缩短浇注时间。地基表面要平整，一个月后可进行验收安装。若选用了添加快凝剂的水泥，则可在10天后安装机组。

说明书所标注的机组高度为其实际高度。为便于放置垫铁进行找平，应在机组的底面与地基之间留出约20~30mm的间隙。因此，在浇注地基时应扣除此间隙，即浇注地基的高度要比图纸所标注的高度要低一些。当机组安装在基础上时，用垫铁垫高至设计高度。

## 5.6.3 通风降噪系统设计

### 5.6.3.1 柴油电站的通风散热设计

柴油电站的柴油机、同步发电机及排气管均散发热量，温度升到一定程度将会影响发电机的效率。因此，必须采取相应的通风散热措施来保持发电机组的温度。柴油电站的通风散热应按排除机房的余热和有害气体，并满足柴油机所需的燃烧空气量设计。

对于设在地面、其降噪要求不高的一般电站，机房的门、窗直接与室外大气相通，一般尽量采用自然通风或在机房墙上装设排气扇以满足通风散热要求。如图5-8所示的空气流动路线是比较好的方式，冷空气从机组尾部经过控制屏、发电机、柴油机、散热器，由冷却风扇将热空气用一个可装拆的排风管排到室外，以形成良好的循环。

如果柴油电站设在地下室或其降噪要求较高，柴油机吸入的燃烧空气及排烟均得经过一段相当长的距离才能与室外大气相通，这种柴油电站应进行专门的通风散热设计，需单独设置进、排风系统及机房散热设备。下面分别讲述封闭式柴油电站有关方面的设计计算。

(1) 柴油电站通风换气量的确定

柴油电站机房内有害气体的产生量随着柴油机型号、安装运行状态、排烟管敷设形式（架空或地沟内敷设）、操作维护保养技术水平等情况的不同而各异，从理论上很难精确计算，所以确定机房的通风换气量也比较困难。通常是以一系列电站工程实测试验资料为依据，经分析整理、归纳确定：消除电站机房有害气体的排风量，对于国产105、135、160、190和250系列柴油发电机组，可按14~20 $m^3/(kW·h)$ 或10~15 $m^3/(hp·h)$ 确定。

(2) 柴油机燃烧空气量的计算

柴油机燃烧空气量 $L$ 通常可按下式计算：

$$L = 60 n i t k_1 V_n \tag{5-7}$$

式中 $L$——柴油机燃烧空气量，$m^3/h$；

$n$——柴油机转速，$r/min$；

$i$——柴油机汽缸数；

$t$——柴油机冲程系数，四冲程柴油机 $t=0.5$；

$k_1$——计及柴油机结构特点的空气流量系数，四冲程非增压柴油机 $k_1=\eta_i$；四冲程增压柴油机 $k_1=\varphi\eta_i$；

$\eta_i$——汽缸吸气效率，四冲程非增压柴油机 $\eta_i=0.75\sim0.9$（一般取 0.85），四冲程增压柴油机 $\eta_i\approx1.0$；

$\varphi$——柴油机的扫气系数，四冲程柴油机 $\varphi=1.1\sim1.2$；

$V_n$——柴油机每个汽缸的工作容积，$m^3$。

估算柴油机的燃烧空气量时，可按其额定功率 $6.7m^3/(kW\cdot h)$ 或 $5.0m^3/(hp\cdot h)$ 计算。

(3) 电站热负荷的计算

柴油电站机房的热负荷主要应包括柴油机、发电机和排烟管道的散热量，至于照明灯具等其他辅助设备的散热量可忽略不计。

① 柴油机的散热量 柴油机的散热量通常按下式计算：

$$Q_1 = P_n B q \eta_1 \tag{5-8}$$

式中 $Q_1$——柴油机的散热量，kJ/h；

$P_n$——柴油机的额定功率，kW；

$B$——柴油机的耗油率，$kg/(kW\cdot h)$；

$q$——柴油机燃料的发热值，通常取 $q=41800kJ/kg$；

$\eta_1$——柴油机散至周围空气的热量系数（见表5-22），%。

表 5-22 柴油机散至周围空气的热量系数

| 柴油机的额定功率 $P_n/kW(hp)$ | $\eta_1/\%$ | 柴油机的额定功率 $P_n/kW(hp)$ | $\eta_1/\%$ |
|---|---|---|---|
| <37(50) | 6 | 74~220(100~300) | 4.0~4.5 |
| 37~74(50~100) | 5~5.5 | >220(300) | 3.5~4.0 |

② 发电机的散热量 发电机散至周围空气中的热量主要是发电机运行时的铜损和铁损产生的热量，具体体现为发电机的效率。发电机的散热量可按下式计算：

$$Q_2 = 860 \times 4.18 N_n (1-\eta_2)/\eta_2 \tag{5-9}$$

式中 $Q_2$——发电机散至周围空气中的热量，kJ/h；

$N_n$——发电机额定输出功率，kW；

$\eta_2$——发电机效率，%。

③ 排烟管的散热量 柴油电站散热设计所计算的排烟管散热量是指柴油电站内架空敷设的排烟管段的散热量。柴油电站内架空敷设的排烟管段必须保温，排烟管保温层外表面的温度不应该超过60℃。柴油电站排烟管散热量的计算是在确定了排烟管的保温材料、结构形式和厚度的条件下，计算其散发至空气中的热量。当排气温度与机房内的空气温度相差1℃时，1m 长的排烟管每小时的散热量可近似按下式计算：

$$q_3 = \frac{\pi}{\frac{1}{2\lambda}\ln\frac{d_2}{d_1} + \frac{1}{\alpha_2 d_2}} \tag{5-10}$$

式中 $q_3$——当排气温度与机房内的空气温度相差1℃时，每米长的排烟管每小时的散热量，$kJ/(m\cdot h\cdot ℃)$；

$\lambda$——保温材料的热导率，$kJ/(m\cdot h\cdot ℃)$；

$d_1$——保温层内径，即排烟管外径，m；

$d_2$——保温层外径，m；

$\alpha_2$——保温层外表面的散热系数，对于在机房内架空敷设的排烟管，可取 $\alpha_2=41.8kJ/(m^2\cdot h\cdot ℃)$；

$\pi$——圆周率。

不同保温材料和排烟温度，按上式计算的柴油机排烟管散发至机房空气（通常设柴油电站机房的温度为35℃）中的热量各不相同，可查阅相关专业书籍。

排烟管的散热量按下式计算：

$$Q_3 = q_3 L(t_n - t_1) \tag{5-11}$$

式中 $Q_3$——排烟管的散热量，kJ/h；

$q_3$——当排气温度与机房内的空气温度相差1℃时，每米长的排烟管每小时的散热量，kJ/(m·h·℃)；

$L$——机房内排烟管的长度，m；

$t_n$——机房内空气的实际温度，一般设定为35℃；

$t_1$——排气温度，通常按400℃计算。

④ 柴油电站需散热的总热量 由以上分析可知，柴油电站内需散热的总热量为

$$Q = Q_1 + Q_2 + Q_3 \tag{5-12}$$

式中 $Q$——柴油电站内需散热的总热量，kJ/h；

$Q_1$——柴油机的散热量，kJ/h；

$Q_2$——发电机散至周围空气中的热量，kJ/h；

$Q_3$——排烟管的散热量，kJ/h。

(4) 柴油电站的散热方法

消除柴油电站的余热，使机房降温散热的方式应根据电站工程所在地的水源、气象等情况确定，一般按下列原则设计。

① 当水源充足、水温比较低时，电站降温散热宜采用水冷方式，即以水为冷媒，对机房内的空气进行冷却处理。设计水冷电站的条件是：要有充足的天然水源，如井水、泉水、河水、湖水等或其他可利用的水源；水质要好，无毒、无味、无致病细菌、对金属不腐蚀；水中泥、沙等无机物和有机物的含量应符合标准要求；水温要低，机房温度与冷却水给水温度之差宜大于15℃，最低不小于10℃。如果水温过高，则送回风温差小，送风系统大，必然要增大建设投资及运行费用。

水冷电站与其他冷却方式相比的优点是：进、排风量较小，因而进、排风管道较小。水冷电站受工程外部大气温度影响小，不论任何季节都能保证机房的空气降温。缺点是用水量大，受水源条件限制，当工程无充足的低温水源时，便不能采用这种冷却方式。

水冷电站的冷却方式可以采用淋水式冷却方式，即水洗空气。由于机房热空气直接与淋水水滴接触，冷却降温热交换效果较好，同时机房空气中的有害颗粒物还能部分地被淋水洗涤，使其净化。这种冷却方式，冷却效率高，空气清洁，但空气湿度大。

水冷电站也可采用表面式冷却方式，即机房热空气在金属冷却器表面与冷却水进行热交换。其优点是可以灵活组织冷却系统，按需要进行配置，不占或少占机房面积，但冷却效果稍差。例如某些闭式循环冷却的柴油发电机组配套带有机头散热器，在封闭的电站机房内一般不能使用，可将柴油机冷却水改为开式系统，而在机头散热器中通入冷水，以达到降低机房温度、消除电站余热的效果。

② 当水源较困难、夏季由工程外进风的温度能满足机房降温要求时，宜采用风冷或风冷与蒸发冷却相结合的方式。风冷电站是利用工程外部的低温空气（一般应低于机房设计要求温度5℃），增大进、排风量，利用进、排风来排除机房的余热。

风冷柴油电站不需要大量的低温水源，无冷却送风系统，机房内通风系统较简单，操作

方便，进风量和排风量大，电站机房每小时的换气次数多，空气清新、舒适。但是其进风管道、排风管道和风机容量都较大。

蒸发冷却是在风冷电站的基础上，用少量补充水对机房的热空气以等焓（绝热）加湿方式进行冷却。蒸发冷却电站只需要少量用水，按柴油机每千瓦功率计算不超过2.0kg/h，对水温无严格要求，比风冷电站可减少近一半以上的风量，特别适用于水源困难、水温较高的地区。随着对蒸发冷却研究工作的不断深入，蒸发冷却设备在不断完善。

③ 当无充足水源、进风温度不能满足风冷电站的要求时，可设计采用人工制冷、自带冷源的冷风机以消除机房余热。人工制冷系统的建设投资和运行费用都较高。在冬季或过渡季节，电站应充分利用工程外的冷空气进行通风降温，因此风冷一般应是消除电站余热的主要方式。若柴油电站采用自动化机组，实现隔室操作后，值班人员一般可以不进入机房，机房降温设计的最高允许温度可以按40℃设计。

采用风冷降温方式，其冷却通风量按下式计算：

$$L = \frac{Q}{\gamma c (t_2 - t_1)} \tag{5-13}$$

式中 $L$——机房冷却通风量，$m^3/h$；
$Q$——散至机房内的总热量，kJ/h；
$\gamma$——进、排风空气密度，$kg/m^3$；
$c$——进、排风空气比热容，kJ/(kg·℃)；
$t_1$——进风空气温度，℃；
$t_2$——排风空气温度，℃。

风冷电站的进风量应按消除电站机房的余热设计，即按上式计算出的通风量，排风量可按进风量与柴油机的燃烧空气量之差确定。

水冷方式的冷却水量按冷却器给出的公式计算。水冷及人工制冷电站的排风量应按排出电站有害气体所需的风量确定；进风量可按排风量与柴油机的燃烧空气量之和设计。

#### 5.6.3.2 柴油电站的排烟系统设计与安装

机组运行时，柴油机排出的废气温度高达400～500℃，有的排气管接在废气涡轮增压器上，增压器内部的轴承和风叶加工精度很高。安装排气系统时，应注意排气系统急剧的温度变化，减小高温、振动和强烈的排气噪声问题。

(1) 柴油电站排烟系统的设计

① 柴油机排烟量的计算 一台柴油机的排烟量可按下式计算：

$$G = N_e g_e + 30 n_n \gamma V_n i \eta_i \tag{5-14}$$

式中 $G$——一台柴油机的排烟量，kg/h；
$N_e$——柴油机的标定功率，kW；
$g_e$——柴油机的燃油消耗率，kg/(kW·h)；
$n_n$——柴油机的额定转速，r/min；
$\gamma$——空气密度，一般按20℃时的密度为1.2kg/$m^3$；
$V_n$——柴油机一个汽缸的排气量，$m^3$；
$i$——柴油机的汽缸数；
$\eta_i$——柴油机的吸气效率，一般为0.82～0.90。

若以体积$Q$计，则

$$Q = G/\gamma_t \tag{5-15}$$

式中 $\gamma_t$——排气温度为 $t$（℃）时的烟气密度（kg/m³），其值100℃时为0.965，200℃时为0.761，300℃时为0.628，400℃时为0.535，500℃时为0.466。

② 排烟管管径的计算

$$d_e = \sqrt{\frac{4G}{3600\pi W \gamma_t}} \tag{5-16}$$

式中 $d_e$——排烟管内径，m；
　　　$G$——柴油机的排烟量，kg/h；
　　　$W$——排烟管烟气流速，m/s；
　　　$\gamma_t$——排气温度为 $t$（℃）时的烟气密度，kg/m³。

上式中单独排出室外的排烟管，烟气温度取300℃，烟气流速为15~20m/s；设置排烟支管和母管的排烟系统，排烟支管的烟气温度取400℃，烟气流速为20~25m/s，母管的平均烟气温度取300℃，烟气流速为8~15m/s。

排烟管一般选用标准焊接钢管，其壁厚主要考虑腐蚀和强度，一般在3mm左右。排烟系统一般采用扩散消声方法，通常消声器比排烟管大1~2级的焊接钢管。

③ 排烟管的热膨胀计算　当机组工作时，排烟管由常温状态至高温状态将产生热膨胀，需要进行补偿处理，当膨胀量较小时，可由弯头或来回弯补偿；当膨胀量较大时，应在烟管的适当位置设置制式的三波补偿器、套筒伸缩节或金属波纹管进行补偿。排烟管的支吊架应保证其能自由膨胀。排烟管的热膨胀量可按下式进行计算：

$$\Delta L = \alpha L (t_2 - t_1) \tag{5-17}$$

式中 $\Delta L$——排烟管的热膨胀量，mm；
　　　$\alpha$——线胀系数，mm/(m·℃)，钢的线胀系数为 $12 \times 10^{-3}$ mm/(m·℃)；
　　　$L$——排烟管长度，m；
　　　$t_1$——机组工作时的室内温度，可取15~20℃；
　　　$t_2$——排烟管的工作温度，支管为400℃，若母管长度大于300m取300℃，若母管长度小于300m则取350℃。

(2) 柴油电站排烟系统的安装

排气管一般安装有消声器以减小排气噪声，它可以装在室内，也可以安装在室外。装在室内的发电机组必须用不泄漏的排气管把废气排出户外，排气系统的部件应包上隔热材料以减少热量的散发，排气管安装必须符合相关的规范、标准及其他要求。如果建筑物装有烟雾探测系统，排气出口应安在不会启动烟雾热能报警器的地方。

在设计安装排气系统时，阻力不得超过允许范围，因为过度的阻力将会大大降低柴油机的效率和耐久性，并大大增加燃料消耗。为减少阻力，排气管应设计得越短越直越好，如必须弯曲，曲径至少应是管内径的1.5倍。造成高阻力的主要因素有：

① 排气管直径太小；
② 排气管过长；
③ 排气系统过多急弯；
④ 排气消声器阻力太高；
⑤ 排气管处于某种临界长度，产生压力波而导致高阻力。

假定排气管采用工业用钢或铸铁制造，其阻力取决于管子内部表面的光滑程度，如粗糙则会增加阻力，可参考柴油机技术文件以选取适当的排气温度及空气流量。

其他设计安装排放系统的注意事项如下。

① 确保在安装消声器和管子时，不要因拉紧而造成断裂或泄漏。

② 安装在室内的排放系统的部件应安装隔热套管以减少散热、降低噪声。消声器和排气管无论装在室内或室外，均应远离可燃性物质。

③ 任何较长的水平或垂直的排气管应倾斜向下安装，并装设排水阀（应在最低点），以防止水流倒流进入发动机和消声器。

④ 发动机的位置应设在使排气管尽可能短、弯曲和堵塞都尽可能小的地方，通常排气管伸出建筑物外墙后会继续沿着外墙向上直到屋顶。在墙孔外有一个套子去吸振，并在管子上有一个伸缩接头来补偿因热胀冷缩而产生的长度差异，如图 5-14 所示。

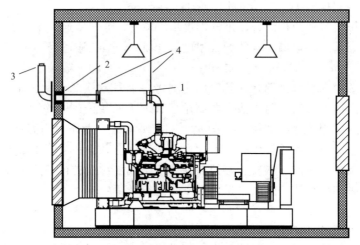

图 5-14　标准排气系统的安装
1—排气消声器；2—入墙套管及伸缩接缝；3—防雨帽；4—消声器/管支撑物

⑤ 排气管的伸出室外的一端，其切口应切成与水平成 60°角，如垂直安装则应装上防雨帽，以防止雨雪进入排气系统。

⑥ 安装多台柴油发电机组的电站，各台机组的排烟管最好单独引至室外，当多台机组不同时使用时，也可在机房内将排烟管汇至成一根母管后引出室外。排气管和消声器均要可靠固定，不允许在机组运行时有摇晃和振动现象。机组的排气消声器通常都标有气流方向，在安装时应注意其气流方向，不允许倒向安装。

消声器按照消声的程度分为以下几个等级。

① 低级或工业用级——适用于工业环境，其反响噪声程度相对较高。

② 中级或居住环境级——把排气噪声降低到可接受程度。

③ 高级或严格级——提供最大程度的消声，如医院、学校、酒店等地方。消声器应装在靠近发电机组的地方，这样可提供最佳的消声效果，使排气通过消声器通往户外，消声器也可以安装在户外的墙或屋顶上。如图 5-15 所示。

### 5.6.3.3　柴油电站的隔声降噪设计

为了降低机组运行时对环境和操作者的影响，首先应对机组运行时的排气噪声源采取降噪措施，同时对机房的建筑设计应有必要的吸声、隔声措施。根据相应环境噪声标准来降低柴油电站的噪声，无须要求过高，避免由此引起不必要的过高花费。

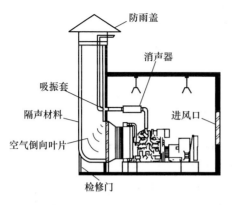 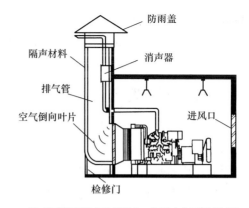

(a) 消声器安装在室内，排气管与散热器共用烟道　　(b) 消声器安装在排烟道内，烟道内使用隔声材料

图 5-15　消声器的安装方式

柴油电站墙体砌筑时，要求灰缝填实，不要留有孔洞、缝隙。内墙面的粉刷，表面不宜致密光滑，粉刷材料中要掺入一定量的有吸声效果的多孔性材料。例如水泥、石灰膏和木屑组成的吸声层。内壁及天花板可采用隔声板进行装饰，降噪效果会更佳。壁板如果采用多孔性材料装饰，孔眼面积至少占总面积的 20%～25%。壁板与墙体之间最好充填一层多孔性的吸声材料，其吸声效果会更好。

机房与控制室用隔墙隔开，隔墙上开挖两层玻璃的观察窗。两层玻璃选用 5～6mm 厚的浮法玻璃，两层玻璃之间相隔距离不小于 80mm，面向机房的玻璃上端最好向机房地平面略为倾斜，使噪声反射效果更好，并能防止结雾。玻璃与窗框，窗框与隔墙做得越密封，其隔声效果就越好，隔音操作室与机房用实砌双墙分开。操作室的地面应与机房地面高 0.8m 左右，而且应尽量使柴油发电机组的操作面朝向隔音室，以方便操作人员观察柴油发电机组的工作情况。控制室与机房之间的门采用双层夹板制成，夹板之间充填弹性多孔吸声材料，例如玻璃纤维棉等。若做成一个门洞，两扇隔音门，其隔音效果会更佳。当然，门与门框，门框与隔墙体之间越密封越好。经过这样处理，控制室内的噪声可控制在 75dB（A）以下，从而减少了噪声和烟气对人体的伤害，改善了机房操作人员的工作条件。

如果采用地下管式排气，地下埋设管采用水泥下水管或将排气管引入砖砌烟囱内，其机组排气噪声可基本消除（如图 5-16 所示）。

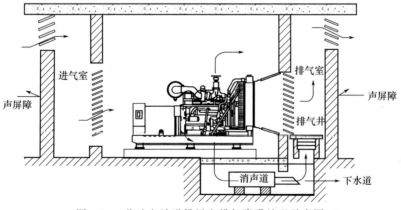

图 5-16　柴油电站进排风和排气降噪处理示意图

对用弹力固定架固定的柴油发电机组，其正常的控制排烟、进气及散热器风扇是可将机

组的噪声降至可接受的水平的，如果按上述方法处理后，机组的噪声仍然很高，则可在房间和机组周围安装隔声板、在机房的墙壁上安装吸声板或把机组安放在一个经特殊设计的隔声屏蔽体（隔声罩）中以减少发电机组的噪声。

### 5.6.4 电气系统设计

(1) 应急电站的电气主接线

柴油发电机组主要作为应急（备用）电站。应急电站供电系统一般不允许与市电网并联运行，因此，应急机组的主断路器与市电供电断路器间应设置电气及机械互锁装置，防止应急电站与市电网发生误并联。应急机组只有在市电停电时自动向应急负荷（即工程一级负荷）供电，当市电网故障断电，应急机组自启动运行以后，投入用电的紧急负荷量不应大于机组的额定输出容量，首批自动投入的紧急负荷一般不宜超过机组额定容量的70%，原由市电网供电的次要负荷，当市电断电后应自动切除，另一部分紧急负荷应采用手动接通，以免应急机组自启动运行后出现过负荷现象。发电机配电系统宜设置紧急负荷专用配电母线，一般采用放射式配电系统。应急电源与市电在电源端宜设置自动切换开关，对某些必须保证供电的重要负荷还应考虑当线路故障时，采用双电源双回路在负荷侧（最末一级负荷配电箱处）自动切换。负荷侧切换的供电系统如图 5-17 和图 5-18 所示。

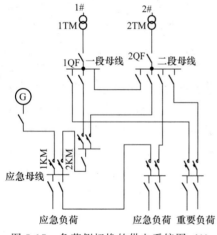

图 5-17 负荷侧切换的供电系统图 (1)

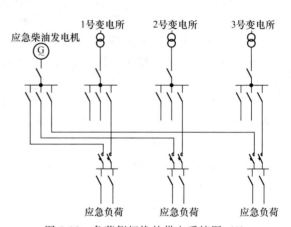

图 5-18 负荷侧切换的供电系统图 (2)

图 5-17 所示是常用两台市电供电变压器和一台应急柴油发电机组的供电系统。供电系统分三段母线，第三段母线为应急母线。接触器 1KM 和 2KM 设有电气及机械联锁装置。在正常情况时，应急负荷由一段或二段母线供电，应急母线为备用。当两路市电都停电时，应急柴油发电机组自启动，自动向应急负荷供电。

图 5-18 所示是大型工程有多个变电站，仅设一个两台柴油发电机组应急电站的供电系统图。应急电站向各个变电站敷设配电专线，在正常情况下，应急负荷由各变电站供电，应急电站不工作。当某一变电站的市电电网因故停电时，应急电站的机组自启动，向该电站的应急负荷供电，市电电网与应急电站在负荷侧实施电气和机械联锁。

(2) 发电机冲击短路电流的计算

电力系统正常运行情况的破坏，大多数是由于短路故障所引起，因此，合理地选择保护电器和载流导体，对电力系统设计的经济性及供电的可靠性十分重要，这就需要进行电力系统的短路电流计算。在三相四线制交流低压电力系统中可能发生三种短路故障，即单相接地短路、两相短路和三相短路。发生短路后的最大全电流瞬时值称为冲击短路电流，两相冲击短路电流约为三相冲击短路电流的 0.866 倍，单相冲击短路电流约为三相冲击短路电流的 1.2～1.35 倍。工程设计中一般只考虑三相对称短路这一最严重的故障情况，在需要计算两相或单相短路电流时，可乘以上述系数得到。

三相对称次暂态短路电流及冲击短路电流值是校验断路器的分断能力、母线承受电动力的稳定性以及电力系统继电保护整定等的依据。在实际短路电流计算中，由于发电机励磁和调速系统的影响，电磁和机电暂态过程、短路电网的结构、发电机和电动机的分布情况等都十分复杂，不容易得到精确的数据，通常是采用一定的简化和近似地进行计算。下面仅简要介绍同步发电机发生三相对称短路故障的暂态过程、冲击短路电流的近似计算公式和柴油发电机组次暂态短路电流的估算。

发电机供电网络发生短路故障时，在一、二个周期时间内可认为励磁调节器还未起调节作用，即作为恒压励磁系统来考虑，发电机电势不变。根据电机学分析，同步发电机三相突然短路最严重的情况是发电机空载，并且电压的起始相角 $\alpha=0°$ 时。刚发生短路时，定子电流不能突变，短路电流是由交流分量和直流分量相加而成，短路电流的直流分量初始值与交流分量最大值相等但方向相反，直流分量按定子回路的时间常数 $T_a$ 指数衰减，交流分量在短路初期很大，以后逐渐减小，这是因为电枢反应磁链所经过的磁路在改变。发电机突然短路初期，由于转子的阻尼绕组和励磁绕组感应电流和磁通阻止磁链突变，从而使定子产生的电枢反应磁链被赶到气隙中流通，磁阻很大，次暂态电抗 $x_d''$ 很小，次暂态短路电流交流分量就很大，最大有效值为 $I_k''=E/x_d''$（$E$ 为发电机相电势的有效值），按时间常数 $T_d''$ 指数衰减；随着阻尼绕组中感应的电流衰减后，电枢反应磁链能穿过阻尼绕组的铁芯，磁阻减小一些，电抗增大为暂态电抗 $x_d'$，交流分量电流减小为暂态短路电流，其最大有效值为 $E/x_d'$，按时间常数 $T_d'$ 指数衰减；当励磁绕组中感应的电流衰减后，电枢反应磁链与主磁通都同样穿过整个转子的铁芯，磁阻减小，电抗增大为稳态电抗 $x_d$，短路电流达到稳态电流，有效值 $I_k=E/x_d$。在纯电抗电路中电流滞后于电压 90°，由此得到发电机短路电流瞬时值：

$$i_k=\sqrt{2}E\left\{\left[\left(\frac{1}{x_d''}-\frac{1}{x_d'}\right)e^{\frac{t}{T_d''}}+\left(\frac{1}{x_d'}-\frac{1}{x_d}\right)e^{\frac{t}{T_d'}}+\frac{1}{x_d}\right]\sin\left(\omega t-\frac{\pi}{2}\right)+\frac{1}{x_d''}e^{-\frac{t}{T_a}}\right\} \quad (5\text{-}18)$$

即：

$$i_k=\sqrt{2}\left\{\left[(I_k''-I_k')e^{\frac{t}{T_d''}}+(I_k'-I_k)e^{\frac{t}{T_d'}}+I_k\right]\sin\left(\omega t-\frac{\pi}{2}\right)+I_k''e^{-\frac{t}{T_a}}\right\} \quad (5\text{-}19)$$

式中　　$\omega$——角频率；

$I_k''$，$I_k'$，$I_k$——次暂态、暂态和稳态短路电流交流分量的有效值；

$T_d''$，$T_d'$，$T_a$——次暂态、暂态和稳态短路电流直流分量的衰减时间常数。

短路电流的最大瞬时值大约在短路后半个周期出现，当发电机输出电压频率 $f=50\mathrm{Hz}$ 时，这个时间约为短路后的 0.01s。在计算短路后二、三个周期内的短路电流时，次暂态短路电流还没有（或刚开始）衰减，可忽略暂态短路电流的衰减时间常数，则短路后的最大冲击电流近似计算公式为

$$i_{km}=\sqrt{2}\left\{\left[(I_k''-I_k')e^{\frac{0.01}{T_d''}}+I_k'\right]+I_k''e^{-\frac{0.01}{T_a}}\right\} \quad (5\text{-}20)$$

上式中前项为短路电流的交流分量，后项为短路电流的直流分量。如果在 0.01s 时忽略交流分量的衰减，则由上式简化得到冲击短路电流的瞬时值为

$$i_{kc}=\sqrt{2}\,(I_k''+I_k''e^{-\frac{0.01}{T_a}})=\sqrt{2}\,I_k''(1+e^{-\frac{0.01}{T_a}}) \tag{5-21}$$

上式可简写为

$$i_{kc}=\sqrt{2}\,K_c I_k'' \tag{5-22}$$

其中，$K_c=1+e^{-\frac{0.01}{T_a}}$，称为短路电流冲击系数。

在暂态过程中的任何时刻，短路电流有效值可由交流分量有效值与直流分量有效值的均方根（交流分量有效值的平方与直流分量有效值的平方之和再开平方根）求得。校验断路器、母线等的断流容量及动稳定还需要计算短路电流的最大全电流有效值 $I_{kc}$，如前所述，发生短路后第一个周期内短路电流的有效值最大，次暂态交流分量的有效值可认为不衰减，直流分量的有效值可认为是 0.01s 时直流分量的瞬时值，故最大全电流有效值为

$$I_{kc}=\sqrt{I_k''^2+(\sqrt{2}\,I_k''e^{-\frac{0.01}{T_a}})^2}$$

即

$$I_{kc}=\sqrt{1+2(k_c-1)^2}\,I_k'' \tag{5-23}$$

短路电流冲击系数 $k_c$ 与定子计算电路的时间常数 $T_a$ 有关，其计算式为

$$T_a=x_\Sigma/\omega R_\Sigma \tag{5-24}$$

式中　$x_\Sigma$——计算电路的总电抗；

　　　$R_\Sigma$——计算电路的总电阻；

　　　$\omega$——角频率。

当定子电路中只有电阻时，$x_\Sigma=0$，$T_a=0$，$k_c=1$；当定子电路中只有阻抗时，$R_\Sigma=0$，$T_a=\infty$，$k_c=2$。由此可知：$1<k_c<2$。

当短路发生在单机容量为 12000kW 及以上的发电机电压母线上时，取 $k_c=1.9$，则 $i_{kc}=2.69I_k''$，$I_{kc}=1.62I_k''$。

当短路发生在单机发电机容量较小，定子电路总电阻较小的其他各点时，一般取 $k_c=1.8$，则 $i_{kc}=2.55I_k''$，$I_{kc}=1.51I_k''$。

校验断路器、负荷开关及隔离开关等的动稳定要求为

$$i_{max}>i_{kc},\ I_{max}>I_{kc}$$

上式中，$i_{max}$、$I_{max}$ 分别为设备的极限通过电流幅值及有效值（kA），由产品样本上查出。

选择柴油发电机组主断路器时，相关规范要求主断路器的额定断流容量（或额定开断电流）不应小于装设处的次暂态短路电流。一般交流同步发电机出口的次暂态短路电流为发电机额定电流的 5.7~14.7 倍，在不知道发电机某些参数的情况下，发电机出口的次暂态短路电流可按 10~15 倍额定电流进行估算。

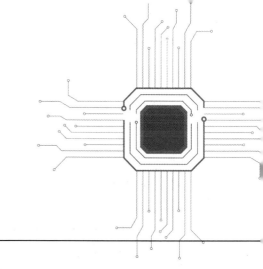

# 第6章 短路电流分析

即使是设计最完善的电力系统也会发生短路而产生异常大的电流。过电流保护装置，如断路器和熔断器，必须在线路和设备受损最小、断电时间最短的条件下在指定地点将事故切除。系统的电气元件如电缆、封闭式母线槽以及隔离开关等都必须能承受通过最大故障电流时所产生的机械应力与热应力。故障电流的大小由计算确定。根据计算结果选择设备。

系统中任何一点的故障电流受电源至故障点间的线路阻抗及设备阻抗所限制，而与系统的负载无直接关系。但是为应付负荷的增长而增大系统容量，虽对系统现有部分的负荷不会有什么影响，但将使故障电流急剧增大。不论是扩建原有的系统还是建立新的系统，应确定实际的故障电流以选用合适的过电流保护装置。

本章主要介绍以下几个方面的内容：短路的基本概念、供电系统短路过程分析、高压电网短路电流计算、低压电网短路电流计算、短路电流计算结果的应用、影响短路电流的因素以及限制短路电流的措施。

## 6.1 短路电流的计算

现代电力系统的规模和复杂性使故障电流的计算用普通手算法花费很多时间，所以人们常用计算机以研究复杂事故。不论是否使用计算机，了解故障电流的特征和计算程序对短路电流分析研究必不可少。短路电流计算的国家和行业标准有：GBT 15544《三相交流系统短路电流计算》系列标准和 DL 5222—2005《导体和电器选择设计技术规定》。其中，DL 5222—2005《导体和电器选择设计技术规定》附录F详细介绍了短路电流的计算方法。

### 6.1.1 概述

（1）什么是"短路"

短路（short-circuit）是指电网中有电位差的任意两点，被阻抗接近于零的金属连通。短路有单相短路、两相短路和三相短路之分，其中三相短路的后果最严重。运行经验表明，在中性点直接接地的系统中，最常见的是单相短路，大约占短路故障的65%～70%，两相短路故障占10%～15%，三相短路故障占5%。

当供电网络中发生短路时，短路电流很大，会使电气设备过热或受电动力作用而遭到损坏，同时会使网络电压大大降低，导致网络内用电设备不能正常工作。为了预防或减轻短路的不良后果，需要计算短路电流，以便正确地选择电气设备、设计继电保护和选用限制短路电流的元件。例如，断路器的极限通断能力可通过计算短路电流得到验证。

(2) 短路的原因

① 电气设备的绝缘因陈旧而老化，或电气设备受到机械力破坏而损伤绝缘保护层。电气设备本身质量不好或绝缘强度不够而被正常电压击穿。

② 雷电过电压而使电气设备的绝缘击穿。

③ 没有遵守安全操作规程，例如带负荷拉闸、检修后没有拆除接地线就送电等。

④ 因动物啃咬使线路绝缘损坏而连电，或者是动物在夜间于母线上跳蹿而造成短路。

⑤ 因风暴等自然灾害或其他原因造成供电线路断线、搭接、碰撞或电杆倒伏。

⑥ 接线错误。例如低压设备误接入高压电源，仪用互感器的一、二次线圈接反等。

(3) 短路的后果

供电系统发生短路后将产生以下的后果。

① 短路电流的热效应：因为热量 $Q=0.24I^2RT$，由热量 $Q$ 的公式可知，热量和电流的平方成正比。短路电流通常要超过正常工作电流的十几倍到几十倍，产生电弧，使电气设备过热，绝缘受到损伤，甚至毁坏电气设备。

② 短路电流的电动力效应：巨大的短路电流将在电路中产生很大的电动力，可能引起电气设备变形、扭曲甚至完全损坏。

③ 短路电流的磁场效应：当交流电通过线路时，将在线路周围的空间建立起交变电磁场。交变的电磁场在临近的导体中会产生感应电动势。当系统正常运行时，三相电流是对称的，其在线路周围产生的交变磁场可互相抵消，不产生感应电动势。当系统发生不对称短路时，不对称的短路电流将产生不平衡的交变磁场，对附近的通信线路、铁路信号集中闭塞系统及其他自动控制系统可能造成干扰。

④ 短路电流产生的电压降，影响用电设备的正常工作：当很大的短路电流通过供电线路时，将在线路上产生很大的电压降，使用户处的电压突然下降，影响用电设备的正常工作。例如，使电机转速降低，甚至停转；使照明负荷不能正常工作（白炽灯变暗，电压下降5%则其光通量下降18%，气体放电灯容易熄灭，日光灯闪烁等）。

⑤ 造成停电事故。越靠近电源短路，断电造成的影响范围越大。

⑥ 短路现象严重还会影响电力系统运行的稳定性。例如会使并列运行的发电机组失去同步而供电系统解列。

⑦ 单相对地短路电流会产生较强的不平衡磁场，能干扰附近的通信线路、信号系统及电子设备产生误动作。

做变压器的短路试验或在设定的安全限度之内做局部网络短路试验，使短路电流在可控范围之内，就不会出现不良后果。

(4) 短路的类型

① 单相短路　在三相供电系统中，任何一个相线对地或对电网的中性点直接被导体连通称为单相短路。电气上的"地"是指电位为零的地方，在中性点接地的系统中，中性点的电位不一定是零。因为中性点处的接地电阻不可能是零，而且当三相负载不平衡或网络有高次谐波时，中性点对地是有小电流的。若相线与中性点短路，就会产生很大的短路电流。低压系统短路时电压一般是220V。单相短路的形式如图6-1(a) (b) (c) 所示。

② 两相短路　两相短路是指在三相供电系统中，任意两根相线之间发生金属性连接。这种短路是不对称故障。在低压系统中，一般是380V。两相短路比单相短路电压高，危险性也比较大。两相短路的形式如图6-1(d) (e) 所示。

③ 三相短路　三相短路是指在三相供电系统中，三根相线同时短接。这种短路属于对

称性故障，短路电流一般很大。三相短路的形式如图 6-1(f) 所示。

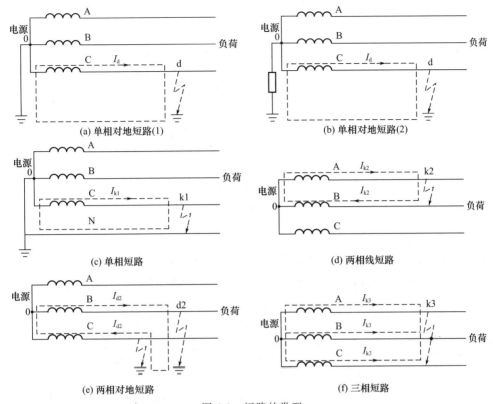

图 6-1　短路的类型

## 6.1.2　电力系统短路过程分析

（1）无限大容量电力系统

所谓无限大容量电力系统（electric power system within finitely great capacity），这是指当系统中的某个小容量负荷的电流发生变化甚至短路时，系统变电站馈电母线上的电压仍维持不变的系统。当电力系统的电源距离短路故障点很远时，短路所引起的电源输出功率变化量 $\Delta S$ 远小于电源所具有的输出功率 $S$，称这样的电源为无限大容量电源。

① 无限大容量的主要特点

a. 短路过程中电源的频率几乎不变。这是因为有功功率的变化量远小于电网输出的有功功率，即 $\Delta P \ll P$。

b. 认为短路过程中电压的幅度值不变，即母线电压 $U_{xt}$ 为常数。

c. 无穷大电源内部阻抗为零，即 $X=0$，所以发生短路故障时，电网波形不变。

短路电流计算中，一般将高压电网区分为"无限大容量"和"有限容量"两种。前者适用于电源功率很大，或者短路点距离电源很远（远端短路）的情况下。当工业企业内部或其他普通用户用电设备发生短路时，由于其装置的元件容量远比供电系统容量小得多，而阻抗比供电系统阻抗大得多，所以这些元件、线路甚至是变压器等发生短路时，大电网系统母线上的电压变化很小，可以视为不变，即系统容量为无限大。

② 无限大容量的判断

a. 供电电源内的阻抗远小于回路中的总阻抗，一般小于 10%，如图 6-2(a) 所示。

$$X_{xt} < 10\% \ (X_1 + X_2) \tag{6-1}$$

b. 总变压器（降压变压器）容量小于电源容量的 3%，如图 6-2(b) 所示。

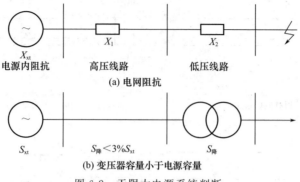

图 6-2　无限大电源系统判断

(2) 远端短路过程的简单分析

一般的供电系统内某处发生三相短路时，经过简化，可用图 6-3(a) 所示的典型电路来等效。假设电源和负荷都三相对称，可取一相来分析，如图 6-3(b) 所示。

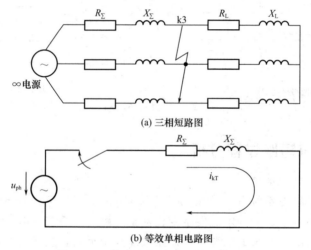

图 6-3　远离发电机端发生的三相短路

设电源相电压 $u_{ph} = u_{ph.m} \sin\omega t$，正常负荷电流 $i = I_m \sin(\omega t - \varphi)$。

现设 $t=0$ 时短路（等效为开关突然闭合），等效电路的电压方程为

$$R_\Sigma i_{kT} + L_\Sigma \frac{di_{kT}}{dt} = u_{ph.m} \sin\omega t \tag{6-2}$$

式中　$R_\Sigma$，$L_\Sigma$——短路电路的总电阻和总电感；

　　　$i_{kT}$——短路电流瞬时值。

解式(6-2)的微分方程得

$$i_{kT} = I_{k.m} \sin(\omega t - \varphi_k) + Ce^{-t/\tau} \tag{6-3}$$

式中　$I_{k.m}$——短路电流周期分量幅值，$I_{k.m} = U_{ph.m}/|Z_\Sigma|$，其中 $|Z_\Sigma| = \sqrt{R_\Sigma^2 + X_\Sigma^2}$，为短路电路的总阻抗 [模]；

　　　$\varphi_k$——短路电路的阻抗角，$\varphi_k = \arctan(X_\Sigma/R_\Sigma)$；

$\tau$——短路电路的时间常数，$\tau = L_\Sigma / R_\Sigma$；

$C$——积分常数，由电路初始条件（$t=0$）来确定。

当 $t=0$ 时，由于短路电路存在着电感，因此电流不会突变，即 $i_0 = i_{k0}$，故由正常负荷电流 $i = I_m \sin(\omega t - \varphi)$ 与式（6-3）中的 $i_{kT}$ 相等，并代入 $t=0$，可求得积分常数

$$C = I_{k.m} \sin\varphi_k - I_m \sin\varphi \qquad (6-4)$$

将上式代入式（6-3）即得短路电流

$$\begin{aligned} i_{kT} &= I_{k.m} \sin(\omega t - \varphi_k) + (I_{k.m}\sin\varphi_k - I_m\sin\varphi)e^{-t/\tau} \\ &= i_k + i_{DC} \end{aligned} \qquad (6-5)$$

式中 $i_k$——短路电流周期分量（也称交流分量）；

$i_{DC}$——短路电流非周期分量（也称直流分量）。

由上式可以看出：当 $t \to \infty$ 时（实际只经 10 个周期左右时间），$i_{DC} \to 0$，这时

$$i_{kT} = i_k = \sqrt{2} I_k \sin(\omega t - \varphi_k) \qquad (6-6)$$

式中 $I_k$——短路稳态电流。

图 6-4 为远离发电机端发生三相短路前后电流、电压曲线。由图可以看出，短路电流在到达稳定值前，要经过一个暂态过程（或称短路瞬变过程）。这一暂态过程是短路电流非周期分量存在的那段时间。从物理概念上讲，短路电流周期分量是因短路后电路阻抗突然减小很多倍，而按欧姆定律应突然增大很多倍的电流；短路电流非周期分量则是因短路电路含有感抗，电路电流不能突变，而按楞次定律感应的用以维持短路初瞬间（$t=0$ 时）电流不致突变的一个反向衰减性电流。此电流衰减完毕后（一般经 $t \approx 0.2s$），短路电流达到稳态。

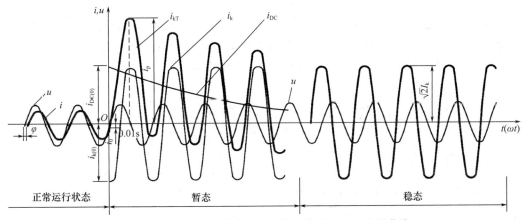

图 6-4 远离发电机端发生三相短路前后电流、电压曲线

（3）有关短路的物理量

① 短路电流周期分量 假设在电压 $u_{ph}=0$ 时发生三相短路，如图 6-4 所示。由式（6-5）可知，短路电流周期分量

$$i_k = I_{k.m}\sin(\omega t - \varphi_k) \qquad (6-7)$$

由于短路电路的电抗一般远大于电阻，即 $X_\Sigma \gg R_\Sigma$，$\varphi_k = \arctan(X_\Sigma/R_\Sigma) \approx 90°$，因此短路初瞬间（$t=0$ 时）的短路电流周期分量

$$i_{k(0)} = -I_{k.m} = \sqrt{2} I_k'' \qquad (6-8)$$

其中，$I_k''$ 为对称短路电流初始值（initial symmetrical short-circuit current），它是系统非故障元件的阻抗保持短路前瞬时值的预期（可达到的）短路电流的对称交流（周期）分量有效值，也成为超瞬态短路电流。

短路发生后，开关电器将开断电路。开关电器的第一对触头分断瞬间，短路电流对称周期分量的有效值，称为对称开断电流（有效值）$I_b$。当在无限大容量系统中或远离发电机端短路时，短路电流周期分量不衰减，即 $I_b = I''_k$。

② 短路电流非周期分量　短路电流非周期分量是由于短路电路存在电感，用以维持短路瞬间的电流不致突变，而由电感上引起的自感电动势所产生的一个反向电流，如图 6-4 所示。由式 (6-5) 可知，短路电流非周期分量为

$$i_{DC} = (I_{k.m} \sin\varphi_k - I_m \sin\varphi) e^{-t/\tau} \tag{6-9}$$

由于 $\varphi_k = \arctan(X_\Sigma / R_\Sigma) \approx 90°$，而 $I_m \sin\varphi \ll I_{k.m}$，故

$$i_{DC} \approx I_{k.m} e^{-t/\tau} = \sqrt{2} I''_k e^{-t/\tau} \tag{6-10}$$

其中，$\tau$ 为短路电路的时间常数，实际上就是使 $i_{DC}$ 由最大值按指数函数衰减到最大值的 $1/e = 0.3679$ 时所需的时间。

由于 $\tau = L_\Sigma / R_\Sigma = X_\Sigma / (314 R_\Sigma)$，因此短路电路 $R_\Sigma = 0$ 时，短路电流非周期分量 $i_{DC}$ 将成为不衰减的直流电流。非周期分量 $i_{DC}$ 与周期分量 $i_k$ 叠加而得的短路全电流 $i_{kT}$ 的曲线，将为一偏轴的等幅电流曲线。当然，这是不存在的，因为电路总有 $R_\Sigma$，所以非周期分量总要衰减，而且 $R_\Sigma$ 越大，$\tau$ 越小，衰减越快。

③ 短路全电流　短路全电流为短路电流周期分量与非周期分量之和，即

$$i_{kT} = i_k + i_{DC} \tag{6-11}$$

某一瞬时 $t$ 的短路全电流有效值 $I_{kT}$，是以时间 $t$ 为中点的一个周期内的 $i_k$ 有效值 $I_k$ 与 $i_{DC}$ 在 $t$ 的瞬时值 $i_{DC(t)}$ 的方均根值，即

$$I_{kT} = \sqrt{I_k^2 + i_{DC(t)}^2} \tag{6-12}$$

④ 短路冲击电流　短路冲击电流（peak short-circuit current）为预期（可达到的）短路电流的最大可能瞬时值。由图 6-4 所示短路全电流 $i_{kT}$ 的曲线可以看出，短路后经半个周期（即 0.01s）达到最大值，此时的电流即为短路冲击电流。

短路电流峰值为

$$i_p = i_{k(0.01)} + i_{DC(0.01)} \approx \sqrt{2} I''_k (1 + e^{-0.01/\tau}) \tag{6-13}$$

或

$$i_p \approx K_p \sqrt{2} I''_k \tag{6-14}$$

其中，$K_p$ 为短路电流峰值（冲击）系数。

短路全电流 $i_{kT}$ 的最大有效值是短路后第一个周期的短路电流有效值，用 $I_p$ 表示，也可称为短路冲击电流有效值，用下式计算：

$$I_p = \sqrt{I_k^2 + i_{DC(0.01)}^2} \approx \sqrt{I''^2_k + (\sqrt{2} I''_k e^{-0.01/\tau})^2} \tag{6-15}$$

或

$$I_p \approx I''_k \sqrt{1 + 2(K_p - 1)^2} \tag{6-16}$$

由式 (6-13) 和式 (6-14) 可知

$$K_p = 1 + e^{-0.01/\tau} = 1 + e^{-\pi R_\Sigma / X_\Sigma} \tag{6-17}$$

当 $R_\Sigma \to 0$ 时，则 $K_p \to 2$，当 $X_\Sigma \to 0$ 时，则 $K_p \to 1$，因此 $1 < K_p < 2$。$K_p$ 与 $X_\Sigma / R_\Sigma$ 的关系曲线如图 6-5 所示。

在供配电工程设计中，$K_p$ 的取值以及 $i_p$ 和 $I_p$ 的计算值如下。

在高压电路中发生三相短路时，一般总电抗较大（$R_\Sigma \ll X_\Sigma / 3$），可取 $K_p = 1.8$，因此 $i_p = 2.55 I''_k$，$I_p = 1.51 I''_k$。

在低压电路中发生三相短路时，一般总电阻较大（$R_\Sigma > X_\Sigma / 3$），可取 $K_p = 1.3$，因此 $i_p = 1.84 I''_k$，$I_p = 1.09 I''_k$。

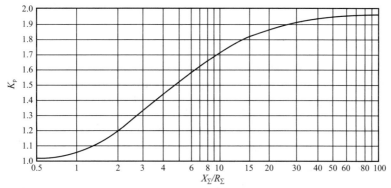

图 6-5 $K_p$ 与 $X_\Sigma/R_\Sigma$ 的关系曲线

⑤ 稳态短路电流 稳态短路电流（steady-state short-circuit current）是指暂态过程结束以后的短路电流有效值，通常用 $I_k$ 表示。当在无限大容量电力系统中或在远离发电机端短路时，短路电流周期分量不衰减，$I_k = I''_k$；当在有限容量电力系统中或在发电机近端短路时，电源母线电压在短路发生后的整个过程中不能维持恒定，短路电流交流分量随之发生变化。通常，稳态短路电流小于短路电流初始值，即 $I_k < I''_k$。

## 6.1.3 高压系统短路电流计算

为了计算短路电流，应先求出短路点以前的短路回路的总阻抗。在计算高压电网中的短路电流时，一般只计算各主要元件（发电机、变压器、架空线路、电抗器等）的电抗而忽略其电阻，只有当架空线路或电缆线较长时，并且使短路回路的总电阻大于总电抗的1/3时，才需要计算电阻。

计算短路电流时，短路回路中各元件的物理量可以用有名单位制表示，也可以用标幺制表示。在高压供电系统中，因为有很多高压等级，存在电抗的换算问题，所以在计算短路电流时，常常采用标幺制，可以简化计算。而在1kV以下的低压供电系统中，计算短路电流往往采用有名单位制。本节重点介绍标幺制。

### 6.1.3.1 标幺制

任意一个物理量对其基准值的比值称为标幺值，使用标幺值进行短路计算的方法称为标幺制，或称为"相对单位制"。标幺值通常是用小数或百分数的形式表示。因为它是同一单位的两个物理量的比值，所以没有单位。

当采用有名单位表示的容量 $S$、电压 $U$、电流 $I$、电抗 $X$ 等物理量与相应的有名单位表示的"基准"容量 $S_j$、"基准"电压 $U_j$、"基准"电流 $I_j$、"基准"电抗 $X_j$ 的比值，就是上述物理量的标幺值。各个字母标 * 号表示标幺值。下标 j 表示基准值。

容量标幺值 $\qquad S_* = S/S_j \qquad$ (6-18)

电压标幺值 $\qquad U_* = U/U_j \qquad$ (6-19)

电流标幺值 $\qquad I_* = I/I_j \qquad$ (6-20)

电抗标幺值 $\qquad X_* = X/X_j \qquad$ (6-21)

在工程计算中，通常首先选定基准容量 $S_j$ 和基准电压 $U_j$，与其相应的基准电流 $I_j$ 和基准电抗 $X_j$ 在三相电力系统中可由下式导出：

$$I_j = S_j/(\sqrt{3}U_j) \tag{6-22}$$

$$X_j = U_j/(\sqrt{3}I_j) = U_j^2/S_j \tag{6-23}$$

在三相电力系统中,电路元件电抗的标幺值 $X_*$ 可表示为

$$X_* = X/X_j = \sqrt{3}I_jX/U_j = S_jX/U_j^2 \tag{6-24}$$

基准容量可以任意选定。但为了计算方便,基准容量 $S_j$ 一般取 100MV·A;如为有限电源容量系统,则可选取向短路点馈送短路电流的发电机额定总容量 $S_{r\Sigma}$ 作为基准容量。基准电压 $U_j$ 应取各电压级平均电压(线电压)$U_{av}$,即 $U_j = U_{av} = 1.05U_n$($U_n$ 为系统标称电压),对于标称电压为 220/380V 的电压级,则计入电压系数 $c$(1.05),即 $1.05U_n = 400V$ 或 0.4kV,常用基准值如表 6-1 所示。

表 6-1 常用基准值($S_j$ 取 100MV·A)

| 系统标称电压 $U_n$/kV | 0.38 | 3 | 6 | 10 | 35 | 110 |
|---|---|---|---|---|---|---|
| 基准电压 $U_j = U_{av}$/kV | 0.4 | 3.15 | 6.3 | 10.5 | 37 | 115 |
| 基准电流 $I_j$/kA | 144.30 | 18.30 | 9.16 | 5.50 | 1.56 | 0.50 |

注:$U_j = U_{av} = 1.05U_n$,但对于 0.38kV,则 $U_j = cU_n = 1.05 \times 0.38 = 0.4$kV。

采用标幺值计算短路电路的总阻抗时,必须先将元件阻抗的有名值和相对值按同一基准容量换算为标幺值,而基准电压采用各元件所在级的平均电压。电路元件阻抗标幺值和有名值的换算公式见表 6-2。

#### 6.1.3.2 有名单位制

用有名单位制(欧姆制)计算短路电路的总阻抗时,必须把各电压级所在元件阻抗的相对值和欧姆值,都归算到短路点所在级平均电压下的欧姆值,其换算公式见表 6-2。

表 6-2 电路元件阻抗标幺值和有名值的换算公式

| 序号 | 元件名称 | 标幺值 | 有名值 | 符号说明 |
|---|---|---|---|---|
| 1 | 同步电机(同步发电机或电动机) | $x''_{*d} = \dfrac{x''_d\%}{100} \times \dfrac{S_j}{S_r} = x''_d \dfrac{S_j}{S_r}$ | $x''_d = \dfrac{x''_d\%}{100} \times \dfrac{U_r^2}{S_r} = x''_d \dfrac{U_r^2}{S_r}$ | $S_r$——同步电机的额定容量,MV·A; $S_{rT}$——变压器的额定容量,MV·A(对于三相绕组变压器,是指最大容量绕组的额定容量); $x''_d$——同步电动机的超瞬态电抗相对值; $x''_d\%$——同步电动机的超瞬态电抗百分值; $u_k\%$——变压器阻抗电压百分值; $x_k\%$——电抗器的电抗百分值; $U_r$——额定电压(指线电压),kV; $I_r$——额定电流,kA; $X, R$——线路每相电抗值、电阻值,Ω; $S''_s$——系统短路容量,MV·A; $S_j$——基准容量,MV·A |
| 2 | 变压器 | $R_{*T} = \Delta P \dfrac{S_j}{S_{rT}^2} \times 10^{-3}$ $X_{*T} = \sqrt{Z_{*T}^2 - R_{*T}^2}$ $Z_{*T} = \dfrac{u_k\%}{100} \times \dfrac{S_j}{S_{rT}}$ 当电阻值允许忽略不计时 $X_{*T} = \dfrac{u_k\%}{100} \times \dfrac{S_j}{S_r}$ | $R_T = \dfrac{\Delta P}{3I_r^2} \times 10^{-3}$ $= \dfrac{\Delta P U_r^2}{S_{rT}^2} \times 10^{-3}$ $X_T = \sqrt{Z_T^2 - R_T^2}$ $Z_T = \dfrac{u_k\%}{100} \times \dfrac{U_r^2}{S_{rT}}$ 当电阻值允许忽略不计时 $X_T = \dfrac{u_k\%}{100} \times \dfrac{U_r^2}{S_r}$ | |
| 3 | 电抗器 | $X_{*k} = \dfrac{x_k\%}{100} \times \dfrac{U_r}{\sqrt{3}I_r} \times \dfrac{S_j}{U_j^2}$ $= \dfrac{x_k\%}{100} \times \dfrac{U_r}{I_r} \times \dfrac{I_j}{U_j}$ | $X_k = \dfrac{x_k\%}{100} \times \dfrac{U_r}{\sqrt{3}I_r}$ | |
| 4 | 线路 | $X_* = X \dfrac{S_j}{U_j^2}$ $R_* = R \dfrac{S_j}{U_j^2}$ | | |
| 5 | 电力系统(已知短路容量 $S''_s$) | $X_{*s} = \dfrac{S_j}{S''_s}$ | $X_s = \dfrac{U_j^2}{S''_s}$ | |

续表

| 序号 | 元件名称 | 标幺值 | 有名值 | 符号说明 |
|---|---|---|---|---|
| 6 | 基准电压相同，从某一基准容量 $S_{j1}$ 下的标幺值 $X_{*1}$ 换算到另一基准容量 $S_j$ 下的标幺值 $X_*$ | $X_* = X_{*1} \dfrac{S_j}{S_{j1}}$ | | $I_j$——基准电流，kA；<br>$\Delta P$——变压器短路损耗，kW；<br>$U_j$——基准电压，kV（对于发电机实际是设备电压） |
| 7 | 将电压 $U_{j1}$ 下的电抗值 $X_1$ 换算到另一电压 $U_{j2}$ 下的电抗值 $X_2$ | | $X_2 = X_1 \dfrac{U_{j2}^2}{U_{j1}^2}$ | |

#### 6.1.3.3 网络变换

网络变换的目的是简化短路电路，以求得电源至短路点间的等值总阻抗。标幺制和有名单位制的常用电抗网络变换公式完全相同，详见表 6-3。在简化短路电路过程中，如果各电路元件的电抗和电阻均需计入，则简化过程比较复杂。

**表 6-3 常用电抗网络变换公式**

| 原网络 | 变换后的网络 | 换算公式 |
|---|---|---|
| 1—$X_1$—$X_2$⋯$X_n$—2 串联 | 1—$X$—2 | $X = X_1 + X_2 + \cdots + X_n$ |
| $X_1, X_2, \ldots, X_n$ 并联 | 1—$X$—2 | $X = \dfrac{1}{\dfrac{1}{X_1} + \dfrac{1}{X_2} + \cdots + \dfrac{1}{X_n}}$<br>当只有两个支路时<br>$X = \dfrac{X_1 X_2}{X_1 + X_2}$ |
| 三角形 $X_{12}, X_{23}, X_{31}$ | 星形 $X_1, X_2, X_3$ | $X_1 = \dfrac{X_{12} X_{31}}{X_{12} + X_{23} + X_{31}}$<br>$X_2 = \dfrac{X_{12} X_{23}}{X_{12} + X_{23} + X_{31}}$<br>$X_3 = \dfrac{X_{23} X_{31}}{X_{12} + X_{23} + X_{31}}$ |
| 星形 $X_1, X_2, X_3$ | 三角形 $X_{12}, X_{23}, X_{31}$ | $X_{12} = X_1 + X_2 + \dfrac{X_1 X_2}{X_3}$<br>$X_{23} = X_2 + X_3 + \dfrac{X_2 X_3}{X_1}$<br>$X_{31} = X_3 + X_1 + \dfrac{X_3 X_1}{X_2}$ |
| 四端星形 $X_1, X_2, X_3, X_4$ | 四端网形 $X_{12}, X_{13}, X_{24}, X_{41}, X_{23}, X_{34}$ | $X_{12} = X_1 X_2 \sum Y$<br>$X_{23} = X_2 X_3 \sum Y$<br>$X_{24} = X_2 X_4 \sum Y$<br>⋮<br>式中 $\sum Y = \dfrac{1}{X_1} + \dfrac{1}{X_2} + \dfrac{1}{X_3} + \dfrac{1}{X_4}$ |

续表

| 原网络 | 变换后的网络 | 换算公式 |
|---|---|---|
| (四边形带对角线网络，含 $X_{12}, X_{13}, X_{24}, X_{23}, X_{41}, X_{34}$) | (星形四支路网络 $X_1, X_2, X_3, X_4$) | $X_1 = \dfrac{1}{\dfrac{1}{X_{12}} + \dfrac{1}{X_{13}} + \dfrac{1}{X_{41}} + \dfrac{X_{24}}{X_{12}X_{41}}}$ <br> $X_2 = \dfrac{1}{\dfrac{1}{X_{12}} + \dfrac{1}{X_{23}} + \dfrac{1}{X_{24}} + \dfrac{X_{13}}{X_{12}X_{23}}}$ <br> $X_3 = \dfrac{1}{1 + \dfrac{X_{12}}{X_{23}} + \dfrac{X_{12}}{X_{24}} + \dfrac{X_{13}}{X_{23}}}$ <br> $X_4 = \dfrac{1}{1 + \dfrac{X_{12}}{X_{13}} + \dfrac{X_{12}}{X_{41}} + \dfrac{X_{24}}{X_{41}}}$ |

当电路元件为串联时，则总电抗和总电阻分别计算如下：

$$X_\Sigma = X_1 + X_2 + \cdots + X_n \text{（}\Omega\text{）} \tag{6-25}$$

$$R_\Sigma = R_1 + R_2 + \cdots + R_n \text{（}\Omega\text{）} \tag{6-26}$$

当两个电路元件为并联时，若两个并联元件的电阻与电抗的比值比较接近时，则并联电路的总电阻和总电抗可按并联公式分别计算。

当 $R_1/X_1 \approx R_2/X_2$ 时，则

$$X_\Sigma = X_1 X_2 / (X_1 + X_2) \tag{6-27}$$

$$R_\Sigma = R_1 R_2 / (R_1 + R_2) \tag{6-28}$$

### 6.1.3.4 高压系统电路元件的阻抗

（1）同步电机

同步电机的阻抗参数由电机制造厂提供。若数据缺少时，在近似计算中，亦可采用表 6-4 中所列的各类同步电机的电抗平均值。

表 6-4 各类同步电机的电抗平均值

| 序号 | 同步发电机类型 | $x''_d$ 或 $x_{(1)}/\%$ | $x_{(2)}/\%$ | $x_{(0)}/\%$ |
|---|---|---|---|---|
| 1 | 汽轮发电机：≤50MW | 14.5 | 17.5 | 7.5 |
|  | 汽轮发电机：100～125MW | 17.5 | 21.0 | 8.0 |
|  | 汽轮发电机：200MW | 14.5 | 17.5 | 8.5 |
|  | 汽轮发电机：300MW | 17.2 | 19.8 | 8.4 |
| 2 | 水轮发电机：无阻尼绕组时 | 29.0 | 45.0 | 11.0 |
|  | 水轮发电机：有阻尼绕组时 | 21.0 | 21.5 | 9.5 |
| 3 | 同步调相机 | 16.0 | 16.5 | 8.5 |
| 4 | 同步电动机 | 15.0 | 16.0 | 8.0 |

注：$x_{(1)}$、$x_{(2)}$ 和 $x_{(0)}$ 分别表示正序电抗相对值、负序电抗相对值和零序电抗相对值。

（2）异步电动机

高、低压异步电动机的超瞬态电抗相对值 $x''_d$ 可按下式计算：

$$x''_d = 1/K_{qM} \tag{6-29}$$

式中 $K_{qM}$——异步电动机的启动电流倍数，由产品样本查得。

（3）电力变压器

三相双绕组电力变压器的电抗标幺值可按表 6-2 中有关公式计算。表 6-5 列出了常用规格三相双绕组变压器的电抗标幺值（$S_j=100\text{MV}\cdot\text{A}$）。

三相三绕组电力变压器每个绕组的电抗百分值按下列公式计算：

$$x_1\% = (u_{k12}\% + u_{k13}\% - u_{k23}\%)/2 \tag{6-30}$$

$$x_2\% = (u_{k12}\% + u_{k23}\% - u_{k13}\%)/2 \tag{6-31}$$

$$x_3\% = (u_{k13}\% + u_{k23}\% - u_{k12}\%)/2 \tag{6-32}$$

式中 $u_{k12}\%$，$u_{k13}\%$，$u_{k23}\%$——每对绕组的阻抗电压百分值，其间相互关系见图 6-6。

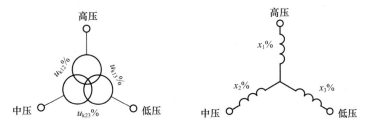

图 6-6 三相三绕组变压器等值变换

表 6-5 三相双绕组电力变压器的电抗标幺值

| 变压器容量 /kV·A | 阻抗电压/% | 电抗标幺值 ($S_j=100\text{MV}\cdot\text{A}$) | 变压器容量 /kV·A | 阻抗电压/% | 电抗标幺值 ($S_j=100\text{MV}\cdot\text{A}$) |
|---|---|---|---|---|---|
| 35kV/10.5(6.3)kV | | | 16000 | | 0.66 |
| 1000 | | 6.50 | 20000 | 10.5 | 0.53 |
| 1250 | | 5.20 | 25000 | | 0.42 |
| 1600 | 6.5 | 4.06 | 10kV/6.3(3.15)kV | | |
| 2000 | | 3.25 | 200 | | 20.00 |
| 2500 | | 2.60 | 250 | | 16.00 |
| 3150 | | 2.22 | 315 | 4 | 12.70 |
| 4000 | 7 | 1.75 | 400 | | 10.00 |
| 5000 | | 1.40 | 500 | | 8.00 |
| 6300 | | 1.19 | 630 | 4.5 | 8.73 |
| 8000 | 7.5 | 0.94 | 800 | | 6.88 |
| 10000 | | 0.75 | 1000 | | 5.50 |
| 12500 | | 0.64 | 1250 | | 4.40 |
| 16000 | 8 | 0.50 | 1600 | | 3.44 |
| 20000 | | 0.40 | 2000 | 5 | 2.75 |
| 110kV/10.5(6.3)kV | | | 2500 | | 2.20 |
| 6300 | | 1.67 | 3150 | | 1.75 |
| 8000 | 10.5 | 1.31 | 4000 | | 1.38 |
| 10000 | | 1.05 | 5000 | | 1.10 |
| 12500 | | 0.84 | 3600 | | 0.87 |

110kV级6300～25000kV·A、三相三绕组电力变压器每个绕组的电抗标幺值见表6-6。

（4）电抗器

电抗器的电抗标幺值及有名值的计算见表6-2。

（5）高压线路

对计算要求不十分精确时，可采用表6-7所列各种线路电抗的近似值。如果要求比较精确，则可查阅相关专业资料或产品资料。

表6-6　110kV三相三绕组电力变压器的电抗标幺值

| 变压器容量/kV·A | | | 6300 | 8000 | 10000 | 12500 | 16000 | 20000 | 25000 | 变压器容量/kV·A |
|---|---|---|---|---|---|---|---|---|---|---|
| 按阻抗电压$u_k\%$的第一种组合方式 | 阻抗电压$u_k\%$ | 高中 | 17 | 17.5 | 17 | 18 | 18 | 18 | 18 | 高中 |
| | | 高低 | 10.5 | 10.5 | 10.5 | 10.5 | 10.5 | 10.5 | 10.5 | 高低 |
| | | 中低 | 6 | 6 | 6 | 6.5 | 6.5 | 6.5 | 6.5 | 中低 |
| | 绕组电抗$x(\%)$ | 高压 | 10.75 | 10.75 | 10.75 | 11 | 11 | 11 | 11 | 高压 |
| | | 中压 | 6.25 | 6.25 | 6.25 | 7 | 7 | 7 | 7 | 中压 |
| | | 低压 | −0.25 | −0.25 | −0.25 | −0.50 | −0.50 | −0.50 | −0.50 | 低压 |
| | $S_j=100$ MV·A时绕组电抗标幺值$X_*$ | 高压 | 1.706 | 1.334 | 1.075 | 0.880 | 0.688 | 0.550 | 0.440 | 高压 | 按阻抗电压$u_k\%$的第二种组合方式 |
| | | 中压 | 0.992 | 0.884 | 0.625 | 0.560 | 0.438 | 0.350 | 0.280 | 中压 |
| | | 低压 | −0.040 | −0.031 | −0.025 | −0.04 | −0.031 | −0.025 | −0.02 | 低压 |

表6-7　高压线路每千米电抗近似值

| 线路种类 | 标称电压$U_n$/kV | 电抗$X/(\Omega/\text{km})$ | 电抗标幺值$X_*$（$S_j=100$MV·A） |
|---|---|---|---|
| 电缆线路 | 6 | 0.07 | 0.176 |
| | 10 | 0.08 | 0.073 |
| | 35 | 0.12 | 0.009 |
| 架空线路 | 6 | 0.35 | 0.882 |
| | 10 | 0.35 | 0.317 |
| | 35 | 0.40 | 0.029 |
| | 110 | 0.40 | 0.003 |

注：计算电抗标幺值时，所采用的基准电压$U_j$分别为6.3kV、10.5kV、37kV和115kV。

### 6.1.3.5　高压系统短路电流计算方法

高压系统短路电流计算包括：远端短路和近端短路的三相短路电流初始值$I_k''$的计算。在一般情况下，高压系统短路属于远端短路，所以本书着重讲述远端短路的三相短路电流初始值$I_k''$的计算条件及其计算方法。

（1）计算条件

① 短路前三相系统是正常运行情况下的接线方式，不考虑仅在切换过程中短时出现的接线方式。

② 设定短路回路各元件的磁路系统为不饱和状态，即认为各元件的感抗为一常数。若电网电压在6kV以上时，除电缆线路应考虑电阻外，网络阻抗一般可视为纯电抗（略去电

阻）；若短路电路中总电阻 $R_\Sigma$ 大于总电抗 $X_\Sigma$ 的 1/3，则应计入其有效电阻。

③ 电路电容和变压器的励磁电流略去不计。

④ 在短路持续时间内，短路相数不变，如三相短路保持三相短路，单相接地短路保持单相接地短路。

⑤ 电力系统中所有发电机电势相角都认为相同（大多数情况下相角很接近）。

⑥ 对于同类型的发电机，当它们对短路点的电气距离比较接近时，则假定它们的超瞬态电势的大小和变化规律相同。因此，可以用超瞬态网络（发电机用超瞬态电抗 $x''_d$ 来代表）进行网络化简，并将这些发电机合并成一台等值发电机。

⑦ 具有分接开关的变压器，其开关位置视为在主分接位置。

⑧ 电力系统为对称的三相系统。负荷只做近似的估计，并用恒定阻抗来代表。

（2）远端短路的单电源馈电的三相短路电流初始值 $I''_k$ 的计算

远离发电机端的网络发生短路时，即以电源容量为基准的计算电抗 $X_c^* \geqslant 3$ 时，短路电流交流分量在整个短路过程不发生衰减，即 $I''_k = I_{0.2} = I_k$，其计算方法有以下两种。

① 用标幺制计算  用标幺制计算时，三相短路电流初始值 $I''_k$ 按下式计算：

$$I_{*k} = S_{*k} = I''_* = 1/X_{*c} \tag{6-33}$$

$$I''_k = I_{*k} I_j = I''_* I_j = I_j/X_{*c} \tag{6-34}$$

$$S_k = S_{*k} S_j = I_{*k} S_j = I''_* S_j = S_j/X_{*c} \tag{6-35}$$

式中  $I_{*k}$——短路电流交流分量有效值的标幺值；

$S_{*k}$——短路容量标幺值；

$X_{*c}$——短路电路总电抗（计算电抗）标幺值；

$I''_k$——短路电流初始值，kA；；

$S_k$——短路容量，MV·A；

$I_j$——基准电流，kA；

$S_j$——基准容量，MV·A。

② 用有名单位制计算  用有名单位制计算时，三相短路电流初始值 $I''_k$ 按下式计算：

$$I_k = I''_k = \frac{U_{av}}{\sqrt{3} X_c} \quad (kA) \tag{6-36}$$

如果 $R_c > X_c/3$，则应计入有效电阻 $R_c$，$I''_k$ 按下式计算：

$$I_k = I''_k = \frac{U_{av}}{\sqrt{3} Z_c} = \frac{U_{av}}{\sqrt{3}\sqrt{R_c^2 + X_c^2}} \quad (kA) \tag{6-37}$$

式中  $U_{av}$——短路点所在级的网络平均电压（见表 6-1），kV；

$Z_c$——短路电路总阻抗，Ω；

$R_c$——短路电路总电阻，Ω；

$X_c$——短路电路总电抗，Ω。

（3）远端短路的多电源馈电的三相短路电流初始值 $I''_k$ 的计算

当一个网络是由参数条件悬殊的多个电源供电，则在绘制短路电流计算网络时，应将参数条件相近的电源合并，分成几个等效电源组。然后分别算出各等效电源组向短路点提供的短路电流，最后将各组提供的短路电流相加，即得到通过短路点的全部短路电流。电源参数条件是指发电机形式、电源容量以及电源至短路点的阻抗大小等。

## 6.1.4 低压系统短路电流计算

### 6.1.4.1 低压网络电路元件阻抗的计算

在计算三相短路电流时，元件阻抗指的是元件的相阻抗，即相正序阻抗。因为已经假定系统是对称的，发生三相短路时只有正序分量，所以不需特别提出序阻抗的概念。

在计算单相短路（同时包括单相接地故障）电流时，则必须提出序阻抗和相保阻抗的概念。在低压网络中发生不对称短路时，由于短路点离发电机较远，因此可以认为所有组件的负序阻抗等于正序阻抗，即等于相阻抗。

TN 接地系统低压网络的零序阻抗等于相线的零序阻抗与 3 倍保护线（即 PE、PEN 线）的零序阻抗之和，即

$$\left.\begin{aligned} \dot{Z}_{(0)} &= \dot{Z}_{(0)\cdot ph} + 3\dot{Z}_{(0)\cdot p} \\ R_{(0)} &= R_{(0)\cdot ph} + 3R_{(0)\cdot p} \\ X_{(0)} &= X_{(0)\cdot ph} + 3X_{(0)\cdot p} \end{aligned}\right\} \quad (6\text{-}38)$$

TN 接地系统低压网络的相保阻抗与各序阻抗的关系可从下式求得

$$\left.\begin{aligned} Z_{ph\cdot p} &= \frac{\dot{Z}_{(1)} + \dot{Z}_{(2)} + \dot{Z}_{(0)}}{3} \\ R_{ph\cdot p} &= \frac{R_{(1)} + R_{(2)} + R_{(0)}}{3} = \frac{2R_{(1)} + R_{(0)}}{3} \\ X_{ph\cdot p} &= \frac{X_{(1)} + X_{(2)} + X_{0}}{3} = \frac{2X_{(1)} + X_{(0)}}{3} \end{aligned}\right\} \quad (6\text{-}39)$$

(1) 高压侧系统阻抗

在计算 220/380V 网络短路电流时，变压器高压侧系统阻抗需要计入。若已知高压侧系统短路容量为 $S''_s$，则归算到变压器低压侧的高压系统阻抗可按下式计算：

$$Z_s = \frac{(cU_n)^2}{S''_s} \times 10^3 \quad (m\Omega) \quad (6\text{-}40)$$

如果不知道其电阻 $R_s$ 和电抗 $X_s$ 的确切数值，可以认为

$$R_s = 0.1X_s \quad (6\text{-}41)$$

$$X_s = 0.995Z_s \quad (6\text{-}42)$$

式中　　$U_n$——变压器低压侧标称电压，0.38kV；
　　　　　$c$——电压系数，计算三相短路电流时取 1.05；
　　　　　$S''_s$——变压器高压侧系统短路容量，MV·A；
　　　　　$R_s$，$X_s$，$Z_s$——归算到变压器低压侧的高压系统电阻、电抗、阻抗，mΩ。

至于零序阻抗，Dyn11 和 Yyn0 连接的配电变压器，当低压侧发生单相短路时，由于低压侧绕组零序电流不能在高压侧流通，高压侧对于零序电流相当于开路状态，故在计算单相接地短路时视若无此阻抗。表 6-8 列出了 10(6) kV/0.4kV 配电变压器高压侧系统短路容量与高压侧阻抗、相保阻抗（归算到 400V）的数值关系。

(2) 10(6) kV/0.4kV 三相双绕组配电变压器的阻抗

配电变压器正序阻抗可按式(6-43)~式(6-46)有关公式计算，变压器的负序阻抗等于正序阻抗。Yyn0 连接的变压器的零序阻抗比正序阻抗大得多，其值由制造厂提供；Dyn11

连接变压器的零序阻抗没有测试数据时，可取其值等于正序阻抗值，即相阻抗。

$$R_T = \frac{\Delta P}{3I_r^2} \times 10^{-3} = \frac{\Delta P U_r^2}{S_{rT}^2} \times 10^{-3} \tag{6-43}$$

表 6-8　10（6）kV/0.4kV 变压器高压侧系统短路容量与
高压侧阻抗、相保阻抗（归算到 400V）的数值关系　　　　单位：mΩ

| 高压侧短路容量 $S_s''$/MV·A | 10 | 20 | 30 | 50 | 75 | 100 | 200 | 300 | ∞ |
|---|---|---|---|---|---|---|---|---|---|
| $Z_s$ ① | 16.0 | 8.00 | 5.33 | 3.20 | 2.13 | 1.60 | 0.80 | 0.53 | 0 |
| $X_s$ ② | 15.92 | 7.96 | 5.30 | 3.18 | 2.12 | 1.59 | 0.80 | 0.53 | 0 |
| $R_s$ ② | 1.59 | 0.80 | 0.53 | 0.32 | 0.21 | 0.16 | 0.08 | 0.05 | 0 |
| $R_{php \cdot s}$ ③ | 1.06 | 0.53 | 0.35 | 0.21 | 0.14 | 0.11 | 0.05 | 0.03 | 0 |
| $X_{php \cdot s}$ ③ | 10.61 | 5.31 | 3.53 | 2.12 | 1.14 | 1.06 | 0.53 | 0.35 | 0 |

① 系统阻抗 $Z_s = \frac{U_{av}^2}{S_s''} \times 10^3 = \frac{160}{S_s''}$ （mΩ），$U_{av}$——系统平均电压。

② 系统电抗 $X_s = 0.995 Z_s$，系统电阻 $R_s = 0.1 X_s$。

③ 对于 Dyn11 或 Yyn0 连接变压器，零序电流不能在高压侧流通，故不计入高压侧的零序阻抗 $R_{(0) \cdot s}$、$X_{(0) \cdot s}$，即：

相保电阻　　$R_{php \cdot s} = \frac{1}{3} [R_{(1) \cdot s} + R_{(2) \cdot s} + R_{(0) \cdot s}] = \frac{2R_{(1) \cdot s}}{3} = \frac{2R_s}{3}$ （mΩ）

相保电抗　　$X_{php \cdot s} = \frac{1}{3} [X_{(1) \cdot s} + X_{(2) \cdot s} + X_{(0) \cdot s}] = \frac{2X_{(1) \cdot s}}{3} = \frac{2X_s}{3}$ （mΩ）

$$X_T = \sqrt{Z_T^2 - R_T^2} \tag{6-44}$$

$$Z_T = \frac{u_k\%}{100} \times \frac{U_r^2}{S_{rT}} \tag{6-45}$$

当电阻值允许忽略不计时

$$X_T = \frac{u_k\%}{100} \times \frac{U_r^2}{S_{rT}} \tag{6-46}$$

式中　$S_{rT}$——变压器的额定容量，MV·A（对于三绕组变压器，是指最大容量绕组的额定容量）；

　　　$\Delta P$——变压器短路损耗，kW；

　　　$u_k\%$——变压器阻抗电压百分值；

　　　$U_r$——额定电压（指线电压），kV；

　　　$I_r$——额定电流，kA。

（3）低压配电线路的阻抗

① 导线电阻计算

a. 导线直流电阻 $R_\theta$

$$R_\theta = \rho_\theta C_j \frac{L}{A} \quad (\Omega) \tag{6-47}$$

$$\rho_\theta = \rho_{20} [1 + \alpha(\theta - 20)] (\Omega \cdot cm) \tag{6-48}$$

式中　$L$——线路长度，m；

　　　$A$——导线截面积，mm²；

　　　$C_j$——绞入系数，单股导线为 1，多股导线为 1.02；

$\rho_{20}$——导线温度为20℃时的电阻率［铝线芯（包括铝电线、铝电缆、硬铝母线）为 0.0282Ω·μm（或 0.0282×10⁻⁴Ω·cm），铜线芯（包括铜电线、铜电缆、硬铜母线）为 0.0172Ω·μm（即 0.0172×10⁻⁴Ω·cm）］；

$\rho_\theta$——导线温度为θ℃时的电阻率，Ω·μm（或×10⁻⁴Ω·cm）；

$\alpha$——电阻温度系数，铝和铜都取 0.004；

$\theta$——导线实际工作温度，℃。

b. 导线交流电阻

$$R_j = K_{jf} K_{lj} R_\theta \; (\Omega) \quad (6\text{-}49)$$

$$K_{jf} = \frac{r^2}{\delta(2r-\delta)} \quad (6\text{-}50)$$

$$\delta = 5030 \sqrt{\frac{\rho_\theta}{\mu f}} \; (\text{cm}) \quad (6\text{-}51)$$

式中 $R_\theta$——导线温度为θ(℃)时的直流电阻值，Ω；

$K_{jf}$——集肤效应系数，电线的 $K_{jf}$ 可用式(6-50)计算（当频率为50Hz、芯线截面积不超过240mm²时，$K_{jf}$ 均为1），当 $\delta \geqslant r$ 时，$K_{jf} = 1$，母线的 $K_{jf}$ 见表6-9；

$K_{lj}$——邻近效应系数，电线 $K_{lj}$ 可从图6-7曲线求取，母线的 $K_{lj}$ 取1.03；

$\rho_\theta$——导线温度为θ(℃)时的电阻率（见表6-10），Ω·cm；

$r$——线芯半径，cm；

$\delta$——电流透入深度，cm，因集肤效应使电流密度沿导线横截面的径向按指数函数规律分布，工程上把电流可等效地看作仅在导线表面δ厚度中均匀分布，不同频率时的电流透入深度δ值见表6-11；

$\mu$——相对磁导率，对于有色金属导线为1；

$f$——频率，Hz。

表6-9　母线的集肤效应系数 $K_{jf}$（50Hz）

| 母线尺寸(宽×厚)/mm×mm | 铝 | 铜 | 母线尺寸(宽×厚)/mm×mm | 铝 | 铜 |
|---|---|---|---|---|---|
| 31.5×4 | 1.00 | 1.005 | 63×8 | 1.03 | 1.09 |
| 40×4 | 1.005 | 1.011 | 80×8 | 1.07 | 1.12 |
| 40×5 | 1.005 | 1.018 | 100×8 | 1.08 | 1.16 |
| 50×5 | 1.008 | 1.028 | 125×8 | 1.112 | 1.22 |
| 50×6.3 | 1.01 | 1.04 | 63×10 | 1.08 | 1.14 |
| 63×6.3 | 1.02 | 1.055 | 80×10 | 1.09 | 1.18 |
| 80×6.3 | 1.03 | 1.09 | 100×10 | 1.13 | 1.23 |
| 100×6.3 | 1.06 | 1.14 | 125×10 | 1.18 | 1.25 |

表6-10　导线温度为 θ（℃）时的电阻率 $\rho_\theta$ 值　　　　　单位:Ω·cm

| 导线类型 | 绝缘电线、聚氯乙烯绝缘电缆 | 裸母线、裸绞线 | 1kV 油浸纸绝缘电力电缆 |
|---|---|---|---|
| 线芯工作温度/℃ | 60 | 65 | 75 |
| 铝 | 3.271×10⁻⁶ | 3.328×10⁻⁶ | 3.440×10⁻⁶ |
| 铜 | 1.995×10⁻⁶ | 2.030×10⁻⁶ | 2.098×10⁻⁶ |

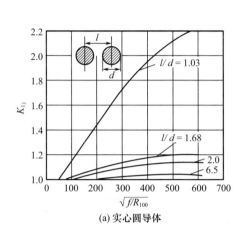
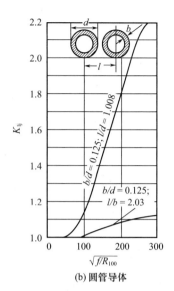

(a) 实心圆导体　　　　　　　　(b) 圆管导体

图 6-7　实心圆导体和圆管导体的邻近效应系数曲线

$f$—频率，Hz；$R_{100}$—长 100m 的电线、电缆在运行温度时的电阻，Ω

表 6-11　不同频率时的电流透入深度 $\delta$ 值　　　　　　　　　　单位：cm

| 频率/Hz | 铝 | | | 铜 | | |
|---|---|---|---|---|---|---|
| | 60℃ | 65℃ | 75℃ | 60℃ | 65℃ | 75℃ |
| 50 | 1.349 | 1.361 | 1.383 | 1.039 | 1.048 | 1.066 |
| 300 | 0.551 | 0.555 | 0.565 | 0.424 | 0.428 | 0.435 |
| 400 | 0.477 | 0.481 | 0.489 | 0.367 | 0.371 | 0.377 |
| 500 | 0.427 | 0.430 | 0.437 | 0.329 | 0.331 | 0.377 |
| 1000 | 0.302 | 0.304 | 0.309 | 0.232 | 0.234 | 0.238 |

c. 导线实际工作温度　线路通过电流后，导线会产生温升，线路在对应工作温度下的电阻值与通过电流大小（即负荷率）有密切关系。由于供电对象不同，各种线路中的负荷率也各不相同，因此导线实际工作温度往往不相同，在合理计算线路电压损失时，应首先求得导线的实际工作温度。

电线、电缆的实际工作温度可按下式估算：

$$\theta = (\theta_n - \theta_\alpha)K_p^2 + \theta_\alpha = \Delta\theta_C K_p^2 + \theta_\alpha \tag{6-52}$$

式中　$\theta$——电线、电缆线芯的实际工作温度，℃；

$\theta_n$——电线、电缆线芯允许长期工作温度（其值见表 6-12），℃；

$\theta_\alpha$——敷设处的环境温度，℃，我国幅员辽阔，环境温度差异较大，为实用和编制表格的方便，通常采用室内 35℃，室外 40℃；

$\Delta\theta_C$——导线允许温升，℃。

由上式可以看出，导线温升近似地与负荷率的平方成正比。电线、电缆在不同负荷率 $K_p$ 时的实际工作温度 $\theta$ 推荐值见表 6-13。

表 6-12　电线、电缆线芯允许长期工作温度

| 电线、电缆种类 | | 线芯允许长期工作温度/℃ | 电线、电缆种类 | | | 线芯允许长期工作温度/℃ |
|---|---|---|---|---|---|---|
| 橡胶绝缘电线　500V | | 65 | 通用橡套软电缆　500V | | | 65 |
| 塑料绝缘电线　500V | | 70 | 橡胶绝缘电力电缆　500V | | | 65 |
| 黏性油浸纸绝缘电力电缆 | 1～3kV | 80 | 不滴流油浸纸绝缘电力电缆 | 单芯及分相铅包 | 1～6kV | 80 |
| | 6kV | 65 | | | 10kV | 70 |
| | 10kV | 60 | | 带绝缘 | 35kV | 80 |
| | 35kV | 50 | | | 6kV | 65 |
| 交联聚乙烯绝缘电力电缆 | 1～10kV | 90 | | | 10kV | 65 |
| | 35kV | 80 | 裸铝、铜母线或裸铝、铜绞线 | | | 70 |
| 聚氯乙烯绝缘电力电缆 1～6kV | | 70 | 乙丙橡胶绝缘电缆 | | | 90 |

② 导线电抗计算　配电工程中，架空线各相导线一般不换位，为简化计算，假设各相电抗相等。另外，由于容抗对感抗而言，正好起抵消的作用，虽然有些电缆线路其容抗值不小，但为了简化计算，线路容抗常可忽略不计，因此，导线电抗值实际上只计入感抗值。

表 6-13　电线、电缆在不同负荷率 $K_p$ 时的实际工作温度 $\theta$ 推荐值

| 电压等级 | 线路形式 | $K_p$ | $\theta$/℃ |
|---|---|---|---|
| 6～35kV | 室外架空线 | 0.6～0.7 | 55 |
| 220/380V | 室外架空线 | 0.7～0.8 | 60 |
| 10～35kV | 油浸纸绝缘电缆 | 0.8～0.9 | 55 |
| 6kV | 油浸纸绝缘电缆 | 0.8～0.9 | 60 |
| 6kV | 聚氯乙烯绝缘电缆 | 0.8～0.9 | 60 |
| 1～10kV | 交联聚乙烯绝缘电缆 | 0.8～0.9 | 80 |
| ≤1kV | 油浸纸绝缘电缆 | 0.8～0.9 | 75 |
| ≤1kV | 聚氯乙烯绝缘电缆 | 0.8～0.9 | 60 |
| 220/380V | 室内明线及穿管绝缘线 | 0.8～0.9 | 60 |
| 220/380V | 照明线路 | 0.6～0.7 | 50 |
| 220/380V | 母线 | 0.8～0.9 | 65 |

电线、母线和电缆的感抗按下式计算：

$$X' = 2\pi f L' \tag{6-53}$$

$$L' = \left(2\ln\frac{D_j}{r} + 0.5\right) \times 10^{-4} = 2\left(\ln\frac{D_j}{r} + \ln e^{0.25}\right) \times 10^{-4} = 2 \times 10^{-4} \ln\frac{D_j}{r e^{-0.25}}$$

$$= 4.6 \times 10^{-4} \lg\frac{D_j}{0.778r} = 4.6 \times 10^{-4} \lg\frac{D_j}{D_z} \tag{6-54}$$

当 $f = 50$ Hz 时，式(6-53)可简化为

$$X' = 0.1445 \lg\frac{D_j}{D_z} \tag{6-55}$$

式中　$X'$——线路每相单相长度的感抗，Ω/km；

$f$——频率，Hz；

$L'$——电线、母线或电缆每相单位长度的电感量,H/km;

$D_j$——几何均距,cm,对于架空线和母线为 $\sqrt[3]{D_{AB}D_{BC}D_{CA}}$,见图6-8和图6-9,穿管电线及圆形线芯的电缆为 $d+2\delta$,扇形线芯的电缆为 $h+2\delta$,见图6-10;

$r$——电线或圆形线芯电缆主线芯的半径,cm;

$d$——电线或圆形线芯电缆主线芯的直径,cm;

$D_z$——线芯自几何均距或等效半径,cm,其值见表6-14;

$\delta$——穿管电线或电缆主线芯的绝缘厚度,cm;

$h$——扇形线芯电缆主线芯的压紧高度,cm。

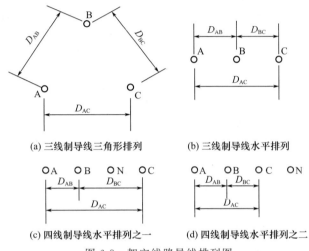

图 6-8 架空线路导线排列图

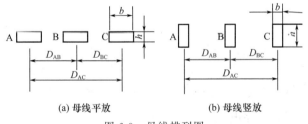

图 6-9 母线排列图

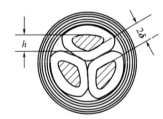

图 6-10 电缆扇形线芯排列图

表 6-14 线芯自几何均距 $D_z$ 值

| 线芯结构 | 线芯截面积范围/mm² | $D_z$ | 线芯结构 | 线芯截面积范围/mm² | $D_z$ |
|---|---|---|---|---|---|
| 实心圆导体 | 绝缘电线≤6<br>10kV及以下三芯电缆≤16 | $0.389d$ | 37股 | TJ-185-300<br>LJ-300-500<br>绝缘电线 120~185 | $0.384d$ |
| 3股 | LJ-10 | $0.339d$ | ≤10kV 线芯为<br>120°压紧扇形的三<br>芯电缆 | ≥25 | $0.439\sqrt{S}$ |
| 7股 | TJ-10-50<br>LJ-16-70<br>绝缘电线 10~35 | $0.363d$ | | | |
| 19股 | TJ-70-150<br>LJ-95-240<br>绝缘电线 50~95 | $0.379d$ | 矩形母线 | — | $0.224(b+h)$ |

注:$d$——线芯外径,cm;$S$——电缆标称截面积,cm²;$b$——母线厚,cm;$h$——母线宽,cm。

铠装电缆和电缆穿钢管，由于钢带（丝）或钢管的影响，相当于导体间的间距增加15%～30%，使感抗约增加1%，因数值差异不大，通常可忽略不计。

③ 线路零序阻抗的计算  各种形式的低压配电线路的零序阻抗 $Z_{(0)}$ 均可由下式计算：

$$|\dot{Z}_{(0)}| = |\dot{Z}_{(0) \cdot ph} + 3\dot{Z}_{(0) \cdot p}| = \sqrt{[R_{(0) \cdot ph} + 3R_{(0) \cdot p}]^2 + [X_{(0) \cdot ph} + 3X_{(0) \cdot p}]^2} \quad (6-56)$$

式中　　$\dot{Z}_{(0) \cdot ph}$——相线的零序阻抗，$\dot{Z}_{(0) \cdot ph} = \sqrt{R_{(0) \cdot ph}^2 + X_{(0) \cdot ph}^2}$；

　　　　$\dot{Z}_{(0) \cdot p}$——保护线的零序阻抗，$\dot{Z}_{(0) \cdot p} = \sqrt{R_{(0) \cdot p}^2 + X_{(0) \cdot p}^2}$；

$R_{(0) \cdot ph}$，$X_{(0) \cdot ph}$——相线的零序电阻和电抗；

$R_{(0) \cdot p}$，$X_{(0) \cdot p}$——保护线的零序电阻和电抗。

相线、保护线的零序电阻和零序电抗的计算方法与正、负序电阻和电抗的计算方法基本相同，但在计算相线零序电抗 $X_{(0) \cdot ph}$ 和保护线零序电抗 $X_{(0) \cdot p}$ 时，线路电抗计算公式中的几何均距 $D_j$ 改用 $D_0$ 代替，其计算公式如下：

$$D_0 = \sqrt{D_{L1p} D_{L2p} D_{L3p}} \quad (6-57)$$

式中　$D_{L1p}$，$D_{L2p}$，$D_{L3p}$——相线 $L_1$、$L_2$、$L_3$ 中心至保护线 PE 或 PEN 线中心的距离，mm。

④ 线路相保阻抗的计算公式  单相接地短路电路中任一组件（配电变压器、线路等）的相保阻抗 $Z_{ph \cdot p}$ 计算公式为

$$\left.\begin{aligned}
\dot{Z}_{ph \cdot p} &= \sqrt{R_{ph \cdot p}^2 + X_{ph \cdot p}^2} \\
R_{ph \cdot p} &= \frac{1}{3}[R_{(1)} + R_{(2)} + R_{(0)}] = \frac{1}{3}[R_{(1)} + R_{(2)} + R_{(0)ph} + 3R_{(0)p}] = R_{ph} + R_p \\
X_{ph \cdot p} &= \frac{1}{3}[X_{(1)} + X_{(2)} + X_{(0)}] = \frac{1}{3}[X_{(1)} + X_{(2)} + X_{(0)ph} + 3X_{(0)p}] \\
&= \frac{1}{3}[X_{(1)} + X_{(2)} + X_{(0)ph}] + X_{(0)p}
\end{aligned}\right\} \quad (6-58)$$

式中　　$R_{ph \cdot p}$——元件的相保电阻，$R_{ph \cdot p} = \frac{1}{3}[R_{(1)} + R_{(2)} + R_{(0)}]$；

　　　　$X_{ph \cdot p}$——元件的相保电抗，$X_{ph \cdot p} = \frac{1}{3}[X_{(1)} + X_{(2)} + X_{(0)}]$；

　　　　$R_{(1)}$，$X_{(1)}$——元件的正序电阻和正序电抗；

　　　　$R_{(2)}$，$X_{(2)}$——元件的负序电阻和负序电抗；

　　　　$R_{(0)}$，$X_{(0)}$——元件的零序电阻和零序电抗，$R_{(0)} = R_{(0)ph} + 3R_{(0)p}$，$X_{(0)} = X_{(0)ph} + 3X_{(0)p}$；

$R_{ph}$，$R_{(0)ph}$，$X_{(0)ph}$——元件相线的电阻、相线的零序电阻和相线的零序电抗；

$R_p$，$R_{(0)p}$，$X_{(0)p}$——元件保护线的电阻、保护线的零序电阻和保护线的零序电抗。

#### 6.1.4.2　低压系统短路电流计算条件

高压系统短路电流的计算条件同样适用于低压网络，但低压网络还有如下特点。

① 一般用电单位的电源来自地区大中型电力系统，配电用的电力变压器的容量远小于系统的容量，因此短路电流可按远离发电机端，即无限大电源容量的网络短路进行计算，短路电流周期分量不衰减。

② 计入短路电路各元件的有效电阻，但短路点的电弧电阻、导线连接点、开关设备和

电器的接触电阻可忽略不计。

③ 当电路电阻较大，短路电流非周期分量衰减较快，一般可以不考虑非周期分量。只有在离配电变压器低压侧很近处，例如低压侧 20m 以内大截面线路上或低压配电屏内部发生短路时，才需要计算非周期分量。

④ 单位线路长度有效电阻的计算温度不同，在计算三相最大短路电流时，导体计算温度取为 20℃；在计算单相短路（包括单相接地故障）电流时，假设的计算温度升高，电阻值增大，其值一般取 20℃时电阻的 1.5 倍。

⑤ 计算过程采用有名单位制，电压用 V、电流用 kA、容量用 kV·A、阻抗用 mΩ。

⑥ 计算 220/380V 网络三相短路电流时，计算电压 $cU_n$ 取电压系数 $c$ 为 1.05，计算单相接地故障电流时，$c$ 取 1.0，$U_n$ 为系统标称电压（线电压）380V。

### 6.1.4.3 三相和两相（不接地）短路电流的计算

在 220/380V 网络中，一般以三相短路电流为最大。一台变压器供电的低压网络三相短路电流计算电路见图 6-11。

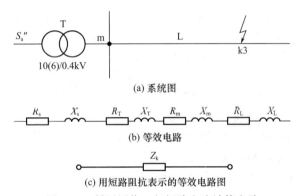

图 6-11 低压网络三相短路电流计算电路

低压网络三相起始短路电流周期分量有效值按下式计算：

$$I''=\frac{cU_n/\sqrt{3}}{Z_k}=\frac{1.05U_n/\sqrt{3}}{\sqrt{R_k^2+X_k^2}}=\frac{230}{\sqrt{R_k^2+X_k^2}} \quad (\text{kA}) \tag{6-59}$$

$$R_k=R_s+R_T+R_m+R_L \tag{6-60}$$

$$X_k=X_s+X_T+X_m+X_L \tag{6-61}$$

式中　　$U_n$——网络标称电压（线电压）(V)，220/380V 网络为 380V；

$c$——电压系数，计算三相短路电流时取 1.05；

$Z_k$，$R_k$，$X_k$——短路电路总阻抗、总电阻、总电抗，mΩ；

$R_s$，$X_s$——变压器高压侧系统的电阻、电抗（归算到 400V 侧），mΩ；

$R_T$，$X_T$——变压器的电阻、电抗，mΩ；

$R_m$，$X_m$——变压器低压侧母线段的电阻、电抗，mΩ；

$R_L$，$X_L$——配电线路的电阻、电抗，mΩ；

$I''$——三相短路电流的初始值。

只要 $\sqrt{R_T^2+X_T^2}/\sqrt{R_s^2+X_s^2} \geqslant 2$，变压器低压侧短路时的短路电流周期分量不衰减，即

三相短路电流的稳态值 $I_k = I''$。

短路全电流峰值 $i_k$ 包括交流分量 $i_{AC}$ 和直流分量 $i_{DC}$。短路电流直流分量的起始值 $A = \sqrt{2} I''_k$，短路冲击电流峰值 $i_p$ 出现在短路发生后的半周期（0.01s）内的瞬间，其值可按下式计算：

$$i_p = K_p \sqrt{2} I''_k \text{(kA)} \tag{6-62}$$

短路全电流最大有效值 $I_p$ 按下式计算：

$$I_p = I''_k \sqrt{1 + 2(K_p - 1)^2} \text{(kA)} \tag{6-63}$$

式中 $K_p$——短路电流冲击系数，$K_p = 1 + e^{-\frac{0.01}{T_f}}$；

$T_f$——短路电流直流分量的衰减时间常数，s，当电网的频率为交流工频 50Hz 时，$T_f = X_\Sigma/(314 R_\Sigma)$；

$X_\Sigma$——短路电路总电抗（假定短路电路没有电阻的条件下求得），$\Omega$；

$R_\Sigma$——短路电路总电阻（假定短路电路没有电抗的条件下求得），$\Omega$。

如果电路只有电抗，则 $T_f = \infty$，$K_p = 2$，如果电路只有电阻，则 $T_f = 0$，$K_p = 1$；可见 $1 \leqslant K_p \leqslant 2$。

电动机反馈对短路冲击电流的影响，仅当短路点附近所接用电动机额定电流之和大于短路电流的 1%（$\sum I_{r \cdot M} > 0.01 I''_k$）时才考虑。异步电动机启动电流倍数可取 6~7，异步电动机短路电流冲击系数可取 1.3。由异步电动机馈送的短路电流峰值可按下式计算：

$$i_{pM} = 1.1 \times \sqrt{2} \sum_{i=1}^{n} K_{pMi} K_{stMi} I_{rMi} \times 10^{-3} \tag{6-64}$$

式中 $K_{pMi}$——第 $i$ 台电动机反馈电流峰值系数；

$K_{stMi}$——第 $i$ 台电动机的反馈电流倍数，可取启动电流倍数值；

$I_{rMi}$——第 $i$ 台电动机额定电流。

低压网络两相短路电流 $I''_{k2}$ 与三相短路电流 $I''_{k3}$ 的关系也与高压系统一样，即 $I''_{k2} = 0.866 I''_{k3}$。

两相短路稳态电流 $I_{k2}$ 与三相短路稳态电流 $I_{k3}$ 比值关系也与高压系统一样，在远离发电机短路时，$I_{k2} = 0.866 I_{k3}$；在发电机出口处短路时，$I_{k2} = 1.5 I_{k3}$。

### 6.1.4.4 单相短路（包括单相接地故障）电流的计算

(1) 单相接地故障电流的计算

TN 接地系统的低压网络单相接地故障电流 $I''_{k1}$ 可用下述公式计算：

$$I''_{k1} = \frac{cU_n/\sqrt{3}}{\frac{|\dot{Z}_{(1)} + \dot{Z}_{(2)} + \dot{Z}_{(0)}|}{3}} = \frac{1.0 \times U_n/\sqrt{3}}{\sqrt{\left[\frac{R_{(1)} + R_{(2)} + R_{(0)}}{3}\right]^2 + \left[\frac{X_{(1)} + X_{(2)} + X_{(0)}}{3}\right]^2}}$$

$$= \frac{U_n/\sqrt{3}}{\sqrt{R_{ph \cdot p}^2 + X_{ph \cdot p}^2}} = \frac{220}{\sqrt{R_{ph \cdot p}^2 + X_{ph \cdot p}^2}} = \frac{220}{Z_{ph \cdot p}} \text{(kA)} \tag{6-65}$$

$$\left. \begin{aligned} R_{ph \cdot p} &= \frac{R_{(1)} + R_{(2)} + R_{(0)}}{3} = R_{php \cdot s} + R_{php \cdot T} + R_{php \cdot m} + R_{php \cdot L} \\ X_{ph \cdot p} &= \frac{X_{(1)} + X_{(2)} + X_{(0)}}{3} = X_{php \cdot s} + X_{php \cdot T} + X_{php \cdot m} + X_{php \cdot L} \\ Z_{ph \cdot p} &= \sqrt{R_{ph \cdot p}^2 + X_{ph \cdot p}^2} \end{aligned} \right\} \tag{6-66}$$

$$R_{(1)} = R_{(1) \cdot s} + R_{(1) \cdot T} + R_{(1) \cdot m} + R_{(1) \cdot L} \tag{6-67}$$

$$R_{(2)} = R_{(2) \cdot s} + R_{(2) \cdot T} + R_{(2) \cdot m} + R_{(2) \cdot L} \tag{6-68}$$

$$R_{(0)} = R_{(0) \cdot s} + R_{(0) \cdot T} + R_{(0) \cdot m} + R_{(0) \cdot L} \tag{6-69}$$

$$X_{(1)} = X_{(1) \cdot s} + X_{(1) \cdot T} + X_{(1) \cdot m} + X_{(1) \cdot L} \tag{6-70}$$

$$X_{(2)} = X_{(2) \cdot s} + X_{(2) \cdot T} + X_{(2) \cdot m} + X_{(2) \cdot L} \tag{6-71}$$

$$X_{(0)} = X_{(0) \cdot s} + X_{(0) \cdot T} + X_{(0) \cdot m} + X_{(0) \cdot L} \tag{6-72}$$

式中　$U_n$——220/380V 网络标称线电压，即 380V，$U_n/\sqrt{3} = 380/\sqrt{3}$，取 220V；

$c$——电压系数，计算单相接地故障电流时取 1；

$R_{(1)}$，$R_{(2)}$，$R_{(0)}$——短路电路正序、负序、零序电阻，mΩ；

$X_{(1)}$，$X_{(2)}$，$X_{(0)}$——短路电路正序、负序、零序电抗，mΩ；

$Z_{(1)}$，$Z_{(2)}$，$Z_{(0)}$——短路电路正序、负序、零序阻抗，mΩ；

$R_{ph \cdot p}$，$X_{ph \cdot p}$，$Z_{ph \cdot p}$——短路电路的相线-保护线回路（以下简称相保，保护线包括 PE 线和 PEN 线）电阻、相保电抗、相保阻抗，mΩ。

(2) 单相与中性线短路（即相线与中性线之间短路）电流初始值 $I''_{k1}$ 的计算

TN 和 TT 接地系统的低压网络相线与中性线之间短路的单相短路电流 $I''_{k1}$ 的计算，与上述单相接地故障的短路电流计算一样，仅将配电线路的相保电阻 $R_{php \cdot L}$、相保电抗 $X_{php \cdot L}$ 改用相线-中性线回路的电阻、电抗即可。

### 6.1.5　短路电流计算结果的应用

(1) 电器接线方案的比较和选择

短路电流的计算可为不同方案进行技术经济比较，并为确定是否采取限制短路电流措施等理论提供依据。

(2) 正确选择和校验电气设备

① 最大冲击电流用于绝缘子、隔离开关、断路器、电流互感器、电抗器等的动稳定校验；

② 最大稳态短路电流用于绝缘子、隔离开关、断路器、电流互感器、变压器、电抗器等的热稳定校验；

③ 最大冲击电流用于断路器选择极限遮断电流；

④ 次暂态短路电流或 0.2s 时短路电流用于断路器选择额定遮断电流；

⑤ 次暂态短路电流或全电流最大有效值用于熔断器选择额定遮断电流；

⑥ 全电流最大有效值用于 400V 低压系统中，DZ（<0.02s）型断路器选择额定遮断电流；

⑦ 次暂态短路电流用于 400V 低压系统中，DW（>0.02s）型断路器、熔断器选择额定遮断电流。

(3) 正确选择和校验载流导体

① 最大冲击电流用于硬母线的动稳定性校验；

② 最大稳态短路电流用于硬母线的热稳定性校验；

③ 次暂态短路电流用于室外组合导线的摇摆计算；

④ 最大稳态短路电流用于室外软导线的摇摆计算。

(4) 继电保护的选择、整定及灵敏系数校验

① 保护安装处的稳态短路电流用于变压器过电流保护装置的灵敏度校验；
② 保护安装处的次暂态短路电流用于变压器电流速断保护装置的灵敏度校验；
③ 保护安装处的稳态短路电流用于线路过电流保护装置的灵敏度校验；
④ 保护安装处的次暂态短路电流用于线路无时限电流速断保护装置的灵敏度校验；
⑤ 保护安装处的稳态短路电流用于线路带时限电流速断保护装置的灵敏度校验。

(5) 接地装置的设计

① 接地装置流入地中的最大短路电流周期分量用于选择接地装置的电阻；
② 发生最大接地短路电流时，流经变电所接地中性点的最大接地短路电流用于计算接地装置入地电流，然后计算接地装置的电位，包括接触电压（接触电位差）和跨步电压（跨步电位差）。

(6) 确定系统中性点接地方式

单相接地故障短路电流可用于确定 35kV 及以下系统的接地方式：不接地方式、低电阻接地方式、高电阻接地方式以及消弧线圈接地方式等。

(7) 确定分裂导线间隔棒的间距

架空线当输电容量较大时，导线采用分裂导线，为了避免由于电磁力的作用、风力作用或冰雪作用，分裂导线缠绕发生摩擦和碰线，而保持一定的分裂间距，应安装间隔棒。

(8) 大、中型电动机的启动（启动压降计算）

短路电流计算应求出最大短路电流值，以确定电气设备容量或额定参数；整定继电保护装置。求出最小电流值，作为选择熔断器，校验继电保护装置灵敏系数的依据。此外，利用阻抗标幺值计算来校验电动机启动电压降。

## 6.2 短路电流的影响

强大的短路电流通过电器和导体将产生很大的电动力，即电动力效应，可能使电器和导体受到破坏或产生永久性变形。短路电流产生的热量，会造成电器和导体温度迅速升高，即热效应，可能使电器和导体绝缘强度降低，加速绝缘老化甚至损坏。为了正确选择电器和导体，保证在短路情况下也不致损坏，必须校验其动稳定和热稳定。本节着重讲述短路电流的电动力效应和热效应、影响短路电流的因素以及限制短路电流的主要措施。

### 6.2.1 短路电流的电动力效应

对于两根平行导体，通过电流分别为 $i_1$ 和 $i_2$，其相互间的作用力 $F$（单位为 N）可用下面公式来计算：

$$F = 2i_1 i_2 K_f \frac{l_c}{D} \times 10^{-7} \tag{6-73}$$

式中　$i_1$，$i_2$——两导体中电流瞬时值，A；

$l_c$——平行导体长度，m；

$D$——两平行导体中心线距，m；

$K_f$——相邻矩形截面导体的形状系数,可查图 6-12 中曲线求得(对圆形导体取 1)。

在三相系统中,由于三相导体所处位置不同,导体中通过的短路电流可能是两相短路电流,也可能是三相短路电流,因此各相导体受到的电动力也不相同。实践证明,当三相导体在同一平面平行布置时,受力最大的是中间相。当发生三相短路故障时,短路电流冲击值通过导体中间相所产生的最大电动力为

$$F_{kmax} = \sqrt{3} K_f i_p^2 \frac{l_c}{D} \times 10^{-7} \quad (6-74)$$

式中 $F_{kmax}$——中间相导体所受的最大电动力,N;

$i_p$——三相短路电流冲击值,kA。

按正常工作条件选择的电器应能承受短路电流电动力效应的作用,不致产生永久变形或遭到机械损伤,即具有足够的动稳定性。

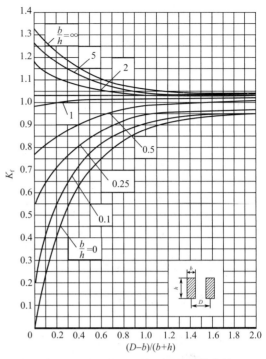

图 6-12 矩形截面母线的形状系数曲线

## 6.2.2 短路电流的热效应

在线路发生短路时,强大的短路电流将使导体温度迅速升高。但由于短路后线路的保护装置会很快动作,切除短路故障,所以短路电流通过导体的时间不长,一般不超过 2~3s。因此在短路过程中,可不考虑导体向周围介质的散热,即近似地认为导体在短路时间内是与周围介质绝热的,短路电流在导体中产生的热量,全部用来使导体的温度升高。

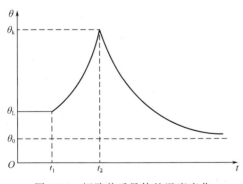

图 6-13 短路前后导体的温度变化

图 6-13 所示为短路前后导体温度的变化情况。导体在短路前正常负荷的温度为 $\theta_L$,设在 $t_1$ 时发生短路,导体温度按指数函数规律迅速升高;而在 $t_2$ 时线路的保护装置动作,切除了短路故障,这时导体的温度已达到 $\theta_k$。短路被切除后,线路断电,导体不再产生热量,而只按指数规律向周围介质散热,直到导体温度等于周围介质温度 $\theta_0$ 为止。规范要求,导体在正常和短路情况下的温度都必须小于所允许的最高温度。

在实际短路时间 $t_k$ 内,$i_{kt}$ 在导体和电器中引起的热效应的热量 $Q_t$ 为

$$Q_t = \int_0^{t_{kt}} i_{kt}^2 dt \approx Q_k + Q_D = I_k^{''2}(t_k + t_D) \quad (6-75)$$

式中 $Q_k$——短路电流周期分量的热效应,$kA^2 \cdot s$;对于无限大电源容量系统或远离发电机端,$Q_k = I_k^{''2} t_k$;

$Q_D$——短路电流非周期分量的热效应（$kA^2 \cdot s$）；$Q_k = I_k^{''2} t_D$；

$t_k$——短路时间，s，$t_k = t_p + t_b$，$t_p$为继电保护动作时间，$t_b$为高压断路器的全分断时间（含固有分闸时间和灭弧时间），对于高速断路器，$t_b = 0.1s$；

$t_D$——计算短路电流非周期分量热效应的等值时间，对用户变电所各级电压母线及出线，$t_D$取0.05s。

当$t_k > 1s$时，由于短路电流非周期分量衰减较快，可忽略其热效应，此时短路电流在导体和电器中引起的热效应$Q_t$为

$$Q_t = I_k^{''2} t_k \tag{6-76}$$

根据短路电流在导体和电器中引起的热效应可以确定出已知导体和电器短路时所达到的最高温度$\theta_k$，但计算过程比较烦琐。

按正常工作条件选择的导体和电器必须能承受短路电流热效应的作用，不致产生软化变形损坏，即要求具有一定的热稳定性。

### 6.2.3 影响短路电流的因素

影响短路电流的因素主要有以下几点：
① 系统的电压等级；
② 系统主接线形式及运行方式；
③ 系统元件正、负序阻抗的大小及零序阻抗的大小（与变压器中性点接地的数量和性质有关）；
④ 系统安装的限流型电抗器（如限流电抗器、分裂电抗器或分裂绕组电抗器，增加回路电抗值以限制短路电流）；
⑤ 系统装设的限流型电器（如限流熔断器、限流型低压断路器等能在短路电流到达冲击值之前完全熄灭电弧，起到限流作用）。

### 6.2.4 限制短路电流的措施

由于电力系统的发展，负荷的增大，大容量机组、电厂和变电设备的投入，尤其是负荷中心大电厂的出现以及大电网的形成，短路电流水平的增加是不可避免的，如果不采取有效措施加以控制，不但新建变电所的设备投资大大增加，而且对系统中原有变电所也将产生影响。国际上许多国家都对电网的短路水平控制值予以规定。在电网发展初期，系统容量有限，短路水平不高，对系统发展产生的短路电流增加的问题，一般可通过更换开发设备解决，而其他设备往往有一定的余地。当系统容量进一步提高时，电网原有变电所的所有设备，包括断路器、主变压器、隔离开关、互感器、母线、绝缘子、设备基础以及接地网等，也必须加强或更换。对通信线路还要采取特定的屏蔽措施。

(1) 电力系统可采取的限流措施
① 提高电力系统的电压等级（电力系统的电压的等级越高，在相同短路容量下，则其短路电流越小）。
② 直流输电（直流输电系统的"等电流控制"，可快速地将短路电流限制在允许范围内，并接近额定电流，即使在暂态过程中，也不会超过2倍额定值）。
③ 在电力系统主网加强联系后，将次级电网解环运行。

分割系统，分割母线，如采用高压配电网解环运行等；通过改变电网网络结构来限制短

路电流是一种非常经济、有效且便于实施的方法。

④ 在允许范围内，增大系统的零序阻抗。例如采用不带第三绕组或第三绕组为 Y 接线的全星形自耦变压器，减少变压器中性点的接地点等，以减小系统的单相短路电流。

(2) 发电厂和变电所中可采取的限流措施

① 发电厂中，在发电机电压母线分段回路中安装电抗器（当线路上或一段母线上发生短路故障时，能限制另一段母线上电源所提供的短路电流）。

② 变压器分列运行。

③ 变电所中，在变压器回路中装设分裂电抗器或电抗器。

④ 采用低压侧为分裂绕组的变压器。

⑤ 出线上装设电抗器。

(3) 终端变电所中可采取的限流措施

① 变压器分列运行。

② 采用高阻抗变压器。

③ 在变压器回路中装设电抗器。

④ 采用小容量变压器。

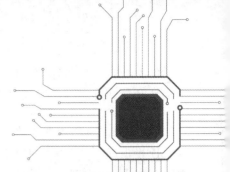

# 第7章 110kV 及以下电气设备选择

## 7.1 常用电气设备选择的技术条件和环境条件

### 7.1.1 一般原则

① 应满足正常运行、检修、短路和过电压情况下的要求，并考虑远景发展；
② 应按当地环境条件校核；
③ 应力求技术先进和经济合理；
④ 与整个工程的建设标准应协调一致；
⑤ 同类设备应尽量减少品种；
⑥ 选用的新产品均应具有可靠的试验数据，并经正式鉴定合格。

### 7.1.2 技术条件

选择的高压电器，应能在长期工作条件下和发生过电压、过电流的情况下保持正常运行。各种高压电器的一般技术条件如表 7-1 所示。

表 7-1 选择电器的一般技术条件

| 序号 | 电器名称 | 额定电压/kV | 额定电流/A | 额定容量/kV·A | 机械荷载/N | 额定开断电流/kA | 短路稳定性 热稳定 | 短路稳定性 动稳定 | 绝缘水平 |
|---|---|---|---|---|---|---|---|---|---|
| 1 | 高压断路器 | √ | √ | | √ | √ | √ | √ | √ |
| 2 | 隔离开关 | √ | √ | | √ | | √ | √ | √ |
| 3 | 敞开式组合电器 | √ | √ | | √ | | √ | √ | √ |
| 4 | 负荷开关 | √ | √ | | √ | | √ | √ | √ |
| 5 | 熔断器 | √ | √ | | √ | √ | | | √ |
| 6 | 电压互感器 | √ | | | √ | | | | √ |
| 7 | 电流互感器 | √ | √ | | √ | | √ | √ | √ |
| 8 | 限流电抗器 | √ | √ | | | | √ | √ | √ |
| 9 | 消弧线圈 | √ | √ | √ | | | | | √ |
| 10 | 避雷器 | √ | | | √ | | | | √ |

续表

| 序号 | 电器名称 | 额定电压/kV | 额定电流/A | 额定容量/kV·A | 机械荷载/N | 额定开断电流/kA | 短路稳定性 热稳定 | 短路稳定性 动稳定 | 绝缘水平 |
|---|---|---|---|---|---|---|---|---|---|
| 11 | 封闭电器 | √ | √ |  | √ | √ | √ | √ | √ |
| 12 | 穿墙套管 | √ | √ |  | √ |  | √ | √ | √ |
| 13 | 绝缘子 | √ |  |  | √ |  |  | √[①] | √ |

① 悬式绝缘子不校验动稳定。

#### 7.1.2.1 长期工作条件

（1）电压

选用的电器允许最高工作电压 $U_{\max}$ 不得低于该回路的最高运行电压 $U_z$，即

$$U_{\max} \geq U_z \tag{7-1}$$

三相交流 3kV 及以上设备的额定电压与最高电压见表 7-2。

表7-2　三相交流 3kV 及以上设备的额定电压与最高电压　　单位：kV

| 受电设备或系统额定电压 | 供电设备额定电压 | 设备最高电压 |
|---|---|---|
| 3 | 3.15 | 3.5 |
| 6 | 6.3 | 6.9 |
| 10 | 10.5 | 11.5 |
| 35 |  | 40.5 |
| 63 |  | 69 |
| 110 |  | 126 |
| 220 |  | 252 |
| 330 |  | 363 |
| 500 |  | 550 |

（2）电流

选用的电器额定电流 $I_n$ 不得低于所在回路在各种可能运行方式下的持续工作电流 $I_z$，即

$$I_n \geq I_z \tag{7-2}$$

不同回路的持续工作电流可按表 7-3 中所列原则计算。

表 7-3　不同回路的持续工作电流

| 回路名称 | | 计算工作电流 | 说明 |
|---|---|---|---|
| 出线 | 带电抗器出线 | 电抗器额定电流 |  |
| 出线 | 单回路 | 线路最大负荷电流 | 包括线路损耗与事故时转移过来的负荷 |
| 出线 | 双回路 | 1.2～2 倍一回线的正常最大负荷电流 | 包括线路损耗与事故时转移过来的负荷 |
| 出线 | 环形与一台半断路器接线回路 | 两个相邻回路正常负荷电流 | 考虑断路器事故或检修时，一个回路加另一最大回路负荷电流的可能 |
| 出线 | 桥型接线 | 最大元件负荷电流 | 桥回路尚需考虑系统穿越功率 |

续表

| 回路名称 | 计算工作电流 | 说明 |
|---|---|---|
| 变压器回路 | 1.05 倍变压器额定电压 | ① 根据在 0.95 倍额定电压以上时其容量不变;<br>② 带负荷调压变压器应按变压器的最大工作电流 |
| | 1.3~2.0 倍变压器额定电流 | 若要求承担另一台变压器事故或检修时转移的负荷,则按 7.2.1 节内容确定 |
| 母线联络回路 | 1 个最大电源元件的计算电流 | |
| 母线分段回路 | 分段电抗器额定电流 | ① 考虑电源元件事故跳闸后仍能保证该段母线负荷;<br>② 分段电抗器一般发电厂为最大一台发电机额定电流的 50%~80%,变电所应满足用户的一级负荷和大部分二级负荷 |
| 旁路回路 | 需旁路的回路最大额定电流 | |
| 发电机回路 | 1.05 倍发电机额定电流 | 当发电机冷却气体温度低于额定值时,允许提高电流为每低 1℃ 加 0.5%,必要时可按此计算 |
| 电动机回路 | 电动机的额定电流 | |

由于变压器短时过载能力很大,双回路出线的工作电流变化幅度也较大,故其计算工作电流应根据实际需要确定。

高压电器没有明确的过载能力,所以在选择其额定电流时,应满足各种可能运行方式下回路持续工作电流的要求。

(3) 机械荷载

所选电器端子的允许荷载,应大于电器引线在正常运行和短路时的最大作用力。

电器机械荷载的安全系数,由各生产厂家在产品制造中统一考虑。套管和绝缘子的安全系数不应小于表 7-4 所列数值。

表 7-4 套管和绝缘子的安全系数

| 类别 | 荷载长期作用时 | 荷载短时作用时 |
|---|---|---|
| 套管、支持绝缘子及其金具 | 2.5 | 1.67 |
| 悬式绝缘子及其金具[①] | 4 | 2.5 |

① 悬式绝缘子的安全系数对应于 1h 机电试验荷载,而不是破坏荷载。若是后者,安全系数则分别应为 5.3 和 3.3。

### 7.1.2.2 短路稳定条件

(1) 校验的一般原则

① 电器在选定后应按最大可能通过的短路电流进行动、热稳定校验。校验的短路电流一般取三相短路时的短路电流,若发电机出口的两相短路,或中性点直接接地系统及自耦变压器等回路中的单相、两相接地短路较三相短路严重时,则应按严重情况校验。

② 用熔断器保护的电器可不验算热稳定。当熔断器有限流作用时,可不验算动稳定。用熔断器保护的电压互感器回路,可不验算动、热稳定。

(2) 短路的热稳定条件

$$I_t^2 t > Q_{dt} \tag{7-3}$$

式中 $Q_{dt}$——在计算时间 $t_{js}$(s) 内,短路电流的热效应,$kA^2 \cdot s$;

$I_t$——$t$(s) 内设备允许通过的热稳定电流有效值,kA;

$t$——设备允许通过的热稳定电流时间,s。

校验短路热稳定所用的计算时间 $t_{js}$ 按下式计算:

$$t_{js} = t_b + t_d \quad (7\text{-}4)$$

式中 $t_b$——继电保护装置后备保护动作时间,s;

$t_d$——断路器的全分闸时间,s。

采用无延时保护时,$t_{js}$ 可取表 7-5 中的数据。该数据为继电保护装置的启动机构和执行机构的动作时间,断路器的固有分闸时间以及断路器触头电弧持续时间的总和。当继电保护装置有延时整定时,则应按表中数据加上相应的整定时间。

表 7-5 校验热效应的计算时间    单位:s

| 断路器开断速度 | 断路器的全分闸时间 $t_d$ | 计算时间 $t_{js}$ |
|---|---|---|
| 高速断路器 | <0.08 | 0.1 |
| 中速断路器 | 0.08~0.12 | 0.15 |
| 低速断路器 | >0.12 | 0.2 |

(3) 短路的动稳定条件

$$\left.\begin{array}{l} i_p \leqslant i_{df} \\ I_p \leqslant I_{df} \end{array}\right\} \quad (7\text{-}5)$$

式中 $i_p$——短路冲击电流峰值,kA;

$I_p$——短路全电流有效值,kA;

$i_{df}$——电器允许的极限通过电流峰值,kA;

$I_{df}$——电器允许的极限通过电流有效值,kA。

### 7.1.2.3 绝缘水平

在工作电压和过电压的作用下,电器的内、外绝缘应保证必要的可靠性。

电器的绝缘水平,应按电网中出现的各种过电压和保护设备相应的保护水平来确定。当所选电器的绝缘水平低于国家规定的标准数值时,应通过绝缘配合计算,选用适当的过电压保护设备。

## 7.1.3 环境条件

(1) 温度

选择电器用的环境温度按表 7-6 选取。

表 7-6 选择电器用的环境温度

| 安装场所 | 最高 | 最低 |
|---|---|---|
| 屋外 | 年最高温度 | 年最低温度 |
| 电抗器室 | 该处通风设计最高排风温度 | |
| 屋内其他处 | 该处通风设计温度。当无资料时,可取最热月平均最高温度加 5℃ | |

注:1. 年最高(或最低)温度为一年中所测得的最高(或最低)温度的多年平均值。
2. 最热月平均最高温度为最热月每日最高温度的月平均值,取多年平均值。

根据《高压开关设备和控制设备标准的共用技术要求》(GB/T 11022—2020)的相关规定,户内开关设备周围空气温度:最高为 40℃,24h 平均值不超过 35℃;最低周围空气温度的优选值为-5℃、-15℃和-25℃。户外开关设备周围空气温度：最高为40℃，24h平均值不超过35℃；最低周围空气温度的优选值为-10℃、-25℃、-30℃和-40℃。按《导体和电器选择设计技术规定》DL/T 5222—2005的规定，当电器安装点的环境温度高于40℃（但不高于60℃）时，每增高1℃，建议额定电流减少1.8%；当环境温度低于40℃时，每降低1℃，建议额定电流增加0.5%，但总的增加值不得超过额定电流的20%。

普通高压电器一般可在环境最低温度为-40℃时正常运行。在高寒地区，应选择能适应环境最低温度为-50℃的高寒电器。

在年最高温度超过40℃，而长期处于低湿度的干热地区，应选用型号后带"TA"字样的干热带型产品。

（2）日照

屋外高压电器在日照影响下将产生附加温升。但高压电器的发热试验是在避免阳光直射的条件下进行的。如果制造部门未能提出产品在日照下额定载流量下降的数据，在设计中可暂按电器额定电流的80%选择设备。

在进行试验或计算时，日照强度取$0.1W/cm^2$，风速取0.5m/s。

（3）风速

一般高压电器可在风速不大于35m/s的环境下使用。

选择电器时所用的最大风速，可取离地10m高、30年一遇的10min平均最大风速。最大设计风速超过35m/s的地区，可在屋外配电装置的布置中采取措施。阵风对屋外电器及电瓷产品的影响，应由制造部门在产品设计中考虑，可不作为选择电器的条件。

考虑到500kV电器体积比较大，而且重要，宜采用离地10m高、50年一遇10min平均最大风速。

对于台风经常侵袭或最大风速超过35m/s的地区，除向设计制造单位提出特殊订货要求外，在设计布置时应采取有效防护措施，如降低安装高度、加强基础固定等。

（4）冰雪

在积雪和覆冰严重的地区，应采取措施防止冰串引起瓷件绝缘对地闪络。

隔离开关的破冰厚度一般为10mm，超过20mm的覆冰厚度由制造商和用户协商。在重冰区（如云贵高原、山东、河南部分地区，湘中、粤北重冰地带以及东北部分地区），所选隔离开关的破冰厚度，应大于安装场所的最大覆冰厚度。

（5）湿度

选择电器的湿度，应采用当地相对湿度最高月份的平均相对湿度（相对湿度——在一定温度下，空气中实际水汽压强值与饱和水汽压强值之比；最高月份的平均相对湿度——该月中日最大相对湿度值的月平均值）。对湿度较高的场所（如岸边水泵房等），应采用该处实际相对湿度。当无资料时，可取比当地湿度最高月份平均值高5%的相对湿度。

一般高压电器可使用在+20℃，相对湿度为90%的环境中（电流互感器为85%）。在长江以南和沿海地区，当相对湿度超过一般产品使用标准时，应选用湿热带型高压电器。这类产品的型号后面一般都标有"TH"字样。根据GB/T 14092.1—2009《机械产品环境条件 湿热》，湿热气候和生物条件参数值见表7-7。

（6）污秽

在距海岸1～2km或盐场附近的盐雾场所，在火电厂、炼油厂、冶炼厂、石油化工厂和水泥厂等附近含有由工厂排出的二氧化硫、硫化氢、氨、氯等成分烟气、粉尘等场所，在潮湿的气候下将形成腐蚀性或导电的物质。污秽地区内各种污物对电气设备的危害取决于污秽物质的导电性、吸水性、附着力、数量、密度及距污源的距离和气象条件。在工程设计中，应根据污秽情况采取下列措施。

表 7-7 湿热气候和生物条件参数值

| 环境参数 | | 单位 | 有气候防护场所 等级 | | 无气候防护场所 等级 |
|---|---|---|---|---|---|
| | | | 3K5L | 3K5① | 4K3Hs② |
| 空气温度 | 年最高 | ℃ | 40 | 45 | 40 |
| | 年最低 | ℃ | −5 | −5 | −5,−10③ |
| | 日平均 | ℃ | 35 | 35 | 35 |
| 温度变化率 | | ℃/min | 0.5 | 0.5 | 0.5 |
| 相对湿度≥95%时最高温度 | | ℃ | 28 | 28 | 28④ |
| 气压 | | kPa | 90 | 90 | 90 |
| 太阳辐射最大强度 | | W/m² | 700 | 700 | 1000 |
| 降雨强度 | | mm/min | — | — | 6⑤,15 |
| 雨水温度 | | ℃ | — | — | 5 |
| 凝露 | | — | 有 | 有 | 有 |
| 雷暴 | | — | — | — | 频繁 |
| 1m深土壤最高温度 | | ℃ | — | — | 32 |
| 冷却水最高温度 | | ℃ | 33 | 33 | 33 |
| 结冰和结霜条件 | | — | 有 | 有 | 有 |
| 有害生物(霉菌、鼠类、蚊类) | | — | 活动频繁 | 活动频繁 | 活动频繁⑥ |

① 通常选用3K5L，仅在较特殊的条件下选用3K5。
② 字母Hs的等级表示环境参数中有个别项目不同于原等级4K3。
③ 国内湿热地区低温采用−10℃。
④ 指年最大相对湿度不小于95%时出现的最高温度，国外湿热地区采用33℃。
⑤ 国内湿热地区降雨强度采用6mm/min。
⑥ 湿热带无气候防护场所，有害生物还应考虑鸟类的危害。

① 增大电瓷外绝缘的有效泄漏比距或选用有利于防污的电瓷造型，如采用半导体、大小伞、大倾角、钟罩式等特制绝缘子。
② 采用屋内配电装置。

线路和发电厂、变电所污秽分级标准以及各污秽等级下的爬电比距分级数值分别见表5-15和表5-17。

（7）海拔

电器的一般使用条件为海拔不超过1000m。海拔超过1000m的地区称为高原地区。

高原环境条件的主要特点是：气压低、气温低、日温差大、绝对湿度低、日照强。对电器的绝缘、温升、灭弧、老化等的影响是多方面的。

在高原地区，由于气温降低足够补偿海拔对温升的影响，因而在实际使用中其额定电流值可与一般地区相同。对安装在海拔高度超过1000m地区的电器外绝缘一般应予以加强，可选用高原型产品或选用外绝缘提高一级的产品。由于现有110kV及以下大多数电器的外绝缘有一定裕度，故可使用在海拔2000m以下的地区。

根据《高压开关设备和控制设备标准的共用技术要求》（GB/T 11022—2020）的相关规

定，对于安装在海拔高于1000m处的设备，外绝缘在使用地点的绝缘耐受水平应为额定绝缘水平乘以图7-1确定的系数$K_a$。

海拔修正系数可用下式计算，且对于海拔1000m及以下不需修正：

$$K_a = e^{m(H-1000)/8150} \tag{7-6}$$

式中 $H$——海拔高度，m。

为了简单起见，$m$取下述的确定值：

$m=1$，对于工频、雷电冲击和相间操作冲击电压；

$m=0.9$，对于纵绝缘操作冲击电压；

$m=0.75$，对于相对地操作冲击电压。

(8) 地震

地震对电器的影响主要是地震波的频率和地震振动的加速度。一般电器的固有振动频率与地震振动频率很接近，应设法防止共振的发生，并加大电器的阻尼比。地震振动的加速度与地震烈度和地基有关，通常用重力加速度$g$的倍数表示。

选择电器时，应根据当地的地震烈度选用能够满足地震要求的产品。电器的辅助设备应具有与主设备相同的抗震能力。一般电器产品可以耐受地震烈度为8度的地震力。在设计安装时，应考虑支架对地震力的放大作用。根据有关规程的规定，地震基本烈度为7度及以下地区的电器可不采取防震措施。在7度以上地区，电器应能承受的地震力可按表7-8所列加速度值和电器的质量进行计算。

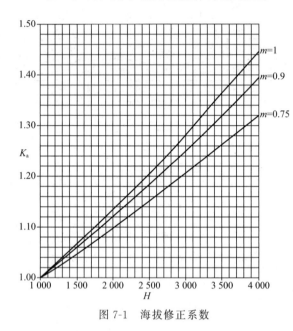

图7-1 海拔修正系数

表7-8 计算电器承受的地震力时用的加速度值

| 地震烈度(度) | 8 | 9 |
|---|---|---|
| 地面水平加速度 | 0.2g | 0.4g |
| 地面垂直加速度 | 0.1g | 0.2g |

## 7.1.4 环境保护

选用电器，还应注意电器对周围环境的影响。根据周围环境的控制标准，要对制造部门提出必要的技术要求。

(1) 电磁干扰

频率大于10kHz的无线电干扰主要来自电器的电流、电压突变和电晕放电。它会损害或破坏电磁信号的正常接收及电器、电子设备的正常运行。因此，电器及金具在最高工作相电压下，晴天的夜晚不应出现可见电晕。110kV及以下电器户外晴天无线电干扰电压不应大于$2500\mu V$。实践证明，对于110kV及以下的电器一般可不校验无线电干扰电压。

(2) 噪声

为了减少噪声对工作场所和附近居民区的影响，所选高压电器在运行中或操作时产生的噪声应符合 GB 3096—2008《声环境质量标准》以及 GB 12348—2008《工业企业厂界环境噪声排放标准》的相关规定（详见第 2 章表 2-10 和表 2-11）。

## 7.2 高压变配电设备及电气元件的选择

### 7.2.1 电力变压器

变压器是一种静止的电器，用以将一种电压和电流等级的交流电能转换成同频率的另一种电压和电流等级的交流电能。变压器最主要的部件是铁芯和绕组。输入电能的绕组叫原边绕组，输出电能的绕组叫副边绕组。原、副边绕组具有不同的匝数，但放置在同一个铁芯上，通过电磁感应关系，原边绕组吸收的电能可传递到副边绕组，并输送到负载，使原、副边绕组具有不同的电压和电流等级。

在电力系统中，将发电厂发出的电能以高压输送到用电区，需用升压变压器；而将电能以低压分配到各用户，需用降压变压器。通常输电高压为 110kV、220kV、330kV 和 500kV 等。用户电压则为 220V、380V 和 660V 等。故从发电、输电、配电到用户，需经 3～5 次变压，用以提高输配电效率。由此可见，对应发电厂的装机容量，变压器的生产容量将为 4～6 倍。因此在电力系统中变压器对电能的经济传输、灵活分配和安全使用具有重要意义。

#### 7.2.1.1 主要类型

电力变压器分类的方式很多，常见的分类方式有：

按绕组冷却介质分，有油浸式、干式和充气式三种。油浸式变压器又分油浸自冷式、油浸风冷式、油浸水冷式和油强制循环冷却式四大类。

按绕组导电材质分，有铜绕组变压器、铝绕组变压器、半铜半铝绕组变压器以及超导变压器等；过去多为铝绕组变压器，但目前低损耗铜绕组变压器应用广泛。

按调压方式分，有无载调压（无励磁调压）和有载调压两类。

按功能分，有升压变压器和降压变压器两种。

按相数分，有单相和三相两大类。

按绕组类型分，有双绕组、三绕组和自耦变压器三种。

#### 7.2.1.2 基本结构

(1) 油浸式电力变压器

油浸式电力变压器的结构如图 7-2 所示，其主要组成部分及其功能分述如下。

① 铁芯  变压器铁芯由多层涂有绝缘漆、导磁性能好、轻薄的冷轧硅钢片（一般厚度为 0.35～0.5mm）叠加而成，主要功能是导磁与套在铁芯上的绕组一起构成变压器的磁路部分。当有电流通过时，磁通的变化产生感应电动势。

三相变压器的铁芯，一般做成三柱式，直立部分称为铁柱，铁柱上套着高低压绕组，水平部分称为铁轭，用来构成闭合的磁路。

② 绕组  变压器的绕组又称为线圈，通常是用包有高强度绝缘物的铜线或铝线绕制的，

有高压绕组和低压绕组之分。高压绕组匝数较多，导线较细；低压绕组匝数较少，导线较粗。

通常把低压绕组套在里面，高压绕组套在外面，目的是使绕组与铁芯绝缘。低压绕组与铁芯之间，以及高压绕组与铁芯之间，都用由绝缘材料做成的套筒分开，它们之间再用绝缘纸板隔离开来，并留有油道，使变压器中的油能在两绕组之间自由流通。

③ 油箱　油箱是用钢板做成的变压器的外壳，内部装铁芯和绕组，并充满变压器油。20kV 及以上的变压器在油箱外还装有散热片或散热管。

变压器油有两个作用：一是绝缘。其绝缘能力比空气强，绕组浸在油里可加强绝缘，并且避免与空气接触，防止绕组受潮；二是散热。变压器运行时，变压器内部各处的温度不一样，利用油面在温度高时上升、温度低时下降的对流作用，把铁芯和绕组产生的热量通过散热片或散热管散到外面去。

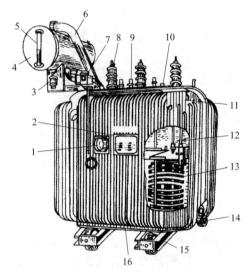

图 7-2　油浸式电力变压器结构图
1—信号温度计；2—铭牌；3—吸湿器；4—油枕（储油柜）；5—油标；6—防爆管；7—气体继电器；8—高压套管；9—低压套管；10—分接开关；11—油箱；12—铁芯；13—绕组及绝缘；14—放油阀；15—简易移动装置；16—接地端子

变压器油是一种绝缘性能良好的矿物油，按其凝固点不同可分为 10 号、25 号、45 号三种规格，凝固点分别为 -10℃、-25℃、-45℃，应根据变压器装设点的气候条件选用。

④ 油枕　变压器油箱的箱盖上装有油枕，油枕的体积一般为油箱体积的 8%～10%，油箱与油枕之间有管子连通。

油枕有两个作用：一是可以减小油面与空气的接触面积，防止变压器油受潮和变质；二是当油箱中油面下降时，油枕中的油可以补充到油箱里，不至于使绕组露出油面。此外油枕还能调节因变压器油温度升高而引起的油面上升，即当温度升高油的体积膨胀时，油流入油枕；当温度降低油的体积缩小时，油流回油箱。

油枕侧面装有油标，标有最高、最低位置。在油枕上还装有呼吸孔，使上部空间与大气相通。变压器油热胀冷缩时，油枕上部空气可通过呼吸孔出入。

⑤ 套管　变压器套管有高、低压之分，套管中有导电杆，其下端用螺栓和绕组末端相连，上端用螺栓和绕组首端相连，并用螺栓连接外电路。套管的作用是使从绕组引出的连线和箱盖之间保持适当绝缘。

⑥ 电压分接开关　电压分接开关又叫无载调压开关，是调整变压器变压比的装置。

电压分接开关的几个触头分别连接在高压线圈的几个触头上，当电压发生变化时，可通过改变电压分接开关位置的方式来改变高压线圈的匝数。由于高、低压电压的比值直接与绕组的匝数有关，这样就可使低压侧尽可能得到规定的电压。

注意，调整电压分接开关位置必须在变压器与电网断开、处于停用状态时进行。

(2) 干式电力变压器

干式电力变压器与油浸式电力变压器相比，其最大特点是没有油箱和油箱上繁杂的外部装置，不用冷却液，其铁芯和线圈不浸在任何绝缘液中，直接敞开以空气为冷却介质。其外形如图 7-3 所示，主要由铁芯、线圈、风冷系统、温控系统和保护外壳等构成。

① 线圈　干式变压器的线圈大部分采用层式结构，其导线上的绕包绝缘根据变压器产品的绝缘等级不同而分别采用普通电缆纸、玻璃纤维、绝缘漆等材料。环氧浇注/绕包干式变压器则在此基础上，以玻璃纤维带加固后，浇注/绕包环氧树脂，并固化成形。有的新型干式变压器采用的是箔式线圈，这种线圈由铜/铝箔与F级绝缘材料卷绕而成之后加热固化成形。箔式线圈具有力学性能好、匝间电容大、抗突发短路能力强、散热性能好等特点，在中小型变压器中得到比较广泛的应用。

② 铁芯　干式变压器的铁芯与油浸式变压器的铁芯相同。

③ 金属防护外壳　干式变压器在使用时一般配有相应的保护外壳，可防止人和物的意外碰撞，给变压器的运行提供安全屏障。根据防护等级的要求不同，分为IP20和IP23两种外壳。IP23外壳由于防护等级要求高、密封性强，因而对变压器的散热有一定影响。

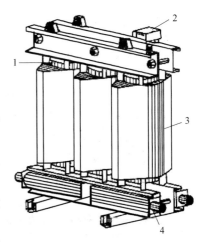

图 7-3　干式变压器外形图
1—铁芯；2—温控器；3—线圈；
4—冷却风机

④ 温控系统　干式变压器的温控系统可以分别对三相线圈的温度进行监控，并具有开启风机、关闭风机、超温报警、过载跳闸等自动功能。

⑤ 风冷系统　当干式变压器的工作温度达到一定数值（该数值可以由用户自行设定）时，风机在温控系统的控制下自动开启，对线圈等主要部件通风冷却，使变压器在规定温升下运行，并能承受一定的过负荷。

干式变压器的绝缘类型主要有三类。

a. 空气绝缘　与油浸式变压器相比，空气绝缘干式变压器绝缘性和散热性较差，其绝缘材料一般采用E级或B级绝缘。

b. 环氧树脂浇注绝缘　采用F级绝缘环氧树脂浇注绝缘，将高压线圈、低压线圈分别浇注成一个整体，具有力学性能好、电气性能佳、散热性能优良等特点。

c. 环氧树脂绕包绝缘　绕组用F级绝缘环氧树脂及玻璃纤维，对变压器线圈分别绕包后固化制成。

干式变压器的温升限值见表 7-9。

表 7-9　干式变压器的温升限值

| 绝缘等级 | 变压器不同部位温升限值/℃ | |
| --- | --- | --- |
| | 绕组 | 铁芯和结构零件表面 |
| Y级绝缘 | | 90 |
| A级绝缘 | 60 | 105 |
| E级绝缘 | 75 | 120 |
| B级绝缘 | 80 | 130 |
| F级绝缘 | 100 | 155 |
| H级绝缘 | 125 | 180 |
| C级绝缘 | 150 | >180 |
| 测量方法 | 电阻法 | 热偶计法 |

### 7.2.1.3 电气参数

(1) 额定容量

电力变压器的额定（铭牌）容量是指变压器在规定的环境温度条件下，室外安装时，在规定的使用年限（20年）内所能连续输出的最大视在功率（kV·A）。

GB 1094.1—2013《电力变压器 第1部分 总则》规定，我国电力变压器产品容量采用国际通用的 R10 标准，按 $R10=\sqrt[10]{10}=1.26$ 的倍数增加，即系列产品容量应为 100kV·A、125kV·A、160kV·A、200kV·A、315kV·A、400kV·A、500kV·A、630kV·A、800kV·A 和 1000kV·A 等。

(2) 效率

变压器输出功率与输入功率的比值即为变压器效率（$\eta$），而变压器输入与输出功率的差值则为变压器功耗。

变压器的功耗包括主要铜损 $P_{Cu}$ 和铁损 $P_{Fe}$ 两大部分。

① 铜损 $P_{Cu}$　由于原、副边绕组具有电阻 $r_1$、$r_2$，当电流通过时部分电能转为热能，即 $P_{Cu}=I_1^2 r_1+I_2^2 r_2$。铜损大小可通过变压器副边短路试验测出；

② 铁损 $P_{Fe}$　铁损是铁芯中涡流与磁滞所产生的损耗。由于电网频率和电压基本保持不变，故磁通 $\Phi_m$ 基本不变，因此铁损可通过变压器副边开路试验测出。

通常情况下，变压器的铜损和铁损都比较小，所以变压器的效率较高，大容量变压器效率可达 99% 以上。

(3) 阻抗电压

阻抗电压表征变压器次级绕组在额定运行情况下原边电压的降落，可用原边额定电压 $U_N$ 的百分比表示，约为 4%~7%。

测试方法是将副边绕组短路，并使副边通过电流达到额定值 $I_{2N}$，则此时原边所施加的电压值即为阻抗压降，或称短路电压。

(4) 短路阻抗（$Z_K$）标幺值

以某电气参数的额定值作为基准值，各电气参数对额定值的比值定义为其标幺值，用符号"*"表示。

变压器额定阻抗是额定电压 $U_N$ 与额定电流 $I_N$ 的比值，即

$$Z_N=U_N/I_N \tag{7-7}$$

故变压器的短路阻抗标幺值

$$Z_K^*=Z_K/Z_N=Z_K I_N/U_N=U_K/U_N=U_K^* \tag{7-8}$$

由此可见，变压器短路阻抗的标幺值与副边额定电流下短路电压的标幺值 $U_K^*$（即阻抗压降）是相等的。

用标幺值表示短路阻抗时原边绕组或副边绕组都相等，因此在变压器铭牌上只需标示出 $Z_K^*$ 值，而无需标示出原边绕组或副边绕组的短路阻抗值。

(5) 空载电流标幺值

变压器在空载时，其原边绕组类似带铁芯的电感绕组，空载电流 $I_0$ 用于产生空载时主磁通 $\Phi_m$，则空载电流标幺值 $I_0^*$ 为

$$I_0^*=I_0/I_{1N} \tag{7-9}$$

依据变压器等值折算，原边和副边空载电流标幺值相等，所以在变压器铭牌上仅示出统一的 $I_0^*$ 即可。

## 7.2.1.4 连接方式

三相电力变压器的原、副边绕组可以有多种连接形式。

(1) 星形连接 (Y)

变压器原边绕组接成 Y 形接法时,一般是将三个绕组的末端接在一起,构成公共的中性点,而三个首端则接三相电源;副边绕组接成星形时,末端接成中性点,首端获得对称的三相感应电动势。首端与首端之间的电压(流)称为线电压(流),首端与中性点之间的电压(流)叫作相电压(流)。在对称的三相交流电系统中,绕组接成 Y 形时,线电压等于 $\sqrt{3}$ 倍的相电压,线电流等于相电流。

我国变压器传统的连接方式是 Yyn0 连接,其连接方法与电压相量如图 7-4 所示。由图可见,采用 Yyn0 连接时,原边线电压 $U_{AB}$、$U_{BC}$、$U_{CA}$ 相位差为 120°,其相电压 $U_a$、$U_b$、$U_c$ 幅值比线电压分别小 $\sqrt{3}$ 倍,各相对应线电压(如 $U_a$ 对应

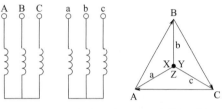

图 7-4 三相变压器 Yyn0 连接组别电压相量图

$U_{AB}$)超前相电压 60°,而相电压彼此间相位差也为 120°。由于原边引线端 A、B、C 分别与副边引线端 a、b、c 为同名端,因此副边线电压 $U_{ab}$、$U_{bc}$、$U_{ca}$ 分别与原边线压 $U_{AB}$、$U_{BC}$、$U_{CA}$ 同相位,而副边相压 $U_a$、$U_b$、$U_c$ 也分别与原边相电压 $U_A$、$U_B$、$U_C$ 同相位,即原边与副边对应线电压或相电压均无相角差。

这种连接方式的优点是对高压绕组绝缘强度要求不高,制造成本较低。主要缺点是在接用单相大容量不平衡负荷时,中性线电流较大。所以 GB 1094.1—2013《电力变压器 第 1 部分:总则》规定,容量在 1800kV·A 以上的变压器,不允许采用 Yyn0 连接。

(2) 三角形连接 (△)

三角形接法是将三相绕组的首端和末端相互连接成闭合回路,再从三个连接点引出三根线,接电源(原边绕组)或负载(副边绕组)。

目前,世界上大多数国家都采用△/Y (Dyn11) 连接组别变压器,如图 7-5 所示。由图可见,其原边绕组与副边绕组对应的线电压相位差为 30°。如图 7-5(c) 所示是正相序接法,即 Ay—Bz—Cx;还有一种是反相序接法,即 Az—Cy—Bx。

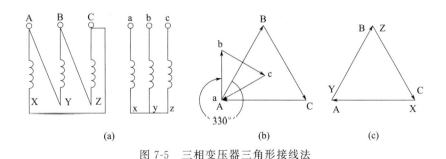

图 7-5 三相变压器三角形接线法

副边绕组按△形法接线时,三根引出线接负载,三个相电势对称,输出电压相等。三个绕组中电势之和等于零。如果有一相接反,则三个电势之和就等于相电势的 2 倍,会烧毁负载。使用△接法,要求三相的负荷应相等,以保证三相绕组的电压、电流平衡。

（3）连接组别的时钟表示法

变压器的连接组别可以用时钟来表示。把变压器原边（高压侧）的线电压矢量作为时钟上的长针，并且总是指着"12"，而以低压边对应线电压矢量作为短针，它所指的数字就是变压器连接组别的序号，它表征变压器高、低压边线电压矢量差。

利用时钟法表示 Yyn0 连接组别时，原边线电压矢量即为时钟长针 12 的方向，而副边线电压矢量即为时钟短针所指数字也在"12"的位置，所以这种变压器连接组别的时钟表示法即为：$Y/Y_0$-12，原、副边线电压是同相位的。

同样的道理，Dyn11 连接组别表示副边线电压超前原边线电压 30°，这时短针所指示在"11"的位置，如图 7-6 所示。所有角度都按短针顺时针方向来计算，则 12 点与 11 点之间相差角度应为 30°×11＝330°。

三相电力变压器原、副边绕组采用不同的连接方式，形成了原、副边绕组与所对应的线电压、线电流之间不同的相位关系。

图 7-6　三相变压器连接组别的时钟表示法

（4）Dyn11 连接与 Yyn0 连接的性能比较

Yyn0（$Y/Y_0$-12）是以前降压变压器（配电变压器）常用的连接组别，过去，我国大多采用这种连接形式，但近年来有被 Dyn11（△/$Y_0$-11）连接取代的趋势。究其原因，是由于变压器采用 Dyn11 连接较之采用 Yyn0 连接有以下优点。

① 对 Dyn11 连接的变压器来说，其 $3n$ 次谐波励磁电流在△接线的一次绕组内形成环流，不会注入公共高压电网中，这比一次绕组接成星形接线的 Yyn0 连接组别更有利于抑制高次谐波。

② Dyn11 连接变压器的零序阻抗比 Yyn0 连接变压器的小得多，从而更有利于低压单相接地短路故障时的保护与切除。

③ Dyn11 连接变压器中性线电流允许达到相电流的 75% 以上，其承受单相不平衡负荷能力比 Yyn0 连接变压器要大。

### 7.2.1.5　并联运行

当采用多台变压器供电时，变压器并联运行更加合理，每台变压器可均分负荷，变压器容量可以得到充分利用，运行比较经济，对于馈电设备的负荷分配比较简单。

但要注意，变压器允许并联的台数不宜太多，一般为 2～3 台。并联台数越多，其结点式供电系统的短路电流越大，如表 7-10 所示，这对低压断路器的选择带来一定难度，因此在选用低压断路器时，要求其额定短路分断能力应不小于线路的预期短路电流，而目前低压断路器的最大短路分断能力一般在 100kA 左右。

表 7-10　变压器并联运行时系统短路电流

| 变压器参数 | | $N=2$ | $N=3$ | $N=4$ |
|---|---|---|---|---|
| 容量/kV·A | 短路电压($U_N$%) | $I_{Kmax}$/kA | $I_{Kmax}$/kA | $I_{Kmax}$/kA |
| 1000 | 5.5 | 60.4 | 90.6 | 120.8 |
| 1600 | 6.0 | 90 | 135 | 280 |
| 2000 | 6.5 | 105.6 | 158.4 | 211.2 |

两台或多台变压器并联运行时，必须满足下列四个基本的条件。

① 参与并联运行的变压器原边与副边额定电压必须对应相等，即变压比要相同，允许偏差≤±5%。否则副边电压高的变压器会向副边电压低的变压器输出电流，从而在各变压器副边产生环流，引起不必要的电能损耗，可导致绕组过热或烧毁。

② 参与并联运行的变压器的阻抗电压必须相等。由于并联运行变压器的负荷是按其阻抗电压值成反比分配的，所以其阻抗电压必须相等，且允许差值不得超过±10%。如果阻抗电压差值过大，可能导致阻抗电压较小的变压器发生过负荷现象。

③ 参与并联运行的变压器连接组别应一样。若一台采用 Dyn11 组别，而另一台采用 Yyn0 组别，由于它们副边相电压存在 30°相位差，即 Dyn11 的 $U_2$ 超前 Yyn0 的 $U_2$ 相位 30°，所以两台变压器副边绕组间存在电位差，其副边绕组内会出现很大的环流。

④ 参与并联运行的变压器容量最好相同或相近，容量最大的变压器与容量最小的变压器的容量比不要超过 3:1，否则在变压器性能略有差异时，变压器间的环流会显著增加，很容易造成容量较小的变压器过载运行。

## 7.2.1.6 电力变压器及其附属设备选择的一般原则

① 电力变压器及其附属设备应按下列技术条件选择：

型式、容量、绕组电压、相数、频率、冷却方式、连接组别、短路阻抗、绝缘水平、调压方式、调压范围、励磁涌流、并联运行特性、损耗、温升、过载能力、噪声水平、中性点接地方式、附属设备、特殊要求。

② 变压器及其附属设备应按下列使用环境条件校验：

环境温度、日温差、最大风速、相对湿度、污秽、海拔高度、地震烈度、系统电压波形及谐波含量。

【注】当在屋内使用时，可不检验日温差、最大风速和污秽；在屋外使用时，则不检验相对湿度。

③ 以下所列环境条件为特殊使用条件，工程设计时应采取相应防护措施，否则应与制造商协商。

a. 有害的烟或蒸汽，灰尘过多或带有腐蚀性，易爆的灰尘或气体的混合物、蒸汽、盐雾、过潮或滴水等；

b. 异常振动、倾斜、碰撞和冲击；

c. 环境温度超出正常使用范围；

d. 特殊运输条件；

e. 特殊安装位置和空间限制；

f. 特殊维护问题；

g. 特殊的工作方式或负载周期，如冲击负载；

h. 三相交流电压不对称或电压波形中总的谐波含量大于 5%，偶次谐波含量大于 1%；

i. 异常强大的核子辐射。

④ 对于湿热带、工业污秽严重及沿海地区户外的产品，应考虑潮湿、污秽及盐雾的影响，变压器的外绝缘应选用加强绝缘型或防污秽型产品。热带产品气候类型分为湿热型（TH）、干热型（TA）和干湿热合型（T）三种。

⑤ 变压器可根据安装位置条件，按用途、绝缘介质、绕组型式、相数、调压方式及冷却方式确定选用变压器的类型。在可能的条件下，优先选用三相变压器、自耦变压器、低损耗变压器、无励磁调压变压器。对大型变压器选型应进行技术经济论证。

⑥ 选择变压器容量时，应根据变压器用途确定变压器负载特性，并参考相关标准中给

定的正常周期负载图所推荐的变压器在正常寿命损失下变压器的容量，同时还应考虑负荷发展，额定容量取值应尽可能选用标准容量系列。对大型变压器宜进行经济运行计算。

对三绕组变压器的高、中、低压绕组容量的分配，应考虑各侧绕组所带实际负荷，且绕组额定容量取值应尽可能选用标准系列。

⑦ 电力变压器宜按 GB/T 6451—2015《油浸式电力变压器技术参数和要求》和 GB/T 10228—2015《干式电力变压器技术参数和要求》的参数优先选择。

⑧ 除受运输、制造水平或其他特殊原因限制外应尽可能选用三相电力变压器。

⑨ 对于检修条件较困难和环境条件限制（低温、高潮湿、高海拔）地区的电力变压器宜选用寿命期内免维护或少维护型。

⑩ 短路阻抗选择。

a. 选择变压器短路阻抗时，应根据变压器所在系统条件尽可能选用相关标准规定的标准阻抗值。

b. 为限制过大的系统短路电流，应通过技术经济比较确定选用高阻抗变压器或限流电抗器，选择高阻抗变压器时应按电压分挡设置，并应校核系统电压调整率和无功补偿容量。

⑪ 对于 500kV 电力变压器主绝缘（高—低或高—中）的尺寸、油流静电、线圈抗短路机械强度、耐运输冲撞的能力应由产品设计部门给出详细算据。

⑫ 分接头的一般设置原则：

a. 在高压绕组或中压绕组上，而不是在低压绕组上；

b. 尽量在星形连接绕组上，而不是在三角形连接的绕组上；

c. 在网络电压变化最大的绕组上。

⑬ 调压方式的选择原则：

a. 无励磁调压变压器一般用于电压及频率波动范围较小的场所。

b. 有载调压变压器一般用于电压波动范围大，且电压变化频繁的场所。

c. 在满足运行要求的前提下，能用无载调压的尽量不用有载调压。无励磁分接开关应尽量减少分接头数目，可根据系统电压变化范围只设最大、最小和额定分接。

d. 自耦变压器采用公共绕组调压时，应验算第三绕组电压波动不超过允许值。在调压范围大，第三绕组电压不允许波动范围大时，推荐采用中压侧线端调压。

⑭ 电力变压器油应满足 GB 2536—2011《电工流体 变压器和开关用的未使用过的矿物绝缘油》的要求，330kV 以上电压等级的变压器油应满足超高压变压器油标准。

⑮ 在下述几种情况下一般可选用自耦变压器：

a. 单机容量在 125MW 及以下，且两级升高电压均为直接接地系统，其送电方向主要由低压送向高、中压侧，或从低压和中压送向高压侧，而无高压和低压同时向中压侧送电要求者，此时自耦变压器可作发电机升压之用。

b. 当单机容量在 200MW 及以上时，用来作高压和中压系统之间联络用的变压器。

c. 在 220kV 及以上的变电站中，宜优先选用自耦变压器。

⑯ 容量为 200MW 及以上的机组，主厂房及网控楼内的低压厂用变压器宜采用干式变压器。其他受布置条件限制的场所也可采用干式变压器。在地下变电站、市区变电站等防火要求高或布置条件受限制的地方宜采用干式变压器。

⑰ 对于新型变压器经技术经济比较，确认技术先进合理可选用。

⑱ 优先选用环保、节能的电力变压器消防方式（如充氮灭火等）。

⑲ 城市变电站宜采用低噪声变压器。

## 7.2.1.7 20kV 及以下变电所变压器的选择

① 当符合下列条件之一时，变电所宜装设两台及以上变压器：
a. 有大量一级负荷或二级负荷时；
b. 季节性负荷变化较大时；
c. 集中负荷较大时。
② 装有两台及以上变压器的变电所，当任意一台变压器断开时，其余变压器的容量应能满足全部一级负荷及二级负荷的用电。
③ 变电所中低压为 0.4kV 的单台变压器的容量不宜大于 1250kV·A，当用电设备容量较大、负荷集中且运行合理时，可选用较大容量的变压器。
④ 动力和照明宜共用变压器。当属于下列情况之一时，应设专用变压器：
a. 当照明负荷较大或动力和照明采用共用变压器严重影响照明质量及光源寿命时，应设照明专用变压器；
b. 单台单相负荷较大时，应设单相变压器；
c. 冲击性负荷较大，严重影响电能质量时，应设冲击负荷专用变压器；
d. 采用不配出中性线的交流三相中性点不接地系统（IT 系统）时，应设照明专用变压器；
e. 采用 660(690) V 交流三相配电系统时，应设照明专用变压器。

### 7.2.2 高压断路器

(1) 高压断路器的功能及类型

高压断路器具有相当完善的灭弧装置，因此它不仅能通断正常负荷电流，而且能通断一定的短路电流，并能在继电保护装置的作用下自动跳闸，切除短路故障。

高压断路器按其采用的灭弧介质分，有油断路器、六氟化硫（$SF_6$）断路器、真空断路器以及压缩空气断路器、磁吹断路器等类型。目前 110kV 及以下用户供配电系统中，主要采用油断路器、真空断路器和六氟化硫断路器。

高压断路器的型号含义如图 7-7 所示。

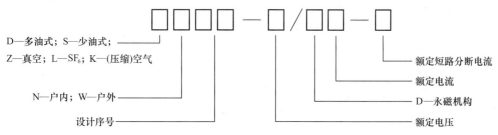

图 7-7 高压断路器的型号含义

(2) 油断路器

油断路器按其内部油量的多少和油的作用，又分为多油和少油两大类。多油断路器的油量较多，油一方面作为灭弧介质，另一方面又作为相对地（外壳）甚至相与相之间的绝缘介质。少油断路器用油量很少，油只作为灭弧介质，相地或相间的绝缘依靠空气介质承担。图 7-8 所示为 SN10-10 型少油断路器的外形结构图。

(3) 真空断路器

真空断路器（vacuum circuit-breaker）是利用"真空"（气压为 $10^{-2} \sim 10^{-6}$ Pa）灭弧的一种断路器，其触头装在真空灭弧室内。由于真空中不存在气体游离的问题，所以这种断路器的触头断开时很难发生电弧。但是在感性电路中，灭弧速度过快，瞬间切断电流 $i$ 将使 $di/dt$ 极大，从而使电路出现过电压（$U_L = L di/dt$），这对供电系统是不利的。因此，这种"真空"不能是绝对的真空，实际上能在触头断开时因高电场发射和热电发射产生一点电弧，称之为"真空电弧"，它能在电流第一次过零时熄灭。这样，既能使燃弧时间很短（最多半个周期），又不致产生很高的过电压。

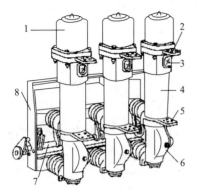

图 7-8 SN10-10 型少油断路器外形结构图
1—管帽；2、5—上、下接线端子；3—油标；4—绝缘筒；6—基座；7—主轴；8—框架

目前，户内真空断路器多采用弹簧操动机构和真空灭弧室部件前后布置，组成统一整体的结构形式。这种整体型布局，可使操动机构的操作性能与真空灭弧室开合所需的性能更为吻合，并可减少不必要的中间传动环节，降低了能耗和噪声。真空断路器配用中间封接式陶瓷真空灭弧室，采用铜铬触头材料及杯状纵磁场触头结构。触头具有电磨损速率小、电寿命长、耐压水平高、介质绝缘强度稳定且弧后恢复迅速、截流水平低、开断能力强等优点。图 7-9 所示是国产 ZN63 型户内真空断路器的总体结构。

(4) 六氟化硫断路器

六氟化硫断路器（$SF_6$ circuit-breaker）是用 $SF_6$ 气体作为灭弧和绝缘介质的断路器。$SF_6$ 气体是无色、无臭不燃烧的惰性气体，其密度是空气的 5.1 倍。$SF_6$ 分子有个特殊的性能，它能在电弧间隙的游离气体中吸附自由电子，在分子直径很大的 $SF_6$ 气体中，电子的自由行程是不大的。在同样的电场强度下产生碰撞游离机会减少了，因此，$SF_6$ 气体有优异的绝缘及灭弧性能，其绝缘强度约为空气的 3 倍，其绝缘强度恢复速度约比空气快 100 倍。因此，采用 $SF_6$ 作电器的绝缘介质或灭弧介质，既可大大缩小电器的外形尺寸，减少占地面积，又可利用简单的灭弧结构达到很大的开断能力。此外，电弧在 $SF_6$ 中燃烧时电弧电压特别低，燃弧时间也短，因而 $SF_6$ 断路器每次开断后触头烧损很轻微，不仅适用于频繁操作，同时也延长了检修周期。由于 $SF_6$ 断路器具有上述优点，$SF_6$ 断路器发展较快。

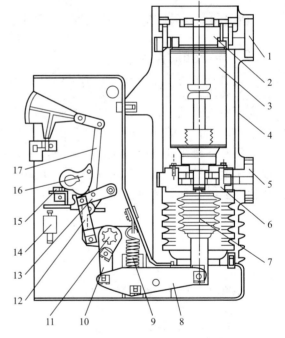

图 7-9 ZN63 型户内真空断路器的总体结构
1—上出线座；2—上支架；3—真空灭弧室；4—绝缘筒；5—下出线座；6—下支架；7—绝缘拉杆；8—传动拐臂；9—分闸弹簧；10—传动连板；11—主轴传动拐臂；12—分闸保持掣子；13—连板；14—分闸脱扣器；15—手动分闸顶杆；16—凸轮；17—分合指示牌连杆

$SF_6$ 的电气性能受电场均匀程度及水分等杂质影响特别大，故对 $SF_6$ 断路器的密封结构、元件结构及 $SF_6$ 气体本身质量的要求相当严格。

$SF_6$ 断路器的灭弧原理大致可分为三种类型：压气式、自能吹弧式和混合式。压气式开断电流大，但操作功大；自能吹弧式开断电流较小，操作功亦小；混合式是两种或三种原理的组合，主要是为了增强灭弧效能，增大开断电流，同时又能减小操作功。

(5) 高压断路器的操动机构

操动机构 (operating device) 的作用是使断路器进行分闸或合闸，并使合闸后保持在合闸状态。操动机构一般由合闸机构、分闸机构和保持合闸机构三部分组成。操动机构的辅助开关还可指示开关设备的工作状态并实现联锁作用。

① 弹簧操动机构　弹簧操动机构是一种以弹簧作为储能元件的机械式操动机构。弹簧储能借助电动机通过减速装置来完成，并经过锁扣系统保持在储能状态。开断时，锁扣借助磁力脱扣，弹簧释放能量，经过机械传递单元驱使触头运动。作为储能元件的弹簧有压缩弹簧、盘簧、卷簧和扭簧等。弹簧操动机构的操作电源可为交流也可为直流，对电源容量要求低，因而在中压供电系统中应用广泛。

② 电磁操动机构　电磁操动机构是靠合闸线圈所产生的电磁力进行合闸的机构，是直接作用式的机构。其结构简单，运行比较可靠，但合闸线圈需要很大的电流，一般要几十安至几百安，消耗功率比较大。电磁操动机构能手动或远距离电动分闸和合闸，便于实现自动化，但电磁操动机构需大容量直流操作电源。

③ 永磁机构　永磁机构是一种用于中压真空断路器的永磁保持、电子控制的电磁操动机构。它通过将电磁铁与永久磁铁的特殊结合来实现传统断路器操动机构的全部功能：由永久磁铁代替传统的脱锁扣机构来实现极限位置的保持功能；由分合闸线圈来提供操作时所需要的能量。可以看出，由于工作原理的改变，整个机构的零部件总数大幅减少，使机构的整体可靠性大幅提高。永磁机构需直流操作电源，但由于其所需操作功很小，因而对电源容量要求不高。

(6) 高压断路器的选择

① 高压断路器及其操动机构应按下列技术条件进行选择：电压；电流；极数；频率；绝缘水平；开断电流；短路关合电流；失步开断电流；动稳定电流；热稳定电流；特殊开断性能；操作顺序；端子机械载荷；机械和电气寿命；分、合闸时间；过电压；操动机构形式；操作气压、操作电压；相数；噪声水平。

② 高压断路器应按下列使用环境条件校验：环境温度；日温差；最大风速；相对湿度；污秽等级；海拔高度；地震烈度。

【注】当在屋内使用时，可不校验日温差、最大风速和污秽等级；在屋外使用时，则不校验相对湿度。

③ 断路器的额定电压应不低于系统的最高电压；额定电流应大于运行中可能出现的任何负荷电流。

④ 在校核断路器的断流能力时，宜取断路器实际开断时间（主保护动作时间与断路器分闸时间之和）的短路电流作为校验条件。

⑤ 在中性点直接接地或经小阻抗接地的系统中选断路器时，首相开断系数应取 1.3；在 110kV 及以下的中性点非直接接地的系统中，则首相开断系数应取 1.5。

⑥ 断路器的额定短时耐受电流等于额定短路开断电流，其持续时间额定值在 110kV 及以下为 4s；在 220kV 及以上为 2s。对于装有直接过电流脱扣器的断路器不一定规定短路持

续时间，如果断路器接到预期开断电流等于其额定短路开断电流的回路中，则当断路器的过电流脱扣器整定到最大时延时，该断路器应能在按照额定操作顺序操作，且在与该延时相应的开断时间内，承载通过的电流。

⑦ 当断路器安装地点短路电流直流分量不超过断路器额定短路开断电流幅值的20%时，额定短路开断电流仅由交流分量来表征，不必校验其直流分断能力。如果短路电流直流分量超过20%时，应与制造商协商，并在技术协议书中明确所要求的直流分量百分数。

⑧ 断路器的额定关合电流不应小于短路电流最大冲击值（第一个大半波电流峰值）。

⑨ 对于110kV及以上的系统，当系统稳定要求快速切除故障时，应选用分闸时间不大于0.04s的断路器；当采用单相重合闸或综合重合闸时，应选用能分相操作的断路器。

⑩ 对于330kV及以上系统，在选择断路器时，其操作过电压倍数应满足《交流电气装置的过电压保护和绝缘配合设计规范》GB/T 50064—2014的要求。

⑪ 对担负调峰任务的水电厂、蓄能机组、并联电容器组等需要频繁操作的回路，应选用适合频繁操作的断路器。

⑫ 用于为提高电力系统动稳定装设的电气制动回路中的断路器，其合闸时间不宜大于0.04~0.06s。

⑬ 用于切合并联补偿电容器组的断路器，应校验操作时的过电压倍数，并采取相应的限制过电压措施。3~10kV宜用真空断路器或$SF_6$断路器。容量较小的电容器组，也可使用开断性能优良的少油断路器。35kV及以上电压级的电容器组，宜选用$SF_6$断路器或真空断路器。

⑭ 用于串联电容补偿装置的断路器，其断口电压与补偿装置的容量有关，而对地绝缘则取决于线路的额定电压，220kV及以上电压等级应根据所需断口数量特殊订货；110kV及以下电压等级可选用同一电压等级的断路器。

⑮ 当断路器的两端为互不联系的电源时，设计中应按以下要求校验：

a. 断路器断口间的绝缘水平满足另一侧出现工频反相电压的要求；

b. 在失步下操作时的开断电流不超过断路器的额定反相开断性能；

c. 断路器同极断口间的泄漏比距（公称爬电比距与对地公称爬电比距之比）一般取为1.15~1.3；

d. 当断路器起联络作用时，其断口的泄漏比距（公称爬电比距与对地公称爬电比距之比）应选取较大的数值，一般不低于1.2。

当缺乏上述技术参数时，应要求制造部门进行补充试验。

⑯ 断路器尚应根据其使用条件校验下列开断性能：

a. 近区故障条件下的开合性能；

b. 异相接地条件下的开合性能；

c. 失步条件下的开合性能；

d. 小电感电流开合性能；

e. 容性电流开合性能；

f. 二次侧短路开断性能。

⑰ 当系统单相短路电流计算值在一定条件下有可能大于三相短路电流值时，所选择断路器的额定开断电流值应不小于所计算的单相短路电流值。

⑱ 选择断路器接线端子的机械荷载，应满足正常运行和短路情况下的要求。一般情况下断路器接线端子的机械荷载不应大于表7-11所列数值。

表 7-11 断路器接线端子允许的机械荷载

| 额定电压/kV | 额定电流/A | 水平拉力/N | | 垂直力(向上及向下)/N |
|---|---|---|---|---|
| | | 纵向 | 横向 | |
| 12 | | 500 | 250 | 300 |
| 40.5~72.5 | ≤1250 | 500 | 400 | 500 |
| | ≥1600 | 750 | 500 | 750 |
| 126 | ≤2000 | 1000 | 750 | 750 |
| | ≥2500 | 1250 | 750 | 1000 |
| 252~363 | 1250~3150 | 1500 | 1000 | 1250 |
| 550 | | 2000 | 1500 | 1500 |

注:当机械荷载计算值大于此表所列数值时,应与制造商商定。

### 7.2.3 高压熔断器

#### 7.2.3.1 高压熔断器的结构功能及其工作特性

(1) 基本功能

熔断器(fuse)中的主要元件为熔体(俗称熔丝)。当通过高压熔断器的电流超过某一规定值时,熔断器的熔体熔化以达到切断电路的目的。其功能主要是对电路及其中设备进行短路保护,有的还具有过负荷保护功能。

(2) 基本结构

图 7-10 所示是 $RW_4$-10 型户外跌落式熔断器的外形结构图。跌落式熔断器多用于 10kV 及以下的配电网路中,作为变压器和线路的过载和短路保护设备,也可用来直接分、合线路的小负荷电流或变压器的空载电流。

$RW_4$-10 型户外跌落式熔断器主要由绝缘子、上下触头导电系统和熔管四大部分组成。熔管多为采用绝缘钢纸管和酚醛纸管(或环氧玻璃布管)制成的复合管。正常工作时,熔管依靠熔丝的机械张力使熔管上的活动关节锁紧,所以熔管能在上静触头的压力下处于合闸位置。

图 7-10 $RW_4$-10 型户外跌落式熔断器的外形结构图

当过电流的热效应使熔丝熔断时,在熔管内将产生电弧,电弧的高温高热效应使熔管内衬的消弧管析出大量气体,并从管口高速喷出,形成强烈的吹弧作用使电弧熄灭。与此同时,熔管在上、下弹性触头的推力和熔管自身重量的作用下迅速跌落,形成明显的隔离间隙。当然熔管下坠拉弧的过程也有利于分断过程中产生电弧的熄灭。

(3) 熔体熔断过程

熔断器开断故障时的整个过程大致可分为三个阶段。

① 从熔体中出现短路(或过载)电流起到熔体熔断 此阶段称为熔体的熔化时间 $t_1$,熔化时间 $t_1$ 与熔体材料、截面积、流经熔体的电流以及熔体的散热情况有关,长到几小时,短到几毫秒甚至更短。

② 从熔体熔断到产生电弧　这段时间 $t_2$ 很短，一般在 1ms 以下。熔体熔断后，熔体先由固体金属材料熔化为液态金属，接着又汽化为金属蒸气。由于金属蒸气的温度不是太高，电导率远比固体金属材料的电导率低，因此熔体汽化后的电阻突然增大，电路中的电流被迫突然减小。由于电路中总有电感存在，电流突然减小将在电感及熔丝两端产生很高的过电压，导致熔丝熔断处的间隙击穿，出现电弧。出现电弧后，由于电弧温度高，热游离强烈，维持电弧所需的电弧电压并不太高。$t_1+t_2$ 称为熔断器的弧前时间。

③ 从电弧产生到电弧熄灭　此阶段时间称为燃弧时间 $t_3$，它与熔断器灭弧装置的原理和结构以及开断电流的大小有关，一般为几十毫秒，短的可到几毫秒。$t_1+t_2+t_3$ 称为熔断器的熔断时间。

（4）工作特性

表征高压熔断器工作特性的除额定电压、额定电流和开断能力外，还有熔体的时间-电流特性。时间-电流特性是表示熔体熔化时间与通过电流间关系的曲线，如图 7-11 所示。每一种额定电流的熔体都有一条自己特定的时间-电流特性曲线。根据时间-电流特性进行熔体电流的选择，可以获得熔断器的选择性。

### 7.2.3.2　高压限流熔断器

所谓限流熔断器（current-limiting fuse）是指其灭弧能力很强，能在短路后不到半个周期内，即短路电流未达到冲击值之前就能完全熄灭电弧、切断电路，从而使被保护设备免受大的电动力及热效应（$I^2t$）的影响一种熔断器。其限流特性如图 7-12 所示，它能将预期短路电流限制在较小的数值范围内。

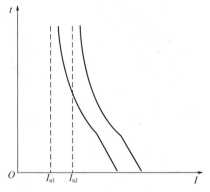
图 7-11　熔体的时间-电流特性曲线
$t$—弧前时间；$I$—预期短路电流有效值

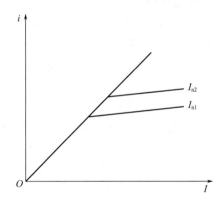
图 7-12　高压限流熔断器的限流特性
$i$—截断电流峰值；$I$—预期短路电流有效值

高压限流熔断器的原理结构如图 7-13 所示。限流熔断器依靠填充在熔体周围的石英砂对电弧的吸热和游离气体向石英砂间隙扩散的作用进行灭弧。熔体通常用纯铜或纯银制作，额定电流较小时用丝状熔体，较大时用带状熔体，缠绕在瓷芯柱上。在整个带状熔体长度中有规律地制成狭颈，狭颈处点焊低熔点合金形成"冶金效应"（metallurgical effect）点，使电弧在各狭颈处首先产生。丝状熔体也可用冶金效应。熔体上会同时多处起弧，形成串联电弧，灭弧后的多断口足以承受瞬态恢复电压和工频恢复电压。限流熔断器一端装有撞击器或指示器。在熔断器-负荷开关结构中，熔断器的撞击器对负荷开关直接进行分闸脱扣。触发撞击器可用炸药、弹簧或鼓膜。

XRNT3-12型为变压器保护用高压限流熔断器,适用于户内交流50Hz、额定电压10kV系统,可与负荷开关配合使用,作为变压器或电力线路的过载和短路保护。XRNP3-12型为电压互感器保护用高压限流熔断器。

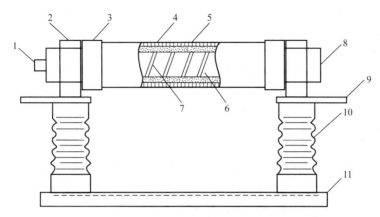

图7-13 高压限流熔断器的原理结构
1—撞击器；2—底座触头；3—金属管帽；4—瓷质熔管；5—石英砂；6—瓷芯柱；7—熔体；
8—熔体触头；9—接线端子；10—绝缘子；11—熔断器底座

### 7.2.3.3 高压熔断器的选择

① 高压熔断器应按下列技术条件选择：电压；电流；开断电流；保护熔断特性。

② 高压熔断器尚应按下列使用环境条件校验：环境温度；最大风速；污秽；海拔高度；地震烈度。

【注】当在屋内使用时，可不校验最大风速和污秽。

③ 高压熔断器的额定开断电流应大于回路中可能出现的最大预期短路电流周期分量有效值。

④ 限流式高压熔断器不宜使用在工作电压低于其额定电压的电网中，以免因过电压而使电网中的电器损坏。

⑤ 高压熔断器熔管的额定电流应大于或等于熔体的额定电流。熔体的额定电流应按高压熔断器的保护熔断特性选择。

⑥ 选择熔体时，应保证前后两极熔断器之间，熔断器与电源侧继电保护之间，以及熔断器与负荷侧继电保护之间动作的选择性。

⑦ 熔断器熔体在满足可靠性和下一段保护选择性的前提下，当在本段保护范围内发生短路时，应能在最短时间内切断故障，以防止熔断时间过长而加剧被保护电器损坏。

⑧ 保护电压互感器的熔断器，只需按额定电压和开断电流选择。

⑨ 发电机出口电压互感器高压侧熔断器的额定电流应与发电机定子接地保护相配合，以免电压互感器二次侧故障引起发电机定子接地保护误动作。

⑩ 变压器回路熔断器的选择应符合下列规定：

a.熔断器应能承受变压器的容许过负荷电流及低压侧电动机成组启动所产生的过电流；

b.变压器突然投入时的励磁涌流不应损伤熔断器，变压器的励磁涌流通过熔断器产生的热效应可按10～20倍的变压器满载电流持续0.1s计算，当需要时可按20～25倍的变压器满载电流持续0.01s校验；

c.熔断器对变压器低压侧短路故障的保护，其最小开断电流应低于预期短路电流。

⑪ 电动机回路熔断器的选择应符合下列规定：

a. 熔断器应能安全通过电动机的容许过负荷电流；

b. 电动机的启动电流不应损伤熔断器；

c. 电动机在频繁地投入、开断或反转时，其反复变化的电流不应损伤熔断器。

⑫ 保护电力电容器的高压熔断器选择，应符合《并联电容器装置设计规范》GB 50227—2017 的规定。

⑬ 跌落式高压熔断器的断流容量应分别按上、下限值校验，开断电流应以短路全电流校验。

⑭ 除保护防雷用电容器的熔断器外，当高压熔断器的断流容量不能满足被保护回路短路容量要求时，可采用在被保护回路中装设限流电阻等措施来限制短路电流。

### 7.2.4 高压隔离开关

高压隔离开关（switch-disconnector）的主要用途是使被检修设备（如高压断路器等）与电网完全可靠断开，以确保工作人员的安全，为此，隔离开关在断开时，触头间应构成明显可见的电气断点，并在空气介质中保持足够的绝缘安全距离。图 7-14 所示为 10kV 三极杠杆传动的 GN1-10 系列隔离开关结构示意图。

该系列隔离开关由手提绝缘操作杆操动，为了增强开关触刀对短路电流的稳定性，触刀采用了磁锁装置。磁锁装置作用原理如图 7-15 所示。

图 7-14　GN1-10 系列隔离开关结构示意图

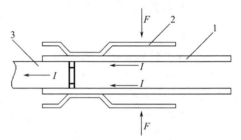

图 7-15　隔离开关磁锁装置作用原理示意图
1—并行闸刀；2—铁片；3—静触头

当短路电流沿着并行的闸刀流经静触头时，由于铁片 2 的磁力作用使刀片相互吸引，因此增加了刀片对静触头的接触压力，从而增强了触头系统对短路电流的稳定作用。

高压隔离开关没有专门的灭弧结构，工作中切断电流的能力小，一般只用来分断或接通空载线路、电压互感器或容量小于 180kV·A，电压不高于 10kV 电力变压器的空载电流等。高压隔离开关不能用来切断负荷电流和较大的短路电流，否则会在开关触头间形成很强的持续电弧，这不仅能损坏隔离开关及附近的电气设备，而且电弧的长期燃烧对电力系统的安全运行也十分危险。因此在电路中有较大电流的情况下，必须在相关的断路器分断电路后，才可对隔离开关进行线路分断或接通的切换操作。万一因误操作而在触头间建立不能熄灭的电弧时，应立即将隔离开关闭合，以消除电弧可能引发的不利后果。

高压隔离开关的选择应注意以下几点。

① 隔离开关及其操作机构应按下列技术条件选择：电压；电流；频率；（对地和断口间的）绝缘水平；泄漏比距；动稳定电流；热稳定电流；分合小电流、旁路电流和母线环流；接线端机械荷载；单柱式隔离开关的接触区；分、合闸装置及电磁闭锁装置操作电压；操动机构形式，气动机构的操作气压。

② 隔离开关尚应按下列使用环境条件校验：环境温度；最大风速；覆冰厚度；相对湿度；污秽；海拔高度；地震烈度。

**【注】** 当在屋内使用时，可不校验最大风速、覆冰厚度和污秽；在屋外使用时，则不校验相对湿度。

③ 对隔离开关的形式选择应根据配电装置的布置特点和使用要求等因素，进行综合技术经济比较后确定。

④ 隔离开关应根据负荷条件和故障条件所要求的各个额定值来选择，并应留有适当裕度，以满足电力系统未来发展要求。

⑤ 隔离开关没有规定承受持续过电流的能力，当回路中有可能出现经常性断续过电流情况时，应与制造商协商。

⑥ 当安装的 63kV 及以下隔离开关的相间距离小于产品规定的最小相间距离时，应要求制造商根据使用条件进行动、热稳定性试验。原则上应进行三相试验，当试验条件不具备时，允许进行单相试验。

⑦ 单柱垂直开启式隔离开关在分闸状态下，动静触头间的最小电气距离不应小于配电装置的最小安全净距 $B$ 值。

⑧ 为保证检修安全，63kV 及以上断路器两侧的隔离开关和线路隔离开关的线路侧宜配置接地开关。接地开关应根据其安装处的短路电流进行动、热稳定校验。

⑨ 选用的隔离开关应具有切合电感、电容性小电流的能力，应使电压互感器、避雷器、空载母线、励磁电流不超过 2A 的空载变压器及电容电流不超过 5A 的空载线路等，在正常情况下操作时能可靠切断，并符合有关电力工业技术管理规定。当隔离开关的技术性能不能满足上述要求时，应向制造部门提出，否则不得进行相应操作。隔离开关尚应能可靠切断断路器的旁路电流及母线环流。

⑩ 屋外隔离开关接线端的机械荷载不应大于表 7-12 所列数值。机械荷载应考虑母线（或引下线）的自重、张力、风力和冰雪等施加于接线端的最大水平静拉力。当引下线采用软导线时，接线端机械荷载中不需再计入短路电流产生的电动力。但对采用硬导体或扩径空心导线的设备间连线，则应考虑短路电动力。

表 7-12 屋外隔离开关接线端允许的机械荷载

| 额定电压/kV | | 额定电流/A | 水平拉力/N | | 垂直力(向上、下)/N |
|---|---|---|---|---|---|
| | | | 纵向 | 横向 | |
| 12 | | | 500 | 250 | 300 |
| 40.5～72.5 | | ≤1250 | 750 | 400 | 500 |
| | | ≥1600 | 750 | 500 | 750 |
| 126 | | ≤2000 | 1000 | 750 | 750 |
| | | ≥3150 | 1250 | 750 | 1000 |
| 252～363 | 单柱式 | 1250～3150 | 2000 | 1500 | 1000 |
| | 多柱式 | 1250～3150 | 1500 | 1000 | 1000 |
| 550 | 单柱式 | 2500～4000 | 3000 | 2000 | 1500 |
| | 多柱式 | 2500～4000 | 2000 | 1500 | 1500 |

注：1. 如果机械荷载计算值超过本表规定值时，应与制造商协商另定。
2. 安全系数为：静态不小于 3.5，动态不小于 1.7。

### 7.2.5 高压负荷开关

高压负荷开关具有简单的灭弧装置，因而能通断一定的负荷电流和过负荷电流，但不能断开短路电流。因此，它一般与高压熔断器串联使用，借助熔断器来切除短路故障。

负荷开关在结构上应满足以下要求：在分闸位置时要有明显可见的间隙，这样，负荷开关前面就无须串联隔离开关，在检修电气设备时，只要开断负荷开关即可；要能经受尽可能多的开断次数，而无须检修触头和调换灭弧室装置的组成元件；负荷开关虽不要求开断短路电流，但要求能关合短路电流，并有承受短路电流的动稳定性和热稳定性的要求（对组合式负荷开关则无此要求）。

负荷开关的结构按不同灭弧介质可分为压缩空气、有机材料产气、$SF_6$ 气体和真空负荷开关四种。压气式负荷开关是用空气作为灭弧介质的，它是一种将空气压缩后直接喷向电弧断口而熄灭电弧的开关。产气式负荷开关是利用触头分离，产生电弧，在电弧作用下，使绝缘产气材料产生大量的灭弧气体喷向电弧，使电弧熄灭。在 $SF_6$ 负荷开关中，一般用压气式灭弧。这是因为 $SF_6$ 负荷开关仅开断负荷电流而不开断短路电流，用压气原理只要稍有气吹就能灭弧。此时，若用旋弧式或热膨胀式，则因电流小而难以开断。真空负荷开关的开关触头被封入真空灭弧室，开断性能好且工作可靠，特别在开断空载变压器、开断空载电缆和架空线方面都要比压气式和 $SF_6$ 负荷开关优越。高压负荷开关一般采用手力操动机构，当有遥控操作要求时，也可配置电动操动机构。

高压负荷开关的选择应注意以下几点。

① 负荷开关及其操动机构应按下列技术条件选择：电压；电流；频率；绝缘水平；动稳定电流；热稳定电流；开断电流；关合电流；机械荷载；操作次数；过电压；操动机构形式；操作电压；相数；噪声水平。

② 负荷开关尚应按下列使用环境条件校验：环境温度；最大风速；相对湿度；覆冰厚度；污秽；海拔高度；地震烈度。

【注】当在屋内使用时，可不校验最大风速、覆冰厚度和污秽；在屋外使用时，则不校验相对湿度。

③ 当负荷开关与熔断器组合使用时，负荷开关应能关合组合电器中可能配用熔断器的最大截止电流。

④ 当负荷开关与熔断器组合使用时，负荷开关的开断电流应大于转移电流和交接电流。

⑤ 负荷开关的有功负荷开断能力和闭环电流开断能力应不小于回路的额定电流。

⑥ 选用的负荷开关应具有切合电感、电容性小电流的能力。应能开断不超过 10A（3～35kV）、25A（63kV）的电缆电容电流或限定长度的架空线充电电流，以及开断 1250kV·A（3～35kV）、5600kV·A（63kV）配电变压器的空载电流。

⑦ 当开断电流超过第⑥条的限额或开断其电容电流为额定电流 80% 以上的电容器组时，应与制造部门协商，选用专用的负荷开关。

### 7.2.6 72.5kV 及以上气体绝缘金属封闭开关设备

气体绝缘金属封闭式开关设备（gas insulate metal-enclosed switchgear，GIS）是在 $SF_6$ 断路器基础上进一步发展起来的，是将断路器、隔离开关、接地开关、电流和电压互感器、避雷器和连接母线等封闭在金属壳体内，充以具有优异灭弧和绝缘性能的 $SF_6$ 气体，作为相间和对地的绝缘。由于它既封闭又组合，故占地面积小，占用空间少，不受外界环境条件的影响，不产生噪声和无线电干扰，运行安全可靠且维护工作量少，因而得到大力发展。

目前 GIS 多为三相封闭式（三相共筒式）结构。所谓三相共筒式，就是将主回路元件的三相装在公共的外壳内，通过环氧树脂浇注绝缘子支撑和隔离。GIS 每一功能单元又由若干隔室组成，如断路器隔室、母线隔室等。

与传统的敞开式高压配电装置相比，GIS 的占地面积仅为敞开式的 10%，甚至更小，而占有的空间体积则更小。因此，GIS 特别适用于位于深山峡谷水电站的升压变电站，以及城区高压电网的变电站。在上述情况下，虽然 GIS 的设备费较敞开式高，但如计及土建和土地的费用，则 GIS 有更好的综合经济指标。

GIS 从问世以来，一直向高电压、大容量、小型化方向发展，今后的发展方向则是结构复合化和二次设备现代化。目前，GIS 主要用于 66kV 及以上系统中。72.5kV 及以上气体绝缘金属封闭开关设备的选择应注意以下几点。

① GIS 及其操动机构应按下列技术条件选择：电压；电流（主回路的）；频率；机械荷载；绝缘水平；热稳定电流（主回路的和接地回路的）；动稳定电流（主回路的和接地回路的）；短路持续时间；开断电流；操作顺序；机械和电气寿命；分、合闸时间；绝缘气体密度；年漏气率；各组成元件（包括其操作机构和辅助设备）的额定值。

② 气体绝缘金属封闭开关设备（GIS）尚应按下列使用环境条件校验：环境温度；日温差；最大风速；相对湿度；污秽；覆冰厚度；海拔高度；地震烈度。

【注】当在屋内使用时，可不校验日温差、最大风速、污秽和覆冰厚度，当在屋外使用时，则不校验相对湿度。

③ 在经济技术比较合理时，气体绝缘金属封闭开关设备宜用于下列情况的 63kV 及以上系统：

a. 城市内的变电站；

b. 布置场所特别狭窄地区；

c. 地下式配电装置；

d. 重污秽地区；

e. 高海拔地区；

f. 高烈度地震区。

④ 气体绝缘金属封闭开关设备的各元件按其工作特点尚应满足下列要求。

a. 负荷开关元件：开断负荷电流；关合负荷电流；动稳定电流；热稳定电流；分、合闸时间；操作次数；允许切、合空载线路的长度和空载变压器的容量；允许关合短路电流；操作机构形式。

b. 接地开关和快速接地开关元件：关合短路电流；关合时间；关合短路电流次数；切断感应电流能力；操作机构形式、操作气压、操作电压、相数。

【注】如不能预先确定回路不带电，应采用关合能力等于相应的额定峰值耐受能力的接地开关；如能预先确定回路不带电，可采用不具有关合能力或关合能力低于相应的额定峰值耐受电流的接地开关。一般情况下不宜采用可移动的接地装置。

c. 电缆终端与引线套管：动稳定电流；热稳定电流；安装时的允许倾角。

【注】当 GIS 与电缆或变压器高压出线端直接连接时，如有必要，宜在两者接口的外壳上设置直流和/或交流试验用套管的安装孔，制造商应根据用户要求，提供试验套管或给出套管安装的有关资料。

⑤ 选择气体绝缘金属封闭开关设备内的元件时，尚应考虑下列情况。

a. 断路器元件的断口布置形式需根据场地情况及检修条件确定，当需降低高度时，宜选用水平布置；当需减少宽度时，可选用垂直布置。灭弧室宜选用单压式。

b. 负荷开关元件在操作时应三相联动，其三相合闸不同期性不应大于 10ms，分闸不同期性不应大于 5ms。

c. 隔离开关和接地开关应具有表示其分、合位置的可靠和便于巡视的指示装置，如该位置指示器足够可靠的话，可不设置观察触头位置的观察窗。

d. 在 GIS 停电回路的最先接地点（不能预先确定该回路不带电）或利用接地装置保护封闭电器外壳时，应选择快速接地开关；而在其他情况下则选用一般接地开关。接地开关或快速接地开关的导电杆应与外壳绝缘。

e. 电压互感器元件宜选用电磁式，如需兼作现场工频实验变压器时，应在订货中向生产厂商或销售商予以说明。

f. 在气体绝缘金属封闭开关设备母线上安装的避雷器宜选用 $SF_6$ 气体作绝缘和灭弧介质的避雷器，在出线端安装的避雷器一般宜选用敞开式避雷器。$SF_6$ 避雷器应做成单独的气隔，并应装设防爆装置、监视压力的压力表（或密度继电器）和补气用的阀门。

g. 如气体绝缘金属封闭开关设备将分期建设时，宜在将来的扩建接口处装设隔离开关和隔离气室，以便将来不停电扩建。

⑥ 为防止因温度变化引起伸缩，以及因基础不均匀下沉，造成气体绝缘金属封闭开关设备漏气与操作机构失灵，在气体绝缘金属封闭开关设备的适当部位应加装伸缩节。伸缩节主要用于装配调整（安装伸缩节），吸收基础间的相对位移或热胀冷缩（温度伸缩节）的伸缩量等。在气体绝缘金属封闭开关设备分开的基础之间允许的相对位移（不均匀下沉）应由制造商和用户协商确定。

⑦ 气体绝缘金属封闭开关设备在同一回路的断路器、隔离开关、接地开关之间应设置联锁装置。线路侧的接地开关宜加装带电指示和闭锁装置。

⑧ GIS 内各元件应分成若干气隔。气隔的具体划分可根据布置条件和检修要求，在订货技术条款中由用户与制造商商定。气体系统的压力，除断路器外，其余部分宜采用相同气压。长母线应分成几个隔室，以利于维修和气体管理。

⑨ 外壳的厚度，应以设计压力和在下述最小耐受时间内外壳不烧穿为依据：a. 电流等于或大于 40kA，0.1s；b. 电流小于 40kA，0.2s。

⑩ GIS 应设置防止外壳破坏的保护措施，制造商应提供关于所用的保护措施方面的充足资料。制造商和用户可商定一个允许的内部故障电弧持续时间。在此时间内，当短路电流不超过某一数值时，将不发生电弧的外部效应。此时可不装设防爆膜或压力释放阀。

⑪ 气体绝缘金属封闭开关设备外壳要求高度密封。制造商宜按 GB/T 11023—2018《高压开关设备 六氟化硫气体密封试验方法》确定每个气体隔室允许的相对年泄漏率。每个隔室的相对年泄漏率应不大于 1%。

⑫ 气体绝缘金属封闭开关设备的允许温升应按 GB 7674—2020《额定电压 72.5kV 及以上气体绝缘金属封闭开关设备》的要求执行。

⑬ 气体绝缘金属封闭开关设备中 $SF_6$ 气体的质量标准应符合 GB/T 8905—2012《六氟化硫电气设备中气体管理和检测导则》的规定。

⑭ 气体绝缘金属封闭开关设备的外壳应接地。凡不属于主回路或辅助回路的且需要接地的所有金属部分都应接地。外壳、构架等的相互电气连接宜采用紧固连接（如螺栓连接或

焊接），以保证电气上的连通。接地回路导体应有足够的截面，具有通过接地短路电流的能力。在短路情况下，外壳的感应电压不应超过24V。

## 7.2.7 交流金属封闭开关设备

① 交流金属封闭开关设备（以下简称开关柜）应按下列技术条件进行选择：电压；电流；频率；绝缘水平；温升；开断电流；短路关合电流；动稳定电流；热稳定电流和持续时间；分、合闸机构和辅助回路电压；系统接地方式；防护等级。

② 开关柜尚应按下列使用环境条件进行校验：环境温度；日温差；相对湿度；海拔高度；地震烈度。

③ 开关柜的形式选择应遵照 DL/T 5153—2014《火力发电厂厂用电设计技术规程》的有关条款执行。

④ 开关柜的防护等级应满足环境条件的要求。

⑤ 当环境温度高于+40℃时，开关柜内的电器应按每增高1℃，额定电流减少1.8%降容使用，母线的允许电流可按下式计算：

$$I_t = I_{40}\sqrt{\frac{40}{t}} \tag{7-10}$$

式中　$t$——环境温度，℃；

$I_t$——环境温度 $t$ 下的允许电流；

$I_{40}$——环境温度40℃时的允许电流。

⑥ 沿开关柜的整个长度延伸方向应设有专用的接地导体，专用接地导体所承受的动、热稳定电流应为额定短路开断电流的86.6%。

⑦ 开关柜内装有电压互感器时，互感器高压侧应有防止内部故障的高压熔断器，其开断电流应与开关柜参数相匹配。

⑧ 高压开关柜中各组件及其支持绝缘件的外绝缘爬电比距（高压电器组件外绝缘的爬电距离与最高电压之比）应符合如下规定。

a. 凝露型的爬电比距。瓷质绝缘不小于14/18mm/kV（Ⅰ/Ⅱ级污秽等级），有机绝缘不小于16/20mm/kV（Ⅰ/Ⅱ级污秽等级）。

b. 不凝露型的爬电比距。瓷质绝缘不小于12mm/kV，有机绝缘不小于14mm/kV。

⑨ 单纯以空气作为绝缘介质时，开关柜内各相导体的相间与对地净距必须符合表7-13所示的要求。

表 7-13 开关柜内各相导体的相间与对地净距

| 额定电压/kV | 7.2 | 12(11.5) | 24 | 40.5 |
|---|---|---|---|---|
| 1. 导体至接地间净距/mm | 100 | 125 | 180 | 300 |
| 2. 不同相导体之间的净距/mm | 100 | 125 | 180 | 300 |
| 3. 导体至无孔遮栏间净距/mm | 130 | 155 | 210 | 330 |
| 4. 导体至网状遮栏间净距/mm | 200 | 225 | 280 | 400 |

注：海拔超过1000m时本表所列1、2项值按每升高100m增大1%进行修正，3、4项值应分别增加1或2项值的修正值。

⑩ 高压开关柜应具备五项措施：防止误拉、合断路器，防止带负荷分、合隔离开关

（或隔离插头），防止带接地开关（或接地线）送电，防止带电合接地开关（或挂接地线），防止误入带电间隔五项措施。

### 7.2.8 电流互感器

(1) 基本结构原理与类型

电流互感器（current transformer，图形符号为 TA）主要用来将主电路中的电流变换到仪表电流线圈允许的量限范围内，使其便于测量或计量。它可视为一种特殊的变压器。

电磁式电流互感器的基本结构如图 7-16 所示，其特点有三。

① 一次绕组匝数很少（有的直接穿过铁芯，只有一匝），导体较粗。二次绕组匝数很多，导体较细。

② 工作时，一次绕组串联在供电系统的一次电路中，而二次绕组则与仪表、继电器等电流线圈串联，形成一个闭合回路。由于这些电流线圈的阻抗很小，所以电流互感器工作时二次回路接近于短路状态。

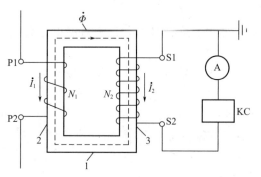

图 7-16 电磁式电流互感器的基本结构
1—铁芯；2—一次绕组；3—二次绕组

③ 二次绕组的额定电流一般为 5A。

电流互感器的一次电流 $I_1$ 与其二次电流 $I_2$ 之间有下列关系：

$$I_1 \approx I_2(N_2/N_1) \approx K_i I_2 \tag{7-11}$$

式中 $N_1$，$N_2$——电流互感器一次绕组和二次绕组的匝数；

$K_i$——电流互感器的变流比，一般表示为一次绕组和二次绕组额定电流之比。

电流互感器类型很多，按一次绕组的匝数分，有单匝式（包括母线式、芯柱式、套管式）和多匝式（包括线圈式、线环式、串级式）；按一次电压高低分，有高压和低压两类；按用途分，有测量用和保护用两类；按准确度等级分，测量用电流互感器有 0.1、0.2(S)、0.5(S)、1、3、5 等级，110kV 及以下系统保护用电流互感器的准确度有 5P 和 10P 两级。

高压电流互感器一般制成两个铁芯和两个二次绕组，其中准确度级高的二次绕组接测量仪表，其铁芯易饱和，使仪表受短路电流的冲击小；准确度级低的二次绕组接继电器，其铁芯不应饱和，使二次电流能成比例增长，以适应保护灵敏度的要求。

目前的电流互感器都是环氧树脂浇注绝缘的，尺寸小，性能好，在高低压成套配电装置中广泛应用。图 7-17 所示为户内高压 10kV 的 LQJ-10 型电流互感器的外形图，它有两个铁芯和两个二次绕组，分别为 0.5 级和 3 级，0.5 级接测量仪表，3 级接继电保护。图 7-18 是户内低压 500V 的 LMZJ1-0.5 型（500～800/5A）电流互感器的外形图，它用于 500V 以下的配电装置中，穿过它的母线就是其一次绕组（最少是 1 匝）。

(2) 常见接线方案

电流互感器在三相电路中常用的接线方案有以下三种。

① 一相式接线［如图 7-19(a) 所示］电流线圈通过的电流，反映一次电路对应相的电流，常用于负荷平衡的三相电路中测量电流，或在继电保护中作过负荷保护接线。

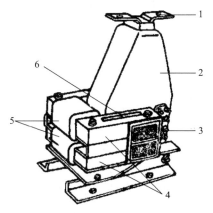
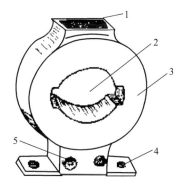

图 7-17　LQJ-10 型电流互感器外形图
1——次接线端；2——次绕组；3—二次接线端；4—铁芯；5—二次绕组；6—警告牌

图 7-18　LMZJ1-0.5 型电流互感器外形图
1—铭牌；2——次母线穿过；3—铁芯，外绕二次绕组；4—安装板；5—二次接线端

② 两相 V 形接线 [如图 7-19(b) 所示] 也称为两相不完全星形接线，广泛用于中性点不接地的三相三线制电路中，常用于三相电能的测量及过电流继电保护。

③ 三相星形接线 [如图 7-19(c) 所示] 这种接线的三个电流线圈，正好反映各相电流，因此广泛用于中性点接地的三相三线制特别是三相四线制电路中，用于电流、电能测量或过电流继电保护等。

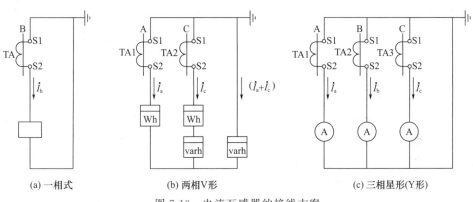

图 7-19　电流互感器的接线方案

(3) 使用注意事项

① 电流互感器在工作时其二次侧不得开路，否则由于励磁电流 $I_0$ 和励磁的磁动势 $I_0 N_1$ 突然增大几十倍，这样将产生如下的严重后果：a. 铁芯过热，有可能烧毁互感器，并且产生剩磁，大大降低准确度；b. 由于二次绕组匝数远比一次绕组匝数多，因此可在二次侧感应出危险的高电压，危及人身和调试设备的安全。所以电流互感器工作时二次侧绝对不允许开路。为此，电流互感器安装时，其二次接线一定要牢靠和接触良好，并且不允许串接熔断器和开关等类似设备。

② 电流互感器的二次侧有一端必须接地。这是为了防止电流互感器的一、二次绕组绝缘击穿时，一次侧的高电压窜入二次侧，危及人身和设备的安全。

③ 电流互感器在连接时，要注意其端子的极性。按规定电流互感器的一次绕组端子标

以 P1、P2，二次绕组端子标以 S1、S2，P1 与 S1 及 P2 与 S2 分别为"同名端"或"同极性端"。如果端子极性搞错，其二次侧所接仪表、继电器中流过的电流就不是预想的电流，甚至可能造成严重事故。

(4) 电流互感器的选择

① 电流互感器应按下列技术条件选择和校验：一次回路电压；一次回路电流；二次负荷；二次回路电流；准确度等级和暂态特性；继电保护及测量的要求；动稳定倍数；热稳定倍数；机械荷载；温升。

② 电流互感器尚应按下列使用环境校验：环境温度；最大风速；相对湿度；污秽；海拔高度；地震烈度；系统接地方式。

【注】当在屋内使用时，可不校验最大风速和污秽；在屋外使用时，可不校验相对湿度。

③ 电流互感器的形式按下列使用条件选择。

a. 3～35kV 屋内配电装置的电流互感器，根据安装使用条件及产品情况，宜选用树脂浇注绝缘结构。

b. 35kV 及以上配电装置的电流互感器，宜采用油浸瓷箱式、树脂浇注式、$SF_6$ 气体绝缘结构或光纤式的独立式电流互感器。在有条件时，应采用套管式电流互感器。

④ 保护用电流互感器选择。

a. 对 220kV 及以下系统电流互感器一般可不考虑暂态影响，可采用 P 类电流互感器。对某些重要回路可适当提高所选互感器的准确限值系数或饱和电压，以减缓暂态影响。

b. 330kV、500kV 系统及大型发电厂的保护用电流互感器应考虑短路暂态的影响，宜选用具有暂态特性的 TP 类互感器；某些保护装置本身具有克服电流互感器暂态饱和影响的能力，则可按保护装置具体要求选择适当的 P 类电流互感器。

⑤ 测量用电流互感器的选择。选择测量用电流互感器应根据电力系统测量和计量系统的实际需要合理选择互感器的类型。要求在较大工作电流范围内做准确测量时可选用 S 类电流互感器。为保证二次电流在合适范围内，可采用复变比或二次绕组带抽头的电流互感器。电能计量用仪表与一般测量仪表在满足准确级条件下，可共用一个二次绕组。

⑥ 电力变压器中性点电流互感器的一次额定电流，应大于变压器允许的不平衡电流，一般可按变压器额定电流的 30% 选择。安装在放电间隙回路中的电流互感器，一次额定电流可按 100A 选择。

⑦ 供自耦变压器零序差动保护用的电流互感器，其各侧变比均应一致，一般按中压侧的额定电流选择。

⑧ 在自耦变压器公共绕组上作过负荷保护和测量用的电流互感器，应按公共绕组的允许负荷电流选择。

⑨ 中性点的零序电流互感器应按下列条件选择和校验。

a. 对中性点非直接接地系统，由二次电流及保护灵敏度确定一次回路启动电流；对中性点直接接地或经电阻接地系统，由接地电流和电流互感器准确限值系数确定电流互感器额定一次电流，由二次负载和电流互感器的容量确定二次额定电流。

b. 按电缆根数及外径选择电缆式零序电流互感器窗口直径。

c. 按一次额定电流选择母线式零序电流互感器母线截面。

⑩ 选择母线式电流互感器时，尚应校核窗口允许穿过的母线尺寸。

⑪ 发电机横联差动保护用电流互感器的一次电流应按下列情况选择：

a. 安装于各绕组出口处时，宜按定子绕组每个支路的电流选择；

b. 安装于中性点连接线上时，按发电机允许的最大不平衡电流选择，一般可取发电机额定电流的 20%～30%。

⑫ 火力发电厂和变电站的电流互感器选择应符合 DL/T 5136—2012《火力发电厂、变电所二次接线设计技术规程》的要求。

⑬ 短路稳定校验。动稳定校验是对产品本身带有一次回路导体的电流互感器进行校验，对于母线从窗口穿过且无固定板的电流互感器（如 LMZ 型）可不校验动稳定。热稳定校验则是验算电流互感器承受短路电流发热的能力。

a. 内部动稳定校验。电流互感器的内部动稳定性通常以额定动稳定电流或动稳定倍数 $K_d$ 表示。$K_d$ 等于极限通过电流峰值与一次绕组额定电流 $I_{1n}$ 峰值之比。校验按下式计算：

$$K_d \geqslant \frac{i_p}{\sqrt{2} I_{1n}} \times 10^3 \tag{7-12}$$

式中　$K_d$——动稳定倍数，由制造部门提供；
　　　$i_p$——短路冲击电流的瞬时值，kA；
　　　$I_{1n}$——电流互感器的一次绕组额定电流，A。

b. 外部动稳定校验。外部动稳定校验主要是校验电流互感器出线端受到的短路作用力不超过允许值。其校验公式与支持绝缘子相同，即

$$F_{max} = 1.76 i_p^2 \frac{l_M}{a} \times 10^{-1} \tag{7-13}$$

$$l_M = \frac{l_1 + l_2}{2} \tag{7-14}$$

式中　$a$——回路相间距离，cm；
　　　$l_M$——计算长度，cm；
　　　$l_1$——电流互感器出线端部至最近一个母线支柱绝缘子的距离，cm；
　　　$l_2$——电流互感器两端瓷帽的距离（cm），当电流互感器为非母线式瓷绝缘时，$l_2=0$。

c. 热稳定校验。制造部门在产品型录中一般给出 $t=1s$ 或 $5s$ 的额定短时热稳定电流或热稳定电流倍数 $K_r$，校验按下式进行：

$$K_r \geqslant \frac{\sqrt{Q_{it}/t}}{I_{1n}} \times 10^3 \tag{7-15}$$

式中　$Q_{it}$——短路电流引起的热效应，$kA^2 \cdot s$；
　　　$t$——制造部门提供的热稳定计算采用的时间，$t=1s$ 或 $5s$。

d. 提高短路稳定度的措施。当动热稳定不够时，例如有时由于回路中工作电流较小，互感器按工作电流选择后不能满足系统短路时的动热稳定要求，则可选择额定电流较大的电流互感器，增大变流比。若此时 5A 元件的电流表读数太小，可选用 1～2.5A 元件的电流表。

## 7.2.9　电压互感器

(1) 基本结构原理与类型

电压互感器（voltage transformer，其图形符号为 TV）主要用来将主电路中的电压变换到仪表电压线圈允许的量限范围之内，使其便于测量或计量。常用的有电磁式电压互感器和电容式电压互感器两种。

电磁式电压互感器（inductive voltage transformer）的基本结构如图 7-20 所示，从基本结构和工作原理来说，电压互感器其实也是一种特殊的变压器，其特点有三。

① 一次绕组匝数很多，二次绕组匝数很少，相当于降压变压器。

② 工作时，一次绕组并联在供电系统的一次电路中，而二次绕组则与仪表、继电器的电压线圈并联。由于仪表、继电器等的电压线圈阻抗很大，所以电压互感器工作时二次回路接近于空载状态。

③ 二次绕组的额定电压一般为 100V 或 $100\sqrt{3}$ V，以便于仪表和继电器选用。

电压互感器的一次电压 $U_1$ 与其二次电压 $U_2$ 之间有下列关系：

$$U_1 \approx U_2 \frac{N_1}{N_2} \approx K_u U_2 \qquad (7-16)$$

式中，$K_u$ 为 TV 的变压比，一般表示为一次绕组和二次绕组额定电压之比。

电磁式电压互感器广泛采用环氧树脂浇注绝缘的干式结构，图 7-21 所示是单相三绕组、环氧树脂浇注绝缘的室内用 JDZJ-10 型电压互感器外形图。

电磁式电压互感器类型很多，按绕组数量分，有双绕组和多绕组两类；按相数分有单相式和三相式两类；按用途分有测量用和保护用两类；按准确度等级分，测量用电压互感器有 0.1、0.2、0.5、1、3 等级，保护用电压互感器的准确度有 3P 和 6P 两级。

电容式电压互感器（capacitor voltage transformer）是一种由电容分压器和电磁单元组成的电压互感器，多用于 110kV 上的电力系统中。

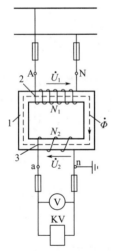

图 7-20 电磁式电压互感器的基本结构
1—铁芯；2——次绕组；3—二次绕组

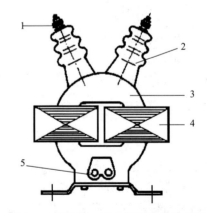

图 7-21 JDZJ-10 型电压互感器外形图
1——次绕组端子；2—高压绝缘套管；3—绕组；
4—铁芯；5—二次绕组端子

（2）常用接线方案

电压互感器在三相电路中常用的接线方案如下。

① 一个单相电压互感器的接线［如图 7-22(a) 所示］可测量一个线电压。

② 两个单相电压互感器接成 V/V 型［如图 7-22(b) 所示］可测量三相三线制电路的各个线电压，它广泛地应用于用户 10kV 高压配电装置中。

③ 三个单相三绕组电压互感器或一个三相五芯柱三绕组电压互感器接成 Y0/Y0/△型连

接 [如图 7-22(c) 所示] 接成 Y0 的二次绕组可测量各个线电压及相对地电压，而接成开口三角形的辅助二次绕组可测量零序电压，可接用于绝缘监察的电压继电器或微机小电流接地选线装置。一次电路正常工作时，开口三角形两端的电压接近于零；当一次系统某一相接地时，开口三角形两端将出现近 100V 的零序电压，使电压继电器动作，发出信号。

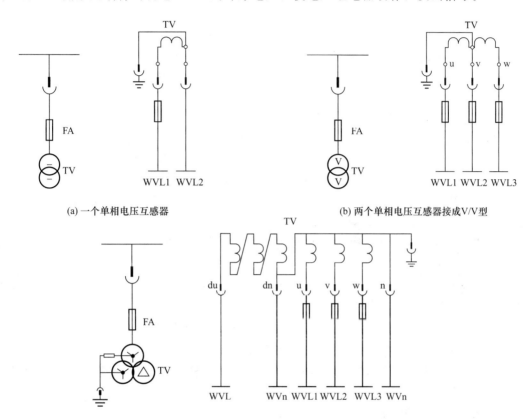

图 7-22 电压互感器的接线方案

(3) 使用注意事项

① 电压互感器的一、二次侧必须加熔断器保护　由于电压互感器是并联接入一次电路的，二次侧的仪表、继电器也是并联接入互感器二次回路的，因此互感器的一、二次侧均必须装设熔断器，以防发生短路烧毁互感器或影响一次电路的正常运行。

② 电压互感器的二次侧有一端必须接地　这也是为了防止电压互感器的一、二次绕组绝缘击穿时，一次侧的高压窜入二次侧，危及人身和设备的安全。

③ 电压互感器连接时要注意其端子的极性　按规定单相电压互感器的一次绕组端子标以 A、N，二次绕组端子标以 a、n，A 与 a 及 N 与 n 分别为"同名端"或"同极性端"。三相电压互感器，按照相序，一次绕组端子分别标以 A、B、C、N，二次绕组端子则对应地标以 a、b、c、n。这里 A 与 a、B 与 b、C 与 c 及 N 与 n 分别为"同名端"或"同极性端"。电压互感器连接时，端子极性不能弄错，否则可能发生事故。

(4) 电压互感器的选择

① 电压互感器应按下列技术条件选择和校验：一次回路电压；二次电压；二次负荷；准确度等级；继电保护及测量的要求；兼用于载波通信时电容式电压互感器的高频特性；绝

缘水平；温升；电压因数；系统接地方式；机械荷载。

② 电压互感器尚应按下列使用环境条件校验：环境温度；最大风速；相对湿度；污秽；海拔高度；地震烈度。

【注】在屋内使用时，可不校验最大风速和污秽；在屋外使用时，可不校验相对湿度。

③ 电压互感器的形式按下列使用条件选择：

a. 3～35kV 屋内配电装置，宜采用树脂浇注绝缘结构的电磁式电压互感器；

b. 35kV 屋外配电装置，宜采用油浸绝缘结构的电磁式电压互感器；

c. 110kV 及以上配电装置，当容量和准确度等级满足要求时，宜采用电容式电压互感器；

d. $SF_6$ 全封闭组合电器的电压互感器宜采用电磁式。

④ 在满足二次电压和负荷要求的条件下，电压互感器宜采用简单接线，当需要零序电压时，3～35kV 宜采用三相五柱电压互感器或三个单相式电压互感器。

当发电机采用附加直流的定子绕组 100% 接地保护装置，而利用电压互感器向定子绕组注入直流时，则所用接于发电机电压的电压互感器一次侧中性点都不得直接接地，如要求接地时，必须经过电容器接地以隔离直流。

⑤ 在中性点非直接接地系统中的电压互感器，为了防止铁磁谐振过电压，应采取消谐措施，并应选用全绝缘。

⑥ 当电容式电压互感器由于开口三角绕组的不平衡电压较高，而影响零序保护装置的灵敏度时，应要求制造部门装设高次谐波滤过器。

⑦ 用于中性点直接接地系统的电压互感器，其剩余绕组额定电压应为 100V；用于中性点非直接接地系统的电压互感器，其剩余绕组额定电压应为 $100\sqrt{3}$ V。

⑧ 电磁式电压互感器可以兼作并联电容器的泄能设备，但此电压互感器与电容器组之间不应有开断点。

⑨ 火电厂和变电站的电压互感器选择还应符合 DL/T 5136—2012《火力发电厂、变电所二次接线设计技术规程》的要求。

### 7.2.10 限流电抗器

① 电抗器应按下列技术条件选择：电压；电流；频率；电抗百分数；电抗器额定容量；动稳定电流；热稳定电流；安装方式；进出线形式；绝缘水平；噪声水平。

② 电抗器尚应按下列使用环境校验：环境温度；相对湿度；海拔高度；地震烈度。

③ 当普通电抗器 $X_k\%>3\%$ 时，制造商已考虑连接于无穷大电源、额定电压下，电抗器端头发生短路时的动稳定度。但由于短路电流计算是以平均电压（一般比额定电压高 5%）为准，因此在一般情况下仍应进行动稳定校验。

④ 普通限流电抗器的额定电流应按下列条件选择。

a. 主变压器或馈线回路的最大可能工作电流。

b. 发电厂母线分段回路的限流电抗器，应根据母线上事故切断最大一台发电机时，可能通过电抗器的电流选择，一般取该台发电机额定电流的 50%～80%。

c. 变电站母线回路的限流电抗器应满足用户的一级负荷和大部分二级负荷的要求。

⑤ 普通电抗器的电抗百分值应按下列条件选择和校验。

a. 将短路电流限制到要求值。

此时所必需的电抗器的电抗百分值（$X_k\%$）按下式计算：

$$X_k\% \geqslant \left(\frac{I_j}{I''} - X_{*j}\right) \frac{I_{nk} U_j}{U_{nk} I_j} \times 100\% \tag{7-17}$$

或

$$X_k\% \geqslant \left(\frac{S_j}{S''} - X_{*j}\right) \frac{U_j I_{nk}}{I_j U_{nk}} \times 100\% \tag{7-18}$$

式中　$U_j$——基准电压，kV；

　　　$I_j$——基准电流，A；

　　　$X_{*j}$——以 $U_j$、$I_j$ 为基准，从网络计算至所选用电抗器前的电抗标幺值；

　　　$S_j$——基准容量，MV·A；

　　　$U_{nk}$——电抗器的额定电压，kV；

　　　$I_{nk}$——电抗器的额定电流，A；

　　　$I''$——被电抗限制后所要求的短路次暂态电流，kA；

　　　$S''$——被电抗限制后所要求的零秒短路容量，MV·A。

当系统电抗等于零时，电抗器的额定电流和电抗百分值与短路电流的关系曲线如图 7-23 所示。

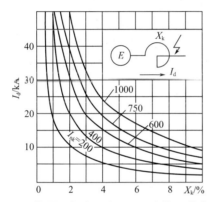

图 7-23　电抗器的额定电流 $I_{nk}$ 和电抗百分值 $X_k\%$ 与短路电流 $I_d$ 的关系曲线（$X_s=0$）

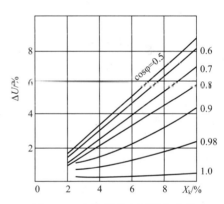

图 7-24　电抗器的电压损失曲线

b. 正常工作时电抗器上的电压损失（$\Delta U\%$）不宜大于额定电压的 5%，可由图 7-24 曲线查得或按下式计算：

$$\Delta U\% = X_k\% \frac{I_g}{I_{nk}} \sin\varphi \tag{7-19}$$

式中　$I_g$——正常通过的工作电流，A；

　　　$\varphi$——负荷功率因数角（一般取 $\cos\varphi=0.8$，则 $\sin\varphi=0.6$）。

对出线电抗器尚应计及出线上的电压损失。

c. 校验短路时母线上剩余电压：当出线电抗器的继电保护装置带有时限时，应按在电抗器后发生短路计算，并按下式校验：

$$U_y\% \leqslant X_k\% \frac{I_n}{I''} \tag{7-20}$$

式中　$U_y\%$——母线必须保持的剩余电压，一般为 60%～70%。若此电抗器接在 6kV 发电机主母线上，则母线剩余电压应尽量取上限值。

若剩余电压不能满足要求，则可在线路继电保护及线路电压降允许范围内增加出线电抗器的电抗百分值或采用快速继电保护切除短路故障。对于母线分段电抗器、带几回出线的电抗器及其他具有无时限继电保护的出线电抗器，不必按短路时母线剩余电压校验。

⑥ 分裂电抗器动稳定保证值有两个，其一为单臂流过短路电流时之值，其二为两臂同时流过反向短路电流时之值。后者比前者小得多。在校验动稳定时应分别对这两种情况选定对应的短路方式进行。

⑦ 分裂限流电抗器的额定电流按下列条件选择。

a. 当用于发电厂的发电机或主变压器回路时，一般按发电机或主变压器额定电流的 70% 选择。

b. 当用于变电站主变压器回路时，应按负荷电流大的一臂中通过的最大负荷电流来选择。当无负荷资料时，可按主变压器额定电流的 70% 选择。

⑧ 安装方式是指电抗器的布置方式。普通电抗器一般有水平布置、垂直布置和品字布置三种。进出线端子角度一般有 90°、120°、180° 三种，分裂电抗器推荐使用 120°。

⑨ 分裂电抗器的自感电抗百分值，应按将短路电流限制到要求值选择，并按正常工作时分裂电抗器两臂母线电压波动不大于母线额定电压的 5% 校验。

⑩ 分裂电抗器的互感系数，当无制造部门资料时，一般取 0.5。

⑪ 对于分裂电抗器在正常工作时两臂母线电压的波动计算，若无两臂母线实际负荷资料，则可取一臂为分裂电抗器额定电流的 30%，另一臂为分裂电抗器额定电流的 70%。

⑫ 分裂电抗器应分别按单臂流过短路电流和两臂同时流过反向短路电流两种情况进行动稳定校验。

## 7.2.11 中性点设备

### 7.2.11.1 消弧线圈

① 消弧线圈应按下列技术条件选择：电压；频率；容量；补偿度；电流分接头；中性点位移电压。

② 消弧线圈尚应按下列环境条件校验：环境温度；日温差；相对湿度；污秽；海拔高度；地震烈度。

【注】当在屋内使用时，可不校验日温差和污秽；在屋外使用时，则不校验相对湿度。

③ 消弧线圈宜选用油浸式。装设在屋内相对湿度小于 80% 场所的消弧线圈，也可选用干式。在电容电流变化较大的场所，宜选用自动跟踪动态补偿式消弧线圈。

④ 消弧线圈的补偿容量，可按下式计算：

$$Q = K I_C U_N / \sqrt{3} \tag{7-21}$$

式中　$Q$——补偿容量，kV·A；
　　　$K$——系数，过补偿取 1.35，欠补偿按脱谐度确定；
　　　$I_C$——电网或发电机回路的电容电流，A；
　　　$U_N$——电网或发电机回路的额定线电压，kV。

为便于运行调谐，宜选用容量接近于计算值的消弧线圈。

⑤ 电网的电容电流，应包括有电气连接的所有架空线路、电缆线路的电容电流，并计及厂、所母线和电器的影响。该电容电流应取最大运行方式下的电流。

发电机电压回路的电容电流，应包括发电机、变压器和连接导体的电容电流，当回路装有直配线或电容器时，尚应计及这部分电容电流。

计算电网的电容电流时，应考虑电网 5～10 年的发展。

a. 架空线路的电容电流可按下式估算：

$$I_C = (2.7 \sim 3.3) U_n L \times 10^{-3} \tag{7-22}$$

式中　$L$——线路的长度，km；

　　　$I_C$——架空线路的电容电流，A；

　　　2.7——系数，适用于无架空地线的线路；

　　　3.3——系数，适用于有架空地线的线路。

同杆双回线路的电容电流为单回路的 1.3～1.6 倍。

b. 电缆线路的电容电流可按下式估算：

$$I_C = 0.1 U_n L \tag{7-23}$$

c. 对于变电所增加的接地电容电流见表 7-14。

表 7-14　变电所增加的接地电容电流值

| 额定电压/kV | 6 | 10 | 15 | 35 | 63 | 110 |
|---|---|---|---|---|---|---|
| 附加值/% | 18 | 16 | 15 | 13 | 12 | 10 |

⑥ 装在电网的变压器中性点的消弧线圈，以及具有直配线的发电机中性点的消弧线圈应采用过补偿方式。

对于采用单元连接的发电机中性点的消弧线圈，为了限制电容耦合传递过电压以及频率变动等对发电机中性点位移电压的影响，宜采用欠补偿方式。

⑦ 中性点经消弧线圈接地的电网，在正常情况下，长时间中性点位移电压不应超过额定相电压的 15%，脱谐度一般不大于 10%（绝对值），消弧线圈分接头宜选用 5 个。

中性点经消弧线圈接地的发电机，在正常情况下，长时间中性点位移电压不应超过额定相电压 10%，考虑到限制传递过电压等因素，脱谐度不宜超过 ±30%，消弧线圈的分接头应满足脱谐度的要求。

中性点位移电压可按下式计算：

$$U_0 = \frac{U_{bd}}{\sqrt{d^3 + v^2}} \tag{7-24}$$

$$v = \frac{I_C - I_L}{I_C} \tag{7-25}$$

式中　$U_0$——中性点位移电压，kV；

　　　$U_{bd}$——消弧线圈投入前电网或发电机回路中性点不对称电压，可取 0.8% 相电压；

　　　$d$——阻尼率，一般对 63～110kV 架空线路取 3%，35kV 及以下架空线路取 5%，电缆线路取 2%～4%；

　　　$v$——脱谐度；

　　　$I_C$——电网或发电机回路的电容电流，A；

　　　$I_L$——消弧线圈电感电流，A。

⑧ 在选择消弧线圈台数和容量时，应考虑其安装地点，并按下列原则进行。

a. 在任何运行方式下，大部分电网不得失去消弧线圈的补偿。不应将多台消弧线圈集中安装在一处，并应避免电网仅装一台消弧线圈。

b. 在发电厂中，发电机电压消弧线圈可装在发电机中性点上，也可装在厂用变压器中性点上。当发电机与变压器为单元连接时，消弧线圈应装在发电机中性点上。在变电站中，消弧线圈宜装在变压器中性点上，6～10kV消弧线圈也可装在调相机的中性点上。

c. 安装在YNd接线双绕组或YNynd接线三绕组变压器中性点上的消弧线圈的容量，不应超过变压器三相总容量的50%，并且不得大于三绕组变压器的任一绕组容量。

d. 安装在YNyn接线的内铁芯式变压器中性点上的消弧线圈容量，不应超过变压器三相绕组总容量的20%。

消弧线圈不应接于零序磁通经铁芯闭路的YNyn接线变压器的中性点上（例如单相变压器组或外铁型变压器）。

e. 如变压器无中性点或中性点未引出，应装设容量相当的专用接地变压器，接地变压器可与消弧线圈采用相同的额定工作时间。

### 7.2.11.2 接地电阻

① 接地电阻应按下列技术条件选择和校验：电压；正常运行电流；短时耐受电流及耐受时间；电阻值；频率；中性点位移电压。

② 接地电阻尚应按下列环境条件校验：环境温度；日温差；相对湿度；污秽；海拔高度；地震烈度。

【注】当在屋内使用时，可不校验日温差和污秽；在屋外使用时，则不校验相对湿度。

③ 中性点电阻材质可选用金属、非金属或金属氧化物线性电阻。

④ 系统中性点经电阻接地方式，可根据系统单相对地电容电流值来确定。当接地电容电流小于规定值时，可采用高电阻接地方式，当接地电容电流值大于规定值时，可采用低电阻接地方式。

⑤ 当中性点采用高电阻接地方式时，高电阻选择计算如下。

a. 经高电阻直接接地。

电阻的额定电压：

$$U_R \geqslant 1.05 U_N/\sqrt{3} \tag{7-26}$$

电阻值：

$$R = \frac{U_N}{\sqrt{3} I_R} \times 10^3 = \frac{U_N}{\sqrt{3} K I_C} \times 10^3 \tag{7-27}$$

电阻消耗功率：

$$P_R = U_N I_R / \sqrt{3} \tag{7-28}$$

式中  $R$——中性点接地电阻值，Ω；

$U_N$——系统额定线电压，kV；

$U_R$——电阻额定电压，kV；

$I_R$——电阻电流，A；

$I_C$——系统单相对地短路时电容电流，A；

$K$——单相对地短路时电阻电流与电容电流的比值，一般取1.1。

b. 经单相配电变压器接地。

电阻的额定电压应不小于变压器二次侧电压，一般选用110V或220V。

电阻值：

$$R_{N2} = \frac{U_N \times 10^3}{1.1 \times \sqrt{3} I_C n_\varphi^2} \tag{7-29}$$

接地电阻消耗功率：

$$P_R = I_{R2} U_{N2} \times 10^{-3} = \frac{U_N \times 10^3}{\sqrt{3} n_\varphi R_{N2}} \times \frac{U_N}{\sqrt{3} n_\varphi} = \frac{U_N^2}{3 n_\varphi^2 R_{N2}} \times 10^3 \tag{7-30}$$

$$n_\varphi = \frac{U_N \times 10^3}{\sqrt{3} U_{N2}} \tag{7-31}$$

式中　$n_\varphi$——降压变压器一、二次之间的变比；
　　　$I_{R2}$——二次电阻上流过的电流，A；
　　　$U_{N2}$——单相配电变压器的二次电压，V；
　　　$R_{N2}$——间接接入的电阻值，Ω。

⑥ 当中性点采用低阻接地方式时，接地电阻选择计算如下。

电阻的额定电压：

$$U_R \geqslant 1.05 U_N / \sqrt{3} \tag{7-32}$$

电阻值：

$$R_N = \frac{U_N}{\sqrt{3} I_d} \tag{7-33}$$

接地电阻消耗功率：

$$P_R = I_d U_R \tag{7-34}$$

式中　$R_N$——中性点接地电阻值，Ω；
　　　$U_N$——系统线电压，V；
　　　$I_d$——选定的单相接地电流，A。

### 7.2.11.3　接地变压器

① 接地变压器应按下列技术条件选择和校验：形式；容量；绕组电压；频率；电流；绝缘水平；温升；过载能力。

② 接地变压器尚应按下列使用环境条件校验：环境温度；日温差；最大风速；相对湿度；污秽；海拔高度；地震烈度。

【注】当在屋内使用时，可不校验日温差、最大风速和污秽；当在屋外使用时，则可不校验相对湿度。

③ 当系统中性点可以引出时宜选用单相接地变压器，系统中性点不能引出时应选用三相变压器。有条件时宜选用干式无励磁调压接地变压器。

④ 接地变压器参数选择

a. 接地变压器的额定电压。安装在发电机或变压器中性点的单相接地变压器额定一次电压：

$$U_{Nb} = U_N \tag{7-35}$$

式中　$U_N$——发电机或变压器额定一次线电压，kV。

接于系统母线三相接地变压器额定一次电压应与系统额定电压一致。接地变压器二次电压可根据负载特性确定。

b. 接地变压器的绝缘水平应与连接系统绝缘水平相一致。

c. 接地变压器的额定容量如下。

单相接地变压器（kV·A）：

$$S_N \geq \frac{1}{K}U_2I_2 = \frac{U_N}{\sqrt{3}Kn_\varphi}I_2 \tag{7-36}$$

式中 $U_N$——接地变压器二次侧电压，kV；
$I_2$——二次电阻电流，A；
$K$——变压器的过负荷系数（由变压器制造商提供）。

三相接地变压器，其额定容量应与消弧线圈或接地电阻容量相匹配。若带有二次绕组，还应考虑二次负荷容量。

对 Z 型或 YNd 接线三相接地变压器，若中性点接消弧线圈或电阻的话，接地变压器容量为

$$S_N \geq Q_x, \quad S_N \geq P_r \tag{7-37}$$

式中 $Q_x$——消弧线圈额定容量；
$P_r$——接地电阻额定容量。

对 Y/开口 d 接线接地变压器（三台单相），若中性点接消弧线圈或电阻的话，接地变压器容量为

$$S_N \geq \sqrt{3}Q_x/3, \quad S_N \geq \sqrt{3}P_r/3 \tag{7-38}$$

## 7.2.12 过电压保护设备

（1）避雷器

① 阀式避雷器应按下列技术条件选择：额定电压（$U_r$）；持续运行电压（$U_c$）；工频放电电压；冲击放电电压和残压；通流容量；额定频率；机械载荷。

② 避雷器尚应按下列使用环境条件校验：环境温度；最大风速；污秽；海拔高度；地震烈度。

【注】当在屋内使用时，可不校验最大风速和污秽。

③ 采用阀式避雷器进行雷电过电压保护时，除旋转电机外，对不同电压范围，不同系统接地方式的避雷器选型如下。

a. 有效接地系统，范围Ⅱ（$U_m > 252$kV）应该选用金属氧化物避雷器；范围Ⅰ（3.6kV $< U_m <$ 252kV）宜采用金属氧化物避雷器。

b. 气体绝缘全封闭组合电器和低电阻接地系统应选用金属氧化物避雷器。

c. 不接地、消弧线圈接地和高电阻接地系统，根据系统中谐振过电压和间歇性电弧接地过电压等发生的可能性及严重程度，可任选金属氧化物避雷器或碳化硅普通阀式避雷器。

④ 旋转电机的雷电侵入波过电压保护，宜采用旋转电机金属氧化物避雷器或旋转电机磁吹阀式避雷器。

⑤ 阀式避雷器标称放电电流下的残压（$U_{res}$），不应大于被保护电气设备（旋转电机除外）标准雷电冲击全波耐受电压（BIL）的 71%。

⑥ 有串联间隙金属氧化物避雷器和碳化硅阀式避雷器的额定电压，在一般情况下应符合下列要求。

a. 110kV 及 220kV 有效接地系统不低于 $0.8U_m$。

b. 3～10kV 和 35kV、66kV 系统分别不低于 $1.1U_m$ 和 $U_m$；3kV 及以上具有发电机的系统不低于 1.1 倍发电机最高运行电压。

c.中性点避雷器的额定电压,对 3~20kV 和 35kV、66kV 系统,分别不低于 $0.64U_m$ 和 $0.58U_m$;对 3~20kV 发电机,不低于 0.64 倍发电机最高运行电压。

⑦ 采用无间隙金属氧化物避雷器作为雷电过电压保护装置时,应符合下列要求。

a.避雷器的持续运行电压和额定电压应不低于表 7-15 所列数值。

b.避雷器能承受所在系统作用的暂时过电压和操作过电压能量。

**表 7-15 无间隙金属氧化物避雷器持续运行电压和额定电压**

| 系统接地方式 | | 持续运行电压/kV | | 额定电压/kV | |
|---|---|---|---|---|---|
| | | 相地 | 中性点 | 相地 | 中性点 |
| 有效接地 | 110kV | $U_m/\sqrt{3}$ | $0.45U_m$ | $0.75U_m$ | $0.57U_m$ |
| | 220kV | $U_m/\sqrt{3}$ | $0.13U_m(0.45U_m)$ | $0.75U_m$ | $0.17U_m(0.57U_m)$ |
| | 330kV、500kV | $U_m/\sqrt{3}(0.59U_m)$ | $0.13U_m$ | $0.75U_m(0.8U_m)$ | $0.17U_m$ |
| 不接地 | 3~20kV | $1.1U_m;U_{mg}$ | $0.64U_m;U_{mg}/\sqrt{3}$ | $1.38U_m;1.25U_{mg}$ | $0.8U_m;0.72U_{mg}$ |
| | 35kV、66kV | $U_m$ | $U_m/\sqrt{3}$ | $1.25U_m$ | $0.72U_{mg}$ |
| 消弧线圈 | | $U_m;U_{mg}$ | $U_m/\sqrt{3};U_{mg}/\sqrt{3}$ | $1.25U_m;1.25U_m$ | $0.72U_m;0.72U_{mg}$ |
| 低电阻 | | $0.8U_m$ | | $U_m$ | |
| 高电阻 | | $1.1U_m;U_{mg}$ | $1.1U_m/\sqrt{3};U_{mg}/\sqrt{3}$ | $1.38U_m;1.25U_m$ | $0.8U_m;0.72U_{mg}$ |

注:1.220kV 括号外、内数据分别对应变压器中性点经接地电抗器接地和不接地。
2.330kV、500kV 括号外、内数据分别与工频过电压 1.3p.u. 和 1.4p.u. 对应。
3.220kV 变压器中性点经接地电抗器接地和 330kV、500kV 变压器或高压并联电抗器中性点经接地电抗器接地时,接地电抗器的电抗与变压器或高压并联电抗器的零序电抗之比不大于 1/3。
4.110kV、220kV 变压器中性点不接地且绝缘水平低于标准时,避雷器的参数需另行确定。
5.$U_m$ 为系统最高电压,$U_{mg}$ 为发电机最高运行电压。

⑧ 保护变压器中性点绝缘的避雷器型式,按表 7-16 和表 7-17 选择。

**表 7-16 中性点非直接接地系统中保护变压器中性点绝缘的避雷器**

| 变压器额定电压/kV | 35 | 63 |
|---|---|---|
| 避雷器型式 | FZ-15+FZ-10<br>FZ-30<br>FZ-35<br>Y1.5W-55 | FZ-40<br>FZ-60<br>Y1.5W-55<br>Y1.5W-60<br>Y1.5W-72 |

注:避雷器尚应与消弧线圈的绝缘水平相配合。

**表 7-17 中性点直接接地系统中保护变压器中性点绝缘的避雷器**

| 变压器额定电压/kV | 110 | 220 | 330 | 500 |
|---|---|---|---|---|
| 中性点绝缘 | 110kV 级 | 35kV 级 | 110kV 级 | 154kV 级 | 63kV 级 |
| 避雷器型式 | FZ-110J<br>FZ-60<br>Y1.5W-72 | Y1.5W-72 | FCZ 110<br>FZ-110J<br>Y1.5W-144 | FCZ-154J<br>FZ-154<br>Y1.5W-84 | Y1.5W-96<br>Y1.5W-102 |

注:330kV、550kV 变压器中性点所选的氧化锌避雷器是按中性点经小电抗接地来选择的。

⑨ 对中性点为分级绝缘的 220kV 变压器,如使用同期性能不良的断路器,变压器中性点宜用金属氧化物避雷器保护。当采用阀型避雷器时,变压器中性点宜增设棒型保护间隙,并与阀型避雷器并联。

⑩ 无间隙金属氧化物避雷器按其标称放电电流的分类，见表 7-18。
⑪ 系统额定电压 35kV 及以上的避雷器宜配备放电动作记录器。保护旋转电机的避雷器，应采用残压低的动作记录器。

表 7-18 避雷器按其标称放电电流的分类

| 标称放电电流/$I_n$ | 避雷器额定电压 $U_r$(有效值)/kV | 备 注 |
|---|---|---|
| 20kA | $420 \leqslant U_r \leqslant 468$ | 电站用避雷器 |
| 10kA | $90 \leqslant U_r \leqslant 468$ | |
| 5kA | $4 \leqslant U_r \leqslant 25$ | 发电机用避雷器 |
| | $5 \leqslant U_r \leqslant 17$ | 配电用避雷器 |
| | $5 \leqslant U_r \leqslant 90$ | 并联补偿电容器用避雷器 |
| | $5 \leqslant U_r \leqslant 108$ | 电站用避雷器 |
| | $42 \leqslant U_r \leqslant 84$ | 电气化铁道用避雷器 |
| 2.5kA | $4 \leqslant U_r \leqslant 13.5$ | 电动机用避雷器 |
| 1.5kA | $0.28 \leqslant U_r \leqslant 0.50$ | 低压避雷器 |
| | $2.4 \leqslant U_r \leqslant 15.2$ | 电机中性点用避雷器 |
| | $60 \leqslant U_r \leqslant 207$ | 变压器中性点用避雷器 |

（2）阻容吸收器

① 阻容吸收器应按下列技术条件选择：额定电压；电阻值；电容值；额定频率；绝缘水平；布置形式。
② 阻容吸收器尚应按下列使用环境条件校验：环境温度；海拔高度。
③ 当用于中性点不接地系统时，应校验所装阻容吸收器电容值，不应影响系统的中性点接地方式。
④ 当用于易产生高次谐波的电力系统时，应注意选用能适应谐波影响的阻容吸收器。
⑤ 应校验所在回路的过电压水平，使其始终被限制在设备允许值之内。

## 7.2.13 绝缘子及穿墙套管

① 绝缘子应按下列技术条件选择：电压；动稳定；绝缘水平；机械荷载。
【注】悬式绝缘子不校验动稳定。
② 穿墙套管应按下列技术条件选择和校验：电压；电流；动稳定；热稳定电流及持续时间。
③ 绝缘子及穿墙套管尚应按下列使用环境条件校验：环境温度；日温差；最大风速；相对湿度；污秽；海拔高度；地震烈度。
【注】当在屋内使用时，可不校验日温差、最大风速和污秽；在屋外使用时，则不校验相对湿度。
④ 发电厂与变电所的 3~20kV 屋外支柱绝缘子和穿墙套管，当有冰雪时，宜采用高一级电压的产品。对 3~6kV 者，也可采用提高两级电压的产品。
⑤ 当周围环境温度高于 +40℃，但不超过 60℃ 时，穿墙套管的持续允许电流 $I_{xu}$ 应按下式修正：

$$I_{xu} + I_n \sqrt{\frac{85-\theta}{45}} \tag{7-39}$$

式中 $\theta$——周围实际环境温度，℃；

$I_n$——持续允许电流，A。

⑥ 校验支柱绝缘子机械强度时，应将作用在母线截面重心上的母线短路电动力换算到绝缘子顶部。

⑦ 在校验 35kV 及以上非垂直安装的支柱绝缘子的机械强度时，应计及绝缘子的自重、母线重量和短路电动力的联合作用。

支柱绝缘子，除校验抗弯机械强度外，尚应校验抗扭机械强度。

⑧ 屋外支柱绝缘子宜采用棒式支柱绝缘子。屋外支柱绝缘子需倒装时，可用悬挂式支柱绝缘子。屋内支柱绝缘子一般采用联合胶装的多棱式支柱绝缘子。

⑨ 屋内配电装置宜采用铝导体穿墙套管。对于母线型穿墙套管应校核窗口允许穿过的母线尺寸。

⑩ 悬式绝缘子形式及每串的片数，可按下列条件选择。

a. 按系统最高电压和爬电比距选择。

绝缘子串的有效爬电比距不得小于表 5-16 和表 5-17 所列数值。在空气污秽地区宜采用防污型绝缘子，并与其他电器采用相同的防污措施。片 $n$ 按下式计算：

$$n \geqslant \lambda U_d / l_0 \tag{7-40}$$

式中 $\lambda$——爬电比距，见表 5-17，cm/kV；

$U_d$——额定电压，kV；

$l_0$——每片绝缘子的爬电比距。

b. 按内过电压选择。

220kV 及以下电压，按内过电压倍数和绝缘子串的工频湿闪电压选择。

$$U_s = K U_{xg} / K_\Sigma \tag{7-41}$$

式中 $U_s$——绝缘子的湿闪电压，kV；

$K$——内过电压计算倍数；

$U_{xg}$——系统最高运行相电压，kV；

$K_\Sigma$——考虑各种因素的综合系数，一般 $K_\Sigma = 0.9$。

330kV 及以上电压，按避雷器的操作过电压保护水平和绝缘子串正极性操作冲击 50% 放电电压选择。

$$U_{c,50} \geqslant U_{bp} / (1 - 3\sigma_c) = K_c U_{bp} \tag{7-42}$$

式中 $U_{c,50}$——绝缘子串正极性操作冲击 50% 放电电压，kV；

$U_{bp}$——避雷器操作过电压保护水平，kV；

$\sigma_c$——绝缘子串在操作过电压下放电电压的标准偏差，一般取 $\sigma_c = 5\%$；

$K_c$——绝缘子串操作过电压配合系数，一般取 $K_c = 1.18$。

c. 按大气过电压选择。

大气过电压要求的绝缘子串正极性雷电冲击电压波 50% 放电电压 $U_{1,50}$，应符合式(7-43)要求，且不得低于变电所电气设备中隔离开关和支柱绝缘子的相应值。

$$U_{1,50} \geqslant K_1 U_{ch} \tag{7-43}$$

式中 $K_1$——绝缘子串大气过电压配合系数，一般取 $K_1 = 1.45$；

$U_{ch}$——避雷器在雷电流下的残压（kV），220kV 及以下采用 5kA 雷电流下的残压，

330kV 及以上采用 10kA 雷电流下的残压。

选择悬式绝缘子应考虑绝缘子的老化,每串绝缘子要预留的零值绝缘子为:

35～220kV　　　　耐张串 2 片;
　　　　　　　　　悬垂串 1 片;
330kV 及以上　　　耐张串 2～3 片;
　　　　　　　　　悬垂片 1～2 片。

⑪ 选择 V 形悬挂的绝缘子串片数时,应考虑邻近效应对放电电压的影响。

⑫ 在海拔高度为 1000m 及以下的 I 级污秽地区,当采用 X-4.5 或 XP-6 型悬式绝缘子时,耐张绝缘子串的绝缘子片数一般不小于表 7-19 数值。

表 7-19　X-4.5 或 XP-6 型绝缘子耐张串片数

| 电压/kV | 35 | 63 | 110 | 220 | 330 | 500 |
|---|---|---|---|---|---|---|
| 绝缘子片数 | 4 | 6 | 8 | 13 | 20 | 30 |

注:330～500kV 可用 XP-10 型绝缘子。

⑬ 在海拔高度为 1000～4000m 地区,当需要增加绝缘子数量来加强绝缘时,耐张绝缘子串的片数应按下式修正:

$$N_H = N[1+0.1(H-1)] \tag{7-44}$$

式中　$N_H$——修正后的绝缘子片数;
　　　$N$——海拔 1000m 及以下地区绝缘子片数;
　　　$H$——海拔高度,km。

⑭ 在空气清洁无明显污秽的地区,悬垂绝缘子串的绝缘子片数可比耐张绝缘子串的同型绝缘子少一片。污秽地区的悬垂绝缘子串的绝缘子片数应与耐张绝缘子串相同。

⑮ 330kV 及以上电压的绝缘子串应装设均压和屏蔽装置,以改善绝缘子串的电压分布和防止连接金具发生电晕。

## 7.3　低压配电设备及电器元件的选择

### 7.3.1　低压电器选择的一般要求

低压电器是用于额定电压交流 1000V 或直流 1500V 以下电路中起保护、控制、转换和通断作用的电器。设计所选用的电器,应符合国家现行的有关标准。

(1) 按正常工作条件选择

① 电器的额定电压应与所在回路的标称电压相适应。电器的额定频率应与所在回路的标称频率相适应。

② 电器的额定电流不应小于所在回路的计算电流。切断负荷电流的电器(如刀开关)应校验其断开电流。接通和断开启动尖峰电流的电器(如接触器)应校验其接通、分断能力和每小时操作的循环次数(操作频率)。

③ 保护电器还应按保护特性选择。

④ 低压电器的工作制通常分为 8h 工作制、不间断工作制、短时工作制及周期工作制等几种,应根据不同要求选择其技术参数。

⑤ 某些电器还应按有关的专门要求选择，如互感器应符合准确等级的要求。

(2) 按短路工作条件选择

① 可能通过短路电流的电器（如开关、隔离器、隔离开关、熔断器组合电器及接触器、启动器），应满足在短路条件下短时耐受电流的要求。

② 断开短路电流的保护电器（如低压熔断器、低压断路器），应满足在短路条件下分断能力的要求。

根据不同变压器容量和高压侧短路容量计算出保护电器出线位置的三相短路电流，以校验保护电器的分断能力。

(3) 按使用环境条件选择

电器产品的选择应适应所在场所的环境条件。

① 多尘环境　多尘作业工业场所的空间含尘浓度的高低随作业的性质、破碎程度、空气湿度、风向等不同而有很大差异。多尘环境中灰尘的量值用在空气中的浓度（$mg/m^3$）或沉降量 [$mg/(m^2 \cdot d)$] 来衡量。灰尘沉降量分级见表 7-20。

表 7-20　灰尘沉降量分级　　　　　　　　　　单位：$mg/(m^2 \cdot d)$

| 级别 | 灰尘沉降量（月平均值） | 说明 |
|---|---|---|
| Ⅰ | 10～100 | 清洁环境 |
| Ⅱ | 300～550 | 一般多尘环境 |
| Ⅲ | ≥550 | 多尘环境 |

对于存在非导电灰尘的一般多尘环境，宜采用防尘型（IP5X 级）电器。对于多尘环境或存在导电性灰尘的一般多尘环境，宜采用尘密型（IP6X 级）电器。对导电纤维（如碳素纤维）环境，应采用 IP65 级电器。

② 化工腐蚀环境　根据 HG/T 20666—1999《化工企业腐蚀环境电力设计规程》，腐蚀环境类别的划分应根据化学腐蚀性物质的释放严酷度、地区最湿月平均最高相对湿度等条件而定。化学腐蚀性物质的释放严酷度分级见表 7-21。腐蚀环境划分的主要依据和参考依据见表 7-22 和表 7-23。

表 7-21　化学腐蚀性物质释放严酷度分级

| 化学腐蚀性物质名称 | | 级别 | | | | | |
|---|---|---|---|---|---|---|---|
| | | 1 级 | | 2 级 | | 3 级 | |
| | | 平均值 | 最大值 | 平均值 | 最大值 | 平均值 | 最大值 |
| 气体及其释放浓度 /($mg/m^3$) | 氯气($Cl_2$) | 0.1 | 0.3 | 0.3 | 1.0 | 0.6 | 3.0 |
| | 氯化氢($HCl$) | 0.1 | 0.5 | 1.0 | 5.0 | 1.0 | 5.0 |
| | 二氧化硫($SO_2$) | 0.3 | 1.0 | 5.0 | 10.0 | 13.0 | 40.0 |
| | 氮氧化物(折算成 $NO_2$) | 0.5 | 1.0 | 3.0 | 9.0 | 10.0 | 20.0 |
| | 硫化氢($H_2S$) | 0.1 | 0.5 | 3.0 | 10.0 | 14.0 | 70.0 |
| | 氟化物(折算成 HF) | 0.01 | 0.03 | 0.1 | 2.0 | 0.1 | 2.0 |
| | 氨气($NH_3$) | 1.0 | 3.0 | 10.0 | 35.0 | 35.0 | 175.0 |
| | 臭氧 | 0.05 | 0.1 | 0.1 | 0.3 | 0.2 | 2.0 |

续表

| 化学腐蚀性物质名称 | | 级别 | | | | | |
|---|---|---|---|---|---|---|---|
| | | 1级 | | 2级 | | 3级 | |
| | | 平均值 | 最大值 | 平均值 | 最大值 | 平均值 | 最大值 |
| 雾 | 酸雾(硫酸、盐酸、硝酸)碱雾(氢氧化钠) | — | | 有时存在 | | 经常存在 | |
| 液体 | 硫酸、盐酸、硝酸、氢氧化钠食盐水、氨水 | — | | 有时滴漏 | | 经常滴漏 | |
| 粉尘 | 沙/(mg/m$^3$) | 30/300 | | 300/1000 | | 3000/4000 | |
| | 尘(漂浮)/(mg/m$^3$) | 0.2/0.5 | | 0.4/15 | | 4/20 | |
| | 尘(沉积)/[mg/(m$^2$·h)] | 1.5/20 | | 15/40 | | 40/80 | |
| 土壤 | pH值 | >6.5~≤8.5 | | 4.5~6.5 | | <4.5,>8.5 | |
| | 有机质/% | <1 | | 1~1.5 | | >1.5 | |
| | 硝酸根离子/% | <1×10$^{-4}$ | | 1×10$^{-4}$~1×10$^{-3}$ | | >1×10$^{-3}$ | |
| | 电阻率/Ω·m | >50~100 | | 23~50 | | <23 | |

注：1. 化学腐蚀性气体浓度系历年最湿月在电气装置安装现场所实测到的平均最高浓度值。实测处距化学腐蚀性气体释放口一般要求1m范围内，不应紧靠释放源。
2. 粉尘一栏，分子为有气候防护场所，分母为无气候防护场所。
3. 平均值是长期数值的平均；最大值是在一周期内的极限值或峰值，每天不超过30min。

**表7-22 腐蚀环境划分的主要依据**

| 主要依据 | 类别 | | | | |
|---|---|---|---|---|---|
| | 0类(轻腐蚀环境) | 1类(中等腐蚀环境) | | 2类(强腐蚀环境) | |
| 地区或局部环境最湿月平均最高相对湿度(25℃) | 65%及以上 | 75%以下 | 75%及以上 | 85%以下 | 85%及以上 |
| 化学腐蚀性物质的释放状况 | 一般无泄漏现象，任一种腐蚀性物质的释放严酷度经常为1级，有时(如事故或不正常操作时)可能达到2级 | 有泄漏现象，任一种腐蚀性物质的释放严酷度经常为2级，有时(如事故或不正常操作时)可能达到3级 | | 泄漏现象较严重，任一种腐蚀性物质的释放严酷度经常为3级，有时(如事故或不正常操作时)偶然超过3级 | |

注：如果地区或局部环境最湿月平均最低温度低于25℃时，其同月平均最高相对湿度必须换算到25℃时的相对湿度。

**表7-23 腐蚀环境划分的参考依据**

| 参考依据 | 类别 | | |
|---|---|---|---|
| | 0类(轻腐蚀环境) | 1类(中等腐蚀环境) | 2类(强腐蚀环境) |
| 操作条件 | 由于风向关系，有时可闻到化学物质气味 | 经常能感到化学物质的刺激，但不需佩戴防护器具进行正常的工艺操作 | 对眼睛或外呼吸道有强烈刺激，有时需佩戴防护器具才能进行正常的工艺操作 |
| 表观现象 | 建筑物和工艺、电气设施只有一般锈蚀现象，工艺和电气设施只需常规维修；一般树木生长正常 | 建筑物和工艺、电气设施腐蚀现象明显，工艺和电气设施一般需年度大修；一般树木生长不好 | 建筑物和工艺、电气设施腐蚀现象严重，设备大修间隔期较短；一般树木成活率低 |
| 通风情况 | 通风换气良好 | 通风换气一般 | 通风换气不好 |

防腐电工产品的防护类型分为户内防中等腐蚀型（代号F1）、户内防强腐蚀型（代号F2）、户外防轻腐蚀型（代号W）、户外防中等腐蚀型（代号WF1）、户外防强腐蚀型（代号WF2）五种。腐蚀环境的电气设备应根据环境类别按表7-24和表7-25的规定选择相适应的防腐电工产品。

表7-24 户内腐蚀环境电气设备的选择

| 序号 | 名称 | 环境类别 | | |
|---|---|---|---|---|
| | | 0类（轻腐蚀环境） | 1类（中等腐蚀环境） | 2类（强腐蚀环境） |
| 1 | 配电装置 | IP2X～IP4X | F1级腐蚀型 | F2级腐蚀型 |
| 2 | 控制装置 | F1级腐蚀型 | F1级腐蚀型 | F2级腐蚀型 |
| 3 | 电力变压器 | 普通型、密闭型 | F1级腐蚀型 | F2级腐蚀型 |
| 4 | 电动机 | Y系列或Y2系列电动机 | F1级腐蚀型 | F2级腐蚀型 |
| 5 | 控制电器和仪表（包括按钮、信号灯、电表、插座等） | 防腐型、密闭型 | F1级腐蚀型 | F2级腐蚀型 |
| 6 | 灯具 | 保护型、防水防尘型 | 腐蚀型 | |
| 7 | 电线 | 塑料绝缘电线、橡胶绝缘电线、塑料护套电线 | | |
| 8 | 电缆 | 塑料外护套电缆 | | |
| 9 | 电缆桥架 | 普通型 | F1级腐蚀型 | F2级腐蚀型 |

表7-25 户外腐蚀环境电气设备的选择

| 序号 | 名称 | 环境类别 | | |
|---|---|---|---|---|
| | | 0类（轻腐蚀环境） | 1类（中等腐蚀环境） | 2类（强腐蚀环境） |
| 1 | 配电装置 | W级户外型 | WF1级腐蚀型 | WF2级腐蚀型 |
| 2 | 控制装置 | W级户外型 | WF1级腐蚀型 | WF2级腐蚀型 |
| 3 | 电力变压器 | 普通型、密闭型 | WF1级腐蚀型 | WF2级腐蚀型 |
| 4 | 电动机 | W级户外型 | WF1级腐蚀型 | WF2级腐蚀型 |
| 5 | 控制电器和仪表（包括按钮、信号灯、电表、插座等） | W级户外型 | WF1级腐蚀型 | WF2级腐蚀型 |
| 6 | 灯具 | 防水防尘型 | 户外腐蚀型 | |
| 7 | 电线 | 塑料绝缘电线 | | |
| 8 | 电缆 | 塑料外护套电缆 | | |
| 9 | 电缆桥架 | 普通型 | WF1级腐蚀型 | WF2级腐蚀型 |

③ 高原地区 海拔超过2000m的地区划为高原地区。高原气候的特征是气压、气温和绝对湿度都随海拔增高而减小，太阳辐射则随之增强。

GB/T 14048.1—2012《低压开关设备和控制设备 总则》规定普通型低压电器的正常工作条件为海拔不超过2000m。高原地区应采用相应的高原型电器。按国标《特殊环境条件 高原用低压电器技术条件》GB/T 20645—2006规定：高原型产品分户内和户外型，适用海拔高度为 2000m 以上至 5000m，并按每 1000m 划分一个等级。海拔分级标识为 G×或 G×-×。如 G5 表示适用于海拔最高为 5000m；G3-4 表示适用海拔 3000m 以上至 4000m。

高原条件下对低压电器特性的影响简述如下。

a. 海拔升高，则气温降低，电器的温升增高，在户外有明显补偿作用，而户内及特定环境（如高温场所），则不能补偿海拔升高导致的温升增加值，适宜降低额定容量使用。

b. 海拔升高，空气密度降低，导致绝缘强度下降。一般海拔每升高 100m，绝缘强度约降低 1%。

c. 用热脱扣元件的断路器、热继电器等，高原下散热条件变化，其脱扣特性有一定偏移，应作适当调整或修正。

d. 海拔升高，在正常负载下，低压电器的接通和分断短路电流能力、机械寿命和电气寿命有所下降。

④ 热带地区　热带地区根据常年空气的干湿程度分为湿热带和干热带。

湿热带系指一天内有 12h 以上气温不低于 20℃、相对湿度不低于 80% 的气候条件，这样的天数全年累计在两个月以上的地区。其气候特征是高温伴随高湿。

干热带系指年最高气温在 40℃ 以上而长期处于低湿度的地区。其气候的特征是高温伴随低湿，气温日变化大，日照强烈且有较多的沙尘。

热带气候条件对低压电器的影响如下。

a. 由于空气高温、高湿、凝露及霉菌等作用，电器的金属件及绝缘材料容易腐蚀、老化，绝缘性能降低，外观受损。

b. 由于日温差大和强烈日照的影响，密封材料产生变形开裂，熔化流失，导致密封结构的泄漏，绝缘油等介质受潮劣化。

c. 低压电器在户外使用时，如受太阳辐射，其温度升高，将影响其载流量。如受雨、雷暴、盐雾的袭击，将影响其绝缘强度。

湿热带地区宜选用湿热带型产品，在型号后加 TH。干热带地区宜选用干热型产品，在型号后加 TA。热带型低压电器使用环境条件见表 7-26。

表 7-26　热带型低压电器使用环境条件

| 环境因素 | | 湿热带型 | 干热带型 |
|---|---|---|---|
| 海拔/m | | ≤2000 | ≤2000 |
| 空气温度/℃ | 年最高 | 40 | 45 |
| | 年最低 | 0 | -5 |
| 空气相对湿度/% | 最湿月平均最大相对湿度 | 95(25℃) | — |
| | 最干月平均最小相对湿度 | — | 10(40℃时) |
| 凝露 | | 有 | — |
| 霉菌 | | 有 | — |
| 沙尘 | | — | 有 |

⑤ 爆炸和火灾危险环境　爆炸和火灾危险环境低压电器选择详见第 1 章相关内容。

（4）低压电器外壳防护等级

封闭电器的外壳防护等级见表 7-27～表 7-29（下列各表引自 GB/T 14048.1—2012《低压开关设备和控制设备　总则》之附录 C）。

表 7-27 封闭电器的外壳防护等级（IP代码——第一位数码）

| IP | 第一位数码 | | 防止人体接近危险部件 |
|---|---|---|---|
| | 防止固体异物进入 | | |
| | 要求 | 举例 | |
| 0 | 无防护 | | 无防护 |
| 1 | 直径50mm的球形物体不得完全进入，不得触及危险部件 | | 手背 |
| 2 | 直径12.5mm的球形物体不得完全进入，铰接试指应与危险部件有足够的间隙 | | 手指 |
| 3 | 直径2.5mm的试具不得进入 | | 工具 |
| 4 | 直径1.0mm的试具不得进入 | | 金属线 |
| 5 | 允许有限的灰尘进入（没有有害的沉积） | | 金属线 |
| 6 | 完全防止灰尘进入 | | 金属线 |

表 7-28 封闭电器的外壳防护等级（IP代码——第二位数码）

| IP | 第二位数码 | | 防水 |
|---|---|---|---|
| | 防止进水造成有害影响 | | |
| | 简述 | 举例 | |
| 0 | 无防护 | | 无防护 |
| 1 | 防止垂直下落滴水，允许少量水滴入 | | 垂直滴水 |

续表

| 第二位数码 |||||
|---|---|---|---|---|
| IP | 简述 | 举例 ||防水|
|  | 防止进水造成有害影响 |||  |
| 2 | 防止当外壳在15°范围内倾斜时垂直下落滴水,允许少量水滴入 | || 与垂直面成15°滴水 |
| 3 | 防止与垂直面成60°范围内淋水,允许少量水进入 | || 少量淋水 |
| 4 | 防止任何方向的溅水,允许少量水进入 | || 任何方向的溅水 |
| 5 | 防止喷水,允许少量水进入 | || 任何方向的喷水 |
| 6 | 防止强烈喷水,允许少量水进入 | || 任何方向的强烈喷水 |
| 7 | 防止15cm～1m深的浸水影响 | || 短时间浸水 |
| 8 | 防止在有压力下长期浸水 | || 持续浸水 |

表 7-29 封闭电器的外壳防护等级（IP 代码——附加字母）

| 附加字母(可选择) ||||
|---|---|---|---|
| IP | 要求 | 举例 | 防止人体接近危险部件 |
| A 用于第一位数码为0 | 直径50mm的球形物体进入到隔板,不得触及危险部件 |  | 手背 |

续表

| IP | 附加字母（可选择） | | 防止人体接近危险部件 |
|---|---|---|---|
| | 要求 | 举例 | |
| B 用于第一位数码为 0、1 | 最大为 80mm 的试指球进入不得触及危险部件 | | 手指 |
| C 用于第一位数码为 1、2 | 当挡盘部分进入时，直径为 2.5mm，长为 10mm 的金属线不得触及危险部件 | | 工具 |
| D 用于第一位数码为 2、3 | 当挡盘部分进入时，直径为 1.0mm，长为 100mm 的金属线不得触及危险部件 | | 金属线 |

## 7.3.2 常用低压电器

### 7.3.2.1 低压熔断器

低压熔断器应符合下列现行国家标准 GB 13539.1—2015《低压熔断器 第 1 部分：基本要求》、GB/T 13539.2—2015《低压熔断器 第 2 部分：专职人员使用的熔断器的补充要求（主要用于工业的熔断器）标准化熔断器系统示例 A 至 K》、GB/T 13539.3—2017《低压熔断器 第 3 部分：非熟练人员使用的熔断器的补充要求（主要用于家用和类似用途的熔断器）标准化熔断器系统示例 A 至 F》、GB/T 13539.4—2016《低压熔断器 第 4 部分：半导体设备保护用熔断体的补充要求》、GB/T 13539.5—2020《低压熔断器 第 5 部分：低压熔断器应用指南》以及 GB/T 13539.6—2013《低压熔断器 第 6 部分：太阳能光伏系统保护用熔断体的补充要求》。

（1）特点

熔断器提供电路过电流效应的完整保护，具有下列特点：①高分断能力；②低 $I^2t$ 值（高限流特性）；③安全、可靠；④选择性好；⑤不需维护；⑥不能复位，迫使用户在重新接通电路之前需识别和消除故障；⑦经济有效的保护；⑧没有缺相保护；⑨不能远距离操作。

（2）分类

① 按结构分 熔断器的结构形式与使用人员有关，分为：专职人员使用的熔断器（主要用于工业的熔断器）和非熟练人员使用的熔断器（主要用于家用和类似用途的熔断器）。

专职人员使用的熔断器（主要用于工业场所的熔断器），其标准化熔断器系统组成如下：

  a.熔断器系统 A 刀形触头熔断器（NH 熔断器系统）；
  b.熔断器系统 B 带撞击器的刀形触头熔断器（NH 熔断器系统）；
  c.熔断器系统 C 条形熔断器底座（NH 熔断器系统）；
  d.熔断器系统 D 母线安装的熔断器底座（NH 熔断器系统）；
  e.熔断器系统 E 螺栓连接熔断器（BS 螺栓连接熔断器系统）；

f. 熔断器系统 F　圆筒形帽熔断器（NF 圆筒形帽熔断器系统）；

g. 熔断器系统 G　偏置触刀熔断器（BS 夹紧式熔断器系统）；

h. 熔断器系统 H　"gD"和"gN"特性熔断器（J 类、T 类和 L 类延时和非延时熔断器型）；

i. 熔断器系统 I　gU 楔形触头熔断体；

j. 熔断器系统 J　"CC 类 gD"和"CC 类 gN"特性熔断器（CC 类延时和非延时熔断器型）；

k. 熔断器系统 K　螺栓连接的刀形触头 gK 熔断体（从 1250~4800A 的高电流额定值主熔断体）。

非熟练人员使用的熔断器（主要用于家用和类似用途的熔断器），其标准化熔断器系统组成如下：

a. 熔断器系统 A　D 形熔断器系统；

b. 熔断器系统 B　圆管式熔断器（NF 管式熔断器系统）；

c. 熔断器系统 C　圆管式熔断器（BS 圆管式熔断器系统）；

d. 熔断器系统 F　用于插头的圆管式熔断体（BS 插头熔断器系统）。

② 按分断范围分

a. "g"熔断体　在规定条件下，能分断使熔断体熔化的电流至额定分断能力之间的所有电流的限流熔断器（全范围分断）。

【注】"gM"熔断体用两个电流值来说明其特性。第一个值 $I_n$ 表示熔断体和熔断器支持件的额定电流；第二个值表示表 7-31、表 7-32、表 7-33 和表 7-34 中门限所规定的熔断体的时间电流特性，上述的两个额定值由表明用途的一个字母加以分隔。

例如：$I_n M I_{ch}$ 表示用以保护电动机电路并且具有 G 特性的熔断器。第一个值 $I_n$ 表示整个熔断器的最大连续额定电流；第二个值 $I_{ch}$ 表示熔断体的 G 特性。

b. "a"熔断体　在规定条件下，能分断示于熔断体熔断时间-电流特性曲线上的最小电流至额定分断能力之间的所有电流的熔断体（部分范围分断）。

③ 按使用类别分

a. "G"类　一般用途的熔断体，即保护配电线路用。

b. "M"类　保护电动机电路的熔断体。

c. "Tr"类　保护变压器的熔断体。

d. "R"类或"S"类　半导体设备保护用熔断器；"R"型与"S"型相比，动作更快，$I^2t$ 值更小；"S"型与"R"型相比，具有较小的耗散功率，可以提高电缆的利用率。

e. "D"类　延时熔断体。

f. "N"类　非延时熔断体。

g. "Tr"类　保护变压器的熔断体。

h. "PV"类　太阳能光伏系统保护用熔断体。

④ 分断范围和使用类别的组合

a. "gG"表示一般用途全范围分断能力的熔断体。

b. "gM"表示保护电动机电路全范围分断能力的熔断体。

c. "aM"表示保护电动机电路部分范围分断能力的熔断体。

d. "gD"表示全范围分断能力延时熔断体。

e. "gN"表示全范围分断能力非延时熔断体。

f. "gR"表示半导体设备保护全范围分断能力的熔断体。

g. "gPV"表示用于太阳能光伏系统全范围分断能力的熔断体。

(3) 特性

① 额定电压  对于交流,额定电压标准值由表 7-30 给出。

表 7-30  交流熔断器额定电压标准值    单位:V

| 系列Ⅰ | 系列Ⅱ |
|---|---|
|  | 120* |
|  | 208 |
| 230* | 240 |
|  | 277* |
| 400* | 415 |
| 500 | 480* |
| 690* | 600 |

注:带 * 号的位是根据 IEC 60038 的标准化值,同时表中其他值亦可使用。对于直流额定电压优选值如下:110*V、125*V、220*V、250*V、440*V、460V、500V、600*V、750V。熔断体的额定电压可以不同于装入该熔断体的熔断器支持件的额定电压。熔断器的额定电压是部件(熔断器支持件、熔断体)的额定电压的最低值。

② 额定电流

a. 熔断体的额定电流  熔断体的额定电流以安培表示,应从下列数值中选用:

2、4、6、8、10、12、16、20、25、32、40、50、63、80、100、125、160、200、250、315、400、500、630、800、1000、1250。

【注】当需要较高或较低值时,宜按 GB/T 321—2005《优选数和优选数系》中 R10 系列选取;此外,当需要选取一中间值时,宜按 GB/T 321—2005《优选数和优选数系》中 R20 系列选取。

b. 熔断器支持件的额定电流  除非另有规定,熔断器支持件额定电流应从熔断体额定电流系列中选取。对于"gG"和"aM"熔断器,熔断器支持件的额定电流以配用熔断体的最大额定电流表示。

③ 额定频率  除非另有规定,熔断器对频率规定的条件即为 45~62Hz。

④ 熔断体的额定耗散功率和熔断器支持件的额定接受耗散功率  除非另有规定,熔断体的额定耗散功率由制造商规定。在规定的试验条件下,熔断体的耗散功率不应超过该规定值。

除非另有规定,熔断器支持件的额定接受耗散功率由制造商规定。额定接受耗散功率是在规定试验条件下,不超过规定的温升、熔断器支持件能承受的最大耗散功率。

⑤ 时间-电流特性极限  以周围空气温度 ($T_a$) +20℃ 为基础。

a. 时间-电流特性、时间-电流带  时间-电流特性、时间-电流带与熔断体的结构有关。对于给定的熔断体,它们取决于周围空气温度以及冷却条件。

对于不符合标准规定的标准时间-电流带的熔断体,制造商应能提供弧前和熔断时间电流特性或时间-电流带(以及它们的偏差)。

"gG"和"gM"熔断体的弧前 $I^2t$ 特性满足表 7-31 的规定。

表 7-31  "gG"和"gM"熔断体 0.01s 的弧前 $I^2t$ 特性

| $I_n$ 用于"gG";$I_{ch}$ 用于"gM"/A | $I^2t_{min}/\times 10^3 A^2 \cdot s$ | $I^2t_{max}/\times 10^3 A^2 \cdot s$ |
|---|---|---|
| 16 | 0.3 | 1.0 |
| 20 | 0.5 | 1.8 |
| 25 | 1.0 | 3.0 |

续表

| $I_n$ 用于"gG"；$I_{ch}$ 用于"gM"/A | $I^2 t_{min} ; / \times 10^3 A^2 \cdot s$ | $I^2 t_{max} ; / \times 10^3 A^2 \cdot s$ |
|---|---|---|
| 32 | 1.8 | 5.0 |
| 40 | 3.0 | 9.0 |
| 50 | 5.0 | 16.0 |
| 63 | 9.0 | 27.0 |
| 80 | 16.0 | 46.0 |
| 100 | 27.0 | 86.0 |
| 125 | 46.0 | 140.0 |
| 160 | 86.0 | 250.0 |
| 200 | 140.0 | 400.0 |
| 250 | 250.0 | 760.0 |
| 315 | 400.0 | 1300.0 |
| 400 | 760.0 | 2250.0 |
| 500 | 1300.0 | 3800.0 |
| 630 | 2250.0 | 7500.0 |
| 800 | 3800.0 | 13600.0 |
| 1000 | 7840.0 | 25000.0 |
| 1250 | 13700.0 | 47000.0 |

b. 约定时间和约定电流 "gG"和"gM"熔断体的约定时间和约定电流，按《低压熔断器 第1部分：基本要求》GB 13539.1—2015 的规定列于表 7-32。

表 7-32 "gG"和"gM"熔断体的约定时间和约定电流

| "gG"额定电流 $I_n$；"gM"特性电流 $I_{ch}$/A | 约定时间/h | 约定电流/A | |
|---|---|---|---|
| | | $I_{nf}$（约定不熔断电流） | $I_f$（约定熔断电流） |
| $I_n < 16$ | 1 | 1.25$I_n$ | 1.6$I_n$ |
| $16 \leqslant I_n \leqslant 63$ | 1 | | |
| $63 < I_n \leqslant 160$ | 2 | | |
| $160 < I_n \leqslant 400$ | 3 | | |
| $400 < I_n$ | 4 | | |

c. 门限 "gG"和"gM"熔断体的门限值见表 7-33 和表 7-34。

表 7-33 "gG"熔断体（$I_n < 16A$）规定弧前时间的门限值

| $I_n$/A | $I_{min(10s)}$/A | $I_{max(5s)}$/A | $I_{min(0.1s)}$/A | $I_{max(0.1s)}$/A |
|---|---|---|---|---|
| 2 | 3.7 | 9.2 | 6.0 | 23.0 |
| 4 | 7.8 | 18.5 | 14.0 | 47.0 |
| 6 | 11.0 | 28.0 | 26.0 | 72.0 |

续表

| $I_n$/A | $I_{\min(10s)}$/A | $I_{\max(5s)}$/A | $I_{\min(0.1s)}$/A | $I_{\max(0.1s)}$/A |
|---|---|---|---|---|
| 8 | 16.0 | 35.2 | 41.6 | 92.0 |
| 10 | 22.0 | 46.5 | 58.0 | 110.0 |
| 12 | 24.0 | 55.2 | 69.6 | 140.4 |

表 7-34 "gG" 和 "gM" 熔断体规定弧前时间的门限值

| $I_n$ 用于"gG"；$I_{ch}$ 用于"gM"/A | $I_{\min(10s)}$/A | $I_{\max(5s)}$/A | $I_{\min(0.1s)}$/A | $I_{\max(0.1s)}$/A |
|---|---|---|---|---|
| 16 | 33 | 65 | 85 | 150 |
| 20 | 42 | 85 | 110 | 200 |
| 25 | 52 | 110 | 150 | 260 |
| 32 | 75 | 150 | 200 | 350 |
| 40 | 95 | 190 | 260 | 450 |
| 50 | 125 | 250 | 350 | 610 |
| 63 | 160 | 320 | 450 | 820 |
| 80 | 215 | 425 | 610 | 1100 |
| 100 | 290 | 580 | 820 | 1450 |
| 125 | 355 | 715 | 1100 | 1910 |
| 160 | 460 | 950 | 1450 | 2590 |
| 200 | 610 | 1250 | 1910 | 3420 |
| 250 | 750 | 1650 | 2590 | 4500 |
| 315 | 1050 | 2200 | 3420 | 6000 |
| 400 | 1420 | 2840 | 4500 | 8060 |
| 500 | 1780 | 3800 | 6000 | 10600 |
| 630 | 2200 | 5100 | 8060 | 14140 |
| 800 | 3060 | 7000 | 10600 | 19000 |
| 1000 | 4000 | 9500 | 14140 | 24000 |
| 1250 | 5000 | 13000 | 19000 | 35000 |

"aM"熔断器时间-电流特性的标准门限见表 7-35。特性的基准周围空气温度为 20℃，标准化的系数 $k$ 为 $k_0=-1.5$、$k_1=4$ 和 $k_2=-6.3$。

表 7-35 "aM"熔断体（全额定电流）的门限

| | $4I_n$ | $6.3I_n$ | $8I_n$ | $10I_n$ | $12.5I_n$ | $19I_n$ |
|---|---|---|---|---|---|---|
| $t_{熔断}$ | | 60s | | — | 0.5s | 0.10s |
| $t_{弧前}$ | 60s | | 0.5s | 0.2s | — | — |

### 7.3.2.2 低压断路器

低压断路器应符合现行国家标准 GB 14048.2—2020《低压开关设备和控制设备 第 2 部分：断路器》的要求。

(1) 分类

① 按使用类别分　有 A、B 两类。A 类为非选择型；B 类为选择型。

② 按分断介质分　有空气中分断、真空中分断和气体中分断等。

③ 按设计型式分　可分为万能式和塑料外壳式。

④ 按操作机构的控制方法分　可分为有关人力操作、无关人力操作，有关动力操作、无关动力操作以及储能操作。

⑤ 按是否适合隔离分　可分为不适合隔离和适合隔离。断路器在断开位置时，具有符合隔离功能安全要求的隔离距离，并应提供一种或几种方法（用操动器的位置、独立的机械式指示器、动触可视）显示主触头的位置。

⑥ 按是否需要维修分　可分为需要维修和不需要维修。

⑦ 按安装方式分　可分为固定式、插入式和抽屉式。

另外，还可以按外壳防护等级分，详见 GB/T 14048.1—2012《低压开关设备和控制设备 第 1 部分：总则》之 7.1.12。

(2) 特性

断路器的特性包括断路器的型式（极数、电流种类）、主电路的额定值和极限值（包括短路特性）、控制电路、辅助电路、脱扣器型式（分励脱扣器、过电流脱扣器、欠电压脱扣器等），以及操作过电压等。现就主要特性说明如下。

① 额定短路接通能力（$I_{cm}$）　断路器的额定短路接通能力是在制造商规定的额定工作电压、额定频率以及一定的功率因数（对于交流）或时间常数（对于直流）下，断路器的短路接通能力值，用最大预期峰值电流表示。

对于交流而言，断路器的额定短路接通能力应不小于其额定极限短路分断能力乘以表 7-36 中所列系数 $n$ 的乘积。对于直流而言，断路器的额定短路接通能力应不小于其额定极限短路分断能力。额定短路接通能力表示断路器在对应于额定工作电压的适当外施电压下能够接通电流的额定能力。

表 7-36 （交流断路器的）额定短路接通和分断能力之间的比值 $n$ 及相应功率因数

| 短路分断能力 $I/kA$（有效值） | 功率因数 | $n$ 要求的最小值<br>$n=$短路接通能力/短路分断能力 |
| --- | --- | --- |
| $I \leqslant 1.5$ | 0.96 | 1.41 |
| $1.5 < I \leqslant 3$ | 0.9 | 1.42 |
| $3 < I \leqslant 4.5$ | 0.8 | 1.47 |
| $4.5 < I \leqslant 6$ | 0.7 | 1.53 |
| $6 < I \leqslant 10$ | 0.5 | 1.7 |
| $10 < I \leqslant 20$ | 0.3 | 2.0 |
| $20 < I \leqslant 50$ | 0.25 | 2.1 |
| $50 < I$ | 0.2 | 2.2 |

② 额定短路分断能力　断路器的额定短路分断能力是制造商在规定的条件及额定工作电压下对断路器规定的短路分断能力值。

额定短路分断能力要求断路器在对应于规定的试验电压的工频恢复电压下应能分断小于和等于相当于额定能力的任何电流值，且

——对于交流,功率因数不低于表 7-37 的规定;
——对于直流,时间常数不超过表 7-37 的规定。

对于工频恢复电压超过规定的试验电压值时,则不保证短路分断能力。

对于交流,假定交流分量为常数,与固有的直流分量值无关,断路器应能分断相应于其额定短路分断能力及表 7-37 规定的功率因数的预期电流。

额定短路分断能力规定为:

——额定极限短路分断能力($I_{cu}$);
——额定运行短路分断能力($I_{cs}$)。

表 7-37 与试验电流相应功率因数和时间常数

| 试验电流 $I$/kA | 功率因数/$\cos\varphi$ | | | 时间常数/ms | | |
|---|---|---|---|---|---|---|
| | 短路 | 操作性能能力 | 过载 | 短路 | 操作性能能力 | 过载 |
| $I \leqslant 3$ | 0.9 | | | 5 | | |
| $3 < I \leqslant 4.5$ | 0.8 | | | 5 | | |
| $4.5 < I \leqslant 6$ | 0.7 | | | 5 | | |
| $6 < I \leqslant 10$ | 0.5 | 0.8 | 0.5 | 5 | 2 | 2.5 |
| $10 < I \leqslant 20$ | 0.3 | | | 10 | | |
| $20 < I \leqslant 50$ | 0.25 | | | 15 | | |
| $50 < I$ | 0.2 | | | 15 | | |

③ 额定极限短路分断能力($I_{cu}$) 断路器的额定极限短路分断能力是制造商按相应的额定工作电压规定断路器在规定条件下应能分断的极限短路分断能力值,它用预期分断电流(kA)表示(在交流情况下用交流分量有效值表示)。

④ 额定运行短路分断能力($I_{cs}$) 断路器的额定运行短路分断能力是制造商按相应的额定工作电压规定断路器在规定的条件下应能分断的运行短路分断能力值,与额定极限短路分断能力一样,它用预期分断电流(kA)表示,相当于额定极限短路分断能力规定的百分数中的一挡(按表 7-38 选择),并化整到最接近的整数。它可用 $I_{cu}$ 的百分数表示。

另一方面,当额定运行短路分断能力等于额定短时耐受电流时,它可以按额定短时耐受电流值(kA)规定之,只要它不小于表 7-38 中相应的最小值。

如果使用类别 A 的额定极限短路分断能力($I_{cu}$)超过 200kA,或使用类别 B 的 $I_{cu}$ 超过 100kA,则制造商可申明额定运行短路分断能力($I_{cs}$)值为 50kA。

表 7-38 $I_{cs}$ 和 $I_{cu}$ 之间的标准比值

| 使用类别 A($I_{cu}$ 的百分数) | 使用类别 B($I_{cu}$ 的百分数) |
|---|---|
| 25 | — |
| 50 | 50 |
| 75 | 75 |
| 100 | 100 |

⑤ 额定短时耐受电流($I_{cw}$) 断路器的额定短时耐受电流是制造商在规定的试验条件下对断路器确定的短时耐受电流值。

对于交流，此电流为预期短路电流交流分量的有效值。并认为预期短路电流交流分量在短延时时间内是恒定的。与额定短时耐受电流相应的短延时应不小于0.05s，其优选值为 0.05s—0.1s—0.25s—0.5s—1s。额定短时耐受电流应不小于表7-39所示的相应值。

表 7-39 额定短时耐受电流最小值

| 额定电流 $I_n$/A | 额定短时耐受电流($I_{cw}$)的最小值/kA |
|---|---|
| $I_n \leq 2500$ | $12I_n$ 或 5kA，取较大者 |
| $I_n > 2500$ | 30 |

⑥ 过电流脱扣器 包括瞬时过电流脱扣器、定时限过电流脱扣器（又称短延时过电流脱扣器）、反时限过电流脱扣器（又称长延时过电流脱扣器）。

瞬时或定时限过电流脱扣器在达到电流整定值时应瞬时（固有动作时间）或在规定时间内动作。其电流脱扣器整定值有±10%的准确度。

反时限过电流断开脱扣器在基准温度下的断开动作特性：在所有相极通电的情况下，约定不脱扣电流为1.05倍整定电流；约定脱扣电流为1.30倍整定电流。其约定时间为：当 $I_n \leq 63A$ 时为1h，当 $I_n > 63A$ 时为2h。当反时限过电流断开脱扣器在基准温度下，在约定不脱扣电流，即电流整定值的1.05倍时，脱扣器的各相极同时通电，断路器从冷态开始，在小于约定时间内不应发生脱扣；在约定时间结束后，立即使电流上升至电流整定值的1.30倍，即达到约定脱扣电流，断路器在小于约定时间内脱扣。

反时限过电流脱扣器时间-电流特性应以制造商提供曲线形式为准。这些曲线表明从冷态开始的断开时间与脱扣器动作范围内的电流变化关系。

#### 7.3.2.3 剩余电流动作保护器

剩余电流动作保护器（俗称漏电保护器）能迅速断开接地故障电路，以防发生间接电击伤亡和引起火灾事故。

① 当剩余电流动作保护器用于插座回路和末端线路，并侧重防间接电击时，则应选择动作电流不大于30mA的高灵敏度剩余电流动作保护器。如果需要作为上一级保护，其动作电流不小于300mA，对配电干线不大于500mA时，其动作应有延时。

对于住宅和中小型建筑，剩余电流动作保护器可安装在建筑物电源总进线上。为保证其动作灵敏度及与末端插座回路漏电保护器的选择性，该剩余电流动作保护器动作整定值最好不大于0.5A，并有0.4s或以上延时。该剩余电流动作保护器作为防电弧性接地故障引起的火灾比较有效。

② 电气线路和设备泄漏电流值及分级安装的剩余电流保护器动作特性的电流配合要求如下：a.用于单台用电设备时，动作电流应不小于正常运行泄漏电流的4倍；b.配电线路的剩余电流动作保护器动作电流应不小于正常运行泄漏电流的2.5倍，同时还应不小于其中泄漏电流最大的一台用电设备正常运行泄漏电流的4倍。

#### 7.3.2.4 开关、隔离器、隔离开关及熔断器组合电器

(1) 定义

按照 GB 14048.3—2017《低压开关设备和控制设备 第3部分：开关、隔离器、隔离开

关及熔断器组合电器》，相关电器的定义如下：

①（机械）开关（switch mechanical） 在正常电路条件下（包括规定的过负荷工作条件），能够接通、承载和分断电流，并在规定的非正常电流条件下（例如短路），能在规定时间内承载电流的一种机械开关电器（注：开关可以接通，但不能分断短路电流）。

② 隔离器（disconnector） 在断开状态下能符合规定隔离功能要求的电器。隔离器应满足距离、泄漏电流要求，以及断开位置指示可靠性和加锁等附加要求；如分断或接通的电流可忽略（如线路分布电容电流、电压互感器等的电流），或隔离器的每一极的接线端子两端的电压无明显变化时，隔离器能够断开和闭合电路；隔离器能承载正常电路条件下的电流，也能在一定时间内承载非正常电路条件下的电流（短路电流）。

③ 熔断器组合电器（fuse-combination unit） 它是熔断器开关电器的总称，由制造商或按其说明书将一个机械开关电器与一个或数个熔断器组装在同一个单元内的组合电器。通常包括以下六种组合。

a. 开关熔断器组（switch-fuse） 开关的一极或多极与熔断器串联构成的组合电器。

单断点开关熔断器组（switch-fuse single opening）：仅在电路中熔断体的一侧提供断开的开关熔断器组。

双断点开关熔断器组（switch-fuse double opening）：在电路中熔断体的两侧均提供断开的开关熔断器组。

【注】当拆卸熔断器时，应确保安全预防措施。

b. 熔断器式开关（fuse-switch） 用熔断体或带有熔断体载熔件作为动触头的一种开关。

单断点熔断器式开关（fuse-switch single opening）：仅在电路中熔断体的一侧提供断开的熔断器式开关。

双断点熔断器式开关（fuse-switch double opening）：在电路中熔断体的两侧均提供断开的熔断器式开关。

c. 隔离器熔断器组（disconnector-fuse） 隔离器的一极或多极与熔断器串联构成的组合电器。

单断点隔离器熔断器组（disconnector-fuse single opening）：仅在电路中熔断体的一侧提供断开，以满足隔离功能规定要求的隔离器熔断器组。

双断点隔离器熔断器组（disconnector-fuse double opening）：在电路中熔断体的两侧均提供断开，以满足隔离功能规定要求的隔离器熔断器组。

d. 熔断器式隔离器（fuse-disconnector） 用熔断体或带有熔断体载熔件作为动触头的一种隔离器。

单断点熔断器式隔离器（fuse-disconnector single opening）：仅在电路中熔断体的一侧提供断开，以满足隔离功能规定要求的熔断器式隔离器。

双断点熔断器式隔离器（fuse-disconnector double opening）：在电路中熔断体的两侧均提供断开，以满足隔离功能规定要求的熔断器式隔离器。

e. 隔离开关熔断器组（switch-disconnector-fuse） 隔离开关的一极或多极与熔断器串联构成的组合电器。

单断点隔离开关熔断器组（switch-disconnector-fuse single opening）：仅在电路中熔断体的一侧提供断开，以满足隔离功能规定要求的隔离开关熔断器组。

双断点隔离开关熔断器组（switch-disconnector-fuse double opening）：在电路中熔断体的两侧均提供断开，以满足隔离功能规定要求的隔离开关熔断器组。

f. 熔断器式隔离开关（fuse-switch-disconnector） 用熔断体或带有熔断体载熔件作为动触头的隔离开关。

单断点熔断器式隔离开关（fuse-switch-disconnector single opening）：仅在电路中熔断体的一侧提供断开，以满足隔离功能规定要求的熔断器式隔离开关。

双断点熔断器式隔离开关（fuse-switch-disconnector double opening）：在电路中熔断体的两侧均提供断开，以满足隔离功能规定要求的熔断器式隔离开关。

以上各电器的定义概要见表 7-40。

表 7-40 各电器的定义概要

| 功能 | | |
|---|---|---|
| 接通和分断电流 | 隔离 | 接通、分断和隔离 |
| 开关 | 隔离器 | 隔离开关 |
| 熔断器组合电器 | | |
| 开关熔断器组 单断点① | 隔离器熔断器组 单断点① | 隔离开关熔断器组 单断点① |
| 开关熔断器组 双断点② | 隔离器熔断器组 双断点 | 隔离开关熔断器组 双断点② |
| 熔断器式开关 单断点① | 熔断器式隔离器组 单断点① | 熔断器式隔离开关 单断点① |
| 熔断器式开关 双断点② | 熔断器式隔离器组 双断点 | 熔断器式隔离开关 双断点② |

注：上述单断点的电器可以由多组串联的断点组成。
① 熔断器可接在电器触头的任一侧。
② 分断是否发生在熔断器的一侧或两侧取决于其设计。

(2) 分类

① 按使用类别分类 使用类别列于表 7-41，表中类别 A 用于经常操作环境；类别 B 用于不经常操作环境，如只在维修时为提供隔离才操作的隔离器，或以熔断体触刀作动触头的开关电器。

表 7-41 使用类别

| 电流种类 | 使用类别 | | 典型用途 |
|---|---|---|---|
| | 类别 A | 类别 B | |
| 交流 | AC-20A① | AC-20B① | 在空载条件下闭合和断开 |
| | AC-21A | AC-21B | 通断阻性负载,包括适当的过负载 |
| | AC-22A | AC-22B | 通断电阻和电感混合负载,包括适当的过负载 |
| | AC-23A | AC-23B | 通断电动机负载或其他高电感负载 |

续表

| 电流种类 | 使用类别 | | 典型用途 |
|---|---|---|---|
| | 类别 A | 类别 B | |
| 直流 | DC-20A[①] | DC-20B[①] | 在空载条件下闭合和断开 |
| | DC-21A | DC-21B | 通断阻性负载,包括适当的过负载 |
| | DC-22A | DC-22B | 通断电阻和电感混合负载,包括适当的过负载(如并励电动机) |
| | DC-23A | DC-23B | 通断高电感负载(如串励电动机) |

[①] 在美国不允许使用这类使用类别。

② 按人力操作方式分类

a.(机械开关电器的) 有关人力操作　完全靠直接施加人力的一种操作,操作速度和操作力与操作者动作有关。

b.(机械开关电器的) 无关人力操作　能量来源于人力,并在一次连续操作中储存和释放能量的一种储能操作,操作速度和操作力与操作者动作无关。

c.半无关人力操作　完全靠直接施加达到某一阈值的人力的一种操作,所施人力超过阈值时,除非操作者故意延迟,否则将完成无关通断操作。

③ 按隔离的适用性分类

a.适合于隔离用;

b.不适合于隔离用。

④ 按所提供的防护等级分类　见 GB/T 14048.1—2012《低压开关设备和控制设备 第1部分:总则》之 7.1.12、附录 C 以及本书表 7-27～表 7-29。

(3) 正常负载特性

① 额定接通能力　是在规定接通条件下能满意接通的电流值。对于交流,用电流周期分量有效值表示,其值见表 7-42。

表 7-42　各种使用类别的接通和分断条件

| 使用类别 | | 额定工作电流 | 接通[①] | | | 分断 | | | 操作循环次数[③] |
|---|---|---|---|---|---|---|---|---|---|
| | | | $I/I_e$ | $U/U_e$ | $\cos\varphi$ | $I_c/I_e$ | $U_r/U_e$ | $\cos\varphi$ | |
| AC-20A[②] | AC-20B[②] | 全部值 | — | — | — | — | — | — | — |
| AC-21A | AC-21B | 全部值 | 1.5 | 1.05 | 0.95 | 1.5 | 1.05 | 0.95 | 5 |
| AC-22A | AC-22B | 全部值 | 3 | 1.05 | 0.65 | 3 | 1.05 | 0.65 | 5 |
| AC-23A | AC-23B | $0 < I_e \leq 100A$ | 10 | 1.05 | 0.45 | 8 | 1.05 | 0.45 | 5 |
| | | $100A < I_e$ | 10 | 1.05 | 0.35 | 8 | 1.05 | 0.35 | 3[④] |
| 使用类别 | | 额定工作电流 | $I/I_e$ | $U/U_e$ | $L/R$ /ms | $I_c/I_e$ | $U_r/U_e$ | $L/R$ /ms | 操作循环次数 |
| DC-20A[②] | DC-20B[②] | 全部值 | — | — | — | — | — | — | — |
| DC-21A | DC-21B | 全部值 | 1.5 | 1.05 | 1 | 1.5 | 1.05 | 1 | 5 |
| DC-22A | DC-22B | 全部值 | 4 | 1.05 | 2.5 | 4 | 1.05 | 2.5 | 5 |
| DC-23A | DC-23B | 全部值 | 4 | 1.05 | 15 | 4 | 1.05 | 15 | 5 |

注:$I$——接通电流;$U$——外施电压;$I_c$——分断电流;$U_e$——额定工作电压;$I_e$——额定工作电流;$U_r$——工频恢复电压或直流恢复电压。

[①] 对于交流,接通电流用电流周期分量有效值表示。

[②] 在美国不允许采用这类使用类别。

[③] 如果在不更改 GB 14048.3—2017《低压开关设备和控制设备　第3部分:开关、隔离器、隔离开关及熔断器组合电器》8.3.3.3.1 中规定的操作时间间隔的情况下,允许在每次接通和分断操作之间进行一次不带电通断操作。

[④] 根据制造商的要求,为了包含 AC-21 和 AC-22 两种使用类别,允许 AC-23 的操作次数由3提高到5。

② 额定分断能力　是在规定分断条件下能满意分断的电流值。对于交流,用电流周期分量有效值表示,其值见表7-42。

(4) 短路特性

① 额定短时耐受电流（$I_{cw}$）　开关、隔离器或隔离开关的额定短时耐受电流是在规定条件下,电器能够承受而不发生任何损坏的电流值。短时耐受电流值不得小于12倍最大额定工作电流。除非制造商另有规定,通电持续时间应为1s。对于交流,是指交流分量有效值,并且认为可能出现的最大峰值电流不会超过此有效值的 $n$ 倍。系数 $n$ 见表7-43。

② 额定短路接通能力（$I_{cm}$）　开关或隔离开关的额定短路接通能力是制造商规定的,在额定工作电压、额定频率（如果有的话）和规定功率因数（或时间常数）下电器的短路接通能力值,该值用最大预期电流峰值表示。对于交流,功率因数、预期电流峰值与有效值的关系见表7-43。额定短路接通能力不适用于AC-20或DC-20电器。

表7-43　对应于试验电流的功率因数、时间常数和预期电流峰值与有效值的比率 $n$

| 试验电流 $I$/A | 功率因数 | 时间常数/ms | $n$ |
| --- | --- | --- | --- |
| $I \leqslant 1500$ | 0.95 | 5 | 1.41 |
| $1500 < I \leqslant 3000$ | 0.9 | 5 | 1.42 |
| $3000 < I \leqslant 4500$ | 0.8 | 5 | 1.47 |
| $4500 < I \leqslant 6000$ | 0.7 | 5 | 1.53 |
| $6000 < I \leqslant 10000$ | 0.5 | 5 | 1.7 |
| $10000 < I \leqslant 20000$ | 0.3 | 10 | 2.0 |
| $20000 < I \leqslant 50000$ | 0.25 | 15 | 2.1 |
| $50000 < I$ | 0.2 | 15 | 2.2 |

③ 额定限制短路电流　是在短路保护电器动作时间内能够良好地承受的预期短路电流值。对交流,用交流分量有效值表示,该值由制造商规定。

(5) 隔离电器的泄漏电流

施加试验电压为额定工作电压1.1倍时,其泄漏电流不应超过下列允许值:

① 新电器每极允许值为 0.5mA;

② 经接通和分断试验后的电器,每极允许值为 2mA;

③ 任何情况下,极限值不应超过 6mA。

(6) 选用原则

① 隔离电器的选用

a. 当维护、检修和测试需要隔断电源时,配电线路应装设隔离电器。

b. 隔离电器应使所在回路与带电部分隔离。当隔离电器误操作会造成严重事故时,应有防止误操作的措施,如设联锁或加锁。

c. 隔离器、隔离开关（包括它们和熔断器组合电器）适宜作隔离电器。此外,以下电器或连接件也可作隔离用,如熔断器、具有隔离功能的断路器、插头与插座、连接片、不需拆除的特殊端子。严禁用半导体电器作隔离用。

② 开关电器的选用:

a. 需要通、断电流的配电线路,应装设开关电器。

b. 宜选用开关、隔离开关（包括它们和熔断器组合电器）作通断电路用。已装设断路器、接触器等保护、控制电器的回路,一般不必再装设开关电器。

c. 选用开关或隔离开关，其额定工作电流应不小于该回路的计算电流。

d. 需要装设开关电器和隔离电器的配电干线，如建筑物的低压配电线路进线处、配电箱的进线处，应装设隔离开关，一个电器可满足开关和隔离两者功能；需要同时有开关、隔离及保护三者功能的线路，应装设隔离开关熔断器组或熔断器式隔离开关。

### 7.3.2.5 接触器和电动机启动器

根据 GB 14048.4—2020《低压开关设备和控制设备 第 4-1 部分：接触器和电动机启动器 机电式接触器和电动机启动器（含电动机保护器）》，将其分类、额定工作制、使用类型及其代号、正常负载和过载特性、与 SCPD 的协调配合、选用原则等主要内容叙述如下。

(1) 分类

① 电器的种类 接触器、直接交流启动器、星-三角启动器、两级自耦减压启动器、转子变阻式启动器以及综合式启动器或保护式启动器。

② 电流种类 交流和直流两种。

③ 灭弧介质 空气、油、气体、真空等。

④ 操作方式 人力、电磁铁、电动机、气动及电气-气动。

⑤ 控制方式 自动式（由指示开关操作或程序控制）、非自动式（手操作或按钮操作）及半自动式（部分自动式、部分非自动式控制）。

(2) 额定工作制

① 8h 工作制（连续工作制） 电器的主触头闭合，且承载稳定电流足够长时间使电器达到热平衡，但达到 8h 必须分断的工作制。需要说明的是，对星-三角启动器、两级自耦减压启动器或转子变阻式启动器是指启动器的主触头在运行位置上保持闭合时，每一主触头承载一稳定电流且持续足够长时间使电器达到热平衡状态，但通电不超过 8h 的工作制。

② 不间断工作制 指没有空载期的工作制，电器的主触头保持闭合，且承载稳定电流超过 8h（数星期、数月甚至数年）而不分断。需要说明的是：对星-三角启动器、两级自耦减压启动器或转子变阻式启动器是指启动器的主触头在运行位置上保持闭合，承载一稳定电流且持续时间超过 8h（数星期、数月、数年）也不断开的工作制。

③ 断续周期工作制或断续工作制 此工作制指电器的主触头保持闭合的有载时间与无载时间有一确定的比值，但两个时间都很短，不足以使电器达到热平衡。断续工作制是用电流值、通电时间和负载因数来表征其特性，负载因数是通电时间与整个通断操作周期之比，通常用百分数表示。负载因数的标准值为 15%、25%、40% 及 60%。根据电器每小时能够进行的操作循环次数，电器可分为如下等级：1、3、12、30、120、300、1200、3000、12000、30000、120000、300000。

需要说明的是：对减压启动器是指启动器开关电器的主触头在运行位置保持闭合的时间与无载时间保持一定的比值，且两者都很短，不足以使启动器达到热平衡的工作制。断续工作制的优选级别为：接触器为 1、3、12、30、120、300、1200；启动器为 1、3、12、30。

④ 短时工作制 是指电器的主触头保持闭合的时间不足以使其达到热平衡，有载工作时间被无载工作时间隔开，而无载时间足以使电器的温度恢复到与冷却介质相同的温度。短时工作制通电时间的标准值为：3min、10min、30min、60min 和 90min。

⑤ 周期工作制 是指无论稳定负载或可变负载总是有规律地反复运行的一种工作制。

(3) 使用类别及其代号

接触器和电动机启动器主电路通常选用的使用类别及其代号见表 7-44。

表 7-44 接触器和电动机启动器主电路通常选用的使用类别及其代号

| 电流 | 使用类别代号 | 附加类别名称 | 典型用途举例 |
|---|---|---|---|
| AC | AC-1 | 一般用途 | 无感或微感负载 |
| | AC-2 | | 绕线式感应电动机或电阻式和感应式混合负载,包括中度过载 |
| | AC-3 | | 笼型感应电动机[④]的启动、运行中分断、可逆[①] |
| | AC-3e[⑤] | | 具有更高堵转转子电流的笼型感应电动机[⑤]的启动、运行中分断、可逆[①] |
| | AC-4 | | 笼型感应电动机[④]的启动、反接制动或反向运行、点动 |
| | AC-5a | 镇流器 | 放电灯 |
| | AC-5b | 白炽灯 | AC 白炽灯 |
| | AC-6a | | 变压器 |
| | AC-6b | | 电容器组 |
| | AC-7a[③] | | 家用电器和类似用途的低感负载 |
| | AC-7b[③] | | 家用的电动机负载 |
| | AC-8a | | 具有手动复位过载脱扣器的密封制冷压缩机中的电动机[②]控制 |
| | AC-8b | | 具有自动复位过载脱扣器的密封制冷压缩机中的电动机[②]控制 |
| DC | DC-1 | | 无感或微感负载 |
| | DC-3 | | 并励电动机的启动、反接制动或反向运行、点动、电动机在动态中分断 |
| | DC-5 | | 串励电动机的启动、反接制动或反向运行、点动、电动机在动态中分断 |
| | DC-6 | 白炽灯 | DC 白炽灯 |

① AC-3 使用类别可用于不频繁的点动或在有限的时间内反接制动,例如机械的移动;在有限的时间内操作次数不超过 1min 内 5 次或 10min 内 10 次。
② 密封制冷压缩机是由压缩机和电动机构成的,这两个装置都装在同一外壳内,无外部传动轴或轴封,电动机在冷却介质中操作。
③ 使用类别 AC-7a 和 AC-7b 参见 GB/T 17885—2016《家用及类似用途电式接触器》。
④ 符合 GB/T 21210—2016《单速三相笼型感应电动机启动性能》的 N 型和 H 型异步电动机。
⑤ 符合 GB/T 21210—2016《单速三相笼型感应电动机启动性能》的 NE 型和 HE 型异步电动机,具有比 N 型和 H 型更高的堵转转子视在功率和电流,达到符合 GB/T 32891.1—2016《旋转电机 效率分级 (IE 代码) 第 1 部分:电网供电的交流电动机》和 GB/T 32891.2—2019《旋转电机 效率分级 (IE 代码) 第 2 部分:变速交流电动机》的更高效率等级。

(4) 正常负载和过载特性

① 耐受过载电流的能力 AC-3、AC-3e 或 AC-4 类别的接触器,应能承受表 7-45 给出的耐受过载电流的要求。

表 7-45 耐受过载电流要求

| 额定工作电流/A | 试验电流[③] | 通电时间[①]/s |
|---|---|---|
| ≤630 | $8 \times I_{e,max}$/AC-3<br>$8 \times I_{e,max}$/AC-3e | 10 |
| >630 | $6 \times I_{e,max}$/AC-3[②]<br>$6 \times I_{e,max}$/AC-3e[②] | 10 |

① 对于带有过载保护等级 20 及以上的启动器,接触器的选择应由制造商和用户达成一致。
② 最小值为 5040A。
③ 只要试验值不超过 $I^2 t$,本试验也涵盖电流更低且试验时间更长的工作制。

② 额定接通能力与额定分断能力 对于交流,用电流的对称分量有效值表示,其相关参数值见表 7-46、表 7-47 和表 7-48。

表 7-46 不同使用类别接通与分断能力的接通和分断条件

| 使用类别 | 接通和分断(通断)条件 | | | | | | |
|---|---|---|---|---|---|---|---|
| | $I_c/I_e$ | $U_r/U_e$ | $\cos\varphi$ | $L/R$ /ms | 通电时间[2] /s | 断电时间 /s | 操作循环次数 |
| AC-1 | 1.5 | 1.05 | 0.8 | | 0.05 | [6] | 50 |
| AC-2 | 4.0[8] | | 0.65[1] | | 0.05 | [6] | 50 |
| AC-3[9] | 8.0 | | | [1] | 0.05 | [6] | 50 |
| AC-3e[9] | 8.5 | | | [1] | 0.05 | [6] | 50 |
| AC-4[9] | 10.0 | | | [1] | 0.05 | [6] | 50 |
| AC-5a | 3.0 | | 0.45 | | 0.05 | [6] | 50 |
| AC-5b | 1.5[3] | | | [5] | 0.05 | 60 | 50 |
| AC-6a | [10] | | | | | | |
| AC-6b | 1.5[5] | 1.05 | | | [12] | [13] | 50 |
| AC-8a[11] | 6.0 | 1.05 | | [1] | 0.05 | [6] | 50 |
| AC-8b[11] | 6.0 | 1.05 | | [1] | 0.05 | [6] | 50 |
| DC-1 | 1.5 | 1.05 | | 1.0 | 0.05 | [6] | 50[4] |
| DC-3 | 4.0 | 1.05 | | 2.5 | 0.05 | [6] | 50[4] |
| DC-5 | 4.0 | 1.05 | | 15.0 | 0.05 | [6] | 50[4] |
| DC-6 | 1.5[5] | 1.05 | | [3] | 0.05 | 60 | 50[4] |

| 使用类别 | 接通条件 | | | | | | |
|---|---|---|---|---|---|---|---|
| | $I/I_e$ | $U/U_e$ | $\cos\varphi$ | | 通电时间[2] /s | 断电时间 /s | 操作循环次数 |
| AC-3 | 10 | 1.05[7] | [1] | | 0.05 | [6] | 50 |
| AC-3e | 12[14] | 1.05[7] | [15] | | 0.05 | [6] | 50 |
| AC-4 | 12 | 1.05[7] | [1] | | 0.05 | [6] | 50 |

[1] 额定工作电流 $I_e\leqslant 100$A 及以下的电器,$\cos\varphi=0.45$;额定工作电流 $I_e>100$A 的电器,$\cos\varphi=0.35$。
[2] 若触头在重新断开之前已经闭合到底,则允许时间小于 0.05s。为便于试验的进行,经制造商同意,可以规定更长的通电时间。
[3] 试验用白炽灯作为负载。
[4] 若未在电器上标志极性,用一种极性做 25 次,另 25 次换为相反极性。
[5] 负载应由市场上能购买得到的电容器组成,从而可以根据 GB 14048.4—2020《低压开关设备和控制设备 第 4-1 部分:接触器和电动机启动器 机电式接触器和电动机启动器(含电动机保护器)》9.3.3.3.4 计算得到稳定状态的无功电流 $I_e$。电容性的额定值可由通断电容器试验获得,或以实验或经验的基础加以确定。表 7-45 中给出了一个参考公式作为指南,这个公式未计及谐波电流产生的热效应,因此,用本公式导出的数值应把温升考虑进去。试验接线端子处的电流应不低于预期电流"$i_r$"。可通过分析评估确定。
[6] 如果制造商同意,表 7-47 中的最大断电时间可以缩短。
[7] 对于 $U/U_e$,允许有 ±20% 的误差。
[8] 所给的值用于定子电路的接触器,对用于转子电路的接触器,试验应通以 4 倍的额定转子工作电流,功率因数为 0.95。
[9] 使用类别 AC-3、AC-3e 和 AC-4 的接通条件也应予以验证,当制造商同意时,可与接通和分断试验一起进行,此时接通电流的倍数为 $I/I_e$,分断电流的倍数为 $I_c/I_e$。25 次操作循环的控制电源电压为额定控制电源电压 $U_e$ 的 110%,另 25 次为 $U_e$ 的 85%。
[10] 制造商可通过变压器进行试验确定使用类别 AC-6a 的额定值或根据表 7-48 使用类别 AC-3 的值推算确定。
[11] 如果由制造商确定,则转子堵转电流/满载电流可以选用较低值。
[12] 接通时间应足够长以使电流达到稳定。
[13] 断电时间按表 7-47。放电电阻的值应根据断电时间结束时电压小于 50V 的条件确定。
[14] 作为可选项,可以由制造商在 12 或 13 之间自行选定 $I/I_e$ 的值。此时,功率因数由以下公式导出:额定工作电流为 $I_e\leqslant 100$A 及以下的电器,$\cos\varphi=0.1\times I/I_e-0.85$;额定工作电流 $I_e>100$A 的电器,$\cos\varphi=0.1\times I/I_e-0.95$。
[15] 当额定工作电流 $I_e\leqslant 100$A 时,$\cos\varphi=0.35$;当额定工作电流 $I_e>100$A 时,$\cos\varphi=0.25$。
注:$I$——接通电流,接通电流用直流或交流对称有效值表示,但对交流而言,接通操作时实际的电流峰值可能会高于对称峰值;$I_c$——接通和分断电流,用直流或交流对称有效值表示;$I_e$——额定工作电流;$U$——外施电压;$U_r$——工频或直流恢复电压;$U_e$——额定工作电压;$\cos\varphi$——试验电路的功率因数;$L/R$——试验电路的时间常数。

表 7-47 验证额定接通与分断能力时分断电流 $I$ 和间隔时间的关系

| 试验电流(分断电流)$I$/A | 间隔时间/s |
|---|---|
| $I \leq 100$ | 10 |
| $100 < I \leq 200$ | 20 |
| $200 < I \leq 300$ | 30 |
| $300 < I \leq 400$ | 40 |
| $400 < I \leq 600$ | 60 |
| $600 < I \leq 800$ | 80 |
| $800 < I \leq 1000$ | 100 |
| $1000 < I \leq 1300$ | 140 |
| $1300 < I \leq 1600$ | 180 |
| $1600 < I \leq 2500$ | 240 |
| $2500 < I$ | 用户和制造商协定 |

表 7-48 根据 AC-3 额定值确定 AC-6a 和 AC-6b 工作电流

| 额定工作电流 | 由使用类别 AC-3 的额定电流确定 |
|---|---|
| $I_e$(AC-6a)——用于通断冲击电流峰值不大于额定电流 30 倍的变压器 | $0.45I_e$(AC-3) |
| $I_e$(AC-6b)——用于通断单独电容器组。电容器安装处的预期短路电流为 $i_k$ | $i_k X^2/(X-1)^2$<br>其中:$X=13.3I_e$(AC-3)$/i_k$ 且 $i_k > 205I_e$(AC-3) |

注:工作电流 $I_e$(AC-6b)的最高冲击电流峰值可由下式导出:

$$I_{p \cdot \max} = \frac{\sqrt{2}U_e}{\sqrt{3}} \times \frac{1+\sqrt{X_C/X_L}}{X_L - X_C}$$

式中,$U_e$ 为额定工作电压;$X_C$ 为电容器电抗;$X_L$ 为电路短路阻抗。
本公式有效的条件是:接触器或启动器电源端的电容可忽略不计且电容器没有预充电。

③ 约定操作性能 其相关参数值见表 7-49。

接触器或启动器按规定的试验方法,应能接通和分断表 7-46 中与使用类别相对应的电流及操作循环次数。MPSD(Motor Protective Switching Device,电动机保护开关设备)应在的相同条件下进行试验,但有如下例外:如果试验期间过载脱扣器脱扣,断电时间可以延长至没有脱扣发生的时间点。

表 7-49 不同使用类别的约定操作性能的接通和分断条件

| 使用类别 | 接通和分断条件 | | | | | |
|---|---|---|---|---|---|---|
| | $I_c/I_e$ | $U_r/U_e$ | $\cos\varphi$ | 通电时间/s | 断电时间/s | 操作循环次数 |
| AC-1 | 1.0 | 1.05 | 0.80 | 0.05② | ③ | 6000⑨ |
| AC-2 | 2.0 | 1.05 | 0.65 | 0.05② | ③ | 6000⑨ |
| AC-3,AC-3e | 2.0 | 1.05 | ① | 0.05② | ③ | 6000⑨ |
| AC-4 | 6.0 | 1.05 | ① | 0.05② | ③ | 6000⑨ |
| AC-5a | 2.0 | 1.05 | 0.45 | 0.05② | ③ | 6000⑨ |
| AC-5b | 1.0⑤ | 1.05 | ⑤ | 0.05② | 60 | 6000⑨ |

续表

| 使用类别 | 接通和分断条件 | | | | | |
|---|---|---|---|---|---|---|
| | $I_c/I_e$ | $U_r/U_e$ | $\cos\varphi$ | 通电时间/s | 断电时间/s | 操作循环次数 |
| AC-6a | ⑦ | ⑦ | ⑦ | ⑦ | ⑦ | ⑦ |
| AC-6b | 1⑪ | 1.05 | | ⑫ | ⑬ | 6000 |
| AC-8a | 1.0 | 1.05 | 0.80 | 0.05② | ③ | 30000 |
| AC-8b⑧·⑩ | 6.0 | 1.05 | ① | 1 | 9 | 5900 |
| | | | | 10 | 90④ | 100 |
| DC-1 | 1.0 | 1.05 | 1.0 | 0.05② | ③ | 6000⑥ |
| DC-3 | 2.5 | 1.05 | 2.0 | 0.05② | ③ | 6000⑥ |
| DC-5 | 2.5 | 1.05 | 7.5 | 0.05② | ③ | 6000⑥ |
| DC-6 | 1.0⑤ | 1.05 | ⑤ | 0.05② | 60 | 6000⑥ |

① 额定工作电流 $I_e \leqslant 100A$ 及以下的电器，$\cos\varphi=0.45$；额定工作电流 $I_e > 100A$ 的电器，$\cos\varphi=0.35$。
② 若触头在重新断开之前已经闭合到底，则允许时间小于 0.05s。为便于试验的进行，经制造商同意，可以规定更长的通电时间。
③ 断电时间不应大于表 7-47 的规定。
④ 制造商可以选择任意的断电时间但不大于 200s。
⑤ 试验用白炽灯作为负载。
⑥ 如果电器上没有标明极性，用一种极性做 3000 次操作循环，另 3000 次换为相反极性。
⑦ 制造商应通过用变压器进行试验验证使用类别 AC-6a 的额定值，或根据表 7-48 中使用类别 AC-3 的值推算确定。
⑧ 使用类别 AC-8b 的试验应与 AC-8a 的试验相伴进行，试验允许在不同的试品上进行。
⑨ 对于人力操作的开关电器，有载次数为 1000 次，接着进行的无载操作次数为 5000 次。
⑩ 如果由制造商确定，则 $I_c/I_e$（转子堵转电流/满载电流）可以选用较低值。
⑪ 负载应由市场上能购买得到的电容器组成，从而可以根据 GB 14048.4—2020《低压开关设备和控制设备 第 4-1 部分：接触器和电动机启动器 机电式接触器和电动机启动器（含电动机保护器）》9.3.3.3.4 计算得到稳定状态的无功电流 $I_e$。电容性的额定值可由通断电容器试验获得，或以实验或经验的基础加以确定。表 7-48 中给出了一个参考公式作为指南，这个公式未计及谐波电流产生的热效应，因此，用本公式导出的数值应把温升考虑进去。试验接线端子处的电流应不低于预期电流"$i_r$"。可通过分析评估确定。
⑫ 接通时间应足够长以使电流达到稳定。
⑬ 断电时间按表 7-47。放电电阻的值应根据断电时间结束时电压小于 50V 的条件确定。
注：$I_c$——接通和分断电流。除使用类别 AC-5b、AC-6 或 DC-6 外，接通电流用直流或交流对称有效值表示，但对交流而言，接通操作时实际的电流峰值可能会高于对称峰值；$I_e$——额定工作电流；$U_r$——工频或直流恢复电压；$U_e$——额定工作电压；$\cos\varphi$——试验电路的功率因数；$L/R$——试验电路的时间常数。

（5）与短路保护设备（SCPD，Short Circuit Protective Device）的协调配合

接触器和启动器与 SCPD 的协调配合类型（保护型式）有两种：

①"1"型协调配合：要求接触器或启动器在短路条件下不应对人及设备引起危害，在修理前，不能再使用。

②"2"型协调配合：要求接触器或启动器在短路条件下不应对人及设备引起危害，且应能继续使用，但允许触头熔焊。

（6）选用原则

① 应根据负载特性和操作条件选择接触器的使用类别。用于控制笼型电动机，通常选用 AC-3 使用类别；用于控制需要点动、反向运转或反向制动条件下的电动机，应选用 AC-4 使用类别；用于控制电阻炉、照明灯、电容器等用电设备时，应相应选用 AC-1、AC-5a、AC-5b 和 AC-6b 使用类别。

② 选取的接触器的操作频率应符合被控设备的运行使用要求。

③ 不间断工作制的设备，应选取特殊设计的接触器，如用银或银基触头的产品，以避

免触头过热；如选用8小时工作制的接触器，应降低一级容量使用。

④ 根据控制回路电压要求，选择接触器的吸引线圈电压；按照控制、联锁的需要，选择辅助触头的对数，必要时，应留有备用。

### 7.3.3 低压配电线路的保护及保护电器的选择

在电气故障情况下，为防止因间接接触带电体而导致人身电击，因线路故障导致过热造成损坏，甚至导致电气火灾，低压配电线路应按 GB 50054—2011《低压配电设计规范》要求装设短路保护、过负载保护和接地故障保护，用以分断故障电流或发出故障报警信号。

低压配电线路上下级保护电器的动作应具有选择性，各级间应能协调配合，要求在故障时，靠近故障点的保护电器动作，断开故障电路，使停电范围最小。但对于非重要负荷，允许无选择性切断。

#### 7.3.3.1 短路保护和保护电器的选择

(1) 一般要求

保护电器应在短路电流对导体和连接件产生的热效应和机械力造成危害之前分断该短路电流。

(2) 短路保护电器应满足的条件

短路保护电器应满足以下两个条件。

① 分断能力不应小于保护电器安装处的预期短路电流，但下列情况可以除外：

上级已装有所需分断能力的保护电器，则下级保护电器的分断能力允许小于预期短路电流。此时，该上下级保护电器的特性必须配合，使得通过下级保护电器的能量不超过其能够承受的能量。在某些情况下还需要考虑其他特性，如下级保护电器能承受的电动力和电弧能量等。这种特性配合的具体要求应从相应保护电器制造厂取得。

② 应在短路电流使导体达到允许的极限温度之前分断该短路电流。

当短路持续时间不大于5s时，导体从正常运行的允许最高温度上升到极限温度的持续时间 $t$ 可近似地用下式计算：

$$t \leqslant \frac{K^2 S^2}{I^2} \text{ 或 } S \geqslant \frac{I}{K}\sqrt{t} \tag{7-45}$$

式中 $S$——绝缘导体的线芯截面积，$mm^2$；

$I$——预期短路电流有效值（均方根值），A；

$t$——在已达到允许最高持续工作温度的导体内短路电流持续作用的时间，s；

$K$——计算系数，按表7-50取值，取决于导体的物理特性，如电阻率、导热能力、热容量以及短路时的初始温度和最终温度（这两种温度取决于绝缘材料）。

表 7-50 常用绝缘材料的计算系数（$K$）值

| 项目 | 导体绝缘材料 | | | | | |
| --- | --- | --- | --- | --- | --- | --- |
| | PVC ≤300mm² | PVC >300mm² | EPR/XLPE | 橡胶 60℃ | 矿物质 带PVC | 矿物质 裸的 |
| 初始温度/℃ | 70 | 70 | 90 | 60 | 70 | 105 |
| 最终温度/℃ | 160 | 140 | 250 | 200 | 160 | 250 |

续表

| 项目 | | 导体绝缘材料 | | | | | |
|---|---|---|---|---|---|---|---|
| | | PVC ≤300mm² | PVC >300mm² | EPR/XLPE | 橡胶 60℃ | 矿物质 | |
| | | | | | | 带 PVC | 裸的 |
| 导体材料 | 铜 | 115 | 103 | 143 | 141 | 115 | 135 |
| | 铝 | 76 | 68 | 94 | 93 | — | — |
| | 铜导体的锡焊接头 | 115 | | | | | |

注：1. PVC——聚氯乙烯；EPR——乙丙橡胶；XLPE——交联聚乙烯。
2. 表中初始温度，即正常运行的允许最高温度；最终温度即短路时的极限温度。

关于式(7-45)的适应范围，说明如下。

① 当短路持续时间小于 0.1s 时，应计入短路电流非周期分量对热作用的影响，这种情况应校验 $K^2S^2 > I^2t$（$I^2t$ 为保护电器制造厂提供的允许通过的能量值），以保证保护电器在分断短路电流前，导体能承受包括非周期分量在内的短路电流的热作用。

② 当短路持续时间大于 5s 时，部分热量将散到空气中，校验时应计及散热的影响。

（3）校验导体短路热稳定的简化方法

① 采用熔断器保护时，由于熔断器的反时限特性，用式(7-45)校验较麻烦。先要计算出预期短路电流值，然后按选择的熔断体电流值查熔断器特性曲线，找出相应的全熔断时间 $t$，最后再代入式(7-45)进行计算。为方便使用，将电缆、绝缘导线截面积与允许最大熔断体电流的配合关系列入表 7-51。

② 采用断路器保护时，导体热稳定的校验，把握以下两条原则。

a. 瞬时脱扣器的全分断时间（包括灭弧时间）极短，一般为 10～20ms，甚至更小。虽然短路电流很大，一般都能符合式(7-45)要求。但应注意，当配电变压器容量很大，从低压配电屏直接引出截面积很小的馈线时，难以达到热稳定要求，应按式(7-45)校验。

b. 短延时脱扣器的动作时间一般为 0.1～0.8s，根据经验，选用带短延时脱扣器的断路器所保护的配电干线截面积不会太小，一般能满足式(7-45)要求，可不校验。

#### 7.3.3.2 过载保护和保护电器的选择

（1）一般要求

① 保护电器应在过负载电流引起的导体温升对导体的绝缘、接头、端子或导体周围的物质造成损害之前分断该过负载电流。

**表 7-51 电缆、导线截面积与允许最大熔体电流配合表** 单位：A

| 线缆截面积/mm² | 导线电缆的绝缘材料 线芯 材料及K值 | PVC | | EPR/XLPE | | 橡胶 | |
|---|---|---|---|---|---|---|---|
| | | 铜 $K=115$ | 铝 $K=76$ | 铜 $K=143$ | 铝 $K=94$ | 铜 $K=141$ | 铝 $K=93$ |
| 1.5 | | 16 | — | — | — | 16 | — |
| 2.5 | | 25 | 16 | — | — | 32 | 20 |
| 4 | | 40 | 25 | 50 | 32 | 50 | 32 |
| 6 | | 63 | 40 | 63 | 50 | 63 | 50 |
| 10 | | 80 | 63 | 100 | 63 | 100 | 63 |

续表

| 线缆截面积/ mm² | 导线电缆的绝缘材料 / 线芯材料及K值 | PVC | | EPR/XLPE | | 橡胶 | |
|---|---|---|---|---|---|---|---|
| | | 铜 $K=115$ | 铝 $K=76$ | 铜 $K=143$ | 铝 $K=94$ | 铜 $K=141$ | 铝 $K=93$ |
| 16 | | 125 | 80 | 160 | 100 | 160 | 100 |
| 25 | | 200 | 125 | 200 | 160 | 200 | 160 |
| 35 | | 250 | 160 | 315 | 200 | 315 | 200 |
| 50 | | 315 | 250 | 425 | 315 | 400 | 315 |
| 70 | | 400 | 315 | 500 | 425 | 500 | 400 |
| 95 | | 500 | 425 | 550 | 500 | 550 | 500 |
| 120 | | 550 | 500 | 630 | 500 | 630 | 500 |
| 150 | | 630 | 550 | 800 | 630 | 630 | 550 |

注：1. 表中 $t$ 按最不利条件 5s 计算。
2. 表中熔断体电流值适用于符合 GB 13539.1—2008/IEC 2069-1：2006 的产品，本表按 RT16、RT17 型熔断器而编制。

② 对于突然断电比过负载造成的损失更大的线路，如消防水泵之类的负荷，其过负载保护应作用于信号而不应作用于切断电路。

（2）过负载保护电器的动作特性

过负载保护电器的动作特性应同时满足以下两个条件：

$$I_B \leqslant I_n \leqslant I_Z \text{ 或 } I_B \leqslant I_{set1} \leqslant I_Z \tag{7-46}$$

$$I_2 \leqslant 1.45 I_Z \tag{7-47}$$

式中　$I_B$——线路计算电流，A；

　　　$I_n$——熔断器熔体额定电流，A；

　　　$I_Z$——导体允许持续载流量，A；

　　　$I_{set1}$——断路器长延时脱扣器整定电流，A；

　　　$I_2$——保证保护电器可靠动作的电流，A，当保护电器为断路器时，$I_2$ 为约定时间内的约定动作电流，当保护电器为熔断器时，$I_2$ 为约定时间内的约定熔断电流。

$I_2$ 由产品标准给出或由制造厂给出。如按断路器标准 GB 14048.2—2008《低压开关设备和控制设备　低压断路器》规定，约定动作电流 $I_2$ 为 $1.3I_{set1}$，只要满足 $I_{set1} \leqslant I_Z$，则满足 $I_2 \leqslant 1.45 I_Z$，即要求满足 $I_B \leqslant I_{set1} \leqslant I_Z$ 即可。

采用熔断器保护时，由于式（7-47）中有约定熔断电流 $I_2$，使用不方便，变换如下。

① 根据熔断器 GB 13539.2—2008/IEC 60269—2006《低压熔断器基本要求　专职人员使用熔断器的补充要求》，16A 及以上的过流选择比为 1.6∶1 的"g"熔断体的约定熔断电流 $I_2 = 1.6 I_n$，因熔断器产品标准测试设备的热容量比实际使用的大许多，即测试所得的熔断时间较实际使用中的熔断时间长，这时 $I_2$ 应乘以 0.9 的系数，则 $I_2 = 0.9 \times 1.6 I_n = 1.44 I_n$。将此式代入式（7-47）得 $1.44 I_n \leqslant 1.45 I_Z$，可近似认为 $I_n \leqslant I_Z$。

② 小于 16A 的熔断器

a. 螺栓连接熔断器：$I_2 = 1.6 I_n$。

b. 刀形触头熔断器和圆筒帽形熔断器：$I_2 = 1.9 I_n$（$4A < I_n < 16A$）；

$$I_2 = 2.1 I_n \quad (I_n \leqslant 4A)。$$

c. 偏置触刀熔断器：$I_2 = 1.6 I_n$（$4A < I_n < 16A$）；

$$I_2 = 2.1 I_n \quad (I_n \leqslant 4A)。$$

综合①和②，将计算结果列于表 7-52。

表 7-52　用熔断器作过载保护时熔体电流 $I_n$ 与导线载流量 $I_Z$ 的关系

| 专职人员用熔断器类型 | $I_n$ 值的范围/A | $I_n$ 与 $I_Z$ 的关系 |
|---|---|---|
| 螺栓连接熔断器 | 全值范围 | $I_n \leqslant I_Z$ |
| 刀形触头熔断器和圆筒帽形熔断器 | $I_n \geqslant 16$ | $I_n \leqslant I_Z$ |
|  | $4 < I_n < 16$ | $I_n \leqslant 0.85 I_Z$ |
|  | $I_n \leqslant 4$ | $I_n \leqslant 0.77 I_Z$ |
| 偏置触刀熔断器 | $I_n > 4$ | $I_n \leqslant I_Z$ |
|  | $I_n \leqslant 4$ | $I_n \leqslant 0.77 I_Z$ |

### 7.3.3.3　接地故障保护和保护电器的选择

(1) 一般要求

当发生带电导体与外露可导电部分、装置外可导电部分、PE 线、PEN 线、大地等之间的接地故障时，保护电器必须自动切断该故障电路，以防止人身间接电击、电气火灾等事故。接地故障保护电器的选择应根据配电系统的接地形式、电气设备使用特点（手握式、移动式、固定式）及导体截面积等确定。此处所述接地故障保护适用于防电击保护分类为Ⅰ类的电气设备，设备所在的环境为正常环境，建筑物内实施总等电位连接。

对不同接地形式的配电系统，其接地故障保护的基本要求如下。

① 接触电压限值和自动切断电源的时间要求　Ⅰ类设备自动切断电源的间接接触电击防护措施的保护原理在于当设备绝缘损坏时，尽量降低接触电压值，并限制此电压对人体的作用时间，以避免导致电击致死事故。为了防止电击，正常环境中当接触电压超过 50V 时，应在规定时间内切断故障电路。在配电线路保护中称作接地故障保护，以区别于一般的单相短路保护。

自动切断电源保护措施的设置要求，应注意与下述条件相适应：

a. 电气装置的接地系统类型（TN、TT 系统或 IT 系统）；

b. 有无设置等电位连接；

c. 电气设备的使用状况（固定式、手握式或移动式）。

② 接地和总等电位连接　接地和总等电位连接都是降低建筑物电气装置接触电压的基本措施。除特殊情况外，外露导电部分应通过 PE 线接地，其作用已为人所熟知。总等电位连接的作用在于使各导电部分与地间的电位趋于接近，从而降低接触电压。总等电位连接还具有另一重要作用，即它能消除自外部窜入建筑物电气装置内的故障电压引起的危险电位差。如果建筑物或装置内未做总等电位连接，或设备位于总等电位连接作用区以外，则应补充其他保护措施。

在电气装置或建筑物内，不论采用何种接地系统，应将下列导电部分互相连接，以实现总等电位连接。

　　a. 进线配电箱的 PE 母线或端子；

　　b. 接往接地极的接地线；

　　c. 金属给、排水干管；

　　d. 煤气干管；

　　e. 暖通和空调干管；

　　f. 建筑物金属构件。

　　因建筑物金属构件和各种金属管道有多点自然接触，如有具体困难，现有建筑物可不连接。一般在进线处或进线配电箱近旁设接地母排（端子板），将上述连接线汇接于此母排上，如图 7-25 所示。

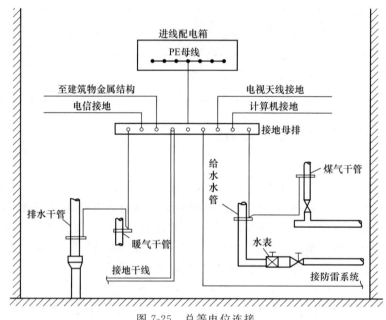

图 7-25　总等电位连接

　　③ 局部等电位连接和辅助等电位连接　做总等电位连接后，如电气装置或其一部分在发生接地故障，其接地故障保护不能满足切断故障电路时间要求时，应在局部范围内做局部等电位连接，即将该范围内上述相同部分再做一次连接，以进一步减少电位差，其连接方法可用端子板汇接。当需连接部分少时，可在伸臂范围内将可同时触及的导电部分互相直接连接，以实现辅助等电位连接。

　　(2) TN 系统接地故障保护方式的选择

　　① TN 系统接地故障保护方式的选择

　　a. 当灵敏性符合要求时，采用短路保护兼作接地故障保护。

　　b. 采用零序电流保护。

　　c. 采用剩余电流保护。

　　② 对保护电器动作特性的要求　当 TN 系统的接地故障为故障点阻抗可忽略不计的金属性短路时，为防电击其保护电器的动作特性应符合下式要求：

$$Z_s I_a \leqslant U_0 \tag{7-48}$$

式中　$Z_s$——接地故障回路阻抗，Ω，它包括故障电流所流经的相线、PE 线和变压器的阻抗，故障处因被熔焊，不计其阻抗；

$I_a$——保证保护电器在表 7-53 所列的时间内自动切断电源的动作电流，A；

$U_0$——相线对地标称电压，在我国为 220V。

当采用符合 GB 13539《低压熔断器》的熔断器作接地故障保护时，如接地故障电流 $I_d$ 与熔断体额定电流 $I_n$ 的比值不小于表 7-54 所列值，则可认为符合式(7-48)要求。

表 7-53 TN 系统允许最大切断电源时间

| 回路类别 | 允许最大切断接地故障回路时间/s |
|---|---|
| 配电回路或给固定式电气设备供电的末端回路 | 5① |
| 插座回路或给手握式或移动式电气设备供电的末端回路 | 0.4② |

① 5s 的切断时间并非为防电击的需要，而是考虑了防电气火灾以及电气设备和线路绝缘的热稳定要求，也考虑了躲开大电动机启动时间和故障电流小时保护器动作时间长等因素而规定。

② 0.4s 的切断时间考虑了总等电位连接减少接触电压的作用、相线与 PE 线不同截面积比以及电源电压±10%偏差变化等因素。

表 7-54 TN 系统用熔断器作接地故障保护时的允许最小 $I_d/I_n$ 值

| 熔断体额定电流 $I_n$/A | 4～10 | 16～32 | 40～63 | 80～200 | 250～500 |
|---|---|---|---|---|---|
| 切断电源时间≤5s | 4.5 | 5 | 5 | 6 | 7 |
| 切断电源时间≤0.4s | 8 | 9 | 10 | 11 | — |

当采用瞬时或短延时动作的低压断路器作接地故障保护时，如接地故障电流 $I_d$ 与瞬时或短延时过电流脱扣器整定电流的比值不小于 1.3，可认为符合式(7-48)要求。

③ 提高 TN 系统接地故障保护灵敏性的措施 当配电线路较长，接地故障电流 $I_d$ 较小，短路保护电器往往难以满足接地故障保护灵敏性的要求，可采取以下措施。

一是提高接地故障电流 $I_d$ 值。

a. 选用 Dyn11 接线组别变压器取代 Yyn0 接线组别变压器。由于 Dyn11 接线比 Yyn0 接线的零序阻抗要小得多，选用 Dyn11 接线组别变压器后，单相接地故障电流 $I_d$ 值将有明显增大。

b. 加大相导体及保护接地导体截面。该措施对于截面较小的电缆和穿管绝缘线，单相接地故障电流 $I_d$ 值有较大增加；而对于较大截面的裸干线或架空线，由于其电抗较大，加大截面作用很小。

c. 改变线路结构。如裸干线改用紧凑型封闭母线，架空线改用电缆。该措施可以降低电抗，增大单相接地故障电流 $I_d$ 值，但由于要增加投资，有时是不可行的。

二是采用带短延时过电流脱扣器的断路器。采用熔断器或断路器的瞬时过电流脱扣器不能满足接地故障要求时，则可采用带短延时过电流脱扣器的断路器作接地故障保护，其短延时过电流脱扣器整定电流值 $I_{set2}$ 应符合下式要求：

$$I_d \geqslant 1.3 I_{set2} \tag{7-49}$$

对于同一断路器，由于短延时过电流脱扣器整定电流值 $I_{set2}$ 通常只有瞬时过电流脱扣器整定电流值 $I_{set3}$ 的 1/5～1/3，所以式(7-49)要求更容易满足。

三是采用带接地故障保护的断路器。接地故障保护又分两种方式，即零序电流保护和剩余电流保护。

a. 零序电流保护。三相四线制配电线路正常运行时，如果两相负载完全平衡，无谐波电流，忽略正常泄漏电流，则流过中性线（N）的电流为 0，即零序电流 $I_N=0$；如果三相负载不平衡,则产生零序电流,$I_N \neq 0$;如果某一相发生接地故障时,零序电流$I_N$将大大增加,达到$I_{N(G)}$。因此利用检测零序电流值发生的变化,可取得接地故障的信号。

检测零序电流通常是在断路器后三个相线(或母线)上各装一只电流互感器(TA),取三只TA二次电流矢量和乘以变比,即零序电流$\dot{I}_N = \dot{I}_U + \dot{I}_V + \dot{I}_W$。

零序电流保护整定值$I_{set0}$必须大于正常运行时PEN线中流过的最大三相不平衡电流、谐波电流、正常泄漏电流之和;而在发生接地故障时必须动作。建议零序电流保护整定值$I_{set0}$按下列两式确定:

$$I_{set0} \geqslant 2.0 I_N \tag{7-50}$$

$$I_{N(G)} \geqslant 1.3 I_{set0} \tag{7-51}$$

式中 $I_{N(G)}$——发生接地故障时检测的零序电流。

配电干线正常运行时的零序电流值$I_N$通常不超过计算电流$I_c$的20%~25%,零序电流保护整定值$I_{set0}$可整定在断路器长延时脱扣器电流$I_{set1}$的50%~60%为宜,同时必须满足式(7-51)的要求。由此可见,零序电流保护整定值$I_{set0}$比短延时整定值$I_{set2}$小得多,满足式(7-51)规定比满足式(7-49)又容易得多。零序电流保护适用于TN-C、TN-C-S、TN-S系统,但不适用于谐波电流较大的配电线路。

b. 剩余电流保护。剩余电流保护所检测的是三相电流加中性线电流的相量和,即剩余电流$\dot{I}_{PE} = \dot{I}_U + \dot{I}_V + \dot{I}_W + \dot{I}_N$。

三相四线配电线路正常运行时,即使三相负载不平衡,剩余电流只是线路泄漏电流,当某一相发生接地故障时,则检测的三相电流加中性电流的相量和不为零,而等于接地故障电流$I_{PE(G)}$。

检测剩余电流通常是在断路器后三相线和中性线上各装一只TA,取四只TA二次电流相量和,或采用专用的剩余电流互感器,乘以变比,即剩余电流$\dot{I}_{PE} = \dot{I}_U + \dot{I}_V + \dot{I}_W + \dot{I}_N$。

为避免误动作,断路器剩余电流保护整定值$I_{set4}$应大于正常运行时线路和设备的泄漏电流总和的2.5~4倍,同时,断路器接地故障保护的整定值$I_{set4}$还应符合下式要求:

$$I_{PE(G)} \geqslant 1.3 I_{set4} \tag{7-52}$$

由此可见,采用剩余电流保护比零序电流保护的动作灵敏度更高。剩余电流保护适用于TN-S系统,但不适用于TN-C系统。

(3) TT系统接地故障保护方式的选择

① 对保护电器动作特性的要求 TT系统发生接地故障时,故障电路内包含有电气装置外露导电部分保护接地的接地极和电源处系统接地的接地极的接地电阻。与TN系统相比,TT系统故障回路阻抗大,故障电流小,故障点未被熔焊而呈现接触电阻,其阻值难以估算。因此用预期接触电压值来规定对保护电器动作特性的要求,如式(7-53),即当预期接触电压超过50V时,保护电器应在规定时间内切断故障电路。

$$I_a R_A \leqslant 50V \tag{7-53}$$

式中 $R_A$——电气装置外露导电部分接地极和PE线电阻之和,Ω;

$I_a$——使保护电器在规定时间内可靠动作的电流,A。此规定时间对固定式设备为5s,A,对手握式或移动式设备为图7-26中$L_1$曲线的相应值,或取表7-55中的值。

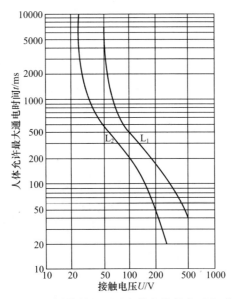

图 7-26 不同接触电压下人体允许最大通电时间

表 7-55 TT 系统内手握设备允许最大切断电路时间

| 预期接触电压/V | 50 | 75 | 90 | 110 | 150 | 220 |
|---|---|---|---|---|---|---|
| 允许最大切断电路时间/s | 5 | 0.6 | 0.45 | 0.36 | 0.27 | 0.18 |

当接地故障的保护电器采用 RCD 时，$I_a$ 为 RCD 的额定动作电流 $I_{\Delta n}$；当采用瞬时动作的低压断路器时，为断路器瞬动过电流脱扣器整定电流的 1.3 倍；当采用熔断器时，其熔断时间应符合式(7-53)的时间要求。由于 TT 系统的故障电流不易准确地计算，长延时过电流保护的 $I_a$ 值实际上难以确定，而 TT 系统的故障电流较小，过电流保护常难以满足灵敏度要求，因此在 TT 系统中应采用 RCD 作接地故障保护。当只装设一个 RCD 时，它必须安装在建筑物电源进线处，以对全建筑物进行保护。

② 接地极的设置　在 TT 系统内，原则上各保护电器所保护的外露导电部分应分别接至各自接地极上，以免故障电压的互窜。但在一建筑物内实际上难以实现，这时可采用共同接地极。对于分级装设的 RCD，由于各级的延时不同，宜尽量分设接地极，以避免 PE 线的互相连通。

(4) IT 系统接地故障保护方式的选择

① 第一次接地故障时对保护电器动作特性的要求　IT 系统发生第一次一相接地故障时，故障电流为另两相对地电容电流的相量和，故障电流很小，外露导电部分的故障电压限制在接触电压限值以下，不构成对人体的危害，不需切断电源，这是 IT 系统的主要优点。发生第一次接地故障后应由绝缘监测器发出信号，以便及时排除故障，避免另两相再发生接地故障形成相间短路使过电流保护动作，引起供电系统中断。第一次接地故障时保护电器动作特性应符合下式：

$$I_d R_A \leqslant 50V \tag{7-54}$$

式中　$R_A$——外露导电部分所接接地极的接地电阻，Ω；

$I_d$——发生第一次接地故障时的故障电流，它计及装置的泄漏电流和装置全部接地阻抗值的影响，A。

为满足式(7-54)的要求,应降低接地极的接地电阻 $R_A$,或减少装置对地正常泄漏电流,例如限制装置线路总长和设备的总泄漏电流等。

② 第二次接地故障时对保护电器动作特性的要求　当 IT 系统的外露导电部分单独地或成组地用各自的接地极接地时,如发生第二次接地故障,故障电流流经两个接地极电阻,如图 7-27 所示,其防电击要求和 TT 系统相同,这时应满足式(7-53)的要求。

当 IT 系统的全部外露导电部分用共同的接地极接地时,如发生第二次接地故障,故障电流将流经 PE 线形成的金属通路,如图 7-28 所示,其防电击要求和 TN 系统相同,这时应满足式(7-55)或式(7-56)的要求。

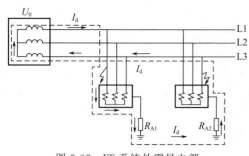

图 7-27　IT 系统外露导电部分用各自的接地极接地

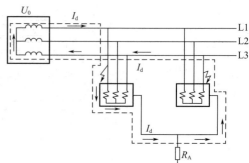

图 7-28　IT 系统外露导电部分用共用的接地极接地

不配出中性线时

$$Z_a I_a \leqslant \sqrt{3} U_0 / 2 \tag{7-55}$$

配出中性线时

$$Z'_a I_a \leqslant U_0 / 2 \tag{7-56}$$

式中　$Z_a$——包括相线和 PE 线在内的接地故障回路阻抗,Ω;

$Z'_a$——包括相线、中性线和 PE 线在内的故障回路阻抗,Ω;

$I_a$——保护电器自动切断电源的动作电流,A。当线路标称电压为 220/380V 时,如不配出中性线,为 0.4s 内切断故障回路的动作电流;如配出中性线,为 0.8s 内自动切断电源的动作电流。

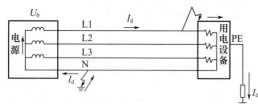

图 7-29　中性线发生接地故障后 IT 系统按 TT 系统运行

③ IT 系统不宜配出中性线　IT 系统配出中性线后可取得照明、控制等用 220V 电源电压。但配出中性线后,若因绝缘损坏对地短路,绝缘监测器不能检测出故障而发出信号,中性线接地故障将持续存在,此 IT 系统将按 TT 系统运行,如图 7-29 所示,或按 TN 系统运行。如再发生相线接地故障,其情况与 TT 系统或 TN 系统接地故障相同,将切断电源,从而失去 IT 系统供电不间断性高的优点。IT 系统中的 220V 电源宜自 10(6)/0.23kV 变压器或 0.38/0.23kV 变压器取得。

#### 7.3.3.4　保护电器的装设位置

① 对于树干式配电系统,保护电器应装设在被保护线路与电源线路的连接处。为了操

作维护的方便，可将保护电器设置在离开连接点 3m 以内的地方，并应采取措施将该线段的短路危险减至最小，且不靠近可燃物。

② 当从干线引出的敷设于不燃或难燃材料管、槽内的分支线，为了操作维护方便，可将分支线的保护电器装设在距连接点大于 3m 处。但在该分支线装设保护电器前的那一段线路发生短路或接地故障时，离短路点最近的上一级保护电器应能保证按规定要求动作。

③ 一般情况下，应在三相线路上装设保护电器，在不引出 N 线的 IT 系统中，可只在两相上装设保护电器。

④ N 线上保护电器的装设。在 TN-S 系统或 TT 系统中，当 N 线的截面与相线相同，或虽小于相线但已能被相线上的保护电器所保护时，N 线上可不装设保护。当 N 线不能被相线保护电器所保护时，应另为 N 线装设保护电器。

⑤ 断开 N 线的要求如下。

a. 在 TN-S 或 TT 系统中，不宜在 N 线上装设电器将 N 线断开。当需要断开 N 线时，应装设能同时切断相线和 N 线的保护电器。

b. 当装设剩余电流动作的保护电器时，应能将其所保护回路的所有带电导线断开。但在 TN-S 系统中，当能可靠地保持 N 线为地电位时，则 N 线不需断开。

c. 在 TN-C 系统中，严禁断开 PEN 线，不得装设断开 PEN 线的任何电器。当需要为 PEN 线设置保护时，只能断开相应相线回路。

### 7.3.3.5 各类保护电器上下级间的特性配合

低压配电线路发生短路、过负荷或接地故障时，既要保证可靠地分断故障电路，又要尽可能缩小断电范围，减少不必要的停电，即有选择性地分断。这就要求合理设计低压配电系统，准确计算故障电流，恰当选择保护电器，正确整定保护电器的动作电流和动作时间，才能保证有选择性地切断故障回路。下面具体分析各类保护电器上下级间的特性配合。

(1) 熔断器与熔断器的级间配合

熔断器之间的选择性在 GB 13539.1—2008/IEC 2069—1：2006 中已有规定。标准规定了当弧前时间大于 0.1s 时，熔断体的过电流选择性用"弧前时间-电流"特性校验；弧前时间小于 0.1s 时，其过电流选择性则以 $I^2t$ 特性校验。当上级熔断体的弧前 $I^2t_{min}$ 值大于下级熔断体的熔断 $I^2t_{max}$ 值时，可认为在弧前时间大于 0.01s 时，上下级熔断体间的选择性可得到保证。标准规定额定电流 16A 及以上的串联熔断体的过电流选择比为 1.6∶1。也就是在一定条件下，上级熔断体电流不小于下级熔断体电流的 1.6 倍就能实现有选择性熔断。标准规定熔断体额定电流值也是近似按这个比例制定的，如 25A、40A、63A、100A、160A、250A 相邻级间，以及 32A、50A、80A、125A、200A、315A 相邻级间，均有选择性。

(2) 熔断器与非选择型断路器的级间配合

① 过载时，只要断路器长延时脱扣器的反时限动作特性与熔断器的反时限特性计入误差后不相交，且熔断体的额定电流值比长延时脱扣器的整定电流值大一定数值，则能满足熔断器与非选择型断路器的级间配合要求。

② 短路时，要求熔断器的时间-电流特性曲线上对应于预期短路电流值的熔断时间，比断路器瞬时脱扣器的动作时间大 0.1s 以上，则下级断路器瞬时脱扣，而上级熔断器不会发生熔断现象，能满足选择性要求。

(3) 非选择型断路器与熔断器的级间配合

① 过载时，只要熔断器的反时限特性和断路器长延时脱扣器的反时限动作特性计入误

差后不相交,且长延时脱扣器的整定电流值比熔断体的额定电流值大一定数值,则能满足非选择型断路器与熔断器的级间配合要求。

② 短路时,当故障电流大于非选择型断路器的瞬时脱扣器整定电流 $I_{set3}$(通常为该断路器长延时整定电流 $I_{set1}$ 的 5～10 倍)时,则上级断路器瞬时脱扣,因此没有选择性;当故障电流小于 $I_{set3}$ 时,下级熔断器先熔断,具有部分选择性。这种方案仅用于允许无选择性断电的情况下,一般不做推荐。

(4) 选择型断路器与熔断器的级间配合

① 过载时,只要熔断器反时限特性与断路器长延时脱扣器的反时限动作特性不相交,但长延时脱扣器的整定电流值比熔断体的额定电流值大一定数值,则能满足选择型断路器与熔断器的级间配合要求。

② 短路时,由于上级断路器具有短延时功能,一般能实现选择性动作。但必须整定正确,不仅是短延时脱扣整定电流 $I_{set2}$ 及延时时间要合适,而且还要正确整定其瞬时脱扣整定电流值 $I_{set3}$。确定这些参数的原则如下。

a. 下级熔断器额定电流 $I_n$ 不宜太大。

b. 上级断路器的 $I_{set2}$ 值不宜太小,在满足 $I_d \geqslant 1.3 I_{set2}$ 要求前提下,宜整定大些,例如下级的 $I_n$ 为 200A 时,$I_{set2}$ 不宜小于 2500～3000A。

c. 短延时时间应整定长一些,如 0.4～0.8s。

d. $I_{set3}$ 在满足动作灵敏性的条件下,应尽量整定得大一些,以免破坏选择性。具体方法是:在多个下级熔断器中找出额定电流最大的,其值为 $I_n$,假设熔断器后发生的故障电流 $I_d \geqslant 1.3 I_{set2}$ 时,在熔断器时间-电流特性曲线上查出其熔断时间 $t$;再使断路器脱扣器的延时时间比 $t$ 值长 0.15～0.2s。

(5) 非选择型断路器与非选择型断路器的级间配合

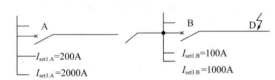

图 7-30 上下级均为非选择型断路器保护示例

上级断路器 A 和下级断路器 B 的长延时整定值 $I_{set1}$ 和瞬时整定值 $I_{set3}$ 示例如图 7-30 所示。当断路器 B 后任一点(如 D 点)发生故障,在不考虑 1.3 倍可靠系数的前提下,若故障电流 $I_d < 1000A$ 时,断路器 A、B 均不能瞬时动作,不符合保护灵敏性要求;当 $1000A < I_d < 2000A$ 时,则 B 动作,A 不动作,有选择性;当 $I_d > 2000A$ 时,A、B 均动作,无选择性,如图 7-31 所示。总体来说,这种配合不能保证选择性,不推荐采用。

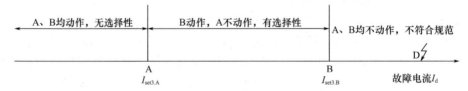

图 7-31 上下级均为非选择型断路器的选择性分析

(6) 选择型断路器与非选择型断路器的级间配合

这种配合应该具有良好的选择性,但必须正确整定各项参数。以图 7-32 为例,若下级断路器 B 的长延时整定值 $I_{set1.B} = 300A$,瞬时整定值 $I_{set3.B} = 3000A$;上级断路器 A 的 $I_{set1.A}$ 应根据其计算电流确定,由于选择型断路器多用于馈电干线,通常 $I_{set1.A}$ 比 $I_{set1.B}$ 大很多。

图 7-32 选择型与非选择型断路器配合示例

设 $I_{set1.A}=1000A$，其 $I_{set2.A}$ 及 $I_{set3.A}$ 整定原则如下。

① $I_{set2.A}$ 整定值应符合下式要求：

$$I_{set2.A} \geqslant 1.2 I_{set3.B} \tag{7-57}$$

如果 $I_{set2.A} < I_{set3.B}$，当故障电流达到 $I_{set2.A}$ 值，而小于 $I_{set3.B}$ 值时，则断路器 B 不能瞬时动作，而断路器 A 经短延时动作，破坏了选择性。公式 $I_{set2.A} \geqslant 1.2 I_{set3.B}$ 中的 1.2 是可靠系数，是考虑脱扣器动作误差的需要。

② 短延时的时间没有特别要求。

③ $I_{set3.A}$ 应在满足动作灵敏性前提下，尽量整定大些，以免在故障电流很大时导致 A、B 均瞬时动作，破坏选择性。

(7) 上级用带接地故障保护的断路器

① 零序保护方式 零序保护整定电流 $I_{set0}$ 一般为长延时整定值 $I_{set1}$ 的 20%～100%，大多为几百安到上千安，与下级熔断器和一般断路器很难有选择性。只有一般断路器的额定电流很小（如几十安）时，才有可能。使用零序保护时，在满足动作灵敏性要求前提下，$I_{set0}$ 应整定得大些，延时时间尽量长些。

② 剩余电流保护方式 这种方式的整定电流更小，对于 TN-S 系统，在发生接地故障时，与下级熔断器、断路器之间很难有选择性。这种保护只能要求与下级剩余电流动作保护器之间具有良好选择性。这种方式多用于安全防护要求高的场所，所以应在末端电路装设剩余电流动作保护器，以减少非选择性切断电路。

对为了防止接地故障引起电气火灾而设置的剩余电流动作保护器，其整定电流一般为 0.5A，应是延时动作，同时末端电路应设有剩余电流动作保护器。有条件时（如有专人值班维护的工业场所），前者可不切断电路而发出报警信号。

对于 TT 系统，由于下级都使用了剩余电流动作保护，只要各级的整定电流和延时时间有一定级差，就能保证有一定的选择性。

(8) 区域选择性联锁（Zone Selective Interlocking，ZSI）

① 区域选择性联锁保护及其目的 随着第二代、第三代和更新一代智能型万能式断路器的不断问世，其智能控制器的功能也日趋完善，除了三段式过电流保护和接地故障保护功能外，还具有电流不平衡保护、电压不平衡保护、断相保护、低电压保护、过电压保护、用于发电机的逆功率保护、过频（欠频）保护、相序保护等保护功能；同时还具有谐波分析功能、负载监控功能，电流、电压、功率、功率因数、电能频率、基波线电压、基波功率、谐波含有率、谐波总畸变率等参数显示和测量功能，以及接地故障等报警功能、试验功能、触头磨损指示功能、自诊断功能、MCR（断路器在合闸过程中或控制器在通电初始化时，遇到短路短延时故障能立即转为瞬时分闸）功能和区域选择性联锁保护（ZSI）功能。

智能控制器的上述诸多功能都很实用，特别是 ZSI 功能为万能式断路器实现真正的选择型保护提供了可靠保证。ZSI 区域选择型联锁保护目的在于：当配电系统某区域发生短路故障或接地故障时，由离故障点最近的区域断路器瞬时分断故障电流，系统内部其他区域（包括故障支路的上一级断路器）仍保持合闸状态而持续供电，确保上下级断路器完全选择性保护，以减少故障动作范围，缩短断路器的分断时间，最大限度地避免因下级短路故障而造成更大范围的停电事故。

② 区域选择性联锁保护的程序　区域选择性联锁保护可实现短路保护和接地故障的选择性。当配电系统中某区断路器检测到短路或接地故障时，它立即发送一个信号到相邻的上级断路器，同时查收下级断路器上传的信号。如果有下级断路器的信号，该断路器将在脱扣延时期间保持合闸；如果下级断路器无信号上传，该断路器将瞬时断开，迅速排除故障，实现选择性保护。

③ 区域选择性联锁示例　如图 7-33 所示为 HSW 6 智能型万能式断路器区域联锁选择性保护示意图。图中方框中的 8、9 数字为断路器二次回路信号接收端，接收下级断路器上传的信号；6、7 为断路器二次回路中的信号发送端，故障发生时发送信号给上级断路器。

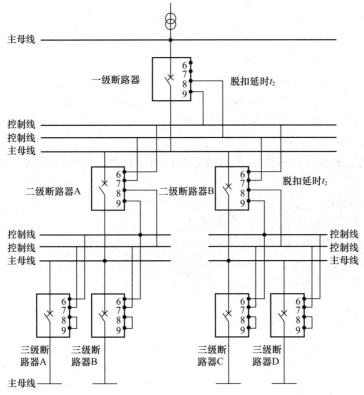

图 7-33　HSW 6 智能型万能式断路器区域联锁选择性保护示意图

# 第8章 35kV 及以下导体、电缆及架空线路的设计

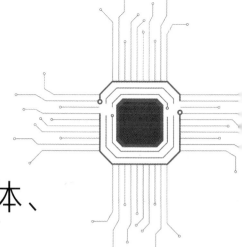

## 8.1 导体的选择和设计

### 8.1.1 3~35kV 配电装置导体的选择

（1）环境条件

① 选择导体和电器时，应当根据当地环境条件进行校核。当气温、风速、湿度、污秽、海拔、地震、覆冰等环境条件超出一般电器的基本使用条件时，应通过技术经济比较分别采取下列措施：

a. 向制造部门提出补充要求，制定符合当地环境条件的产品；

b. 在设计或运行中采用相应的防护措施，如采用屋内配电装置、水冲洗、减振器等。

② 选择导体和电器的环境温度宜采用表 8-1 所列数值。

表 8-1 选择导体和电器的环境温度

| 类别 | 安装场所 | 环境温度/℃ | |
|---|---|---|---|
| | | 最高 | 最低 |
| 裸导体 | 屋外 | 最热月平均最高温度 | |
| | 屋内 | 该处通风设计温度，当无资料时，可取最热月平均最高温度加 5℃ | |
| 电器 | 屋外 | 年最高温度 | 年最低温度 |
| | 屋内电抗器 | 该处通风设计最高排风温度 | |
| | 屋内其他 | 该处通风设计温度，当无资料时，可取最热月平均最高温度加 5℃ | |

注：1. 年最高（或最低）温度为一年中所测得的最高（或最低）温度的多年平均值。
2. 最热月平均最高温度为最热月每日最高温度的月平均值，取多年平均值。

③ 选择屋外导体时，应考虑日照影响。对于按经济电流密度选择的屋外导体，如发电机引出线的封闭母线、组合导线等，可不校验日照的影响。计算导体日照的附加温升时，日照强度取 $0.1W/cm^2$，风速取 $0.5m/s$。日照对屋外电器的影响，应由制造部门在产品设计

中考虑。当缺乏数据时，可按电器额定电流的80%选择设备。

④ 选择导体和电器时所用的最大风速，可取离地面10m高、30年一遇的10min平均最大风速。最大设计风速超过35m/s的地区，可在屋外配电装置的布置中采取措施。阵风对屋外电器及电瓷产品的影响，应由制造部门在产品设计中考虑。500kV电器宜采用离地面10m高、50年一遇10min平均最大风速。

⑤ 在积雪、覆冰严重地区，应尽量采取防止冰雪引起事故的措施。隔离开关的破冰厚度，应大于安装场所最大覆冰厚度。

⑥ 选择导体和电器的相对湿度，应采用当地湿度最高月份的平均相对湿度。对湿度较高的场所，应采用该处实际相对湿度。当无资料时，相对湿度可比当地湿度最高月份的平均相对湿度高5%。

⑦ 为保证空气污秽地区导体和电器的安全运行，在工程设计中应根据污秽情况采取下列措施。

a. 增大电瓷外绝缘的有效爬电比距，选用有利于防污的材料或电瓷造型，如采用硅橡胶、大小伞、大倾角、钟罩式等特制绝缘子。

b. 采用热缩增爬裙增大电瓷外绝缘的有效爬电比距。

c. 采用六氟化硫全封闭组合电器（GIS）或屋内配电装置。

发电厂、变电站污秽分级标准见表5-15。

⑧ 对安装在海拔高度超过1000m地区的电器外绝缘应予以校验。当海拔高度在4000m以下时，其试验电压应乘以系数$K$，系数$K$的计算公式如下：

$$K=\frac{1}{1.1-H/10000} \tag{8-1}$$

式中 $H$——安装地点的海拔高度，m。

⑨ 对环境空气温度高于40℃的设备，其外绝缘在干燥状态下的试验电压应取其额定耐受电压乘以温度校正系数$K_t$。

$$K_t=1+0.0033(T-40) \tag{8-2}$$

式中 $T$——环境空气温度，℃。

⑩ 选择导体和电器时，应根据当地的地震烈度选用能够满足地震要求的产品。对8度及以上的一般设备和7度及以上的重要设备应该核对其抗震能力，必要时进行抗震强度验算。在安装时，应考虑支架对地震力的放大作用。电器的辅助设备应具有与主设备相同的抗震能力。

⑪ 电器及金具在1.1倍最高工作相电压下，晴天夜晚不应出现可见电晕，110kV及以上电压户外晴天无线电干扰电压不宜大于$500\mu V$，并应由制造部门在产品设计中考虑。

⑫ 电器噪声水平应满足环保标准要求。电器的连续噪声水平不应大于85dB。断路器的非连续噪声水平，屋内不宜大于90dB；屋外不应大于110dB（测试位置距声源设备外沿垂直面的水平距离为2m，离地高度1～1.5m处）。

(2) 基本规定

① 导体应根据具体情况，按下列技术条件进行选择或校验：

a. 电流；

b. 电晕；

c. 动稳定或机械强度；

d. 热稳定；

e. 允许电压降；

f. 经济电流密度；

【注】当选择的导体为非裸导体时，可不校验 b 款。

② 导体尚应按下列使用环境条件校验：

a. 环境温度；

b. 日照；

c. 风速；

d. 污秽；

e. 海拔高度。

【注】当在屋内使用时，可不校验 b、c、d 款。

③ 载流导体一般选用铝、铝合金或铜材料；对持续工作电流较大且位置特别狭窄的发电机出线端部或污秽对铝有较严重腐蚀的场所宜选铜导体；钢母线只在额定电流小而短路电动力大或不重要的场合下使用。

④ 普通导体的正常最高工作温度不宜超过+70℃，在计及日照影响时，钢芯铝线及管形导体可按不超过+80℃考虑。当普通导体接触面处有镀（搪）锡的可靠覆盖层时，可提高到+85℃。特种耐热导体的最高工作温度可根据制造厂提供的数据选择使用，但要考虑高温导体对连接设备的影响，并采取防护措施。

⑤ 在按回路正常工作电流选择导体截面时，导体的长期允许载流量，应按所在地区的海拔高度及环境温度进行修正。当导体采用多导体结构时，应考虑邻近效应和热屏蔽对其载流量的影响。

⑥ 除配电装置的汇流母线外，较长导体的截面宜按经济电流密度选择。导体的经济电流密度可参照 DL/T 5222—2005《导体和电器选择设计技术规定》附录 E 所列数值选取。当无合适规格导体时，导体面积可按经济电流密度计算截面的相邻下一挡选取。

⑦ 110kV 及以上导体的电晕临界电压应大于导体安装处的最高工作电压。

单根导线和分裂导线的电晕临界电压可按下式计算：

$$U_0 = 84 m_1 m_2 K \delta^{\frac{2}{3}} \frac{n r_0}{K_0} \left(1 + \frac{0.301}{\sqrt{r_0 \delta}}\right) \lg \frac{a_{jj}}{r_d} \tag{8-3}$$

$$\delta = \frac{2.895 p}{273 + t} \times 10^{-3} \tag{8-4}$$

$$K_0 = 1 + \frac{r_0}{d} 2(n-1) \sin \frac{\pi}{n} \tag{8-5}$$

式中 $U_0$——电晕临界电压（线电压有效值），kV；

$m_1$——导线表面粗糙系数，一般取 0.9；

$m_2$——天气系数，晴天取 1.0，雨天取 0.85；

$K$——三相导线水平排列时，考虑中间导线电容比平均电容大的不均匀系数，一般取 0.96；

$\delta$——相对空气密度；

$K_0$——次导线电场强度附加影响系数；

$n$——分裂导线根数，对单根导线 $n=1$；

$r_0$——导线半径，cm；

$r_d$——分裂导线等效半径，cm；

单根导线 $r_d = r_0$

双分裂导线 $r_d = \sqrt{r_0 d}$

三分裂导线 $r_d = \sqrt[3]{r_0 d^2}$

四分裂导线 $r_d = \sqrt[4]{r_0 \sqrt{2} d^3}$

$a_{jj}$——导线相间几何均距，三相导线水平排列时 $a_{jj} = 1.26a$；

$a$——相间距离，cm；

$p$——大气压力，Pa；

$t$——空气温度，℃，$t = 25 - 0.005H$；

$H$——海拔高度，m；

$d$——分裂间距，cm。

海拔高度不超过 1000m 的地区，在常用相间距离情况下，如导体型号或外径不小于表 8-2 所列数值时，可不进行电晕校验。

表 8-2 可不进行电晕校验的最小导体型号及外径

| 电压/kV | 110 | 220 | 330 | 500 |
|---|---|---|---|---|
| 软导线型号 | LGJ-70 | LGJ-300 | LGKK-600<br>2×LGJ-300 | 2×LGKK-600<br>3×LGJ-500 |
| 管型导体外径/mm | φ20 | φ30 | φ40 | φ60 |

⑧ 验算短路热稳定时，导体最高允许温度，对硬铝及铝镁（锰）合金而言可取 200℃；对硬铜而言可取 300℃，短路前的导体温度应采用额定负荷下的工作温度。

裸导体的热稳定可用下式验算：

$$S \geqslant \sqrt{Q_d}/C \tag{8-6}$$

$$C = \sqrt{K \ln \frac{\tau + t_2}{\tau + t_1} \times 10^{-4}} \tag{8-7}$$

式中 $S$——裸导体的载流截面积，mm$^2$；

$Q_d$——短路电流的热效应，A$^2$·s；

$C$——热稳定系数；

$K$——常数，W·s/(Ω·cm$^4$)，铜为 $522 \times 10^6$，铝为 $222 \times 10^6$；

$\tau$——常数，℃，铜为 235，铝为 245；

$t_1$——导体短路前的发热温度，℃；

$t_2$——短路时导体最高允许温度，℃，铝及铝镁（锰）合金可取 200，铜导体取 300。

在不同的工作温度、不同材料下，$C$ 值可取表 8-3 所列数值。

表 8-3 不同工作温度、不同材料下 $C$ 值

| 工作温度/℃ | 50 | 55 | 60 | 65 | 70 | 75 | 80 | 85 | 90 | 95 | 100 | 105 |
|---|---|---|---|---|---|---|---|---|---|---|---|---|
| 硬铝及铝镁合金 | 95 | 93 | 91 | 89 | 87 | 85 | 83 | 81 | 79 | 77 | 75 | 73 |
| 硬铜 | 181 | 179 | 176 | 174 | 171 | 169 | 166 | 164 | 161 | 159 | 157 | 155 |

⑨ 导体和导体、导体和电器的连接处，应有可靠的连接接头。硬导体间的连接应尽量

采用焊接,需要断开的接头及导体与电器端子的连接处,应采用螺栓连接。不同金属的螺栓连接接头,在屋外或特殊潮湿的屋内,应有特殊的结构措施和适当的防腐蚀措施。金具应选用合适的标准产品。

⑩ 导体无镀层接头接触面的电流密度,不宜超过表 8-4 所列数值。矩形导体接头的搭接长度不应小于导体的宽度。

表 8-4 无镀层接头接触面的电流密度　　　　　　　　单位:A/mm²

| 工作电流/A | $J_{Cu}$(铜-铜) | $J_{Al}$(铝-铝) |
|---|---|---|
| <200 | 0.31 | $J_{Al}=0.78J_{Cu}$ |
| 200~2000 | $0.31-1.05(I-200)\times10^{-4}$ | |
| >2000 | 0.12 | |

注:$I$ 为回路工作电流。

⑪ 选用导体的长期允许电流不得小于该回路的最大持续工作电流;屋外导体应计其日照对载流量的影响。长期工作制电器,在选择其额定电流时,应满足各种可能运行方式下回路持续工作电流的要求。

⑫ 验算导体和电器的动稳定、热稳定以及电器开断电流所用的短路电流,应按电力系统 10~15 年规划容量计算。确定短路电流时,应按可能发生最大短路电流的正常接线方式计算。导体和电器的动稳定、热稳定可按三相短路验算,当单相、两相接地短路电流大于三相短路电流时,应按严重情况验算。

⑬ 验算导体短路热效应的计算时间,宜采用主保护动作时间加相应的断路器全分闸时间。当主保护有死区时,应采用对该死区起作用的后备保护动作时间,并应采用相应的短路电流值。验算电器短路热效应的计算时间,宜采用后备动作保护时间加相应的断路器全分闸时间。

⑭ 采用熔断器保护的导体和电器可不验算热稳定;除采用具有限流作用的熔断器保护外,导体和电器应验算其动稳定。采用熔断器保护的电压互感器回路,可不验算其动稳定和热稳定。

⑮ 正常运行和短路时,电气设备引线的最大作用力不应大于电气设备端子允许的荷载。屋外配电装置的导体、套管、绝缘子和金具,应根据当地气象条件和不同受力状态进行力学计算。导体、套管、绝缘子和金具的安全系数不应小于表 8-5 的规定。

表 8-5 导体、套管、绝缘子和金具的安全系数

| 类　别 | 荷载长期作用时 | 荷载短时作用时 | 类　别 | 荷载长期作用时 | 荷载短时作用时 |
|---|---|---|---|---|---|
| 套管、支持绝缘子 | 2.50 | 1.67 | 软导体 | 4.00 | 2.50 |
| 悬式绝缘子及其金具 | 4.00 | 2.50 | 硬导体 | 2.00 | 1.67 |

注:1. 表中悬式绝缘子的安全系数系对应于 1h 机电试验荷载;若对应于破坏荷载,安全系数应分别为 5.3 和 3.3。
　　2. 硬导体的安全系数系对应于破坏应力;若对应于屈服点应力,安全系数应分别为 1.6 和 1.4。

## 8.1.2 低压配电系统导体的选择

① 导体的类型应按敷设方式及环境条件选择。绝缘导体除满足上述条件外,尚应符合工作电压的要求。

② 选择导体截面积,应符合下列要求。

a. 按敷设方式及环境条件确定的导体载流量,不应小于计算电流。
b. 导体应满足线路保护的要求。
c. 导体应满足动稳定与热稳定的要求。
d. 线路电压损伤应满足用电设备正常工作及启动时端电压的要求。
e. 导体最小截面积应满足机械强度的要求。固定敷设的导体最小截面积,应根据敷设方式、绝缘子支撑点间距和导体材料按表 8-6 的规定确定。

表 8-6　固定敷设的导体最小截面积

| 敷设方式 | 绝缘子支撑点间距/m | 导体最小截面积/mm² | |
|---|---|---|---|
| | | 铜导体 | 铝导体 |
| 裸导体敷设在绝缘子上 | — | 10 | 16 |
| 绝缘导体敷设在绝缘子上 | ≤2 | 1.5 | 10 |
| | >2,且≤6 | 2.5 | 10 |
| | >6,且≤16 | 4 | 10 |
| | >16,且≤25 | 6 | 10 |
| 绝缘导体穿导管敷设或在槽盒中敷设 | — | 1.5 | 10 |

f. 用于负荷长期稳定的电缆,经技术经济比较确认合理时,可按经济电流密度选择导体截面积,且应符合现行国家标准 GB 50217—2018《电力工程电缆设计标准》的有关规定。

③ 导体的负荷电流在正常持续运行中产生的温度,不应使绝缘的温度超过表 8-7 的规定。

表 8-7　各类绝缘最高运行温度　　　　　　　　　　　　　单位:℃

| 绝缘类型 | 导体的绝缘 | 护套 |
|---|---|---|
| 聚氯乙烯 | 70 | — |
| 交联氯乙烯和乙丙橡胶 | 90 | — |
| 聚氯乙烯护套矿物绝缘电缆或可触及的裸护套矿物绝缘电缆 | — | 70 |
| 不允许触及和不与可燃物相接处的裸护套矿物绝缘电缆 | — | 105 |

④ 绝缘导体和无铠装电缆的载流量以及载流量的校正系数,应按现行国家标准 GB/T 16895.6—2014《建筑物电气装置　第 5-25 部分:电气设备的选择和安装　布线系统》的有关规定确定。铠装电缆的载流量以及载流量的校正系数,应按现行国家标准 GB 50217—2018《电力工程电缆设计标准》有关规定确定。

⑤ 绝缘导体或电缆敷设处的环境温度应按表 8-8 的规定确定。

⑥ 当电缆沿敷设路径中各个场所的散热条件不相同时,电缆的散热条件应按最不利的场所确定。

⑦ 符合下列情况之一的线路,中性导体的截面积应与相导体的截面积相同:
a. 单相两线制线路;
b. 铜相导体截面积小于等于 $16mm^2$ 或铝相导体截面积小于等于 $25mm^2$ 的三相四线线路。

表 8-8 绝缘导体或电缆敷设处的环境温度

| 电缆敷设场所 | 有无机械通风 | 选取的环境温度 |
|---|---|---|
| 土中直埋 | — | 埋深处的最热月平均地温 |
| 水下 | — | 最热月的日最高水温平均值 |
| 户外空气中、电缆沟 | — | 最热月的日最高温度平均值 |
| 有热源设备的厂房 | 有 | 通风设计温度 |
| 有热源设备的厂房 | 无 | 最热月的最高温度平均值另加 5℃ |
| 一般性厂房及其他建筑物内 | 有 | 通风设计温度 |
| 一般性厂房及其他建筑物内 | 无 | 最热月的日最高温度平均值 |
| 户内电缆沟 | 无 | 最热月的日最高温度平均值另加 5℃ |
| 隧道、电气竖井 | 无 | 最热月的日最高温度平均值另加 5℃ |
| 隧道、电气竖井 | 有 | 通风设计温度 |

注：数量较多的电缆工作温度大于70℃的电缆敷设于未装机械通风的隧道、电气竖井时，应计入对环境温升的影响，不能直接采取仅加 5℃。

⑧ 符合下列条件的线路，中性导体截面积可小于相导体截面积：
a. 铜相导体截面积大于 $16mm^2$ 或铝相导体截面积大于 $25mm^2$；
b. 铜中性导体截面积大于等于 $16mm^2$ 或铝中性导体截面积大于等于 $25mm^2$；
c. 在正常工作时，包括谐波电流在内的中性导体预期最大电流小于等于中性导体的允许载流量；
d. 中性导体已进行了过电流保护。

⑨ 在三相四线制线路中存在谐波电流时，计算中性导体的电流应计入谐波电流效应。当中性导体电流大于相导体电流时，电缆相导体截面积应按中性导体电流选择。当三相平衡系统中存在谐波电流，4 芯或 5 芯电缆内中性导体与相导体材料相同和截面积相等时，电缆载流量的降低系数应按表 8-9 的规定确定。

表 8-9 电缆载流量的降低系数

| 相电流中三次谐波分量/% | 降低系数 | |
|---|---|---|
| | 按相电流选择截面积 | 按中性导体电流选择截面积 |
| 0～15 | 1.0 | — |
| >15,且≤33 | 0.86 | — |
| >33,且≤45 | — | 0.86 |
| >45 | — | 1.0 |

⑩ 在配电线路中固定敷设的铜保护接地中性导体的截面积不应小于 $10mm^2$，铝保护接地中性导体的截面积不应小于 $16mm^2$。

⑪ 保护接地中性导体应按预期出现的最高电压进行绝缘。

⑫ 当从电气系统的某一点起，由保护接地中性导体改变为单独的中性导体和保护导体时，应符合下列规定：
a. 保护导体和中性导体应分别设置单独的端子或母线；

b. 保护接地中性导体应首先接到为保护导体设置的端子或母线上；

c. 中性导体不用连接到电气系统的任何其他的接地部分。

⑬ 装置外可导电部分严禁作为保护接地中性导体的一部分。

⑭ 保护导体截面积的选择，应符合下列规定。

a. 应能满足电气系统间接接触防护自动切断电源的条件，且能承受预期的故障电流或短路电流。

b. 保护导体的截面积应符合式(8-8)的要求，或按表8-10的规定确定：

$$S \geqslant I\sqrt{t}/k \tag{8-8}$$

$S$——保护导体的截面积，$mm^2$；

$I$——通过保护电器的预期故障电流或短路电流（交流方均根值），A；

$t$——保护电器自动切断电流的动作时间，s；

$k$——（由导体、绝缘和其他部分的材料以及初始和最终温度决定的）系数，按式(8-9)计算或按表8-13～表8-17确定。

表8-10　保护导体的最小截面积　　　　　　　　单位：$mm^2$

| 相导体截面积 | 保护导体的最小截面积 | |
|---|---|---|
| | 保护导体与相导体使用相同材料 | 保护导体与相导体使用不同材料 |
| ≤16 | $S$ | $Sk_1/k_2$ |
| >16,且≤35 | 16 | $16k_1/k_2$ |
| >35 | $S/2$ | $Sk_1/(2k_2)$ |

注：$S$——相导体截面积；$k_1$——相导体的系数，应按表8-12的规定确定；$k_2$——保护导体的系数，应按表8-13～表8-17的规定确定。

$$k = \sqrt{\frac{Q_c(\beta+20℃)}{\rho_{20}}I_n\left(1+\frac{\theta_f-\theta_i}{\beta+\theta_i}\right)} \tag{8-9}$$

式中　$Q_c$——导体材料在20℃时的体积热容量，按表8-11的规定确定，$J/(℃·mm^3)$；

　　　$\beta$——导体在0℃时电阻率温度系数的倒数，按表8-11的规定确定，℃；

　　　$\rho_{20}$——导体材料在20℃时的电阻率，按表8-11的规定确定，$\Omega·mm$；

　　　$\theta_i$——导体初始温度，℃；

　　　$\theta_f$——导体最终温度，℃。

表8-11　不同材料的参数值

| 材料 | $\beta/℃$ | $Q_c/[J/(℃·mm^3)]$ | $\rho_{20}/\Omega·mm$ |
|---|---|---|---|
| 铜 | 234.5 | $3.45\times10^{-3}$ | $17.241\times10^{-6}$ |
| 铝 | 228 | $2.5\times10^{-3}$ | $28.264\times10^{-6}$ |
| 铅 | 230 | $1.45\times10^{-3}$ | $214\times10^{-6}$ |
| 钢 | 202 | $3.8\times10^{-3}$ | $138\times10^{-6}$ |

表 8-12  相导体的初始、最终温度和系数

| 导体绝缘 | | 温度/℃ | | 相导体的系数/$k_1$ | | |
|---|---|---|---|---|---|---|
| | | 初始温度 | 最终温度 | 铜 | 铝 | 铜导体的锡焊接头 |
| 聚氯乙烯 | | 70 | 160(140) | 115(103) | 76(68) | 115 |
| 交联聚乙烯和乙丙橡胶 | | 90 | 250 | 143 | 94 | — |
| 工作温度60℃的橡胶 | | 60 | 200 | 141 | 93 | — |
| 矿物质 | 聚氯乙烯护套 | 70 | 160 | 115 | — | — |
| | 裸护套 | 105 | 250 | 135 | — | — |

注：括号内数值适用于截面积大于300mm²的聚氯乙烯绝缘导体。

表 8-13  非电缆芯线且不与其他电缆成束敷设的绝缘保护导体的初始、最终温度和系数

| 导体绝缘 | 温度 | | 导体材料的系数 | | |
|---|---|---|---|---|---|
| | 初始 | 最终 | 铜 | 铝 | 钢 |
| 70℃聚氯乙烯 | 30 | 160(140) | 143(133) | 95(88) | 52(49) |
| 90℃聚氯乙烯 | 30 | 160(140) | 143(133) | 95(88) | 52(49) |
| 90℃热固性材料 | 30 | 250 | 176 | 116 | 64 |
| 60℃橡胶 | 30 | 200 | 159 | 105 | 58 |
| 85℃橡胶 | 30 | 220 | 166 | 110 | 60 |
| 硅橡胶 | 30 | 350 | 201 | 133 | 73 |

注：括号内数值适用于截面积大于300mm²的聚氯乙烯绝缘导体。

表 8-14  与电缆护层接触但不与其他电缆成束敷设的裸保护导体的初始、最终温度和系数

| 电缆护层 | 温度/℃ | | 导体材料的系数 | | |
|---|---|---|---|---|---|
| | 初始 | 最终 | 铜 | 铝 | 钢 |
| 聚氯乙烯 | 30 | 200 | 159 | 105 | 58 |
| 聚乙烯 | 30 | 150 | 138 | 91 | 50 |
| 氯磺化聚乙烯 | 30 | 220 | 166 | 110 | 60 |

表 8-15  电缆芯线或与其电缆或绝缘导体成束敷设的保护导体的初始、最终温度和系数

| 导体绝缘 | 温度/℃ | | 导体材料的系数 | | |
|---|---|---|---|---|---|
| | 初始 | 最终 | 铜 | 铝 | 钢 |
| 70℃聚氯乙烯 | 70 | 160(140) | 115(103) | 76(68) | 42(37) |
| 90℃聚氯乙烯 | 90 | 160(140) | 100(86) | 66(57) | 36(31) |
| 90℃热固性材料 | 90 | 250 | 143 | 94 | 52 |
| 60℃橡胶 | 60 | 200 | 141 | 93 | 51 |
| 85℃橡胶 | 85 | 220 | 134 | 89 | 48 |
| 硅橡胶 | 180 | 350 | 132 | 87 | 47 |

注：括号内数值适用于截面积大于300mm²的聚氯乙烯绝缘导体。

表 8-16 用电缆的金属护层作保护导体的初始、最终温度和系数

| 电缆绝缘 | 温度/℃ | | 导体材料的系数 | | | |
|---|---|---|---|---|---|---|
| | 初始 | 最终 | 铜 | 铝 | 铅 | 钢 |
| 70℃聚氯乙烯 | 60 | 200 | 141 | 93 | 26 | 51 |
| 90℃聚氯乙烯 | 80 | 200 | 128 | 85 | 23 | 46 |
| 90℃热固性材料 | 80 | 200 | 128 | 85 | 23 | 46 |
| 60℃橡胶 | 55 | 200 | 144 | 95 | 26 | 52 |
| 85℃橡胶 | 75 | 200 | 140 | 93 | 26 | 51 |
| 硅橡胶 | 70 | 200 | 135 | — | — | — |
| 裸露的矿物护套 | 105 | 250 | 135 | — | — | — |

注：电缆的金属护层，如铠装、金属护套、同心导体等。

表 8-17 裸导体温度不损伤相邻材料时初始、最终温度和系数

| 裸导体所在的环境 | 温度/℃ | | | | 导体材料的系数 | | |
|---|---|---|---|---|---|---|---|
| | 初始温度 | 最终温度 | | | 铜 | 铝 | 钢 |
| | | 铜 | 铝 | 钢 | | | |
| 可见的和狭窄的区域内 | 30 | 500 | 300 | 500 | 228 | 125 | 82 |
| 正常环境 | 30 | 200 | 200 | 200 | 159 | 105 | 58 |
| 有火灾危险 | 30 | 150 | 150 | 150 | 138 | 91 | 50 |

c. 电缆外的保护导体或不与相导体共处于同一外护物内的保护导体，其截面积应符合下列规定。

ⅰ. 有机械损伤防护时，铜导体不应小于 $2.5mm^2$，铝导体不应小于 $16mm^2$。

ⅱ. 无机械损伤防护时，铜导体不应小于 $4mm^2$，铝导体不应小于 $16mm^2$。

d. 当两个或更多个回路共用一个保护导体时，其截面积应符合下列规定。

ⅰ. 应根据回路中最严重的预期故障电流或短路电流和动作时间确定截面积，并应符合公式(8-8)的要求。

ⅱ. 对应于回路中的最大相导体截面积时，应按表 8-10 的规定确定。

e. 永久性连接的用电设备的保护导体预期电流超过 10mA 时，保护导体的截面积应按下列条件之一确定。

ⅰ. 铜导体不应小于 $10mm^2$ 或铝导体不应小于 $16mm^2$。

ⅱ. 当保护导体小于 ⅰ 规定时，应为用电设备敷设第二根保护导体，其截面积不应小于第一根保护导体的截面积。第二根保护导体应一直敷设到截面积大于等于 $10mm^2$ 的铜保护导体或 $16mm^2$ 的铝保护导体处，并应为用电设备的第二根保护导体设置单独的接线端子。

ⅲ. 当铜保护导体与铜相导体在一根多芯电缆中时，电缆中所有铜导体截面积的总和不应小于 $10mm^2$。

ⅳ. 当保护导体安装在金属导管内并与金属导管并接时，应采用截面积大于等于 $2.5mm^2$ 的铜导体。

⑮ 总等电位连接用保护连接导体的截面积，不应小于配电线路的最大保护导体截面积的 1/2，保护连接导体截面积的最小值和最大值应符合表 8-18 的规定。

表 8-18 保护连接导体截面积的最小值和最大值　　　　　单位：mm²

| 导体材料 | 最小值 | 最大值 |
|---|---|---|
| 铜 | 6 | 25 |
| 铝 | 16 | 按载流量与 25mm² 铜导体的载流量相同确定 |
| 钢 | 50 | |

⑯ 辅助等电位连接用保护连接导体截面积的选择，应符合下列规定。

a. 连接两个外露可导电部分的保护连接导体，其电导不应小于接到外露可导电部分的较小的保护导体的电导。

b. 连接外露可导电部分和装置外可导电部分的保护连接导体，其电导不应小于相应保护导体截面积 1/2 的导体所具有的电导。

c. 单独敷设的保护连接导体，其截面积应符合本节⑭c 的规定。

⑰ 局部等电位连接用保护连接导体截面积的选择，应符合下列规定。

a. 保护连接导体的电导不应小于局部场所内最大保护导体截面积 1/2 的导体所具有的电导。

b. 保护连接导体采用铜导体时，其截面积最大值为 25mm²。保护连接导体为其他金属导体时，其截面积最大值应按其与 25mm² 铜导体的载流量相同确定。

c. 单独敷设的保护连接导体，其截面积应符合本节⑭c 的规定。

## 8.2　电线、电缆的选择和设计

### 8.2.1　电力电缆导体材质

① 用于下列情况的电力电缆，应采用铜导体：

a. 电机励磁、重要电源、移动式电气设备等需保持连接具有高可靠性的回路；

b. 振动场所、有爆炸危险或对铝有腐蚀等工作环境；

c. 耐火电缆；

d. 紧靠高温设备布置；

e. 人员密集场所；

f. 核电厂常规岛及与生产有关的附属设施。

② 除限于产品仅有铜导体和上述第①条确定应选用铜导体外，电缆导体材质可选用铜导体、铝或铝合金导体。电压等级 1kV 以上的电缆不宜选用铝合金导体。

③ 电缆导体结构和性能参数应符合现行国家标准《电工铜圆线》GB/T 3953—2009、《电工圆铝线》GB/T 3955—2009、《电缆的导体》GB/T 3956—2008 以及《电缆导体用铝合金线》GB/T 30552—2014 等的规定。

### 8.2.2　电力电缆绝缘水平

① 交流系统中电力电缆导体的相间额定电压不得低于使用回路的工作线电压。

② 交流系统中电力电缆导体与绝缘屏蔽或金属套之间额定电压选择应符合下列规定：

a. 中性点直接接地或经低电阻接地系统，接地保护动作不超过 1min 切除故障时，不应低于 100% 的使用回路工作相电压；

b. 对于单相接地故障可能超过 1min 的供电系统，不宜低于 133% 的使用回路工作相电压；在单相接地故障可能持续 8h 以上，或发电机回路等安全性要求较高时，宜采用 173% 的使用回路工作相电压。

③ 交流系统中电缆的耐压水平应满足系统绝缘配合的要求。

④ 直流输电电缆绝缘水平应能承受极性反向、直流与冲击叠加等的耐压考核；交联聚乙烯绝缘电缆应具有抑制空间电荷积聚及其形成局部高场强等适应直流电场运行的特性。

### 8.2.3　电力电缆绝缘类型

① 电力电缆绝缘类型选择应符合下列规定：

　a. 在符合工作电压、工作电流及其特征和环境条件下，电缆绝缘寿命不应小于预期使用寿命；

　b. 应根据运行可靠性、施工和维护方便性以及最高允许工作温度与造价等因素选择；

　c. 应符合电缆耐火与阻燃的要求；

　d. 应符合环境保护的要求。

② 常用电力电缆的绝缘类型选择应符合下列规定：

　a. 低压电缆宜选用交联聚乙烯或聚氯乙烯挤塑绝缘类型，当环境保护有要求时，不得选用聚氯乙烯绝缘电缆；

　b. 高压交流电缆宜选用交联聚乙烯绝缘类型，也可选用自容式充油电缆；

　c. 500kV 交流海底电缆线路可选用自容式充油电缆或交联聚乙烯绝缘电缆；

　d. 高压直流输电电缆可选用不滴流浸渍纸绝缘、自容式充油类型和适用高压直流电缆的交联聚乙烯绝缘类型，不宜选用普通交联聚乙烯绝缘类型。

③ 移动式电气设备等经常弯曲移动或有较高柔软性要求的回路应选用橡胶绝缘等电缆。

④ 放射线作用场所应按绝缘类型要求，选用交联聚乙烯或乙丙橡胶绝缘等耐射线辐照强度的电缆。

⑤ 60℃ 以上的高温场所应按经受高温及其持续时间和绝缘类型要求，选用耐热聚氯乙烯、交联聚乙烯或乙丙橡胶绝缘等耐热型电缆；100℃ 以上高温环境宜选用矿物绝缘电缆。高温场所不宜选用普通聚氯乙烯绝缘电缆。

⑥ 年最低温度在 −15℃ 以下的场所，应按低温条件和绝缘类型要求，选用交联聚乙烯、聚乙烯、耐寒橡胶绝缘电缆。低温环境不宜选用聚氯乙烯绝缘电缆。

⑦ 在人员密集场所或有低毒性要求的场所，应选用交联聚乙烯或乙丙橡胶等无卤绝缘电缆，不应选用聚氯乙烯绝缘电缆。

⑧ 对 6kV 及以上的交联聚乙烯绝缘电缆，应选用内、外半导电屏蔽层与绝缘层三层共挤工艺特征的型式。

⑨ 核电厂应选用交联聚乙烯或乙丙橡胶等低烟、无卤绝缘电缆。

⑩ 敷设在核电厂常规岛及与生产有关的附属设施内的核安全级（1E级）电缆绝缘，应符合现行国家标准《核电站用 1E 级电缆通用要求》GB/T 22577—2008 的有关规定。

### 8.2.4　电力电缆护层类型

1) 电力电缆护层选择应符合下列规定：

① 交流系统单芯电力电缆，当需要增强电缆抗外力时，应选用非磁性金属铠装层，不得选用未经非磁性有效处理的钢制铠装；

② 在潮湿、含化学腐蚀环境或易受水浸泡的电缆，其金属套、加强层、铠装上应有聚乙烯外护层，水中电缆的粗钢丝铠装应有挤塑外护层；

③ 在人员密集场所或有低毒性要求的场所，应选用聚乙烯或乙丙橡胶等无卤外护层，不应选用聚氯乙烯外护层；

④ 核电厂用电缆应选用聚烯烃类低烟、无卤外护层；

⑤ 除年最低温度在－15℃以下低温环境或药用化学液体浸泡场所，以及有低毒性要求的电缆挤塑外护层宜选用聚乙烯等低烟、无卤材料外，其他可选用聚氯乙烯外护层；

⑥ 用在有水或化学液体浸泡场所的3～35kV重要回路或35kV以上的交联聚乙烯绝缘电缆，应具有符合使用要求的金属塑料复合阻水层、金属套等径向防水构造；海底电缆宜选用铅护套，也可选用铜护套作为径向防水措施；

⑦ 外护套材料应与电缆最高允许工作温度相适应；

⑧ 应符合电缆耐火与阻燃的要求。

2）自容式充油电缆加强层类型，当线路未设置塞止式接头时，最高与最低点之间高差应符合下列规定：

① 仅有铜带等径向加强层时，允许高差应为40m；当用于回路时，宜为30m；

② 径向和纵向均有铜带等加强层时，允许高差应为80m；用于重要回路时，宜为60m。

3）直埋敷设时，电缆护层选择应符合下列规定：

① 电缆承受较大压力或有机械损伤危险时，应具有加强层或钢带铠装；

② 在流砂层、回填土地带等可能出现位移的土壤中，电缆应具有钢丝铠装；

③ 白蚁严重危害地区用的挤塑电缆，应选用较高硬度的外护层，也可在普通外护层上挤包较高硬度的薄外护层，其材质可采用尼龙或特种聚烯烃共聚物等，也可采用金属套或钢带铠装；

④ 除上述三条规定的情况外，可选用不含铠装的外护层；

⑤ 地下水位较高的地区，应选用聚乙烯外护层；

⑥ 35kV以上高压交联聚乙烯绝缘电缆应具有防水结构。

4）空气中固定敷设时，电缆护层选择应符合下列规定：

① 在地下客运、商业设施等安全性要求高且鼠害严重的场所，塑料绝缘电缆应具有金属包带或钢带铠装；

② 电缆位于高落差的受力条件时，多芯电缆宜具有钢丝铠装。交流单芯电缆应符合8.2.4第1）条的规定；

③ 敷设在桥架等支承较密集的电缆可不需要铠装；

④ 当环境保护有要求时，不得采用聚氯乙烯外护层；

⑤ 除应按8.2.4第1）条③～⑤和8.2.4第4）条④的规定，以及60℃以上高温场所应选用聚乙烯等耐热外护层的电缆外，其他宜选用聚氯乙烯外护层。

5）移动式电气设备等经常弯曲移动或有较高柔软性要求回路的电缆，应选用橡胶外护层。

6）放射线作用场所的电缆应具有适合耐受放射线辐照强度的聚氯乙烯、氯丁橡胶、氯磺化聚乙烯等外护层。

7）保护管中敷设的电缆应具有挤塑外护层。

8）水下敷设时，电缆护层选择应符合下列规定：

① 在沟渠、不通航小河等不需铠装层承受拉力的电缆可选用钢带铠装；

② 在江河、湖海中敷设的电缆，选用的钢丝铠装型式应满足受力条件；当敷设条件有机械损伤等防护要求时，可选用符合防护、耐蚀性增强要求的外护层；

③ 海底电缆宜采用耐腐蚀性好的镀锌钢丝、不锈钢丝或铜铠装，不宜采用铝铠装。

9) 路径通过不同敷设条件时，电缆护层选择宜符合下列规定：

① 线路总长度未超过电缆制造长度时，宜选用满足全线条件的同一种或差别小的一种以上型式；

② 线路总长度超过电缆制造长度时，可按相应区段分别选用不同型式。

10) 敷设在核电厂常规岛及与生产有关的附属设施内的核安全级（1E级）电缆外护层，应符合现行国家标准《核电站用1E级电缆通用要求》GB/T 22577—2008的有关规定。

11) 核电厂1kV以上电力电缆屏蔽设置要求应符合现行行业标准《核电厂电缆系统设计及安装准则》EJ/T 949—1992的有关规定。

## 8.2.5 电力电缆芯数

1) 1kV及以下电源中性点直接接地时，三相回路的电缆芯数选择应符合下列规定：

① 保护导体与受电设备的外露可导电部位连接接地时，应符合下列规定：

a. TN-C系统　保护导体与中性导体合用同一导体时，应选用4芯电缆；

b. TN-S系统　保护导体与中性导体各自独立时，宜选用5芯电缆；当满足8.3.1的第16）条的规定时，也可采用4芯电缆与另外紧靠相导体敷设的保护导体组成；

c. TN-S系统　未配出中性导体或回路不需要中性导体引至受电设备时，宜选用4芯电缆；当满足8.3.1第16）条规定时，也可采用3芯电缆与另外紧靠相导体敷设的保护导体组成。

② TT系统　当受电设备外露可导电部位的保护接地与电源系统中性点接地各自独立时，应选用4芯电缆；当未配出中性导体或回路不需要中性导体引至受电设备时，宜选用3芯电缆。

③ TN系统　当受电设备外露可导电部位可靠连接至分布在全厂、站内公用接地网时，固定安装且不需要中性导体的电动机等电气设备宜选用3芯电缆。

④ 当相导体截面大于$240mm^2$时，可选用单芯电缆，其回路的中性导体和保护导体的截面应符合8.2.6第9）条和第10）条的规定。

2) 1kV及以下电源中性点直接接地时，单相回路的电缆芯数选择应符合下列规定：

① 保护导体与受电设备的外露可导电部位连接接地时，应符合下列规定：

a. TN-C系统　保护导体与中性导体合用同一导体时，应选用2芯电缆；

b. TN-S系统　保护导体与中性导体各自独立时，宜选用3芯电缆；当满足8.3.1的第16）条的规定时，也可采用2芯电缆与另外紧靠相导体敷设的保护导体组成。

② TT系统　当受电设备外露可导电部位的保护接地与电源系统中性点接地各自独立时，应选用2芯电缆。

③ TN系统　当受电设备外露可导电部位可靠连接至分布在全厂、站内公用接地网时，固定安装的电气设备宜选用2芯电缆。

3) 3～35kV三相供电回路的电缆芯数选择应符合下列规定：

① 工作电流较大的回路或电缆敷设于水下时，可选用单芯电缆；

② 除第①条规定的情况外，应选用3芯电缆；3芯电缆可选用普通统包型，也可选用3根一单芯电缆绞合构造型。

4) 110kV三相供电回路，除敷设于水下时可选用3芯外，宜选用单芯电缆。110kV以上三相供电回路宜选用单芯电缆。

5) 移动式电气设备的单相电源电缆应选用 3 芯软橡胶电缆，三相三线制电源电缆应选用 4 芯软橡胶电缆，三相四线制电源电缆应选用 5 芯软橡胶电缆。

6) 直流供电回路的电缆芯数选择应符合下列规定：

① 低压直流电源系统宜选用 2 芯电缆，也可选用单芯电缆；当蓄电池组引出线为电缆时，宜选用单芯电缆，也可采用多芯电缆并联作为一极使用，蓄电池电缆的正极和负极不应共用 1 根电缆；

② 高压直流输电系统宜选用单芯电缆，在水下敷设时，也可选用 2 芯电缆。

## 8.2.6 电力电缆导体截面

1) 电力电缆导体截面选择应符合下列规定：

① 最大工作电流作用下的电缆导体温度不得超过电缆绝缘最高允许值，持续工作回路的电缆导体工作温度应符合表 8-19 的规定；

表 8-19 常用电力电缆导体的最高允许温度

| 电缆 | | | 最高允许温度/℃ | |
|---|---|---|---|---|
| 绝缘类别 | 型式特征 | 电压/kV | 持续工作 | 短路暂态 |
| 聚氯乙烯 | 普通 | ≤1 | 70 | 160(140) |
| 交联聚乙烯 | 普通 | ≤500 | 90 | 250 |
| 自容式充油 | 普通牛皮纸 | ≤500 | 80 | 160 |
| | 半合成纸 | ≤500 | 85 | 160 |

② 最大短路电流和短路时间作用下的电缆导体温度应符合表 8-19 的规定；

③ 最大工作电流作用下，连接回路的电压降不得超过该回路允许值；

④ 10kV 及以下电力电缆截面除应符合上述①～③条的要求外，尚宜按电缆的初始投资与使用寿命期间的运行费用综合经济的原则选择；10kV 及以下电力电缆经济电流截面选用方法和经济电流密度曲线宜符合下述规定：

a. 10kV 及以下电力电缆经济电流密度宜按下式计算：

$$j = \frac{I_{max}}{S_{ec}} = \frac{\sqrt{\dfrac{A}{F\rho_{20}B[1+\alpha_{20}(\theta_m-20)]}}}{1000} \quad (8\text{-}10)$$

$$F = N_p N_c (\tau P + D) Q / (1 + i/100) \quad (8\text{-}11)$$

$$B = (1 + Y_p + Y_s)(1 + \lambda_1 + \lambda_2) \quad (8\text{-}12)$$

$$CT = CI + I_{max}^2 RLF \quad (8\text{-}13)$$

$$Q = \sum_{n=1}^{N}(r^{n-1}) = (1 - r^N)/(1 - r) \quad (8\text{-}14)$$

$$r = (1 + a/100)^2 (1 + b/100)/(1 + i/100) \quad (8\text{-}15)$$

式中　$j$——导体的经济电流密度，A/mm$^2$；

　　　$I_{max}$——导体最大负荷电流，A；

　　　$S_{ec}$——导体的经济截面，mm$^2$；

　　　$A$——与导体截面有关的费用的可变部分，元/m·mm$^2$；

$\rho_{20}$——导体直流电阻率，Ω·m；

$\alpha_{20}$——实际导体材料20℃时电阻温度系数，1/K；

$\theta_m$——导体温度，℃。

$N_p$——每回路相线数目；

$N_c$——传输同样型号和负荷值的回路数，取1；

$\tau$——最大损耗的运行时间，h/a；

$P$——在相关电压水平上1kW·h的成本，元/(kW·h)；

$D$——供给电能损耗的额外供电容量成本，元/(kW·h)；

$i$——贴现率，%，不包括通货膨胀的影响；

$Y_p, Y_s$——集肤效应系数和邻近效应系数；

$\lambda_1, \lambda_2$——金属套系数和铠装损耗系数；

$CT$——电缆总成本，元；

$CI$——电缆本体及安装成本，元，由电缆材料费用和安装费用两部分组成；

$R$——单位长度的交流电阻，Ω；

$L$——电缆长度，m；

$N$——导体经济寿命期，a；

$a$——负荷年增长率，%；

$b$——能源成本增长率，%，不计及通货膨胀的影响。

b. 10kV及以下电力电缆经济电流密度宜按经济电流密度曲线查阅，并应符合下列规定：

ⓐ 图8-1~图8-6适用于单一制电价；

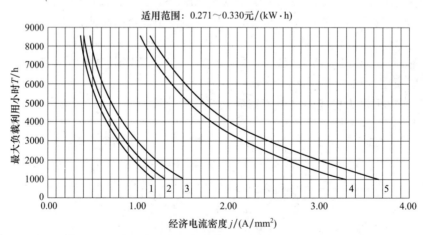

图8-1 铜、铝电缆经济电流密度［单一制电价$P=0.296$元/(kW·h)］

ⓑ 图8-7~图8-12适用于两部制电价［$D$值取424元/(kW·h)］；

【注】曲线1：适用于VLV-1(3芯、4芯)及VLV$_{22}$-1(3芯、4芯)电力电缆；

曲线2：适用于YJLV-10、YJLV$_{22}$-10、YJLV-6及YJLV$_{22}$-6电力电缆；

曲线3：适用于YJLV-11(3芯、4芯)及YJLV$_{22}$-1(3芯、4芯)电力电缆；

曲线4：适用于YJV-1(3芯、4芯)、YJV$_{22}$-1(3芯、4芯)、YJV-6、YJV$_{22}$-6、YJV-10及YJV$_{22}$-10电力电缆；

曲线5：适用于VV-1(3芯、4芯)及VV$_{22}$-1(3芯、4芯)电力电缆。

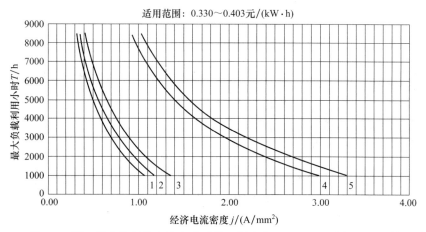

图 8-2　铜、铝电缆经济电流密度 [单一制电价 $P=0.363$ 元/(kW·h)]

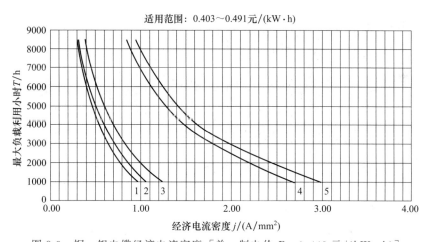

图 8-3　铜、铝电缆经济电流密度 [单一制电价 $P=0.443$ 元/(kW·h)]

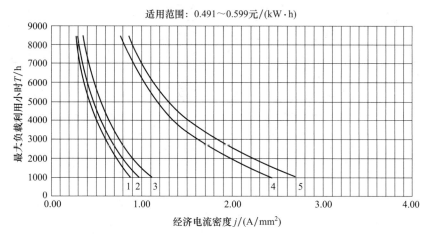

图 8-4　铜、铝电缆经济电流密度 [单一制电价 $P=0.540$ 元/(kW·h)]

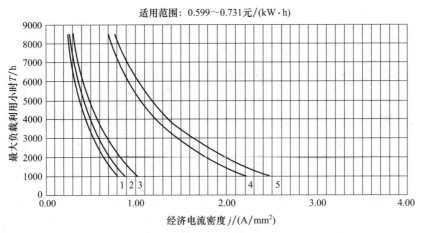

图 8-5 铜、铝电缆经济电流密度 [单一制电价 $P=0.659$ 元/(kW·h)]

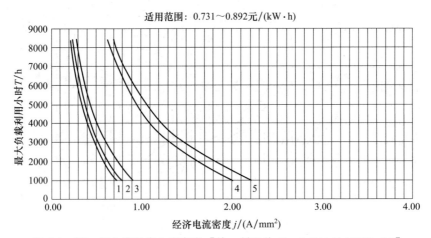

图 8-6 铜、铝电缆经济电流密度 [单一制电价 $P=0.804$ 元/(kW·h)]

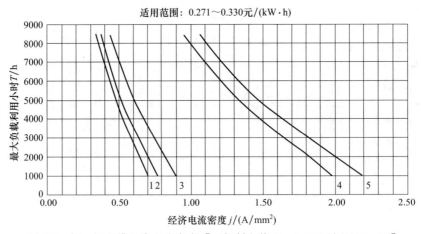

图 8-7 铜、铝电缆经济电流密度 [两部制电价 $P=0.298$ 元/(kW·h)]

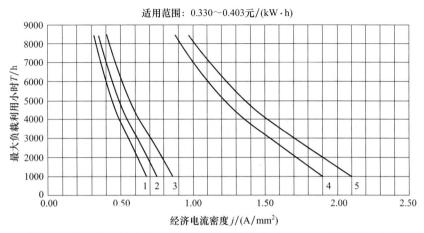

图 8-8　铜、铝电缆经济电流密度［两部制电价 $P=0.363$ 元/(kW·h)］

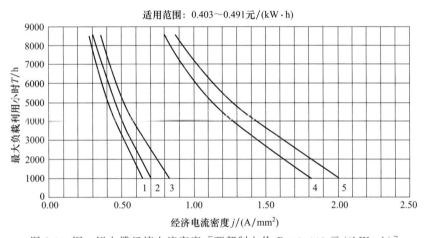

图 8-9　铜、铝电缆经济电流密度［两部制电价 $P=0.443$ 元/(kW·h)］

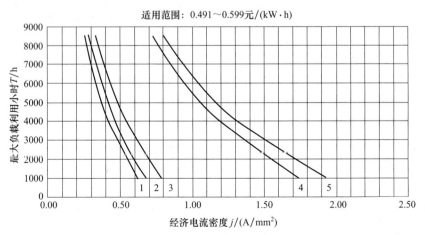

图 8-10　铜、铝电缆经济电流密度［两部制电价 $P=0.540$ 元/(kW·h)］

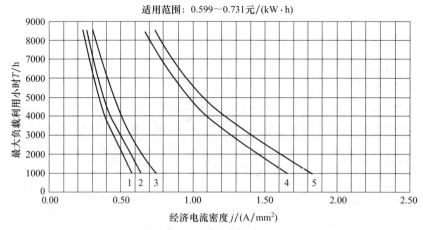

图 8-11　铜、铝电缆经济电流密度 [两部制电价 $P=0.659$ 元$/(kW \cdot h)$]

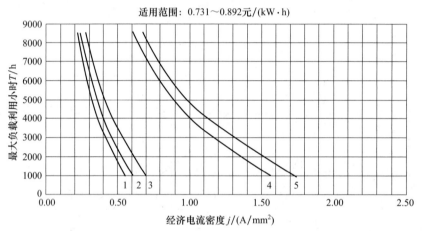

图 8-12　铜、铝电缆经济电流密度 [两部制电价 $P=0.804$ 元$/(kW \cdot h)$]

c. 10kV 及以下电力电缆按经济电流截面选择，应符合下列规定：

宜按照工程条件、电价（要区分单一制电价与两部制电价）、电缆成本、贴现率等计算拟选用的 10kV 及以下铜芯或铝芯的聚氯乙烯、交联聚乙烯绝缘等电缆的经济电流密度值；

对备用回路的电缆，如备用的电动机回路等，宜根据其运行情况对其运行小时数进行折算后选择电缆截面。对一些长期不使用的回路，不宜按经济电流密度选择截面；

当电缆经济电流截面比按热稳定、允许电压降或持续载流量要求的截面小时，则应按热稳定、允许电压降或持续载流量较大要求截面选择。当电缆经济电流截面介于电缆标称截面档次之间时，可视其接近程度，选择较接近一挡截面。

⑤ 多芯电力电缆导体最小截面，铜导体不宜小于 $2.5mm^2$，铝导体不宜小于 $4mm^2$；

⑥ 敷设于水下的电缆，当需要导体承受拉力且较合理时，可按抗拉要求选择截面；

⑦ 长距离电力电缆导体截面还应综合考虑输送的有功功率、电缆长度、高压并联电抗器补偿等因素确定。

2) 10kV 及以下常用电缆按 100% 持续工作电流确定电缆导体允许最小截面时，应符合《10kV 及以下常用电力电缆允许 100% 持续载流量（见表 8-20～表 8-25）》和《敷设条件不同时电缆允许持续载流量的校正系数（见表 8-26～表 8-31）》的规定，其载流量应考虑敷设方式的影响，并按照下列主要使用条件差异影响计入校正系数：①环境温度差异；②直埋敷设时土壤热阻系数差异；③电缆多根并列的影响；④户外架空敷设无遮阳时的日照影响。经校正后电缆载流量实际允许值应大于回路的工作电流。

表 8-20　1kV 聚氯乙烯绝缘电缆空气中敷设时允许载流量　　　　　单位：A

| 绝缘类型 | | 聚氯乙烯 | | |
|---|---|---|---|---|
| 护套 | | 无钢铠护套 | | |
| 电缆导体最高工作温度/℃ | | 70 | | |
| 电缆芯数 | | 单芯 | 2 芯 | 3 芯或 4 芯 |
| 电缆导体截面 /mm² | 2.5 | — | 18 | 15 |
| | 4 | — | 24 | 21 |
| | 6 | — | 31 | 27 |
| | 10 | — | 44 | 38 |
| | 16 | — | 60 | 52 |
| | 25 | 95 | 79 | 69 |
| | 35 | 115 | 95 | 82 |
| | 50 | 147 | 121 | 104 |
| | 70 | 179 | 147 | 129 |
| | 95 | 221 | 181 | 155 |
| | 120 | 257 | 211 | 181 |
| | 150 | 294 | 242 | 211 |
| | 185 | 340 | — | 246 |
| | 240 | 410 | — | 294 |
| | 300 | 473 | — | 328 |
| 环境温度/℃ | | 40 | | |

注：1. 适用于铝芯电缆，铜芯电缆的允许持续载流量值可乘以 1.29。
　　2. 单芯只适用于直流。

表 8-21　1kV 聚氯乙烯绝缘电缆直埋敷设时允许载流量　　　　　单位：A

| 绝缘类型 | | 聚氯乙烯 | | | | | |
|---|---|---|---|---|---|---|---|
| 护套 | | 无钢铠护套 | | | 有钢铠护套 | | |
| 电缆导体最高工作温度/℃ | | 70 | | | | | |
| 电缆芯数 | | 单芯 | 2 芯 | 3 芯或 4 芯 | 单芯 | 2 芯 | 3 芯或 4 芯 |
| 电缆导体截面 /mm² | 4 | 47 | 36 | 31 | — | 34 | 30 |
| | 6 | 58 | 45 | 38 | — | 43 | 37 |
| | 10 | 81 | 62 | 53 | 77 | 59 | 50 |
| | 16 | 110 | 83 | 70 | 105 | 79 | 68 |
| | 25 | 138 | 105 | 90 | 134 | 100 | 87 |
| | 35 | 172 | 136 | 110 | 162 | 131 | 105 |
| | 50 | 203 | 157 | 134 | 194 | 152 | 129 |

续表

| 绝缘类型 | 聚氯乙烯 | | | | | |
|---|---|---|---|---|---|---|
| 护套 | 无钢铠护套 | | | 有钢铠护套 | | |
| 电缆导体最高工作温度/℃ | 70 | | | | | |
| 电缆芯数 | 单芯 | 2芯 | 3芯或4芯 | 单芯 | 2芯 | 3芯或4芯 |
| 电缆导体截面/mm² 70 | 244 | 184 | 157 | 235 | 180 | 152 |
| 95 | 295 | 226 | 189 | 281 | 217 | 180 |
| 120 | 332 | 254 | 212 | 319 | 249 | 207 |
| 150 | 374 | 287 | 242 | 365 | 273 | 237 |
| 185 | 424 | — | 273 | 410 | — | 264 |
| 240 | 502 | — | 319 | 483 | — | 310 |
| 300 | 561 | — | 347 | 543 | — | 347 |
| 400 | 639 | — | — | 625 | — | — |
| 500 | 729 | — | — | 715 | — | — |
| 630 | 846 | — | — | 819 | — | — |
| 800 | 981 | — | — | 963 | — | — |
| 土壤热阻系数/(K·m/W) | 1.2 | | | | | |
| 环境温度/℃ | 25 | | | | | |

注：1. 适用于铝芯电缆，铜芯电缆的允许持续载流量值可乘以1.29。
2. 单芯只适用于直流。

**表 8-22　1~3kV 交联聚乙烯绝缘电缆空气中敷设时允许载流量**　　　　单位：A

| 电缆芯数 | | 3芯 | | 单芯 | | | | | |
|---|---|---|---|---|---|---|---|---|---|
| 单芯电缆排列方式 | | | | 品字形 | | | 水平形 | | |
| 金属层接地点 | | | | 单侧 | | 双侧 | 单侧 | | 双侧 |
| 电缆导体材质 | | 铝 | 铜 | 铝 | 铜 | 铝 | 铜 | 铝 | 铜 | 铝 | 铜 |

| 电缆导体截面/mm² | 铝 | 铜 | 铝 | 铜 | 铝 | 铜 | 铝 | 铜 | 铝 | 铜 |
|---|---|---|---|---|---|---|---|---|---|---|
| 25 | 91 | 118 | 100 | 132 | 100 | 132 | 114 | 150 | 114 | 150 |
| 35 | 114 | 150 | 127 | 164 | 127 | 164 | 146 | 182 | 141 | 178 |
| 50 | 146 | 182 | 155 | 196 | 155 | 196 | 173 | 228 | 168 | 209 |
| 70 | 178 | 228 | 196 | 255 | 196 | 251 | 228 | 292 | 214 | 264 |
| 95 | 214 | 273 | 241 | 310 | 241 | 305 | 278 | 356 | 260 | 310 |
| 120 | 246 | 314 | 283 | 360 | 278 | 351 | 319 | 410 | 292 | 351 |
| 150 | 278 | 360 | 328 | 419 | 319 | 401 | 365 | 479 | 337 | 392 |
| 185 | 319 | 410 | 372 | 479 | 365 | 461 | 424 | 546 | 369 | 438 |
| 240 | 378 | 483 | 442 | 565 | 424 | 546 | 502 | 643 | 424 | 502 |
| 300 | 419 | 552 | 506 | 643 | 493 | 611 | 588 | 738 | 479 | 552 |
| 400 | — | — | 611 | 771 | 579 | 716 | 707 | 908 | 546 | 625 |
| 500 | — | — | 712 | 885 | 661 | 803 | 830 | 1026 | 611 | 693 |
| 630 | — | — | 826 | 1008 | 734 | 894 | 963 | 1177 | 680 | 757 |
| 环境温度/℃ | 40 | | | | | | | | | |
| 电缆导体最高工作温度/℃ | 90 | | | | | | | | | |

注：1. 允许载流量的确定，还应符合本节（8.2.6）第4）条的规定。
2. 水平形排列电缆相互间中心距为电缆外径的2倍。

表 8-23　1~3kV 交联聚乙烯绝缘电缆直埋敷设时允许载流量　　　单位：A

| 电缆芯数 | 3 芯 | | 单芯 | | | |
|---|---|---|---|---|---|---|
| 单芯电缆排列方式 | | | 品字形 | | 水平形 | |
| 金属层接地点 | | | 单侧 | | 单侧 | |
| 电缆导体材质 | 铝 | 铜 | 铝 | 铜 | 铝 | 铜 |
| 电缆导体截面/mm² 25 | 91 | 117 | 104 | 130 | 113 | 143 |
| 35 | 113 | 143 | 117 | 169 | 134 | 169 |
| 50 | 134 | 169 | 139 | 187 | 160 | 200 |
| 70 | 165 | 208 | 174 | 226 | 195 | 247 |
| 95 | 195 | 247 | 208 | 269 | 230 | 295 |
| 120 | 221 | 282 | 239 | 300 | 261 | 334 |
| 150 | 247 | 321 | 269 | 339 | 295 | 374 |
| 185 | 278 | 356 | 300 | 382 | 330 | 426 |
| 240 | 321 | 408 | 348 | 435 | 378 | 478 |
| 300 | 365 | 469 | 391 | 495 | 430 | 543 |
| 400 | — | — | 456 | 574 | 500 | 635 |
| 500 | — | — | 517 | 635 | 565 | 713 |
| 630 | — | — | 582 | 704 | 635 | 796 |
| 温度/℃ | 90 | | | | | |
| 土壤热阻系数/(K·m/W) | 2.0 | | | | | |
| 环境温度/℃ | 25 | | | | | |

注：水平形排列电缆相互间中心距为电缆外径的 2 倍。

表 8-24　6kV 三芯交联聚乙烯绝缘电缆持续允许载流量　　　单位：A

| 绝缘类型 | 交联聚乙烯 | | | |
|---|---|---|---|---|
| 钢铠护套 | 无 | | 有 | |
| 电缆导体最高工作温度/℃ | 90 | | | |
| 敷设方式 | 空气中 | 直埋 | 空气中 | 直埋 |
| 电缆导体截面/mm² 10 | — | — | — | — |
| 16 | — | — | — | — |
| 25 | — | 87 | — | 87 |
| 35 | 114 | 105 | — | 102 |
| 50 | 141 | 123 | — | 118 |
| 70 | 173 | 148 | — | 148 |
| 95 | 209 | 178 | — | 178 |
| 120 | 246 | 200 | — | 200 |
| 150 | 277 | 232 | — | 222 |
| 185 | 323 | 262 | — | 252 |

续表

| 绝缘类型 | | 交联聚乙烯 | | | |
|---|---|---|---|---|---|
| 钢铠护套 | | 无 | | 有 | |
| 电缆导体最高工作温度/℃ | | 90 | | | |
| 敷设方式 | | 空气中 | 直埋 | 空气中 | 直埋 |
| 电缆导体截面/mm² | 240 | 378 | 300 | — | 295 |
| | 300 | 432 | 343 | — | 333 |
| | 400 | 505 | 380 | — | 370 |
| | 500 | 584 | 432 | — | 422 |
| 环境温度/℃ | | 40 | 25 | 40 | 25 |
| 土壤热阻系数/(K·m/W) | | — | 2.0 | — | 2.0 |

注：1. 适用于铝芯电缆，铜芯电缆的允许持续载流量值可乘以1.29。
2. 电缆导体工作温度大于70℃时，允许载流量还应符合本节（8.2.6）第4）条的规定。

**表8-25　10kV三芯交联聚乙烯绝缘电缆持续允许载流量**　　　　　单位：A

| 绝缘类型 | | 交联聚乙烯 | | | |
|---|---|---|---|---|---|
| 钢铠护套 | | 无 | | 有 | |
| 电缆导体最高工作温度/℃ | | 90 | | | |
| 敷设方式 | | 空气中 | 直埋 | 空气中 | 直埋 |
| 电缆导体截面/mm² | 16 | — | — | — | — |
| | 25 | 100 | 90 | 100 | 90 |
| | 35 | 123 | 110 | 123 | 105 |
| | 50 | 146 | 125 | 141 | 120 |
| | 70 | 178 | 152 | 173 | 152 |
| | 95 | 219 | 182 | 214 | 182 |
| | 120 | 251 | 205 | 246 | 205 |
| | 150 | 283 | 223 | 278 | 219 |
| | 185 | 324 | 252 | 320 | 247 |
| | 240 | 378 | 292 | 373 | 292 |
| | 300 | 433 | 332 | 428 | 328 |
| | 400 | 506 | 378 | 501 | 374 |
| | 500 | 579 | 428 | 574 | 424 |
| 环境温度/℃ | | 40 | 25 | 40 | 25 |
| 土壤热阻系数/(K·m/W) | | — | 2.0 | — | 2.0 |

注：1. 适用于铝芯电缆，铜芯电缆的允许持续载流量值可乘以1.29。
2. 电缆导体工作温度大于70℃时，允许载流量还应符合本节（8.2.6）第4）条的要求。

表 8-26　10kV 及以下电缆在不同环境温度时的载流量校正系数

| 敷设位置 | | 空气中 | | | | 土壤中 | | | |
|---|---|---|---|---|---|---|---|---|---|
| 环境温度/℃ | | 30 | 35 | 40 | 45 | 20 | 25 | 30 | 35 |
| 电缆导体最高工作温度/℃ | 60 | 1.22 | 1.11 | 1.0 | 0.86 | 1.07 | 1.0 | 0.93 | 0.85 |
| | 65 | 1.18 | 1.09 | 1.0 | 0.89 | 1.06 | 1.0 | 0.94 | 0.87 |
| | 70 | 1.15 | 1.08 | 1.0 | 0.91 | 1.05 | 1.0 | 0.94 | 0.88 |
| | 80 | 1.11 | 1.06 | 1.0 | 0.93 | 1.04 | 1.0 | 0.95 | 0.90 |
| | 90 | 1.09 | 1.05 | 1.0 | 0.94 | 1.04 | 1.0 | 0.96 | 0.92 |

注：除上表以外的其他环境温度下载流量的校正系数可按下式计算：

$$K = \sqrt{\frac{\theta_m - \theta_2}{\theta_m - \theta_1}}$$

式中　$\theta_m$——电缆导体最高工作温度，℃；
　　　$\theta_1$——对应于额定载流量的基准环境温度，℃；
　　　$\theta_2$——实际环境温度，℃。

表 8-27　不同土壤热阻系数时电缆载流量的校正系数

| 土壤热阻系数/(K·m/W) | 分类特征（土壤特性和雨量） | 校正系数 |
|---|---|---|
| 0.8 | 土壤很潮湿，经常下雨。如湿度大于 9% 的沙土；湿度大于 10% 的沙-泥土等 | 1.05 |
| 1.2 | 土壤潮湿，规律性下雨。如湿度大于 7% 但小于 9% 的沙土；湿度为 12%~14% 的沙-泥土等 | 1.0 |
| 1.5 | 土壤较干燥，雨量不大。如湿度为 8%~12% 的沙-泥土等 | 0.93 |
| 2.0 | 土壤干燥，少雨。如湿度大于 4% 但小于 7% 的沙土；湿度为 4%~8% 的沙-泥土等 | 0.87 |
| 3.0 | 多石地层，非常干燥。如湿度小于 4% 的沙土等 | 0.75 |

注：1. 适用于缺乏实测土壤热阻系数时的粗略分类，对 110kV 及以上电缆线路工程，宜以实测方式确定土壤热阻系数。
　　2. 校正系数适于《10kV 及以下常用电力电缆允许 100% 持续载流量（见表 8-20～表 8-25）》各表中采取土壤热阻系数为 1.2K·m/W 的情况，不适用于三相交流系统的高压单芯电缆。

表 8-28　土中直埋多根并行敷设时电缆载流量的校正系数

| 并列根数 | | 1 | 2 | 3 | 4 | 5 | 6 |
|---|---|---|---|---|---|---|---|
| 电缆之间净距/mm | 100 | 1 | 0.9 | 0.85 | 0.80 | 0.78 | 0.75 |
| | 200 | 1 | 0.92 | 0.87 | 0.84 | 0.82 | 0.81 |
| | 300 | 1 | 0.93 | 0.90 | 0.87 | 0.86 | 0.85 |

注：不适用于三相交流系统单芯电缆。

表 8-29　空气中单层多根并行敷设时电缆载流量的校正系数

| 并列根数 | | 1 | 2 | 3 | 4 | 5 | 6 |
|---|---|---|---|---|---|---|---|
| 电缆中心距 | $s=d$ | 1.00 | 0.90 | 0.85 | 0.82 | 0.81 | 0.80 |
| | $s=2d$ | 1.00 | 1.00 | 0.98 | 0.95 | 0.93 | 0.90 |
| | $s=3d$ | 1.00 | 1.00 | 1.00 | 0.98 | 0.97 | 0.96 |

注：1. $s$ 为电缆中心间距，$d$ 为电缆外径。
　　2. 按全部电缆具有相同外径条件制定，当并列敷设的电缆外径不同时，$d$ 值可近似地取电缆外径的平均值。
　　3. 不适用于交流系统中使用的单芯电力电缆。

表 8-30　电缆桥架上无间隔配置多层并列电缆载流量的校正系数

| 桥架类别 | 叠置电缆层数 | 一 | 二 | 三 | 四 |
|---|---|---|---|---|---|
| | 梯架 | 0.8 | 0.65 | 0.55 | 0.5 |
| | 托盘 | 0.7 | 0.55 | 0.5 | 0.45 |

注：呈水平状并列电缆数不少于 7 根。

表 8-31　1～6kV 电缆户外明敷无遮阳时载流量的校正系数

| 电压/kV | | 芯数 | 电缆截面/mm² | | | | | | |
|---|---|---|---|---|---|---|---|---|---|
| | | | 35 | 50 | 70 | 95 | 120 | 150 | 185 | 240 |
| 1 | | 三 | — | — | — | 0.90 | 0.98 | 0.97 | 0.96 | 0.94 |
| 6 | | 三 | 0.96 | 0.95 | 0.94 | 0.93 | 0.92 | 0.91 | 0.90 | 0.88 |
| | | 单 | — | — | — | 0.99 | 0.99 | 0.99 | 0.99 | 0.98 |

注：运用本表系数校正对应的载流量基础值，是采取户外环境温度的户内空气中电缆载流量。

3) 除本节 8.2.6 第 2) 条规定外，按 100% 持续工作电流确定电缆导体允许最小截面时，应经计算或测试验证，并应符合下列规定：

① 含有高次谐波负荷的供电回路电缆或中频负荷回路使用的非同轴电缆，应计入集肤效应和邻近效应增大等附加发热的影响；

② 交叉互联接地的高压交流单芯电力电缆，单元系统中三个区段不等长时，应计入金属套的附加损耗发热的影响；

③ 敷设于保护管中的电缆应计入热阻影响，排管中不同孔位的电缆还应分别计入互热因素的影响；

④ 敷设于耐火电缆槽盒中的电缆应计入包含该型材质及其盒体厚度、尺寸等因素对热阻增大的影响；

⑤ 施加在电缆上的防火涂料、阻火包带等覆盖层厚度大于 1.5mm 时，应计入其热阻影响；

⑥ 电缆沟内电缆埋砂且无经常性水分补充时，应按砂质情况选取大于 2.0K·m/W 的热阻系数计入电缆热阻增大的影响；

⑦ 35kV 及以上电缆载流量宜根据电缆使用环境条件，按现行行业标准《电缆载流量计算》JB/T 10181—2014（共 6 个标准）的规定计算。

4) 电缆导体工作温度大于 70℃ 的电缆，持续允许载流量计算应符合下列规定：

① 数量较多的该类电缆敷设于未装机械通风的隧道、竖井时，应计入对环境温升的影响；

② 电缆直埋敷设在干燥或潮湿土壤中，除实施换土处理能避免水分迁移的情况外，土壤热阻系数取值不宜小于 2.0K·m/W。

5) 电缆持续允许载流量的环境温度应按使用地区的气象温度多年平均值确定，并应符合表 8-8 的规定。

6) 通过不同散热区段的电缆导体截面选择，宜符合下列规定：

① 回路总长度未超过电缆制造长度时，宜符合下列规定：

a. 重要回路，全长宜按其中散热最差区段条件选择同一截面；

b. 非重要回路，可对大于 10m 区段散热条件按段选择截面，但每回路不宜多于 3 种规格；

c. 水下电缆敷设有机械强度要求需增大截面时，回路全长可选同一截面。

② 回路总长度超过电缆制造长度时,宜按区段选择电缆导体截面。

7) 对非熔断器保护回路,应按满足短路热稳定条件确定电缆导体允许最小截面,对熔断器保护的下列低压回路,可不校验电缆最小热稳定截面:用限流熔断器或额定电流为 60A 以下的熔断器保护回路;熔断体的额定电流不大于电缆额定载流量的 2.5 倍,且回路末端最小短路电流大于熔断体额定电流的 5 倍时。

按短路热稳定条件计算电缆导体允许最小截面的方法如下:

① 固体绝缘电缆导体允许最小截面

a. 电缆导体允许最小截面应按下列公式确定:

$$S \geqslant \frac{\sqrt{Q}}{C} \tag{8-16}$$

$$C = \frac{1}{\eta}\sqrt{\frac{Jq}{\alpha K\rho}\ln\frac{1+\alpha(\theta_m-20)}{1+\alpha(\theta_p-20)}} \times 10^{-2} \tag{8-17}$$

$$\theta_p = \theta_0 + (\theta_H - \theta_0)\left(\frac{I_p}{I_H}\right)^2 \tag{8-18}$$

式中 $S$——电缆导体截面,mm²;

$\eta$——计入包含电缆导体充填物热容影响的校正系数,对 3~10kV 电动机的馈电回路,宜取 $\eta=0.93$,其他情况可取 $\eta=1$;

$J$——热功当量系数,取 1.0;

$q$——电缆导体的单位体积热容量,J/cm³·℃;铝芯取 2.48,铜芯取 3.4;

$\alpha$——20℃时电缆导体的电阻温度系数,1/℃;铜芯为 0.00393,铝芯为 0.00403;

$K$——缆芯导体的交流电阻与直流电阻之比值,可由表 8-32 选取;

$\rho$——20℃时电缆导体的电阻系数,Ω·cm²/cm;铜芯为 $0.0148 \times 10^{-4}$,铝芯为 $0.031 \times 10^{-4}$;

$\theta_m$——短路作用时间内电缆导体允许最高温度,℃;

$\theta_p$——短路发生前的电缆导体最高工作温度,℃;

$\theta_0$——电缆所处的环境温度最高值,℃;

$\theta_H$——电缆额定负荷的电缆导体允许最高工作温度,℃;

$I_p$——电缆实际最大工作电流,A;

$I_H$——电缆的额定负荷电流,A。

表 8-32 $K$ 值选择用表

| 电缆类型 | | 6~35kV 挤塑 | | | | | 自容式充油 | | |
|---|---|---|---|---|---|---|---|---|---|
| 导体截面/mm² | | 95 | 120 | 150 | 185 | 240 | 240 | 400 | 600 |
| 芯数 | 单芯 | 1.002 | 1.003 | 1.004 | 1.006 | 1.010 | 1.003 | 1.011 | 1.029 |
| | 多芯 | 1.003 | 1.006 | 1.008 | 1.009 | 1.021 | — | — | — |

b. 除电动机馈线回路外,均可取 $\theta_p = \theta_H$。

c. $Q$ 值确定方式应符合下列规定:

ⓐ 对火电厂 3~10kV 厂用电动机馈线回路,当机组容量为 100MW 及以下时:

$$Q = I^2(t + T_b) \tag{8-19}$$

式中 $I$——系统电源供给短路电流的周期分量起始有效值,A;

$t$——短路持续时间，s；

$T_b$——系统电源非周期分量的衰减时间常数，s。

ⓑ 对火电厂 3~10kV 厂用电动机馈线回路，当机组容量大于 100MW 时，$Q$ 的表达式见表 8-33。

表 8-33　机组容量大于 100MW 时火电厂电动机馈电回路 $Q$ 值表达式

| $t$/s | $T_b$/s | $T_d$/s | $Q$ 值/A²·s |
|---|---|---|---|
| 0.15 | 0.045 | 0.062 | $0.196I^2+0.22II_d+0.09I_d^2$ |
|      | 0.060 |       | $0.21I^2+0.23II_d+0.09I_d^2$ |
| 0.20 | 0.045 | 0.062 | $0.245I^2+0.22II_d+0.09I_d^2$ |
|      | 0.060 |       | $0.26I^2+0.24II_d+0.09I_d^2$ |

注：1. $T_d$——电动机反馈电流的衰减时间常数，s；$I_d$——电动机供给反馈电流的周期分量起始有效值之和，A。
2. 对于电抗器或 $U_d\%$ 小于 10.5 的双绕组变压器，取 $T_b=0.045$s，其他情况取 $T_b=0.06$s。
3. 对中速断路器，$t$ 可取 0.15s，对慢速断路器，$t$ 可取 0.2s。

ⓒ 除火电厂 3~10kV 厂用电动机馈线外的情况：

$$Q = I^2 t \tag{8-20}$$

② 自容式充油电缆导体允许最小截面

a. 电缆导体允许最小截面应满足下式：

$$S^2 + \left(\frac{q_0}{q}S_0\right)S \geqslant \left[\alpha K\rho I^2 t / Jq \ln\frac{1+\alpha(\theta_m-20)}{1+\alpha(\theta_p-20)}\right] \times 10^4 \tag{8-21}$$

式中　$S_0$——不含油道内绝缘油的电缆导体中绝缘油充填面积，mm²；

$q_0$——绝缘油的单位体积热容量，J/cm³·℃，可取 1.7。

b. 除对变压器回路的电缆可按最大工作电流作用时的 $\theta_p$ 值外，其他情况宜取 $\theta_p=\theta_H$。

8) 选择短路电流计算条件应符合下列规定：

① 计算用系统接线应采用正常运行方式，且宜按工程建成后 5~10 年发展规划。

② 短路点应选取在通过电缆回路最大短路电流可能发生处。

对单电源回路，短路点选取宜符合下列规定：

a. 对无电缆中间接头的回路，宜取在电缆末端，当电缆长度未超过 200m 时，也可取在电缆首端；

b. 当电缆线路较长且有中间接头时，宜取在电缆线路第一个接头处。

③ 宜按三相短路和单相接地短路计算，取其最大值。

④ 当 1kV 及以下供电回路装有限流作用的保护电器时，该回路宜按限流后最大短路电流值校验。

⑤ 短路电流的作用时间应取保护动作时间与断路器开断时间之和。对电动机、低压变压器等直馈线，保护动作时间应取主保护时间；对其他情况，宜取后备保护时间。

9) 1kV 及以下的电源中性点直接接地时，三相四线制系统的电缆中性导体或保护接地中性导体截面不得小于按线路最大不平衡电流持续工作所需最小截面；有谐波电流影响的回路，应符合下列规定：

① 气体放电灯为主要负荷的回路，中性导体截面不宜小于相导体截面。

② 存在高次谐波电流时，计算中性导体的电流应计入谐波电流的效应。当中性导体电流大于相导体电流时，电缆相导体截面应按中性导体电流选择。当三相平衡系统中存在谐波

电流，4 芯或 5 芯电缆内中性导体与相导体材料相同和截面相等时，电缆载流量的降低系数应按表 8-34 的规定确定。

表 8-34　电缆载流量的降低系数

| 相电流中 3 次谐波分量/% | 降低系数 | |
|---|---|---|
| | 按相电流选择截面 | 按中性导体电流选择截面 |
| 0~15 | 1.0 | — |
| >15,且≤33 | 0.86 | — |
| >33,且≤45 | — | 0.86 |
| >45 | — | 1.0 |

注：1. 当预计有显著（大于 10%）的 9 次、12 次等高次谐波存在时，可用一个较小的降低系数。
　　2. 当在相与相之间存在大于 50% 的不平衡电流时，可用更小的降低系数。

③ 除①、②条规定的情况外，中性导体截面不宜小于 50% 的相导体截面。

10) 1kV 及以下电源中性点直接接地时，配置中性导体、保护接地中性导体或保护导体系统的电缆导体截面选择，应符合下列规定：

① 中性导体、保护接地中性导体截面应符合本节 8.2.6 第 9）条的规定。配电干线采用单芯电缆作保护接地中性导体时，导体截面应符合下列规定：

a. 铜导体，不应小于 $10mm^2$；
b. 铝导体，不应小于 $16mm^2$。

② 采用多芯电缆的干线，其中性导体和保护导体合一的铜导体截面不应小于 $2.5mm^2$。

③ 保护导体截面应满足回路保护电器可靠动作的要求，并应符合表 8-35 的规定。

表 8-35　按热稳定要求的保护地线允许最小截面　　　　单位：$mm^2$

| 电缆相芯线截面 | 保护地线允许最小截面 |
|---|---|
| S≤16 | S |
| 16<S≤35 | 16 |
| 35<S≤400 | S/2 |
| 400<S≤800 | 200 |
| S>800 | S/4 |

注：S 为电缆相芯线截面。

④ 电缆外的保护导体或不与电缆相导体共处于同一外护物的保护导体最小截面应符合表 8-36 的规定。

表 8-36　保护导体允许最小截面　　　　单位：$mm^2$

| 保护导体材质 | 机械损伤防护 | |
|---|---|---|
| | 有 | 无 |
| 铜 | 2.5 | 4 |
| 铝 | 16 | 16 |

11) 交流供电回路由多根电缆并联组成时，各电缆宜等长，敷设方式宜一致，并应采用相同材质、相同截面的导体；具有金属套的电缆，金属材质和构造截面也应相同。

12) 电力电缆金属屏蔽层的有效截面应满足在可能的短路电流作用下最高温度不超过外护层的短路最高允许温度。

13）敷设于水下的高压交联聚乙烯绝缘电缆应具有纵向阻水构造。

## 8.2.7 控制电缆及其金属屏蔽

1）控制电缆应采用铜导体。
2）控制电缆的额定电压不得低于所接回路的工作电压，宜选用450/750V。
3）控制电缆的绝缘类型和护层类型选择应符合敷设环境条件和环境保护的要求，并应符合第8.2.3节和8.2.4节的有关规定。
4）控制电缆芯数选择应符合下列规定：
① 控制、信号电缆应选用多芯电缆。当芯线截面为$1.5mm^2$和$2.5mm^2$时，电缆芯数不宜超过24芯。当芯线截面为$4mm^2$和$6mm^2$时，电缆芯数不宜超过10芯。
② 控制电缆宜留有备用芯线。备用芯线宜结合电缆长度、芯线截面及电缆敷设条件等因素综合考虑。
③ 下列情况的回路，相互间不应合用同一根控制电缆：
a. 交流电流和交流电压回路、交流和直流回路、强电和弱电回路；
b. 低电平信号与高电平信号回路；
c. 交流断路器双套跳闸线圈的控制回路以及分相操作的各相弱电控制回路；
d. 由配电装置至继电器室的同一电压互感器的星形接线和开口三角形接线回路。
④ 弱电回路的每一对往返导线应置于同一根控制电缆。
⑤ 来自同一电流互感器二次绕组的三相导体及其中性导体应置于同一根控制电缆。
⑥ 来自同一电压互感器星形接线二次绕组的三相导体及其中性导体应置于同一根控制电缆。来自同一电压互感器开口三角形接线二次绕组的2（或3）根导体应置于同一根控制电缆。
5）控制电缆截面选择应符合下列规定：
① 保护装置电流回路截面应使电流互感器误差不超过规定值；
② 继电保护及自动装置电压回路截面应按最大负荷时电缆的电压降不超过额定二次电压的3%；
③ 控制回路截面应按保护最大负荷时控制电源母线至被控设备间连接电缆的电压降不应超过额定二次电压的10%；
④ 强电控制回路截面不应小于$1.5mm^2$，弱电控制回路截面不应小于$0.5mm^2$；
⑤ 测量回路电缆截面应符合现行国家标准《电力装置电测量仪表装置设计规范》GB/T 50063—2017的规定。
6）控制电缆金属屏蔽选择应符合下列规定：
① 强电回路控制电缆，除位于高压配电装置或与高压电缆紧邻并行较长需抑制干扰外，可不含金属屏蔽；
② 弱电信号、控制回路的控制电缆，当位于存在干扰影响的环境又不具备有效抗干扰措施时，应具有金属屏蔽；
③ 微机型继电保护及计算机监控系统二次回路的电缆应采用屏蔽电缆；
④ 控制和保护设备的直流电源电缆应采用屏蔽电缆。
7）控制电缆金属屏蔽类型选择，应按可能的电气干扰影响采取综合抑制干扰措施，并应满足降低干扰或过电压的要求，同时应符合下列规定：

① 位于110kV及以上配电装置的弱电控制电缆宜选用总屏蔽或双层式总屏蔽；
② 用于集成电路、微机保护的电流、电压和信号接点的控制电缆应选用屏蔽电缆；
③ 计算机监控系统信号回路控制电缆的屏蔽选择应符合下列规定：
a. 开关量信号可选用总屏蔽；
b. 高电平模拟信号宜选用对绞线芯总屏蔽，必要时也可选用对绞线芯分屏蔽；
c. 低电平模拟信号或脉冲量信号宜选用对绞线芯分屏蔽，必要时也可选用对绞线芯分屏蔽复合总屏蔽。
④ 其他情况应按电磁感应、静电感应和地电位升高等影响因素，选用适宜的屏蔽型式。
⑤ 电缆具有钢铠、金属套时，应充分利用其屏蔽功能。
8）控制电缆金属屏蔽的接地方式应符合下列规定：
① 计算机监控系统的模拟信号回路控制电缆屏蔽层不得构成两点或多点接地，应集中式一点接地；
② 集成电路、微机保护的电流、电压和信号的控制电缆屏蔽层应在开关安置场所与控制室同时接地；
③ 除上述第①、②条情况外的控制电缆屏蔽层，当电磁感应的干扰较大时，宜采用两点接地；静电感应的干扰较大时，可采用一点接地；双重屏蔽或复合式总屏蔽宜对内、外屏蔽分别采用一点、两点接地；
④ 两点接地选择，宜在暂态电流作用下屏蔽层不被烧熔；
⑤ 不应使用电缆内的备用芯替代屏蔽层接地。

## 8.3 电缆敷设的设计

### 8.3.1 一般规定

1）电缆的路径选择，应符合下列规定：
① 应避免电缆遭受机械性外力、过热、腐蚀等危害。
② 满足安全要求条件下，应保证电缆路径最短。
③ 应便于敷设、维护。
④ 宜避开将要挖掘施工的地方。
⑤ 充油电缆线路通过起伏地形时，应保证供油装置合理配置。
2）电缆在任何敷设方式及其全部路径条件的上下左右改变部位，均应满足电缆允许弯曲半径要求。电缆的允许弯曲半径，应符合电缆绝缘及其构造特性要求。对自容式铅包充油电缆，其允许弯曲半径可按电缆外径的20倍计算。
3）同一通道内电缆数量较多时，若在同一侧的多层支架上敷设，应符合下列规定：
① 应按电压等级由高至低的电力电缆、强电至弱电的控制和信号电缆、通信电缆"由上而下"的顺序排列。当水平通道中含有35kV以上高压电缆，或为满足引入柜盘的电缆符合允许弯曲半径要求时，宜按"由下而上"的顺序排列。在同一工程中或电缆通道延伸于不同工程的情况，均应按相同的上下排列顺序配置。
② 支架层数受通道空间限制时，35kV及以下的相邻电压级电力电缆，可排列于同一层支架上，1kV及以下电力电缆也可与强电控制和信号电缆配置在同一层支架上。

③ 同一重要回路的工作与备用电缆实行耐火分隔时，应配置在不同层的支架上，并应实行防火分隔。

4）同一层支架上电缆排列的配置宜符合下列规定：

① 控制和信号电缆可紧靠或多层叠置。

② 除交流系统用单芯电力电缆的同一回路可采取品字形（三叶形）配置外，对重要的同一回路多根电力电缆，不宜叠置。

③ 除交流系统用单芯电缆情况外，电力电缆相互间宜有1倍电缆外径的空隙。

5）交流系统用单芯电力电缆的相序配置及其相间距离应符合下列规定：

① 应满足电缆金属护层的正常感应电压不超过允许值；

② 宜使按持续工作电流选择的电缆截面最小；

③ 未呈品字形配置的单芯电力电缆，有两回线及以上配置在同一通路时，应计入相互影响。

④ 当距离较长时，高压交流系统三相单芯电力电缆宜在适当位置进行换位，保持三相电抗相均等。

6）交流系统用单芯电力电缆与公用通信线路相距较近时，宜维持技术经济上有利的电缆路径，必要时可采取下列抑制感应电势的措施：

① 使电缆支架形成电气通路，且计入其他并行电缆抑制因素的影响。

② 对电缆隧道的钢筋混凝土结构实行钢筋网焊接连通。

③ 沿电缆线路适当附加并行的金属屏蔽线或罩盒等。

7）明敷的电缆不宜平行敷设在热力管道的上部。电缆与管道之间无隔板防护时的允许距离，除城市公共场所应按现行国家标准《城市工程管线综合规划规范》GB 50289—2016 执行外，尚应符合表 8-37 的规定。

表 8-37 电缆与管道之间无隔板防护时的允许距离　　　　单位：mm

| 电缆与管道之间走向 | | 电力电缆 | 控制和信号电缆 |
|---|---|---|---|
| 热力管道 | 平行 | 1000 | 500 |
|  | 交叉 | 500 | 250 |
| 其他管道 | 平行 | 150 | 100 |

注：1. 计及最小净距时，应从热力管道保温层外表面算起。
　　2. 表中与热力管道之间的数值为无隔热措施时的最小净距。

8）抑制弱电回路控制和信号电缆电气干扰强度措施，除应符合本书 8.2.6 第 6）～8）条的规定外，还可采取下列措施：

① 与电力电缆并行敷设时相互间距，在可能范围内宜远离；对电压高、电流大的电力电缆间距宜更远。

② 敷设于配电装置内的控制和信号电缆，与耦合电容器或电容式电压互感、避雷器或避雷针接地处的距离，宜在可能范围内远离。

③ 沿控制和信号电缆可平行敷设屏蔽线，也可将电缆敷设于钢制管或盒中。

9）在隧道、沟、浅槽、竖井、夹层等封闭式电缆通道中，不得布置热力管道，严禁有易燃气体或易燃液体的管道穿越。

10）爆炸性气体危险场所敷设电缆，应符合下列规定。

① 在可能范围应保证电缆距爆炸释放源较远，敷设在爆炸危险较小的场所，并应符合下列规定：

a.可燃气体比空气重时，电缆应埋地或在较高处架空敷设，且对非铠装电缆采取穿管或置于托盘、槽盒中等机械性保护。

b.可燃气体比空气轻时，电缆应敷设在较低处的管、沟内；

c.采用电缆沟敷设时，电缆沟内应充砂。

② 电缆在空气中沿输送易燃气体的管道敷设时，应配置在危险程度较低的管道一侧，并应符合下列规定：

a.可燃气体比空气重时，电缆宜配置在管道上方。

b.可燃气体比空气轻时，电缆宜配置在管道下方。

③ 电缆及其管、沟穿过不同区域之间的墙、板孔洞处，应采用防火材料严密堵塞。

④ 电缆线路中不应有接头。

⑤除上述第①～④条规定外，还应符合现行国家标准《爆炸危险环境电力装置设计规范》GB 50058—2014 的有关规定。

11) 用于下列场所、部位的非铠装电缆，应采用具有机械强度的管或罩加以保护：

① 非电气工作人员经常活动场所的地坪以上 2m 内、地中引出的地坪以下 0.3m 深电缆区段。

② 可能有载重设备移经电缆上面的区段。

12) 除架空绝缘型电缆外的非户外型电缆户外使用时，宜采取罩、盖等遮阳措施。

13) 电缆敷设在有周期性振动的场所，应采取下列措施：

① 在支持电缆部位设置由橡胶等弹性材料制成的衬垫。

② 电缆蛇形敷设不满足伸缩缝变形要求时，应设置伸缩装置。

14) 在有行人通过的地坪、堤坝、桥面、地下商业设施的路面，以及通行的隧洞中，电缆不得敞露敷设于地坪或楼梯走道上。

15) 在工厂和建筑物的风道中，严禁电缆敞露式敷设。

16) 1kV 及以下电源中性点直接接地且配置独立分开的中性导体和保护导体构成的 TN-S 系统，采用独立于相导体和中性导体以外的电缆作保护导体时，同一回路的该两部分电缆敷设方式应符合下列规定：

① 在爆炸性气体环境中，应敷设在同一路径的同一结构管、沟或盒中。

② 除上述第①条情况外，宜敷设在同一路径的同一构筑物中。

17) 电缆的计算长度，应包括实际路径长度与附加长度。附加长度，宜计入下列因素：

① 电缆敷设路径地形等高差变化、伸缩节或迂回备用裕量。

② 35kV 及以上电缆蛇形敷设时的弯曲状影响增加量。

③ 终端或接头制作所需剥截电缆的预留段、电缆引至设备或装置所需的长度。35kV 及以下电缆敷设度量时的附加长度，应符合表 8-38 的规定。

18) 电缆的订货长度，应符合下列规定：

① 长距离的电缆线路，宜采取计算长度作为订货长度。对 35kV 以上单芯电缆，应按相计算；线路采取交叉互联等分段连接方式时，应按段列弃。

② 对 35kV 及以下电缆用于非长距离时，宜计及整盘电缆中截取后不能利用其剩余段的因素，按计算长度计入 5%～10% 的裕量，作为同型号规格电缆的订货长度。

③ 水下敷设电缆的每盘长度，不宜小于水下段的敷设长度。当确有困难时，可含有工厂制的软接头。

19) 核电厂安全级电路和相关电路与非安全级电路电缆通道应满足实体隔离的要求。

表 8-38　35kV 及以下电缆敷设度量时的附加长度

| 项目名称 | | 附加长度/m |
|---|---|---|
| 电缆终端的制作 | | 0.5 |
| 电缆接头的制作 | | 0.5 |
| 由地坪引至各设备的终端处 | 电动机(按接线盒对地坪的实际高度) | 0.5~1.0 |
| | 配电屏 | 1.0 |
| | 车间动力箱 | 1.5 |
| | 控制屏或保护屏 | 2.0 |
| | 厂用变压器 | 3.0 |
| | 主变压器 | 5.0 |
| | 磁力启动器或事故按钮 | 1.5 |

注：对厂区引入建筑物，直埋电缆因地形及埋设的要求，电缆沟、隧道、吊架的上下引接，电缆终端、接头等所需的电缆预留量，可取图纸量出的电缆敷设路径长度的 5%。

## 8.3.2　敷设方式选择

1) 电缆敷设方式的选择，应视工程条件、环境特点和电缆类型、数量等因素，以及满足运行可靠、便于维护和技术经济合理的原则来选择。

2) 电缆直埋敷设方式的选择，应符合下列规定：

① 同一通路少于 6 根的 35kV 及以下电力电缆，在厂区通往远距离辅助设施或城郊等不易有经常性开挖的地段，宜采用直埋；在城镇人行道下较易翻修情况或道路边缘，也可采用直埋。

② 厂区内地下管网较多的地段，可能有熔化金属、高温液体溢出的场所，待开发有较频繁开挖的地方，不宜用直埋。

③ 在化学腐蚀或杂散电流腐蚀的土壤范围内，不得采用直埋。

3) 电缆穿管敷设方式的选择，应符合下列规定：

① 在有爆炸危险场所明敷的电缆，露出地坪上需加以保护的电缆，以及地下电缆与公路、铁道交叉时，应采用穿管。

② 地下电缆通过房屋、广场的区段，以及电缆敷设在规划中将作为道路的地段，宜采用穿管。

③ 在地下管网较密的工厂区、城市道路狭窄且交通繁忙或道路挖掘困难的通道等电缆数量较多时，可采用穿管。

④ 同一通道采用穿管敷设的电缆数量较多时，宜采用排管。

4) 下列场所宜采用浅槽敷设方式：

① 地下水位较高的地方。

② 通道中电力电缆数量较少，且在不经常有载重车通过的户外配电装置等场所。

5) 电缆沟敷设方式的选择，应符合下列规定：

① 在化学腐蚀液体或高温熔化金属溢流的场所，或在载重车辆频繁经过的地段，不得采用电缆沟。

② 经常有工业水溢流、可燃粉尘弥漫的厂房内，不宜采用电缆沟。

③ 在厂区、建筑物内地下电缆数量较多但不需要采用隧道，城镇人行道开挖不便且电

缆需分期敷设，同时不属于上述情况时，宜采用电缆沟。

④ 处于爆炸、火灾环境中的电缆沟应充砂。

6）电缆隧道敷设方式的选择，应符合下列规定：

① 同一通道的地下电缆数量多，电缆沟不足以容纳时应采用隧道。

② 同一通道的地下电缆数量较多，且位于有腐蚀性液体或经常有地面水流溢的场所，或含有35kV以上高压电缆以及穿越公路、铁道等地段，宜采用隧道。

③ 受城镇地下通道条件限制或交通流量较大的道路下，与较多电缆沿同一路径有非高温的水、气和通信电缆管线共同配置时，可在公用性隧道中敷设电缆。

7）垂直走向的电缆，宜沿墙、柱敷设；当数量较多，或含有35kV以上高压电缆时，应采用竖井。

8）电缆数量较多的控制室、继电保护室等处，宜在其下部设置电缆夹层。电缆数量较少时，也可采用有活动盖板的电缆层。

9）在地下水位较高、化学腐蚀液体溢流的场所，厂房内应采用支持式架空敷设。建筑物或厂区不宜地下敷设时，可采用架空敷设。

10）明敷且不宜采用支持式架空敷设的地方，可采用悬挂式架空敷设。

11）通过河流、水库的电缆，无条件利用桥梁、堤坝敷设时，可采取水下敷设。

12）厂房内架空桥架敷设方式不宜设置检修通道，城市电缆线路架空桥架敷设方式可设置检修通道。

## 8.3.3 电缆直埋敷设

1）直埋敷设电缆的路径选择，宜符合下列规定：

① 应避开含有酸、碱强腐蚀或杂散电流电化学腐蚀严重影响的地段。

② 无防护措施时，宜避开白蚁危害地带、热源影响和易遭外力损伤的区段。

2）直埋敷设电缆方式，应符合下列规定：

① 电缆应敷设于壕沟里，并应沿电缆全长的上、下紧邻侧铺以厚度不少于100mm的软土或砂层。

② 沿电缆（两侧）全长应覆盖宽度各不小于50mm的保护板，保护板宜采用混凝土。

③ 城镇电缆直埋敷设时，宜在保护板上层铺设醒目标志带。

④ 位于城郊或空旷地带，沿电缆路径的直线间隔100m、转弯处或接头部位，应竖立明显的方位标志或标桩。

⑤ 当采用电缆穿波纹管敷设于壕沟时，应沿波纹管顶全长浇注厚度不小于100mm的素混凝土［由无筋或不配置受力钢筋的混凝土制成的结构，素混凝土是针对钢筋混凝土、预应力混凝土等而言的，结构计算中，素混凝土容重一般取（2400±50）kg/m³］，宽度不应小于管外侧50mm，电缆可不含铠装。

3）直埋敷设于非冻土地区时，电缆埋置深度应符合下列规定：

① 电缆外皮至地下构筑物基础，不得小于0.3m。

② 电缆外皮至地面深度，不得小于0.7m；当电缆位于行车道或耕地下时，应适当加深，且不宜小于1.0m。

4）直埋敷设于冻土地区时，宜埋入冻土层以下，当无法深埋时可埋设在土壤排水性好的干燥冻土层或回填土中，也可采取其他防止电缆受到损伤的措施。

5）直埋敷设的电缆，严禁位于地下管道的正上方或正下方。电缆与电缆、管道、道路以及构筑物等之间的容许最小距离,应符合表 8-39 的规定。

表 8-39 电缆与电缆、管道、道路、构筑物等之间的容许最小距离　　　　单位:m

| 电缆直埋敷设时的配置情况 | | 平行 | 交叉 |
|---|---|---|---|
| 控制电缆之间 | | — | 0.5[①] |
| 电力电缆之间或与控制电缆之间 | 10kV 及以下电力电缆 | 0.1 | 0.5[①] |
| | 10kV 及以上电力电缆 | 0.25[②] | 0.5[①] |
| 不同部门使用的电缆 | | 0.5[②] | 0.5[①] |
| 电缆与地下管沟 | 热力管沟 | 2[③] | 0.5[①] |
| | 油管或易(可)燃气管道 | 1 | 0.5[①] |
| | 其他管道 | 0.5 | 0.5[①] |
| 电缆与铁路 | 非直流电气化铁路路轨 | 3 | 1.0 |
| | 直流电气化铁路路轨 | 10 | 1.0 |
| 电缆与建筑物基础 | | 0.6[③] | — |
| 电缆与公路边 | | 1.0[③] | — |
| 电缆与排水沟 | | 1.0[③] | — |
| 电缆与树木的主干 | | 0.7 | — |
| 电缆与 1kV 以下架空线电杆 | | 1.0[③] | — |
| 电缆与 1kV 以上架空线杆塔基础 | | 4.0[③] | — |

① 用隔板分隔或电缆穿管时不得小于 0.25m。
② 用隔板分隔或电缆穿管时不得小于 0.1m。
③ 特殊情况时,减小值不得小于 50%。

6) 直埋敷设的电缆与铁路、道路交叉时,应穿保护管,保护范围应符合下列规定:

① 与铁路交叉时,保护管应超出路基面宽各 1m,或者排水沟外 0.5m。埋设深度不应低于路基面下 1m。

② 与道路交叉时,保护管应超出道路边各 1m,或者排水沟外 0.5m。埋设深度不应低于路面下 1m。

③ 保护管应有不低于 1% 的排水坡度。

7) 直埋敷设的电缆引入构筑物,在贯穿墙孔处应设置保护管,管口应实施阻水堵塞。

8) 直埋敷设电缆的接头配置,应符合下列规定:

① 接头与邻近电缆的净距,不得小于 0.25m。

② 并列电缆的接头位置宜相互错开,且净距不宜小于 0.5m。

③ 斜坡地形处的接头安置,应呈水平状。

④ 重要回路的电缆接头附近宜采用留有备用量方式敷设电缆。

9) 直埋敷设电缆回填土的土质应对电缆外护层无腐蚀性。

## 8.3.4 电缆保护管敷设

1) 电缆保护管内壁应光滑无毛刺,并应满足使用条件所需的机械强度和耐久性,且应符合下列规定:

① 需采用穿管抑制对控制电缆的电气干扰时,应采用钢管。

② 交流单芯电缆以单根穿管时，不得采用未分隔磁路的钢管。

2) 暴露在空气中的电缆保护管应符合下列规定：

① 防火或机械性要求高的场所，宜采用钢质管。并应采取涂漆或镀锌包塑等适合环境耐久要求的防腐处理。

② 满足工程条件自熄性要求时，可采用阻燃型塑料管。部分埋入混凝土中等有耐冲击的使用场所，塑料管应具备相应承压能力，且宜采用可挠性的塑料管。

3) 地中埋设的保护管应满足埋深下的抗压要求和耐环境腐蚀性的要求。管枕配置的跨距，宜按管路底部未均匀夯实时满足抗弯矩条件确定；在通过不均匀沉降的回填土地段或地震活动频发的地区，管路纵向连接应采用可挠式管接头。

4) 保护管管径与穿过电缆数量的选择，应符合下列规定：

① 每管宜只穿 1 根电缆。除发电厂、变电所等重要性场所外，对一台电动机所有回路或同一设备的低压电动机所有回路，可在每管合穿不多于 3 根电力电缆或多根控制电缆。

② 管的内径不宜小于电缆外径或多根电缆包络外径的 1.5 倍。排管的管孔内径不宜小于 75mm。

5) 单根保护管使用时，宜符合下列规定：

① 每根电缆保护管的弯头不宜超过 3 个，直角弯不宜超过 2 个。

② 地下埋管距地面深度不宜小于 0.5m；距排水沟底不宜小于 0.3m。

③ 并列管相互间宜留有不小于 20mm 的空隙。

6) 使用排管时，应符合下列规定：

① 管孔数宜按发展预留适当备用。

② 导体工作温度相差大的电缆，宜分别配置于适当间距的不同排管组。

③ 管路顶部土壤覆盖厚度不宜小于 0.5m。

④ 管路应置于经整平夯实土层且有足以保持连续平直的垫块上；纵向排水坡度不宜小于 0.2%。

⑤ 管路纵向连接处的弯曲度，应符合牵引电缆时不致损伤的要求。

⑥ 管孔端口应采取防止损伤电缆的处理措施。

7) 较长电缆管路中的下列部位，应设置工作井：

① 电缆牵引张力限制的间距处。

② 电缆分支、接头处。

③ 管路方向较大改变或电缆从排管转入直埋处。

④ 管路坡度较大且需防止电缆滑落的必要加强固定处。

8) 电缆穿管敷设时容许最大管长的计算方法

① 电缆穿管敷设时的容许最大管长，应按不超过电缆容许拉力和侧压力的下列关系式确定：

$$T_{i=n} \leqslant T_m 或 T_{j=m} \leqslant T_m \tag{8-22}$$

$$P_j \leqslant P_m (j=1,2\cdots) \tag{8-23}$$

式中 $T_{i=n}$——从电缆送入管端起至第 $n$ 个直线段拉出时的牵拉力，N；

$T_m$——电缆容许拉力，N；

$T_{j=m}$——从电缆送入管端起至第 $m$ 个弯曲段拉出时的牵拉力，N；

$P_j$——电缆在 $j$ 个弯曲管段的侧压力，N/m；

$P_m$——电缆容许侧压力，N/m。

② 水平管路的电缆牵拉力可按下列算式：
a. 直线段
$$T_i = T_{i-1} + \mu CWL_i \tag{8-24}$$
b. 弯曲段
$$T_j = T_i e^{\mu \theta_j} \tag{8-25}$$

式中 $T_{i-1}$——直线段入口拉力，N；起始拉力 $T_0 = T_{i-1}$（$i=1$），可按 20m 左右长度电缆摩擦力计，其他各段按相应弯曲段出口拉力计；

$\mu$——电缆与管道间的动摩擦系数；

$C$——电缆重量校正系数，2 根电缆时，$C_2 = 1.1$，3 根电缆品字形时
$$C_3 = 1 + \left[\frac{4}{3} + \left(\frac{d}{D-d}\right)^2\right] \tag{8-26}$$

$W$——电缆单位长度的质量，kg/m；

$L_i$——第 $i$ 段直线管长，m；

$\theta_j$——第 $j$ 段弯曲管的夹角角度，rad；

$d$——电缆外径，mm；

$D$——保护管内径，mm。

③ 弯曲管段电缆侧压力可按下列公式计算：
a. 1 根电缆：
$$P_j = T_j / R_j \tag{8-27}$$

式中 $R_j$——第 $j$ 段弯曲管道内半径，m。

b. 2 根电缆：
$$P_j = 1.1 T_j / 2R_j \tag{8-28}$$

c. 3 根电缆呈品字形：
$$P_j = C_3 T_j / 2R_j \tag{8-29}$$

④ 电缆容许拉力，应按承受拉力材料的抗张强度计入安全系数确定。可采取牵引头或钢丝网套等方式牵引。

用牵引头方式的电缆容许拉力计算式：
$$T_m = k\sigma q s \tag{8-30}$$

式中 $k$——校正系数，电力电缆 $k=1$，控制电缆 $k=0.6$；

$\sigma$——导体允许抗拉强度，N/mm²；铜芯 $68.6 \times 10^6$，铝芯 $39.2 \times 10^6$；

$q$——电缆芯数；

$s$——电缆导体截面，mm²。

⑤ 电缆容许侧压力，可采取下列数值：
a. 分相统包电缆 $P_m = 2500$N/m；
b. 其他挤塑绝缘或自容式充油电缆 $P_m = 3000$N/m。

⑥ 电缆与管道间动摩擦系数，可采取表 8-40 所列数值。

表 8-40 电缆穿管敷设时动摩擦系数 $\mu$

| 管壁特征和管材 | 波纹状 | 平滑状 | | |
|---|---|---|---|---|
| | 聚乙烯 | 聚氯乙烯 | 钢 | 石棉水泥 |
| $\mu$ | 0.35 | 0.45 | 0.55 | 0.65 |

注：电缆外护层为聚氯乙烯，敷设时加有润滑剂。

## 8.3.5 电缆沟敷设

1) 电缆沟的尺寸应按满足全部容纳电缆的允许最小弯曲半径、施工作业与维护空间要求确定，电缆的配置应无碍安全运行，电缆沟内通道的净宽尺寸不宜小于表 8-41 的规定。

表 8-41　电缆沟内通道的净宽尺寸　　　　　　　　　　单位：mm

| 电缆支架配置方式 | 具有下列沟深的电缆沟 | | |
|---|---|---|---|
| | <600 | 600~1000 | >1000 |
| 两侧 | 300 | 500 | 700 |
| 单侧 | 300 | 450 | 600 |

2) 电缆支架、梯架或托盘的层间距离，应满足能方便地敷设电缆及其固定、安置接头的要求，且在多根电缆同置于一层情况下，可更换或增设任一根电缆及其接头。电缆支架、梯架或托盘的层间距离的最小值，可按表 8-42 确定。

3) 电缆支架、梯架或托盘的最上层、最下层布置尺寸应符合下列规定：

① 最上层支架距盖板的净距允许最小值应满足电缆引接至上侧柜盘时的允许弯曲半径要求，且不宜小于表 8-42 的规定；采用梯架或托盘时，不宜小于表 8-42 的规定再加 80~150mm；

② 最下层支架、梯架或托盘距沟底垂直净距不宜小于 100mm。

表 8-42　电缆支架、梯架或托盘的层间距离的最小值　　　　　　单位：mm

| 电缆电压级和类型、敷设特征 | | 普通支架、吊架 | 桥架 |
|---|---|---|---|
| 控制电缆明敷 | | 120 | 200 |
| 电力电缆明敷 | 6kV 及以下 | 150 | 250 |
| | 6~10kV 交联聚乙烯 | 200 | 300 |
| | 35kV 单芯 | 250 | 300 |
| | 35kV 三芯 | 300 | 350 |
| | 110~220kV | | |
| | 330kV、500kV | 350 | 400 |
| 电缆敷设于槽盒中 | | $h+80$ | $h+100$ |

注：$h$ 为槽盒外壳高度。

4) 电缆沟应满足防止外部进水、渗水的要求，且应符合下列规定：

① 电缆沟底部低于地下水位、电缆沟与工业水管沟并行邻近时，宜加强电缆沟防水处理以及电缆穿隔密封的防水构造措施；

② 电缆沟与工业水管沟交叉时，电缆沟宜位于工业水管沟的上方；

③ 室内电缆沟盖板宜与地坪齐平，室外电缆沟的沟壁宜高出地坪 100mm。考虑排水时，可在电缆沟上分区段设置现浇钢筋混凝土渡水槽，也可采取电缆沟盖板低于地坪 300mm，上面铺以细土或砂。

5) 电缆沟应实现排水畅通，且应符合下列规定：

① 电缆沟的纵向排水坡度不应小于 0.5%；

② 沿排水方向适当距离宜设置集水井及其泄水系统，必要时应实施机械排水。

6) 电缆沟沟壁、盖板及其材质构成应满足承受荷载和适合环境耐久的要求。厂、站内可开启的沟盖板，单块质量不宜超过50kg。

7) 靠近带油设备附近的电缆沟沟盖板应密封。

### 8.3.6 电缆隧道敷设

1) 电缆隧道、工作井的尺寸应按满足全部容纳电缆的允许最小弯曲半径、施工作业与维护空间要求确定，电缆的配置应无碍安全运行，并应符合下列规定：

① 电缆隧道内通道的净高不宜小于1.9m；与其他管沟交叉的局部段，净高可适当降低，但不应小于1.4m；

② 工作井可采用封闭式或可开启式；封闭式工作井的净高不宜小于1.9m；井底部应低于最底层电缆保护管管底200mm，顶面应加盖板，且应至少高出地坪100mm；设置在绿化带时，井口应高于绿化带地面300mm，底板应设有集水坑，向集水坑泄水坡度不应小于0.3‰；

③ 电缆隧道、封闭式工作井内通道的净宽尺寸不宜小于表8-43的规定。

表8-43 电缆隧道、封闭式工作井内通道的净宽尺寸　　　　　　单位：mm

| 电缆支架配置方式 | 开挖式隧道或封闭式工作井 | 非开挖式隧道 |
| --- | --- | --- |
| 两侧 | 1000 | 800 |
| 单侧 | 900 | 800 |

2) 电缆支架、梯架或托盘的层间距离及敷设要求应符合8.3.5第2）条的规定。

3) 电缆支架、梯架或托盘的最上层、最下层布置尺寸应符合下列规定：

① 最上层支架距隧道、封闭式工作井顶部的净距允许最小值应满足电缆引接至上侧柜盘时的允许弯曲半径要求，且不宜小于8.3.5第2）条的规定，采用梯架或托盘时，不宜小于8.3.5第2）条的规定再加80~150mm。

② 最下层支架、梯架或托盘距隧道、工作井底部净距不宜小于100mm。

4) 电缆隧道、封闭式工作井应满足防止外部进水、渗水的要求，对电缆隧道、封闭式工作井底部低于地下水位以及电缆隧道和工业水管沟交叉时，宜加强电缆隧道、封闭式工作井的防水处理以及电缆穿隔密封的防水构造措施。

5) 电缆隧道应实现排水畅通，且应符合下列规定：

① 电缆隧道的纵向排水坡度不应小于0.5％；

② 沿排水方向适当距离宜设置集水井及其泄水系统，必要时应实施机械排水；

③ 电缆隧道底部沿纵向宜设置泄水边沟。

6) 电缆隧道、封闭式工作井应设置安全孔，安全孔的设置应符合下列规定：

① 沿隧道纵长不应少于2个；在工业性厂区或变电所内隧道的安全孔间距不宜大于75m。在城镇公共区域开挖式隧道的安全孔间距不宜大于200m，非开挖式隧道的安全孔间距可适当增大，且宜根据隧道埋深和结合电缆敷设、通风、消防等综合确定。隧道首末端无安全门时，宜在不大于5m处设置安全孔；

② 对封闭式工作井，应在顶盖板处设置2个安全孔；位于公共区域的工作井，安全孔井盖的设置宜使非专业人员难以启开；

③ 安全孔至少应有一处适合安装机具和安置设备的搬运，供人出入的安全孔直径不得小于700mm；

④ 安全孔内应设置爬梯，通向安全门应设置步道或楼梯等设施；

⑤ 在公共区域露出地面的安全孔设置部位，宜避开公路、轻轨，其外观宜与周围环境景观相协调。

7）高落差地段的电缆隧道中，通道不宜呈阶梯状，且纵向坡度不宜大于15°，电缆接头不宜设置在倾斜位置上。

8）电缆隧道宜采取自然通风。当有较多电缆导体工作温度持续达到70℃以上或其他影响环境温度显著升高时，可装设机械通风，但风机的控制应与火灾自动报警系统联锁，一旦发生火灾时应可靠切断风机电源。长距离的隧道宜分区段实行相互独立的通风。

9）城市电力电缆隧道的监测与控制设计等应符合现行行业标准《电力电缆隧道设计规程》DL/T 5484—2013的规定。

10）城市综合管廊中电缆舱室的环境与设备监控系统设置、检修通道净宽尺寸、逃生口设置等应符合现行国家标准《城市综合管廊工程技术规范》GB 50838—2015的规定。

## 8.3.7 电缆夹层敷设

1）电缆夹层的净高不宜小于2m。民用建筑的电缆夹层净高可稍降低，但在电缆配置上供人员活动的短距离空间不得小于1.4m。

2）电缆支架、梯架或托盘的层间距离及敷设要求应符合8.3.5第2）条的规定。

3）电缆支架、梯架或托盘的最上层、最下层布置尺寸应符合下列规定：

① 最上层支架距顶板或梁底的净距允许最小值应满足电缆引接至上侧柜盘时的允许弯曲半径要求，且不宜小于符合8.3.5第2）条的规定，采用梯架或托盘时，不宜小于8.3.5第2）条的规定再加80~150mm；

② 最下层支架、梯架或托盘距地坪、楼板的最小净距，不宜小于表8-44的规定。

4）采用机械通风系统的电缆夹层，风机的控制应与火灾自动报警系统联锁，一旦发生火灾时应可靠切断风机电源。

5）电缆夹层的安全出口不应少于2个，其中1个安全出口可通往疏散通道。

表8-44 最下层支架、梯架或托盘距地坪、楼板的最小净距　　　　单位：mm

| 电缆敷设场所及其特征 | | 垂直净距 |
|---|---|---|
| 电缆夹层 | 非通道处 | 200 |
| | 至少在一侧不小于800mm宽通道处 | 1400 |

## 8.3.8 电缆竖井敷设

1）非拆卸式电缆竖井中，应有人员活动的空间，且宜符合下列规定：

① 未超过5m高时，可设置爬梯，且活动空间不宜小于800mm×800mm；

② 超过5m高时，宜设置楼梯，且每隔3m宜设置楼梯平台；

③ 超过20m高且电缆数量多或重要性要求较高时，可设置简易式电梯。

2）钢制电缆竖井内应设置电缆支架，且应符合下列规定：

① 应沿电缆竖井两侧设置可拆卸的检修孔，检修孔之间中心间距不应大于1.5m，检修孔尺寸宜与竖井的断面尺寸相配合，但不宜小于400mm×400mm；

② 电缆竖井宜利用建构筑物的柱、梁、地面、楼板预留埋件进行固定。

3）办公楼及其他非生产性建筑物内，电缆垂直主通道应采用专用电缆竖井，不应与其他管线共用。

4）在电缆竖井内敷设带皱纹金属套的电缆应具有防止导体与金属套之间发生相对位移的措施。

5）电缆支架、梯架或托盘的层间距离及敷设要求应符合8.3.5第2）条的规定。

### 8.3.9 其他公用设施中敷设

1）通过木质结构的桥梁、码头、栈道等公用构筑物，用于重要的木质建筑设施的非矿物绝缘电缆时，应敷设在不燃性的保护管或槽盒中。

2）交通桥梁上、隧洞中或地下商场等公共设施的电缆，应具有防止电缆着火危害、避免外力损伤的可靠措施，并应符合下列规定：

① 电缆不得明敷在通行的路面上。

② 自容式充油电缆在沟槽内敷设时应埋砂，在保护管内敷设时，保护管应采用非导磁的不燃性材质的刚性保护管。

③ 非矿物绝缘电缆用在无封闭式通道时，宜敷设在不燃性的保护管或槽盒中。

3）道路、铁道桥梁上的电缆，应采取防止振动、热伸缩以及风力影响下金属套因长期应力疲劳导致断裂的措施，并应符合下列规定：

① 桥墩两端和伸缩缝处电缆应充分松弛；当桥梁中有挠角部位时，宜设置电缆伸缩弧。

② 35kV以上大截面电缆宜采用蛇形敷设。

③ 经常受到振动的直线敷设电缆，应设置橡胶、砂袋等弹性衬垫。

4）在公共廊道中无围栏防护时，最下层支架、梯架或托盘距地坪或楼板底部的最小净距不宜小于1.5mm。

5）在厂房内电缆支架、梯架或托盘最上层、最下层布置尺寸应符合下列规定：

① 最上层支架距构筑物顶板或梁底的净距允许最小值应满足电缆引接至上侧柜盘时的允许弯曲半径要求，且不宜小于8.3.5第2）条的规定，采用梯架或托盘时，不宜小于8.3.5第2）条的规定再加80~150mm；

② 最上层支架、梯架或托盘距其他设备的净距不应小于300mm，当无法满足时应设置防护板；

③ 最下层支架、梯架或托盘距地坪或楼板底部的最小净距不宜小于2m。

6）在厂区内电缆梯架或托盘的最下层布置尺寸应符合下列规定：

① 落地布置时，最下层梯架或托盘距地坪的最小净距不宜小于0.3m；

② 有行人通过时，最下层梯架或托盘距地坪的最小净距不宜小于2.5m；

③ 有车辆通过时，最下层梯架或托盘距道路路面最小净距应满足消防车辆和大件运输车辆无碍通过，且不宜小于4.5m。

### 8.3.10 水下敷设

1）水下电缆路径的选择，应满足电缆不易受机械性损伤、能实施可靠防护、敷设作业方便、经济合理等要求，且应符合下列规定：

① 电缆宜敷设在河床稳定、流速较缓、岸边不易被冲刷、海底无石山或沉船等障碍、少有沉锚和拖网渔船活动的水域。

② 电缆不宜敷设在码头、渡口、水工构筑物附近，且不宜敷设在疏浚挖泥区和规划筑港地带。

2）水下电缆不得悬空于水中，应埋置于水底。在通航水道等需防范外部机械力损伤的水域，电缆应埋置于水底适当深度的沟槽中，并应加以稳固覆盖保护；浅水区埋深不宜小于0.5m，深水航道的埋深不宜小于2m。

3）水下电缆严禁交叉、重叠。相邻电缆应保持足够的安全间距，且应符合下列规定：

① 主航道内，电缆间距不宜小于平均最大水深的1.2倍。引至岸边间距可适当缩小。

② 在非通航的流速未超过1m/s的小河中，同回路单芯电缆间距不得小于0.5m，不同回路电缆间距不得小于5m。

③ 除上述情况外，应按水的流速和电缆埋深等因素确定。

4）水下电缆与工业管道间的水平距离，不宜小于50m；受条件限制时，不得小于15m。

5）水下电缆引至岸上的区段，应采取适合敷设条件的防护措施，且应符合下列规定：

① 岸边稳定时，应采用保护管、沟槽敷设电缆，必要时可设置工作井连接，管沟下端宜置于最低水位下不小于1m处。

② 岸边未稳定时，宜采取迂回形式敷设以预留适当备用长度的电缆。

6）水下电缆的两岸，应设置醒目的警告标志。

7）除应符合上述1）～6）的规定外，500kV交流海底电缆敷设设计还应符合现行行业标准《500kV交流海底电缆线路设计技术规程》DL/T 5490—2014的规定。

# 8.4 电缆防火与阻燃设计

## 8.4.1 阻燃与耐火电缆及其分级

阻燃电缆是指在规定试验条件下，试样被燃烧，在撤去试验火源后，火焰的蔓延仅在限定范围内，残焰或残灼在限定时间内能自行熄灭的电缆。根本特性是：在火灾情况下有可能被烧坏而不能运行，但可阻止火势的蔓延。通俗地讲，电线万一失火，能够把燃烧限制在局部范围内，不产生蔓延，保证其他设备不致损坏，避免造成更大损失。

根据电缆阻燃材料的不同，阻燃电缆分为含卤阻燃电缆及无卤低烟阻燃电缆两大类。其中含卤阻燃电缆的绝缘层、护套、外护层以及辅助材料（包带及填充）全部或部分采用含卤的聚乙烯（PVC）阻燃材料，因而具有良好的阻燃特性。但是在电缆燃烧时会释放大量的浓烟和卤酸气体，卤酸气体对周围的电气设备有腐蚀性危害，救援人员需要带上防毒面具才能接近现场进行灭火，否则会给周围电气设备以及救援人员造成危害，从而导致严重的"二次危害"。而无卤低烟阻燃电缆的绝缘层、护套、外护层以及辅助材料（包带及填充）全部或部分采用的是不含卤的交联聚乙烯（XLPE）阻燃材料，在燃烧时不会产生有害气体和大量的烟雾，不存在会造成"二次灾害"的可能性，并且还具有良好的力学与电气性能，满足了电缆的使用要求，彻底改变了以往阻燃电缆的不足之处。3～35kV不含卤的交联聚乙烯（XLPE）绝缘电力电缆结构如图8-13所示。

根据GB/T 19666—2019《阻燃和耐火电线电缆或光缆通则》的规定，可将阻燃电线电

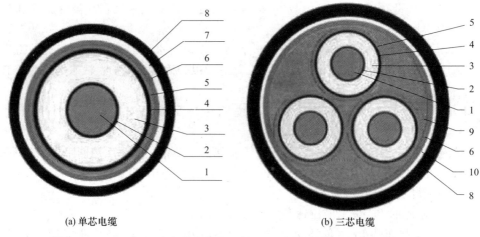

图 8-13 3~35kV 不含卤的交联聚乙烯（XLPE）绝缘电力电缆结构示意图
1—导体线芯；2—内半导电屏蔽；3—绝缘层；4—外半导电屏蔽；5—金属屏蔽；6—内护层；
7—钢丝铠装；8—外护层；9—填充料；10—金属铠装

缆分为 A、B、C、D 四类，其中 A 类电缆试验条件（供火温度、供火时间、成束敷设电缆的非金属材料体积、焦化高度和自熄时间）最苛刻，性能较 B、C、D 类更优。

耐火电缆是指在规定的火源和时间下燃烧时，能持续地在指定状态下运行，即保持线路完整性的电缆。根据 GB/T 19666—2019《阻燃和耐火电线电缆或光缆通则》的规定，同样可将耐火电线电缆分为 A、B、C、D 四类。耐火电缆广泛应用于高层建筑、地下铁道、大型电站及重要的工矿企业等与防火安全和消防救生有关的地方，例如，消防设备及紧急向导灯等应急设施的供电线路和控制线路。

另外，矿物绝缘电缆是耐火电缆中性能较优的一种，它是由铜芯、铜护套与氧化镁绝缘材料等加工而成，简称 MI（Minerl Insulated Cables）电缆，其结构如图 8-14 所示。该电缆完全由无机物构成耐火层，而普通耐火电缆的耐火层是由无机物与一般有机物复合而成，因此 MI 电缆的耐火性能较普通耐火电缆更优且不会因燃烧而分解产生腐蚀性气体。MI 电缆具有良好的耐火特性且可以长期工作在 250℃ 高温下，同时还具有防爆、耐腐蚀、载流量大、耐辐射、机械强度高、体积小、重量轻、寿命长、无烟等优点。但它也具有价格贵、工艺复杂与施工难度大等缺点，在油灌区、重要木结构公共建筑、高温场所等耐火要求高且经济性可以接受的场合，可采用这种耐火性能好的电缆。

一般人很容易混淆阻燃电缆和耐火电缆的概念，虽然阻燃电缆有许多较适用于化工企业的优点，如低卤、低烟、阻燃等，但在一般情况下，耐火电缆可以取代阻燃电缆，而阻燃电缆不能取代耐火电缆。它们的区别主要在于：

① 原理不同　含卤电缆阻燃原理是靠卤素的阻燃效应，无卤电缆阻燃原理是靠析出水降低温度来熄灭火灾。耐火电缆是靠耐火层中云母材料的耐火、耐热特性，保证电缆在火灾时也能正常工作。

② 结构和材料不同　阻燃电缆的基本结构是：绝缘层、护套及外护层、包带和填充均采用阻燃材料；而耐火电缆通常是在导体与绝缘层之间再加一个耐火层，所以从理论上讲可以在阻燃电缆结构中加上耐火层，就形成了既阻燃又耐火的电缆，但在实际中并没有这个必要。因为耐火电缆的耐火层通常采用多层云母带直接绕包在导线上，它可耐长时间的较高温度燃烧，即使施加火焰处的高聚物被烧毁，也能够保证线路正常运行。

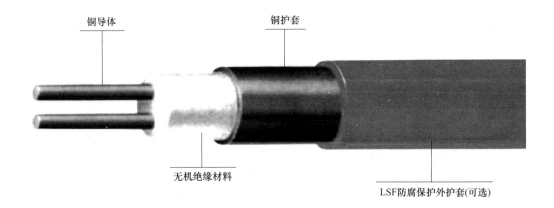

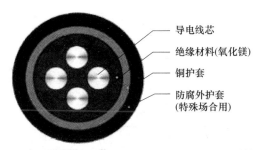

图 8-14 矿物绝缘电缆结构示意图

现行阻燃系列电缆与耐火系列电缆燃烧特性代号分别见表 8-45 和表 8-46。

表 8-45 阻燃系列电缆燃烧特性代号

| 系列名称 | | 代号 | 名称 |
|---|---|---|---|
| 阻燃系列 | 含卤 | ZA | 阻燃 A 类 |
| | | ZB | 阻燃 B 类 |
| | | ZC | 阻燃 C 类 |
| | | ZD | 阻燃 D 类 |
| | 无卤低烟 | WDZ | 无卤低烟单根阻燃 |
| | | WDZA | 无卤低烟阻燃 A 类 |
| | | WDZB | 无卤低烟阻燃 B 类 |
| | | WDZC | 无卤低烟阻燃 C 类 |
| | | WDZD | 无卤低烟阻燃 D 类 |
| | 无卤低烟低毒[①] | WDUZ | 无卤低烟低毒单根阻燃 |
| | | WDUZA | 无卤低烟低毒阻燃 A 类 |
| | | WDUZB | 无卤低烟低毒阻燃 B 类 |
| | | WDUZC | 无卤低烟低毒阻燃 C 类 |
| | | WDUZD | 无卤低烟低毒阻燃 D 类 |

① 根据电线电缆或光缆使用场合选择使用,可包括空间较小或环境相对密闭的人员密集场所等。

表 8-46 耐火系列电缆燃烧特性代号

| 系列名称 | | 代号 | 名称 |
|---|---|---|---|
| 耐火系列 | 含卤 | N、NJ、NS | 耐火 |
| | | ZAN、ZANJ、ZANS | 阻燃 A 类耐火 |
| | | ZBN、ZBNJ、ZBNS | 阻燃 B 类耐火 |
| | | ZCN、ZCNJ、ZCNS | 阻燃 C 类耐火 |
| | | ZDN、ZDNJ、ZDNS | 阻燃 D 类耐火 |
| | 无卤低烟 | WDZN、WDZNJ、WDZNS | 无卤低烟单根阻燃耐火 |
| | | WDZAN、WDZANJ、WDZANS | 无卤低烟阻燃 A 类耐火 |
| | | WDZBN、WDZBNJ、WDZBNS | 无卤低烟阻燃 B 类耐火 |
| | | WDZCN、WDZCNJ、WDZCNS | 无卤低烟阻燃 C 类耐火 |
| | | WDZDN、WDZDNJ、WDZDNS | 无卤低烟阻燃 D 类耐火 |
| | 无卤低烟低毒[①] | WDUZN、WDUZNJ、WDUZNS | 无卤低烟低毒单根阻燃耐火 |
| | | WDUZAN、WDUZANJ、WDUZANS | 无卤低烟低毒阻燃 A 类耐火 |
| | | WDUZBN、WDUZBNJ、WDUZBNS | 无卤低烟低毒阻燃 B 类耐火 |
| | | WDUZCN、WDUZCNJ、WDUZCNS | 无卤低烟低毒阻燃 C 类耐火 |
| | | WDUZDN、WDUZDNJ、WDUZDNS | 无卤低烟低毒阻燃 D 类耐火 |

① 根据电线电缆或光缆使用场合选择使用,可包括空间较小或环境相对封闭的人员密集场所等。

## 8.4.2 电缆的防火与阻燃措施

1) 对电缆可能着火蔓延导致严重事故的电气回路、易受外部影响波及火灾的电缆密集场所,应设置适当的阻火分隔,并应按工程重要性、火灾概率及其特点和经济合理等因素,采取下列安全措施:

① 实施防火分隔。

② 采用阻燃电缆。

③ 采用耐火电缆。

④ 增设自动报警和/或专用消防装置。

2) 阻火分隔方式的选择,应符合下列规定:

① 电缆构筑物中电缆引至电气柜、盘或控制屏、台的开孔部位,电缆贯穿隔墙、楼板的孔洞处,工作井中电缆管孔等均应实施阻火封堵。

② 在电缆沟、隧道及架空桥架中的下列部位,宜设置防火墙或阻火段:

a. 公用电缆沟、隧道及架空桥架主通道的分支处;

b. 多段配电装置对应的电缆沟、隧道分段处;

c. 长距离电缆沟、隧道及架空桥架相隔约 100m 处,或隧道通风区段处,厂、站外相隔约 200m 处;

d. 电缆沟、隧道及架空桥架至控制室或配电装置的入口、厂区围墙处。

③ 与电力电缆同通道敷设的控制电缆、非阻燃通信光缆,应采取穿入阻燃管或耐火电缆槽盒,或采取在电力电缆和控制电缆之间设置防火封堵板材。

④ 在同一电缆通道中敷设多回路 110kV 及以上电压等级电缆时,宜分别布置在通道的两侧。

⑤ 在电缆竖井中，宜按每隔 7m 或建（构）筑物楼层设置防火封堵。

3) 实施防火分隔的技术特性应符合下列规定：

① 防火封堵的构成，应按电缆贯穿孔洞状况和条件，采用相适合的防火封堵材料或防火封堵组件；用于电力电缆时，宜对载流量影响较小；用在楼板孔、电缆竖井时，其结构支撑应能承受检修、巡视人员的荷载；

② 防火墙、阻火段的构成，应采用适合电缆敷设环境条件的防火封堵材料，且应在可能经受积水浸泡或鼠害作用下具有稳固性；

③ 除通向主控室、厂区围墙或长距离隧道中按通风区段分隔的防火墙部位应设置防火门外，其他情况下，有防止窜燃措施时可不设防火门；防窜燃方式，可在防火墙紧靠两侧不少于 1m 区段的所有电缆上施加防火涂料、阻火包带或设置挡火板等；

④ 防火封堵、防火墙和阻火段等防火封堵组件的耐火极限不应低于贯穿部位构件（如建筑物墙、楼板等）的耐火极限，且不应低于 1h，其燃烧性能、理化性能和耐火性能应符合国家标准《防火封堵材料》GB 23864—2009 的规定，测试工况应与实际使用工况一致。

4) 非阻燃性电缆用于明敷时，应符合下列规定：

① 在易受外因波及而着火的场所，宜对该范围内的电缆实施防火分隔；对重要电缆回路，可在适当部位设置阻火段实施阻止延燃；防火分隔或阻火段可采取在电缆上施加防火涂料、阻火包带；当电缆数量较多时，也可采用耐火电缆槽盒或阻火包等。

② 在接头两侧电缆各约 3m 区段和该范围内邻近并行敷设的其他电缆上，宜采用防火涂料或阻火包带实施阻止延燃。

5) 在火灾概率较高、灾害影响较大的场所，明敷方式下电缆的选择应符合下列规定：

① 火力发电厂主厂房、输煤系统、燃油系统及其他易燃易爆场所，宜选用阻燃电缆；

② 地下变电站、地下客运或商业设施等人流密集环境中的回路，应选用低烟、无卤阻燃电缆；

③ 其他重要的工业与公共设施供配电回路宜选用阻燃电缆或低烟、无卤阻燃电缆。

## 8.4.3 电缆的防火与阻燃设计

1) 阻燃电缆的选用应符合下列规定：

① 电缆多根密集配置时的阻燃电缆，应采用符合《阻燃及耐火电缆 塑料绝缘阻燃及耐火电缆分级及要求 第 1 部分：阻燃电缆》XF 306.1—2007 规定的阻燃电缆，并应根据电缆配置情况、所需防止灾难性事故和经济合理的原则，选择适合的阻燃等级和类别；

② 当确定该等级和类别阻燃电缆能满足工作条件下有效阻止延燃性时，可减少 8.4.2 节第 4) 条的要求；

③ 在同一通道中，不宜将非阻燃电缆与阻燃电缆并列配置。

2) 在外部火势作用一定时间内需维持通电的下列场所或回路，明敷的电缆应实施防火分隔或采用耐火电缆.

① 消防、报警、应急照明、断路器操作直流电源和发电机组紧急停机的保安电源等重要回路；

② 计算机监控、双重化继电保护、保安电源或应急电源等双回路合用同一电缆通道又未相互隔离时的其中一个回路；

③ 火力发电厂水泵房、化学水处理、输煤系统、油泵房等重要电源的双回供电回路合用同一电缆通道又未相互隔离时的其中一个回路；

④ 油罐区、钢铁厂中可能有熔化金属溅落等易燃场所；

⑤ 其他重要公共建筑设施等需有耐火要求的回路。

3) 对同一通道中数量较多的明敷电缆实施防火分隔方式，宜敷设于耐火电缆槽盒内，也可敷设于同一侧支架的不同层或同一通道的两侧，但层间和两侧间应设置防火封堵板材，其耐火极限不应低于 1h。

4) 耐火电缆用于发电厂等明敷有多根电缆配置中，或位于油管、有熔化金属溅落等可能波及场所时，应采用符合现行行业标准《阻燃及耐火电缆 塑料绝缘阻燃及耐火电缆分级及要求 第 2 部分：耐火电缆》XF 306.2—2007 规定的 A 类耐火电缆（ⅠA～ⅣA 级）。除上述情况外且为少量电缆配置时，可采用符合现行行业标准《阻燃及耐火电缆 塑料绝缘阻燃及耐火电缆分级及要求 第 2 部分：耐火电缆》XF 306.2—2007 规定的耐火电缆（Ⅰ～Ⅳ级）。

5) 在油罐区、重要木结构公共建筑、高温场所等其他耐火要求高且敷设安装和经济合理时，可采用矿物绝缘电缆。

6) 自容式充油电缆明敷在要求实施防火处理的公用廊道、客运隧洞、桥梁等处时，可采取埋砂敷设。

7) 在安全性要求较高的电缆密集场所或封闭通道中，应配备适用于环境的可靠动作的火灾自动探测报警装置。明敷充油电缆的供油系统宜设置反映喷油状态的火灾自动报警和闭锁装置。

8) 在地下公共设施的电缆密集部位，多回充油电缆的终端设置处等安全性要求较高的场所，可装设水喷雾灭火等专用消防设施。

9) 用于防火分隔的材料产品应符合下列规定：

① 防火封堵材料不得对电缆有腐蚀和损害，且应符合现行国家标准《防火封堵材料》GB 23864—2009 的规定；

② 防火涂料应符合现行国家标准《电缆防火涂料》GB 28374—2009 的规定；

③ 用于电力电缆的耐火电缆槽盒宜采用透气型，且应符合现行国家标准《耐火电缆槽盒》GB 29415—2013 的规定；

④ 采用的材料产品应适用于工程环境，并应具有耐久可靠性。

10) 核电厂常规岛及其附属设施的电缆防火还应符合现行国家标准《核电厂常规岛设计防火规范》GB 50745—2012 的规定。

# 8.5 架空线路设计要求

## 8.5.1 架空电力线路径

① 架空电力线路路径的选择，应认真进行调查研究，综合考虑运行、施工、交通条件和路径长度等因素统筹兼顾，全面安排，并应进行多方案比较，做到经济合理、安全适用。

② 市区架空电力线路的路径应与城市总体规划相结合，路径走廊位置应与各种线和其他市政设施统一安排。

③ 架空电力线路路径的选择应符合下列要求。

a. 应减少与其他设施交叉；当与其他架空线路交叉时，其交叉点不宜选在被跨越线路的杆塔顶上。

b. 架空弱电线路等级划分应符合下述规定。

一级——首都与各省、自治区、直辖市人民政府所在地及相互间联系的主要线路；首都至各重要工矿城市、海港的线路以及由首都通达国外的国际线路；重要的国际线路和国防线路；铁道部与各铁路局及铁路局间联系用的线路，铁路信号自动闭塞装置专用线路。

二级——各省、自治区、直辖市人民政府所在地与各地（市）、县及其相互间的通信线路；相邻两省（自治区）各地（市）、县相互间通信线路，一般市内电话线路；铁路局与各站、段及站相互间的线路，铁路信号闭塞装置的线路。

三级——县至区、乡人民政府的县内线路和两对以下的城郊线路；铁路的地区线路及有线广播线路。

c. 架空电力线路跨越架空弱电线路的交叉角应符合表 8-47 的要求。

表 8-47　架空电力线路跨越架空弱电线路的交叉角

| 弱电线路等级 | 一级 | 二级 | 三级 |
| --- | --- | --- | --- |
| 交叉角 | ≥40° | ≥25° | 不限制 |

d. 3kV 及以上至 66kV 及以下架空电力线路，不应跨越储存易燃、易爆危险品的仓库区域。架空电力线路与甲类生产厂房和库房、易燃易爆材料堆场以及可燃或易燃、易爆液（气）体储罐的防火间距，应符合国家有关法律法规和现行国家标准《建筑设计防火规范》GB 50016—2014 的有关规定。

e. 甲类厂房、库房，易燃材料堆垛，甲、乙类液体储罐，液化石油气储罐，可燃、助燃气体储罐与架空电力线路的最近水平距离不应小于电杆（塔）高度的 1.5 倍；丙类液体储罐与架空电力线路的最近水平距离不应小于电杆（塔）高度 1.2 倍。35kV 以上的架空电力线路与储量超过 200m³ 的液化石油气单罐的最近水平距离不应小于 40m。

f. 架空电力线路应避开洼地、冲刷地带、不良地质地区、原始森林区以及影响线路安全运行的其他地区。

④ 架空电力线路不宜通过林区，当确需经过林区时应结合林区道路和林区具体条件选择线路路径，并应尽量减少树木砍伐。10kV 及以下架空电力线路的通道宽度，不宜小于线路两侧向外各延伸 2.5m。35kV 和 66kV 架空电力线路宜采用跨越设计，特殊地段宜结合电气安全距离等条件严格控制树木砍伐。

⑤ 架空电力线路通过果林、经济作物林以及城市绿化灌木林时，不宜砍伐通道。

⑥ 耐张段的长度宜符合下列规定。

a. 35kV 和 66kV 架空电力线路耐张段的长度不宜大于 5km。

b. 10kV 及以下架空电力线路耐张段的长度不宜大于 2km。

⑦ 35kV 和 66kV 架空电力线路不宜通过国家批准的自然保护区的核心区和缓冲区内。

## 8.5.2　气象条件

① 架空电力线路设计的气温应根据当地 15～30 年气象记录中的统计值确定。最高气温宜采用 +40℃。在最高、最低气温和年平均气温工况下，应按无风、无冰计算。

② 架空电力线路设计采用的年平均气温应按下列方法确定。

a. 当地区的年平均气温在 3～17℃ 之间时，年平均气温应取与此数邻近的 5 的倍数值。

b. 当地区的年平均气温小于3℃或大于17℃时，应将年平均气温减少3～5℃后，取与此数邻近的5的倍数值。

③ 架空电力线路设计采用的导线或地线的覆冰厚度，在调查的基础上可取5mm、10mm、15mm、20mm，冰的密度应按0.9g/cm³ 计；覆冰时的气温应采用－5℃，风速宜采用10m/s。

④ 安装工况的风速应采用10m/s，且无冰。气温应按下列规定采用：

a. 最低气温为－40℃的地区，应采用－15℃；

b. 最低气温为－20℃的地区，应采用－10℃；

c. 最低气温为－10℃的地区，宜采用－5℃；

d. 最低气温为－5℃的地区，宜采用0℃。

⑤ 雷电过电压工况的气温可采用15℃，风速对于最大设计风速35m/s及以上地区可采用15m/s，最大设计风速小于35m/s的地区可采用10m/s。

⑥ 检验导线与地线之间的距离时，应按无风、无冰考虑。

⑦ 内部过电压工况的气温可采用年平均气温，风速可采用最大设计风速的50%，并不宜低于15m/s，且无冰。

⑧ 在最大风速工况下应按无冰计算，气温应按下列规定采用：

a. 最低气温为－10℃及以下的地区，应采用－5℃；

b. 最低气温为－5℃及以上的地区，宜采用＋10℃。

⑨ 带电作业工况的风速可采用10m/s，气温可采用15℃，且无冰。

⑩ 长期荷载工况的风速应采用5m/s，气温应采用年平均气温，且无冰。

⑪ 最大设计风速应采用当地空旷平坦地面上离地10m高，统计所得的30年一遇10min平均最大风速；当无可靠资料时，最大设计风速不应低于23.5m/s，并应符合下列规定。

a. 山区架空电力线路的最大设计风速，应根据当地气象资料确定；当无可靠资料时，最大设计风速可按附近平地风速增加10%，且不应低于25m/s。

b. 当架空电力线路位于河岸、湖岸、山峰以及山谷口等容易产生强风的地带时，其最大基本风速应较附近一般地区适当增大；对容易覆冰、风口、高差大的地段宜缩短耐张段长度，杆塔使用条件应适当留有裕度。

c. 架空电力线路通过市区或森林等地区时，当两侧屏蔽物的平均高度大于杆塔高度的2/3时，其最大设计风速宜比当地最大设计风速减少20%。

### 8.5.3 导线、电线、绝缘子和金具

(1) 一般规定

① 架空电力线路的导线可采用钢芯铝绞线或铝绞线，地线可采用镀锌钢绞线。在沿海和其他对导线腐蚀较严重的地区，可使用耐腐蚀、增容导线。有条件的地区可用节能金具。

② 市区10kV及以下架空电力线路，遇下列情况可采用绝缘铝绞线：

a. 线路走廊狭窄，与建筑物之间的距离不能满足安全要求的地段；

b. 高层建筑邻近地段；

c. 繁华街道或人口密集地区；

d. 游览区和绿化区；

e. 空气严重污秽地段；

f. 建筑施工现场。

③ 导线的型号应根据电力系统规划设计和工程技术条件综合确定。

④ 地线的型号应根据防雷设计和工程技术条件的要求确定。

(2) 架线设计

① 在各种气象条件下,导线的张力弧垂计算应采用最大使用张力和平均运行张力作为控制条件。地线的张力弧垂计算可采用最大使用张力、平均运行张力和导线与地线间的距离作为控制条件。

② 导线与地线在档距中央的距离,在+15℃、无风无冰条件时,应符合下式要求:

$$s \geqslant 0.012L + 1 \tag{8-31}$$

式中 $s$——导线与地线在档距中央的距离,m;
$L$——档距,m。

③ 导线或地线的最大使用张力不应大于绞线瞬时破坏张力的40%。

④ 导线或地线的平均运行张力上限及防振措施应符合表8-48的要求。

表8-48 导线或地线的平均运行张力上限及防振措施

| 档距和环境状况 | 平均运行张力上限(瞬时破坏张力的百分数)/% | | 防振措施 |
|---|---|---|---|
| | 钢芯铝绞线 | 镀锌钢绞线 | |
| 开阔地区档距＜500m | 16 | 12 | 不需要 |
| 非开阔地区档距＜500m | 18 | 18 | 不需要 |
| 档距＜120m | 18 | 18 | 不需要 |
| 不论档距大小 | 22 | — | 护线条 |
| 不论档距大小 | 25 | 25 | 防振锤(线)或另加护线条 |

⑤ 35kV和66kV架空电力线路的导线或地线的初伸长率应通过试验确定,导线或地线的初伸长对弧垂的影响可采用降温法补偿。当无试验资料时,初伸长率和降低的温度可采用表8-49所列数值。

表8-49 导线或地线的初伸长率和降低的温度

| 类型 | 初伸长率 | 降低的温度/℃ |
|---|---|---|
| 钢芯铝绞线 | $1 \times 10^{-4} \sim 5 \times 10^{-4}$ | 15～25 |
| 镀锌钢绞线 | $1 \times 10^{-4}$ | 10 |

注:截面铝钢比小的钢芯铝绞线应采用表中的下限值;截面铝钢比大的钢芯铝绞线应采用表中的上限值。

⑥ 10kV及以下架空电力线路的导线初伸长率对弧垂的影响可采用减少弧垂法补偿。弧垂减小率应符合下列规定:

a. 铝绞线或绝缘铝绞线应采用20%;
b. 钢芯铝绞线应采用12%。

(3) 绝缘子和金具

① 绝缘子和金具的机械强度应按下式验算:

$$KF > F_u \tag{8-32}$$

式中 $K$——机械强度安全系数;
$F$——设计荷载,kN;
$F_u$——悬式绝缘子的机械破坏荷载或针式绝缘子、瓷横担绝缘子的受弯破坏荷载或蝶式绝缘子、金具的破坏荷载,kN。

② 绝缘子和金具的安装设计可采用安全系数设计法。绝缘子及金具的机械强度安全系数应符合表 8-50 的规定。

表 8-50　绝缘子及金具的机械强度安全系数

| 类型 | 安全系数 | | |
|---|---|---|---|
| | 运行工况 | 断线工况 | 断联工况 |
| 悬式绝缘子 | 2.7 | 1.8 | 1.5 |
| 针式绝缘子 | 2.5 | 1.5 | 1.5 |
| 蝶式绝缘子 | 2.5 | 1.5 | 1.5 |
| 瓷横担绝缘子 | 3.0 | 2.0 | — |
| 合成绝缘子 | 3.0 | 1.8 | 1.5 |
| 金具 | 2.5 | 1.5 | 1.5 |

### 8.5.4　绝缘配合、防雷和接地

① 架空电力线路环境污秽等级应符合表 8-51 的规定。污秽等级可根据审定的污秽分区图并结合运行经验、污秽特征、外绝缘表面污秽物性质及其等值附盐密度等因素综合确定。

② 35kV 和 66kV 架空电力线路绝缘子的形式和数量，应根据绝缘的单位爬电距离确定。瓷绝缘的单位爬电距离应符合表 8-51 的规定。

③ 35kV 和 66kV 架空电力线路宜采用悬式绝缘子。在海拔高度 1000m 以下空气清洁的地区，悬垂绝缘子串的绝缘子数量宜采用表 8-52 所列数值。

④ 耐张绝缘子串的绝缘子数量应比悬垂绝缘子串的同型绝缘子多一片。对于全高超过 40m 有地线的杆塔，高度每增加 10m，应增加一片绝缘子。

⑤ 6kV 和 10kV 架空电力线路的直线杆塔宜采用针式绝缘子或瓷横担绝缘子；耐张杆塔宜采用悬式绝缘子串或蝶式绝缘子和悬式绝缘子组成的绝缘子串。

⑥ 3kV 及以下架空电力线路的直线杆塔宜采用针式绝缘子或瓷横担绝缘子；耐张杆塔宜采用蝶式绝缘子。

表 8-51　架空电力线路环境污秽等级

| 示例 | 典型环境描述 | 现场污秽度分级 | 盐密 /(mg/cm³) | 瓷绝缘单位爬电距离[④] /(cm/kV) | |
|---|---|---|---|---|---|
| | | | | 中性点直接接地 | 中性点非直接接地 |
| E1 | 很少有人活动,植被覆盖好,且距海、沙漠或开阔干地＞50km[①]；<br>距大、中城市＞30~50km；<br>距上述污染源更短距离以内,但污染源不在积污期主导风上 | a 很轻[②] | 0~0.03 （强电解质） | 1.6 | 1.9 |
| E2 | 人口密度 500~1000 人/km² 的农业耕作区,且距海、沙漠或开阔干地＞10~50km；<br>距大、中城市 15~50km；<br>距重要交通干线沿线 1km 以内；<br>距上述污染源更短距离以内,但污染源不在积污期主导风上；<br>工业废气排放强度＜1000×10⁴ m³（标）/km²；<br>积污期干旱少雾少凝露的内陆盐碱(含盐量小于 0.3%)地区 | b 轻 | 0.03~0.06 | 1.6~1.8 | 1.9~2.2 |

续表

| 示例 | 典型环境描述 | 现场污秽度分级 | 盐密 /(mg/cm³) | 瓷绝缘单位爬电距离④ /(cm/kV) | |
|---|---|---|---|---|---|
| | | | | 中性点直接接地 | 中性点非直接接地 |
| E3 | 人口密度 1000～10000 人/km² 的农业耕作区，且距海、沙漠或开阔干地＞3～10km③；<br>距大、中城市 15～20km；<br>距重要交通干线沿线 0.5km 及一般交通干线 0.1km 以内；<br>距上述污染源更短距离以内，但污染源不在积污期主导风上；<br>包括乡镇企业在内工业废气排放强度≤1000×10⁴～3000×10⁴ m³(标)/km²；<br>退海轻盐碱和内陆中等盐碱(含盐量 0.3%～0.6%)地区 | c 中 | 0.03～0.10 | 1.8～2.0 | 2.2～2.6 |
| E4 | 距上述 E3 污染源更远的距离(在 b 级污染区的范围以内)，但：<br>① 在长时间(几个星期或几个月)干旱无雨后，常常发生雾或毛毛雨；<br>② 积污期后期可能出现持续大雾或融冰雪的 E3 类地区；<br>③ 灰密为等值盐密 5～10 倍及以上地区 | c 中 | 0.05～0.10 | 2.0～2.6 | 2.6～3.0 |
| E5 | 人口密度＞10000 人/km² 的居民区和交通枢纽；<br>距海、沙漠或开阔干地 3km 以内；<br>距独立化工及燃煤工业源 0.5～2km 以内；<br>距乡镇企业密集区及重要交通干线 0.2km 以内；<br>重盐碱(含盐量 0.6%～1.0%)地区 | d 重 | 0.10～0.25 | 2.6～3.0 | 3.0～3.5 |
| E6 | 距上述 E5 污染源更远的距离(与 c 级污染区对应的距离)，但：<br>① 在长时间(几个星期或几个月)干旱无雨后，常常发生雾或毛毛雨；<br>② 积污期后期可能出现持续大雾或融冰雪的 E5 类地区；<br>③ 灰密为等值盐密 5～10 倍及以上地区 | d 重 | 0.25～0.30 | 3.0～3.4 | 3.5～4.0 |
| E7 | 沿海 1km 和含盐量＞1.0% 的盐土、沙漠地区；<br>在化工、燃煤工业源以内及距此类独立工业源 0.5km 以内；<br>距污染源的距离等同于 d 级污染区，且：<br>① 直接受到海水喷溅或浓烟雾；<br>② 同时受到工业排放物如高电导废气、水泥等污染和水汽湿润 | e 很重 | ＞0.3 | 3.4～3.8 | 4.0～4.5 |

① 大风和台风影响可能使距海岸 50km 以外的更远距离处测得很高的等值盐密值。
② 在当前大气环境条件下，我国中东部地区电网不宜设"很轻"污染区。
③ 取决于沿海的地形和风力。
④ 计算瓷绝缘单位爬电距离的电压是最高电压。

表 8-52 悬垂绝缘子串的绝缘子数量

| 绝缘子型号 | 绝缘子数量/片 | |
|---|---|---|
| | 线路电压 35kV | 线路电压 66kV |
| XP-70 | 3 | 5 |

⑦ 海拔高度超过 3500m 的地区，绝缘子串的绝缘子数量可根据运行经验适当增加。海拔高度为 1000～3500m 的地区，绝缘子串的绝缘子数量应按下式确定：

$$n_h \geqslant n\left[1+0.1(H-1)\right] \tag{8-33}$$

式中 $n_h$——海拔高度为 1000～3500m 地区绝缘子串的绝缘子数量，片；

$n$——海拔高度为 1000m 以下地区绝缘子串的绝缘子数量，片；

$H$——海拔高度，km。

⑧ 通过污秽地区的架空电力线路宜采用防污绝缘子、有机复合绝缘子或采用其他防污染的措施。

⑨ 海拔高度为 1000m 以下的地区，35kV 和 66kV 架空电力线路带电部分与杆塔构件、拉线、脚钉的最小间隙应符合表 8-53 的规定。

表 8-53 带电部分与杆塔构件、拉线、脚钉的最小间隙　　　　单位：m

| 工况 | 最小间隙 | |
|---|---|---|
| | 线路电压（35kV） | 线路电压（66kV） |
| 雷电过电压 | 0.45 | 0.65 |
| 内部过电压 | 0.25 | 0.50 |
| 运行电压 | 0.10 | 0.20 |

⑩ 海拔高度为 1000m 及以上的地区，海拔高度每增高 100m，内部过电压和运行电压的最小间隙应按表 8-50 所列数值增加 1%。

⑪ 3～10kV 架空电力线路的引下线与 3kV 以下线路各导线之间的距离不宜小于 0.2m。10kV 及以下架空电力线路的过引线、引下线与邻相导线之间的最小间隙应符合表 8-54 的规定。采用绝缘导线的架空电力线路，其最小间隙可结合地区运行经验确定。

表 8-54 过引线、引下线与邻相导线之间的最小间隙

| 线路电压 | 最小间隙/m |
|---|---|
| 3～10kV | 0.30 |
| 3kV 以下 | 0.15 |

⑫ 10kV 及以下架空电力线路的导线与杆塔构件、拉线之间的最小间隙应符合表 8-55 的规定。采用绝缘导线的架空电力线路，其最小间隙可结合地区运行经验确定。

表 8-55 导线与杆塔构件、拉线之间的最小间隙

| 线路电压 | 最小间隙/m |
|---|---|
| 3～10kV | 0.20 |
| 3kV 以下 | 0.05 |

⑬ 带电作业杆塔的最小间隙应符合下列要求：

a. 在海拔高度 1000m 以下的地区，带电部分与接地部分的最小间隙应符合表 8-56 的规定；

b. 对操作人员需要停留工作的部位应增加 0.3～0.5m。

表 8-56 带电作业杆塔带电部分与接地部分的最小间隙　　　　单位：m

| 线路电压 | 10kV | 35kV | 66kV |
|---|---|---|---|
| 最小间隙 | 0.4 | 0.6 | 0.7 |

⑭ 架空电力线路可采用下列过电压保护方式。

a. 66kV 架空电力线路：年平均雷暴日数为 30d 以上的地区，宜沿全线架设地线。

b. 35kV 架空电力线路：进出线段宜架设地线，加挂地线长度一般宜为 1.0～1.5km。

c. 3～10kV 混凝土杆架空电力线路：在多雷区可架设地线，或在三角排列的中线上装设避雷器；当采用铁横担时宜提高绝缘子等级，绝缘导线铁横担的线路可不提高绝缘子等级。

⑮ 杆塔上地线对边导线的保护角宜采用 20°～30°。山区单根地线的杆塔可采用 25°。杆塔上两根地线间的距离不应超过导线与地线间垂直距离的 5 倍。高杆塔或雷害比较严重地区，可采用零度或负保护角或加装其他防雷装置。对多回路杆塔宜采用减少保护角等措施。

⑯ 小接地电流系统的设计应符合下列规定：

a. 无地线的杆塔在居民区宜接地，其接地电阻不宜超过 30Ω；

b. 有地线的杆塔应接地；

c. 在雷雨季，当地面干燥时，每基杆塔工频接地电阻不宜超过表 8-57 所列数值。

表 8-57 杆塔的最大工频接地电阻

| 土壤电阻率 $\rho/\Omega \cdot m$ | $\rho < 100$ | $100 \leqslant \rho < 500$ | $500 \leqslant \rho < 1000$ | $1000 \leqslant \rho < 2000$ | $\rho \geqslant 2000$ |
|---|---|---|---|---|---|
| 工频接地电阻/Ω | 10 | 15 | 20 | 25 | 30 |

⑰ 钢筋混凝土杆铁横担和钢筋混凝土横担架空电力线路的地线支架、导线横担与绝缘子固定部分之间，应有可靠的电气连接并与接地引下线相连，并应符合下列规定：

a. 部分预应力钢筋混凝土杆的非预应力钢筋可兼作接地引下线；

b. 利用钢筋兼作接地引下线的钢筋混凝土电杆，其钢筋与接地螺母和铁横担间应有可靠的电气连接；

c. 外敷的接地引下线可采用镀锌钢绞线，其截面积不应小于 25mm²；

d. 接地体引出线的截面积不应小于 50mm²，并应采用热镀锌。

## 8.5.5 杆塔及其相关设计要求

（1）杆塔形式

① 架空电力线路不同电压等级线路共架的多回路杆塔，应采用高电压在上、低电压在下的布置形式。山区架空电力线路应采用全方位高低腿的杆塔。

② 35～66kV 架空电力线路单回路杆塔的导线可采用三角排列或水平排列，多回路杆塔的导线可采用鼓形、伞形或双三角形排列；3～10kV 单回路杆塔的导线可采用三角排列或水平排列，多回路杆塔的导线可采用三角和水平混合排列或垂直排列；3kV 以下杆塔的导线可采用水平排列或垂直排列。

③ 架空电力线路导线的线间距离应结合运行经验，并应按下列要求确定。

a. 35kV 和 66kV 杆塔的线间距离应按下列公式计算：

$$D \geqslant 0.4 L_k + \frac{U}{110} + 0.65 \sqrt{f} \tag{8-34}$$

$$D_X \geqslant \sqrt{D_p^2 + \left(\frac{4}{3} D_z\right)^2} \tag{8-35}$$

$$h \geqslant 0.75 D \tag{8-36}$$

式中　$D$——导线水平线间距离，m；

$L_k$——悬垂绝缘子串长度,m;
$U$——线路电压,kV;
$f$——导线最大弧垂,m;
$D_X$——导线三角排列的等效水平线间距离,m;
$D_p$——导线间水平投影距离,m;
$D_z$——导线间垂直投影距离,m;
$h$——导线垂直排列的垂直线间距离,m。

b. 使用悬垂绝缘子串的杆塔,其垂直线间距离应符合下列规定:66kV 杆塔不应小于 2.25m;35kV 杆塔不应小于 2m。

c. 采用绝缘导线的杆塔,其最小线间距离可结合地区经验确定。380V 及以下沿墙敷设的绝缘导线,当档距不大于 20m 时,其线间距离不宜小于 0.2m;3kV 以下架空电力线路,靠近电杆的两导线间的水平距离不应小于 0.5m;10kV 及以下杆塔的最小线间距离,应符合表 8-58 的规定。

表 8-58 10kV 及以下杆塔的最小线间距离  单位:m

| 线路电压 | 线间距离 | | | | | | | | |
|---|---|---|---|---|---|---|---|---|---|
| | 档距 | | | | | | | | |
| | 40 以下 | 50 | 60 | 70 | 80 | 90 | 100 | 110 | 120 |
| 3~10kV | 0.60 | 0.65 | 0.70 | 0.75 | 0.85 | 0.90 | 1.00 | 1.05 | 1.15 |
| 3kV 以下 | 0.30 | 0.40 | 0.45 | 0.50 | — | — | — | — | — |

④ 采用绝缘导线的多回路杆塔,横担间最小垂直距离,可结合地区运行经验确定。10kV 及以下多回路杆塔和不同电压等级同杆架设的杆塔,横担间最小垂直距离应符合表 8-59 的规定。

表 8-59 横担间最小垂直距离  单位:m

| 组合方式 | 直线杆 | 转角或分支杆 |
|---|---|---|
| 3~10kV 与 3~10kV | 0.8 | 0.45/0.6 |
| 3~10kV 与 3kV 以下 | 1.2 | 1.0 |
| 3kV 以下与 3kV 以下 | 0.6 | 0.3 |

注:表中 0.45/0.6 系指距上面的横担 0.45m,距下面的横担 0.6m。

⑤ 设计覆冰厚度为 5mm 及以下的地区,上下层导线间或导线与地线间的水平偏移可根据运行经验确定;设计覆冰厚度为 20mm 及以上的重冰地区,导线宜采用水平排列。35kV 和 66kV 架空电力线路,在覆冰地区上下层导线间或导线与地线间的水平偏移不应小于表 8-60 所列数值。

表 8-60 覆冰地区上下层导线间或导线与地线间的最小水平偏移

| 设计覆冰厚度/mm | 最小水平偏移/m | |
|---|---|---|
| | 线路电压(35kV) | 线路电压(66kV) |
| 10 | 0.20 | 0.35 |
| 15 | 0.35 | 0.50 |
| ≥20 | 0.85 | 1.00 |

⑥ 采用绝缘导线的杆塔，不同回路的导线间最小水平距离可结合地区运行经验确定；3～66kV 多回路杆塔，不同回路的导线间最小距离应符合表 8-61 的规定。

表 8-61  不同回路的导线间最小距离    单位：m

| 线路电压 | 3～10kV | 35kV | 66kV |
|---|---|---|---|
| 线间距离 | 1.0 | 3.0 | 3.5 |

⑦ 66kV 与 10kV 同杆塔共架的线路，不同电压等级导线间的垂直距离不应小于 3.5m；35kV 与 10kV 同杆塔共架的线路，不同电压等级导线间的垂直距离不应小于 2m。

(2) 杆塔荷载

① 风向与杆塔面垂直情况的杆塔塔身或横担风荷载的标准值，应按下式计算：

$$W_S = \beta \mu_S \mu_Z A W_O \tag{8-37}$$

式中 $W_S$——杆塔塔身或横担风荷载的标准值，kN；
$\beta$——风振系数，按本节第⑤条的规定采用；
$\mu_S$——风荷载体型系数；
$\mu_Z$——风压高度变化系数；
$A$——杆塔结构构件迎风面投影面积，$m^2$；
$W_O$——基本风压，$kN/m^2$。

② 风向与线路垂直情况的导线或地线风荷载的标准值，应按下式计算：

$$W_X = \alpha \mu_S d L_W W_O \tag{8-38}$$

式中 $W_X$——导线或地线风荷载的标准，kN；
$\alpha$——风荷载档距系数，按本节第⑥条的规定采用；
$\mu_S$——风荷载体型系数，当 $d<17$mm，取 1.2，当 $d \geqslant 17$mm，取 1.1，覆冰时，取 1.2；
$d$——导线或地线覆冰后的计算外径之和（m），对分裂导线，不考虑线间的屏蔽影响；
$L_W$——风力档距，m。

③ 各类杆塔均应按以下三种风向计算塔身、横担、导线和地线的风荷载：
a. 风向与线路方向相垂直，转角塔应按转角等分线方向；
b. 风向与线路方向的夹角成 60°或 45°；
c. 风向与线路方向相同。

④ 风向与线路方向在各种角度情况下，塔身、横担、导线和地线的风荷载，垂直线路方向分量和顺线路方向分量应按表 8-62 采用。

表 8-62  风荷载垂直线路方向分量和顺线路方向分量

| 风向与线路方向间夹角/(°) | 塔身风荷载 | | 横担风荷载 | | 导线或地线风荷载 | |
|---|---|---|---|---|---|---|
| | X | Y | X | Y | X | Y |
| 0 | 0 | $W_{Sb}$ | 0 | $W_{Sc}$ | 0 | $0.25W_X$ |
| 45 | $0.424(W_{Sa}+W_S)$ | $0.424(W_{Sa}+W_S)$ | $0.4W_{Sc}$ | $0.7W_{Sc}$ | $0.5W_X$ | $0.15W_X$ |
| 60 | $0.747W_{Sa}+0.249W_{Sb}$ | $0.431W_{Sa}+0.144W_{Sb}$ | $0.4W_{Sc}$ | $0.7W_{Sc}$ | $0.75W_X$ | 0 |
| 90 | $W_{Sa}$ | 0 | $0.4W_{Sc}$ | 0 | $W_X$ | 0 |

注：X 为风荷载垂直线路方向的分量；Y 为风荷载顺线路方向的分量；$W_{Sa}$ 为垂直线路风向的塔身风荷载；$W_{Sb}$ 为顺线路风向的塔身风荷载；$W_{Sc}$ 为顺线路风向的横担风荷载。

⑤ 拉线高塔和其他特殊杆塔的风振系数 $\beta$，宜按现行国家标准《建筑结构荷载规范》GB 50009—2012 的有关规定采用，也可按表 8-63 的规定采用。

表 8-63 杆塔的风振系数

| 部位 | 杆塔总高度/m | | |
|---|---|---|---|
| | <30 | 30~50 | >50 |
| 塔身 | 1.0 | 1.2 | 1.5 |
| 基础 | 1.0 | 1.0 | 1.2 |

⑥ 风荷载档距系数 $\alpha$ 应按表 8-64 采用。

表 8-64 风荷载档距系数

| 设计风速/(m/s) | 20 以下 | 20~29 | 30~34 | 35 及以上 |
|---|---|---|---|---|
| $\alpha$ | 1.0 | 0.85 | 0.75 | 0.7 |

⑦ 杆塔的荷载可分为下列两类。

a. 永久荷载：导线、地线、绝缘子及其附件的重力荷载，杆塔构件及杆塔上固定设备的重力荷载，土压力和预应力等。

b. 可变荷载：风荷载，导线或地线张力荷载，导线或地线覆冰荷载，附加荷载以及活荷载等。

⑧ 各类杆塔均应计算线路的运行工况、断线工况和安装工况的荷载。

⑨ 各类杆塔的运行工况应计算下列工况的荷载：

a. 最大风速、无冰、未断线；

b. 覆冰、相应风速、未断线；

c. 最低气温、无风、无冰、未断线。

⑩ 直线型杆塔的断线工况应计算下列工况的荷载：

a. 单回路和双回路杆塔断 1 根导线、地线未断、无风、无冰；

b. 多回路杆塔，同档断不同相的 2 根导线、地线未断、无风、无冰；

c. 断 1 根地线、导线未断、无风、无冰。

⑪ 耐张型杆塔的断线工况应计算下列两种工况的荷载。

a. 单回路杆塔，同档断两相导线；双回路或多回路杆塔，同档断导线的数量为杆塔上全部导线数量的 1/3；终端塔断剩两相导线、地线未断、无风、无冰。

b. 断 1 根地线、导线未断、无风、无冰。

⑫ 断线工况下，直线杆塔的导线或地线张力应符合下列规定：

a. 单导线和地线按表 8-65 的规定采用；

表 8-65 直线杆塔单导线和地线的断线张力

| 导线或地线种类 | 断线张力（最大使用张力的百分数）/% | | |
|---|---|---|---|
| | 混凝土杆、钢管混凝土杆 | 拉线塔 | 自立塔 |
| 地线 | 15~20 | 30 | 50 |

续表

| 导线或地线种类 | | 断线张力(最大使用张力的百分数)/% | | |
|---|---|---|---|---|
| | | 混凝土杆、钢管混凝土杆 | 拉线塔 | 自立塔 |
| 导线 | 截面积95mm² 及以下 | 30 | 30 | 40 |
| | 截面积120～185mm² | 35 | 35 | 40 |
| | 截面积210mm² 及以上 | 40 | 40 | 50 |

b. 分裂导线平地应取1根导线最大使用张力的40%，山地应取50%；

c. 针式绝缘子杆塔的导线断线张力宜大于3000N。

⑬ 断线工况下，耐张型杆塔的地线张力应取地线最大使用张力的80%，导线张力应取导线最大使用张力的70%。

⑭ 重冰地区各类杆塔的断线工况应按覆冰、无风、气温为-5℃计算，断线工况的覆冰荷载不应小于运行工况计算覆冰荷载的50%，并应按所有导线及地线不均匀脱冰，一侧覆冰100%，另侧覆冰不大于50%计算不平衡张力荷载。对直线杆塔，可按导线和地线不同时发生不均匀脱冰验算。对耐张型杆塔，可按导线和地线同时发生不均匀脱冰验算。

⑮ 各类杆塔的安装工况应按安装荷载、相应风速、无冰条件计算。导线或地线及其附件的起吊安装荷载，应包括提升重力、紧线张力荷载和安装人员及工具的重力。

⑯ 终端杆塔应按进线档已架线及未架线两种工况计算。

(3) 杆塔材料

① 型钢铁塔的钢材的强度设计值和标准应按现行国家标准《钢结构设计规范》GB 50017—2017的有关规定采用。钢结构构件的孔壁承压强度设计值应按表8-66采用。螺栓和锚栓的强度设计值应按表8-67采用。

表8-66 钢结构构件的孔壁承压强度设计值　　　单位：N/mm²

| 钢材材质 | | Q235 | Q345 | Q390 |
|---|---|---|---|---|
| 孔壁承压强度设计值 | 厚度<16mm | 375 | 510 | 530 |
| | 厚度17～25mm | 375 | 490 | 510 |

注：表中所列数值的条件是螺孔端距不小于螺栓直径1.5倍。

表8-67 螺栓和锚栓的强度设计值　　　单位：N/mm²

| 材料 | 等级或材质 | 标准直径/mm | 抗拉、抗压和抗弯强度设计值 | 抗剪强度设计值 |
|---|---|---|---|---|
| 粗制螺栓 | 4.8级 | ≤24 | 200 | 170 |
| | 5.8级 | ≤24 | 240 | 210 |
| | 6.8级 | ≤24 | 300 | 240 |
| | 8.8级 | ≤24 | 400 | 300 |
| 锚栓 | Q235 | ≥16 | 160 | — |
| | 35# 优质碳素钢 | ≥16 | 190 | — |

② 环形断面钢筋混凝土电杆的钢筋宜采用Ⅰ级、Ⅱ级、Ⅲ级钢筋；预应力混凝土电杆的钢筋宜采用碳素钢丝、刻痕钢丝、热处理钢筋或冷拉Ⅱ级、Ⅲ级、Ⅳ级钢筋。混凝土基础的钢筋宜采用Ⅰ级或Ⅱ级钢筋。

③ 环形断面钢筋混凝土电杆的混凝土强度不应低于C30；预应力混凝土电杆的混凝土强度不应低于C40。其他预制混凝土构件的混凝土强度不应低于C20。

④ 混凝土和钢筋的材料强度设计值与标准值应按现行国家标准《混凝土结构设计规范》GB 50010—2010的有关规定采用。

⑤ 拉线宜采用镀锌钢绞线，其强度设计值应按下式计算：

$$f = \Psi_1 \Psi_2 f_u \tag{8-39}$$

式中 $f$——钢绞线强度设计值，$N/mm^2$；

$\Psi_1$——钢绞线强度扭绞调整系数，取0.9；

$\Psi_2$——钢绞线强度不均匀系数，对$1\times 7$结构取0.65，其他结构取0.56；

$f_u$——钢绞线的破坏强度，$N/mm^2$。

⑥ 拉线金具的强度设计值应按金具的抗拉强度或金具试验的最小破坏荷载除以抗力分项系数1.8确定。

(4) 杆塔设计

① 杆塔结构构件及连接的承载力、强度、稳定计算和基础强度计算，应采用荷载设计值；变形、抗裂、裂缝、地基和基础稳定计算，均应采用荷载标准值。

② 杆塔结构构件的承载力设计，应采用下列极限状态设计表达式：

$$\gamma_G C_G G_K + \psi \gamma_Q \sum C_{Qi} Q_{iK} \leqslant R \tag{8-40}$$

式中 $\gamma_G$——永久荷载分项系数，宜取1.2，对结构构件受力有利时可取1.0；

$C_G$——永久荷载的荷载效应系数；

$G_K$——永久荷载标准值；

$\psi$——可变荷载综合值系数，运行工况宜取1.0，耐张型杆塔断线工况和各类杆塔的安装工况宜取0.9，直线型杆塔断线工况和各类杆塔的验算工况宜取0.75；

$\gamma_Q$——可变荷载分项系数，宜取1.4；

$C_{Qi}$——第$i$项可变荷载的荷载效应系数；

$Q_{iK}$——第$i$项可变荷载的标准值；

$R$——结构构件抗力设计值。

③ 杆塔结构构件的变形、裂缝和抗裂计算，应采用下列正常使用极限状态表达式：

$$C_G G_K + \psi \sum C_{Qi} Q_{iK} \leqslant \delta \tag{8-41}$$

式中 $\delta$——结构构件的裂缝宽度或变形的限值。

④ 杆塔结构正常使用极限状态的控制应符合下列规定。

a. 在长期荷载作用下，杆塔的计算挠度应符合下列规定。

ⅰ. 无拉线直线单杆杆顶的挠度：水泥杆不应大于杆全高的5‰，钢管杆不应大于杆全高的8‰，钢管混凝土杆不应大于杆全高的7‰。

ⅱ. 无拉线直线铁塔塔顶的挠度不应大于塔全高的3‰。

ⅲ. 拉线杆塔顶点的挠度不应大于杆塔全高的4‰。

ⅳ. 拉线杆塔拉线点以下杆塔身的挠度不应大于拉线点高的2‰。

ⅴ. 耐张型塔塔顶的挠度不应大于塔全高的7‰。

ⅵ.单柱耐张型杆杆顶的挠度不应大于杆全高的15‰。

b.在运行工况的荷载作用下,钢筋混凝土构件的计算裂缝宽度不应大于0.2mm,部分预应力混凝土构件的计算裂缝宽度不应大于0.1mm,预应力钢筋混凝土构件的混凝土拉应力限制系数不应大于1.0。

(5)杆塔结构

① 一般规定

a.钢结构构件的长细比不宜超过表8-68所列数值。

表8-68 钢结构构件的长细比限值

| 钢结构构件 | 钢结构构件的长细比 | 钢结构构件 | 钢结构构件的长细比 |
| --- | --- | --- | --- |
| 塔身及横担受压主材 | 150 | 辅助材 | 250 |
| 塔腿受压斜材 | 180 | 受拉材 | 400 |
| 其他受压斜材 | 220 | | |

注:柔性预应力腹杆可不受长细比限制。

b.拉线杆塔主柱的长细比不宜超过表8-69所列数值。

表8-69 拉线杆塔主柱的长细比限值

| 拉线杆塔主柱 | 拉线杆塔主柱的长细比 | 拉线杆塔主柱 | 拉线杆塔主柱的长细比 |
| --- | --- | --- | --- |
| 单柱铁塔 | 80 | 预应力混凝土耐张杆 | 180 |
| 双柱铁塔 | 110 | 预应力混凝土直线杆 | 200 |
| 钢筋混凝土耐张杆 | 160 | 空心钢管混凝土直线杆 | 200 |
| 钢筋混凝土直线杆 | 180 | | |

c.无拉线锥形单杆可按受弯构件进行计算,弯矩应乘以增大系数1.1。

d.铁塔的造型设计和节点设计,应传力清楚、外观顺畅、构造简洁。节点可采用准线与准线交会,也可采用准线与角钢背交会的方式。受力材之间的夹角不应小于15°。

e.钢结构构件的计算应计入节点和连接的状况对构件承载力的影响,并应符合现行国家标准《钢结构设计规范》GB 50017—2017的有关规定。

f.环形截面混凝土构件的计算应符合现行国家标准《混凝土结构设计规范》GB 50010—2010的有关规定。

② 构造要求

a.钢结构构件宜采用热镀锌防腐措施。当大型构件采用热镀锌措施有困难时,可采用其他防腐措施。

b.型钢钢结构中,钢板厚度不宜小于4mm,角钢规格不宜小于等边角钢L40×3。节点板的厚度宜大于连接斜材角钢肢厚度的20%。

c.用于连接受力杆件的螺栓,直径不宜小于12mm。构件上的孔径宜比螺栓直径大1~1.5mm。

d.主材接头每端不宜小于6个螺栓,斜材对接接头每端不宜少于4个螺栓。

e.承受剪力的螺栓,其承剪部分不宜有螺纹。

f.铁塔的下部距地面4m以下部分和拉线的下部调整螺栓应采用防盗螺栓。

g. 环形截面钢筋混凝土受弯构件的最小配筋量应符合表 8-70 的要求。

表 8-70 环形截面钢筋混凝土受弯构件的最小配筋量

| 环形截面外径/mm | 200 | 250 | 300 | 350 | 400 |
|---|---|---|---|---|---|
| 最小配筋量 | 8φ10 | 10φ10 | 12φ12 | 14φ12 | 16φ12 |

h. 环形截面钢筋混凝土受弯构件的主筋直径不宜小于 10mm，且不宜大于 20mm；主筋净距宜采用 30～70mm。

i. 用离心法生产的电杆，混凝土保护层不宜小于 15mm，节点预留孔宜设置钢管。

j. 拉线宜采用镀锌钢绞线，截面积不应小于 25mm²。拉线棒的直径不应小于 16mm，且应采用热镀锌。

k. 跨越道路的拉线，对路边的垂直距离不宜小于 6m。拉线柱的倾斜角宜采用 10°～20°。

(6) 基础

① 基础的形式应根据线路沿线的地形、地质、材料来源、施工条件和杆塔形式等因素综合确定。在有条件的情况下，应优先采用原状土基础、高低柱基础等有利于环境保护的基础形式。

② 基础应根据杆位或塔位的地质资料进行设计。现场浇制钢筋混凝土基础的混凝土强度等级不应低于 C20。

③ 基础设计应考虑地下水位季节性的变化。位于地下水位以下的基础和土壤应考虑水的浮力并取有效重度。计算直线杆塔基础的抗拔稳定时，对塑性指数大于 10 的黏性土可取天然重度。黏性土应根据塑性指数分为粉质黏土和黏土。

④ 岩石基础应根据有关规程、规范进行鉴定，并宜选择有代表性的塔位进行试验。

⑤ 原状土基础在计算上拔稳定时，抗拔深度应扣除表层非原状土的厚度。

⑥ 基础埋置深度不应小于 0.5m。在有冻胀性土的地区，埋深应根据地基土的冻结深度和冻胀性土的类别确定。有冻胀性土的地区的钢筋混凝土杆和基础应采取防冻胀措施。

⑦ 设置在河流两岸或河中的基础应根据地质水文资料进行设计，并应计入水流对地基的冲刷和漂浮物对基础的撞击影响。

⑧ 基础设计（包括地脚螺栓、插入角钢设计）时，基础作用力计算应计入杆塔风荷载调整系数。当杆塔全高超过 50m 时，风荷载调整系数取 1.3；当杆塔全高未超过 50m 时，风荷载调整系数取 1.0。

⑨ 基础底面压应力应符合式(8-42)的要求，当偏心荷载作用时，除符合式(8-42)的要求外，尚应符合式(8-43)的要求：

$$P \leqslant f \tag{8-42}$$

$$P_{\max} \leqslant f \tag{8-43}$$

式中 $P$——作用于基础底面处的平均压力标准值，$N/m^2$；

$f$——地基承载力设计值；

$P_{\max}$——作用于基础底面处的最大压力标准值，$N/m^2$。

⑩ 基础抗拔稳定应符合下式要求：

$$N \leqslant G/\gamma_{R1} + G_0/\gamma_{R2} \tag{8-44}$$

式中 $N$——基础上拔力标准值，kN；

$G$——采用土重法计算时,为倒截锥体的土体重力标准值,采用剪切法计算时,为土体滑动面上土剪切抗力的竖向分量与土体重力之和,kN;

$\gamma_{R1}$——土重上拔稳定系数,按本节第⑫条的规定采用;

$G_0$——基础自重力标准值,kN;

$\gamma_{R2}$——基础自重上拔稳定系数,按本节第⑫条的规定采用。

⑪ 基础倾覆稳定应符合下列公式的要求:

$$\gamma_S F_O \leqslant F_j \tag{8-45}$$

$$\gamma_S M_O \leqslant M_j \tag{8-46}$$

式中 $\gamma_S$——倾覆稳定系数,按本节第⑫条的规定采用;

$F_O$——作用于基础的倾覆力标准值,kN;

$F_j$——基础的极限倾覆力,kN;

$M_O$——作用于基础的倾覆力矩标准值,kN·m;

$M_j$——基础的极限倾覆力矩,kN·m。

⑫ 基础上拔稳定计算的土重上拔稳定系数 $\gamma_{R1}$、基础自重上拔稳定系数 $\gamma_{R2}$ 和倾覆计算的倾覆稳定系数 $\gamma_S$,应按表 8-71 采用。

表 8-71 上拔稳定系数和倾覆稳定系数

| 杆塔类型 | $\gamma_{R1}$ | $\gamma_{R2}$ | $\gamma_S$ |
| --- | --- | --- | --- |
| 直线杆塔 | 1.6 | 1.2 | 1.5 |
| 直线转角或耐张杆塔 | 2.0 | 1.3 | 1.8 |
| 转角或终端杆塔 | 2.5 | 1.5 | 2.2 |

(7) 杆塔定位、对地距离和交叉跨越

① 转角杆塔的位置应根据线路路径、耐张段长度、施工和运行维护条件等因素综合确定。直线杆塔的位置应根据导线对地面距离、导线对被交叉物距离或控制档距确定。

② 10kV 及以下架空电力线路的档距可采用表 8-72 所列数值。市区 66kV、35kV 架空电力线路,应综合考虑城市发展等因素,档距不宜过大。

③ 杆塔定位应考虑杆塔和基础的稳定性,并应便于施工和运行维护。不宜在下述地点设置杆塔:

a. 可能发生滑坡或山洪冲刷的地点;

表 8-72 10kV 及以下架空电力线路的档距

| 区域 | 档距/m | |
| --- | --- | --- |
| | 线路电压 | |
| | 3~10kV | 3kV 以下 |
| 市区 | 45~50 | 40~50 |
| 郊区 | 50~100 | 40~60 |

b. 容易被车辆碰撞的地点;

c. 可能变为河道的不稳定河流变迁地区;

d. 局部不良地质地点；

e. 地下管线的井孔附近和影响安全运行的地点。

④ 架空电力线路中较长的耐张段，每 10 基应设置一基加强型直线杆塔。

⑤ 当跨越其他架空线路时，跨越杆塔宜靠近被跨越线路设置。

⑥ 导线与地面、建筑物、树木、铁路、道路、河流、管道、索道及各种架空线路间的距离，应按下列原则确定。

a. 应根据最高气温情况或覆冰情况求得的最大弧垂和最大风速情况或覆冰情况求得的最大风偏进行计算。

b. 计算上述距离应计入导线架线后塑性伸长的影响和设计、施工的误差，但不应计入由于电流、太阳辐射、覆冰不均匀等引起的弧垂增大。

c. 当架空电力线路与标准轨距铁路、高速公路和一级公路交叉，且架空电力线路的档距超过 200m 时，最大弧垂应按导线温度为 +70℃ 计算。

⑦ 导线与地面的最小距离，在最大计算弧垂情况下，应符合表 8-73 的规定。

表 8-73　导线与地面的最小距离　　　　　　　　　　单位：m

| 线路经过区域 | 最小距离 | | |
|---|---|---|---|
| | 线路电压 | | |
| | 3kV 以下 | 3～10kV | 35～66kV |
| 人口密集地区 | 6.0 | 6.5 | 7.0 |
| 人口稀少地区 | 5.0 | 5.5 | 6.0 |
| 交通困难地区 | 4.0 | 4.5 | 5.0 |

⑧ 导线与山坡、峭壁、岩石之间的最小距离，在最大计算风偏情况下应符合表 8-74 的规定。

表 8-74　导线与山坡、峭壁、岩石之间的最小距离　　　　　单位：m

| 线路经过地区 | 最小距离 | | |
|---|---|---|---|
| | 线路电压 | | |
| | 3kV 以下 | 3～10kV | 35～66kV |
| 步行可以到达的山坡 | 3.0 | 4.5 | 5.0 |
| 步行不能到达的山坡、峭壁、岩石 | 1.0 | 1.5 | 3.0 |

⑨ 导线与建筑物之间的最小垂直距离，在最大计算弧垂情况下应符合表 8-75 的规定。

表 8-75　导线与建筑物之间的最小垂直距离　　　　　单位：m

| 线路电压 | 3kV 以下 | 3～10kV | 35kV | 66kV |
|---|---|---|---|---|
| 距离 | 3.0 | 3.0 | 4.0 | 5.0 |

⑩ 架空电力线路在最大计算风偏情况下，边导线与城市多层建筑或城市规划建筑线间的最小水平距离，以及边导线与不在规划范围内的城市建筑物间的最小距离，应符合

表 8-76 的规定。架空电力线路边导线与不在规划范围内的建筑物间的水平距离,在无风偏情况下不应小于表 8-76 所列数值的 50%。

表 8-76 边导线与建筑物间的最小距离　　　　　单位: m

| 线路电压 | 3kV 以下 | 3~10kV | 35kV | 66kV |
|---|---|---|---|---|
| 距离 | 1.0 | 1.5 | 3.0 | 4.0 |

⑪ 导线与树木(考虑自然生长高度)之间的最小垂直距离,应符合表 8-77 的规定。

表 8-77 导线与树木之间的最小垂直距离　　　　　单位:m

| 线路电压 | 3kV 以下 | 3~10kV | 35~66kV |
|---|---|---|---|
| 距离 | 3.0 | 3.0 | 4.0 |

⑫ 导线与公园、绿化区或防护林带的树木之间的最小距离,在最大计算风偏情况下应符合表 8-78 的规定。

表 8-78 导线与公园、绿化区或防护林带的树木之间的最小距离　　　单位: m

| 线路电压 | 3kV 以下 | 3~10kV | 35~66kV |
|---|---|---|---|
| 距离 | 3.0 | 3.0 | 3.5 |

⑬ 导线与果树、经济作物或城市绿化灌木之间的最小垂直距离,在最大计算弧垂情况下应符合表 8-79 的规定。

表 8-79 导线与果树、经济作物或城市绿化灌木之间的最小垂直距离　　单位:m

| 线路电压 | 3kV 以下 | 3~10kV | 35~66kV |
|---|---|---|---|
| 距离 | 1.5 | 1.5 | 3.0 |

⑭ 导线与街道行道树之间的最小距离,应符合表 8-80 的规定。

表 8-80 导线与街道行道树之间的最小距离　　　　　单位:m

| 检查状况 | 最小距离 | | |
|---|---|---|---|
| | 线路电压 | | |
| | 3kV 以下 | 3~10kV | 35~66kV |
| 最大计算弧垂情况下的垂直距离 | 1.0 | 1.5 | 3.0 |
| 最大计算风偏情况下的水平距离 | 1.0 | 2.0 | 3.5 |

⑮ 10kV 及以下采用绝缘导线的架空电力线路,除导线与地面的距离和重要交叉跨越距离之外,其他最小距离的规定可结合地区运行经验确定。

⑯ 架空电力线路与铁路、道路、河流、管道、索道及各种架空线路交叉或接近的要求应符合表 8-81 的规定。

(8) 附属设施

① 杆塔上应设置线路名称和杆塔号的标志。35kV 和 66kV 架空电力线路的耐张型杆塔、分支杆塔、换位杆塔前后各一基杆塔上,均应设置相位标志。

② 新建架空电力线路,在难以通过的地段可修建人行巡线小道、便桥或采取其他措施。

表 8-81　架空电力线路与铁路、道路、河流、管道、索道及各种架空线路交叉或接近的要求

| 项目 | 铁路 | 公路和道路 | 电车道(有轨及无轨) | 通航河流 | 不通航河流 | 架空弱电线路 | 电力线路 | 特殊管道 | 一般管道、索道 |
|---|---|---|---|---|---|---|---|---|---|
| 导线或地线在跨越档接头 | 标准轨距:不得接头;窄轨、不限制 | 高速公路和城市一、二级:不得接头;公路及城市三、四级道路:不限制 | 不得接头 | 不得接头 | 不限制 | 一、二级:不得接头;三级:不限制 | 35kV及以上:不得接头;10kV及以下:不限制 | 不得接头 | 不得接头 |
| 交叉档导线最小截面积 | 35kV及以上采用钢芯铝绞线或铝绞线为35mm²;10kV及以下采用铝绞线为35mm²,其他导线为16mm² | | | | | | | | |
| 交叉档距绝缘子固定方式 | 双固定 | 高速公路和城市一、二级道路为双固定 | 双固定 | 双固定 | — | 10kV及以下线路跨一、二级为双固定 | 10kV线路跨6~10kV线路为双固定 | 双固定 | 双固定 |

最小垂直距离 /m

| 线路电压 | 铁路 至标准轨顶 | 铁路 至窄轨轨顶 | 铁路 至承力索或接触线 | 公路 至路面 | 电车道 至路面 | 电车道 至承力索或接触线 | 通航河流 至常年高水位 | 通航河流 至最高航行水位的最高船桅杆 | 不通航河流 至最高洪水位 | 不通航河流 冬季至水面 | 架空弱电线路 至被跨越线 | 电力线路 至被跨越线 | 特殊管道 至管道任何部分 | 一般管道、索道 至索道任何部分 |
|---|---|---|---|---|---|---|---|---|---|---|---|---|---|---|
| 35~66kV | 7.5 | 7.5 | 3.0 | 7.0 | 10.0 | 3.0 | 6.0 | 2.0 | 3.0 | 5.0 | 3.0 | 3.0 | 4.0 | 3.0 |
| 3~10kV | 7.5 | 6.0 | 3.0 | 7.0 | 9.0 | 3.0 | 6.0 | 1.5 | 3.0 | 5.0 | 2.0 | 2.0 | 3.0 | 2.0 |
| 3kV以下 | 7.5 | 6.0 | 3.0 | 6.0 | 9.0 | 3.0 | 6.0 | 1.0 | 3.0 | 5.0 | 1.0 | 1.0 | 1.5 | 1.5 |

最小水平距离 /m

| 线路电压 | 铁路 杆塔外缘至轨道中心 | 公路 杆塔外缘至路基边缘 | 电车道 杆塔外缘至路基边缘 | 通航河流(边导线至拉纤小路坡上缘 线路与拉纤小路平行) | 架空弱电线路 边导线间 | 电力线路 至被跨越线 | 特殊管道 边导线至索道任何部分 | 一般管道、索道 边导线至管道任何部分 |
|---|---|---|---|---|---|---|---|---|
| 交叉 | | | | | | | | |
| 平行 | 开阔地区 / 路径受限制地区 市区内 | 开阔地区 / 路径受限制地区 | 开阔地区 / 路径受限制地区 | | 开阔地区 / 路径受限制地区 | 路径受限制地区 | 开阔地区 / 路径受限制地区 | 路径受限制地区 |

续表

| 项目 | | 铁路 | 公路和道路 | | 电车道（有轨及无轨） | | 通航河流 | 不通航河流 | 架空明线弱电线路 | | 电力线路 | | 特殊管道 | 一般管道、索道 |
|---|---|---|---|---|---|---|---|---|---|---|---|---|---|---|
| 最小水平距离/m | 35～66kV | 最高杆(塔)高加3m；30 | 交叉：8.0；平行：最高杆塔高 | 5.0 | 交叉：8.0；平行：最高杆塔高 | 5.0 | 最高杆(塔)高 | 最高杆(塔)高 | 最高杆(塔)高 | 4.0 | 最高杆(塔)高 | 5.0 | 最高杆(塔)高 | 4.0 |
| | 3～10kV | 5 | | 0.5 | | 0.5 | | | | 2.0 | | 2.5 | | 2.0 |
| | 3kV以下 | 5 | | 0.5 | | 0.5 | | | | 1.0 | | 2.5 | | 1.5 |
| 其他要求 | | 35～66kV不宜在铁路出站信号机以内跨越 | 在不受环境和规划限制的地区架空电力线路与国道的距离不宜小于20m，省道不宜小于15m，县道不宜小于10m，乡道不宜小于5m | | — | | 最高洪水位时，有抗洪抢险船只航行的河流，垂直距离应协商确定 | 不通航河流也不能浮运的河流 | 电力线应架设在弱电线路上方，交叉点应尽量靠近杆(塔)，但不应小于7m（市区除外） | | 电压高的线路应架设在电压低的线路上方；电压相同时，公用线应在专用线上方 | | 与索道交叉，如索道在上方，下方索道应设保护措施；交叉点应选在管道检查井处；与管道、索道平行时，管道、索道应接地 | |

注：
1. 特殊管道指架设在地面上输送易燃、易爆物的管道。
2. 管道、索道上的附属设施，应视为管道、索道的一部分。
3. 常年高水位时指5年一遇洪水位，最高洪水位对35kV及以上架空电力线路是指百年一遇洪水位，对10kV及以下架空电力线路是指50年一遇洪水位。
4. 不通航河流指不能通航，也不能浮运的河流。
5. 对路径受限制地区的最小水平距离的要求，设计反事故限距时，应架反事故限距并与承力索和接触线的距离按实际情况确定。
6. 对电气化铁路的安全距离主要是指电力线导线与承力索和接触网导线的最小水平距离，因此，对电气化铁路轨顶的距离按实际情况确定。

第8章　35kV及以下导体、电缆及架空线路的设计

421

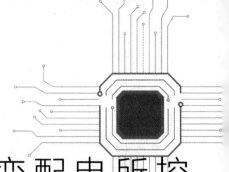

# 第9章 110kV及以下变配电所控制、测量、继电保护及自动装置

## 9.1 变配电所控制、测量与信号设计

### 9.1.1 变配电所控制系统

1) 变配电所的控制，按其操作电源可分为强电控制和弱电控制，前者一般为110V或220V电压；后者为48V及以下电压。按操作方式可分一对一控制和选线控制两种。

控制回路宜采用控制开关具有固定位置的接线。对遥控及无人值班变配电所的控制回路，宜采用控制开关自动复位的接线。

2) 断路器的控制回路应满足下列要求：
① 能监视电源及跳、合闸回路的完整性；
② 应能指示断路器合闸与跳闸的位置状态，自动合闸或跳闸时应有明显信号；
③ 合闸或跳闸完成后应使命令脉冲自动解除；
④ 有防止断路器"跳跃"的电气闭锁装置；
⑤ 接线应简单可靠，使用电缆芯最少。

3) 断路器采用灯光监视回路时，宜采用双灯制接线，断路器在合闸位置时红灯亮，跳闸位置时绿灯亮。

4) 在主控制室内控制的断路器，当采用音响监视控制回路时，一般为单灯制接线，断路器控制回路用中间继电器监视。断路器合闸或跳闸位置由控制开关的手柄位置来表示，其垂直位置为合闸，水平位置为跳闸。控制开关手柄内应有信号灯。

5) 配电装置就地操作的断路器，一般只装设监视跳闸回路的位置继电器，用红、绿灯作位置指示，正常时红灯运行，事故时绿灯闪，并向控制室或驻所值班室发出声光信号。

6) 断路器的"防跳"回路，通常采用电流启动电压保持的"防跳"接线：
① 电流启动防跳继电器的动作时间，不应大于跳闸脉冲发出至断路器辅助触点切断跳闸回路的时间。
② 一般利用防跳继电器常开触点对跳闸脉冲予以自保持。当保护跳闸回路串有继电器时，该继电器触点应串接其电流自保持线圈。当选用的防跳继电器无电流自保持线圈时，亦可接适当电阻代替，阻值应保证信号继电器能可靠动作。一般均应采用三相联动控制。

7) 采用液压或空气操动机构的断路器，当压力降低至规定值时，应相应闭锁重合闸、合闸及跳闸回路。当采用液压操动机构的断路器，一般不采用压力降至规定值后自动跳闸的接线。采用弹簧操动机构的断路器应有弹簧拉紧与否的闭锁。

8) 对具有电流或电压自保持的继电器，如防跳继电器等，在接线中应标明极性。

9) 为了防止隔离开关的误操作，隔离开关与其相应的断路器之间应装设机械的或电磁的闭锁装置。

## 9.1.2 变配电所电测量装置

(1) 一般规定

① 电测量装置应能正确反映电力装置运行工况的电气参数和绝缘状况。

② 电测量装置可采用直接式仪表测量、一次仪表测量或二次仪表测量。直接式仪表测量中配置的电测量装置，应满足相应一次回路动热稳定的要求。

③ 电测量装置的准确度不应低于表 9-1 的规定。

表 9-1 电测量装置的准确度最低要求

| 电测量装置类型 | | 准确度 |
|---|---|---|
| 计算机监控系统 | 交流采样 | 0.5 级 |
| | | 电网频率测量误差不大于 0.01Hz |
| | 直流采样 | 模数转换误差≤0.2% |
| 常用电测量仪表 | 指针式交流仪表 | 1.5 级 |
| | 指针式直流仪表 | 1.0 级（经变送器二次测量） |
| | | 1.5 级 |
| | 数字式仪表 | 0.5 级 |
| | 记录型仪表 | 应满足测量对象的准确度要求 |
| 综合保护测控装置中的测量部分 | | 0.5 级 |

④ 交流回路指示仪表的综合准确度不应低于 2.5 级，直流回路指示仪表的综合准确度不应低于 1.5 级，接于电测量变送器二次测量仪表的准确度不应低于 1.0 级。电测量装置电流、电压互感器及附件、配件的准确度不应低于表 9-2 的规定。

表 9-2 电测量装置的电流、电压互感器及附件、配件的准确度要求　　　　单位：级

| 电测量装置准确度 | 附件、配件准确度 | | | |
|---|---|---|---|---|
| | 电流、电压互感器 | 变送器 | 分流器 | 中间互感器 |
| 0.5 | 0.5 | 0.5 | 0.5 | 0.2 |
| 1.0 | 0.5 | 0.5 | 0.5 | 0.2 |
| 1.5 | 1.0 | 0.5 | 0.5 | 0.2 |
| 2.5 | 1.0 | 0.5 | 0.5 | 0.5 |

⑤ 指针式测量仪表测量范围宜保证电力设备额定值指示在仪表标度尺的 2/3 处。对可能过负荷运行的电力设备和回路，测量仪表宜选用过负荷仪表；对重载启动的电动机和有可能出现短时冲击电流的电力设备和回路，宜采用具有过负荷标度尺的电流表。

⑥ 多个同类型电力设备和回路的电测量可采用选择测量方式。

⑦ 经变送器的二次测量仪表，其满刻度值应与变送器的校准值相匹配。

⑧ 双向电流的直流回路和双向功率的交流回路，应采用具有双向标度的电流表和功率表。具有极性的直流电流和电压回路，应采用具有极性的仪表。

⑨ 发电厂和变（配）电站装设的远动遥测、计算机监控系统，采用经变送器输入时，二次测量仪表、计算机监控系统可共用变送器。

⑩ 励磁回路仪表的上限值不应低于额定工况的 1.3 倍。仪表的综合误差不应超过 1.5%。发电机励磁绕组电流表宜经就近装设的变送器接入。

⑪ 无功补偿装置的电测量装置量程应满足各无功补偿设备允许通过的最大电流和允许耐受的最高电压的要求。

⑫ 当设有计算机监控系统、综合保护及测控装置时，可不再装设相应的常用电测量仪表。

⑬ 功率测量装置的接线方式应根据系统中性点接地方式选择。中性点有效接地系统功率测量装置应采用三相四线的接线方式；中性点不接地系统的功率测量装置宜采用三相三线的接线方式；经电阻或消弧线圈等接地的非有效接地系统功率测量装置宜采用三相四线的接线方式。

⑭ 电测量装置通信接口应满足现场组网通信的要求。

（2）电流测量

1）下列回路应测量交流电流：

① 同步发电机和发电/电动机的定子回路；

② 主变压器：双绕组变压器的一侧，三绕组变压器的三侧，自耦变压器三侧及公共绕组回路；

③ 发电机励磁变压器的高压侧；

④ 厂（站）用变压器：双绕组变压器的一侧及各分支回路，三绕组变压器的三侧；

⑤ 高压厂（站）用电源：高压母线工作及备用电源进线，高压母线联络断路器，高压厂用馈线；

⑥ 低压厂（站）用电源：PC 电源进线、PC 联络断路器、PC 至 MCC 馈线回路，柴油发电机至保安段进线及交流不停电电源配电屏进线回路；

⑦ 1200V 及以上的线路和 1200V 以下的供电、配电和用电网络的总干线路；

⑧ 电气主接线为 3/2 接线、4/3 接线和角型接线的各断路器回路；

⑨ 母线联络断路器、母线分段断路器、旁路断路器和桥断路器回路；

⑩ 330kV 及以上电压等级并联电抗器及其中性点接地小电抗回路；10～110kV 并联电容器和并联电抗器的总回路及分组回路；

⑪ 消弧线圈回路；

⑫ 3～10kV 电动机，55kW 及以上的电动机，55kW 以下的 O、I 类电动机，以及工艺要求监视电流的其他电动机；

⑬ 风力发电机组电流，风力发电机组机组变压器高、低压侧。

2）下列回路除应符合上述第 1）条的规定外，还应测量三相交流电流：

① 同步发电机和发电/电动机的定子回路；

② 110kV 及以上电压等级输电线路、变压器、电气主接线为 3/2 接线、4/3 接线和角型接线的各断路器、母线联络断路器、母线分段断路器、旁路断路器和桥断路器回路；

③ 330kV 及以上电压等级并联电抗器；10～110kV 并联电容器和并联电抗器的总回路及分组回路；

④ 照明变压器、照明与动力共用的变压器以及检修变压器，照明负荷占15%及以上的动力与照明混合供电的3kV以下的线路；

⑤ 三相负荷不对称度大于10%的1200V及以上的电力用户线路，三相负荷不对称度大于15%的1200V以下的供电线路。

3) 下列回路宜测量负序电流，且负序电流测量仪表的准确度不应低于1.0级：

① 承受负序电流过负荷能力 $A$ 值小于10的大容量汽轮发电机；

② 负荷不对称度超过额定电流10%的发电机；

③ 负荷不对称度超过0.1倍额定电流的1200V及以上线路。

4) 下列回路应测量直流电流：

① 同步发电机、发电/电动机和同步电动机的励磁回路，自动及手动调整励磁的输出回路；

② 直流发电机及其励磁回路，直流电动机及其励磁回路；

③ 蓄电池组的输出回路，充电及浮充电整流装置的输出回路；

④ 重要电力整流装置的直流输出回路；

⑤ 光伏发电各电池组串回路及各汇流箱的输出回路。

5) 整流装置的电流测量宜包含谐波监测。

(3) 电压测量和绝缘监测

1) 下列回路应测量交流电压：

① 同步发电机和发电/电动机的定子回路；

② 各电压等级的交流主母线；

③ 电力系统联络线（线路侧）；

④ 需要测量电压的其他回路。

2) 电力系统电压质量监视点和发电机电压母线应测量并记录交流电压。

3) 中性点有效接地系统的电压应测量三个线电压，对只装有单相电压互感器接线或电压互感器采用VV接线的主母线、变压器回路可只测量单相电压或一个线电压；中性点非有效接地系统的电压测量可测量一个线电压和监测绝缘的三个相电压。

4) 下列回路应监测交流系统的绝缘：

① 同步发电机和发电/电动机的定子回路；

② 中性点非有效接地系统的母线和回路。

5) 绝缘监测的方式，对中性点非有效接地系统的母线和回路，宜测量母线的一个线电压和监视绝缘的三个相电压；对同步发电机和发电/电动机的定子回路，可采用测量发电机电压互感器辅助二次绕组的零序电压方式，也可采用测量发电机的三个相电压方式。

6) 下列回路应测量直流电压：

① 同步发电机和发电/电动机的励磁回路，相应的自动及手动调整励磁的输出回路；

② 同步电动机的励磁回路；

③ 直流发电机回路；

④ 直流系统的主母线，蓄电池组、充电及浮充电整流装置的直流输出回路；

⑤ 重要电力整流装置的输出回路；

⑥ 光伏发电各汇流箱的汇流母线。

7) 下列回路应监测直流系统的绝缘：

① 同步发电机和发电/电动机的励磁回路；

② 同步电动机的励磁回路；

③ 直流系统的主母线和馈线回路；

④ 重要电力整流装置的输出回路。

8) 直流系统应装设直接测量绝缘电阻值的绝缘监测装置，其测量准确度不应低于 1.5 级。绝缘监测装置不应采用交流注入法测量直流系统的绝缘状态，应采用直流原理的直流系统绝缘监测装置。

(4) 功率测量

1) 下列回路应测量有功功率：

① 同步发电机和发电/电动机的定子回路；

② 主变压器：双绕组主变压器的一侧，三绕组主变压器的三侧，以及自耦变压器的三侧；

③ 发电机励磁变压器高压侧；

④ 厂（站）用变压器：双绕组变压器的高压侧，三绕组变压器的三侧；

⑤ 6kV 及以上输配电线路和用电线路；

⑥ 旁路断路器、母联（或分段）兼旁路断路器回路和外桥断路器回路。

2) 同步发电机和发电/电动机的机旁控制屏应测量发电机的功率。

3) 对双向送、受电运行的输配电线路、水轮发电机、发电/电动机和主变压器等设备，应测量双方向有功功率。

4) 下列回路应测量无功功率：

① 同步发电机和发电/电动机的定子回路；

② 主变压器：双绕组主变压器的一侧，三绕组主变压器的三侧，以及自耦变压器的三侧；

③ 6kV 及以上的输配电线路和用电线路；

④ 旁路断路器、母联（或分段）兼旁路断路器回路和外桥断路器回路；

⑤ 330kV 及以上的高压并联电抗器；

⑥ 10~110kV 并联电容器和并联电抗器组。

5) 下列回路应测量双方向的无功功率：

① 具有进相、滞相运行要求的同步发电机、发电/电动机；

② 同时接有 10~110kV 并联电容器和并联电抗器组的总回路；

③ 10kV 及以上用电线路。

6) 下列回路宜测量功率因数：

① 发电机、发电/电动机定子回路；

② 电网功率因数考核点。

(5) 频率测量

1) 频率测量范围为 45~55Hz，准确度不应低于 0.2 级。

2) 下列回路应测量频率：

① 接有发电机变压器组的各段母线。

② 发电机。

③ 电网有可能解列运行的各段母线。

④ 交流不停电电源配电屏母线。

3) 同步发电机和发电/电动机的机旁控制屏应测量发电机的频率。

(6) 公用电网谐波的监测

1) 公用电网谐波的监测可采用连续监测或专项监测。

2) 在谐波监测点，宜装设具备谐波电压和谐波电流测量功能的电测量装置。谐波监测点应结合谐波源的分布布置，并应覆盖主网及全部供电电压等级。

3) 用于谐波测量的电流互感器和电压互感器的准确度不宜低于 0.5 级。

4) 谐波测量的次数不应少于 2～19 次。

5) 谐波电流和电压的测量应采用数字式仪表，测量仪表的准确度宜采用 A 级。

6) 公用电网的下列回路宜设置谐波监测点：

① 系统指定谐波监视点（母线）；

② 向谐波源用户供电的线路送电端；

③ 一条供电线路上接有两个及两个以上不同部门的谐波源用户时，谐波源用户受电端；

④ 特殊用户所要求的回路；

⑤ 其他有必要监视的回路。

(7) 发电厂、变电站公用电气测量

1) 总装机容量为 300MW 及以上的火力发电厂，以及调频或调峰的火力发电厂，宜监视并记录下列电气参数：

① 主控制室、网络控制室和单元控制室应监视主电网的频率及主母线电压；

② 调频或调峰发电厂，当采用主控方式时，热控屏上应监视主电网的频率；

③ 主控制室、网络控制室应监视并记录全厂总和有功功率。主控制室控制的热控屏上应监视全厂总和有功功率；

④ 主控制室、网络控制室应监视全厂厂用电率。

2) 总装机容量为 50MW 及以上的水力发电厂，以及调频或调峰的水力发电厂，中央控制室应监视并记录下列电气参数：

① 主要母线的频率、电压；

② 全厂总和有功功率、无功功率。

3) 变电站主控制室应监视主母线的频率、电压。

4) 风力发电站、光伏发电站主控制室应监视并记录下列电气参数：

① 主要母线的频率、电压；

② 全厂总和有功功率、无功功率。

5) 当采用常用电测量仪表时，发电厂、变电站公用电气测量仪表宜采用数字式仪表。

(8) 静止补偿及串联补偿装置的测量

1) 静止无功补偿装置宜测量下列参数：

① 一路参考电压；

② 静止无功补偿装置所接母线电压；

③ 并联电容器和电抗器分组回路的三相电流和无功功率；

④ 晶闸管控制电抗器和晶闸管投切电容器分组回路的三相电流和无功功率；

⑤ 谐波滤波器组分组回路的三相电流和无功功率；

⑥ 总回路的三相电流、无功功率和无功电能。当总回路下同时接有并联电容器和电抗器时，应测量双方向的无功功率及分别计量进相、滞相运行的无功电能。

2) 静止同步补偿装置宜测量下列参数：

① 一路参考电压；

② 静止同步补偿装置所接母线电压；
③ 静止同步补偿装置各相单元的单相电流；
④ 静止同步补偿装置总回路的三相电流、无功功率和无功电能。

3）固定串联补偿装置宜测量下列参数：
① 串补线路电流；
② 电容器电流；
③ 电容器不平衡电流；
④ 金属氧化物避雷器电流；
⑤ 金属氧化物避雷器温度；
⑥ 旁路断路器电流；
⑦ 串补无功功率。

4）可控串联补偿装置宜测量下列参数：
① 串补线路电压和电流；
② 电容器电压；
③ 电容器不平衡电流；
④ 金属氧化物避雷器电流和温度；
⑤ 旁路断路器电流；
⑥ 晶闸管阀电流和触发角；
⑦ 等值容抗；
⑧ 补偿度；
⑨ 串补无功功率。

(9) 直流换流站的电气测量

1）直流换流站直流部分的电测量数据应按极采集，双极的参数可通过计算机监控系统计算获得。

2）整个直流电流测量装置的综合误差应为±0.5%，直流电压测量装置的综合误差应为±1.0%。

3）对于双方向的电流、功率回路和有极性的直流电压回路，采集量应有方向或有极性。当双方向的电流、功率回路和有极性的直流电压回路选用仪表测量时，应采用带有方向或有极性的仪表。

4）下列回路应采集直流电流：
① 直流极线；
② 直流中性母线；
③ 换流器高、低压端；
④ 接地极引线；
⑤ 站内临时接地线；
⑥ 直流滤波器各分组。

5）下列回路应采集直流电压：
① 直流极母线；
② 直流中性母线。

6）下列回路应采集直流功率：
① 每极有功功率；

② 双极有功功率。
7) 换流站的换流阀应采集下列电角度：
① 整流站的触发角；
② 逆变站的熄弧角。
8) 下列回路应采集交流电流：
① 换流变压器交流侧；
② 换流变压器阀侧；
③ 交流滤波器各大组；
④ 交流滤波器、并联电容器或电抗器各分组。
9) 下列回路应采集交流电压：
① 换流变压器交流侧；
② 交流滤波器各大组的母线。
10) 下列回路应采集交流功率：
① 换流器吸收的无功功率；
② 换流变压器交流侧有功功率；
③ 换流变压器交流侧无功功率；
④ 交流滤波器各大组无功功率；
⑤ 交流滤波器、并联电容器或电抗器各分组无功功率；
⑥ 换流站与站外交流系统交换的总无功功率。
11) 换流站应采集换流变压器交流侧的频率。
12) 下列回路宜采集谐波参数：
① 直流线路谐波电流、电压；
② 接地极线路谐波电流；
③ 直流滤波器各分组谐波电流；
④ 换流变压器交流侧谐波电流、电压；
⑤ 交流滤波器各分组谐波电流。

## 9.1.3 变配电所电能计量

(1) 一般规定
1) 电能计量装置应满足发电、供电、用电的准确计量的要求。
2) 电能计量装置应符合现行行业标准《电能计量装置技术管理规程》DL/T 448—2016 的规定。
① 运行中的电能计量装置按计量对象重要程度和管理需要分为五类（Ⅰ、Ⅱ、Ⅲ、Ⅳ、Ⅴ）。分类细则及要求如下：
　a. Ⅰ类电能计量装置。220kV 及以上贸易结算用电能计量装置，500kV 及以上考核用电能计量装置，计量单机容量 300MW 及以上发电机发电量的电能计量装置。
　b. Ⅱ类电能计量装置。110(66)～220kV 贸易结算用电能计量装置，220～500kV 考核用电能计量装置。计量单机容量 100～300MW 发电机发电量的电能计量装置。
　c. Ⅲ类电能计量装置。10～110(66)kV 贸易结算用电能计量装置，10～220kV 考核用电能计量装置。计量 100MW 以下发电机发电量、发电企业厂（站）用电量的电能计量装置。

d. Ⅳ类电能计量装置。380V～10kV 电能计量装置。

e. Ⅴ类电能计量装置。220V 单相电能计量装置。

② 准确度等级。各类电能计量装置配置准确度等级要求如下：

a. 各类电能计量装置应配置的电能表、互感器准确度等级应不低于表 9-3 所示值。

b. 电能计量装置中电压互感器二次回路电压降应不大于其额定二次电压的 0.2%。

表 9-3 电能计量装置准确度等级

| 电能计量装置类别 | 准确度等级 | | | |
|---|---|---|---|---|
| | 电能表 | | 互感器 | |
| | 有功电能表 | 无功电能表 | 电压互感器 | 电流互感器[①] |
| Ⅰ | 0.2S | 2 | 0.2 | 0.2S |
| Ⅱ | 0.5S | 2 | 0.2 | 0.2S |
| Ⅲ | 0.5S | 2 | 0.5 | 0.5S |
| Ⅳ | 1 | 2 | 0.5 | 0.5S |
| Ⅴ | 2 | — | — | 0.5S |

① 发电机出口可选用非 S 级电流互感器。

3）电能表的电流和电压回路应分别装设电流和电压专用试验接线盒。

4）执行功率因数调整电费的用户，应装设具有计量有功电能、感性和容性无功电能功能的电能计量装置；按最大需量计收基本电费的用户应装设具有最大需量功能的电能表；实行分时电价的用户应装设复费率电能表或多功能电能表。

5）具有正向和反向输电的线路计量点，应装设计量正向和反向有功电能及四象限无功电能的电能表。

6）进相和滞相运行的发电机回路，应分别计量进相和滞相的无功电能。

7）电能计量装置的接线方式应根据系统中性点接地方式选择。中性点有效接地系统电能计量装置应采用三相四线的接线方式；中性点不接地系统的电能计量装置宜采用三相三线的接线方式；经电阻或消弧线圈等接地的非有效接地系统电能计量装置宜采用三相四线的接线方式，对计费用户年平均中性点电流大于 0.1% 额定电流时，应采用三相四线的接线方式。照明变压器、照明与动力共用的变压器、照明负荷占 15% 及以上的动力与照明混合供电的 1200V 及以上的供电线路，以及三相负荷不对称度大于 10% 的 1200V 及以上的电力用户线路，应采用三相四线的接线方式。

8）为提高低负荷计量的准确性，应选用过载 4 倍及以上的电能表。经电流互感器接入的电能表，标定电流不宜超过电流互感器额定二次电流的 30%（对 S 级的电流互感器为 20%），额定最大电流宜为额定二次电流的 120%。直接接入式电能表的标定电流应按正常运行负荷电流的 30% 选择。

9）当发电厂和变（配）电站装设远动遥测和计算机监控时，电能计量、计算机和远动遥测宜共用电能表。电能表应具有数据输出或脉冲输出功能，也可同时具有两种输出功能。电能表脉冲输出参数应满足计算机和远动遥测的要求，数据输出的通信规约应符合现行行业标准《多功能电能表通信协议》DL/T 645—2007 的有关规定。

10）发电电能关口计量点和省级及以上电网公司之间电能关口计量点，应装设两套准确度相同的主、副电能表。发电企业上网线路的对侧应设置备用和考核计量点，并应配置与对侧相同规格、等级的电能计量装置。

11) Ⅰ类电能计量装置应在关口点根据进线电源设置单独的计量装置。

12) 低压供电,计算负荷电流为60A及以下时,宜采用直接接入式电能表;计算负荷电流为60A以上时,宜采用经电流互感器接入式的接线方式。选用直接接入式的电能表其额定最大电流不宜超过80A。

13) 贸易结算用高压电能计量装置应具有符合现行行业标准《电压失压计时器技术条件》DL/T 566—1995要求的电压失压计时功能。未配置计量柜(箱)的,其互感器二次回路的所有接线端子、试验端子应能实施封印。

(2) 有功、无功电能的计量

1) 下列回路应计量有功电能:

① 同步发电机和发电/电动机的定子回路。
② 双绕组主变压器的一侧,三绕组主变压器的三侧,以及自耦变压器的三侧。
③ 1200V及以上的线路,1200V以下网络的总干线路。
④ 旁路断路器、母联(或分段)兼旁路断路器回路。
⑤ 双绕组厂(站)用变压器的高压侧,三绕组厂(站)用变压器的三侧。
⑥ 厂用、站用电源线路及厂外用电线路。
⑦ 3kV及以上高压电动机回路。
⑧ 需要进行技术经济考核的75kW及以上的低压电动机。
⑨ 直流换流站的换流变压器交流侧。

2) 下列回路应计量无功电能:

① 同步发电机和发电/电动机的定子回路。
② 双绕组主变压器的一侧,三绕组主变压器的三侧,以及自耦变压器的三侧。
③ 6kV及以上的线路。
④ 旁路断路器、母联(或分段)兼旁路断路器回路。
⑤ 330kV及以上高压并联电抗器。
⑥ 10~110kV并联电容器和并联电抗器组的总回路。当总回路下接有并联电容器和电抗器时,总回路应计量双方向的无功电能,应分别计量各分支回路的无功电能。
⑦ 直流换流站的换流变压器交流侧。
⑧ 直流换流站的交流滤波器各大组。

## 9.1.4 计算机监控系统的测量

(1) 一般规定

1) 计算机监控系统对模拟量及电能数据量的测量精度应满足表9-1的要求。

2) 计算机监控系统模拟量及电能数据量采集应符合现行国家标准《电力装置电测量仪表装置设计规范》GB 50063—2017附录C的规定,计算机控制系统采集的电测量参数同样适用于常规控制屏方式。

(2) 计算机监控系统的数据采集

1) 计算机监控系统应实现电测量数据的采集和处理,其范围应包括模拟量和电能量。

2) 电测量数据模拟量应包括电流、电压、有功功率、无功功率、功率因数、频率等,并应实现对模拟量的定时采集、越限报警及追忆记录的功能。

3) 电测量数据电能量应包括有功电能量、无功电能量,并能实现电能量的分时段分方向累加。

4）模拟量的采集宜采用交流采样，也可采用直流采样。

(3) 计算机监控时常用电测量仪表

1）当采用计算机监控且不设置常规模拟屏时，控制室内的常用电测量仪表宜取消；计算机监控设模拟屏时，模拟屏上应设置独立于计算机监控系统的常用电测量仪表。模拟屏上设置的常用电测量仪表应满足运行监视需要，可按《电力装置电测量仪表装置设计规范》GB 50063—2017 附录 C 的规定设置。

2）当采用计算机监控系统时，如设有机旁控制屏。机旁控制屏上应设置独立于计算机监控系统的常用电测量仪表。机旁控制屏上设置的常用电测量仪表应满足运行监视需要，可按《电力装置电测量仪表装置设计规范》GB 50063—2017 附录 C 的规定设置。

3）当采用计算机监控系统时，就地厂（站）用配电盘上、热控后备屏、机旁控制屏应保留必要的常用电测量仪表或监测单元可按《电力装置电测量仪表装置设计规范》GB 50063—2017 附录 C 的规定设置。

4）当采用计算机监控系统时，可不单独装设记录型仪表。

5）当常用电测量仪表与计算机监控系统共用电流互感器的二次绕组时，宜先接常用电测量仪表后接计算机监控系统。

## 9.1.5 电测量变送器

1）变送器的辅助电源宜由交流不停电电源（UPS）或直流电源供给。

2）电测量变送器等级指数和误差极限应符合表 9-4 的规定。

表 9-4 电测量变送器等级指数和误差极限

| 等级指数 | 0.1 | 0.2 | 0.5 | 1 |
|---|---|---|---|---|
| 误差极限 | ±0.1% | ±0.2% | ±0.5% | ±1% |

3）变送器的输入参数应与电流互感器和电压互感器的参数相匹配，输出参数应满足电测量仪表和计算机监控系统的要求。变送器的校准值应与经变送器接入的电测量仪表或计算机监控系统的量程相匹配，可按《电力装置电测量仪表装置设计规范》GB 50063—2017 附录 A 和附录 B 计算。

4）变送器宜采用输出电流或数字输出信号方式，不宜采用输出电压方式。变送器的输出电流宜选用 4~20mA。

5）变送器模拟量输出回路接入负荷不应超过变送器额定二次负荷，接入变送器输出回路的二次负荷应在其额定二次负荷的 10%~100% 内，变送器模拟量输出回路串接仪表数量不宜超过 2 个。

6）贸易结算用电能计量不应采用电能变送器。

## 9.1.6 测量用电流、电压互感器

(1) 电流互感器

1）测量用电流互感器应符合现行行业标准《电流互感器和电压互感器选择及计算规程》DL/T 866—2015 的规定。

2）测量用电流互感器的标准准确级应为：0.1、0.2、0.5、1、3 和 5 级；特殊用途的

测量用电流互感器的标准准确级应为 0.2S、0.5S。测量用电流互感器准确级的选择应在上述标准准确级中选择。

3）对工作电流变化范围大的回路，应选用 S 级的电流互感器。

4）测量用的电流互感器的额定一次电流应接近但不低于一次回路正常最大负荷电流。对于指针式仪表，应使正常运行和过负荷运行时有适当的指示，电流互感器的额定一次电流不宜小于 1.25 倍的一次设备的额定电流或线路最大负荷电流，对于直接启动电动机的指针式仪表用的电流互感器额定一次电流不宜小于 1.5 倍电动机额定电流。

5）电能计量用电流互感器额定一次电流宜使正常运行时回路实际负荷电流达到其额定值的 60%，不应低于其额定值的 30%，S 级电流互感器应为 20%；如不能满足上述要求应选用高动热稳定的电流互感器以减小变比或二次绕组带抽头的电流互感器。

6）测量用电流互感器的额定二次电流可选用 5A 或 1A。110kV 及以上电压等级电流互感器宜选用 1A。

7）测量用电流互感器的二次负荷值不应超出表 9-5 的规定。

表 9-5　测量用电流互感器二次负荷值范围

| 仪表准确级 | 二次负荷范围 |
| --- | --- |
| 0.1、0.2、0.5、1 | 25%～100%额定负荷 |
| 0.2S、0.5S | 25%～100%额定负荷 |
| 3、5 | 50%～100%额定负荷 |

8）测量用电流互感器额定二次负荷的功率因数应为 0.8～1.0。

9）测量用电流互感器可选用具有仪表保安限位的互感器，仪表保安系数（FS）宜选择 10，必要时也可选择 5。

10）用于贸易结算的Ⅰ、Ⅱ、Ⅲ类电能计量装置，应按计量点设置专用电流互感器或专用二次绕组。

11）电户式电流互感器应符合下列规定：

① 测量用电子式电流互感器的类型、一次电流传感器数量和准确级应满足测量、计量的要求；准确级的选择应符合前述第 2）条的规定。

② 测量用电子式电流互感器的一次额定电流应按一次回路额定电流选择。

③ 测量用电子式电流互感器的输出宜为数字量，也可为模拟量；其输出接口型式应满足测量、计量的要求。

（2）电压互感器

1）测量用电压互感器应符合现行行业标准《电流互感器和电压互感器选择及计算规程》DL/T 866—2015 的规定。

2）测量用电压互感器的标准准确级应为：0.1、0.2、0.5、1 和 3 级。测量用电压互感器准确级的选择应在上述标准准确级中选择。

3）当电压互感器二次绕组同时用于测量和保护时，应对该绕组标出测量和保护等级。

4）测量用电压互感器二次绕组中接入的负荷，应保证在额定二次负荷的 25%～100%，实际二次负荷的功率因数应与额定二次负荷功率因数相接近。

5）用于贸易结算的Ⅰ、Ⅱ、Ⅲ电能计量装置，应按计量点设置专用电压互感器或专用二次绕组。

6) 电子式电压互感器应符合下列规定：

① 测量用电子式电压互感器的类型、一次电压传感器数量和准确级应满足测量、计量的要求；准确级的选择应符合前述第2)条的规定。

② 测量用电子式电压互感器的输出可为数字量，也可为模拟量；其输出接口型式应满足测量、计量的要求。

### 9.1.7 测量二次接线

(1) 交流电流回路

1) 当不同类型的电测量仪表装置共用电流互感器的一个二次绕组时，宜先接指示和积算式仪表，再接变送器，最后接计算机监控系统。

2) 电流互感器的二次回路不宜切换，当需要时，应采取防止开路的措施。

3) 测量表计和继电保护不宜共用电流互感器的同一个二次绕组。仪表和保护共用电流互感器的同一个二次绕组时，宜采取下列措施：

① 保护装置接在仪表前，中间加装电流试验部件，避免校验仪表时影响保护装置工作。

② 电流回路开路能引起保护装置不正确动作，而又未设有效的闭锁和监视时，仪表应经中间电流互感器连接，当中间电流互感器二次回路开路时，保护用电流互感器误差仍应保证其准确度的要求。

4) 测量用电流互感器的二次回路应有且只能有一个接地点，用于测量的二次绕组应在配电装置处经端子排接地。由几组电流互感器二次绕组组合且有电路直接联系的回路，电流互感器二次回路应在和电流处一点接地。

5) 电流互感器二次电流回路的电缆芯线截面的选择，应按电流互感器的额定二次负荷计算确定，对一般测量回路电缆芯线截面，当二次电流为5A时，不宜小于$4mm^2$，二次电流为1A时，不宜小于$2.5mm^2$，对计量回路电缆芯线截面不应小于$4mm^2$。

6) 三相三线制接线的电能计量装置，其两台电流互感器二次绕组与电能表间宜采用四线连接。三相四线制接线的电能计量装置，其三台电流互感器二次绕组与电能表间宜采用六线连接。

7) 计量专用电流互感器或者专用二次绕组相应的二次回路不应接入与电能计量无关的设备。

8) 电子式电流互感器采用数字量输出时宜采用光纤传输；电子式电流互感器采用模拟量输出时应采用屏蔽电缆。

(2) 交流电压回路

1) 当继电保护及自动装置与测量仪表共用电压互感器二次绕组时，宜各自装设自动开关或熔断器。

2) 计量专用电压互感器或者专用二次绕组相应的二次回路不应接入与电能计量无关的设备，电压回路经电压互感器端子箱直接引接至试验接线盒。

3) 用于测量的电压互感器的二次回路允许电压降，应符合下列规定：

① 计算机监控系统中的测量部分、常用电测量仪表和综合保护测控装置的测量部分，二次回路电压降不应大于额定二次电压的3%。

② 电能计量装置的二次回路电压降不应大于额定二次电压的0.2%。

③ 当不能满足要求时，电能表、指示仪表电压回路可由电压互感器端子箱单独引接电缆，也可将保护和自动装置与仪表回路分别接自电压互感器的不同二次绕组。

4）35kV 以上贸易结算用电能计量装置的电压互感器二次回路，不应装设隔离开关辅助接点，但可装设快速自动空气开关；35kV 及以下贸易结算用电能计量装置的电压互感器二次回路，计量点在用户侧的应不装设隔离开关辅助接点和快速自动空气开关等；计量点在电力企业变电站侧的可装设快速自动空气开关。

5）电压互感器二次电压回路的电缆芯线截面，应按上述第 3）条确定，计量回路不应小于 $4mm^2$，其他测量回路不应小于 $2.5mm^2$。

6）电压互感器的二次绕组应有一个接地点。对于中性点有效接地或非有效接地系统，星形接线的电压互感器主二次绕组应采用中性点一点接地；对于中性点非有效接地系统，V 形接线的电压互感器主二次绕组应采用 B 相一点接地。

7）用于贸易结算的电能计量装置回路的互感器，其二次回路接线端子应设防护罩，防护罩应可靠铅封，也可采用无二次接线端子的互感器。

8）电子式电压互感器采用数字量输出时宜采用光纤传输；电子式电压互感器采用模拟量输出时应采用屏蔽电缆。

（3）二次测量回路

1）当变送器电流输出串联多个负载时，其接线顺序宜先接二次测量仪表，再接计算机监控系统。

2）接至计算机监控或遥测系统的弱电信号回路或数据通信回路，应选用专用的计算机屏蔽电缆或光纤通信电缆。

3）变送器模拟量输出回路和电能表脉冲量输出回路，宜选用对绞芯分屏蔽加总屏蔽的铜芯电缆，芯线截面不应小于 $0.75mm^2$。

4）数字式仪表辅助电源宜采用交流不停电电源（UPS）或直流电源。

## 9.1.8 仪表装置安装条件

1）发电厂和变（配）电站的屏、台、柜上的电气仪表装置的安装，应满足仪表正常工作、运行监视、抄表和现场调试的要求。

2）测量仪表装置宜采用垂直安装，仪表中心线向各方一向的倾斜角度不应大于 1°，当测量仪表装置安装在 2200mm 高的标准屏柜上时，测量装置仪表的中心线距地面的安装高度应符合下列规定：

① 常用电测量仪表应为 1200～2000mm；
② 电能计量仪表和变送器应为 800～1800mm；
③ 记录型仪表应为 800～1600mm；
④ 开关柜上和配电盘上的电能表应为 800～1800mm；
⑤ 对非标准的屏、台、柜上的仪表可根据本规定的尺寸作适当调整。

3）电能计量仪表室外安装时，仪表的中心线距地向的安装高度不应小于 1200mm；计量箱底边距地面室内不应小于 1200mm，室外不应小于 1600mm。

4）控制屏（台）宜选用后设门的屏（台）式结构，电能表屏、变送器屏宜选用前后设门的柜式结构。一般屏的尺寸应为 2200mm×800mm×600mm（高×宽×深）。

5）屏、台、柜内的电流回路端子排应采用电流试验端子，连接导线宜采用铜芯绝缘软导线，电流回路导线截面不应小于 2.5mm²，电压回路导线截面不应小于 1.5mm²。

6）电能表屏（柜）内试验端子盒宜布置于屏（柜）的正面。

### 9.1.9 信号系统

中央信号装置的设计原则如下：

1）变、配电所在控制室或值班室内一般设中央信号装置。中央信号装置由事故信号和预告信号组成。

2）中央事故信号装置应保证在任何断路器事故跳闸时，能瞬时发出音响信号，在控制屏上或配电装置上还应有表示该回路事故跳闸的灯光或其他指示信号。

3）中央预告信号装置应保证在任何回路发生故障时，能瞬时发出预告音响信号，并有显示故障性质和地点的指示信号（灯光或信号继电器）。

4）中央事故音响与预告音响信号应有区别。一般事故音响信号用电笛，预告音响信号用电铃。

5）中央信号装置应能进行事故和预告信号及光字牌完好性的试验。

6）中央事故与预告信号装置在发出音响信号后，应能手动或自动复归音响，而灯光或指示信号仍应保持，直至处理后故障消除时为止。

7）中央信号装置接线应简单、可靠，对其电源熔断器是否熔断应有监视。

8）企业变、配电所为直流操作并采用灯光监视时，一般设有闪光装置，与断路器的事故信号和自动装置相配合，指示断路器的事故跳闸和自动投入。闪光装置一般装设在直流电源屏上。

9）企业变电所的中央事故与预告信号一般采用重复动作的信号装置。如变电所主接线较简单，中央事故信号可采用不重复动作。工业企业和民用建筑配电所一般采用不重复动作的中央信号装置。

10）中央信号可采用由制造厂成套供应的闪光报警装置，也可采用由冲击继电器或脉冲继电器构成的装置。

11）中央信号系统还可采用与直流屏配套的微机中央信号控制屏，其内配有微机控制中央信号报警器。此报警器除具备常规中央信号装置的各项功能外，还具有记忆信号和编程设定等功能。

## 9.2 电气设备和线路继电保护的配置、整定计算及选型

### 9.2.1 电力变压器保护

（1）选型原则

1）电压为 3~110kV，容量为 63MV·A 及以下的电力变压器，对下列故障及异常运行方式，应装设相应的保护装置。

① 绕组及其引出线的相间短路和在中性点直接接地或经小电阻接地侧的单相接地短路。

② 绕组的匝间短路。

③ 外部相间短路引起的过电流。

④ 中性点直接接地或经小电阻接地的电力网中外部接地短路引起的过电流及中性点过电压。

⑤ 过负荷。

⑥ 油面降低。

⑦ 变压器油温过高、绕组温度过高、油箱压力过高、产生瓦斯或冷却系统故障。

2) 容量为 0.4MV·A 及以上的车间内油浸式变压器、容量为 0.8MV·A 及以上的油浸式变压器，以及带负荷调压变压器的充油调压开关均应装设气体保护，当壳内故障产生轻微瓦斯或油面下降时应瞬时动作于信号；当产生大量瓦斯时应动作于断开变压器各侧断路器。气体保护应采取防止因振动、气体继电器的引线故障等引起气体保护误动作的措施。当变压器安装处电源侧无断路器或短路开关时，保护动作后应作用于信号并发出远跳命令，同时应断开线路对侧断路器。

3) 对变压器引出线、套管及内部的短路故障，应装设下列保护作为主保护，且应瞬时动作于断开变压器的各侧断路器，并应符合下列规定。

① 电压为 10kV 及以下、容量为 10MV·A 以下单独运行的变压器，应采用电流速断保护。

② 电压为 10kV 以上、容量为 10MV·A 及以上单独运行的变压器，以及容量为 6.3MV·A 及以上并列运行的变压器，应采用纵联差动保护。

③ 容量为 10MV·A 以下单独运行的重要变压器，可装设纵联差动保护。

④ 电压为 10kV 的重要变压器或容量为 2MV·A 及以上的变压器，当电流速断保护灵敏度不符合要求时，宜采用纵联差动保护。

⑤ 容量为 0.4MV·A 及以上、一次电压为 10kV 及以下，且绕组为三角形-星形连接的变压器，可采用两相三继电器式的电流速断保护。

4) 变压器的纵联差动保护应符合下列要求。

① 应能躲过励磁涌流和外部短路产生的不平衡电流。

② 应具有电流回路断线的判别功能，并应能选择报警或允许差动保护动作跳闸。

③ 差动保护范围应包括变压器套管及其引出线，如不能包括引出线时，应采取快速切除故障的辅助措施。但在 63kV 或 110kV 电压等级的终端变电站和分支变电站，以及具有旁路母线的变电站在变压器断路器退出工作由旁路断路器代替时，纵联差动保护可短时利用变压器套管内的电流互感器，此时套管和引线故障可由后备保护动作切除；如电网安全稳定运行有要求时，应将纵联差动保护切至旁路断路器的电流互感器。

5) 对由外部相间短路引起的变压器过电流，应装设下列保护作为后备保护，并应带时限动作于断开相应的断路器，同时应符合下列规定。

① 过电流保护宜用于降压变压器。

② 复合电压启动的过电流保护或低电压闭锁的过电流保护，宜用于升压变压器、系统联络变压器和过电流保护不符合灵敏性要求的降压变压器。

6) 外部相间短路保护应符合下列规定。

① 单侧电源双绕组变压器和三绕组变压器，相间短路后备保护宜装于各侧；非电源侧保护可带两段或三段时限；电源侧保护可带一段时限。

② 两侧或三侧有电源的双绕组变压器和三绕组变压器，相间短路应根据选择性的要求装设方向元件，方向宜指向本侧母线，但断开变压器各侧断路器的后备保护不应带方向。

③ 低压侧有分支，且接至分开运行母线段的降压变压器，应在每个分支装设相间短路后备保护。

④ 当变压器低压侧无专用母线保护，高压侧相间短路后备保护对低压侧母线相间短路灵敏度不够时，应在低压侧配置相间短路后备保护。

7) 三绕组变压器的外部相间短路保护，可按下列原则进行简化。

① 除主电源侧外，其他各侧保护可仅作本侧相邻电力设备和线路的后备保护。

② 保护装置作为本侧相邻电力设备和线路保护的后备时，灵敏系数可适当降低，但对本侧母线上的各类短路应符合灵敏性要求。

8) 中性点直接接地的110kV电力网中，当低压侧有电源的变压器中性点直接接地运行时，对外部单相接地引起的过电流，应装设零序电流保护，并应符合下列规定。

① 零序电流保护可以由两段组成，其动作电流应与相关线路零序过电流保护相配合，每段应各带两个时限，并均应以较短的时限动作于缩小故障影响范围，或动作于断开本侧断路器，同时应以较长的时限动作于断开变压器各侧断路器。

② 双绕组及三绕组变压器的零序电流保护应接到中性点引出线上的电流互感器上。

9) 在110kV中性点直接接地的电力网中，当低压侧有电源的变压器中性点可能接地运行或不接地运行时，对外部单相接地引起的过电流，以及对因失去中性点接地引起的电压升高，应装设后备保护，并应符合下列规定。

① 全绝缘变压器的零序保护应按本小节第8)条装设零序电流保护，并应增设零序过电压保护。当变压器所连接的电力网选择断开变压器中性点接地时，零序过电压保护应经0.3~0.5s时限动作于断开变压器各侧断路器。

② 分级绝缘变压器的零序保护，应在变压器中性点装设放电间隙。应装设用于中性点直接接地和经放电间隙接地的两套零序过电流保护，并应增设零序过电压保护。用于中性点直接接地运行的变压器应按本小节第8)条装设零序电流保护；用于经间隙接地的变压器，应装设反映间隙放电的零序电流保护和零序过电压保护。当变压器所接的电力网失去接地中性点，且发生单相接地故障时，此零序电流电压保护应经0.3~0.5s时限动作于断开变压器各侧断路器。

10) 当变压器低压侧中性点经小电阻接地时，低压侧应配置三相式过电流保护，同时应在变压器低压侧装设零序过电流保护，保护应设置两个时限。零序过电流保护宜接在变压器低压侧中性点回路的零序电流互感器上。

11) 专用接地变压器应按本小节第3)条配置主保护，并应配置过电流保护和零序电流保护作为后备保护。

12) 当变压器的中性点经过消弧线圈接地时，应在中性点设置零序过电流或过电压保护，并应动作于信号。

13) 容量在0.4MV·A及以上、绕组为星形-星形接线，且低压侧中性点直接接地的变压器，对低压侧单相接地短路应选择下列保护方式，保护装置应带时限动作于跳闸。

① 利用高压侧的过电流保护时，保护装置宜采用三相式。

② 在低压侧中性线上装设零序电流保护。

③ 在低压侧装设三相过电流保护。

14) 容量在0.4MV·A及以上、一次电压为10kV及以下、绕组为三角形-星形接线，且低压侧中性点直接接地的变压器，对低压侧单相接地短路，可利用高压侧的过电流保护，当灵敏度符合要求时，保护装置应带时限动作于跳闸；当灵敏度不符合要求时，可按本小节

第13）条的第②款和第③款装设保护装置，并应带时限动作于跳闸。

15）容量在 0.4MV·A 及以上并列运行的变压器或作为其他负荷备用电源的单独运行的变压器，应装设过负荷保护。对多绕组变压器，保护装置应能反映变压器各侧的过负荷。过负荷保护应带时限动作于信号。在无经常值班人员的变电站，其过负荷保护可动作于跳闸或断开部分负荷。

16）对变压器油温度过高、绕组温度过高、油面过低、油箱内压力过高、产生瓦斯和冷却系统故障，应装设可作用于信号或动作于跳闸的装置。

（2）保护配置

电力变压器的继电保护配置见表9-6。

表9-6　电力变压器的继电保护配置

| 变压器容量 /kV·A | 保护装置名称 | | | | | | | 备注 |
|---|---|---|---|---|---|---|---|---|
| | 带时限的①过电流保护 | 电流速断保护 | 纵联差动保护 | 单相低压侧接地保护② | 过负荷保护 | 气体保护 | 温度保护 | |
| <400 | — | — | — | — | — | ≥315kV·A 的车间内油浸变压器装设 | — | 一般用高压熔断器保护 |
| 400～630 | 高压侧采用断路器时装设 | 高压侧采用断路器且过电流保护时限>0.5s时装设 | — | 装设 | 并联运行的变压器装设，作为其他备用电源的变压器根据过负荷的可能性装设③ | 车间内变压器装设 | — | 一般采用 GL 型继电器兼作过电流及电流速断保护 |
| 800 | | | — | | | | — | |
| 1000～1600 | | | — | | | 装设 | 装设 | |
| 2000～5000 | | 过电流保护时限>0.5s时装设 | 当电流速断保护不能满足灵敏性要求时装设 | — | | | | |
| 6300～8000 | 装设 | 单独运行的变压器或负荷不太重要的变压器 | 并列运行的变压器或重要变压器或当电流速断保护不能满足灵敏性要求时装设 | — | | | | ≥5000kV·A 的单相变压器宜装设远距离测温装置；≥8000kV·A 的变压器宜装设远距离测温装置 |
| ≥10000 | | — | 装设 | — | | | | |

① 当带时限的过电流保护不能满足灵敏性要求时，应采用低电压闭锁的带时限过电流保护。
② 当利用高压侧过电流保护及低压侧出线断路器保护不能满足灵敏性要求，应装设变压器中性线上的零序过电流保护。
③ 低压电压为 230/400V 的变压器，当低压侧出线断路器带有过负荷保护时，可不装设专用的过负荷保护。

（3）整定计算

电力变压器的各种整定计算见表9-7～表9-10。

表 9-7 电力变压器的电流保护整定计算

| 保护名称 | 计算项目和公式 | 符号说明 |
|---|---|---|
| 过电流保护 | 保护装置的动作电流（应躲过可能出现的过负荷电流） $$I_{\mathrm{op \cdot K}} = K_{\mathrm{rel}} K_{\mathrm{jx}} \frac{K_{\mathrm{gh}} I_{\mathrm{1rT}}}{K_{\mathrm{r}} n_{\mathrm{TA}}} (\mathrm{A})$$ 保护装置的灵敏系数［按电力系统最小运行方式下，低压侧两相短路时流过高压侧（保护安装处）的短路电流校验］ $$K_{\mathrm{sen}} = I_{\mathrm{2k2 \cdot min}} / I_{\mathrm{op}} \geqslant 1.5$$ 保护装置的动作时限（应与下一级保护动作时限相配合），一般取 0.5～0.7s | $I_{\mathrm{op \cdot K}}$——保护装置的动作电流，A； $K_{\mathrm{rel}}$——可靠系数，用于过电流保护时 DL 型和 GL 型继电器分别取 1.2 和 1.3，用于电流速断保护时分别取 1.3 和 1.5，用于低压侧单相接地保护时（在变压器中性线上装设的）取 1.2，用于过负荷保护时取 1.05～1.1； $K_{\mathrm{jx}}$——接线系数，接于相电流时取 1，接于相电流差时取 $\sqrt{3}$； $K_{\mathrm{gh}}$——过负荷系数①，包括电动机自启动引起的过电流倍数，一般取 2～3，当无自启动电动机时取 1.3～1.5； $I_{\mathrm{1rT}}$——变压器高压侧额定电流，A； $K_{\mathrm{r}}$——继电器返回系数，取 0.85（动作电流）； $n_{\mathrm{TA}}$——电流互感器变比； $K_{\mathrm{sen}}$——灵敏系数； $I_{\mathrm{2k2 \cdot min}}$——最小运行方式下变压器低压侧两相短路时，流过高压侧（保护安装处）的稳态电流，A； $I_{\mathrm{op}}$——保护装置一次动作电流，A， $$I_{\mathrm{op}} = I_{\mathrm{op \cdot K}} n_{\mathrm{TA}} / K_{\mathrm{jx}}；$$ $I''_{\mathrm{2k3 \cdot max}}$——最大运行方式下变压器低压侧三相短路时，流过高压侧（保护安装处）的超瞬态电流，A； $I''_{\mathrm{1k2 \cdot min}}$——最小运行方式下保护装置安装处两相短路超瞬态电流②，A； $I_{\mathrm{2k1 \cdot min}}$——最小运行方式下变压器低压侧母线或母干线末端单相接地短路时，流过高压侧（保护安装处）的稳态电流，A； $$I_{\mathrm{2k1 \cdot min}} = \frac{2}{3} I_{\mathrm{22k1 \cdot min}} / n_{\mathrm{T}} \,(\mathrm{Yn})$$ $$I_{\mathrm{2k1 \cdot min}} = \frac{\sqrt{3}}{3} I_{\mathrm{22k1 \cdot min}} / n_{\mathrm{T}} \,(\mathrm{Dyn})$$ $I_{\mathrm{22k1 \cdot min}}$——最小运行方式下变压器低压侧母线或母干线末端单相接地稳态短路电流，A； $n_{\mathrm{TA}}$——变压器变比； $I_{\mathrm{2rT}}$——变压器低压侧额定电流，A； $K_{\mathrm{co}}$——配合系数，取 1.1； $I_{\mathrm{op \cdot fz}}$——低压分支线上零序保护的动作电流，A |
| 电流速断保护 | 保护装置的动作电流（应躲过低压侧短路时，流过保护装置的最大短路电流） $$I_{\mathrm{op \cdot K}} = K_{\mathrm{rel}} K_{\mathrm{jx}} \frac{I''_{\mathrm{2k3 \cdot max}}}{n_{\mathrm{TA}}} (\mathrm{A})$$ 保护装置的灵敏系数（按系统最小运行方式下，保护装置安装处两相短路电流校验） $$K_{\mathrm{sen}} = I''_{\mathrm{1k2 \cdot min}} / I_{\mathrm{op}} \geqslant 2$$ | |
| 低压侧单相接地保护（利用高压侧三相式过电流保护） | 保护装置的动作电流和动作时限与过电流保护相同；保护装置的灵敏系数［按最小运行方式下，低压侧母线或母干线末端单相接地时，流过高压侧（保护安装处）的短路电流校验］ $$K_{\mathrm{sen}} = I_{\mathrm{2k1 \cdot min}} / I_{\mathrm{op}} \geqslant 1.5$$ | |
| 低压侧单相接地保护③（采用在低压侧中性线上装设专用的零序保护） | 保护装置动作电流（应躲过正常运行时变压器中性线上流过的最大不平衡电流，其值按 GB 1094《电力变压器》系列标准规定，不超过额定电流的 25%） $$I_{\mathrm{op \cdot K}} = 0.25^{④} K_{\mathrm{rel}} I_{\mathrm{2rT}} / n_{\mathrm{TA}} (\mathrm{A})$$ 保护装置动作电流尚应与低压出线上零序保护相配合 $$I_{\mathrm{op \cdot K}} = K_{\mathrm{co}} I_{\mathrm{op \cdot fz}} / n_{\mathrm{TA}} (\mathrm{A})$$ 保护装置的灵敏系数（按最小运行方式下，低压侧母线或母干线末端单相接地稳态短路电流校验） $$K_{\mathrm{sen}} = I_{\mathrm{22k1 \cdot min}} / I_{\mathrm{op}} \geqslant 1.5$$ 保护装置的动作时限一般取 0.5s | |
| 过负荷保护 | 保护装置的动作电流（应躲过变压器额定电流） $$I_{\mathrm{op \cdot K}} = K_{\mathrm{rel}} K_{\mathrm{jx}} \frac{I_{\mathrm{1rT}}}{K_{\mathrm{r}} n_{\mathrm{TA}}} (\mathrm{A})$$ 保护装置动作时限（应躲过允许的短时工作过负荷时间，如电动机启动或自启动的时间）一般定时限取 9～15s | |

续表

| 保护名称 | 计算项目和公式 | 符号说明 |
|---|---|---|
| 低电压启动的带时限过电流保护 | 保护装置的动作电流（应躲过变压器额定电流） $$I_{op \cdot K} = K_{rel} K_{jx} \frac{I_{1rT}}{K_r n_{TA}} (A)$$ 保护装置的动作电压 $$U_{op \cdot K} = \frac{U_{min}}{K_{rel} K_r n_{TV}} (V)$$ 保护装置的灵敏系数（电流部分）与过电流保护相同。保护装置的灵敏系数（电压部分） $$K_{sen} = \frac{U_{op}}{U_{sh \cdot max}} = \frac{U_{op \cdot K} n_{TV}}{U_{sh \cdot max}}$$ 保护装置动作时限与过电流保护相同 | $K_{rel}$——可靠系数，取 1.2； $K_r$——继电器返回系数，取 1.15； $n_{TV}$——电压互感器变比； $U_{op \cdot K}$——保护装置的动作电压，V； $U_{min}$——运行中可能出现的最低工作电压（如电力系统电压降低，大容量电动机启动及电动机自启动时引起的电压降低），一般取 $0.5U_{rT} \sim 0.7U_{rT}$（变压器高压侧母线额定电压）； $U_{op}$——保护装置一次动作电压，V； $U_{sh \cdot max}$——保护安装处的最大剩余电压，V |

① 带有自启动电动机的变压器，其负荷系数按电动机的自启动电流确定。当电源侧装设自动重合闸或备用电源自动投入装置时，可近似地用下式计算：

$$K_{gh} = \frac{1}{u_k + \frac{S_{rT}}{K_{st} S_{M\Sigma}} \times \left(\frac{380}{400}\right)^2}$$

式中 $u_k$——变压器的阻抗电压相对值；
$S_{rT}$——变压器的额定容量，kV·A；
$K_{st}$——电动机的启动电流倍数，一般取 5；
$S_{M\Sigma}$——需要自启动的全部电动机的总容量，kV·A。

② 两相短路超瞬态电流 $I''_{k2}$ 等于三相短路超瞬态电流 $I''_{k3}$ 的 0.866 倍，三相短路超瞬态电流即对称短路电流初始值。
③ Yyn0 接线变压器采用在低压侧中性线上装设专用零序互感器的低压侧单相接地保护，而 Dyn11 接线变压器可不装设。
④ 对于 Yyn0 接线变压器为 25%，对于 Dyn11 接线变压器可大于额定电流的 25%，一般取 35%。

**表 9-8  双绕组电力变压器采用 BCH-2、DCD-2 型继电器的差动保护整定计算**

| 计算项目 | 计算公式 | 符号说明 |
|---|---|---|
| 变压器各侧电流互感器二次回路额定电流 $I_r$ | 按平均电压及变压器额定电流计算 $$I_r = K_{jx} I_{rT} / n_{TA} (A)$$ | $K_{jx}$——电流互感器二次回路接线系数，Y 形接线时取 1.0，△形接线时取 $\sqrt{3}$； $I_{rT}$——变压器各侧额定一次电流，A； $n_{TA}$——电流互感器变比； $K_{rel}$——可靠系数，取 1.3； $K_{tx}$——电流互感器同型系数，当其型号相同时取 0.5，型号不同时取 1.0； $\Delta f$——电流互感器允许最大相对误差，取 0.1； $\Delta U$——变压器调压侧调压所引起的相对误差，取调压范围的一半； $\Delta f'$——由于继电器实用匝数与计算匝数不等而引起的相对误差，初算时先选中间值 0.05（最大值为 0.091），在确定各侧匝数后按公式计算； $I_{k \cdot max}$——最大外部短路电流周期分量，A； $W_{ph \cdot c}$——继电器平衡线圈计算匝数； $W_{ph \cdot sy}$——继电器平衡线圈实用匝数； $W_{c \cdot sy}$——继电器差动线圈实用匝数； |
| 变压器各侧外部短路时的最大短路穿越电流 | 由短路电流计算确定，从略 | |
| 保护装置一次动作电流 $I_{op}$ | ① 保护装置的动作电流（应躲过外部故障最大不平衡电流） $$I_{op} = K_{rel}(K_{tx}\Delta f + \Delta U + \Delta f') I_{k \cdot max} (A)$$ $$\Delta f' = (W_{ph \cdot c} - W_{ph \cdot sy})/(W_{ph \cdot c} + W_{c \cdot sy})$$ ② 保护装置的动作电流（应躲过变压器空载投入或故障切除后电压恢复时的励磁涌流） $$I_{op} = (1 \sim 1.3) I_{rT} (A)$$ （考虑躲过励磁涌流的系数初算时取 1.3，当校验灵敏系数不够时可取 $1 \sim 1.2$） ③ 保护装置的动作电流（还应躲过电流互感器二次回路断线） $$I_{op} = 1.3 I_{fh \cdot max} (A)$$ | |

续表

| 计算项目 | 计算公式 | 符号说明 |
| --- | --- | --- |
| 初步确定差动及平衡线圈的接法 | 双绕组变压器两侧电流互感器分别接于继电器的两个平衡线圈上,再接入差动线圈 | $I_{fh \cdot max}$——正常运行时变压器的最大负荷电流(不考虑事故运行方式),在负荷电流不能确定时,取 $I_{fh \cdot max}=I_{rT}$; |
| 确定基本侧匝数 | 以第 I 侧(电源侧)为基本侧 $W_{I \cdot c}=AW_0/I_{I \cdot op \cdot K}$ $W_{I \cdot sy}=W_{I \cdot ph \cdot sy}+W_{c \cdot sy}\leqslant W_{I \cdot c}$ $I_{I \cdot op \cdot K}=K_{jx}I_{op}/n_{TA \cdot I}$ (A) | $W_{I \cdot c}$——基本侧的计算匝数; $AW_0$——继电器的动作安匝,应取实测值,无实测值可取 $AW_0=60$; $I_{I \cdot op \cdot K}$——基本侧继电器动作电流,A; $W_{I \cdot sy}$——基本侧的实用匝数; |
| 确定其他侧平衡线圈的匝数 | $W_{\mathrm{II} \cdot ph \cdot c}=W_{I \cdot sy} \cdot I_{I r}/I_{\mathrm{II} r}-W_{c \cdot sy}$ $W_{\mathrm{II} \cdot ph \cdot sy}\approx W_{\mathrm{II} \cdot ph \cdot c}$ 取整数 | $W_{I \cdot ph \cdot sy}$——基本侧平衡线圈实用匝数; $W_{\mathrm{II} \cdot ph \cdot c}$——另一个平衡线圈的计算匝数; $I_{I r}$——基本侧电流互感器二次回路额定电流,A; |
| 校验由于实用匝数不相等而产生的相对误差 | 按公式计算 $\Delta f'$,如 $\Delta f'>0.05$,应代入 $I_{op}$ 计算公式,核算动作电流 | $I_{\mathrm{II} r}$——第 II 侧电流互感器二次回路额定电流,A; $W_{\mathrm{II} \cdot ph \cdot sy}$——另一个平衡线圈实用匝数 |
| 确定短路线圈抽头 | 短路线圈匝数用得越多,继电器躲过励磁涌流的性能越好,而且内部故障时动作的可靠系数也越高。但在内部故障电流中有较大非周期分量时,继电器的动作时间就越长。在选择短路线圈匝数时,应根据具体情况综合考虑上述利弊。对于中、小容量变压器,由于励磁涌流倍数大,内部故障时电流中的非周期分量衰减较快,对保护装置的动作时间又可降低要求,因此短路线圈应采用较多匝数,选取抽头 3-3 或 4-4;对于大容量变压器,由于励磁涌流倍数较小,内部故障时电流中的非周期分量衰减较慢,又要求迅速切除故障,因此短路线圈可采用较少匝数,选取抽头 2-2 或 3-3。此外还应考虑继电器所接电流互感器的形式,励磁阻抗小的电流互感器(如套管式)吸收非周期分量电流多,短路线圈应采用较多匝数。所选取的抽头是否合适,应在保护装置投入运行时,通过变压器空投试验确定 | |
| 保护装置最小灵敏系数 | 保护装置最小灵敏系数 $K_{sen \cdot min}=\dfrac{I_{I \cdot K}W_{I \cdot sy}+I_{\mathrm{II} \cdot K}W_{\mathrm{II} \cdot sy}}{AW_0}\geqslant 2$ 简化计算公式 $K_{sen \cdot min}=I_{od \cdot K}/I_{op \cdot K}\geqslant 2$ 如果灵敏系数不满足要求,且算出的 $\Delta f'$ 小于初算时取的 0.05,而动作电流又是由躲过外部故障时的不平衡电流决定的,则可按灵敏性条件选取动作电流,检查此动作电流是否满足另外两公式条件。然后确定继电器各线圈的计算和实用匝数,按公式算出 $\Delta f'$,再根据不平衡电流公式检查是否满足选择性要求。如果不满足选择性要求,则应采用带制动特性的 BCH-1、DCD-5 型差动继电器 | $W_{I \cdot sy}$, $W_{\mathrm{II} \cdot sy}$——相应侧的实用工作匝数, $W_{I \cdot sy}=W_{I \cdot ph \cdot sy}+W_{c \cdot sy}$, $W_{\mathrm{II} \cdot sy}=W_{c \cdot sy}$; $I_{I \cdot K}$, $I_{\mathrm{II} \cdot K}$——最小运行方式下,变压器出口处故障时流过相应侧继电器线圈的电流,A; $I_{od \cdot K}$——流入继电器的总电流(A),建议将各侧短路电流总和归算至基本侧(如为单侧电源,则归算至电源侧)然后再按表 9-10 计算; $I_{op \cdot K}$——相当于基本侧(单侧电源时为电源侧)实用工作匝数的继电器动作电流,A |

**表 9-9 双绕组电力变压器采用 BCH-1、DCD-5 型继电器的差动保护整定计算**

| 计算项目 | 计算公式 | 符号说明 |
| --- | --- | --- |
| 变压器各侧电流互感器二次回路额定电流 | 方法同 BCH-2、DCD-2 型继电器,见表 9-8 | 符号含义同表 9-8 |
| 变压器各侧外部短路时的最大短路穿越电流 | 由短路电流计算确定,从略 | |

续表

| 计算项目 | 计算公式 | 符号说明 |
| --- | --- | --- |
| 确定继电器制动线圈的接法 | 为提高保护装置的灵敏系数,单侧电源的双绕组变压器,其中制动线圈接于负荷侧;双侧电源的双绕组变压器,其中制动线圈接于大电源侧 | |
| 保护装置在无制动情况下的一次动作电流 | ① 保护装置的动作电流(应躲过外部故障时最大不平衡电流) $$I_{op}=K_{rel}(K_{tx}\Delta f+\Delta U+\Delta f')I_{k \cdot max}(A)$$ $$\Delta f'=(W_{ph \cdot c}-W_{ph \cdot sy})/(W_{ph \cdot c}+W_{c \cdot sy})$$ ② 保护装置的动作电流(应躲过变压器空载投入故障切除后电压恢复时的励磁涌流) $$I_{op}=(1.3\sim1.5)I_{rT}(A)$$ (考虑躲过励磁涌流的系数,对中、小容量变压器取 1.4～1.5;对大容量变压器取 1.3～1.4。最后需通过空载投入试验,以证实能否躲过励磁涌流) ③保护装置的动作电流(还应躲过电流互感器二次回路断线) $$I_{op}=1.3I_{fh \cdot max}$$ | 符号含义同表 9-8 |
| 确定继电器差动及平衡线圈的接法 | 方法同 BCH-2、DCD-2 型继电器,见表 9-8 | |
| 确定基本侧的匝数 | | |
| 确定其他侧平衡线圈的匝数 | | |
| 校验由于实用匝数与计算匝数不等而产生的相对误差 | 按公式计算 $\Delta f'$,如 $\Delta f'$ 与所取的 0.05 相差较大时,应代入不平衡电流公式核算所选用的匝数及动作电流能否躲过外部故障,或能否使动作电流比原计算值降低一些 | |
| 确定继电器制动系数 $K_{zd}$ | 为防止保护装置在外部故障时误动作,应采用可能最大的制动系数,使不平衡电流 $I_{bph}$ 不超过带制动情况下的动作电流; 为了考虑最不利情况,当制动线圈侧电源且为非故障侧时,制动线圈应取最小运行方式,其他侧取最大运行方式 $$K_{zd}=\frac{I_{od \cdot K}}{I_z}=K_{rel}\left(\frac{I_{bph}}{I_z}\right)_{max}$$ $$=\frac{K_{rel}(K_{tx}\Delta f+\Delta U+\Delta f')I_{k \cdot max}}{I_{zd}}$$ | $I_{od \cdot K}$——继电器工作线圈中的电流,A; $I_z$——继电器制动线圈中的电流,A; $I_{zd}$——所计算的外部短路时,流过接制动线圈侧电流互感器周期分量电流,A; $K_{rel}$——可靠系数,取 1.4; 其他系数及文字符号的意义和数值与表 9-8 相同 |
| 确定继电器制动线圈的匝数 $W_{zd}$ | ① 制动线圈的匝数(按躲过外部故障最不利的继电器制动特性曲线选择) $$W_{zd}=\frac{K_{zd}(W_{c \cdot sy}+W_{ph \cdot sy})}{n}$$ 选用与计算值相近而较大的匝数作为实用匝数; 采用切线斜率进行计算得出制动线圈匝数可能偏大,因为由外部故障最大不平衡电流产生的工作安匝可能低于曲线 1(图 9-1)与切线的切点的工作安匝 | $K_{zd}$——制动系数; $W_{c \cdot sy}+W_{ph \cdot sy}$——接制动线圈侧的实用工作匝数; |

续表

| 计算项目 | 计算公式 | 符号说明 |
|---|---|---|
| 确定继电器制动线圈的匝数 $W_{zd}$ | ② 制动线圈的匝数（如果按上述方法计算使得灵敏系数过低，可按最大不平衡电流产生的安匝选择）<br>二次侧的最大不平衡电流<br>$$I_{bph \cdot K} = \frac{K_{jx} I_{bph}}{n_{TA}} (A)$$<br>二次侧的制动电流<br>$$I_{zd \cdot K} = K_{jx} I_{zd}/n_{TA} (A)$$<br>$$AW_K = K_{rel} I_{bph \cdot K} (W_{c \cdot sy} + W_{ph \cdot sy})$$<br>为最大不平衡电流所产生的工作安匝<br>故 $W_{zd} = AW_{zd}/I_{op \cdot K}$ | $n$——制动特性曲线的切线斜率，标准曲线的切线斜率约为 $n=0.9$；<br>$AW_{zd}$——制动安匝，由图 9-1 的 $AW_K$ 在曲线 1 上找出 |
| 保护装置最小灵敏系数 | ① 按表 9-8 计算最小运行方式下，保护区内故障时的短路电流及各侧流入继电器的电流 $I_K$<br>② 计算继电器的制动安匝<br>负荷电流产生的制动安匝<br>$$AW_f = \frac{K_{jx} I_{f \cdot max}}{n_{TA}} W_{zd}$$<br>总制动安匝<br>$$AW_{zd} = AW_f + I_{zd \cdot K} W_{zd}$$<br>③ 计算继电器的工作安匝<br>$$AW_K = I_{I \cdot K} W_{I \cdot sy} + I_{II \cdot K} W_{II \cdot sy}$$<br>④ 根据算得的 $AW_f$ 在图 9-1 横坐标上找出 $H$ 点，根据 $AW_{zd}$ 及 $AW_K$ 在图 9-1 中找出相应的工作点 $K$。连接 $HK$，交最高制动特性曲线 2 于 $P$ 点，$P$ 点的纵坐标即为计算的动作安匝 $AW_{dz}$<br>⑤ 计算最小灵敏系数<br>$$K_{sen \cdot min} = (AW_K)/(AW_{op \cdot 1}) \geqslant 2$$<br>⑥ 如果算得制动安匝超过 150，应校验继电器工作安匝与实测的动作安匝之比②<br>$$K'_{sen} = (AW_K)/(AW_{op \cdot 2})$$<br>曲线 2 为标准制动特性曲线时，$K'_{sen} \geqslant 1.1 \sim 1.15$；曲线 2 为实测制动曲线时，$K'_{sen} \geqslant 1.2 \sim 1.25$ | $I_{f \cdot max}$——流过变压器接制动线圈侧的最大负荷电流，A；<br>$n_{TA}$——接继电器制动线圈侧电流互感器的变比；<br>$I_{zd \cdot K}$——所计算的内部故障情况下，流过继电器制动线圈的电流，A；<br>$I_{I \cdot K}$, $I_{II \cdot K}$——所计算的内部故障情况下，流过继电器各侧线圈的电流，A；<br>$W_{I \cdot sy}$, $W_{II \cdot sy}$——相应侧的工作匝数；<br>$AW_K$——继电器的工作安匝，图 9-1 中 $K$ 点纵坐标；<br>$AW_{op \cdot 1}$①——继电器的计算动作安匝；<br>$AW_{op \cdot 2}$——实测的继电器动作安匝，由 $K$ 点横坐标轴的垂直线，交曲线 2 于 $Q$ 点，$Q$ 点的纵坐标即为 $AW_{op \cdot 2}$ |

① 计算灵敏系数采用的动作安匝为图 9-1 中 $P$ 点的计算动作安匝 $AW_{op \cdot 1}$，而不用无制动时的动作安匝 $AW_0$，这是考虑负荷电流不变，因过渡电阻或故障点在线圈内部等原因，使短路电流减少时，制动和工作安匝是按比例沿直线 $HK$ 变化。
② 如果算得制动安匝超过 150，有时可能发生上述灵敏系数虽可满足要求，但由计算所得的工作点 $K$ 却很靠近制动特性曲线 2。考虑到计算的误差，在根据实测制动特性曲线设计时还要加上试验中的误差，工作点 $K$ 高于最高制动特性曲线 2 有一定裕度，以保证保护装置能可靠动作。

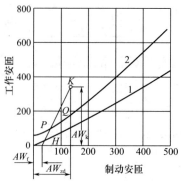

图 9-1 BCH-1、DCD-5 型差动继电器制动特性曲线
1—最低制动特性曲线；2—最高制动特性曲线

表 9-10 变压器出口处故障时流入继电器的电流计算及灵敏系数比较

| 编号 | 故障类型和地点 | 流入继电器的电流 $I_K$ | | 两相短路与三相短路灵敏系数之比 |
|---|---|---|---|---|
| | | 变压器 Y 侧 | 变压器 △ 侧 | |
| 1 | 变压器 Y 侧三相短路 | $\sqrt{3}\dfrac{I_k}{n_{TA\triangle}}$ | $\dfrac{I_k}{n_{TAY}}$ | — |
| 2 | 变压器 △ 侧三相短路 | $\sqrt{3}\dfrac{I_k}{n_{TA\triangle}}$ | $\dfrac{I_k}{n_{TAY}}$ | — |
| 3 | 变压器 Y 侧两相短路 | $2\dfrac{I_k}{n_{TA\triangle}}$ | $\dfrac{2}{\sqrt{3}}\times\dfrac{I_k}{n_{TAY}}$ | $\dfrac{K_{sen\cdot k2}}{K_{sen\cdot k3}}=1$ |
| 4 | 变压器 △ 侧两相短路 | $\sqrt{3}\dfrac{I_k}{n_{TA\triangle}}$ | $\dfrac{I_k}{n_{TAY}}$ | $\dfrac{K_{sen\cdot k2}}{K_{sen\cdot k3}}=\dfrac{\sqrt{3}}{2}$ |
| 5 | 变压器 Y 侧单相短路 | $\dfrac{I_k}{n_{TA\triangle}}$ | $\dfrac{I_k}{\sqrt{3}n_{TAY}}$ | |

注：1. 变压器可为 Yd、Dd、Yy 接线，可为三绕组也可为双绕组。
2. 变压器 Y 接线侧电流互感器为△接线，变压器△接线侧电流互感器为 Y 接线。
3. 按公式计算灵敏系数时，$I_k$ 为流过相应侧的短路电流，且为归算至该侧的有名值，按简化公式计算灵敏系数时，$I_k$ 为归算到基本侧的总短路电流有名值。
4. $n_{TA\triangle}$、$n_{TAY}$ 为相应侧电流互感器的变比，其电流互感器分别为△和 Y 接线。
5. 计算两相和三相短路保护装置灵敏系数比值的条件为系统负序阻抗等于正序阻抗。
6. 本表适用于继电器三相式接线。如继电器为两相式接线，则表中编号 3 栏变压器 Y 侧两相短路时的电流和灵敏系数比值应除以 2。

## 9.2.2 电力线路保护

（1）3~66kV 电力线路保护选型原则

1）3~66kV 线路的下列故障或异常运行，应装设相应的保护装置：

① 相间短路；

② 单相接地；

③ 过负荷。

2）3~10kV 线路装设相间短路保护装置，宜符合下列要求。

① 电流保护装置应接于两相电流互感器上，同一网络的保护装置应装在相同的两相上。

② 后备保护应采用远后备方式。

③ 下列情况应快速切除故障：

a. 当线路短路使发电厂厂用母线或重要用户母线电压低于额定电压的 60% 时；

b. 线路导线截面过小，线路的热稳定不允许带时限切除短路时。

④ 当过电流保护的时限不大于 0.5~0.7s 时，且无本条第③款所列的情况，或无配合上的要求时，可不装设瞬动的电流速断保护。

3）3~10kV 线路装设相间短路保护装置，应符合下列规定。

① 对单侧电源线路可装设两段电流保护，第一段应为不带时限的电流速断保护，第二段应为带时限的电流速断保护。两段保护均可采用定时限或反时限特性的继电器。对单侧电源带电抗器的线路，当其断路器不能切断电抗器前的短路时，不应装设电流速断保护，此时应由母线保护或其他保护切除电抗器前的故障。保护装置应仅在线路的电源侧装设。

② 对双侧电源线路，可装设带方向或不带方向的电流速断和过电流保护。当采用带方向或不带方向的电流速断和过电流保护不能满足选择性、灵敏性或速动性的要求时，应采用光纤纵联差动保护作主保护，并应装设带方向或不带方向的电流保护作后备保护。对并列运

行的平行线路可装设横联差动作主保护，并应以接于两回线路电流之和的电流保护作为两回线路同时运行的后备保护及一回线路断开后的主保护及后备保护。

4）3～10kV 经低电阻接地单侧电源线路，除应配置相间故障保护外，还应配置零序电流保护。零序电流保护应设二段，第一段应为零序电流速断保护，时限应与相间速断保护相同；第二段应为零序过电流保护，时限应与相间过电流保护相同。当零序电流速断保护不能满足选择性要求时，也可配置两套零序过电流保护。零序电流可取自三相电流互感器组成的零序电流滤过器，也可取自加装的独立零序电流互感器，应根据接地电阻阻值、接地电流和整定值大小确定。

5）35～66kV 线路装设相间短路保护装置，应符合下列要求。
① 电流保护装置应接于两相电流互感器上，同一网络的保护装置应装在相同的两相上。
② 后备保护应采用远后备方式。
③ 下列情况应快速切除故障：
a. 当线路短路使发电厂厂用母线或重要用户母线电压低于额定电压的 60% 时；
b. 线路导线截面过小，线路的热稳定不允许带时限切除短路时；
c. 切除故障时间长，可能导致高压电网产生电力系统稳定问题时；
d. 为保证供电质量需要时。

6）35～66kV 线路装设相间短路保护装置，应符合下列要求。
① 对单侧电源线路可采用一段或两段电流速断或电压闭锁过电流保护作主保护，并应以带时限的过电流保护作后备保护。当线路发生短路时，使发电厂厂用母线或重要用户母线电压低于额定电压的 60% 时，应快速切除故障。
② 对双侧电源线路，可装设带方向或不带方向的电流电压保护。当采用电流电压保护不能满足选择性、灵敏性或速动性的要求时，可采用距离保护或光纤纵联差动保护装置作主保护，应装设带方向或不带方向的电流电压保护作后备保护。
③ 对并列运行的平行线路可装设横联差动作主保护，并应以接于两回线路电流之和的电流保护作为两回线路同时运行的后备保护及一回线路断开后的主保护及后备保护。
④ 经低电阻接地单侧电源线路，可装设一段或两段三相式电流保护；装设一段或两段零序电流保护，作为接地故障的主保护和后备保护。

7）3～66kV 的中性点非直接接地电网中线路的单相接地故障，应该装设接地保护装置，并应符合下列规定。
① 在发电厂和变电所母线上，应装设接地监视装置，并应动作于信号。
② 线路上宜装设有选择性的接地保护，并应动作于信号。当危及人身和设备安全时，保护装置应动作于跳闸。
③ 在出线回路数不多，或难以装设选择性单相接地保护时，可采用依次断开线路的方法寻找故障线路。
④ 经低电阻接地单侧电源线路，应装设一段或两段零序电流保护。

8）电缆线路或电缆架空混合线路，应装设过负荷保护。保护装置宜带时限动作于信号；当危及设备安全时，可动作于跳闸。

(2) 110kV 电力线路保护选型原则
1）110kV 线路的下列故障，应装设相应的保护装置：
① 单相接地短路；
② 相间短路；
③ 过负荷。

2) 110kV线路后备保护配置宜采用远后备方式。

3) 接地短路，应装设相应的保护装置，并应符合下列规定。

① 宜装设带方向或不带方向的阶段式零序电流保护。

② 对零序电流保护不能满足要求的线路，可装设接地距离保护，并应装设一段或二段零序电流保护作后备保护。

4) 相间短路，应装设相应的保护装置，并应符合下列规定。

① 单侧电源线路，应装设三相多段式电流或电流电压保护，当不能满足要求时，可装设相间距离保护。

② 双侧电源线路，应装设阶段式相间距离保护。

5) 下列情况，应装设全线速动保护。

① 系统安全稳定有要求时。

② 线路发生三相短路，使发电厂厂用母线或重要用户母线电压低于额定电压的60%，且其他保护不能无时限和有选择性地切除短路时。

③ 当线路采用全线速动保护，不仅改善本线路保护性能，且能改善电网保护性能时。

6) 并列运行的平行线路，可装设相间横联差动及零序横联差动保护作主保护。后备保护可按和电流方式连接。

7) 对用于电气化铁路的二相式供电线路，应装设相间距离保护作主保护，接于和电流的过电流保护或相电流保护应作后备保护。

8) 电缆线路或电缆架空混合线路应装设过负荷保护。保护装置宜动作于信号，当危及设备安全时，可动作于跳闸。

（3）保护配置

3～110kV线路的继电保护配置见表9-11。

表9-11 3～110kV线路的继电保护配置

| 被保护线路 | | 保护装置名称 | | | | | | |
|---|---|---|---|---|---|---|---|---|
| | | 无时限的电流速断保护 | 带时限的电流速断保护 | | 过电流保护 | | 距离保护 | 纵差保护 | 横差保护 | 单相接地保护 |
| | | | 不带方向 | 带方向 | 不带方向 | 带方向 | — | — | — | |
| 3～10kV线路 | 单侧电源 | 要求母线残压为60%切除故障时装设 | 装设 | — | 装设 | — | — | — | — | 根据需要装设 |
| | 双侧电源 | — | — | 装设 | — | 装设 | — | ≤2km装设 | — | |
| | 并联运行的平行线路 | — | 装设 | — | 装设 | — | — | — | 装设 | |
| 35kV及以上线路 | 单侧电源 | 要求母线残压为60%切除故障时装设 | 装设 | — | 装设 | — | — | — | — | |
| | 双侧电源 | — | — | 装设 | — | 装设 | 装设 | ≤4km装设 | — | |
| | 并联运行的平行线路 | — | 装设 | — | 装设 | — | — | — | 装设 | |

(4) 整定计算

3~110kV 线路的继电保护整定计算见表 9-12。

表 9-12　3~110kV 线路的继电保护整定计算

| 保护名称 | 计算项目和公式 | 符号说明 |
|---|---|---|
| 过电流保护 | 保护装置的动作电流（应躲过可能出现的过负荷电流）<br>$$I_{op \cdot K} = K_{rel} K_{jx} \frac{I_{gh}}{K_r n_{TA}} (A)$$<br>保护装置的灵敏系数（按电力系统最小运行方式下，线路末端两相短路电流校验）<br>$$K_{sen} = I_{2k2 \cdot min}/I_{op} \geqslant 1.5$$<br>保护装置的动作时限，应按相邻元件的过电流保护大一个时限阶段，一般取 0.5~0.7s | $K_{rel}$——可靠系数，用于过电流保护时，DL 型和 GL 型继电器分别取 1.2 和 1.3，用于电流速断保护时分别取 1.3 和 1.5，用于单相接地保护时，无时限取 4~5，有时限取 1.5~2；<br>$K_{jx}$——接线系数，接于相电流时取 1，接于相电流差时取 $\sqrt{3}$； |
| 无时限电流速断保护 | 保护装置的动作电流（应躲过线路末端短路时最大三相短路电流①②）<br>$$I_{op \cdot K} = K_{rel} K_{jx} I''_{2k3 \cdot max}/n_{TA} (A)$$<br>保护装置的灵敏系数（按系统最小运行方式下，线路始端两相短路电流校验）<br>$$K_{sen} = I''_{1k2 \cdot min}/I_{op} \geqslant 2$$ | $I_{gh}^{③}$——线路过负荷（包括电动机启动所引起的）电流，A；<br>$K_r$——继电器返回系数，取 0.85（动作电流）；<br>$n_{TA}$——电流互感器变比；<br>$I_{2k2 \cdot min}$——最小运行方式下，线路末端两相短路时的稳态电流，A； |
| 带时限电流速断保护 | 保护装置的动作电流（应躲过相邻元件末端短路时最大三相短路电流与相邻元件的电流速断保护的动作电流相配合，按两个条件中较大者整定）<br>$$I_{op \cdot K} = K_{rel} K_{jx} \frac{I_{3k3 \cdot max}}{n_{TA}} (A)$$<br>或　$I_{op \cdot K} = K_{co} K_{jx} I_{op \cdot 3}/n_{TA} (A)$<br>保护装置的灵敏系数与无时限电流速断保护的公式相同；保护装置的动作时限，应较相邻元件的电流速断保护大一个时限阶段，一般取 0.5~0.7s | $I_{op}$——保护装置一次动作电流，A，<br>　　　$I_{op} = I_{op \cdot K} n_{TA}/K_{jx}$；<br>$I''_{2k3 \cdot max}$——最大运行方式下线路末端三相短路时的超瞬态电流，A；<br>$I''_{1k2 \cdot min}$——最小运行方式下，线路始端两相短路超瞬态电流④，A；<br>$I_{3k3 \cdot max}$——最大运行方式下，相邻元件末端三相短路时的稳态电流，A；<br>$K_{co}$——配合系数，取 1.1；<br>$I_{op \cdot 3}$——相邻元件电流速断保护的一次动作电流，A； |
| 单相接地保护 | 保护装置的一次动作电流（按躲过被保护线路外部单相接地故障时，从被保护元件流出的电容电流及按最小灵敏度系数 1.25 整定）<br>$$I_{op} \geqslant K_{rel} I_{CX} (A)$$<br>和 $I_{op} \leqslant (I_{C\Sigma} - I_{CX})/1.25 (A)$ | $I_{CX}$——被保护线路外部发生单相接地故障时，从被保护元件流出的电容电流，A；<br>$I_{C\Sigma}$——电网的总单相接地电容电流⑤，A |

① 如为线路变压器组，应按配电变压器整定计算。
② 当保证母线上具有规定的残余电压时，线路的最小允许长度按下式计算：

$$K_X = \frac{-\beta K_1 + \sqrt{1+\beta^2 - K_1^2}}{\sqrt{1+\beta^2}}$$

$$l_{min} = \frac{X_{Xmin}}{R_1} \times \frac{-\beta + \sqrt{\frac{K_{rel}^2 \alpha^2}{K_X^2}(1+\beta^2) - 1}}{1+\beta^2}$$

式中　$K_X$——计算运行方式下电力系统最小综合电抗 $X_{Xmin}$ 上的电压与额定电压之比；
　　　$\beta$——每千米线路的电抗 $X_1$ 与有效电阻 $R_1$ 之比；
　　　$K_1$——母线上残余相间电压与额定相间电压之比，其值等于母线上最小允许残余电压与额定电压之比，取 0.6；
　　　$X_{Xmin}$——按电力系统在最大运行方式下，在母线上的最小综合电抗，Ω；
　　　$R_1$——每千米线路的有效电阻，Ω/km；
　　　$K_{rel}$——可靠系数，一般取 1.2。
　　　$\alpha$——表示电力系统运行方式变化的系数，其值等于电力系统最小运行方式时的综合电抗 $X_{*X \cdot min}$ 与最大运行方式时的综合电抗 $X_{*X \cdot max}$ 之比。
③ 电动机自启动时的过负荷电流按下式计算：

$$I_{gh}=K_{gh}I_{g\cdot xl}=\frac{I_{g\cdot xl}}{u_k+Z_{*\mathrm{II}}+\dfrac{S_{rT}}{K_{st}S_{M\Sigma}}}$$

式中 $K_{gh}$——需要自启动的全部电动机,在启动时所引起的过电流倍数;
$I_{g\cdot xl}$——线路工作电流,A;
$u_k$——变压器的阻抗电压相对值;
$Z_{*\mathrm{II}}$——以变压器额定容量为基准的线路阻抗标幺值;
$S_{rT}$——变压器的额定容量,kV·A;
$K_{st}$——电动机的启动电流倍数,一般取5;
$S_{M\Sigma}$——需要自启动的全部电动机的总容量,kV·A。

④ 两相短路超瞬态电流 $I''_{k2}$ 等于三相短路超瞬态电流 $I''_{k3}$ 的0.866倍,三相短路超瞬态电流即对称短路电流初始值。

⑤ 电网单相接地电容电流计算,详见6.1短路电流计算。

## 9.2.3 母线保护

(1) 选型原则

1) 发电厂和主要变电所的3～10kV母线及并列运行的双母线,宜由发电机和变压器的后备保护实现对母线的保护,下列情况应装置专用母线保护。

① 需要快速且选择性切除一段或一组母线上的故障,保证发电厂及电力系统安全运行和重要负荷的可靠供电时。

② 当线路断路器不允许切除线路电抗器前的短路时。

2) 发电厂和变电所的35～110kV母线,下列情况应装置专用母线保护。

① 110kV双母线。

② 110kV单母线、重要的发电厂和变电所35～66kV母线,根据系统稳定或为保证重要用户最低允许电压要求,需快速切除母线上的故障时。

3) 专用母线保护,应符合下列要求。

① 双母线的母线保护宜先跳开母联及分段断路器。

② 应具有简单可靠的闭锁装置或采用两个以上元件同时动作作为判别条件。

③ 对于母线差动保护应采取减少外部短路产生的不平衡电流影响的措施,并应装设电流回路断线闭锁装置。当交流电流回路断线时,应闭锁母线保护,并应发出告警信号。

④ 在一组母线或某一段母线充电合闸时,应能快速且有选择性地断开有故障的母线。

⑤ 双母线情况下母线保护动作时,应闭锁平行双回线路的横联差动保护。

4) 3～10kV分段母线宜采用不完全电流差动保护,保护装置应接入有电源支路的电流。保护装置应由两段组成,第一段可采用无时限或带时限的电流速断,当灵敏系数不符合要求时,可采用电压闭锁电流速断;第二段可采用过电流保护。当灵敏系数不符合要求时,可将一部分负荷较大的配电线路接入差动回路。

5) 旁路断路器和兼作旁路的母联或分段断路器上,应装设可代替线路保护的保护装置。在专用母联或分段断路器上,可装设相电流或零序电流保护。

(2) 保护配置

母线继电保护的配置见表9-13。

(3) 整定计算

母线继电保护的整定计算见表9-14。

表 9-13 母线继电保护的配置

| 被保护设备 | | 保护装置名称 | | | 备 注 |
|---|---|---|---|---|---|
| | | 电流速断保护 | 过电流保护 | 不完全差动保护 | |
| 母线保护 | 不并联运行的分段母线 | 由进线断路器的带时限的过电流速断和过电流装置进行保护 | | — | — |
| | 有重要用户的双母线 | 由进线断路器的带时限的过电流速断和过电流装置进行保护 | | 装设 | 不完全差动采用速断 |
| | 分段运行母线 | 仅在分段断路器合闸时,投入合闸后自动解除 | 装设 | — | ① 采用反时限过流继电保护时,其瞬动部分应解除<br>② 出线不多的二、三级负荷供电的变配电所母线,可不设保护装置 |

表 9-14 母线继电保护的整定计算

| 保护名称 | 计算项目和公式 | 符号说明 |
|---|---|---|
| 过电流保护 | 保护装置的动作电流(应躲过任一母线段的最大负荷电流)<br>$$I_{\text{op}\cdot\text{K}} = K_{\text{rel}} K_{\text{jx}} \frac{I_{\text{th}}}{K_{\text{r}} n_{\text{TA}}} (\text{A})$$<br>保护装置的灵敏系数(按最小运行方式下,母线两相短路时,流过保护安装处的短路电流校验;对后备保护,则按最小运行方式下,相邻元件末端两相短路时,流过保护安装处的短路电流校验)<br>$K_{\text{sen}} = I_{\text{k2}\cdot\text{min}}/I_{\text{op}} \geq 1.5$<br>$K_{\text{sen}} = I_{\text{3k2}\cdot\text{min}}/I_{\text{op}} \geq 1.2$<br>保护装置的动作时限,应按相邻元件的过电流保护大一个时限阶段,一般取 0.5~0.7s | $K_{\text{rel}}$——可靠系数,用于过电流保护时,DL型和GL型继电器分别取 1.2 和 1.3,用于电流速断保护时分别取 1.3 和 1.5,用于单相接地保护时,无时限取 4~5,有时限时取 1.5~2;<br>$K_{\text{jx}}$——接线系数,接于相电流时取 1,接于相电流差时取 $\sqrt{3}$;<br>$I_{\text{th}}$——一段母线最大负荷(包括电动机自启动引起的)电流,A;<br>$K_{\text{r}}$——继电器返回系数,取 0.85;<br>$n_{\text{TA}}$——电流互感器变比;<br>$I_{\text{k2}\cdot\text{min}}$——最小运行方式下母线两相短路时,流过保护安装处的稳态电流,A;<br>$I_{\text{op}}$——保护装置一次动作电流,A;<br>$I_{\text{op}} = I_{\text{op}\cdot\text{K}} n_{\text{TA}}/K_{\text{jx}}$<br>$I_{\text{3k2}\cdot\text{min}}$——最小运行方式下,相邻元件末端两相短路时,流过保护安装处的稳态电流,A;<br>$I''_{\text{k2}\cdot\text{min}}$——最小运行方式下母线两相短路时,流过保护安装处的超瞬态电流[①],A |
| 电流速断保护 | 保护装置的动作电流(应按最小灵敏系数 2 整定)<br>$$I_{\text{op}\cdot\text{K}} \leq \frac{I''_{\text{k2}\cdot\text{min}}}{2 n_{\text{TA}}} (\text{A})$$ | |

① 两相短路超瞬态电流 $I''_{\text{k2}}$ 等于三相短路超瞬态电流 $I''_{\text{k3}}$ 的 0.866 倍,三相短路超瞬态电流即对称短路电流初始值。

## 9.2.4 电力电容器和电抗器保护

(1) 电力电容器保护选型原则

1) 3kV 及以上的并联补偿电容器组的下列故障及异常运行状态,应装设相应的保护。

① 电容器内部故障及其引出线短路。

② 电容器组和断路器之间连接线短路。

③ 电容器组中某一故障电容器切除后所引起的剩余电容器的过电压。

④ 电容器组的单相接地故障。

⑤ 电容器组过电压。

⑥ 电容器组所连接的母线失压。

⑦ 中性点不接地的电容器组,各相对中性点的单相短路。

2) 并联补偿电容器组应装设相应的保护,并应符合下列规定。

① 电容器组和断路器间连接线的短路，可装设带有短时限的电流速断和过电流保护，并应动作于跳闸。速断保护的动作电流，应按最小运行方式下，电容器端部引线发生两相短路时有足够的灵敏度，保护的动作时限应确保电容器充电产生涌流时不误动。过电流保护装置的动作电流，应按躲过电容器组长期允许的最大工作电流整定。

② 电容器内部故障及其引出线的短路，宜对每台电容器分别装设专用的熔断器。熔丝的额定电流可为电容器额定电流的1.5～2.0倍。

③ 当电容器组中的故障电容器切除到一定数量后，引起剩余电容器组端电压超过105%额定电压时，保护应带时限动作于信号；过电压超过110%额定电压时，保护应将整组电容器断开，对不同接线的电容器组，可采用下列保护之一：

a. 中性点不接地单星形接线的电容器组，可装设中性点电压不平衡保护；

b. 中性点接地单星形接线的电容器组，可装设中性点电流不平衡保护；

c. 中性点不接地双星形接线的电容器组，可装设中性点间电流或电压不平衡保护；

d. 中性点接地双星形接线的电容器组，可装设中性点回路电流差的不平衡保护；

e. 多段串联单星形接线的电容器组，可装设段间电压差动或桥式差电流保护；

f. 三角形接线的电容器组，可装设零序电流保护。

④ 不平衡保护应带有短延时的防误动的措施。

3) 电容器组单相接地故障，可利用电容器组所连接母线上的绝缘监测装置检出；当电容器组所连接母线有引出线路时，可装设有选择性的接地保护，并应动作于信号；必要时保护应动作于跳闸。安装在绝缘支架上的电容器组，可不再装设单相接地保护。

4) 电容器组应装设过电压保护，并应带时限动作于信号或跳闸。

5) 电容器组应装设失压保护，当母线失压时，应带时限跳开所有接于母线上的电容器。

6) 电网中出现的高次谐波可能导致电容器过负荷时，电容器组宜装设过负荷保护，并应带时限动作于信号或跳闸。

(2) 并联电抗器保护选型原则

1) 3～110kV的并联电抗器的下列故障及异常运行状态，应装设相应的保护：

① 绕组的单相接地和匝间短路；

② 绕组及其引出线的相间短路和单相接地短路；

③ 过负荷；

④ 油面过低（油浸式）；

⑤ 油温过高（油浸式）或冷却系统故障。

2) 油浸式电抗器应装设气体保护，当壳内故障产生轻微瓦斯或油面下降时，应瞬时动作于信号；当产生大量瓦斯时，应动作于跳闸。

3) 油浸式或干式并联电抗器应装设电流速断保护，并应动作于跳闸。

4) 油浸式或干式并联电抗器应装设过电流保护，保护整定值应按躲过最大负荷电流整定，并应带延时动作于跳闸。

5) 并联电抗器可装设过负荷保护，并应带延时动作于信号。

6) 并联电抗器可装设零序过电压保护，并应带延时动作于信号或跳闸。

7) 双星形接线的低压干式空心并联电抗器可装设中性点不平衡电流保护。保护应设两段，第一段应动作于信号，第二段应带时限跳开并联电抗器的断路器。

(3) 电力电容器继电保护的配置

电力电容器继电保护的配置见表9-15。

表 9-15 电力电容器继电保护的配置

| 被保护设备 | 保护装置名称 | | | | | | | 备注 |
|---|---|---|---|---|---|---|---|---|
| | 无时限或带时限过电流保护 | 横差保护 | 中性线不平衡电流保护 | 开口三角电压保护 | 过电压保护 | 低电压保护 | 单相接地保护 | |
| 电容器组 | 装设 | 对电容器内部故障及其引出线短路采用专用的熔断器保护时,可不装设 | | | 当电压可能超过110%额定值时,宜装设 | 宜装设 | 电容器与支架绝缘时可不装设 | 当电容器组的容量在400kvar以内时,可以用带熔断器的负荷开关进行保护 |

(4) 电力电容器组继电保护的整定计算

电力电容器组继电保护的整定计算见表 9-16。

表 9-16 电力电容器组继电保护的整定计算[①]

| 保护名称 | 计算项目和公式 | 符号说明 |
|---|---|---|
| 带有短延时的速断保护 | 保护装置的动作电流(应按电容器组端部引线发生两相短路时,保护的灵敏系数应符合要求整定)<br>$I_{\text{op} \cdot \text{K}} \leq \dfrac{I''_{k2 \cdot \min}}{2n_{\text{TA}}} \cdot K_{\text{jx}}(\text{A})$<br>保护装置的动作时限,应大于电容器组合闸涌流时间,为 0.2s 及以上 | $I''_{k2 \cdot \min}$——最小运行方式下,电容器组端部两相短路时,流过保护安装处的超瞬态电流[②],A;<br>$K_{\text{jx}}$——接线系数,接于相电流时取 1,接于相电流差动时取$\sqrt{3}$;<br>$n_{\text{TA}}$——电流互感器变比;<br>$K_{\text{rel}}$——可靠系数,取 1.2;<br>$K_{\text{gh}}$——过负荷系数,取 1.3;<br>$K_{\text{r}}$——继电器返回系数,取 0.85;<br>$I_{\text{rC}}$——电容器组额定电流,A;<br>$I_{\text{op}}$——保护装置一次动作电流,A;<br>$I_{\text{op}} = \dfrac{I_{\text{op} \cdot \text{K}} n_{\text{TA}}}{K_{\text{jx}}}$<br>$I_{\text{bp}}$——最大不平衡电流(由测试决定),A;<br>$Q$——单台电容器额定容量,kvar;<br>$\beta_{\text{c}}$——单台电容器元件击穿相对数,取 0.5~0.75;<br>$U_{\text{rC}}$——电容器额定电压,kV;<br>$m$——每相各串联段电容器并联台数;<br>$n$——每相电容器的串联段数;<br>$I'_{\text{rC}}$——单台电容器额定电流,A;<br>$U_{\text{bp}}$——最大不平衡零序电压,V,由测试决定; |
| 过电流保护[③] | 保护装置的动作电流(应大于电容器组允许的长期最大过电流整定)<br>$I_{\text{op} \cdot \text{K}} = K_{\text{rel}} K_{\text{jx}} \dfrac{K_{\text{gh}} I_{\text{rC}}}{K_{\text{r}} n_{\text{TA}}}(\text{A})$<br>保护装置的灵敏系数(按最小运行方式下,电容器组端部两相短路时,流过保护安装处的短路电流校验)<br>$K_{\text{sen}} = I''_{k2 \cdot \min}/I_{\text{op}} \geq 1.5$<br>保护装置的动作时限,较电容器组短延时速断保护的时限大一个时限阶段,一般大 0.5~0.7s | |
| 过负荷保护 | 保护装置的动作电流(应按电容器组负荷电流整定)<br>$I_{\text{op} \cdot \text{K}} = K_{\text{rel}} K_{\text{jx}} \dfrac{I_{\text{rC}}}{K_{\text{r}} n_{\text{TA}}}(\text{A})$<br>保护装置的动作时限,应较过电流保护大一时限阶段,一般大 0.5s | |
| 横联差动保护(双三角形接线) | 保护装置的动作电流(应躲过正常时,电流互感器二次侧差动回路中的最大不平衡电流,及当单台电容器内部 50%~70%串联元件击穿时,使保护装置有一定的灵敏系数,即$K_{\text{sen}} \geq 1.5$)<br>$I_{\text{op} \cdot \text{K}} \geq K_{\text{rel}} I_{\text{bp}}(\text{A})$<br>$I_{\text{op} \cdot \text{K}} \leq \dfrac{Q\beta_{\text{c}}}{U_{\text{rC}}(1-\beta_{\text{c}})} \times \dfrac{1}{n_{\text{TA}} K_{\text{sen}}}(\text{A})$ | |
| 中性线不平衡电流保护(双星形接线) | 保护装置的动作电流(应躲过正常时,中性线上电流互感器二次回路中的最大不平衡电流,及当单台电容器内部 50%~70%串联元件击穿时,使保护装置有一定的灵敏系数,即$K_{\text{sen}} \geq 1.5$)<br>$I_{\text{op} \cdot \text{K}} \geq K_{\text{rel}} I_{\text{bp}}(\text{A})$<br>$I_{\text{op} \cdot \text{K}} \leq \dfrac{1}{K_{\text{sen}} n_{\text{TA}}} \times \dfrac{3m\beta_{\text{c}} I'_{\text{rC}}}{6n[m(1-\beta_{\text{c}})+\beta_{\text{c}}]-5\beta_{\text{c}}}(\text{A})$ | |
| 开口三角电压保护(单星形接线) | 保护装置的动作电压(应躲过由于三相电容的不平衡及电网电压的不对称,正常时所存在的不平衡零序电压,及当单台电容器内部 50%~70%串联元件击穿时,使保护装置有一定的灵敏系数,即$K_{\text{sen}} \geq 1.5$)<br>$U_{\text{op} \cdot \text{K}} \geq K_{\text{rel}} U_{\text{bp}}(\text{V})$<br>$U_{\text{op} \cdot \text{K}} \leq \dfrac{1}{K_{\text{sen}} n_{\text{TV}}} \times \dfrac{3\beta_{\text{c}} U_{\text{rph}}}{3n[m(1-\beta_{\text{c}})+\beta_{\text{c}}]-2\beta_{\text{c}}}(\text{V})$ | |

续表

| 保护名称 | 计算项目和公式 | 符号说明 |
|---|---|---|
| 过电压保护 | 保护装置的动作电压（按母线电压不超过110%额定电压值整定）<br>$U_{op.K}=1.1U_{r2}(V)$<br>保护装置动作于信号或带3～5min时限动作于跳闸 | $U_{rph}$——电容器组的额定相电压，V；<br>$n_{TV}$——电压互感器变比；<br>$U_{r2}$——电压互感器二次额定电压，V，其值为100V；<br>$K_{min}$——系统正常运行母线电压可能出现的最低电压系数，一般取0.5；<br>$I_{C\Sigma}$——电网的总单相接地电容电流，A |
| 低电压保护 | 保护装置的动作电压（按母线电压不超过110%额定电压值整定）<br>$U_{op.K}=K_{min}U_{r2}(V)$ | |
| 单相接地保护 | 保护装置一次动作电流（按最小灵敏系数1.5整定）<br>$I_{op}\leqslant I_{C\Sigma}/1.5(A)$ | |

① 电力电容器组的继电保护整定计算按未装设专用单台熔断器保护考虑。
② 两相短路超瞬态电流 $I''_{k2}$ 等于三相短路超瞬态电流 $I''_{k3}$ 的0.866倍，三相短路超瞬态电流即对称短路电流初始值。
③ 当只装设带短时限过流保护时，$I_{op.K}=K_{rel}K_{jx}I_{rC}/n_{TA}$（其中，可靠系数 $K_{rel}$ 取2～2.5）。

## 9.2.5 3kV及以上电动机保护

（1）选型原则

1）对3kV及以上的异步电动机和同步电动机的下列故障及异常运行方式，应装设相应的保护装置：

① 定子绕组相间短路；
② 定子绕组单相接地；
③ 定子绕组过负荷；
④ 定子绕组低电压；
⑤ 同步电动机失步；
⑥ 同步电动机失磁；
⑦ 同步电动机出现非同步冲击电流；
⑧ 相电流不平衡及断相。

2）对电动机绕组及引出线相间短路，应装设相应的保护装置，并应符合下列规定。

① 2MW以下的电动机，宜采用电流速断保护；2MW及以上的电动机，或电流速断保护灵敏系数不符合要求的2MW以下的电动机，应装设纵联差动保护。保护装置可采用两相或三相式接线，并应瞬时动作于跳闸。具有自动灭磁装置的同步电动机，保护装置尚应瞬时动作于灭磁。

② 作为纵联差动保护的后备，宜装设过流保护。保护装置可采用两相或三相式接线，并应延时动作于跳闸。具有自动灭磁装置的同步电动机，保护装置尚应延时动作于灭磁。

3）对电动机单相接地故障，当接地电流大于5A时，应装设有选择性的单相接地保护；当接地电流小于5A时，可装设接地检测装置。单相接地电流为10A及以上时，保护装置应动作于跳闸；单相接地电流为10A以下时，保护装置宜动作于信号。

4）对电动机的过负荷应装设过负荷保护，并应符合下列规定。

① 生产过程中易发生过负荷的电动机应装设过负荷保护。保护装置应根据负荷特性，带时限动作于信号或跳闸。

② 启动或自启动困难、需防止启动或自启动时间过长的电动机，应装设过负荷保护，并应动作于跳闸。

5) 对母线电压短时降低或中断，应装设电动机低电压保护，并应符合下列规定。

① 下列电动机应装设 0.5s 时限的低电压保护装置，保护装置的保护动作电压应在额定电压的 65%～70%范围内：

a. 当电源电压短时降低或短时中断又恢复时，需断开的次要电动机；

b. 根据生产过程不允许或不需自启动的电动机。

② 下列电动机应装设 9s 时限的低电压保护，保护动作电压应为额定电压的 45%～50%：

a. 有备用自动投入机械的Ⅰ类负荷电动机；

b. 在电源电压长时间消失后需自动断开的电动机。

③ 保护装置应动作于跳闸。

6) 对同步电动机的失步应装设失步保护。失步保护宜带时限动作，对重要电动机应动作于再同步控制回路；不能再同步或根据生产过程不需再同步的电动机，应动作于跳闸。

7) 对同步电动机的失磁，宜装设失磁保护装置。同步电动机的失磁保护装置应带时限动作于跳闸。

8) 2MW 及以上的同步电动机以及不允许非同步的同步电动机，应装设防止电源短时中断再恢复时造成非同步冲击的保护。保护装置应确保在电源恢复前动作。重要电动机的保护装置，应动作于再同步控制回路；不能再同步或根据生产过程不需再同步的电动机，保护装置应动作于跳闸。

9) 2MW 及以上重要电动机可装设负序电流保护。保护装置应动作于跳闸或信号。

10) 当一台或一组设备由 2 台及以上电动机共同拖动时，电动机的保护装置应实现对每台电动机的保护。由双电源供电的双速电动机，其保护应按供电回路分别装设。

(2) 保护配置

3kV 及以上电动机保护的配置见表 9-17。

(3) 整定计算

3kV 及以上电动机保护的整定计算见表 9-18。

表 9-17　3kV 及以上电动机保护的配置

| 电动机容量 /kW | 保护装置名称 | | | | | | |
|---|---|---|---|---|---|---|---|
| | 电流速断保护 | 纵联差动保护 | 过负荷保护 | 单相接地保护 | 低电压保护 | 失压保护 | 防治非同步冲击的断电失步保护 |
| 异步电动机 <2000 | 装设 | 当电流速断保护不能满足灵敏性要求时装设 | 生产过程易发生过负荷时，或启动、自启动条件严格时装设 | 单相接地电流≥5A 时装设，≥10A 时一般动作于跳闸，5～10A 时可动作于跳闸或信号 | 根据需要装设 | — | — |
| 异步电动机 ≥2000 | — | 装设 | | | | — | — |
| 同步电动机 <2000 | 装设 | 当电流速断保护不能满足灵敏性要求时装设 | | | — | 装设 | 根据需要装设 |
| 同步电动机 ≥2000 | — | 装设 | | | — | 装设 | 根据需要装设 |

注：1. 下列电动机可以利用反映定子回路的过负荷保护兼作失步保护：短路比在 0.8 及以上且负荷平衡的同步电动机，负荷变动大的同步电动机，但此时应增设失磁保护。

2. 大容量同步电动机当不允许非同步冲击时，宜装设防止电源短时中断再恢复时，造成非同步冲击的保护。

表 9-18　3kV 及以上电动机保护的整定计算

| 保护名称 | 计算项目和公式 | 符号说明 |
|---|---|---|
| 电流速断保护 | 保护装置的动作电流：<br>异步电动机（应躲过电动机的启动电流）<br>$$I_{op \cdot K} = K_{rel} K_{jx} K_{st} I_{rM} / n_{TA} \text{ (A)}$$<br>同步电动机（应躲过电动机的启动电流或外部短路时电动机的输出电流）<br>$$I_{op \cdot K} = K_{rel} K_{jx} \frac{K_{st} I_{rM}}{n_{TA}} \text{ (A)}$$<br>和<br>$$I_{op \cdot K} = K_{rel} K_{jx} \frac{I''_{k3M}}{n_{TA}} \text{ (A)}$$<br>保护装置的灵敏系数（按最小运行方式下，电动机接线端两相短路时，流过保护安装处的短路电流校验）<br>$$K_{sen} = I''_{k2 \cdot min} / I_{op} \geqslant 2$$ | $K_{rel}$——可靠系数，用于电流速断保护时，DL 型和 GL 型电器分别取 1.4～1.6 和 1.8～2.0，用于差动保护时取 1.3，用于过负荷保护时动作于信号取 1.05，动作于跳闸取 1.2；<br>$K_{jx}$——接线系数，接于相电流时取 1.0，接于相电流差时取 $\sqrt{3}$；<br>$K_{st}$——电动机启动电流倍数①；<br>$I_{rM}$——电动机额定电流，A；<br>$n_{TA}$——电流互感器变比；<br>$I''_{k3M}$——同步电动机接线端三相短路时，输出的超瞬态电流②，A；<br>$I''_{k2 \cdot min}$——最小运行方式下，电动机接线端两相短路时，流过保护安装处的超瞬态电流③，A；<br>$I_{op}$——保护装置一次动作电流，A；<br>$$I_{op} = \frac{I_{op \cdot K} n_{TA}}{K_{jx}}$$ |
| 纵联差动保护（用 DL-3 型差动继电器时） | 保护装置的动作电流（应躲过电动机的最大不平衡电流）<br>$$I_{op \cdot K} = (1.5 \sim 2) I_{rM} / n_{TA} \text{ (A)}$$<br>保护装置的灵敏系数（按最小运行方式下，电动机接线端两相短路时，流过保护安装处的短路电流校验）<br>$$K_{sen} = I''_{k2 \cdot min} / I_{op} \geqslant 2$$ | |
| 纵联差动保护（用 BCH-2 型差动继电器时） | 保护装置的动作电流，应躲过以下三种情况最大不平衡电流。<br>第一种情况：电动机启动电流。<br>第二种情况：电流互感器一次回路断线。<br>第三种情况：外部短路时同步电动机输出的超瞬态电流。<br>① $I_{op \cdot K} = K_{rel} K_{jx} K_{tx} \Delta f \frac{K_{st} I_{rM}}{n_{TA}}$ (A)<br>② $I_{op \cdot K} = K_{rel} K_{jx} \frac{I_{rM}}{n_{TA}}$ (A)<br>③ $I_{op \cdot K} = K_{rel} K_{jx} K_{tx} \Delta f \frac{I''_{k3M}}{n_{TA}}$ (A)<br>确定继电器的差动线圈及平衡线圈的匝数<br>$$W_c = \frac{AW_0}{I_{op \cdot K}}$$<br>$$W_c \geqslant W_{I \cdot ph \cdot sy} + W_{c \cdot sy}$$<br>$$W_{I \cdot ph \cdot sy} = W_{II \cdot ph \cdot sy}$$<br>确定短路线圈抽头：一般选取抽头 3-3 或 2-2，对大容量电动机（如容量≥5000kW）可选取 2-2 或 1-1。<br>保护装置的灵敏系数（按最小运行方式下，电动机接线端两相短路时，流过保护安装处的短路电流校验）<br>$$K_{sen} = \frac{W_{I \cdot ph \cdot sy} + W_{c \cdot sy}}{AW_0} \times \frac{I''_{k2 \cdot min}}{n_{TA}} \geqslant 2$$ | |
| 过负荷保护 | 保护装置的动作电流（应躲过电动机的额定电流）<br>$$I_{op \cdot K} = K_{rel} K_{jx} \frac{I_{rM}}{K_r n_{TA}} \text{ (A)}$$<br>保护装置的动作时限④（躲过电动机启动电流及自启动时间，即 $t_{op} > t_{st}$）对于一般电动机为 | |

续表

| 保护名称 | 计算项目和公式 | 符号说明 |
|---|---|---|
| 过负荷保护 | $t_{op}=(1.1\sim1.2)t_{st}$ (s)<br>对于传动风机负荷的电动机为<br>$t_{op}=(1.2\sim1.4)t_{st}$ (s) | $K_{tx}$——电流互感器的同型系数,取 0.5;<br>$\Delta f$——电流互感器允许误差,取 0.1;<br>$AW_0$——继电器的动作安匝,应采用实测值,如无实测值,则可取 60; |
| 单相接地保护 | 保护装置一次动作电流(应按被保护元件发生单相接地故障时最小灵敏系数 1.25 整定)<br>$I_{op} \leqslant \dfrac{I_{C\Sigma}-I_{CM}}{1.25}$ (A) | $W_c$——差动继电器线圈计算安匝数;<br>$W_{\text{I}\cdot ph\cdot sy}$——第一平衡线圈的实用匝数;<br>$W_{c\cdot sy}$——差动线圈的实用匝数;<br>$W_{\text{II}\cdot ph\cdot sy}$——第二平衡线圈的实用匝数; |
| 低电压保护 | 低电压保护详见本节选型原则之 5) | $K_r$——继电器返回系数,取 0.85;<br>$t_{op}$——保护装置动作时限,一般选为 10~15s,应在实际启动时校验其是否能躲过启动时间; |
| 失步保护 | 过电流保护兼作失步保护,保护装置的动作电流和动作时限与过负荷保护相同。专用失步保护详见本节选型原则之 6) | $t_{st}$——电动机实际启动时间,s;<br>$I_{C\Sigma}$——电网的总单相接地电容电流,A;<br>$I_{CM}$——电动机的电容电流[5],A |

① 如为降压电抗器启动及变压器-电动机组,其启动电流倍数 $K_{st}$ 改用 $K'_{st}$ 代替:

$$K'_{st}=\dfrac{1}{\dfrac{1}{K_{st}}+\dfrac{u_k S_{rM}}{S_{rT}}}$$

式中　$u_k$——电抗器或变压器的阻抗电压相对值;
　　　$S_{rM}$——电动机额定容量,kV·A;
　　　$S_{rT}$——电抗器或变压器额定容量,kV·A。

② 同步电动机接线端三相短路时,输出的超瞬态电流为:

$$I''_{k3M}=\left(\dfrac{1.05}{x''_k}+0.95\sin\varphi_r\right)I_{rM}\text{(A)}$$

式中　$x''_k$——同步电动机超瞬态电抗相对值;
　　　$\varphi_r$——同步电动机额定功率因数角;
　　　$I_{rM}$——同步电动机额定电流,A。

③ 两相短路超瞬态电流 $I''_{k2}$ 等于三相短路超瞬态电流 $I''_{k3}$ 的 0.866 倍,三相短路超瞬态电流即对称短路电流初始值。

④ 实际应用中,保护装置的动作时限 $t_{op}$,可按 2 倍动作电流及 2 倍动作电流时允许过负荷时间 $t_{gh}$(s),在继电器特性曲线上查出 10 倍动作电流时的动作时间。$t_{gh}$ 可按下式计算:

$$t_{gh}=\dfrac{150}{\left(\dfrac{2I_{op}\cdot_K n_{TA}}{K_{jx}I_{rM}}\right)^2-1}$$

式中符号含义同上所述。

⑤ 电动机的电容电流除大型同步电动机外,可忽略不计,大型同步电动机的单相接地电容电流的计算公式如下。
隐极式同步电动机的电容电流:

$$I_{CM}=\dfrac{2.5KS_{rM}\omega U_{rM}\times 10^{-3}}{\sqrt{3}U_{rM}(1+0.08U_{rM})}\text{(A)}$$

式中　$K$——决定于绝缘等级的系数,当温度为 15~20℃时,$K=0.0187$;
　　　$S_{rM}$——电动机的额定容量,MV·A;
　　　$\omega$——电动机的角速度,$\omega=2\pi f$,当 $f=50\text{Hz}$ 时,$\omega=314$;
　　　$U_{rM}$——电动机的额定电压,kV。

凸极式同步电动机的电容电流:

$$I_{CM}=\dfrac{\omega K S_{rM}^{3/4}U_{rM}\times 10^{-6}}{\sqrt{3}(U_{rM}+3600)n^{-1/3}}\text{(A)}$$

式中　$\omega$——电动机的角速度,$\omega=2\pi f$,当 $f=50\text{Hz}$ 时,$\omega=314$;
　　　$K$——决定于绝缘等级的系数,对于 B 级绝缘,当温度为 25℃时,$K\approx 40$;
　　　$S_{rM}$——电动机的额定容量,MV·A;
　　　$U_{rM}$——电动机的额定电压,V。

## 9.3 变配电所自动装置及综合自动化的设计

### 9.3.1 自动重合闸装置

① 在 3~110kV 电网中，下列情况应装设自动重合闸装置。

a. 3kV 及以上的架空线路和电缆与架空的混合线路，当用电设备允许且无备用电源自动投入时。

b. 旁路断路器和兼作旁路的母联或分段断路器。

② 35MV·A 及以下容量且低压侧无电源接于供电线路的变压器，可装设自动重合闸装置。

③ 单侧电源线路的自动重合闸方式的选择应符合下列规定：

a. 应采用一次重合闸；

b. 当几段线路串联时，宜采用重合闸前加速保护动作或顺序自动重合闸。

④ 双侧电源线路的自动重合闸方式的选择应符合下列规定。

a. 并列运行的发电厂或电力网之间，具有四条及以上联系的线路或三条紧密联系的线路，可采用不检同期的三相自动重合闸。

b. 并列运行的发电厂或电力网之间，具有两条联系的线路或三条不紧密联系的线路，可采用下列重合闸方式：

ⅰ. 当非同步合闸的最大冲击电流超过表 9-19 中规定的允许值时，可采用同期检定和无压检定的三相自动重合闸；

ⅱ. 当非同步合闸的最大冲击电流不超过表 9-19 中规定的允许值时，可采用不同期检定的三相自动重合闸；

ⅲ. 无其他联系的并列运行双回线，当不能采用非同期重合闸时，可采用检查另一回线路有电流的三相自动重合闸。

表 9-19 自同步和非同步合闸时允许的冲击电流倍数

| 机组类型 | | 允许倍数 |
|---|---|---|
| 汽轮发电机 | | $0.65/X_d''$ |
| 水轮发电机 | 有阻尼回路 | $0.6/X_d''$ |
| | 无阻尼回路 | $0.6/X_d'$ |
| 同步调相机 | | $0.84/X_d''$ |
| 电力变压器 | | $1/X_B$ |

注：1. 表中 $X_d'$ 为同步电机的纵轴超瞬变电抗，标幺值；$X_d''$ 为同步电机的纵轴瞬变电抗，标幺值；$X_B$ 为电力变压器的短路电抗，标幺值。

2. 计算最大冲击电流时，应计及实际上可能出现的对同步电机或电力变压器为最严重的运行方式，同步电机的电动势取 1.05 倍额定电压，两侧电源电动势的相角差取 180°，并可不计及负荷的影响，但当计算结果接近或超过允许倍数时，可计及负荷影响进行较精确计算。

3. 表中所列同步发电机的冲击电流允许倍数，系根据允许冲击力矩求得。汽轮发电机在两侧电动势相角差约为 120°时合闸，冲击力矩最严重；水轮发电机约在 135°时合闸最严重。因此，当两侧电动势的相差取大于 120°~135°时，均应按本表注 2.所述条件计算。其超瞬变电流周期分量不超过额定电流的 $0.74/X_d''$ 倍。

c. 双侧电源的单回线路，可采用下列重合闸方式：

ⅰ. 可采用解列重合闸；

ⅱ.当水电厂条件许可时,可采用自同步重合闸;

ⅲ.可采用一侧无压检定,另一侧同期检定的三相自动重合闸。

⑤ 自动重合闸装置应符合下列规定。

a.自动重合闸装置可由保护装置或断路器控制状态与位置不对应启动。

b.手动或通过遥控装置将断路器断开,或将断路器投入故障线路上而随即由保护装置将其断开时,自动重合闸均不应动作。

c.在任何情况下,自动重合闸的动作次数应符合预先的规定。

d.当断路器处于不正常状态不允许实现自动重合闸时,应将重合闸装置闭锁。

### 9.3.2 备用电源和备用设备的自动投入装置

① 下列情况,应装设备用电源或备用设备的自动投入装置:

a.由双电源供电的变电站和配电站,其中一个电源经常断开作为备用;

b.发电厂、变电站内有备用变压器;

c.接有Ⅰ类负荷的由双电源供电的母线段;

d.含有Ⅰ类负荷的由双电源供电的成套装置;

e.某些重要机械的备用设备。

② 备用电源或备用设备的自动投入装置,应符合下列要求:

a.应保证在工作电源断开后投入备用电源;

b.工作电源故障或断路器被错误断开时,自动投入装置应延时动作;

c.手动断开工作电源、电压互感器回路断线和备用电源无电压情况下,不应启动自动投入装置;

d.应保证自动投入装置只动作一次;

e.自动投入装置动作后,如备用电源或设备投到故障上,应使保护加速动作并跳闸;

f.自动投入装置中,可设置工作电源的电流闭锁回路;

g.一个备用电源或设备同时作为几个电源或设备的备用时,自动投入装置应保证在同一时间备用电源或设备只能作为一个电源或设备的备用。

③ 自动投入装置可采用带母线残压闭锁或延时切换方式,也可采用带同步检定的快速切换方式。

### 9.3.3 自动低频低压减负荷装置

① 在变电站和配电站,应根据电力网安全稳定运行的要求装设自动低频低压减负荷装置。当电力网发生故障导致功率缺额,使频率和电压降低时,应由自动低频低压减负荷装置断开一部分次要负荷,并应将频率和电压降低限制在短时允许范围内,同时应使其在允许时间内恢复至长时间允许值。

② 自动低频低压减负荷装置的配置及所断开负荷的容量,应根据电力系统最不利运行方式下发生故障时,可能发生的最大功率缺额确定。

③ 自动低频低压减负荷装置应按频率、电压分为若干级,并应根据电力系统运行方式和故障时功率缺额分轮次动作。

④ 在电力系统发生短路、进行自动重合闸或备用自动投入装置动作时电源中断的过程中,当自动低频低压减负荷装置可能误动作时,应采取相应的防止误动作的措施。

## 9.3.4 变配电所综合自动化设计

(1) 设计原则

变配电所综合自动化设计应遵循如下原则。

① 提高变配电所安全生产水平，技术管理水平和供电质量。

② 使变配电所运行方便、维护简单，提高劳动生产率和营运效益，实现减人增效。

③ 减少二次设备间的连接，节约控制电缆。

④ 减少变配电所设备的配置，避免设备重复设置，实现资源共享。

⑤ 减少变配电所占地面积，降低工程造价。

变配电所计算机监控系统的选型应做到安全可靠、经济适用、技术先进、符合国情。应采用具有开放性和可扩充性，抗干扰性强、成熟可靠的产品。变配电所综合自动化系统应能实现对变配电所可靠、合理、完善的监视、测量、控制、运行管理，并具备遥测、遥信、遥调、遥控等全部的远动功能，具有与调度通信中心计算机系统交换信息的能力。

(2) 系统结构

① 变配电所计算机监控系统宜由站控层和间隔层两部分组成，并用分层、分布、开放式网络系统实现连接。

② 站控层由计算机网络连接的计算机监控系统的主机或/及操作员站和各种功能站构成，提供所内运行的人机联系界面，实现管理控制间隔层设备等功能，形成全所监控、管理中心，并可与远程调度通信中心通信。

③ 间隔层由工控网络/计算机网络连接的若十个监控子系统组成，在站控层及网络失效的情况下，仍能独立完成间隔设备的就地监控功能。

④ 站控层与间隔层可直接连接，也可通过前置层设备连接。前置层可与调度通信中心通信。

⑤ 站控层设备宜集中设置。间隔层设备直接相对集中方式分散设置，当技术经济合理时也可按全分散方式设置或全集中方式设置。

(3) 网络结构

① 计算机监控系统的站控层和间隔层可采用统一的计算机网络，也可分别采用不同网络。当采用统一的网络时，宜采用国际标准推荐的网络结构。

② 站控层宜采用国际标准推荐的标准以太网。站控层系统应具有良好的开放性。

③ 间隔层宜采用工控网，它应具有足够的传送速率和极高的可靠性。间隔层监控子系统间宜实现直接通信。

④ 网络拓扑宜采用总线型或环型，也可采用星型。站控层与间隔层之间的物理连接宜用星型。

⑤ 当站控层和间隔层采用同一网络时，宜分层或分段布置结点，使网络能力及通信负荷率满足要求。

⑥ 110kV 及以下变配电所可采用单网。

⑦ 变配电所计算机网络应具有与国家电力数据网连接的能力，按要求实现所内调度自动化、保护、管理等多种信息的远程传送。

(4) 硬件设备

1) 计算机监控系统的硬件设备宜由以下几部分组成：

① 站控层设备；

② 网络设备；

③ 间隔层设备。

2) 站控层主机配置应能满足整个系统的功能要求及性能指标要求，主机容量应与变配电所的规划容量相适应。应选用性能优良、符合工业标准的产品。

3) 操作员站应满足运行人员操作时直观、便捷、安全、可靠的要求。

4) 应设置双套远动通信设备，远动信息应直接来自间隔层采集的实时数据。远动接口设备应满足《地区电网调度自动化设计技术规程》（DL/T 5002—2005）、《电力系统调度自动化设计技术规程》（DL/T 5003—2017）的要求，其容量及性能指标应能满足变配电所远动功能及规约转换要求。

5) 应设置 GPS 对时设备，其同步脉冲输出接口及数字接口数量应能满足系统配置要求，I/O 单元的对时精度应满足事件顺序记录分辨率的要求。

6) 打印机的配置数量和性能应能满足定时制表、召唤打印、事故打印等功能要求。

7) 网络媒介可采用屏蔽双绞线、同轴电缆、光缆或以上几种方式的组合，通过户外的长距离通信应采用光缆。

8) 间隔层设备包括中央处理器、存储器、通信及 I/O 控制等模块。

9) 当采用前置层设备连接方式时，前置机宜冗余设置。

10) 保护通信接口装置可分散设置，保护通信接口装置应能实现与间隔层各种保护装置的通信。

(5) 软件系统

① 变配电所计算机监控系统的软件应由系统软件、支持软件和应用软件组成。

② 软件系统的可靠性、兼容性、可移植性、可扩充性及界面的友好性等性能指标均应满足系统本期及远景规划要求。

③ 软件系统应为模块化结构，以方便修改和维护。

④ 系统软件应为成熟的实时多任务操作系统并具有完整的自诊断程序。

⑤ 数据库的结构应适应分散分布式控制方式的要求，并应具有良好的可维护性，并提供用户访问数据库的标准接口。

⑥ 网络软件应满足计算机网络各结点之间信息的传输、数据共享和分布式处理等要求，通信速率应满足系统实时性要求。

⑦ 应配置各种必要的工具软件。

⑧ 应用软件必须满足系统的功能要求，成熟、可靠，并具有良好的实时响应速度和可扩充性。

⑨ 远动遥信设备应配置远传数据库和各级相关调度通信规约，以实现与调度端的远程通信，两套设备应能实现通道故障时，备用通道自动切换。

⑩ 当设有前置机时，前置机宜配置数据库和远动规约处理软件，完成实时数据的处理和与调度通信中心的数据通信。站控层网络应按 TCP/IP 协议通信；间隔层网络宜采用有关国标或 IEC 标准协议通信。

⑪ 与调度实时通信的应用层协议宜采用相关的电力国家标准、行业标准及国际标准。在该接口配置时，应能适应国家电力数据网建成后的各种远程访问需要。

(6) 远方监控接口要求

1) 变配电所自动化系统与调度所或控制中心自动化系统间通信的基本要求如下。

① 应选择可靠的通道与上级计算机联系，通道可采用电力线载波、微机、光纤、公用

电话网、导引电缆、音频及无线电等。

② 通信的接口应能满足各级调度要求的下列通信方式：

a. 异步串行半双工；

b. 异步串行全双工；

c. 同步串行半双工；

d. 同步串行全双工。

③ 应按上级调度（或控制中心）的要求：设置与调度端通信的硬、软件模块，其功能和技术指标应满足与调度之间的信息传送要求，并选用调度通信的标准规约或计算机通信的标准规约。

④ 应能正确接受上级站计算机下达的各项命令，并能向上级站上送变配电所的实时工况、运行参数及调度、管理必需的有关信息。

2) 变配电所主控级计算机与单元控制级、微机型保护或其他自动装置间通信的基本要求如下。

① 当采用分布式系统结构时，其相互间的通信接口宜按本地现场总线考虑（也可采用局域网连接），选择符合国际标准或工业标准的电气接口特性。这些接口的通信规约、信息格式、数据传输速率、传输介质和传输距离等，在国际标准本正式颁布前，可符合《远动设备及系统 第 5 部分：传输规约 第 103 篇：继电保护设备信息接口配套标准》（DL/T 667—1999/IEC 60870-5-103）、《远动设备及系统 第 5101 部分：传输规约 基本远动任务配套标准》（DL/T 634.5101—2002/IEC 60870-5-101）规约的相关条款要求。

② 当采用点对点串行通信星形链路结构时，其相互间的通信接口应符合异步或同步串行数据传输通信方式的要求，目前接口标准可符合美国电子工业协会的下述标准：

a. RS-232-C（采用串行二进制数据交换的数据终端与数据通信设备之间的接口）；

b. RS-423-C（非平衡电压数字接口电路的电气特性）；

c. RS-422-A（平衡电压数字接口电路的电气特性）；

d. RS-485（差分 20mA 电流环）。

一般情况下宜采用 RS-232-C 和 RS-485 接口标准。

3) 自动化系统宜具备接受卫星、无线电台或电网调度自动化系统校正同步时钟精度的设备。

## 9.3.5 变配电所控制室布置的一般要求

(1) 控制室的布置

① 主控制室的控制屏和保护屏可采用合在一室的布置或将控制屏与继电器屏分室布置的形式。中小型变配电所一般采用前者。

② 控制室的布置一般有 Π 形、Γ 形或直列式布置，主环正面宜采用直列式布置，超过 9 块屏时，也可采用弧形布置。主变压器、母线设备及中央信号装置的控制屏，应布置在主环正面。35kV 及以上的线路控制屏、线路并联电抗器、串联补偿电容器及无功补偿装置的控制屏，应根据规划确定布置在主环正面或侧面。

③ 电度表及记录仪表应布置在抄表方便的地方。直流屏布置在控制室时，可布置在主环侧面，也可布置在便于操作的主环以外的地方。继电保护和自动装置屏一般布置在主环以外，放在主环的后面。

④ 计算机或微处理机及辅助设备宜布置在与主控制室相通的单独房间中，该房间应能

满足计算机微处理机的运行要求。屏幕显示器宜放在主环正面或值班操作台上。

(2) 控制屏（屏台）的布置

控制屏（屏台）的布置应满足下列要求。

① 监视、操作和调节方便，模拟接线清晰。相同安装的单位，其屏面布置应一致。

② 测量仪表尽量与模拟接线相对应，A、B、C 相按纵向排列，为便利运行监视，同类安装单位功能相同的仪表，一般布置在相对应的位置。主环内每侧各屏光字牌的高度应一致。光字牌宜放置在屏的上方，要求上部取齐；当放置在中间时，要求下部取齐。

③ 对屏台分开设仪表信号屏或返回屏的结构，经常监视的常测仪表、光字牌、操作设备放在屏台上，一般常测仪表布置在仪表信号屏或返回屏电气主接线模拟线上。

④ 操作设备宜与安装单位的模拟接线相对应，功能相同的操作设备，应布置在相对应的位置上，为避免运行人员误操作，操作方向全所必须一致。

⑤ 采用灯光监视时，红、绿灯分别布置在控制开关的右上侧和左上侧。

⑥ 屏面设备间的距离应满足设备安装及接线的要求。800mm 宽的屏或台上，每行控制开关不得超过 5 个（强电小开关和弱电开关除外），一般为 4 个。操作设备的中心线离地面不应低于 600mm（调节手轮除外），经常操作的设备宜布置在离地面 800～1500mm 处。

⑦ 设计屏台和屏面布置时，应考虑屏背面安装端子排不超过制造厂允许的数量。为便于接线，屏背每侧端子排距地不宜低于 350mm。

(3) 继电器屏的屏面布置

继电器屏面的布置应满足下列要求。

① 调试方便，安全可靠，屏面布置适当紧凑。

② 相同安装单位的屏面布置宜对应一致，不同安装单位的继电器装在一块屏上，宜按照纵向划分，其布置宜对应一致。

③ 设备或元件装设两套主保护装置时，宜分别布置在不同屏上。

④ 组合式继电器插件箱，宜将相同出口继电器的保护装置装在一个插件箱内。

⑤ 对由单个继电器构成的继电保护装置，平时调整、检查工作比较少的继电器布置在上部，较多的布置在中部。一般按如下次序由上至下排列；电流、电压、中间、时间继电器等布置在屏的上部，方向、差动、重合闸继电器等布置在屏的中部。对组合式继电器插件箱，宜按照出口分组的原则，相同出口的保护装置放在一起或上下紧靠布置。一组出口的保护装置停止工作时，不得影响另一组出口的保护运行。

⑥ 各屏上设备装设高度横向应整齐一致，避免在屏后装设继电器。各屏上信号继电器宜集中布置，安装水平高度应一致，其安装中心线离地面不宜低于 600mm。

⑦ 试验部件与连接片，安装中心线离地面不宜低于 300mm。

⑧ 对正面不开门的继电器屏而言，继电器屏的下面离地 250mm 处宜设有一定数量的孔洞，供试验时穿线之用。

⑨ 继电器屏背面宜设双门。

# 第10章 变配电所操作电源

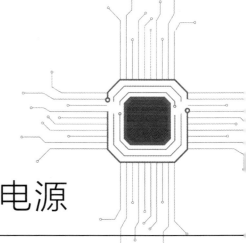

## 10.1 直流操作电源设计

### 10.1.1 系统设计

#### 10.1.1.1 直流电源

1) 发电厂、变电站、串补站和换流站内应设置向控制负荷和动力负荷等供电的直流电源。

2) 220V 和 110V 直流电源应采用蓄电池组。48V 及以下的直流电源可采用由 220V 或 110V 蓄电池组供电的电力用 DC/DC 变换装置。

3) 正常运行方式下,每组蓄电池的直流网络应独立运行,不应与其他蓄电池组有任何直接电气连接。

4) 当发电厂升压站设有电力网络计算机监控系统时,应设置独立的发电厂升压站直流电源系统。

5) 当单机容量为 300MW 级及以上,发电厂辅助车间需要直流电源时,应设置独立的直流电源系统。当供电距离较远时,其他发电厂的辅助车间宜设置独立的直流电源系统。

6) 当供电距离较远时,变电站的串补或可控高抗设备区宜设置独立的直流电源系统。

7) 蓄电池组正常应以浮充电方式运行。

8) 铅酸蓄电池组不应设置端电池(terminal battery,蓄电池组中能满足系统电压要求的基本电池之外的附加蓄电池);镉镍碱性蓄电池组设置端电池时,宜减少端电池个数。

#### 10.1.1.2 系统电压

1) 发电厂、变电站、串补站和换流站直流电源系统电压应根据用电设备类型、额定容量、供电距离和安装地点等确定合适的系统电压。直流电源系统标称电压应满足下列要求:

① 专供控制负荷的直流电源系统电压宜采用110V,也可采用220V;

② 专供动力负荷的直流电源系统电压宜采用220V;

③ 控制负荷和动力负荷合并供电的直流电源系统电压可采用220V或110V;

④ 全厂(站)直流控制电压应采用相同电压,扩建和改建工程宜与已有厂(站)直流电压一致。

2) 在正常运行情况下,直流母线电压应为直流电源系统标称电压的105%。

3) 在均衡充电运行情况下，直流母线电压应满足下列要求：

① 专供控制负荷的直流电源系统，不应高于直流电源系统标称电压的110%；

② 专供动力负荷的直流电源系统，不应高于直流电源系统标称电压的112.5%；

③ 对控制负荷和动力负荷合并供电的直流电源系统，不应高于直流电源系统标称电压的110%。

4) 在事故放电末期，蓄电池组出口端电压不应低于直流电源系统标称电压的87.5%。

### 10.1.1.3 蓄电池组

1) 蓄电池型式选择应符合下列要求：

① 直流电源宜采用阀控式密封铅酸蓄电池，也可采用固定型排气式铅酸蓄电池；

② 小型发电厂、110kV 及以下变电站可采用镉镍碱性蓄电池；

③ 核电厂常规岛宜采用固定型排气式铅酸蓄电池。

2) 铅酸蓄电池应采用单体为 2V 的蓄电池，直流电源成套装置组柜安装的铅酸蓄电池宜采用单体为 2V 的蓄电池，也可采用 6V 或 12V 组合电池。

3) 蓄电池组数配置应符合下列要求：

① 单机容量为 125MW 级以下机组的火力发电厂，当机组台数为 2 台及以上时，全厂宜装设 2 组控制负荷和动力负荷合并供电的蓄电池。对机炉不匹配的发电厂，可根据机炉数量和电气系统情况，为每套独立的电气系统设置单独的蓄电池组。其他情况下可装设 1 组蓄电池；

② 单机容量为 200MW 级及以下机组的火力发电厂，当控制系统按单元机组设置时，每台机组宜装设 2 组控制负荷和动力负荷合并供电的蓄电池；

③ 单机容量为 300MW 级机组的火力发电厂，每台机组宜装设 3 组蓄电池，其中 2 组对控制负荷供电，1 组对动力负荷供电，也可装设 2 组控制负荷和动力负荷合并供电的蓄电池；

④ 单机容量为 600MW 级及以上机组的火力发电厂，每台机组应装设 3 组蓄电池，其中 2 组对控制负荷供电，1 组对动力负荷供电；

⑤ 对于燃气-蒸汽联合循环发电厂，可根据燃机型式、接线方式、机组容量和直流负荷大小，按套或按机组装设蓄电池组，蓄电池组数应符合上述第 1)～3) 条的规定；

⑥ 发电厂升压站设有电力网络计算机监控系统时，220kV 及以上的配电装置应独立设置 2 组控制负荷和动力负荷合并供电的蓄电池组。当高压配电装置设有多个网络继电器室时，也可按继电器室分散装设蓄电池组。110kV 配电装置根据规模可设置 2 组或 1 组蓄电池；

⑦ 110kV 及以下变电站宜装设 1 组蓄电池，对于重要的 110kV 变电站也可装设 2 组蓄电池；

⑧ 220～750kV 变电站应装设 2 组蓄电池；

⑨ 1000kV 变电站宜按直流负荷相对集中配置 2 套直流电源系统，每套直流电源系统装设 2 组蓄电池；

⑩ 当串补站毗邻相关变电站布置且技术经济合理时，宜与毗邻变电站共用蓄电池组。当串补站独立设置时，可装设 2 组蓄电池；

⑪ 直流换流站宜按极或阀组和公用设备分别设置直流电源系统，每套直流电源系统应装设 2 组蓄电池。站公用设备用蓄电池组可分散或集中设置。背靠背换流站宜按背靠背换流单元和公用设备分别设置直流电源系统，每套直流电源系统应装设 2 组蓄电池。

### 10.1.1.4 充电装置

1) 充电装置型式宜选用高频开关电源模块型充电装置，也可选用相控式充电装置。

2) 当采用1组蓄电池时，充电装置的配置应符合下列规定：
① 当采用相控式充电装置时，宜配置2套充电装置；
② 当采用高频开关电源模块型充电装置时，宜配置1套充电装置，也可配置2套充电装置。
3) 当采用2组蓄电池时，充电装置的配置应符合下列规定：
① 当采用相控式充电装置时，宜配置3套充电装置；
② 当采用高频开关电源模块型充电装置时，宜配置2套充电装置，也可配置3套充电装置。

### 10.1.1.5 接线方式

1) 采用1组蓄电池的直流电源系统接线方式应符合下列要求：
① 1组蓄电池配置1套充电装置时，宜采用单母线接线；
② 1组蓄电池配置2套充电装置时，宜采用单母线分段接线，2套充电装置应接入不同母线段，蓄电池组应跨接在两段母线上；
③ 1组蓄电池的直流电源系统，宜经直流断路器与另一组相同电压等级的直流电源系统相连。正常运行时，该断路器应处于断开状态。
2) 采用2组蓄电池的直流电源系统接线方式应符合下列要求：
① 直流电源系统应采用两段单母线接线，两段直流母线之间应设联络电器。正常运行时，两段直流母线应分别独立运行；
② 2组蓄电池配置2套充电装置时，每组蓄电池及其充电装置应分别接入相应母线段；
③ 2组蓄电池配置3套充电装置时，每组蓄电池及其充电装置应分别接入相应母线段；第3套充电装置应经切换电器对2组蓄电池进行充电；
④ 2组蓄电池的直流电源系统应能满足在正常运行中两段母线切换时不中断供电的要求。在切换过程中，2组蓄电池应满足标称电压相同，电压差小于规定值，且直流电源系统均处于正常运行状态，允许短时并联运行。
3) 蓄电池组和充电装置应经隔离和保护电器接入直流电源系统。
4) 铅酸蓄电池组不宜设降压装置，有端电池的镉镍碱性蓄电池组应设有降压装置。
5) 每组蓄电池应设有专用的试验放电回路。试验放电设备宜经隔离和保护电器直接与蓄电池组出口回路并接。放电装置宜采用移动式设备。
6) 220V和110V直流电源系统应采用不接地方式。

### 10.1.1.6 网络设计

1) 直流网络宜采用集中辐射形供电方式或分层辐射形供电方式。
2) 下列回路应采用集中辐射形供电：
① 直流应急照明、直流油泵电动机、交流不间断电源；
② DC/DC变换器；
③ 热工总电源柜和直流分电柜电源。
3) 下列回路宜采用集中辐射形供电：
① 发电厂系统远动、系统保护等；
② 发电厂主要电气设备的控制、信号、保护和自动装置等；
③ 发电厂热控制负荷。
4) 分层辐射形供电网络应根据用电负荷和设备布置情况，合理设置直流分电柜。

5) 直流分电柜接线应符合下列要求：

① 直流分电柜每段母线宜由来自同一蓄电池组的 2 回直流电源供电。电源进线应经隔离电器接至直流分电柜母线；

② 对于要求双电源供电的负荷应设置两段母线，两段母线宜分别由不同蓄电池组供电，每段母线宜由来自同一蓄电池组的 2 回直流电源供电，母线之间不宜设联络电器；

③ 公用系统直流分电柜每段母线应由不同蓄电池组的 2 回直流电源供电，宜采用手动断电切换方式。

6) 采用环形网络供电时，环形网络应由 2 回直流电源供电，直流电源应经隔离电器接入，正常时为开环运行。当 2 回电源由不同蓄电池组供电时，宜采用手动断电切换方式。

## 10.1.2 直流负荷

### 10.1.2.1 直流负荷分类

1) 直流负荷按功能可分为控制负荷和动力负荷，并应符合下列规定：
① 控制负荷包括下列负荷：
a. 电气控制、信号、测量负荷；
b. 热工控制、信号、测量负荷；
c. 继电保护、自动装置和监控系统负荷。
② 动力负荷包括下列负荷：
a. 各类直流电动机；
b. 高压断路器电磁操动合闸机构；
c. 交流不间断电源装置（UPS）；
d. DC/DC 变换装置；
e. 直流应急照明负荷；
f. 热工动力负荷。

2) 直流负荷按性质可分为经常负荷、事故负荷和冲击负荷，并应符合下列规定：
① 经常负荷包括下列负荷：
a. 长明灯；
b. 连续运行的直流电动机；
c. 逆变器；
d. 电气控制、保护装置等；
e. DC/DC 变换装置；
f. 热工控制负荷。
② 事故负荷包括下列负荷：
a. 事故中需要运行的直流电动机；
b. 直流应急照明；
c. 交流不间断电源装置（UPS）；
d. 热工动力负荷。
③ 冲击负荷包括下列负荷：
a. 高压断路器跳闸；
b. 热工冲击负荷；
c. 直流电动机启动电流。

## 10.1.2.2 直流负荷统计

1) 直流负荷统计应符合下列规定：

① 装设 2 组控制专用蓄电池组时，每组负荷应按全部控制负荷统计；

② 装设 2 组动力和控制合并供电的蓄电池组时，每组负荷应按全部控制负荷统计，动力负荷宜平均分配在 2 组蓄电池上。其中直流应急照明负荷，每组应按全部负荷的 60％统计，对变电站和有保安电源的发电厂可按 100％统计；

③ 事故后恢复供电的高压断路器合闸冲击负荷应按随机负荷考虑；

④ 两个直流电源系统间设有联络线时，每组蓄电池应按各自所连接的负荷统计，不能因互联而增加负荷容量的统计。

2) 事故停电时间应符合下列规定：

① 与电力系统连接的发电厂，厂用交流电源事故停电时间应按 1h 计算；

② 不与电力系统连接的孤立发电厂、厂用交流电源事故停电时间应按 2h 计算；

③ 有人值班的变电站，全站交流电源事故停电时间应按 1h 计算；

④ 无人值班的变电站，全站交流电源事故停电时间宜按 2h 计算；

⑤ 1000kV 变电站、串补站和直流换流站，全站交流电源事故停电时间应按 2h 计算。

3) 事故初期（1min）的冲击负荷应按下列原则统计：

① 备用电源断路器应按备用电源实际自投断路器台数统计；

② 低电压、母线保护、低频减载等跳闸回路应按实际数量统计；

③ 电气及热工的控制、信号和保护回路等应按实际负荷统计。

4) 事故停电时间内，恢复供电的高压断路器合闸电流应按断路器合闸电流最大的一台统计，并应与事故初期冲击负荷之外的最大负荷或出现最低电压时的负荷相叠加。

5) 直流负荷统计计算时间应符合表 10-1 的规定。

表 10-1 直流负荷统计计算时间表

| 序号 | 负荷名称 | | 经常 | 事故放电计算时间 | | | | | | 随机 |
|---|---|---|---|---|---|---|---|---|---|---|
| | | | | 初期 | 持续/h | | | | | |
| | | | | 1min | 0.5 | 1.0 | 1.5 | 2.0 | 3.0 | 5s |
| 1 | 控制、保护、监控系统 | 发电厂和有人值班变电站 | √ | √ | | √ | | | | |
| | | 无人值班变电站 | √ | √ | | | | √ | | |
| | | 1000kV 变电站、串补站和直流换流站 | √ | √ | | | | √ | | |
| | | 孤立发电厂 | √ | √ | | | | √ | | |
| 2 | 高压断路器跳闸 | | | √ | | | | | | |
| 3 | 高压断路器自投 | | | √ | | | | | | |
| 4 | 恢复供电高压断路器合闸 | | | | | | | | | √ |
| 5 | 氢（空）密封油泵 | 200MW 及以下机组 | | √ | | √ | | | | |
| | | 300MW 及以上机组 | | √ | | | | | √ | |

续表

| 序号 | 负荷名称 | | 经常 | 事故放电计算时间 | | | | | | 随机 |
|---|---|---|---|---|---|---|---|---|---|---|
| | | | | 初期 1min | 持续/h 0.5 | 1.0 | 1.5 | 2.0 | 3.0 | 5s |
| 6 | 直流润滑油泵 | 25MW及以下机组 | | ✓ | ✓ | | | | | |
| | | 50~300MW机组 | | ✓ | | ✓ | | | | |
| | | 600MW及以上机组 | | ✓ | | | ✓ | | | |
| 7 | 交流不间断电源 | 发电厂 | | ✓ | | ✓ | | | | |
| | | 变电站 有人值班 | | ✓ | | ✓ | | | | |
| | | 变电站 无人值班 | | ✓ | | | | ✓ | | |
| | | 1000kV变电站、串补站和直流换流站 | | ✓ | | | | ✓ | | |
| | | 孤立发电厂 | | ✓ | | | | ✓ | | |
| 8 | 直流长明灯 | 发电厂和有人值班变电站 | ✓ | ✓ | | | ✓ | | | |
| | | 1000kV变电站、串补站和直流换流站 | | ✓ | | | | ✓ | | |
| | | 孤立发电厂 | | ✓ | | | | ✓ | | |
| 9 | 直流应急照明 | 发电厂和有人值班变电站 | | ✓ | | ✓ | | | | |
| | | 无人值班变电站 | | ✓ | | | | ✓ | | |
| | | 1000kV变电站、串补站和直流换流站 | | ✓ | | | | ✓ | | |
| | | 孤立发电厂 | | ✓ | | | | ✓ | | |
| 10 | DC/DC变换装置 | 采用一体化电源向通信负荷供电的变电站 | ✓ | ✓ | | | | | | |

注：1. 表中"✓"表示具有该项负荷，应予以统计的项目。
2. 通信用DC/DC变换装置的事故放电时间应满足通信专业的要求，一般为2~4h。

6) 直流负荷统计时的负荷系数。在统计直流负荷容量时，要经常用到"负荷系数"的概念。所谓"负荷系数"即是指实际计算负荷容量与额定标称容量的比值。应用负荷系数是为了更真实地统计实际的直流负荷，进而更确切地计算蓄电池容量。负荷系数通常根据负荷特性、运行工况以及容量余度等因素综合确定。

负荷系数是考虑安全、运行条件、设备特性和计算误差等诸多因素的平均数值，并非一个准确的数值。对于较小容量的直流负荷，允许负荷系数取值有一定的误差；对于大容量的直流负荷，如电动机等，其取值应尽量接近实际。

直流负荷系数，实质上是直流系统运行时的同时系数，选择负荷系数应力求准确、可靠。但目前存在的问题是，根据计算负荷及其负荷系数所选择的直流电源及直流设备容量往往过大，过于保守，过大的富裕容量导致过大的能源浪费，所以，考虑到直流电源的重要性，选择准确、可靠而又合理的直流负荷系数是目前直流设备选择的重要问题。直流负荷统计时的负荷系数应符合表 10-2 的规定。

表 10-2　直流负荷统计负荷系数表

| 序号 | 负荷名称 | 负荷系数 |
| --- | --- | --- |
| 1 | 控制、保护、继电器 | 0.6 |
| 2 | 监控系统、智能装置、智能组件 | 0.8 |
| 3 | 高压断路器跳闸 | 0.6 |
| 4 | 高压断路器自投 | 1.0 |
| 5 | 恢复供电高压断路器合闸 | 1.0 |
| 6 | 氢(空)密封油泵 | 0.8 |
| 7 | 直流润滑油泵 | 0.9 |
| 8 | 变电站交流不间断电源 | 0.6 |
| 9 | 发电厂交流不间断电源 | 0.5 |
| 10 | DC/DC 变换装置 | 0.8 |
| 11 | 直流长明灯 | 1.0 |
| 12 | 直流应急照明 | 1.0 |
| 13 | 热控直流负荷 | 0.6 |

## 10.1.3　保护与监控

### 10.1.3.1　保护

1) 蓄电池出口回路、充电装置直流侧出口回路、直流馈线回路和蓄电池试验放电回路等应装设保护电器。

2) 保护电器选择应符合下列规定：

① 蓄电池出口回路宜采用熔断器，也可采用具有选择性保护的直流断路器；

② 充电装置直流侧出口回路、直流馈线回路和蓄电池试验放电回路宜采用直流断路器，当直流断路器有极性要求时，对充电装置回路应采用反极性接线；

③ 直流断路器的下级不应使用熔断器。

3) 直流电源系统保护电器的选择性配合原则应符合下列要求：

① 熔断器装设在直流断路器上一级时，熔断器额定电流应为直流断路器额定电流的 2 倍及以上；

② 各级直流馈线断路器宜选用具有瞬时保护和反时限过电流保护的直流断路器。当不能满足上、下级保护配合要求时，可选用带短路短延时保护特性的直流断路器；

③ 充电装置直流侧出口宜按直流馈线选用直流断路器，以便实现与蓄电池出口保护电器的选择性配合；

④ 2 台机组之间 220V 直流电源系统应急联络断路器应与相应的蓄电池组出口保护电器实现选择性配合；

⑤ 采用分层辐射形供电时，直流柜至分电柜的馈线断路器宜选用具有短路短延时特性的直流塑壳断路器。分电柜直流馈线断路器宜选用直流微型断路器；

⑥ 各级直流断路器配合采用电流比表述，宜符合表 10-3～表 10-9 的规定。

表 10-3 集中辐射形系统保护电器选择性配合表（标准型）

| 网络图 | | $L_1=2(1\times\square mm^2)\square m$ $\Delta U_{p1}$ F1 $\square A$ S1 $\square A$ $d_1$ S2 $\square A$ $d_2$ $L_2=2\times\square mm^2 \square m$ $\Delta U_{p2}$ S3 6A 4A 2A $d_3$ | | | | | |
|---|---|---|---|---|---|---|---|
| $L_2$ 电缆电压降 | | $\Delta U_{p2}=3\%U_n$（110V 系统）<br>$\Delta U_{p2}=2\%U_n$（220V 系统） | | | $\Delta U_{p2}=5\%U_n$（110V 系统）<br>$\Delta U_{p2}=4\%U_n$（220V 系统） | | |
| 蓄电池组 | 下级断路器<br>$S_2/S_3$ 电流比 | 2A | 4A | 6A | 2A | 4A | 6A |
| 110V 系统 200～1000A·h | | 10(20A) | 7(32A) | 6.5(40A) | 8(16A) | 5(20A) | 5(32A) |
| 220V 系统 200～2400A·h | | 17(40A) | 12(50A) | 10.5(63A) | 12(25A) | 7(32A) | 6(40A) |

注：1. 蓄电池组出口电缆 $L_1$ 压降按 $0.5\%U_n \leqslant \Delta U_{p1} \leqslant 1\%U_n$，计算电流为 1.05 倍蓄电池 1h 放电率电流（取 $5.5I_{10}$）。
2. 电缆 $L_2$ 计算电流为 10A。
3. 断路器 S2 采用标准型 C 型脱扣器直流断路器，瞬时脱扣范围为 $7I_n$～$15I_n$。
4. 断路器 S3 采用标准型 B 型脱扣器直流断路器，瞬时脱扣范围为 $4I_n$～$7I_n$。
5. 断路器 S2 应根据蓄电池组容量选择微型断路器或塑壳断路器，直流断路器分断能力应大于断路器出口短路电流。
6. 括号内数值为根据 S2/S3 电流比，推荐选择的 S2 额定电流。

表 10-4 分层辐射形系统保护电器选择性配合表（标准型）

| 网络图 | | $L_1=2(1\times\square mm^2)\square m$ $\Delta U_{p1}$ F1 $\square A$ S1 $\square A$ $d_1$ S2 $\square A$ $d_2$ $L_2=2\times\square mm^2 \square m$ $\Delta U_{p2}$ S3 $\square A$ $d_3$ $L_3=2\times\square mm^2 \square m$ $\Delta U_{p3}$ S4 6A 4A 2A $d_4$ | | | | | |
|---|---|---|---|---|---|---|---|
| $L_2$、$L_3$ 电缆电压降 | | $\Delta U_{p2}=3\%U_n$<br>$\Delta U_{p3}=1\%U_n$ | | | $\Delta U_{p2}=5\%U_n$<br>$\Delta U_{p3}=1.5\%U_n$ | | |
| 蓄电池组 | 下级断路器<br>$S_3/S_4$ 电流比 | 2A | 4A | 6A | 2A | 4A | 6A |
| 110V 系统 200～1000A·h | | 12(25A) | 10(40A) | 10(注6) | 11(25A) | 8(32A) | 8(注6) |
| 220V 系统 200～1600A·h | | 19(40A) | 14(注6) | 13(注6) | 16(32A) | 10(40A) | 9(注6) |

注：1. 蓄电池组出口电缆 $L_1$ 压降按 $0.5\%U_n \leqslant \Delta U_{p1} \leqslant 1\%U_n$，计算电流为 1.05 倍蓄电池 1h 放电率电流（取 $5.5I_{10}$）。
2. 电缆 $L_2$ 计算电流：110V 系统为 80A，220V 系统为 64A，电缆 $L_3$ 计算电流为 10A。
3. 断路器 S3 采用标准型 C 型脱扣器直流断路器，瞬时脱扣范围为 $7I_n$～$15I_n$。
4. 断路器 S4 采用标准型 B 型脱扣器直流断路器，瞬时脱扣范围为 $4I_n$～$7I_n$。
5. 断路器 S2 为具有短路短延时保护的断路器，短延时脱扣值为 $10\times(1\pm20\%)I_n$。
6. 根据电流比选择的 S3 断路器额定电流不应大于 40A，当额定电流大于 40A 时，S3 应选择具有短路短延时保护的微型直流断路器。
7. 括号内数值为根据上、下级断路器电流比计算结果，推荐选择的上级断路器额定电流。

表 10-5 分层辐射形系统保护电器选择性配合表（一）

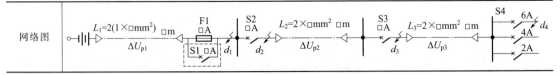

续表

| $L_2$、$L_3$ 电缆电压降 | | $\Delta U_{p2}=3\%U_n$ $\Delta U_{p3}=1\%U_n$ | | | $\Delta U_{p2}=5\%U_n$ $\Delta U_{p3}=1.5\%U_n$ | | |
|---|---|---|---|---|---|---|---|
| 蓄电池组 | 下级断路器 $S_2/S_3$ 电流比 | 2A | 4A | 6A | 2A | 4A | 6A |
| 110V 系统 200~1000A·h | | 4(16A) | 4(16A) | 3(20A) | 4(16A) | 3(16A) | 3(20A) |
| 220V 系统 200~1600A·h | | 6(16A) | 5(20A) | 4(25A) | 5(16A) | 4(16A) | 3(20A) |

| 蓄电池组 | 下级断路器 $S_3/S_4$ 电流比 | 16A | 20A | 25A | 32A | 40A | 16A | 20A | 25A | 32A | 40A |
|---|---|---|---|---|---|---|---|---|---|---|---|
| 110V 系统 200~1000A·h | | 3(63A) | 3(100A) | 3(125A) | | | 3(63A) | 3(100A) | 3(125A) | | |
| 220V 系统 200~1600A·h | | | | | | | | | | | |

注：1. 蓄电池组出口电缆 $L_1$ 压降按 $0.5\%U_n \leqslant \Delta U_{p1} \leqslant 1\%U_n$，计算电流为1.05倍蓄电池1h放电率电流（取 $5.5I_{10}$）。
2. 电缆 $L_2$ 计算电流：110V系统为80A，220V系统为64A，电缆 $L_3$ 计算电流为10A。
3. 断路器 S2 采用 GM5FB 型直流断路器，短路短延时整定范围为 $5I_n$~$7I_n$。
4. 断路器 S3 采用 GM5-63/CH 型直流断路器，瞬时脱扣值为 $12I_n$~$15I_n$。
5. 断路器 S4 采用 GM5-63/CL 型直流断路器，瞬时脱扣值为 $7I_n$~$10I_n$。
6. 括号内数值为根据上、下级断路器电流比计算结果，推荐选择的上级断路器额定电流。

**表 10-6 分屏辐射形系统保护电器选择性配合表（二）**

| 网络图 | $L_1=2(1\times\square mm^2)\ \square m$ $\Delta U_{p1}$ F1 $\square A$ [S1 $\square A$] $d_1$ S2 $\square A$ $d_2$ $L_2=2\times\square mm^2\ \square m$ $\Delta U_{p2}$ S3 $\square A$ $d_3$ $L_3=2\times\square mm^2\ \square m$ $\Delta U_{p3}$ S4 6A/4A/2A $d_4$ |

| $L_2$、$L_3$ 电缆电压降 | | $\Delta U_{p2}=3\%U_n$ $\Delta U_{p3}=1\%U_n$ | | | $\Delta U_{p2}=5\%U_n$ $\Delta U_{p3}=1.5\%U_n$ | | |
|---|---|---|---|---|---|---|---|
| 蓄电池组 | 下级断路器 $S_3/S_4$ 电流比 | 2A | 4A | 6A | 2A | 4A | 6A |
| 110V 系统 200~1000A·h | | 6(16A) | 6(25A) | 6(40A) | 5(16A) | 5(20A) | 5(32A) |
| 220V 系统 200~1600A·h | | 9(20A) | 8(32A) | 7(40A) | 7.5(16A) | 6(25A) | 5(32A) |

| 蓄电池组 | | 下级断路器 $S_2/S_3$ 电流比 | 16A | 20A | 25A | 32A | 40A | 16A | 20A | 25A | 32A | 40A |
|---|---|---|---|---|---|---|---|---|---|---|---|---|
| 110V 系统 | 200A·h | | 6 | 5 | 4 | 3 | 2.5 | 5 | 4 | 3 | 2.5 | ? |
| | | | (100A) | | | | | (80A) | | | | |
| | 300~500A·h | | 7.5 | 6 | 5 | 4 | 3 | 5.5 | 4.5 | 4 | 3 | 2.5 |
| | | | (125A) | | | | | (100A) | | | | |
| | 600~1000A·h | | 9 | 7 | 5.5 | 4.5 | 3.5 | 6 | 5 | 4 | 3 | 2.5 |
| | | | (140A) | | | | | (100A) | | | | |

续表

| 网络图 | $L_1=2(1\times\square mm^2)$ $\square m$ $\Delta U_{p1}$ F1 $\square A$ S1 $\square A$ $d_1$ | S2 $\square A$ $d_2$ | $L_2=2\times\square mm^2$ $\square m$ $\Delta U_{p2}$ | S3 $\square A$ $d_3$ | $L_3=2\times\square mm^2$ $\square m$ $\Delta U_{p3}$ | S4 6A 4A 2A $d_4$ |

| 蓄电池组 | 下级断路器 $S_2/S_3$ 电流比 | 16A | 20A | 25A | 32A | 40A | 16A | 20A | 25A | 32A | 40A |
|---|---|---|---|---|---|---|---|---|---|---|---|
| 220V 系统 | 200～300A·h | 6 | 5 | 4 | 3 | 2.5 | 4 | 3 | 3 | 2.5 | 2 |
| | | (100A) | | | | | (80A) | | | | |
| | 400～1000A·h | 7.5 | 6 | 5 | 3.5 | 3 | 5 | 4 | 3 | 2.5 | 2 |
| | | (125A) | | | | | (80A) | | | | |
| | 1200～1600A·h | 8 | 6.5 | 5.5 | 4 | 3.5 | 6 | 4 | 4 | 3 | 2 |
| | | (140A) | | | | | (100A) | | | | |

注：1. 蓄电池组出口电缆 $L_1$ 压降按 $0.5\%U_n \leqslant \Delta U_{p1} \leqslant 1\%U_n$，计算电流为 1.05 倍蓄电池 1h 放电率电流（取 $5.5I_{10}$）。
2. 电缆 $L_2$ 计算电流：110V 系统为 80A，220V 系统为 664A，电缆 $L_3$ 计算电流为 10A。
3. 断路器 S2 采用 NDM2ZB 直流断路器，短延时脱扣值为 $10\times(1\pm20\%)I_n$，瞬时脱扣值为 $18\times(1\pm20\%)I_n$。
4. 断路器 S3 采用 NDB2Z-C(G) 型直流断路器，瞬时脱扣值为 $13\times(1\pm10\%)I_n$。
5. 断路器 S4 采用 B 型直流断路器，瞬时脱扣范围为 $4I_n\sim 7I_n$。
6. 括号内数值为根据上、下级断路器电流比计算结果，推荐选择的上级断路器的额定电流。

**表 10-7 直流电源系统蓄电池出口保护电器选择性配合表**

| 蓄电池容量范围/A·h | | 200 | 300 | 400 | 500 | 600 | 800 | 900 |
|---|---|---|---|---|---|---|---|---|
| 短路电流（$\Delta U_{p1}=0.5\%U_n$）/kA | | 2.74 | 4.08 | 5.38 | 6.66 | 8.16 | 10.76 | 12.07 |
| 熔断器 | 额定电流/A | 125～400 | 125～400 | 224～500 | 224～500 | 224～500 | 500 | 500 |
| 断路器 | 额定电流/A | 125～400 | 125～400 | 225～500 | 225～500 | 225～500 | 500 | 500 |
| | 短时耐受电流/kA | ≥3.00 | ≥4.50 | ≥5.50 | ≥7.00 | ≥8.50 | ≥11.00 | ≥12.50 |
| 蓄电池容量范围/A·h | | 1000 | 1200 | 1500 | 1600 | 1800 | 2000 | 2400 |
| 短路电流（$\Delta U_{p1}=0.5\%U_n$）/kA | | 13.33 | 16.31 | 20.00 | 21.49 | 24.48 | 27.29 | 32.31 |
| 熔断器 | 额定电流/A | 630 | 700 | 1000 | 1000 | 1000 | 1250 | 1400 |
| 断路器 | 额定电流/A | 630 | 700 | 1000 | 1000 | 1000 | 1250 | 1600 |
| | 短时耐受电流/kA | ≥13.50 | ≥16.50 | ≥20.00 | ≥21.50 | ≥25.00 | ≥27.50 | ≥32.50 |

注：1. 蓄电池出口保护电器的额定电流按 $\geqslant 5.5I_{10}$ 或按直流柜母线最大一台馈线断路器额定电流的 2 倍选择，两者取大值。
2. 当蓄电池出口保护电器选用断路器时，应选择仅有过载保护和短延时保护脱扣器的断路器，与下级断路器按延时时间配合，其短时耐受电流不应小于表中相应数值，短时耐受电流的时间应大于断路器短延时保护时间加断路器全分闸时间。

**表 10-8 直流断路器内阻参考值表**

| 壳架电流/A | 63（微型断路器） | | | | | | | | | |
|---|---|---|---|---|---|---|---|---|---|---|
| 额定电流/A | 2 | 4 | 6 | 10 | 16 | 20 | 25 | 32 | 40 | 50 | 63 |
| 单极内阻/mΩ | 365 | 123 | 45 | 18 | 6.2 | 3.9 | 3.1 | 2.3 | 2.1 | 1.9 | 1.9 |
| 壳架电流/A | 63（塑壳断路器） | | | | | | | |
| 额定电流/A | 10 | 16 | 20 | 25 | 32 | 40 | 50 | 63 |
| 单极内阻/mΩ | 8.2 | 8 | 5 | 3.6 | 3.1 | 3.1 | 2.2 | 0.8 |

续表

| 壳架电流/A | 125（塑壳断路器） | | | | | | | | | |
|---|---|---|---|---|---|---|---|---|---|---|
| 额定电流/A | 16 | 20 | 25 | 32 | 40 | 50 | 63 | 80 | 100 | 125 |
| 单极内阻/mΩ | 6 | 5.5 | 4.5 | 4.1 | 3 | 2.1 | 2 | 0.4 | 0.3 | 0.3 |
| 壳架电流/A | 250（塑壳断路器） | | | | | | | 400（塑壳断路器） | | |
| 额定电流/A | 125 | 140 | 160 | 180 | 200 | 225 | 250 | 225 | 250 | 315 | 350 | 400 |
| 单极内阻/mΩ | 0.5 | 0.4 | 0.4 | 0.3 | 0.3 | 0.3 | 0.3 | 0.3 | 0.3 | 0.2 | 0.2 | 0.2 |
| 壳架电流/A | 630（塑壳断路器） | | | 63（带短延时保护微型断路器） | | | | |
| 额定电流/A | 400 | 500 | 630 | 16 | 20 | 25 | 32 | 40 |
| 单极内阻/mΩ | 0.2 | 0.2 | 0.2 | 8.7 | 6.5 | 5.5 | 5.2 | 4.3 |

表 10-9  单芯（铜）电缆直流电阻参考值表（20℃）

| 标称截面/mm² | 16 | 25 | 35 | 50 | 70 | 95 | 120 |
|---|---|---|---|---|---|---|---|
| 内阻/(mΩ/m) | 1.150 | 0.727 | 0.524 | 0.387 | 0.268 | 0.193 | 0.153 |
| 标称截面/mm² | 150 | 185 | 240 | 300 | 400 | 500 | 630 |
| 内阻/(mΩ/m) | 0.124 | 0.099 | 0.075 | 0.060 | 0.047 | 0.037 | 0.028 |

4）各级保护电器的配置应根据直流电源系统短路电流计算结果，保证具有可靠性、选择性、灵敏性和速动性。

#### 10.1.3.2 测量、信号和监控要求

1）直流电源系统宜装设下列常测表计：
① 直流电压表宜装设在直流柜母线、直流分电柜母线、蓄电池回路和充电装置输出回路上；
② 直流电流表宜装设在蓄电池回路和充电装置输出回路上。

2）直流电源系统测量表计宜采用 $4\frac{1}{2}$ 位精度数字式表计，准确度不应低于 1.0 级。

3）直流电源系统重要故障信号宜采用干接点输出，硬接线接入监控系统。直流电源系统信息宜符合表 10-10 的规定。

表 10-10  直流电源系统信息表

| 序号 | 名称 | 直流柜或就地 | | 发电厂、变电站监控系统 | |
|---|---|---|---|---|---|
| | | 开关量 | 模拟量 | 开关量 | 模拟量 |
| 1 | 蓄电池及其回路(按每组蓄电池统计) | | | | |
| 1.1 | 蓄电池组出口电压 | — | √ | — | √(*) |
| 1.2 | 蓄电池组电流 | — | √ | — | √(*) |
| 1.3 | 蓄电池浮充电流 | — | √ | — | √ |
| 1.4 | 蓄电池试验放电电流 | — | √ | — | △ |
| 1.5 | 单体蓄电池电压(1~N) | — | √ | — | △ |
| 1.6 | 单体蓄电池内阻(1~N) | — | △ | — | △ |
| 1.7 | 蓄电池组或蓄电池室温度 | — | √ | — | △ |

续表

| 序号 | 名称 | 直流柜或就地 | | 发电厂、变电站监控系统 | |
|---|---|---|---|---|---|
| | | 开关量 | 模拟量 | 开关量 | 模拟量 |
| 1.8 | 蓄电池组过充电 | △ | — | △ | — |
| 1.9 | 单只蓄电池电压异常 | √ | — | √ | — |
| 1.10 | 蓄电池组出口断路器状态 | √ | — | √ | — |
| 1.11 | 蓄电池组出口断路器故障跳闸 | √ | — | √(*) | — |
| 1.12 | 蓄电池组出口熔断器熔断 | √ | — | √(*) | — |
| 1.13 | 蓄电池组出口熔断器异常 | △ | — | △ | — |
| 1.14 | 蓄电池组巡检装置故障 | √ | — | √ | — |
| 1.15 | 蓄电池组巡检装置通信异常 | √ | — | √ | — |
| 2 | 充电装置(按每套充电装置统计) | | | | |
| 2.1 | 充电装置输出直流电压 | — | √ | — | √(*) |
| 2.2 | 充电装置输出直流电流 | — | √ | — | √(*) |
| 2.3 | 充电装置浮充电压设定值 | — | △ | — | △ |
| 2.4 | 充电装置均充电压设定值 | — | △ | — | △ |
| 2.5 | 充电装置交流电源电压 | — | △ | — | △ |
| 2.6 | 充电装置交流电源电流 | — | △ | — | △ |
| 2.7 | 充电装置运行状态(浮充、均充) | √ | — | √ | — |
| 2.8 | 充电装置防雷器故障 | △ | — | △ | — |
| 2.9 | 充电装置故障总信号 | √ | — | √(*) | — |
| 2.10 | 充电装置整流模块过热 | △ | — | △ | — |
| 2.11 | 充电装置交流输入电源异常 | √ | — | √ | — |
| 2.12 | 充电装置交流侧断路器状态 | √ | — | △ | — |
| 2.13 | 充电装置交流电源自动切换 | √ | — | √ | — |
| 2.14 | 充电装置直流侧断路器状态 | √ | — | √ | — |
| 2.15 | 充电装置直流侧断路器故障跳闸 | √ | — | √ | — |
| 3 | 直流母线及绝缘监测装置(按每套装置统计) | | | | |
| 3.1 | 直流母线电压 | — | √ | — | √(*) |
| 3.2 | 直流母线正对地电压 | — | √ | — | △ |
| 3.3 | 直流母线负对地电压 | — | √ | — | △ |
| 3.4 | 直流母线正对地电阻 | — | √ | — | △ |
| 3.5 | 直流母线负对地电阻 | — | √ | — | △ |
| 3.6 | 直流电源系统接地支路编号 | — | √ | — | √ |
| 3.7 | 直流母线电压异常(过压或欠压) | √ | — | √(*) | — |
| 3.8 | 直流电源系统接地 | √ | — | √(*) | — |
| 3.9 | 直流母线绝缘异常(绝缘电阻降低或接地) | √ | — | √ | — |
| 3.10 | 绝缘监测装置故障 | √ | — | √ | — |
| 3.11 | 绝缘监测装置通信异常 | √ | — | √ | — |

续表

| 序号 | 名称 | 直流柜或就地 | | 发电厂、变电站监控系统 | |
|---|---|---|---|---|---|
| | | 开关量 | 模拟量 | 开关量 | 模拟量 |
| 3.12 | 交流窜电故障报警 | √ | — | √ | — |
| 3.13 | 直流电源合环故障报警 | √ | — | √ | — |
| 3.14 | 硅堆调压装置异常（保护或故障） | √ | — | √ | — |
| 4 | 直流电源系统微机监控装置和直流馈线 | | | | |
| 4.1 | 直流电动机主回路电流 | — | √ | — | √ |
| 4.2 | 直流馈线断路器状态 | √ | — | √ | — |
| 4.3 | 直流馈线断路器故障跳闸 | √ | — | √ | — |
| 4.4 | 直流母线联络断路器合闸报警 | √ | — | √(*) | — |
| 4.5 | 母线联络断路器和分段断路器状态 | √ | — | √ | — |
| 4.6 | 直流馈线断路器故障跳闸总告警 | √ | — | √(*) | — |
| 4.7 | 微机监控装置故障 | √ | — | √ | — |
| 4.8 | 微机监控装置通信异常 | √ | — | √ | — |
| 5 | DC/DC 变换装置 | | | | |
| 5.1 | DC/DC 装置输入电压 | — | √ | — | √ |
| 5.2 | DC/DC 装置输出电压 | — | √ | — | √ |
| 5.3 | DC/DC 装置输出电流 | — | √ | — | √ |
| 5.4 | DC/DC 装置故障 | √ | — | √ | — |
| 5.5 | DC/DC 装置模块过热 | √ | — | △ | — |
| 5.6 | DC/DC 装置限流保护动作 | √ | — | △ | — |
| 5.7 | DC/DC 装置电源侧断路器状态 | √ | — | √ | — |
| 5.8 | DC/DC 装置电源侧断路器故障跳闸 | √ | — | √ | — |
| 5.9 | DC/DC 装置负荷侧断路器状态 | √ | — | √ | — |
| 5.10 | DC/DC 装置负荷侧断路器故障跳闸 | √ | — | √ | — |

注：1. 表中"√"表示该项应列入，"△"表示该项在有条件时或需要时可列入。
2. 表中"*"表示采用硬接线传送的信息。
3. 智能变电站采用一体化电源系统时，可取消硬接线传送信息。

4）直流电源系统应按每组蓄电池装设 1 套绝缘监测装置，装置测量准确度不应低于 1.5 级。绝缘监测装置测量精度不应受母线运行方式的影响。绝缘监测装置应具备下列功能：

① 实时监测和显示直流电源系统母线电压、母线对地电压和母线对地绝缘电阻；
② 具有监测各种类型接地故障的功能，实现对各支路的绝缘检测功能；
③ 具有自检和故障报警功能；
④ 具有对两组直流电源合环故障报警功能；
⑤ 具有交流窜电故障及时报警并选出互窜或窜入支路的功能；
⑥ 具有对外通信功能。

5）直流电源系统宜按每组蓄电池组设置一套微机监控装置。微机监控装置应具备下列功能：

① 具有对直流电源系统各段母线电压、充电装置输出电压和电流及蓄电池组电压和电流等的监测功能；

② 具有对直流电源系统各种异常和故障报警、蓄电池组出口熔断器检测、自诊断报警以及主要断路器/开关位置状态等的监视功能；

③ 具有对充电装置开机、停机和充电装置运行方式切换等的监控功能；

④ 具有对设备的遥信、遥测、遥调及遥控功能；

⑤ 具备对时功能；

⑥ 具有对外通信功能，通信规约宜符合现行行业标准《基于 DL/T 860 的变电站低压电源设备通信接口》DL/T 329—2010（DL/T 860 为《电力自动化通信网络和系统》系列标准）的有关规定。

6）每组蓄电池宜设置蓄电池自动巡检装置，宜监测全部单体蓄电池电压，以及蓄电池组温度，并通过通信接口将监测信息上传至直流电源系统微机监控装置。

7）对无人值班变电站直流监控系统，除应符合第 5）条规定外，还宜具备下列功能：

① 具有统一数据信息平台，可实时监测各种运行状态，支持可视化运行维护；

② 具有智能告警、信息综合分析、自诊断及远程维护等功能。

## 10.1.4 设备选择

### 10.1.4.1 蓄电池组

1）蓄电池个数的选择应符合下列规定：

① 无端电池的铅酸蓄电池组，应根据单体电池正常浮充电电压值和直流母线电压为 1.05 倍直流电源系统标称电压值确定；

② 有端电池的镉镍碱性蓄电池组，应根据单体电池正常浮充电电压值和直流母线电压为 1.05 倍直流电源系统标称电压值确定基本电池个数，同时应根据该电池放电时允许的最低电压值和直流母线电压为 1.05 倍直流电源系统标称电压值确定整组电池个数；

③ 蓄电池个数应满足在浮充电运行时直流母线电压为 $1.05U_n$ 的要求，蓄电池个数应按下式计算：

$$n = 1.05 \frac{U_n}{U_f} \tag{10-1}$$

式中　$n$——蓄电池个数；

$U_n$——直流电源系统标称电压，V；

$U_f$——单体蓄电池浮充电电压，V。

④ 蓄电池需连接负荷进行均衡充电时，蓄电池均衡充电电压应根据蓄电池个数及直流母线电压允许的最高值选择单体蓄电池均衡充电电压值。单体蓄电池均衡充电电压值应符合下列要求：

a. 对于控制负荷，单体蓄电池均衡充电电压值不应大于 $1.10U_n/n$；

b. 对于动力负荷，单体蓄电池均衡充电电压值不应大于 $1.125U_n/n$；

c. 对于控制负荷和动力负荷合并供电，单体蓄电池均衡充电电压值不应大于 $1.10U_n/n$。

⑤ 应根据蓄电池个数及直流母线电压允许的最低值选择单体蓄电池事故放电末期终止电压。单体蓄电池事故放电末期终止电压应按下式计算：

$$U_m \geqslant 0.875 U_n/n \tag{10-2}$$

式中　$U_m$——单体蓄电池放电末期终止电压，V。

⑥ 蓄电池参数选择应符合表 10-11～表 10-13 的规定。

**表 10-11　固定型排气式和阀控式铅酸蓄电池组的单体 2V 电池参数选择数值表**

| 系统标称电压/V | 浮充电压/V | 2.15 | | 2.23 | | 2.25 | |
|---|---|---|---|---|---|---|---|
| | 均充电压/V | 2.30 | | 2.33 | | 2.33 | 2.35 |
| 220 | 蓄电池个数 | 104 | 107(*) | 103 | 104(*) | 104 | 103(*) |
| | 浮充时母线电压/V | 223.6 | 230 | 229.7 | 231.9 | 234 | 231.8 |
| | 均充时母线电压/% | 108.7 | 111.9 | 109.1 | 110.2 | 110.15 | 110 |
| | 放电终止电压/V | 1.85 | 1.80 | 1.87 | 1.85 | 1.85 | 1.87 |
| | 母线最低电压/% | 87.5 | 87.6 | 87.6 | 87.5 | 87.5 | 87.6 |
| 110 | 蓄电池个数 | 52 | 53(*) | 52(*) | 53 | 52(*) | 52 |
| | 浮充时母线电压/V | 111.8 | 114 | 116 | 118.2 | 117 | 117 |
| | 均充时母线电压/% | 108.7 | 110.8 | 110.2 | 112.3 | 110.2 | 111.1 |
| | 放电终止电压/V | 1.85 | 1.85 | 1.85 | 1.85 | 1.85 | 1.85 |
| | 母线最低电压/% | 87.5 | 89.1 | 87.5 | 89.1 | 87.5 | 87.5 |

注：(*) 为推荐值。

**表 10-12　阀控式密封铅酸蓄电池组的组合 6V 和 12V 电池参数选择数值表**

| 系统标称电压/V | 组合电池电压/V | 电池个数 | 浮充电压/V | 浮充时母线电压/% | 均充电压/V | 均充时母线电压/% | 放电终止电压/V | 母线最低电压/% |
|---|---|---|---|---|---|---|---|---|
| 220 | 6 | 34 | 6.75 | 104.3 | 7.05 | 109 | 5.7 | 88.1 |
| | | 34+1(2V) | | 105.3 | | 110 | 5.61 | 87.6 |
| | 12 | 17 | 13.50 | 104.3 | 14.10 | 109 | 11.4 | 88.1 |
| | | 17+1(2V) | | 105.3 | | 110 | 11.22 | 87.6 |
| 110 | 6 | 17+1(2V) | 6.75 | 106.4 | 6.99 | 108 | 5.55 | 87.5 |
| | | 17 | | 104.3 | 7.05 | 109 | 5.7 | 88.1 |
| | 10 | 10+1(4V) | 11.25 | 104.3 | 11.75 | 109 | 9.25 | 87.5 |
| | 12 | 8+1(8V) | 13.50 | 104.3 | 14.10 | 109 | 11.10 | 87.5 |

**表 10-13　镉镍蓄电池组的电池参数选择数值表**

| 系统标称电压/V | 浮充电压/V | 1.36 | 1.38 | 1.39 | 1.42 | 1.43 | 1.45 |
|---|---|---|---|---|---|---|---|
| | 均充电压/V | 1.47 | | 1.48 | 1.52 | 1.53 | 1.55 |
| 220 | 浮充电池个数 | 170 | 167 | 166 | 162 | 161 | 159 |
| | 母线浮充电压/V | 231.2 | 230.5 | 230.7 | 230 | 230 | 230.6 |
| | 均充电池个数 | 164 | 163 | | 159 | 158 | 156 |
| | 母线均充电压/% | 109.1 | 109.7 | | 109.9 | 109.9 | 109.9 |
| | 整组电池个数 | 180 | | | | | |
| | 放电终止电压/V | 1.07 | | | | | |
| | 母线最低电压/% | 87.6 | | | | | |

续表

| 系统标称电压/V | | | | | | | |
|---|---|---|---|---|---|---|---|
| | 浮充电压/V | 1.36 | 1.38 | 1.39 | 1.42 | 1.43 | 1.45 |
| | 均充电压/V | 1.47 | 1.48 | | 1.52 | 1.53 | 1.55 |
| 110 | 浮充电池个数 | 85 | 83 | | 81 | 80 | 79 |
| | 母线浮充电压/V | 115.6 | 114.5 | 115.4 | 115 | 114.4 | 114.6 |
| | 均充电池个数 | 82 | 81 | | 79 | | 78 |
| | 母线均充电压/% | 109.6 | 109 | | 109.2 | 110 | 110 |
| | 整组电池个数 | 90 | | | | | |
| | 放电终止电压/V | 1.07 | | | | | |
| | 母线最低电压/% | 87.6 | | | | | |

2) 蓄电池浮充电压应根据厂家推荐值选取，当无产品资料时可按下列规定选取：

① 固定型排气式铅酸蓄电池的单体浮充电电压值宜取 2.15～2.17V；

② 阀控式密封铅酸蓄电池的单体浮充电压值宜取 2.23～2.27V；

③ 中倍率镉镍碱性蓄电池的单体浮充电压值宜取 1.42～1.45V；

④ 高倍率镉镍碱性蓄电池的单体浮充电压值宜取 1.36～1.39V。

3) 单体蓄电池放电终止电压应根据直流电源系统中直流负荷允许的最低电压值和蓄电池的个数确定，但不得低于蓄电池规定的最低允许电压值。

4) 单体蓄电池均衡充电电压应根据直流电源系统中直流负荷允许的最高电压值和蓄电池的个数确定，但不得超出蓄电池规定的电压允许范围。

5) 蓄电池容量选择应符合下列规定：

① 满足全厂（站）事故全停电时间内的放电容量；

② 满足事故初期（1min）直流电动机启动电流和其他冲击负荷电流的放电容量；

③ 满足蓄电池组持续放电时间内随机冲击负荷电流的放电容量。

6) 蓄电池容量选择的计算应符合下列规定：

① 按事故放电时间分别统计事故放电电流，确定负荷曲线；

② 根据蓄电池型式、放电终止电压和放电时间，确定相应的容量换算系数 $K_c$；

③ 根据事故放电电流，按事故放电阶段逐段进行容量计算，当有随机负荷时，应叠加在初期冲击负荷或第一阶段以外的计算容量最大的放电阶段；

④ 选取与计算容量最大值接近的蓄电池标称容量 $C_{10}$（铅酸蓄电池）或 $C_5$（镉镍碱性蓄电池）作为蓄电池的选择容量；

⑤ 蓄电池容量的计算步骤应符合下列要求：

a. 直流负荷统计（见表 10-14 和表 10-15）；

b. 绘制负荷曲线；

c. 按照直流母线允许最低电压要求，确定单体蓄电池放电终止电压；

d. 计算容量时，根据不同蓄电池型式、终止电压和放电时间，可从表 10-16～表 10-24 中查找容量换算系数。容量换算系数可按下式计算：

$$K_c = I_t / C_{10} \tag{10-3}$$

式中 $K_c$——容量换算系数，1/h；

$I_t$——事故放电时间 $t$(h) 的放电电流,A;
$C_{10}$——(铅酸)蓄电池 10h 放电率标称容量,A·h。

表 10-14 直流负荷统计表(用于简化计算法)

| 序号 | 负荷名称 | 装置容量/kW | 负荷系数 | 计算电流/A | 经常负荷电流/A | 事故放电时间及放电电流/A | | | | | 随机 |
|---|---|---|---|---|---|---|---|---|---|---|---|
| | | | | | | 初期 | 持续/min | | | | |
| | | | | | | 1min | 1~30 | 30~60 | 60~120 | 120~180 | 5s |
| | | | | | $I_{jc}$ | $I_{cho}$ | $I_1$ | $I_2$ | $I_3$ | $I_4$ | $I_R$ |
| 1 | | | | | | | | | | | |
| 2 | | | | | | | | | | | |
| 3 | | | | | | | | | | | |
| 4 | | | | | | | | | | | |
| 5 | | | | | | | | | | | |
| 6 | | | | | | | | | | | |
| 7 | | | | | | | | | | | |
| 8 | | | | | | | | | | | |
| 合计 | | | | | | | | | | | |

表 10-15 直流负荷统计表(用于阶梯计算法)

| 序号 | 负荷名称 | 装置容量/kW | 负荷系数 | 计算电流/A | 经常负荷电流/A | 事故放电时间及放电电流/A | | | | | 随机 |
|---|---|---|---|---|---|---|---|---|---|---|---|
| | | | | | | 初期 | 持续/min | | | | |
| | | | | | | 1min | 1~30 | 30~60 | 60~120 | 120~180 | 5s |
| | | | | | $I_{jc}$ | $I_1$ | $I_2$ | $I_3$ | $I_4$ | $I_5$ | $I_R$ |
| 1 | | | | | | | | | | | |
| 2 | | | | | | | | | | | |
| 3 | | | | | | | | | | | |
| 4 | | | | | | | | | | | |
| 5 | | | | | | | | | | | |
| 6 | | | | | | | | | | | |
| 7 | | | | | | | | | | | |
| 8 | | | | | | | | | | | |
| 合计 | | | | | | | | | | | |

表 10-16　GF 型 2000A·h 及以下固定型排气铅酸蓄电池的容量换算系数表

| 放电终止电压/V | 不同放电时间的 $K_c$ 值 | | | | | | | | | | | | | | | | | |
| --- | --- | --- | --- | --- | --- | --- | --- | --- | --- | --- | --- | --- | --- | --- | --- | --- | --- | --- |
| | 5s | 1min | 29min | 0.5h | 59min | 1.0h | 89min | 1.5h | 119min | 2.0h | 179min | 3.0h | 4.0h | 5.0h | 6.0h | 7.0h | 479min | 8.0h |
| 1.75 | 1.010 | 0.900 | 0.590 | 0.580 | 0.467 | 0.460 | 0.402 | 0.400 | 0.332 | 0.330 | 0.261 | 0.260 | 0.220 | 0.180 | 0.162 | 0.140 | 0.124 | 0.124 |
| 1.80 | 0.900 | 0.780 | 0.530 | 0.520 | 0.416 | 0.410 | 0.354 | 0.350 | 0.302 | 0.300 | 0.241 | 0.240 | 0.190 | 0.170 | 0.150 | 0.130 | 0.115 | 0.115 |
| 1.85 | 0.740 | 0.600 | 0.430 | 0.420 | 0.355 | 0.350 | 0.323 | 0.320 | 0.262 | 0.260 | 0.211 | 0.210 | 0.175 | 0.160 | 0.140 | 0.122 | 0.107 | 0.107 |
| 1.90 | — | 0.400 | 0.330 | 0.320 | 0.284 | 0.280 | 0.262 | 0.260 | 0.221 | 0.220 | 0.180 | 0.180 | 0.165 | 0.140 | 0.125 | 0.114 | 0.102 | 0.102 |
| 1.95 | — | 0.300 | 0.228 | 0.221 | 0.200 | 0.192 | 0.180 | 0.180 | 0.160 | 0.160 | 0.130 | 0.130 | 0.124 | 0.110 | 0.108 | 0.100 | 0.088 | 0.088 |

表 10-17　GFD 型 3000A·h 及以下固定型排气铅酸蓄电池（单体 2V）的容量换算系数表

| 放电终止电压/V | 不同放电时间的 $K_c$ 值 | | | | | | | | | | | | | | | | | |
| --- | --- | --- | --- | --- | --- | --- | --- | --- | --- | --- | --- | --- | --- | --- | --- | --- | --- | --- |
| | 5s | 1min | 29min | 0.5h | 59min | 1.0h | 89min | 1.5h | 119min | 2.0h | 179min | 3.0h | 4.0h | 5.0h | 6.0h | 7.0h | 479min | 8.0h |
| 1.75 | 1.010 | 0.890 | 0.630 | 0.620 | 0.477 | 0.470 | 0.395 | 0.392 | 0.323 | 0.320 | 0.272 | 0.270 | 0.220 | 0.190 | 0.160 | 0.148 | 0.130 | 0.130 |
| 1.80 | 0.900 | 0.740 | 0.530 | 0.520 | 0.416 | 0.410 | 0.356 | 0.353 | 0.292 | 0.290 | 0.251 | 0.250 | 0.205 | 0.170 | 0.142 | 0.130 | 0.115 | 0.115 |
| 1.85 | 0.740 | 0.610 | 0.420 | 0.410 | 0.345 | 0.340 | 0.286 | 0.283 | 0.271 | 0.270 | 0.221 | 0.220 | 0.180 | 0.144 | 0.130 | 0.118 | 0.104 | 0.104 |
| 1.90 | — | 0.470 | 0.330 | 0.320 | 0.275 | 0.271 | 0.252 | 0.250 | 0.221 | 0.220 | 0.191 | 0.190 | 0.155 | 0.124 | 0.102 | 0.094 | 0.084 | 0.084 |
| 1.95 | — | 0.280 | 0.180 | 0.221 | 0.185 | 0.182 | 0.173 | 0.171 | 0.166 | 0.166 | 0.150 | 0.150 | 0.150 | 0.104 | 0.087 | 0.077 | 0.068 | 0.068 |

表 10-18　阀控式密封铅酸蓄电池（贫液）（单体 2V）的容量换算系数表

| 放电终止电压/V | 不同放电时间的 $K_c$ 值 | | | | | | | | | | | | | | | | | |
| --- | --- | --- | --- | --- | --- | --- | --- | --- | --- | --- | --- | --- | --- | --- | --- | --- | --- | --- |
| | 5s | 1min | 29min | 0.5h | 59min | 1.0h | 89min | 1.5h | 119min | 2.0h | 179min | 3.0h | 4.0h | 5.0h | 6.0h | 7.0h | 479min | 8.0h |
| 1.75 | 1.540 | 1.530 | 1.000 | 0.984 | 0.620 | 0.615 | 0.482 | 0.479 | 0.390 | 0.387 | 0.291 | 0.289 | 0.234 | 0.195 | 0.169 | 0.153 | 0.135 | 0.135 |
| 1.80 | 1.450 | 1.430 | 0.920 | 0.900 | 0.600 | 0.598 | 0.476 | 0.472 | 0.377 | 0.374 | 0.282 | 0.280 | 0.224 | 0.190 | 0.166 | 0.150 | 0.132 | 0.132 |
| 1.83 | 1.380 | 1.330 | 0.843 | 0.823 | 0.570 | 0.565 | 0.458 | 0.455 | 0.360 | 0.357 | 0.272 | 0.270 | 0.217 | 0.184 | 0.160 | 0.145 | 0.127 | 0.127 |

续表

| 放电终止电压/V | 5s | 1min | 29min | 0.5h | 59min | 1.0h | 89min | 1.5h | 119min | 2.0h | 179min | 3.0h | 4.0h | 5.0h | 6.0h | 7.0h | 479min | 8.0h |
|---|---|---|---|---|---|---|---|---|---|---|---|---|---|---|---|---|---|---|
| 1.85 | 1.340 | 1.240 | 0.800 | 0.780 | 0.558 | 0.540 | 0.432 | 0.428 | 0.347 | 0.344 | 0.263 | 0.262 | 0.214 | 0.180 | 0.157 | 0.140 | 0.123 | 0.123 |
| 1.87 | 1.270 | 1.180 | 0.764 | 0.755 | 0.548 | 0.520 | 0.413 | 0.408 | 0.336 | 0.334 | 0.259 | 0.258 | 0.209 | 0.177 | 0.155 | 0.137 | 0.120 | 0.120 |
| 1.90 | 1.190 | 1.120 | 0.685 | 0.676 | 0.495 | 0.490 | 0.383 | 0.381 | 0.323 | 0.321 | 0.254 | 0.253 | 0.200 | 0.170 | 0.150 | 0.131 | 0.118 | 0.118 |

表 10-19 阀控式密封铅酸蓄电池（贫液）（单体 6V 和 12V）的容量换算系数表

| 放电终止电压/V | 5s | 1min | 29min | 0.5h | 59min | 1.0h | 89min | 1.5h | 119min | 2.0h | 179min | 3.0h | 4.0h | 5.0h | 6.0h | 7.0h | 479min | 8.0h |
|---|---|---|---|---|---|---|---|---|---|---|---|---|---|---|---|---|---|---|
| 1.75 | 2.080 | 1.990 | 1.010 | 1.000 | 0.708 | 0.700 | 0.513 | 0.509 | 0.437 | 0.435 | 0.314 | 0.312 | 0.243 | 0.200 | 0.172 | 0.157 | 0.142 | 0.142 |
| 1.80 | 2.000 | 1.980 | 1.000 | 0.990 | 0.691 | 0.680 | 0.509 | 0.504 | 0.431 | 0.429 | 0.307 | 0.305 | 0.239 | 0.198 | 0.170 | 0.155 | 0.140 | 0.140 |
| 1.83 | 1.930 | 1.320 | 0.988 | 0.979 | 0.666 | 0.656 | 0.498 | 0.495 | 0.418 | 0.416 | 0.299 | 0.297 | 0.234 | 0.197 | 0.168 | 0.153 | 0.138 | 0.138 |
| 1.85 | 1.810 | 1.740 | 0.976 | 0.963 | 0.639 | 0.629 | 0.489 | 0.487 | 0.410 | 0.408 | 0.297 | 0.295 | 0.231 | 0.196 | 0.167 | 0.152 | 0.136 | 0.136 |
| 1.87 | 1.750 | 1.570 | 0.943 | 0.929 | 0.610 | 0.600 | 0.481 | 0.479 | 0.401 | 0.399 | 0.291 | 0.289 | 0.220 | 0.194 | 0.165 | 0.149 | 0.133 | 0.133 |
| 1.90 | 1.670 | 1.590 | 0.585 | 0.841 | 0.576 | 0.571 | 0.464 | 0.462 | 0.389 | 0.387 | 0.281 | 0.279 | 0.211 | 0.189 | 0.160 | 0.143 | 0.127 | 0.127 |

表 10-20 阀控式密封铅酸蓄电池（胶体）（单体 2V）的容量换算系数表

| 放电终止电压/V | 5s | 1min | 29min | 0.5h | 59min | 1.0h | 89min | 1.5h | 119min | 2.0h | 179min | 3.0h | 4.0h | 5.0h | 6.0h | 7.0h | 479min | 8.0h |
|---|---|---|---|---|---|---|---|---|---|---|---|---|---|---|---|---|---|---|
| 1.80 | 1.230 | 1.170 | 0.820 | 0.810 | 0.530 | 0.520 | 0.430 | 0.420 | 0.333 | 0.330 | 0.251 | 0.250 | 0.196 | 0.166 | 0.144 | 0.127 | 0.116 | 0.116 |
| 1.83 | 1.120 | 1.060 | 0.740 | 0.730 | 0.500 | 0.490 | 0.390 | 0.380 | 0.313 | 0.310 | 0.231 | 0.230 | 0.190 | 0.162 | 0.138 | 0.120 | 0.114 | 0.114 |
| 1.87 | 1.000 | 0.940 | 0.670 | 0.660 | 0.460 | 0.450 | 0.376 | 0.370 | 0.292 | 0.290 | 0.221 | 0.220 | 0.180 | 0.156 | 0.134 | 0.117 | 0.110 | 0.110 |
| 1.90 | 0.870 | 0.860 | 0.650 | 0.600 | 0.430 | 0.424 | 0.360 | 0.350 | 0.276 | 0.274 | 0.211 | 0.210 | 0.172 | 0.150 | 0.130 | 0.116 | 0.102 | 0.102 |
| 1.93 | 0.820 | 0.790 | 0.550 | 0.540 | 0.410 | 0.400 | 0.320 | 0.310 | 0.262 | 0.260 | 0.191 | 0.190 | 0.165 | 0.135 | 0.118 | 0.105 | 0.099 | 0.099 |

表 10-21 中倍率 GNZ 型 200A·h 及以上碱性镉镍蓄电池（单体1.2V）的容量换算系数表

| 放电终止电压/V | 不同放电时间的 $K_c$ 值 | | | | | | | | | | | | | | | |
|---|---|---|---|---|---|---|---|---|---|---|---|---|---|---|---|---|
| | 30s | 1min | 29min | 0.5h | 59min | 1.0h | 1.5h | 119min | 2.0h | 2.5h | 179min | 3.0h | 239min | 4.0h | 299min | 5.0h |
| 1.00 | 2.460 | 2.200 | 1.320 | 1.310 | 0.845 | 0.840 | 0.690 | 0.603 | 0.600 | 0.550 | 0.521 | 0.520 | 0.480 | 0.480 | 0.460 | 0.460 |
| 1.05 | 2.120 | 1.830 | 1.040 | 1.030 | 0.699 | 0.690 | 0.600 | 0.542 | 0.540 | 0.480 | 0.461 | 0.460 | 0.430 | 0.430 | 0.400 | 0.400 |
| 1.07 | 1.900 | 1.720 | 0.880 | 0.870 | 0.648 | 0.640 | 0.560 | 0.492 | 0.490 | 0.440 | 0.411 | 0.410 | 0.380 | 0.380 | 0.360 | 0.360 |
| 1.10 | 1.700 | 1.480 | 0.770 | 0.760 | 0.567 | 0.560 | 0.480 | 0.422 | 0.420 | 0.390 | 0.371 | 0.370 | 0.350 | 0.350 | 0.330 | 0.330 |
| 1.15 | 1.550 | 1.380 | 0.710 | 0.700 | 0.507 | 0.500 | 0.440 | 0.392 | 0.390 | 0.360 | 0.341 | 0.340 | 0.320 | 0.320 | 0.290 | 0.290 |
| 1.17 | 1.400 | 1.280 | 0.680 | 0.670 | 0.478 | 0.470 | 0.410 | 0.371 | 0.370 | 0.340 | 0.311 | 0.310 | 0.280 | 0.280 | 0.260 | 0.260 |
| 1.19 | 1.300 | 1.200 | 0.650 | 0.640 | 0.456 | 0.450 | 0.390 | 0.351 | 0.350 | 0.320 | 0.291 | 0.290 | 0.260 | 0.260 | 0.240 | 0.240 |

表 10-22 中倍率 GNZ 型 200A·h 以下碱性镉镍蓄电池（单体1.2V）的容量换算系数表

| 放电终止电压/V | 不同放电时间的 $K_c$ 值 | | | | | | | | | |
|---|---|---|---|---|---|---|---|---|---|---|
| | 30s | 1min | 5min | 10min | 15min | 20min | 29min | 0.5h | 59min | 1.0h |
| 1.00 | 3.00 | 2.75 | 2.20 | 2.00 | 1.87 | 1.70 | 1.55 | 1.54 | 1.04 | 1.03 |
| 1.05 | 2.50 | 2.25 | 1.91 | 1.75 | 1.62 | 1.53 | 1.39 | 1.38 | 0.98 | 0.97 |
| 1.07 | 2.20 | 2.01 | 1.78 | 1.64 | 1.55 | 1.46 | 1.31 | 1.30 | 0.94 | 0.93 |
| 1.10 | 2.00 | 1.88 | 1.63 | 1.50 | 1.41 | 1.33 | 1.22 | 1.21 | 0.91 | 0.90 |
| 1.15 | 1.91 | 1.71 | 1.52 | 1.40 | 1.32 | 1.25 | 1.14 | 1.13 | 0.87 | 0.86 |
| 1.17 | 1.75 | 1.60 | 1.45 | 1.35 | 1.28 | 1.20 | 1.09 | 1.08 | 0.83 | 0.82 |
| 1.19 | 1.60 | 1.50 | 1.41 | 1.32 | 1.23 | 1.16 | 1.06 | 1.05 | 0.80 | 0.79 |

表 10-23 高倍率 GNFG（C）型 20A·h 及以下碱性镉镍蓄电池（单体 1.2V）的容量换算系数表

| 放电终止电压 /V | 不同放电时间的 $K_c$ 值 | | | | | |
|---|---|---|---|---|---|---|
| | 30s | 1min | 29min | 0.5h | 59min | 1h |
| 1.00 | 10.50 | 9.60 | 2.64 | 2.63 | 1.78 | 1.77 |
| 1.05 | 9.60 | 9.00 | 2.35 | 2.34 | 1.69 | 1.68 |
| 1.07 | 9.40 | 8.20 | 2.25 | 2.24 | 1.62 | 1.61 |
| 1.10 | 8.80 | 7.80 | 2.11 | 2.10 | 1.51 | 1.50 |
| 1.14 | 7.20 | 6.50 | 1.91 | 1.90 | 1.40 | 1.39 |
| 1.15 | 6.50 | 5.70 | 1.80 | 1.79 | 1.34 | 1.33 |
| 1.17 | 5.30 | 4.98 | 1.54 | 1.53 | 1.20 | 1.19 |

表 10-24 高倍率 40A·h 及以上碱性镉镍蓄电池（单体 1.2V）的容量换算系数表

| 放电终止电压 /V | 不同放电时间的 $K_c$ 值 | | | | | |
|---|---|---|---|---|---|---|
| | 30s | 1min | 29min | 0.5h | 59min | 1h |
| 1.00 | 10.50 | 9.80 | 2.65 | 2.64 | 1.85 | 1.84 |
| 1.05 | 9.80 | 9.00 | 2.37 | 2.36 | 1.71 | 1.70 |
| 1.07 | 9.20 | 8.10 | 2.26 | 2.25 | 1.61 | 1.60 |
| 1.10 | 8.50 | 7.30 | 2.06 | 2.05 | 1.50 | 1.49 |
| 1.14 | 7.00 | 6.40 | 1.91 | 1.90 | 1.38 | 1.37 |
| 1.15 | 6.20 | 5.80 | 1.81 | 1.80 | 1.33 | 1.32 |
| 1.17 | 5.60 | 5.20 | 1.69 | 1.68 | 1.21 | 1.20 |

⑥ 蓄电池容量计算应采用下列两种方法之一：

第一种方法　蓄电池容量简化计算法，应按下列公式计算：

a. 满足事故放电初期（1min）冲击放电电流容量要求，初期（1min）冲击蓄电池 10h（或 5h）放电率计算容量应按下式计算：

$$C_{cho} = K_k \frac{I_{cho}}{K_{cho}} \tag{10-4}$$

式中　$C_{cho}$——初期（1min）冲击蓄电池 10h（或 5h）放电率计算容量，A·h；

$K_k$——可靠系数，取 1.40；

$I_{cho}$——初期（1min）冲击放电电流，A；

$K_{cho}$——初期（1min）冲击负荷的容量换算系数，1/h。

b. 满足事故全停电状态下持续放电容量要求，不包括初期 1min 冲击放电电流，各个阶段计算容量应按下列公式计算：

第一阶段计算容量

$$C_{c1} = K_k \frac{I_1}{K_{c1}} \tag{10-5}$$

第二阶段计算容量

$$C_{c2} \geqslant K_k \left[ \frac{1}{K_{c1}} I_1 + \frac{1}{K_{c2}} (I_2 - I_1) \right] \tag{10-6}$$

第三阶段计算容量

$$C_{c3} \geqslant K_k \left[ \frac{1}{K_{c1}} I_1 + \frac{1}{K_{c2}} (I_2 - I_1) + \frac{1}{K_{c3}} (I_3 - I_2) \right] \tag{10-7}$$

第 $n$ 阶段计算容量

$$C_{cn} \geqslant K_k \left[ \frac{1}{K_{c1}} I_1 + \frac{1}{K_{c2}} (I_2 - I_1) + \cdots + \frac{1}{K_{cn}} (I_n - I_{n-1}) \right] \tag{10-8}$$

式中　$C_{c1} \sim C_{cn}$——蓄电池 10h（或 5h）放电率各阶段的计算容量，A·h；

$I_1 \sim I_n$——各阶段的负荷电流，A；

$K_{c1}$——各计算阶段中全部放电时间的容量换算系数，1/h；

$K_{c2}$——各计算阶段中除第 1 阶梯时间外放电时间的容量换算系数，1/h；

$K_{c3}$——各计算阶段中除第 1、2 阶梯时间外放电时间的容量换算系数，1/h；

$K_{cn}$——各计算阶段中最后 1 个阶梯放电时间的容量换算系数，1/h。

随机负荷计算容量

$$C_r = I_r / K_{cr} \tag{10-9}$$

式中　$C_r$——随机负荷计算容量，A·h；

$I_r$——随机负荷电流，A；

$K_{cr}$——随机（5s）冲击负荷的容量换算系数，1/h。

将 $C_r$ 叠加在 $C_{c1} \sim C_{cn}$ 中最大的阶段上，然后与 $C_{cho}$ 比较，取较大值，即为蓄电池的计算容量。

第二种方法　蓄电池容量阶梯计算法，应按下列公式计算：

第一阶段计算容量

$$C_{c1} = K_k \frac{I_1}{K_c} \tag{10-10}$$

式中 $K_c$——初期（1min）冲击负荷的容量换算系数，1/h。

第二阶段计算容量

$$C_{c2} \geqslant K_k \left[ \frac{1}{K_{c1}} I_1 + \frac{1}{K_{c2}} (I_2 - I_1) \right] \tag{10-11}$$

第三阶段计算容量

$$C_{c3} \geqslant K_k \left[ \frac{1}{K_{c1}} I_1 + \frac{1}{K_{c2}} (I_2 - I_1) + \frac{1}{K_{c3}} (I_3 - I_2) \right] \tag{10-12}$$

第 $n$ 阶段计算容量

$$C_{cn} \geqslant K_k \left[ \frac{1}{K_{c1}} I_1 + \frac{1}{K_{c2}} (I_2 - I_1) + \cdots + \frac{1}{K_{cn}} (I_n - I_{n-1}) \right] \tag{10-13}$$

随机负荷计算容量

$$C_r = I_r / K_{cr} \tag{10-14}$$

将 $C_r$ 叠加在 $C_{c2} \sim C_{cn}$ 中最大的阶段上，然后与 $C_{c1}$ 比较，取较大值，即为蓄电池的计算容量。

⑦ 蓄电池可靠系数是由裕度系数、老化系数和温度修正系数构成的，经计算，可靠系数＝裕度系数×老化系数×温度修正系数＝1.15×1.10×1.10≈1.4。当蓄电池的环境温度低于10.1.6.2 和 10.1.6.3 的规定时，应考虑调整蓄电池温度修正系数。

#### 10.1.4.2 充电装置

1）充电装置的技术特性应符合下列要求：
① 满足蓄电池组的充电和浮充电要求。
② 为长期连续工作制。
③ 具有稳压、稳流及限压、限流特性和软启动特性。
④ 有自动和手动浮充电、均衡充电及自动转换功能。
⑤ 充电装置交流电源输入宜为三相输入，额定频率为 50Hz。
⑥ 1 组蓄电池配置 1 套充电装置的直流电源系统时，充电装置宜设置 2 路交流电源。1 组蓄电池配置 2 套充电装置或 2 组蓄电池配置 3 套充电装置时，每个充电装置宜配置 1 路交流电源。
⑦ 充电装置的主要技术参数应符合表 10-25 的规定。

表 10-25 充电装置的主要技术参数表

| 项目 | 型式 | |
| --- | --- | --- |
| | 相控型 | 高频开关电源模块型 |
| 稳压精度 | ≤±1% | ≤±0.5% |
| 稳流精度 | ≤±2% | ≤±1% |
| 纹波系数 | ≤1% | ≤0.5% |

⑧ 高频开关电源模块的基本性能应符合下列要求：
a. 在多个模块并联工作状态下运行时，各模块承受的电流应能做到自动均分负载实现均流；在 2 个及以上模块并联运行时，其输出的直流电流为额定值时，均流不平衡度不应大于额定电流值的 ±5%；
b. 功率因数不应小于 0.90；

c. 在模块输入端施加的交流电源符合标称电压和额定频率要求时,在交流输入端产生的各高次谐波电流含有率不应大于30%;

d. 电磁兼容应符合现行国家标准《电力工程直流电源设备通用技术条件及安全要求》GB/T 19826—2014的有关规定。

2) 充电装置额定电流的选择应符合下列规定:

① 满足浮充电要求,其浮充电输出电流应按蓄电池自放电电流与经常负荷电流之和计算。

② 满足蓄电池均衡充电要求,其充电输出电流应按下列条件选择:

a. 蓄电池脱开直流母线充电时,铅酸蓄电池应按 $1.0I_{10} \sim 1.25I_{10}$ 选择;镉镍碱性蓄电池应按 $1.10I_5 \sim 1.25I_5$ 选择;

b. 蓄电池充电同时还向经常负荷供电时,铅酸蓄电池应按 $1.0I_{10} \sim 1.25I_{10}$ 并叠加经常负荷电流选择;镉镍碱性蓄电池应按 $1.10I_5 \sim 1.25I_5$ 并叠加经常负荷电流选择。

3) 高频开关电源模块选择配置原则应符合下列规定:

① 1组蓄电池配置1套充电装置时,应按额定电流选择高频开关电源基本模块。当基本模块数量为6个及以下时,可设置1个备用模块;当基本模块数量为7个及以上时,可设置2个备用模块;

② 1组蓄电池配置2套充电装置或2组蓄电池配置3套充电装置时,应按额定电流选择高频开关电源基本模块,不宜设置备用模块;

③ 高频开关电源模块数量宜根据充电装置额定电流和单个模块额定电流选择,模块数量宜控制在3~8个。

4) 充电装置选择的计算应符合下列规定:

① 充电装置额定电流的选择应满足下列要求:

a. 应满足浮充电要求,浮充输出电流应按蓄电池自放电电流与经常负荷电流之和计算。浮充输出电流应按下列公式计算:

铅酸蓄电池 $\qquad I_r \geqslant 0.01I_{10} + I_{jc}$ (10-15)

镉镍碱性蓄电池 $\qquad I_r \geqslant 0.01I_5 + I_{jc}$ (10-16)

式中 $I_r$——充电装置额定电流,A;

$I_{jc}$——直流电源系统的经常负荷电流,A;

$I_{10}$——蓄电池放电电流,铅酸蓄电池取10h放电率电流 $I_{10}$,A;

$I_5$——蓄电池放电电流,镉镍蓄电池取5h放电率电流 $I_5$,A。

b. 应满足蓄电池充电要求,充电时蓄电池脱开直流母线,充电输出电流应按下列公式计算:

铅酸蓄电池 $\qquad I_r = (1.0 \sim 1.25)I_{10}$ (10-17)

镉镍碱性蓄电池 $\qquad I_r = (1.0 \sim 1.25)I_5$ (10-18)

c. 应满足蓄电池均衡充电要求,蓄电池充电时仍对经常负荷供电,均衡充电输出电流应按下列公式计算:

铅酸蓄电池 $\qquad I_r = (1.0 \sim 1.25)I_{10} + I_{jc}$ (10-19)

镉镍碱性蓄电池 $\qquad I_r = (1.0 \sim 1.25)I_{10} + I_{jc}$ (10-20)

② 充电装置输出电压的选择应按下式计算:

$$U_r = nU_{cm}$$ (10-21)

式中 $U_r$——充电装置额定电压,V;

$n$——蓄电池组单体个数;

$U_{cm}$——充电末期单体蓄电池电压,V,不同蓄电池充电末期电压见表10-26。

表10-26 不同蓄电池充电末期电压

| 项目 | 类别 | | | | | |
|---|---|---|---|---|---|---|
| | 固定型排气式铅酸蓄电池 | | 阀控式铅酸蓄电池 | | (中倍率)镉镍碱性电池 | |
| 系统电压/V | 220 | 110 | 220 | 110 | 220 | 110 |
| 电池个数/个 | 108 | 54 | 104 | 52 | 180 | 90 |
| 单体电池电压/V | 2.70 | | 2.40 | | 1.70 | |
| 装置输出电压(计算值)/V | 292 | 146 | 250 | 125 | 306 | 153 |
| 装置输出电压(选择值)/V | 300 | 150 | 260 | 130 | 315 | 160 |

③ 充电装置回路设备的选择应符合表10-27的规定。

表10-27 充电装置回路设备选择要求表

| 充电装置额定电流/A | 10 | 20 | 25 | 30 | 40 | 50 | 60 | 80 |
|---|---|---|---|---|---|---|---|---|
| 熔断器及隔离开关额定电流/A | 63 | | | | | | 100 | |
| 直流断路器额定电流/A | 32 | | | 63 | | | 100 | |
| 电流表测量范围/A | 0~30 | | | 0~50 | | | 0~80 | 0~100 |
| 充电装置额定电流/A | 100 | 120 | 160 | 200 | 250 | 315 | 400 | 500 |
| 熔断器及隔离开关额定电流/A | 160 | | 200 | | 300 | 400 | 630 | |
| 直流断路器额定电流/A | 225 | | | | | 400 | 630 | |
| 电流表测量范围/A | 0~150 | | 0~200 | | 0~300 | 0~400 | 0~500 | |

注:充电装置额定电流不包括备用模块。

5) 高频开关电源整流装置选择的计算应符合下列规定:

① 高频开关电源的模块配置和数量选择应按下列公式计算:

a. 每组蓄电池配置一组高频开关电源时,其模块选择应按下式计算:

$$n = n_1 + n_2 \qquad (10\text{-}22)$$

式中 $n$——高频开关电源模块选择的数量,当其不为整数时,可取邻近值,宜取 $n \geqslant 3$。

$n_1$——基本模块的数量;

$n_2$——附加模块的数量。

基本模块的数量应按下式计算:

$$n_1 = I_r / I_{me} \qquad (10\text{-}23)$$

式中 $I_r$——充电装置电流;

$I_{me}$——单体模块额定电流。

附加模块的数量,当 $n_1 \leqslant 6$ 时,$n_2 = 1$;当 $n_1 \geqslant 7$ 时,$n_2 = 2$。

b. 一组蓄电池配置两组高频开关电源或两组蓄电池配置三组高频开关电源时,其模块选择应按下式计算:

$$n = I_r / I_{me} \qquad (10\text{-}24)$$

6) 充电装置的输出电压调节范围应满足蓄电池放电末期和充电末期电压的要求,并符合表10-28的规定。

表 10-28 充电装置的输入输出电压和电流调节范围表

| 交流输入 | | 相数 | | 三相 |
|---|---|---|---|---|
| | | 额定频率 | | $50×(1±2\%)$Hz |
| | | 额定电压 | | $380×(85\%～120\%)$V |
| 直流输出 | 恒流充电 | 额定值 | 电压 | 220V 或 110V |
| | | | 电流 | 10A、20A、30A、40A、50A、60A、80A、100A、160A、200A、250A、315A、400A、500A |
| | | 电压调节范围 | 阀控式铅酸蓄电池 | $(90\%～120\%)U_n$ |
| | | | 固定型排气式铅酸蓄电池 | $(90\%～135\%)U_n$ |
| | | | 镉镍碱性蓄电池 | $(90\%～135\%)U_n$ |
| | | 电流调节范围 | | $(20\%～100\%)I_n$ |
| 直流输出 | 浮充电 | 电压调节范围 | 阀控式铅酸蓄电池 | $(95\%～115\%)U_n$ |
| | | | 固定型排气式铅酸蓄电池 | $(95\%～115\%)U_n$ |
| | | | 镉镍碱性蓄电池 | $(95\%～115\%)U_n$ |
| | | 电流调节范围 | | $(0～100\%)I_n$ |
| | 均衡充电 | 电压调节范围 | 阀控式铅酸蓄电池 | $(105\%～120\%)U_n$ |
| | | | 固定型排气式铅酸蓄电池 | $(105\%～135\%)U_n$ |
| | | | 镉镍碱性蓄电池 | $(105\%～135\%)U_n$ |
| | | 电流调节范围 | | $(0～100\%)I_n$ |

注：$U_n$ 为直流电源系统标称电压，$I_n$ 为充电装置直流额定电流。

### 10.1.4.3 电缆

1) 直流电缆的选择和敷设应符合现行国家标准《电力工程电缆设计标准》GB 50217—2018 的有关规定。直流电源系统明敷电缆应选用耐火电缆或采取了规定的耐火防护措施的阻燃电缆。控制和保护回路直流电缆应选用屏蔽电缆。

2) 蓄电池组引出线为电缆时，电缆宜采用单芯电力电缆，当选用多芯电缆时，其允许载流量可按同截面单芯电缆数值计算。蓄电池电缆的正极和负极不应共用一根电缆，该电缆宜采用独立通道，沿最短路径敷设。

3) 蓄电池组与直流柜之间连接电缆截面的选择应符合下列规定：

① 蓄电池组与直流柜之间连接电缆长期允许载流量的计算电流应大于事故停电时间的蓄电池放电率电流；

② 电缆允许电压降宜取直流电源系统标称电压的 0.5%～1%，其计算电流应取事故停电时间的蓄电池放电率电流或事故放电初期（1min）冲击负荷放电电流二者中的较大值。

4) 高压断路器合闸回路电缆截面的选择应符合下列规定：

① 当蓄电池浮充运行时，应保证最远一台高压断路器可靠合闸所需的电压，其允许电压降可取直流电源系统标称电压的 10%～15%；

② 当事故放电直流母线电压在最低电压值时，应保证恢复供电的高压断路器能可靠合闸所需的电压，其允许电压降应按直流母线最低电压值和高压断路器允许最低合闸电压值之差选取，不宜大于直流电源系统标称电压的 6.5%。

5) 采用集中辐射形供电方式时，直流柜与直流负荷之间的电缆截面选择应符合下列规定：

① 电缆长期允许载流量的计算电流应大于回路最大工作电流；

② 电缆允许电压降应按蓄电池组出口端最低计算电压值和负荷本身允许最低运行电压值之差选取，宜取直流电源系统标称电压的 3%～6.5%。

6) 采用分层辐射形供电方式时，直流电源系统电缆截面的选择应符合下列规定：

① 根据直流柜与直流分电柜之间的距离确定电缆允许的电压降，宜取直流电源系统标称电压的 3%～5%，其回路计算电流应按分电柜最大负荷电流选择；

② 当直流分电柜布置在负荷中心时，与直流终端断路器之间的允许电压降宜取直流电源系统标称电压的 1%～1.5%；

③ 根据直流分电柜布置地点，可适当调整直流分电柜与直流柜、直流终端断路器之间的允许电压降，但应保证直流柜与直流终端断路器之间允许总电压降不大于标称电压的 6.5%。

7) 直流柜与直流电动机之间的电缆截面的选择应符合下列规定：

① 电缆长期允许载流量的计算电流应大于电动机额定电流；

② 电缆允许电压降不宜大于直流电源系统标称电压的 5%，其计算电流应按 2 倍电动机额定电流选取。

8) 2 台机组之间 220V 直流电源系统应急联络断路器之间采用电缆连接时，互联电缆电压降不宜大于直流电源系统标称电压的 5%，其计算电流可按负荷统计表中 1.0h 放电电流的 50%选取。

9) 直流电源系统电缆截面的选择计算应符合下列规定：

① 电缆截面应按电缆长期允许载流量和回路允许电压降两个条件选择，并应按下列公式计算：

$$I_{pc} \geqslant I_{cal} \tag{10-25}$$

$$S_{cac} = \frac{\rho \times 2LI_{ca}}{\Delta U_p} \tag{10-26}$$

式中 $I_{pc}$——电缆允许载流量，A；

$I_{cal}$——回路长期工作计算电流，A；

$S_{cac}$——电缆计算截面，$mm^2$；

$\rho$——电阻系数，铜导体 $\rho=0.0184\Omega \cdot mm^2/m$，铝导体 $\rho=0.031\Omega \cdot mm^2/m$；

$L$——电缆长度，m；

$I_{ca}$——允许电压降计算电流，A；

$\Delta U_p$——回路允许电压降，V。

② 允许电压降计算电流应按表 10-29 的规定计算，取 $I_{ca1}$ 和 $I_{ca2}$ 中的较大值。

③ 回路允许电压降应按表 10-30 的规定计算。

表 10-29 直流电源系统不同回路的计算电流

| 回路名称 | 回路计算电流计算公式 | 备注 |
| --- | --- | --- |
| 蓄电池回路 | $I_{ca1}=I_{d.1h}$<br>$I_{ca2}=I_{ch0}$ | $I_{ca1}$——回路长期工作计算电流<br>$I_{d.1h}$——事故停电时间的蓄电池放电率电流<br>$I_{ca2}$——回路短时工作计算电流<br>$I_{ch0}$——事故初期(1min)冲击放电电流 |

续表

| 回路名称 | | 回路计算电流计算公式 | 备注 |
|---|---|---|---|
| 充电装置输出回路 | | $I_{ca1}=I_{ca2}=I_{cn}$ | $I_{cn}$——充电装置额定电流 |
| 直流负荷馈线 | 直流电动机回路 | $I_{ca1}=I_{nm}$<br>$I_{ca2}=I_{stm}=K_{stm}I_{nm}$ | $I_{nm}$——电动机额定电流<br>$I_{stm}$——电动机启动电流<br>$K_{stm}$——电动机启动电流系数2.0 |
| | 断路器合闸回路 | $I_{ca2}=I_{cl}$ | $I_{cl}$——合闸线圈合闸电流 |
| | UPS输入回路 | $I_{ca1}=I_{ca2}=I_{Un}/\eta$ | $I_{Un}$——装置的额定功率/直流电源系统标称电压<br>$\eta$——装置的效率 |
| | 直流应急照明回路 | $I_{ca1}=I_{ca2}=I_e$ | $I_e$——照明馈线计算电流 |
| | 控制、保护和监控回路 | $I_{ca1}=I_{ca2}=I_{cc}$<br>$I_{ca1}=I_{ca2}=I_{cp}$<br>$I_{ca1}=I_{ca2}=I_{cs}$ | $I_{cc}$——控制馈线计算电流<br>$I_{cp}$——保护馈线计算电流<br>$I_{cs}$——信号馈线计算电流 |
| | 直流分电柜回路 | $I_{ca1}=I_{ca2}=I_d$ | $I_d$——直流分电柜计算电流 |
| | DC/DC变换器输入回路 | $I_{ca1}=I_{ca2}=I_{Tn}/\eta$ | $I_{Tn}$——变换器的额定功率/直流电源系统标称电压<br>$\eta$——变换器的效率 |
| | 直流电源系统应急联络回路 | $I_{ca1}=I_{ca2}=I_L$ | $I_L$——负荷统计表中1h放电电流的50% |
| | 直流母线分段回路 | $I_{ca1}=I_{ca2}=I_L$ | $I_L$——全部负荷电流的60% |

表10-30 直流电源系统不同回路允许电压降计算公式

| 回路名称 | | 允许电压降 $\Delta U_p$(V) | 备注 |
|---|---|---|---|
| 蓄电池回路 | | $0.5\%U_n \leqslant \Delta U_p \leqslant 1\%U_n$ | 1. $U_n$为直流电源系统标称电压<br>2. 蓄电池回路电流按事故停电时间的蓄电池放电率电流计算<br>3. 分电柜负荷电流可按220V系统80A×0.8、110V系统100A×0.8计算<br>4. 集中辐射形供电的直流柜到终端回路负荷电流按10A计算<br>5. 分层辐射形供电的分电柜到终端回路负荷电流按10A计算 |
| 直流柜至直流分电柜回路 | | $\Delta U_p=3\%U_n \sim 5\%U_n$ | |
| 直流负荷馈线 | 直流电动机回路 | $\Delta U_p \leqslant 5\%U_n$<br>(计算电流取$I_{ca2}$) | |
| | 断路器合闸回路 | $\Delta U_p=3\%U_n \sim 6.5\%U_n$ | |
| | 交流不间断电源回路 | $\Delta U_p=3\%U_n \sim 6.5\%U_n$ | |
| | 应急照明回路 | $\Delta U_p=2.5\%U_n \sim 5\%U_n$ | |
| | DC/DC变换器回路 | $\Delta U_p=3\%U_n \sim 6.5\%U_n$ | |
| | 集中辐射形供电的直流柜到终端回路 | $\Delta U_p=3\%U_n \sim 6.5\%U_n$ | |
| | 分层辐射形供电的分电柜到终端回路 | $\Delta U_p=1\%U_n \sim 1.5\%U_n$ | |
| | 直流电源系统应急联络回路 | $\Delta U_p \leqslant 5\%U_n$ | |

注：1. 计算断路器合闸回路电压降应保证最远一台断路器可靠合闸。环形网络供电时，应按任一侧电源断开的最不利条件计算。
2. 环形网络供电的控制、保护和信号回路的电压降，应按直流柜至环形网络最远断开点的回路计算。

### 10.1.4.4 蓄电池试验放电装置

1) 试验放电装置的额定电流应符合下列要求：
铅酸蓄电池应为 $1.10I_{10} \sim 1.30I_{10}$；
镉镍碱性蓄电池应为 $1.10I_5 \sim 1.30I_5$。
2) 试验放电装置宜采用电热器件或有源逆变放电装置。

### 10.1.4.5 直流断路器

1) 直流断路器应具有瞬时电流速断和反时限过电流保护，当不满足选择性保护配合时，可增加短延时电流速断保护。
2) 直流断路器的选择应符合下列规定：
① 额定电压应大于或等于回路的最高工作电压。
② 额定电流应大于回路的最大工作电流，各回路额定电流应按下列条件选择：
a. 蓄电池出口回路应按事故停电时间的蓄电池放电率电流选择，应按事故放电初期（1min）冲击负荷放电电流校验保护动作的安全性，且应与直流馈线回路保护电器相配合；
b. 高压断路器电磁操动机构的合闸回路可按 0.3 倍的额定合闸电流选择，但直流断路器过载脱扣时间应大于断路器固有合闸时间；
c. 直流电动机回路可按电动机的额定电流选择；
d. 直流断路器宜带有辅助触点和报警触点。
③ 直流电源系统应急联络断路器额定电流不应大于蓄电池出口熔断器额定电流的 50%。
④ 各级断路器的保护动作电流和动作时间应满足上、下级选择性配合要求，且应有足够的灵敏系数。
3) 直流断路器的选择计算应符合下列规定：
① 直流断路器额定短路分断电流及短时耐受电流，应大于通过断路器的最大短路电流。
② 断路器额定电流
a. 充电装置输出回路断路器额定电流应按充电装置额定输出电流选择，且应按下式计算：

$$I_n \geqslant K_k I_{rn} \tag{10-27}$$

式中　$I_n$——直流断路器额定电流，A；
　　　$K_k$——可靠系数，取 1.2；
　　　$I_{rn}$——充电装置额定输出电流，A。
b. 直流电动机回路断路器额定电流应按下式计算：

$$I_n \geqslant I_{nm} \tag{10-28}$$

式中　$I_n$——直流断路器额定电流，A；
　　　$I_{nm}$——电动机额定电流，A。
c. 高压断路器电磁操动机构合闸回路断路器额定电流应按下式计算：

$$I_n \geqslant K_{c2} I_{cl} \tag{10-29}$$

式中　$I_n$——直流断路器额定电流，A；
　　　$K_{c2}$——配合系数，取 0.3；
　　　$I_{cl}$——高压断路器电磁操动机构合闸电流，A。
d. 控制、保护、监控回路断路器额定电流应按下列要求选择，并选取大值：

ⓐ 断路器额定电流应按下式计算：
$$I_n \geqslant K_c(I_{cc}+I_{cp}+I_{cs}) \tag{10-30}$$
式中　$I_n$——直流断路器额定电流，A；
　　　$K_c$——同时系数，取 0.8；
　　　$I_{cc}$——控制负荷计算电流，A；
　　　$I_{cp}$——保护负荷计算电流，A；
　　　$I_{cs}$——信号负荷计算电流，A。

ⓑ 上、下级断路器的额定电流应满足选择性配合要求，选择性配合电流比宜符合表 10-3～表 10-7 的规定。

ⓒ 上、下级断路器选择性配合时应符合下列要求：

ⅰ. 对于集中辐射形供电的控制、保护、监控回路，直流柜母线馈线断路器额定电流不宜大于 63A；终端断路器宜选用 B 型脱扣器，额定电流不宜大于 10A；

ⅱ. 对于分层辐射形供电的控制、保护、监控电源回路，分电柜馈线断路器宜选用二段式微型断路器，当不满足选择性配合要求时，可采用带短延时保护的微型断路器；终端断路器选用 B 型脱扣器，额定电流不宜大于 6A；

ⅲ. 环形供电的控制、保护、监控回路断路器可按照集中辐射形供电方式选择；

ⅳ. 当断路器采用短路短延时保护实现选择性配合时，该断路器瞬时速断整定值的 0.8 倍应大于短延时保护电流整定值的 1.2 倍，并应校核断路器短时耐受电流值。

e. 直流分电柜电源回路断路器额定电流应按直流分电柜上全部用电回路的计算电流之和选择，并应符合下列规定：

ⓐ 断路器额定电流应按下式计算：
$$I_n \geqslant K_c \sum(I_{cc}+I_{cp}+I_{cs}) \tag{10-31}$$

ⓑ 上一级直流母线馈线断路器额定电流应大于直流分电柜馈线断路器的额定电流，电流级差宜符合选择性规定。若不满足选择性要求，可采用带短路短延时特性直流断路器。

f. 蓄电池组出口回路熔断器或断路器额定电流应选取以下两种情况中电流较大者，并应满足蓄电池出口回路短路时灵敏系数的要求，同时还应按事故初期（1min）冲击放电电流校验保护动作时间。蓄电池组出口回路熔断器或断路器额定电流应按下列公式确定：

ⓐ 按事故停电时间的蓄电池放电率电流选择，熔断器或断路器额定电流应按下式计算：
$$I_n \geqslant I_1 \tag{10-32}$$
式中　$I_n$——直流熔断器或断路器额定电流，A；
　　　$I_1$——蓄电池 1h 或 2h 放电率电流，A。可按厂家资料选取，无厂家资料时，铅酸蓄电池可取 $5.5I_{10}$(A)，中倍率镉镍碱性蓄电池可取 $7.0I_5$(A)，高倍率镉镍碱性蓄电池可取 $20.0I_5$(A)，其中，$I_{10}$ 为铅酸蓄电池 10h 放电率电流；$I_5$ 为镉镍碱性蓄电池 5h 放电率电流。

ⓑ 按保护动作选择性条件选择，熔断器或断路器额定电流应大于直流母线馈线中最大断路器的额定电流，应按下式计算：
$$I_n \geqslant K_{c4} I_{n \cdot max} \tag{10-33}$$
式中　$I_n$——直流熔断器或断路器额定电流，A；
　　　$K_{c4}$——配合系数，一般取 2.0，必要时可取 3.0；
　　　$I_{n \cdot max}$——直流母线馈线中直流断路器最大的额定电流，A。

③ 直流断路器的保护整定

a. 直流断路器过负荷长延时保护的约定动作电流可按下列公式确定：
ⓐ 断路器额定电流和约定动作电流系数可按下式确定：

$$I_{DZ} = K I_n \tag{10-34}$$

式中　$I_{DZ}$——断路器过负荷长延时保护的约定动作电流，A；
　　　$K$——断路器过负荷长延时保护热脱扣器的约定动作电流系数，根据断路器执行的现行国家标准分别取 1.3 或 1.45；
　　　$I_n$——对于断路器过负荷电流整定值不可调节的断路器，可为断路器的额定电流，对于断路器过负荷电流整定值可调节的断路器，可取与回路计算电流相对应的断路器整定值电流，A。

ⓑ 上、下级断路器的额定电流或动作电流和电流比可按下列公式确定：

$$I_{n1} \geqslant K_{ib} I_{n2} \quad 或 \quad I_{DZ1} \geqslant K_{ib} I_{DZ2} \tag{10-35}$$

式中　$I_{n1}$，$I_{n2}$——上、下级断路器额定电流或整定值电流，A；
　　　$K_{ib}$——上、下级断路器电流比系数，可按照表 10-3～表 10-6 的规定选取；
$I_{DZ1}$，$I_{DZ2}$——上、下级断路器过负荷长延时保护约定动作电流。

b. 直流断路器短路瞬时保护（脱扣器）整定值应符合下列规定：
ⓐ 短路瞬时保护（脱扣器）整定应按下列公式计算：
ⅰ. 按本级断路器出口短路，断路器脱扣器瞬时保护可靠动作整定可按下式计算：

$$I_{DZ1} \geqslant K_n I_n \tag{10-36}$$

ⅱ. 按下一级断路器出口短路，断路器脱扣器瞬时保护可靠不动作整定可按下式计算：

$$I_{DZ1} \geqslant K_{ib} I_{DZ2} > I_{d2} \tag{10-37}$$

式中　$I_{DZ1}$，$I_{DZ2}$——上、下级断路器瞬时保护（脱扣器）动作电流，A；
　　　$K_n$——额定电流倍数，脱扣器整定值正误差或脱扣器瞬时脱扣范围最大值；
　　　$I_n$——断路器额定电流，A；
　　　$K_{ib}$——上、下级断路器电流比系数，可按照表 10-3～表 10-6 的规定选取；
　　　$I_{d2}$——下一级断路器出口短路电流，A。

ⓑ 当直流断路器具有限流功能时，可按下式计算：

$$I_{DZ1} \geqslant K_n I_{DZ2} / K_{XL} \tag{10-38}$$

式中　$K_{XL}$——限流系数，其数值应由产品厂家提供，可取 0.60～0.80。

ⓒ 断路器短路保护脱扣范围值及脱扣整定值应按照直流断路器厂家提供的数据选取，如无厂家资料，可按表 10-3、表 10-4 规定的数据选取。

ⓓ 灵敏系数校验应根据计算的各断路器安装处短路电流校验各级断路器瞬时脱扣的灵敏系数，还应考虑脱扣器整定值的正误差或脱扣范围最大值后的灵敏系数。灵敏系数校验应按下列公式计算：

$$I_{DK} = U_n / [n(r_b + r_1) + \sum r_j + \sum r_k] \tag{10-39}$$

$$K_L = I_{DK} / I_{DZ} \tag{10-40}$$

式中　$I_{DK}$——断路器安装处短路电流，A；
　　　$U_n$——直流电源系统额定电压，取 110 或 220，V；
　　　$n$——蓄电池个数；
　　　$r_b$——蓄电池内阻，Ω；
　　　$r_1$——蓄电池间连接条或导体电阻，Ω；
　　$\sum r_j$——蓄电池组至断路器安装处连接电缆或导体电阻之和，Ω；

$\sum r_k$——相关断路器触头电阻之和,Ω;

$K_L$——灵敏系数,不宜低于 1.05;

$I_{DZ}$——断路器瞬时保护(脱扣器)动作电流,A。

c. 直流断路器短路短延时保护(脱扣器)选择应符合下列规定:

ⓐ 当上、下级断路器安装处较近,短路电流相差不大,下级断路器出口短路引起上级断路器短路瞬时保护(脱扣器)误动作时,上级断路器应选用短路短延时保护(脱扣器);

ⓑ 各级短路短延时保护时间整定值应在保证选择性前提下,根据产品允许时间级差,选择其最小值,但不应超过直流断路器允许短时耐受时间值。

### 10.1.4.6 熔断器

1) 直流回路采用熔断器作为保护电器时,应装设隔离电器。

2) 蓄电池出口回路熔断器应带有报警触点,其他回路熔断器也可带有报警触点。

3) 熔断器的选择应符合下列规定:

① 额定电压应大于或等于回路的最高工作电压。

② 额定电流应大于回路的最大工作电流,最大工作电流的选择应符合下列要求:

a. 蓄电池出口回路熔断器应按事故停电时间的蓄电池放电率电流和直流母线上最大馈线直流断路器额定电流的 2 倍选择,两者取较大值。

b. 高压断路器电磁操动机构的合闸回路可按 0.2~0.3 倍的额定合闸电流选择,但熔断器的熔断时间应大于断路器固有合闸时间。

③ 断流能力应满足安装地点直流电源系统最大预期短路电流的要求。

### 10.1.4.7 隔离开关

1) 额定电压应大于或等于回路的最高工作电压。

2) 额定电流应大于回路的最大工作电流,最大工作电流的选择应符合下列要求:

① 蓄电池出口回路应按事故停电时间的蓄电池放电率电流选择;

② 高压断路器电磁操动机构的合闸回路可按 0.2~0.3 倍的额定合闸电流选择;

③ 直流母线分段开关可按全部负荷的 60% 选择。

3) 断流能力应满足安装地点直流电源系统短时耐受电流的要求。

4) 隔离开关宜配置辅助触点。

### 10.1.4.8 降压装置

1) 降压装置宜由硅元件构成,应有防止硅元件开路的措施。

2) 硅元件的额定电流应满足所在回路最大持续负荷电流的要求,并应有承受冲击电流的短时过载和承受反向电压的能力。

### 10.1.4.9 直流柜

1) 直流柜宜采用加强型结构,防护等级不宜低于 IP20。布置在交流配电间内的直流柜防护等级应与交流开关柜一致。

2) 直流柜外形尺寸的宽×深×高宜为 800mm×600mm×2200mm。

3) 直流柜正面操作设备的布置高度不应超过 1800mm,距地高度不应低于 400mm。

4) 直流柜内采用微型断路器的直流馈线应经端子排出线。

5) 直流柜内的母线宜采用阻燃绝缘铜母线，应按事故停电时间的蓄电池放电率电流选择截面，并应进行额定短时耐受电流校验和按短时最大负荷电流校验，其温度不应超过绝缘体的允许事故过负荷温度。蓄电池回路设备及直流柜主母线的选择应满足表 10-31、表 10-32 的要求。

表 10-31　固定型排气式和阀控式密封铅酸蓄电池回路设备选择

| 蓄电池容量/A·h | 100 | 200 | 300 | 400 | 500 | 600 |
|---|---|---|---|---|---|---|
| 回路电流/A | 55 | 110 | 165 | 220 | 275 | 330 |
| 电流测量范围/A | ±100 | ±200 | | ±300 | ±400 | |
| 放电试验回路电流/A | 12 | 24 | 36 | 48 | 60 | 72 |
| 主母线铜导体截面积/mm² | 50×4 | | | 60×6 | | |
| 蓄电池容量/A·h | 800 | 1000 | 1200 | 1500 | 1600 | 1800 |
| 回路电流/A | 440 | 550 | 660 | 825 | 880 | 990 |
| 电流测量范围/A | ±600 | ±800 | | ±1000 | | |
| 放电试验回路电流/A | 96 | 120 | 144 | 180 | 192 | 216 |
| 主母线铜导体截面积/mm² | 60×6 | | | 80×8 | | |
| 蓄电池容量/A·h | 2000 | 2200 | 2400 | 2500 | 2600 | 3000 |
| 回路电流/A | 1100 | 1210 | 1320 | 1375 | 1430 | 1650 |
| 电流测量范围/A | ±1500 | | | ±2000 | | |
| 放电试验回路电流/A | 240 | 264 | 288 | 300 | 312 | 360 |
| 主母线铜导体截面积/mm² | 80×8 | | | 80×10 | | |

注：容量为 100A·h 以下的蓄电池，其母线最小截面积不宜小于 30mm×4mm。

表 10-32　中倍率镉镍碱性蓄电池回路设备选择

| 蓄电池容量/A·h | 10 | 20 | 30 | 50 | 60 | 80 | 100 |
|---|---|---|---|---|---|---|---|
| 回路电流/A | 7 | 14 | 21 | 35 | 42 | 56 | 70 |
| 熔断器及隔离开关额定电流/A | 63 | | | | | 100 | |
| 直流断路器额定电流/A | 32 | | | 63 | | | 100 |
| 电流测量范围/A | ±220 | | ±40 | | ±50 | ±100 | |
| 放电试验回路电流/A | 2 | 4 | 6 | 10 | 12 | 16 | 20 |
| 主母线铜导体截面积/mm² | 30×4 | | | | 50×4 | | |

6) 直流柜内的母线及其相应回路应能满足直流母线出口短路时额定短时耐受电流的要求。当厂家未提供阀控铅酸蓄电池短路电流时，直流柜内元件应符合下列要求：
① 阀控铅酸蓄电池容量为 800A·h 以下直流电源系统，可按 10kA 短路电流考虑；
② 阀控铅酸蓄电池容量为 800～1400A·h 直流电源系统，可按 20kA 短路电流考虑；
③ 阀控铅酸蓄电池容量为 1500～1800A·h 直流电源系统，可按 25kA 短路电流考虑；
④ 阀控铅酸蓄电池容量为 2000A·h 的直流电源系统，可按 30kA 短路电流考虑；
⑤ 阀控铅酸蓄电池容量为 2000A·h 以上时，应进行短路电流计算。蓄电池短路电流计算应符合下列规定：

a. 直流电源系统短路电流计算电压应取系统标称电压 220V 或 110V。
b. 短路计算中不计及充电装置助增电流及直流电动机反馈电流。
c. 如在蓄电池引出端子上短路，则短路电流应按下式计算：

$$I_{bk}=\frac{U_n}{n(r_b+r_1)} \tag{10-41}$$

式中 $I_{bk}$——蓄电池引出端子上的短路电流，kA；
　　$U_n$——直流电源系统标称电压，V；
　　$n$——蓄电池个数；
　　$r_b$——蓄电池内阻，mΩ；
　　$r_1$——蓄电池连接条的电阻，mΩ。

d. 如在蓄电池组连接的直流母线上短路，则短路电流应按下式计算：

$$I_k=\frac{U_n}{n(r_b+r_1)+r_c} \tag{10-42}$$

式中 $I_k$——蓄电池组连接的直流母线上的短路电流，kA；
　　$U_n$——直流电源系统标称电压，V；
　　$n$——蓄电池个数；
　　$r_b$——蓄电池内阻，mΩ；
　　$r_1$——蓄电池连接条的电阻，mΩ；
　　$r_c$——蓄电池组端子到直流母线的连接电缆或导线电阻，Ω。

⑥ 蓄电池组电阻及出口短路电流参考数值见表 10-33、表 10-34 和表 10-35。

表 10-33　阀控式密封铅酸蓄电池组电阻及出口短路电流值

| 蓄电池容量 /A·h | 连接条数量、类型及电阻 | | 蓄电池组的电池数量及其电阻(含连接条)/mΩ | | | | | 短路电流 /kA |
|---|---|---|---|---|---|---|---|---|
| | 数量 | 连接条电阻/mΩ | 110V | | | 220V | | |
| | | | 51个 | 52个 | 53个 | 103个 | 104个 | |
| 200 | 1 | 硬连接 0.015 | 34.425 | 35.100 | 35.755 | 69.525 | 70.200 | 3.134 |
| | | 软连接 0.0382 | 35.608 | 36.306 | 37.004 | 71.914 | 72.612 | 3.030 |
| 300 | 1 | 硬连接 0.015 | 23.205 | 23.660 | 24.115 | 46.865 | 47.320 | 4.649 |
| | | 软连接 0.0382 | 24.388 | 24.886 | 25.384 | 49.250 | 49.733 | 4.420 |
| 400 | 1 | 硬连接 0.015 | 17.595 | 17.940 | 18.285 | 35.535 | 35.880 | 6.132 |
| | | 软连接 0.0382 | 18.778 | 19.146 | 19.514 | 37.925 | 38.293 | 5.745 |
| 500 | 1 | 硬连接 0.015 | 14.229 | 14.508 | 14.787 | 28.737 | 29.016 | 7.582 |
| | | 软连接 0.0382 | 15.412 | 15.714 | 16.016 | 31.127 | 31.429 | 7.000 |
| 600 | 2 | 硬连接 0.0075 | 11.603 | 11.830 | 12.057 | 23.433 | 23.660 | 9.298 |
| | | 软连接 0.0191 | 12.194 | 12.433 | 12.672 | 24.627 | 24.866 | 8.847 |
| 800 | 2 | 硬连接 0.0075 | 8.798 | 8.970 | 9.142 | 17.768 | 17.940 | 12.263 |
| | | 软连接 0.0191 | 9.389 | 9.573 | 9.757 | 18.963 | 19.146 | 11.491 |
| 900 | 2 | 硬连接 0.0075 | 7.854 | 8.008 | 8.162 | 15.862 | 16.061 | 13.736 |
| | | 软连接 0.0191 | 8.445 | 8.611 | 8.777 | 17.507 | 17.223 | 12.774 |

续表

| 蓄电池容量 /A·h | 连接条数量、类型及电阻 | | 蓄电池组的电池数量及其电阻(含连接条)/mΩ | | | | | 短路电流 /kA |
|---|---|---|---|---|---|---|---|---|
| | 数量 | 连接条电阻/mΩ | 110V | | | 220V | | |
| | | | 51个 | 52个 | 53个 | 103个 | 104个 | |
| 1000 | 2 | 硬连接 0.0075 | 7.115 | 7.254 | 7.393 | 14.369 | 14.508 | 15.164 |
| | | 软连接 0.0191 | 7.706 | 7.857 | 8.008 | 15.563 | 15.714 | 14.000 |
| 1200 | 4 | 硬连接 0.0038 | 5.802 | 5.915 | 6.029 | 11.717 | 11.830 | 18.597 |
| | | 软连接 0.0095 | 6.097 | 6.217 | 6.336 | 12.314 | 12.433 | 17.693 |
| 1500 | 3 | 硬连接 0.005 | 4.743 | 4.836 | 4.929 | 9.246 | 9.672 | 22.746 |
| | | 软连接 0.0127 | 5.137 | 5.238 | 5.339 | 10.376 | 10.476 | 21.000 |
| 1600 | 4 | 硬连接 0.0038 | 4.399 | 4.485 | 4.571 | 8.884 | 8.970 | 24.526 |
| | | 软连接 0.0095 | 4.695 | 4.787 | 4.879 | 9.482 | 9.573 | 22.979 |
| 1800 | 6 | 硬连接 0.0025 | 3.868 | 3.943 | 4.018 | 7.808 | 7.887 | 27.896 |
| | | 软连接 0.0064 | 4.065 | 4.144 | 4.223 | 8.209 | 8.289 | 26.544 |
| 2000 | 8 | 硬连接 0.0019 | 3.463 | 3.531 | 3.599 | 6.994 | 7.062 | 31.153 |
| | | 软连接 0.0048 | 3.611 | 3.682 | 3.753 | 7.292 | 7.363 | 29.875 |
| 2400 | 6 | 硬连接 0.0025 | 2.933 | 2.990 | 3.047 | 5.923 | 5.980 | 36.789 |
| | | 软连接 0.0064 | 3.129 | 3.191 | 3.262 | 6.821 | 6.715 | 34.472 |
| 3000 | 8 | 硬连接 0.0019 | 2.341 | 2.387 | 2.433 | 4.728 | 4.774 | 46.840 |
| | | 软连接 0.0048 | 2.489 | 2.538 | 2.587 | 5.026 | 5.075 | 44.057 |

注：1. 同容量110V（52个电池）和220V（104个电池）蓄电池组的出口短路电流相同。
2. 同容量、同电压的蓄电池组，蓄电池个数不同时，短路电流有差异。

### 表 10-34 固定型排气式铅酸蓄电池内阻及出口短路电流值

| GF、GM 系列 | | | | GFD 系列 | | | |
|---|---|---|---|---|---|---|---|
| 蓄电池容量 /A·h | 一片正极板 容量/A·h | 蓄电池内阻 /mΩ | 短路电流 /kA | 蓄电池容量 /A·h | 一片正极板 容量/A·h | 蓄电池内阻 /mΩ | 短路电流 /A |
| 800 | 100 | 0.285 | 7.298 | 600 | 100 | 0.387 | 5.375 |
| 1000 | | 0.228 | 9.122 | 800 | | 0.290 | 7.172 |
| 1200 | | 0.190 | 10.947 | 1000 | | 0.232 | 8.966 |
| 1400 | | 0.163 | 12.760 | 1200 | | 0.193 | 10.777 |
| 1600 | | 0.143 | 14.545 | 1500 | 125 | 0.200 | 10.400 |
| 1800 | | 0.127 | 16.378 | 1875 | | 0.160 | 13.000 |
| 2000 | | 0.114 | 18.246 | 2000 | | 0.150 | 13.867 |
| 2400 | 125 | 0.121 | 17.190 | 2500 | | 0.120 | 15.600 |
| 2600 | | 0.112 | 18.570 | 3000 | | 0.100 | 20.800 |
| 2800 | | 0.104 | 20.000 | | | | |
| 3000 | | 0.097 | 21.440 | | | | |

表 10-35 镉镍碱性蓄电池的一般性能

| 项目名称 | | 开启式 | | | 密封式 |
|---|---|---|---|---|---|
| | | 袋式 | | 高倍率 | |
| | | 低倍率 | 中倍率 | | |
| −18℃时的放电容量(A·h)/% | | ≥50 | ≥60 | ≥70 | ≥70 |
| 电压 | 额定电压/V | 1.20 | | | |
| | 浮充电压/V | 1.47~1.50 | 1.42~1.45 | | 1.38±0.02 |
| | 均衡充电电压/V | 1.52~1.55 | | | 1.47~1.48 |
| 内阻/mΩ | | 0.15~0.20 | 0.10 | 0.03~0.06 | 0.03~0.04 |
| 放电时间 | $0.20C_5(A)$-1.00(V) | 4h45min | | | |
| | $1.0C_5(A)$-0.90(V) | | 50min | 60min | 60min |
| | $5.0C_5(A)$-0.80(V) | | | 4min | 8min |
| | $10C_5(A)$-0.80(V) | | | | 2min |
| 自放电(28昼夜)/% | | <20 | <20 | <30 | <35 |
| 使用寿命 | 循环/次 | >900 | >900 | >500 | >400 |
| | 浮充运行/年 | >20 | >20 | >15 | >5 |
| 短路电流 | | 15.3A/A·h | | 58A/A·h | |

7) 直流柜体应设有保护接地,接地处应有防锈措施和明显标志。直流柜底部应设置接地铜排,截面面积不应小于 100mm²。

8) 蓄电池柜内的隔架距地最低不宜小于 150mm,距地最高不宜超过 1700mm。

9) 直流柜及柜内元件应符合现行国家标准《电力工程直流电源设备通用技术条件及安全要求》GB/T 19826—2014 的有关规定。

### 10.1.4.10 直流电源成套装置

1) 直流电源成套装置包括蓄电池组、充电装置和直流馈线。根据设备体积大小,可合并组柜或分别设柜,其相关技术要求应符合 DL/T 5044—2014《电力工程直流电源系统设计技术规程》的有关规定。

2) 直流电源成套装置宜采用阀控式密封铅酸蓄电池、中倍率镉镍碱性蓄电池或高倍率镉镍碱性蓄电池。蓄电池组容量应符合下列规定:

① 阀控式密封铅酸蓄电池容量应为 300A·h 以下;
② 中倍率镉镍碱性蓄电池容量应为 100A·h 及以下;
③ 高倍率镉镍碱性蓄电池容量应为 40A·h 及以下。

### 10.1.4.11 DC/DC 变换装置

1) DC/DC 变换装置的技术特性应满足下列要求:
① 应为长期连续工作制,并具有稳压性能,稳压精度应为额定电压值的 ±0.6%;
② 直流母线反灌纹波电压有效值系数不应超过 0.5%;
③ 具有输入异常和输出限流保护功能,故障排除后可自动恢复工作;

④ 具有输出过电压保护功能，故障排除后可人工恢复工作；

⑤ 当用于通信电源时，杂音电压和其他技术参数还应符合现行行业标准《通信用直流-直流变换设备》YD/T 637—2006 的有关规定。

2）DC/DC 变换装置在选择时应满足馈线短路时直流断路器的可靠动作，并具有选择性。DC/DC 电源系统配置应符合下列规定：

① 总输出电流不宜小于馈线回路中最大直流断路器额定电流的 4 倍；

② 宜加装储能电容；

③ 馈线断路器宜选用 B 型脱扣曲线的直流断路器。

3）每套 DC/DC 变换装置的直流电源宜采用单电源供电。

#### 10.1.4.12 直流电动机启动设备

① 直流电动机电力回路应装设限制启动电流的启动电阻或其他限流设备。

② 直流电动机启动电阻的额定电流可取该电动机的额定电流。

③ 直流电动机的启动电阻宜将启动电流限制在额定电流的 2.0 倍范围内。当启动有特殊要求时，启动电流可按实际参数计算。

### 10.1.5 设备布置

#### 10.1.5.1 直流设备布置

1）对单机容量为 200MW 级及以上的机组，直流柜宜布置在专用直流配电间内，直流配电间宜按单元机组设置。对于单机容量为 125MW 级及以下的机组、变电站、串补站和换流站，直流柜可布置在电气继电器室或直流配电间内。

2）包含蓄电池的直流电源成套装置柜可布置在继电器室或配电间内，室内应保持良好的通风。

3）直流分电柜宜布置在该直流负荷中心附近。

4）直流柜前后应留有运行和检修通道，通道宽度应符合现行行业标准《火力发电厂、变电站二次接线设计技术规程》DL/T 5136—2012 的有关规定。

5）直流配电间环境温度宜为 15~30℃，室内相对湿度宜为 30%~80%，不得凝露，温度变化率应小于 10℃/h。

6）发电厂单元机组蓄电池室应按机组分别设置。全厂（站）公用的 2 组蓄电池宜布置在不同的蓄电池室。

7）蓄电池室内应设有运行和检修通道。通道一侧装设蓄电池时，通道宽度不应小于 800mm；两侧均装设蓄电池时，通道宽度不应小于 1000mm。

#### 10.1.5.2 阀控式密封铅酸蓄电池组布置

1）阀控式密封铅酸蓄电池容量在 300A·h 及以上时，应设专用的蓄电池室。专用的蓄电池室宜布置在 0m 层。

2）胶体式阀控式密封铅酸蓄电池宜采用立式安装，贫液吸附式的阀控式密封铅酸蓄电池可采用卧式或立式安装。

3）蓄电池安装宜采用钢架组合结构，可多层叠放，应便于安装、维护和更换蓄电池。台架的底层距地面为 150~300mm，整体高度不宜超过 1700mm。

4）同一层或同一台上的蓄电池间宜采用有绝缘的或有护套的连接条连接，不同一层或不同一台上的蓄电池间宜采用电缆连接。

### 10.1.5.3 固定型排气式铅酸蓄电池组和镉镍碱性蓄电池组布置

1）固定型排气式铅酸蓄电池组和容量为100A·h以上的中倍率镉镍碱性蓄电池组应设置专用蓄电池室。专用蓄电池室宜布置在0m层。

2）蓄电池应采用立式安装，宜安装在瓷砖台或水泥台上，台高为250～300mm。台与台之间应设运行和检修通道，通道宽度不得小于750mm，蓄电池与大地间应有绝缘措施。

3）中倍率镉镍碱性蓄电池组的端电池宜靠墙布置。

4）蓄电池有液面指示计和比重计的一面应朝向运行和检修通道。

5）在同一台上的蓄电池间宜采用有绝缘的或有护套的连接条连接，不在同一台上的电池间宜采用电缆连接。

6）蓄电池裸露导电部分之间的距离应符合下列规定：

① 非充电时，当两部分之间的正常电压超过65V但不大于250V时，不应小于800mm；

② 当电压超过250V时，不应小于1000mm；

③ 导线与建筑物或其他接地体之间的距离不应小于50mm，母线支持点间的距离不应大于2000mm。

## 10.1.6 专用蓄电池室对相关专业的要求

### 10.1.6.1 专用蓄电池室的通用要求

1）蓄电池室的位置应选择在无高温、无潮湿、无振动、少灰尘、避免阳光直射的场所，宜靠近直流配电间或布置有直流柜的电气继电器室。

2）蓄电池室内的窗玻璃应采用毛玻璃或涂以半透明油漆的玻璃，阳光不应直射室内。

3）蓄电池室应采用非燃性建筑材料，顶棚宜做成平顶，不应吊天棚，也不宜采用折板或槽形天花板。

4）蓄电池室内的照明灯具应为防爆型，且应布置在通道的上方，室内不应装设开关和插座。蓄电池室内的地面照度和照明线路敷设应符合现行行业标准《发电厂和变电站照明设计技术规定》DL/T 5390—2014的有关规定。

5）基本地震烈度为7度及以上的地区，蓄电池组应有抗震加固措施，并应符合现行国家标准《电力设施抗震设计规范》GB 50260—2013的有关规定。

6）蓄电池室走廊墙面不宜开设通风百叶窗或玻璃采光窗，采暖和降温设施与蓄电池间的距离不应小于750mm。蓄电池室内采暖散热器应为焊接的钢制采暖散热器，室内不允许有法兰、丝扣接头和阀门等。

7）蓄电池室内应有良好的通风设施。蓄电池室的采暖通风和空气调节应符合现行行业标准《发电厂供暖通风与空气调节设计规范》DL/T 5035—2016的有关规定。通风电动机应为防爆式。

8）蓄电池室的门应向外开启，应采用非燃烧体或难燃烧体的实体门，门的尺寸宽×高不应小于750mm×1960mm。

9）蓄电池室不应有与蓄电池无关的设备和通道。与蓄电池室相邻的直流配电间、电气配电间、电气继电器室的隔墙不应留有门窗及孔洞。

10）蓄电池组的电缆引出线应采用穿管敷设，且穿管引出端应靠近蓄电池的引出端。穿金属管外围应涂防酸（碱）油漆，封口处应用防酸（碱）材料封堵。电缆弯曲半径应符合电缆敷设要求，电缆穿管露出地面的高度可低于蓄电池的引出端子 200~300mm。

11）包含蓄电池的直流电源成套装置柜布置的房间，宜装设对外机械通风装置。

### 10.1.6.2　阀控式密封铅酸蓄电池组专用蓄电池室的特殊要求

1）蓄电池室内温度宜为 15~30℃。
2）当蓄电池组采用多层叠装且安装在楼板上时，楼板强度应满足荷重要求。

### 10.1.6.3　固定型排气式铅酸蓄电池组和镉镍碱性蓄电池组专用蓄电池室的特殊要求

1）蓄电池室应为防酸（碱）防火、防爆的建筑，入口宜经过套间或储藏室，应设有储藏硫酸（碱）液、蒸馏水及配制电解液器具的场所，还应便于蓄电池的气体、酸（碱）液和水的排放。

2）蓄电池室内的门、窗、地面、墙壁、天花板、台架均应进行耐酸（碱）处理，地面应采用易于清洗的面层材料。

3）蓄电池室内温度宜为 5~35℃。

4）蓄电池室的套间内应砌有水池，水池内外及水龙头应做耐酸（碱）处理，管道宜暗敷，管材应采用耐腐蚀材料。

5）蓄电池室内的地面应有约 0.5% 的排水坡度，并应有泄水孔。蓄电池室内的污水应进行酸碱中和或稀释，并达到环保要求后排放。

## 10.2　UPS 电源设计

### 10.2.1　UPS 的主要性能指标

一般来说，UPS 生产厂家为了说明其产品的性能都在产品说明书中指出其产品已达到的某些标准或给出方便用户的指标性能说明，这些往往都在产品指标栏中给出。UPS 用户通过阅读产品说明书中的指标栏，就可以很快地了解产品概况，这对选用设备和使用维护都是非常必要的。因此下面对 UPS 的指标给予简要介绍。

#### 10.2.1.1　输入指标

1）输入电压范围

输入电压这项指标说明 UPS 产品适应什么样的供电制式。指标中除应说明输入交流电压是单相还是三相外，还应说明输入交流电压的数值，如 220V、380V、110V 等；同时还要给出 UPS 对电网电压变化的适应范围，如标明在额定电压基础上 ±10%、±15%、±20%、±35% 等。当然，在产品说明书中也可将相数和输入额定电压分开给出。UPS 输入电压的上下限表示市电电压超出此范围时，UPS 就断开市电而由蓄电池供电。后备式和互动式 UPS 的输入电压范围应不窄于 176～264V，在线式 UPS 的输入电压范围见表 10-36 所示。

表 10-36　在线式 UPS 的输入电压范围

| 输入电压范围 | 技术要求 | | 备注 |
| --- | --- | --- | --- |
| | Ⅰ类 | Ⅱ类 | |
| 输入电压范围 | 176～264V | 187～242V | 相电压：输入电压范围应根据使用电网环境进行选择 |
| | 304～456V | 323～418V | 线电压：输入电压范围应根据使用电网环境进行选择 |

2）输入频率范围

输入频率范围指标说明 UPS 产品所适应的输入交流电频率及其允许的变化范围。在我国大陆地区，标准值为 50Hz，输入频率范围如 50Hz±1Hz、50Hz±2Hz、50Hz±3Hz 等，这表示 UPS 内部同步锁相电路的同步范围，即当市电频率在变化范围之内时，UPS 逆变器的输出与市电同步；当频率超出该范围时，逆变器的输出不再与市电同步，其输出频率由 UPS 内部 50Hz 正弦波发生器决定。通信用 UPS 的输入频率范围为 48～52Hz。

3）输入功率因数及输入电流谐波成分

在电路原理中，线性电路的功率因数（Power Factor）习惯用 $\cos\varphi$ 表示，其中 $\varphi$ 为正弦电压与正弦电流间的相差角。对非线性电路而言，尽管输入电压为正弦波，电流却可能是非正弦波，因此对非线性电路必须考虑电流畸变。一般定义为

$$PF = P/S \tag{10-43}$$

式中，$PF$ 表示功率因数；$P$ 表示有功功率；$S$ 表示视在功率。

在非线性电路中，若定义基波电流有效值与非正弦电流有效值之比为畸变因数，则电流畸变因数 $d$（distortion）为

$$d = \frac{I_1}{\sqrt{I_1^2 + I_2^2 + \cdots + I_n^2}} \tag{10-44}$$

式中，$I_1$，$I_2$，$\cdots$，$I_n$ 分别表示 1，2，$\cdots$，$n$ 次谐波电流有效值。若再假设基波电流与电压的相位差为 $\varphi$，则功率因数 $PF$ 可表示为

$$PF = P/S = UI_1\cos\varphi/UI = d\cos\varphi \tag{10-45}$$

即非线性电路的功率因数为畸变因数与位移因数（$\cos\varphi$）之积。

输入功率因数是指 UPS 中整流充电器的输入功率因数和输入电流质量，表示电源从电网吸收有功功率的能力及对电网的干扰。输入功率因数越高，输入电流谐波成分含量越小，表征该电源对电网的污染越小。在线式 UPS 的输入功率因数应符合表 10-37 的要求，输入电流谐波成分应符合表 10-38 的要求。

表 10-37　UPS 的输入功率因数

| | | 技术要求 | | | 备注 |
| --- | --- | --- | --- | --- | --- |
| | | Ⅰ类 | Ⅱ类 | Ⅲ类 | |
| 输入功率因数 | 100%非线性负载 | ≥0.99 | ≥0.95 | ≥0.90 | — |
| | 50%非线性负载 | ≥0.97 | ≥0.93 | ≥0.88 | — |
| | 30%非线性负载 | ≥0.94 | ≥0.90 | ≥0.85 | |

表 10-38　UPS 的输入电流谐波成分

| 输入电流谐波成分 | | 技术要求 | | | 备注 |
|---|---|---|---|---|---|
| | | Ⅰ类 | Ⅱ类 | Ⅲ类 | |
| 输入电流谐波成分 | 100%非线性负载 | <5% | <8% | <15% | 2~39 次谐波 |
| | 50%非线性负载 | <8% | <15% | <20% | 2~39 次谐波 |
| | 30%非线性负载 | <11% | <22% | <25% | 2~39 次谐波 |

### 10.2.1.2　输出指标

(1) 输出电压

① 标称输出电压值　单相输入单相输出或三相输入单相输出 UPS 为 220V；三相输入三相输出 UPS 为 380V，采用三相三线制或三相四线制输出方式。用户可根据自己设备所需的电压等级和供电制式选取相应的 UPS 产品。

② 输出电压（精度/范围）　指 UPS 在稳态工作时受输入电压变化、负载改变以及温度影响造成输出电压变化的大小。对于后备式和互动式 UPS，输出电压（精度/范围）应在 198~242V 范围内。对于在线式 UPS，输出电压精度应符合表 10-39 的要求。

表 10-39　在线式 UPS 的输出电压精度

| | 技术要求 | | | 备注 |
|---|---|---|---|---|
| | Ⅰ类 | Ⅱ类 | Ⅲ类 | |
| 输出稳压精度 | $|S|\leqslant 1\%$ | $|S|\leqslant 1.5\%$ | $|S|\leqslant 2\%$ | 等级按照 $[S]$ 的最大值划分 |

③ 动态电压瞬变范围　指 UPS 在 100% 突加减载时或执行市电旁路供电通道与逆变器供电通道的转换时，输出电压的波动值。UPS 动态电压瞬变范围 ≤5%。

④ 电压瞬变恢复时间（transient recovery time）　在输入电压为额定值，输出接阻性负载，输出电流由零至额定电流和额定电流至零突变时，输出电压恢复到 (220±4.4)V 范围内所需要的时间。后备式和互动式 UPS 的电压瞬变恢复时间应 ≤60ms，在线式 UPS 电压瞬变恢复时间应符合表 10-40 的要求。

表 10-40　在线式 UPS 电压瞬变恢复时间

| | 技术要求 | | | 备注 |
|---|---|---|---|---|
| | Ⅰ类 | Ⅱ类 | Ⅲ类 | |
| 电压瞬变恢复时间 | ≤20ms | ≤40ms | ≤60ms | — |

⑤ 输出电压频率　a. 频率跟踪范围（range of frequency synchro）：交流供电时，UPS 输出频率跟踪输入频率变化的范围。UPS 的频率跟踪范围应满足 48~52Hz，且范围可调。b. 频率跟踪速率（rate of frequency synchro）：UPS 输出频率与输入交流频率存在偏差时，输出频率跟踪输入频率变化的速度用 Hz/s 表示。UPS 的频率跟踪速率应在 0.5~2Hz/s 范围内。当工作在逆变器输出状态时频率（稳定度）应不宽于 (50±0.5)Hz。

⑥ 输出（电压）波形及失真度　根据用途不同，输出电压不一定是正弦波，也可以是方波或梯形波。后备式 UPS 输出波形多为方波，在线式 UPS 输出波形一般为正弦波。波形失真度一般是对正弦波输出 UPS 来说的，指输出电压谐波有效值的二次方和的平方根与基

波有效值的比值。UPS 输出波形失真度技术要求如表 10-41 所示。

表 10-41 UPS 输出波形失真度技术要求

| UPS 类型 | 负载类型 | 输出波形失真度技术要求 | | | 备注 |
|---|---|---|---|---|---|
| 后备式和互动式 | 100%阻性负载 | ≤5% | | | — |
| | 100%非线性负载 | ≤8% | | | — |
| 在线式 | 在线式 UPS 的类别 | Ⅰ类 | Ⅱ类 | Ⅲ类 | — |
| | 100%阻性负载 | ≤1% | ≤2% | ≤4% | — |
| | 100%非线性负载 | ≤3% | ≤5% | ≤7% | — |

⑦ 输出电压不平衡度（three phase unbalance） 三相输出的 UPS 各相电压在幅值上不同，相位差不是 120°或兼而有之的程度。互动式 UPS 输出电压幅值不平衡度≤3%，相位偏差≤2°。在线式 UPS 输出电压幅值不平衡度≤3%，相位偏差≤1°。

（2）输出容量

容量是 UPS 的首要指标，包括输入容量和输出容量，一般指标中所给出的容量是输出容量，是指输出电压的有效值与输出最大电流有效值的乘积，也称视在功率。容量的单位一般用伏安（V·A）表示，这是因为 UPS 的负载性质因设备的不同而不同，因而只好用视在功率来表示容量。生产厂家均按 UPS 的不同容量等级将产品划分为多个类别，用户可根据实际需要对 UPS 进行选型，并留一定的裕量。

（3）输出过载能力

UPS 启动负载设备时，一般都有瞬时过载现象发生，输出过载能力表示 UPS 在工作过程中，可承受瞬时过载的能力与时间。超过 UPS 允许的过载量或允许过载时间容易导致 UPS 损坏。后备式和互动式 UPS 的过载能力应符合表 10-42 的要求，在线式 UPS 的过载能力应符合表 10-43 的要求。

表 10-42 后备式和互动式 UPS 的过载能力要求

| | 技术要求 | 备注 |
|---|---|---|
| 过载能力 | ≥1min | 过载 125%，电池逆变模式 |
| | ≥10min | 过载 125%，正常工作模式 |

表 10-43 在线式 UPS 的过载能力要求

| | 技术要求 | | | 备注 |
|---|---|---|---|---|
| | Ⅰ类 | Ⅱ类 | Ⅲ类 | |
| 过载能力 | ≥10min | ≥1min | ≥30s | 125%额定阻性负载 |

（4）输出电流峰值系数（current peak factor）

当 UPS 输出电流为周期性非正弦波电流时，周期性非正弦波电流的峰值与其有效值之比。UPS 输出电流峰值系数应≥3。

（5）并机负载电流不均衡度（load sharing of parallel UPS）

当两台以上（含两台）具有并机功能的 UPS 输出端并联供电时，所并联各台中电流值与平均电流偏差最大的偏差电流值与平均电流值之比。UPS 并机负载电流不均衡度应≤5%。此值越小越好，说明并机系统中的每台 UPS 所输出的负载电流的均衡度越好。

### 10.2.1.3 电池指标

（1）蓄电池的额定电压

UPS 所配蓄电池组的额定电压一般随输出容量的不同而有所不同，大容量 UPS 所配蓄电池组的额定电压较小容量的 UPS 高些。小型后备式 UPS 多为 24V，通信用 UPS 的蓄电池电压为 48V，某些大中型 UPS 的蓄电池电压为 72V、168V 或 220V 等。给出该数值，一方面为外加电池延长备用时间提供依据，另一方面为今后电池的更替提供方便。

（2）蓄电池的备用时间

该项指标是指当 UPS 所配置的蓄电池组满荷电状态时，在市电断电时改由蓄电池组供电的状况下，UPS 还能继续向负载供电的时间。一般在 UPS 的说明书中给出该项指标时，均给出满载后备时间，有时还附加给出半载时的后备时间。用户在了解该项指标后，就可根据该指标合理安排 UPS 的工作时间，在 UPS 停机前做好文件的保存工作。用户要注意的是该指标随蓄电池的荷电状态及蓄电池的新旧程度而有所变化。

（3）蓄电池类型

UPS 说明书中给出的蓄电池类型是对 UPS 所使用的蓄电池类型给予说明。用户在使用或维修时以及扩展后备时间时可参考该项说明。

UPS 多采用阀控密封式铅酸蓄电池，这一方面是因为阀控密封式铅酸蓄电池的性能比以前有较大改善，另一方面则是因为阀控密封式铅酸蓄电池的价格比较便宜。目前，通信用 UPS 也有采用锂离子电池（磷酸铁锂电池）的。

（4）蓄电池充电电流限流范围

避免充电电流过大而损坏蓄电池，其典型值为 10%～25% 的标称输入电流。

### 10.2.1.4 其他指标

（1）效率与有功功率

效率是 UPS 的一个关键指标，尤其是大容量 UPS。它是在不同负载情况下，输出有功功率与输入有功功率之比。一般来说，UPS 的标称输出功率越大，其系统效率也越高。在线式 UPS 的效率应符合表 10-44 的要求；后备式和互动式 UPS 的效率应符合表 10-45 的要求。

表 10-44 在线式 UPS 的效率要求

| | | 技术要求 | | | 备注 |
|---|---|---|---|---|---|
| | | Ⅰ类 | Ⅱ类 | Ⅲ类 | |
| 效率 | 100%阻性负载 | ≥90% | ≥86% | ≥82% | 额定输出容量≤10kV·A |
| | | ≥94% | ≥92% | ≥90% | 10kV/A<额定输出容量<100kV·A |
| | | ≥95% | ≥93% | ≥91% | 额定输出容量≥100kV·A |
| | 50%阻性负载 | ≥88% | ≥84% | ≥80% | 额定输出容量≤10kV·A |
| | | ≥92% | ≥89% | ≥87% | 10kV/A<额定输出容量<100kV·A |
| | | ≥93% | ≥90% | ≥88% | 额定输出容量≥100kV·A |
| | 30%阻性负载 | ≥85% | ≥80% | ≥75% | 额定输出容量≤10kV·A |
| | | ≥90% | ≥86% | ≥83% | 10kV/A<额定输出容量<100kV·A |
| | | ≥91% | ≥87% | ≥84% | 额定输出容量≥100kV·A |

表 10-45 后备式和互动式 UPS 的效率要求

| 效率 | 技术要求 | 备注 |
|---|---|---|
| | ≥80% | 电池组电压≥48V |
| | ≥75% | 电池组电压＜48V |

后备式和互动式 UPS 输出有功功率≥额定容量×0.74kW/kV·A；在线式 UPS 输出有功功率应符合表 10-46 的要求。

表 10-46 在线式 UPS 输出有功功率的要求

| | 技术要求 | | | 备注 |
|---|---|---|---|---|
| | Ⅰ类 | Ⅱ类 | Ⅲ类 | |
| 输出有功功率 | ≥额定容量×0.9kW/kV·A | ≥额定容量×0.8kW/kV·A | ≥额定容量×0.7kW/kV·A | — |

（2）不同运行状态之间的转换时间

① 市电/电池转换时间 对于在线式 UPS 而言，其市电/电池转换时间应为 0；对于后备式和互动式 UPS 而言，其市电/电池转换时间应≤10ms。

② 旁路/逆变转换时间 对于在线式 UPS 而言，其旁路/逆变转换时间应符合表 10-47 的要求。

表 10-47 在线式 UPS 旁路/逆变转换时间

| | 技术要求 | | | 备注 |
|---|---|---|---|---|
| | Ⅰ类 | Ⅱ类 | Ⅲ类 | |
| 旁路逆变转换时间 | ＜1ms | ＜2ms | ＜4ms | 额定输出容量＞10kV·A |
| | ＜1ms | ＜4ms | ＜8ms | 额定输出容量≤10kV·A |

③ ECO 模式转换时间 当具有 ECO 模式时，ECO 模式与其他模式之间的转换时间应符合表 10-48 的要求。

表 10-48 ECO 模式转换时间

| | 技术要求 | | | 备注 |
|---|---|---|---|---|
| | Ⅰ类 | Ⅱ类 | Ⅲ类 | |
| ECO 模式转换时间 | ＜1ms | ＜2ms | ＜4ms | — |

（3）可靠性要求（平均无故障间隔时间 MTBF）

可靠性要求指用统计方法求出的 UPS 工作时两个连续故障之间的时间，它是衡量 UPS 工作可靠性的一个指标。在线式 UPS 在正常使用环境条件下，平均无故障间隔时间 MTBF 应不小于 100000h（不含蓄电池）。互动式与后备式 UPS 在正常使用环境条件下，平均无故障间隔时间 MTBF 应不小于 200000h（不含蓄电池）。

（4）振动与冲击

振动：振幅为 0.35mm，频率 10～50Hz（正弦扫频），3 个方向各连续 5 个循环；

冲击：峰值加速度 150m/s², 持续时间 11ms，3 个方向各连续冲击 3 次。容量≥20kV·A 的 UPS，可应用运输试验进行替代。

(5) 音频噪声

UPS 输出接额定阻性负载,在设备正前方 1m,高度为 1/2 处用声级计测量的噪声值,称为 UPS 的音频噪声。后备式和互动式 UPS 的音频噪声应小于 55dB(A),在线式 UPS 的音频噪声应符合表 10-49 的要求。

表 10-49 在线式 UPS 的音频噪声要求

| | 技术要求 | | | 备注 |
| --- | --- | --- | --- | --- |
| | Ⅰ类 | Ⅱ类 | Ⅲ类 | |
| 音频噪声 | ≤55dB(A) | ≤65dB(A) | ≤70dB(A) | 400kV·A 及以上除外 |

(6) 遥控与遥信功能

① 通信接口 UPS 应具备 RS-485、RS-232、RS-422、以太网、USB 标准通信接口(至少具备其一),并提供与通信接口配套使用的通信线缆和各种告警信号输出端子。

② 遥测 UPS 遥测内容如下:a.在线式与互动式 UPS:交流输入电压、直流输入电压、输出电压、输出电流、输出频率、输出功率因数(可选)、充电电流、蓄电池温度(可选);b.后备式 UPS:输出电压、输出电流、输出频率、蓄电池电压。

③ 遥信 UPS 遥信内容如下:a.在线式 UPS:同步/不同步、UPS 旁路供电、过载、蓄电池放电电压低、市电故障、整流器故障、逆变器故障、旁路故障和运行状态记录;b.互动式与后备式 UPS:交流/电池逆变供电、过载、蓄电池放电电压低、逆变器或变换器故障。

④ 电池组智能管理功能(在线式 UPS) 容量大于 20kV·A 的 UPS 应具有定期对电池组进行自动浮允、均允转换,电池组自动温度补偿及电池组放电记录功能。电池维护过程中不应影响系统输出。

(7) 保护与告警功能

① 输出短路保护:负载短路时,UPS 应自动关断输出,同时发出声光告警。

② 输出过载保护:当输出负载超过 UPS 额定功率时,应发出声光告警。超过过载能力时,在线式 UPS 应转旁路供电;后备式和互动式 UPS 应自动关断输出。

③ 过热(/温度)保护:UPS 机内运行温度过高时,发出声光告警。在线式 UPS 应转旁路供电;后备式和互动式 UPS 应自动关断输出。

④ 电池电压低保护:当 UPS 在电池逆变工作方式时,电池电压降至保护点时,发出声光告警,停止供电。

⑤ 输出过欠压保护:当 UPS 输出电压超过设定过电压阈值或低于设定欠电压阈值时,发出声光告警。在线式 UPS 应转旁路供电;后备式和互动式 UPS 应自动关断输出。

⑥ 风扇故障告警:风扇故障停止工作时,应发出声光告警。

⑦ 防雷保护:UPS 应具备一定的防雷击和电压浪涌的能力。UPS 耐雷电流等级分类及技术要求应符合 YD/T 944—2007 中第 4 章、第 5 章的要求。

⑧ 维护旁路功能:容量大于 20kV·A 的 UPS 应具备维护旁路功能,当有对 UPS 的维护需求时,应能通过维护旁路开关直接给负载供电。

(8) 电磁兼容限值

一方面指 UPS 对外产生的传导干扰和电磁辐射干扰应小于一定的限度,另一方面对 UPS 自身抗外界干扰的能力提出一定的要求。

① 传导骚扰限值 在 150kHz~30MHz 频段内,系统交流输入电源线上的传导干扰电平应符合 YD/T 983—2018 中 8.1 的要求。

② 辐射骚扰限值　在 30～1000MHz 频段内，系统的电磁辐射干扰电压电平应符合 YD/T 983—2018 中 8.2 的要求。

③ 抗扰性要求　针对系统外壳表面的抗扰性有：静电放电抗扰性以及辐射电磁场抗扰性，系统在进行以上各种抗扰性试验中或试验后应符合 YD/T 983—2018 中 9.1.1 的要求；针对系统交流端口的抗扰性有：电快速瞬变脉冲群抗扰性、射频场感应的传导骚扰抗扰性、电压暂降和电压短时中断抗扰性、浪涌（冲击）抗扰性，系统在进行以上各种抗扰性试验中或试验后应符合 YD/T 983—2018 中 9.1.4 的要求；针对系统直流端口的抗扰性有：电快速瞬变脉冲群抗扰性和射频场感应的传导骚扰抗扰性，系统在进行以上抗扰性试验中或试验后应符合 YD/T 983—2018 中 9.1.5 的要求。

(9) 安全要求

① 外壳防护要求　UPS 保护接地装置与金属外壳的接地螺钉应具有可靠的电气连接，其连接电阻应不大于 0.1Ω。

② 绝缘电阻　UPS 的输入端、输出端对外壳，施加 500V 直流电压，绝缘电阻应大于 2MΩ；UPS 的电池正、负接线端对外壳施加 500V 直流电压，绝缘电阻应大于 2MΩ。

③ 绝缘强度　UPS 的输入端、输出端对地施加 50Hz、2000V 的交流电压 1min，应无击穿、无飞弧、漏电流小于 10mA；或 2820V 直流电压 1min，应无击穿、无飞弧、漏电流小于 1mA。

④ 接触电流和保护导体电流　UPS 的保护地（PE）对输入的中性线（N）的接触电流应不大于 3.5mA；当接触电流大于 3.5mA 时，保护导体电流的有效值不应超过每相输入电流的 5%；如果负载不平衡，则应采用三个相电流的最大值来计算，在保护导体大电流通路上，保护导体的截面积不应小 1.0mm$^2$；在靠近设备的一次电源连接端处，应设置标有警告语或类似词语的标牌，即"大接触电流，在接通电源之前必须先接地"。

(10) 环境条件

要使 UPS 能够正常工作，就必须使 UPS 工作的环境条件符合规定要求，否则 UPS 的各项性能指标便得不到保证。通常不可能将影响 UPS 性能的环境条件一一列出，而只给出相应的环境温度和湿度要求，有时也对大气压力（海拔高度）提出要求。

① 温度　包括：工作温度和储存温度。工作温度就是指 UPS 工作时应达到的环境温度条件，一般该项指标均给出一个温度范围，室内通信用 UPS 的运行温度一般为 5～40℃。工作温度过高不但使半导体器件、电解电容的漏电流增加，且还会导致半导体器件的老化加速、电解电容及蓄电池寿命缩短；工作温度过低则会导致半导体器件性能变差、蓄电池充放电困难且容量下降等一系列严重后果。通信用 UPS 储存温度为－25～＋55℃（不含电池）。

② 相对湿度　湿度是指空气内所含水分的多少。说明空气中所含水分的数量可用绝对湿度（空气中所含水蒸气的压力强度）或相对湿度（空气中实际所含水蒸气与同温下饱和水蒸气压强的百分比）表示。UPS 说明书一般给出的是相对湿度，工作相对湿度：≤90%(40±2)℃，无凝露；储存相对湿度：≤95%(40±2)℃，无凝露。

③ 海拔高度　UPS 说明书中所注明的海拔高度（大气压力）是保证 UPS 安全工作的重要条件。之所以强调海拔高度是因为 UPS 中有许多元器件采用密封封装。封装一般都是在一个大气压下进行的，封装后的器件内部是一个大气压。由于大气压随着海拔高度的增加而降低，海拔过高时会形成器件壳内向壳外的压力，严重时可使器件产生变形或爆裂而损坏。UPS 满载运行时海拔高度应不超过 1000m，若超过 1000m 时应按 GB/T 3859.2—2013《半

导体变流器 通用要求和电网换相变流器 第1-2部分：应用导则》的规定降容使用。

(11) 外观与结构

机箱镀层牢固，漆面匀称，无剥落、锈蚀及裂痕等现象。机箱表面平整，所有标牌、标记、文字符号应清晰、易见、正确、整齐。

## 10.2.2 UPS 的主要组成部分

UPS 的主要组成部分包括整流器、蓄电池及其充电电路、逆变电路和转换开关等。各部分的主要功能如下。

(1) 整流器

整流器的核心部分就是整流电路。当电网供电时，整流电路一方面完成对蓄电池充电电路提供相应等级的直流电，另一方面通过逆变电路向负载提供交流电。为提高电网输入的功率因数，整流电路和功率率因数校正电路结合起来，组成高功率因数整流电路。

整流电路是一种将交流电能变换为直流电能的变换电路。它的应用非常广泛，如通信系统的基础电源、同步发动机的励磁、电池充电机、电镀、电解电源和直流电动机等。整流电路的形式有很多种类。按组成整流的器件分，可分为不可控、半控和全控整流三种。不可控整流电路的整流器件全部由整流二极管组成，全控整流电路的整流器件全部由晶闸管或是其他可控器件组成，半控整流电路的整流器件则由整流二极管和晶闸管混合组成。按输入电源的相数分，可分为单相电路和多相电路。按整流输出波形和输入波形的关系分，可分为半波整流和全波整流。按控制方式分，又可分为相控整流电路和 PWM 整流电路；相控整流电路结构简单、控制方便、性能稳定，是目前获得直流电能的主要方法。

功率因数校正的方法主要有无源功率因数校正和有源功率因数校正两大类。

无源功率因数校正电路是利用电感和电容等元器件组成滤波器，将输入电流波形进行相移和整形，采用这种方法可以使功率因数提高至 0.9 以上，其优点是电路简单，成本低；缺点是电路体积较大，并且可能在某些频率点产生谐振而损坏用电设备。无源功率因数校正电路主要适用于小功率应用场合。

有源功率因数校正电路是在整流器和滤波电容之间增加一个 DC/DC 开关变换器。其主要思想如下：选择输入电压为一个参考信号，使得输入电流跟踪参考信号，实现了输入电流的低频分量与输入电压为一个近似同频同相的波形，以提高功率因数和抑制谐波，同时采用电压反馈，使输出电压为近似平滑的直流输出电压。有源功率因数校正的主要优点是：可得到较高的功率因数，如 0.97～0.99，甚至接近 1；总谐波畸变（THD）低，可在较宽的输入电压范围内（如 90～264V AC）工作；体积小，重量轻，输出电压也保持恒定。

① 无源功率因数校正 无源功率因数校正有两种比较基本的方法，即在整流器与滤波电容之间串入无源电感 $L$ 和采用电容和二极管网络构成填谷式无源校正。

如图 10-1(a) 所示，无源电感 $L$ 把整流器与直流电容 $C$ 隔开，因此整流器和电感 $L$ 间的电压可随输入电压而变动，整流二极管的导通角变大，使输入电流波形得到改善。

填谷式无源校正的基本思想是采用两个串联电容作为滤波电容，选配几只二极管，使两个直流电容能够串联充电、并联放电，以增加二极管的导通角，改善输入侧功率因数。其电路如图 10-1(b) 所示，其基本工作原理为：当输入电压瞬时值上升到 1/2 峰值以上时，即高于直流滤波电容 $C_{d1}$ 和 $C_{d2}$ 上的直流电压时，$VD_3$ 导通，$VD_1$ 和 $VD_2$ 因反偏而截止，两个直流滤波电容 $C_{d1}$ 和 $C_{d2}$ 处于串联充电状态；当输入电压瞬时值降低到 1/2 峰值以下时，

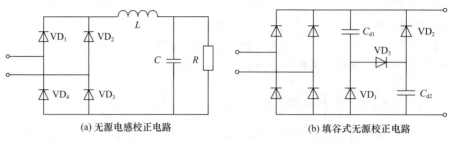

图 10-1　无源功率因数校正电路示意图

即低于直流滤波电容 $C_{d1}$ 和 $C_{d2}$ 上的直流电压时，$VD_3$ 截止，$VD_1$ 和 $VD_2$ 导通，两个直流滤波电容 $C_{d1}$ 和 $C_{d2}$ 处于并联放电状态；直流滤波电容 $C_{d1}$ 和 $C_{d2}$ 充电和放电的临界点在输入电压的 1/2 峰值处，$\sin^{-1}(1/2)=30°$。所以，从理论上讲，整流二极管的导通角不小于 $180°-30°\times 2=120°$，比采用一个直流滤波电容时的导通角明显增大。

② 有源功率因数校正

a. 有源功率因数校正的主电路结构　有源功率因数校正电路的主电路通常采用 DC/DC 开关变换器，其中输出升压型（Boost）变换器具有电感电流连续的特点，储能电感也可用作滤波电感来抑制 EMI 噪声。此外，还具有电流畸变小、输出功率大和驱动电路简单等优点，所以使用极为广泛。除采用升压输出变换器外，Buck-Boost、Flyback、Cuk 变换器都可作为有源功率校正的主电路。

b. 有源功率因数校正的控制方法　有源功率因数校正技术的思路是，控制已整流后的电流，使之在对滤波大电容充电之前能与整流后的电压波形相同，从而避免形成电流脉冲，达到改善功率因数的目的。有源功率因数校正电路原理如图 10-2 所示，主电路是一个全波整流器，实现 AC/DC 的变换，电压波形不会失真；在滤波电容 $C$ 之前是一个 Boost 变换器，实现升压式 DC/DC 变换。从控制回路来看，它由一个电压外环和一个电流内环构成。在工作过程中，升压电感 $L_1$ 中的电流受到连续监控与调节，使之能跟随整流后正弦半波电压波形。

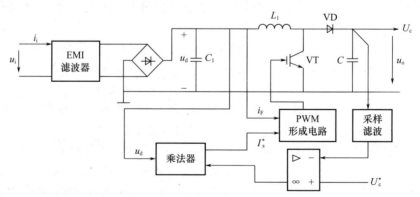

图 10-2　有源功率因数校正电路原理图

整流器输出电压 $u_d$、升压变换器输出电容电压 $u_C$ 与给定电压 $U_c^*$ 的差值都同时作为乘法器的输入，构成电压外环，而乘法器的输出就是电流环的给定电流 $I_s^*$。

升压变换器输出电容电压 $u_C$ 与给定电压 $U_c^*$ 作比较的目的是判断输出电压是否与给定电压相同，如果不相同，可以通过调节器调节使之与给定电压相同，调节器（图中的运算放大器)的输出是一个直流值,这就是电压环的作用。而整流器输出电压 $u_d$ 显然是正弦半波电压波形,它与调节器结果相乘后波形不变,所以很明显也是正弦半波的波形且与 $u_d$ 同相。

将乘法器的输出作为电流环的给定信号 $I_s^*$,能保证被控制的电感电流 $i_L$ 与电压波形 $u_d$ 一致。$I_s^*$ 的幅值与输出电压 $u_C$ 同给定电压 $U_C^*$ 的差值有关,也与 $u_d$ 的幅值有关。$L_1$ 中的电流检测信号 $i_F$ 与 $I_s^*$ 构成电流环,产生 PWM 信号,即开关 VT 的驱动信号。VT 导通,电感电流 $i_L$ 增加。当 $i_L$ 增加到等于电流 $I_s^*$ 时,VT 截止,这时二极管导通,电源和 $L_1$ 释放能量,同时给电容 $C$ 充电和向负载供电,这就是电流环的作用。

由升压(Boost)直流转换器的工作原理可知,升压电感 $L_1$ 中的电流有连续和断续两种工作模式,因此可以得到电流环中的 PWM 信号即开关 VT 的驱动信号有两种产生方式:一种是电感电流临界连续的控制方式,另一种是电感电流连续的控制方式。这两种控制方式下的电压、电流波形如图 10-3 所示。

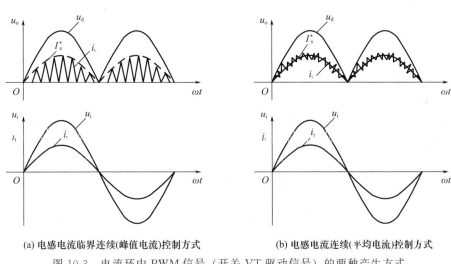

(a) 电感电流临界连续(峰值电流)控制方式　　(b) 电感电流连续(平均电流)控制方式

图 10-3　电流环中 PWM 信号(开关 VT 驱动信号)的两种产生方式

由图 10-3(a) 的波形可知,开关 VT 截止时,电感电流 $i_L$ 刚好降到零;开关导通时,$i_L$ 从零逐渐开始上升;$i_L$ 的峰值刚好等于电流给定值 $I_s^*$。即开关 VT 导通时,电感电流从零上升;开关截止时,电感电流从峰值降到零。电感电流 $i_L$ 的峰值包络线就是 $I_s^*$。因此,这种电流临界连续的控制方式又叫峰值电流控制方式。从图 10-3(b) 的波形可知,这种方式可以控制电感电流 $i_L$ 在给定电流 $I_s^*$ 曲线上,由高频折线来逼近正弦曲线,这就是电流滞环控制,$I_s^*$ 反映的是电流的平均值,因此这种电流连续的控制方式又叫平均电流控制方式。电感电流 $i_L$ 经过 $C_1$ 和射频滤波后,得到与输入电压同频率的基波电流 $i_i$。

在相同的输出功率下,峰值电流控制的开关管电流容量要大一倍。平均电流控制时,在正弦半波内,电感电流不到零,每次 DC/DC 开关导通前,电感 $L_1$ 和二极管 VD 中都有电流,因此开关开通的瞬间,$L_1$ 中的电流、二极管 VD 中的反向恢复电流对直流转换电路中的开关器件 VT 和二极管形成了"寿命杀手",在选择元件时要特别重视。而峰值电流控制没有这一缺点,只要检测电感电流下降时的变化率,当电流过零时就允许开关开通,而电流的峰值用一个限流电阻检测就能达到目的,这样既便宜又可靠,适用于小功率场合。

(2) 蓄电池及其充电电路

蓄电池充电电路的功能是将电网电压变换成可控的直流电压对蓄电池充电，并能控制充电电流，最大限度地保证蓄电池长寿命、满容量、高电压向用户供电。

目前，在 UPS 中广泛使用铅蓄电池作为储存电能的装置，铅蓄电池需用直流电源对其充电，将电能转化为化学能储存起来。当市电中断时，UPS 将依靠储存在蓄电池中的能量维持逆变器的正常工作。此时，蓄电池通过放电将化学能转化为电能提供给 UPS 使用。目前在中小型 UPS 中被广泛使用的是阀控式密封铅蓄电池。它的价格比较贵，一般占 UPS 总生产成本的 1/3 左右，对于长延时（4h 或 8h）UPS 而言，蓄电池的成本甚至超过 UPS 主机的成本。在返修的 UPS 中，由于蓄电池故障而引起 UPS 不能正常工作的比例占 1/3 左右。由此可见，正确使用维护蓄电池组，对延长蓄电池使用寿命非常重要，不能掉以轻心。如果维护使用正确，阀控式密封铅蓄电池的使用寿命可达 10 年以上。蓄电池常用的充电电路有恒压充电和先恒流后恒压充电两种。

(3) 逆变电路

逆变电路的功能是将整流输出电流或蓄电池输出的直流电流变换成与电网同频率、同幅值、同相位的交流电流供给负载。

习惯上，人们将逆变器中完成直流电能变交流电能的变换主通道叫逆变主电路，它主要是由功率开关器件、变压器及电解电容等构成，通过控制功率开关器件有规律地通与断，使电流按预测的途径流通而实现直流到交流的变换。逆变器主电路的工作方式有多种，但由于新型全控功率器件的出现，现在基本上都采用所谓的脉冲宽度调制（PWM）法。目前常用的逆变电路有单相全桥、单相半桥、单相推挽以及三相桥式逆变电路。

(4) 转换开关

UPS 中一般均设置有市电与 UPS 逆变器输出相互切换的转换开关，以便实现二者的互补供电，增强系统的可靠性。转换开关在主回路中的位置如图 10-4 所示。

对转换开关的研究主要涉及安全转换条件、执行转换的主体元件和检测控制电路等，下面就这三方面的问题进行简要讨论。

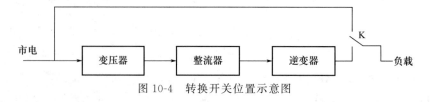

图 10-4 转换开关位置示意图

① 转换开关的安全转换条件　假设 $u_1$ 表示市电电压，$u_2$ 表示 UPS 逆变器输出电压；$k_1$ 和 $k_2$ 表示转换开关；$R$ 表示负载，UPS 在实现市电和逆变器输出相互转换时的简化等效电路如图 10-5 所示。

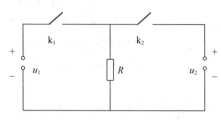

图 10-5 市电与逆变器输出转换的等效电路

事实上，无论是由旁路输出切换到逆变器输出，还是由逆变器输出切换到旁路输出，由于 $k_1$ 和 $k_2$ 的非理想性，一般很难达到一个开关刚好断开而另一个开关立即闭合的理想切换状态。正是由于 $k_1$ 和 $k_2$ 的非理想性，在切换过程中，可能出现一个已断开而另一个还没有接通的情况，这就造成了供电瞬间中断，如果这种断电时间被负载（如：计算机开关电源）所允许，则转换可以进行，否则在转换过程中可能导致严重后果。另一方面还可能出现一个开关还未断开而另一个开关已经接通的情况，这就造成在转换过程中 $u_1$ 与 $u_2$ 并联向负载供电的现象。如果此时 $u_1$ 与 $u_2$ 同步，则 $u_1$ 与 $u_2$ 间无环流电流，否则 $u_1$ 与 $u_2$ 间将产生环流，环流严重时可导致转换开关损坏或逆变器故障。

鉴于上述原因，在转换开关实现 $u_1$ 与 $u_2$ 相互切换时，要求 $u_1$ 与 $u_2$ 最好先实现同步然后再切换。但是，即便是 UPS 中设置了锁相同步环节，也很难实现 $u_1$ 与 $u_2$ 的完全同步，于是仍有可能出现切换瞬间的环流或切换瞬间负载端呈现很高的感应电压。无论是出现环流或负载端呈现高压均可造成转换开关及逆变器的损坏，因此最好在负载电流过零瞬间转换。以上两个条件就是实现市电与 UPS 逆变器输出相互安全转换的条件。

虽然说 UPS 中转换开关的安全切换条件被满足后，会使系统的可靠性提高，但有些产品或因输出功率很小或因产品成本的原因而没有完全达到安全切换条件，尤其是绝大部分后备式 UPS 产品均不具备这种安全切换条件，这一点用户在选购产品时应予以注意。

② 转换开关的种类　转换开关因采用的执行转换元件不同而分为三种：机械式、电子式和混合式。

a. 机械式　机械式转换开关的执行元件多为继电器或接触器等电磁元件，其特点是控制线路简单和故障率低，但切换时间长、开关寿命较短。

b. 电子式　电子式转换开关的执行元件为双向晶闸管或由两只反向并联的单向晶闸管组成，其特点是开关速度快、无触点火花，但控制电路较机械式复杂、抗冲击能力较差，功率大时通态损耗也不容忽视。

c. 混合式　鉴于机械式转换开关和电子式转换开关的特点，人们在实践中将二者并联使用，这就是混合式转换开关。混合式转换开关在开通时，先令电子式转换开关动作，然后再令机械式转换开关动作，在关断时则反之。这样就使混合式转换开关兼有机械式和电子式的优点，也正因为如此它被广泛用于大功率 UPS 产品中。

(5) 相位跟踪与幅值跟踪

无论是后备式还是在线式 UPS，都配置有市电直接供电的开关，即转换开关（旁路开关）。旁路开关在后备式 UPS 中的作用是：当市电正常时，该开关接通并同时断开逆变器的输出开关，当市电异常时，该开关将市电与输出断开并将逆变器的输出接通到输出端。旁路开关在在线式 UPS 中的作用是：逆变器输出正常时，该开关断开市电并接通逆变器输出开关，当逆变器输出异常或实行应急人工检修时，该开关接通市电开关并断开逆变器输出开关。以上的旁路开关转换在线路的转接关系上是完全正确的，但在转换的瞬间存在两方面的问题：其一是转换瞬间市电供电和逆变器供电可能产生间断；其二是转换瞬间市电和逆变器输出的波形不一致而导致环流的出现，环流过大可能使转换开关损坏，严重时还会危及逆变器。因此一台性能良好的 UPS 还必须设置跟踪控制环节。

所谓跟踪，就是使 UPS 的逆变器输出电压跟踪市电电压，使 UPS 逆变器的输出电压与市电电压同频率、同相位、同幅值。UPS 中设置跟踪控制环节，不但可以使市电和逆变器输出之间进行安全互换，也可为多台 UPS 并机而构成冗余系统提供并机的必备条件。

1) 相位跟踪的一般方法。我们知道，市电电压是按正弦规律变化的，因此欲使 UPS 的逆变器输出跟踪市电电压波形，则 UPS 的逆变器也必须是正弦波电压输出，否则无法实现跟踪，由此也说明了方波输出的小功率 UPS 是没有跟踪控制环节的。

设市电电压为 $u_1$，UPS 的逆变器输出电压为 $u_2$，且其表达式为

$$u_1 = \sqrt{2} U_1 \sin\omega_1 t \tag{10-46}$$

$$u_2 = \sqrt{2} U_2 \sin(\omega_2 t \pm \varphi) \tag{10-47}$$

式中，$u_1$ 为市电电压瞬时值；$U_1$ 为市电电压有效值；$\omega_1$ 为市电电压的角频率；$u_2$ 为 UPS 逆变器输出电压的瞬时值；$U_2$ 为 UPS 逆变器输出电压的有效值；$\omega_2$ 为 UPS 逆变器输出电压的角频率；$\varphi$ 为 UPS 逆变器输出电压的初始相位角。

要实现 UPS 逆变器的输出电压跟踪市电电压，就必须使 $u_1=u_2$ 或 $u_1$ 与 $u_2$ 近似相等。如果认为通过幅值跟踪已使 $u_1=u_2$ 或 $u_1$ 与 $u_2$ 近似相等，那么接下去就是要使 $u_1$ 与 $u_2$ 的相位相同，要使 $u_1$ 与 $u_2$ 的相位同步，则必须有：

$$\omega_1 t = \omega_2 t \pm \varphi \tag{10-48}$$

即
$$\omega_1 = \omega_2, \varphi = 0 \tag{10-49}$$

由此可见，要实现 $u_1$ 与 $u_2$ 的相位同步就必须使 $u_1$ 与 $u_2$ 的角频率和初相角相等。一般而言，在 UPS 开机时即满足 $\omega_1=\omega_2$、$\varphi=0$ 的情况极小，即使这样，在 UPS 运行过程中，跟踪环节也必须随时检测市电与 UPS 逆变器输出电压的相位，以便实现实时跟踪。

市电和逆变器输出电压的相位不同步时可能有两种情况：一种是同频但初相角不同，另一种是不同频。对第一种情况，可采用硬件电路检测其二者的相差 $\varphi$，然后将相角差转换成控制电压，由此去调整逆变器的输出电压频率，使相角一致时再将频率调回市电频率。对第二种情况，可采用硬件电路检测二者的频差，然后将频差转换成电压，由此去控制和调整逆变器的输出频率，直至频差为零。

如果 UPS 中采用微处理器作为核心控制元件，在实现相位跟踪时，只需将市电电压和逆变器输出电压信号进行简单的变换处理后再送给微处理器，即可通过软件完成相位跟踪，省去了许多硬件电路。

2) 相位跟踪的实现。相位跟踪的实现方法很多，最简单的是用市电电压作为同步信号，但这种方法会因市电波形失真而导致 UPS 逆变器输出电压的频率变化，而且还会因市电电压的频率偏移而影响供电质量，因而不宜采用此方法。一般应用较多的是把市电和 UPS 逆变器输出电压的相位差转换成控制电压，再用这个控制电压去控制一个压控振荡器，以此来改变逆变器的频率从而实现相位跟踪。习惯上，人们将用这种方法实现相位跟踪的硬件环节称为锁相环电路。

① 锁相环的基本结构　UPS 中所用的锁相环电路一般由鉴相器、低通滤波器、压控振荡器和分频器组成，其结构框图如图 10-6 所示。

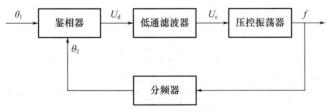

图 10-6　锁相环结构框图

a. 鉴相器　鉴相器也称相位比较器，用来比较输入信号与输出信号的相位，并将相位差转换成电压信号。鉴相器输出的平均电压 $U_d$ 与输入鉴相器的两个信号的相位 $\theta_1$ 和 $\theta_2$ 的关系是：

$$U_d = K_1(\theta_1 - \theta_2) \tag{10-50}$$

式中，$K_1$ 为鉴相器的灵敏度。

b. 低通滤波器　低通滤波器的作用是滤除鉴相器输出电压中的交流成分，改善环路的性能。低通滤波器输出电压与输入电压的关系是：

$$U_c = FU_d \tag{10-51}$$

式中，$F$ 为滤波器的传递函数。

c.压控振荡器　压控振荡器指的是用输入电压控制输出电压频率的振荡器。其作用是产生频率与输入电压相对应的脉冲信号。压控振荡器输出信号的频率与输入电压的关系是：

$$f = K_2 U_c \tag{10-52}$$

压控振荡器的输出信号经分频器后，与输入信号一起作为鉴相器的输入信号，但对鉴相器起控制作用的不是信号频率而是瞬时相位。因此可根据频率、角频率和相位的关系将上式改写为

$$\theta = 2\pi K_2 \int U_c dt \tag{10-53}$$

d.分频器　分频器的作用是将压控振荡器的输出信号进行 $N$ 分频，使分频后的信号频率与输入信号频率一致。其输入信号频率和输出信号频率之间的关系为

$$f_2 = f/N \tag{10-54}$$

由此也可以得到：

$$\theta_2 = \theta/N \tag{10-55}$$

② 锁相环的工作过程　锁相环路的工作过程可分为同步过程、跟踪过程、捕捉过程和暂态过程等。在这里不给出详细的分析，而只就输入信号的频率在一定范围内变化时，给出输出信号的同步与跟踪过程的定性描述。

a.同步过程　锁相环路在闭环情况下，由于环路的相位负反馈作用，在一定频率范围内，能够使压控振荡器的频率保持等于 $N$ 倍输入信号频率的状态称为环路处于锁定状态。在环路处于锁定状态时，由于不稳定因素的影响，压控振荡器的输出信号频率 $f$ 会产生漂移，环路的反馈作用使其继续锁定在输入信号频率上的过程就是同步。

根据锁相环的结构及以上各式可知：

$$f \uparrow \to \theta \uparrow \to \theta_2 \uparrow \to (\theta_1 - \theta_2) \downarrow \to U_d \downarrow \to U_c \downarrow \to f \downarrow$$

这就是锁相环的同步过程。

b.跟踪过程　当环路处于锁定状态，输入信号频率在一定频率范围内变化时，环路的负反馈作用使压控振荡器的频率 $f$ 锁定在输入信号的过程称为跟踪。其过程如下：

$$f \uparrow \to \theta_1 \uparrow \to (\theta_1 - \theta_2) \uparrow \to U_d \uparrow \to U_c \uparrow \to f \uparrow$$

3) 幅值跟踪。对 UPS 的跟踪系统而言，相位跟踪是性能优良的 UPS 所必备的一个环节，而幅值跟踪则一般不过分强调，这主要是因为幅值要完全实现跟踪则会导致 UPS 的输出电压与市电供电时一样变化，并不能达到稳定输出电压幅值的目的。但在市电和逆变器输出相互转换时二者的幅值差异又不能太大，幅值差异太大会导致环流过大而造成危害。因此，在线式 UPS 的逆变器输出电压一般采用稳压输出，系统启动时先让市电旁路输出，当逆变器的输出与市电同步时再进行转换，逆变器故障时则直接转换成市电旁路输出状态。当然，对后备式 UPS 则无需考虑同步转换问题。

如果 UPS 产品要实现逆变器输出电压幅值完全跟踪市电电压幅值，这也不困难，但这是以失去逆变器输出电压稳幅而换来的幅值相同，应视具体的应用场合而定其优劣。

### 10.2.3　UPS 的冗余连接及常见配置型式

(1) UPS 的冗余连接

为了提高 UPS 电源的可靠性，通常采用两台及以上 UPS 冗余连接。冗余连接有串联和

并联两种方式,如图 10-7 所示。

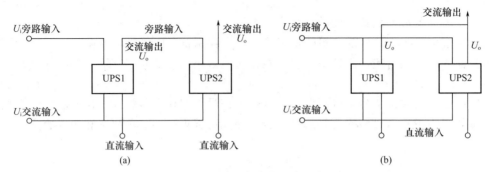

图 10-7 UPS 冗余连接原理示意图

1) 串联连接。一般不宜多于两台,且输出容量不能超过其中容量较小一台的额定容量。串联连接 UPS 的可靠性高于单台 UPS,低于并联连接 UPS,目前应用较少。

2) 并联连接。两台或以上 UPS 并联连接,必须具备并机功能,否则会在各台 UPS 之间产生环流,增加功耗,降低冗余系统的可靠性。并机条件如下:

① 并机的 UPS 输出具有相同的相位和幅值。

② 并机的 UPS 输出电流应相互一致,为总负载电流的 $1/N$($N$ 为并机台数)。

③ 并机 UPS 系统中任一台故障时,不能将其所带负载单独转到旁路,只能均匀地转到其他 UPS 上。只有并联系统中所有 UPS 都停止工作,才能将全部负载转到旁路上。

欲实现上述功能,必须增加相应的监控和并机设备。并联连接的可靠性高于串联连接,而且过载性能、动态性能以及设备增容都较为方便,所以应用广泛。

(2) UPS 的配置型式

1) 单台 UPS 的配置。要明确单台 UPS 的构成单元、结构型式,整流器与逆变器的配置、接线,有无旁路、转换开关的型式等,如图 10-8(a)~(e)所示表示部分单台 UPS 的配置型式。一般情况下单台 UPS 应包括整流器、逆变器、控制器、旁路单元、转换开关以及输入、输出滤波设备、隔离变压器和开关设备等。

2) 多台 UPS 的配置。要明确 UPS 的接线、冗余、正常和事故运行方式等,如图 10-8(f)~(l)所示表示多台 UPS 的配置型式。

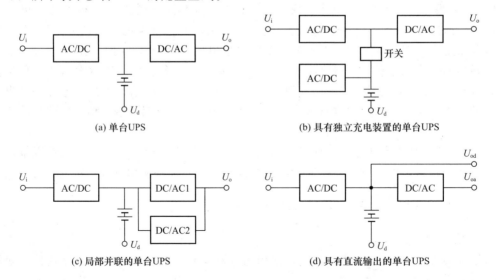

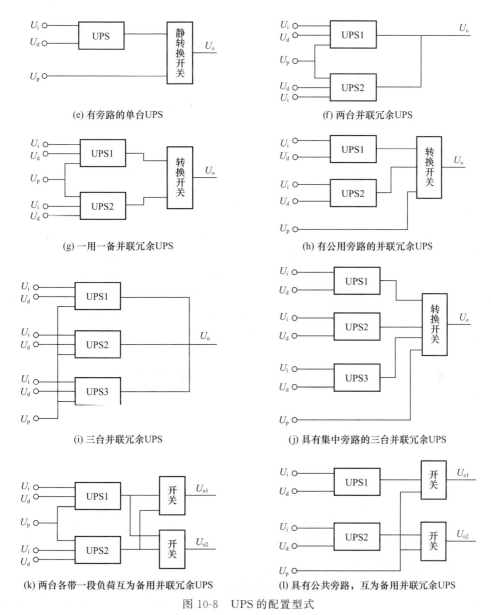

图 10-8 UPS 的配置型式

## 10.2.4 UPS 的容量计算

UPS 的额定容量通常指逆变器交流输出的视在功率（kV·A），而在负荷统计时，对热工及电气负荷提出的是电流或消耗功率，一般不分静态或动态负荷。这些负荷要求 UPS 在静态或动态的状态下，都能提供满足稳压和稳频精度以及波形失真度要求的电流和电压。

因此，在选择 UPS 额定容量时，除要按负荷的视在功率计算外，还要计及动态（按负荷从 0～100％突变）稳压和稳频精度的要求以及温度变化、蓄电池端电压下降和设计冗余要求等因素的影响。

(1) 影响 UPS 容量的主要因素

① 功率因数。UPS 装置的功率因数一般按输入、输出分别标注：输入侧的功率因数是 UPS 装置相对电网而言，通常可达到 0.9 以上；输出侧的功率因数则是对负载而言。在额

定视在功率下,UPS装置应能适应负载功率因数0.9(超前)~0.4(滞后)的变动范围。在容量计算中,负载功率因数一般取0.7~0.85(滞后)。

② 当负载突变时,输出电流可能出现浪涌,电压产生陡降。为保证输出稳压精度和缩短恢复时间,提高频率稳定性和减少波形失真度,一般应适当加大UPS的容量。用动态稳定系数计及这一因素对UPS容量的影响。

③ 蓄电池在事故放电过程中,其端电压不断下降,按国内现行规定,UPS的事故计算时间按30min计算,此时的直流系统电压下降至额定电压的90%左右。虽然该电压仍在逆变器输入工作电压范围内,对逆变器输出电压影响不大,但UPS的输出容量却相应降低。

④ UPS输出容易受环境温度影响。当UPS与直流屏一起布置在直流设备室或者UPS室(而不是布置在控制室或电子设备室)时,室内温度较高,在南方电厂夏季可达40℃,同时由于UPS柜内布置紧凑,且有大量发热元件,柜内温度可能超过45℃。为此,取大于1的温度系数计及温度的降容影响。

⑤ 设备元器件由于长期运行而老化,老化的元器件在运行中将使功耗增加。在容量计算中应计及相关元器件老化对容量的影响,并取老化设计裕度系数。

综合上述因素后,UPS容量选择应留有必要裕度,以满足各种不同工况的运行需要。

(2) UPS容量选择计算

考虑到上述各种影响因素,UPS容量应采用式(10-56)计算,即

$$S_c = K_i K_d K_t K_a \frac{P_\Sigma}{\cos\varphi} \tag{10-56}$$

式中 $S_c$——UPS的计算容量,kV·A;

$K_i$——动态稳定系数,取1.1~1.5;

$K_d$——直流电压下降系数,取1.1;

$K_t$——温度补偿系数,取1.05~1.1;

$K_a$——设备老化设计裕度系数,取1.05~1.1;

$P_\Sigma$——全部负载的计算功率,kW;

$\cos\varphi$——负载功率因数,一般取0.7~0.8(滞后)。

将上述各影响系数归总为可靠系数,并根据相应取值得出

$$K_{rel} = K_i K_d K_t K_a = 1.33 \sim 1.53 \tag{10-57}$$

取平均值1.43和$\cos\varphi=0.7~0.8$,则由式(10-56)得到

$$S_c = K_{rel} \frac{P_\Sigma}{\cos\varphi} = (2.04 \sim 1.79) P_\Sigma \tag{10-58}$$

几种典型机组用的UPS的负荷统计和容量计算见表10-50。

表10-50 典型机组UPS负荷统计和容量计算表

| 负荷类型 | 200MW机组发电厂 | 300MW机组发电厂 | 600MW机组发电厂 | 500kV变电站 |
|---|---|---|---|---|
| 计算机和微机负荷/kW | 2~3 | 8~15 | 10~15 | 1~2 |
| 热工仪表和变送器负荷/kW | 2~4 | 2~4 | 2~4 | |
| 热工自动装置负荷/kW | 3~5 | 2~8 | 4~8 | |

续表

| 负荷类型 | 200MW 机组发电厂 | 300MW 机组发电厂 | 600MW 机组发电厂 | 500kV 变电站 |
|---|---|---|---|---|
| 电气仪表变送器负荷/kW | 0.5~1 | 1~2 | 2~4 | 0.5~1 |
| 电气继电保护装置负荷/kW | 0.5~1 | 2~4 | 3~5 | 0.5~1 |
| 打印机负荷/kW | 0.5~1 | 1~2 | 2~3 | 0.5~1 |
| 系统调度通信负荷/kW | 1~2 | 1~2 | 2~3 | 0.5~1 |
| 合计/kW | 12~15 | 20~30 | 25~42 | 3.0~6.0 |
| 计及功率因数(0.7)后容量/kV·A | 17.1~21.4 | 28.6~42.9 | 35.7~60.0 | 4.3~8.7 |
| 计及可靠系数(1.43)后选择容量/kV·A | 24.5~30.6 | 40.8~61.2 | 51.1~85.8 | 7.4~15.1 |
| 建议 UPS 选择容量/kV·A | 25~30 | 40~60 | 50~80 | 10~15 |
| 直流输入计算电流/A | 75.76~90.9 | 121.2~181.8 | 151.5~242.4 | 30.3~45.5 |

注：直流输入计算电流用于计算蓄电池容量的负荷电流，是按同时系数 0.6、逆变器效率 90% 和直流系统电压 220V 计算的。

（3）储能蓄电池容量选择计算

对于确定容量的 UPS 装置，当交流停电时，需要计算保证 UPS 正常输出的直流输入电流，即蓄电池向 UPS 提供的放电电流。

蓄电池最大放电电流按式(10-59)计算，即

$$I_{LC} = \frac{S\cos\varphi}{\eta N U_{df}} \quad (10\text{-}59)$$

式中 $I_{LC}$——蓄电池放电电流，即计算负荷电流，A；

$S$——UPS 输出容量，V·A；

$\eta$——UPS 变换效率，可取 0.8~0.9；

$N$——蓄电池组中的单体蓄电池个数；

$U_{df}$——放电时单体蓄电池的放电末期电压（由蓄电池的放电特性确定），可取 1.80V、1.83V、1.85V、1.87V 等。

对不同电压的直流系统、不同的蓄电池末期放电电压、UPS 不同的功率因数和逆变效率，可以得出蓄电池的放电电流与 UPS 额定输出功率的对应关系。通过假定数据，可以求得该对应关系的大致范围为：$S = 180I_{LC} \sim 220I_{LC}$，为简化计算，可取 $S = 200I_{LC}$。

由于在放电过程中，蓄电池的放电电压是变化的，因此蓄电池的放电电流不会是恒定的。取蓄电池末期放电电压作为安全储备系数，算出蓄电池放电电流后，再根据所要求的备用时间，按照蓄电池生产厂家所提供的蓄电池放电特性曲线求出给定时间内的容量换算系数，按式(10-60)计算蓄电池容量，即

$$\text{蓄电池容量} = \frac{\text{蓄电池最大放电电流}(A)}{\text{蓄电池容量换算系数}(h^{-1})}(A \cdot h) \quad (10\text{-}60)$$

根据计算的容量值，在蓄电池的型谱中选择接近计算容量的标称容量。

对应于 UPS 负荷系数为 0.6 时，不同的直流放电时间（发电机用 UPS 为 0.5h，常规值班变电站 UPS 为 1h，无人值班变电站为 2h）下，UPS 的储能蓄电池容量选择见

表10-51。当UPS与电气设备共用蓄电池时，应将UPS消耗功率计入蓄电池负荷中进行统一计算。

表10-51 UPS的储能蓄电池容量选择

| UPS容量/kV·A | | 3 | | 5 | | 10 | 15 | 30 | 50 | 60 | 80 |
|---|---|---|---|---|---|---|---|---|---|---|---|
| 蓄电池放电时间 | | 1h | 2h | 1h | 2h | 1h | 1h | 0.5h | 0.5h | 0.5h | 0.5h |
| UPS的负荷系数 | | 0.6 | | | | | | | | | |
| 直流放电电流/A | | 9 | | 15 | | 30 | 45 | 90 | 150 | 180 | 240 |
| 不同放电电压的蓄电池容量/A·h | 1.83V | 16 | 26 | 27 | 42 | 53 | 80 | 109 | 182 | 219 | 292 |
| | 1.85V | 17 | 26 | 28 | 44 | 56 | 83 | 115 | 192 | 231 | 308 |
| | 1.87V | 17 | 27 | 29 | 45 | 58 | 87 | 119 | 199 | 238 | 318 |
| 考虑可靠系数1.4 | | 22 | 36 | 38 | 60 | 74 | 112 | 153 | 279 | 307 | 445 |
| 标称容量选择/A·h | | 30 | 40 | 40 | 60 | 80 | 160 | 160 | 300 | 350 | 450 |

（4）UPS的标称输出容量

UPS的输出容量与输入、输出电压有关。

① 单相输入，单相输出UPS输出容量标称值系列为：1kV·A、2kV·A、3kV·A、5kV·A、7.5kV·A、10kV·A、15kV·A、20kV·A、25kV·A和30kV·A等。

② 三相输入、三相输出或单相输出UPS输出容量标称值系列为：7.5kV·A、10kV·A、15kV·A、20kV·A、30kV·A、40kV·A、50kV·A、75kV·A、100kV·A、125kV·A、(150)160kV·A、200kV·A、(300)315kV·A、400kV·A、500kV·A、(600)630kV·A、(750)800kV·A和1000kV·A等。

## 10.3 交流操作电源设计

继电保护为交流操作时，保护跳闸通常采用去分流方式，即靠断路器弹簧操动机构中的过电流脱扣器直接跳闸，能源来自电流互感器而不需要另外的电源。因此，交流操作电源主要是供给控制、合闸和分励信号等回路使用。交流操作电源通常为交流220V，其接线方式有如下两种形式。

### 10.3.1 不带UPS的交流操作电源

不带UPS的交流操作电源接线图如图10-9所示。图中，两路电源（工作和备用）可以进行切换，其中一路由电压互感器经100/220V变压器供给电源，而另一路由所用变压器或其他低压线路经220/220V变压器（也可由另一段母线电压互感器经100/220V变压器）供给电源。两路电源中的任一路均可作为工作电源，另一路作为备用电源。控制电源通常采用不接地系统，并设有绝缘检查装置。

### 10.3.2 带UPS的交流操作电源

由于上述方式获得的电源是取自系统电压，当被保护元件发生短路故障时，短路电流很

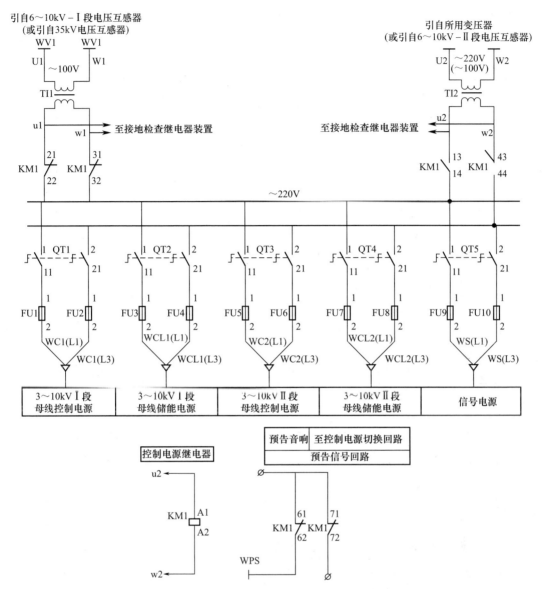

图 10-9 不带 UPS 的交流操作电源接线图

TI1，TI2—中间变压器，BK-400 型；KM1—中间继电器，CA2-DN122MLA1-D22 型；
QT1～QT5—组合开关，HZ15-10/201 型；FU1～FU10—熔断器，RL6-25/10 型

大，而电压却很低，断路器将会失去控制、信号、合闸以及分励脱扣的电源，所以上述交流操作的电源可靠性较低。随着交流不间断电源技术的发展和成本的不断降低，使交流操作应用交流不间断电源（UPS）越来越普及，交流操作电源的可靠性大大增强。由于带 UPS 的交流操作电源比较可靠，继电保护则可以采用分励脱扣器线圈跳闸的保护方式，不再用电流脱扣器线圈跳闸的保护方式，从而可免去交流操作继电保护两项特殊的整定计算，即继电器强力切换接点容量检验和脱扣器线圈动作可靠性校验。带 UPS 的交流操作电源接线如图 10-10 所示，从图中可以看到，当系统电源正常时，由系统电源小母线向储能回路、控制及信号回路（通过 UPS）供电，同时可向 UPS 充电或浮充电。当系统发生故障时，外电源消失，由 UPS 向控制回路及信号回路供电，使断路器可靠跳闸并发出信号。

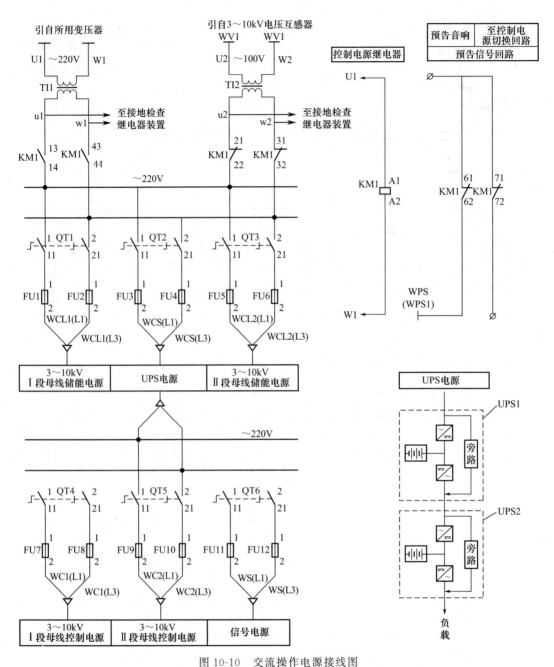

图 10-10 交流操作电源接线图

TI1，TI2—中间变压器，BK-400 型；KM1—中间继电器，CA2-DN122MLA1-D22 型；
QT1~QT6—组合开关，HZ15-10/201 型；FU1~FU12—熔断器，RL6-25/10 型

# 第11章 防雷及过电压保护

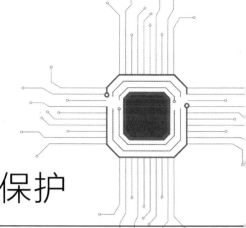

## 11.1 电力系统过电压的种类和过电压水平

### 11.1.1 电气装置绝缘上作用的电压

1) 交流电气装置绝缘上作用的电压有：
① 持续运行电压，其值不超过系统最高电压，持续时间等于设备设计寿命；
② 暂时过电压，包括工频过电压和谐振过电压；
③ 操作过电压；
④ 雷电过电压；
⑤ 特快速瞬态过电压 [VFTO，Very Fast Transient Over Voltage，气体绝缘金属封闭开关设备（GIS，Gas Insulated Switchgear）和复合电器（HGIS，Hybrid-GIS）的隔离开关在某些操作方式下，产生频率为数十万赫兹至数兆赫兹的高频振荡过电压，称为特快速瞬态过电压]。

2) 相对地暂时过电压和操作过电压标幺值的基准电压应符合下列规定：
① 当系统最高电压有效值为 $U_m$ 时，工频过电压的基准电压 $1.0\mathrm{p.u.} = U_m/\sqrt{3}$；
② 谐振过电压、操作过电压和 VFTO 的基准电压 $1.0\mathrm{p.u.} = \sqrt{2}U_m/\sqrt{3}$。

3) 系统最高电压的范围分为下列两类：
① 范围Ⅰ，$7.2\mathrm{kV} \leqslant U_m \leqslant 252\mathrm{kV}$；
② 范围Ⅱ，$252\mathrm{kV} < U_m \leqslant 800\mathrm{kV}$。

### 11.1.2 电气设备在运行中承受的过电压

电气设备在运行中承受的过电压，有来自外部的雷电过电压以及由于系统参数发生变化时电磁能产生振荡，积聚而引起的内部过电压两种类型。按照它们各自产生的原因，又可细分为多种类型（如图11-1所示）。

### 11.1.3 绝缘配合

#### 11.1.3.1 绝缘配合原则

1) 进行绝缘配合时应全面考虑造价、维修费用以及故障损失三个方面。

2) 持续运行电压和暂时过电压下的绝缘配合应符合下列要求:

① 电气装置外绝缘应符合现场污秽度等级下的耐受持续运行电压要求。电气设备应能在设计寿命期间内承受持续运行电压。

② 线路、变电站的空气间隙和电气设备应能承受一定幅值和时间的暂时过电压。

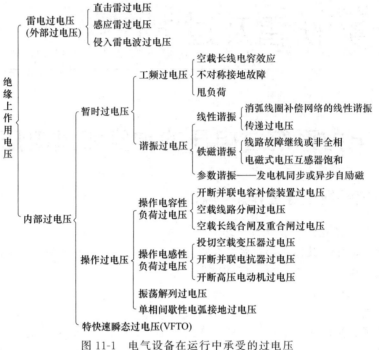

图 11-1　电气设备在运行中承受的过电压

3) 操作过电压下的绝缘配合应符合下列要求:

① 范围Ⅰ系统中操作过电压要求的架空线路和变电站的绝缘子串和空气间隙的绝缘强度,宜以最大操作过电压为基础,将绝缘强度作为随机变量加以确定。范围Ⅰ系统计算用相对地最大操作过电压的标幺值应按表 11-1 的规定选取。

表 11-1　范围Ⅰ系统计算用相对地最大操作过电压的标幺值

| 系统 | 操作过电压的标幺值/p.u. |
| --- | --- |
| 35kV 及以下低电阻接地系统 | 3.0 |
| 66kV 及以下非有效接地系统(不含低电阻接地系统) | 4.0 |
| 110kV 及 220kV 系统 | 3.0 |

② 6～220kV 系统,相间操作过电压可取相对地过电压的 1.3～1.4 倍。

③ 范围Ⅱ架空线路确定其操作过电压要求的绝缘强度时,应采用将过电压幅值和绝缘强度作为随机变量的统计法。每回线路的操作过电压闪络率对 330kV、500kV 和 750kV 线路分别不宜高于 0.05 次/a、0.04 次/a、0.03 次/a。

④ 范围Ⅱ变电站绝缘子串、空气间隙的操作冲击绝缘强度,宜以避雷器操作冲击保护水平为基础,将绝缘强度作为随机变量加以确定。

⑤ 电气设备内、外绝缘操作冲击绝缘水平,宜以避雷器操作冲击保护水平为基础,采用确定性法确定。外绝缘也可采用统计法。

4) 雷电过电压的绝缘配合应符合下列要求：

① 变电站中绝缘子串、空气间隙的雷电冲击强度，宜以避雷器雷电冲击保护水平为基础，将绝缘强度作为随机变量加以确定。

② 电气设备内、外绝缘雷电冲击绝缘水平，宜以避雷器雷电冲击保护水平为基础，采用确定性法确定。

5) 用于操作和雷电过电压绝缘配合的波形应符合下列要求：

① 操作冲击电压的波形应符合下列要求：

a. 对范围Ⅰ系统，操作冲击电压的波形应取波前时间 $250\mu s$，波尾时间 $2500\mu s$。

b. 对范围Ⅱ系统，操作过电压的波前时间比 $250\mu s$ 长，宜按工程条件预测的结果选取电气设备绝缘配合操作冲击电压的波形应取波前时间 $250\mu s$，波尾时间 $2500\mu s$。

② 雷电冲击电压的波形应取波前时间 $1.2\mu s$，波尾时间 $50\mu s$。

6) 进行绝缘配合时，对于范围Ⅱ的输电线路、变电站的绝缘子串、空气间隙在各种电压下的绝缘强度，宜采用仿真型塔或构架的放电电压试验数据。

7) 输电线路和变电站的绝缘子串、空气间隙以及电气设备的外绝缘的绝缘配合公式，适用于海拔高度 0m 地区。当输电线路、变电站所在地区海拔高度高于 0m 时，应按下述方法进行校正。

① 外绝缘放电电压试验数据应以海拔高度 0m 的标准气象条件下给出。

② 外绝缘所在地区海拔高度高于 0m 时，应校正放电电压。所在地区海拔高度 2000m 及以下地区时，各种作用电压下外绝缘空气间隙的放电电压 $U(P_H)$ 可按下列公式校正：

$$U(P_H) = k_a U(P_0) \tag{11-1}$$

$$k_a = e^{m(H/8515 0)} \tag{11-2}$$

式中　$k_a$——海拔校正因数；

　　　$U(P_0)$——海拔高度 0m 时空气间隙的放电电压，kV；

　　　$m$——系数；

　　　$H$——海拔高度，m。

③ 系数 $m$ 的取值应符合下列要求：对于雷电冲击电压、空气间隙和清洁的绝缘子的短时工频电压，$m$ 应取 1.0；对于操作冲击电压，$m$ 应按图 11-2 选取。

## 11.1.3.2　架空输电线路的绝缘配合

1) 线路绝缘子串的绝缘配合应符合下列要求：

① 每串绝缘子片数应符合相应现场污秽度等级下耐受持续运行电压的要求。

② 操作过电压要求的线路绝缘子串正极性操作冲击电压 50% 放电电压 $U_{l.i.s}$ 应符合下式的要求：

$$U_{l.i.s} \geqslant k_1 U_s \tag{11-3}$$

式中　$k_1$——线路绝缘子串操作过电压统计配合系数，取 1.27；

　　　$U_s$——范围Ⅱ线路相对地统计操作过电压，kV。

2) 线路采用悬垂绝缘子受风偏影响的导线对杆塔的空气间隙应符合下列要求：

① 绝缘子串风偏后，导线对杆塔的空气间隙应分别符合持续运行电压要求、操作过电压要求及雷电过电压要求。悬垂绝缘子串风偏角计算用风压不均匀系数可按下述方法确定。

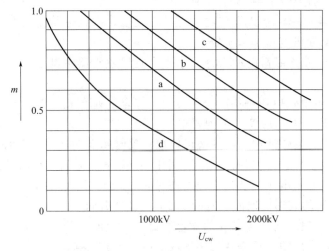

图 11-2 各种作用电压下的 $m$ 值

a—相对地绝缘；b—纵绝缘；c—相间绝缘；d—棒-板间隙（标准间隙）

注：对于由两个分量组成的电压，电压值是各分母之和。

悬垂绝缘子串风偏角计算用风压不均匀系数可按下式计算，风向与线路方向的夹角为 90°时几种风速下的风压不均匀系数可按表 11-2 所列数值确定。

$$\alpha = 5.543(v\sin\theta)^{-0.737} \tag{11-4}$$

式中 $v$——设计采用的 10min 平均风速，m/s，当风速大于 20m/s 时采用 20m/s；

$\theta$——风向与线路方向的夹角，(°)。

表 11-2 风压不均匀系数

| 设计风速/(m/s) | ≤10 | 15 | ≥20 |
|---|---|---|---|
| $\alpha$ | 1.0 | 0.75 | 0.61 |

② 持续运行电压下风偏后线路导线对杆塔空气间隙的工频 50% 放电压 $U_{l.\sim}$ 应符合下式的要求。风偏计算用的风速应取线路设计采用的基本风速折算到导线平均高度处的风速。

$$U_{l.\sim} \geqslant k_2\sqrt{2}U_m/\sqrt{3} \tag{11-5}$$

式中 $k_2$——线路空气间隙持续运行电压统计配合系数，取 1.13；

$U_m$——系统最高电压有效值。

③ 风偏后操作过电压下线路导线对杆塔空气间隙的正极性操作冲击电压 50% 放电电压 $U_{l.s.s}$ 应符合下式的要求。风偏计算用风速可取基本风速折算到导线平均高度处风速的 0.5 倍，但不宜低于 15m/s。

$$U_{l.s.s} \geqslant k_3 U_s \tag{11-6}$$

式中 $k_3$——线路空气间隙操作过电压统计配合系数。对一单回线路 $k_3$ 可取 1.1；对同塔双回线路，无风时上、中导线对中、下横担空气间隙正极性操作冲击 50% 放电电压的统计配合系数可取 1.27；风偏后，三相导线对塔身或横担空气间隙的统计配合系数可取 1.1。

$U_s$——范围Ⅱ线路相对地统计操作过电压，kV。

④ 风偏后导线对杆塔空气间隙的正极性雷电冲击电压 50% 放电电压，750kV 以下等级

可选为现场污秽度等级 a 级下绝缘子串相应电压的 0.85 倍,对 750kV 线路可为 0.8 倍,其他现场污秽度等级间隙也可按此配合。同塔双回线路采用悬垂绝缘子无风时,导线对横担空气间隙的正极性雷电冲击电压 50% 放电电压宜与现场污秽度等级 a 级下绝缘子串相当。雷电过电压下风偏计算用的风速,对于基本风速折算到导线平均高度处风速不小于 35m/s 时宜取 15m/s,否则宜取 10m/s。

3)输电线路采用 V 型绝缘子串时,V 型串每一分支的绝缘子片数应符合相应环境污秽分级条件下耐受持续运行电压的要求。导线对杆塔的空气间隙应符合下列要求:

① 持续运行电压下 V 型绝缘子串风偏后线路导线对杆塔空气间隙的工频 50% 放电压 $U_{l\sim}$ 应符合式(11-5)的要求。风偏计算用的风速应取线路设计采用的基本风速折算到导线平均高度处的风速。

② 操作过电压间隙的正极性操作冲击电压波 50% 放电电压应按式(11-6)确定,$k_3$ 可取 1.27。

③ 变电站进线段的反击耐雷水平应符合本规范表 11-3 的要求。

表 11-3　有地线线路的反击耐雷水平　　　　　　　　　　　单位:kA

| 系统标称电压/kV | 35 | 66 | 110 | 220 | 330 | 500 | 750 |
|---|---|---|---|---|---|---|---|
| 单回线路 | 24～36 | 31～47 | 56～68 | 87～96 | 120～151 | 158～177 | 208～232 |
| 同塔双回线路 | — | — | 50～61 | 79～92 | 108～137 | 142～162 | 192～224 |

注:1. 反击耐雷水平的较高和较低值分别对应线路杆塔冲击接地电阻 7Ω 和 15Ω;
　　2. 雷击时刻工作电压为峰值且与雷电电流反极性;
　　3. 发电厂、变电站进线保护段杆塔耐压水平不宜低于表中的较高数值。

4)海拔高度 1000～3000m 地区范围Ⅰ架空输电线路的空气间隙不应小于表 11-4 所列数值。海拔高度 1000m 及以下地区范围Ⅱ架空输电线路的空气间隙不应小于表 11-5 所列数值。在进行绝缘配合时,空气间隙应留有一定裕度。

表 11-4　海拔高度 1000～3000m 地区范围Ⅰ架空输电线路的空气间隙　　单位:mm

| 系统标称电压/kV | 海拔高度/m | 持续运行电压 | 操作过电压 | 雷电过电压 |
|---|---|---|---|---|
| 20 | 1000 | 50 | 120 | 350 |
| 35 | 1000 | 100 | 250 | 450 |
| 35 | 2000 | 110 | 275 | 495 |
| 35 | 3000 | 120 | 300 | 540 |
| 66 | 1000 | 200 | 500 | 650 |
| 110 | 1000 | 250 | 700 | 1000 |
| 110 | 2000 | 275 | 770 | 1100 |
| 110 | 3000 | 300 | 840 | 1200 |
| 220 | 1000 | 550 | 1450 | 1900 |
| 220 | 2000 | 605 | 1595 | 2090 |
| 220 | 3000 | 660 | 1740 | 2280 |

表 11-5　海拔高度 1000m 及以下地区范围 Ⅱ 架空输电线路的空气间隙　　单位：mm

| 系统标称电压/kV | | | 330 | | 500 | | 750 | |
|---|---|---|---|---|---|---|---|---|
| 过电压倍数/p.u. | | | 2.0 | 2.2 | 1.5 | 2.0 | 1.6 | 1.8 |
| 操作过电压 | 单回 | 边相、中相Ⅰ串 | 1650 | 1850 | 2400(2200) | 2700(2500) | 3500(3300) | 4000(3800) |
| | | 塔窗内中相V串 | 2150 | 2450 | 31500(2750) | 3300(3100) | 4300(4100) | 4800(4600) |
| | 同塔双回 | 导线风偏后 | 1650 | 1850 | 2400(2200) | 2700(2500) | 3500(3300) | 4000(3800) |
| | | 导线静止至横担 | 1900 | 2100 | 2900(2500) | 3150(2800) | 3700(3500) | 4200(3900) |
| 雷电过电压 | 单回 | | 2300 | | 3300 | | 4200 | |
| | 同塔双回 | | 2200 | | 3000 | 3300 | 3700 | 4200 |
| 持续运行电压 | | | 900 | | 1300(1200) | | 1900(1800) | |

注：1. 括号内数据适用于海拔高度 500m 及以下地区；
　　2. 同塔双回线路导线为垂直排列，采用Ⅰ型悬垂绝缘子串。

5) 海拔 1000m 及以下地区紧凑型架空输电线路相对地的空气间隙不应小于表 11-6 所列数值，相间空气间隙不应小于表 11-7 所列数值。

表 11-6　海拔 1000m 及以下地区紧凑型架空输电线路相对地的空气间隙　　单位：mm

| 系统标称电压/kV | 220 | 330 | 500 |
|---|---|---|---|
| 雷电过电压 | 1900 | 2300 | 3300(3300) |
| 操作过电压 | 1450 | 1950 | 2700(2500) |
| 持续运行电压 | 550 | 900 | 1300(1200) |

注：括号内数据适用于海拔高度 500m 及以下地区。

表 11-7　海拔 1000m 及以下地区紧凑型架空输电线路相间的空气间隙　　单位：mm

| 系统标称电压/kV | 220 | | 330 | | 500 | |
|---|---|---|---|---|---|---|
| 位置 | 塔头 | 挡中 | 塔头 | 挡中 | 塔头 | 挡中 |
| 相间操作过电压 | 2400 | 2100 | 3400 | 3000 | 5200 | 4600 |
| 相间持续运行电压 | | 900 | | 1600 | | 2200 |

## 11.1.3.3　变电站绝缘子串及空气间隙的绝缘配合

1) 变电站绝缘子串的绝缘配合应同时符合下列要求：

① 变电站每串绝缘子片数应符合相应现场污秽度等级下耐受持续运行电压的要求。

② 变电站操作过电压要求的变电站绝缘子串正极性操作冲击电压 50% 放电电压 $U_{s.i.s}$ 应符合下式的要求：

$$U_{s.i.s} \geqslant k_4 U_{s.p} \tag{11-7}$$

式中　$k_4$——变电站绝缘子串操作过电压配合系数，取 1.27；

　　　$U_{s.p}$——避雷器操作冲击保护水平，kV。

③ 雷电过电压要求的变电站绝缘子串正极性雷电冲击电压波 50% 放电电压 $U_{s.i.l}$ 符合

下式的要求：

$$U_{s.i.1} \geq k_5 U_{l.p} \tag{11-8}$$

式中 $k_5$——变电站绝缘子串雷电过电压配合系数，取 1.4；

$U_{l.p}$——避雷器雷电冲击保护水平，kV。

2）变电站导线对构架受风偏影响的空气间隙，各种电压下用于绝缘配合的风偏角计算风速的选用原则应与输电线路相同。变电站导线对构架空气间隙应符合下列要求：

① 持续运行电压下风偏后导线对杆塔空气间隙的工频 50% 放电电压 $U_{l.\sim}$ 应符合公式（11-5）的要求。

② 相对地工频过电压下无风偏变电站导线对构架空气间隙的工频 50% 放电电压 $U_{s.\sim.v}$ 应符合下式的要求：

$$U_{s.\sim.v} \geq k_6 U_{p.g} \tag{11-9}$$

式中 $k_6$——变电站导线对构架无风偏空气间隙的工频过电压配合系数取 1.15；

$U_{p.g}$——相对地最大工频过电压，kV，取 1.4p.u.。

③ 变电站相对地空气间隙的正极性操作冲击电压波 50% 放电电压 $U_{s.s.s}$ 符合下式的要求：

$$U_{s.s.s} \geq k_7 U_{s.p} \tag{11-10}$$

式中 $k_7$——变电站相对地空气间隙操作过电压配合系数，对有风间隙应取 1.1，对无风偏间隙应取 1.27；

$U_{s.p}$——避雷器操作冲击保护水平，kV。

④ 变电站相对地空气间隙的正极性雷电冲击电压 50% 放电电压 $U_{s.1}$ 应符合下式的要求：

$$U_{s.1} \geq k_8 U_{l.p} \tag{11-11}$$

式中 $k_8$——变电站相对地空气间隙雷电过电压配合系数，取 1.4；

$U_{l.p}$——避雷器雷电冲击保护水平，kV。

3）变电站相间空气间隙应符合下列要求：

① 相间工频过电压下变电站相间空气间隙的工频 50% 放电电压 $U_{s.\sim.p.p}$ 应符合下式要求：

$$U_{s.\sim.p.p} \geq k_9 U_{p.p} \tag{11-12}$$

式中 $k_9$——相间空气间隙工频过电压配合系数，取 1.15；

$U_{p.p}$——母线处相间最大工频过电压，kV，取 $1.3\sqrt{3}$ p.u.。

② 变电站相间空气间隙的 50% 操作冲击电压波放电电压 $U_{s.s.p.p}$ 应按下式计算：

$$U_{s.s.p.p} \geq k_{10} U_{s.p} \tag{11-13}$$

式中 $k_{10}$——相间空气间隙操作过电压配合系数，取 2.0；

$U_{s.p}$——避雷器操作冲击保护水平，kV。

③ 变电站雷电过电压要求的相间空气间隙距离可取雷电过电压要求的相对地空气间隙的 1.1 倍。

4）变电站的最小空气间隙应符合下列要求：

① 海拔高度 1000m 及以下地区范围 I 各种电压要求的变电站最小空气间隙应符合表 11-8 的规定。

② 海拔高度 1000m 及以下地区，6~20kV 高压配电装置最小相对地或相间空气间隙应符合表 11-9 的规定。

表 11-8　海拔高度 1000m 及以下地区范围Ⅰ各种电压要求的变电站最小空气间隙

单位：mm

| 系统标称电压/kV | 持续运行电压 | 工频过电压 | | 操作过电压 | | 雷电过电压 | |
| --- | --- | --- | --- | --- | --- | --- | --- |
| | 相对地 | 相对地 | 相间 | 相对地 | 相间 | 相对地 | 相间 |
| 35 | 100 | 150 | 150 | 400 | 400 | 400 | 400 |
| 66 | 200 | 300 | 300 | 650 | 650 | 650 | 650 |
| 110 | 250 | 300 | 500 | 900 | 1000 | 900 | 1000 |
| 220 | 550 | 600 | 900 | 1800 | 2000 | 1800 | 1000 |

注：持续运行电压的空气间隙适用于悬垂绝缘子串有风偏间隙。

表 11-9　海拔高度 1000m 及以下地区 6～20kV 高压配电装置的最小相对地或相间空气间隙

单位：mm

| 系统标称电压/kV | 户外 | 户内 |
| --- | --- | --- |
| 6 | 200 | 100 |
| 10 | 200 | 125 |
| 15 | 300 | 150 |
| 20 | 300 | 180 |

③ 海拔高度 1000m 及以下地区范围Ⅱ变电站的最小空气间隙应符合表 11-10 的规定。

表 11-10　海拔高度 1000m 及以下地区范围Ⅱ变电站最小空气间隙　　单位：mm

| 系统标称电压/kV | 持续运行电压 | 工频过电压 | | 操作过电压 | | 雷电过电压 | |
| --- | --- | --- | --- | --- | --- | --- | --- |
| | 相对地 | 相对地 | 相间 | 相对地 | 相间 | 相对地 | 相间 |
| 330 | 900 | 1100 | 1700 | 2000 | 2300 | 1800 | 2000 |
| 500 | 1300 | 1600 | 2400 | 3000 | 3700 | 2500 | 2800 |
| 750 | 1900 | 2200 | 3750 | 4800 | 6500 | 4300 | 4800 |

注：持续运行电压的空气间隙适用于悬垂绝缘子串有风偏间隙。

### 11.1.3.4　变电站电气设备的绝缘配合

1) 变电站电气设备绝缘与持续运行电压、暂时过电压的绝缘配合应符合下列要求：

① 变电站电气设备外绝缘应符合相应现场污秽度等级下耐受持续运行电压的要求。

② 变电站电气设备应能承受持续运行电压及一定幅值暂时过电压，并应符合下列要求：

a. 内绝缘短时工频耐受电压 $U_{e.\sim.i}$ 的有效值应符合下式的要求：

$$U_{e.\sim.i} \geqslant k_{11} U_{p.g} \tag{11-14}$$

式中　$k_{11}$——设备内绝缘短时工频耐压配合系数，取 1.15；

$U_{p.g}$——相对地最大工频过电压，kV，取 1.4p.u.。

b. 外绝缘短时工频耐受电压 $U_{e.\sim.o}$ 的有效值应符合下式的要求：

$$U_{e.\sim.o} \geqslant k_{12} U_{p.g} \tag{11-15}$$

式中　$k_{12}$——设备外绝缘短时工频耐压配合系数，取 1.15；

③ 断路器同极断口间内绝缘的短时工频耐受电压 $U_{e.\sim.c.i}$ 的有效值应计算反极性持续运

行电压的影响，并应符合下式的要求：

$$U_{e.\sim.c.i} \geq U_{e.\sim.i} + k_m\sqrt{2}U_m/\sqrt{3} \tag{11-16}$$

式中　$k_m$——断口耐受电压折扣系数，对 330kV 和 500kV 为 0.7 或 1.0；对 750kV 为 1.0；
　　　$U_m$——系统最高电压有效值。

④ 断路器同极断口间外绝缘的短时工频耐受电压 $U_{e.\sim.c.o}$ 的有效值应计算反极性持续运行电压的影响，并应符合下式的要求：

$$U_{e.\sim.c.o} \geq U_{e.\sim.o} + k_m\sqrt{2}U_m/\sqrt{3} \tag{11-17}$$

2）变电站电气设备承受暂时过电压幅值和时间的要求应符合下述规定：电气设备承受一定幅值和时间暂时过电压标幺值的要求应符合表 11-11 的规定，变压器上过电压的基准电压应取相应分接头下的额定电压，其余设备上过电压的基准电压应取最高相电压。

表 11-11　110～330kV 电气设备承受暂时过电压的要求　　　　　　单位：p.u.

| 时间/s | 1200 | 20 | 1 | 0.1 |
|---|---|---|---|---|
| 电力变压器和自耦变压器 | 1.10/1.10 | 1.25/1.25 | 1.90/1.50 | 2.00/1.58 |
| 分流电抗器和电磁式电压互感器 | 1.15/1.15 | 1.35/1.35 | 2.00/1.50 | 2.10/1.58 |
| 开关设备、电容式电压互感器、电流互感器、耦合电容器和汇流排支柱 | 1.15/1.15 | 1.60/1.60 | 2.20/1.70 | 2.40/1.80 |

注：分子的数值代表相对地绝缘，分母的数值代表相对相绝缘。

3）电站电气设备与操作过电压的绝缘配合应符合下列要求：

① 电气设备内绝缘应符合下列要求：

a. 电气设备内绝缘相对地操作冲击耐压要求值 $U_{e.s.i}$ 应符合下式的要求：

$$U_{e.s.i} \geq k_{13}U_{s.p} \tag{11-18}$$

式中　$k_{13}$——设备内绝缘相对地操作冲击耐压配合系数，取 1.15；
　　　$U_{s.p}$——避雷器操作冲击保护水平，kV。

b. 断路器同极断口间内绝缘操作冲击耐压 $U_{e.s.c.i}$ 应符合下式的要求：

$$U_{e.s.c.i} \geq U_{e.s.i} + k_m\sqrt{2}U_m/\sqrt{3} \tag{11-19}$$

② GIS 相对地绝缘与 VFTO 的绝缘配合应符合下式的要求：

$$U_{GIS.l.i} \geq k_{14}U_{tw.p} \tag{11-20}$$

式中　$U_{GIS.l.i}$——GIS 雷电冲击耐压要求值；
　　　$k_{14}$——GIS 相对地绝缘 VFTO 配合系数，取 1.15；
　　　$U_{tw.p}$——避雷器陡波冲击保护水平，kV。

③ 电气设备外绝缘应符合下列要求：

a. 电气设备外绝缘相对地操作冲击耐压 $U_{e.s.o}$ 应符合下式的要求：

$$U_{e.s.o} \geq k_{15}U_{s.p} \tag{11-21}$$

式中　$k_{15}$——设备外绝缘相对地操作冲击耐压配合系数，取 1.05。

b. 断路器、隔离开关同极断口间外绝缘操作冲击耐压 $U_{e.s.c.o}$ 应符合下式的要求：

$$U_{e.s.c.o} \geq U_{e.s.i} + k_m\sqrt{2}U_m/\sqrt{3} \tag{11-22}$$

4）变电站电气设备与雷电过电压的绝缘配合应符合下列要求：

① 电气设备内绝缘应符合下列要求：

a. 电气设备内绝缘的雷电冲击耐压 $U_{e.l.i}$ 符合下式的要求：

$$U_{e.l.i} \geq k_{16} U_{l.p} \tag{11-23}$$

式中 $k_{16}$——设备内绝缘的雷电冲击耐压配合系数，MOA紧靠设备时可取1.25，其他情况可取1.40；

$U_{l.p}$——避雷器雷电冲击保护水平，kV。

b. 变压器、并联电抗器及电流互感器截波雷电冲击耐压可取相应设备全波雷电冲击耐压的1.1倍。

c. 断路器同极断口间内绝缘的相对地雷电冲击耐压 $U_{e.l.c.i}$ 应符合下式的要求：

$$U_{e.l.c.i} \geq U_{e.l.i} + k_m \sqrt{2} U_m / \sqrt{3} \tag{11-24}$$

② 电气设备外绝缘应符合下列要求：

a. 电气设备外绝缘的雷电冲击耐压 $U_{e.l.o}$ 应符合下式的要求：

$$U_{e.l.o} \geq k_{17} U_{l.p} \tag{11-25}$$

式中 $k_{17}$——设备外绝缘的雷电冲击耐压配合系数，取1.40。

b. 断路器同极断口间外绝缘以及隔离开关同极断口间绝缘的雷电冲击耐压 $U_{e.l.c.o}$ 应符合下式的要求：

$$U_{e.l.c.o} \geq U_{e.l.o} + k_m \sqrt{2} U_m / \sqrt{3} \tag{11-26}$$

5) 电气设备耐压值应按现行国家标准《绝缘配合 第1部分：定义、原则和规则》GB 311.1—2012中额定耐受电压系列值中的相应值来选择。

6) 海拔高度1000m及以下地区一般条件下电气设备的额定耐受电压应符合下列规定：

① 范围Ⅰ电气设备的额定耐受电压应按表11-12的规定确定；② 范围Ⅱ电气设备的额定耐受电压应按表11-13的规定确定。③ 电力变压器、高压并联电抗器中性点及其接地电抗器的额定耐受电压应按表11-14的规定确定。

表11-12 电压范围Ⅰ电气设备的额定耐受电压

| 系统标称电压/kV | 设备最高电压/kV | 设备类别 | 雷电冲击耐受电压/kV | | 断口 | | 短时(1min)工频耐受电压(有效值)/kV | | 断口 | |
|---|---|---|---|---|---|---|---|---|---|---|
| | | | 相对地 | 相间 | 断路器 | 隔离开关 | 相对地 | 相间 | 断路器 | 隔离开关 |
| 6 | 7.2 | 变压器 | 60(40) | 60(40) | — | — | 25(20) | 25(20) | — | — |
| | | 开关 | 60(40) | 60(40) | 60 | 70 | 30(20) | 30(20) | 30 | 34 |
| 10 | 12 | 变压器 | 75(60) | 75(60) | — | — | 35(28) | 35(28) | — | — |
| | | 开关 | 75(60) | 75(60) | 75(60) | 85(70) | 42(28) | 42(28) | 42(28) | 49(35) |
| 15 | 18 | 变压器 | 105 | 105 | — | — | 45 | 45 | — | — |
| | | 开关 | 105 | 105 | 115 | — | 46 | 46 | 56 | — |
| 20 | 24 | 变压器 | 125(95) | 125(95) | — | — | 55(50) | 55(50) | — | — |
| | | 开关 | 125 | 125 | 125 | 145 | 65 | 65 | 65 | 79 |
| 35 | 40.5 | 变压器 | 185/200 | 185/200 | — | — | 80/85 | 80/85 | — | — |
| | | 开关 | 185 | 185 | 185 | 215 | 95 | 95 | 95 | 118 |
| 66 | 72.5 | 变压器 | 350 | 350 | — | — | 150 | 150 | — | — |
| | | 开关 | 325 | 325 | 325 | 375 | 155 | 155 | 155 | 197 |

续表

| 系统标称电压/kV | 设备最高电压/kV | 设备类别 | 雷电冲击耐受电压/kV | | | | 短时(1min)工频耐受电压(有效值)/kV | | | |
|---|---|---|---|---|---|---|---|---|---|---|
| | | | 相对地 | 相间 | 断口 | | 相对地 | 相间 | 断口 | |
| | | | | | 断路器 | 隔离开关 | | | 断路器 | 隔离开关 |
| 110 | 126 | 变压器 | 450/480 | 450/480 | — | — | 185/200 | 185/200 | — | — |
| | | 开关 | 450、550 | 450、550 | 450、550 | 520、630 | 200、230 | 200、230 | 200、230 | 225、265 |
| 220 | 252 | 变压器 | 850、950 | 850、950 | — | — | 360、395 | 360、395 | — | — |
| | | 开关 | 850、950 | 850、950 | 850、950 | 950、1050 | 360、395 | 360、395 | 360、395 | 410、460 |

注：1. 分子、分母数据分别对应外绝缘和内绝缘。
2. 括号内和外数据分别对应低电阻和非低电阻接地系统。
3. 开关类设备将设备最高电压称作"额定电压"。
4. 110kV 开关、220kV 开关和变压器存在两种额定耐受电压的，表中用"、"分开。

表 11-13　电压范围 Ⅱ 电气设备的额定耐受电压　　　　　　　单位：kV

| 系统标称电压/kV | 设备最高电压 | 额定雷电冲击耐受电压 | | 额定操作冲击耐受电压 | | | 额定短时(1min)工频耐受电压(有效值) | |
|---|---|---|---|---|---|---|---|---|
| | | 相对地 | 断口 | 相对地 | 相间 | 断口 | 相对地 | 断口 |
| 330 | 363 | 1050/1050 | 1050+205 或 1050+295 | 850 | 1275 | 800+295 | 460 | 460+150 或 460+210 |
| | | 1175/1175 | 1175+205 或 1175+295 | 950 | 1425 | 850+295 | 510 | 510+150 或 510+210 |
| 500 | 550 | 1550/1550 | 1550+315 或 1550+450 | 1050 | 1760 | 1050+450 | 680 | 680+220 或 680+315 |
| | | 1675/1675 | 1675+315 或 1675+450 | 1175 | 1950 | 1175+450 | 740 | 740+220 或 740+315 |
| 750 | 800 | 1950/2100 | 2100+650 | 1550/1550 | — | 1300+650 | 900/960 | 960+460 |

注：分子、分母数据分别对应变压器和断路器的相关数据。

表 11-14　电力变压器、高压并联电抗器中性点及其接地电抗器的额定耐受电压

| 系统标称电压/kV | 系统最高电压/kV | 中性点接地方式 | 雷电全波和截波耐受电压/kV | 短时(1min)工频耐受电压(有效值)/kV |
|---|---|---|---|---|
| 110 | 126 | 不接地 | 250 | 95 |
| 220 | 252 | 直接接地 | 185 | 85 |
| | | 经接地电抗器接地 | 185 | 85 |
| | | 不接地 | 400 | 200 |
| 330 | 363 | 直接接地 | 185 | 85 |
| | | 经接地电抗器接地 | 250 | 105 |
| 500 | 500 | 直接接地 | 185 | 85 |
| | | 经接地电抗器接地 | 325 | 140 |
| 750 | 800 | 直接接地 | 185 | 85 |
| | | 经接地电抗器接地 | 480 | 200 |

注：中性点经接地电抗器接地时，其电抗值与变压器或高压并联电抗器的零序电抗之比小于等于 1/3。

## 11.2 交流电气装置过电压保护设计要求及限制措施

### 11.2.1 内部过电压及其限制

#### 11.2.1.1 暂时过电压及限制

1) 工频过电压幅值应符合下列要求：

① 范围Ⅰ中的不接地系统工频过电压不应大于 $1.1\sqrt{3}$ p.u.；

② 中性点谐振接地、低电阻接地和高电阻接地系统工频过电压不应大于 $\sqrt{3}$ p.u.；

③ 110kV 和 220kV 系统，工频过电压不应大于 1.3p.u.；

④ 变电站内中性点不接地的 35kV 和 66kV 并联电容补偿装置系统工频过电压不应超过 $\sqrt{3}$ p.u.。

2) 对范围Ⅱ系统的工频过电压，在设计时应结合工程条件加以预测，预测系统工频过电压宜符合下列要求：

① 正常输电状态下甩负荷和在线路受端有单相接地故障情况下甩负荷宜作为主要预测工况；

② 对同塔双回输电线路宜预测双回运行和一回停运的工况。除预测单相接地故障外，可预测双回路同名或异名两相接地故障情况下甩负荷的工况。

3) 范围Ⅱ系统的工频过电压应符合下列要求：

① 线路断路器的变电站侧的工频过电压不宜超过 1.3p.u.；

② 线路断路器的线路侧的工频过电压不宜超过 1.4p.u.，其持续时间不应大于 0.5s；

③ 当超过上述要求时，在线路上宜安装高压并联电抗器加以限制。

4) 设计时应避免 110kV 及 220kV 有效接地系统中偶然形成局部不接地系统产生较高的工频过电压，其措施应符合下列要求：

① 当形成局部不接地系统，且继电保护装置不能在一定时间内切除 110kV 或 220kV 变压器的低、中压电源时，不接地的变压器中性点应装设间隙。当因接地故障形成局部不接地系统时，该间隙应动作；系统以有效接地系统运行发生单相接地故障时，间隙不应动作。间隙距离还应兼顾雷电过电压下保护变压器中性点标准分级绝缘的要求。

② 当形成局部不接地系统，且继电保护装置设有失地保护可在一定时间内切除 110kV 及 220kV 变压器三次、二次绕组电源时，不接地中性点可装设无间隙金属氧化物避雷器[MOA，Metal Oxide Arrester，由金属氧化物阀片组成，并可能串联（或并联）有（或无）放电间隙的避雷器，其保护性能优于普通阀式避雷器和磁吹避雷器]，应验算其吸收能量。该避雷器还应符合雷电过电压下保护变压器中性点标准分级绝缘的要求。

5) 对于线性谐振和非线性铁磁谐振过电压，应采取防止措施避免其产生，或用保护装置限制其幅值和持续时间。

6) 对于发电机自励磁过电压，可采用高压并联电抗器或过电压保护装置加以限制。当同步发电机容量小于自励磁的判据时，应避免单机带空载长线运行。不发生自励磁的判据可按下式确定：

$$W_N > Q_c X_d^*  \tag{11-27}$$

式中  $W_N$ ——不发生自励磁的发电机额定容量，MV·A；

$Q_c$ ——计及高压并联电抗器和低压并联电抗器的影响后的线路充电功率，Mvar；

$X_d^*$ ——发电机及升压变压器等值同步电抗标幺值，以发电机容量为基准。

7）装有高压并联电抗器线路的非全相谐振过电压的限制应符合下列要求：

① 在高压并联电抗器的中性点接入接地电抗器，接地电抗器的电抗值宜按接近完全补偿线路的相间电容来选择，应符合限制潜供电流（当三相线路的其中一相发生接地短路，继电保护装置切除该故障相线路两端的断路器，另外两个非故障相继续运行，这时，非故障相与故障相之间通过相间电容存在静电联系、通过相间互感存在电磁联系，使得故障点的弧光通道仍然存在一定电流，称为潜供电流。）的要求和对并联电抗器中性点绝缘水平的要求。对于同塔双回线路，宜计算回路之间的耦合对电抗值选择的影响。

② 在计算非全相谐振过电压时，宜计算线路参数设计值和实际值的差异、高压并联电抗器和接地电抗器阻抗设计值与实测值的偏差、故障状态下电网频率变化对过电压的影响。

8）范围Ⅱ系统中，限制 2 次谐波为主的高次谐波谐振过电压措施应符合下列要求：

① 不宜采用产生 2 次谐波谐振的运行方式、操作方式，在故障时应防止出现该种谐振的接线；当确实无法避免时，可在变电站线路继电保护装置内增设过电压速断保护，以缩短该过电压的持续时间。

② 当带电母线对空载变压器合闸出现谐振过电压时，在操作断路器上宜加装合闸电阻。

9）系统采用带有均压电容的断路器开断连接有电磁式电压互感器的空载母线，经验算可产生铁磁谐振过电压时，宜选用电容式电压互感器。当已装有电磁式电压互感器时，运行中应避免引起谐振的操作方式，可装设专门抑制此类铁磁谐振的装置。

10）变压器铁磁谐振过电压限制措施应符合下列要求：

① 经验算断路器非全相操作时产生的铁磁谐振过电压，危及 110kV 及 220kV 中性点不接地变压器中性点绝缘时，其中性点宜装设间隙，间隙应符合前述第 4）条第①款的要求。

② 当继电保护装置设有缺相保护时，110kV 及 220kV 变压器不接地的中性点可装设无间隙 MOA，应验算其吸收能量。该避雷器还应符合雷电过电压下保护变压器中性点标准分级绝缘的要求。

11）6～66kV 不接地系统或偶然脱离谐振接地系统的部分，产生的谐振过电压有：

① 中性点接地的电磁式电压互感器过饱和；

② 配电变压器高压绕组对地短路；

③ 输电线路单相断线且一端接地或不接地。

④ 限制电磁式电压互感器铁磁谐振过电压宜选取下列措施：

a. 选用励磁特性饱和点较高的电磁式电压互感器；

b. 减少同一系统中电压互感器中性点接地的数量，除电源侧电压互感器高压绕组中性点接地外，其他电压互感器中性点不宜接地；

c. 当 $X_{C0}$ 是系统每相对地分布容抗，$X_m$ 为电压互感器在线电压作用下单相绕组的励磁电抗时，可在 10kV 及以下的母线上装设中性点接地的星形接线电容器组或用一段电缆代替架空线路以减少 $X_{C0}$，使 $X_{C0}$ 小于 $0.01X_m$；

d. 当 $K_{13}$ 是互感器一次绕组与开口三角形绕组的变比时，可在电压互感器的开口三角形绕组装设阻值不大于 $X_m/K_{13}^2$ 的电阻或装设其他专门消除此类铁磁谐振的装置；

e. 电压互感器高压绕组中性点可接入单相电压互感器或消谐装置。

12) 谐振接地的较低电压系统，运行时应避开谐振状态；非谐振接地的较低电压系统，应采取增大对地电容的措施防止高幅值的转移过电压。

### 11.2.1.2 操作过电压及限制

1) 对线路操作过电压绝缘设计起控制作用的空载线路合闸及单相重合闸过电压设计时，应符合下列要求：

① 对范围Ⅱ线路，应按工程条件预测该过电压。预测内容可包括线路各处过电压幅值概率分布、统计过电压、变异系数和过电压波头长度。

② 预测范围Ⅱ线路空载线路合闸操作过电压的条件应符合下列要求：

a. 由孤立电源合闸空载线路，线路合闸后的沿线电压不应超过系统最高电压；

b. 由与系统相连的变电站合闸空载线路，线路合闸后的沿线电压不宜超过系统最高电压。

③ 对于范围Ⅱ同塔双回线路，一回线路的单相接地故障后的单相重合闸过电压宜作为主要工况。

④ 范围Ⅱ空载线路合闸和重合闸产生的相对地统计过电压，对 330kV、500kV 和 750kV 系统分别不宜大于 2.2p.u.、2.0p.u. 和 1.8p.u.。

⑤ 范围Ⅱ空载线路合闸、单相重合闸过电压的主要限制措施应为断路器采用合闸电阻和装设 MOA，也可使用选相合闸措施。限制措施应符合下列要求：

a. 对范围Ⅱ的 330kV 和 500kV 线路，宜按工程条件通过校验确定仅用 MOA 限制合闸和重合闸过电压的可行性；

b. 为限制此类过电压，也可在线路上适当位置安装 MOA。

⑥ 当范围Ⅰ的线路要求深度降低合闸或重合闸过电压时，可采取限制措施。

2) 故障清除过电压及限制应符合下列要求：

① 工程的设计条件宜选用线路单相故障接地故障清除后，在故障线路或相邻线路上产生的过电压；

② 对于两相短路、两相或三相接地故障，可根据预测结果采取相应限制措施；

③ 对于线路上较高的故障清除过电压，可在线路中部装设 MOA 或在断路器上安装分闸电阻予以限制。

3) 无故障甩负荷过电压可采用 MOA 限制。

4) 对振荡解列操作下的过电压应进行预测。预测振荡解列过电压时，线路送受端电势功角差宜按系统严重工况选取。

5) 投切空载变压器产生的操作过电压可采用 MOA 限制。

6) 空载线路开断时，断路器发生重击穿产生的空载线路分闸过电压的限制措施应符合下列要求：

① 对 110kV 及 220kV 系统，开断空载架空线路宜采用重击穿概率极低的断路器，开断电缆线路应采用重击穿概率极低的断路器，过电压不宜大于 3.0p.u.。

② 对 66kV 及以下不接地系统或谐振接地系统，开断空载线路应采用重击穿概率极低的断路器。6~35kV 的低电阻接地系统，开断空载线路应采用重击穿概率极低的断路器。

7) 6~66kV 系统中，开断并联电容补偿装置应采用重击穿概率极低的断路器。限制单相重击穿过电压宜将并联电容补偿装置的 MOA 保护（图 11-3）作为后备保护。断路器发生两相重击穿可不作为设计的工况。

8) 开断并联电抗器时，宜采用截流数值较低的断路器，并宜采用 MOA 或能耗极低的 RC 阻容吸收装置作为限制断路器强制熄弧截流产生过电压的后备保护。对范围 II 的并联电抗器开断时，也可使用选相分闸装置。

9) 当采用真空断路器或采用截流值较高的少油断路器开断高压感应电动机时，宜在断路器与电动机之间装设旋转电机用 MOA 或能耗极低的 RC 阻容吸收装置。

10) 对 66kV 及以下不接地系统发生单相间歇性电弧接地故障时产生的过电压，可根据负荷性质和工程的重要程度进行必要的预测。

11) 为监测范围 II 系统运行中出现的暂时过电压和操作过电压，宜在变电站安装自动记录过电压波形或幅值的装置，并宜定期收集实测结果。

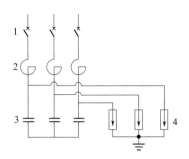

图 11-3 并联电容补偿装置的 MOA（避雷器）保护
1—断路器；2—串联电抗器；
3—电容器组；4—MOA

### 11.2.1.3 VFTO 及限制

范围 II GIS 和 HGIS 变电站应预测隔离开关开合管线产生的 VFTO，当 VFTO 会损坏绝缘时，宜避免引起危险的操作方式或在隔离开关加装阻尼电阻。

### 11.2.1.4 限制操作过电压用 MOA 的基本要求

① 电气装置保护用相对地 MOA 的持续运行电压不应低于系统的最高相电压。变压器、并联电抗器中性点 MOA 的持续运行电压应按额定电压和适当的荷电率确定。

② 电气装置保护用 MOA 的额定电压可按式（11-28）或式（11-29）选取，确定参数时应依据系统暂时过电压的幅值、持续时间和 MOA 的工频电压耐受时间特性。有效接地和低电阻接地系统，接地故障清除时间不大于 10s 时，MOA 的额定电压可按式（11-28）选取；非有效接地系统，接地故障清除时间大于 10s 时，MOA 的额定电压可按式（11-29）选取。

$$U_R \geq U_T \tag{11-28}$$
$$U_R \geq 1.25 U_T \tag{11-29}$$

式中　$U_R$——MOA 的额定电压，kV；
　　　$U_T$——系统的暂时过电压，kV。

③ 当系统工频过电压符合 11.2.1.1 第 1）条和 11.2.1.1 第 3）条的规定时，各种系统 MOA 的持续运行电压和额定电压可按表 11-15 选择。

表 11-15　MOA 持续运行电压和额定电压

| 系统中性点接地方式 | | 持续运行电压/kV | | 额定电压/kV | |
|---|---|---|---|---|---|
| | | 相地 | 中性点 | 相地 | 中性点 |
| 有效接地 | 110kV | $U_m/\sqrt{3}$ | $0.27U_m/0.46U_m$ | $0.75U_m$ | $0.35U_m/0.58U_m$ |
| | 220kV | $U_m/\sqrt{3}$ | $0.10U_m$ ($0.27U_m/0.46U_m$) | $0.75U_m$ | $0.35U_m$ ($0.35U_m/0.58U_m$) |
| | 330~750kV | $U_m/\sqrt{3}$ | $0.10U_m$ | $0.75U_m$ | $0.35kU_m$ |

续表

| 系统中性点接地方式 | | 持续运行电压/kV | | 额定电压/kV | |
|---|---|---|---|---|---|
| | | 相地 | 中性点 | 相地 | 中性点 |
| 非有效接地 | 不接地 | $1.1U_m$ | $0.64U_m$ | $1.38U_m$ | $0.8U_m$ |
| | 谐振接地 | $U_m$ | $U_m/\sqrt{3}$ | $1.25U_m$ | $0.72U_m$ |
| | 低电阻接地 | $0.8U_m$ | $0.46U_m$ | $U_m$ | $U_m/\sqrt{3}$ |
| | 高电阻接地 | $U_m$ | $U_m/\sqrt{3}$ | $1.25U_m$ | $U_m/\sqrt{3}$ |

注：1. 110kV、220kV 中性点斜线的上、下方数据分别对应系统无接地和有接地的条件。
2. 220kV 括号外、内数据分别对应变压器中性点经接地电抗器接地和不接地。
3. 220kV 变压器中性点经接地电抗器接地和 330～750kV 变压器或高压并联电抗器中性点经接地电抗器接地，当接地电抗器的电抗与变压器或高压并联电抗器的零序电抗之比等于 $n$ 时，$k$ 为 $3n/(1+3n)$。
4. 本表不适用于 110kV、220kV 变压器中性点不接地且绝缘水平低于表 11-14 所列数值的系统。

④ 具有发电机和旋转电机的系统，相对地 MOA 的额定电压，对应接地故障清除时间不大于 10s 时，不应低于旋转电机额定电压的 1.05 倍；接地故障清除时间大于 10s 时，不应低于旋转电机额定电压的 1.3 倍。旋转电机用 MOA 持续运行电压不宜低于 MOA 额定电压的 80%。旋转电机中性点用 MOA 额定电压，不应低于相应相对地 MOA 额定电压的 $1/\sqrt{3}$。

⑤ 采用 MOA 限制各种操作过电压时应通过仿真计算进行校核，其吸收能量应按工程要求确定。

## 11.2.2 外部过电压及其保护

### 11.2.2.1 一般规定

① 雷电过电压保护设计应包括线路雷电绕击、反击或感应过电压以及变电站直击、雷电侵入波过电压保护的设计。

② 输电线路和变电站的防雷设计，应结合当地已有线路和变电站的运行经验、地区雷电活动强度、地闪密度、地形地貌及土壤电阻率，通过计算分析和技术经济比较，按差异化原则进行设计。

### 11.2.2.2 避雷针和避雷线的保护范围

1) 单支避雷针的保护范围（如图 11-4 所示），应按下列公式计算：
① 避雷针在地面上的保护半径，应按下式计算：

$$r = 1.5hP \tag{11-30}$$

式中 $r$——保护半径，m；
  $h$——避雷针或避雷线的高度，m；当 $h>120$m 时，取其等于 120m。
  $P$——高度影响系数，$h \leqslant 30$m，$P=1$；$30\text{m}<h\leqslant 120\text{m}$，$P=5.5/\sqrt{h}$；当 $h>120$m 时，$P=0.5$。

② 在被保护物高度 $h_x$ 水平面上的保护半径应按下列方法确定：
a. 当 $h_x \geqslant 0.5h$ 时，保护半径应按下式确定：

$$r_x = (h-h_x)P = h_aP \tag{11-31}$$

式中 $r_x$——避雷针或避雷线在 $h_x$ 水平面上的保护半径，m；

$h_x$——被保护物的高度，m；
$h_a$——避雷针的有效高度，m。

b. 当 $h_x < 0.5h$ 时，保护半径应按下式确定：

$$r_x = (1.5h - 2h_x)P \tag{11-32}$$

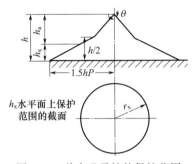

图 11-4 单支避雷针的保护范围
[$\theta$ 为保护角（°）]

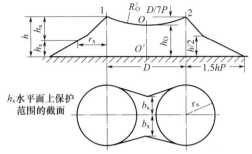

图 11-5 高度为 $h$ 的两等高避雷针的保护范围

2）两支等高避雷针的保护范围（如图 11-5 所示），应按下列方法确定：

① 两针外侧的保护范围应按单支避雷针的计算方法确定。

② 两针间的保护范围应按通过两针顶点及保护范围上部边缘最低点 $O$ 的圆弧确定，圆弧的半径为 $R'_O$。$O$ 点为假想避雷针的顶点，其高度应按下式计算：

$$h_O = h - D/(7P) \tag{11-33}$$

式中 $h_O$——两针间保护范围上部边缘最低点高度，m；
$D$——两避雷针间的距离，m。

③ 两针间 $h_x$ 水平面上保护范围的一侧最小宽度 $b_x$ 应按图 11-6 确定。当 $b_x > r_x$ 时，取 $b_x = r_x$。两针间距离与针高之比 $D/h$ 不宜大于 5。

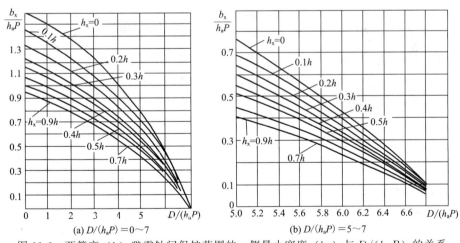

图 11-6 两等高（$h$）避雷针间保护范围的一侧最小宽度（$b_x$）与 $D/(h_aP)$ 的关系

3）多支等高避雷针的保护范围（如图 11-7 所示），应按下列方法确定：

① 三支等高避雷针所形成的三角形的外侧保护范围应分别按两支等高避雷针的计算方法确定。在三角形内被保护物最大高度 $h_x$ 水平面上，各相邻避雷针间保护范围的一侧最小宽度 $b_x \geq 0$ 时，全部面积可受到保护。

② 四支及以上等高避雷针所形成的四角形或多角形，可以先将其分成两个或数个三角形，然后分别按三支等高避雷针的方法计算。

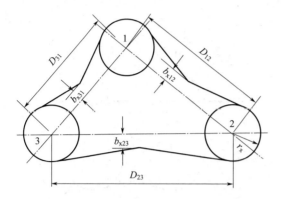

(a) 三支等高避雷针在$h_x$水平面上的保护范围　　(b) 四支等高避雷针在$h_x$水平面上的保护范围

图 11-7　三支、四支等高避雷针在$h_x$水平面上的保护范围

4）单根避雷线在$h_x$水平面上每侧保护范围的宽度（如图 11-8 所示），应按下列方法确定：

① 当$h_x \geqslant h/2$时，每侧保护范围的宽度应按下式计算：

$$r_x = 0.47(h - h_x)P \tag{11-34}$$

式中　$r_x$——每侧保护范围的宽度，m。

② 当$h_x < h/2$时

$$r_x = (h - 1.53h_x)P \tag{11-35}$$

5）两根等高平行避雷线的保护范围（如图 11-9 所示），应按下列方法确定：

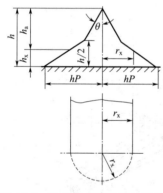

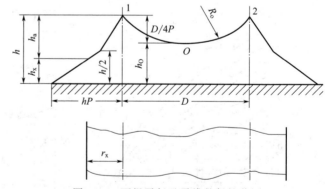

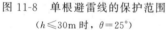

图 11-8　单根避雷线的保护范围　　　　图 11-9　两根平行避雷线的保护范围
　　　　($h \leqslant 30m$时，$\theta = 25°$)

① 两避雷线外侧的保护范围应按单根避雷线的计算方法确定。

② 两避雷线间各横截面的保护范围应由通过两避雷线 1、2 点及保护范围边缘最低点 $O$ 的圆弧确定。$O$ 点的高度应按下式计算：

$$h_O = h - D/(4P) \tag{11-36}$$

式中　$h_O$——两避雷线间保护范围上部边缘最低点的高度，m；

$D$——两避雷线间的距离，m；

$h$——避雷线的高度，m。

③ 两避雷线端部的两侧保护范围仍按单根避雷线保护范围计算。两线间保护最小宽度 $b_x$ 应按下列方法确定：

a. 当 $h_x \geqslant h/2$ 时，应按下式计算：

$$b_x = 0.47(h_O - h_x)P \tag{11-37}$$

b. 当 $h_x < h/2$ 时，应按下式计算：

$$b_x = (h_O - 1.53h_x)P \tag{11-38}$$

6) 不等高避雷针、避雷线的保护范围（如图 11-10 所示），应按下列方法确定：

① 两支不等高避雷针外侧的保护范围应分别按单支避雷针的计算方法确定。

② 两支不等高避雷针间的保护范围应按单支避雷针的计算方法，先确定较高避雷针 1 的保护范围，然后由较低避雷针 2 的顶点，作水平线与避雷针 1 的保护范围相交于点 3，取点 3 为等效避雷针的顶点，再按两支等高避雷针的计算方法确定避雷针 2 和 3 间的保护范围。通过避雷针 2、3 顶点及保护范围上部边缘最低点的圆弧，其弓高应按下式计算：

$$f = D'/(7P) \tag{11-39}$$

式中 $f$——圆弧的弓高，m；

$D'$——避雷针 2 和等效避雷针 3 间的距离，m。

③ 对多支不等高避雷针所形成的多角形，各相邻两避雷针的外侧保护范围按两支不等高避雷针的计算方法确定；三支不等高避雷针，如果在三角形内被保护物最大高度 $h_x$ 水平面上，各相邻避雷针间保护范围一侧最小宽度 $b_x \geqslant 0$ 时，全部面积可受到保护；四支及以上不等高避雷针所形成的多角形，其内侧保护范围可仿照等高避雷针的方法确定。

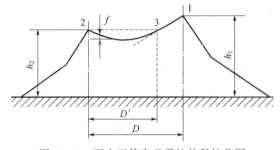

图 11-10 两支不等高避雷针的保护范围

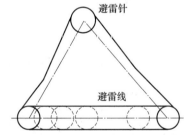

图 11-11 避雷针和避雷线的联合保护范围

④ 两根不等高避雷线各横截面的保护范围，应该仿照两支不等高避雷针的方法确定，按式(11-39) 计算。

7) 山地和坡地上的避雷针，由于地形、地质、气象及雷电活动的复杂性，避雷针的保护范围应有所减小，应按下列方法确定：

① 避雷针的保护范围可按式(11-36)～式(11-38) 计算。

② 两等高避雷针保护范围 $b_x$ 按 11.2.2.2 第 2) 条第②款确定的 $b_x$ 乘以 0.75 求得，上部边缘最低点高度可按下式计算：

$$h_O = h - D/(5P)$$

③ 两不等高避雷针保护范围的弓高可按下式计算：

$$f = D'/(5P)$$

④ 利用山势设立的远离被保护物的避雷针不得作为主要保护装置。

8) 相互靠近的避雷针和避雷线的联合保护范围可近似按下列方法确定（如图 11-11 所示）：避雷针、线外侧保护范围分别按单针、线的保护范围确定。内侧首先将不等高针、线划为等高针、线，然后将等高针、线视为等高避雷线计算其保护范围。

### 11.2.2.3 高压架空输电线路的雷电过电压保护

1) 线路的雷电过电压保护应符合下列要求：

① 输电线路防雷电保护设计时，应根据线路在电网中的重要性、运行方式、当地原有线路的运行经验、线路路径的雷电活动情况、地闪密度、地形地貌和土壤电阻率，通过经济技术比较制订出差异化的设计方案。

② 少雷区除外的其他地区的 220~750kV 线路应沿全线架设双地线。110kV 线路可沿全线架设地线，在山区和强雷区，宜架设双地线。在少雷区可不沿全线架设地线，但应装设自动重合闸装置。35kV 及以下线路，不宜全线架设地线。

③ 除少雷区外，6kV 和 10kV 钢筋混凝土杆配电线路，宜采用瓷或其他绝缘材料的横担，并应以较短的时间切除故障，以减少雷击跳闸和断线事故。

④ 杆塔处地线对边导线的保护角，应符合下列各项要求：对于单回路，330kV 及以下线路的保护角不宜大于 15°，500~750kV 线路的保护角不宜大于 10°；对于同塔双回路或多回路，110kV 线路的保护角不宜大于 10°，220kV 及以上线路的保护角不宜大于 0°；单地线线路的保护角不宜大于 25°；重覆冰线路的保护角可以适当加大；多雷区和强雷区的线路可采用负保护角。

⑤ 双地线线路，杆塔处两根地线间的距离不应大于导线与地线间垂直距离的 5 倍。

⑥ 有地线线路的反击耐雷水平不宜低于表 11-3 所列数值。

⑦ 雷季干燥时，有地线线路在杆塔不连地线时测量的线路杆塔的工频接地电阻，不宜超过表 11-16 所列数值。

表 11-16  有避雷线的线路杆塔的工频接地电阻

| 土壤电阻率 $\rho/(\Omega \cdot m)$ | $\rho \leqslant 100$ | $100 < \rho \leqslant 500$ | $500 < \rho \leqslant 1000$ | $1000 < \rho \leqslant 2000$ | $\rho > 2000$ |
|---|---|---|---|---|---|
| 接地电阻/Ω | 10 | 15 | 20 | 25 | 30 |

注：1. 如土壤电阻率超过 2000Ω·m，接地电阻很难降低到 30Ω 时，可采用 6~8 根总长不超过 500m 的放射形接地体，或采用连续伸长接地体，接地电阻不受限制。
2. 变电站进线段杆塔工频接地电阻不宜高 10Ω。

⑧ 有地线的线路应防止雷击档距中央地线反击导线，档距中央导地线间距应符合下列要求：

a. 范围 I 的输电线路，15℃无风时档距中火导线与地线间的最小距离宜按下式计算：

$$S_1 = 0.012l + 1 \tag{11-40}$$

式中  $S_1$——导线与地线间的距离，m；
$l$——档距长度，m。

b. 范围 II 的输电线路，15℃无风时档距中火导线与地线间的最小距离宜按下式计算：

$$S_1 = 0.015l + 1 \tag{11-41}$$

⑨ 钢筋混凝土杆铁横担和钢筋混凝土横担线路的地线支架、导线横担与绝缘子固定部分或瓷横担固定部分之间，宜有可靠的电气连接并与接地引下线相连。主杆非预应力钢筋已用绑扎或焊接连成电气通路时，可兼作接地引下线。利用钢筋兼作接地引下线的钢筋混凝土

电杆，其钢筋与接地螺母、铁横担间应有可靠的电气连接。

⑩ 中雷区及以上地区 35kV 及 66kV 无地线线路宜采取措施，减少雷击引起的多相短路和两相异点接地引起的断线事故，钢筋混凝土杆和铁塔宜接地。在多雷区接地电阻不宜超过 30Ω，其余地区接地电阻可不受限制。钢筋混凝土杆和铁塔应充分利用其自然接地作用，在土壤电阻率不超过 100Ω·m 或有运行经验的地区，可不另设人工接地装置。

⑪ 两端与架空线路相连接的长度超过 50m 的电缆，应在其两端装设 MOA；长度不超过 50m 的电缆，可只在任何一端装设 MOA。

⑫ 绝缘地线放电间隙的型式和间隙距离，应根据线路正常运行时地线上的感应电压，间隙动作后续流熄弧和继电保护的动作条件确定。

2）线路交叉部分的保护应符合下列要求：

① 当导线运行温度为 40℃ 或当设计允许温度 80℃ 的导线运行温度为 50℃ 时，同级电压线路相互交叉或与较低电压线路、通信线路交叉时的两交叉线路导线间或上方线路导线与下方线路地线间的垂直距离，不得小于表 11-17 所列数值。对按允许载流量计算导线截面的线路，还应校验当导线为最高允许温度时的交叉距离，此距离应大于操作过电压要求的空气间隙距离，且不得小于 0.8m。

表 11-17　同级电压线路相互交叉或与较低电压线路、通信线路交叉时的两交叉线路导线间或上方线路导线与下方线路地线间的垂直距离

| 系统标称电压/kV | 6、10 | 20~110 | 220 | 330 | 500 | 750 |
|---|---|---|---|---|---|---|
| 交叉距离/m | 2 | 3 | 4 | 5 | 6(8.5) | 7(12) |

注：括号内为至输电线路杆顶或至通信线路之交叉距离。

② 6kV 及以上的同级电压线路相互交叉或与较低电压线路、通信线路交叉时，交叉档应采取下列保护措施：

a. 交叉档两端的钢筋混凝土杆或铁塔，不论有无地线，均应接地。

b. 交叉距离比表 11-17 所列数值大 2m 及以上时，交叉档可不采取保护措施。

③ 交叉点至最近杆塔的距离不超过 40m，可不在此线路交叉档的另一杆塔杆装设交叉保护用的接地装置。

3）大跨越档的雷电过电压保护应符合下列要求：

① 范围 I 架空线路大跨越档的需电过电压保护应符合下列要求：

a. 全高超过 40m 有地线的杆塔，每增高 10m，应增加一个绝缘子，地线对边导线的保护角应符合 11.2.2.3 第 1）条第④款的规定。接地电阻不应超过表 11-16 所列数值的 50%，当土壤电阻率大于 2000Ω·m 时，不宜超过 20Ω。全高超过 100m 的杆塔，绝缘子数量应结合运行经验，通过雷电过电压的计算确定。

b. 未沿全线架设地线的 35kV 新建线路中的大跨越段，宜架设地线或安装线路防雷用避雷器，并应比一般线路增加一个绝缘子。

c. 根据雷击档距中央地线时控制防反击的条件，防止反击要求的大跨越档导线与地线间的距离不得小于表 11-18 的要求。

表 11-18　防止反击要求的大跨越档导线与避雷线间的距离

| 系统标称电压/kV | 35 | 66 | 110 | 220 | 330 | 500 |
|---|---|---|---|---|---|---|
| 距离/m | 3.0 | 6.0 | 7.5 | 11.0 | 15.0 | 17.5 |

② 范围Ⅱ架空线路大跨越档的雷电过电压保护应符合下列要求：
a. 大跨越档在雷电过电压下安全运行年数小宜低于50a。
b. 大跨越线路随杆塔高度增加宜增加杆塔的绝缘水平导线对杆塔的空气间隙距离应根据雷电过电压计算确定。绝缘子串的长度宜根据雷电过电压计算进行校核。
c. 根据雷击档距中央地线时控制反击的条件，大跨越档距中央导线与地线间的距离应通过雷电过电压的计算确定。
d. 大跨越杆塔的地线保护角不宜大于一般线路的保护角。
e. 宜安装线路避雷器，以提高安全水平和降低综合造价。

4) 同塔双回110kV和220kV线路，可采取下列形成不平衡绝缘的措施以减少雷击引起双回线路同时闪络跳闸的概率：
① 在一回线路上适当增加绝缘；
② 在一回线路上安装绝缘子并联间隙。

5) 多雷区、强雷区或地闪密度较高的地段，除改善接地装置、加强绝缘和选择适当的地线保护角外，可采取安装线路防雷用避雷器的措施来降低线路雷击跳闸率，并应符合下列要求：
① 安装线路避雷器宜根据技术经济原则因地制宜地制订实施方案。
② 线路避雷器宜在下列地点安装：多雷地区发电厂、变电站进线段且接地电阻较大的杆塔；山区线路易击段杆塔和易击杆；山区线路杆塔接地电阻过大、易发生闪络且改善接地电阻困难也不经济的杆塔；大跨越的高杆塔；多雷区同塔双回路线路易击段的杆塔。
③ 线路避雷器在杆塔上的安装方式应符合下列要求：
a. 110kV、220kV单回线路宜在三相绝缘子串旁安装；
b. 330~750kV单回线路可在两边相绝缘子串旁安装；
c. 同塔双回线路宜在一回路线路绝缘子串旁安装。

6) 中雷区及以上地区或地闪密度较高的地区，可安装绝缘子并联间隙的措施保护绝缘子，并应符合下列要求：
① 绝缘子并联间隙与被保护的绝缘子的雷电放电电压之间的配合应做到雷电过电压作用时并联间隙可靠动作，同时不宜过分降低线路绕击或反击耐雷电水平。
② 绝缘子并联间隙应在冲击放电后有效地导引工频短路电流电弧离开绝缘子本体，以免其灼伤。
③ 绝缘子并联间隙的安装应牢固，并联间隙本体应有一定的耐电弧和防腐蚀能力。

### 11.2.2.4 发电厂和变电站的雷电过电压保护

1) 发电厂和变电站的直击雷过电压保护可采用避雷针或避雷线，其保护范围可按11.2.2.2确定。下列设施应设直击雷保护装置：
① 屋外配电装置，包括组合导线和母线廊道；
② 火力发电厂的烟囱、冷却塔和输煤系统的高建筑物（地面转运站、输煤栈桥和输煤筒仓）；
③ 油处理室、燃油泵房、露天油罐及其架空管道、装卸油台、易燃材料仓库；
④ 乙炔发生站、制氢站、露天氢气罐、氢气罐储存室、天然气调压站、天然气架空管道及其露天储罐；
⑤ 多雷区的牵引站。

2) 发电厂的主厂房、主控制室、变电站控制室和配电装置室的直击雷过电压保护应符合下列要求：

① 发电厂的主厂房、主控制室和配电装置室可不装设直击雷保护装置。为保护其他设备而装设的避雷针，不宜装在独立的主控制室和 35kV 及以下变电站的屋顶上。采用钢结构或钢筋混凝土结构有屏蔽作用的建筑物的车间变电站可装设直击雷保护装置。

② 强雷区的主厂房、主控制室、变电站控制室和配电装置室宜有直击雷保护。

③ 主厂房装设避直击雷保护装置或为保护其他设备而在主厂房上装设避雷针时，应采取加强分流、设备的接地点远离避雷针接地引下线的入地点、避雷针接地引下线远离电气设备的防止反击措施，并宜在靠近避雷针的发电机出口处装设一组旋转电机用 MOA。

④ 主控制室、配电装置室和 35kV 及以下变电站的屋顶上装设直击雷保护装置时，应将屋顶金属部分接地；钢筋混凝土结构屋顶，应将其焊接成网接地；非导电结构的屋顶应采用避雷带保护，该避雷带的网格应为 8～10m，每隔 10～20m 应设接地引下线，该接地引下线应与主接地网连接，并应在连接处加装集中接地装置。

⑤ 峡谷地区的发电厂和变电站宜用避雷线保护。

⑥ 已在相邻建筑物保护范围内的建筑物或设备，可不装设直击雷保护装置。

⑦ 屋顶上的设备金属外壳、电缆金属外皮和建筑物金属构件均应接地

3) 露天布置的 GIS 的外壳可不装设直击雷保护装置，外壳应接地。

4) 发电厂和变电站有爆炸危险且爆炸后会波及发电厂和变电站内主设备或严重影响发供电的建（构）筑物，应用独立避雷针保护，采取防止雷电感应的措施，并应符合下列要求：

① 避雷针与易燃油储罐和氢气天然气罐体及其呼吸阀之间的空气中距离，避雷针及其接地装置雨罐体、罐体的接地装置和地下管道的地中距离应符合 11.2.2.4 第 11) 条第①款及第②款的要求。避雷针与呼吸阀的水平距离不应小于 3m，避雷针尖高出呼吸阀不应小于 3m。避雷针的保护范围边缘高出呼吸阀顶部不应小于 2m。避雷针的接地电阻不宜超过 10Ω，在高土壤电阻率地区，接地电阻难以降到 10Ω，且空气中距离和地中距离符合 11.2.2.4 第 11) 条第①款的要求时，可采用较高的电阻值。避雷针与 5000$m^3$ 以上储罐呼吸阀的水平距离不应小于 5m，避雷针尖高出呼吸阀不应小于 5m。

② 露天储罐周围应设闭合环形接地体，接地电阻不应超过 30Ω，无独立避雷针保护的露天储罐不应超过 10Ω，接地点不应少于 2 处，接地点间距不应大于 30m。架空管道每隔 20～25m 应接地 1 次，接地电阻不应超过 30Ω。易燃油储罐的呼吸阀、易燃油和天然气储罐的热工测量装置应与储罐的接地体用金属线相连的方式进行重复接地。不能保持良好电气接触的阀门、法兰、弯头的管道连接处应跨接。

5) 发电厂和变电站的直击雷保护装置包括兼作接闪器的设备金属外壳、电缆金属外皮、建筑物金属构件，其接地可利用发电厂或变电站的主接地网，应在直击雷保护装置附近装设集中接地装置。

6) 独立避雷针的接地装置应符合下列要求：

① 独立避雷针宜设独立的接地装置。

② 在非高土壤电阻率地区，接地电阻不宜超过 10Ω。

③ 该接地装置可与主接地网连接，避雷针与主接地网的地下连接点至 35kV 及以下设备与主接地网的地下连接点之间，沿接地极的长度不得小于 15m。

④ 独立避雷针不应设在人经常通行的地方，避雷针及其接地装置与道路或出入口的距

离不宜小于3m,否则应采取均压措施或铺设砾石或沥青地面。

7) 架构或房顶上安装避雷针应符合下列要求:

① 110kV及以上的配电装置,可将避雷针装在配电装置的架构或房顶上,在土壤电阻率大于1000Ω·m的地区,宜装设独立避雷针。装设非独立避雷针时,应通过验算,采取降低接地电阻或加强绝缘的措施。

② 66kV的配电装置,可将避雷针装在配电装置的架构或房顶上,在土壤电阻率大于500Ω·m的地区,宜装设独立避雷针。

③ 35kV及以下高压配电装置架构或房顶不宜装避雷针。

④ 装在架构上的避雷针应与接地网连接,并应在其附近装设集中接地装置。装有避雷针的架构上,接地部分与带电部分间的空气中距离不得小于绝缘子串的长度或非污秽区标准绝缘子串的长度。

⑤ 除大坝与厂房紧邻的水力发电厂外,装设在除变压器门形架构外的架构上的避雷针与主接地网的地下连接点至变压器外壳接地线与主接地网的地下连接点之间,埋入地中的接地极的长度不得小于15m。

8) 变压器门形架构上安装避雷针或避雷线应符合下列要求:

① 除大坝与厂房紧邻的水力发电厂外,当土壤电阻率大于350Ω·m时,在变压器门形架构上和在离变压器主接地线小于15m的配电装置的架构上,不得装设避雷针、避雷线;

② 当土壤电阻率不大于350Ω·m时,应根据方案比较确有经济效益,经过计算采取相应的防止反击措施后,可在变压器门形架构上装设避雷针、避雷线;

③ 装在变压器门形架构上的避雷针与接地网连接,并应沿不同方向引出3根到4根放射形水平接地体,在每根水平接地体上离避雷针架构3~5m处应装设1根垂直接地体;

④ 6~35kV变压器应在所有绕组出线上或在离变压器电气距离不大于5m条件下装设MOA;

⑤ 高压侧电压35kV变电站,在变压器门形架构上装设避雷针时,变电站接地电阻不应超过4Ω。

9) 线路的避雷线引接到发电厂或变电站应符合下列要求:

① 110kV及以上配电装置,可将线路的避雷线引接到出线门形架构上,在土壤电阻率大于1000Ω·m的地区,还应装设集中接地装置;

② 35kV和66kV配电装置,在土壤电阻率不大于500Ω·m的地区,可将线路的避雷线引接到出线门形架构上,应装设集中接地装置;

③ 35kV和66kV配电装置,在土壤电阻率大于500Ω·m的地区,避雷线应架设到线路终端杆塔为止。从线路终端杆塔到配电装置的一档线路的保护,可采用独立避雷针,也可在线路终端杆塔上装设避雷针。

10) 烟囱和装有避雷针和避雷线架构附近的电源线应符合下列要求:

① 火力发电厂烟囱附近的引风机及其电动机的机壳应与主接地网连接,并应装设集中接地装置,该接地装置宜与烟囱的接地装置分开。当不能分开时,引风机的电源线应采用带金属外皮的电缆,电缆的金属外皮应与接地装置连接。

② 机械通风冷却塔上电动机的电源线、装有避雷针和避雷线的架构上的照明灯电源线,均应采用直接接埋入地下的带金属外皮的电缆或穿入金属管的导线电缆外皮或金属管埋地长度在10m以上,可与35kV及以下配电装置的接地网及低压配电装置相连接。

③ 不得在装有避雷针、避雷线的构筑物上架设未采取保护措施的通信线、广播线和低压线。

11) 独立避雷针、避雷线与配电装置带电部分间的空气中距离以及独立避雷针、避雷线的接地装置与接地网间的地中距离应符合下列要求：

① 独立避雷针与配电装置带电部分、发电厂和变电站电气设备接地部分、架构接地部分之间的空气中距离，应符合下式的要求：

$$S_a \geqslant 0.2R_i + 0.1h \tag{11-42}$$

式中 $S_a$——空气中距离，m；
$R_i$——避雷针的冲击接地电阻，Ω；
$h$——避雷针校验点的高度，m。

② 独立避雷针的接地装置与发电厂或变电站接地网间的地中距离，应符合下式的要求：

$$S_e \geqslant 0.3R_i \tag{11-43}$$

式中 $S_e$——地中距离，m。

③ 避雷线与配电装置带电部分、发电厂和变电站电气设备接地部分以及架构接地部分间的空气中距离，应符合下列要求：

a. 对一端绝缘、另一端接地的避雷线

$$S_a \geqslant 0.2R_i + 0.1(h + \Delta l) \tag{11-44}$$

式中 $h$——避雷线支柱的高度，m；
$\Delta l$——避雷线上校验的雷击点与最近接地支柱的距离，m。

b. 对两端接地的避雷线

$$S_a \geqslant \beta'[0.2R_i + 0.1(h + \Delta l)] \tag{11-45}$$

式中 $\beta'$——避雷线分流系数。

c. 避雷线分流系数可按下式计算：

$$\beta' = \frac{1 + \dfrac{\tau_t R_i}{12.4(l_2 + h)}}{1 + \dfrac{\Delta l + h}{l_2 + h} + \dfrac{\tau_t R_i}{6.2(l_2 + h)}} \approx \frac{l_2 + h}{l_2 + \Delta l + 2h} = \frac{l' - \Delta l + h}{l' + 2h} \tag{11-46}$$

式中 $l_2$——避雷线上校验的雷击点与另一端支柱间的距离，$l_2 = l' - \Delta l$，m；
$l'$——避雷线两支柱间的距离，m；
$\tau_t$——雷电流波头长度，一般取 2.6μs。

④ 避雷线的接地装置与发电厂或变电站接地网间的地中距离，应符合下列要求：对一端绝缘另一端接地的避雷线，应按式（11-44）校验。对两端接地的避雷线应按下式校验：

$$S_e \geqslant 0.3\beta'R_i \tag{11-47}$$

⑤ 除上述要求外，对避雷针和避雷线，$S_a$ 不宜小于 5m，$S_e$ 不宜小于 3m。对 66kV 及以下配电装置，包括组合导线、母线廊道等，应尽量降低感应过电压，当条件许可时，$S_a$ 应尽量增大。

12) 范围Ⅱ发电厂和变电站高压配电装置的雷电侵入波过电压保护应符合下列要求：

① 2km 架空进线保护段范围内的杆塔耐雷水平应符合表 11-3 的要求。应采取措施减少近区雷击闪络。

② 发电厂和变电站高压配电装置的雷电侵入波过电压保护可用 MOA 的设置和保护方案，宜通过仿真计算确定。雷电侵入波过电压保护用 MOA 的基本要求参见 11.2.1.4 第 1）条至 11.2.1.4 第 3）条。

③ 发电厂和变电站的雷电安全运行年，不宜低于表 11-19 所列数值。

④ 变压器和高压并联电抗器的中性点经接地电抗器接地时，中性点上应装设 MOA 保护。

表 11-19　发电厂和变电站的雷电安全运行年

| 系统标称电压/kV | 330 | 500 | 750 |
| --- | --- | --- | --- |
| 安全运行年/a | 600 | 800 | 1000 |

13) 范围 I 发电厂和变电站高压配电装置的雷电侵入波过电压保护应符合下列要求：

① 发电厂和变电站应采取措施防止或减少近区雷击闪络。未沿全线架设避雷线的 35～110kV 的架空送电线路，应在变电站 1～2km 的进线段架设避雷线。220kV 架空送电线路，在 2km 进线保护段范围内以及 35～110kV 线路在 1～2km 进线保护段范围内的杆塔耐雷水平应该符合表 11-3 的要求。

② 未沿全线架设避雷线的 35～110kV 线路，其变电站的进线段应采用图 11-12 所示的保护接线。在雷季，变电站 35～110kV 进线的隔离开关或断路器可能经常断路运行，同时线路侧又带电，必须在靠近隔离开关或断路器处装设一组 MOA。

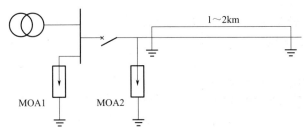

图 11-12　35～110kV 变电站的进线保护接线

③ 全线架设避雷线的 66～220kV 变电站，当进线隔离开关或断路器经常断路运行，同时线路侧又带电时，宜在靠近隔离开关或断路器处装设一组 MOA。

④ 为防止雷击线路断路器跳闸后待重合时间内重复雷击引起变电站电气设备的损坏，多雷区及运行中已出现过此类事故的地区的 66～220kV 敞开式变电站和电压范围 II 变电站的 66～220kV 侧，线路断路器的线路侧宜安装一组 MOA。

⑤ 发电厂、变电站 35kV 及以上电缆进线段，电缆与架空线的连接处应装设 MOA，其接地端应与电缆金属外皮连接。对三芯电缆，末端金属外皮应直接接地〔如图 11-13(a) 所示〕；对单芯电缆，应经金属氧化物电缆护层保护器 (CP) 接地〔如图 11-13(b) 所示〕。如果电缆长度不超过 50m 或虽超过 50m，但经校验，装一组 MOA 即能符合保护要求时，图 11-13 中可只装 MOA1 或 MOA2。如电缆长度超过 50m，且断路器在雷季可能经常断路运行，应在电缆末端装设 MOA。连接电缆段的 1km 架空线路应架设避雷线。全线电缆-变压器组接线的变电站内是否需装设 MOA，应视电缆另一端有无雷电过电压波侵入的可能，经校验确定。

⑥ 具有架空进线的 35kV 及以上发电厂和变电站敞开式高压配电装置中 MOA 的配置应符合下列要求：

a. 35kV 及以上装有标准绝缘水平的设备和标准特性 MOA 且高压配电装置采用单母线、双母线或分段的电气主接线时，MOA 可仅安装在母线上。MOA 至主变压器间的最大电气距离可按表 11-20 确定。对其他设备的最大距离可相应增加 35%。MOA 与主被保护设备的

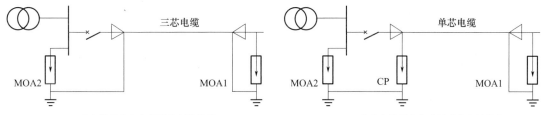

(a) 三芯电缆段的变电站进线保护接线　　　　(b) 单芯电缆段的变电站进线保护接线

图 11-13　具有 35kV 及以上电缆段的变电站进线保护接线

最大电气距离超过规定值时，可在主变压器附近增设一组 MOA。变电站内所有 MOA 应以最短的接地线与配电装置的主接地网连接，同时应在其附近装设集中接地装置。

b. 在 11.2.2.4 第 13)条第④款的情况下，线路入口 MOA 与被保护设备的电气距离不超过规定值时，可不在母线上安装 MOA。

c. 架空进线采用同塔双回路杆塔，确定 MOA 与变压器最大电气距离时，进线路数应计为一路，且在雷季中宜避免将其中一路断开。

表 11-20　普通阀式避雷器（MOA）至主变压器间的最大电气距离　　单位：m

| 系统标称电压/kV | 进线长度/km | 进线路数 | | | |
|---|---|---|---|---|---|
| | | 1 | 2 | 3 | ≥4 |
| 35 | 1.0 | 25 | 40 | 50 | 55 |
| | 1.5 | 40 | 55 | 65 | 75 |
| | 2.0 | 50 | 75 | 90 | 105 |
| 66 | 1.0 | 45 | 65 | 80 | 90 |
| | 1.5 | 60 | 85 | 105 | 115 |
| | 2.0 | 80 | 105 | 130 | 145 |
| 110 | 1.0 | 55 | 85 | 105 | 115 |
| | 1.5 | 90 | 120 | 145 | 165 |
| | 2.0 | 125 | 170 | 205 | 230 |
| 220 | 2.0 | 125(90) | 195(140) | 235(170) | 265(190) |

注：1. 全线有避雷线进线长度取 2km，进线长度在 1～2km 间时的距离按补插法确定。
　　2. 标准绝缘水平指 35kV、66kV、110kV 及 220kV 变压器、电压互感器标准雷电冲击全波耐受电压分别为 200kV、325kV、480kV 及 950kV。括号内的数值对应的雷电冲击全波耐受电压为 850kV。

⑦ 对于 35kV 及以上具有架空或电缆进线、主接线特殊的敞开式或 GIS 电站，应通过仿真计算确定保护方式。

⑧ 有效接地系统中的中性点不接地的变压器，中性点采用分级绝缘且未装设保护间隙时，应在中性点装设 MOA。中性点采用全绝缘，变电站为单进线且为单台变压器运行时，也应在中性点装设 MOA。不接地、谐振接地和高电阻接地系统中的变压器中性点，可不装设保护装置，多雷区单进线变电站且变压器中性点引出时，宜装设 MOA。

⑨ 自耦变压器应在其两个自耦合的绕组出线上装设 MOA，该 MOA 应装在自耦变压器和断路器之间，并采用如图 11-14 所示的 MOA 保护接线。

⑩ 35～220kV 开关站，应根据其重要性和进线路数，在进线上装设 MOA。

⑪ 应在与架空线路连接的三绕组变压器的第三开路绕组或第三平衡绕组以及发电厂双绕组升压变压器当发电机断开由高压侧倒送厂用电时的二次绕组的三相上各安装一支MOA，以防止由变压器高压绕组雷电波电磁感应传递的过电压对其他各相应绕组的损坏。

⑫ 变电站的6kV和10kV配电装置的雷电侵入波过电压的保护应符合下列要求：

a. 变电站的6kV和10kV配电装置，应在每组母线和架空进线上分别装设MOA，并应采用图11-15所示的保护接线。MOA至6～10kV主变压器的电气距离不宜大于表11-21所列数值。

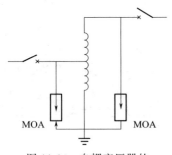

图 11-14　自耦变压器的MOA保护接线

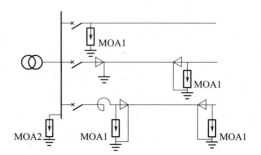

图 11-15　6kV和10kV配电装置雷电侵入波过电压的保护接线

表 11-21　MOA（阀式避雷器）至 6～10kV 主变压器的最大电气距离

| 雷季经常运行的进线回路数 | 1 | 2 | 3 | ≥4 |
|---|---|---|---|---|
| 最大电气距离/m | 15 | 20 | 25 | 30 |

b. 架空进线全部在厂区内，且受到其他建筑物屏蔽时，可只在母线上装设MOA。

c. 有电缆段的架空线路，MOA应装设在电缆头附近，其接地端应与电缆金属外皮相连。各架空进线均有电缆段时，MOA与主变压器的最大电气距离可不受限制。

d. MOA应以最短的接地线与变电站、配电站的主接地网连接，可通过电缆金属外皮连接。MOA附近应装设集中接地装置。

e. 6kV和10kV配电站，当无所用变压器时，可仅在每路架空进线上装设MOA。

14）气体绝缘全封闭组合电器（GIS）变电站的雷电侵入波过电压保护应符合下列要求：

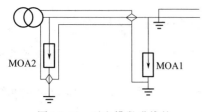

图 11-16　无电缆段进线的GIS变电站保护接线

① 66kV及以上进线无电缆段的GIS变电站保护（图11-16）应符合下列要求：

a. 变电站应在GIS管道与架空线路的连接处装设MOA，其接地端应与管道金属外壳连接。

b. 变压器或GIS一次回路的任何电气部分至MOA1间的最大电气距离对66kV系统不超过50m时，对110kV及220kV系统不超过130m时，或虽超过，但经校验，装一组MOA即能符合保护要求，则可只装设MOA1。

c. 连接GIS管道的架空线路进线保护段的长度应不小于2km，且应符合11.2.2.3第1）条第④款的要求。

② 66kV 及以上进线有电缆段的 GIS 变电站的雷电侵入波过电压保护应符合下列要求：
a. 在电缆段与架空线路的连接处应装设 MOA，其接地端应与电缆的金属外皮连接。
b. 三芯电缆进 GIS 变电站的保护接线，末端的金属外皮应与 GIS 管道金属外壳连接接地 [图 11-17(a)]。
c. 对单芯电缆进 GIS 变电站的保护接线，应经金属氧化物电缆护层保护器（CP）接地 [图 11-17(b)]。

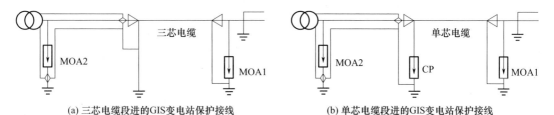

图 11-17　有电缆段进线的 GIS 变电站保护接线

d. 电缆末端至变压器或 GIS 一次回路的任何电气部分间的最大电气距离不超过 11.2.2.4 第 (14) 条第①款的规定值，可不装设 MOA2。当超过时，经校验，装一组 MOA 即能符合保护要求，图 11-17 中可不装设 MOA2。
e. 对连接电缆段的 2km 架空线路应架设地线。
③ 进线全长为电缆的 GIS 变电站内是否需装设 MOA，应视电缆另一端有无雷电过电压波侵入，经校验确定。

15）小容量变电站雷电侵入波过电压应按照下列要求进行简易保护。
① 3150～5000kV·A 的变电站 35kV 侧，可根据负荷的重要性及雷电活动的强弱等条件适当简化保护接线，变电站进线段的避雷线长度可减少到 500～600m，但其 MOA 的接地电阻不应超过 5Ω（如图 11-18 所示）。

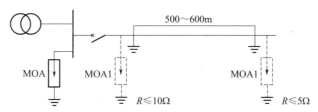

图 11-18　3150～5000kV·A 的 35kV 变电站的简易保护接线

② 在小于 3150kV·A 供非重要负荷的变电站 35kV 侧，根据雷电活动的强弱，可采用如图 11-19(a) 所示的保护接线；容量为 1000kV·A 及以下的变电站，可采用如图 11-19(b) 所示的保护接线。

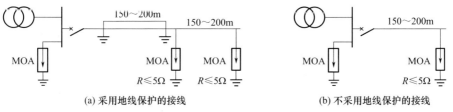

图 11-19　小于 3150kV·A 变电站的简易保护

③ 小于 3150kV·A 供非重要负荷的 35kV 分支变电站，根据雷电活动的强弱，可采用如图 11-20 所示的保护接线。

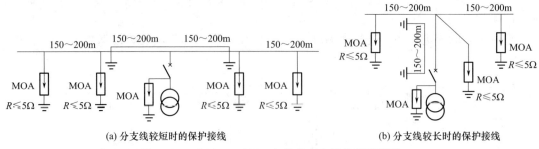

图 11-20　小于 3150kV·A 分支变电站的简易保护

④ 简易保护接线的变电站 35kV 侧，MOA 与主变压器或电压互感器间的最大电气距离不宜超过 10m。

#### 11.2.2.5　配电系统的雷电过电压保护

① 10～35kV 配电系统中配电变压器的高压侧应靠近变压器装设 MOA，该 MOA 接地线应与变压器金属外壳连在一起接地。

② 10～35kV 配电变压器的低压侧宜装设 1 组 MOA，以防止反变换波和低压侧雷电侵入波击穿绝缘，该 MOA 接地线应与变压器金属外壳连在一起接地。

③ 10～35kV 柱上断路器和负荷开关应装设 MOA 保护。经常断路运行而又带电的柱上断路器、负荷开关或隔离开关，应在带电侧装设 MOA，其接地线应与柱上断路器的金属外壳连接，接地电阻不宜超过 10Ω。

④ 装设在架空线路上的电容器宜装设 MOA 保护。MOA 应靠近电容器安装，其接地线应与电容器金属外壳连在一起接地，接地电阻不宜超过 10Ω。

⑤ 架空配电线路使用绝缘导线时，应根据雷电活动情况和已有运行经验采取防止雷击导线断线的防护措施。

#### 11.2.2.6　旋转电机的雷电过电压保护

① 与架空线路直接连接的旋转电机的保护方式，应根据电机容量、雷电活动强弱和对运行可靠性的要求确定。旋转电机雷电过电压保护用 MOA 可按 11.2.2.4 第 4) 条确定。

② 单机容量不小于 25000kW 且不大于 60000kW 的旋转电机，宜采用如图 11-21(a) 所示的保护接线。60000kW 以上的电机，不应与架空线路直接连接。进线电缆段应直接埋设

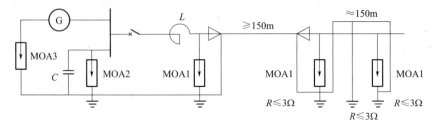

图 11-21　25000～60000kW 旋转电机的保护接线
MOA1—配电 MOA（阀式避雷器）；MOA2—旋转电机 MOA；G—发电机；
L—限制短路电流用电抗器；C—电容器；R—接地电阻

在土壤中,以充分利用其金属外皮的分流作用;当进线电缆段如受条件限制不能直接埋设时,可将电缆金属外皮多点接地。进线段上的 MOA 接地端,应与电缆的金属外皮和地线连在一起接地,接地电阻不应大于 3Ω。

③ 单机容量不小于 6000kW 且小于 25000kW 的旋转电机,宜采用如图 11-22 所示的保护接线。在多雷区,也可采用如图 11-21 所示的保护接线。

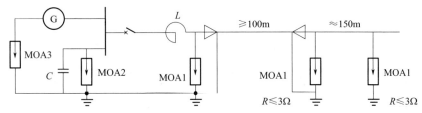

图 11-22　6000～25000kW(不含 25000kW)旋转电机的保护接线

④ 单机容量不小于 6000kW 且不大于 12000kW 的旋转电机,出线回路中无限流电抗器时,宜采用如图 11-23 所示的保护接线。

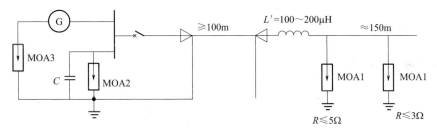

图 11-23　6000～12000kW 旋转电机的保护接线

⑤ 单机容量不小于 1500kW 且小于 6000kW 或少雷区 60000kW 及以下的旋转电机,可采用图 11-24 所示的保护接线。在进线保护段长度内,应装设避雷针或地线。

⑥ 单机容量为 6000kW 及以下的旋转电机或牵引站的旋转电机,可采用如图 11-25 所示有电抗线圈或限流电抗器的保护接线。

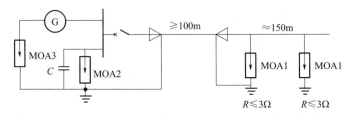

图 11-24　1500～6000kW(不含 6000kW)旋转电机和少雷地区 60000kW 及以下直配电机的保护接线

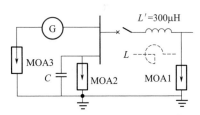

图 11-25　6000kW 及以下旋转电机或牵引站旋转电机的保护接线

⑦ 容量为 25000kW 及以上的旋转电机,应在每台电机出线处装设一组旋转电机 MOA。25000kW 以下的旋转电机,MOA 应尽量靠近电机装设,在一般情况下,MOA 可装在电机出线处;如接在每一组母线上的电机不超过两台,MOA 也可装在每一组母线上。

⑧ 当旋转电机的中性点能引出且未直接接地时,应在中性点上装设旋转电机中性点 MOA。

⑨ 保护旋转电机用的地线,对边导线的保护角不应大于 20°。

⑩ 为保护旋转电机匝间绝缘和防止感应过电压，装在每相母线上的电容器，包括电缆段电容在内应为 0.25～0.5μF；对于中性点不能引出或双排非并绕绕组的电机，应为 1.5～2μF。电容器宜有短路保护。

⑪ 无架空直配线的发电机，当发电机与升压变压器之间的母线或组合导线无金属屏蔽部分的长度大于 50m 时，应采取防止感应过电压的措施，在发电机回路或母线的每相导线上装设不小于 0.15μF 的电容器或旋转电机用 MOA；或可按 11.2.2.4 第 13) 条第⑧款要求装设 MOA，该 MOA 应选用旋转电机用 MOA。

⑫ 在多雷区，经变压器与架空线路连接的非旋转电机，当变压器高压侧的系统标称电压为 66kV 及以下时，为防止雷电过电压经变压器绕组的电磁传递而危及电机的绝缘，宜在电机出线上装设一组旋转电机用 MOA。变压器高压侧的系统标称电压为 110kV 及以上时，电机出线上是否装设 MOA 可经校验确定。

## 11.3 建筑物防雷的分类及措施

### 11.3.1 雷电活动规律

(1) 雷电活动的一般规律
① 湿热地区比气候寒冷而干燥的地区雷击活动多。
② 雷击活动与地理纬度有关，赤道上最多，由赤道分别向北、向南递减。
③ 从地域划分，雷电活动山区多于平原，陆地多于湖泊、海洋。
④ 雷电活动最多的月份是 7～8 月。

(2) 落雷的相关因素
1) 地面落雷的相关因素
① 地理条件　湿热地区的雷电活动多于干冷地区，在我国大致按华南、西南、长江流域、华北、东北、西北依次递减。从地域看是山区多于平原，陆地多于湖海。雷电频度与地面落雷虽是两个概念，但雷电频度大的地区往往地面落雷也多。
② 地质条件　有利于很快聚集与雷云相反电荷的地面，如地下埋有导电矿藏的地区，地下水位高的地方、矿泉、小河沟、地下水出口处，土壤电阻率突变的地方，土山的山顶或岩石山的山脚等处容易落雷。
③ 地形条件　某些地形往往可以引起局部气候的变化，造成有利于雷云形成和相遇的条件，如某些山区，山的南坡落雷多于北坡，靠海的一面山坡落雷多于背海的一面山坡，山中的局部平地落雷多于峡谷，风暴走廊与风向一致的地方的风口或顺风的河谷容易落雷。
④ 地物条件　由于地物的影响，有利于雷云与大地之间建立良好的放电通道，如孤立高耸的地物、排出导电尘埃的厂房及排出废气的管道、屋旁大树、山区输电线等易受雷击。

2) 建筑物落雷的相关因素
① 建筑物的孤立程度　旷野中孤立的建筑物和建筑群中的高耸建筑物，易受雷击。
② 建筑物的结构　金属屋顶、金属构架、钢筋混凝土结构的建筑物易受雷击。
③ 建筑物的性质　常年积水的冰库，非常潮湿的牛、马等家畜棚，建筑群中个别特别潮湿的建筑物，容易积聚大量的电荷；生产、储存易挥发物的建筑物，容易形成游离物质，因而易受雷击。

④ 建筑物的位置和外廓尺寸。一般认为建筑物位于地面落雷较多的地区和外廓尺寸较大的建筑物易受雷击。

(3) 建筑物年预计雷击次数

① 建筑物年预计雷击次数应按下式计算：

$$N = K N_g A_e \tag{11-48}$$

式中 $N$——建筑物年预计雷击次数，次/a；

$K$——校正系数，在一般情况下取 1，位于河边、湖边、山坡下或山地中土壤电阻率较小处、地下水露头处、土山顶部、山谷风口等处的建筑物以及特别潮湿的建筑物取 1.5，金属屋面没有接地的砖木结构建筑物取 1.7，位于山顶上或旷野的孤立建筑物取 2；

$N_g$——建筑物所处地区雷击大地的年平均密度，次/(km²·a)；

$A_e$——与建筑物截收相同雷击次数的等效面积，km²。

② 雷击大地的年平均密度，首先应按当地气象台、站资料确定；若无此资料，可按下式计算。

$$N_g = 0.1 T_d \tag{11-49}$$

式中 $T_d$——年平均雷暴日，根据当地气象台、站资料确定，d/a。

③ 与建筑物截收相同雷击次数的等效面积应为其实际平面面积向外扩大后的面积。其计算方法应符合下列规定。

a. 当建筑物的高度小于 100m 时，其每边的扩大宽度和等效面积应按下列公式计算（如图 11-26 所示）：

$$D = \sqrt{H(200-H)} \tag{11-50}$$

$$A_e = [LW + 2(L+W)\sqrt{H(200-H)} + \pi H(200-H)] \times 10^{-6} \tag{11-51}$$

式中 $D$——建筑物每边的扩大宽度，m；

$L$，$W$，$H$ 分别为建筑物的长、宽、高，m。

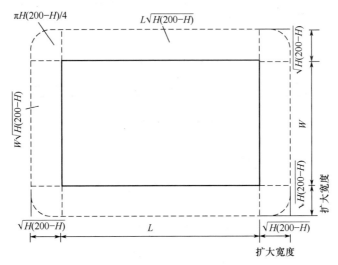

图 11-26 建筑物的等效面积

注：建筑物平面面积扩大后的等效面积如图 11-26 中周边虚线所包围的面积

b. 当建筑物高度小于 100m，同时其周边在 2D 范围内有等高或比它低的其他建筑物，这些建筑物不在所考虑建筑物以 $h_r=100(m)$ 的保护范围内时,按式(11-51) 算出的 $A_e$ 可减去 $(D/2)\times$(这些建筑物与所考虑建筑物边长平行以米计的长度总和)$\times 10^{-6}$ (km²)。

当四周在 $2D$ 范围内都有等高或比它低的其他建筑物时,其等效面积可按下式计算:

$$A_e=[LW+(L+W)\sqrt{H(200-H)}+\pi H(200-H)/4]\times 10^{-6} \quad (11\text{-}52)$$

c. 当建筑物的高度小于 100m,同时其周边在 $2D$ 范围内有比它高的其他建筑物时,按式(11-51) 算出的等效面积可减去 $D\times$(这些建筑物与所考虑建筑物边长平行以米计的长度总和)$\times 10^{-6}$ (km²)。

当四周在 $2D$ 范围内都有比它高的其他建筑物时,其等效面积可按下式计算:

$$A_e=LW\times 10^{-6} \quad (11\text{-}53)$$

d. 当建筑物的高度等于或大于 100m 时,其每边扩大宽度应按等于建筑物的高度计算;建筑物的等效面积应按下式计算:

$$A_e=[LW+2H(L+W)+\pi H^2]\times 10^{-6} \quad (11\text{-}54)$$

e. 当建筑物的高度等于或大于 100m,其周边在 $2H$ 范围内有等高或比它低的其他建筑物,且不在所确定建筑物以滚球半径等于建筑物高(m)的保护范围内时,按式(11-54) 算出的等效面积可减去 $(H/2)\times$(这些建筑物与所确定建筑物边长平行以米计的长度总和)$\times 10^{-6}$ (km²)。当四周在 $2H$ 范围内都有等高或比它低的其他建筑物时,其等效面积可按下式计算:

$$A_e=[LW+H(L+W)+\pi H^2/4]\times 10^{-6} \quad (11\text{-}55)$$

f. 当建筑物的高度等于或大于 100m,同时其周边在 $2H$ 的范围内有比它高的其他建筑物时,按式(11-55) 算出的等效面积可减去 $H\times$(这些建筑物与所确定建筑物边长平行以米计的长度总和)$\times 10^{-6}$ (km²)。当四周在 $2H$ 范围内都有比它高的其他建筑物时,其等效面积可按式(11-54) 计算。

g. 当建筑物各部位的高不同时,应沿建筑物周边逐点算出最大扩大宽度,其等效面积应按每点最大扩大宽度外端的连接线所包围的面积计算。

(4) 雷电流

闪电中可能出现的三种雷击见图 11-27,其参量应按表 11-22~表 11-25 的规定取值。雷击参数的定义应符合图 11-28 的规定。

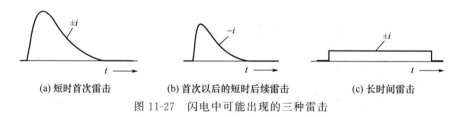

(a) 短时首次雷击　　(b) 首次以后的短时后续雷击　　(c) 长时间雷击

图 11-27　闪电中可能出现的三种雷击

表 11-22　首次正极性雷击的雷电流参量

| 雷电流参数 | 防雷建筑物类别 | | |
|---|---|---|---|
| | 一类 | 二类 | 三类 |
| 幅值 $I/kA$ | 200 | 150 | 100 |
| 波头时间 $T_1/\mu s$ | 10 | 10 | 10 |
| 半值时间 $T_2/\mu s$ | 350 | 350 | 350 |
| 电荷量 $Q_s/C$ | 100 | 75 | 50 |
| 单位能量 $W/R/(MJ/\Omega)$ | 10 | 5.6 | 2.5 |

表 11-23　首次负极性雷击的雷电流参量

| 雷电流参数 | 防雷建筑物类别 | | |
|---|---|---|---|
| | 一类 | 二类 | 三类 |
| 幅值 $I$/kA | 100 | 75 | 50 |
| 波头时间 $T_1$/μs | 1 | 1 | 1 |
| 半值时间 $T_2$/μs | 200 | 200 | 200 |
| 平均陡度 $I/T_1$/(kA/μs) | 100 | 75 | 50 |

注：本波形仅供计算用，不供试验用。

表 11-24　首次负极性以后雷击的雷电流参量

| 雷电流参数 | 防雷建筑物类别 | | |
|---|---|---|---|
| | 一类 | 二类 | 三类 |
| 幅值 $I$/kA | 50 | 37.5 | 250 |
| 波头时间 $T_1$/μs | 0.25 | 0.25 | 0.25 |
| 半值时间 $T_2$/μs | 100 | 100 | 100 |
| 平均陡度 $I/T_1$/(kA/μs) | 200 | 150 | 100 |

表 11-25　长时间雷击的雷电流参量

| 雷电流参数 | 防雷建筑物类别 | | |
|---|---|---|---|
| | 一类 | 二类 | 三类 |
| 电荷量 $Q_1$/C | 200 | 150 | 1000.5 |
| 时间 $T$/s | 0.5 | 0.5 | 0.5 |

注：平均电流 $I \approx Q_1/T$。

① 短时雷击电流波头的平均陡度（average steepness of the front of short stroke current）是指在时间间隔（$t_2-t_1$）内电流的平均变化率，即用该时间间隔的起点电流与末尾电流之差 $[i_{(t2)} - i_{(t1)}]$ 除以（$t_2-t_1$）[如图 11-28(a) 所示]。

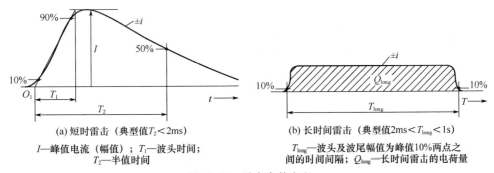

(a) 短时雷击（典型值$T_2$<2ms）
$I$—峰值电流（幅值）；$T_1$—波头时间；
$T_2$—半值时间

(b) 长时间雷击（典型值2ms<$T_{long}$<1s）
$T_{long}$—波头及波尾幅值为峰值10%两点之间的时间间隔；$Q_{long}$—长时间雷击的电荷量

图 11-28　雷击参数定义

② 短时雷击电流的波头时间 $T_1$（front time of short stroke current $T_1$）是一规定参数，定义为电流达到 10% 和 90% 幅值电流之间的时间间隔乘以 1.25，如图 11-28(a) 所示。

③ 短时雷击电流的规定原点 $O_1$（virtual origin of short stroke current $O_1$）是连接雷击电流波头 10% 和 90% 参考点的延长直线与时间横坐标相交的点，它位于电流到达 10% 幅值

电流时之前 $0.1T_1$ 处，如图 11-28(a) 所示。

④ 短时雷击电流的半值时间 $T_2$（time to half value of short stroke current $T_2$）是一规定参数，定义为规定原点 $O_1$ 与电流降至幅值一半之间的时间间隔，如图 11-28(a) 所示。

(5) 建筑物易受雷击的部位

① 平屋面或坡度不大于 1/10 的屋面——檐角、女儿墙、屋檐应为其易受雷击的部位 [如图 11-29(a)、(b) 所示]。

② 坡度大于 1/10 且小于 1/2 的屋面——屋角、屋脊、檐角、屋檐应为其易受雷击的部位 [如图 11-29(c) 所示]。

③ 坡度不小于 1/2 的屋面——屋角、屋脊、檐角应为易受雷击的部位 [如图 11-29(d) 所示]。

④ 对如图 11-29(c) 和图 11-29(d)，在屋脊有接闪带的情况下，当屋檐处于屋脊接闪带的保护范围内时，屋檐上可不设接闪带。

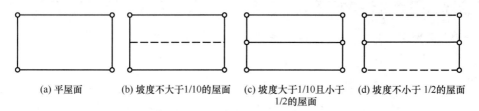

图 11-29　建筑物易受雷击的部位
——易受雷击部位；········不易受雷击的屋脊或屋檐；○雷击率最高部位

## 11.3.2　建筑物防雷的分类

建筑物应根据建筑物重要性、使用性质、发生雷电事故的可能性和后果，按防雷要求分为三类。

(1) 第一类防雷建筑物

在可能发生对地闪击的地区，遇下列情况之一时，应划为第一类防雷建筑物。

① 凡制造、使用或储存火炸药及其制品的危险建筑物，因电火花而引起爆炸、爆轰，会造成巨大破坏和人身伤亡者。

② 具有 0 区或 20 区爆炸危险场所的建筑物。

③ 具有 1 区或 21 区爆炸危险场所的建筑物，因电火花而引起爆炸，会造成巨大破坏和人身伤亡者。

(2) 第二类防雷建筑物

在可能发生对地闪击的地区，遇下列情况之一时，应划为第二类防雷建筑物。

① 国家级重点文物保护的建筑物。

② 国家级的会堂、办公建筑物、大型展览和博览建筑物、大型火车站和飞机场、国宾馆、国家级档案馆、大型城市的重要给水泵房等特别重要的建筑物。

【注】飞机场不含停放飞机的露天场所和跑道。

③ 国家级计算中心、国际通信枢纽等对国民经济有重要意义的建筑物。

④ 国家特级和甲级大型体育馆。

⑤ 制造、使用或储存火炸药及其制品的危险建筑物，且电火花不易引起爆炸或不致造成巨大破坏和人身伤亡者。

⑥ 具有1区或21区爆炸危险场所的建筑物,且电火花不易引起爆炸或不致造成巨大破坏和人身伤亡者。

⑦ 具有2区或22区爆炸危险场所的建筑物。

⑧ 有爆炸危险的露天钢质封闭气罐。

⑨ 预计雷击次数大于0.05次/a的部、省级办公建筑物和其他重要或人员密集的公共建筑物以及火灾危险场所。

⑩ 预计雷击次数大于0.25次/a的住宅、办公楼等一般性民用建筑物或一般性工业建筑物。

(3) 第三类防雷建筑物

在可能发生对地闪击的地区,遇下列情况之一时,应划为第三类防雷建筑物。

① 省级重点文物保护的建筑物及省级档案馆。

② 预计雷击次数大于或等于0.01次/a,且小于或等于0.05次/a的部、省级办公建筑物和其他重要或人员密集的公共建筑物,以及火灾危险场所。

③ 预计雷击次数大于或等于0.05次/a,且小于或等于0.25次/a的住宅、办公楼等一般性民用建筑物或一般性工业建筑物。

④ 在平均雷暴日大于15d/a的地区,高度在15m及以上的烟囱、水塔等孤立的高耸建筑物;在平均雷暴日小于或等于15d/a的地区,高度在20m及以上的烟囱、水塔等孤立的高耸建筑物。

## 11.3.3 建筑物防雷措施

(1) 基本规定

① 各类防雷建筑物应设防直击雷的外部防雷装置,并应采取防闪电电涌侵入的措施。

第一类防雷建筑物和本书11.3.2第(2)条第⑤~⑦款所规定的第二类防雷建筑物,尚应采取防闪电感应的措施。

② 各类防雷建筑物应设内部防雷装置,并应符合下列规定。

a.在建筑物的地下室或地面层处,以下物体应与防雷装置做防雷等电位连接:

建筑物金属体;金属装置;建筑物内系统;进出建筑物的金属管线。

b.除上述第a.条的措施外,外部防雷装置与建筑物金属体、金属装置、建筑物内系统之间,尚应满足间隔距离的要求。

③ 本书11.3.2第(2)条第②~④款所规定的第二类防雷建筑物尚应采取防雷击电磁脉冲的措施。其他各类防雷建筑物,当其建筑物内系统所接设备的重要性高,以及所处雷击磁场环境和加于设备的闪电电涌无法满足要求时,也应采取防雷击电磁脉冲的措施。防雷击电磁脉冲的措施应符合本书11.4.3的规定。

(2) 第一类防雷建筑物的防雷措施

1) 第一类防雷建筑物防直击雷的措施应符合下列规定。

① 应装设独立接闪杆或架空接闪线或网。架空接闪网的网格尺寸不应大于5m×5m或6m×4m。

② 排放爆炸危险气体、蒸气或粉尘的放散管、呼吸阀、排风管等的管口外的以下空间应处于接闪器的保护范围内。

a.当有管帽时应按表11-26的规定确定。

b.当无管帽时,应为管口上方半径5m的半球体。

c. 接闪器与雷闪的接触点应设在上述 a、b 所规定的空间之外。

表 11-26　有管帽的管口外处于接闪器保护范围内的空间

| 装置内的压力与周围空气压力的压力差/kPa | 排放物对比于空气 | 管帽以上的垂直距离/m | 距管口处的水平距离/m |
| --- | --- | --- | --- |
| <5 | 重于空气 | 1 | 2 |
| 5～25 | 重于空气 | 2.5 | 5 |
| ≤25 | 轻于空气 | 2.5 | 5 |
| >25 | 重或轻于空气 | 5 | 5 |

注：相对密度小于或等于 0.75 的爆炸性气体规定为轻于空气的气体；相对密度大于 0.75 的爆炸性气体规定为重于空气的气体。

③ 排放爆炸危险气体、蒸气或粉尘的放散管、呼吸阀、排风管等，当其排放物达不到爆炸浓度、长期点火燃烧、一排放就点火燃烧，以及发生事故时排放物才达到爆炸浓度的通风管、安全阀，接闪器的保护范围可仅保护到管帽，无管帽时可仅保护到管口。

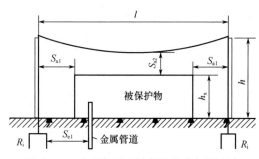

图 11-30　防雷装置至被保护物的间隔距离

④ 独立接闪杆的杆塔、架空接闪线的端部和架空接闪网的每根支柱处应至少设一根引下线。对用金属制成或有焊接、绑扎连接钢筋网的杆塔、支柱，宜利用金属杆塔或钢筋网作为引下线。

⑤ 独立接闪杆和架空接闪线或网的支柱及其接地装置至被保护建筑物及与其有联系的管道、电缆等金属物之间的间隔距离（图 11-30），应按下列公式计算，但不得小于 3m。

地上部分：

当 $h_x < 5R_i$ 时：
$$S_{a1} \geqslant 0.4(R_i + 0.1h_x) \tag{11-56}$$

当 $h_x \geqslant 5R_i$ 时：
$$S_{a1} \geqslant 0.1(R_i + h_x) \tag{11-57}$$

地下部分：
$$S_{e1} \geqslant 0.4R_i \tag{11-58}$$

式中　$S_{a1}$——空气中的间隔距离，m；

$S_{e1}$——地中的间隔距离，m；

$R_i$——独立接闪杆、架空接闪线或网支柱处接地装置的冲击接地电阻，Ω；

$h_x$——被保护建筑物或计算点的高度，m。

⑥ 架空接闪线至屋面和各种突出屋面的风帽、放散管等物体之间的间隔距离（如图 11-30 所示），应按下列公式计算，但不应小于 3m。

当 $(h + l/2) < 5R_i$ 时：
$$S_{a2} \geqslant 0.2R_i + 0.03(h + l/2) \tag{11-59}$$

当 $(h + l/2) \geqslant 5R_i$ 时：
$$S_{a2} \geqslant 0.05R_i + 0.06(h + l/2) \tag{11-60}$$

式中　$S_{a2}$——接闪线至被保护物在空气中的间隔距离，m；

$h$——接闪线的支柱高度，m；

$l$——接闪线的水平长度，m。

⑦ 架空接闪网至屋面和各种突出屋面的风帽、放散管等物体之间的间隔距离，应按下列公式计算，但不应小于3m。

当 $(h+l_1)<5R_i$ 时：

$$S_{a2} \geqslant [0.4R_i + 0.06(h+l_1)]/n \tag{11-61}$$

当 $(h+l_1) \geqslant 5R_i$ 时：

$$S_{a2} \geqslant [0.1R_i + 0.12(h+l_1)]/n \tag{11-62}$$

式中 $S_{a2}$——接闪网至被保护物在空气中的间隔距离，m；

$l_1$——从接闪网中间最低点沿导体至最近支柱的距离，m；

$n$——从接闪网中间最低点沿导体至最近不同支柱并有同一距离 $l_1$ 的个数。

⑧ 独立接闪杆、架空接闪线或架空接闪网应设独立的接地装置，每一引下线的冲击接地电阻不宜大于10Ω。在土壤电阻率高的地区，可适当增大冲击接地电阻，但土壤电阻率在3000Ω·m以下的地区，冲击接地电阻不应大于30Ω。

2）第一类防雷建筑物防闪电感应应符合下列规定。

① 建筑物内的设备、管道、构架、电缆金属外皮、钢屋架、钢窗等较大金属物和突出屋面的放散管、风管等金属物，均应接到防闪电感应的接地装置上。金属屋面周边每隔18～24m应采用引下线接地一次。现场浇注的或用预制构件组成的钢筋混凝土屋面，其钢筋网的交叉点应绑扎或焊接，并应每隔18～24m采用引下线接地一次。

② 平行敷设的管道、构架和电缆金属外皮等长金属物，其净距小于100mm时，应采用金属线跨接，跨接点的间距不应大于30m；交叉净距小于100mm时，其交叉处也应该跨接。当长金属物的弯头、阀门、法兰盘等连接处的过渡电阻大于0.03Ω时，连接处应用金属线跨接。对有不少于5根螺栓连接的法兰盘，在非腐蚀环境下，可不跨接。

③ 防雷电感应的接地装置应与电气和电子系统的接地装置共用，其工频接地电阻不宜大于10Ω。防闪电感应的接地装置与独立接闪杆、架空接闪线或架空接闪网的接地装置之间的间隔距离，应符合本书11.3.3第（2）条第1）款第⑤项的规定。当屋内设有等电位连接的接地干线时，其与防闪电感应接地装置的连接不应少于2处。

3）第一类防雷建筑物防闪电电涌侵入的措施应符合下列规定。

① 室外低压配电线路应全线采用电缆直接埋地敷设，在入户处应将电缆的金属外皮、钢管接到等电位连接带或防闪电感应的接地装置上。

② 当全线采用电缆有困难时，应采用钢筋混凝土杆和铁横担的架空线，并应使用一段金属铠装电缆或护套电缆穿钢管直接埋地引入。架空线与建筑物的距离不应小于15m。在电缆与架空线连接处，尚应装设户外型电涌保护器。电涌保护器、电缆金属外皮、钢管和绝缘子铁脚、金具等应连在一起接地，其冲击接地电阻不宜大于30Ω。所装设的电涌保护器应选用Ⅰ级试验产品，其电压保护水平应小于或等于2.5kV，其每一保护模式应选冲击电流等于或大于10kA；若无户外型电涌保护器，应选用户内型电涌保护器，其使用温度应满足安装处的环境温度，并应安装在防护等级为IP54的箱内。当电涌保护器的接线形式为表11-30中的接线形式2时，接在中性线和PE线间电涌保护器的冲击电流，当为三相系统时不应小于40kA，当为单相系统时不应小于20kA。

③ 当架空线转换成一段金属铠装电缆或护套电缆穿钢管直接埋地引入时，其埋地长度可按下式计算：

$$l \geqslant 2\sqrt{\rho} \tag{11-63}$$

式中 $l$——电缆铠装或穿电缆的钢管埋地直接与土壤接触的长度，m；

$\rho$——埋电缆处的土壤电阻率，$\Omega \cdot m$。

④ 在入户处的总配电箱内是否装设电涌保护器应按本书11.4.3的规定确定。当需要安装电涌保护器时，电涌保护器的最大持续运行电压值和接线形式应按本书11.3.4的相关规定确定；连接电涌保护器的导体截面积应按表11-33的规定取值。

⑤ 电子系统的室外金属导体线路宜全线采用有屏蔽层的电缆埋地或架空敷设，其两端的屏蔽层、加强钢线、钢管等应等电位连接到入户处的终端箱体上，在终端箱体内是否装设电涌保护器应按本书11.4.3的规定确定。

⑥ 当通信线路采用钢筋混凝土杆的架空线时，应使用一段护套电缆穿钢管直接埋地引入，其埋地长度应按式(11-63)计算，且不应小于15m。在电缆与架空线连接处，尚应装设户外型电涌保护器。电涌保护器、电缆金属外皮、钢管和绝缘子铁脚、金具等应连接到一起接地，其冲击接地电阻不宜大于30Ω。所装设的电涌保护器应选用D1类高能量试验的产品，其电压保护水平和最大持续运行电压值应按本书11.3.4的规定确定，连接电涌保护器的导体截面积应按表11-33的规定取值，每台电涌保护器的短路电流应等于或大于2kA；若无户外型电涌保护器，可选用户内型电涌保护器，但其使用温度应满足安装处的环境温度，并应安装在防护等级为IP54的箱内。在入户处的终端箱体内是否装设电涌保护器应按本书11.4.3的相关规定确定。

⑦ 架空金属管道，在进出建筑物处，应与防闪电感应的接地装置相连。距离建筑物100m内的管道，应每隔25m接地一次，其冲击接地电阻不应大于30Ω，并应利用金属支架或钢筋混凝土支架的焊接、绑扎钢筋网作为引下线，其钢筋混凝土基础宜作为接地装置。

埋地或地沟内的金属管道，在进出建筑物处应等电位连接到等电位连接带或防闪电感应的接地装置上。

4）当难以装设独立的外部防雷装置时，可将接闪杆或网格不大于5m×5m或6m×4m的接闪网或由其混合组成的接闪器直接装在建筑物上，接闪网应按本书11.3.1的第（5）小节（建筑物易受雷击的部位）的规定沿屋角、屋脊、屋檐和檐角等易受雷击的部位敷设；当建筑物高度超过30m时，首先应沿屋顶周边敷设接闪带，接闪带应设在外墙外表面或屋檐边垂直面上，也可设在外墙外表面或屋檐垂直面外，并必须符合下列规定。

① 接闪器之间应互相连接。

② 引下线不应少于两根，并应沿建筑物四周和内庭院四周均匀或对称布置，其间距沿周长计算不宜大于12m。

③ 排放爆炸危险气体、蒸气或粉尘的管道应符合本书11.3.3第（2）条第1）款第②、③项的规定。

④ 建筑物应装设等电位连接环，环间垂直距离不应大于12m，所有引下线、建筑物的金属结构和金属设备均应连到环上。等电位连接环可利用电气设备的等电位连接干线环路。

⑤ 外部防雷的接地装置应围绕建筑物敷设成环形接地体，每根引下线的冲击接地电阻不应大于10Ω，并应和电气和电子系统等接地装置及所有进入建筑物的金属管道相连，此接地装置可兼作防雷感应接地之用。

⑥ 当每根引下线的冲击接地电阻大于10Ω时，外部防雷的环形接地体宜按以下方法敷设。

a. 当土壤电阻率小于或等于500Ω·m时，对环形接地体所包围面积的等效圆半径小于

5m 的情况，每一引下线处应补加水平接地体或垂直接地体。

b. 当上述 a 项补加水平接地体时，其最小长度应按下式计算：

$$l_r = 5 - \sqrt{A/\pi} \tag{11-64}$$

式中 $\sqrt{A/\pi}$——环形接地体所包围面积的等效圆半径，m；

$l_r$——补加水平接地体的最小长度，m；

$A$——环形接地体所包围的面积，$m^2$。

c. 当上述 a 项补加垂直接地体时，其最小长度应按下式计算：

$$l_v = (5 - \sqrt{A/\pi})/2 \tag{11-65}$$

式中 $l_v$——补加垂直接地体的最小长度，m。

d. 当土壤电阻率大于 500Ω·m、小于或等于 3000Ω·m，且对环形接地体所包围面积的等效圆半径符合下式的计算值时，每一引下线处应补加水平接地体或垂直接地体：

$$\sqrt{A/\pi} < (11\rho - 3600)/380 \tag{11-66}$$

e. 当上述 d 项补加水平接地体时，其最小总长度应按下式计算：

$$l_r = (11\rho - 3600)/380 - \sqrt{A/\pi} \tag{11-67}$$

f. 当上述 d 项补加垂直接地体时，其最小总长度应按下式计算：

$$l_v = [(11\rho - 3600)/380 - \sqrt{A/\pi}]/2 \tag{11-68}$$

【注】按上述方法敷设接地体以及环形接地体所包围的面积的等效圆半径等于或大于所规定的值时，每根引下线的冲击接地电阻可不作规定。共用接地装置的接地电阻按 50Hz 电气装置的接地电阻确定，应为不大于按人身安全所确定的接地电阻值。

⑦ 当建筑物高于 30m 时，尚应采取下列防侧击的措施。

a. 应从 30m 起每隔不大于 6m 沿建筑物四周设水平接闪带并与引下线相连。

b. 30m 及以上外墙上的栏杆、门窗等较大的金属物应与防雷装置连接。

⑧ 在电源引入的总配电箱处应装设Ⅰ级试验的电涌保护器。电涌保护器的电压保护水平值应小于或等于 2.5kV。每一保护模式的冲击电流值，当无法确定时，冲击电流应取等于或大于 12.5kA。

⑨ 电源总配电箱处所装设的电涌保护器，其每一保护模式的冲击电流值，当电源线路无屏蔽层时宜按式(11-69)计算，当有屏蔽层时宜按式(11-70) 计算：

$$I_{imp} = \frac{0.5I}{mn} \tag{11-69}$$

$$I_{imp} = \frac{0.5IR_s}{n(mR_s + R_c)} \tag{11-70}$$

式中 $I$——雷电流，取 200kA；

$n$——地下和架空引入的外来金属管道和线路的总数；

$m$——每一线路内导体芯线的总根数；

$R_s$——屏蔽层每千米的电阻，Ω/km；

$R_c$——芯线每千米的电阻，Ω/km。

⑩ 电源总配电箱处所设的电涌保护器，其连接的导体截面积应按表 11-33 的规定取值，其最大持续运行电压值和接线形式应按本书 11.3.4 的规定确定。

【注】当电涌保护器的接线形式为表 11-30 中的接线形式 2 时，接在中性线和 PE 线间电涌保护器的冲击电流，当为三相系统时不应小于上述第⑨项规定值的 4 倍，当为单相系统时不应小于 2 倍。

⑪ 当电子系统的室外线路采用金属线时，在其引入的终端箱处应安装 D1 类高能量试验类型的电涌保护器，其短路电流当无屏蔽层时，宜按式(11-69)计算，当有屏蔽层时宜按式(11-70)计算；当无法确定时应选用 2kA。选取电涌保护器的其他参数应符合本书 11.3.4 的规定，连接电涌保护器的导体截面积应按表 11-33 的规定取值。

⑫ 当电子系统的室外线路采用光缆时，在其引入的终端箱处的电气线路侧，当无金属线路引出本建筑物至其他有自己接地装置的设备时，可安装 B2 类慢上升率试验类型的电涌保护器，其短路电流应按表 11-31 的规定确定，宜选用 100A。

⑬ 输送火灾爆炸危险物质的埋地金属管道，当其从室外进入户内处设有绝缘段时，应在绝缘段处跨接符合下列要求的电压开关型电涌保护器或隔离放电间隙。

a. 选用Ⅰ级试验的密封型电涌保护器。

b. 电涌保护器能承受的冲击电流按式(11-69)计算，取 $m=1$。

c. 电涌保护器的电压保护水平应小于绝缘段的耐冲击电压水平，无法确定时，应取其等于或大于 1.5kV 和等于或小于 2.5kV。

d. 输送火灾爆炸危险物质的埋地金属管道在进入建筑物处的防雷等电位连接，应在绝缘段之后管道进入室内处进行，可将电涌保护器的上端头接到等电位连接带。

⑭ 具有阴极保护的埋地金属管道，在其从室外进入户内处宜设绝缘段，应在绝缘段处跨接符合下列要求的电压开关型电涌保护器或隔离放电间隙。

a. 选用Ⅰ级试验的密封型电涌保护器。

b. 电涌保护器能承受的冲击电流按式(11-69)计算，取 $m=1$。

c. 电涌保护器的电压保护水平应小于绝缘段的耐冲击电压水平，并应大于阴极保护电源的最大端电压。

d. 具有阴极保护的埋地金属管道在进入建筑物处的防雷等电位连接，应在绝缘段之后管道进入室内处进行，可将电涌保护器的上端头接到等电位连接带。

5) 当树木邻近建筑物且不在接闪器保护范围之内时，树木与建筑物之间的净距不应小于 5m。

(3) 第二类防雷建筑物的防雷措施

1) 第二类防雷建筑物外部防雷的措施，宜采用装设在建筑物上的接闪网、接闪带或接闪杆，也可采用由接闪网、接闪带或接闪杆混合组成的接闪器。接闪网、接闪带应按本书 11.3.1 的第 (5) 条 (建筑物易受雷击的部位) 的规定沿屋角、屋脊、屋檐和檐角等易受雷击的部位敷设，并应在整个屋面组成不大于 10m×10m 或 12m×8m 的网格；当建筑物高度超过 45m 时，首先应沿屋顶周边敷设接闪带，接闪带应设在外墙外表面或屋檐边垂直面上，也可设在外墙外表面或屋檐边垂直面外。接闪器之间应互相连接。

2) 突出屋面的放散管、风管、烟囱等物体，应按下列方式保护。

① 排放爆炸危险气体、蒸气或粉尘的放散管、呼吸阀、排风管等管道应符合本书 11.3.3 第 (2) 条第 1) 款第②项的规定。

② 排放无爆炸危险气体、蒸气或粉尘的放散管、烟囱，1 区、21 区、2 区和 22 区爆炸危险场所的自然通风管，0 区和 20 区爆炸危险场所的装有阻火器的放散管、呼吸阀、排风管，以及本书 11.3.3 第 (2) 条第 1) 款第③项所规定的管、阀及煤气和天然气放散管等，其防雷保护应符合下列规定。

a. 金属物体可不装接闪器，但应和屋面防雷装置相连。

b. 除符合本书 11.3.3 第 (5) 条第 7) 款的规定情况外，在屋面接闪器保护范围之外的非金属物体应装接闪器，并和屋面防雷装置相连。

3) 专设引下线不应少于 2 根，并应沿建筑物四周和内庭院四周均匀对称布置，其间距沿周长计算不宜大于 18m。当建筑物的跨度较大，无法在跨距中间设引下线，应在跨距两端设引下线并减小其他引下线的间距，专设引下线的平均间距不应大于 18m。

4) 外部防雷装置的接地应和防雷电感应、内部防雷装置、电气和电子系统等接地共用接地装置，并应与引入的金属管线做等电位连接。外部防雷装置的专设接地装置宜围绕建筑物敷设成环形接地体。

5) 利用建筑物的钢筋作为防雷装置时应符合下列规定。

① 建筑物宜利用钢筋混凝土屋顶、梁、柱、基础内的钢筋作为引下线。本书 11.3.2 第（2）条（第二类防雷建筑物）的第②项、第③项、第④项、第⑨项、第⑩项的建筑物，当其女儿墙以内的屋顶钢筋网以上的防水和混凝土层允许不保护时，宜利用屋顶钢筋网作为接闪器；本书 11.3.2 第（2）条（第二类防雷建筑物）的第②项、第③项、第④项、第⑨项、第⑩项的建筑物为多层建筑，且周围很少有人停留时，宜利用女儿墙压顶板内或檐口内的钢筋作为接闪器。

② 当基础采用硅酸盐水泥和周围土壤的含水量不低于 4% 及基础的外表面无防腐层或有沥青质防腐层时，宜利用基础内的钢筋作为接地装置。当基础的外表面有其他类的防腐层且无桩基可利用时，宜在基础防腐层下面的混凝土垫层内敷设人工环形基础接地体。

③ 敷设在混凝土中作为防雷装置的钢筋或圆钢，当仅为一根时，其直径不应小于 10mm。被利用作为防雷装置的混凝土构件内有箍筋连接的钢筋时，其截面积总和不应小于一根直径 10mm 钢筋的截面积。

④ 利用基础内钢筋网作为接地体时，在周围地面以下距地面不应小于 0.5m，每根引下线所连接的钢筋表面积总和应按下式计算：

$$S \geqslant 4.24 k_c^2 \tag{11-71}$$

式中 $S$——钢筋表面积总和，$m^2$；

$k_c$——分流系数，单根引下线时，分流系数应为 1，两根引下线及接闪器不成闭合环的多根引下线时，分流系数为 0.66，接闪器成闭合环或网状的多根引下线时，分流系数为 0.44。

⑤ 当在建筑物周边的无钢筋的闭合条形混凝土基础内敷设人工基础接地体时，接地体的规格尺寸应按表 11-27 的规定确定。

表 11-27 第二类防雷建筑物环形人工基础接地体的最小规格尺寸

| 闭合条形基础的周长/m | 扁钢/mm | 圆钢，根数×直径/mm |
| --- | --- | --- |
| ≥60 | 4×25 | 2×$\phi$10 |
| 40~60 | 4×50 | 4×$\phi$10 或 3×$\phi$12 |
| <40 | 钢材表面积总和≥4.24$m^2$ | |

注：1. 当长度相同、截面积相同时，宜选用扁钢。
2. 采用多根圆钢时，其敷设净距不小于直径的 2 倍。
3. 利用闭合条形基础内的钢筋作接地体时可按本表校验，除主筋外，可计入箍筋的表面积。

⑥ 构件内有箍筋连接的钢筋或呈网状的钢筋，其箍筋与钢筋、钢筋与钢筋应采用土建施工的绑扎法、螺钉、对焊或搭焊连接。单根钢筋、圆钢或外引预埋连接板、线与构件内钢筋的连接应焊接或采用螺栓紧固的卡夹器连接。构件之间必须连接成电气通路。

6) 共用接地装置的接地电阻应按 50Hz 电气装置的接地电阻确定，不应大于按人身安全所确定的接地电阻值。在土壤电阻率小于或等于3000Ω·m的时，外部防雷装置的接地体应符合下列规定之一以及环形接地体所包围面积的等效圆半径等于或大于所规定的值时，可不计及冲击接地电阻；但当每根专设引下线的冲击接地电阻不大于10Ω时，可不按下述①、②项敷设接地体。

① 当土壤电阻率$\rho$小于或等于800Ω·m时，对环形接地体所包围面积的等效圆半径小于5m的情况，每一引下线处应补加水平接地体或垂直接地体。当补加水平接地体时，其最小长度应按式(11-64)计算；当补加垂直接地体时，其最小长度应按式(11-65)计算。

② 当土壤电阻率大于800Ω·m、小于或等于3000Ω·m时，且对环形接地体所包围的面积的等效圆半径小于按下式的计算值时，每一引下线处应补加水平接地体或垂直接地体：

$$\sqrt{A/\pi} < (\rho-550)/50 \quad (11-72)$$

③ 上述第②项补加水平接地体时，其最小总长度应按下式计算：

$$l_r = (\rho-550)/50 - \sqrt{A/\pi} \quad (11-73)$$

④ 上述第②项补加垂直接地体时，其最小总长度应按下式计算：

$$l_v = [(\rho-550)/50 - \sqrt{A/\pi}]/2 \quad (11-74)$$

⑤ 在符合本书11.3.3第（3）条第5）款规定的条件下，利用槽形、板形或条形基础的钢筋作为接地体或在基础下面混凝土垫层内敷设人工环形基础接地体，当槽形、板形基础钢筋网在水平面的投影面积或成环的条形基础钢筋或人工环形基础接地体所包围的面积符合下列规定时，可不补加接地体。

a. 当土壤电阻率小于或等于800Ω·m时，所包围的面积应大于或等于79m²。

b. 当土壤电阻率大于800Ω·m且小于等于3000Ω·m时，所包围的面积应大于或等于按下式的计算值：

$$A \geqslant \pi[(\rho-550)/50]^2 \quad (11-75)$$

⑥ 在符合本书11.3.3第（3）条第5）款规定的条件下，对6m柱距或大多数柱距为6m的单层工业建筑物，当利用柱子基础的钢筋作为外部防雷装置的接地体并同时符合下列规定时，可不另加接地体。

a. 利用全部或绝大多数柱子基础的钢筋作为接地体。

b. 柱子基础的钢筋网通过钢柱、钢屋架、钢筋混凝土柱子、屋架、屋面板、吊车梁等构件的钢筋或防雷装置互相连成整体。

c. 在周围地面以下距地面不小于0.5m，每一柱子基础内所连接的钢筋表面积总和大于或等于0.82m²。

7) 本书11.3.2第（2）条（第二类防雷建筑物）的第⑤项、第⑥项、第⑦项所规定的建筑物，其防雷电感应的措施应符合下列规定。

① 建筑物内的设备、管道、构架等主要金属物，应就近接到防雷装置或共用接地装置上。

② 除本书11.3.2第（2）条（第二类防雷建筑物）的第⑦项所规定的建筑物外，平行敷设的管道、构架和电缆金属外皮等长金属物应符合本书11.3.3第（2）条第2)款的规定，但长金属物连接处可不跨接。

③ 建筑物内防闪电感应的接地干线与接地装置的连接，不应少于2处。

8) 防止雷电流流经引下线和接地装置时产生的高电位对附近金属物或电气和电子系统线路的反击，应符合下列要求。

① 在金属框架的建筑物中，或在钢筋连接在一起、电气贯通的钢筋混凝土框架的建筑物中，金属物或线路与引下线之间的间隔距离可无要求；在其他情况下，金属物或线路与引下线之间的间隔距离应按下式计算：

$$S_{a3} \geqslant 0.06 k_c l_x \tag{11-76}$$

式中　$S_{a3}$——空气中的间隔距离，m；

　　　$l_x$——引下线计算点到连接点的长度，m，连接点即金属物或电气和电子系统线路与防雷装置之间直接或通过电涌保护器相连之点。

② 当金属物或线路与引下线之间有自然或人工接地的钢筋混凝土构件、金属板、金属网等静电屏蔽物隔开时，金属物或线路与引下线之间的间隔距离可无要求。

③ 当金属物或线路与引下线之间有混凝土墙、砖墙隔开时，其击穿强度应为空气击穿强度的1/2。当间隔距离不能满足上述第①项的规定时，金属物应与引下线直接相连，带电线路应通过电涌保护器与引下线相连。

④ 在电气接地装置与防雷接地装置共用或相连的情况下，应在低压电源线路引入的总配电箱、配电柜处装设Ⅰ级试验的电涌保护器。电涌保护器的电压保护水平值应小于或等于2.5kV。每一保护模式的冲击电流值，当无法确定时应取等于或大于12.5kA。

⑤ 当Yyn0型或Dyn11型接线的配电变压器设在本建筑物内或附设于外墙处时，应在变压器高压侧装设避雷器；在低压侧的配电屏上，当有线路引出本建筑物至其他有独自敷设接地装置的配电装置时，应在母线上装设Ⅰ级试验的电涌保护器，电涌保护器每一保护模式的冲击电流值，当无法确定时冲击电流应取等于或大于12.5kA；当无线路引出本建筑物时，应在母线上装设Ⅱ级试验的电涌保护器，电涌保护器每一保护模式的标称放电电流值应等于或大于5kA。电涌保护器的电压保护水平值应小于或等于2.5kV。

⑥ 低压电源线路引入的总配电箱、配电柜处装设Ⅰ级试验的电涌保护器，以及配电变压器设在本建筑物内或附设于外墙处，并在低压侧配电屏的母线上装设Ⅰ级试验的电涌保护器时，电涌保护器每一保护模式的冲击电流值，当电源线路无屏蔽层时，可按式(11-69)计算，当有屏蔽层时，可按式(11-70)计算，式中的雷电流应取等于或大于150kA。

⑦ 电子系统的室外线路采用金属线时，其引入的终端箱处应安装D1类高能量试验类型的电涌保护器，其短路电流当无屏蔽层时，可按式(11-69)计算，当有屏蔽层时可按式(11-70)计算，式中的雷电流应取等于或大于150kA；当无法确定时应选用1.5kA。

⑧ 在电子系统的室外线路采用光缆时，其引入的终端箱处的电气线路侧，当无金属线路引出本建筑物至其他有自己接地装置的设备时，可安装B2类慢上升率试验类型的电涌保护器，其短路电流宜选用75A。

⑨ 输送火灾爆炸危险物质和具有阴极保护的埋地金属管道，当其从室外进入户内处设有绝缘段时应符合本书11.3.3第（2）条第4）款第⑬、⑭项的规定，当按（11-69）计算时，式中的雷电流应取等于或大于150kA。

9) 高度超过45m的建筑物，除屋顶的外部防雷装置应符合本书11.3.3第（3）条第1）款的规定外，尚应符合下列规定。

① 对水平突出外墙的物体，当滚球半径45m球体从屋顶周边接闪带外向地面垂直下降接触到突出外墙的物体时，应采取相应的防雷措施。

② 高于60m的建筑物，其上部占高度20%并超过60m的部位应防侧击，防侧击应符

合下列规定。

a. 在建筑物上部占高度20%并超过60m的部位,各表面上的尖物、墙角、边缘、设备以及显著突出的物体,应按屋顶的保护措施考虑。

b. 在建筑物上部占高度20%并超过60m的部位,布置接闪器应符合对本类防雷建筑物的要求,接闪器应重点布置在墙角、边缘和显著突出的物体上。

c. 外部金属物,当其最小尺寸符合本书11.4.1第(2)条第⑦款第b项的规定时,可利用其作为接闪器,还可利用布置在建筑物垂直边缘处的外部引下线作为接闪器。

d. 符合11.3.3第(3)条第5)款规定的钢筋混凝土内钢筋和符合11.4.1第(3)条第⑤款规定的建筑物金属框架,当作为引下线或与引下线连接时,均可利用其作为接闪器。

③ 外墙内、外竖直敷设的金属管道及金属物的顶端和底端,应与防雷装置等电位连接。

10) 有爆炸危险的露天钢质封闭气罐,在其高度小于或等于60m的、罐顶壁厚不小于4mm时,或其高度大于60m的条件下、罐顶壁厚和侧壁壁厚均不小于4mm时,可不装设接闪器,但应接地,且接地点不应少于2处,两接地点间距离不宜大于3m,每处接地点的冲击接地电阻不应大于30Ω。当防雷的接地装置符合11.3.3第(3)条第6)款的规定时,可不计及其接地电阻值,但11.3.3第(3)条第6)款所规定的10Ω可改为30Ω。放散管和呼吸阀的保护应符合11.3.3第(3)条第2)款的规定。

(4) 第三类防雷建筑物的防雷措施

1) 第三类防雷建筑物外部防雷的措施宜采用装设在建筑物上的接闪网、接闪带或接闪杆,也可采用由接闪网、接闪带或接闪杆混合组成的接闪器。接闪网、接闪带应按本书11.3.1的第(5)条(建筑物易受雷击的部位)的规定沿屋角、屋脊、屋檐和檐角等易受雷击的部位敷设,并应在整个屋面组成不大于20m×20m或2m×16m的网格;当建筑物高度超过60m时,首先应沿屋顶周边敷设接闪带,接闪带应设在外墙外表面或屋檐边垂直面上,也可设在外墙外表面或屋檐边垂直面外。接闪器之间应互相连接。

2) 突出屋面的物体的保护措施应符合11.3.3第(3)条第2)款的规定。

3) 专设引下线不应少于2根,并应沿建筑物四周和内庭院四周均匀对称布置,其间距沿周长计算不宜大于25m。当建筑物的跨度较大,无法在跨距中间设引下线时,应在跨距两端设引下线并减小其他引下线的间距,专设引下线的平均间距不应大于25m。

4) 防雷装置的接地应与电气和电子系统等接地共用接地装置,并应与引入的金属管线做等电位连接。外部防雷装置的专设接地装置宜围绕建筑物敷设成环形接地体。

5) 建筑物宜利用钢筋混凝土屋面、梁、柱、基础内的钢筋作为引下线和接地装置,当其女儿墙以内的屋顶钢筋网以上的防水和混凝土层允许不保护时,宜利用屋顶钢筋网作为接闪器,以及当建筑物为多层建筑,其女儿墙压顶板内或檐口内有钢筋且周围除保安人员巡逻外通常无人停留时,宜利用女儿墙压顶板内或檐口内的钢筋作为接闪器,并应符合11.3.3第(3)条第5)款第②、③、⑥项的规定,同时应符合下列规定。

① 利用基础内钢筋网作为接地体时,在周围地面以下距地面不小于0.5m深,每根引下线所连接的钢筋表面积总和应按下式计算:

$$S \geqslant 1.89k_c^2 \qquad (11-77)$$

② 当在建筑物周边的无钢筋的闭合条形混凝土基础内敷设人工基础接地体时,接地体的规格尺寸应按表11-28的规定确定。

表 11-28　第三类防雷建筑物环形人工基础接地体的最小规格尺寸

| 闭合条形基础的周长/m | 扁钢/mm | 圆钢，根数×直径/mm |
|---|---|---|
| ≥60 | — | 1×$\phi$10 |
| 40～60 | 4×20 | 2×$\phi$8 |
| <40 | 钢材表面积总和≥1.89m² | |

注：1. 当长度相同、截面积相同时，宜选用扁钢。
　　2. 采用多根圆钢时，其敷设净距不小于直径的 2 倍。
　　3. 利用闭合条形基础内的钢筋作接地体时可按本表校验，除主筋外，可计入箍筋的表面积。

6) 共用接地装置的接地电阻应按 50Hz 电气装置的接地电阻确定，不应大于按人身安全所确定的接地电阻值。在土壤电阻率小于或等于 3000Ω·m 时，外部防雷装置的接地体当符合下列规定之一以及环形接地体所包围面积的等效圆半径等于或大于所规定的值时可不计及冲击接地电阻；当每根专设引下线的冲击接地电阻不大于 30Ω，但对本书 11.3.2 第 (3) 条 (第三类防雷建筑物) 的第②项所规定的建筑物则不大于 10Ω 时，可不按下述第①项敷设接地体。

① 对环形接地体所包围面积的等效圆半径小于 5m 时，每一引下线处应补加水平接地体或垂直接地体。当补加水平接地体时，其最小长度应按式(11-64)计算；当补加垂直接地体时，其最小长度应按式(11-65)计算。

② 在符合 11.3.3 第 (4) 条第 5) 款规定的条件下，利用槽形、板形或条形基础的钢筋作为接地体或在基础下面混凝土垫层内敷设人工环形基础接地体，当槽形、板形基础钢筋网在水平面的投影面积或成环的条形基础钢筋或人工环形基础接地体所包围的面积大于或等于 79m² 时，可不补加接地体。

③ 在符合 11.3.3 第 (4) 条第 5) 款规定的条件下，对 6m 柱距或大多数柱距为 6m 的单层工业建筑物，当利用柱子基础的钢筋作为外部防雷装置的接地体并同时符合下列规定时，可不另加接地体。

a. 利用全部或绝大多数柱子基础的钢筋作为接地体。

b. 柱子基础的钢筋网通过钢柱、钢屋架、钢筋混凝土柱子、屋架、屋面板、吊车梁等构件的钢筋或防雷装置互相连成整体。

c. 在周围地面以下距地面不小于 0.5m 深，每一柱子基础内所连接的钢筋表面积总和大于或等于 0.37m²。

7) 防止雷电流流经引下线和接地装置时产生的高电位对附近金属物或电气和电子系统线路的反击，应符合下列规定。

① 应符合 11.3.3 第 (3) 条第 8) 款第①～⑤项的规定，并应按下式计算：

$$S_{a3} \geqslant 0.04 k_c l_x \tag{11-78}$$

② 低压电源线路引入的总配电箱、配电柜处装设Ⅰ级试验的电涌保护器，以及配电变压器设在本建筑物内或附设于外墙处，并在低压侧配电屏的母线上装设Ⅰ级试验的电涌保护器时，电涌保护器每一保护模式的冲击电流值，当电源线路无屏蔽层时可按式(11-69)计算，当有屏蔽层时可按式(11-70)计算，式中的雷电流应取等于 100kA。

③ 在电子系统的室外线路采用金属线时，在其引入的终端箱处应安装 D1 类高能量试验类型的电涌保护器，其短路电流当无屏蔽层时，可按式(11-69)计算，当有屏蔽层时可按式(11-70)计算，式中的雷电流应取等于 100kA；当无法确定时应选用 1.0kA。

④ 在电子系统的室外线路采用光缆时，其引入的终端箱处的电气线路侧，当无金属线

路引出本建筑物至其他有自己接地装置的设备时，可安装 B2 类慢上升率试验类型的电涌保护器，其短路电流宜选用 50A。

⑤ 输送火灾爆炸危险物质和具有阴极保护的埋地金属管道，当其从室外进入户内处设有绝缘段时，应符合 11.3.3 第（2）条第 4）款第⑬、⑭项的规定，当按式(11-69)计算时，雷电流应取等于 100kA。

8) 高度超过 60m 的建筑物，除屋顶的外部防雷装置应符合 11.3.3 第（4）条第 1）款的规定外，尚应符合下列规定。

① 对水平突出外墙的物体，当滚球半径 60m 球体从屋顶周边接闪带外向地面垂直下降接触到突出外墙的物体时，应采取相应的防雷措施。

② 高于 60m 的建筑物，其上部占高度 20％并超过 60m 的部位应防侧击，防侧击应符合下列要求。

a. 在建筑物上部占高度 20％并超过 60m 的部位，各表面上的尖物、墙角、边缘、设备以及显著突出的物体，应按屋顶的保护措施考虑。

b. 在建筑物上部占高度 20％并超过 60m 的部位，布置接闪器应符合对本类防雷建筑物的要求，接闪器应重点布置在墙角、边缘和显著突出的物体上。

c. 外部金属物，当其最小尺寸符合 11.4.1 第（2）条第⑦款第 b 项的规定时，可利用其作为接闪器，还可利用布置在建筑物垂直边缘处的外部引下线作为接闪器。

d. 符合 11.3.3 第（4）条第 5）款规定的钢筋混凝土内钢筋和符合 11.4.1 第（3）条第⑤款规定的建筑物金属框架，当其作为引下线或与引下线连接时均可利用作为接闪器。

③ 外墙内、外竖直敷设的金属管道及金属物的顶端和底端，应与防雷装置等电位连接。

9) 砖烟囱、钢筋混凝土烟囱，宜在烟囱上装设接闪杆或接闪环保护。多支接闪杆应连接在闭合环上。当非金属烟囱无法采用单支或双支接闪杆保护时，应在烟囱口装设环形接闪带，并应对称布置三支高出烟囱口不低于 0.5m 的接闪杆。钢筋混凝土烟囱的钢筋应在其顶部和底部与引下线和贯通连接的金属爬梯相连。当符合 11.3.3 第（4）条第 5）款的规定时，宜利用钢筋作为引下线和接地装置，可不另设专用引下线。高度不超过 40m 的烟囱，可只设一根引下线，超过 40m 时应设两根引下线。可利用螺栓或焊接连接的一座金属爬梯作为两根引下线用。金属烟囱应作为接闪器和引下线。

(5) 其他防雷措施

1) 当一座防雷建筑物中兼有第一、二、三类防雷建筑物时，其防雷分类和防雷措施宜符合下列规定。

① 当第一类防雷建筑物部分的面积占建筑物总面积的 30％及以上时，该建筑物宜确定为第一类防雷建筑物。

② 当第一类防雷建筑物部分的面积占建筑物总面积 30％以下，且第二类防雷建筑物部分的面积占建筑物总面积 30％及以上时，或当这两部分防雷建筑物的面积均小于建筑物总面积 30％，但其面积之和又大于 30％时，该建筑物宜确定为第二类防雷建筑物。但对第一类防雷建筑物部分的防雷电感应和防闪电电涌侵入，应采取第一类防雷建筑物的保护措施。

③ 当第一、二类防雷建筑物部分的面积之和小于建筑物总面积的 30％，且不可能遭直接雷击时，该建筑物可确定为第三类防雷建筑物；但对第一、二类防雷建筑物部分的防雷电感应和防闪电电涌侵入，应采取各自类别的保护措施；当可能遭直接雷击时，宜按各自类别采取防雷措施。

2）当一座建筑物中仅有一部分为第一、二、三类防雷建筑物时，其防雷措施宜符合下列规定。

① 当防雷建筑物部分可能遭直接雷击时，宜按各自类别采取防雷措施。

② 当防雷建筑物部分不可能遭直接雷击时，可不采取防直击雷措施，可仅按各自类别采取防闪电感应和防闪电电涌侵入的措施。

③ 当防雷建筑物部分的面积占建筑物总面积的50%以上时，该建筑物宜按11.3.3第（5）条第1）款的规定采取防雷措施。

3）当采用接闪器保护建筑物、封闭气罐时，其外表面外的2区爆炸危险场所可不在滚球法确定的保护范围内。

4）固定在建筑物上的节日彩灯、航空障碍信号灯及其他用电设备和线路应根据建筑物的防雷类别采取相应的防止闪电电涌侵入的措施，并应符合下列规定：

① 无金属外壳或保护网罩的用电设备应处在接闪器的保护范围内。

② 从配电箱引出的配电线路应穿钢管。钢管的一端应与配电箱和PE线相连；另一端应与用电设备外壳、保护罩相连，并应就近与屋顶防雷装置相连。当钢管因连接设备而中间断开时应设跨接线。

③ 在配电箱内应在开关的电源侧装设Ⅱ级试验的电涌保护器，其电压保护水平不应大于2.5kV，标称放电电流值应根据具体情况确定。

5）粮、棉及易燃物大量集中的露天堆场，当其年预计雷击次数大于或等于0.05时应采用独立接闪杆或架空接闪线防直击雷。独立接闪杆和架空接闪线保护范围的滚球半径可取100m。在计算雷击次数时，建筑物的高度可按可能堆放的高度计算，其长度和宽度可按可能堆放面积的长度和宽度计算。

6）在建筑物引下线附近保护人身安全需采取的防接触电压和跨步电压的措施，应符合下列规定。

① 防接触电压应符合下列规定之一。

a. 利用建筑物金属构架和建筑物互相连接的钢筋在电气上是贯通且不少于10根柱子组成的自然引下线，作为自然引下线的柱子包括位于建筑物四周和建筑物内的。

b. 引下线3m范围内地表层的电阻率不小于50kΩ·m，或敷5cm厚沥青层或15cm厚砾石层。

c. 外露引下线，其距地面2.7m以下的导体用耐$1.2/50\mu s$冲击电压100kV的绝缘层隔离，或用至少3mm厚的交联聚乙烯层隔离。

d. 用护栏、警告牌使接触引下线的可能性降至最低限度。

② 防跨步电压应符合下列规定之一。

a. 利用建筑物金属构架和建筑物互相连接的钢筋在电气上是贯通且不少于10根柱子组成的自然引下线，作为自然引下线的柱子包括位于建筑物四周和建筑物内。

b. 引下线3m范围内土壤地表层的电阻率不小于50kΩ·m，或敷设5cm厚沥青层或15cm厚砾石层。

c. 用网状接地装置对地面做均衡电位处理。

d. 用护栏、警告牌使进入距引下线3m范围内地面的可能性减小到最低限度。

7）对第二类和第三类防雷建筑物，应符合下列规定。

① 没有得到接闪器保护的屋顶孤立金属物的尺寸不超过以下数值时，可不要求附加的保护措施。

a. 高出屋顶平面不超过 0.3m。

b. 上层表面总面积不超过 1.0m$^2$。

c. 上层表面的长度不超过 2.0m。

② 不处在接闪器保护范围内的非导电性屋顶物体，当它没有突出由接闪器形成的平面 0.5m 以上时，可不要求附加增设接闪器的保护措施。

8）在独立接闪杆、架空接闪线、架空接闪网的支柱上，严禁悬挂电话线、广播线、电视接收天线及低压架空线等。

### 11.3.4 电涌保护器

（1）用于电气系统的电涌保护器

① 电涌保护器的最大持续运行电压不应小于表 11-29 所规定的最小值；在电涌保护器安装处的供电电压偏差超过所规定的 10% 以及谐波使电压幅值加大的情况下，应根据具体情况对限压型电涌保护器提高表 11-29 所规定的最大持续运行电压最小值。

表 11-29 电涌保护器取决于系统特征所要求的最大持续运行电压最小值

| 电涌保护器接于 | 配电网络的系统特征 | | | | |
|---|---|---|---|---|---|
| | TT 系统 | TN-C 系统 | TN-S 系统 | 引出中性线的 IT 系统 | 无中性线引出的 IT 系统 |
| 每一相线与中性线间 | $1.15U_0$ | 不适用 | $1.15U_0$ | $1.15U_0$ | 不适用 |
| 每一相线与 PE 线间 | $1.15U_0$ | 不适用 | $1.15U_0$ | $\sqrt{3}U_0$[①] | 相间电压[①] |
| 中性线与 PE 线间 | $U_0$[①] | 不适用 | $U_0$[①] | $U_0$[①] | 不适用 |
| 每一相线与 PEN 线间 | 不适用 | $1.15U_0$ | 不适用 | 不适用 | 不适用 |

① 故障下最坏的情况，所以不需计及 15% 的允许误差。

注：1. $U_0$ 是低压系统相线对中性线的标称电压，即相电压 220V。

 2. 此表基于按现行国家标准《低压电涌保护器（SPD）第 11 部分：低压电源系统的电涌保护器性能要求和试验方法》GB18802.1—2020 标准做过相关试验的电涌保护器产品。

② 电涌保护器的接线形式应符合表 11-30 规定。具体接线图见图 11-31～图 11-35。

表 11-30 根据系统特征安装电涌保护器

| 电涌保护器接于 | 电涌保护器安装处的系统特征 | | | | | | | | |
|---|---|---|---|---|---|---|---|---|---|
| | TT 系统 按以下形式连接 | | TN-C 系统 | TN-S 系统 按以下形式连接 | | 引出中性线的 IT 系统 按以下形式连接 | | 不引出中性线的 IT 系统 |
| | 接线形式 1 | 接线形式 2 | | 接线形式 1 | 接线形式 2 | 接线形式 1 | 接线形式 2 | |
| 每根相线与中性线间 | + | ○ | 不适用 | + | ○ | + | ○ | 不适用 |
| 每根相线与 PE 线间 | ○ | 不适用 | 不适用 | ○ | 不适用 | ○ | 不适用 | ○ |
| 中性线与 PE 线间 | ○ | ○ | 不适用 | ○ | ○ | ○ | ○ | ○ |
| 每根相线与 PEN 线间 | 不适用 | 不适用 | ○ | 不适用 | 不适用 | 不适用 | 不适用 | 不适用 |
| 各相线之间 | + | + | + | + | + | + | + | + |

注：○表示必须，+表示非强制性的，可附加选用。

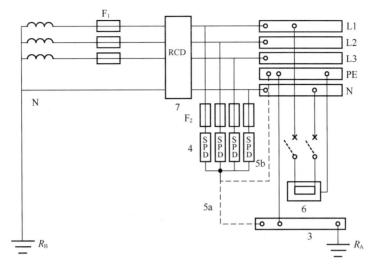

图 11-31　TT 系统电涌保护器在进户处剩余电流保护器的负荷侧

3—总接地端或总接地连接带；4—$U_p$ 应小于或等于 2.5kV 的电涌保护器；5—电涌保护器的接地连接线，
5a 或 5b；6—需要被电涌保护器保护的设备；7—剩余电流保护器（RCD），应考虑通雷电流的能力；
$F_1$—安装在电气装置电源进户处的保护电器；$F_2$—电涌保护器制造厂要求装设的过电流保护器；
$R_A$—本电气装置的接地电阻；$R_B$—电源系统的接地电阻；L1，L2，L3—相线 1、2、3

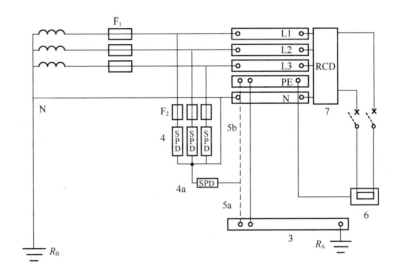

图 11-32　TT 系统电涌保护器安装在进户处剩余电流保护器的电源侧

3—总接地端或总接地连接带；4，4a—电涌保护器，它们串联后构成的 $U_p$ 应小于或等于 2.5kV；
5—电涌保护器的接地连接线，5a 或 5b；6—需要被电涌保护器保护的设备；7—安装在母线的
电源侧或负荷侧的剩余电流保护器（RCD）；$F_1$—安装在电气装置电源进户处的保护电器；
$F_2$—电涌保护器制造厂要求装设的过电流保护器；$R_A$—本电气装置的接地电阻；
$R_B$—电源系统的接地电阻；L1，L2，L3—相线 1、2、3

注：在高压系统为低电阻接地的前提下，当电源变压器高压侧碰外壳短路产生的过电压加于 4a 电涌
保护器时该电涌保护器应按现行国家标准《低压电涌保护器（SPD）第 11 部分：低压电源系统
的电涌保护器性能要求和试验方法》GB18802.1—2020 标准做 200ms 或按厂家要求做更长时间
耐 1200V 暂态过电压试验。

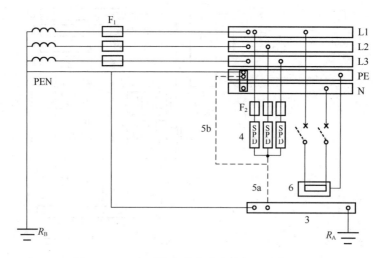

图 11-33　TN 系统安装在进户处的电涌保护器

3—总接地端或总接地连接带；4—$U_p$ 应小于或等于 2.5kV 的电涌保护器；5—电涌保护器的接地连接线，5a 或 5b；6—需要被电涌保护器保护的设备；$F_1$—安装在电气装置电源进户处的保护电器；$F_2$—电涌保护器制造厂要求装设的过电流保护器；$R_A$—本电气装置的接地电阻；$R_B$—电源系统的接地电阻；L1，L2，L3—相线 1、2、3

注：当采用 TN-C-S 或 TN-S 系统时，在 N 与 PE 线连接处电涌保护器用三个，在其以后 N 与 PE 线分开 10m 以后安装电涌保护器时用四个，即在 N 与 PE 线间增加一个，见图 11-35 及其注。

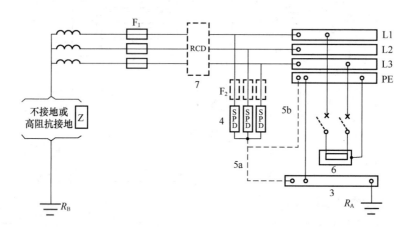

图 11-34　IT 系统电涌保护器安装在进户处剩余电流保护器的负荷侧

3—总接地端或总接地连接带；4—$U_p$ 应小于或等于 2.5kV 的电涌保护器；5—电涌保护器的接地连接线，5a 或 5b；6—需要被电涌保护器保护的设备；7—剩余电流保护器（RCD）；$F_1$—安装在电气装置电源进户处的保护电器；$F_2$—电涌保护器制造厂要求装设的过电流保护器；$R_A$—本电气装置的接地电阻；$R_B$—电源系统的接地电阻；L1，L2，L3—相线 1、2、3

（2）用于电子系统的电涌保护器

1）电信和信号线路上所接入的电涌保护器的类别及其冲击限制电压试验用的电压波形和电流波形应符合表 11-31 规定。

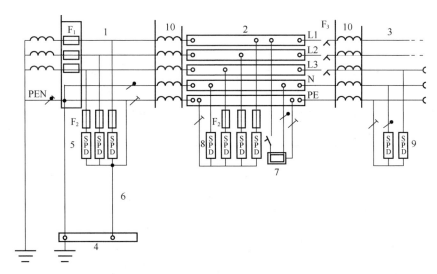

图 11-35 Ⅰ级、Ⅱ级和Ⅲ级试验的电涌保护器的安装（以 TN-C-S 系统为例）

1—电气装置的电源进户处；2—配电箱；3—送出的配电线路；4—总接地端或总接地连接带；5—Ⅰ级试验的电涌保护器；6—电涌保护器的接地连接线；7—需要被电涌保护器保护的固定安装的设备；8—Ⅱ级试验的电涌保护器；9—Ⅱ级或Ⅲ级试验的电涌保护器；10—去耦件或配电线路长度；$F_1$、$F_2$、$F_3$—过电流保护器；L1、L2、L3—相线 1、2、3

注：1. 当电涌保护器 5 和 8 不是安装在同一处时，电涌保护器 5 的 $U_p$ 应小于或等于 2.5kV；电涌保护器 5 和 8 可以组合为一台电涌保护器，其 $U_p$ 应小于或等于 2.5kV。

2. 当电涌保护器 5 和 8 之间的距离小于 10m 时，在 8 处 N 与 PE 之间的电涌保护器可不装。

表 11-31 电涌保护器的类别及其冲击限制电压试验用的电压波形和电流波形

| 类别 | 试验类型 | 开路电压 | 短路电流 |
| --- | --- | --- | --- |
| A1 | 很慢的上升率 | ≥1kV<br>0.1~100kV/s | 10A,0.1~2A/μs<br>≥1000μs(持续时间) |
| A2 | AC | | |
| B1 | 慢的上升率 | 1kV,10/1000μs | 100A,10/1000μs |
| B2 | | 1~4kV,10/700μs | 25~100A,5/300μs |
| B3 | | ≥1kV,100V/μs | 10~100A,10/1000μs |
| C1 | 快上升率 | 0.5~2kV,1.2/50μs | 0.25~1kA,8/20μs |
| C2 | | 2~10kV,1.2/50μs | 1~5kA,8/20μs |
| C3 | | ≥1kV,1kV/μs | 10~100A,10/1000μs |
| D1 | 高能量 | ≥1kV | 0.5~2.5kA,10/350μs |
| D2 | | ≥1kV | 0.5~2.0kA,10/250μs |

2) 电信和信号线路上所接入的电涌保护器，其最大持续运行电压最小值应大于接到线路处可能产生的最大运行电压。用于电子系统的电涌保护器，其标记的直流电压 $U_{DC}$ 也可用于交流电压 $U_{AC}$ 的有效值，反之亦然，它们之间的关系为 $U_{DC}=\sqrt{2}U_{AC}$。

3) 合理接线应符合下列规定。

① 应保证电涌保护器的差模和共模限制电压的规格与需要保护系统的要求相一致（如图 11-36 所示）。

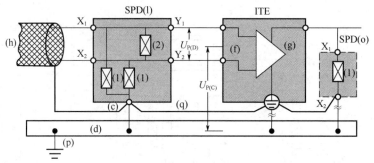

图 11-36 防需要保护的电子设备（ITE）的供电电压输入端及其信号端的差模和共模电压的保护措施的例子
(c)—电涌保护器的一个连接点，通常，电涌保护器内的所有限制共模电涌电压元件都以此为基准点；
(d)—等电位连接带；(f)—电子设备的信号端口；(g)—电子设备的电源端口；(h)—电子系统
线路或网络；(l)—符合表 11-31 所选用的电涌保护器；(o)—用于直流电源线路的电涌保护器；
(p)—接地导体；$U_{P(C)}$—将共模电压限制至电压保护水平；$U_{P(D)}$—将差模电压限制至电压
保护水平；$X_1$、$X_2$—电涌保护器非保护侧的接线端子，在它们之间接入（1）和（2）限压
元件；$Y_1$、$Y_2$—电涌保护器保护侧的接线端子；(1)—用于限制共模电压的防电涌
电压元件；(2)—用于限制差模电压的防电涌电压元件

② 接至电子设备的多接线端子电涌保护器，为将其有效电压保护水平减至最小所必需的安装条件，如图 11-37 所示。

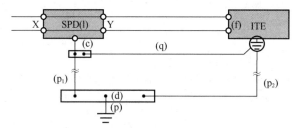

图 11-37 将多接线端子电涌保护器的有效电压保护水平减至最小所必需的安装条件的例子
(c)—电涌保护器的一个连接点，通常，电涌保护器内的所有限制共模电涌电压元件都以此为基准点；(d)—等电位连接带；
(f)—电子设备的信号端口；(l)—符合表 11-31 所选用的电涌保护器；(p)—接地导体；$(p_1)$、$(p_2)$—应尽可能短的
接地导体，当电子设备（ITE）在远处时可能无 $(p_2)$；(q)—必需的连接线（尽可能短）；X、Y—电涌保护器的
接线端子，X 为其非保护的输入端，Y 为其保护侧的输出端

③ 附加措施：
a. 接至电涌保护器保护端口的线路不要与接至非保护端口的线路敷设在一起；
b. 接至电涌保护器保护端口的线路不要与接地导体（p）敷设在一起；
c. 从电涌保护器保护侧接至需保护的电子设备（ITE）的线路应尽可能短或加以屏蔽。

## 11.4 建筑物防雷和防雷击电磁脉冲设计的计算方法和设计要求

### 11.4.1 防雷装置

（1）防雷装置使用的材料
① 防雷装置使用的材料及其使用条件宜符合表 11-32 的规定。

表 11-32 防雷装置的材料及使用条件

| 材料 | 使用于大气中 | 使用于地中 | 使用于混凝土中 | 耐腐蚀情况 | | |
|---|---|---|---|---|---|---|
| | | | | 在下列环境中能耐腐蚀 | 在下列环境中增加腐蚀 | 与下列材料接触形成直流电耦合可能受到严重腐蚀 |
| 铜 | 单根导体,绞线 | 单根导体,有镀层的绞线,铜管 | 单根导体,有镀层的绞线 | 在许多环境中良好 | 硫化物有机材料 | — |
| 热镀锌钢 | 单根导体,绞线 | 单根导体,钢管 | 单根导体,绞线 | 敷设于大气、混凝土和无腐蚀性的一般土壤中受到的腐蚀是可接受的 | 高氯化物含量 | 铜 |
| 电镀铜钢 | 单根导体 | 单根导体 | 单根导体 | 在许多环境中良好 | 硫化物 | — |
| 不锈钢 | 单根导体,绞线 | 单根导体,绞线 | 单根导体,绞线 | 在许多环境中良好 | 高氯化物含量 | — |
| 铝 | 单根导体,绞线 | 不适合 | 不适合 | 在含有低浓度硫和氯化物的大气中良好 | 碱性溶液 | 铜 |
| 铅 | 有镀铅层的单根导体 | 禁止 | 不适合 | 在含有高浓度硫酸化合物的大气中良好 | — | 铜、不锈钢 |

注:1. 敷设于黏土或潮湿土壤中的镀锌钢可能受到腐蚀。
2. 在沿海地区,敷设于混凝土中的镀锌钢不宜延伸进入土壤中。
3. 不得在地中采用铅。

② 做防雷等电位连接各连接部件的最小截面积,应符合表 11-33 的规定。连接单台或多台 I 级分类试验或 D1 类电涌保护器的单根导体的最小截面积,尚应按下式计算:

$$S_{\min} \geqslant I_{\mathrm{imp}}/8 \tag{11-79}$$

式中 $S_{\min}$——单根导体的最小截面积,$mm^2$;
$I_{\mathrm{imp}}$——流入该导体的雷电流,kA。

表 11-33 防雷装置各连接部件的最小截面积

| 等电位连接部件 | | | 材料 | 截面积/$mm^2$ |
|---|---|---|---|---|
| 等电位连接带(铜、外表面镀铜的钢或热镀锌钢) | | | Cu(铜)、Fe(铁) | 50 |
| 从等电位连接带至接地装置或各等电位连接带之间的连接导体 | | | Cu(铜) | 16 |
| | | | Al(铝) | 25 |
| | | | Fe(铁) | 50 |
| 从屋内金属装置至等电位连接带的连接导体 | | | Cu(铜) | 6 |
| | | | Al(铝) | 10 |
| | | | Fe(铁) | 16 |
| 连接电涌保护器的导体 | 电气系统 | I 级试验的电涌保护器 | Cu(铜) | 6 |
| | | II 级试验的电涌保护器 | | 2.5 |
| | | III 级试验的电涌保护器 | | 1.5 |
| | 电子系统 | D1 类电涌保护器 | | 1.2 |
| | | 其他类的电涌保护器(连接导体的截面积可小于 1.2$mm^2$) | | 根据具体情况确定 |

(2) 接闪器

① 接闪器的材料、结构和最小截面积应符合表 11-34 的规定。

表 11-34 接闪线（带）、接闪杆和引下线的材料、结构与最小截面积

| 材料 | 结构 | 最小截面积/mm² | 备注⑩ |
|---|---|---|---|
| 铜，镀锡铜① | 单根扁铜 | 50 | 厚度 2mm |
| | 单根圆铜⑦ | 50 | 直径 8mm |
| | 铜绞线 | 50 | 每股线直径 1.7mm |
| | 单根圆铜③④ | 176 | 直径 15mm |
| 铝 | 单根扁铝 | 70 | 厚度 3mm |
| | 单根圆铝 | 50 | 直径 8mm |
| | 铝绞线 | 50 | 每股线直径 1.7mm |
| 铝合金 | 单根扁形导体 | 50 | 厚度 2.5mm |
| | 单根圆形导体③ | 50 | 直径 8mm |
| | 绞线 | 50 | 每股线直径 1.7mm |
| | 单根圆形导体 | 176 | 直径 15mm |
| | 外表面镀铜的单根圆形导体 | 50 | 直径 8mm，径向镀铜厚度至少 70μm，铜纯度 99.9% |
| 热浸镀锌钢② | 单根扁钢 | 50 | 厚度 2.5mm |
| | 单根圆钢⑨ | 50 | 直径 8mm |
| | 绞线 | 50 | 每股线直径 1.7mm |
| | 单根圆钢③④ | 176 | 直径 15mm |
| 不锈钢⑤ | 单根扁钢⑥ | 50⑧ | 厚度 2mm |
| | 单根圆钢⑥ | 50⑧ | 直径 8mm |
| | 绞线 | 70 | 每股线直径 1.7mm |
| | 单根圆钢③④ | 176 | 直径 15mm |
| 外表面镀铜的钢 | 单根圆钢(直径 8mm) | 50 | 镀铜厚度至少 70μm，铜纯度 99.9% |
| | 单根扁钢(厚 2.5mm) | | |

① 热浸或电镀锡的锡层最小厚度为 1μm。
② 镀锌层宜光滑连贯、无焊剂斑点，镀锌层圆钢至少 22.7g/m²、扁钢至少 32.4g/m²。
③ 仅应用于接闪杆。当应用于机械应力没达到临界值之处，可采用直径 10mm、最长 1m 的接闪杆，并增加固定。
④ 仅应用于入地之处。
⑤ 不锈钢中，铬的含量等于或大于 16%，镍的含量等于或大于 8%，碳的含量等于或小于 0.08%。
⑥ 对埋于混凝土中以及与可燃材料直接接触的不锈钢，其最小尺寸宜增大至直径 10mm 的 78mm²（单根圆钢）和最小厚度 3mm 的 75mm²（单根扁钢）。
⑦ 在机械强度没有重要要求之处，50mm²（直径 8mm）可减为 28mm²（直径 6mm），并应减小固定支架间的间距。
⑧ 当温升和机械受力是重点考虑之处，50mm² 加大至 75mm²。
⑨ 避免在单位能量 10MJ/Ω 熔化的最小截面积是铜为 16mm²、铝为 25mm²、钢为 50mm²、不锈钢为 50mm²。
⑩ 截面积允许误差为 -3%。

② 接闪杆宜采用热镀锌圆钢或钢管制成时，其直径应符合下列规定。

a. 杆长 1m 以下时，圆钢不应小于 12mm，钢管不应小于 20mm。

b. 杆长 1~2m 时，圆钢不应小于 16mm；钢管不应小于 25mm。

c. 独立烟囱顶上的杆，圆钢不应小于 20mm；钢管不应小于 40mm。

③ 接闪杆的接闪端宜做成半球状，其最小弯曲半径宜为 4.8mm，最大宜为 12.7mm。

④ 当独立烟囱上采用热镀锌接闪环时，其圆钢直径不应小于 12mm；扁钢截面积不应小于 100mm²，其厚度不应小于 4mm。

⑤ 架空接闪线和接闪网宜采用截面积不小于 50mm² 热镀锌钢绞线或铜绞线。

⑥ 明敷接闪导体固定支架的间距不宜大于表 11-35 的规定。固定支架的高度不宜小于 150mm。

表 11-35　明敷接闪导体和引下线固定支架的间距

| 布置方式 | 扁形导体和绞线固定支架的间距/mm | 单根圆形导体固定支架的间距/mm |
| --- | --- | --- |
| 安装于水平面上的水平导体 | 500 | 1000 |
| 安装于垂直面上的水平导体 | 500 | 1000 |
| 安装于从地面至高 20m 垂直面上的垂直导体 | 1000 | 1000 |
| 安装在高于 20m 垂直面上的垂直导体 | 500 | 1000 |

⑦ 除第一类防雷建筑物外，金属屋面的建筑物宜利用其屋面作为接闪器，并应符合下列规定。

a. 板间的连接应是持久的电气贯通，可采用铜锌合金焊、熔焊、卷边压接、缝接、螺钉或螺栓连接。

b. 金属板下面无易燃物品时，铅板的厚度不应小于 2mm，不锈钢、热镀锌钢、钛和铜板的厚度不应小于 0.5mm，铝板的厚度不应小于 0.65mm，锌板的厚度不应小于 0.7mm。

c. 金属板下面有易燃物品时，不锈钢、热镀锌钢和钛板的厚度不应小于 4mm，铜板的厚度不应小于 5mm，铝板的厚度不应小于 7mm。

d. 金属板无绝缘被覆层。

【注】薄的油漆保护层或 1mm 厚沥青层或 0.5mm 厚聚氯乙烯层均不属于绝缘被覆层。

⑧ 除第一类防雷建筑物和 11.3.3 第（3）条第 2）款第①项的规定外，屋顶上永久性金属物宜作为接闪器，但其各部件之间均应连成电气贯通，并应符合下列规定。

a. 旗杆、栏杆、装饰物、女儿墙上的盖板等，其截面积应符合表 11-34 的规定，其壁厚应符合 11.4.1 第（2）条第⑦项的规定。

b. 输送和储存物体的钢管和钢罐的壁厚不应小于 2.5mm；当钢管、钢罐一旦被雷击穿，其内的介质对周围环境造成危险时，其壁厚不应小于 4mm。

c. 利用屋顶建筑构件内钢筋作接闪器应符合 11.3.3 第（3）条第 5）款和 11.3.3 第（4）条第 5）款的规定。

⑨ 除利用混凝土构件钢筋或在混凝土内专设钢材作接闪器外，钢质接闪器应热镀锌。在腐蚀性较强的场所，尚应采取加大其截面积或其他防腐措施。

⑩ 不得利用安装在接收无线电视广播天线杆顶上的接闪器保护建筑物。

⑪ 专门敷设的接闪器应由下列的一种或多种组成：

a. 独立接闪杆；

b. 架空接闪线或架空接闪网；

c. 直接装设在建筑物上的接闪杆、接闪带或接闪网。

⑫ 专门敷设的接闪器，其布置应符合表 11-36 的规定。布置接闪器时，可单独或任意

组合采用接闪杆、接闪带、接闪网。

表 11-36　接闪器布置

| 建筑物防雷类别 | 滚球半径 $h_r$/m | 接闪网网格尺寸/m |
|---|---|---|
| 第一类防雷建筑物 | 30 | ≤5×5 或≤6×4 |
| 第二类防雷建筑物 | 45 | ≤10×10 或≤12×8 |
| 第三类防雷建筑物 | 60 | ≤20×20 或≤24×16 |

(3) 引下线

① 引下线的材料、结构和最小截面积应按表 11-34 的规定取值。

② 明敷引下线固定支架的间距不宜大于表 11-35 的规定。

③ 引下线宜采用热镀锌圆钢或扁钢，宜优先采用圆钢。

当独立烟囱上的引下线采用圆钢时，其直径不应小于 12mm；采用扁钢时，其截面积不应小于 $100mm^2$，厚度不应小于 4mm。

防腐措施应符合 11.4.1 第 (2) 条第⑨项的规定。利用建筑构件内钢筋作引下线应符合 11.3.3 第 (3) 条第 5) 款和 11.3.3 第 (4) 条第 5) 款的规定。

④ 专设引下线应沿建筑物外墙外表面明敷，并经最短路径接地；建筑外观要求较高者可暗敷，但其圆钢直径不应小于 10mm，扁钢截面积不应小于 $80mm^2$。

⑤ 建筑物的钢梁、钢柱、消防梯等金属构件以及幕墙的金属立柱宜作为引下线，但其各部件之间均应连成电气贯通，可采用铜锌合金焊、熔焊、卷边压接、缝接、螺钉或螺栓连接；其截面积应按表 11-34 的规定取值；各金属构件可被覆有绝缘材料。

⑥ 当采用多根专设引下线时，应该在各引下线上于距地面 0.3～1.8m 之间装设断接卡。当利用混凝土内钢筋、钢柱作为自然引下线并同时采用基础接地体时，可以不设断接卡，但利用钢筋作引下线时应在室内外的适当地点设若干连接板。当仅利用钢筋作引下线并采用埋于土壤中的人工接地体时，应在每根引下线上于距地面不低于 0.3m 处设接地体连接板。采用埋于土壤中的人工接地体时应设断接卡，其上端应与连接板或钢柱焊接。连接板处宜有明显的标志。

⑦ 在易受机械损伤之处，地面上 1.7m 至地面下 0.3m 的一段接地线应采用暗敷或采用镀锌角钢、改性塑料管或橡胶管等加以保护。

⑧ 第二类防雷建筑物或第三类防雷建筑物为钢结构或钢筋混凝土建筑物时，在其钢构件或钢筋之间的连接满足规范规定并利用其作为引下线的条件下，当其垂直支柱均起到引下线的作用时，可不要求满足专设引下线之间的间距。

(4) 接地装置

① 接地体的材料、结构和最小尺寸应符合表 11-37 的规定。利用建筑构件内钢筋作接地装置应符合 11.3.3 第 (3) 条第 5) 款和 11.3.3 第 (4) 条第 5) 款的规定。

② 在符合表 11-32 规定的条件下，埋于土壤中的人工垂直接地体宜采用热镀锌角钢、钢管或圆钢；埋于土壤中的人工水平接地体宜采用热镀锌扁钢或圆钢。接地线应与水平接地体的截面相同。

③ 人工钢质垂直接地体的长度宜为 2.5m。其间距以及人工水平接地体的间距均宜为 5m，当受地方限制时可适当减小。

④ 人工接地体在土壤中埋设深度不应小于 0.5m，并宜敷设在冻土层以下，其距墙或基础不宜小于 1m。接地体宜远离由于烧窑、烟道等高温影响使土壤电阻率升高之地。

⑤ 在敷设于土壤中的接地体连接到混凝土基础内起基础接地体作用的钢筋或钢材的情况下，土壤中的接地体宜采用铜质或镀铜或不锈钢导体。

表 11-37　接地体的材料、结构和最小尺寸

| 材料 | 结构 | 最小尺寸 | | | 备注 |
|---|---|---|---|---|---|
| | | 垂直接地体直径/mm | 水平接地体/mm² | 接地板/mm | |
| 铜或镀锡铜 | 铜绞线 | — | 50 | — | 每股直径1.7mm |
| | 单根圆铜 | 15 | 50 | — | — |
| | 单根扁铜 | — | 50 | — | 厚度2mm |
| | 铜管 | 20 | — | — | 壁厚2mm |
| | 整块铜板 | — | — | 500×500 | 厚度2mm |
| | 网格铜板 | — | — | 600×600 | 各网格边截面25mm×2mm，网格网边总长度不少于4.8m |
| 热镀锌钢 | 圆钢 | 14 | 78 | — | — |
| | 钢管 | 20 | — | — | 壁厚2mm |
| | 扁钢 | — | 90 | — | 厚度3mm |
| | 钢板 | — | — | 500×500 | 厚度3mm |
| | 网格钢板 | — | — | 600×600 | 各网格边截面30mm×3mm，网格网边总长度不少于4.8m |
| | 型钢 | ① | — | — | — |
| 裸钢 | 钢绞线 | — | 70 | — | 每股直径1.7mm |
| | 圆钢 | — | 78 | — | — |
| | 扁钢 | — | 75 | — | 厚度3mm |
| 外表面镀铜的钢 | 圆钢 | 14 | 50 | — | 镀铜厚度至少250μm，铜纯度99.9% |
| | 扁钢 | — | 90(厚3mm) | — | |
| 不锈钢 | 圆形导体 | 15 | 78 | — | — |
| | 扁形导体 | — | 100 | — | 厚度2mm |

① 不同截面的型钢，其截面积不小于290mm²，最小厚度3mm，可采用50mm×50mm×3mm角钢。
注：1. 热镀锌层应光滑连贯、无焊剂斑点，镀锌层圆钢至少22.7g/m²，扁钢至少32.4g/m²。
　　2. 热镀锌之前螺纹应先加工好。
　　3. 当完全埋在混凝土中时才可采用裸钢。
　　4. 外表面镀铜的钢，铜应与钢结合良好。
　　5. 不锈钢中，铬的含量等于或大于16%，镍的含量等于或大于5%，钼的含量等于或大于2%，碳的含量等于或小于0.08%。
　　6. 截面积允许误差为-3%。

⑥ 在高土壤电阻率的场地，降低防直击雷冲击接地电阻宜采用下列方法。

a. 采用多支线外引接地装置，外引长度不应大于有效长度[接地体的有效长度 $l_e=2\sqrt{\rho}$ (m)；$\rho$ 为敷设接地体处的土壤电阻率（Ω·m）]。

b. 接地体埋于较深的低电阻率土壤中。

c. 换土。

d. 采用降阻剂。

⑦ 防直击雷的专设引下线距出入口或人行道边沿不宜小于3m。

⑧ 接地装置埋在土壤中的部分，其连接宜采用放热焊接；当采用通常的焊接方法时，应在焊接处做防腐处理。

⑨ 接地装置工频接地电阻的计算应符合国家标准《交流电气装置的接地设计规范》GB/T 50065—2011 的规定，接地装置冲击接地电阻与工频接地电阻的换算，应按 $R_\sim = A \times R_i$ 计算 [$R_\sim$ 为接地装置各支线的长度取值小于或等于接地体的有效长度 $l_e$，或者有支线大于 $l_e$ 而取其等于 $l_e$ 时的工频接地电阻（Ω）；$A$ 为换算系数，其值宜按图 11-38 确定；$R_i$ 为所要求的接地装置冲击接地电阻（Ω）]。

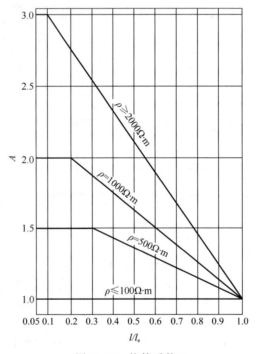

图 11-38 换算系数 $A$

注：$l$ 为接地体最长支线的实际长度，其计量与 $l_e$ 类同；当它大于 $l_e$ 时，取其等于 $l_e$。

## 11.4.2 滚球法确定接闪器的保护范围

(1) 单支接闪杆的保护范围的确定（如图 11-39 所示）

1) 当接闪杆高度 $h$ 小于或等于 $h_r$ 时：

① 距地面 $h_r$ 处作一平行于地面的平行线；

② 以杆尖为圆心，$h_r$ 为半径，作弧线交于平行线的 $A$、$B$ 两点；

③ 以 $A$、$B$ 为圆心，$h_r$ 为半径作弧线，该弧线与杆尖相交并与地面相切，从此弧线起到地面止就是保护范围，保护范围是一个对称的锥体；

④ 接闪杆在 $h_r$ 高度的 $xx'$ 平面上和在地面上的保护半径，按下列计算式确定：

$$r_x = \sqrt{h(2h_r - h)} - \sqrt{h_x(2h_r - h)} \tag{11-80}$$

$$r_0 = \sqrt{h(2h_r - h)} \qquad (11\text{-}81)$$

式中 $r_x$——接闪杆在 $h_x$ 高度的 $xx'$ 平面上的保护半径，m；

$h_r$——滚球半径，按表 11-36 确定，m；

$h_x$——被保护物的高度，m；

$r_0$——接闪杆在地面上的保护半径，m。

2）当接闪杆高度 $h$ 大于 $h_r$ 时，在接闪杆上取高度 $h_r$ 的一点代替单支接闪杆杆尖作为圆心。其余的做法同第 1）项。式（11-80）和式（11-81）中的 $h$ 用 $h_r$ 代入。

（2）两支等高接闪杆的保护范围

在接闪杆高度 $h$ 小于或等于 $h_r$ 的情况下，当两支接闪杆的距离 $D$ 大于或等于 $2\sqrt{h(2h_r - h)}$ 时，应各按单支接闪杆的方法

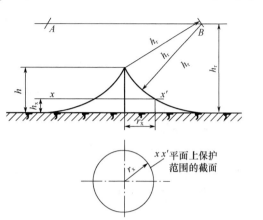

图 11-39 单支接闪杆的保护范围

确定；当 $D$ 小于 $2\sqrt{h(2h_r - h)}$ 时，应按下列方法确定（如图 11-40 所示）。

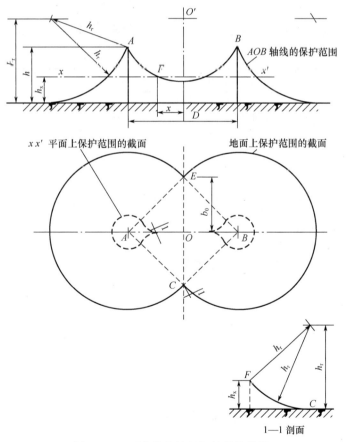

图 11-40 两支等高接闪杆的保护范围

① $AEBC$ 外侧的保护范围，按照单支接闪杆的方法确定。

② $C$、$E$ 点位于两杆间的垂直平分线上。在地面每侧的最小保护宽度 $b_0$ 按下式计算：

$$b_0 = CO = EO = \sqrt{h(2h_r - h) - (D/2)^2} \tag{11-82}$$

③ 在 $AOB$ 轴线上，距中心线任一距离 $x$ 处，其在保护范围上边线上的保护高度 $h_x$ 按下式确定：

$$h_x = h_r - \sqrt{(h_r - h)^2 + (D/2)^2 - x^2} \tag{11-83}$$

该保护范围上边线是以中心线距地面 $h_r$ 的一点 $O'$ 为圆心，以 $\sqrt{h(2h_r - h) - (D/2)^2}$ 为半径所作的圆弧 $AB$。

④ 两杆间 $AEBC$ 内的保护范围，$ACO$ 部分的保护范围按以下方法确定。

a. 在任一保护高度 $h_x$ 和 $C$ 点所处的垂直平面上，以 $h_x$ 作为假想接闪杆，并应按单支接闪杆的方法逐点确定（见图 11-41 的 1-1 剖面图）。

b. 确定 $BCO$、$AEO$、$BEO$ 部分的保护范围的方法与 $ACO$ 部分的相同。

⑤ 确定 $xx'$ 平面上保护范围截面的方法。以单支接闪杆的保护半径 $r_x$ 为半径，以 $A$、$B$ 为圆心作弧线与四边形 $AEBC$ 相交；以单支接闪杆的 $r_0 - r_x$ 为半径，以 $E$、$C$ 为圆心作弧线与上述弧线相交（见图 11-41 中的粗虚线）。

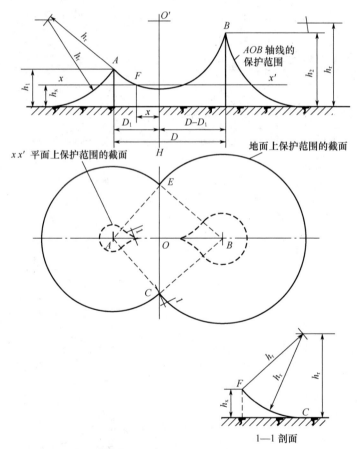

图 11-41 两支不等高接闪杆的保护范围

(3) 两支不等高接闪杆的保护范围

在 $A$ 接闪杆的高度 $h_1$ 和 $B$ 接闪杆的高度 $h_2$ 均小于或等于 $h_r$ 的情况下，当两支接闪杆距离 $D$ 大于或等于 $\sqrt{h_1(2h_r - h_1)} + \sqrt{h_2(2h_r - h_2)}$ 时，应各按单支接闪杆所规定的方法确定；当 $D$ 小于 $\sqrt{h_1(2h_r-h_1)}+\sqrt{h_2(2h_r-h_2)}$ 时，应按下列方法确定（如图 11-41 所示）。

① $AEBC$ 外侧的保护范围，按照单支接闪杆的方法确定。

② $CE$ 线或 $HO'$ 线的位置按下式计算：
$$D_1=[(h_r-h_2)^2-(h_r-h_1)^2+D^2]/2D \tag{11-84}$$

③ 在地面上每侧的最小保护宽度按下式计算：
$$b_0=CO=EO=\sqrt{h_1(2h_r-h_1)-D_1^2} \tag{11-85}$$

④ 在 $AOB$ 轴线上，$A$、$B$ 间保护范围上边线位置应按下式确定：
$$h_x=h_r-\sqrt{(h_r-h_1)^2+D_1^2-x^2} \tag{11-86}$$

式中 $x$——距 $CE$ 线或 $HO'$ 线的距离。

该保护范围上边线是以 $HO'$ 线上距地面 $h_r$ 的一点 $O'$ 为圆心，以 $\sqrt{h_1(2h_r-h_1)-D_1^2}$ 半径所作的圆弧 $AB$。

⑤ 两杆间 $AEBC$ 内的保护范围，$ACO$ 与 $AEO$、$BCO$ 与 $BEO$ 是对称的，$ACO$ 部分的保护范围按以下方法确定。

a. 在任意高度 $h_x$ 和 $C$ 点所处的垂直平面上，以 $h_x$ 作为假想接闪杆，按单支接闪杆的方法逐点确定（见图 11-41 的 1-1 剖面图）。

b. 确定 $AEO$、$BCO$、$BEO$ 部分的保护范围的方法与 $ACO$ 部分的相同。

⑥ 确定 $xx'$ 平面上保护范围截面的方法与两支等高接闪杆相同。

（4）矩形布置的四支等高接闪杆的保护范围

在 $h$ 小于或等于 $h_r$ 的情况下，当 $D_3$ 大于或等于 $2\sqrt{h(2h_r-h)}$ 时，应各按两支等高接闪杆的方法确定；当 $D_3$ 小于 $2\sqrt{h(2h_r-h)}$ 时，应按下列方法确定（如图 11-42 所示）。

① 四支接闪杆的外侧各按两支接闪杆的方法确定。

② $B$、$E$ 接闪杆连线上的保护范围见图 11-42 的 1—1 剖面图，外侧部分按单支接闪杆的方法确定。两杆间的保护范围按以下方法确定。

a. 以 $B$、$E$ 两杆针尖为圆心、$h_r$ 为半径作弧相交于 $O$ 点，以 $O$ 点为圆心、$h_r$ 为半径作圆弧，该弧线与杆尖相连的这段圆弧即为杆间保护范围。

b. 保护范围最低点的高度 $h_0$ 按下式计算：
$$h_0=\sqrt{h_r^2-(D_3/2)^2}+h-h_r \tag{11-87}$$

③ 图 11-42 的 2—2 剖面的保护范围，以 $P$ 点的垂直线上的 $O$ 点（距地面的高度为 $h_r+h_0$）为圆心，$h_r$ 为半径作圆弧与 $B$、$C$ 和 $A$、$E$ 两支接闪杆所作出在该剖面的外侧保护范围延长圆弧相交于 $F$、$H$ 点。

$F$ 点（$H$ 点与此类同）的位置及高度可按下列计算式确定：
$$(h_r-h_x)^2=h_r^2-(b_0+x)^2 \tag{11-88}$$
$$(h_r+h_0-h_x)^2=h_r^2-(D_1/2-x)^2 \tag{11-89}$$

④ 确定图 11-42 的 3—3 剖面保护范围的方法与上述③相同。

⑤ 确定四支等高接闪杆中间在 $h_0$ 至 $h$ 之间于 $h_y$ 高度的 $yy'$ 平面上保护范围截面的方法：以 $P$ 点为圆心、$\sqrt{2h_r(h_y-h_0)-(h_y-h_0)^2}$ 为半径作圆或圆弧，与各两支接闪杆在外侧所作的保护范围截面组成该保护范围截面（见图 11-42 中的虚线）。

（5）单根接闪线（避雷线）的保护范围

当接闪线的高度 $h$ 大于或等于 $2h_r$ 时，应无保护范围；当接闪线的高度 $h$ 小于 $2h_r$ 时，

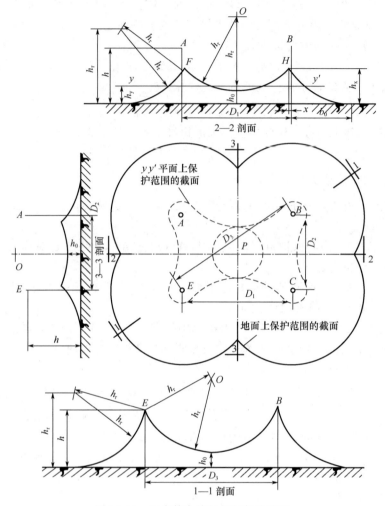

图 11-42 四支等高接闪杆的保护范围

应按下列方法确定（如图 11-43 所示）。确定架空接闪线的高度时应计及弧垂的影响。在无法确定弧垂的情况下，当等高支柱间的距离小于 120m 时架空接闪线中点的弧垂宜采用 2m，距离为 120～150m 时宜采用 3m。

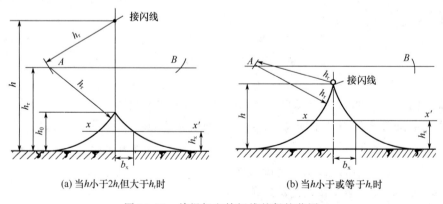

(a) 当$h$小于$2h_r$但大于$h_r$时　　(b) 当$h$小于或等于$h_r$时

图 11-43 单根架空接闪线的保护范围

① 距地面 $h_r$ 处作一平行于地面的平行线；

② 以接闪线为圆心、$h_r$ 为半径，作弧线交于平行线的 $A$、$B$ 两点；

③ 以 $A$、$B$ 为圆心，$h_r$ 为半径作弧线，该两弧线相交或相切并与地面相切。从该弧线起到地面止就是保护范围；

④ 当 $h$ 小于 $2h_r$ 且大于 $h_r$ 时，保护范围最高点的高度 $h_0$ 按下式计算：

$$h_0 = 2h_r - h \tag{11-90}$$

⑤ 接闪线在 $h_x$ 高度的 $xx'$ 平面上的保护宽度，按下式计算：

$$b_x = \sqrt{h(2h_r - h)} - \sqrt{h_x(2h_r - h_x)} \tag{11-91}$$

式中　$b_x$——接闪线在 $h_x$ 高度的 $xx'$ 平面上的保护宽度，m；

$h$——接闪线的高度，m；

$h_r$——滚球半径，按表 11-36 和 11.3.3 第（5）条第 5）款的规定取值，m；

$h_x$——被保护物的高度，m。

⑥ 接闪线两端的保护范围按单支接闪杆的方法确定。

（6）两根等高接闪线的保护范围

应按下列方法确定。

1）在接闪线高度 $h$ 小于或等于 $h_r$ 的情况下，当 $D$ 大于或等于 $2\sqrt{h(2h_r-h)}$ 时，应各按单根接闪线所规定的方法确定；当 $D$ 小于 $2\sqrt{h(2h_r-h)}$ 时，按下列方法确定（如图 11-44 所示）。

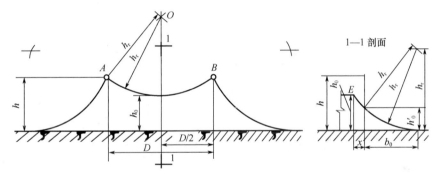

图 11-44　两根等高接闪线在 $h$ 小于或等于 $h_r$ 时的保护范围

① 两根接闪线的外侧，各按单根接闪线的方法确定。

② 两根接闪线之间的保护范围按以下方法确定：以 $A$、$B$ 两接闪线为圆心，$h_r$ 为半径作圆弧交于 $O$ 点，以 $O$ 点为圆心、$h_r$ 为半径作圆弧交于 $A$、$B$ 点。

③ 两接闪线之间保护范围最低点的高度 $h_0$ 按下式计算：

$$h_0 = \sqrt{h_r^2 - (D/2)^2} + h - h_r \tag{11-92}$$

④ 接闪线两端的保护范围按两支接闪杆的方法确定，但在中线上 $h_0$ 线的内移位置按以下方法确定（图 11-44 中的 1—1 剖面）：以两支接闪杆所确定的保护范围中最低点的高度 $h'_0 = h_r - \sqrt{(h_r-h)^2 + (D/2)^2}$ 作为假想接闪杆，将其保护范围的延长弧线与 $h_0$ 线交于 $E$ 点。内移位置的距离 $x$ 也可按下式计算：

$$x = \sqrt{h_0(2h_r - h_0)} - b_0 \tag{11-93}$$

式中　$b_0$——按式(11-82)计算。

2) 在接闪线的高度 $h$ 小于 $2h_r$，且大于 $h_r$，接闪线之间的距离 $D$ 小于 $2h_r$ 且大于 $2[h_r-\sqrt{h(2h_r-h)}]$ 的情况下，按下列方法确定（如图 11-45 所示）。

① 距地面 $h_r$ 处作一与地面平行的线。

② 以 $A$、$B$ 两接闪线为圆心，$h_r$ 为半径作弧线相交于 $O$ 点并与平行线相交或相切于 $C$、$E$ 点。

③ 以 $O$ 点为圆心、$h_r$ 为半径作弧线交于 $A$、$B$ 点。

④ 以 $C$、$E$ 为圆心，$h_r$ 为半径作弧线交于 $A$、$B$ 并与地面相切。

⑤ 两根接闪线之间保护范围最低点的高度 $h_0$ 按下式计算：

$$h_0=\sqrt{h_r^2-(D/2)^2}+h-h_r \tag{11-94}$$

⑥ 最小保护宽度 $b_m$ 位于 $h_r$ 高处，其值按下式计算：

$$b_m=\sqrt{h(2h_r-h)}+D/2-h_r \tag{11-95}$$

⑦ 接闪线两端的保护范围按两支高度 $h_r$ 的接闪杆确定，但在中线上 $h_0$ 线的内移位置按以下方法确定（图 11-45 的 1—1 剖面）：以两支高度 $h_r$ 的接闪杆所确定的保护范围中点最低点的高度 $h'=h_r-D/2$ 作为假想接闪杆，将其保护范围的延长弧线与 $h_0$ 线交于 $F$ 点。内移位置的距离 $x$ 也可按下式计算：

$$x=\sqrt{h_0(2h_r-h_0)}-\sqrt{h_r^2-(D/2)^2} \tag{11-96}$$

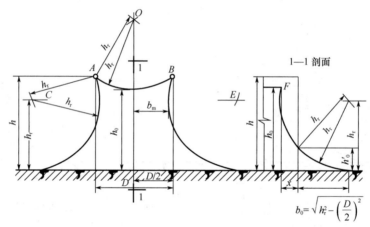

图 11-45 两根等高接闪线在 $h$ 小于 $2h_r$ 且大于 $h_r$ 时的保护范围

本节各图中所画的地面也可以是位于建筑物上的接地金属物、其他接闪器。当接闪器在"地面上保护范围的截面"的外周线触及接地金属物、其他接闪器时，各图的保护范围均适用于这些接闪器；当接地金属物、其他接闪器是处在外周线之内且位于被保护部位的边沿时，应按以下方法确定所需断面的保护范围（如图 11-46 所示）。

① 以 $A$、$B$ 为圆心，$h_r$ 为半径作弧线相交于 $O$ 点；

② 以 $O$ 为圆心、$h_r$ 为半径作弧线 $AB$，弧线 $AB$ 应为保护范围的上边线。

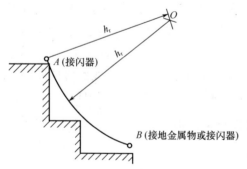

图 11-46 确定建筑物上任两个接闪器在所需截面上的保护范围

本节各图中，凡接闪器在"地面上保护范围的截面"的外周线触及的是屋面时，各图的保护范围仍有效，但外周线触及的屋面及其外部得不到保护，内部得到保护。

## 11.4.3 防雷击电磁脉冲的计算方法与设计要求

（1）基本规定

① 在工程的设计阶段不知道电子系统的规模和具体位置的情况下，若预计将来会有需要防雷击电磁脉冲的电气和电子系统，应在设计时将建筑物的金属支撑物、金属框架或钢筋混凝土的钢筋等自然构件、金属管道、配电的保护接地系统等与防雷装置组成一个接地系统，并应在需要之处预埋等电位连接板。

② 当电源采用 TN 系统时，从建筑物总配电箱起供电给本建筑物内的配电线路和分支线路必须采用 TN-S 系统。

（2）防雷区和防雷击电磁脉冲

① 防雷区的划分应符合下列规定。

a. 本区内的各物体都可能遭到直接雷击并导走全部雷电流，以及本区内的雷击电磁场强度没有衰减时，应划分为 $LPZ0_A$ 区。

b. 本区内的各物体不可能遭到大于所选滚球半径对应的雷电流直接雷击，以及本区内的雷击电磁场强度仍没有衰减时，应划分为 $LPZ0_B$ 区。

c. 本区内的各物体不可能遭到直接雷击，且由于在界面处的分流，流经各导体的电涌电流比 $LPZ0_B$ 区内的更小，以及本区内的雷击电磁场强度可能衰减，衰减程度取决于屏蔽措施时，应划分为 LPZ1 区。

d. 需要进一步减小流入的电涌电流和雷击电磁场强度时，增设的后续防雷区应划分为 $LPZ2\cdots n$ 后续防雷区。

② 安装磁场屏蔽后续防雷区、安装协调配合好的多组电涌保护器，宜按照需要保护的设备的数量、类型和耐压水平及其所要求的磁场环境选择（如图 11-47 所示）。

③ 在两个防雷区的界面上宜将所有通过界面的金属物做等电位连接。当线路能承受所发生的电涌电压时，电涌保护器可安装在被保护设备处，而线路的金属保护层或屏蔽层宜首先于界面处做一次等电位连接（注：$LPZ0_A$ 与 $LPZ0_B$ 区之间无实物界面）。

（3）屏蔽、接地和等电位连接的要求

1）屏蔽、接地和等电位连接的要求宜联合采取下列措施。

① 所有与建筑物组合在一起的大尺寸金属件都应等电位连接在一起，并应与防雷装置相连。但第一类防雷建筑物的独立接闪器及其接地装置除外。

② 在需要保护的空间内，采用屏蔽电缆时其屏蔽层应至少在两端，并宜在防雷区交界处做等电位连接，系统要求只在一端做等电位连接时，应采用两层屏蔽或穿钢管敷设，外层屏蔽或钢管应至少在两端，并宜在防雷区交界处做等电位连接。

③ 分开的建筑物之间的连接线路，若无屏蔽层，线路应敷设在金属管、金属格栅或钢筋成格栅形的混凝土管道内。金属管、金属格栅或钢筋格栅从一端到另一端应是导电贯通，并应在两端分别连到建筑物的等电位连接带上；若有屏蔽层，屏蔽层的两端应连到建筑物的等电位连接带上。

④ 对由金属物、金属框架或钢筋混凝土钢筋等自然构件构成建筑物或房间的格栅形大空间屏蔽，应将穿入大空间屏蔽的导电金属物就近与其做等电位连接。

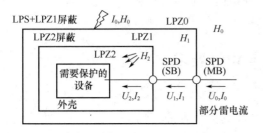 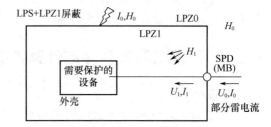

(a) 采用大空间屏蔽和协调配合好的电涌保护器保护

注：设备得到良好的防导入电涌的保护，$U_2$大大小于$U_0$和$I_2$大大小于$I_0$，以及$H_2$大大小于$H_0$防辐射磁场的保护

(b) 采用LPZ1的大空间屏蔽和进户处安装电涌保护器的保护

注：设备得到防导入电涌的保护，$U_1$小于$U_0$和$I_1$小于$I_0$，以及$H_1$小于$H_0$防辐射磁场的保护

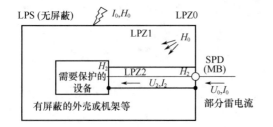 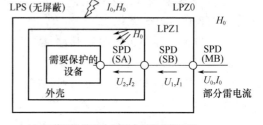

(c) 采用内部线路屏蔽和在进入LPZ1处安装电涌保护器的保护

注：设备得到防线路导入电涌的保护，$U_2$小于$U_0$和$I_2$小于$I_0$，以及$H_2$小于$H_0$防辐射磁场的保护

(d) 仅采用协调配合好的电涌保护器保护

注：设备得到防线路导入电涌的保护，$U_2$大大小于$U_0$和$I_2$大大小于$I_0$，但不需防$H_0$辐射磁场的保护

图 11-47 防雷击电磁脉冲

MB—总配电箱；SB—分配电箱；SA—插座

2) 对屏蔽效率未做试验和理论研究时，磁场强度的衰减应按下列方法计算。

① 闪电击于建筑物以外附近时，磁场强度应按下列方法计算。

a. 当建筑物和房间无屏蔽时所产生的无衰减磁场强度，相当于处于$LPZ0_A$和$LPZ0_B$区内的磁场强度，应按下式计算：

$$H_0 = i_0/(2\pi s_a) \quad (11-97)$$

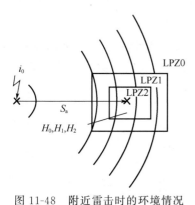

图 11-48 附近雷击时的环境情况

式中 $H_0$——无屏蔽时产生的无衰减磁场强度，A/m；
$i_0$——最大雷电流，A，按表 11-22～表 11-24 的规定取值；
$s_a$——雷击点与屏蔽空间之间的平均距离（如图 11-48 所示），m，按照式（11-102）或式（11-103）计算。

b. 当建筑物或房间有屏蔽时，在格栅大空间屏蔽内，即在LPZ1区内的磁场强度，应按下式计算：

$$H_1 = H_0/10^{SF/20} \quad (11-98)$$

式中 $H_1$——格栅大空间屏蔽内的磁场强度，A/m；
$SF$——屏蔽系数，dB，按表 11-38 计算。

表 11-38　格栅大空间屏蔽的屏蔽系数

| 材料 | SF/dB | |
|---|---|---|
| | 25kHz[①] | 1MHz[②] 或 250kHz |
| 铜/铝 | $20\lg(8.5/\omega)$ | $20\lg(8.5/\omega)$ |
| 钢[③] | $20\lg[(8.5/\omega)/\sqrt{1+18\times10^{-6}/r^2}]$ | $20\lg(8.5/\omega)$ |

① 适用于首次雷击的磁场。
② 1MHz 适用于后续雷击的磁场，250kHz 适用于负极性首次雷击的磁场。
③ 相对磁导率 $\mu \approx 200$。

注：1. $\omega$ 为格栅屏蔽的网格宽，m；$r$ 为格栅屏蔽网格导体的半径，m。
　　2. 当计算式得出的值为负数时取 $SF=0$；若建筑物具有网格形等电位连接网格，$SF$ 可增加 6dB。

② 表 11-38 中的计算值应仅对在各 LPZ$n$ 区内，距屏蔽层有一安全距离的安全空间内才有效（如图 11-49 所示），安全距离应按下列公式计算。

当 $SF \geqslant 10$ 时：

$$d_{s/1} = \omega^{SF/10} \tag{11-99}$$

当 $SF < 10$ 时：

$$d_{s/1} = \omega \tag{11-100}$$

式中　$d_{s/1}$——安全距离，m；
　　　$\omega$——格栅形屏蔽的网格宽，m；
　　　$SF$——按表 11-38 计算的屏蔽系数，dB。

③ 在闪电击在建筑物附近磁场强度最大的最坏情况下，按建筑物的防雷类别、高度、宽度或长度可确定可能的雷击点与屏蔽空间之间平均距离的最小值（如图 11-50 所示），可按下列方法确定。

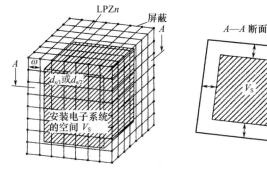

图 11-49　在 LPZ$n$ 区内供安放电气和电子系统的空间
（注：空间 $V_s$ 为安全空间）

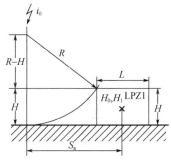

图 11-50　取决于滚球半径和建筑物尺寸的最小平均距离

a. 对应三类建筑物最大雷电流的滚球半径应符合表 11-39 的规定。滚球半径的大小可按下式计算：

表 11-39　与最大雷电流对应的滚球半径

| 防雷建筑物类别 | 最大雷电流 $i_0$/kA | | | 对应的滚球半径 $R$/m | | |
|---|---|---|---|---|---|---|
| | 正极性首次雷击 | 负极性首次雷击 | 负极性后续雷击 | 正极性首次雷击 | 负极性首次雷击 | 负极性后续雷击 |
| 第一类 | 200 | 100 | 50 | 313 | 200 | 127 |
| 第二类 | 150 | 75 | 37.5 | 260 | 165 | 105 |
| 第三类 | 100 | 50 | 25 | 200 | 127 | 81 |

$$R = 10(i_0)^{0.65} \tag{11-101}$$

式中 $R$——滚球半径，m；

$i_0$——最大雷电流，kA，按表 11-22～表 11-24 的规定取值。

b. 雷击点与屏蔽空间之间的最小平均距离，应按下列公式计算：

当 $H < R$ 时

$$s_a = \sqrt{H(2R-H)} + L/2 \tag{11-102}$$

当 $H \geq R$ 时

$$s_a = R + L/2 \tag{11-103}$$

式中 $H$——建筑物高度，m；

$L$——建筑物长度，m。

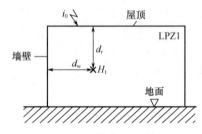

图 11-51 闪电直接击于屋顶接闪器时 LPZ1 区内的磁场强度

根据具体情况，建筑物长度可用宽度代入。对所取最小平均距离小于式（11-102）或式（11-103）计算值的情况，闪电将直接击在建筑物上。

④ 在闪电直接击在位于 $\text{LPZ0}_A$ 区的格栅形大空间屏蔽层或与其连接的接闪器上的情况下，其内部 LPZ1 区内安全空间内某点的磁场强度应按下式计算（如图 11-51 所示）：

$$H_1 = k_H i_0 \omega / (d_w \sqrt{d_r}) \tag{11-104}$$

式中 $H_1$——安全空间内某点的磁场强度，A/m；

$d_r$——所确定的点距 LPZ1 区屏蔽顶的最短距离，m；

$d_w$——所确定的点距 LPZ1 区屏蔽壁的最短距离，m；

$k_H$——形状系数（$1/\sqrt{\text{m}}$），取 $k_H = 0.01(1/\sqrt{\text{m}})$；

$\omega$——LPZ1 区格栅形屏蔽的网格宽，m。

⑤ 式（11-104）的计算值仅对距屏蔽格栅有一安全距离的安全空间内有效，安全距离应按下列公式计算，电子系统应仅安装在安全空间内。

当 $SF \geq 10$ 时：

$$d_{s/2} = \omega SF/10 \tag{11-105}$$

当 $SF < 10$ 时：

$$d_{s/2} = \omega \tag{11-106}$$

式中 $d_{s/2}$——安全距离，m。

⑥ LPZ $n+1$ 区内的磁场强度可按下式计算：

$$H_{n+1} = H_n / 10^{SF/20} \tag{11-107}$$

式中 $H_n$——LPZ $n$ 区内的磁场强度，A/m；

$H_{n+1}$——LPZ $n+1$ 区内的磁场强度，A/m。

$SF$——LPZ $n+1$ 区屏蔽的屏蔽系数。

安全距离应按式（11-99）或式（11-100）计算。

⑦ 当式（11-107）中的 LPZ $n$ 区内的磁场强度为 LPZ1 区内的磁场强度时，LPZ1 区内的磁场强度按以下方法确定。

a. 闪电击在 LPZ1 区附近的情况，应按式（11-97）和式（11-98）确定。

b. 闪电直接击在 LPZ1 区大空间屏蔽上的情况，应按式（11-104）确定，但式中所确定的点距 LPZ1 区屏蔽顶的最短距离和距 LPZ1 区屏蔽壁的最短距离应按图 11-52 确定。

3) 接地和等电位连接,尚应符合下列规定。

① 每幢建筑物本身应采用一个接地系统(如图 11-53 所示)。

② 当互邻的建筑物间有电气和电子系统的线路连通时,宜将其接地装置互相连接,可通过接地线、PE 线、屏蔽层、穿线钢管、电缆沟的钢筋、金属管道等连接。

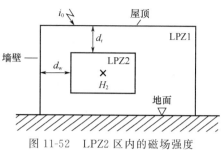

图 11-52　LPZ2 区内的磁场强度

4) 穿过各防雷区界面的金属物和建筑物内系统,以及在一个防雷区内部的金属物和建筑物内系统,均应在界面处附近做符合下列要求的等电位连接。

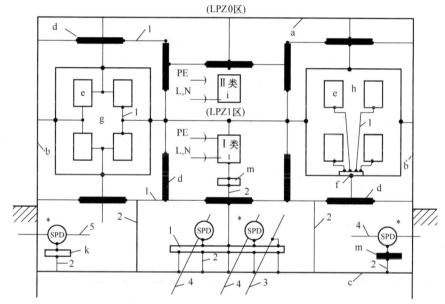

图 11-53　接地、等电位连接和接地系统的构成

a—防雷装置的接闪器以及可能是建筑物空间屏蔽的一部分;b—防雷装置的引下线以及可能是建筑物空间屏蔽的一部分;c—防雷装置的接地装置(接地体网络、共用接地体网络)以及可能是建筑物空间屏蔽的一部分,如基础内钢筋和基础接地体;d—内部导电物体,在建筑物内及其上不包括电气装置的金属装置,如电梯轨道,起重机,金属地面,金属门框架,各种服务性设施的金属管道,金属电缆桥架,地面、墙和天花板的钢筋;e—局部电子系统的金属组件;f—代表局部等电位连接带单点连接的接地基准点(ERP);g—局部电子系统的网形等电位连接结构;h—局部电子系统的星形等电位连接结构;i—固定安装有 PE 线的 I 类设备和无 PE 线的 II 类设备;k—主要供电气系统等电位连接用的总接地带、总接地母线、总等电位连接带,也可用作共用等电位连接带;l—主要供电子系统等电位连接用的环形等电位连接带,水平等电位连接导体,在特定情况下采用金属板,也可用作共用等电位连接带,用接地线多次接到接地系统上做等电位连接,宜每隔 5m 连一次;m—局部等电位连接带;1—等电位连接导体;2—接地线;3—服务性设施的金属管道;4—电子系统的线路或电缆;5—电气系统的线路或电缆;*—进入 LPZ1 区处,用于管道、电气和电子系统的线路或电缆等外来服务性设施的等电位连接

① 所有进入建筑物的外来导电物均应在 LPZ0$_A$ 或 LPZ0$_B$ 与 LPZ1 区的界面处做等电位连接。当外来导电物、电气和电子系统的线路在不同地点进入建筑物时,宜设若干等电位连接带,并应将其就近连到环形接地体、内部环形导体或在电气上是贯通的并连通到接地体或

基础接地体的钢筋上。环形接地体和内部环形导体应连到钢筋或金属立面等其他屏蔽构件上，宜每隔5m连接一次。对各类防雷建筑物，各种连接导体和等电位连接带的截面不应小于表11-33的规定。当建筑物内有电子系统时，在已确定雷击电磁脉冲影响最小之处，等电位连接带宜采用金属板，并应与钢筋或其他屏蔽构件作多点连接。

② 在$LPZ0_A$与LPZ1区的界面处做等电位连接用的接线夹和电涌保护器，应采用表11-22的雷电流参量估算通过它们的分流值。当无法估算时，可按式(11-69)或式(11-70)计算，计算中的雷电流应采用表11-22的雷电流。尚应确定沿各种设施引入建筑物的雷电流。应采用向外分流或向内引入的雷电流的较大者。

在靠近地面于$LPZ0_B$与LPZ1区的界面处做等电位连接用的接线夹和电涌保护器，仅应确定闪电击中建筑物防雷装置时通过的雷电流；可不考虑沿全长处在$LPZ0_B$区的各种设施引入建筑物的雷电流，其值仅为感应电流和小部分雷电流。

③ 各后续防雷区界面处的等电位连接也应采用第①条的规定。穿过防雷区界面的所有导电物、电气和电子系统的线路均应在界面处做等电位连接。宜采用一局部等电位连接带做等电位连接，各种屏蔽结构或设备外壳等其他局部金属物也连到局部等电位连接带。用于等电位连接的接线夹和电涌保护器应分别估算通过的雷电流。

④ 所有电梯轨道、起重机、金属地板、金属门框架、设施管道、电缆桥架等大尺寸的内部导电物，其等电位连接应以最短路径连到最近的等电位连接带或其他已做了等电位连接的金属物或等电位连接网络，各导电物之间宜附加多次互相连接。

⑤ 电子系统的所有外露导电物应与建筑物的等电位连接网络做功能性等电位连接。电子系统不应设独立的接地装置。向电子系统供电的配电箱的保护地线（PE线）应就近与建筑物的等电位连接网络做等电位连接。

一个电子系统的各种箱体、壳体、机架等金属组件与建筑物接地系统的等电位连接网络做功能性等电位连接应采用S型星形结构或M型网形结构（表11-40）。当采用S型等电位连接时，电子系统的所有金属组件应与接地系统的各组件绝缘。

表11-40　电子系统功能性等电位连接整合到等电位连接网络中

| 形式 | S型星形结构 | M型网形结构 |
|---|---|---|
| 基本的结构形式 | (S) | (M) |
| 功能性等电位等接入等电位连接网络 | ($S_s$) ERP | ($M_m$) |

注：──── 等电位连接网络；
　　　──── 等电位连接导体；
　　　□　设备；
　　　• 接至等电位连接网络的等电位连接点；
　　ERP　接地基准点；
　　$S_s$　将星形结构通过ERP点整合到等电位连接网络中；
　　$M_m$　将网形结构通过网形连接整合到等电位连接网络中。

⑥ 当电子系统为300kHz以下的模拟线路时，可采用S型等电位连接，且所有设施管

线和电缆宜从 ERP 处附近进入该电子系统。S 型等电位连接应仅通过唯一的 ERP 点，形成 $S_s$ 型等电位连接（表 11-40）。设备之间的所有线路和电缆当无屏蔽时，宜与成星形连接的等电位连接线平行敷设。用于限制从线路传导来的过电压的电涌保护器，其引线的连接点应使加到被保护设备上的电涌电压最小。

⑦ 当电子系统为兆赫级数字线路时，应采用 M 型等电位连接，系统的各金属组件不应与接地系统各组件绝缘。M 型等电位连接应通过多点连接组合到等电位连接网络中去，形成 $M_m$ 型连接方式。每台设备的等电位连接线的长度不宜大于 0.5m，并宜设两根等电位连接线安装于设备的对角处，其长度宜按相差 20% 考虑。

（4）安装和选择电涌保护器的要求

1）复杂的电气和电子系统中，除在户外线路进入建筑物处，$LPZ0_A$ 或 $LPZ0_B$ 进入 LPZ1 区，按 11.3.3 要求安装电涌保护器外，在其后的配电和信号线路上应按下面第 4）～8）条的规定确定是否选择和安装与其协调配合好的电涌保护器保护。

2）两栋定为 LPZ1 区的独立建筑物用电气线路或信号线路的屏蔽电缆或穿钢管的无屏蔽线路连接时，屏蔽层流过的分雷电流在其上所产生的电压降不应对线路和所接设备引起绝缘击穿，同时屏蔽层的截面应满足通流能力（如图 11-54 所示）。电缆从户外进入户内的屏蔽层截面积的计算方法如下。

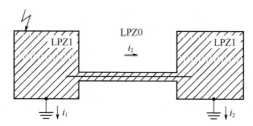

图 11-54　用屏蔽电缆或穿钢管线路将两栋独立的 LPZ1 区连接在一起

① 在屏蔽线路从室外 $LPZ0_A$ 或 $LPZ0_B$ 区进入 LPZ1 区的情况下，线路屏蔽层的截面积应按下式计算：

$$S_c \geqslant I_f \rho_c L_c \times 10^6 / U_W \tag{11-108}$$

式中　$S_c$——线路屏蔽层的截面积，$mm^2$；

$I_f$——流入屏蔽层的雷电流，kA，按公式(11-70)计算，计算中的雷电流按表 11-22 取值；

$\rho_c$——屏蔽层的电阻率，$\Omega \cdot m$，20℃时铁为 $138 \times 10^{-9} \Omega \cdot m$，铜为 $17.24 \times 10^{-9} \Omega \cdot m$，铝为 $28.264 \times 10^{-9} \Omega \cdot m$；

$L_c$——线路长度，按表 11-41 的规定取值，m；

$U_W$——电缆所接的电气或电子系统的耐冲击电压额定值（线路按表 11-42 的规定取值，设备按表 11-43 的规定取值），kV。

表 11-41　按屏蔽层敷设条件确定的线路长度

| 屏蔽层敷设条件 | $L_c$/m |
| --- | --- |
| 屏蔽层与电阻率 $\rho(\Omega \cdot m)$ 的土壤直接接触 | 当实际长度 $\geqslant 8\sqrt{\rho}$ 时取 $L_c = 8\sqrt{\rho}$；当实际长度 $< 8\sqrt{\rho}$ 时取 $L_c =$ 线路实际长度 |
| 屏蔽层与土壤隔离或敷设在大气中 | $L_c =$ 建筑物与屏蔽层最近接地点之间的距离 |

表 11-42　电缆绝缘的耐冲击电压额定值

| 电缆种类及其额定电压 $U_n$/kV | 耐冲击电压额定值 $U_W$/kV | 电缆种类及其额定电压 $U_n$/kV | 耐冲击电压额定值 $U_W$/kV |
|---|---|---|---|
| 纸绝缘通信电缆 $U_n \leqslant 1$ | 1.5 | 电力电缆 $U_n = 6$ | 60 |
| 塑料绝缘通信电缆 $U_n \leqslant 1$ | 5 | 电力电缆 $U_n = 10$ | 75 |
| 电力电缆 $U_n \leqslant 1$ | 15 | 电力电缆 $U_n = 15$ | 95 |
| 电力电缆 $U_n = 3$ | 45 | 电力电缆 $U_n = 20$ | 125 |

表 11-43　设备的耐冲击电压额定值

| 设备类型 | 耐冲击电压额定值 $U_W$/kV |
|---|---|
| 电子设备 | 1.5 |
| 用户的电气设备（$U_n <$ 1kV） | 2.5 |
| 电网设备（$U_n <$ 1kV） | 6 |

② 当流入线路的雷电流大于按下列公式计算的数值时，绝缘可能产生不可接受的温升。

对屏蔽线路：

$$I_f = 8 S_c \tag{11-109}$$

对无屏蔽的线路：

$$I'_f = 8 n' S'_c \tag{11-110}$$

式中　$I'_f$——流入无屏蔽线路的总雷电流，kA；

　　　$n'$——线路导线的根数；

　　　$S'_c$——每根导线的截面积，mm²。

③ 以上计算方法也适用于用钢管屏蔽的线路，对此，式（11-108）和式（11-109）中的 $S_c$ 为钢管壁厚的截面积。

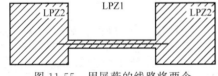

图 11-55　用屏蔽的线路将两个 LPZ2 区连接在一起

3）LPZ1 区内两个 LPZ2 区之间用电气线路或信号线路的屏蔽电缆或屏蔽的电缆沟或穿钢管屏蔽的线路连接在一起，当有屏蔽的线路没有引出 LPZ2 区时，线路的两端可不安装电涌保护器（如图 11-55 所示）。

4）需要保护的线路和设备的耐冲击电压，220/380V 三相配电线路可按表 11-44 规定取值；其他线路和设备，包括电压和电流的抗扰度，宜按制造商提供的材料确定。

表 11-44　建筑物内 220/380V 配电系统中设备绝缘耐冲击电压额定值

| 设备位置 | 电源处的设备 | 配电线路和最后分支线路的设备 | 用电设备 | 特殊需要保护的设备 |
|---|---|---|---|---|
| 耐冲击电压类别 | Ⅳ 类 | Ⅲ 类 | Ⅱ 类 | Ⅰ 类 |
| 耐冲击电压额定值 $U_W$/kV | 6 | 4 | 2.5 | 1.5 |

注：Ⅰ 类——含有电子电路的设备，如计算机、有电子程序控制的设备；
　　Ⅱ 类——如家用电器和类似负荷；
　　Ⅲ 类——如配电盘、断路器，包括线路、母线、分线盒、开关、插座等固定装置的布线系统，以及应用于工业的设备和永久接至固定装置的固定安装的电动机等的一些其他设备；
　　Ⅳ 类——如电气计量仪表、一次线过流保护设备、滤波器。

5）电涌保护器安装位置和放电电流的选择，应符合下列规定：

① 户外线路进入建筑物处，即 LPZ0$_A$ 或 LPZ0$_B$ 进入 LPZ1 区，所安装的电涌保护器应按 11.3.3 的规定确定。

② 靠近需要保护的设备处，即 LPZ2 和更高区的界面处，当需要安装电涌保护器时，对电气系统宜选用Ⅱ或Ⅲ级试验的电涌保护器，对电子系统宜按具体情况确定，并应符合 11.3.4 的规定，技术参数应按制造商提供的、在能量上与上述第①条所确定的配合好的电涌保护器选用，并应包含多组电涌保护器之间的最小距离要求。

③ 电涌保护器应与同一线路上游的电涌保护器在能量上配合，电涌保护器在能量上配合的资料应由制造商提供。若无此资料，Ⅱ级试验的电涌保护器，其标称放电电流不应小于 5kA；Ⅲ级试验的电涌保护器，其标称放电电流不应小于 3kA。

6）电涌保护器的有效电压保护水平应符合下列规定。

① 对限压型电涌保护器：

$$U_{p/f}=U_p+\Delta U \tag{11-111}$$

② 对电压开关型电涌保护器，应取下列公式中的较大者：

$$U_{p/f}=U_p \text{ 或 } U_{p/f}=\Delta U \tag{11-112}$$

式中 $U_{p/f}$——电涌保护器的有效电压保护水平，kV；

$U_p$——电涌保护器的电压保护水平，kV；

$\Delta U$——电涌保护器两端引线的感应电压降，即 $L\times(di/dt)$，户外线路进入建筑物处可按 1kV/m 计算，在其后的可按 $\Delta U=0.2U_p$ 计算，仅是感应电涌时可略去不计。

③ 为取得较小的电涌保护器有效电压保护水平，应选用有较小电压保护水平值的电涌保护器，并应采用合理的接线，同时应缩短连接电涌保护器的导体长度。

7）确定从户外沿线路引入雷击电涌时，电涌保护器的有效电压保护水平值的选取应符合下列规定。

① 当被保护设备距电涌保护器的距离沿线路的长度小于或等于 5m 时，或在线路有屏蔽并两端等电位连接下沿线路的长度小于或等于 10m 时，应按下式计算：

$$U_{p/f}\leqslant U_w \tag{11-113}$$

式中 $U_w$——被保护设备的设备绝缘耐冲击电压额定值，kV。

② 当被保护设备距电涌保护器的距离，沿线路的长度大于 10m 时，应按下式计算：

$$U_{p/f}\leqslant(U_w-U_i)/2 \tag{11-114}$$

式中 $U_i$——雷击建筑物附近，电涌保护器与被保护设备之间电路环路的感应过电压，kV，按 11.4.3 第（3）条第 2）款和本节第 9）条介绍的方法计算。

③ 对上述第②条，当建筑物或房间有空间屏蔽和线路有屏蔽或仅线路有屏蔽并两端等电位连接时，可不考虑电涌保护器与被保护设备间电路环路的感应过电压，但应按下式计算：

$$U_{p/f}\leqslant U_w/2 \tag{11-115}$$

④ 当被保护的电子设备或系统要求按现行国家标准《电磁兼容 试验和测量技术 浪涌（冲击）抗扰度试验》GB/T 17626.5 2019 确定的冲击电涌电压小于 $U_w$ 时，式(11-113)～式(11-115) 中的 $U_w$ 应用前者代入。

8）用于电气系统的电涌保护器的最大持续运行电压值和接线形式，以及用于电子系统的电涌保护器的最大持续运行电压值，应按 11.3.4 的规定采用。连接电涌保护器的导体截面积应按表 11-33 的规定取值。

9）环路中感应电压和电流的计算

① 格栅形屏蔽建筑物附近遭雷击时，在 LPZ1 区内环路的感应电压和电流（如图 11-56 所

示）在 LPZ1 区，其开路最大感应电压宜按下式计算：

$$U_{oc/max}=\mu_0 b l H_{1/max}/T_1 \quad (11\text{-}116)$$

式中 $U_{oc/max}$——环路开路最大感应电压，V；
$\mu_0$——真空磁导率，其值等于 $4\pi\times10^{-7}(\text{V}\cdot\text{s})/(\text{A}\cdot\text{m})$；
$b$——环路的宽，m；
$l$——环路的长，m；
$H_{1/max}$——LPZ1 区内最大的磁场强度[按式(11-98)计算]，A/m；
$T_1$——雷电流的波头时间，s。

若略去导线的电阻（最坏情况），环路最大短路电流可按下式计算：

$$i_{sc/max}=\mu_0 b l H_{1/max}/L \quad (11\text{-}117)$$

式中 $i_{sc/max}$——最大短路电流，A；
$L$——环路的自电感，H，矩形环路的自电感可按式(11-118)计算。

$$L=\left[0.8\sqrt{l^2+b^2}-0.8(l+b)+0.4l\ln\frac{2b/r}{1+\sqrt{1+(b/l)^2}}+0.4b\ln\frac{2l/r}{1+\sqrt{1+(l/b)^2}}\right]\times10^{-6} \quad (11\text{-}118)$$

式中 $r$——环路导体的半径，m。

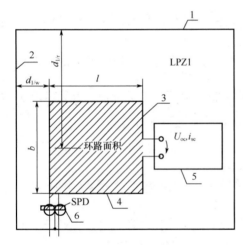

图 11-56 环路中的感应电压和电流
1—屋顶；2—墙；3—电力线路；4—信号线路；
5—信号设备；6—等电位连接带
注：1. 当环路不是矩形时，应转换为相同环路面积的矩形环路。
2. 图中的电力线路或信号线路也可以是邻近的两端做了等电位连接的金属物。

② 格栅形屏蔽建筑物遭直接雷击时在 LPZ1 区内环路的感应电压和电流（如图 11-56 所示）在 LPZ1 区 $V_s$ 空间内的磁场强度 $H_1$ 应按式(11-104)计算。根据图 11-56 所示无屏蔽线路构成的环路，其开路最大感应电压宜按下式计算：

$$U_{oc/max}=\mu_0 b\ln(1+l/d_{1/w})k_H(\omega/\sqrt{d_{1/r}})i_{0/max}/T_1 \quad (11\text{-}119)$$

式中 $d_{1/w}$——环路至屏蔽墙的距离（m），根据式(11-105)或式(11-106)计算，$d_{1/w}$ 等于或大于 $d_{s/2}$；
$d_{1/r}$——环路至屏蔽屋顶的平均距离，m；
$i_{0/max}$——LPZ0$_A$ 区内的雷电流最大值，A；
$k_H$——形状系数 $(1/\sqrt{m})$，取 $k_H=0.01$ $(1/\sqrt{m})$；
$\omega$——格栅形屏蔽的网格宽，m。

若略去导线的电阻（最坏情况），最大短路电流可按下式计算：

$$i_{sc/max}=\mu_0 b\ln(1+l/d_{1/w})k_H(\omega/\sqrt{d_{1/r}})i_{0/max}/L \quad (11\text{-}120)$$

③ 在 LPZ$n$ 区（$n$ 等于或大于2）内环路的感应电压和电流，在 LPZ$n$ 区 $V_s$ 空间内的磁场强度 $H_n$ 看成是均匀情况下（图 11-49），图 11-56 所示无屏蔽线路构成的环路，其最大感应电压和电流可按式(11-116)和式(11-117)计算，式中的 $H_{1/max}$ 应根据式(11-98)或式(11-107)计算出的 $H_{n/max}$ 代入。式(11-98)中的 $H_1$ 用 $H_{n/max}$ 代入，$H_0$ 用 $H_{(n-1)/max}$ 代入。

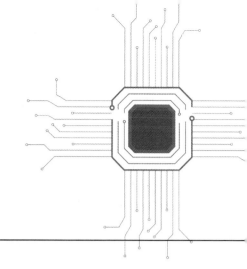

# 第12章 接地

## 12.1 电气装置接地的一般规定及保护接地的范围

### 12.1.1 电气装置接地的一般规定

① 电力系统、装置或设备应按规定接地。接地装置应充分利用自然接地极接地，但应校验自然接地极的热稳定性。接地按功能可分为系统接地、保护接地、雷电保护接地和防静电接地。

② 发电厂和变电站内，小同用途和不同额定电压的电气装置或设备，除另有规定外应使用一个总的接地网。接地网的接地电阻应符合其中最小值的要求。

③ 设计接地装置时，应计及土壤干燥或降雨和冻结等季节变化的影响，接地电阻、接触电位差和跨步电位差在四季中均应符合要求。但雷电保护接地的接地电阻，可只采用在雷季中土壤干燥状态下的最大值。典型人工接地极的接地电阻的计算方法详见12.4.4节。

### 12.1.2 电气装置保护接地的范围

1) 电力系统、装置或设备的下列部分（给定点）应接地：

① 有效接地系统中部分变压器的中性点和有效接地系统中部分变压器、谐振接地、低电阻接地以及高电阻接地系统的中性点所接设备的接地端子。

② 高压并联电抗器中性点接地电抗器的接地端子。

③ 电机、变压器和高压电器等的底座和外壳。

④ 发电机中性点柜的外壳、发电机出线柜、封闭母线的外壳和变压器、开关柜等（配套）的金属母线槽等。

⑤ 气体绝缘金属封闭开关设备（GIS）的接地端子。

⑥ 配电、控制和保护用的屏（柜、箱）等的金属框架。

⑦ 箱式变电站和环网柜的金属箱体等。

⑧ 发电厂、变电站电缆沟和电缆隧道内，以及地上各种电缆金属支架等。

⑨ 屋内外配电装置的金属架构和钢筋混凝土架构，以及靠近带电部分的金属围栏和金属门。

⑩ 电力电缆接线盒、终端盒的外壳，电力电缆的金属护套或屏蔽层，穿线的钢管和电缆桥架等。

⑪ 装有地线（架空地线，又称避雷线）的架空线路杆塔。

⑫ 除沥青地面的居民区外，其他居民区内，不接地、谐振接地和高电阻接地系统中无地线架空线路的金属杆塔。

⑬ 装在配电线路杆塔上的开关设备、电容器等电气装置。

⑭ 高压电气装置传动装置。

⑮ 附属于高压电气装置的互感器的二次绕组和铠装控制电缆的外皮。

2）附属于高压电气装置和电力生产设施的二次设备等的下列金属部分可不接地：

① 在木质、沥青等不良导电地面的干燥房间内，交流标称电压 380V 及以下、直流标称电压 220V 及以下的电气装置外壳，但当维护人员可能同时触及电气装置外壳和接地物件时除外。

② 安装在配电屏、控制屏和配电装置上的电测量仪表、继电器和其他低压电器等的外壳，以及当发生绝缘损坏时在支持物上不会引起危险电压的绝缘子金属底座等。

③ 安装在已接地的金属架构上，且保证电气接触良好的设备。

④ 标称电压 220V 及以下的蓄电池室内的支架。

⑤ 除 12.2.1.3 第③条所列的场所外，由发电厂和变电站区域内引出的铁路轨道。

## 12.2 高压电气装置的接地设计

### 12.2.1 发电厂和变电站的接地网

#### 12.2.1.1 110kV 及以上发电厂和变电站接地网设计的一般要求

① 设计人员应掌握工程地点的地形地貌、土壤的种类和分层状况，并应实测或搜集站址土壤及江、河、湖泊等水的电阻率、地质电测部门提供的地层土壤电阻率分布资料和关于土壤腐蚀性能的数据，应充分了解站址处较大范围土壤的不均匀程度。

② 设计人员应根据有关建筑物的布置、结构、钢筋配置情况，确定可利用作为接地网的自然接地极。

③ 设计人员应根据当前和远景的最大运行方式下一次系统电气接线、母线连接的送电线路状况、故障时系统的电抗与电阻比值等，确定设计水平年的最大接地故障不对称电流有效值。

④ 设计人员应计算确定流过设备外壳接地导体（线）和经接地网入地的最大接地故障不对称电流有效值。

⑤ 接地网的尺寸及结构应根据站址土壤结构和其电阻率，以及要求的接地网的接地电阻值初步拟定，并宜通过数值计算获得接地网的接地电阻值和地电位升高，且将其与要求的限值比较，并通过修正接地网设计使其满足要求。

⑥ 设计人员应通过计算获得地表面的接触电位差和跨步电位差分布，并应将最大接触电位差和最大跨步电位差与允许值加以比较。不满足要求时，应采取降低措施或采取提高允许值的措施。

⑦ 接地导体（线）和接地极的材质和相应的截面，应计及设计使用年限内土壤对其的腐蚀，通过热稳定校验确定。

⑧ 设计人员应根据实测的结果校验自己的设计方案。当不满足要求时，应补充与完善或增加防护措施。

### 12.2.1.2 接地电阻与均压要求

1) 保护接地要求的发电厂和变电站接地网的接地电阻，应符合下列要求：

① 有效接地系统和低电阻接地系统，应符合下列要求：

a. 接地网接地电阻宜符合下列公式要求，且保护接地接至变电站接地网的站用变压器低压侧应采用 TN 系统，低压电气装置应采用（含建筑物钢筋的）保护总等电位连接系统：

$$R \leqslant 2000/I_G \tag{12-1}$$

式中 $R$——采用季节变化的最大接地电阻，$\Omega$；

$I_G$——计算用经接地网入地的最大接地故障不对称电流有效值，A；应按 12.5.2 节确定。

$I_G$ 应采用设计水平年系统最大运行方式下在接地网内、外发生接地故障时，经接地网流入地中并计及直流分量的最大接地故障电流有效值。对其计算时，还应计算系统中各接地中性点间的故障电流分配，以及避雷线中分走的接地故障电流。

b. 当接地网的接地电阻不符合式(12-1)的要求时，可通过技术经济比较适当增大接地电阻。在符合 12.2.1.3 第 3) 条的规定时，接地网地电位升高可提高至 5kV。必要时，经专门计算，且采取的措施可确保人身和设备安全可靠时，接地网地电位升高还可进一步提高。

② 不接地、谐振接地和高电阻接地系统，应符合下列要求：

a. 接地网的接地电阻应符合下列公式的要求，但不应大于 4Ω，且保护接地接至变电站接地网的站用变压器的低压侧电气装置，应采用（含建筑物钢筋的）保护总等电位连接系统：

$$R \leqslant 120/I_g \tag{12-2}$$

式中 $R$——采用季节变化的最大接地电阻，$\Omega$；

$I_g$——计算用的接地网入地对称电流，A。

b. 谐振接地系统中，计算发电厂和变电站接地网的入地对称电流时，对于装有自动跟踪补偿消弧装置（含非自动调节的消弧线圈）的发电厂和变电站电气装置的接地网，计算电流等于接在同一接地网中同一系统各自动跟踪补偿消弧装置额定电流总和的 1.25 倍；对于不装自动跟踪补偿消弧装置的发电厂和变电站电气装置的接地网，计算电流等于系统中断开最大一套自动跟踪补偿消弧装置或系统中最长线路被切除时的最大可能残余电流值。

2) 确定发电厂和变电站接地装置的形式和布置时，考虑保护接地的要求，应降低接触电位差和跨步电位差，并应符合下列要求。

① 110kV 及以上有效接地系统和 6~35kV 低电阻接地系统发生单相接地或同点两相接地时，发电厂和变电站接地装置的接触电位差和跨步电位差不应超过下列数值：

$$U_t = \frac{174 + 0.17\rho_s C_s}{\sqrt{t_s}} \tag{12-3}$$

$$U_S = \frac{174 + 0.7\rho_s C_s}{\sqrt{t_s}} \tag{12-4}$$

式中 $U_t$——接触电位差允许值，V；

$U_S$——跨步电位差允许值，V；

$t_s$——接地故障电流持续时间，s；与接地装置热稳定校验的接地故障等效持续时间 $t_e$ 取相同值；

$\rho_s$——地表层土壤电阻率，$\Omega \cdot m$；

$C_s$——表层衰减系数，通过镜像法进行计算，也可通过图 12-1 中 $C_s$ 与 $h$ 和 $K$ 的关系曲线查取，其中 $b$ 取 0.08m。

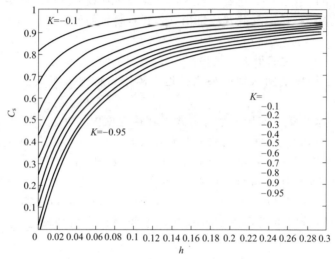

图 12-1 $C_s$ 与 $h$ 和 $K$ 的关系曲线

a. 表层衰减系数 $C_s$ 的计算方法如下：

$$C_s = 1 + \frac{16b}{\rho_s} \sum_{n=1} [K^n R_{m(2nh)}] \tag{12-5}$$

$$K = \frac{\rho - \rho_s}{\rho + \rho_s} \tag{12-6}$$

$$R_{m(2nh)} = \frac{1}{\pi b^2} \int_0^b (2\pi x R_{r,z}) \, dx \tag{12-7}$$

$$R_{m(2nh_s)} = \frac{\rho_s}{4\pi b} \arcsin\left[\frac{2b}{\sqrt{(r-b)^2+z^2}+\sqrt{(r+b)^2+z^2}}\right] \tag{12-8}$$

式中 $b$——人脚的金属圆盘的半径；

$K$——不同电阻率土壤的反射系数；

$R_{m(2nh_s)}$——两个相似、平行、相距 $2nh$，且置于土壤电阻率为 $\rho$ 的无限大土壤中的两个圆盘之间的互阻，$\Omega$；

$h_s$——表层土壤厚度；

$\rho$——下层土壤电阻率；

$r, z$——以圆盘 1 的中心为坐标原点时，圆盘 2 上某点的极坐标。

b. 工程中对地网上方跨步电位差和接触电位差允许值的计算精度要求不高（误差在 5% 以内）时，也可采用下式计算：

$$C_s = 1 - \frac{0.09\left(1-\frac{\rho}{\rho_s}\right)}{2h_s + 0.09} \tag{12-9}$$

② 6～66kV 不接地、谐振接地和高电阻接地的系统，发生单相接地故障后，当不迅速切除故障时，发电厂和变电站接地装置的接触电位差和跨步电位差不应超过下列公式计算所得数值：

$$U_t = 50 + 0.05 \rho_s C_s \tag{12-10}$$
$$U_s = 50 + 0.2 \rho_s C_s \tag{12-11}$$

③ 接触电位差和跨步电位差可按 12.5.3 节的方法计算。

#### 12.2.1.3 水平接地网的设计

1) 发电厂和变电站水平接地网应符合下列要求：

① 水平接地网应利用直接埋入地中或水中的自然接地极，发电厂和变电站接地网除应利用自然接地极外，还应敷设人工接地极。

② 当利用自然接地极和引外接地装置时，应采用不少于 2 根导线在不同地点与水平接地网相连接。

③ 发电厂（不含水力发电厂）和变电站的接地网，应与 110kV 及以上架空线路的地线直接相连，并应有便于分开的连接点。6～66kV 架空线路的地线不得直接和发电厂和变电站配电装置架构相连。发电厂和变电站接地网应在地下与架空线路地线的接地装置相连接，连接线埋在地中的长度不应小于 15m。

④ 在高土壤电阻率地区，可采取下列降低接地电阻的措施：

a. 在发电厂和变电站 2000m 以内有较低电阻率的土壤时，敷设引外接地极；当地下较深处的土壤电阻率较低时，可采用井式、深钻式接地极或采用爆破式接地技术。

b. 填充电阻率较低的物质或降阻剂，但应确保填充材料不会加速接地极的腐蚀和其自身的热稳定。

c. 敷设水下接地网。水力发电厂可在水库、上游围堰、施工导流隧洞、尾水渠、下游河道或附近的水源中的最低水位以下区域敷设人工接地极。

⑤ 在永冻土地区可采用下列措施：

a. 将接地网敷设在溶化地带或溶化地带的水池或水坑中。

b. 可敷设深钻式接地极，或充分利用井管或其他深埋在地下的金属构件作接地极，还应敷设深垂直接地极，其深度应保证深入冻土层下面的土壤至少 5m。

c. 在房屋溶化盘内敷设接地网。

d. 在接地极周围人工处理土壤，降低冻结温度和土壤电阻率。

⑥ 在季节冻土或季节干旱地区可采用下列措施：

a. 季节冻土层或季节干旱形成的高电阻率层的厚度较浅时，可将接地网埋在高电阻率层下 0.2m。

b. 已采用多根深钻式接地极降低接地电阻时，可将水平接地网正常埋设。

c. 季节性的高电阻率层厚度较深时，可将水平接地网正常埋设，在接地网周围及内部接地极交叉节点布置短垂直接地极，其长度宜深入季节高电阻率层下面 2m。

2) 发电厂和变电站接地网除应利用自然接地极外，应敷设以水平接地极为主的人工接地网，并应符合下列要求：

① 人工接地网的外缘应闭合，外缘各角应做成圆弧形，圆弧的半径不宜小于均压带间距的 1/2，接地网内应敷设水平均压带，接地网的埋设深度不宜小于 0.8m。

② 接地网均压带可采用等间距或不等间距布置。

③ 35kV 及以上变电站接地网边缘经常有人出入的走道处，应铺设沥青路面或在地下装设 2 条与接地网相连的均压带。在现场有操作需要的设备处，应铺设沥青、绝缘水泥或鹅卵石。

④ 6kV 和 10kV 变电站和配电站，当采用建筑物的基础作接地极，且接地电阻满足规定值时，可不另设人工接地。

3) 有效接地和低电阻接地系统中发电厂和变电站接地网在发生接地故障后地电位升高超过 2000V 时，接地网及有关电气装置应符合下列要求：

① 保护接地接至变电站接地网的站用变压器的低压侧，应采用 TN 系统，且低压电气装置应采用（含建筑物钢筋的）保护等电位连接接地系统。

② 应采用扁铜（或铜绞线）与二次电缆屏蔽层并联敷设。扁铜应至少在两端就近与接地网连接。当接地网为钢材时，尚应防止铜、钢连接产生腐蚀。扁铜较长时，应多点与接地网连接。二次电缆屏蔽层两端应就近与扁铜连接。扁铜的截面应满足热稳定的要求。

③ 应评估计入短路电流非周期分量的接地网电位升高条件下，发电厂、变电站内 6kV 或 10kV 金属氧化物避雷器吸收能量的安全性。

④ 可能将接地网的高电位引向厂、站外或将低电位引向厂、站内的设备，应采取下列防止转移电位引起危害的隔离措施：

a. 站用变压器向厂、站外低压电气装置供电时，其 0.4kV 绕组的短时（1min）交流耐受电压应比厂、站接地网地电位升高 40%。向厂、站外供电用低压线路采用架空线，其电源中性点不在厂、站内接地，改在厂、站外适当的地方接地。

b. 对外的非光纤通信设备加隔离变压器。

c. 通向厂、站外的管道采用绝缘段。

d. 铁路轨道分别在两处加绝缘鱼尾板等。

⑤ 设计接地网时，应验算接触电位差和跨步电位差，并应通过实测加以验证。

4) 人工接地极，水平敷设时可采用圆钢、扁钢；垂直敷设时可采用角钢或钢管。腐蚀较重地区采用铜或铜覆钢材时，水平敷设的人工接地极可采用圆铜、扁铜、铜绞线、铜覆钢绞线、铜覆圆钢或铜覆扁钢；垂直敷设的人工接地极可采用圆铜或铜覆圆钢等。接地网采用钢材时，按机械强度要求的钢接地材料的最小尺寸，应符合表 12-1 的要求。接地网采用铜或铜覆钢材时，按机械强度要求的铜或铜覆钢材料的最小尺寸，应符合 12-2 的要求。

表 12-1 钢接地材料的最小尺寸

| 种类 | 规格及单位 | 屋外 | 地下 |
| --- | --- | --- | --- |
| 圆钢 | 直径(mm) | 8 | 8/10 |
| 扁钢 | 截面(mm$^2$) | 48 | 48 |
| | 厚度(mm) | 4 | 4 |
| 角钢 | 厚度(mm) | 2.5 | 4 |
| 钢管 | 管壁厚度(mm) | 2.5 | 3.5/2.5 |

注：1. 地下部分圆钢的直径，其分子、分母数据分别对应于架空线路和发电厂、变电站的接地装置。
2. 地下部分钢管的壁厚，其分子、分母数据分别对应于埋于土壤和埋于室内素混凝土地坪中。
3. 架空线路杆塔的接地极引出线，其截面不应小于 50mm$^2$，并应热镀锌。

表 12-2 铜或铜覆钢接地材料的最小尺寸

| 种类 | 规格及单位 | 地上 | 地下 |
|---|---|---|---|
| 铜棒 | 直径(mm) | 8 | 水平接地极为 8 <br> 垂直接地极为 15 |
| 扁铜 | 截面(mm²) | 50 | 50 |
| | 厚度(mm) | 2 | 2 |
| 铜绞线 | 截面(mm²) | 50 | 50 |
| 铜覆圆钢 | 直径(mm) | 8 | 10 |
| 铜覆钢绞线 | 直径(mm) | 8 | 10 |
| 铜覆扁钢 | 截面(mm²) | 48 | 48 |
| | 厚度(mm) | 4 | 4 |

注：1. 铜绞线单股直径不小于 1.7mm。
2. 各类铜覆钢材的尺寸为钢材的尺寸，铜层厚度不应小于 0.25mm。

5）发电厂和变电站接地装置的热稳定校验，应符合下列要求：

① 在有效接地系统及低电阻接地系统中，发电厂和变电站电气装置中电气装置接地导体（线）的截面，应按接地故障（短路）电流进行热稳定校验。接地导体（线）的最大允许温度和接地导体（线）截面的热稳定校验，应符合下述规定。

a. 接地线的最小截面应符合下式要求

$$S_g \geqslant I_g \sqrt{t_e}/c \tag{12-12}$$

式中 $S_g$——接地导体（线）的最小截面，mm²；

$I_g$——流过接地导体（线）的最大接地故障不对称电流有效值，A；按工程设计水平年系统最大运行方式确定；

$t_e$——接地故障的等效持续时间，与 $t_s$ 相同，s；

$c$——接地导体（线）材料的热稳定系数，根据材料的种类、性能及最大允许温度和接地故障前接地导体（线）的初始温度确定。

b. 在校验接地导体（线）的热稳定时，$I_g$ 及 $t_e$ 应采用表 12-3 所列数值。接地导体（线）的初始温度，取 40℃。

对钢和铝材的最大允许温度分别取 400℃和 300℃。钢和铝材的热稳定系数 $C$ 值分别为 70 和 120。铜和铜覆钢材采用放热焊接方式时的最大允许温度，应根据土壤腐蚀的严重程度经验算分别取 900℃、800℃或 700℃。爆炸危险场所，应按专用规定选取。铜和铜覆钢材的热稳定系数 $C$ 值可采用表 12-4 给出的数值。

表 12-3 校验接地导体（线）热稳定用的 $I_g$ 和 $t_e$ 值

| 系统接地方式 | $I_g$ | $t_e$ |
|---|---|---|
| 有效接地 | 三相同体设备：单相接地故障电流 <br> 三相分体设备：单相接地或三相接地流过接地线的最大接地故障电流 | 见本小节 c |
| 低电阻接地 | 单相接地故障电流 | |

表 12-4　校验铜和铜覆钢材接地导体（线）热稳定用的 $C$ 值

| 最大允许温度/℃ | 铜 | 导电率 40% 铜镀钢绞线 | 导电率 30% 铜镀钢绞线 | 导电率 20% 铜镀钢棒 |
| --- | --- | --- | --- | --- |
| 700 | 249 | 167 | 144 | 119 |
| 800 | 259 | 173 | 150 | 124 |
| 900 | 268 | 179 | 155 | 128 |

c.热稳定校验用的时间可按下列规定计算：

ⅰ.发电厂、变电站的继电保护装置配置有 2 套速动主保护、近接地后备保护、断路器失灵保护和自动重合闸时，$t_e$ 可按式(12-13) 取值

$$t_e \geqslant t_m + t_f + t_0 \tag{12-13}$$

式中　$t_m$——主保护动作时间，s；

　　　$t_f$——断路器失灵保护动作时间，s；

　　　$t_0$——断路器开断时间，s。

ⅱ.配有 1 套速动主保护、近或远（或远近结合的）后备保护和自动重合闸，有或无断路器失灵保护时，$t_e$ 可按式(12-14) 取值

$$t_e \geqslant t_0 + t_r \tag{12-14}$$

式中　$t_r$——第一级后备保护的动作时间，s。

② 校验不接地、谐振接地和高电阻接地系统中，电气装置接地导体（线）在单相接地故障时的热稳定，敷设在地上的接地导体（线）长时间温度不应高于 150℃，敷设在地下的接地导体（线）长时间温度不应高于 100℃。

③ 接地装置接地极的截面，不宜小于连接至该接地装置的接地导体（线）截面的 75%。

6）接地网的防腐蚀设计，应符合下列要求：

① 计及腐蚀影响后，接地装置的设计使用年限，应与地面工程的设计使用年限一致。

② 接地装置的防腐蚀设计，宜按当地的腐蚀数据进行。

③ 接地网可采用钢材，但应采用热镀锌。镀锌层应有一定的厚度。接地导体（线）与接地极或接地极之间的焊接点，应涂防腐材料。

④ 腐蚀较重地区的 330kV 及以上发电厂和变电站、全户内变电站、220kV 及以上枢纽变电站、66kV 及以上城市变电站、紧凑型变电站，以及腐蚀严重地区的 110kV 发电厂和变电站，通过技术经济比较后，接地网可采用铜材、铜覆钢材或其他防腐蚀措施。

7）发电厂和变电站电气装置的接地导体（线），应符合下列要求：

① 发电厂和变电站电气装置中，下列部位应采用专门敷设的接地导体（线）接地：

a.发电机机座或外壳，出线柜、中性点柜的金属底座和外壳，封闭母线的外壳。

b.110kV 及以上钢筋混凝土构件支座上电气装置的金属外壳。

c.箱式变电站和环网柜的金属箱体。

d.直接接地的变压器中性点。

e.变压器、发电机和高压并联电抗器中性点所接自动跟踪补偿消弧装置提供感性电流的部分、接地电抗器、电阻器或变压器等的接地端子。

f.气体绝缘金属封闭开关设备的接地母线、接地端子。

g.避雷器，避雷针和地线等的接地端子。

② 当不要求采用专门敷设的接地导体（线）接地时，应符合下列要求：

a.电气装置的接地导体（线）宜利用金属构件、普通钢筋混凝土构件的钢筋、穿线的钢

管和电缆的铅、铝外皮等,但不得使用蛇皮管、保温管的金属网或外皮,以及低压照明网络的导线铅皮作接地导体(线)。

b.操作、测量和信号用低压电气装置的接地导体(线)可利用永久性金属管道,但可燃液体、可燃或爆炸性气体的金属管道除外。

c.使用本条第 a 项和第 b 项所列材料作接地导体(线)时,应保证其全长为完好的电气通路,当利用串联的金属构件作为接地导体(线)时,金属构件之间应以截面不小于 $100mm^2$ 的钢材焊接。

③ 接地导体(线)应便于检查,但暗敷的穿线钢管和地下的金属构件除外。潮湿的或有腐蚀性蒸汽的房间内,接地导体(线)离墙不应小于 10mm。

④ 接地导体(线)应采取防止发生机械损伤和化学腐蚀的措施。

⑤ 在接地导体(线)引进建筑物的入口处应设置标志。明敷的接地导体(线)表面应涂 15~100mm 宽度相等的绿色和黄色相间的条纹。

⑥ 发电厂和变电站电气装置中电气装置接地导体(线)的连接,应符合下列要求:

a.采用铜或铜覆钢材的接地导体(线)应采用放热焊接方式连接。钢接地导体(线)使用搭接焊接方式时,其搭接长度应为扁钢宽度的 2 倍或圆钢直径的 6 倍。

b.当利用钢管作接地导体(线)时,钢管连接处应保证有可靠的电气连接。当利用穿线的钢管作接地导体(线)时,引向电气装置的钢管与电气装置之间,应有可靠的电气连接。

c.接地导体(线)与管道等伸长接地极的连接处宜焊接。连接地点应选在近处,在管道因检修而可能断开时,接地装置的接地电阻应符合要求。管道上表计和阀门等处,均应装设跨接线。

d.采用铜或铜覆钢材的接地导体(线)与接地极的连接,应采用放热焊接工艺;接地导体(线)与电气装置的连接,可采用螺栓连接或焊接。螺栓连接时的允许温度为 250℃,连接处接地导体(线)应适当加大截面,且应设置防松螺母或防松垫片。

e.电气装置每个接地部分应以单独的接地导体(线)与接地母线相连接,严禁在一个接地导体(线)中串接几个需要接地的部分。

f.接地导体(线)与接地极的连接,接地导体(线)与接地极均为铜(包含铜覆钢材)或其中一个为铜时,应采用放热焊接工艺,被连接的导体应完全包在接头里,连接部位的金属应完全熔化,并应连接牢固。放热焊接接头的表面应平滑,应无贯穿性的气孔。

### 12.2.1.4 具有气体绝缘金属封闭开关设备变电站的接地

1)具有气体绝缘金属封闭开关设备的变电站,应设置一个总接地网。其接地电阻的要求应符合 12.2.1.2 节的规定。

2)气体绝缘金属封闭开关设备区域应设置专用接地网,并应成为变电站总接地网的一个组成部分。该设备区域专用接地网,应由该设备制造厂设计,并应具有下列功能:

① 应能防止故障时人触摸该设备的金属外壳遭到电击。

② 释放分相式设备外壳的感应电流。

③ 快速流散开关设备操作引起的快速瞬态电流。

3)气体绝缘金属封闭开关设备外部近区故障人触摸其金属外壳时,区域专用接地网应保证触及者手-脚间的接触电位差符合下列公式的要求:

$$\sqrt{U_{tmax}^2 + (U'_{tomax})^2} < U_t \qquad (12-15)$$

式中 $U_{tmax}^2$——设备区域专用接地网最大接触电位差,由人脚下的点决定;

$U'_{tomax}$——设备外壳上、外壳之间或外壳与任何水平/垂直支架之间金属到金属因感应产生的最大电压差;

$U_t$——接触电位差容许值。

4) 位于居民区全室内或地下气体绝缘金属封闭开关设备变电站,应校核接地网边缘、围墙或公共道路处的跨步电位差。变电站所在地区土壤电阻率较高时,紧靠围墙外的人行道路宜采用沥青路面。

5) 气体绝缘金属封闭开关设备区域专用接地网与变电站总接地网的连接线,不应少于4根。连接线截面的热稳定校验应符合12.2.1.3节第5)条的要求。4根连接线截面的热稳定校验电流,应按单相接地故障时最大不对称电流有效值的35%取值。

6) 气体绝缘金属封闭开关设备的接地导体(线)及其连接,应符合下列要求:

① 三相共箱式或分相式设备的金属外壳与其基座上接地母线的连接方式,应按制造厂要求执行。其采用的连接方式,应确保无故障时所有金属外壳运行在地电位水平。当在指定点接地时,应确保母线各段外壳之间电压差在允许范围内。

② 设备基座上的接地母线应按制造厂要求与该区域专用接地网连接。

③ 上述第①款和第②款连接线的截面,应满足设备接地故障(短路)时热稳定的要求。

7) 当气体绝缘金属封闭开关设备置于建筑物内时,建筑物地基内的钢筋应与人工敷设的接地网相连接。建筑物立柱、钢筋混凝土地板内的钢筋等与建筑物地基内的钢筋,应相互连接,并应良好焊接。室内还应设置环形接地母线,室内各种需接地的设备(包括前述各种钢筋)均应连接至环形接地母线。环形接地母线还应与气体绝缘金属封闭开关设备区域专用接地网相连接。

8) 气体绝缘金属封闭开关设备与电力电缆或与变压器/电抗器直接相连时,电力电缆护层或气体绝缘金属封闭开关设备与变压器/电抗器之间套管的变压器/电抗器侧,应通过接地导体(线)以最短路径接到接地母线或气体绝缘金属封闭开关设备区域专用接地网。气体绝缘金属封闭开关设备外壳和电缆护套之间,以及其外壳和变压器/电抗器套管之间的隔离(绝缘)元件,应安装相应的隔离保护器。

9) 气体绝缘金属封闭开关设备置于建筑物内时,设备区域专用接地网可采用钢导体。置于户外时,设备区域专用接地网宜采用铜导体。主接地网也宜采用铜或铜覆钢材。

### 12.2.1.5 雷电保护和防静电的接地

1) 发电厂和变电站雷电保护的接地,应符合下列要求:

① 发电厂和变电站配电装置构架上避雷针(含悬挂避雷线的架构)的接地引下线应与接地网连接,并应在连接处加装集中接地装置。引下线与接地网的连接点至变压器接地导体(线)与接地网连接点之间沿接地极的长度,不应小于15m。

② 主厂房装设直击雷保护装置或为保护其他设备而在主厂房上装设避雷针时,应采取加强分流、设备的接地点远离避雷针接地引下线的入地点、避雷针接地引下线远离电气装置等防止反击的措施。避雷针的接地引下线应与主接地网连接,并应在连接处加装集中接地装置。主控制室、配电装置室和35kV及以下变电站的屋顶上如装设直击雷保护装置,如果为金属屋顶或屋顶上有金属结构时,则应将金属部分接地;屋顶为钢筋混凝土结构时,则应将其焊接成网接地;结构为非导电的屋顶时,则应采用避雷带保护,该避雷带的网格应为8~10m,并应每隔10~20m设接地引下线。该接地引下线应与主接地网连接,并应在连接处加装集中接地装置。

③ 发电厂和变电站有爆炸危险且爆炸后可能波及发电厂和变电站内主设备或严重影响发供电的建（构）筑物，应采用独立避雷针保护，并应采取防止雷电感应的措施。露天储罐周围应设置闭合环形接地装置，接地电阻不应超过30Ω，无独立避雷针保护的露天储罐不应超过10Ω，接地点不应小于2处，接地点间距不应大于30m。架空管道每隔20～25m应接地1次，接地电阻不应超过30Ω。易燃油储罐的呼吸阀、易燃油和天然气储罐的热工测量装置，应用金属导体与相应储罐的接地装置连接。不能保持良好电气接触的阀门、法兰、弯头等管道连接处应跨接。

④ 发电厂和变电站避雷器的接地导体（线）应与接地网连接，且应在连接处设置集中接地装置。

2）发电厂的易燃油、可燃油、天然气和氢气等储罐、装卸油台、铁路轨道、管道、鹤管、套筒及油槽车等防静电接地的接地位置，接地导体（线）、接地极的布置方式等，应符合下列要求：

① 铁路轨道、管道及金属桥台，应在其始端、末端、分支处，以及每隔50m处设防静电接地，鹤管应在两端接地。

② 厂区内的铁路轨道应在两处用绝缘装置与外部轨道隔离。两处绝缘装置间的距应大于一列火车的长度。

③ 净距小于100mm的平行或交叉管道，应每隔20m用金属线跨接。

④ 不能保持良好电气接触的阀门、法兰、弯头等管道连接处，也应跨接。跨接线可采用直径不小于8mm的圆钢。

⑤ 油槽车应设置防静电临时接地卡。

⑥ 易燃油、可燃油和天然气浮动式储罐顶，应用可挠的跨接线与罐体相连，且不应少于2处。跨接线可用截面不小于25mm$^2$的钢绞线、扁铜、铜绞线或覆铜扁钢、覆铜钢绞线。

⑦ 浮动式电气测量的铠装电缆应埋入地中，长度不宜小于50m。

⑧ 金属罐罐体钢板的接缝、罐顶与罐体之间，以及所有管、阀与罐体之间，应保证可靠的电气连接。

## 12.2.2 高压架空线路的接地

① 6kV及以上无地线线路钢筋混凝土杆宜接地，金属杆塔应接地，接地电阻不宜超过30Ω。

② 除多雷区外，沥青路面上的架空线路的钢筋混凝土杆塔和金属杆塔，以及有运行经验的地区，可不另设人工接地装置。

③ 有地线的线路杆塔的工频接地电阻，不宜超过表11-16的规定。

④ 66kV及以上钢筋混凝土杆铁横担和钢筋混凝土横担线路的地线支架、导线横担与绝缘子固定部分或瓷横担固定部分之间，宜有可靠的电气连接，并应与接地引下线相连。土杆非预应力钢筋上下已用绑扎或焊接连成电气通路时，可兼作接地引下线。利用钢筋兼作接地引下线的钢筋混凝土电杆时，其钢筋与接地螺母、铁横担间应有可靠的电气连接。

⑤ 高压架空线路杆塔的接地装置可采用下列形式：

a. 在土壤电阻率$\rho \leqslant 100\Omega \cdot m$的潮湿地区，可利用铁塔和钢筋混凝土杆自然接地。对发电厂、变电站的进线段，应另设雷电保护接地装置。在居民区，当自然接地电阻符合要求时，可不设人工接地装置。

b. 在土壤电阻率 100Ω·m＜$\rho$≤300Ω·m 的地区，除利用铁塔和钢筋混凝土杆的自然接地外，并应增设人工接地装置，接地极埋设深度不宜小于 0.6m。

c. 在土壤电阻率 300Ω·m＜$\rho$≤2000Ω·m 的地区，可采用水平敷设的接地装置，接地极埋设深度不宜小于 0.5m。

d. 在土壤电阻率 $\rho$＞2000Ω·m 的地区，接地电阻很难降到 30Ω 以下时，可采用 6～8 根总长度不超过 500m 的放射形接地极或连续伸长接地极。放射形接地极可采用长短结合方式，其埋设深度不宜小于 0.3m。接地电阻可不受限制。

e. 居民区和水田中的接地装置，宜围绕杆塔基础敷设成闭合环形。

f. 放射形接地极每根的最大长度应符合表 12-5 的规定。

表 12-5　放射形接地极每根的最大长度

| 土壤电阻率/Ω·m | ≤500 | ≤1000 | ≤2000 | ≤5000 |
|---|---|---|---|---|
| 最大长度/m | 40 | 60 | 80 | 100 |

g. 在高土壤电阻率地区采用放射形接地装置，且当在杆塔基础的放射形接地极每根长度的 1.5 倍范围内有土壤电阻率较低的地带时，可部分采用引外接地或其他措施。

⑥ 计算雷电保护接地装置所采用的土壤电阻率，应取雷季中最大可能的数值，并按下式计算

$$\rho = \rho_0 \Psi \tag{12-16}$$

式中　$\rho$——土壤电阻率，Ω·m；土壤和水的电阻率参考值可参照 12.4.2 节；

　　　$\rho_0$——雷季中无雨水时所测得的土壤电阻率，Ω·m；

　　　$\Psi$——土壤干燥时的季节系数，$\Psi$ 采用表 12-6 所列数值。

表 12-6　雷电保护接地装置的季节系数

| 埋深/m | $\Psi$ 值 | |
|---|---|---|
| | 水平接地极 | 2～3m 的垂直接地极 |
| 0.5 | 1.4～1.8 | 1.2～1.4 |
| 0.8～1.0 | 1.25～1.45 | 1.15～1.3 |
| 2.5～3.0（深埋接地极） | 1.0～1.1 | 1.0～1.1 |

注：测定土壤电阻率时，如土壤比较干燥，则应采用表中的较小值；如比较潮湿，则应采用较大值。

⑦ 单独接地极或杆塔接地装置的冲击接地电阻，可用下式计算

$$R_i = \alpha R \tag{12-17}$$

式中　$R_i$——单独接地极或杆塔接地装置的冲击接地电阻，Ω；

　　　$R$——单独接地极或杆塔接地装置的工频接地电阻，Ω；

　　　$\alpha$——单独接地极或杆塔接地装置的冲击系数。$\alpha$ 的数值可参照 12.4.5 节。

⑧ 当接地装置由较多水平接地极或垂直接地极组成时，垂直接地极的间距不应小于其长度的 2 倍；水平接地极的间距不宜小于 5m。

由 $n$ 根等长水平放射形接地极组成的接地装置，其冲击接地电阻可按下式计算：

$$R_i = R_{hi}/(n\eta_i) \tag{12-18}$$

式中　$R_{hi}$——每根水平放射形接地极的冲击接地电阻，Ω；

　　　$\eta_i$——计及各接地极间相互影响的冲击利用系数。$\eta_i$ 的数值可参照 12.2.5 选取。

⑨ 由水平接地极连接的 $n$ 根垂直接地极组成的接地装置，其冲击接地电阻可以按下式计算：

$$R_i = \left(\frac{R_{vi}}{n} \times R'_{hi}\right) / \left[\left(\frac{R_{vi}}{n} + R'_{hi}\right)\eta_i\right] \tag{12-19}$$

式中　$R_{vi}$——每根垂直接地极的冲击接地电阻，Ω；

　　　$R'_{hi}$——水平接地极的冲击接地电阻，Ω。

### 12.2.3　6~220kV 电缆线路的接地

1）电力电缆金属护套或屏蔽层，应按下列规定接地：

① 三芯电缆应在线路两终端直接接地。线路中有中间接头时，接头处也应直接接地。

② 单芯电缆在线路上应至少有一点直接接地，且任一非接地处金属护套或屏蔽层上的正常感应电压，不应超过下列数值：

a. 在正常满负载情况下，未采取防止人员任意接触金属护套或屏蔽层安全措施时，50V。

b. 在正常满负荷情况下，采取防止人员任意接触金属护套或屏蔽层的安全措施时，100V。

③ 长距离单芯水底电缆线路应在两岸的接头处直接接地。

2）交流单芯电缆金属护套的接地方式，应按图 12-2 所示部位接地和设置金属护套或屏蔽层电压限制器，并应符合下列规定：

① 线路不长，且能满足上述第 1）条的规定时，可采用线路一端直接接地方式。在系统发生单相接地故障对邻近弱电线路有干扰时，还应沿电缆线路平行敷设一根回流线，回流线的选择与设置应符合下列要求：

a. 回流线的截面选择应按系统发生单相接地故障电流和持续时间验算其稳定性。

b. 回路线的排列布置方式，应使电缆正常工作时在回流线上产生的损耗最小。

② 线路稍长，一端接地不能满足上述第 1）条的规定，且无法分成 3 段组成交叉互联时，可采用线路中间一点接地方式，并应按本条第①项的规定加设回流线。

③ 线路较长，中间一点接地方式不能满足上述第 1）条的规定时，宜使用绝缘接头将电缆的金属护套和绝缘屏蔽均匀分割成 3 段或 3 的倍数段，并应按图 12-2 所示采用交叉互联接地方式。

3）金属护套或屏蔽层电压限制器与电缆金属护套的连接线，应符合下列要求：

① 连接线应最短，3m 之内可采用单芯塑料绝缘线，3m 以上宜采用同轴电缆。

② 连接线的绝缘水平不得小于电缆外护套的绝缘水平。

③ 连接线截面应满足系统单相接地故障电流通过时的热稳定要求。

### 12.2.4　高压配电电气装置的接地

#### 12.2.4.1　高压配电电气装置的接地电阻

① 工作于不接地、谐振接地和高电阻接地系统、向 1kV 及以下低压电气装置供电的高压配电电气装置，其保护接地的接地电阻应符合下式的要求，且不应大于 4Ω。

$$R \leqslant 50/I \tag{12-20}$$

式中　$R$——应季节变化接地装置最大接地电阻，Ω；

　　　$I$——计算用的单相接地故障电流；谐振接地系统为故障点残余电流。

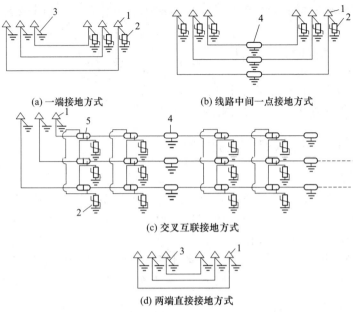

图 12-2 采用金属屏蔽层电压限制器时的接地方式
1—电缆终端头；2—金属屏蔽层电压限制器；3—直接接地；4—中间接头；5—绝缘接头

② 低电阻接地系统的高压配电电气装置，其保护接地的接地电阻应符合式(12-1)的要求，且不应大于 4Ω。

③ 保护配电变压器的避雷器其接地应与变压器保护接地共用接地装置。

④ 保护配电柱上断路器、负荷开关和电容器组等的避雷器的接地导体（线），应与设备外壳相连，接地装置的接地电阻不应大于 10Ω。

### 12.2.4.2 高压配电电气装置的接地装置

① 户外箱式变压器、环网柜和柱上配电变压器等电气装置宜敷设围绕户外箱式变压器、环网柜和柱上配电变压器的闭合环形接地装置。居民区附近人行道路宜采用沥青路面。

② 与户外箱式变压器和环网柜内所有电气装置的外露导电、部分连接的接地母线，应与闭合环形接地装置相连接。

③ 配电变压器等电气装置安装在由其供电的建筑物内的配电装置室时，其所设接地装置应与建筑物基础钢筋等相连。配电变压器室内所有电气装置的外露导电部分应连接至该室内的接地母线，该接地母线应再连接至配电装置室的接地装置。

④ 引入配电装置室的每条架空线路安装的金属氧化物避雷器的接地导体（线），应与配电装置室的接地装置连接，但在入地处应敷设集中接地装置。

## 12.3 低压电气装置的接地设计

### 12.3.1 低压系统接地的形式

1) 低压系统接地的形式可分为 TN、TT 和 IT 3 种。
2) TN 系统可分为单电源系统和多电源系统，并应分别符合下列要求。

① 对于单电源系统，TN 电源系统在电源处应有一点直接接地，装置的外露可导电部分应经 PE 接到接地点。TN 系统可按 N 和 PE 的配置，分为下列类型。

a. TN-S 系统　系统应全部采用单独的 PE，装置的 PE 也可另外增设接地（图 12-3～图 12-5）。

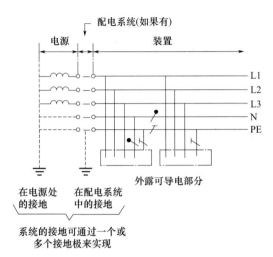

图 12-3　全系统将 N 与 PE 分开的
TN-S 系统

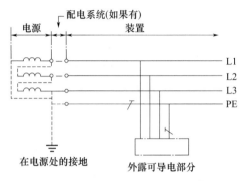

图 12-4　全系统将被接地的相导体与
PE 分开的 TN-S 系统

b. TN-C-S 系统　系统中的一部分，N 的功能和 PE 的功能合并在一根导体中（图 12-6～图 12-8）。图 12-6 中装置的 PEN 或 PE 导体可另外增设接地。图 12-7 和图 12-8 中对配电系统的 PEN 和装置的 PE 导体也可另外增设接地。

c. TN-C 系统　在全系统中，N 的功能和 PE 的功能合并在一根导体中（图 12-9）。装置的 PEN 也可另外增设接地。

② 对于具有多电源的 TN 系统，应避免工作电流流过不期望的路径。

对用电设备采用单独的 PE 和 N 的多电源 TN-C-S 系统（图 12-10），仅有两相负荷和三相负荷的情况下，无需配出 N，PE 宜多处接地。

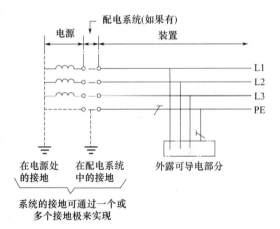

图 12-5　全系统采用接地的 PE 和
未配出 N 的 TN-S 系统

对用电设备采用单独的 PE 和 N 的多电源 TN-C-S 系统（图 12-10）和对于具有多电源的 TN 系统（图 12-11），应符合下列要求：

a. 不应在变压器的中性点或发电机的星形点直接对地连接。

b. 变压器的中性点或发电机的星形点之间相互连接的导体应绝缘，且不得将其与用电设备连接。

c. 电源中性点间相互连接的导体与 PE 之间，应只一点连接，并应设置在总配电屏内。

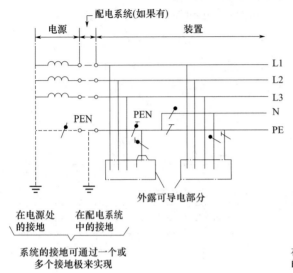

图 12-6 在装置非受电点的某处将 PEN 分离成 PE 和 N 的三相四线制的 TN-C-S 系统

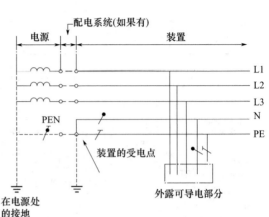

图 12-7 在装置的受电点将 PEN 分离成 PE 和 N 的三相四线制的 TN-C-S 系统

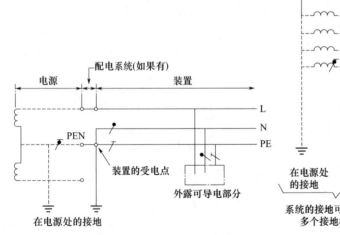

图 12-8 在装置的受电点将 PEN 分离成 PE 和 N 的单相两线制的 TN-C-S 系统

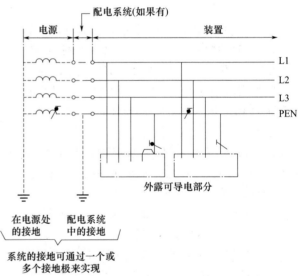

图 12-9 全系统采用将 N 的功能和 PE 的功能合并于一根导体的 TN-C 系统

d. 对装置的 PE 可另外增设接地。

e. PE 的标志，应符合现行国家标准《人机界面标志标识的基本和安全规则 设备端子、导体终端和导体的标识》GB/T 4026—2019 的有关规定。

f. 系统的任何扩展，应确保防护措施的正常功能不受影响。

3）TT 系统应只有一点直接接地，装置的外露可导电部分应接到在电气上独立于电源系统接地的接地极上（图 12-12 和图 12-13）。对装置的 PE 可另外增设接地。

第12章 接地

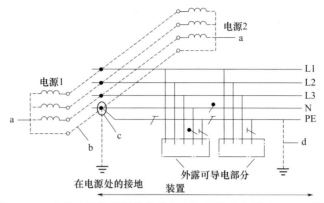

图 12-10 对用电设备采用单独的 PE 和 N 的多电源 TN-C-S 系统

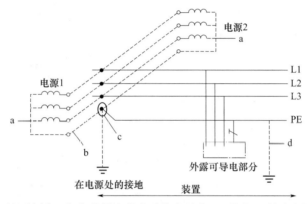

图 12-11 给两相或三相负荷供电的全系统内只有 PE 没有 N 的多电源 TN 系统

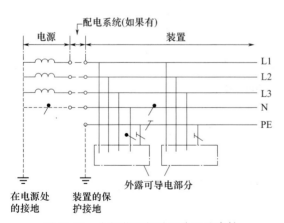

图 12-12 全部装置都采用分开的中性
导体和保护导体的 TT 系统

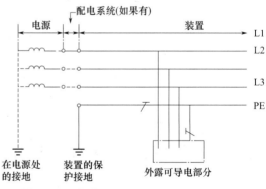

图 12-13 全部装置都具有接地的保护导体，
但不配出中性导体的 TT 系统

4) IT 系统的所有带电部分应与地隔离，或某一点通过阻抗接地。电气装置的外露可导电部分，应被单独地或集中地接地，也可按现行国家标准《低压电气装置 第 4-41 部分：安全防护 电击防护》GB 16895.21—2020 的第 411.6 条的规定，接到系统的接地上（图 12-14 和图 12-15）。对装置的 PE 可另外增设接地，并应符合下列要求：

615

① 该系统可经足够高的阻抗接地。

② 可配出 N，也可不配出 N。

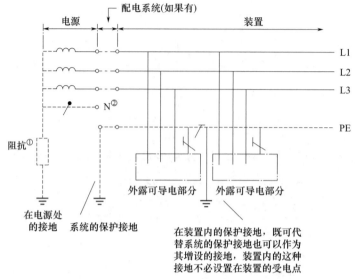

图 12-14　将所有的外露可导电部分采用 PE 相连后集中接地的 IT 系统

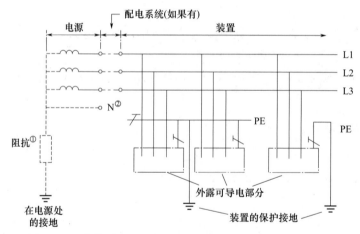

图 12-15　将外露可导电部分分组接地或独立接地的 IT 系统

## 12.3.2　低压电气装置的接地电阻与总等电位连接

① 单独电源 TN 系统的低压线路和高、低压线路共杆线路的钢筋混凝土杆塔，其铁横担以及金属杆塔本体应与低压线路 PE 或 PEN 相连接，钢筋混凝土杆塔的钢筋宜与低压线路的相应导体相连接。与低压线路 PE 或 PEN 相连接的杆塔可不另做接地。

② 配电变压器设置在建筑物外其低压采用 TN 系统时，低压线路在引入建筑物处，PE 或 PEN 应重复接地，接地电阻不宜超过 10Ω。

③ 中性点不接地 IT 系统的低压线路钢筋混凝土杆塔宜接地，金属杆塔应接地，接地电阻不宜超过 30Ω。

④ 架空低压线路入户处的绝缘子铁脚宜接地，接地电阻不宜超过 30Ω。土壤电阻率在 200Ω·m 及以下地区的铁横担钢筋混凝土杆线路，可不另设人工接地装置。当绝缘子铁脚与建筑物内电气装置的接地装置相连时，可以不另设接地装置。人员密集的公共场所的入户线，当钢筋混凝土杆的自然接地电阻大于 30Ω 时，入户处的绝缘子铁脚应接地，并应设专用的接地装置。

⑤ 向低压电气装置供电的配电变压器的高压侧工作于不接地、谐振接地和高电阻接地系统，且变压器的保护接地装置的接地电阻符合 12.2.4.1 节第①项的要求，建筑物内低压电气装置采用（含建筑物钢筋的）保护总等电位连接系统时，低压系统电源中性点可与该变压器保护接地共用接地装置。

⑥ 向低压电气装置供电的配电变压器的高压侧工作于低电阻接地系统，变压器的保护接地装置的接地电阻符合 12.2.1.2 节第 1）款的要求，建筑物内低压采用 TN 系统且低压电气装置采用（含建筑物钢筋的）保护总等电位连接系统时，低压系统电源中性点可与该变压器保护、接地共用接地装置。

当建筑物内低压电气装置虽采用 TN 系统，但未采用（含建筑物钢筋的）保护总等电位连接系统，以及建筑物内低压电气装置采用 TT 或 IT 系统时，低压系统电源中性点严禁与该变压器保护接地共用接地装置，低压电源系统的接地应按工程条件研究确定。

⑦ TT 系统中电气装置外露导电部分应设保护接地的接地装置，其接地电阻与外露可导电部分的保护导体电阻之和，应符合下式的要求：

$$R_A \leqslant 50/I_a \tag{12-21}$$

式中　$R_A$——季节变化接地装置的最大接地电阻与外露可导电部分保护导体电阻之和，Ω；

$I_a$——保护电器自动动作的动作电流，当保护电器为剩余电流保护时，$I_a$ 为额定剩余电流动作电流 $I_{\Delta n}$，A。

⑧ TT 系统配电线路内由同一接地故障保护电器保护的外露可导电部分，应用 PE 连接至共用的接地极上。当有多级保护时，各级宜有各自的接地极。

⑨ IT 系统的各电气装置外露导电部分保护接地的接地装置可共用同一接地装置，亦可个别地或成组地用单独的接地装置接地。每个接地装置的接地电阻应符合下式要求：

$$R \leqslant 50/I_d \tag{12-22}$$

式中　$R$——外露可导电部分的接地装置因季节变化的最大接地电阻，Ω；

$I_d$——相导体（线）和外露可导电部分间第一次出现阻抗可不计的故障电流，A。

⑩ 低压电气装置采用接地故障保护时，建筑物内电气装置应采用保护总等电位连接系统，并应符合图 12-16 的有关规定。

⑪ 建筑物处的低压系统电源中性点、电气装置外露导电部分的保护接地、保护等电位连接的接地极等，可与建筑物的雷电保护接地共用同一接地装置。共用接地装置的接地电阻应不大于各要求值中的最小值。

## 12.3.3　低压电气装置的接地装置和保护导体

### 12.3.3.1　接地装置

1）低压电气装置的接地装置，应符合下列要求：
① 接地配置可兼有或分别承担防护性和功能性的作用，但首先应满足防护的要求；
② 低压电气装置本身有接地极时，应将该接地极用一接地导体（线）连接到总接地端子上；

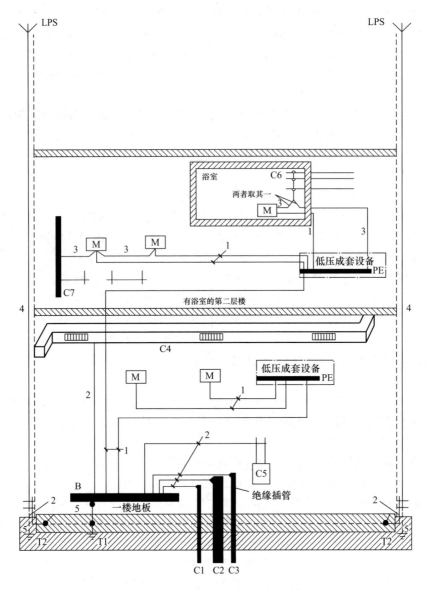

图 12-16 接地配置、保护导体和保护连接导体

M—外露可导电部分；C—外部可导电部分； C1—外部进来的金属水管；C2—外部进来的金属排弃废物、排水管道；C3—外部进来的带绝缘插管的金属可燃气体管道；C4—空调；C5—供热系统；C6—金属水管，比如浴池里的金属水管；C7—在外露可导电部分的伸臂范围内的外界可导电部分；B—总接地端子（总接地母线）；T—接地极；T1—基础接地；T2—LPS（防雷装置）的接地极（若需要的话）；1—保护导体；2—保护连接导体；3—用作辅助连接用的保护连接导体；4—LPS（防雷装置）的引下线；5—接地导体

③ 对接地配置要求中的对地连接，应符合下列要求：

a.对装置的防护要求应可靠、适用；

b.能将对地故障电流和 PE 电流传导入地。

c.接地配置除保护要求外还有功能性的需要时，也应符合功能性的相应要求。

2）接地极应符合下列要求：

① 对接地极的材料和尺寸的选择，应使其耐腐蚀又具有适当的机械强度。

耐腐蚀和机械强度要求的埋入土壤中常用材料接地极的最小尺寸，应符合表 12-7 的规定。有防雷装置时，应符合《建筑物防雷设计规范》GB 50057—2010 的有关规定。

表 12-7　耐腐蚀和机械强度要求的埋入土壤中常用材料接地极的最小尺寸

| 材料 | 表面 | 形状 | 最小尺寸 | | | | |
|---|---|---|---|---|---|---|---|
| | | | 直径/mm | 截面积/mm² | 厚度/mm | 镀层/护套的厚度/μm | |
| | | | | | | 单个值 | 平均值 |
| 钢 | 热镀锌① 或不锈钢①② | 带状③ | — | 90 | 3 | 63 | 70 |
| | | 型材 | — | 90 | 3 | 63 | 70 |
| | | 深埋接地极用的圆棒 | 16 | — | — | 63 | 70 |
| | | 浅埋接地极用的圆线⑥ | 10 | — | — | — | 50 |
| | | 管状 | 25 | — | 2 | 47 | 55 |
| | 铜护套 | 深埋接地极用的圆棒 | 15 | — | — | 2000 | — |
| | 电镀铜护层 | 深埋水平接地极 | — | 90 | 3 | 70 | — |
| | | 深埋接地极用的圆棒 | 14 | — | — | 254 | — |
| 铜 | 裸露 | 带状 | — | 50 | 2 | | |
| | | 浅埋接地极用的圆线⑥ | | 25 | | | |
| | — | 绞线 | 每根1.8 | 25⑤ | | | |
| | | 管状 | 20 | | 2 | | |
| | 镀锡 | 绞线 | 每根1.8 | 25 | | 1 | 5 |
| | 镀锌 | 带状④ | — | 50 | 2 | 20 | 40 |

① 热镀锌或不锈钢可用作埋在混凝土中的电极。
② 不锈钢不加镀层。
③ 钢带为带圆边的轧制的带状或切割的带状。
④ 铜镀锌带为带圆边的带状。
⑤ 在腐蚀性和机械损伤极低的场所，铜圆线可采用 16mm² 的截面。
⑥ 浅埋指埋设深度不超过 0.5m。

② 接地极应根据土壤条件和所要求的接地电阻值，选择一个或多个。
③ 接地极可采用下列设施：
a. 嵌入地基的地下金属结构网（基础接地）；
b. 金属板；
c. 埋在地下混凝土（预应力混凝土除外）中的钢筋；
d. 金属棒或管子；
e. 金属带或线；
f. 根据当地条件或要求所设电缆的金属护套和其他金属护层；
g. 根据当地条件或要求设置的其他适用的地下金属网。
④ 在选择接地极类型和确定其埋地深度时，应符合现行国家标准《低压电气装置　第 4-41 部分：安全防护　电击防护》GB 16895.21—2020 的有关规定，并结合当地的条件，防止在土壤干燥和冻结的情况下，接地极的接地电阻增加到有损电击防护措施的程度。
⑤ 应注意在接地配置中采用不同材料时的电解腐蚀问题；
⑥ 用于输送可燃液体或气体的金属管道，不应用作接地极。

3）接地导体（线）应符合下列要求：

① 接地导体（线）应符合 12.3.3.2 节第 1）条的规定；埋入土壤中的接地导体（线）的最小截面积应符合表 12-8 的要求。

表 12-8　埋入土壤中的接地导体（线）的最小截面积

| 防腐蚀保护 | 有防机械损伤保护 | 无防机械损伤保护 |
|---|---|---|
| 有 | 铜：2.5mm² | 铜：16mm² |
| | 钢：10mm² | 钢：16mm² |
| 无 | 铜：25mm² | 钢：50mm² |

② 接地导体（线）与接地极的连接应牢固，且应有良好的导电性能，并应采用放热焊接、压接器、夹具或其他机械连接器连接。机械接头应按厂家的说明书安装。采用夹具时，不得损伤接地极或接地导体（线）。

4）总接地端子应符合下列要求：
① 在采用保护连接的每个装置中都应配置总接地端子，并应将下列导线与其连接：
a. 保护连接导体（线）；
b. 接地导体（线）；
c. PE（当 PE 已通过其他 PE 与总接地端子连接时，则不应把每根 PE 直接接到总接地端子上）；
d. 功能接地导体（线）。
② 接到总接地端子上的每根导体，连接应牢固可靠，应能被单独地拆开。

### 12.3.3.2　保护导体

1）PE 的最小截面积应符合下列要求：
① 每根 PE 的截面积均应符合国家标准《低压电气装置　第 4-41 部分：安全防护　电击防护》GB 16895.21—2020 的第 414 条的要求，并应能承受预期的故障电流。

PE 的最小截面积可按式(12-23)计算，也可按表 12-9 确定。

表 12-9　PE 的最小截面积

| 相线截面积 $S_a/\text{mm}^2$ | 相应 PE 的最小截面/mm² | |
|---|---|---|
| | PE 与相线使用相同材料 | PE 与相线使用不同材料 |
| $S_a \leqslant 16$ | $S_a$ | $k_1 S_a / k_2$ |
| $16 < S_a \leqslant 35$ | 16 | $16 k_1 / k_2$ |
| $S_a > 35$ | $S_a / 2$ | $k_1 S_a / (2 k_2)$ |

注：1. $k_1$ 为相导体的 $k$ 值，按线和绝缘的材料由表 12-10 或现行国家标准《低压电气装置　第 4-43 部分：安全防护　过电流保护》GB 16895.5—2012 的有关规定选取。
　　2. $k_2$ 为 PE 的值，按表 12-11～表 12-15 的规定选取。
　　3. 对于 PEN，其截面积符合现行国家标准《低压电气装置　第 5-52 部分：电气设备的选择和安装　布线系统》GB/T 16895.6—2014 规定的 $N$ 尺寸后，才允许减少。

② 切断时间不超过 5s 时，PE 的截面积不应小于下式的要求：

$$S = \sqrt{I^2 t} / k \tag{12-23}$$

式中　$S$——截面积，mm²；
　　　$I$——通过保护电器的阻抗可忽略的故障产生的预期故障电流有效值，A；

$t$——保护电器自动切断时的动作时间，s；

$k$——由 PE、绝缘和其他部分的材料以及初始和最终温度决定的系数。

③ 不属于电缆的一部分或不与相线共处于同一外护物之内的每根 PE，其截面积不应小于下列数值：

a. 有防机械损伤保护，铜为 $2.5mm^2$；铝为 $16mm^2$；

b. 没有防机械损伤保护，铜为 $4mm^2$；铝为 $16mm^2$。

④ 当两个或更多个回路共用一个时，其截面积应按下列要求确定：

a. 按回路中遭受最严重的预期故障电流和动作时间，其截面积按上述①计算；

b. 对应于回路中的最大相线截面积，其截面积按表 12-9 选定。

2) PE 类型应符合下列要求：

① PE 应由下列一种或多种导体组成：

a. 多芯电缆中的芯线；

b. 与带电线共用的外护物（绝缘的或裸露的线）；

c. 固定安装的裸露的或绝缘的导体；

d. 符合 12.3.3.2 节第 2) 条第②款第 a 项和 b 项规定条件的金属电缆护套、电缆屏蔽层、电缆铠装、金属编织物、同心线、金属导管；

e. PE 的配置，还应符合的规定。

② 装置中包括带金属外护物的设备，其金属外护物或框架同时满足下列要求时，可用作保护导体：

a. 能利用结构或适当的连接，使对机械、化学或电化学损伤的防护性能得到保护，并保持其连续性；

b. 符合 12.3.3.2 节第 1) 条的规定；

c. 在每个预留的分接点上，允许与其他保护导体连接。

③ 下列金属部分不应作为 PE 或保护连接导体：

a. 金属水管；

b. 含有可燃性气体或液体的金属管道；

c. 正常使用中承受机械应力的结构部分；

d. 柔性或可弯曲金属导管（用于保护接地或保护连接目的而特别设计的除外）；

e. 柔性金属部件；

f. 支撑线。

3) PE 的电气连续性应符合下列要求：

① PE 对机械伤害、化学或电化学损伤、电动力和热动力等，应具有适当的防护性能；

② 除下列各项外，PE 接头的位置应是可接近的：

a. 填充复合填充物的接头；

b. 封闭的接头；

c. 在金属导管内和槽盒内接头；

d. 在设备标准中已成为设备的一部分的接头。

③ 在 PE 中，不应串入开关器件，可设置能用工具拆开的接头；

④ 在采用接地电气监测时，不应将专用器件串接在 PE 中；

⑤ 除 12.3.3.2 节第 2) 条第②款外，器具的外露可导电部分不应用于构成其他设备保护导体的一部分。

4）PEN 应符合下列要求：

① PEN 应只在固定的电气装置中采用，铜的截面积不应小于 10mm² 或铝的截面积不应小于 16mm²；

② PEN 应按可能遭受的最高电压加以绝缘；

③ 从装置的任一点起，N 和 PE 分别采用单独的导体时，不允许该 N 再连接到装置的任何其他的接地部分，允许由 PEN 分接出的 PE 和 PE 超过一根以上。PE 和 N，可分别设置单独的端子或母线，PEN 应接到为 PE 预设的端子或母线上。

5）保护和功能共用接地应符合下列要求：

① 保护和功能共用接地用途的导体，应满足有关 PE 的要求，并应符合国家标准《低压电气装置 第 4-41 部分：安全防护 电击防护》GB 16895.21—2020 的有关规定。信息技术电源的直流回路的 PEL 或 PEM，也可用作功能接地和保护接地两种共用功能的导体；

② 外界可导电部分不应用作 PEL 和 PEM。

6）当过电流保护器用作电击防护时，PE 应合并到与带电导体同一布线系统中，或设置在靠过电流保护器最近的地方。

7）预期用作永久性连接，且所用的 PE 电流又超过 10mA 的用电设备，应按下列要求设置加强型 PE：

① PE 的全长应采用截面积至少为 10mm² 的铜线或 16mm² 的铝线；

② 也可再用一根截面积至少与用作间接接触防护所要求的 PE 相同，且一直敷设到 PE 的截面积不小于铜 10mm² 或铝 16mm² 处，用电器具对第 2 根 PE 应设置单独的接线端子。

### 12.3.3.3 保护连接导体（等电位连接导体）

1）作为总等电位连接的保护连接导体和按 12.3.3.1 节第 4）条的规定接到总接地端子的保护连接导体，其截面积不应小于下列数值：①铜为 6mm²；②镀铜钢为 25mm²；③铝为 16mm²；④钢为 50mm²。

2）作辅助连接用的保护连接导体应符合下列要求：

① 连接两个外露可导电部分的保护连接导体，其电导不应小于接到外露可导电部分的较小的 PE 的电导；

② 连接外露可导电部分和外界可导电部分的保护连接导体的电阻，不应大于相应 PE1/2 截面积导体所具有的电阻；

③ 应符合 12.3.3.2 节第 1）条第③款的规定。

### 12.3.3.4 系数 k 的求取方法

1）$k$ 值可由下式计算

$$k = \sqrt{\frac{Q_c(\beta+20℃)}{\rho_{20}} \ln\left(1+\frac{\theta_f - \theta_i}{\beta + \theta_i}\right)} \tag{12-24}$$

式中 $Q_c$——导线材料在 20℃ 的体积热容量，J/(℃·mm³)；

$\beta$——导线在 0℃ 时的电阻率温度系数的倒数（见表 12-10），℃；

$\rho_{20}$——导线材料在 20℃ 时的电阻率（见表 12-10），Ω·mm；

$\theta_i$——导线的初始温度，℃；

$\theta_f$——导线的最终温度，℃。

表 12-10 式(12-24)中的参数

| 材料 | $\beta$ /℃ | $Q_c$ /[J/(℃·mm³)] | $\rho_{20}$ /(Ω·mm) | $\sqrt{\dfrac{Q_c(\beta+20℃)}{\rho_{20}}}$ /(A·$\sqrt{s}$/mm²) |
|---|---|---|---|---|
| 铜 | 234.5 | 3.45×10⁻³ | 17.241×10⁻⁶ | 226 |
| 铝 | 228 | 2.5×10⁻³ | 28.264×10⁻⁶ | 148 |
| 铅 | 230 | 1.45×10⁻³ | 214×10⁻⁶ | 42 |
| 钢 | 202 | 3.8×10⁻³ | 138×10⁻⁶ | 78 |

2) 用法不同或运行情况不同的保护导体的 $k$ 值可按表 12-11～表 12-15 选取。

表 12-11 非电缆芯线且不与其他电缆成束敷设的绝缘保护导体的 $k$

| 导体绝缘 | 温度/℃① | | $k$ | | |
|---|---|---|---|---|---|
| | | | 导体材料 | | |
| | 初始 | 最终 | 铜 | 铝 | 钢 |
| 70℃ PVC | 30 | 160/140 | 143/133 | 95/88 | 52/49 |
| 90℃ PVC | 30 | 160/140 | 143/133 | 95/88 | 52/49 |
| 90℃ 热固性材料 | 30 | 250 | 176 | 116 | 64 |
| 60℃橡胶 | 30 | 200 | 159 | 105 | 58 |
| 85℃橡胶 | 30 | 220 | 166 | 110 | 60 |
| 硅橡胶 | 30 | 350 | 201 | 133 | 73 |

① 温度中的较小数值适用于截面积大于 300mm² 的 PVC 绝缘导体。

表 12-12 与电缆护层接触但不与其他电缆成束敷设的裸保护导体的 $k$

| 导体绝缘 | 温度/℃ | | $k$ | | |
|---|---|---|---|---|---|
| | | | 导体材料 | | |
| | 初始 | 最终 | 铜 | 铝 | 钢 |
| PVC | 30 | 200 | 159 | 105 | 58 |
| 聚乙烯 | 30 | 150 | 138 | 91 | 50 |
| 氯磺化聚乙烯 | 30 | 220 | 166 | 110 | 60 |

表 12-13 电缆芯线或与其他电缆或绝缘导体成束敷设的保护导体的 $k$

| 导体绝缘 | 温度/℃① | | $k$ | | |
|---|---|---|---|---|---|
| | | | 导体材料 | | |
| | 初始 | 最终 | 铜 | 铝 | 钢 |
| 70℃ PVC | 70 | 160/140 | 115/103 | 76/68 | 42/37 |
| 90℃ PVC | 90 | 160/140 | 100/86 | 66/57 | 36/31 |
| 90℃ 热固性材料 | 90 | 250 | 143 | 94 | 52 |
| 60℃橡胶 | 60 | 200 | 141 | 93 | 51 |

续表

| 导体绝缘 | 温度/℃[①] | | k | | |
|---|---|---|---|---|---|
| | | | 导体材料 | | |
| | 初始 | 最终 | 铜 | 铝 | 钢 |
| 85℃橡胶 | 85 | 220 | 134 | 89 | 48 |
| 硅橡胶 | 180 | 350 | 132 | 87 | 47 |

① 温度中的较小数值适用于截面积大于 300mm² 的 PVC 绝缘导体。

表 12-14 用电缆的金属护层，如铠装、金属护套、同心导体等作保护导体的 k

| 导体绝缘 | 温度/℃[①] | | k | | | |
|---|---|---|---|---|---|---|
| | | | 导体材料 | | | |
| | 初始 | 最终 | 铜 | 铝 | 铅 | 钢 |
| 70℃ PVC | 60 | 200 | 141 | 93 | 26 | 51 |
| 90℃ PVC | 80 | 200 | 128 | 85 | 23 | 46 |
| 90℃ 热固性材料 | 80 | 200 | 128 | 85 | 23 | 46 |
| 60℃橡胶 | 55 | 200 | 144 | 95 | 26 | 52 |
| 85℃橡胶 | 75 | 220 | 140 | 93 | 26 | 51 |
| 硅橡胶 | 70 | 200 | 135 | — | — | — |
| 裸露的矿物护套 | 105 | 250 | 135 | — | — | — |

① 温度的数值也应适用于外露可触及的或与可燃性材料接触的裸导体。

表 12-15 所示温度不损伤相邻材料时的裸导体的 k

| 条件 | 初始温度/℃ | 导体材料 | | | | | |
|---|---|---|---|---|---|---|---|
| | | 铜 | | 铝 | | 钢 | |
| | | k | 最高温度/℃ | k | 最高温度/℃ | k | 最高温度/℃ |
| 可见的和狭窄的区域内 | 30 | 228 | 500 | 125 | 300 | 82 | 500 |
| 正常条件 | 30 | 159 | 200 | 105 | 200 | 58 | 200 |
| 有火灾危险 | 30 | 138 | 159 | 91 | 150 | 50 | 150 |

# 12.4 接地电阻的计算

## 12.4.1 接地电阻的基本概念

(1) 流散电阻

电流自接地极的周围向大地流散所遇到的全部电阻，称为流散电阻。理论上为自接地极表面至无穷远处的电阻，工程上一般取为 20~40m 范围内的电阻。

(2) 接地电阻

接地极的流散电阻和接地极及其至总接地端子连接线电阻的总和，称为接地极的接地电阻。由于后者远小于流散电阻，可忽略不计，通常将流散电阻作为接地电阻。

（3）工频接地电阻和冲击撞地电阻

按通过接地极流入地中工频交流电流求得的接地电阻，称为工频接地电阻；按通过接地极流入地中冲击电流（雷电流）求得的接地电阻，称为冲击接地电阻。雷电流从接地极流入土壤时，接地极附近形成很强的电场，将土壤击穿并产生火花，相当于增加了接地极的截面积，减小了接地电阻。另一方面雷电流有高频特性，使接地极本身电抗增大。一般情况下后者影响较小，即冲击接地电阻一般小于工频接地电阻。工频接地电阻通常简称接地电阻，只在需区分冲击接地电阻（如防雷接地等）时才注明工频接地电阻。

## 12.4.2 土壤和水的电阻率

决定土壤电阻率的因素主要有土壤的类型、含水量、温度、溶解在土壤中的水中化合物的种类和浓度、土壤的颗粒大小以及颗粒大小的分布、密集性和压力、电晕作用等。土壤电阻率一般应以实测值作为设计依据。当缺少实测数据时，可参考表 12-16。

表 12-16 土壤和水的电阻率参考值

| 类别 | 名称 | 电阻率近似值 /Ω·m | 不同情况下电阻率的变化范围 /Ω·m | | |
|---|---|---|---|---|---|
| | | | 较湿时（一般地区、多雨区） | 较干时（少雨区、沙漠区） | 地下水含盐碱时 |
| 土 | 陶黏土 | 10 | 5～20 | 10～100 | 3～10 |
| | 泥炭、泥灰岩、沼泽地 | 20 | 10～30 | 50～300 | 3～30 |
| | 捣碎的木炭 | 40 | — | — | — |
| | 黑土、园田土、陶土、白垩土、黏土 | 50 60 | 30～100 | 50～300 | 10～30 |
| | 砂质黏土 | 100 | 30～300 | 80～1000 | 10～80 |
| | 黄土 | 200 | 100～200 | 250 | 30 |
| | 含砂黏土、砂土 | 300 | 100～1000 | 1000 以上 | 30～100 |
| | 河滩中的砂 | — | 300 | — | — |
| | 煤 | — | 350 | — | — |
| | 多石土壤 | 400 | — | — | — |
| | 上层红色风化黏土、下层红色页岩 | 500(30%湿度) | — | — | — |
| | 表层土夹石、下层砾石 | 600(15%湿度) | — | — | — |
| 砂 | 砂、砂砾 | 1000 | 250～1000 | 1000～2500 | |
| | 砂层深度大于10m,地下水较深的草原,地面黏土深度不大于1.5m,底层多岩石 | 1000 | | | |
| 岩石 | 砾石、碎石 | 5000 | — | — | — |
| | 多岩山地 | 5000 | — | — | — |
| | 花岗岩 | 200000 | — | — | — |

续表

| 类别 | 名称 | 电阻率近似值 /Ω·m | 不同情况下电阻率的变化范围 /Ω·m | | |
|---|---|---|---|---|---|
| | | | 较湿时（一般地区、多雨区） | 较干时（少雨区、沙漠区） | 地下水含盐碱时 |
| 混凝土 | 在水中 | 40～55 | — | — | — |
| | 在湿土中 | 100～200 | | | |
| | 在干土中 | 500～1300 | | | |
| | 在干燥的大气中 | 12000～18000 | | | |
| 矿 | 金属矿石 | 0.01～1 | | | |

### 12.4.3 自然接地极接地电阻的计算

① 自然接地极的接地电阻计算可采用表 12-17 的简易计算公式作为估算用。

表 12-17　自然接地极的工频接地电阻（Ω）简易计算公式

| 接地极形式 | 计算公式 | 备注 |
|---|---|---|
| 金属管道 | $R=2\rho/L$ | $L$ 在 60m 左右 |
| 钢筋混凝土基础 | $R=0.2\rho/\sqrt[3]{V}$ | $V$ 在 100m³ 左右 |
| 铁塔的装配式基础 | $R=0.1\rho$ | |
| 门形杆塔的装配式基础 | $R=0.06\rho$ | |
| 带有 V 形拉线的门型杆塔的装配式基础 | $R=0.09\rho$ | |
| 单根钢筋混凝土杆 | $R=0.3\rho$ | |
| 双根钢筋混凝土杆 | $R=0.2\rho$ | |
| 带有拉线的单根、双根钢筋混凝土杆 | $R=0.1\rho$ | |
| 一个拉线盘 | $R=0.28\rho$ | |

注：表中 $L$——接地极长度，m；$V$——基础所包围的体积，m³；$\rho$——土壤电阻率，Ω·m。

② 单个基础接地极的接地电阻可按表 12-18 计算。

表 12-18　单个基础接地极的接地电阻（Ω）计算式

| 基础接地极的几何形状 | 计算式 | 形状系数的数值 |
|---|---|---|
| 矩形基础板、矩形条状基础①、开敞基础槽的钢筋体或整体加筋的块状基础的钢筋体 | $R=1.1K_2\rho/L_1$ | $K_2$ 值从图 12-17 中查出 |
| 圆形条状基础①的钢筋体 | $R=1.1K_3\rho/D_a$ | $K_3$ 值从图 12-18 中查出 |
| 外墙不加筋的圆形基础板内的钢筋体 | $R=1.1K_4\rho/D$ | $K_4$ 值从图 12-19 中查出 |
| 外墙加筋的圆形基础板内的钢筋体 | $R=1.1K_5\rho/D$ | $K_5$ 值从图 12-19 中查出 |
| 杯口形基础的底板钢筋体 | $R=1.1K_6\rho/L_1$ | $K_6$ 值从图 12-20 中查出 |
| 桩基的钢筋体 | $R=1.1K_7\rho/L_p$ | $K_7$ 值从图 12-21 中查出 |

① 敷设成闭合矩形或闭合圆形的水平条状基础。

注：$\rho$——基础接地极所在地的土壤电阻率，Ω·m；$L_1$、$D$、$D_a$、$L_p$ 的单位均为 m，其意义见图 12-17～图 12-21。

③ 当一幢建筑物或一综合建筑群中有许多独立基础，而这些基础的钢筋体互相连通在一起时，其工频接地电阻的计算按表 12-19 的计算式进行。

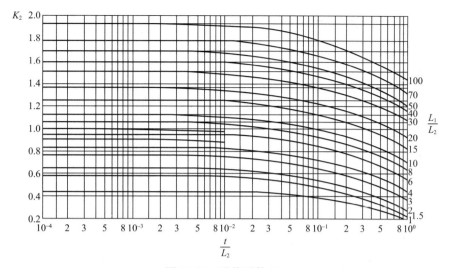

图 12-17 形状系数 $K_2$

$L_1$，$L_2$—钢筋体长边、短边的边长，m；$t$—基础深度，m

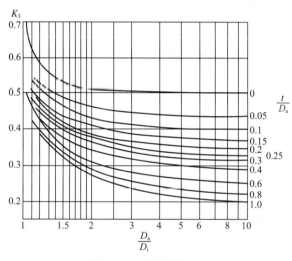

图 12-18 形状系数 $K_3$

$D_i$，$D_a$—钢筋体的内、外直径，m；$t$—基础深度，m

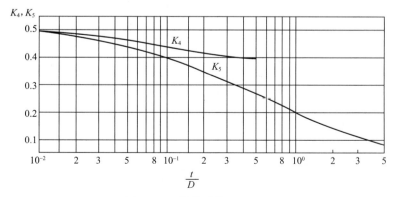

图 12-19 形状系数 $K_4$、$K_5$

$D$—钢筋体的直径，m；$t$—基础深度，m

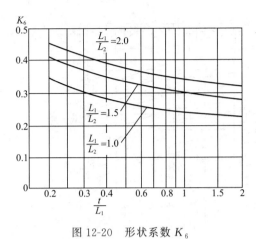

图 12-20 形状系数 $K_6$

$L_1$、$L_2$—底板钢筋体长边、短边的边长，m；

$t$—基础深度，m

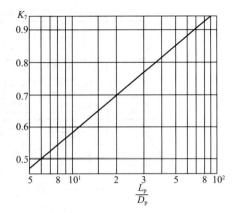

图 12-21 形状系数 $K_7$

$L_p$—桩基在土壤中的长度，m；

$D_p$—钢筋体的直径，m

表 12-19 建筑物或建筑群的基础接地极的接地电阻（Ω）计算式

| 基础接地极的布置和形式 | 接地电阻计算式 | 形状系数的数值 |
|---|---|---|
| 由 $n$ 根桩基构成的基础接地极，由 $n$ 根钢柱或 $n$ 根放在杯口形基础中的钢筋混凝土构成的基础接地极，由 $n$ 根放在钻孔中的钢筋混凝土杆构成的基础接地极；建筑物的基底面积为 $A$，用 $C_1$ 表示其特征，其值为：$$C_1 = n/A$$ | $$R = K_1 K_2 \frac{\rho}{L_1}$$ | 当 $C_1 = (2.5\sim6)\times10^{-2}(\mathrm{m}^{-2})$ 时，$K_1 = 1.4$，$K_2$ 从图 12-17 中查出。该图中 $L_1$ 为基底面积 $A$ 的长边，$L_2$ 为短边 |
| 由 $n$ 个加钢筋的块状基础或 $n$ 个有底板钢筋的杯口基础组成；第 $n$ 个基础的平面积为 $A_n$，整个建筑物的基底平面积为 $A$，用 $C_2$ 表示其特征，其值为：$$C_2 = \sum_1^n A_n/A$$ | | 当 $C_2 = 0.15\sim0.4$ 时，$K_1 = 1.5$，$K_2$ 从图 12-17 中查出，该图中 $L_1$ 为基底面积 $A$ 的长边，$L_2$ 为短边 |
| 由 $m$ 个任意几何形状的钢筋混凝土基础组成的基础接地极；这些基础(第 $m$ 个基础的平面积为 $A_m$)任意布置在综合建筑群所占的基底平面积 $A_K$ 之内，用 $C_3$ 表示其特征，其值为：$$C_3 = \sum_1^m A_m/A_K$$ | | $K_1$ 从图 12-22 中查出，$K_2$ 从图 12-17 中查出。这时 $t$ 为各基础深度的平均值，$L_1$ 为基底面积 $A_K$ 的长边，$L_2$ 为短边 |

注：表中面积单位为 $\mathrm{m}^2$，长度单位为 m。

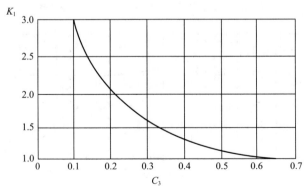

图 12-22 形状系数 $K_1$

④ 常用直埋铠装电力电缆和金属水管的接地电阻分别见表 12-20 和表 12-21。

表 12-20　直埋铠装电力电缆金属外皮的接地电阻

| 电缆长度/m | 20 | 50 | 100 | 150 |
|---|---|---|---|---|
| 接地电阻/Ω | 22 | 9 | 4.5 | 3 |

注：1. 本表编制条件为：土壤电阻率 $\rho=100\Omega\cdot m$，3～10kV，3×（70～185）$mm^2$ 铠装电力电缆，埋深 0.7m。
　　2. 当 $\rho\neq100\Omega\cdot m$ 时，表中电阻值应乘以换算系数：$50\Omega\cdot m$ 时为 0.7，$250\Omega\cdot m$ 时为 1.65，$500\Omega\cdot m$ 时为 2.35。
　　3. 当 $n$ 根截面相近的电缆埋设在同一沟中时，若单根电缆的接地电阻值为 $R_0$，则总接地电阻值为 $R_0/\sqrt{n}$。

表 12-21　直埋金属水管的接地电阻

| 长度/m | | 20 | 50 | 100 | 150 |
|---|---|---|---|---|---|
| 不同公称口径下接地电阻/Ω | 25～50mm | 7.5 | 3.6 | 2 | 1.4 |
| | 70～100mm | 7.0 | 3.4 | 1.9 | 1.4 |

注：本表编制条件为：$\rho=100\Omega\cdot m$，埋深 0.7m。

## 12.4.4　人工接地极接地电阻的计算

① 均匀土壤中垂直接地极的接地电阻可利用下式计算（如图 12-23 所示）：

当 $l\gg d$ 时

$$R_V=\frac{\rho}{2\pi l}\left(\ln\frac{8l}{d}-1\right) \qquad (12-25)$$

式中　$R_V$——垂直接地极的接地电阻，Ω；
　　　$\rho$——土壤电阻率，$\Omega\cdot m$；
　　　$l$——垂直接地极的长度，m；
　　　$d$——接地极用圆钢时，圆钢的直径，m。当接地极用其他形式导体时，其等效直径应按下列不同情况分别计算（如图 12-24 所示）：钢管，$d=d_1$；扁钢，$d=b/2$；等边角钢，$d=0.84b$；不等边角钢，$d=0.71\sqrt[4]{b_1b_2(b_1^2+b_2^2)}$。

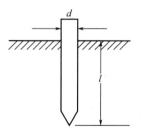
图 12-23　垂直接地极的示意图

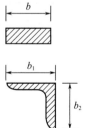
图 12-24　几种形式导体的计算用尺寸

② 均匀土壤中不同形状水平接地极的接地电阻可利用下式计算：

$$R_h=\frac{\rho}{2\pi L}\left(\ln\frac{L^2}{hd}+A\right) \qquad (12-26)$$

式中　$R_h$——水平接地极的接地电阻，Ω；
　　　$L$——水平接地极的总长度，m；

$h$——水平接地极的埋设深度，m；

$d$——水平接地极的直径或等效直径，m；

$A$——水平接地极的形状系数，水平接地极的形状系数可采用表12-22所列数值。

表 12-22　水平接地极的形状系数 $A$

| 水平接地极形状 | — | L | 人 | ○ | ＋ | □ | ✳ | ✳ | ✳ | ✳ |
|---|---|---|---|---|---|---|---|---|---|---|
| 形状系数 $A$ | -0.6 | -0.18 | 0 | 0.48 | 0.89 | 1 | 2.19 | 3.03 | 4.71 | 5.65 |

③ 均匀土壤中水平接地极为主边缘闭合的复合接地极（接地网）的接地电阻可利用下式计算：

$$R_n = \alpha_1 R_e \tag{12-27}$$

$$\alpha_1 = \left(3\ln\frac{L_0}{\sqrt{S}} - 0.2\right)\frac{\sqrt{S}}{L_0} \tag{12-28}$$

$$R_e = 0.213\frac{\rho}{\sqrt{S}}(1+B) + \frac{\rho}{2\pi L}\left(\ln\frac{S}{9hd} - 5B\right) \tag{12-29}$$

$$B = \frac{1}{1 + 4.6\frac{h}{\sqrt{S}}} \tag{12-30}$$

式中　$R_n$——任意形状边缘闭合接地网的接地电阻，Ω；

$R_e$——等值（即等面积、等水平接地极总长度）方形接地网的接地电阻，Ω；

$S$——接地网的总面积，m²；

$d$——水平接地极的直径或等效直径，m；

$h$——水平接地极的埋设深度，m；

$L_0$——接地网的外缘边线总长度，m；

$L$——水平接地极的总长度，m。

④ 均匀土壤中人工接地极工频接地电阻的简易计算，可采用表12-23所列公式。

表 12-23　人工接地极工频接地电阻（Ω）简易计算式

| 接地极形式 | 简易计算式 |
|---|---|
| 垂直式 | $R \approx 0.3\rho$ |
| 单根水平式 | $R \approx 0.03\rho$ |
| 复合式（接地网） | $R \approx 0.5\dfrac{\rho}{\sqrt{S}} = 0.28\dfrac{\rho}{r}$<br>或 $R \approx \dfrac{\sqrt{\pi}}{4} \times \dfrac{\rho}{\sqrt{S}} + \dfrac{\rho}{L} = \dfrac{\rho}{4r} + \dfrac{\rho}{L}$ |

注：1. 垂直式为长度3m左右的接地极。
2. 单根水平式为长度60m左右的接地极。
3. 复合式中，$S$ 为大于 100m² 的闭合接地网的面积；$r$ 为与接地网面积 $S$ 等值的圆的半径，即等效半径，m。

⑤ 典型双层土壤中几种接地装置的接地参数计算，应符合下列要求。

a. 深埋垂直接地极的接地电阻（如图12-25所示），可按下列各式计算：

$$R = \frac{\rho_a}{2\pi l}\left(\ln\frac{4l}{d} + C\right) \tag{12-31}$$

$$l < H \quad \rho_a = \rho_1 \tag{12-32}$$

$$l > H \quad \rho_a = \frac{\rho_1 \rho_2}{\frac{H}{l}(\rho_2 - \rho_1) + \rho_1} \tag{12-33}$$

$$C = \sum_{n=1}^{\infty} \left(\frac{\rho_2 - \rho_1}{\rho_2 + \rho_1}\right)^n \ln \frac{2nH + l}{2(n-1)H + l} \tag{12-34}$$

b. 土壤具有如图 12-26 所示的两个剖面结构时,水平接地网的接地电阻 $R$ 可以按下式计算:

$$R = \frac{0.5 \rho_1 \rho_2 \sqrt{S}}{\rho_1 S_2 + \rho_2 S_1} \tag{12-35}$$

式中 $S_1$、$S_2$——分别覆盖在 $\rho_1$、$\rho_2$ 土壤电阻率上的接地网面积,$m^2$;
$S$——接地网总面积,$m^2$。

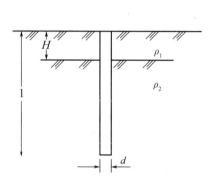

图 12-25 深埋接地体示意图

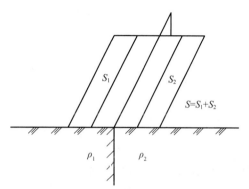

图 12-26 两种土壤电阻率的接地网

### 12.4.5 架空线路杆塔接地电阻的计算

(1) 杆塔接地装置的工频接地电阻

杆塔水平接地装置的工频接地电阻可利用下式计算:

$$R = \frac{\rho}{2\pi L}\left(\ln \frac{L^2}{hd} + A_t\right) \tag{12-36}$$

式中的 $A_t$ 和 $L$ 按表 12-24 取值。

(2) 杆塔接地装置与单独接地极的冲击系数

杆塔接地装置接地电阻的冲击系数,可利用以下各式计算。

① 铁塔接地装置:

$$\alpha = 0.74 \rho^{-0.4}(7.0 + \sqrt{L})[1.56 - \exp(-3.0 I_i^{-0.4})] \tag{12-37}$$

式中 $I_i$——流过杆塔接地装置或单独接地极的冲击电流,kA;
$\rho$——以 $\Omega \cdot m$ 表示的土壤电阻率。

表 12-24 $A_t$ 和 $L$ 的意义与取值

| 接地装置种类 | 形状 | 参数 |
| --- | --- | --- |
| 铁塔接地装置 | (图示 $l_1$、$l_2$) | $A_t = 1.76$<br>$L = 4(l_1 + l_2)$ |

续表

| 接地装置种类 | 形状 | 参数 |
|---|---|---|
| 钢筋混凝土杆放射形接地装置 | (图: $l_2$, $l_1$) | $A_t=2.0$<br>$L=4l_1+l_2$ |
| 钢筋混凝土杆环形接地装置 | (图: $l_1$, $l_2$) | $A_t=1.0$<br>$L=8l_2$(当$l_1=0$)<br>$L=4l_1$(当$l_1\neq 0$) |

② 钢筋混凝土杆放射形接地装置：

$$\alpha=1.36\rho^{-0.4}(1.3+\sqrt{L})[1.55-\exp(-4.0I_i^{-0.4})] \quad (12\text{-}38)$$

③ 钢筋混凝土杆环形接地装置：

$$\alpha=2.94\rho^{-0.5}(6.0+\sqrt{L})[1.23-\exp(-2.0I_i^{-0.3})] \quad (12\text{-}39)$$

④ 单独接地极接地电阻的冲击系数，可利用以下各式计算：

a. 垂直接地极：

$$\alpha=2.75\rho^{-0.4}(1.8+\sqrt{L})[0.75-\exp(-1.50I_i^{-0.2})] \quad (12\text{-}40)$$

b. 单端流入冲击电流的水平接地极：

$$\alpha=1.62\rho^{-0.4}(5.0+\sqrt{L})[0.79-\exp(-2.3I_i^{-0.2})] \quad (12\text{-}41)$$

c. 中部流入冲击电流的水平接地极

$$\alpha=1.16\rho^{-0.4}(7.1+\sqrt{L})[0.78-\exp(-2.3I_i^{-0.2})] \quad (12\text{-}42)$$

(3) 杆塔自然接地极的冲击系数

杆塔自然接地极的效果仅在 $\rho \leqslant 300\Omega \cdot m$ 才加以考虑，其冲击系数可利用下式计算：

$$\alpha=\frac{1}{1.35+\alpha_i I_i^{1.5}} \quad (12\text{-}43)$$

式中 $\alpha_i$——对钢筋混凝土杆、钢筋混凝土桩和铁塔的基础（一个塔脚）为0.053，对装配式钢筋混凝土基础（一个塔脚）和拉线盘（带拉线棒）为0.038。

(4) 接地极的利用系数

各种形式接地极的冲击利用系数 $\eta_i$ 可采用表12-25所列数值。工频利用系数一般为 $\eta \approx \eta_i/0.9 \leqslant 1$。但对自然接地极，$\eta \approx \eta_i/0.7$。

**表 12-25 接地极的冲击利用系数 $\eta_i$**

| 接地极形式 | 接地导体的根数 | 冲击利用系数 | 备注 |
|---|---|---|---|
| $n$ 根水平射线<br>（每根长 10~80m） | 2 | 0.83~1.0 | 较小值用于较短的射线 |
| | 3 | 0.75~0.90 | |
| | 4~6 | 0.65~0.80 | |
| 以水平接地极<br>连接的垂直接地极 | 2 | 0.80~0.85 | $\dfrac{D(\text{垂直接地极间距})}{l(\text{垂直接地极长度})}=2\sim 3$<br>较小值用于 $D/l=2$ 时 |
| | 3 | 0.70~0.80 | |
| | 4 | 0.70~0.75 | |
| | 6 | 0.65~0.70 | |

续表

| 接地极形式 | 接地导体的根数 | 冲击利用系数 | 备注 |
|---|---|---|---|
| 自然接地极 | 拉线棒与拉线盘间 | 0.6 | — |
|  | 铁塔的各基础间 | 0.4~0.5 |  |
|  | 门型、各种拉线杆塔的各基础间 | 0.7 |  |

（5）接地电阻的简易计算

各种形式接地装置工频接地电阻的简易计算式列于表12-26。

**表 12-26　各种形式接地装置的工频接地电阻简易计算式**

| 接地装置形式 | 杆塔形式 | 接地电阻简易计算式/Ω |
|---|---|---|
| $n$ 根水平射线（$n \leqslant 12$，每根长约60m） | 各种形式杆塔 | $R \approx \dfrac{0.062\rho}{n+1.2}$ |
| 沿装配式基础周围敷设的深埋式接地极 | 铁塔 | $R \approx 0.07\rho$ |
|  | 门形杆塔 | $R \approx 0.04\rho$ |
|  | V形拉线的门形杆塔 | $R \approx 0.045\rho$ |
| 装配式基础的自然接地极 | 铁塔 | $R \approx 0.1\rho$ |
|  | 门形杆塔 | $R \approx 0.06\rho$ |
|  | V形拉线的门形杆塔 | $R \approx 0.09\rho$ |
| 钢筋混凝土杆的自然接地极 | 单杆 | $R \approx 0.3\rho$ |
|  | 双杆 | $R \approx 0.2\rho$ |
|  | 拉线单、双杆 | $R \approx 0.1\rho$ |
|  | 一个拉线盘 | $R \approx 0.28\rho$ |
| 深埋式接地与装配式基础自然接地的综合 | 铁塔 | $R \approx 0.05\rho$ |
|  | 门形杆塔 | $R \approx 0.03\rho$ |
|  | V形拉线的门形杆塔 | $R \approx 0.04\rho$ |

注：表中 $\rho$ 为土壤电阻率，Ω·m。

# 12.5　接触电位差与跨步电位差的计算

## 12.5.1　接触电位差与跨步电位差的概念

《交流电气装置的接地设计规范》GB/T 50065—2011 中对接触电位差（接触电压）与跨步电位差（跨步电压）的定义分别如下。

（1）接触电位差

接地故障（短路）电流流过接地装置时，大地表面形成分布电位，在地面上到设备水平距离为1.0m处与设备外壳、架构或墙壁离地面的垂直距离2.0m处两点间的电位差，称为接触电位差（touch potential difference）。接地网孔中心对接地网接地极的最大电位差，称为最大接触电位差（maximal touch potential difference）。

（2）跨步电位差

接地故障（短路）电流流过接地装置时，地面上水平距离为 1.0m 两点间的电位差，称为跨步电位差（step potential difference）。接地网外的地面上水平距离 1.0m 处对接地网边缘接地极的最大电位差，称为最大跨步电位差（maximal step potential difference）。

## 12.5.2 入地故障电流及电位升高的计算

经发电厂和变电站接地网的入地接地故障电流，应计及故障电流直流分量的影响，设计接地网时应按接地网最大入地电流 $I_G$ 进行设计。$I_G$ 可按下列具体步骤确定。

① 确定接地故障对称电流 $I_f$。

② 根据系统及线路设计采用的参数确定故障电流分流系数 $S_f$，进而计算接地网入地对称电流 $I_g$。

③ 计算衰减系数 $D_f$，将其乘以入地对称电流，得到计及直流偏移的经接地网入地的最大接地故障不对称电流有效值 $I_G$。

④ 发电厂和变电站内、外发生接地短路时，经接地网入地的故障对称电流可分别按下列二式计算：

$$I_g = (I_{max} - I_n) S_{f1} \tag{12-44}$$

$$I_g = I_n S_{f2} \tag{12-45}$$

式中 $I_{max}$——发电厂和变电站内发生接地故障时的最大接地故障对称电流有效值，A；

$I_n$——发电厂和变电站内发生接地故障时流经其设备中性点的电流，A；

$S_{f1}$，$S_{f2}$——分别为厂站内、外发生接地故障时的分流系数。

故障电流分流系数 $S_f$ 的计算可分为站内短路故障和站外短路故障，分别加以计算。

（1）站内接地故障时分流系数 $S_{f1}$ 的计算

① 对于站内单相接地故障，假设每个档距内的导线参数和杆塔接地电阻均相同（如图 12-27 所示）。不同位置的架空线路地线上流过的零序电流应按下列各式计算：

$$I_{B(n)} = \left[ \frac{e^{\beta(s+1-n)} - e^{-\beta(s+1-n)}}{e^{\beta(s+1)} - e^{-\beta(s+1)}} \left(1 - \frac{Z_m}{Z_s}\right) + \frac{Z_m}{Z_s} \right] I_b \tag{12-46}$$

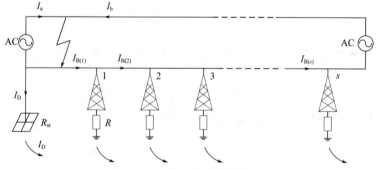

图 12-27 站内接地故障示意

$$e^{-\beta} = \frac{1 - \sqrt{\dfrac{Z_s D}{12 R_{st} + Z_s D}}}{1 + \sqrt{\dfrac{Z_s D}{12 R_{st} + Z_s D}}} \tag{12-47}$$

$$Z_s = \frac{3r_s}{k} + 0.15 + j0.189\ln\frac{D_g}{\sqrt[k]{\alpha_s D_s^{k-1}}} \tag{12-48}$$

钢芯铝绞线： $\quad\alpha_s = 0.95\alpha_0 \tag{12-49}$

有色金属线： $\quad\alpha_s = (0.724\sim 0.771)\alpha_0 \tag{12-50}$

钢绞线： $\quad\alpha_s = \alpha_0\times 10^{-6.9X_{ne}} \tag{12-51}$

$$Z_m = 0.15 + j0.189\ln\frac{D_g}{D_m} \tag{12-52}$$

单地线时： $\quad D_m = \sqrt[3]{D_{1A}D_{1B}D_{1C}} \tag{12-53}$

双地线时： $\quad D_m = \sqrt[6]{D_{1A}D_{1B}D_{1C}D_{2A}D_{2B}D_{2C}} \tag{12-54}$

式中　$Z_s$——单位长度的地线阻抗，Ω/km；

　　　$Z_m$——单位长度的相线与地线之间的互阻抗，Ω/km；

　　　$D$——档距的平均长度，km；

　　　$r_s$——单位长度地线的电阻，Ω/km；

　　　$\alpha_s$——地线的将电流化为表面分布后的等值半径，m；

　　　$X_{ne}$——单位长度的内感抗，Ω/km；

　　　$k$——地线的根数；

　　　$D_s$——地线之间的距离，m；

　　　$D_m$——避雷线之间的几何均距，m；

　　　$D_g$——地线对地的等价镜像距离，$D_g = 80\sqrt{\rho}$，m；

　　　$\rho$——大地等值电阻率，Ω·m。

② 当 $n=1$ 时，可求得分流系数 $S_{f1}$ 为

$$S_{f1} = 1 - \frac{I_{B(1)}}{I_b} = 1 - \left[\frac{e^{\beta s} - e^{-\beta s}}{e^{\beta(s+1)} - e^{-\beta(s+1)}}\left(1 - \frac{Z_m}{Z_s}\right) + \frac{Z_m}{Z_s}\right] \tag{12-55}$$

③ 当 $s>10$ 时，$S_{f1}$ 可简化为

$$S_{f1} = 1 - \left[e^{-\beta}\left(1 - \frac{Z_m}{Z_s}\right) + \frac{Z_m}{Z_s}\right] \tag{12-56}$$

(2) 站外接地故障时分流系数 $S_{f2}$ 的计算

① 对于站外单相接地故障（如图 12-28 所示），不同位置的地线上流过的零序电流应按下式计算：

$$I_{B(n)} = \left[\frac{e^{\beta(s+1-n)} - e^{-\beta(s+1-n)}}{e^{\beta(s+1)} - e^{-\beta(s+1)}}\left(1 - \frac{Z_m}{Z_s}\right) + \frac{Z_m}{Z_s}\right]I_a \tag{12-57}$$

② 当 $n=s$ 时，$e^{-\beta}$ 计算表达式中的 $R_{st}$ 应更换为杆塔接地电阻 $R$，可求得分流系数 $S_{f2}$ 为

$$S_{f2} = 1 - \frac{I_{B(s)}}{I_a} = 1 - \left[\frac{e^{\beta} - e^{-\beta}}{e^{\beta(s+1)} - e^{-\beta(s+1)}}\left(1 - \frac{Z_m}{Z_s}\right) + \frac{Z_m}{Z_s}\right] \tag{12-58}$$

③ 当 $s>10$ 时，$S_{f2}$ 可简化为

$$S_{f2} = 1 - \frac{Z_m}{Z_s} \tag{12-59}$$

典型的衰减系数 $D_f$ 值可按表 12-27 中 $t_f$ 和 $X/R$ 的关系确定。

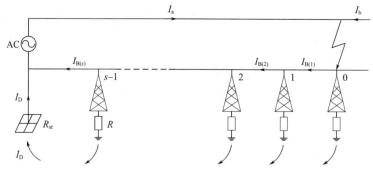

图 12-28 站外接地故障示意

表 12-27 典型的衰减系数 $D_f$ 值

| 故障时延 $t_f/s$ | 50Hz 对应的周期 | 衰减系数 $D_f$ | | | |
|---|---|---|---|---|---|
| | | $X/R=10$ | $X/R=20$ | $X/R=30$ | $X/R=40$ |
| 0.05 | 2.5 | 1.2685 | 1.4172 | 1.4965 | 1.5445 |
| 0.10 | 5 | 1.1479 | 1.2685 | 1.3555 | 1.4172 |
| 0.20 | 10 | 1.0766 | 1.1479 | 1.2125 | 1.2685 |
| 0.30 | 15 | 1.0517 | 1.1010 | 1.1479 | 1.1919 |
| 0.40 | 20 | 1.0390 | 1.0766 | 1.1130 | 1.1479 |
| 0.50 | 25 | 1.0313 | 1.0618 | 1.0913 | 1.1201 |
| 0.75 | 37.5 | 1.0210 | 1.0416 | 1.0618 | 1.0816 |
| 1.00 | 50 | 1.0158 | 1.0313 | 1.0467 | 1.0618 |

在系统单相接地接地故障电流入地时，地电位的升高可按下式计算：

$$V = I_G R \tag{12-60}$$

式中 $V$——接地网地电位升高，V；

$I_G$——经接地网入地的最大接地故障不对称电流有效值，A；

$R$——接地网的工频接地电阻，Ω。

### 12.5.3 接触电位差与跨步电位差的计算方法

本节以下所述及的接触电位差与跨步电位差的计算方法只适用于均匀土壤中接地网接触电位差和跨步电位差的计算。但均匀土壤中不规则、复杂结构的等间距布置和不等间距布置的接地网，以及分层土壤中的接地网其接触电位差和跨步电位差的计算，宜采用专门的计算机程序进行。

接地网接地极的布置可分为等间距布置和不等间距布置。等间距布置时，接地网的水平接地极采用 10~20m 的间距布置。接地极间距的大小应根据地面电气装置接地布置的需要确定。不等间距布置的接地网接地极从中间到边缘应按一定的规律由稀到密布置。

等间距布置接地网的接触电位差和跨步电位差的计算，应符合下列要求：

(1) 接地网初始设计时的网孔电压计算

① 接地网初始设计时的网孔电压可按下列各式计算：

$$U_m = \rho I_G K_m K_i / L_M \tag{12-61}$$

$$K_{\mathrm{m}} = \frac{1}{2\pi}\left[\ln\left(\frac{D^2}{16hd} + \frac{(D+2h)^2}{8Dd} - \frac{h}{4d}\right) + \frac{K_{\mathrm{ii}}}{K_{\mathrm{h}}}\ln\frac{8}{\pi(2n-1)}\right] \quad (12\text{-}62)$$

$$K_{\mathrm{h}} = \sqrt{1 + h/h_0} \quad (12\text{-}63)$$

式中 $\rho$——土壤电阻率，$\Omega \cdot m$；

$I_{\mathrm{G}}$——接地网的最大入地电流；

$K_{\mathrm{m}}$——网孔电压几何校正系数；

$L_{\mathrm{M}}$——有效埋设长度；

$K_{\mathrm{i}}$——接地网不规则校正系数，用来计及推导 $K_{\mathrm{m}}$ 时的假设条件引入的误差；

$D$——接地网平行导体间距；

$d$——接地网导体直径，扁导体的等效直径 $d$ 为扁导体宽度 $b$ 的 1/2，等边角钢的等效直径 $d$ 为 $0.84b$（$b$ 为角钢边宽度），不等边角钢的等效直径 $d$ 为 $0.71\sqrt[4]{b_1 b_2 (b_1^2 + b_2^2)}$（$b_1$ 和 $b_2$ 为角钢两边宽度）；

$h$——接地网埋深；

$K_{\mathrm{h}}$——接地网埋深系数；

$K_{\mathrm{ii}}$——因内部导体对角网孔电压影响的校正加权系数；

$h_0$——参考深度，取 $1m$。

② 式(12-61)~式(12-63) 对埋深在 $0.25\sim2.50m$ 范围的接地网有效。当接地网具有沿接地网周围布置的垂直接地极、在接地网四角布置的垂直接地极或沿接地网四周和其内部布置的垂直接地极时，$K_{\mathrm{ii}}=1$。

③ 对无垂直接地极或只有少数垂直接地极，且垂直接地极不是沿外周或四角布置时，$K_{\mathrm{ii}}$ 可按下式计算：

$$K_{\mathrm{ii}} = 1/(2n)^{2/n} \quad (12\text{-}64)$$

式中 $n$——矩形或等效矩形接地网一个方向的平行导体数。

④ 对于矩形和不规则形状的接地网的计算，$n$ 可按下式计算：

$$n = n_{\mathrm{a}} n_{\mathrm{b}} n_{\mathrm{c}} n_{\mathrm{d}} \quad (12\text{-}65)$$

⑤ 式(12-65) 中，对于方形接地网，$n_{\mathrm{b}}=1$；对于方形和矩形接地网，$n_{\mathrm{c}}=1$；对于方形、矩形和 L 形接地网，$n_{\mathrm{d}}=1$。对于其他情况，可按下式计算：

$$n_{\mathrm{a}} = \frac{2L_{\mathrm{c}}}{L_{\mathrm{p}}}, n_{\mathrm{b}} = \sqrt{\frac{L_{\mathrm{p}}}{4\sqrt{A}}}, n_{\mathrm{c}} = \left(\frac{L_x L_y}{A}\right)^{\frac{0.7A}{L_x L_y}}, n_{\mathrm{d}} = \frac{D_{\mathrm{m}}}{\sqrt{L_x^2 + L_y^2}} \quad (12\text{-}66)$$

式中 $L_{\mathrm{c}}$——水平接地网导体的总长度，$m$；

$L_{\mathrm{p}}$——接地网的周边长度，$m$；

$A$——接地网面积，$m^2$；

$L_x$——接地网 $x$ 方向的最大长度，$m$；

$L_y$——接地网 $y$ 方向的最大长度，$m$；

$D_{\mathrm{m}}$——接地网上任意两点间最大的距离，$m$。

⑥ 如果进行简单的估计，在计算 $K_{\mathrm{m}}$ 和 $K_{\mathrm{i}}$ 以确定网孔电压时可采用 $n=n_1 n_2$，$n_1$ 和 $n_2$ 为 $x$ 和 $y$ 方向的导体数。

⑦ 接地网不规则校正系数 $K_{\mathrm{i}}$ 可按下式计算：

$$K_{\mathrm{i}} = 0.644 + 0.148n \quad (12\text{-}67)$$

⑧ 对于无垂直接地极的接地网，或只有少数分散在整个接地网的垂直接地极，这些垂直接地极没有分散在接地网四角或接地网的周边上，有效埋设长度 $L_M$ 按下式计算：

$$L_M = L_c + L_R \tag{12-68}$$

式中 $L_R$——所有垂直接地极的总长度。

⑨ 对于在边角有垂直接地极的接地网，或沿接地网四周和其内部布置垂直接地极时，有效埋设长度 $L_M$ 可按下式计算：

$$L_M = L_c + \left[1.55 + 1.22\left(\frac{L_r}{\sqrt{L_x^2 + L_y^2}}\right)\right] L_R \tag{12-69}$$

式中 $L_r$——每个垂直接地棒的长度，m。

(2) 最大跨步电位差的计算

① 跨步电位差 $U_s$ 与几何校正系数 $K_S$、接地网不规则校正系数 $K_i$、土壤电阻率 $\rho$、接地系统单位导体长度的平均流散电流有关，可按下列各式计算：

$$U_s = \rho I_G K_S K_i / L_s \tag{12-70}$$

$$L_s = 0.75 L_c + 0.85 L_R \tag{12-71}$$

式中 $I_G$——接地网入地故障电流；
$L_s$——埋入地中的接地系统导体有效长度。

② 发电厂和变电站接地系统最大跨步电位差出现在平分接地网边角直线上，从边角点开始向外 1m 远处。对于一般埋深 $h$ 在 $0.25 \sim 2.5$m 的范围的接地网，$K_S$ 可按下式计算：

$$K_S = \frac{1}{\pi}\left(\frac{1}{2h} + \frac{1}{D+h} + \frac{1-0.5^{n-2}}{D}\right) \tag{12-72}$$

不等间距布置接地网的接触电位差和跨步电位差的计算，应符合下列要求。

(1) 不等间距布置接地网的布置规则

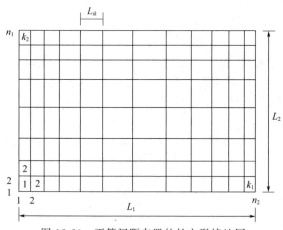

图 12-29 不等间距布置的长方形接地网

① 不等间距布置的长方形接地网（如图 12-29 所示），长或宽方向的第 $i$ 段导体长度 $L_{ik}$ 占边长 $L$ 的百分数 $S_{ik}$ 可按下式计算：

$$S_{ik} = \frac{L_{ik}}{L} \times 100\% \tag{12-73}$$

式中，$L$ 为接地网的边长，在长方向，$L = L_1$，在宽方向，$L = L_2$。

② 接地网长方向的导体根数为 $n_1$，宽方向的导体根数为 $n_2$。长方向上导体分段数为 $k_1 = n_1 - 1$，宽方向上的导体分段数为 $k_2 = n_2 - 1$。

③ $S_{ik}$ 与导体分段数 $k$ 和从周边导体数起的导体段的序号 $i$ 的关系如表 12-28 所示。因接地网的对称性，如某方向的导体分段为奇数，则列出了 $(k+1)/2$ 个数据，当 $k$ 为偶数，则列出了 $k/2$ 个数据，其余数据可以根据对称性赋值。一般 $k \geqslant 7$，对表中结果进行拟合，则 $S_{ik}$ 可按下式计算：

$$S_{ik} = b_1 \exp(-i b_2) + b_3 \tag{12-74}$$

式中，$b_1$、$b_2$ 和 $b_3$ 为与 $k$ 有关的常数，可分别由下列各式计算。

当 $7 \leqslant k \leqslant 14$ 时：

$$b_1 = -1.8066 + 2.6681\lg k - 1.0719\lg^2 k \tag{12-75}$$

$$b_2 = -0.7649 + 2.6992\lg k - 1.6188\lg^2 k \tag{12-76}$$

$$b_3 = 1.8520 - 2.8568\lg k + 1.1948\lg^2 k \tag{12-77}$$

当 $14 < k \leqslant 25$ 时：

$$b_1 = -0.00064 - 2.50923/(k+1) \tag{12-78}$$

$$b_2 = -0.03083 + 3.17003/(k+1) \tag{12-79}$$

$$b_3 = 0.00967 + 2.21653/(k+1) \tag{12-80}$$

表 12-28 $S_{ik}$ 与导体分段数 $k$ 和从周边导体数起的导体段的序号 $i$ 的关系

| $k$ | $i$ | | | | | | | | | |
|---|---|---|---|---|---|---|---|---|---|---|
| | 1 | 2 | 3 | 4 | 5 | 6 | 7 | 8 | 9 | 10 |
| 3 | 27.50 | 45.00 | | | | | | | | |
| 4 | 17.50 | 32.50 | | | | | | | | |
| 5 | 12.50 | 23.33 | 28.33 | | | | | | | |
| 6 | 8.75 | 17.50 | 23.75 | | | | | | | |
| 7 | 7.14 | 13.57 | 18.57 | 21.43 | | | | | | |
| 8 | 5.50 | 10.83 | 15.67 | 18.00 | | | | | | |
| 9 | 4.50 | 8.94 | 12.83 | 15.33 | 16.78 | | | | | |
| 10 | 3.75 | 7.50 | 11.08 | 13.08 | 14.58 | | | | | |
| 11 | 3.18 | 6.36 | 9.54 | 11.36 | 12.73 | 13.46 | | | | |
| 12 | 2.75 | 5.42 | 8.17 | 10.00 | 11.33 | 12.33 | | | | |
| 13 | 2.38 | 4.69 | 6.77 | 8.92 | 10.23 | 11.15 | 11.69 | | | |
| 14 | 2.00 | 3.86 | 6.00 | 7.86 | 9.28 | 10.24 | 10.76 | | | |
| 15 | 1.56 | 3.62 | 5.35 | 6.82 | 8.07 | 9.12 | 10.01 | 10.77 | | |
| 16 | 1.46 | 3.27 | 4.82 | 6.14 | 7.28 | 8.24 | 9.07 | 9.77 | | |
| 17 | 1.38 | 2.97 | 4.35 | 5.54 | 6.57 | 7.47 | 8.24 | 8.90 | 9.47 | |
| 18 | 1.14 | 2.58 | 3.86 | 4.95 | 5.91 | 6.76 | 7.50 | 8.15 | 8.71 | |
| 19 | 1.05 | 2.32 | 3.47 | 4.53 | 5.47 | 6.26 | 6.95 | 7.53 | 8.11 | 8.63 |
| 20 | 0.95 | 2.15 | 3.20 | 4.15 | 5.00 | 5.75 | 6.40 | 7.00 | 7.50 | 7.90 |

当 $25 < k \leqslant 40$ 时：

$$b_1 = -0.0006 - 2.50923/(k+1) \tag{12-81}$$

$$b_2 = -0.03083 + 3.17003/(k+1) \tag{12-82}$$

$$b_3 = 0.00969 + 2.2105/(k+1) \tag{12-83}$$

(2) 不等间距布置接地网时接地电阻的计算

$$R = k_{Rh} k_{RL} k_{Rm} k_{RN} k_{Rd} (1.068 \times 10^{-4} + 0.445/\sqrt{S})\rho \tag{12-84}$$

式中　　　　　　　　$\rho$——土壤电阻率，$\Omega \cdot m$；

$k_{Rh}$、$k_{RL}$、$k_{Rm}$、$k_{RN}$、$k_{Rd}$——分别为接地电阻的埋深、形状、网孔数目、导体根数和导体直径对接地电阻的影响系数，可分别由下列各式计算：

$$k_{Rh} = 1.061 - 0.070\sqrt[5]{h} \tag{12-85}$$

$$k_{RL} = 1.144 - 0.13\sqrt{L_1/L_2} \tag{12-86}$$

$$k_{RN} = 1.256 - 0.367\sqrt{N_1/N_2} + 0.126 N_1/N_2 \tag{12-87}$$

$$k_{Rm} = (1.168 - 0.079\sqrt[5]{m})k_{RN} \tag{12-88}$$

$$k_{Rd} = 0.931 + 0.0174\sqrt[3]{d} \tag{12-89}$$

式中 $L_1$，$L_2$——接地网的长度和宽度，m；

$N_1$，$N_2$——长宽方向布置的导体根数；

$m$——接地网的网孔数目。由下式计算：

$$m = (N_1 - 1)(N_2 - 1) \tag{12-90}$$

(3) 最大接触电位差 $U_T$ 的计算

$$U_T = k_{TL} k_{Th} k_{Td} k_{TS} k_{TN} k_{Tm} V \tag{12-91}$$

式中 $V = I_{GM} R$——接地网的最大接地电位升高；

$I_{GM}$——流入接地网的最大接地故障电流；

$R$——接地网接地电阻；

$k_{TL}$，$k_{Th}$，$k_{Td}$，$k_{TS}$，$k_{TN}$，$k_{Tm}$——最大接触电位差的形状、埋深、接地导体直径、接地网面积、接地体导体根数及接地网网孔数目影响系数，分别由下列各式计算：

$$k_{TL} = 1.215 - 0.269\sqrt[3]{L_2/L_1} \tag{12-92}$$

$$k_{Th} = 1.612 - 0.654\sqrt[5]{h} \tag{12-93}$$

$$k_{Td} = 1.527 - 1.494\sqrt[5]{d} \tag{12-94}$$

$$k_{TN} = 64.301 - 232.65\sqrt[5]{N} + 279.65\sqrt[3]{N} - 110.32\sqrt{N} \tag{12-95}$$

$$k_{TS} = -0.118 + 0.445\sqrt[12]{S} \tag{12-96}$$

$$k_{Tm} = 9.727 \times 10^{-3} + 1.356\sqrt{m} \tag{12-97}$$

$$N = N_2/N_1 \tag{12-98}$$

(4) 最大跨步电位差 $U_S$ 的计算

$$U_S = k_{SL} k_{Sh} k_{Sd} k_{SS} k_{SN} k_{Sm} U_0 \tag{12-99}$$

式中 $k_{SL}$，$k_{Sh}$，$k_{Sd}$，$k_{SS}$，$k_{SN}$ 和 $k_{Sm}$——最大跨步电位差的形状、埋深、接地导体直径、接地网面积、接地体导体根数及接地网网孔数目影响系数，分别由下列各式计算：

$$k_{SL} = 29.081 - 1.862\sqrt{l} + 435.18l + 425.68l^{1.5} + 148.59l^2 \tag{12-100}$$

$$k_{Sh} = 0.454\exp(-2.294\sqrt[3]{h}) \tag{12-101}$$

$$k_{Sd} = -2780 + 9623\sqrt[36]{d} - 11099\sqrt[18]{d} + 4265\sqrt[12]{d} \tag{12-102}$$

$$k_{SN} = 1.0 + 1.416 \times 10^6 \exp(-202.7N) - 0.306\exp[29.264(N-1)] \tag{12-103}$$

$$k_{SS} = 0.911 + 19.104\sqrt[12]{S} \tag{12-104}$$

$$k_{Sm} = k_{SN}(34.474 - 11.541\sqrt{m} + 1.43m - 0.076m^{1.5} + 1.455 \times 10^{-3} m^2) \tag{12-105}$$

$$N = N_2/N_1 \tag{12-106}$$

$$l = L_2/L_1 \tag{12-107}$$

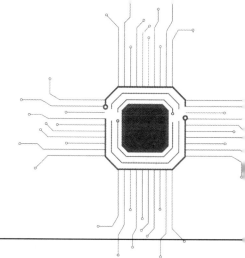

# 第13章 照明

## 13.1 照明方式和照明种类

### 13.1.1 基本术语

(1) 光通量 (luminous flux)

根据辐射对标准光度观察者的作用导出的光度量。对于明视觉有：

$$\Phi = K_m \int_0^\infty \frac{d\Phi_e(\lambda)}{d\lambda} V(\lambda) d\lambda \tag{13-1}$$

式中 $K_m$——辐射的光谱（视）效能的最大值，lm/W。在单色辐射时，明视觉条件下的 $K_m$ 值为 683lm/W（$\lambda_m = 555$nm 时）；

$d\Phi_e(\lambda)/d\lambda$——辐射通量的光谱分布；

$V(\lambda)$——光谱光（视）效率。

该量的符号为 $\Phi$，单位为 lm，1lm=1cd·1sr。

(2) 发光强度 (luminous intensity)

发光体在给定方向上的发光强度是该发光体在该方向的立体单元 $d\Omega$ 内传输的光通量 $d\Phi$ 除以该立体单元所得之商，即单位立体角的光通量，其公式为

$$I = d\Phi/d\Omega \tag{13-2}$$

该量的符号为 $I$，单位为坎德拉（cd），1cd=1lm/sr。

(3) 亮度 (luminance)

由公式 $L = d\Phi/(dA\cos\theta d\Omega)$ 定义的量，即单位投影面积上的发光强度，其公式为

$$L = d\Phi/(dA\cos\theta d\Omega) \tag{13-3}$$

式中 $d\Phi$——由给定点的光束元传输的并包含给定方向的立体角 $d\Omega$ 内传播的光通量，lm；

$dA$——包含给定点的射束截面积，$m^2$；

$\theta$——射束截面法线与射束方向间的夹角。

该量的符号为 $L$，单位为坎德拉每平方米（$cd/m^2$）。

(4) 照度 (illuminance)

表面上一点的照度是入射在包含该点的面元上的光通量 $d\Phi$ 除以该面元面积 $dA$ 所得之商，即：

$$E = d\Phi/dA \tag{13-4}$$

该量的符号为 $E$，单位为勒克斯（lx），$1\text{lx}=1\text{lm}/\text{m}^2$。

(5) 平均照度（average illuminance）

规定表面上各点的照度平均值。

(6) 维持平均照度（maintained average illuminance）

规定表面上的平均照度不得低于此数值。它是在照明装置必须进行维护的时刻，在规定表面上的平均照度。

(7) 流明（lumen）

光通量的 SI 单位，符号为 lm。1lm 等于均匀分布 1cd 发光强度的一个点光源在一球面度（sr）立体角内发射的光通量。

(8) 坎德拉（candela）

发光强度的 SI 单位，符号为 cd。它是国际单位制七个基本量值单位之一。1979 年 10 月第十届国际计量大会通过的定义是：坎德拉是一光源在给定方向上的发光强度，该光源发出频率为 $540\times10^{12}\text{Hz}$ 的单色辐射，且在此方向上的辐射强度为（1/683）W 每球面度。

(9) 勒克斯（lux）

照度的 SI 单位，符号为 lx。1lm 光通量均匀分布在 $1\text{m}^2$ 面积上所产生的照度为 1lx，即 $1\text{lx}=1\text{lm}/\text{m}^2$。照度的英制单位是英尺烛光，符号为 fc，$1\text{fc}=10.764\text{lx}$。

(10) 坎德拉每平方米（candela per square meter）

[光] 亮度的 SI 单位，符号为 $\text{cd}/\text{m}^2$。

[光] 亮度的其他单位尚有：

1 熙提(sb)＝$10^4\text{cd}/\text{m}^2$；

1 阿熙提(asb)＝$(1/\pi)\text{cd}/\text{m}^2$＝$0.3183\text{cd}/\text{m}^2$；

1 朗伯(L)＝$(10^4/\pi)\text{cd}/\text{m}^2$＝$3.183\times10^3\text{cd}/\text{m}^2$；

1 英尺朗伯(fL)＝$(1/\pi)\text{cd}/\text{ft}^2$＝$3.426\text{cd}/\text{m}^2$。

## 13.1.2 照明方式的分类及其确定原则

(1) 照明方式的分类

照明方式(lighting system)：照明设备按其安装部位或使用功能构成的基本制式。照明方式可分为：一般照明、分区一般照明、局部照明、混合照明和重点照明。

① 一般照明（general lighting）：为照亮整个场所而设置的均匀照明。

② 分区一般照明（localized general lighting）：为照亮工作场所中某一特定区域，而设置的均匀照明。

③ 局部照明（local lighting）：特定视觉工作用的、为照亮某个局部而设置的照明。

④ 混合照明（mixed lighting）：由一般照明与局部照明组成的照明。

⑤ 重点照明（accent lighting）：为提高指定区域或目标的照度，使其比周围区域突出的照明。

(2) 照明方式的确定

通常按下列要求确定照明方式：

① 工作场所通常应设置一般照明；

② 同一场所内的不同区域有不同照度要求时，应采用分区一般照明；

③ 对于部分作业面照度要求较高，只采用一般照明不合理的场所，宜采用混合照明；

④ 在一个工作场所内不应只采用局部照明；
⑤ 当需要提高特定区域或目标的照度时，宜采用重点照明。

### 13.1.3 照明种类及其确定原则

（1）照明种类

照明按其用途可分为：正常照明、应急照明、值班照明、警卫照明和障碍照明等。

① 正常照明（normal lighting）：在正常情况下使用的照明。

② 应急照明（emergency lighting）：因正常照明的电源失效而启用的照明。应急照明包括疏散照明、安全照明和备用照明。

a. 疏散照明（evacuation lighting）：用于确保疏散通道被有效地辨认而使用的应急照明。

b. 安全照明（safely lighting）：用于确保处于潜在危险之中的人员安全的应急照明。

c. 备用照明（stand-by lighting）：用于确保正常活动继续或暂时继续进行的应急照明。

③ 值班照明（on-duty lighting）：非工作时间，为值班所设置的照明。

④ 警卫照明（security lighting）：用于警戒而安装的照明。

⑤ 障碍照明（obstacle lighting）：在可能危及航行安全的建筑物或构筑物上安装的标识照明。

（2）照明种类的确定原则

照明种类的确定应符合下列规定：

① 室内工作及相关辅助场所，均应设置正常照明；

② 当下列场所正常照明电源失效时，应设置应急照明：

a. 需确保正常工作或活动继续进行的场所，应设置备用照明；

b. 需确保处于潜在危险之中的人员安全的场所，应设置安全照明；

c. 需确保人员安全疏散的出口和通道，应设置疏散照明。

③ 需在夜间非工作时间值守或巡视的场所应设置值班照明；

④ 需警戒的场所，应根据警戒范围的要求设置警卫照明；

⑤ 在危及航行安全的建筑物、构筑物上，应根据相关部门的规定设置障碍照明。

## 13.2 照度数量和质量

### 13.2.1 照度

1) 照度标准值应按 0.5lx、1lx、2lx、3lx、5lx、10lx、15lx、2lx、30lx、50lx、75lx、100lx、150lx、200lx、300lx、500lx、750lx、1000lx、1500lx、2000lx、3000lx、5000lx 分级。

2) 符合下列一项或多项条件，作业面或参考平向的照度标准位可按上述第 1) 条的分级提高一级：

① 视觉要求高的精细作业场所，眼睛至识别对象的距离大于 500mm；

② 连续长时间紧张的视觉作业，对视觉器官有不良影响；

③ 识别移动对象，要求识别时间短促而辨认困难；

④ 视觉作业对操作安全有重要影响；
⑤ 识别对象与背景辨认困难；
⑥ 作业精度要求高，且产生差错会造成很大损失；
⑦ 视觉能力低于正常能力；
⑧ 建筑等级和功能要求高。

3）符合下列一项或多项条件，作业面或参考平面的照度标准值可按上述第1）条的分级降低一级：
① 进行很短时间的作业；
② 作业精度或速度无关紧要；
③ 建筑等级和功能要求较低。

4）作业面邻近周围照度可低于作业面照度，但不宜低于表13-1的数值。

表13-1 作业面邻近周围照度

| 作业面照度/lx | 作业面邻近周围照度值/lx |
|---|---|
| ≥750 | 500 |
| 500 | 300 |
| 300 | 200 |
| ≤200 | 与作业面照度相同 |

注：作业面邻近周围是指作业面外宽度不小于0.5m的区域。

5）作业面背景区域一般照明的照度不宜低于作业面邻近周围照度的1/3。

6）维护系数（maintenance factor）。维护系数是指照明装置在使用一定周期后，在规定表面的平均照度或平均亮度与该装置在相同条件下新装时在同一表面上所得到的平均照度或平均亮度之比。

为使照明场所的实际照度水平不低于规定的维持平均照度值，在照明设计时，应根据环境污染特征和灯具擦拭次数从表13-2中选定相应的维护系数。

7）设计照度与照度标准值的偏差不应超过±10%。

表13-2 维护系数

| 环境污染特征 | | 房间或场所举例 | 灯具最少擦拭次数/(次/年) | 维护系数值 |
|---|---|---|---|---|
| 室内 | 清洁 | 卧室、办公室、影院、剧场、餐厅、阅览室、教室、病房、客房、仪器仪表装配间、电子元器件装配间、检验室、商店营业厅、体育馆、体育场等 | 2 | 0.80 |
| | 一般 | 机场候机厅、候车室、机械加工车间、机械装配车间、农贸市场等 | 2 | 0.70 |
| | 污染严重 | 共用厨房、锻工车间、铸工车间、水泥车间等 | 3 | 0.60 |
| 室外 | | 雨篷、站台 | 2 | 0.65 |

### 13.2.2 照度均匀度

照度均匀度（uniformity radio of illuminance）表示给定平面上照度变化的量。通常是指规定表面上的最小照度与平均照度之比，有时也指最小照度与最大照度之比。

1）在有电视转播要求的体育场馆，其比赛时场地照明应符合下列规定：

① 比赛场地水平照度最小值与最大值之比不应小于 0.5；
② 比赛场地水平照度最小值与平均值之比不应小于 0.7；
③ 比赛场地主摄像机方向的垂直照度最小值与最大值之比不应小于 0.4；
④ 比赛场地主摄像机方向的垂直照度最小值与平均值之比不应小于 0.6；
⑤ 比赛场地平均水平照度宜为平均垂直照度的 0.75~2.0；
⑥ 观众席前排的垂直照度值不宜小于场地垂直照度的 0.25。

2）在无电视转播要求的体育场馆，其比赛时场地的照度均匀度应符合下列规定：

① 业余比赛时，场地水平照度最小值与最大值之比不应小于 0.4，最小值与平均值之比不应小于 0.6；

② 专业比赛时，场地水平照度最小值与最大值之比不应小于 0.5，最小值与平均值之比不应小于 0.7。

### 13.2.3 眩光限制

1）限制灯具亮度的炫光区如图 13-1 所示；各种灯具的遮光角如图 13-2 所示；长期工作或停留的房间或场所，选用的直接型灯具的遮光角不应小于表 13-3 的规定。

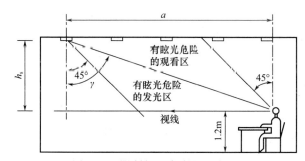

图 13-1 限制灯具亮度的眩光区

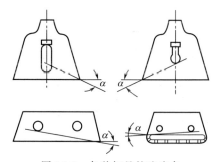

图 13-2 各种灯具的遮光角

表 13-3 直接型灯具的遮光角

| 光源平均亮度/(kcd/m²) | 遮光角/(°) | 光源平均亮度/(kcd/m²) | 遮光角/(°) |
| --- | --- | --- | --- |
| 1~20 | 10 | 50~500 | 20 |
| 20~50 | 15 | ≥500 | 30 |

2）室内照明场所的统一眩光值（UGR）计算。

① 当灯具发光部分面积为 $0.005\text{m}^2 < S < 1.5\text{m}^2$ 时，统一眩光值（UGR）应按下式计算

$$UGR = 8\lg \frac{0.25}{L_b} \sum \frac{L_\alpha^2 \omega}{p^2} \tag{13-5}$$

式中　$L_b$——背景亮度，cd/m²；

$L_\alpha$——每个灯具的发光部分在观察者眼睛方向上的亮度，如图 13-3(a) 所示，cd/m²；

$\omega$——每个灯具的发光部分对观察者眼睛形成的立体角，如图 13-3(b) 所示，sr；

$p$——每个单独的灯具（偏离视线）的位置指数。位置指数应按表 13-4 和 $H/R$ 和 $T/R$ 坐标系（图 13-4）确定。

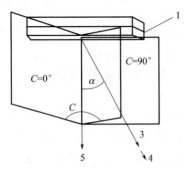
(a) 灯具发光中心与观察者眼睛连线方向示意图

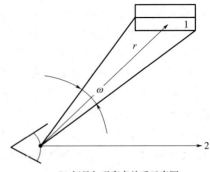
(b) 灯具与观察者关系示意图

图 13-3　统一眩光值计算参数示意图

1—灯具发光部分；2—观察者眼睛方向；3—灯具发光中心与观察者眼睛连线；4—观察者；5—灯具发光表面法线

表 13-4　位置指数表

| T/R | H/R | | | | | | | | | | | | | | | | | | |
|---|---|---|---|---|---|---|---|---|---|---|---|---|---|---|---|---|---|---|---|
| | 0.00 | 0.10 | 0.20 | 0.30 | 0.40 | 0.50 | 0.60 | 0.70 | 0.80 | 0.90 | 1.00 | 1.10 | 1.20 | 1.30 | 1.40 | 1.50 | 1.60 | 1.70 | 1.80 | 1.90 |
| 0.00 | 1.00 | 1.26 | 1.53 | 1.90 | 2.35 | 2.86 | 3.50 | 4.20 | 5.00 | 6.00 | 7.00 | 8.10 | 9.25 | 10.35 | 11.70 | 13.15 | 14.70 | 16.20 | — | — |
| 0.10 | 1.05 | 1.22 | 1.45 | 1.80 | 2.20 | 2.75 | 3.40 | 4.10 | 4.80 | 5.80 | 6.80 | 8.00 | 9.10 | 10.30 | 11.60 | 13.00 | 14.60 | 16.10 | — | — |
| 0.20 | 1.12 | 1.30 | 1.50 | 1.80 | 2.20 | 2.66 | 3.18 | 3.88 | 4.60 | 5.50 | 6.50 | 7.60 | 8.75 | 9.85 | 11.20 | 12.70 | 11.00 | 15.70 | — | — |
| 0.30 | 1.22 | 1.38 | 1.60 | 1.87 | 2.25 | 2.70 | 3.25 | 3.90 | 4.60 | 5.45 | 6.45 | 7.40 | 8.40 | 9.50 | 10.85 | 12.10 | 13.70 | 15.00 | — | — |
| 0.40 | 1.32 | 1.47 | 1.70 | 1.96 | 2.35 | 2.80 | 3.30 | 3.90 | 4.60 | 5.40 | 6.40 | 7.30 | 8.30 | 9.40 | 10.60 | 11.90 | 13.20 | 14.60 | 16.00 | — |
| 0.50 | 1.43 | 1.60 | 1.82 | 2.10 | 2.48 | 2.91 | 3.40 | 3.98 | 4.70 | 5.50 | 6.40 | 7.30 | 8.30 | 9.40 | 10.50 | 11.75 | 13.00 | 14.40 | 15.70 | — |
| 0.60 | 1.55 | 1.72 | 1.98 | 2.30 | 2.65 | 3.10 | 3.60 | 4.10 | 4.80 | 5.50 | 6.40 | 7.35 | 8.40 | 9.40 | 10.50 | 11.70 | 13.00 | 14.10 | 15.40 | — |
| 0.70 | 1.70 | 1.88 | 2.12 | 2.48 | 2.87 | 3.30 | 3.78 | 4.30 | 4.88 | 5.60 | 6.50 | 7.40 | 8.50 | 9.50 | 10.60 | 11.70 | 12.85 | 14.00 | 15.20 | — |
| 0.80 | 1.82 | 2.00 | 2.32 | 2.70 | 3.08 | 3.50 | 3.92 | 4.50 | 5.10 | 5.75 | 6.60 | 7.50 | 8.60 | 9.50 | 10.60 | 11.75 | 12.80 | 14.00 | 15.10 | — |
| 0.90 | 1.95 | 2.20 | 2.54 | 2.90 | 3.30 | 3.70 | 4.20 | 4.75 | 5.30 | 6.00 | 6.75 | 7.70 | 8.70 | 9.65 | 10.75 | 11.80 | 12.90 | 14.00 | 15.00 | 16.00 |
| 1.00 | 2.11 | 2.40 | 2.75 | 3.10 | 3.50 | 3.91 | 4.40 | 5.09 | 5.60 | 6.20 | 7.00 | 7.90 | 8.80 | 9.75 | 10.80 | 11.90 | 12.95 | 14.00 | 15.00 | 16.00 |
| 1.10 | 2.30 | 2.55 | 2.92 | 3.30 | 3.72 | 4.20 | 4.70 | 5.25 | 5.80 | 6.55 | 7.20 | 8.15 | 9.00 | 9.90 | 10.95 | 12.00 | 13.00 | 14.00 | 15.00 | 16.00 |
| 1.20 | 2.40 | 2.75 | 3.12 | 3.50 | 3.90 | 4.35 | 4.85 | 5.50 | 6.05 | 6.70 | 7.50 | 8.30 | 9.20 | 10.00 | 11.02 | 12.10 | 13.10 | 14.00 | 15.00 | 16.00 |
| 1.30 | 2.55 | 2.90 | 3.30 | 3.70 | 4.20 | 4.65 | 5.20 | 5.70 | 6.30 | 7.00 | 7.70 | 8.55 | 9.35 | 10.20 | 11.20 | 12.25 | 13.20 | 14.00 | 15.00 | 16.00 |
| 1.40 | 2.70 | 3.10 | 3.50 | 3.90 | 4.35 | 4.85 | 5.35 | 5.85 | 6.50 | 7.25 | 8.00 | 8.70 | 9.50 | 10.40 | 11.40 | 12.40 | 13.25 | 14.05 | 15.00 | 16.00 |
| 1.50 | 2.85 | 3.15 | 3.65 | 4.10 | 4.55 | 5.00 | 5.50 | 6.20 | 6.75 | 7.50 | 8.20 | 8.85 | 9.70 | 10.55 | 11.50 | 12.50 | 13.30 | 14.05 | 15.02 | 16.00 |
| 1.60 | 2.95 | 3.40 | 3.80 | 4.25 | 4.75 | 5.20 | 5.75 | 6.30 | 7.00 | 7.65 | 8.40 | 9.00 | 9.80 | 10.80 | 11.75 | 12.60 | 13.40 | 14.20 | 15.10 | 16.00 |
| 1.70 | 3.10 | 3.55 | 4.00 | 4.50 | 4.90 | 5.40 | 5.95 | 6.50 | 7.20 | 7.80 | 8.50 | 9.20 | 10.00 | 10.85 | 11.85 | 12.75 | 13.45 | 14.20 | 15.10 | 16.00 |
| 1.80 | 3.25 | 3.70 | 4.20 | 4.65 | 5.10 | 5.60 | 6.10 | 6.75 | 7.40 | 8.00 | 8.65 | 9.35 | 10.10 | 11.00 | 12.00 | 12.90 | 13.60 | 14.20 | 15.10 | 16.00 |
| 1.90 | 3.43 | 3.86 | 4.30 | 4.75 | 5.20 | 5.70 | 6.30 | 6.90 | 7.50 | 8.17 | 8.80 | 9.50 | 10.20 | 11.00 | 12.00 | 12.82 | 13.55 | 14.20 | 15.10 | 16.00 |
| 2.00 | 3.50 | 4.00 | 4.50 | 4.90 | 5.35 | 5.80 | 6.40 | 7.10 | 7.70 | 8.30 | 8.90 | 9.60 | 10.40 | 11.10 | 12.00 | 12.85 | 13.60 | 14.30 | 15.10 | 16.00 |
| 2.10 | 3.60 | 4.17 | 4.65 | 5.05 | 5.50 | 6.00 | 6.60 | 7.20 | 7.82 | 8.45 | 9.00 | 9.75 | 10.50 | 11.20 | 12.10 | 12.90 | 13.70 | 14.35 | 15.10 | 16.00 |

续表

| T/R | H/R | | | | | | | | | | | | | | | | | | | |
|---|---|---|---|---|---|---|---|---|---|---|---|---|---|---|---|---|---|---|---|---|
| | 0.00 | 0.10 | 0.20 | 0.30 | 0.40 | 0.50 | 0.60 | 0.70 | 0.80 | 0.90 | 1.00 | 1.10 | 1.20 | 1.30 | 1.40 | 1.50 | 1.60 | 1.70 | 1.80 | 1.90 |
| 2.20 | 3.75 | 4.25 | 4.72 | 5.20 | 5.60 | 6.10 | 6.70 | 7.35 | 8.00 | 8.55 | 9.15 | 9.85 | 10.60 | 11.30 | 12.10 | 12.90 | 13.70 | 14.40 | 15.15 | 16.00 |
| 2.30 | 3.85 | 4.35 | 4.80 | 5.25 | 5.70 | 6.22 | 6.80 | 7.40 | 8.10 | 8.65 | 9.30 | 9.90 | 10.70 | 11.40 | 12.20 | 12.95 | 13.70 | 14.40 | 15.20 | 16.00 |
| 2.40 | 3.95 | 4.40 | 4.90 | 5.35 | 5.80 | 6.30 | 6.90 | 7.50 | 8.20 | 8.80 | 9.40 | 10.00 | 10.80 | 11.50 | 12.25 | 13.00 | 13.75 | 14.45 | 15.20 | 16.00 |
| 2.50 | 4.00 | 4.50 | 4.95 | 5.40 | 5.85 | 6.40 | 6.95 | 7.55 | 8.25 | 8.85 | 9.50 | 10.05 | 10.85 | 11.55 | 12.30 | 13.00 | 13.80 | 14.50 | 15.25 | 16.00 |
| 2.60 | 4.07 | 4.55 | 5.05 | 5.47 | 5.95 | 6.45 | 7.00 | 7.65 | 8.35 | 8.95 | 9.55 | 10.90 | 11.60 | 12.32 | 13.00 | 13.80 | 14.50 | 15.25 | 16.00 | |
| 2.70 | 4.10 | 4.60 | 5.10 | 5.53 | 6.00 | 6.50 | 7.05 | 7.70 | 8.40 | 9.00 | 9.60 | 10.16 | 10.92 | 11.63 | 12.35 | 13.00 | 13.80 | 14.50 | 15.25 | 16.00 |
| 2.80 | 4.15 | 4.62 | 5.15 | 5.56 | 6.05 | 6.55 | 7.08 | 7.73 | 8.45 | 9.05 | 9.65 | 10.20 | 10.95 | 11.65 | 12.35 | 13.00 | 13.80 | 14.50 | 15.25 | 16.00 |
| 2.90 | 4.20 | 4.65 | 5.17 | 5.60 | 6.07 | 6.57 | 7.12 | 7.75 | 8.50 | 9.10 | 9.70 | 10.23 | 10.95 | 11.65 | 12.35 | 13.00 | 13.80 | 14.50 | 15.25 | 16.00 |
| 3.00 | 1.22 | 4.67 | 5.20 | 5.65 | 6.12 | 6.60 | 7.15 | 7.80 | 8.55 | 9.12 | 9.70 | 10.23 | 10.95 | 11.65 | 12.35 | 13.00 | 13.80 | 14.50 | 15.25 | 16.00 |

② 对发光部分面积小于 $0.005m^2$ 的筒灯等光源，统一眩光值，UGR 应按下式计算：

$$UGR = 8\lg \frac{0.25}{L_b} \sum \frac{200 I_\alpha^2}{r^2 p^2} \tag{13-6}$$

式中　$I_\alpha$——灯具发光中心与观察者眼睛连线方向的灯具发光强度，cd；

　　　$r$——灯具发光部分中心到观察者眼睛之间的距离，m。

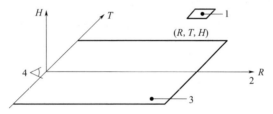

图 13-4　以观察者位置为原点的位置指数坐标系统（$R$，$T$，$H$）
1—灯具中心；2—视线；3—水平面；4—观测者

$$L_b = E_i/\pi \tag{13-7}$$

$$L_\alpha = I_\alpha/(A\cos\alpha) \tag{13-8}$$

$$\omega = A_p/r^2 \tag{13-9}$$

式中　$E_i$——观察者眼睛方向的间接照度，lx；

　　$A\cos\alpha$——灯具在观察者眼睛方向的投影面积，$m^2$；

　　　$\alpha$——灯具表面法线与其中心和观察者眼睛连线所夹的角度，(°)；

　　　$A_p$——灯具发光部分在观察者眼睛方向的表观面积，$m^2$。

③ 统一眩光值（UGR）的应用条件应符合下列规定：

a. UGR 适用于立方体房间的一般照明，不适用于间接照明和发光天棚的房间；

b. 灯具应为双对称配光；

c. 坐姿观测者眼睛的高度应取 1.2m，站姿观测者眼睛的高度应取 1.5m；

d. 观测位段应在纵向和横向两面墙的中点，视线应水平朝前观测；

e. 房间表面应为大约高出地面 0.75m 的工作面、灯具安装表面以及此两个表面之间的墙面。

3) 体育场所的不舒适眩光应采用眩光值（GR）评价。

① 体育场地的眩光值（GR）计算应按下式计算：

$$GR = 27 + 24\lg \frac{L_{vl}}{L_{ve}^{0.9}} \tag{13-10}$$

式中 $L_{vl}$——由灯具发出的光直接射向眼睛所产生的光幕亮度，$cd/m^2$；

$L_{ve}$——由环境引起直接入射眼睛的光所产生的光幕亮度，$cd/m^2$。

$$L_{vl} = 10 \sum_{i=1}^{n} \frac{E_{eyei}}{\theta_i} \tag{13-11}$$

$$L_{ve} = 0.035 L_{av} \tag{13-12}$$

$$L_{av} = E_{horav} \frac{\rho}{\pi \Omega_0} \tag{13-13}$$

式中 $E_{eyei}$——观察者眼睛上的照度，该照度是在视线的垂直面上，由第 $i$ 个光源所产生的照度，lx；

$\theta_i$——观察者视线与第 $i$ 个光源入射在眼上方所形成的角度，（°）；

$n$——光源总数；

$L_{av}$——可看到的水平照射场地的平均亮度，$cd/m^2$；

$E_{horav}$——照射场地的平均水平照度，lx；

$\rho$——漫反射时区域的反射比；

$\Omega_0$——1个单位立体角，sr。

② 眩光值（GR）的应用条件应符合下列规定：

a. 本计算方法应为常用条件下，满足照度均匀度的体育场馆的各种照明布灯方式；

b. 应采用于视线力方向低于眼睛高度；

c. 看到的背景应是被照场地；

d. 眩光值计算用的观察者位置可采用计算照度用的网格位置，或采用标准的观察者位置；

e. 可按一定数量角度间隔（5°、…、45°）转动选取一定数量观察方向。

4) 防止或减少光幕反射和反射眩光应采用下列措施：

① 应将灯具安装在不易形成眩光的区域内；

② 可采用低光泽度的表面装饰材料；

③ 应限制灯具出光口表面发光亮度；

④ 墙面的平均照度不宜低于50lx，顶棚的平均照度不宜低于30lx。

5) 有视觉显示终端的工作场所，在与灯具中垂线成65°~90°范围内的灯具平均亮度限值应符合表13-5的规定。

表13-5 灯具平均亮度限值

| 屏幕分类 | 灯具平均亮度限值/（cd/m²） | |
|---|---|---|
| | 屏幕亮度大于200cd/m² | 屏幕亮度小于等于200cd/m² |
| 亮背景暗字体或图像 | 3000 | 1500 |
| 暗背景亮字体或图像 | 1500 | 1000 |

### 13.2.4 光源颜色

1) 室内照明光源色表分组及适用场所宜符合表 13-6 的规定。

表 13-6 光源色表特征及适用场所

| 相关色温/K | 色表特征 | 适用场所举例 |
|---|---|---|
| <3300 | 暖 | 客房、卧室、病房、酒吧 |
| 3300～5300 | 中间 | 办公室、教室、阅览室、商场、诊室、检验室、实验室、控制室、机加工车间、仪表装配 |
| >5300 | 冷 | 热加工车间、高照度场所 |

2) 长期工作或停留的房间或场所，照明光源的显色指数（$Ra$）不宜小于80。在灯具安装高度大于8m的工业建筑场所，$Ra$ 可低于80，但必须能够辨别安全色。

3) 选用同类光源的色容差不应大5SDCM（SDCM是色容差的计量单位。SDCM，英文是Standard Deviation of Coloe Matching 的缩写，中文意思是"标准配色偏差"。所谓色容差，就是光源发出的光谱与标准光谱之间的差别）。

4) 当选用发光二极管灯光源时，其色度应满足下列要求：
① 长期工作或停留的房间或场所，色温不宜高于4000K，特殊显色指数 $Ra$ 应大于零；
② 在寿命期内发光二极管灯的色品坐标与初始值的偏差在国家标准《均匀色空间和色差公式》GB/T 7921—2008 规定的 CIE 1976 均匀色度标尺图中，不应超过 0.007；
③ 发光二极管灯具在不同方向上的色品坐标与其加权平均值偏差在国家标准《均匀色空间和色差公式》GB/T 7921—2008 规定的 CIE 1976 均匀色度标尺中，不应超过 0.004。

### 13.2.5 反射比

反射比（reflectance）是指在入射辐射的光谱组成、偏振状态和几何分布给定状态下，反射的辐射通量或光通量与入射的辐射通量或光通量之比。符号为 $\rho$。
① 长时间工作的房间，作业面的反射比宜限制在 0.2～0.6。
② 长时间工作的房间，工作房间内表面反射比宜按表 13-7 选取。

表 13-7 工作房间内表面反射比

| 表面名称 | 反射比 | 表面名称 | 反射比 |
|---|---|---|---|
| 顶棚 | 0.6～0.9 | 地面 | 0.1～0.5 |
| 墙面 | 0.3～0.8 | 作业面 | 0.2～0.6 |

## 13.3 照度标准值

通常情况下，照度除标明外均应为作业面或参考平面的维持平均照度，各类房间或场所的维持平均照度不应低于本章规定的照度标准值。公共建筑和工业建筑常用房间或场所的不舒适眩光应采用统一眩光值（UGR）评价，体育场馆的不舒适眩光应采用眩光值（UR）评价，其最大允许值不宜超过本章的规定。公共建筑和工业建筑常用房间或场所的一般照明照度均匀度（$U_0$）以及常用房间或场所的显色指数（$Ra$）不应低于本章的规定。

## 13.3.1 居住建筑

1) 住宅建筑照明标准值宜符合表13-8的规定。

表13-8 住宅建筑照明标准值

| 房间或场所 | | 参考平面及其高度 | 照度标准值/lx | $R_a$ |
|---|---|---|---|---|
| 起居室 | 一般活动 | 0.75m 水平面 | 100 | 80 |
| | 书写、阅读 | | 300① | |
| 卧室 | 一般活动 | 0.75m 水平面 | 75 | 80 |
| | 床头、阅读 | | 150① | |
| 餐厅 | | 0.75m 餐桌面 | 150 | 80 |
| 厨房 | 一般活动 | 0.75m 水平面 | 100 | 80 |
| | 操作台 | 台面 | 150① | |
| 卫生间 | | 0.75m 水平面 | 100 | 80 |
| 电梯前厅 | | 地面 | 75 | 60 |
| 走道、楼梯间 | | 地面 | 50 | 60 |
| 车库 | | 地面 | 30 | 60 |

① 指混合照明照度。

2) 其他居住建筑照明标准值宜符合表13-9的规定。

表13-9 其他居住建筑照明标准值

| 房间或场所 | | 参考平面及其高度 | 照度标准值/lx | $R_a$ |
|---|---|---|---|---|
| 职工宿舍 | | 地面 | 100 | 80 |
| 老年人卧室 | 一般活动 | 0.75m 水平面 | 150 | 80 |
| | 床头、阅读 | | 300① | 80 |
| 老年人起居室 | 一般活动 | 0.75m 水平面 | 200 | 80 |
| | 书写、阅读 | | 500① | 80 |
| 酒店式公寓 | | 地面 | 150 | 80 |

① 指混合照明照度。

## 13.3.2 公共建筑

1) 图书馆建筑照明标准值应符合表13-10的规定。

表13-10 图书馆建筑照明标准值

| 房间或场所 | 参考平面及其高度 | 照度标准值/lx | UGR | $U_0$ | $R_a$ |
|---|---|---|---|---|---|
| 一般阅览室、开放式阅览室、多媒体阅览室、陈列室、目录厅(室)、出纳厅、工作间 | 0.75m 水平面 | 300 | 19 | 0.60 | 80 |
| 老年阅览室 | 0.75m 水平面 | 500 | 19 | 0.70 | 80 |
| 珍善本、舆图阅览室;采编、修复车间 | 0.75m 水平面 | 500 | 19 | 0.60 | 80 |

续表

| 房间或场所 | 参考平面及其高度 | 照度标准值/lx | UGR | $U_0$ | $Ra$ |
|---|---|---|---|---|---|
| 档案库 | 0.75m 水平面 | 200 | 19 | 0.60 | 80 |
| 书库、书架 | 0.25m 垂直面 | 50 | — | 0.40 | 80 |

2）办公建筑照明标准值应符合表13-11的规定。

表13-11 办公建筑照明标准值

| 房间或场所 | 参考平面及其高度 | 照度标准值/lx | UGR | $U_0$ | $Ra$ |
|---|---|---|---|---|---|
| 普通办公室、会议室 | 0.75m 水平面 | 300 | 19 | 0.60 | 80 |
| 高档办公室 | 0.75m 水平面 | 500 | 19 | 0.60 | 80 |
| 视频会议室 | 0.75m 水平面 | 750 | 19 | 0.60 | 80 |
| 接待室、前台；资料、档案存放室 | 0.75m 水平面 | 200 | — | 0.40 | 80 |
| 服务大厅、营业厅 | 0.75m 水平面 | 300 | 22 | 0.10 | 80 |
| 设计室 | 实际工作面 | 500 | 19 | 0.60 | 80 |
| 文件整理、复印、发行室 | 0.75m 水平面 | 300 | — | 0.40 | 80 |

3）商业建筑照明标准值应符合表13-12的规定。

表13-12 商业建筑照明标准值

| 房间或场所 | 参考平面及其高度 | 照度标准值/lx | UGR | $U_0$ | $Ra$ |
|---|---|---|---|---|---|
| 一般商店营业厅、一般超市营业厅、仓储式超市、专卖店营业厅 | 0.75m 水平面 | 300 | 22 | 0.60 | 80 |
| 一般室内商业街 | 地面 | 200 | 22 | 0.60 | 80 |
| 高档商店营业厅、高档超市营业厅 | 0.75m 水平面 | 500 | 22 | 0.60 | 80 |
| 高档室内商业街 | 地面 | 300 | 22 | 0.60 | 80 |
| 农贸市场 | 0.75m 水平面 | 200 | 25 | 0.40 | 80 |
| 收款台 | 0.75m 水平面 | 500① | — | 0.16 | 80 |

① 指混合照明照度。

4）观演建筑照明标准值应符合表13-13的规定。

表13-13 观演建筑照明标准值

| 房间或场所 | | 参考平面及其高度 | 照度标准值/lx | UGR | $U_0$ | $Ra$ |
|---|---|---|---|---|---|---|
| 门厅 | | 地面 | 200 | 22 | 0.40 | 80 |
| 观众厅 | 影院 | 0.75m 水平面 | 100 | 22 | 0.40 | 80 |
| | 剧场、音乐厅 | 0.75m 水平面 | 150 | 22 | 0.40 | 80 |
| 观众休息厅 | 影院 | 地面 | 150 | 22 | 0.40 | 80 |
| | 剧场、音乐厅 | 地面 | 200 | 22 | 0.40 | 80 |
| 排演厅 | | 地面 | 300 | 22 | 0.60 | 80 |
| 化妆室 | 一般活动区 | 0.75m 水平面 | 150 | 22 | 0.60 | 80 |
| | 化妆台 | 1.1m 高处垂直面 | 500① | — | — | 90 |

① 指混合照明照度。

5) 旅馆建筑照明标准值应符合表 13-14 的规定。

表 13-14 旅馆建筑照明标准值

| 房间或场所 | | 参考平面及其高度 | 照度标准值/lx | UGR | $U_0$ | Ra |
|---|---|---|---|---|---|---|
| 客房 | 一般活动区 | 0.75m 水平面 | 75 | — | — | 80 |
| | 床头、卫生间 | 0.75m 水平面 | 150 | — | — | 80 |
| | 写字台 | 台面 | 300① | — | — | 80 |
| 中餐厅 | | 0.75m 水平面 | 200 | 22 | 0.60 | 80 |
| 西餐厅 | | 0.75m 水平面 | 150 | — | 0.60 | 80 |
| 酒吧间、咖啡厅 | | 0.75m 水平面 | 75 | — | 0.40 | 80 |
| 多功能厅、宴会厅 | | 0.75m 水平面 | 300 | 22 | 0.60 | 80 |
| 会议室 | | 0.75m 水平面 | 300 | 19 | 0.60 | 80 |
| 大堂 | | 地面 | 200 | — | 0.40 | 80 |
| 总服务台 | | 地面 | 300① | — | — | 80 |
| 休息厅 | | 地面 | 200 | 22 | 0.40 | 80 |
| 客房层走廊 | | 地面 | 50 | — | 0.40 | 80 |
| 厨房 | | 台面 | 500① | — | 0.70 | 80 |
| 游泳池 | | 水面 | 200 | 22 | 0.60 | 80 |
| 健身房 | | 0.75m 水平面 | 200 | 22 | 0.60 | 80 |
| 洗衣房 | | 0.75m 水平面 | 200 | — | 0.40 | 80 |

① 指混合照明照度。

6) 医院建筑照明标准值应符合表 13-15 的规定。

表 13-15 医院建筑照明标准值

| 房间或场所 | 参考平面及其高度 | 照度标准值/lx | UGR | $U_0$ | Ra |
|---|---|---|---|---|---|
| 治疗室、检查室 | 0.75m 水平面 | 300 | 19 | 0.70 | 80 |
| 化验室 | 0.75m 水平面 | 500 | 19 | 0.70 | 80 |
| 手术室 | 0.75m 水平面 | 750 | 19 | 0.70 | 90 |
| 诊室 | 0.75m 水平面 | 300 | 19 | 0.60 | 80 |
| 候诊室、挂号厅 | 0.75m 水平面 | 200 | 22 | 0.40 | 80 |
| 病房、走廊 | 地面 | 100 | 19 | 0.60 | 80 |
| 护士站 | 0.75m 水平面 | 300 | — | 0.60 | 80 |
| 药房 | 0.75m 水平面 | 500 | 19 | 0.60 | 80 |
| 重症监护室 | 0.75m 水平面 | 300 | 19 | 0.60 | 90 |

7) 教育建筑照明标准值应符合表 13-16 的规定。

表 13-16 学校建筑照明标准值

| 房间或场所 | 参考平面及其高度 | 照度标准值/lx | UGR | $U_0$ | $Ra$ |
|---|---|---|---|---|---|
| 教室、阅览室、实验室 | 桌面 | 300 | 19 | 0.60 | 80 |
| 美术教室 | 桌面 | 500 | 19 | 0.60 | 90 |
| 多媒体教室 | 0.75m 水平面 | 300 | 19 | 0.60 | 80 |
| 电子信息机房、计算机教室、电子阅览室 | 0.75m 水平面 | 500 | 19 | 0.60 | 80 |
| 楼梯间 | 地面 | 100 | 22 | 0.40 | 80 |
| 教室黑板 | 黑板面 | 500① | — | 0.70 | 80 |
| 学生宿舍 | 地面 | 150 | 22 | 0.40 | 80 |

① 指混合照明照度。

8) 博览建筑照明标准值应符合下列规定：

① 美术馆建筑照明标准值应符合表 13-17 的规定；

表 13-17 美术馆建筑照明标准值

| 房间或场所 | 参考平面及其高度 | 照度标准值/lx | UGR | $U_0$ | $Ra$ |
|---|---|---|---|---|---|
| 会议报告厅 | 0.75m 水平面 | 300 | 22 | 0.60 | 80 |
| 休息厅 | 0.75m 水平面 | 150 | 22 | 0.40 | 80 |
| 美术品售卖 | 0.75m 水平面 | 300 | 19 | 0.60 | 80 |
| 公共大厅 | 地面 | 200 | 22 | 0.40 | 80 |
| 绘画展厅 | 地面 | 100 | 19 | 0.60 | 80 |
| 雕塑展厅 | 地面 | 150 | 19 | 0.60 | 80 |
| 藏画库 | 地面 | 150 | 22 | 0.60 | 80 |
| 藏画修理 | 0.75m 水平面 | 500 | 19 | 0.70 | 90 |

注：1. 绘画、雕塑展厅的照明标准值中不含展品陈列照明。
2. 当展览对光敏感要求的展品时应满足表 13-19 的要求。

② 科技馆建筑照明标准值应符合表 13-18 的规定；

表 13-18 科技馆建筑照明标准值

| 房间或场所 | 参考平面及其高度 | 照度标准值/lx | UGR | $U_0$ | $Ra$ |
|---|---|---|---|---|---|
| 科普教室、实验区 | 0.75m 水平面 | 300 | 19 | 0.60 | 80 |
| 会议报告厅、纪念品售卖区 | 0.75m 水平面 | 300 | 22 | 0.60 | 80 |
| 儿童乐园 | 地面 | 300 | 22 | 0.60 | 80 |
| 公共大厅 | 地面 | 200 | 22 | 0.40 | 80 |
| 球幕、巨幕、3D、4D影院 | 地面 | 100 | 19 | 0.40 | 80 |
| 常设展厅、临时展厅 | 地面 | 200 | 22 | 0.60 | 80 |

注：常设展厅和临时展厅的照明标准值中不含展品陈列照明。

③ 博物馆建筑陈列室展品照度标准值及年曝光量限值应符合表 13-19 的规定，博物馆建筑其他场所照明标准值应符合表 13-20 的规定。

表 13-19　博物馆建筑陈列室展品照明标准值及年曝光量限值

| 类别 | 参考平面及其高度 | 照度标准值/lx | 年曝光量/(lx·h/a) |
| --- | --- | --- | --- |
| 对光特别敏感的展品：纺织品、织绣品、绘画、纸质物品、彩绘、陶（石）器、染色皮革、动物标本等 | 展品面 | ≤50 | ≤50000 |
| 对光敏感的展品：油画、蛋清画、不染色皮革、角制品、骨制品、象牙制品、竹木制品和漆器等 | 展品面 | ≤150 | ≤360000 |
| 对光不敏感的展品：金属制品、石质器物、陶瓷器、宝玉石器、岩矿标本、玻璃制品、搪瓷制品、珐琅器等 | 展品面 | ≤300 | 不限制 |

注：1. 陈列室一般照明应按展品照度值的 20%～30% 选取。
　　2. 陈列室一般照明 UGR 不宜大于 19。
　　3. 辨色要求一般的场所 $R_a$ 不应低于 80，辨色要求高的场所，$R_a$ 不应低于 90。

表 13-20　博物馆建筑其他场所照明标准值

| 房间或场所 | 参考平面及其高度 | 照度标准值/lx | UGR | $U_0$ | $R_a$ |
| --- | --- | --- | --- | --- | --- |
| 门厅 | 地面 | 200 | 22 | 0.40 | 80 |
| 序厅 | 地面 | 100 | 22 | 0.40 | 80 |
| 会议报告厅、编目室 | 0.75m 水平面 | 300 | 22 | 0.60 | 80 |
| 美术制作室 | 0.75m 水平面 | 500 | 22 | 0.60 | 90 |
| 摄影室 | 0.75m 水平面 | 100 | 22 | 0.60 | 80 |
| 熏蒸室 | 实际工作面 | 150 | 22 | 0.60 | 80 |
| 实验室 | 实际工作面 | 300 | 22 | 0.60 | 80 |
| 保护修复室、文物复制室、标本制作室 | 实际工作面 | 750① | 19 | 0.70 | 90 |
| 周转库房 | 地面 | 50 | 22 | 0.40 | 80 |
| 藏品库房 | 地面 | 75 | 22 | 0.40 | 80 |
| 藏品提看室 | 0.75m 水平面 | 150 | 22 | 0.60 | 80 |

① 指混合照明的照度标准值。其一般照明的照度值应按混合照明照度的 20%～30% 选取。

9）会展建筑照明标准值应符合表 13-21 的规定。

表 13-21　会展建筑照明标准值

| 房间或场所 | 参考平面及其高度 | 照度标准值/lx | UGR | $U_0$ | $R_a$ |
| --- | --- | --- | --- | --- | --- |
| 会议室、洽谈室 | 0.75m 水平面 | 300 | 19 | 0.60 | 80 |
| 宴会厅、多功能厅 | 0.75m 水平面 | 300 | 22 | 0.60 | 80 |
| 公共大厅 | 地面 | 200 | 22 | 0.40 | 80 |
| 一般展厅 | 地面 | 200 | 22 | 0.60 | 80 |
| 高档展厅 | 地面 | 300 | 22 | 0.60 | 80 |

10）交通建筑照明标准值应符合表 13-22 的规定。

表 13-22　交通建筑照明标准值

| 房间或场所 | 参考平面及其高度 | 照度标准值/lx | UGR | $U_0$ | $R_a$ |
| --- | --- | --- | --- | --- | --- |
| 售票台 | 台面 | 500① | — | — | 80 |

续表

| 房间或场所 | | 参考平面及其高度 | 照度标准值/lx | UGR | $U_0$ | Ra |
|---|---|---|---|---|---|---|
| 问讯处 | | 0.75m 水平面 | 200 | — | 0.60 | 80 |
| 候车(机、船)室 | 普通 | 地面 | 150 | 22 | 0.40 | 80 |
| | 高档 | 地面 | 200 | 22 | 0.60 | 80 |
| 贵宾室休息室 | | 0.75m 水平面 | 300 | 22 | 0.60 | 80 |
| 中央大厅、售票大厅 | | 地面 | 200 | 22 | 0.40 | 80 |
| 海关、护照检查 | | 工作面 | 500 | — | 0.70 | 80 |
| 安全检查 | | 地面 | 300 | — | 0.60 | 80 |
| 换票、行李托运 | | 0.75m 水平面 | 300 | 19 | 0.60 | 80 |
| 行李认领、到达大厅、出发大厅 | | 地面 | 200 | 22 | 0.40 | 80 |
| 通道、连接区、扶梯、换乘厅 | | 地面 | 150 | — | 0.40 | 80 |
| 有棚站台 | | 地面 | 75 | — | 0.60 | 60 |
| 无棚站台 | | 地面 | 50 | — | 0.40 | 20 |
| 走廊、楼梯、平台、流动区域 | 普通 | 地面 | 75 | 25 | 0.40 | 60 |
| | 高档 | 地面 | 150 | 25 | 0.60 | 80 |
| 地铁站厅 | 普通 | 地面 | 100 | 25 | 0.60 | 80 |
| | 高档 | 地面 | 200 | 22 | 0.60 | 80 |
| 地铁进出站门厅 | 普通 | 地面 | 150 | 25 | 0.60 | 80 |
| | 高档 | 地面 | 200 | 22 | 0.60 | 80 |

① 指混合照明照度。

11) 金融建筑照明标准值应符合表 13-23 的规定。

表 13-23　金融建筑照明标准值

| 房间及场所 | | 参考平面及其高度 | 照度标准值/lx | UGR | $U_0$ | Ra |
|---|---|---|---|---|---|---|
| 营业大厅 | | 地面 | 200 | 22 | 0.60 | 80 |
| 营业柜台 | | 台面 | 500 | — | 0.60 | 80 |
| 客户服务中心 | 普通 | 0.75m 水平面 | 200 | 22 | 0.60 | 80 |
| | 贵宾室 | 0.75m 水平面 | 300 | 22 | 0.60 | 80 |
| 交易大厅 | | 0.75m 水平面 | 300 | 22 | 0.60 | 80 |
| 数据中心主机房 | | 0.75m 水平面 | 500 | 19 | 0.60 | 80 |
| 保管库 | | 地面 | 200 | 22 | 0.40 | 80 |
| 信用卡作业区 | | 0.75m 水平面 | 300 | 19 | 0.60 | 80 |
| 自助银行 | | 地面 | 200 | 19 | 0.60 | 80 |

注：本表适用于银行、证券、期货、保险、电信、邮政等行业，也适用于类似用途（如供电、供水、供气）的营业厅、柜台和客服中心。

12) 体育建筑照明标准值应符合下列规定：无电视转播的体育建筑照度标准值应符合表 13-24 的规定；有电视转播的体育建筑照度标准值应符合表 13-25 的规定。

表 13-24 无电视转播的体育建筑照度标准值

| 运动项目 | | 参考平面及其高度 | 照度标准值/lx | | | Ra | | 眩光指数(GR) | |
|---|---|---|---|---|---|---|---|---|---|
| | | | 训练和娱乐 | 业余比赛 | 专业比赛 | 训练 | 比赛 | 训练 | 比赛 |
| 篮球、排球、手球、室内足球 | | 地面 | 300 | 500 | 750 | 65 | 65 | 35 | 30 |
| 体操、艺术体操、技巧、蹦床、举重 | | 台面 | | | | | | | |
| 速度滑冰 | | 冰面 | | | | | | | |
| 羽毛球 | | 地面 | 300 | 750/500 | 1000/500 | 65 | 65 | 35 | 30 |
| 乒乓球、柔道、摔跤、跆拳道、武术 | | 台面 | 300 | 500 | 1000 | 65 | 65 | 35 | 30 |
| 冰球、花样滑冰、冰上舞蹈、短道速滑 | | 冰面 | | | | | | | |
| 拳击 | | 台面 | 500 | 1000 | 2000 | 65 | 65 | 35 | 30 |
| 游泳、跳水、水球、花样游泳 | | 水面 | 200 | 300 | 500 | 65 | 65 | — | — |
| 马术 | | 地面 | | | | | | | |
| 射击、射箭 | 射击区、弹(箭)道区 | 地面 | 200 | 200 | 300 | 65 | 65 | — | — |
| | 靶心 | 靶心垂直面 | 1000 | 1000 | 1000 | | | | |
| 击剑 | | 地面 | 300 | 500 | 750 | 65 | 65 | — | — |
| | | 垂直面 | 200 | 300 | 500 | | | | |
| 网球 | 室外 | 地面 | 300 | 500/300 | 750/500 | 65 | 65 | 55 | 50 |
| | 室内 | | | | | | | 35 | 30 |
| 场地自行车 | 室外 | 地面 | 200 | 500 | 750 | 65 | 65 | 55 | 50 |
| | 室内 | | | | | | | 35 | 30 |
| 足球、田径 | | 地面 | 200 | 300 | 500 | 20 | 65 | 55 | 50 |
| 曲棍球 | | 地面 | 300 | 500 | 750 | 20 | 65 | 55 | 50 |
| 棒球、垒球 | | 地面 | 300/200 | 500/300 | 750/500 | 20 | 65 | 55 | 50 |

注：1. 当表中同一格有两个值时，"/"前为内场的值，"/"后为外场的值。
2. 表中规定的照度应为比赛场地参考平面上的使用照度。

表 13-25 有电视转播的体育建筑照度标准值

| 运动项目 | 参考平面及其高度 | 照度标准值/lx | | | Ra | | $T_{cp}$/K | | 眩光指数(GR) |
|---|---|---|---|---|---|---|---|---|---|
| | | 国家、国际比赛 | 重大国际比赛 | HDTV | 国家、国际比赛，重大国际比赛 | HDTV | 国家、国际比赛，重大国际比赛 | HDTV | |
| 篮球、排球、手球、室内足球、乒乓球 | 地面 1.5m | 1000 | 1400 | 2000 | ≥80 | ≥80 | ≥4000 | ≥5500 | 30 |
| 体操、艺术体操、技巧、蹦床、柔道、摔跤、跆拳道、武术、举重 | 台面 1.5m | | | | | | | | |

续表

| 运动项目 | | 参考平面及其高度 | 照度标准值/lx | | | Ra | | $T_{cp}$/K | | 眩光指数（GR） |
|---|---|---|---|---|---|---|---|---|---|---|
| | | | 国家、国际比赛 | 重大国际比赛 | HDTV | 国家、国际比赛，重大国际比赛 | HDTV | 国家、国际比赛，重大国际比赛 | HDTV | |
| 击剑 | | 台面1.5m | 1000 | 1400 | 2000 | ≥80 | ≥80 | ≥4000 | ≥5500 | — |
| 游泳、跳水、水球、花样游泳 | | 水面0.2m | | | | | | | | — |
| 冰球、花样滑冰、冰上舞蹈、短道速滑、速度滑冰 | | 冰面1.5m | | | | | | | | 30 |
| 羽毛球 | | 地面1.5m | 1000/750 | 1400/1000 | 2000/1400 | | | | | 30 |
| 拳击 | | 台面1.5m | 1000 | 2000 | 2500 | | | | | 30 |
| 射箭 | 射击区、箭道区 | 地面1.0m | 500 | 500 | 500 | ≥80 | ≥80 | ≥4000 | ≥5500 | — |
| | 靶心 | 靶心垂直面 | 1500 | 1500 | 2000 | | | | | |
| 场地自行车 | 室内 | 地面1.5m | 1000 | 1400 | 2000 | | | | | 30 |
| | 室外 | | | | | | | | | 50 |
| 足球、田径、曲棍球 | | 地面1.5m | | | | | | | | 50 |
| 马术 | | 地面1.5m | | | | | | | | |
| 网球 | 室内 | 地面1.5m | 1000/750 | 1400/1000 | 2000/1400 | ≥80 | ≥80 | ≥4000 | ≥5500 | 30 |
| | 室外 | | | | | | | | | 50 |
| 棒球、垒球 | | 地面1.5m | | | | | | | | 50 |
| 射击 | 射击区、弹道区 | 地面1.0m | 500 | 500 | 500 | ≥80 | ≥80 | ≥3000 | ≥4000 | — |
| | 靶心 | 靶心垂直面 | 1500 | 1500 | 2000 | | | | | |

注：1. HDTV指高清晰度电视；其特殊显色指数 $Ra_s$ 应大于零。
2. 表中同一格有两个值时，"/"前为内场的值，"/"后为外场的值。
3. 除射击、射箭外，均为比赛场地主摄像机方向的使用照度值。
4. 相关色温（correlate colour temperature）：当光源的色品点不在黑体轨迹上，且光源的色品与某一温度下的黑体的色品最接近时，该黑体的绝对温度为此光源的相关色温，简称相关色温，符号为 $T_{cp}$，单位为开（K）。

### 13.3.3 工业建筑

工业建筑一般照明标准值应符合表13-26的规定。

表13-26 工业建筑一般照明标准值

| 房间或场所 | | 参考平面及其高度 | 照度标准值/lx | UGR | $U_0$ | Ra | 备注 |
|---|---|---|---|---|---|---|---|
| 1. 机、电工业 | | | | | | | |
| 机械加工 | 粗加工 | 0.75m 水平面 | 200 | 22 | 0.40 | 60 | 可另加局部照明 |
| | 一般加工，公差≥0.1mm | 0.75m 水平面 | 300 | 22 | 0.60 | 60 | 应另加局部照明 |
| | 精密加工，公差<0.1mm | 0.75m 水平面 | 500 | 19 | 0.70 | 60 | 应另加局部照明 |

续表

| 房间或场所 | | 参考平面及其高度 | 照度标准值/lx | UGR | $U_0$ | $Ra$ | 备注 |
|---|---|---|---|---|---|---|---|
| 机电仪表装配 | 大件 | 0.75m 水平面 | 200 | 25 | 0.60 | 80 | 可另加局部照明 |
| | 一般件 | 0.75m 水平面 | 300 | 25 | 0.60 | 80 | 可另加局部照明 |
| | 精密 | 0.75m 水平面 | 500 | 22 | 0.70 | 80 | 应另加局部照明 |
| | 特精密 | 0.75m 水平面 | 750 | 19 | 0.70 | 80 | 应另加局部照明 |
| 电线、电缆制造 | | 0.75m 水平面 | 300 | 25 | 0.60 | 60 | |
| 线圈绕制 | 大线圈 | 0.75m 水平面 | 300 | 25 | 0.60 | 80 | |
| | 中等线圈 | 0.75m 水平面 | 500 | 22 | 0.70 | 80 | 可另加局部照明 |
| | 精细线圈 | 0.75m 水平面 | 750 | 19 | 0.70 | 80 | 应另加局部照明 |
| 线圈浇注 | | 0.75m 水平面 | 300 | 25 | 0.60 | 80 | |
| 焊接 | 一般 | 0.75m 水平面 | 200 | — | 0.60 | 60 | |
| | 精密 | 0.75m 水平面 | 300 | — | 0.70 | 60 | |
| 钣金 | | 0.75m 水平面 | 300 | — | 0.60 | 60 | |
| 冲压、剪切 | | 0.75m 水平面 | 300 | — | 0.60 | 60 | |
| 热处理 | | 地面至0.5m水平面 | 200 | — | 0.60 | 20 | |
| 铸造 | 熔化、浇铸 | 地面至0.5m水平面 | 200 | — | 0.60 | 20 | |
| | 造型 | 地面至0.5m水平面 | 300 | 25 | 0.60 | 60 | |
| 精密铸造的制模、脱壳 | | 地面至0.5m水平面 | 500 | 25 | 0.60 | 60 | |
| 锻工 | | 地面至0.5m水平面 | 200 | — | 0.60 | 20 | |
| 电镀 | | 0.75m 水平面 | 300 | — | 0.60 | 80 | |
| 喷漆 | 一般 | 0.75m 水平面 | 300 | — | 0.60 | 80 | |
| | 精细 | 0.75m 水平面 | 500 | 22 | 0.70 | 80 | |
| 酸洗、腐蚀、清洗 | | 0.75m 水平面 | 300 | — | 0.60 | 80 | |
| 抛光 | 一般装饰性 | 0.75m 水平面 | 300 | 22 | | 80 | 应防频闪 |
| | 精细 | 0.75m 水平面 | 500 | 22 | | 80 | 应防频闪 |
| 复合材料加工、铺叠、装饰 | | 0.75m 水平面 | 500 | 22 | | 80 | |
| 机电修理 | 一般 | 0.75m 水平面 | 200 | — | | 60 | 可另加局部照明 |
| | 精密 | 0.75m 水平面 | 300 | 22 | | 60 | 可另加局部照明 |
| 2.电子工业 | | | | | | | |
| 整机类 | 整机厂 | 0.75m 水平面 | 300 | 22 | 0.60 | 80 | |
| | 装配厂房 | 0.75m 水平面 | 300 | 22 | 0.60 | 80 | 应另加局部照明 |

续表

| 房间或场所 | | 参考平面及其高度 | 照度标准值/lx | UGR | $U_0$ | $Ra$ | 备注 |
|---|---|---|---|---|---|---|---|
| 元器件类 | 微电子产品及集成电路 | 0.75m 水平面 | 500 | 19 | 0.70 | 80 | |
| | 显示器件 | 0.75m 水平面 | 500 | 19 | 0.70 | 80 | 可根据工艺要求降低照明值 |
| | 印制线路板 | 0.75m 水平面 | 500 | 19 | 0.70 | 80 | |
| | 光伏组件 | 0.75m 水平面 | 300 | 19 | 0.60 | 80 | |
| | 电真空器件、机电组件等 | 0.75m 水平面 | 500 | 19 | 0.60 | 80 | |
| 电子材料类 | 半导体材料 | 0.75m 水平面 | 300 | 22 | 0.60 | 80 | |
| | 光纤、光缆 | 0.75m 水平面 | 300 | 22 | 0.60 | 80 | |
| 酸、碱、药液及粉配制 | | 0.75m 水平面 | 300 | — | 0.60 | 80 | |

3. 纺织、化纤工业

| 房间或场所 | | 参考平面及其高度 | 照度标准值/lx | UGR | $U_0$ | $Ra$ | 备注 |
|---|---|---|---|---|---|---|---|
| 纺织 | 选毛 | 0.75m 水平面 | 300 | 22 | 0.70 | 80 | 可另加局部照明 |
| | 清棉、和毛、梳毛 | 0.75m 水平面 | 150 | 22 | 0.60 | 80 | |
| | 前纺：梳棉、并条、粗纺 | 0.75m 水平面 | 200 | 22 | 0.60 | 80 | |
| | 纺纱 | 0.75m 水平面 | 300 | 22 | 0.60 | 80 | |
| | 织布 | 0.75m 水平面 | 300 | 22 | 0.60 | 80 | |
| 织袜 | 穿综筘、缝纫、量呢、检验 | 0.75m 水平面 | 300 | 22 | 0.70 | 80 | 可另加局部照明 |
| | 修补、剪毛、染色、印花、裁剪、熨烫 | 0.75m 水平面 | 300 | 22 | 0.70 | 80 | 可另加局部照明 |
| 化纤 | 投料 | 0.75m 水平面 | 100 | — | 0.60 | 80 | |
| | 纺丝 | 0.75m 水平面 | 150 | 22 | 0.60 | 80 | |
| | 卷绕 | 0.75m 水平面 | 200 | 22 | 0.60 | 80 | |
| | 平衡间、中间储存、干燥间、废丝间、油剂高位槽间 | 0.75m 水平面 | 75 | — | 0.60 | 60 | |
| | 集束间、后加工间、打包间、油剂调配间 | 0.75m 水平面 | 100 | 25 | 0.60 | 60 | |
| | 组件清洗间 | 0.75m 水平面 | 150 | 25 | 0.60 | 60 | |
| | 拉伸、变形、分级包装 | 0.75m 水平面 | 150 | 25 | 0.70 | 80 | 操作面可另加局部照明 |
| | 化验、检验 | 0.75m 水平面 | 200 | 22 | 0.70 | 80 | 可另加局部照明 |
| | 聚合车间、原液车间 | 0.75m 水平面 | 100 | 22 | 0.60 | 60 | |

4. 制药工业

| 房间或场所 | 参考平面及其高度 | 照度标准值/lx | UGR | $U_0$ | $Ra$ | 备注 |
|---|---|---|---|---|---|---|
| 制药生产：配制、清洗、灭菌、超滤、制粒、压片、混匀、烘干、灌装、轧盖等 | 0.75m 水平面 | 300 | 22 | 0.60 | 80 | |
| 制药生产流转通道 | 地面 | 200 | — | 0.40 | 80 | |
| 更衣室 | 地面 | 200 | — | 0.40 | 80 | |

续表

| 房间或场所 | | 参考平面及其高度 | 照度标准值/lx | UGR | $U_0$ | $Ra$ | 备注 |
|---|---|---|---|---|---|---|---|
| 技术夹层 | | 地面 | 100 | — | 0.40 | 80 | |
| **5.橡胶工业** | | | | | | | |
| 炼胶车间、压延压出工段、硫化工段 | | 0.75m 水平面 | 300 | — | 0.60 | 80 | |
| 成型裁断工段 | | 0.75m 水平面 | 300 | 22 | 0.60 | 80 | |
| **6.电力工业** | | | | | | | |
| 火电厂锅炉房 | | 地面 | 100 | — | 0.60 | 60 | |
| 发电机房 | | 地面 | 200 | — | 0.60 | 60 | |
| 主控室 | | 0.75m 水平面 | 500 | 19 | 0.60 | 80 | |
| **7.钢铁工业** | | | | | | | |
| 炼铁 | 高炉炉顶平台、各层平台 | 平台面 | 30 | — | 0.60 | 60 | |
| | 出铁场、出铁机室 | 地面 | 100 | — | 0.60 | 60 | |
| | 卷扬机室、碾泥机室、煤气清洗配水室 | 地面 | 50 | — | 0.60 | 60 | |
| 炼钢连铸 | 炼钢主厂房和平台 | 地面、平台面 | 150 | — | 0.60 | 60 | 需另加局部照明 |
| | 连铸浇注平台、切割区、出坯区 | 地面 | 150 | — | 0.60 | 60 | 需另加局部照明 |
| | 精整清理线 | 地面 | 200 | 25 | 0.60 | 60 | |
| 轧钢 | 棒线材主厂房、钢管主厂房、热轧主厂房、钢坯台 | 地面 | 150 | — | 0.60 | 60 | |
| | 冷轧主厂房 | 地面 | 150 | — | 0.60 | 60 | 需另加局部照明 |
| | 加热炉周围 | 地面 | 50 | — | 0.60 | 20 | |
| | 重绕、横剪及纵剪机组 | 0.75m 水平面 | 150 | 25 | 0.60 | 80 | |
| | 打印、检查、精密分类、验收 | 0.75m 水平面 | 200 | 22 | 0.70 | 80 | |
| **8.制浆造纸工业** | | | | | | | |
| 备料 | | 0.75m 水平面 | 150 | — | 0.60 | 60 | |
| 蒸煮、选洗、漂白;打浆、纸机底部;碱回收 | | 0.75m 水平面 | 200 | — | 0.60 | 60 | |
| 纸机网部、压榨部、烘缸、压光、卷取、涂布 | | 0.75m 水平面 | 300 | — | 0.60 | 60 | |
| 复卷、切纸 | | 0.75m 水平面 | 300 | 25 | 0.60 | 60 | |
| 选纸 | | 0.75m 水平面 | 500 | 22 | 0.60 | 60 | |
| **9.食品及饮料工业** | | | | | | | |
| 食品 | 糕点、糖果 | 0.75m 水平面 | 200 | 22 | 0.60 | 80 | |
| | 肉制品、乳制品 | 0.75m 水平面 | 300 | 22 | 0.60 | 80 | |
| | 饮料 | 0.75m 水平面 | 300 | 22 | 0.60 | 80 | |

续表

| 房间或场所 | | 参考平面及其高度 | 照度标准值/lx | UGR | $U_0$ | Ra | 备注 |
|---|---|---|---|---|---|---|---|
| 啤酒 | 糖化 | 0.75m 水平面 | 200 | — | 0.60 | 80 | |
| | 发酵 | 0.75m 水平面 | 150 | — | 0.60 | 80 | |
| | 包装 | 0.75m 水平面 | 150 | 25 | 0.60 | 80 | |
| 10. 玻璃工业 | | | | | | | |
| 备料、退火、熔制 | | 0.75m 水平面 | 150 | — | 0.60 | 60 | |
| 窑炉 | | 地面 | 100 | — | 0.60 | 20 | |
| 11. 水泥工业 | | | | | | | |
| 主要生产车间(破碎、原料粉磨、烧成、水泥粉磨、包装) | | 地面 | 100 | — | 0.60 | 20 | |
| 储存 | | 地面 | 75 | — | 0.60 | 40 | |
| 输送走廊 | | 地面 | 30 | — | 0.40 | 20 | |
| 粗坯成型 | | 0.75m 水平面 | 300 | — | 0.60 | 60 | |
| 12. 皮革工业 | | | | | | | |
| 原皮、水浴 | | 0.75m 水平面 | 200 | — | 0.60 | 60 | |
| 转毂、整理、成品 | | 0.75m 水平面 | 200 | 22 | 0.60 | 60 | 可另加局部照明 |
| 干燥 | | 地面 | 100 | — | 0.60 | 20 | |
| 13. 卷烟工业 | | | | | | | |
| 制丝车间 | 一般 | 0.75m 水平面 | 200 | — | 0.60 | 80 | |
| | 较高 | 0.75m 水平面 | 300 | — | 0.60 | 80 | |
| 卷烟、接过滤嘴、包装、滤棒成型车间 | 一般 | 0.75m 水平面 | 300 | 22 | 0.60 | 80 | |
| | 较高 | 0.75m 水平面 | 500 | 22 | 0.70 | 80 | |
| 膨胀烟丝车间 | | 0.75m 水平面 | 200 | — | 0.60 | 60 | |
| 储叶间、储丝间 | | 1.0m 水平面 | 100 | — | 0.60 | 60 | |
| 14. 化学、石油工业 | | | | | | | |
| 厂区内经常操作的区域,如泵、压缩机、阀门、电操作柱等 | | 操作位高度 | 100 | — | 0.60 | 20 | |
| 装置区现场控制和检测点,如指示仪表、液位计等 | | 测控点高度 | 75 | — | 0.70 | 60 | |
| 人行通道、平台、设备顶部 | | 地面或台面 | 30 | — | 0.60 | 20 | |
| 装卸站 | 装卸设备顶部和底部操作位 | 操作位高度 | 75 | — | 0.60 | 20 | |
| | 平台 | 平台 | 30 | — | 0.60 | 20 | |
| 电缆夹层 | | 0.75m 水平面 | 100 | — | 0.40 | 60 | |
| 避难间 | | 0.75m 水平面 | 150 | — | 0.40 | 60 | |
| 压缩机厂房 | | 0.75m 水平面 | 150 | — | 0.60 | 60 | |

续表

| 房间或场所 | | 参考平面及其高度 | 照度标准值/lx | UGR | $U_0$ | $Ra$ | 备注 |
|---|---|---|---|---|---|---|---|
| 15. 木业和家具制造 | | | | | | | |
| 一般机器加工 | | 0.75m 水平面 | 200 | 22 | 0.60 | 60 | 应防频闪 |
| 精细机器加工 | | 0.75m 水平面 | 500 | 19 | 0.70 | 80 | 应防频闪 |
| 锯木区 | | 0.75m 水平面 | 300 | 25 | 0.60 | 60 | 应防频闪 |
| 模型区 | 一般 | 0.75m 水平面 | 300 | 22 | 0.60 | 60 | |
| | 精细 | 0.75m 水平面 | 750 | 22 | 0.70 | 60 | |
| 胶合、组装 | | 0.75m 水平面 | 300 | 25 | 0.60 | 60 | |
| 磨光、异形细木工 | | 0.75m 水平面 | 750 | 22 | 0.70 | 80 | |

注：需增加局部照明的作业面，增加的局部照明照度值宜按该场所一般照明照度值的 1.0～3.0 倍选取。

### 13.3.4 通用房间或场所

1）公共和工业建筑通用房间或场所照明标准值应符合表 13-27 的规定。

表 13-27　公共和工业建筑通用房间或场所照明标准值

| 房间或场所 | | 参考平面及其高度 | 照度标准值/lx | UGR | $U_0$ | $Ra$ | 备注 |
|---|---|---|---|---|---|---|---|
| 门厅 | 普通 | 地面 | 100 | — | 0.40 | 60 | |
| | 高档 | 地面 | 200 | — | 0.60 | 80 | |
| 走廊、流动区域、楼梯间 | 普通 | 地面 | 50 | 25 | 0.40 | 60 | |
| | 高档 | 地面 | 100 | 25 | 0.60 | 80 | |
| 自动扶梯 | | 地面 | 150 | — | 0.60 | 60 | |
| 厕所、盥洗室、浴室 | 普通 | 地面 | 75 | — | 0.40 | 60 | |
| | 高档 | 地面 | 150 | — | 0.60 | 80 | |
| 电梯前厅 | 普通 | 地面 | 100 | — | 0.40 | 60 | |
| | 高档 | 地面 | 150 | — | 0.60 | 80 | |
| 休息室 | | 地面 | 100 | 22 | 0.40 | 80 | |
| 更衣室 | | 地面 | 150 | 22 | 0.40 | 80 | |
| 储藏室 | | 地面 | 100 | — | 0.40 | 60 | |
| 餐厅 | | 地面 | 200 | 22 | 0.60 | 80 | |
| 公共车库 | | 地面 | 50 | — | 0.60 | 60 | |
| 公共车库检修间 | | 地面 | 200 | 25 | 0.60 | 80 | 可另加局部照明 |
| 试验室 | 一般 | 0.75m 水平面 | 300 | 22 | 0.60 | 80 | 可另加局部照明 |
| | 精细 | 0.75m 水平面 | 500 | 19 | 0.60 | 80 | 可另加局部照明 |
| 检验 | 一般 | 0.75m 水平面 | 300 | 22 | 0.60 | 80 | 可另加局部照明 |
| | 精细，有颜色要求 | 0.75m 水平面 | 750 | 19 | 0.60 | 80 | 可另加局部照明 |
| 计量室，测量室 | | 0.75m 水平面 | 500 | 19 | 0.70 | 80 | 可另加局部照明 |

续表

| 房间或场所 | | 参考平面及其高度 | 照度标准值/lx | UGR | $U_0$ | Ra | 备注 |
|---|---|---|---|---|---|---|---|
| 电话站、网络中心 | | 0.75m 水平面 | 500 | 19 | 0.60 | 80 | |
| 计算机站 | | 0.75m 水平面 | 500 | 19 | 0.60 | 80 | 防光幕反射 |
| 变、配电站 | 配电装置室 | 0.75m 水平面 | 200 | — | 0.60 | 80 | |
| | 变压器室 | 地面 | 100 | — | 0.60 | 60 | |
| 电源设备室,发电机房(室) | | 地面 | 200 | 25 | 0.60 | 60 | |
| 电梯机房 | | 地面 | 200 | 25 | 0.60 | 80 | |
| 控制室 | 一般控制室 | 0.75m 水平面 | 300 | 22 | 0.60 | 80 | |
| | 主控制室 | 0.75m 水平面 | 500 | 19 | 0.60 | 80 | |
| 动力站 | 风机房、空调机房 | 地面 | 100 | — | 0.60 | 60 | |
| | 泵房 | 地面 | 100 | — | 0.60 | 60 | |
| | 冷冻站 | 地面 | 150 | — | 0.60 | 60 | |
| | 压缩空气站 | 地面 | 150 | — | 0.60 | 60 | |
| | 锅炉房、煤气站的操作层 | 地面 | 100 | — | 0.60 | 60 | 锅炉水位表照度不小于50lx |
| 仓库 | 大件库(如钢坯、钢材、大成品、气瓶) | 1.0m 水平面 | 50 | — | 0.40 | 20 | |
| | 一般件库 | 1.0m 水平面 | 100 | — | 0.60 | 60 | |
| | 半成品库 | 1.0m 水平面 | 150 | — | 0.60 | 80 | |
| | 精细件库(如工具、小零件) | 1.0m 水平面 | 200 | — | 0.60 | 80 | 货架垂直照度不小于50lx |
| 车辆加油站 | | 地面 | 100 | — | 0.60 | 60 | 油表照度不小于50lx |

2) 备用照明的照度标准值应符合下列规定：

① 供消防作业及救援人员在火灾时继续工作场所，应符合现行国家标准《建筑设计防火规范》GB 50016—2014 的有关规定；

② 医院手术室、急诊抢救室、重症监护室等应维持正常照明的照度；

③ 其他场所的照度值除另有规定外，不应低于该场所一般照明照度标准值的10%。

3) 安全照明的照度标准值应符合下列规定：

① 医院手术室应维持正常照明的30%照度；

② 其他场所不应低于该场所一般照明照度标准值的10%，且不应低于15lx。

4) 疏散照明的地面平均水平照度值应符合下列规定：

① 水平疏散通道不应低1lx，人员密集场所、避难层（间）不应低于2lx；

② 垂直疏散区域不应低于5lx；

③ 疏散通道中心线的最大值与最小值之比不应大于40∶1；

④ 寄宿制幼儿园和小学的寝室、老年公寓、医院等需要救援人员协助疏散的场所不应低于5lx。

# 13.4 光源、电器附件的选用和灯具选型

## 13.4.1 照明光源的类型、特性及其选择

### 13.4.1.1 常用光源的类型

光源按其发光原理可分为固体发光光源和气体放电光源两大类。固体发光光源是指利用电磁波、电能、机械能及化学能等作用到固体上而被转化为光能的光源，如白炽灯、卤钨灯和 LED 灯等。气体放电光源是利用气体放电发光的原理所做成的光源，如荧光灯、高压汞灯、高压钠灯、金属卤化物灯和氙灯等。

(1) 白炽灯（incandescent lamp）

白炽灯的结构如图 13-5 所示。它是靠钨丝（灯丝）通过电流加热到白炽状态而引起热辐射发光。

白炽灯按灯丝结构分，有单螺旋和双螺旋两种，后者的光效较高，宜优先选用。按用途分，有普通照明和局部照明两种。

普通照明单螺旋灯丝白炽灯的型号为 PZ，普通照明双螺旋灯丝白炽灯的型号为 PZS；局部照明单螺旋灯丝白炽灯的型号为 JZ，局部照明双螺旋灯丝白炽灯的型号为 JZS。此外，白炽灯的灯头形式有：插口式（B）和螺口式（E）两种。

白炽灯结构简单，价格低廉，使用方便，且显色性比较好；但其发光效率相当低，使用寿命较短，且耐振性较差。目前只应用于有特殊要求的场合。

(2) 卤钨灯（tungsten halogen lamp）

卤钨灯的结构有两端引入式和单端引入式两种。两端引入式的卤钨灯结构如图 13-6 所示，单端引入式的卤钨灯结构如图 13-7 所示。前者主要用于高照度的工作场所，后者主要用于放映灯等。卤钨灯实质是在白炽灯内充入含有少量卤素（碘、溴等）或卤化物的气体，利用卤钨循环原理来提高灯的发光效率和使用寿命。

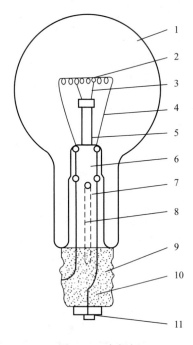

图 13-5 白炽灯
1—玻壳；2—灯丝（钨丝）；3—支架（银丝）；4—电极（镍丝）；5—玻璃芯柱；6—杜美丝（铜铁镍合金丝）；7—引入线（铜丝）；8—抽气管；9—灯头；10—封端胶泥；11—锡焊接触

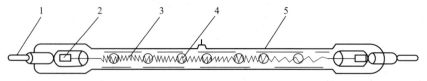

图 13-6 两端引入的卤钨灯管结构图
1—灯脚（引入电极）；2—钼箔；3—灯丝（钨丝）；4—支架；5—石英玻管（内充微量卤素）

所谓"卤钨循环"原理是：当灯管（或灯泡）工作时，灯丝（钨丝）的温度很高，使钨丝表面的钨分子蒸发，向灯管内壁漂移。普通白炽灯泡之所以逐渐发黑，就是由于灯丝中的钨分子蒸发沉积在玻璃壳内壁所致。而卤钨灯由于灯管内充有卤素，钨分子在管内壁与卤素作用，生成气态的卤化钨，卤化钨又由管壁向灯丝迁移。当卤化钨进入灯丝的高温区后（1600℃以上），就分解为钨分子和卤素，而钨分子又沉积到灯丝上。当钨分子沉积的数量等于灯丝蒸发出去的钨分子数量时，就形成相对平衡状态。这一过程就称为"卤钨循环"。正因为如此，所以卤钨灯的玻璃管不易发黑，其光效比白炽灯高，使用寿命也大大延长。

为了使卤钨灯的"卤钨循环"顺利进行，安装时灯管必须保持水平，倾斜角不得大于4°，且不允许采用人工冷却措施（如使用电风扇），否则将严重影响灯管寿命。由于卤钨灯工作时管壁温度可高达600℃，因此不可与易燃物靠近。卤钨灯的耐振性比白炽灯差，须注意防振。卤钨灯的显色性好，使用较方便，主要用于需高照度的场所。

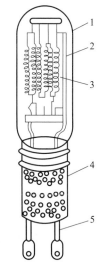

图 13-7 单端引入的卤钨灯管结构图
1—石英玻泡（内充微量卤素）；2—金属支架 3—排丝状灯丝（钨丝）；4—散热罩；5—引入电极

（3）荧光灯（fluorescent lamp）

荧光灯俗称日光灯，其结构如图 13-8 所示。它是利用汞蒸气在外加电压作用下产生弧光放电，发出少量可见光和大量紫外线，而紫外线又激励管内壁涂极的荧光粉，使之再发出大量可见光。由此可见，荧光灯的光效比白炽灯高，使用寿命也比白炽灯长得多。

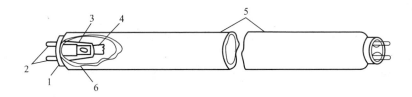

图 13-8 荧光灯管
1—灯头；2—灯脚；3—玻璃芯柱；4—灯丝（钨丝，电极）；5—玻璃管（内壁涂荧光粉，管内充惰性气体）；6—汞（少量）

荧光灯的接线如图 13-9 所示。图中 S 是启辉器（glow starter），它有两个电极，其中一个弯成 U 形的电极是双金属片。当荧光灯接上电压后，启辉器首先产生辉光放电，致使双金属片加热伸开，造成两极短接，从而使电流通过灯丝。灯丝加热后发射电子，并使管内的少量汞气化。图中 $L$ 是镇流器（ballast），它实际上是一个铁芯电感线圈。当启辉器两极短接使灯丝加热后，其内部的辉光放电终止，双金属片冷却收缩，从而突然断开灯丝加热回路，使镇流器两端感生很高的电动势，连同电源电压叠加在灯管两端灯丝（电极）之间，使充满汞蒸气的灯管击穿，产生弧光放电。由于灯管点燃后，管内电压降很小，因此又要借助镇流器来产生很大一部分电压降，以维持灯管稳定的电流，不致因电流过大而烧毁。图中 $C$ 是电容器，用来提高电路的功率因数。未接电容器 $C$ 时，功率因数只 0.5 左右；接上电容器 C 后，功率因数可提高到 0.95 以上。

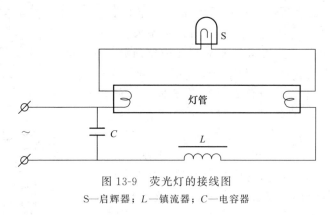

图 13-9　荧光灯的接线图
S—启辉器；L—镇流器；C—电容器

荧光灯工作时，其灯光将随着灯管两端电压的周期性交变而频繁闪烁，这就是"频闪效应"（stroboscopic effect）。频闪效应可使人眼发生错觉，可将一些由电动机驱动的旋转物体误认为静止物体，这当然是安全生产所不允许的。因此在有旋转机械的车间里不宜使用荧光灯。如果要使用荧光灯，则须设法消除其频闪效应。消除频闪的方法很多，最简便有效的方法，是在一个灯具内安装两根或三根荧光灯管，而各根灯管分别接在不同相的线路上。

荧光灯除有如图 13-8 所示的普通直管形（一般管径大于 26mm）荧光灯外，还有稀土三基色直管型、环型和紧凑型荧光灯。紧凑型荧光灯有 U 形、2U 形、D 形和 2D 形等多种形式。常用的 2U 形紧凑型节能荧光灯的结构外形如图 13-10 所示。

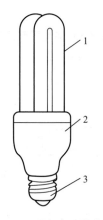

图 13-10　2U 形紧凑型节能荧光灯
1—灯管（放电管，内壁涂覆荧光粉，管内充少量汞，管端有灯丝）；2—底罩（内装镇流器、启辉器和电容器等）；3—灯头（内接有引入线）

紧凑型荧光灯具有光效高、能耗低和使用寿命长的特点。例如图 13-10 所示紧凑型节能荧光灯，其 8W 发出的光通量比普通白炽灯 40W 的光通量还多。而使用寿命比白炽灯长 10 倍以上，因此在一般照明中，它可以取代普通白炽灯，从而大大节约电能。

(4) 高压汞灯（high pressure mercury lamp）

高压汞灯，又称高压水银荧光灯。它是在上述荧光灯基础上开发出的产品，属于高气压（压强达 $10^5$Pa 以上）的汞蒸气放电光源。其结构有三种类型。

① GGY 型荧光高压汞灯，这是最常用的一种，其结构如图 13-11 所示。

② GYZ 型自镇流高压汞灯，它利用自身的灯丝兼作镇流器。

③ GYF 型反射高压汞灯，它采用部分玻壳内壁镀外射层的结构，使其光线集中均匀地定向反射。

高压汞灯不需启辉器来预热灯丝，但它必须与相应功率的镇流器串联使用（除 GYZ 型外），其接线如图 13-12 所示。高压汞灯工作时，第一主电极与辅助电极（触发极）间首先击穿放电，使管内的汞蒸发，导致第一主电极与第二主电极之间击穿，发生弧光放电，使管内壁的荧光质受激，产生大量的可见光。

高压汞灯的光效较高，使用寿命较长，但启动时间较长，显色性较差。

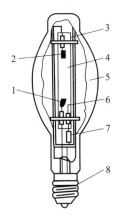
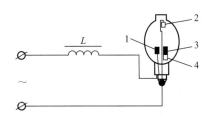

图 13-11 荧光高压汞灯（GGY 型）
1—第一主电极；2—第二主电极；3—金属支架；
4—内层石英玻璃壳（内充适当汞和氩）；5—外
层石英玻璃壳（内壁涂荧光粉，内外玻璃
壳间充氮）；6—辅助电极（触发极）；
7—限流电阻；8—灯头

图 13-12 高压汞灯接线图
1—第一主电极；2—第二主电极；
3—辅助电极；4—限流电阻

(5) 高压钠灯 (high pressure sodium lamp)

高压钠灯的结构如图 13-13 所示。其接线与高压汞灯（图 13-12）相同。它利用高气压（压强可达 $10^4$ Pa）的钠蒸气放电发光，其光谱集中在人眼视觉较为敏感的区间，因此其光效比高压汞灯大约还高一倍，而且使用寿命更长，但显色性更差，启动时间也较长。

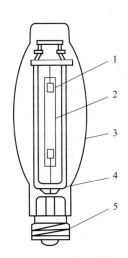
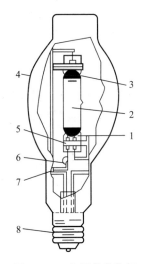

图 13-13 高压钠灯
1—主电极；2—半透明陶瓷放电管（内充钠、汞及
氙或氖氩混合气体）；3—外玻壳（内外壳间充氮）；
4—消气剂；5—灯头

图 13-14 金属卤化物灯
1—主电极；2—放电管（内充汞、稀有气体和金属卤化物）；
3—保温罩；4—石英玻璃壳；5—消气剂；
6—启动电极；7—限流电阻；8—灯头

(6) 金属卤化物灯 (halide lamp)

金属卤化物灯的结构如图 13-14 所示。它是由金属蒸气与金属卤化物分解物的混合物放电而发光的放电灯。金属卤化物灯的主要辐射，来自充填在放电管内的铟、镝、铊、钠等金属卤化物，在高温下分解产生的金属蒸气和汞蒸气混合物的激发，产生大量的可见光。其光效和显色指数也比高压汞灯高得多。目前我国应用的金属卤化物灯主要有四种：①高光效金属卤素灯（ZJD）；②充入钠、铊、铟碘化物的钠铊铟灯（NTI）；③充入镝、铊、铟碘化物的镝灯（DDG）；④充入钪、钠碘化物的钪钠灯（KNG）。

(7) 单灯混光灯（mix-light in single lamp）

这是 20 世纪末才开发出来的一种高效节能型新光源，其外形与上述高压汞灯、钠灯和金属卤化物灯［统称"高强度气体放电（HID）灯"］相似。

单灯混光灯现有以下三个系列。

① HXJ 系列金卤钠灯——由一支金属卤化物管芯和一支中显钠灯管芯串联组成，吸取了中显钠灯和金属卤化物灯光效高、寿命长等优点，又克服了这两种灯光色差，特别是金属卤化物灯在使用后期光通量衰减和变色严重的缺点，是一种光色好、光线柔和、寿命长以及色温、显色指数等技术指标均优于中显钠灯和金属卤化物灯的新型混光光源。

② HXG 系列中显钠汞灯——由一支中显钠灯管芯和一支汞灯管芯串联组成，克服了汞灯、钠灯及金属卤化物灯的光色不太适应人的视觉习惯和光效偏低、显色性差、寿命较短等缺点，是一种光效高、光色好、显色指数高、寿命长的部分技术指标优于汞灯、钠灯和金属卤化物灯的新型混光光源。

③ HJJ 系列双管芯金属卤化物灯——它由两支金属卤化物灯管芯并联组成。当其中一支管芯失效时，另一支管芯自动投入运行，从而提高了灯的可靠性和使用寿命，并减少了维修工作量。这种光源特别适用于体育场馆、高大厂房、大型商场等可靠性要求较高而维修更换比较困难的场所。

(8) 氙灯（xenon lamp）

氙灯是一种充氙气的高功率（可高达 100kW）气体放电光源，俗称"人造小太阳"。它分长弧氙灯和短弧氙灯两种。长弧氙灯是圆柱形石英放电管，为防止爆炸，其工作气压约为 $10^5$ Pa。短弧氙灯的石英放电管，中间为椭圆形，两端为圆柱形，其工作气压可达 $10^6$ Pa 以上。氙灯的光色接近天然日光，显色性好，适用于需正确辨色的场所作工作照明。又由于其功率大，故可用于广场、车站、码头、机场、大型车间等大面积场所的照明。它作为室内照明光源时，为防止紫外辐射对人体的伤害，应装设能隔紫的滤光玻璃。

(9) LED（Light Emitting Diode）灯

LED 灯——半导体发光二极管，利用固体半导体芯片作为发光材料，当两端加上正向电压时，半导体中的载流子发生复合放出过剩的能量，从而引起光子发射产生光。发光二极管发明于 20 世纪 60 年代，开始只有红光，随后出现绿光、黄光。直到 20 世纪 90 年代，研制出蓝光 LED，很快就合成出白光 LED，从而进入照明领域，成为一种新型光源。当前，白光 LED 灯大多是用蓝光 LED 激发黄色荧光粉发出白光。LED 光源具有发光效率高、使用寿命长、安全可靠性高、调光方便以及光源尺寸小等一系列优点。近年来 LED 灯技术发展很快，光效不断提高，质量不断改进，价格不断下降，目前已得到广泛应用。

#### 13.4.1.2 常用光源的主要技术特性

常用几种光源的主要技术特性见表 13-28，供参考。从表中可以看出，LED 灯和高压钠灯的光效最高，其次是金属卤化物灯和荧光灯，而光效最低的是白炽灯。但从显色指数（$R_a$）看，白炽灯和卤钨灯最高，而高压钠灯和高压汞灯都很低。因此，在选择光源类型时，要根据光源性能和具体应用场所而定。

表 13-28 电光源的主要技术特性汇总表

| 光源名称 | 额定功率范围/W | 光效/(lm/w) | 平均寿命/h | 一般显色指数($Ra$) | 启动时间 | 再启动时间/min | 功率因数$\cos\varphi$ | 频闪效应 |
|---|---|---|---|---|---|---|---|---|
| 白炽灯 | 15～1000 | 8～20 | 1000 | 95～99 | 瞬时 | 瞬时 | 1 | 不明显 |
| 荧光灯 | 6～125 | 40～105 | 8000～20000 | 80～85 | 1～3s | 瞬时 | 0.33～0.7 | 明显 |
| 高压汞灯 | 50～1000 | 30～55 | 8000～10000 | 30～40 | 4～8min | 5～10 | 0.44～0.67 | 明显 |
| 卤钨灯 | 500～2000 | 13～25 | 2000 | 95～99 | 瞬时 | 瞬时 | 1 | 不明显 |
| 高压钠灯 | 35～1000 | 90～140 | 24000～32000 | 20～25 | 4～8min | 10～20 | 0.44 | 明显 |
| 管形氙灯 | 1500～20000 | 20～40 | 500～1000 | 90～95 | 1～2s | 瞬时 | 0.4～0.9 | 明显 |
| 金属卤化物灯 | 400～1000 | 60～95 | 8000 | 65～85 | 4～8min | 10～15 | 0.4～0.61 | 明显 |
| LED 灯 | 0.1～1000 | 70～120 | 25000～50000 | 60～90 | 瞬时 | 瞬时 | 1 | 明显 |

#### 13.4.1.3 照明光源的选择

1）当选择光源时，应满足显色性、启动时间等要求，并应根据光源、灯具及镇流器等的效率或效能、寿命和价格等在进行综合技术经济分析比较后确定。

2）照明设计应按下列条件选择光源：

① 灯具安装高度较低的房间宜采用细管直管形三基色荧光灯；

② 商场营业厅的一般照明宜采用细管直管形三基色荧光灯、小功率陶瓷金属卤化物灯；重点照明宜采用小功率陶瓷金属卤化物灯、发光二极管（LED）灯；

③ 灯具安装高度较高的场所，应按使用要求，采用金属卤化物灯、高压钠灯或高频大功率细管直管荧光灯；

④ 旅馆建筑的客房宜采用发光二极管灯或紧凑型荧光灯；

⑤ 照明设计不应采用普通照明白炽灯，对电磁干扰有严格要求，且其他光源无法满足的特殊场所除外。

3）应急照明应选用能快速点亮的光源。

4）照明设计应根据识别颜色要求和场所特点，选用相应显色指数的光源。

### 13.4.2 照明灯具及其附属装置的选择与布置

#### 13.4.2.1 常用灯具的类型

（1）按灯具配光特性分类

按照灯具的配光特性分类有两种分类方法。

一种是国际照明委员会（CIE）提出的分类法，CIE分类法根据灯具向下和向上投射的光通量百分比，将灯具分为以下5种类型（见表13-29）。

① 直接照明型——灯具向下投射的光通量占总光通量的90%～100%，而向上投射的光通量极少。

② 半直接照明型——灯具向下投射的光通量占总光通量的60%～90%，向上投射的光通量只有10%～40%。

③ 均匀漫射型——灯具向下投射的光通量与向上投射的光通量差不多相等，各为40%～60%之间。

④ 半间接照明型——灯具向上投射的光通量占总光通量的60%～90%，向下投射的光通量只有10%～40%。

表13-29 灯具类型划分（CIE分类法）

| 型号 | 名称 | 光通比/% | | 光强分布 |
|---|---|---|---|---|
| | | 上半球 | 下半球 | |
| A | 直接型 | 0～10 | 100～90 | |
| B | 半直接型 | 10～40 | 90～60 | |
| C | 直接—间接型（均匀扩散） | 40～60 | 60～40 | |
| D | 半间接型 | 60～90 | 40～10 | |
| E | 间接型 | 90～100 | 10～0 | |

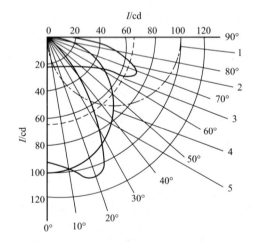

图13-15 灯具的配光曲线分类
1—正弦分布型；2—广照型；3—漫射型；
4—配照型；5—深照型

⑤ 间接照明型——灯具向上投射的光通量占总光通量的90%～100%，而向下投射的光通量极少。

另一种是传统的分类法，传统分类法根据灯具的配光曲线形状，将灯具分为以下5种类型（参看图13-15）。

① 正弦分布型——其发光强度是角度的正弦函数，并且在$\theta=90°$时（水平方向）发光强度最大。

② 广照型——其最大发光强度分布在较大角度上，可在较广的面积上形成均匀的照度。

③ 漫射型——其各个角度（方向）的发光强度基本一致。

④ 配照型——其发光强度是角度的余弦函数，并且在$\theta=0°$时（垂直向下方向）发光强度最大。

⑤ 深照型——其光通量和最大发光强度值集中在0°～30°的狭小立体角内。

（2）按灯具的结构特点分类

按灯具的结构特点可分为以下5种类型。

① 开启型——其光源与灯具外界的空间相通，例如通常使用的配照灯、广照灯、深照灯等。

② 闭合型——其光源被透明罩包合，但内外空气仍能流通，如圆球灯、双罩型（又称万能型）灯和吸顶灯等。

③ 密闭型——其光源被透明罩密封，内外空气不能对流，如防潮灯、防水防尘灯等。

④ 增安型——其光源被高强度透明罩密封，且灯具能承受足够的压力，能安全地应用在有爆炸危险介质的场所，亦称"防爆型"。

⑤ 隔爆型——其光源也被高强度透明罩密封，但不是靠其密封性来防爆，而是在其灯座的法兰与灯罩的法兰之间有一隔爆间隙。当气体在灯罩内部爆炸时，高温气体经过隔爆间隙被充分冷却，从而不致引起外部爆炸性混合气体爆炸，因此隔爆型灯也能安全地应用在有爆炸危险介质的场所。

图 13-16 是常用的几种灯具的外形和图形符号，供参考。

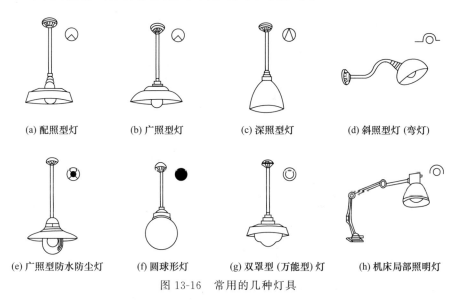

图 13-16　常用的几种灯具

### 13.4.2.2　常用灯具及其附属装置的选择

1) 选择的照明灯具、镇流器应通过国家强制性产品认证。

2) 在满足眩光限制和配光要求条件下，应选用效率或效能高的灯具，并应符合下列有关规定。

① 直管形荧光灯灯具的效率不应低于表 13-30 的规定。

表 13-30　直管形荧光灯灯具的效率

| 灯具出光口形式 | 开敞式 | 保护罩(玻璃或塑料) | | 格栅 |
| --- | --- | --- | --- | --- |
| | | 透明 | 棱镜 | |
| 灯具效率 | 75% | 70% | 55% | 65% |

② 紧凑型荧光灯筒灯灯具的效率不应低于表 13-31 的规定。

表 13-31　紧凑型荧光灯筒灯灯具的效率

| 灯具出光口形式 | 敞开式 | 保护罩 | 格栅 |
| --- | --- | --- | --- |
| 灯具效率 | 55% | 50% | 45% |

③ 小功率金属卤化物灯筒灯灯具的效率不应低于表 13-32 的规定

表 13-32　小功率金属卤化物灯筒灯灯具的效率

| 灯具出光口形式 | 敞开式 | 保护罩 | 格栅 |
|---|---|---|---|
| 灯具效率 | 60% | 55% | 50% |

④ 高强度气体放电灯灯具的效率不应低于表 13-33 的规定。

表 13-33　高强度气体放电灯灯具的效率

| 灯具出光口形式 | 开敞式 | 格栅或透光罩 |
|---|---|---|
| 灯具效率 | 75% | 60% |

⑤ 发光二极管筒灯灯具的效能不应低于表 13-34 的规定。

表 13-34　发光二极管筒灯灯具的效能　　　　　单位：lm/W

| 色温 | 2700K | | 3000K | | 4000K | |
|---|---|---|---|---|---|---|
| 灯具出光口形式 | 格栅 | 保护罩 | 格栅 | 保护罩 | 格栅 | 保护罩 |
| 灯具效能 | 55 | 60 | 60 | 65 | 65 | 70 |

⑥ 发光二极管平面灯灯具的效能不应低于表 13-35 的规定。

表 13-35　发光二极管平面灯灯具的效能　　　　　单位：lm/W

| 色温 | 2700K | | 3000K | | 4000K | |
|---|---|---|---|---|---|---|
| 灯盘出光口形式 | 反射式 | 直射式 | 反射式 | 直射式 | 反射式 | 直射式 |
| 灯盘效能 | 60 | 65 | 65 | 70 | 70 | 75 |

3) 各种场所严禁采用触电防护的类别为 0 类的灯具［按防触电保护形式，灯具应分类为（0 类，IEC 60598-1：2014 已经取消了此类灯具）、Ⅰ类、Ⅱ类或Ⅲ类，见表 13-36］。

表 13-36　灯具防触电保护分类

| 灯具防触电保护类型 | 灯具主要性能 | 应用说明 |
|---|---|---|
| 0 类 | 易触及外壳和带电体之间依靠基本绝缘 | 适用于干燥、尘埃少的场所,安装在维护方便位置上的灯具,如吊灯、吸顶灯等通用固定式灯具 |
| Ⅰ类 | 除基本绝缘外,在易触及的外壳上有接地措施,使之在基本绝缘失效时不致有危险 | 用于安装在高处,维护不方便位置上的金属外壳灯具,如投光灯、路灯、工厂灯等 |
| Ⅱ类 | 不仅依靠基本绝缘,而且具有附加安全措施,例如双重绝缘或加强绝缘,但没有保护接地的措施或依赖安装条件 | 人体经常接触,需要经常移动、容易跌倒或要求安全程度特别高的灯具 |
| Ⅲ类 | 防触电保护依靠电源电压为安全特低电压,并且不会产生高于 SELV 的电压（交流不大于 50V） | 接于安全超低压电源的可移动式灯、手提灯等 |

4) 灯具选择应符合下列规定：

① 特别潮湿场所，应采用相应防护措施的灯具；

② 有腐蚀性气体或蒸汽场所，应采用相应防腐蚀要求的灯具；

③ 高温场所，宜采用散热性能好、耐高温的灯具；
④ 多尘埃的场所，应采用防护等级不低于 IP5X 的灯具；
⑤ 在室外的场所，应采用防护等级不低于 IP54 的灯具；IP 代码的配置如图 13-17 所示，其各要素及含义的说明见图 13-18。

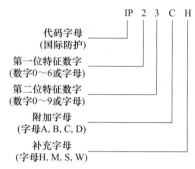

图 13-17 IP 代码的配置示意图

图 13-18 IP 代码各要素及含义的说明

不要求规定特征数字时,由字母"X"代替(若两个字母都省略则用"XX"表示)。

附加字母和(或)补充字母可省略,不需代替。

当使用一个以上的补充字母时,应按字母顺序排列。

当外壳采用不同安装方式提供不同的防护等级时,制造厂应在相应安装方式的说明书上表明该防护等级。

⑥ 装有锻锤、大型桥式吊车等振动、摆动较大场所应有防振和防脱落措施;

⑦ 易受机械损伤、光源自行脱落可能造成人员伤害或财物损失场所应有防护措施;

⑧ 有爆炸或火灾危险场所应符合国家现行有关标准 GB/T 50058 2014 的规定;

⑨ 有洁净度要求的场所,应采用不易积尘、易于擦拭的洁净灯具,并应满足洁净场所的相关要求;

⑩ 防止紫外线照射的场所,应采用隔紫外线灯具或无紫外线光源。

5)直接安装在普通可燃材料表面的灯具,应符合现行国家标准《灯具 第1部分:一般要求与试验》GB 7000.1—2015 的有关规定。

6)镇流器的选择应符合下列规定:

① 荧光灯应配用电子镇流器或节能电感镇流器;

② 对频闪效应有限制的场合,应采用高频电子镇流器;

③ 镇流器的谐波、电磁兼容应符合现行国家标准《电磁兼容限值 谐波电流发射限值(设备每相输入电流≤16A)》GB 17625.1—2012 和《电气照明和类似设备的无线电骚扰特性的限值和测量方法》GB 17743—2017 的有关规定;

④ 高压钠灯、金属卤化物灯应配用节能电感镇流器;在电压偏差较大的场所,宜配用恒功率镇流器;功率较小者,可配用电子镇流器。

7)高强度气体放电灯的触发器与光源的安装距离应满足现场使用的要求。

### 13.4.2.3 室内灯具的悬挂高度

室内灯具不能悬挂过高。如悬挂过高,一方面降低了工作面上的照度,而要满足照度要求,势必增大光源的功率,不经济;另一方面运行维修[如擦拭或更换光源(灯泡)]也不方便。室内灯具也不能悬挂过低。如悬挂过低,一方面容易被人碰撞,不安全;另一方面会产生眩光,影响人的视觉。

室内一般照明灯具距离地面的最低悬挂高度可参考机械工业行业标准《机械工厂电力设计规程》JBJ 6—1996,其要求如表 13-37 所示,供照明设计参考。

表 13-37 室内一般照明灯具距离地面的最低悬挂高度

| 光源种类 | 灯具型式 | 灯具遮光角 | 光源功率/W | 最低悬挂高度/m |
| --- | --- | --- | --- | --- |
| 白炽灯 | 有反射罩 | 10°~30° | ≤100 | 2.5 |
| | | | 150~200 | 3.0 |
| | | | 300~500 | 3.5 |
| | 乳白玻璃漫射罩 | — | ≤100 | 2.2 |
| | | | 150~200 | 2.5 |
| | | | 300~500 | 3.0 |

续表

| 光源种类 | 灯具型式 | 灯具遮光角 | 光源功率/W | 最低悬挂高度/m |
|---|---|---|---|---|
| 荧光灯 | 无反射罩 | — | ≤40 | 2.2 |
| | | | >40 | 3.0 |
| | 有反射罩 | — | ≤40 | 2.2 |
| | | | >40 | 2.2 |
| 荧光高压汞灯 | 有反射罩 | 10°~30° | <125 | 3.5 |
| | | | 125~250 | 5.0 |
| | | | ≥400 | 6.0 |
| | 有反射罩带格栅 | >30° | <125 | 3.0 |
| | | | 125~250 | 4.0 |
| | | | ≥400 | 5.0 |
| 金属卤化物灯 高压钠灯 混光光源 | 有反射罩 | 10°~30° | <150 | 4.5 |
| | | | 150~250 | 5.5 |
| | | | 250~400 | 6.5 |
| | | | >400 | 7.5 |
| | 有反射罩带格栅 | >30° | <150 | 4.0 |
| | | | 150~250 | 4.5 |
| | | | 250~400 | 5.5 |
| | | | >400 | 6.5 |

表中所列灯具的遮光角（又称保护角）的含义，如图13-19所示。它是指光源最边缘的一点和灯具出光口的连线与通过裸光源发光中心的水平线之间的夹角，遮光角表征灯具的光线被灯罩遮盖的程度，也表征避免灯具对人眼直射眩光的范围。

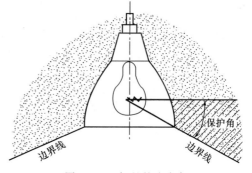

图 13-19　灯具的遮光角

### 13.4.2.4　室内灯具的布置

室内灯具的布置，与房间的结构及对照明的要求有关，既要实用经济，又要尽可能地协调美观。车间内一般照明灯具，通常有两种布置方案。

1）均匀布置。灯具在整个房间内均匀分布，其布置方案与设备的具体位置无关，如图 13-20(a) 所示。

2）选择布置。灯具的布置方案与生产设备的位置有关。大多按工作面对称布置，力求使工作面获得最有利的光照并消除阴影，如图 13-20(b) 所示。

由于均匀布置较之选择布置更为美观，而且使整个房间的照度较为均匀，所以在既有一般照明又有局部照明的场所，其一般照明宜采用均匀布置。

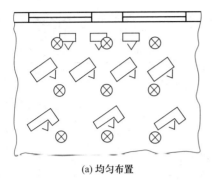 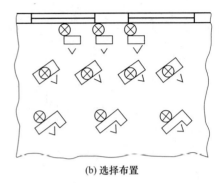

(a) 均匀布置　　　　　　　　　(b) 选择布置

图 13-20　车间内一般照明灯具的两种布置方案
图例：⊗灯具位置；∨工作位置

均匀布置的灯具可有两种排列方式：①灯具排列成矩形（含正方形），如图 13-21(a) 所示。矩形布置时，应尽量使 $l$ 与 $l'$ 相接近。②灯具排列成菱形，如图 13-21(b) 所示。等边三角形的菱形布置，即 $l'=\sqrt{3}l$ 时，照度分布最为均匀。

灯具间的距离，应按灯具的光强分布、悬挂高度、房屋结构及照度标准等多种因素而定。为了使工作面上获得较均匀的照度，应选择合理的"距高比"，即灯间距离 $l$ 与灯在工作面上的悬挂高度 $h$ 之比，一般不要超过各类灯具所规定的最大距高比。

例如：GC1-A、B-2G 型工厂配照灯（G—工厂灯具；C—厂房照明；1—设计序号；A—直杆吊灯；B—吊链灯；2—尺寸代号；G—光源为高压汞灯）的最大允许距高比查表 13-38 可得为 1.35，其余灯具的最大距高比可参看有关设计手册。

从使整个房间获得较为均匀的照度考虑，靠边缘的一列灯具离墙的距离 $l''$（如图 13-21 所示）为：靠墙有工作面时，可取 $l''=(0.25\sim0.3)l$；靠墙为通道时，可取 $l''=(0.4\sim0.6)l$。其中 $l$ 为两灯间的距离（对矩形布置的灯具，可取其纵向和横向灯距的几何平均值）。

图 13-21　灯具的均匀布置（虚线表示桁架）

【例 13-1】　某车间的平面面积为 $(36\times18)\text{m}^2$，桁架跨度 18m，桁架之间相距 6m，桁架下弦离地高度为 5.5m，工作面离地 0.75m。拟采用 GC1-A-2G 型工厂配电灯（内装 220V，125W 荧光高压汞灯，即 GGY-125 型）作车间的一般照明。试初步确定灯具的布置方案。

**解**　根据车间建筑结构，照明灯具宜悬挂在桁架上。如灯具下吊 0.5m，则灯具离地高度为 5.5m－0.5m＝5m，这一高度符合表 13-37 规定的最低悬挂高度要求。

表 13-38　GC1-A、B-2G 型工厂配照灯的主要技术数据和计算图表

1. 主要规格数据

| 光源型号 | 光源功率 | 光源光通量 | 遮光角 | 灯具效率 | 最大距高比 |
|---|---|---|---|---|---|
| GGY-125 | 125W | 4750lm | 0° | 66% | 1.35 |

2.灯具外形及其配光曲线

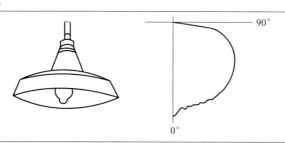

3.灯具利用系数 $u$

| 顶棚反射比 $\rho_c$/% | | 70 | | | 50 | | | 30 | | | 0 |
|---|---|---|---|---|---|---|---|---|---|---|---|
| 墙壁反射比 $\rho_w$/% | | 50 | 30 | 10 | 50 | 30 | 10 | 50 | 30 | 10 | 10 |
| 室空间比(RCR)<br>地面反射比<br>($\rho_f=20\%$) | 1 | 0.66 | 0.64 | 0.61 | 0.64 | 0.61 | 0.59 | 0.61 | 0.59 | 0.57 | 0.54 |
| | 2 | 0.57 | 0.53 | 0.49 | 0.55 | 0.51 | 0.48 | 0.52 | 0.49 | 0.47 | 0.44 |
| | 3 | 0.49 | 0.44 | 0.40 | 0.47 | 0.43 | 0.39 | 0.45 | 0.41 | 0.38 | 0.36 |
| | 4 | 0.43 | 0.38 | 0.33 | 0.42 | 0.37 | 0.33 | 0.40 | 0.36 | 0.32 | 0.30 |
| | 5 | 0.38 | 0.32 | 0.28 | 0.37 | 0.31 | 0.27 | 0.35 | 0.31 | 0.27 | 0.25 |
| | 6 | 0.34 | 0.28 | 0.23 | 0.32 | 0.27 | 0.23 | 0.31 | 0.27 | 0.23 | 0.21 |
| | 7 | 0.30 | 0.24 | 0.20 | 0.29 | 0.23 | 0.19 | 0.28 | 0.23 | 0.19 | 0.18 |
| | 8 | 0.27 | 0.21 | 0.17 | 0.26 | 0.21 | 0.17 | 0.25 | 0.20 | 0.17 | 0.15 |
| | 9 | 0.24 | 0.19 | 0.15 | 0.23 | 0.18 | 0.15 | 0.23 | 0.18 | 0.15 | 0.13 |
| | 10 | 0.22 | 0.16 | 0.13 | 0.21 | 0.16 | 0.13 | 0.21 | 0.16 | 0.13 | 0.11 |

4.灯具概算图表

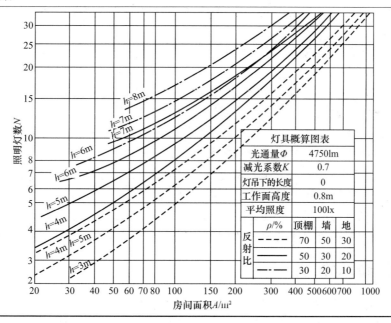

由于工作面离地 0.75m，故灯具离工作面上的悬挂高度 $h=5m-0.75m=4.25m$，而由前述可知，这种灯具的最大允许距高比为 1.35，因此较合理的灯间距离为

$$l \leqslant 1.35h = 1.35 \times 4.25 = 5.7m$$

根据车间的结构和以上计算所得的较为合理的灯距，初步确定灯具布置方案如图 13-22 所示。该方案的灯距（几何平均值）$l=\sqrt{4.5 \times 6}=5.2m<5.7m$，符合要求。但是此方案是

否满足照度要求，还有待于通过照度计算来检验。

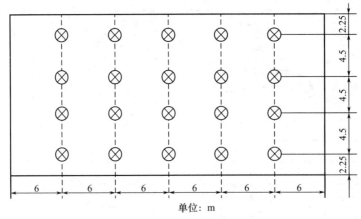

图 13-22 例 13-1 灯具布置方案

# 13.5 照明供电及照明控制

## 13.5.1 照明电压

1) 一般照明光源的电源电压应采用 220V。1500W 及以上的高强度气体放电灯的电源电压宜采用 380V。

2) 安装在水下的灯具应采用安全特低电压供电，其交流电压值不应大于 12V，无纹波直流供电不应大于 30V。

3) 当移动式和手提式灯具采用Ⅲ类灯具时，应采用安全特低电压（SELV）供电，其电压限值应符合下列规定：

① 在干燥场所交流供电不大于 50V，无纹波直流供电不大于 120V；

② 在潮湿场所不大于 25V，无纹波直流供电不大于 60V。

4) 照明灯具的端电压不宜大于其额定电压的 105%，且宜符合下列规定：

① 一般工作场所不宜低于其额定电压的 95%；

② 当远离变电所的小面积一般工作场所难以满足上述第 1) 款要求时，可为 90%；

③ 应急照明和用安全特低电压（SELV）供电的照明不宜低于其额定电压的 90%。

## 13.5.2 照明配电系统

1) 供照明用的配电变压器的设置应符合下列规定：

① 当电力设备无大功率冲击性负荷时，照明和电力宜共用变压器；

② 当电力设备有大功率冲击性负荷时，照明宜与冲击性负荷接自不同变压器；如条件不允许，当需接自同一变压器时，照明应由专用馈电线供电；

③ 当照明安装功率较大或有谐波含量较大时，宜采用照明专用变压器。

2) 应急照明的供电应符合下列规定：

① 疏散照明的应急电源宜采用蓄电池（或干电池）装置，或蓄电池（或干电池）与供

电系统中有效地独立于正常照明电源的专用馈电线路的组合,或采用蓄电池(或干电池)装置与自备发电机组组合的方式;

② 安全照明的应急电源应和该场所的供电线路分别接自不同变压器或不同馈电干线,必要时可采用蓄电池组供电;

③ 备用照明的应急电源宜采用供电系统中有效地独立于正常照明电源的专用馈电线路或自备发电机组。

3)三相配电干线的各相负荷宜平衡分配,最大相负荷不宜大于三相负荷平均值的115%,最小相负荷不宜小于三相负荷平均值的85%。

4)正常照明单相分支回路的电流不宜大于16A。所接光源数或发光二极管灯具数不宜超过25个;当连接建筑装饰性组合灯具时,回路电流不宜大于25A,光源数不宜超过60个;连接高强度气体放电灯的单相分支回路的电流不宜大于25A。

5)电源插座不宜和普通照明灯接在同一分支回路。

6)在电压偏差较大的场所,宜设置稳压装置。

7)使用电感镇流器的气体放电灯应在灯具内设置电容补偿,荧光灯功率因数不应低于0.9,高强气体放电灯功率因数不应低于0.85。

8)在气体放电灯的频闪效应对视觉作业有影响的场所,应采用下列措施之一:
① 采用高频电子镇流器;
② 相邻灯具分接在不同相序。

9)当采用Ⅰ类灯具时,灯具的外露可导电部分应可靠接地。

10)当照明装置采用安全特低电压供电时,应采用安全隔离变压器,且二次侧不应接地。

11)照明分支线路应采用铜芯绝缘电线,分支线截面不应小于$1.5mm^2$。

12)主要供给气体放电灯的三相配电线路,其中性线截面应满足不平衡电流及谐波电流的要求,且不应小于相线截面。当3次谐波电流超过基波电流的33%时,应按中性线电流选择线路截面,并应符合现行国家标准《低压配电设计规范》GB 50054—2011的有关规定。

### 13.5.3 照明控制

1)公共建筑和工业建筑的走廊、楼梯间、门厅等公共场所的照明,宜按建筑使用条件和天然采光状况采取分区、分组控制措施。

2)公共场所应采用集中控制,并按需要采取调光或降低照度的控制措施。

3)旅馆的每间(套)客房应设置节能控制型总开关;楼梯间、走道的照明,除应急疏散照明外,宜采用自动调节照度等节能措施。

4)住宅建筑共用部位的照明,应采用延时自动熄灭或自动降低照度等节能措施。当应急疏散照明采用节能自熄开关时,应采取消防时强制点亮的措施。

5)除设置单个灯具的房间外,每个房间照明控制开关不宜少于2个。

6)当房间或场所装设两列或多列灯具时,宜按下列方式分组控制:
① 生产场所宜按车间、工段或工序分组;
② 在有可能分隔的场所,宜按每个有可能分隔的场所分组;
③ 电化教室、会议厅、多功能厅、报告厅等场所,宜按靠近或远离讲台分组;
④ 除上述场所外,所控灯列可与侧窗平行。

7)有条件的场所,宜采用下列控制方式:

① 可利用天然采光的场所，宜随天然光照度变化自动调节照度；

② 办公室的工作区域，公共建筑的楼梯间、走道等场所，可按使用需求自动开关灯或调光；

③ 地下车库宜按使用需求自动调节照度；

④ 门厅、大堂、电梯厅等场所，宜采用夜间定时降低照度的自动控制装置

8）大型公共建筑宜按使用需求采用适宜的自动（含智能控制）照明控制系统。其智能照明控制系统宜具备下列功能：

① 宜具备信息采集功能和多种控制方式，并可设置不同场景的控制模式；

② 当控制照明装置时，宜具备相适应的接口；

③ 可实时显示和记录所控照明系统的各种相关信息并可自动生成分析和统计报表；

④ 宜具备良好的中文人机交互界面；

⑤ 宜预留与其他系统的联动接口。

## 13.6 照度计算

在灯具的形式、悬挂高度及布置方案初步确定之后，就应该根据初步拟定的照明方案计算工作面上的照度，检验是否符合照度标准的要求；也可以在初步确定灯具形式和悬挂高度之后，根据工作面上的照度标准要求来确定灯具数目，然后确定布置方案。

照度的计算方法，有利用系数法、概算曲线法、比功率法和逐点计算法等。前三种计算法只用于计算水平工作面上的照度，其中概算曲线法实质是利用系数法的实用简化；而最后一种计算方法——逐点计算法则可用于计算任一倾斜面包括垂直面上的照度。

### 13.6.1 利用系数法

（1）利用系数的概念

照明光源的利用系数，是表征照明光源的光通量有效利用程度的一个参数，用投射到工作面上的光通量 $\Phi_e$（包括直射光通量和其他各方向反射到工作面上的光通量）与全部光源发出的光通量 $n\Phi$ 之比（$\Phi$ 为每一光源的光通量，$n$ 为光源数）来表示，即

$$u = \Phi_e / n\Phi \tag{13-14}$$

利用系数 $u$ 与下列因素有关。

① 与灯具的形式、光效和配光特性曲线有关。灯具的光效越高，光通量越集中，其利用系数也越高。

② 与灯具的悬挂高度有关。灯具悬挂得越高，工作面上反射的光通量就越多，其利用系数也越高。

③ 与房间的面积和形状有关。房间的面积越大，越接近于正方形，工作面上直射的光通量越多，其利用系数也越高。

④ 与墙壁、顶棚和地面的颜色和洁污情况有关。其颜色越浅，越洁净，则其反射比就越大，反射光通量越多，因此利用系数也越高。

（2）利用系数值的确定

利用系数值应按墙壁、顶棚和地面的反射比 $\rho_w$、$\rho_c$、$\rho_f$ 及房间的受照空间特征来确定。房间的受照空间特征用"室空间比"（Room Cabin Ratio，缩写为 $RCR$）来表征。

如图 13-23 所示，一个房间按照明情况不同可分为三个空间：上面为顶棚空间，即从顶棚至悬挂灯具开口平面间的空间；中间为室空间，即从灯具开口平面至工作面的空间；下面为地板空间，即从工作面以下至地板的空间。对于装设吸顶式或嵌入式灯具的房间，则不存在顶棚空间，对于以地面为工作面的房间，则不存在地板空间。

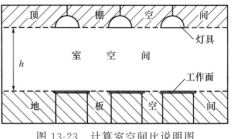

图 13-23 计算室空间比说明图

室空间比 RCR 按下式计算：

$$RCR = \frac{5h(l+b)}{lb} \quad (13\text{-}15)$$

式中，$h$ 为室空间高度，即灯具离工作面的高度；$l$，$b$ 分别为房间的长、宽。

(3) 按利用系数法计算工作面上的平均照度

由于灯具在使用期间，光源（灯泡）本身的光效要逐渐降低，灯具也会陈旧脏污，受照场所的墙壁、顶棚也有污损的可能，从而使工作面上的光通量有所减少，因此在计算工作面上实际的平均照度时，应计入一个小于 1 的"减光系数"（Light Loss Factor，LLF，又称"维护系数"，见表 13-2）。因此，工作面上实际的平均照度为

$$E_{av} = \frac{uKn\Phi}{A} \quad (13\text{-}16)$$

式中，$u$ 为利用系数；$K$ 为减光系数（维护系数）；$n$ 为受照房间灯的盏数，$\Phi$ 为每盏灯的额定光通量；$A$ 为房间面积。

如果已知工作面上的平均照度标准值，即 $E_{av}$，并已确定灯具形式及光源类型、功率时，则可由下式确定灯具盏数：

$$n = \frac{AE_{av}}{uK\Phi} \quad (13\text{-}17)$$

**【例 13-2】** 试计算前述例 13-1 所初步确定的灯具布置方案（如图 13-22 所示）在工作面上的平均照度。

**解** 该车间的室空间比为

$$RCR = \frac{5h(l+b)}{lb} = \frac{5 \times 4.25 \times (36+18)}{36 \times 18} = 1.77$$

假设车间顶棚的反射比 $\rho_c = 70\%$，墙壁的反射比 $\rho_w = 50\%$，地面的反射比 $\rho_f = 20\%$。因此可运用插入法由表 13-38 查得利用系数 $u = 0.6$。又由表 13-2 查得维护系数 $K = 0.7$，再由表 13-38 查得灯具光源 GGY-125 的额定光通量为 4750lm。而由图 13-22 知，灯数 $n = 20$。因此按式(13-16) 可求得该车间水平工作面的平均照度为

$$E_{av} = \frac{uKn\Phi}{A} = \frac{0.6 \times 0.7 \times 20 \times 4750}{36 \times 18} = 61.57\text{lx}$$

## 13.6.2 概算曲线法

(1) 概算曲线简介

灯具的概算曲线是按照由利用系数法导出的公式(13-17) 进行计算而绘制的被照房间面积与安装灯数之间的关系曲线，假设的条件是：被照水平工作面的平均照度为 100lx。

表 13-38 列出了 GC1-A、B-2G 型工厂配照灯的概算曲线图表，供参考。其他灯具的概算图表可查有关设计手册。

(2) 按概算曲线法进行灯数或照度计算

首先根据房屋的环境污染特征确定其墙壁、顶棚和地面的反射比 $\rho_w$、$\rho_c$、$\rho_f$，并求出该房间的水平面积 $A$。然后由相应的灯具概算曲线上查得对应的灯数 $N$。由于灯具概算曲线绘制依据的平均照度为 100lx，减光系数为某一值，均不一定与实际相符，因此实际需用的灯数 $n$ 应按下式进行换算：

$$n = \frac{K'E_{av}}{100K}N \tag{13-18}$$

式中，$E_{av}$ 为实际要求达到的平均照度值，lx；$K'$ 为概算曲线绘制依据的减光系数（维护系数）；$K$ 为灯具实际的减光系数（维护系数）。

【例 13-3】 试按灯具概算曲线法验算例 13-1 和例 13-2 所计算的工作面上的平均照度。

**解** 根据车间 $\rho_c = 70\%$，$\rho_w = 50\%$，$\rho_f = 20\%$，$h = 4.25\text{m}$，$A = 36 \times 18 = 648\text{m}^2$ 去查表 13-38 的概算曲线，得 $N \approx 30$。因此由式(13-18) 可得：

$$E_{av} = \frac{100nK}{K'N} = \frac{100 \times 20 \times 0.7}{0.7 \times 30} = 66.67\text{lx}$$

计算结果与例 13-2 相近。

## 13.6.3 比功率法（单位容量法）

比功率就是单位面积上照明光源的安装功率，又称"单位容量"。在做方案设计或初步设计阶段，需要估算照明用电量，往往采用单位容量计算，在允许计算误差下，达到简化照明计算程序的目的。单位容量计算是以达到设计照度时 $1\text{m}^2$ 需要安装的电功率（$\text{W/m}^2$）或光通量（$\text{lm/m}^2$）来表示。通常将其编制成计算表格，以便应用。

单位容量的基本公式如下：

$$\begin{aligned} P &= P_0 AE \\ \Phi &= \Phi_0 AE \\ P &= P_0 AEC_1 C_2 C_3 \end{aligned} \tag{13-19}$$

式中 $P$——在设计照度条件下房间需要安装的最低电功率，W；

$P_0$——照度为 1lx 时的单位容量，$\text{W/m}^2$，其值查表 13-39，当采用高压气体放电光源时，按 40W 荧光灯的 $P_0$ 值计算；

$A$——房间面积，$\text{m}^2$；

$E$——设计照度（平均照度），lx；

$\Phi$——在设计照度条件下房间需要的光源总光通量，lm；

$\Phi_0$——照度达到 1lx 时所需的单位光辐射量，$\text{lm/m}^2$；

$C_1$——当房间内各部分的光反射比不同时的修正系数，其值查表 13-40；

$C_2$——当光源不是 100W 的白炽灯或 40W 的荧光灯时的调整系数，其值查表 13-41；

$C_3$——当灯具效率不是 70% 时的校正系数，$\eta = 60\%$，$C_3 = 1.22$；当 $\eta = 50\%$，$C_3 = 1.47$。

### 表 13-39 单位容量 $P_0$ 计算表

| 室空间比 RCR (室形指数 RI) | 直接型配光灯具 $s \leqslant 0.9h$ | 直接型配光灯具 $s \leqslant 1.3h$ | 半直接型配光灯具 | 均匀漫射型配光灯具 | 半间接型配光灯具 | 间接型配光灯具 |
|---|---|---|---|---|---|---|
| 8.33 (0.6) | 0.4308<br>0.0897<br>5.3846 | 0.4000<br>0.0833<br>5.0000 | 0.4308<br>0.0897<br>5.3846 | 0.4308<br>0.0897<br>5.3846 | 0.6225<br>0.1292<br>7.7783 | 0.7001<br>0.1454<br>7.7506 |
| 6.25 (0.8) | 0.3500<br>0.0729<br>4.3750 | 0.3111<br>0.0648<br>3.8889 | 0.3500<br>0.0729<br>4.3750 | 0.3394<br>0.0707<br>4.2424 | 0.5094<br>0.1055<br>6.3641 | 0.5600<br>0.1163<br>7.0005 |
| 5.0 (1.0) | 0.3111<br>0.0648<br>3.8889 | 0.2732<br>0.0569<br>3.4146 | 0.2947<br>0.0614<br>3.6842 | 0.2872<br>0.0598<br>3.5897 | 0.4308<br>0.0894<br>5.3850 | 0.4868<br>0.1012<br>6.0874 |
| 4.0 (1.25) | 0.2732<br>0.0569<br>3.4146 | 0.2383<br>0.0496<br>2.9787 | 0.2667<br>0.0556<br>3.3333 | 0.2489<br>0.0519<br>3.1111 | 0.3694<br>0.0808<br>4.8280 | 0.3996<br>0.0829<br>5.0004 |
| 3.33 (1.5) | 0.2489<br>0.0519<br>3.1111 | 0.2196<br>0.0458<br>2.7451 | 0.2435<br>0.0507<br>3.0435 | 0.2286<br>0.0476<br>2.8571 | 0.3500<br>0.0732<br>4.3753 | 0.3694<br>0.0808<br>4.8280 |
| 2.5 (2.0) | 0.2240<br>0.0467<br>2.8000 | 0.1965<br>0.0409<br>2.4561 | 0.2154<br>0.0449<br>2.6923 | 0.2000<br>0.0417<br>2.5000 | 0.3199<br>0.0668<br>4.0003 | 0.3500<br>0.0732<br>4.3753 |
| 2 (2.5) | 0.2113<br>0.0440<br>2.6415 | 0.1836<br>0.0383<br>2.2951 | 0.2000<br>0.0417<br>2.5000 | 0.1836<br>0.0383<br>2.2951 | 0.2876<br>0.0603<br>3.5900 | 0.3113<br>0.0646<br>3.8892 |
| 1.67 (3.0) | 0.2036<br>0.0424<br>2.5455 | 0.1750<br>0.0365<br>2.1875 | 0.1898<br>0.0395<br>2.3729 | 0.1750<br>0.0365<br>2.1875 | 0.2671<br>0.0560<br>3.3335 | 0.2951<br>0.0614<br>3.6845 |
| 1.43 (3.5) | 0.1967<br>0.0410<br>2.4592 | 0.1698<br>0.0354<br>2.1232 | 0.1838<br>0.0383<br>2.2976 | 0.1687<br>0.0351<br>2.1083 | 0.2542<br>0.0528<br>3.1820 | 0.2800<br>0.0582<br>3.5003 |
| 1.25 (4.0) | 0.1898<br>0.0395<br>2.3729 | 0.1647<br>0.0343<br>2.0588 | 0.1778<br>0.0370<br>2.2222 | 0.1632<br>0.0338<br>2.0290 | 0.2434<br>0.0506<br>3.0436 | 0.2671<br>0.0560<br>3.3335 |
| 1.11 (4.5) | 0.1883<br>0.0392<br>2.3521 | 0.1612<br>0.0336<br>2.0153 | 0.1738<br>0.0362<br>2.1717 | 0.1590<br>0.0331<br>1.9867 | 0.2386<br>0.0495<br>2.9804 | 0.2606<br>0.0544<br>3.2578 |
| 1 (5.0) | 0.1867<br>0.0389<br>2.3333 | 0.1577<br>0.0329<br>1.9718 | 0.1697<br>0.0354<br>2.1212 | 0.1556<br>0.0324<br>1.9444 | 0.2337<br>0.0485<br>2.9168 | 0.2542<br>0.0528<br>3.1820 |

注：1. 表中 $s$ 为灯距，$h$ 为计算高度。
2. 表中每格所列三个数字由上至下依次为：选用100W白炽灯的单位电功率（W/m²）；选用40W荧光灯的单位电功率（W/m²）；单位光辐射量（lm/m²）。
3. 单位容量计算表是在比较各类常用灯具效率与利用系数关系的基础上，按照下列条件编制的：
① 室内顶棚反射比 $\rho_c$ 为70%；墙面反射比 $\rho_w$ 为50%；地板反射 $\rho_f$ 为20%。
② 计算平均照度 $E$ 为1lx，灯具维护系数 $K$ 为0.7。
③ 白炽灯的光效为12.5lm/W（220V，100W），荧光灯的光效为60lm/W（220V，40W）。
④ 灯具效率不小于70%，当装有遮光格栅时不小于55%。
⑤ 灯具配光分类符合国际照明委员会的规定。

表 13-40 房间内各部分的光反射比不同时的修正系数 $C_1$

| 反射比 | 顶棚 $\rho_c$ | 0.7 | 0.6 | 0.4 |
|---|---|---|---|---|
| | 墙面 $\rho_w$ | 0.4 | 0.4 | 0.3 |
| | 地板 $\rho_f$ | 0.2 | 0.2 | 0.2 |
| $C_1$ | | 1 | 1.08 | 1.27 |

表 13-41 当光源不是 100W 的白炽灯或 40W 的荧光灯时的调整系数 $C_2$

| 光源类型及额定功率/W | 白炽灯(220V) | | | | | 卤钨灯(220V) | | | |
|---|---|---|---|---|---|---|---|---|---|
| | 15 | 25 | 40 | 60 | 100 | 500 | 1000 | 1500 | 2000 |
| $C_2$ | 1.7 | 1.42 | 1.34 | 1.19 | 1 | 0.64 | 0.6 | 0.6 | 0.6 |
| 额定光通量/lm | 110 | 220 | 350 | 630 | 1250 | 9750 | 21000 | 31500 | 42000 |

| 光源类型及额定功率/W | 紧凑型荧光灯(220V) | | | | 紧凑型节能荧光灯(220V) | | | | |
|---|---|---|---|---|---|---|---|---|---|
| | 10 | 13 | 18 | 26 | 18 | 24 | 36 | 40 | 55 |
| $C_2$ | 1.071 | 0.929 | 0.964 | 0.929 | 0.9 | 0.8 | 0.745 | 0.686 | 0.688 |
| 额定光通量/lm | 560 | 840 | 1120 | 1680 | 1200 | 1800 | 2900 | 3500 | 4800 |

| 光源类型及额定功率/W | T5 荧光灯(220V) | | | | T5 荧光灯(220V) | | | | |
|---|---|---|---|---|---|---|---|---|---|
| | 14 | 21 | 28 | 35 | 24 | 39 | 49 | 54 | 80 |
| $C_2$ | 0.764 | 0.72 | 0.70 | 0.677 | 0.873 | 0.793 | 0.717 | 0.762 | 0.820 |
| 额定光通量/lm | 1100 | 1750 | 2400 | 3100 | 1650 | 2950 | 4100 | 4250 | 5850 |

| 光源类型及额定功率/W | T8 荧光灯(220V) | | | | 荧光高压汞灯(220V) | | | | |
|---|---|---|---|---|---|---|---|---|---|
| | 18 | 30 | 36 | 58 | 50 | 80 | 125 | 250 | 400 |
| $C_2$ | 0.857 | 0.783 | 0.675 | 0.696 | 1.695 | 1.333 | 1.210 | 1.181 | 1.091 |
| 额定光通量/lm | 1260 | 2300 | 3200 | 5000 | 1770 | 3600 | 6200 | 12700 | 22000 |

| 光源类型及额定功率/W | 金属卤化物灯(220V) | | | | | | |
|---|---|---|---|---|---|---|---|
| | 35 | 70 | 150 | 250 | 400 | 1000 | 2000 |
| $C_2$ | 0.636 | 0.700 | 0.709 | 0.750 | 0.750 | 0.750 | 0.600 |
| 额定光通量/lm | 3300 | 6000 | 12700 | 20000 | 32000 | 80000 | 200000 |

| 光源类型及额定功率/W | 高压钠灯(220V) | | | | | | |
|---|---|---|---|---|---|---|---|
| | 50 | 70 | 150 | 250 | 400 | 600 | 1000 |
| $C_2$ | 0.857 | 0.750 | 0.621 | 0.556 | 0.500 | 0.450 | 0.462 |
| 额定光通量/lm | 3500 | 5600 | 14500 | 27000 | 48000 | 80000 | 130000 |

【例 13-4】 有一房间面积 $A$ 为 $9\times6=54m^2$，房间高度为 3.6m。已知 $\rho_c=70\%$、$\rho_w=50\%$、$\rho_f=20\%$、$K=0.7$，拟选用 36W 普通单管荧光吊链灯，吊链长 0.6m，如要求设计照度 $E$ 为 100lx，如何确定光源数量。

**解** 因普通单管荧光灯类属半直接型配光，因吊链长 0.6m，所以室空间比（此处没有计算地板空间）：

$$RCR=\frac{5h(l+b)}{lb}=\frac{5\times(3.6-0.6)\times(9+6)}{9\times6}=4.17$$

再从表 13-39 中可查得 $P_0=0.0556$。
则按式(13-19)：$P=P_0AEC_1C_2C_3=0.0556\times(9\times6)\times100\times1\times0.675\times1=202.66\text{W}$
故光源数量 $n=202.66/36=5.63$ 盏。
根据实际情况拟选用 6 盏 36W 荧光灯。

### 13.6.4 逐点计算法

（1）点光源逐点计算法计算水平面照度

图 13-24 是点光源在计算点产生照度的示意图。图中，灯到工作面（计算点水平面）的距离用 $H$ 表示，称之为计算高度，灯到计算点的水平距离用 $d$ 表示，假设灯泡的光通量为 1000lm，灯在计算点水平面的照度可表示为

$$e=\frac{I'_\theta\cos^2\theta}{H^2} \tag{13-20}$$

式中　$I'_\theta$——光通量为 1000lm 的假想灯泡在 $\theta$ 方向的光强，可从照明器产品样本中得到。

不难看出，在灯点很多的情况下，按上式计算必使设计周期加长，习惯上，都将上式转化为空间等照度曲线或表格，根据计算高度 $H$ 和水平距离 $d$ 直接查得 $e$。空间等照度曲线与灯具型号有关，如图 13-25 所示为某型号灯具的空间等照度曲线。

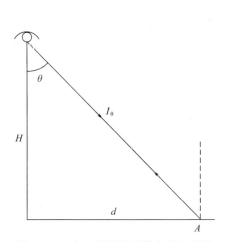

图 13-24　点光源照射计算点的示意图

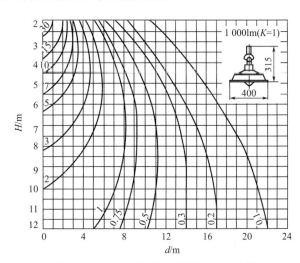

图 13-25　某型号灯具的空间等照度曲线

上面的分析中存在的问题是：①图 13-25 所示的空间等照度曲线所查出的 $e$ 是以光通量为 1000lm 的假想光源产生的假想照度，实际的灯泡光通量是 $\Phi$ 而不是 1000lm；②在照明工程计算中都不是一个灯点，而是多个灯点，各灯点到计算点的 $H$、$d$ 值不一定相同；③电光源产品样本上所给出的光通量不是最低值或寿命终结值，再加上环境污染，灯具实际的光通量将有所减小。

基于上述情况，修正后的点水平面照度 $E_S$ 的计算步骤如下：

① 根据各灯相对于计算点的 $H$、$d$，由空间等照度曲线查出各灯在计算点的假想照度 $e_1$、$e_2$、…、$e_n$，求出总假想照度 $\sum e_i$。

② 计算点水平面照度为

$$E_S=\frac{\Phi}{1000K}\sum e_i \tag{13-21}$$

式中　$\Phi$——实际使用的每个灯泡的光通量，lm；

$\Sigma e_i$——各个灯点根据其计算高度 $H$ 和水平距离 $d$ 查曲线所得的假想照度之和;

$K$——减光补偿系数,详见表 13-42。

式(13-21)的含义是:先求出各灯点以光通量为 1000lm 的假想光源产生的假想照度之和 $\Sigma e_i$,再乘以 $\Phi/1000$ 换算为实际的照度。

表 13-42 照度减光补偿系数(参考值)

| 分类 | 环境污染特征 | 举例 | 照度补偿系数 $K$ | |
|---|---|---|---|---|
| | | | 白炽灯、荧光灯、高压汞灯 | 卤钨灯 |
| Ⅰ | 有极少数量的尘埃(清洁) | 仪器、仪表的装配车间、实验室等 | 1.3 | 1.2 |
| Ⅱ | 有少量的尘埃(一般) | 机械加工、装配车间、发动机车间、焊接车间等 | 1.4~1.5 | 1.3~1.4 |
| Ⅲ | 有较多的尘埃(污染严重) | 锻工、铸工车间等 | 1.5~1.6 | 1.4~1.5 |
| Ⅳ | 室外 | 道路、堆场等 | 1.4~1.5 | 1.3~1.4 |

(2) 点光源逐点计算法计算垂直面照度

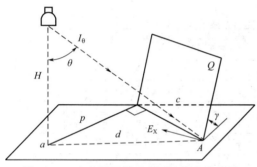

图 13-26 点光源照射垂直面计算点示意图

图 13-26 中 $Q$ 平面是以垂直面 $A$ 点为计算点,灯的计算高度(灯到经过计算点的水平面距离)为 $H$,灯到计算点的水平距离(实际距离在水平面的投影)为 $d$,灯到计算点垂直面的距离为 $p$。

假设灯泡的光通量为 1000lm,灯在计算点垂直面上的照度为

$$e_\perp = \frac{I'_\theta \cos^3\theta}{H^2} \times \frac{p}{H} = e\frac{p}{H} \quad (13\text{-}22)$$

因此,计算点垂直面上的照度计算如下。

① 根据每个灯的 $H$、$d$ 查空间等照度曲线,求水平面假想照度 $e_1$、$e_2$、$\cdots$、$e_n$。

② 根据各个灯的 $H$、$p$ 计算各灯在计算点垂直面上的假想照度。

$$\left.\begin{aligned} e_{\perp 1} &= e_1 \frac{p_1}{H_1} \\ e_{\perp 2} &= e_2 \frac{p_2}{H_2} \\ &\cdots\cdots \\ e_{\perp n} &= e_n \frac{p_n}{H_n} \\ \Sigma e_{\perp i} &= e_{\perp 1} + e_{\perp 2} + \cdots + e_{\perp n} \end{aligned}\right\} \quad (13\text{-}23)$$

③ 垂直面上总照度为

$$E_\perp = \frac{\Phi}{1000K} \Sigma e_{\perp i} \quad (13\text{-}24)$$

式中 $\Phi$——一个实际灯泡的光通量;

$K$——减光补偿系数。

（3）线光源（荧光灯）逐点计算法

线光源的光强分布平面图如图 13-27 所示，线光源与计算点相对位置如图 13-28 所示。

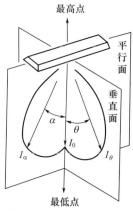

图 13-27　线光源的光强
分布平面图

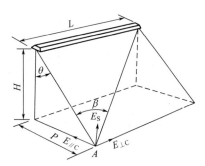

图 13-28　线光源水平面、垂直面上
A 点的照度计算图

水平面照度 $E_S$、被照面与光源平行时的垂直面照度 $E_{/\!/\perp}$、被照面与光源垂直时的垂直面照度 $E_{\perp\perp}$ 分别为

$$\left.\begin{array}{l} E_S = \dfrac{I_\theta}{1000KH}\left(\dfrac{\Phi}{L}\right)\cos^2\theta F_X \\[2mm] E_{/\!/\perp} = \dfrac{I_\theta}{1000KH}\left(\dfrac{\Phi}{L}\right)\cos\theta\sin\theta F_X \\[2mm] E_{\perp\perp} = \dfrac{I_\theta}{1000KH}\left(\dfrac{\Phi}{L}\right)\cos\theta f_X \end{array}\right\} \quad (13-25)$$

式中　$I_\theta$——照明器的垂直面光强分布曲线中 $\theta$ 角方向的光强（cd），是光通量为 1000lm，长度为 1m 的假想灯管在垂直方向 $\theta$ 角的光强，可从灯具的产品样本中查得；

$\Phi/L$——线光源单位长度的光通量，lm/m；

$H$——计算高度，m；

$F_X$, $f_X$——方位系数，可从图 13-29 查得。

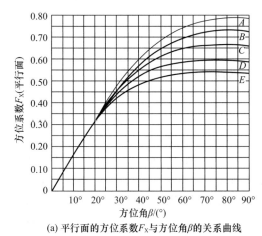

(a) 平行面的方位系数 $F_X$ 与方位角 $\beta$ 的关系曲线

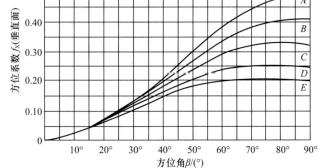

(b) 垂直面的方位系数 $f_X$ 与方位角 $\beta$ 的关系曲线

图 13-29　方位系数 $F_X$、$f_X$ 曲线

在式(13-25)中，计算点在线光源端头的垂直平面上，而且是连续光源。对非上述情况可采取以下措施：

① 计算点在线光源中部垂直平面上，可将线光源分为二段分别计算。

② 灯端与经过计算点而垂直于线光源的垂面之间有空缺，可作为没空缺计算，然后减去空缺部分。

③ 光源不连续也可按上述方法计算。

# 13.7 照明工程节能标准及措施

## 13.7.1 照明节能原则

当前国际上认为，在考虑和制定节能政策、法规和措施时，所遵循的原则是，必须在保证有足够的照明数量和质量的前提下，尽可能节约照明用电，这才是照明节能的唯一正确原则。照明节能主要是通过采用高效节能照明产品，提高质量，优化照明设计等手段，达到受益的目的。

为节约照明用电，一些发达国家相继提出节能原则和措施。如美国照明学会提出12条节能原则措施，日本照明普及会提出7条原则，均大同小异。现仅将国际照明委员会（CIE）所提的9条原则叙述如下：

① 根据视觉工作需要，决定照明水平；

② 得到所需照度的节能照明设计；

③ 在考虑显色性的基础上采用高光效光源；

④ 采用不产生眩光的高效率灯具；

⑤ 室内表面采用高反射比的材料；

⑥ 照明和空调系统的热结合；

⑦ 设置不需要时能关灯或灭灯的可变装置；

⑧ 不产生眩光和差异的人工照明同天然采光的综合利用；

⑨ 定期清洁照明器具和室内表面，建立换灯和维修制度。

进入20世纪90年代前后，一些国家先后制定照明节能的数量标准，对于节约照明用电在技术上立法，作为检验是否节能的评价依据。

照明节能是一项系统性的工程，要从提高整个照明系统的效率来考虑。照明光源的光线进入人的眼睛，最后引起光的感觉，这是一个复杂的物理、生理和心理过程，欲达到节能的目的，必须从组成节能系统的每个环节加以分析考虑，以提出节能的技术措施。

## 13.7.2 照明节能的主要技术措施

（1）正确选择照度标准值

GB 50034—2014《建筑照明设计标准》只规定了一个固定的照度标准，其照度值基本与国际标准接轨。为了节约电能，在照明设计时，应根据工作、生产、学习和生活对视觉的要求确定照度，具体说要根据识别对象大小、亮度对比以及作业时间长短、识别速度、识别对象状态（静态或动态）、视看距离、年龄大小确定照度。在新照明标准中，根据视觉工作的特殊要求以及建筑等级和功能的不同，不论满足几种条件，可按照度标准值分级只能提高或降低一级的规定，即选用的照度值，贯彻该高则高或该低则低的原则。此外，还规定了设计的照度值与照度标准可有±10％的误差，使照度标准值的选择具有一定灵活性。

(2) 合理选择照明方式

① 尽量采用混合照明　在照明要求高，但作业密度又不大的场所，若只装设一般照明，会大大增加照明安装功率，因而不节能，应采用混合照明方式，即用局部照明来提高作业面的照度，以节约能源，在技术经济方面是合理的。

② 采用分区一般照明　在同一场所不同区域有不同照度要求时，为节约能源，贯彻所选照度在该区该高则高和该低则低的原则，就应采用分区一般照明方式。

③ 采用加强照明　在高大的房间或场所可采用一般照明与加强照明相结合的方式，在上部设一般照明，在柱子或墙壁下部装壁灯照明，比单独采用一般照明更节能。

④ 采用高强度气体放电灯（HID灯）的间接照明　因HID灯光通量大、发光体积小，在低空间易产生照度不均匀和眩光。利用灯具将光线投向顶棚，再从顶棚反射到工作面上，没有照度不均匀、眩光和光幕反射等问题，照明质量提高，也不失为一种节电的照明方式。

⑤ 在设备或家具上装灯　照明灯具也可安装在设备或家具上，近距离照射，可提高照度，也是一种节能方式，还可采用高灯低挂的方式来节能。

(3) 推广使用高光效照明光源

光源光效由高向低排序为低压钠灯、高压钠灯、金属卤化物灯、三基色荧光灯、普通荧光灯、紧凑型荧光灯、高压汞灯、卤钨灯、普通白炽灯。除光效外，选择光源还要考虑其显色性、色温、使用寿命、性价比等技术参数指标。

为节约电能，合理选用光源的主要措施如下。

① 尽量减少白炽灯的使用量　白炽灯因其安装使用方便，价格低廉，目前在我国使用较普遍，但白炽灯的光效低、寿命短、耗电高，应尽量减少其使用量。一般情况下，室内外照明不应采用普通白炽灯，在特殊情况下需采用时，不应采用100W以上的白炽灯。在防止电磁干扰、开关频繁、照度要求不高、点燃时间短和对装饰有特殊要求的场所，可采用白炽灯。

② 推广使用细管径（≤26mm）的T8或T5直管形荧光灯或紧凑型荧光灯　细管径直管形荧光灯光效高、启动快、显色性好，适用于办公室、教室、会议室、商店及仪表、电子等生产场所，特别是要推广使用稀土三基色荧光灯，因为我国照明标准对长时间有人的房间要求其显色指数大于80。荧光灯适用于高度较低（4～4.5m）的房间。选用细管径荧光灯比粗管径荧光灯节电约10％，选用中间色温4000K直管形荧光灯比6200K高色温直管形荧光灯约节电12％。紧凑型荧光灯光效较高、寿命长、显色性较好。

③ 积极推广高光效、长寿命的金属卤化物灯和高压钠灯　因金属卤化物灯具有光效高、寿命长、显色性好等特点，因而其应用量日益增长，特别适用于有显色性要求的高大（高于6m）厂房。采用高压钠灯光效更高，寿命更长，价格较低，但其显色性差，可用于辨色要求不高的场所，如锻工车间、炼铁车间、仓库等。

④ 逐步减少高压汞灯的使用　因高压汞灯光效较低、寿命也不太长、显色指数不高，故今后不宜大量推广使用，要减少使用量。不应采用光效低的自镇流高压汞灯。

⑤ 扩大发光二极管（LED）的应用　LED的特点是寿命长、光利用率高、耐振、温升低、低电压、显色性好和节电。适用于装饰照明、建筑夜景照明、标志或广告照明、应急照明及交通信号灯等。

⑥ 选用符合节能评价值的光源　目前我国已制定了双端荧光灯、单端荧光灯、自镇流

荧光灯、高压钠灯以及金属卤化物灯的能效标准，在选用照明光源时，应选用符合节能评价值的光源，以满足节能要求。

（4）推广使用高效率节能灯具

推广使用高效率节能灯具具体措施如下。

① 选用高效率灯具　在满足眩光限制和配光要求条件下，荧光灯灯具效率不应低于：开敞式的为75%、带透明保护罩的为65%、带磨砂或棱镜保护罩的为55%和带格栅的为60%。高强度气体放电灯灯具效率不应低于：开敞式的为75%、格栅或透光罩的为60%、常规道路照明灯具不应低于70%、泛光灯具不应低于65%。

② 选用控光合理灯具　根据使用场所的条件，采用控光合理的灯具。如蝙蝠翼式配光灯具、块板式高效灯具等，块板式灯具可提高灯具效率5%~20%。

③ 选用光通量维持率好的灯具　如选用涂二氧化硅保护膜、反射器采用真空镀铝工艺和蒸镀银光学多层膜反射材料以及采用活性炭过滤器等，以提高灯具效率。

④ 选用光利用系数高的灯具　使灯具发射出的光通量最大限度地落在工作面上，利用系数值取决于灯具效率、灯具配光、室空间比和室内表面装修色彩等。

⑤ 尽量选用不带附件的灯具　灯具所配带的格栅、棱镜、乳白玻璃罩等附件引起光输出的下降，灯具效率降低约50%，电能消耗增加，不利于节能，因此最好选用开敞式直接型灯具。

⑥ 采用照明与空调一体化灯具　采用此灯具的目的在于在夏季时可将灯所产生的热量排出50%~60%，减少空调制冷负荷20%；在冬季利用灯所排出的热量，可降低供暖负荷，可节能10%。

（5）积极推广电子镇流器

目前，我国部分气体放电灯仍在使用传统型电感镇流器，其优点是寿命长、可靠性高和价格低廉，而其缺点是体积大、重量重、自身功率损耗大，约为灯功率的20%~25%，有噪声、功率因数低、灯频闪等，是一种不节能的镇流器。电子镇流器的优点是自身功耗低、高功率因数、灯光效率高、重量轻、体积小、启动可靠、无频闪、无噪声、可调光、允许电压偏差大等，缺点是价格相对较高。

（6）积极利用天然光能

天然光取之不尽，用之不竭。在可能条件下，应该尽可能积极利用天然光能，以节约电能，其主要措施如下。

① 房间的采光系数或采光窗地面积比应符合《建筑采光设计标准》GB/T 50033—2013的有关规定；

② 有条件时，室内天然光照度，宜随室外天然光的变化自动调节人工照明照度；

③ 有条件时，宜利用各种导光和反光装置，将天然光引入室内进行照明；

④ 有条件时，宜利用太阳能作为照明能源。

（7）建立合理的维护与管理制度

① 应以用户为单位计量和考核照明用电量。

② 条件许可时，应有专业人员负责照明维修和安全检查并做好维护记录，专职或兼职人员负责照明运行；应建立清洁光源和灯具的制度，并根据标准规定的次数定期擦拭；宜按照光源的寿命或点亮时间、维持平均照度，定期更换光源；更换光源时，应采用与原设计或实际安装相同的光源，不得任意更换光源的主要性能参数。

③ 重要大型建筑主要场所的照明设施，应定期巡视和检查测试照度。

## 13.7.3 照明功率密度（LPD）限值

为了达到照明节能的目的，在新修订的照明设计标准中，专门规定了各种建筑房间或场所的最大允许照明功率密度值，作为建筑照明节能的评价指标。照明功率密度（Lighting Power Density，LPD）是单位面积上的照明安装功率（包括光源、镇流器或变压器），单位为瓦特每平方米（$W/m^2$）。当房间或场所的照度高于或低于本标准规定的照度时，为了节电，其照明功率密度（LPD）应根据标准中所规定的数值按比例增减。在新标准中规定了住宅、办公、商业、旅馆、医疗建筑、教育建筑和工业建筑等的照明功率密度限值，其值分别见表 13-43～表 13-57。除住宅、图书馆、美术馆、科技馆和博物馆建筑外，其他建筑的照明功率密度限值均为强制性的。此外，当房间或场所的室形指数值等于或小于 1 时，其照明功率密度限值应增加，但增加值不应超过限值的 20%；当房间或场所的照度标准值提高或降低一级时，其照明功率密度限值应按比例提高或折减（例如，设有重点照明的商店营业厅，该楼层营业厅的照明功率密度值每平方米增加 5W）；设装饰性灯具场所，可将实际采用的装饰性灯具总功率的 50% 计入照明功率密度值计算。

表 13-43　住宅建筑每户照明功率密度限值

| 房间或场所 | 照度标准值/lx | 照明功率密度限值/($W/m^2$) | |
|---|---|---|---|
| | | 现行值 | 目标值 |
| 起居室 | 100 | ≤6.0 | ≤5.0 |
| 卧室 | 75 | | |
| 餐厅 | 150 | | |
| 厨房 | 100 | | |
| 卫生间 | 100 | | |
| 职工宿舍 | 100 | ≤4.0 | ≤3.5 |
| 车库 | 30 | ≤2.0 | ≤1.8 |

表 13-44　图书馆建筑照明功率密度限值

| 房间或场所 | 照度标准值/lx | 照明功率密度限值/($W/m^2$) | |
|---|---|---|---|
| | | 现行值 | 目标值 |
| 一般阅览室、开放式阅览室 | 300 | ≤9.0 | ≤8.0 |
| 目录厅(室)、出纳室 | 300 | ≤11.0 | ≤10.0 |
| 多媒体阅览室 | 300 | ≤9.0 | ≤8.0 |
| 老年阅览室 | 500 | ≤15.0 | ≤13.5 |

表 13-45　办公建筑及其他类型建筑中具有办公用途场所照明功率密度限值

| 房间或场所 | 照度标准值/lx | 照明功率密度限值/($W/m^2$) | |
|---|---|---|---|
| | | 现行值 | 目标值 |
| 普通办公室 | 300 | ≤9.0 | ≤8.0 |
| 高档办公室、设计室 | 500 | ≤15.0 | ≤13.5 |
| 会议室 | 300 | ≤9.0 | ≤8.0 |
| 服务大厅 | 300 | ≤11.0 | ≤10.0 |

表 13-46　商店建筑照明功率密度限值

| 房间或场所 | 照度标准值/lx | 照明功率密度限值/(W/m²) | |
|---|---|---|---|
| | | 现行值 | 目标值 |
| 一般商店营业厅 | 300 | ≤10.0 | ≤9.0 |
| 高档商店营业厅 | 500 | ≤16.0 | ≤14.5 |
| 一般超市营业厅 | 300 | ≤11.0 | ≤10.0 |
| 高档超市营业厅 | 500 | ≤17.0 | ≤15.5 |
| 专卖店营业厅 | 300 | ≤11.0 | ≤10.0 |
| 仓储超市 | 300 | ≤11.0 | ≤10.0 |

表 13-47　旅馆建筑照明功率密度限值

| 房间或场所 | 照度标准值/lx | 照明功率密度限值/(W/m²) | |
|---|---|---|---|
| | | 现行值 | 目标值 |
| 客房 | — | ≤7.0 | ≤6.0 |
| 中餐厅 | 200 | ≤9.0 | ≤8.0 |
| 西餐厅 | 150 | ≤6.5 | ≤5.5 |
| 多功能厅 | 300 | ≤13.5 | ≤12.0 |
| 客房层走廊 | 50 | ≤4.0 | ≤3.5 |
| 大堂 | 200 | ≤9.0 | ≤8.0 |
| 会议室 | 300 | ≤9.0 | ≤8.0 |

表 13-48　医疗建筑照明功率密度限值

| 房间或场所 | 照度标准值/lx | 照明功率密度限值/(W/m²) | |
|---|---|---|---|
| | | 现行值 | 目标值 |
| 治疗室、诊室 | 300 | ≤9.0 | ≤8.0 |
| 化验室 | 500 | ≤15.0 | ≤13.5 |
| 候诊室、挂号厅 | 200 | ≤6.5 | ≤5.5 |
| 病房 | 100 | ≤5.0 | ≤4.5 |
| 护士站 | 300 | ≤9.0 | ≤8.0 |
| 药房 | 500 | ≤15.0 | ≤13.5 |
| 走廊 | 100 | ≤4.5 | ≤4.0 |

表 13-49　教育建筑照明功率密度限值

| 房间或场所 | 照度标准值/lx | 照明功率密度限值/(W/m²) | |
|---|---|---|---|
| | | 现行值 | 目标值 |
| 教室、阅览室 | 300 | ≤9.0 | ≤8.0 |
| 实验室 | 300 | ≤9.0 | ≤8.0 |
| 美术教室 | 500 | ≤15.0 | ≤13.5 |

续表

| 房间或场所 | 照度标准值/lx | 照明功率密度限值/(W/m²) | |
|---|---|---|---|
| | | 现行值 | 目标值 |
| 多媒体教室 | 300 | ≤9.0 | ≤8.0 |
| 计算机教室、电子阅览室 | 500 | ≤15.0 | ≤13.5 |
| 学生宿舍 | 150 | ≤5.0 | ≤4.5 |

表 13-50　美术馆建筑照明功率密度限值

| 房间或场所 | 照度标准值/lx | 照明功率密度限值/(W/m²) | |
|---|---|---|---|
| | | 现行值 | 目标值 |
| 会议报告厅 | 300 | ≤9.0 | ≤8.0 |
| 美术品售卖区 | 300 | ≤9.0 | ≤8.0 |
| 公共大厅 | 200 | ≤9.0 | ≤8.0 |
| 绘画展厅 | 100 | ≤5.0 | ≤4.5 |
| 雕塑展厅 | 150 | ≤6.5 | ≤5.5 |

表 13-51　科技馆建筑照明功率密度限值

| 房间或场所 | 照度标准值/lx | 照明功率密度限值/(W/m²) | |
|---|---|---|---|
| | | 现行值 | 目标值 |
| 科普教室 | 300 | ≤9.0 | ≤8.0 |
| 会议报告厅 | 300 | ≤9.0 | ≤8.0 |
| 纪念品售卖区 | 300 | ≤9.0 | ≤8.0 |
| 儿童乐园 | 300 | ≤10.0 | ≤8.0 |
| 公共大厅 | 200 | ≤9.0 | ≤8.0 |
| 常设展厅 | 200 | ≤9.0 | ≤8.0 |

表 13-52　博物馆建筑照明功率密度限值

| 房间或场所 | 照度标准值/lx | 照明功率密度限值/(W/m²) | |
|---|---|---|---|
| | | 现行值 | 目标值 |
| 会议报告厅 | 300 | ≤9.0 | ≤8.0 |
| 美术制作室 | 500 | ≤15.0 | ≤13.5 |
| 编目室 | 300 | ≤9.0 | ≤8.0 |
| 藏品库房 | 75 | ≤4.0 | ≤3.5 |
| 藏品提看室 | 150 | ≤5.0 | ≤4.5 |

表 13-53　会展建筑照明功率密度限值

| 房间或场所 | 照度标准值/lx | 照明功率密度限值/(W/m²) | |
|---|---|---|---|
| | | 现行值 | 目标值 |
| 会议室、洽谈室 | 300 | ≤9.0 | ≤8.0 |

续表

| 房间或场所 | 照度标准值/lx | 照明功率密度限值/(W/m²) | |
|---|---|---|---|
| | | 现行值 | 目标值 |
| 宴会厅、多功能厅 | 300 | ≤13.5 | ≤12.0 |
| 一般展厅 | 200 | ≤9.0 | ≤8.0 |
| 高档展厅 | 300 | ≤13.5 | ≤12.0 |

表 13-54　交通建筑照明功率密度限值

| 房间或场所 | | 照度标准值/lx | 照明功率密度限值/(W/m²) | |
|---|---|---|---|---|
| | | | 现行值 | 目标值 |
| 候车(机、船)室 | 普通 | 150 | ≤7.0 | ≤6.0 |
| | 高档 | 200 | ≤9.0 | ≤8.0 |
| 中央大厅、售票大厅 | | 200 | ≤9.0 | ≤8.0 |
| 行李认领、到达大厅、出发大厅 | | 200 | ≤9.0 | ≤8.0 |
| 地铁站厅 | 普通 | 100 | ≤5.0 | ≤4.5 |
| | 高档 | 200 | ≤9.0 | ≤8.0 |
| 地铁进出站门厅 | 普通 | 150 | ≤6.5 | ≤5.5 |
| | 高档 | 200 | ≤9.0 | ≤8.0 |

表 13-55　金融建筑照明功率密度限值

| 房间或场所 | 照度标准值/lx | 照明功率密度限值/(W/m²) | |
|---|---|---|---|
| | | 现行值 | 目标值 |
| 营业大厅 | 200 | ≤9.0 | ≤8.0 |
| 交易大厅 | 300 | ≤13.5 | ≤12.0 |

表 13-56　工业建筑非爆炸危险场所照明功率密度限值

| 房间或场所 | | 照度标准值/lx | 照明功率密度限值/(W/m²) | |
|---|---|---|---|---|
| | | | 现行值 | 目标值 |
| 1. 机、电工业 | | | | |
| 机械加工 | 粗加工 | 200 | ≤7.5 | ≤6.5 |
| | 一般加工公差≥0.1mm | 300 | ≤11.0 | ≤10.0 |
| | 精密加工公差<0.1mm | 500 | ≤17.0 | ≤15.0 |
| 机电、仪表装配 | 大件 | 200 | ≤7.5 | ≤6.5 |
| | 一般件 | 300 | ≤11.0 | ≤10.0 |
| | 精密 | 500 | ≤17.0 | ≤15.0 |
| | 特精密 | 750 | ≤24.0 | ≤22.0 |

续表

| 房间或场所 | | 照度标准值/lx | 照明功率密度限值/(W/m²) | |
|---|---|---|---|---|
| | | | 现行值 | 目标值 |
| 电线、电缆制造 | | 300 | ≤11.0 | ≤10.0 |
| 线圈绕制 | 大线圈 | 300 | ≤11.0 | ≤10.0 |
| | 中等线圈 | 500 | ≤17.0 | ≤15.0 |
| | 精细线圈 | 750 | ≤24.0 | ≤22.0 |
| 线圈浇注 | | 300 | ≤11.0 | ≤10.0 |
| 焊接 | 一般 | 200 | ≤7.5 | ≤6.5 |
| | 精密 | 300 | ≤11.0 | ≤10.0 |
| 钣金 | | 300 | ≤11.0 | ≤10.0 |
| 冲压、剪切 | | 300 | ≤11.0 | ≤10.0 |
| 热处理 | | 200 | ≤7.5 | ≤6.5 |
| 铸造 | 熔化、浇铸 | 200 | ≤9.0 | ≤8.0 |
| | 造型 | 300 | ≤13.0 | ≤12.0 |
| 精密铸造的制模、脱壳 | | 500 | ≤17.0 | ≤15.0 |
| 锻工 | | 200 | ≤8.0 | ≤7.0 |
| 电镀 | | 300 | ≤13.0 | ≤12.0 |
| 酸洗、腐蚀、清洗 | | 300 | ≤15.0 | ≤14.0 |
| 抛光 | 一般装饰性 | 300 | ≤12.0 | ≤11.0 |
| | 精细 | 500 | ≤18.0 | ≤16.0 |
| 复合材料加工、铺叠、装饰 | | 500 | ≤17.0 | ≤15.0 |
| 机电修理 | 一般 | 200 | ≤7.5 | ≤6.5 |
| | 精密 | 300 | ≤11.0 | ≤10.0 |
| 2.电子工业 | | | | |
| 整机类 | 整机厂 | 300 | ≤11.0 | ≤10.0 |
| | 装配厂房 | 300 | ≤11.0 | ≤10.0 |
| 元器件类 | 微电子产品及集成电路 | 500 | ≤18.0 | ≤16.0 |
| | 显示器件 | 500 | ≤18.0 | ≤16.0 |
| | 印制电路板 | 500 | ≤18.0 | ≤16.0 |
| | 光伏组件 | 300 | ≤11.0 | ≤10.0 |
| | 电真空器件、机电组件等 | 500 | ≤18.0 | ≤16.0 |
| 电子材料类 | 半导体材料 | 300 | ≤11.0 | ≤10.0 |
| | 光纤、光缆 | 300 | ≤11.0 | ≤10.0 |
| 酸、碱、药液及粉配制 | | 300 | ≤13.0 | ≤12.0 |

表 13-57 公共和工业建筑非爆炸危险场所通用房间或场所照明功率密度限值

| 房间或场所 | | 照度标准值/lx | 照明功率密度限值/(W/m²) | |
|---|---|---|---|---|
| | | | 现行值 | 目标值 |
| 走廊 | 一般 | 50 | ≤2.5 | ≤2.0 |
| | 高档 | 100 | ≤4.0 | ≤3.5 |
| 厕所 | 一般 | 75 | ≤3.5 | ≤3.0 |
| | 高档 | 150 | ≤6.0 | ≤5.0 |
| 试验室 | 一般 | 300 | ≤9.0 | ≤8.0 |
| | 精细 | 500 | ≤15.0 | ≤13.5 |
| 检验 | 一般 | 300 | ≤9.0 | ≤8.0 |
| | 精细,有颜色要求 | 750 | ≤23.0 | ≤21.0 |
| 计量室、测量室 | | 500 | ≤15.0 | ≤13.5 |
| 控制室 | 一般控制室 | 300 | ≤9.0 | ≤8.0 |
| | 主控制室 | 500 | ≤15.0 | ≤13.5 |
| 电话站、网络中心、计算机站 | | 500 | ≤15.0 | ≤13.5 |
| 动力站 | 风机房、空调机房 | 100 | ≤4.0 | ≤3.5 |
| | 泵房 | 100 | ≤4.0 | ≤3.5 |
| | 冷冻站 | 150 | ≤6.0 | ≤5.0 |
| | 压缩空气站 | 150 | ≤6.0 | ≤5.0 |
| | 锅炉房、煤气站的操作层 | 100 | ≤5.0 | ≤4.5 |
| 仓库 | 大件库 | 50 | ≤2.5 | ≤2.0 |
| | 一般件库 | 100 | ≤4.0 | ≤3.5 |
| | 半成品库 | 150 | ≤6.0 | ≤5.0 |
| | 精细件库 | 200 | ≤7.0 | ≤6.0 |
| 公共车库 | | 50 | ≤2.5 | ≤2.0 |
| 车辆加油站 | | 100 | ≤5.0 | ≤4.5 |

# 第14章 电气传动

电气传动(electric drive,又称电力拖动),是用以实现生产过程机械设备电气化及自动控制的电气设备及系统的技术总称。许多机械设备诸如生产机械、牵引机械、日用电器、计算机及精密仪器等都是由电动机拖动完成运动控制,根据供电电源形式的不同,可分为直流传动和交流传动两类。电气传动是一个非常重要的工业应用领域。

## 14.1 电气传动系统的组成与分类

电气传动系统由电动机、电源装置和控制装置三部分组成,它们各自有多种设备或线路可供选用。工业设计中应根据负荷性质、工艺要求及环境等条件选择电气传动方案。

### 14.1.1 电动机

(1) 电动机的类型

按电机电流类型分类,电动机的类型如下:

$$
\text{直流电动机} \begin{cases} \text{励磁直流电动机} \begin{cases} \text{他励电动机} \\ \text{串励电动机} \\ \text{复励电动机} \end{cases} \\ \text{永磁直流电动机(小功率)} \end{cases}
$$

$$
\text{交流电动机} \begin{cases} \text{异步电动机} \begin{cases} \text{笼型电动机} \\ \text{绕线转子电动机} \end{cases} \\ \text{同步电动机} \begin{cases} \text{普通同步电动机} \begin{cases} \text{励磁式} \\ \text{永磁式} \end{cases} \\ \text{无换向器电动机} \\ \text{磁阻电动机} \end{cases} \end{cases}
$$

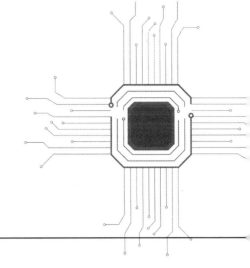

图 14-1 电动机的自然机械特性
1—同步电动机;2—他励直流电动机;
3—异步电动机;4—串励直流电动机

(2) 电动机的自然机械特性

① 电动机的自然机械特性。电动机的自然机械特性如图 14-1 所示。

② 电动机的机械特性、计算公式及主要性能。

各类电动机的机械特性、计算公式及主要性能见表 14-1。

(3) 生产机械的负荷类型

负载特性指电气传动系统同一转轴上负载转矩与转速

之间的关系，即 $T_L=f(n)$。不同类型的生产机械在运动中所受阻力性质不同，其负载特性曲线也不同，常分为下列三类。

① **恒转矩负载特性** 此类负载特性的特点是：$T_L=$ 常数，且与转速变化无关。依据负载转矩与运动方向的关系，恒转矩负载又分为两种。

表 14-1 电动机的机械特性、计算公式及主要性能

| 类型 | | 特性公式 | 符号 | 特性曲线 | 性能 |
|---|---|---|---|---|---|
| 交流电动机 | 异步电动机 | $P=m_1U_1I_1\cos\varphi$<br>$T=\dfrac{m_1}{\omega_s}\dfrac{U_1^2 r_2' s}{(r_1 s+r_2')^2+s^2 x_k^2}$<br>$s_{cr}=\dfrac{r_2'}{\sqrt{r_1^2+x_k^2}}$<br>$x_k=x_1+x_2'$<br>$T_{cr}=\dfrac{m_1 U_1^2}{(\sqrt{r_1^2+x_k^2}+r_1)}$<br>$T=\dfrac{2T_{cr}(1+q)}{\dfrac{s}{s_{cr}}+\dfrac{s_{cr}}{s}+2q}$<br>$s_{cr}=s_N(\lambda_T+\sqrt{\lambda_T^2-1})$<br>$\lambda_T=T_{cr}/T_N$<br>$T_s=\dfrac{m_1}{\omega_s}\dfrac{U_1^2 r_2'}{(r_1+r_2')^2+x_k^2}$<br>$s=\dfrac{\omega_s-\omega}{\omega_s}$<br>$\omega_s=\dfrac{2\pi n_s}{60}$<br>$n_s=\dfrac{60f_1}{p}$<br>$q=\dfrac{r_1}{\sqrt{r_1^2+x_k^2}}$<br>大电机的 $r_1$ 很小，可忽略，则<br>$s_{cr}\approx r_2'/x_k$<br>$T_{cr}\approx\dfrac{m_1 U_1^2}{2\omega_s x_k}$<br>$T\approx\dfrac{2T_{cr}}{\dfrac{s}{s_{cr}}+\dfrac{s_{cr}}{s}}$<br>$T_s=\dfrac{m_1}{\omega_s}\dfrac{U_1^2 r_2'}{r_2'^2+x_k^2}$ | $P$——电磁功率，kW<br>$m_1$——相数<br>$U_1$——定子相电压，V<br>$I_1$——定子相电流，A<br>$\cos\varphi$——功率因数<br>$T$——电磁转矩，N·m<br>$r_1$——定子相电阻，Ω<br>$r_2'$——折算到定子侧的转子相电阻，Ω<br>$x_1$——定子电抗，Ω<br>$x_2'$——折合到定子侧的转子电抗，Ω<br>$x_k$——短路电抗，Ω<br>$s$——转差率<br>$s_N$——额定转差率<br>$s_{cr}$——临界转差率<br>$\lambda_T$——转矩过载倍数<br>$T_N$——额定转矩，N·m<br>$T_{cr}$——临界转矩，N·m<br>$T_s$——启动转矩，N·m<br>$\omega$——角速度，1/s<br>$\omega_s$——同步角速度，1/s<br>$n_s$——同步转速，r/min<br>$f_1$——供电频率，Hz<br>$p$——磁极对数<br>$q$——系数 | 自然特性<br><br>不同转子电阻<br>($U_1=$常数)<br><br>不同电源电压<br>($R_2=$常数)<br><br>各种运行状态<br><br>不同极对数<br><br>不同供电频率<br>(当 $U_1/f=$常数) | 笼型电动机：简单、耐用、可靠、易维护、价格低、特性硬，但启动和调速性能差，轻载时功率因数低。一般无调速要求的机械广泛采用。在变频电源供电下可平滑调速。变极数多速电动机，可分级变速调节，但体积大，价格较贵<br><br>绕线转子型电动机：因为有集电环，比笼型电动机维护麻烦，价格也稍贵，但由于其启动转矩大，启动时功率因数高，且可进行小范围的速度调节，控制设备简单，故广泛用于各种生产机械，尤其适用于电网容量小，启动次数多的机械，如提升机、起重机及轧钢机械等 |

续表

| 类型 | | 特性公式 | 符号 | 特性曲线 | 性能 |
|---|---|---|---|---|---|
| 交流电动机 | 同步电动机 | $n_s=\dfrac{60f}{p}$<br>$T_s=\dfrac{9.55m_1U_1E_0}{n_s x_s}\sin\theta$<br>$T_{max}=\dfrac{9.55m_1U_1E_0}{n_s x_s}$ | $E_0$——空载电动势，V<br>$\theta$——电动势与电压的相角差<br>$T_s$——同步转矩，N·m<br>$x_s$——同步电抗，Ω | | 一般不调速，也可变频调速 |
| 直流电动机 | | $E=K_e\Phi n=C_e n$<br>$K_e=\dfrac{pN}{60a}$<br>$T=K_T\Phi I_a=C_T I_a$<br>$K_T=\dfrac{K_e}{1.03}$<br>$n=\dfrac{U-I_a(R_a+R)}{K_e\Phi}$<br>$n=\dfrac{U}{K_e\Phi}-\dfrac{R_a+R}{K_e K_T\Phi^2}T$<br>$T_N=9550\dfrac{P_N}{n_N}$ | $E$——反电动势，V<br>$\Phi$——磁通，Wb<br>$K_e$——电机电动势结构常数<br>$K_T$——电机转矩结构常数<br>$N$——电枢绕组的导体总数<br>$a$——电枢绕组的支路对数<br>$I_a$——电枢电流，A<br>$U$——电枢电压，V<br>$T$——电磁转矩，N·m<br>$R_a$——电枢电阻，Ω<br>$R$——电枢回路附加电阻，Ω<br>$T_N$——额定转矩，N·m<br>$T_L$——负载转矩，N·m<br>$P_N$——额定功率，kW<br>$C_e$——电机电动势常数<br>$C_T$——电机转矩常数 | 他励电动机改变电枢回路附加电阻<br><br>他励电动机改变电枢端电压<br><br>他励电动机改变励磁（虚线为恒功率调速）<br><br>他励电动机各种运行状态 | 调速性能好，范围宽，采用电子控制，能充分适应各种机械负载特性需要，但其价格贵，维护复杂，且需直流电源，因此只在交流电动机不能满足调速要求时才采用。<br>串励直流电动机的特点是启动转矩大、过载能力大、特性软，适用于电力牵引机械和起重机械等。<br>复励直流电动机的启动转矩和过载能力比他励直流电动机大，但调速范围稍窄。接成积复励时，适用于启动转矩很大、负载具有强烈变化的设备 |

a. 反抗性恒转矩负载  反抗转矩又称摩擦转矩，是由摩擦、非弹性体的压缩、拉伸与扭转等作用产生的负载转矩。其特点是负载转矩的方向总是与运动方向相反，即总是阻碍运动的。当运动方向发生改变时，负载转矩的方向也随之改变。例如机床刀架的平移运动、金属的压延等。

按照转矩正方向的规定,对于反抗性恒转矩负载,当 $n$ 为正方向时,$T_L$ 与 $n$ 的正方向相反,$T_L$ 为正,特性曲线在第一象限;$n$ 为反方向时,$T_L$ 与 $n$ 的正方向相同,$T_L$ 为负,特性曲线在第三象限,如图 14-2(a) 所示。

b. 位能性恒转矩负载　位能性负载转矩是由物体的重力和弹性体的压缩、拉伸与扭转等作用所产生的。其特点是负载转矩的作用方向恒定,与转速方向无关,它在某一方向阻碍运动,而在相反方向促进运动。例如,起重机提升或下放重物时,重物的重力所产生的负载转矩 $T_L$ 总是作用在重物下降方向。设提升时转速 $n$ 为正方向,则这时 $T_L$ 作用方向与 $n$ 相反,$T_L$ 为正,负载特性在第一象限;若下降时 $n$ 为反向,$T_L$ 方向不变,虽与下降时 $n$ 同向,但仍与 $n$ 的正方向相反,故 $T_L$ 仍为正,负载特性在第四象限,如图 14-2(b) 所示。

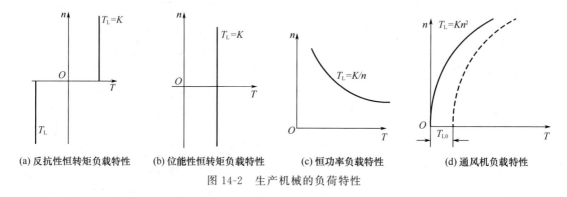

(a) 反抗性恒转矩负载特性　(b) 位能性恒转矩负载特性　(c) 恒功率负载特性　(d) 通风机负载特性

图 14-2　生产机械的负荷特性

综上所述,在运动方程式中,反抗负载转矩 $T_L$ 的符号有时为正,有时为负,而位能负载转矩 $T_L$ 的符号总是正的。

② 恒功率负载特性　这类负载得名于在改变转速时,负载功率 $P_L$ 保持不变。例如车床在粗加工时,切削量大,负载阻力大,应为低速;在精加工时,切削量小,阻力也小,常为高速,以保证高低速下功率不变。其表达式为

$$P_L = T_L \omega = \frac{2\pi n}{60} T_L = 常数 \tag{14-1}$$

由此可见,负载转矩与转速成反比,即

$$T_L = K/n \tag{14-2}$$

$T$ 与 $n$ 的关系为一双曲线,称之为恒功率负载特性,如图 14-2(c) 所示。

③ 通风机负载特性　属于这类负载的生产机械是按离心力原理工作的,如风机、水泵、油泵等。其负载转矩是由其中的空气、水、油等介质对机器叶片的阻力所产生的,因此也属于反抗性的。其特点是这类负载转矩并不恒定,基本上与转速的平方成正比,即

$$T_L = Kn^2 \tag{14-3}$$

式中 $K$ 为比例常数。

由上式可见,通风机型负载特性为一抛物线,所以此类负载特性也称其为二次型负载特性,如图 14-2(d) 中的实线所示。

除了上述三种典型的负载特性以外,还有直线型负载特性,即 $T_L = Kn$;曲柄连杆机构负载特性,其 $T_L$ 是随转角 $\alpha$ 而变化的;球磨机、碎石机等负载特性,其 $T_L$ 随时间作无规律的随机变化等。另外,实际负载可能是单类型的,也可能是几种类型的综合,具体问题应具体分析。例如,实际通风机除了主要是通风机性质的负载特性外,轴上还存在摩擦转矩 $T_{L0}$,因此其负载特性为 $T_L = T_{L0} + Kn^2$,如图 14-2(d) 中虚线所示。

(4) 电动机的工作制

① 电动机工作制的定义。电机工作制是对电机承受负载情况的说明,包括启动、电制动、空载、断能停转以及这些阶段的持续时间和先后顺序。

② 电动机的工作制类型。对应于生产机械的各种工作制,通常将传动电动机的工作类型分为 10 类,见表 14-2。这 10 类工作制中,工作制 S1 可以按照电动机铭牌给出的连续定额长期运行。对于工作制 S2,电动机应在实际冷态下启动,并在规定的时限内运行。短时定额时限一般规定为 10min、30min、60min 或 90min,具体视电动机而定。对于工作制 S3 和 S6,每一个工作周期为 10min。对于 S2、S4、S5、S6 和 S8 等 5 种工作制,其负载持续率为 15%、25%、40% 和 60%。对于 S4、S5、S7 和 S8 等 4 种工作制,每小时的等效启动次数一般分为 150 次、300 次或 600 次,并应给出电动机的转动惯量 $J_m$ 和折算到电动机轴上的全部外加转动惯量 $J_{ext}$ 之值。

表 14-2　电动机的工作制类型

| 序号 | 工作制类型 | 定义 | 示意图 |
| --- | --- | --- | --- |
| 1 | 连续工作制 S1 | 在恒定负载下连续运行至热稳定状态 | $P$—负载;$P_V$—电气损耗;$\theta$—温度;$\theta_{max}$—达到的最高温度;$t$—时间 |
| 2 | 短时工作制 S2 | 在恒定负载下按给定的时间运行,电机在该时间内不足以达到热稳定状态,随之停机和断能,其时间足以使电机再度冷却到与冷却界面温度之差保持在 2K 以内 | $P$—负载;$P_V$—电气损耗;$\theta$—温度;$\theta_{max}$—达到的最高温度;$t$—时间;$\Delta t_P$—恒定负载运行时间 |

续表

| 序号 | 工作制类型 | 定义 | 示意图 |
|---|---|---|---|
| 3 | 断续周期工作制 S3 | 按一系列相同的工作周期运行,每一周期包括一段恒定负载运行时间和一段停机和断能时间。这种工作制,每一周期的启动电流不致对温升有显著影响 | $P$—负载;$P_V$—电气损耗;$\theta$—温度;$\theta_{max}$—达到的最高温度;$t$—时间;$T_C$—负载周期;$\Delta t_P$—恒定负载运行时间;$\Delta t_R$—停机和断能时间;负载持续率=$\Delta t_P / T_C$ |
| 4 | 包括启动的断续周期工作制 S4 | 按一系列相同的工作周期运行,每一周期包括一段对温升有显著影响的启动时间、一段恒定负载运行时间及一段停机和断能时间 | $P$—负载;$P_V$—电气损耗;$\theta$—温度;$\theta_{max}$—达到的最高温度;$t$—时间;$T_C$—负载周期;$\Delta t_D$—启动/加速时间;$\Delta t_P$—恒定负载运行时间;$\Delta t_R$—停机和断能时间;负载持续率=$(\Delta t_D + \Delta t_P)/T_C$ |

续表

| 序号 | 工作制类型 | 定义 | 示意图 |
|---|---|---|---|
| 5 | 包括电制动的断续周期工作制 S5 | 按一系列相同的工作周期运行,每一周期包括一段启动时间、一段恒定负载运行时间、一段电制动时间及一段停机和断能时间 | $P$—负载;$P_V$—电气损耗;$\theta$—温度;$\theta_{max}$—达到的最高温度;$t$—时间;$T_C$—负载周期;$\Delta t_D$—启动/加速时间;$\Delta t_P$—恒定负载运行时间;$\Delta t_F$—电制动时间;$\Delta t_R$—停机和断能时间;负载持续率=$\Delta t_P/T_C$ |
| 6 | 连续周期工作制 S6 | 按一系列相同的工作周期运行,每一周期由一段恒定负载运行时间和一段空载运行时间所组成,但这些时间较短,均不足以使电动机达到热稳定状态 | $P$—负载;$P_V$—电气损耗;$\theta$—温度;$\theta_{max}$—达到的最高温度;$t$—时间;$T_C$—负载周期;$\Delta t_P$—恒定负载运行时间;$\Delta t_V$—空载运行时间;负载持续率=$\Delta t_P/T_C$ |

续表

| 序号 | 工作制类型 | 定义 | 示意图 |
|---|---|---|---|
| 7 | 包括电制动的连续周期工作制 S7 | 按一系列相同的工作周期运行，每一周期包括一段启动时间、一段恒定负载运行时间和一段电制动时间，无停机和断能时间 | $P$—负载；$P_V$—电气损耗；$\theta$—温度；$t$—时间；$T_C$—负载周期；$\Delta t_D$—启动/加速时间；$\Delta t_P$—恒定负载运行时间；$\Delta t_F$—电制动时间；负载持续率=1 |
| 8 | 包括负载与转速相应变化的连续周期工作制 S8 | 按一系列相同的工作周期运行，每一周期包括一段按预定转速运行的恒定负载运行时间和一段或几段按不同转速运行的其他恒定负载运行时间（例如多级变速异步电动机），无停机和断能时间 | $P$—负载；$P_V$—电气损耗；$\theta$—温度；$\theta_{max}$—达到的最高温度；$n$—转速；$t$—时间；$T_C$—负载周期；$\Delta t_D$—启动/加速时间；$\Delta t_P$—恒定负载运行时间($P_1,P_2,P_3$)；$\Delta t_F$—电制动时间($F_1,F_2$)；负载持续率=$(\Delta t_D+\Delta t_{P1})/T_C$、$(\Delta t_{F1}+\Delta t_{P2})/T_C$、$(\Delta t_{F2}+\Delta t_{P3})/T_C$、 |

续表

| 序号 | 工作制类型 | 定义 | 示意图 |
|---|---|---|---|
| 9 | 负载和转速作非周期变化的工作制 S9 | 负载和转速在允许的范围内作非周期变化的工作制,这种工作制包括经常性过载,其值可远远超过基准负载 | $P$—负载;$P_{ref}$—基准负载;$P_V$—电气损耗;$\theta$—温度;$\theta_{max}$—达到的最高温度;$n$—转速;$t$—时间;$\Delta t_D$—启动/加速时间;$\Delta t_P$—恒定负载运行时间;$\Delta t_F$—电制动时间;$\Delta t_n$—停机和断能时间;$\Delta t_s$—过载时间 |
| 10 | 离散恒定负载和转速工作制 S10 | 包括特定数量的离散负载(或等效负载)/转速(如可能)的工作制,每一种负载/转速组合的运行时间足以使电机达到热稳定。在一个工作周期中的最小负载值可为零(空载或停机和断能) | $P$—负载;$P_{ref}$—基准负载;$P_V$—电气损耗;$\theta$—温度;$\theta_{max}$—达到的最高温度;$n$—转速;$t$—时间;$\Delta t_D$—启动/加速时间;$\Delta t_P$—恒定负载运行时间;$\Delta t_F$—电制动时间;$\Delta t_n$—停机和断能时间;$\Delta t_s$—过载时间 |

## 14.1.2 电源装置

电气传动系统电源装置可分为母线供电装置、机组变流装置及电力电子变流装置三类。

(1) 母线供电装置

母线供电装置（与电气控制系统配合使用），可分为：

① 交流母线；

② 直流母线。

(2) 机组变流装置

机组变流装置可分为：

① 直流发电机组，20 世纪 70 年代以前广泛使用，随着电力电子变流装置的技术发展，在新设计中基本不采用直流发电机组；

② 变频机组。

(3) 电力电子变流装置

① 电力电子变流装置按变流种类可分为：

a. 整流装置；

b. 交流调压装置；

c. 变频装置，变频装置又可分为交-直-交间接变频和交-交直接变频两类。

② 电力电子变流装置按使用的器件可分为：

a. 汞弧整流器装置，在 20 世纪 70 年代以前盛行，现已淘汰；

b. 普通晶闸管装置；

c. 新型自关断器件装置，如门极可关断晶闸管（GTO）、集成门极换流晶闸管（IGCT，Intergrated Gate Commutated Thyristors）、电子注入增强栅晶体管（IEGT，Injection Enhanced Gate Transistor）适用于中压几百千瓦至几兆瓦功率等级（GTO 已逐渐被 IGCT 和 IEGT 所取代）；大功率晶体管（GTR）和绝缘门极晶体管（IGBT）适用于几千瓦至兆瓦功率等级（GTR 已逐渐被 IGBT 所取代）；功率场效应管（POWER MOSFET）适用于几千瓦至兆瓦以下功率等级；其他还有静电感应晶体管（SIT，Static Induction Transistor）和静电感应晶闸管（SITH，Static Induction Thyristor）等，主要用于高频变换等领域。

IGCT 是一种用于巨型电力电子成套装置中的新型电力半导体开关器件，1997 年由 ABB 公司提出。IGCT 使变流装置在功率、可靠性、开关速度、效率、成本、重量和体积等方面都取得了巨大进展，给电力电子成套装置带来了新的飞跃。IGCT 是将 GTO 芯片与反并联二极管和门极驱动电路集成在一起，再与其门极驱动器在外围以低电感方式连接，结合了晶体管的稳定关断能力和晶闸管低通态损耗的优点，在导通阶段发挥晶闸管的性能，关断阶段呈现晶体管的特性。IGCT 具有电流大、阻断电压高、开关频率高、可靠性好、结构紧凑、低导通损耗等特点，而且制造成本低，成品率高，有很好的应用前景。

电子注入增强栅晶体管（IEGT）是耐压达 4kV 以上的 IGBT 系列电力电子器件，通过采取增强注入的结构实现低通态电压，使大容量电力电子器件取得了飞跃性的发展。IEGT 具有 MOS 系列电力电子器件的潜在发展前景，具有低损耗、高速动作、高耐压、有源栅驱动智能化等特点以及采用沟槽结构和多芯片并联而自均流的特性，使其在扩大电流容量方面颇具潜力。另外通过模块封装方式还可提供众多派生产品，在大、中容量变换器应用中被寄予厚望。IECT 利用了"电子注入增强效应"，使之兼有 IGBT 和 GTO 两者的优点：低饱和压降，较宽安全工作区（吸收回路容量仅为 GTO 的 1/10 左右），低栅极驱动功率（比 GTO 低两个数量级）和较高的工作频率。

静态感应晶体管（SIT）诞生于 20 世纪 70 年代，实际上是一种结型场效应晶体管。将用于信息处理的小功率 SIT 器件的横向导电结构改为垂直导电结构，即可制成大功率的 SIT 器件。SIT 是一种多子导电的器件，其工作频率与 POWER MOSFET 相当，甚至超过 POWER MOSFET，而功率容量也比 POWER MOSFET 大，因而适用于高频大功率场合，目前已在雷达通信设备、超声波功率放大、脉冲功率放大和高频感应加热等专业领域获得了应用。此外 SIT 通态电阻较大,使得通态损耗也大,因而目前还未得到广泛应用。

### 14.1.3 控制系统

电气传动控制系统可按所用的器件、工作原理、调速种类进行分类。

(1) 电气传动控制系统可按所用的器件分类

① 电器控制:又称继电器-接触器控制,与母线供电装置配合使用。

② 电机放大机和磁放大器控制:与机组供电装置配合使用,在 20 世纪 30~60 年代比较盛行,随着电子技术发展,已逐步淘汰。

③ 电子控制装置又分为电子管控制装置(20 世纪 40~60 年代少数传动设备用过,现已淘汰)和半导体控制装置(又有分立元件、中小规模集成电路及微机和专用大规模集成电路等几代产品)。

(2) 电气传动控制系统按工作原理分类

① 逻辑控制:通过电气控制装置控制电机启动、停止、正反转或有级变速,控制信号来自主令电器或可编程序控制器(PLC)。

② 连续速度调节:与机组或电力电子变流装置配合使用,连续改变电机的转速。这类系统按控制原则可分为开环控制、闭环控制及复合控制三类。按控制信号的处理方法可分为模拟控制、数字控制及模拟/数字混合控制三类。

直流连续速度调节控制一般都采用双环线路。交流调速控制常用线路有:电压/频率比控制、转差频率控制、矢量控制和直接转矩控制。

## 14.2 电动机选择

### 14.2.1 选择电动机的基本要求

1)电动机的工作制、额定功率、堵转转矩、最小转矩、最大转矩、转速及其调节范围等电气和机械参数应满足电动机所拖动的机械(以下简称机械)在各种运行方式下的要求。

2)电动机类型的选择应符合下列规定

① 机械对启动、调速及制动无特殊要求时,应采用笼型电动机,但功率较大且连续工作的机械,当在技术经济上合理时,宜采用同步电动机。

② 符合下列情况之一时,宜采用绕线转子电动机:

a.重载启动的机械,选用笼型电动机不能满足启动要求或加大功率不合理时;

b.调速范围不大的机械,且低速运行时间较短时。

③ 机械对启动、调速及制动有特殊要求时,电动机类型及其调速方式应根据技术经济比较确定。当采用交流电动机不能满足机械要求的特性时,宜采用直流电动机;交流电源消失后必须工作的应急机组,亦可采用直流电动机。

④ 变负载运行的风机和泵类等机械,当技术经济上合理时,应采用调速装置,并选用相应类型的电动机。

3)电动机额定功率的选择应符合下列规定

① 连续工作且负载平稳的机械应采用最大连续定额的电动机,其额定功率应按机械的

轴功率选择。当机械为重载启动时，笼型电动机和同步电动机的额定功率应按启动条件校验；对同步电动机，尚应校验其牵入转矩。

② 短时工作的机械应采用短时定额的电动机，其额定功率应按机械的轴功率选择；当无合适规格的短时定额电动机时，可按允许过载转矩选用周期工作定额的电动机。

③ 断续周期工作的机械应采用相应的周期工作定额的电动机，其额定功率宜根据制造厂提供的不同负载持续率和不同启动次数下的允许输出功率选择，亦可按典型周期的等值负载换算为额定负载持续率选择，并应按允许过载转矩校验。

④ 连续工作且负载周期变化的机械应采用相应的周期工作定额的电动机，电动机的额定功率宜根据制造厂提供的数据进行选择，亦可按等值电流法或等值转矩法选择，并应按允许过载转矩进行校验。

⑤ 选择电动机额定功率时，应根据机械的类型和重要性计入储备系数。

⑥ 当电动机使用地点的海拔和冷却介质温度与规定的工作条件不同时，其额定功率应按制造厂的资料予以校正。

4) 电动机的额定电压应根据其额定功率和配电系统的电压等级及技术经济的合理性等诸因素综合权衡后确定。

5) 电动机的防护形式应符合安装场所的环境条件。

6) 电动机的结构及安装形式应与机械相适应。

## 14.2.2 直流电动机与交流电动机的比较

交流电动机结构简单、价格便宜、维护工作量小，但启制动及调速性能不如直流电动机。因此在交流电动机能满足生产需要的场合都应采用交流电动机，仅在启制动和调速等方面不能满足需要时才考虑直流电动机。近年来，随着电力电子及控制技术的发展，交流调速装置的性能和成本已能与直流调速装置竞争，越来越多的直流调速应用领域被交流调速占领。在选择电动机种类时应从以下几方面考虑选用交流电动机还是直流电动机。

(1) 不需要调速的机械

不需要调速的机械包括长期工作制、短时工作制和重复短时工作制机械，应采用交流电动机。仅在某些操作特别频繁、交流电动机在发热和启制动特性不能满足要求时，才考虑直流电动机。

(2) 需要调速的机械

① 转速与功率之积：受换向器换向能力限制，按目前的技术水平，直流电动机最大的转速与功率之积约为 $10^6 \mathrm{kW \cdot r/min}$，当接近或超过该值时，宜采用交流电动机，这个问题不仅对大功率设备存在，对某些中小功率设备在要求转速特别高时也存在。

② 飞轮力矩：为改善换向器的换向条件，要求直流电动机电枢漏感小，电动机转子粗短，因而造成飞轮力矩 $GD^2$（即转动惯量 $J$）大。交流电动机（无换向器电动机除外）无此限制，转子细长，$GD^2$ 小，电动机转速越高，交直流电动机 $GD^2$ 之差越大，当直流电动机的 $GD^2$ 不能满足生产机械要求时，宜采用交流电动机。

③ 为解决直流电动机 $GD^2$ 大和功率受限制的问题，过去许多机械采用双电枢或三电枢直流电动机传动，但电动机造价高，占地面积大，易产生轴扭振，随着交流调速技术的发展，上述方案已不可取，应考虑改用单台交流电动机。

④ 在环境恶劣场合，例如高温、多尘、多水气、易燃、易爆等场合，宜采用无换向器、无火花、易密闭的交流电动机。

⑤ 交直流电动机调速性能差不多，目前高性能系统的转矩响应时间大都在 10～20ms 之间，速度响应时间在 100ms 左右，交流电动机 $GD^2$ 小，略快一些，为获得同样的性能，交流调速系统比直流调速系统复杂，要求具有较高的调整维护水平。

⑥ 对电网的影响

a. 可控整流的直流调速装置存在输入功率因数低及输入电流中存在 5、7、11、13、… 奇次谐波的问题。

b. 晶闸管交-直-交变频交流调速装置的输入部分仍是可控整流，对电网的影响和直流调速时基本相同。

c. 晶闸管交-交变频交流调速也是基于移向控制，其输入功率因数同直流调速的时候差不多，其输入电流中除含有 5、7、11、13、… 奇次谐波不利因素外，还有旁频、谱线数目增加等问题，但其输入电流的幅值减少。

d. IGBT（Insulated Gate Bipolar Transistor，绝缘栅双极型晶体管）和 IGCT（Intergrated Gate Commutated Thyristors，集成门极换流晶闸管）或 IEGT（Injection Enhanced Gate Transistor，电子注入增强栅晶体管）PWM 交流变频调速传动输入功率因数高，接近"1"，采用有源前端（PWM 整流）可以做到功率因数等于"1"，且输入电流为正弦，供电设备容量小，不必装无功补偿装置，节约供电费用。

⑦ 成本　交流调速变流装置比直流调速用整流装置贵，因为交流调速装置按电动机的电压电流峰值选择器件，当三相电流中某一相电流处于峰值时，另两相电流只有一半，器件得不到充分利用，但交流电动机比直流电动机便宜，可补偿变流装置增加的成本，目前：

a. 小功率（300kW 以下）传动系统采用 IGBT 的 PWM 变频调速装置的成本比直流装置略贵，但可从电动机差价和减少维修中得到补偿，交流调速正逐步取代直流调速。

b. 中功率（300～2000kW）调速传动系统，由于交流装置比直流装置贵得多，所以目前直流传动系统用得较多，因 IGBT PWM 变频可节约部分电费，所以现在 1000kW 以下的新建传动系统也在考虑使用交流。

c. 大功率（2000kW 以上）调速传系统，交流电动机和调速装置的总价格已与直流相当或略低，新建设备基本上已全部采用交流传动。

⑧ 损耗与冷却通风

a. 采用直流电动机时，主电路功率流入转子，散热困难，需通风功率大，冷却水多。

b. 采用交流同步电动机时，主电路功率流入定子，散热条件好，通风功率小，比直流电动机节能、节水一半左右。

c. 采用交流异步电动机时，主电路功率虽然也流入定子，但其功率因数比较低，效率与直流电动机差不多。

## 14.2.3　电动机的选择

### 14.2.3.1　交流电动机的选择

（1）普通励磁同步电动机

① 优点

a. 电动机功率因数高；

b. 用于变频传动时，电动机功率因数等于"1"，使变频装置容量较小，变频器输入功率因数改善；

c. 效率比异步电动机的高；

d. 气隙比异步电动机大，大容量电动机制造容易。

② 缺点

a. 需附加励磁装置；

b. 变频调速控制系统比异步电动机的复杂。

③ 应用场合

a. 大功率不调速传动；

b. 600r/min 以下大功率交-交变频调速传动场合，例如轧机、卷扬机、船舶驱动、水泥磨机等。交-交变频用同步电动机属普通励磁同步电动机范围，但与不调速电动机相比有如下特点：最高频率 20Hz 以下；电动机电压按晶闸管变频装置最大输出电压配用，目前线电压有效值一般在 1600~1700V；阻尼绕组按改善电动机特性设计，不考虑异步启动；电动机机械强度加强，按直流电动机强度设计。

(2) 永磁同步电动机

永磁同步机的结构形式和控制方法很多，目前应用较多的是正弦波永磁同步电动机［简称永磁同步电动机（PMSM，permanent magnet synchronous motor）］和方波永磁同步电动机［又称无刷直流电动机（BLDCM，brushless direct current motor）］。两者结构基本相同，仅气隙磁场波形不同；PMSM 磁场波形为正弦波，定子三相绕组电流为正弦波；BLDCM 磁场波形为梯形波，定子三相绕组电流为方波。两者中，BLDCM 控制较简单，出力较大，但转矩脉动较大，调速性能不如 PMSM。近年来，为减少转矩脉动，BLDCM 的控制也用 PWM，甚至电流也用正弦波，两种电动机的差别越来越小。与普通电动机相比，永磁机的应用场合和功率范围日益扩大，目前容量在几十千瓦以下，个别做到几百千瓦甚至兆瓦。永磁同步电动机在船用驱动和伺服系统中得到了广泛应用。

(3) 大功率无换向电动机

① 特点

a. 输入电流为 120°方波，具有转矩脉动及低速性能差的缺点，设计电动机磁路时需考虑如何减少该影响；

b. 电路设计时需计及谐波电流带来的附加损耗；

c. 大功率无换向器电动机由晶闸管变频供电，为实现换相，要求电动机工作在功率因数超前区，因此加大了变频器容量及励磁电流；同时电动机过载能力差（1.5~2 倍），欲降低上述影响，要求电动机定子绕组漏感小，致使电动机粗短，$GD^2$ 大；

d. 无转速和频率上限。

② 应用场合　用于大功率、高速（600r/min）、负载平稳、过载不多的场合，如风机、泵、压缩机等。

(4) 异步电动机

① 特点

a. 笼型异步电动机结构简单、制造容易，价格便宜；

b. 绕线转子异步电动机可通过在转子回路中串电阻、频敏电阻或通过双馈改变电动机特性，改善启动性能或实现调速；

c. 功率因数及效率低。采用变频调速时，需加大变频器容量；

d. 气隙小、大功率电动机制造困难；

e. 调速控制系统比同步电动机的简单。

② 应用场合

a. 2000~3000kW 以下、不调速、操作不频繁场合，宜用笼型异步电动机；

b. 2000~3000kW 以下、不调速，但要求启动力矩大或操作较频繁场合，宜用绕线转子异步电动机；

c. 环境恶劣场合宜用笼型异步电动机；

d. 2000~3000kW 以下，转速大于 100r/min 的交流调速系统，由于异步电动机的临界转矩 $T_{er}$ 在恒功率弱磁调速段与 $(\omega_{sn}/\omega_s)^2$ 成比例，并随着转速的上升，其值以二次方的关系下降，所以不适合用于 $(\omega_{sn}/\omega_s)>2$ 的场合。

(5) 开关磁阻电动机

这是一种与小功率笼型异步电动机竞争的新型调速电动机，转子为实心铁芯，$d$ 轴、$q$ 轴磁路不对称，定子有多相绕组，利用电力电子器件轮流接通定子各绕组，靠反应力矩使电动机旋转。这种电动机调速装置简单，不用逆变器，无逆变失败故障，可靠性高，其结构比笼型异步电动机简单，而功率因数和效率两者差不多，但运行噪声和转矩脉动较大、目前容量范围在几十千瓦，个别上百千瓦，用于中小功率调速传动。

### 14.2.3.2　直流电动机的选择

1) 需较大启动转矩和恒功率调速的机械，如电车、牵引机车等，用串励直流电动机。

2) 其他使用直流电动机的场合，一般均用他励直流电动机。注意要按生产机械的恒转矩和恒功率调速范围，合理地选择电动机的基速及弱磁倍数。

## 14.2.4　电动机结构形式的选择

1) 在采暖的干燥厂房中，采用开启式、防护式电动机。

2) 在不采暖的干燥厂房或潮湿而无潮气凝结的厂房中，采用开启式和防护式电动机，但需要能耐潮的绝缘。

3) 在特别潮湿的厂房中，由于空气中的水蒸气经常饱和，并可能凝成水滴，需要防滴式、防溅式或封闭式电动机，并带耐潮的绝缘。

4) 在无导电灰尘的厂房中

① 当灰尘易除掉，且对电动机无影响及电动机采用滚珠轴承时，可采用开启式或防护式电动机。

② 当灰尘不易除掉对绝缘有害时，采用封闭式电动机。

③ 当落在电动机绕组上的灰尘或纤维妨碍电动机正常冷却时，宜采用封闭式电动机。

5) 在有导电灰尘或不导电灰尘，但同时有潮气存在的厂房中，应采用封闭式电动机。

6) 当对电动机绝缘有害的灰尘或化学成分不多时，如通风良好，可不用封闭式电动机。

7) 在有腐蚀性蒸汽或气体的厂房中，应采用密闭式电动机或耐酸绝缘的封闭风冷式电动机。

8) 在 21 区及 22 区有着火危险的厂房中，至少应采用防护式笼型异步电动机。

在 21 区厂房中，当其湿度很大时，应采用封闭式电动机。

有可燃但难发火的液体的 21 区厂房中，最低应采用防滴、防溅式笼型异步电动机；在含有发火液体的 21 区厂房中，应采用封闭式电动机。

9) 在 0 级区域厂房中，需采用防爆式电动机。

10) 电动机安装在室外时

① 直接露天装设；

② 装在棚子下面。

在这两种情况下，必须保护电动机的绝缘不受大气、潮气的破坏。在露天装设时，为防止潮气变为水滴而直接落入电动机内部，应采用封闭式电动机。装在棚子下时，可采用防护式或封闭式电动机。

### 14.2.5 电动机的四种运行状态

按照电动机转矩 $T$ 的方向不同，有四种运行状态，对应于 $T$-$n$ 坐标平面上的四个象限（如图14-3所示）。

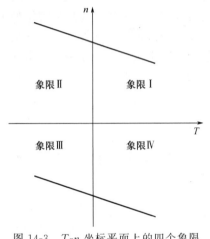

图14-3 $T$-$n$ 坐标平面上的四个象限

状态Ⅰ：$n>0$，$T>0$，正向电动状态，工作于象限Ⅰ，能量从电动机传向负载机械。

状态Ⅱ：$n>0$，$T<0$，正向制动状态，工作于象限Ⅱ，能量从机械返回电动机。

状态Ⅲ：$n<0$，$T<0$，反向制动状态，工作于象限Ⅲ，能量由电动机传向机械。

状态Ⅳ：$n<0$，$T>0$，反向制动状态，工作于象限Ⅳ，能量由机械返回电动机。

电动机有两种实现制动的方法。

(1) 动力制动

机械能通过电动机消耗在制动电阻上，动力制动系统结构简单，能量利用率低，性能差，适用于制动次数少、能量及对性能要求不高的场合。

(2) 再生制动

机械能通过电动机和供电装置返回电网，再生制动系统结构复杂，能量利用率高，性能好，适用于经常制动，且对制动性能要求高的场合。

各类机械要求的运行状态不同，对传动方案选择的影响大，特别是由可控变流装置供电的调速系统。若只要求在象限Ⅰ（或象限Ⅱ、Ⅳ）运行，仅需一套单方向变流装置，此时可控整流器件数少一半；若要求四象限运行，需可逆变流装置，系统就复杂得多。

### 14.2.6 电动机的容量（功率）计算

(1) 电动机功率计算的基本公式

表14-3列出了电动机容量计算的基本公式。

(2) 几种常用机械传动中所用电动机的功率计算

① 离心式风机 离心式风机电动机功率（kW）计算公式为

$$P = \frac{kQH}{\eta \eta_c} \times 10^{-3} \tag{14-4}$$

式中 $k$——裕量系数，其值见表14-4；

$Q$——送风量，$m^3/s$；

$H$——空气压力，Pa；

$\eta$——风机效率，为 0.4~0.75；

$\eta_c$——传动效率，直接传动时为1。

表 14-3 电动机容量计算常用公式

| 名称 | 公式 | 符号 |
|---|---|---|
| 功率 | $P = \dfrac{T_M n_M}{9550}$<br>$P = \dfrac{Fv}{\eta} \times 10^{-3}$<br>$P = \dfrac{T_M \omega_M}{1000}$ | $P$——电动机功率,kW<br>$T_M$——电动机转矩,N·m<br>$n_M$——电动机转速,r/min<br>$\omega_M$——电动机角速度,rad/s<br>$F$——作用力,N<br>$v$——运动速度,m/s<br>$H$——传动效率<br>$E$——运动物体的动能,J<br>$m$——物体的质量,kg<br>$J$——转动的惯量,kg·m²<br>$GD^2$——飞轮力矩,N·m²<br>$T_L$——电动机轴上的静阻负载转矩,N·m<br>$T_m$——机械轴上的静阻转矩,N·m<br>$R$——物体运动的旋转半径,m<br>$i$——传动比<br>$n_m$——机械轴转速,r/min<br>$J_m$——机械轴上的转动惯量,kg·m²<br>$GD_m^2$——机械轴上的飞轮转矩,N·m²<br>$g$——重力加速度,m/s²<br>$G_m$——直线运动物体的重力,N<br>$v_m$——直线运动物体的速度,m/s<br>$GD_M^2$——电动机转子飞轮转矩,N·m²<br>$GD_{m1}^2, GD_{m2}^2, \cdots, GD_{mn}^2$——相应于转速 $n_{m1}, n_{m2}, \cdots, n_{mn}$ 轴上的飞轮转矩<br>$i_1, i_2, \cdots, i_n$——各轴对电动机轴的传动比<br>$t_s$——启动(加速)时间,s<br>$t_b$——制动(减速)时间,s<br>$T_d$——动态(加减速)转矩,N·m |
| 运动物体的动能 | $\omega_M = \dfrac{\pi n_M}{30}$<br>$E = \dfrac{mv^2}{2}$<br>$E = \dfrac{J\omega_M^2}{2}$<br>$E = \dfrac{GD^2 n^2}{7200}$ | |
| 折算到电动机轴上的静阻负载转矩 | $T_L = T_m \dfrac{1}{i\eta}$<br>$T_L = F \dfrac{v}{\omega_M} \times \dfrac{1}{\eta}$<br>$T_L = \dfrac{FR}{i\eta}$<br>$i = \dfrac{n_M}{n_m}$ | |
| 折算到电动机轴上的转动惯量和飞轮转矩 | $J = J_m / i^2$<br>$GD^2 = GD_m^2 / i^2$<br>$GD^2 = 365 G_m v_m^2 / n_M^2$<br>$GD^2 = 4gJ$<br>$GD^2 = GD_M^2 + \dfrac{GD_{m1}^2}{i_1^2} + \dfrac{GD_{m2}^2}{i_2^2}$<br>$+ \cdots + \dfrac{GD_{mn}^2}{i_n^2}$<br>$i_1 = \dfrac{n_M}{n_{m1}}, i_2 = \dfrac{n_M}{n_{m2}} \cdots i_m = \dfrac{n_M}{n_{mn}}$ | |
| 电动机启、制动时间<br>(1)动态转矩恒定下启动(加速)时间、制动(减速)时间<br>(2)动态转矩线性变化下启动(加速)时间、制动(减速)时间<br>(3)动态转矩非恒定,也非线性变化时启动(加速)时间、制动(减速)时间 | $t_s = \dfrac{GD^2(n_2 - n_1)}{375 T_d}$<br>$T_d = T_M - T_L$<br>$t_b = \dfrac{GD^2(n_1 - n_2)}{375(-T_d)}$<br>$-T_d = -(T_M + T_L)$<br>$t_s = \dfrac{GD^2(n_2 - n_1)}{375(T_{M1} - T_{M2})} \ln \dfrac{T_{M1} - T_L}{T_{M2} - T_L}$<br>$t_b = \dfrac{GD^2(n_2 - n_1)}{375(T_{M1} - T_{M2})} \ln \dfrac{T_{M1} + T_L}{T_{M2} + T_L}$<br>$t_s = \dfrac{GD^2}{375} \int_{n_1}^{n_2} \dfrac{dn}{dt}$ ($T_d > 0$ 时加速)<br>$t_b = \dfrac{GD^2}{375} \int_{n_2}^{n_1} \dfrac{dn}{dt}$ ($T_d < 0$ 时减速) | |
| 动态转矩恒定时,加减速过程电动机行程 | $s = \dfrac{GD^2(n_2^2 - n_1^2)}{4500 T_d}$ | |

表 14-4 离心式风机电动机容量裕量系数

| 功率/kW | 0.1以下 | 1～2 | 2～5 | 大于5 |
|---|---|---|---|---|
| 裕量系数 | 2 | 1.5 | 1.25 | 1.15～1.10 |

② 离心式泵 离心式泵电动机功率（kW）的计算公式为

$$P=\frac{k\gamma Q(H+\Delta H)}{\eta\eta_c}\times 10^{-3} \qquad (14\text{-}5)$$

式中 $k$——裕量系数，见表 14-5；

$\gamma$——液体密度，$kg/m^3$；

$Q$——泵的出水量，$m^3/s$；

$H$——水头，m；

$\Delta H$——主管损失水头，m；

$\eta$——水泵效率，一般取 0.6～0.84；

$\eta_c$——传动效率，与电动机直接连接时，$\eta_c=1$。

表 14-5 离心式泵电动机容量裕量系数

| 功率/kW | 2以下 | 2～5 | 5～50 | 50～100 | 100以上 |
|---|---|---|---|---|---|
| 裕量系数 | 1.7 | 1.5～1.3 | 1.15～1.10 | 1.08～1.05 | 1.05 |

当管道长、流速高、弯头与闸门的数量多，裕量系数还要适当加大。

为离心泵选配电动机时，须注意电动机的转速。因离心泵的水头、流量与转速之间存在着以下关系：

$$H_1/H_2=n_1^2/n_2^2 \qquad (14\text{-}6)$$

$$Q_1/Q_2=n_1/n_2 \qquad (14\text{-}7)$$

$$T_1/T_2=n_1^2/n_2^2 \qquad (14\text{-}8)$$

$$P_1/P_2=n_1^3/n_2^3 \qquad (14\text{-}9)$$

③ 离心式压缩机 离心式压缩机电动机功率（kW）计算公式为

$$P=\frac{Q(A_d+A_r)}{2\eta}\times 10^{-8} \qquad (14\text{-}10)$$

式中 $Q$——压缩机生产率，$m^3/s$；

$A_d$——压缩 $1m^3$ 空气至绝对压力 $p_1$ 的等温功，N·m；

$A_r$——压缩 $1m^3$ 空气至绝对压力 $p_1$ 的绝热功，N·m；

$\eta$——压缩机总效率，为 0.62～0.8。

$A_d$、$A_r$ 与终点压力的关系见表 14-6。

表 14-6 $A_d$、$A_r$ 值与终点压力 $p_1$ 的关系

| $p_1$ 大气压 | 1.5 | 2.0 | 3.0 | 4.0 | 5.0 | 6.0 | 7.0 | 8.0 | 9.0 | 10.0 |
|---|---|---|---|---|---|---|---|---|---|---|
| $A_d$/N·m | 39717 | 67666 | 107873 | 136312 | 157887 | 175539 | 191230 | 203978 | 215746 | 225553 |
| $A_r$/N·m | 42169 | 75511 | 126506 | 167694 | 201036 | 230456 | 255954 | 280470 | 301064 | 320677 |

④ 起重机 起重机属断续周期工作制，按其工作繁重程度，可分为轻、中、重和特重共 4 级，各级对应的负载持续率 $FC$（%）大致为：轻级 $FC=15\%$，中级 $FC=25\%$，重级 $FC=40\%$，特重级 $FC=60\%$。各类起重机的负载程度参见表 14-7。

表 14-7 通用桥（梁）式起重机各机构工作类型实例表

| 类别及用途 | 各机构常用工作类型 | | | |
|---|---|---|---|---|
| | 起升 | | 行走 | |
| | 主 | 副 | 小车 | 大车 |
| 电站安装检修用吊钩起重机 | 轻 | 轻 | 轻 | 轻 |
| 车间仓库一般用途吊钩起重机 | 中 | 中 | 中 | 中 |
| 繁重工作车间和仓库吊钩起重机 | 重 | 中 | 中 | 重 |
| 间断装卸用抓斗起重机 | 重 | — | 重 | 重 |
| 连续装卸用抓斗起重机 | 特重 | — | 特重 | 特重 |
| 电磁起重机 | 重 | | 中 | 重 |

起重机各机构传动电动机功率（kW）可按下式计算：

$$P = \frac{Fv}{\eta} \times 10^{-3} \tag{14-11}$$

式中　$F$——运动时的阻力，N；
　　　$v$——运动线速度，m/s；
　　　$\eta$——机械传动效率。

对于起升机构，$F$ 用额定起升质量代入；对于行走机构

$$F = G_\Sigma (C + 7v) \times 10^{-3} \tag{14-12}$$

式中　$G_\Sigma$——运动部分总重力，N；
　　　$C$——行走阻力系数；用滚动轴承时，$C=10\sim12$，用滑动轴承时，$C=20\sim25$。

⑤ 金属切削机床　表 14-8 列出了金属切削机床中各类机构传动电动机功率的计算公式。

表 14-8 机床传动电动机功率的计算公式

| 项目 | | 主传动电动机 | 进给传动电动机 | 辅助电动机 |
|---|---|---|---|---|
| 不调速 | | $P_N \geq \dfrac{T_L n_N}{9550}$<br>式中　$P_N$——电动机额定功率，kW<br>　　　$T_L$——电动机负载转矩，N·m<br>　　　$n_N$——电动机额定转速，r/min | $P_N \geq \dfrac{F_\Sigma v_{max}}{60\eta} \times 10^{-3}$<br>式中　$P_N$——电动机额定功率，kW<br>　　　$F_\Sigma$——进给运动的总阻力，N<br>　　　$v_{max}$——最大进给速度，m/min<br>　　　$\eta$——进给传动效率 | $P_N \geq \dfrac{G \mu v}{60\eta} \times 10^{-3}$；<br>$T_{Ms} > T_{Ls}$<br>式中　$P_N$——电动机额定功率，kW<br>　　　$G$——移动件重力，N<br>　　　$\mu$——动摩擦系数<br>　　　$v$——移动速度，m/min<br>　　　$\eta$——传动效率<br>　　　$T_{Ms}$——电动机启动转矩，N·m<br>　　　$T_{Ls}$——负载启动转矩，N·m<br>$T_{Ls} = \dfrac{9550 G \mu_0 v}{60 n_M \eta} \times 10^{-3}$<br>式中　$\mu_0$——静摩擦系数<br>　　　$n_M$——电动机传递，r/min |
| 调速 | 交流多速电动机 | $P_N \geq \dfrac{P_{max}}{\eta_{min}}$<br>式中　$P_N$——电动机额定功率，kW<br>　　　$P_{max}$——机床最大切削功率，kW<br>　　　$\eta_{min}$——传动最低效率 | $T_N \geq T_L$<br>式中　$T_N$——电动机额定转矩，N·m<br>　　　$T_L$——电动机负载转矩，N·m | |

续表

| 项目 | | 主传动电动机 | 进给传动电动机 | 辅助电动机 |
|---|---|---|---|---|
| 调速 | 直流电动机 | $P_N \geq D_u P_L = \dfrac{1}{D_\phi} D^{\frac{1}{z}} P_L$<br>式中 $P_N$——电动机额定功率，kW<br>$D_u$——调电压调速范围，kW<br>$P_L$——主传动负载功率，kW<br>$D_\phi$——调磁场调速范围<br>$D$——主传动总调速范围<br>$z$——机械变速级数 | $P_N \geq k \dfrac{F_\Sigma v_{\max}}{60\eta} \times 10^{-3}$<br>式中 $P_N$——电动机额定功率，kW<br>$F_\Sigma$——进给运动的总阻力，N<br>$v_{\max}$——最大进给速度，m/min<br>$\eta$——进给传动效率<br>$k$——通风散热恶化的修正系数 | |
| | 说明 | 大多数机床主传动，接近恒功率运行，在采用电气调压调速时，为了不致使电动机容量增加得太多，宜采用调电压、调磁场和机械变速相配合的方案，一般 $D_u = 2 \sim 3$，$D_\phi = 1.75 \sim 2$，$z = 2 \sim 4$ | 大多数机床进给传动为恒转矩运行，在调压调速时，对于自通风的直流电动机，应考虑降低转速运行使散热条件恶化的影响，当调速范围为 1∶100 时，$k = 1.8$ | 辅助传动多为短时运行，一般为带负载启动，故电动机发热不是主要问题，应重点校验启动转矩和过载能力 |

### 14.2.7 电动机的校验

(1) 电动机校验的一般内容

电动机的功率计算一般由机械设计部门选定。按负载先预选一台电机，然后进行下述校验。

① 发热校验 根据生产机械的工作制及负载图，按等效电流（方均根电流）法或平均损耗法进行计算。有些生产机械负载图不易确定，可通过实验、实测或对比（与实际运行的类似机械比较）等方法来校验。从生产的发展、负载的性质以及考虑电网电压的波动、计算误差等因素，应留有适当裕度（一般为 10% 左右；同步电动机时考虑到其他一些因素，如补偿功率因数等，可以更大一些）。

② 启动校验 计及启动时电源电压的降低，校验启动过程中的最小转矩是否大于负载转矩，以保证电动机顺利启动。

③ 过载能力校验 对于短时工作制、重复短时工作制和长期工作制，需校验电动机最大过载转矩是否大于负载最大峰值转矩。

④ 电动机 $GD^2$ 校验 某些机械对电动机动态性能有特殊要求，例如飞剪对电动机启动时间和行程有要求；连轧机传动对速降及速度响应时间有要求；这时需校验电动机 $GD^2$ 能否满足生产要求。

⑤ 其他一些特殊的校验 例如辊道类电动机的打滑转矩校验等。

(2) 恒定负载连续工作制下电动机的校验

根据负载转矩及转速，计算出所需要的负载功率 $P_L$，选择电动机的额定功率 $P_N$ (kW) 略大于 $P_L$。

$$P_N > P_L = \dfrac{T_L n_N}{9550} \tag{14-13}$$

式中 $P_N$——额定功率，kW；

$P_L$——折算到电动机轴上的负荷功率，kW；

$T_L$——折算到电动机轴上的负荷转矩，N·m；

$n_N$——电动机的额定转速，r/min。

当负载转矩恒定且需要在基速以上调速时，其额定功率（kW）应按所要求的最高工作转速计算

$$P_N \geq \frac{T_L n_{max}}{9550} \tag{14-14}$$

式中 $P_N$——额定功率，kW；

$n_{max}$——电动机的最高工作转速，r/min。

对启动条件严酷（静阻转矩较大或带有较大的飞轮力矩）而采用笼型异步电动机或同步电动机传动的场合，在初选电动机的额定功率和转速后，还要按式(14-14)以及式(14-15)分别校验启动过程中的最小转矩和允许的最大飞轮力矩，以保证生产机械能顺利地启动和在启动过程中电动机不致过热。电动机的最小启动转矩（N·m）

$$T_{Mmin} \geq \frac{T_{Lmax} K_S}{K_u^2} \tag{14-15}$$

式中 $T_{Mmin}$——最小启动转矩，N·m；

$T_{Lmax}$——启动过程中可能出现的最大负荷转矩，N·m；

$K_S$——保证启动时有足够转矩的系数，一般取 $K_S=1.15\sim1.25$；

$K_u$——电压波动系数，即启动时电动机端电压与电动机额定电压之比，全压启动时 $K_u=0.85$。

允许的最大飞轮力矩 $GD_{xm}^2$（N·m²）为

$$GD_{mec}^2 \leq GD_{xm}^2 = GD_0^2 \left(1 - \frac{T_{Lmax}}{T_{sav} K_u^2}\right) - GD_M^2 \tag{14-16}$$

式中 $GD_{mec}^2$——折算到电动机轴上的传动机械的最大飞轮矩，N·m²；

$GD_0^2$——包括电动机在内的整个传动系数所允许的最大飞轮矩（N·m²），折算到电动机轴上数值，由电机资料查取；

$GD_M^2$——电动机转子飞轮矩，N·m²；

$T_{sav}$——电动机的平均启动转矩，N·m。

按式(14-15)和式(14-16)两项校验均能通过，则可以采用所选电动机功率。

（3）短时工作制下电动机的校验

短时工作制下，同样可按上述式(14-15)或式(14-16)计算出所需要的负载功率，然后选择具有适当工作时间的短时定额电动机。如果没有合适的短时定额电动机，也可以选用断续定额电动机。计算电动机功率（kW）时，应考虑其过载能力，对于异步电动机：

$$P_N = \frac{P_{Lmax}}{0.75\lambda} \tag{14-17}$$

式中 $P_N$——电动机的额定功率，kW；

$P_{Lmax}$——短时负荷功率最大值，kW；

$\lambda$——电动机的转矩过载倍数。

（4）变动负载连续工作制的发热校验

对于图14-4(a)所示的变动负载连续周期工作制（S6、S7或S8）下电动机的发热校验，可分为两个步骤。先按等效（方均根）电流法或等效转矩法，计算出一个周期 $T_e$ 内的等效电流 $I_{rms}$ 或等效转矩 $T_{rms}$。选取电动机的额定电流 $I_N \geq I_{rms}$ 或额定转矩 $T_N \geq$

$T_{rms}$，即

$$I_N > I_{rms} = \sqrt{\frac{I_1^2 t_1 + I_2^2 t_2 + \cdots + I_n^2 t_n}{T_C}} \tag{14-18}$$

或

$$T_N > T_{rms} = \sqrt{\frac{T_1^2 t_1 + T_2^2 t_2 + \cdots + T_n^2 t_n}{T_C}} \tag{14-19}$$

式中 $I_1, I_2, \cdots, I_n$ ——各分段时间内的电流值，A；
$T_1, T_2, \cdots, T_n$ ——各分段时间内的转矩值，N·m；
$t_1, t_2, \cdots, t_n$ ——对应于 $I_1 \sim I_n$ 或 $T_1 \sim T_n$ 的时间，s；
$I_N$ ——电动机的额定电流，A；
$T_N$ ——电动机的额定转矩，N·m；
$T_C$ ——一个周期的总时间，$T_C = t_1 + t_2 + \cdots + t_n$，s。

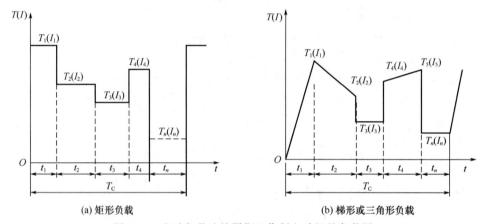

图 14-4 变动负载连续周期工作制电动机的负载图

当负载不是矩形，而是图 14-4(b) 所示的三角形或梯形时，则应将每一时间间隔内转矩（或电流）值换算成等效平均值后，同样用式(14-18)或式(14-19)计算等效电流或等效转矩。对应时间 $t_2$ 内电流（或转矩）的等效平均值为

$$T_{av2} = \sqrt{\frac{T_1^2 + T_1 T_2 + T_2^2}{3}} \tag{14-20}$$

或

$$I_{av2} = \sqrt{\frac{I_1^2 + I_1 I_2 + I_2^2}{3}} \tag{14-21}$$

对应时间 $t_1$ 内三角形曲线转矩（或电流）的等效平均值为

$$T_{av1} = \sqrt{\frac{T_1^2}{3}} = 0.578 T_1 \tag{14-22}$$

或

$$I_{av1} = \sqrt{\frac{I_1^2}{3}} = 0.578 I_1 \tag{14-23}$$

根据 $I_{rms}$（或 $T_{rms}$）选取电动机的额定值后，还要用最大负载转矩 $T_{Lmax}$ 校验电动机过载能力，即

$$T_N \geq \frac{T_{Lmax}}{0.9 K_u \lambda} \tag{14-24}$$

式中 $T_N$——电动机额定转矩，N·m；

$T_{Lmax}$——最大负载转矩，N·m；

$K_u$——电网电压波动对电动机转矩影响的系数，一般对同步电动机取 $K_u=0.85$，对异步电动机取 $K_u=0.72$，对直流电动机取 $K_u=1.0$；

$\lambda$——电动机转矩过载倍数，由电机资料中查取。

（5）断续周期工作制下电动机的校验

对于 S3～S5 断续周期工作制（见图 14-5），应该尽量选用断续定额电动机（如 JZ、JZR、ZZ 和 ZZY 等系列）；所选用的负载持续率额定值 $FC_N$，应该尽量接近实际工作条件下的 $FC$ 值；当实际工作的 $FC$ 值大于 60% 时，可采取强迫通风或选用连续定额电动机。

断续工作制下，电动机的校验可采用等效电流（或等效转矩）法，也可以采用平均损耗法。由于前者较简便，通常被较多采用。

① 选用断续定额电动机 等效电流（A）为

$$I_{rms} = \sqrt{\frac{\sum I_s^2 t_s + \sum I_{st}^2 t_{st} + \sum I_b^2 t_b}{C_\alpha(\sum t_s + \sum t_b) + \sum t_{st}}} \tag{14-25}$$

等效转矩（N·m）为

$$T_{rms} = \sqrt{\frac{\sum T_s^2 t_s + \sum T_{st}^2 t_{st} + \sum T_b^2 t_b}{C_\alpha(\sum t_s + \sum t_b) + \sum t_{st}}} \tag{14-26}$$

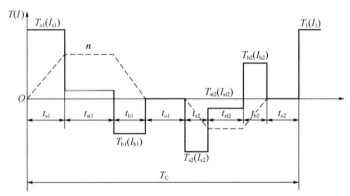

图 14-5 重复短时工作制电动机的速度和负载图

② 选用连续定额电动机

等效电流（A）为

$$I_{rms} = \sqrt{\frac{\sum I_s^2 t_s + \sum I_{st}^2 t_{st} + \sum I_b^2 t_b}{C_\alpha(\sum t_s + \sum t_b) + \sum t_{st} + C_\beta \sum t_0}} \tag{14-27}$$

等效转矩（N·m）为

$$T_{rms} = \sqrt{\frac{\sum T_s^2 t_s + \sum T_{st}^2 t_{st} + \sum T_b^2 t_b}{C_\alpha(\sum t_s + \sum t_b) + \sum t_{st} + C_\beta \sum t_0}} \tag{14-28}$$

式中 $T_s, I_s$——启动转矩，N·m；启动电流，A；

$T_b, I_b$——制动转矩，N·m；制动电流，A；

$T_{st}, I_{st}$——稳态运转转矩，N·m；稳态运转电流，A；

$\sum t_s$——一个周期中启动时间的总和，s；

$\sum t_b$——一个周期中制动时间的总和，s；

$\sum t_{st}$——一个周期中稳态运转时间的总和，s；

$\sum t_0$——一个周期中停歇时间的总和，s；

$C_\alpha$——电动机启、制动过程中的散热恶化系数；$C_\alpha=(1+C_\beta)/2$；

$C_\beta$——停止时电动机散热恶化系数，见表 14-9。

表 14-9　停止时电动机散热恶化系数 $C_\beta$ 值

| 电动机冷却方式 | $C_\beta$ 值 | 电动机冷却方式 | $C_\beta$ 值 |
|---|---|---|---|
| 封闭式电动机(无冷却风扇) | 0.95～0.98 | 封闭式电动机(自带内冷风扇) | 0.45～0.55 |
| 封闭式电动机(强迫风扇) | 0.9～1.0 | 保护式电动机(自带内冷风扇) | 0.25～0.35 |

注：应以制造厂资料为准，本表仅供参考。

对于笼型和绕线转子异步电动机及恒定励磁的并（他）励直流电动机，采用等效电流（或等效转矩）法均可；但是对于串励直流电动机和利用变励调速的直流并（他）励直流电动机而言，则不能采用等效转矩法，而应采用等效电流法。

实际的负载暂载率 $FC_S$ 值为

$$FC_S = \frac{\sum t_s + \sum t_b + \sum t_{st}}{T_C} \times 100\% \tag{14-29}$$

当求出的 $FC_S$ 值与所选的电动机额定负载暂载率 $FC_N$ 值不相等（但相差不多）时，应将按式(14-27)或式(14-28)计算出的 $I_{rms}$ 或 $T_{rms}$ 值折算到与所选电动机的 $FC_N$ 值下相等效的数值，即

$$I'_{rms} = \sqrt{\frac{FC_S}{FC_N}} I_{rms} \tag{14-30}$$

或

$$T'_{rms} = \sqrt{\frac{FC_S}{FC_N}} T_{rms} \tag{14-31}$$

如果求出的 $FC_S$ 与所选 $FC_N$ 值相差较大，例如实际算出 $FC_S$ 值为 35%，而初选的电动机定额 $FC_N$ 为 25%，则应再选 $FC_N=40\%$ 的额定值，重新进行校验。

当所选电动机的额定转矩 $T_N \geq T'_{rms}$ 或 $I_N \geq I'_{rms}$ 时，若再按式(14-24)校验最大过载转矩也能通过，则所选电动机可以采用。

(6) 平均损耗法

平均损耗法，是以每一工作周期中的平均总损耗表征电动机温升来进行发热校验。它是一种较为准确的计算方法，适用于所有类型电动机在各种工作制下的发热校验。因其计算方法甚为烦琐，故较少使用。但是对于频繁启、制动下工作的笼型异步电动机，因其铁耗增大且不固定，若仍采用等效法校验，则误差较大，因此采用平均损耗法校验。

电动机在一个工作周期中的平均总损耗（W）为

$$\Delta P_{av} = \frac{\sum \Delta A_s + \sum \Delta A_{st} + \sum \Delta A_b + \sum \Delta A_0}{T_C} \tag{14-32}$$

式中　$T_C$——周期时间，s，$T_C = \sum t_s + \sum t_{st} + \sum t_b + \sum t_0$；

$\sum \Delta A_s$——启动过程中能量损耗总和，J；

$\sum \Delta A_{st}$——稳态运转过程中能量损耗总和，J；

$\sum \Delta A_b$ —— 制动过程中能量损耗总和，J；

$\sum \Delta A_0$ —— 停歇时能量损耗的总和（直流电动机为励磁损耗，交流电动机无此项），J。

启动过程中的能量损耗（J）为

$$\Delta A_s \approx \left(\frac{GD^2 n_M^2}{7161} + \frac{T_L n_M t_s}{19.1}\right)\left(1 + \frac{r_1}{r_2'}\right) \tag{14-33}$$

启动时间（s）为

$$t_s = \frac{GD^2 n_M}{375(T_{sav} - T_L)} \tag{14-34}$$

式中 $GD^2$ —— 折算到电动机转子轴上的总飞轮力矩，N·m²；

$n_M$ —— 电动机工作转速，r/min；

$T_L$ —— 静阻负载转矩，N·m；

$r_1$ —— 电动机定子每相电阻，Ω；

$r_2'$ —— 折算到定子侧的转子每相电阻，Ω；

$T_{sav}$ —— 平均启动转矩，N·m。

稳态运转过程中的能量损耗（J）为

$$\Delta A_{st} \approx \left[\Delta P_{1m}\left(\frac{I_{st}}{I_{N25}}\right)^2 + \Delta P_{2m}\left(\frac{T_{st}}{T_{N25}}\right)^2 + \Delta P_c\right] t_{st} \tag{14-35}$$

稳态运转电流（A）为

$$I_{st} = I_{N25}\left[I_0^* + (1 - I_0^*)\frac{T_{st}}{T_{N25}}\right] \tag{14-36}$$

式中 $\Delta P_{1m}, \Delta P_{2m}$ —— $FC_N = 25\%$ 时的电动机定子和转子损耗功率，W；

$t_{st}$ —— 稳态运转的时间，s；

$T_{st}$ —— 稳态运转的额定转矩，N·m；

$I_{N25}$ —— $FC_N = 25\%$ 时电动机的额定电流，A；

$T_{N25}$ —— $FC_N = 25\%$ 时电动机的额定转矩，N·m；

$\Delta P_c$ —— 电动机的固定损耗功率，W；

$I_0^*$ —— 电动机的空载电流标幺值；

$I_0$ —— 电动机的空载电流，A。

反接制过程中的能量损耗（J）为

$$\Delta A_b \approx \left(\frac{3GD^2 n_1^2}{7161} - \frac{T_L n_1 t_b}{19.1}\right)\left(1 + \frac{r_1}{r_2'}\right) \tag{14-37}$$

能耗制动过程中的能量损耗（J）为（定子绕组为星型连接）

$$\Delta A_b \approx \left(\frac{GD^2 n_1^2}{7161} - \frac{T_L n_1 t_b}{19.1}\right) + 2I_{1b}^2 r_1 t_b' \tag{14-38}$$

反接和能耗制动时间（s）为

$$t_b = \frac{GD^2 n_1}{375(T_{bav} - T_L)} \tag{14-39}$$

式中 $n_1$ —— 开始制动时的转速，r/min；

$I_{1b}$ —— 能耗制动时电动机定子中通入的直流电流，A；

$t_b'$ —— 定子中通入 $I_{1b}$ 电流的时间，s；

$T_{bav}$——平均制动转矩，N·m。

按式(14-32)计算出的平均总损耗，还应折算到相应的标准负载持续率（例如：初选负载持续率 $FC_N = 25\%$ 时，则按 $FC_N = 25\%$ 折算）下的损耗 $\Delta P_{FC}$ 中去。只有当 $\Delta P_{FC}$ 小于或等于电动机的额定损耗时，所选电动机才可以采用，即

$$\Delta P_{FC} = \frac{\Delta P_{av}}{C(FC_S + FC_0 C_\beta)} \leqslant \Delta P_{NFC} \tag{14-40}$$

式中 $\Delta P_{FC}$——折算到相应的标准负载持续率下的总功耗，W；

$C$——负载持续率折算系数

$$C = \frac{FC_N}{FC_N + (1 - FC_S)C_\beta} \tag{14-41}$$

$FC_S$——实际的负载持续率

$$FC_S = \frac{C_d(\sum t_s + \sum t_b) + \sum t_{st}}{T_C} \tag{14-42}$$

$FC_0$——空载时负载持续率

$$FC_0 = \sum t_0 / T_C \tag{14-43}$$

$C_\beta$——停止时电动机散热恶化系数；

$\Delta P_{NFC}$——电动机在相应标准负载持续率下规定的额定损耗，该值可由样本查取，W；

当采用 $FC_N = 100\%$ 定额的断续工作电动机或连续定额电动机时，式(14-40)应改为

$$\Delta P_{FC100\%} = \frac{\Delta P_{av}}{FC_S + FC_0 C_\beta} \leqslant \Delta P_{NFC100\%} \tag{14-44}$$

(7) 电动机容量的修正

① 环境温度变化的修正　当环境温度 $t_s$ 和额定环境温度 $t_N$（例如 $t_N = 40℃$）不相同时，电动机的可用功率 $P$ 修正为

$$P = XP_N \tag{14-45}$$

式中 $X$——环境温度改变时的修正系数；

$P_N$——额定环境温度下的电动机额定功率，kW。

假定电动机的温升正比于电动机的损耗，则环境温度变化时电动机的稳定温升也会相应变化，可得

$$X = \sqrt{1 \pm \frac{\Delta \tau}{\tau_N}(\gamma + 1)} \tag{14-46}$$

式中 $\Delta \tau$——环境温度改变值，℃；

$\tau_N$——额定环境温度 $t_N$ 时的电机额定温升，℃；

$\gamma$——电动机的固定损耗和额定可变损耗之比；

"+"——环境温度低于额定环境温度；

"-"——环境温度高于额定环境温度。

由设备资料可知，某些电动机当环境温度低于额定值 $t_N$ 时，其容量不需修正；某些电动机当环境温度高于额定环境温度时，则应按式(14-45)修正其容量，但当环境温度高于额定环境温度 10℃时，电动机容量的降低值由电机厂规定，不能按式(14-45)计算。因此，按环境温度修正电动机的容量应根据具体情况确定。

② 散热条件恶化的影响　自冷却式电动机随转速降低散热条件显著恶化，计算电动机容量时须计入修正系数。但在上述各种工作制电动机容量校验中已含有这一因素。换算到暂

载率为 100% 的等效力矩为

$$T_{rms} = \sqrt{\frac{\sum T_s^2 t_s + \sum T_{st}^2 t_{st} + \sum T_b^2 t_b}{\alpha(\sum t_s + \sum t_b) + \sum t_{st} + \beta \sum t_0}} \tag{14-47}$$

式中　　$\beta$——电动机停转时的散热恶化系数可查表 14-9；
　　　　$\alpha$——电动机启动、制动过程的散热恶化系数，$\alpha=(1+\beta)/2$；
　　$t_{st}, t_0$——稳速及停转时间，s；
　　$t_s, t_b$——启动及制动时间，s。

③ 其他方面的影响修正　当电动机使用地点的海拔和冷却介质温度与规定的工作条件不同时，其额定功率应按制造厂的资料予以修正。

## 14.3　交、直流电动机的启动方式及启动校验

### 14.3.1　电动机启动的一般规定与启动条件

(1) 电动机启动的一般规定

① 电动机启动时，其端子电压应能保证机械要求的启动转矩，且在配电系统中引起的电压波动不应妨碍其他用电设备的工作。

② 交流电动机启动时，配电母线上的电压应符合下列规定：

a. 配电母线上接有照明或其他对电压波动较敏感的负荷，电动机频繁启动时，不宜低于额定电压的 90%；电动机不频繁启动时，不宜低于额定电压的 85%。

b. 配电母线上未接照明或其他对电压波动较敏感的负荷，不应低于额定电压的 80%。

c. 配电母线上未接其他用电设备时，可按保证电动机启动转矩的条件决定；对于低压电动机，尚应保证接触器线圈的电压不低于释放电压。

③ 笼型电动机和同步电动机启动方式的选择应符合下列规定：

a. 当符合下列条件时，电动机应全压启动：电动机启动时，配电母线的电压符合上述第②条的规定；机械能承受电动机全压启动时的冲击转矩；制造厂对电动机的启动方式无特殊规定；

b. 当不符合全压启动的条件时，电动机宜降压启动，或选用其他适当的启动方式。

c. 当有调速要求时，电动机的启动方式应与调速方式相匹配。

④ 绕线转子式电动机宜采用在转子回路中接入频敏变阻器或电阻器启动，并且应符合下述几项规定：

a. 启动电流平均值不宜超过电动机额定电流的 2 倍或制造厂的规定值；

b. 启动转矩应满足机械的要求；

c. 当有调速要求时，电动机的启动方式应与调速方式相匹配。

⑤ 直流电动机宜采用调节电源电压或电阻器降压启动，并应符合下列规定：

a. 启动电流不宜超过电动机额定电流的 1.5 倍或制造厂的规定值。

b. 启动转矩和调速特性应满足机械的要求。

(2) 电动机的启动条件

电动机的启动方式，一般分为直接启动和降压启动。启动时应满足下述条件：

① 启动时，对电网造成的电压降不超过规定的数值。一般要求：经常启动的电动机不

大于 10%；偶尔启动时，不超过 15%。在保证生产机械所要求的启动转矩而又不致影响其他用电设备的正常工作时，其电压降可允许为 20% 或更大一些。由单独变压器供电的电动机其电压降允许值由传动机械要求的启动转矩来决定。

② 启动功率不超过供电设备和电网的过载能力。对变压器来说，其启动容量如以每 24h 启动 6 次，每次启动时间为 15s 来考虑，当变压器的负载率小于 90% 时，则最大启动电流可为变压器额定电流的 4 倍。

③ 电动机的启动转矩应大于传动机械的静阻转矩，即

$$U_M^* \geqslant \sqrt{\frac{1.1 T_1^*}{T_s^*}} \tag{14-48}$$

式中　$U_M^*$——启动时施加到电动机上的端电压标幺值；

　　　$T_1^*$——传动机械静阻转矩标幺值，$T_1^* = T_1/T_N$；

　　　$T_s^*$——电动机的启动转矩标幺值，$T_s^* = T_s/T_N$。

传动机械的静阻转矩，一般可根据机械工艺资料计算出来，或由工艺设计资料提供。

④ 启动时，应保证电动机及启动设备的动稳定和热稳定性。

### 14.3.2　三相异步电动机的启动方式及启动校验

(1) 三相异步电动机的基本控制环节

三相异步电动机的启动控制有直接启动、减压启动和软启动等方式。直接启动方式又称为全电压启动方式，即启动时电源电压全部施加在电动机定子绕组上。减压启动方式即启动时将电源电压减低一定数值后再加到电动机定子绕组上，待电动机的转速接近同步转速以后，再使电动机在电源电压下运行。软启动方式即使施加到电动机定子绕组上的电压从零按预设的函数关系逐渐上升，直至启动过程结束，再使电动机在全电压下运行。

基本控制功能除启动、停止外，应具有以下保护环节。

① 熔断器 FU 在电路中起后备短路保护作用，电路的短路主保护由低压断路器承担。

② 热继电器 FR 在电路中起电动机过载保护作用，具有与电动机的允许过载特性相匹配的反时限特性。由于热继电器的热惯性较大，即使热元件流过几倍额定电流，热继电器也不会立即动作。因为在电动机启动时间不太长的情况下，热继电器是经得起电动机启动电流的冲击而不动作的，只有在电动机长时间过载情况下，热继电器才动作，断开控制电路，使接触器断电释放，电动机停止运转，实现电动机过载保护。

③ 欠电压保护与失电压保护是依靠接触器本身的电磁机构来实现的。当电源电压由于某种原因而严重降低或失电压时，接触器的衔铁自行释放，电动机停止运转。控制电路具备了欠电压和失电压保护能力后，可以防止电动机在低电压下运行而引起过电流，避免电源电压恢复时，电动机自启动而造成设备和人身事故。

某些生产机械在安装或维修后常常需要试车或调整，此时就需要"点动"控制；生产过程中，各种生产机械常常要求具有上下、左右、前后、往返等具有方向运动的控制，这就要求电动机能够实现"可逆"运行；对于许多运动部件，它们可能还有相互联系相互制约，这种控制关系称为"联锁"控制。自锁是实现长期运行的措施，互锁是可逆控制中防止两个电器同时通电从而避免产生事故的保证，而联锁则是实现几种运动体之间的互相联系又互相制约的桥梁。

(2) 绕线转子异步电动机的启动

绕线转子异步电动机一般采用电阻分级启动或频敏变阻器两种方式。前者启动转矩

大但控制比较复杂，且启动电阻体积大、维修麻烦；而后者具有恒转矩的启、制动特性，又是静止元件，很少需要维修，因此除下列情况外，绕线转子异步电动机多采用频敏变阻器启动：

a. 有低速运转要求的传动装置；
b. 要求利用电动机的过载能力，承担启动转矩的传动装置，如加热炉的推钢机；
c. 初始启动转矩很大的传动装置，如球磨机、转炉倾动机构等。

① 转子回路串接电阻启动 在三相绕线转子异步电动机的三相转子回路中分别串接启动电阻或电抗器，再加之电源及自动控制电路，就构成了三相绕线转子异步电动机的启动控制线路。如图 14-6(a) 所示（方案 1）是转子回路中串接电阻的启动控制线路。方案 1 通过欠电流继电器的释放值设定进行控制的，利用电动机转子电流大小的变化来控制电阻切除。如图 14-6(b) 所示（方案 2）将主电路中的电流继电器去掉，通过时间继电器的定时设定来控制电阻切除。

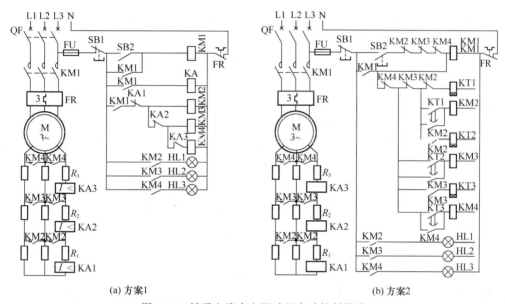

图 14-6 转子电路串电阻减压启动控制线路

② 转子串频敏变阻器启动 频敏变阻器实质上是一个铁芯损耗非常大的三相电抗器。它由数片 E 形硅钢片叠成，具有铁芯、线圈两个部分，制成开启式，并采用星形连接。将其串接在绕线转子异步电动机转子回路中，相当于使其转子绕组接入一个铁损较大的电抗器。频敏变阻器的阻抗能够随着转子电流频率的下降自动减小，所以它是绕线转子异步电动机较为理想的一种启动设备。常用于较大容量的绕线式异步电动机的启动控制。

当电动机反接时，频敏变阻器的等效变阻器的阻抗最大，从反接制动到反向启动的过程中，其等效阻抗始终随转子电流频率的减少而减小，使电动机在反接过程中转矩小接近恒定。因此频敏变阻器尤为适用于反接制动和需要频繁正、反转工作的机械。

频敏变阻器结构简单，占地面积小，运行可靠，无需经常维修，但其功率因数低、启动转矩小，对于要求低速运转和启动转矩大的机械不宜采用。绕线转子异步电动机采用频敏变阻器时的启动特性如图 14-7 所示。

根据生产机械的负载特性，可按表 14-10 选择频敏变阻器的类型。目前生产的频敏变阻器系列产品属偶尔启动的有 BP1-2、BP1-3、BP2-7、BP6 等型，电动机最大容量达

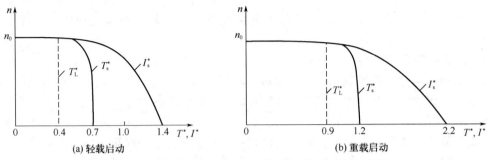

图 14-7 绕线转子异步电动机采用频敏变阻器时的启动特性

$T_L^*$—负载转矩标幺值；$T_s^*$—启动转矩标幺值；$I_s^*$—启动电流标幺值

2240kW；属重复短时工作的有 BP1-0、BP1-4、BP1-5、BP4 等型。

偶尔启动用频敏变阻器，可以采用启动后用接触器短接的控制方式，如图 14-8(a) 所示。对于重复短时工作的频敏变阻器，为了简化其控制电路，可以将频敏变阻器常接在转子回路中，如图 14-8(b) 所示。

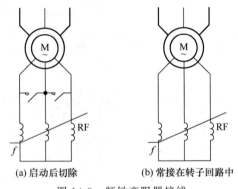

(a) 启动后切除　　　(b) 常接在转子回路中

图 14-8 频敏变阻器接线

表 14-10　按机械负载特性选用频敏变阻器类型

| 启动负载性质 | | 特性 | 传动设备举例 |
| --- | --- | --- | --- |
| 偶尔启动 | 轻载 | 启动转矩 $T_s \geqslant (0.6\sim0.8)T_N$，阻力矩 $T_j < 0.5T_N$，折算至电动机轴上飞轮力矩 $GD^2$ 的值较小,启动时间 $t_s \leqslant 20s$ | 空压机、水泵、变流机等 |
| | 重轻载 | 启动转矩 $T_s \leqslant (0.9\sim1.1)T_N$，阻力矩 $T_j < 0.8T_N$，折算至电动机轴上飞轮力矩 $GD^2$ 的值较大,启动时间 $t_s > 20s$ | 锯床、真空泵、带飞轮的轧钢主电机 |
| | 重载 | 启动转矩 $T_s \leqslant (1.2\sim1.4)T_N$，阻力矩 $T_j \leqslant 0.8T_N$，折算至电动机轴上飞轮力矩 $GD^2$ 的值不太大,启动时间介于轻载和重轻载之间 | 胶带运输机、轴流泵、排气阀打开启动的鼓风机 |
| 反复短时启动 | 第一类 | 启动次数 250 次/h,$t_sZ$[①] 值<400s | $T_s \leqslant 1.5T_N$ | 推钢机、拉钢机及轧线定尺移动 |
| | 第二类 | 启动次数<400 次/h,$t_sZ$ 值<630s | | 出炉辊道、延伸辊道、检修吊车大小车 |
| | 第三类 | 启动次数<630 次/h,$t_sZ$ 值<1000s | | 轧机前后升降台及真辊道、生产吊车大小车 |
| | 第四类 | 启动次数>630 次/h,$t_sZ$ 值<1600s | | 拨钢机、定尺辊道、翻钢机、压下 |

① $t_sZ$ 值为每小时启动次数 $Z$（启动一次算一次，反接制动一次算三次，动力制动一次算一次）与每次启动时间 $t_s$ 的乘积。无规则操作或操作极度频繁的电动机，由于每次启动不一定升至额定转速，在设计中一般可取 $t_s = 1.5\sim2s$。

频敏变阻器的铁芯与轭铁间设有气隙,在绕组上留有几组抽头,改变气隙δ和绕组匝数,便可调整电动机的启动电流和启动转矩,其特性见图14-9,由此可见:

a.启动电流过大及启动太快时,应增加其匝数;反之,当启动电流过小及启动转矩不够时,应减少其匝数,如图14-9(a)所示。

b.当刚启动时,其启动转矩过大,对机械有冲击,但启动完毕后,稳定转速低于额定转速;当短接频敏变阻器时,电流冲击较大,可增大气隙,但启动电流有所增加,如图14-9(b)所示。

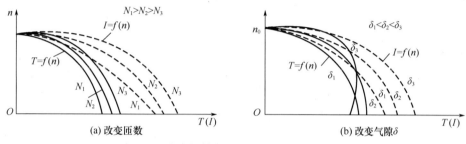

图14-9 改变频敏变阻器匝数和气隙时的特性

(3) 笼型转子异步电动机的启动

笼型转子异步电动机应优先采用直接启动。当不允许直接启动时,可考虑减压启动。确定能否直接启动的条件,可参考表14-11和表14-12的数据。表14-13列出了各种启动方式的特点及适用范围。

表14-11 按电网容量允许直接启动的笼型电动机功率

| 电　网 | 允许直接启动的笼型电动机功率 |
|---|---|
| 小容量发电厂 | 每1kV·A发电机容量为0.1~0.12kW |
| 变电所 | 经常启动时,不大于变压器容量的20%;不经常启动时,不大于变压器容量的30% |
| 高压线路 | 不超过电动机连接线路上的短路容量的3% |
| 变压器-电动机组 | 电动机功率不大于变压器容量的80% |

表14-12 6(10)/0.4kV变压器允许直接启动笼型电动机的最大功率

| 变压器供电的其他负载 $S_{th}$/kV·A 及其功率因数 | 启动时电压降 $\Delta U$% | 供电变压器的容量 $S_b$/kV·A | | | | | | | | | | | | | |
|---|---|---|---|---|---|---|---|---|---|---|---|---|---|---|---|
| | | 100 | 125 | 160 | 180 | 200 | 250 | 315 | 320 | 400 | 500 | 560 | 630 | 750 | 800 | 1000 |
| | | 启动笼型电动机的最大功率 $P_d$/kW | | | | | | | | | | | | | | |
| $S_{th}=0.5S_b$ $\cos\varphi=0.7$ | 10 | 22 | 30 | 30 | 40 | 40 | 55 | 75 | 75 | 90 | 110 | 115 | 135 | 155 | 180 | 215 |
| | 15 | 30 | 40 | 55 | 55 | 75 | 90 | 100 | 100 | 155 | 155 | 185 | 225 | 240 | 260 | 280 |
| $S_{th}=0.6S_b$ $\cos\varphi=0.8$ | 10 | 17 | 22 | 30 | 30 | 40 | 55 | 75 | 75 | 90 | 110 | 115 | 135 | 135 | 155 | 185 |
| | 15 | 30 | 30 | 55 | 55 | 75 | 90 | 100 | 100 | 155 | 185 | 185 | 225 | 240 | 260 | 285 |

注:表中所列是指电动机与变电所低压母线直接相连时的数据。

① 直接启动

a.接通电流峰值(最大值) $I_s = 2\sqrt{2} I_{an}$ ($I_{an}$为启动电流);

b.启动电流(有效值) $I_{an} = (4 \sim 8.4) \times$ 额定电流 $I_n$ (特殊情况下可达 $13 I_n$);

c.空载电流 $I_0 = (0.95 \sim 0.20) I_n$;

## 表 14-13 笼型电动机各种启动方式比较

| 启动方式 | 全压启动 | 三相电阻减压启动 | 电抗器减压启动 | | | 自耦变压器减压启动 | | | 星-三角减压启动 | 延边三角形减压启动 | | |
|---|---|---|---|---|---|---|---|---|---|---|---|---|
| | | | 减压百分数 | | | 减压百分数 | | | | 抽头比例 $K=a/b$ [①] | | |
| | | | 50% | 45% | 37.5% | 80% | 65% | 50% | | 1:2 | 1:1 | 1:1 |
| $\dfrac{启动电压 U_s}{额定电压 U_N}$ | 1 | 0.8 | 0.50 | 0.45 | 0.375 | 0.80 | 0.65 | 0.50 | 0.58 | 0.78 | 0.71 | 0.66 |
| $\dfrac{启动转矩}{全压启动转矩}$ | 1 | 0.64 | 0.25 | 0.20 | 0.14 | 0.64 | 0.43 | —0.5 | 0.33 | 0.6 | 0.5 | 0.43 |
| $\dfrac{启动电流}{全压启动电流}$ | 1 | 0.8 | 0.50 | 0.45 | 0.375 | 0.64 | 0.43 | 0.25 | 0.33 | 0.6 | 0.5 | 0.43 |
| 启动电路图 | | 启动时 KM1 闭合，启动后 KM1 和 KM2 闭合 | 启动时 Q1 闭合，Q2 断开，运转时 Q1 和 Q2 闭合 | | | 启动时 KM1 和 KM3 闭合，启动后 KM1 和 KM2 闭合 | | | 启动时 Y 接线，触头 1、8、5、3、7 闭合，启动后 △接线，触头 1、2、5、6、4、8 闭合 | 启动时 KM1 和 KM3 闭合，启动后 KM1 和 KM2 闭合，KM3 断开 | | |
| 适用场所 | 高压、低压电动机 | 低压电动机 | 高压电动机 | | | 高压、低压电动机 | | | 绕组额定电压 380V，具有 6 个出线头的电动机 | 绕组额定电压 380V，具有 9 个出线头的电动机 | | |
| 特 点 | 启动方法简便，启动电流和启动电压降较大 | 启动电流较小，启动转矩较小。启动过程中电能消耗较大 | 启动电流较大，启动转矩较小 | | | 启动电流小，启动转矩大 | | | 启动电流小，启动转矩小 | 具有自耦变压器及星三角形抽头启动方式的优点。电动机额定电压 380V，$\alpha$——电动机启动转矩 | | |

① 延边三角形数据是根据下面公式及抽头比 $K=a/b$ 估算 $U_s/U_N=(1+\sqrt{3}K)/(1+3K)$；$I_s/I_N=(1+K)/(1+3K)$；$T_s'/T_s=(1+3K)$；$T_s'$——延边三角形抽头启动时启动转矩；$T_s$——直接启动时启动转矩；$I_s'$——延边三角形抽头启动时启动电流；$I_s$——直接启动时启动电流。
减压系数 $\alpha=U_s/U_N$；$I_s$——直接启动时启动电流

d. 启动时间 $T_{an}$ 在正常条件下 $I_{an}<10s$，在重载启动时 $I_{an}>10s$（验证电动机发热是必要的）。

② 星-三角减压启动　通过降低电动机绕组上的电压实现启动的接线方案中，转矩随电压降低而呈二次方下降，而电流随电压降低而呈现性下降。三相异步电动机在星-三角减压启动时，其启动电流仅为直接启动时的1/3。电动机转矩也下降到原来的1/3。星-三角减压启动只适用于启动那些在启动过程中负载转矩一直保持很小的三相交流电动机。

③ 定子串电阻减压启动　电动机启动时在三相定子电路中串接电阻。定子回路接入对称电阻这种启动方式的启动电流较大，而启动转矩较小。如启动电压降至额定电压的80%，其启动电流为全压启动电流的80%，而启动转矩仅为全压启动转矩的64%，且启动过程中消耗电能较大。因此电阻减压启动一般用于轻载启动的低压笼型电动机。

④ 自耦变压器减压启动　自耦变压器减压启动适用于启动较大容量的电动机。采用自耦变压器启动，电动机的启动电流与启动转矩都按其端电压二次方的比例降低，与串接电抗器启动相比，该方法的优点是电动机在同样降低的端电压下，电源供电电流较小。自耦变压器减压启动通常用于要求启动转矩较高而启动电流较小的场合。

## 14.3.3　同步电动机的启动及其计算方法

由于同步电动机启动时对电网电压波动影响很大，因此必须按照"电动机启动条件"的相关要求进行核算。

当电网容量足够大且允许直接启动时，应尽量采用直接启动；只有在电网和电动机本身结构不允许直接启动时，才可考虑采用电抗器或自耦变压器减压启动。当技术经济合理时采用变频软启动。对用大容量变流机组传动的同步电动机，可创造条件采用准同步启动。

(1) 直接启动

同步电动机是否允许直接启动，首先取决于电动机本身的结构条件，它由电机制造厂决定。如果不能取得电机制造厂的相关资料时，通常可按下述条件估算，符合下述条件时，可以直接启动。

对于 $U_N=3kV$ 的电动机

$$\frac{P_N}{2p} \leqslant 250 \sim 300 kW \tag{14-49}$$

对于 $U_N=6kV$ 的电动机

$$\frac{P_N}{2p} \leqslant 200 \sim 250 kW \tag{14-50}$$

上两式中，$p$ 为磁极数；$2p$ 为磁极对数。

其次，可以按母线电压水平核算电动机是否允许进行直接启动。忽略有功电流及电阻的影响，并假定启动前电源电压为恒定值，而且母线电压 $U_b$ 等于额定电压 $U_N$。

按图14-10(a) 所示的等效电路，并已知母线上的最小短路容量 $S_{dl}$（并以 $S_{dl}$ 作为基准值），则电动机允许直接启动的条件为

$$K_{is}S_N < \alpha(S_{dl}+Q_{th}) \tag{14-51}$$

$$\alpha = \frac{1}{U_b^*} - 1 \tag{14-52}$$

当 $U_b^*=0.80$ 时，$\alpha=\frac{1}{0.8}-1=0.25$

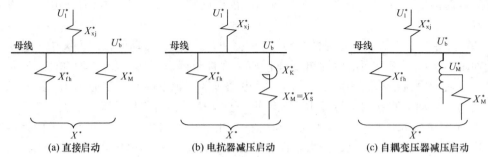

(a) 直接启动　　(b) 电抗器减压启动　　(c) 自耦变压器减压启动

图 14-10　同步电动机启动时的等效电路

$X_{xj}^*$—系统电抗标幺值；$U_1^*$—电源电压标幺值；

$X_{fh}^*$—母线上负载电抗标幺值；$X_M^*$—电动机启动等效电抗标幺值

$U_b^* = 0.85$ 时，$\alpha = \dfrac{1}{0.85} - 1 = 0.175$

$U_b^* = 0.90$ 时，$\alpha = \dfrac{1}{0.9} - 1 = 0.11$

式中　$K_{is}$——额定电压时，电动机的启动电流倍数；

　　　$S_N$——电动机的额定容量，MV·A；

　　　$Q_{th}$——母线上负载的无功功率，Mvar；

　　　$U_b^*$——母线允许电压标幺值，$U_b^* = U_b/U_N$。

如能满足式(14-51)的要求，则可直接启动，否则应采取减压启动。

（2）电抗器减压启动

采用电抗器减压启动时，其等效电路见图 14-10(b)。此时应保证

$$(U_{sN}^* U_s^*)^2 T_s^* > 1.1 T_L^* \tag{14-53}$$

即

$$U_s^* > \dfrac{1.05}{U_{sN}^*} \sqrt{\dfrac{T_L^*}{T_s^*}} \tag{14-54}$$

式中　$U_{sN}^*$——电动机额定启动电压标幺值；

　　　$U_s^*$——启动时电动机端电压标幺值；

　　　$T_s^*$——额定电压下启动转矩标幺值，$T_s^* = T_s/T_N$；

　　　$T_L^*$——机械的静阻转矩标幺值，$T_L^* = T_L/T_N$。

为了满足式(14-54)要求，采用电抗器减压启动的条件为

$$U_{sN}^* \dfrac{S_{dl} + Q_{th}}{K_{is} S_N} > \beta \sqrt{\dfrac{T_L^*}{T_s^*}} \tag{14-55}$$

$$\beta = \dfrac{1.05}{1 - U_b^*} \tag{14-56}$$

当 $U_b^* = 0.80$ 时，$\beta = \dfrac{1.05}{1 - 0.8} = 5.25$

$U_b^* = 0.85$ 时，$\beta = \dfrac{1.05}{1 - 0.85} = 7$

$U_b^* = 0.90$ 时，$\beta = \dfrac{1.05}{1 - 0.9} = 10$

如不能满足式(14-56)的要求,则应采用自耦变压器启动,见图14-10(c)。

如图14-11所示为同步电动机采用电抗器减压启动线路简图,电抗器 $L$ 每相电抗值 $X_L$ 可用下式估算：

$$X_L = \frac{U_N}{\sqrt{3} I'_s} - X_m \tag{14-57}$$

式中　$I'_s$——接入电抗器后电动机的启动电流,A；
　　　$X_m$——当 $s=1$ 时,电动机定子每相的电抗,Ω。

上式计算简便,可用在工程设计中的估算,但计算出的 $X_L$ 值偏大。

(3) 自耦变压器减压启动

如果用电抗器减压启动不能满足要求,则应采用自耦变压器减压启动。如图14-12所示为采用自耦变压器减压启动时的电路。由于定子侧要用三台高压开关,因此这种启动方式投资较高。但是在获得同样启动转矩的情况下,其启动电流较小。电抗器减压启动与自耦变压器减压启动的比较见表14-14。

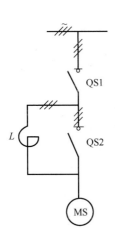

图14-11　同步电动机采用电抗器降压启动电路简图
（启动：QS1 闭合，QS2 断开；
运转：QS1、QS2 均闭合）

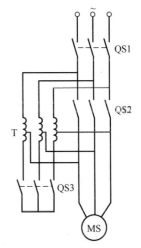

图14-12　同步电动机用自耦变压器减压启动时的电路
（启动：QS1、QS3 闭合，QS2 断开；
运转：QS3 断开，QS1、QS2 闭合）

图14-10(c) 为自耦变压器减压启动等效电路,启动时,必须满足下述条件：

$$(U_b^* K_b)^2 T_s^* > 1.1 T_L^* \tag{14-58}$$

式中　$K_b$——自耦变压器的电压比。

表14-14　电抗器减压启动与自耦变压器减压启动比较表

| 降压启动方式 | 电抗器降压启动 | 自耦变压器启动 |
| --- | --- | --- |
| 电动机启动电压 | $\alpha U_N$ | $\alpha U_N$ |
| 电动机启动电流 | $\alpha I_s$ | $\alpha^2 I_s$ |
| 电动机启动转矩 | $\alpha^2 T_s$ | $\alpha^2 T_s$ |

注：$\alpha$——压降系数（$\alpha<1$）,对自耦变压器为电压比；$I_s$——直接启动时的启动电流；$T_s$——直接启动时的启动转矩。

为满足式(14-58)的要求,其启动条件为

$$\delta \frac{S_{dl}+Q_{th}}{K_{is}S_N} > 1.1 \frac{T_L^*}{T_s^*} \tag{14-59}$$

$$\delta = U_b^*(1-U_b^*) \tag{14-60}$$

当 $U_b^* = 0.80$ 时，$\delta = 0.8(1-0.8) = 0.16$

$U_b^* = 0.85$ 时，$\delta = 0.85(1-0.85) = 0.128$

$U_b^* = 0.90$ 时，$\delta = 0.9(1-0.9) = 0.09$

（4）变频启动

随着大功率晶闸管变流器的发展，对大功率同步电动机和大型蓄能电站发电机及电动机组可以采用静止变频装置实现平滑启动，其特点是：

① 启动平稳，对电网冲击小；

② 由于启动电流冲击小，不必考虑对被启动电动机的加强设计；

③ 启动装置功率适度，一般约为被启动电动机功率的 5%～7%（视启动时间、飞轮力矩和静阻转矩而异）；

④ 若干台电动机可共用一套启动装置，较为经济；

⑤ 由于是静止装置，便于维护。

如图 14-13 所示为采用晶闸管变频装置启动大功率同步电动机原理图，采用交-直-交变频电路，通过电流控制实现恒加速度启动，当电动机接近同步转速时进行同步协调控制，直至达到同步转速后，通过开关切换使电动机直接投入电网运行。用此种方法可启动功率为数千至数万千瓦的同步电动机或大型蓄能机组。

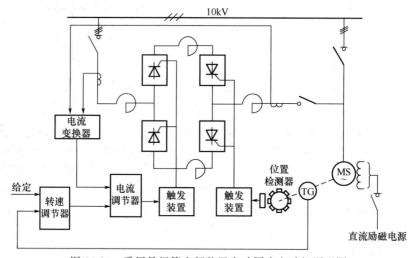

图 14-13　采用晶闸管变频装置启动同步电动机原理图

（5）准同步启动

用同步电动机拖动的大功率交流机组，由于其整个传动系统的 $GD^2$ 很大，启动很慢，因此，为省去庞大的减压启动设备（自耦变压器或电抗器等）和尽量减小启动对电网冲击，也可以采用准同步启动（如图 14-14 所示）。

其启动方式是：选择机组中的某一台直流电动机（例如：图 14-14 中的 G1）作为电动机用，然后另外用一台功率约为被启动电动机功率的 5%～10%（视静阻转矩、$GD^2$ 启动时间而定）的发电机或可调直流电源对其进行供电。启动时，同步电动机定子断路器不能合

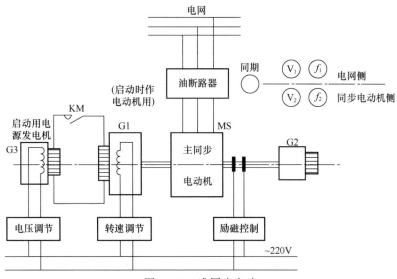

图 14-14 准同步启动

闸,先使发电机 G3 的电压由零逐渐增大,利用 G1 拖动整个机组由零逐渐加速,待其转速达到同步转速后,给同步电动机加上励磁。当同步电动机定子电压的频率、幅值和相位与电网电压一致时,接通定子电路的断路器,使同步电动机并入电网,并切断 G1 的直流供电电源,完成启动。这种方法启动平稳,无冲击,但要求另备一套功率较小的可调直流电源。

(6) 分绕组启动

对于大功率低速同步电动机,也可用分绕组启动(见图 14-15)。电动机由两套绕组组成。启动时,先只接通其中一套绕组,待接近同步转速时再接通另一套绕组(与其并联)。这种限制启动电流的方法简单而经济,但仅适于极数多的低速同步电动机空载或轻载启动。

## 14.3.4 直流电动机的启动

本节主要讲述直流串励电动机的启动。直流串励电动机,由于其机械特性为非线性,采用分析法计算较困难,通常多采用图解法,其计算步骤如下。

1) 绘制电动机的自然机械特性曲线。根据电动机的特性数据绘制 $I=f(n)$ 特性曲线。如果得不到电动机数据,可采用图 14-16 的通用特性曲线。

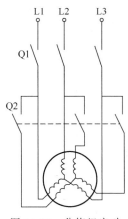

图 14-15 分绕组启动

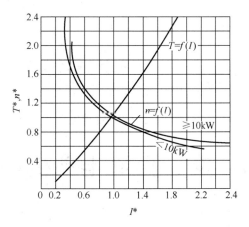

图 14-16 ZZ 系列串励电动机的通用特性曲线

2) 根据传动装置允许的最大启动电流 $I_1$，确定电动机电枢回路的总启动电阻（Ω）
$$R_s = U_N / I_1 \tag{14-61}$$

3) 根据已定的启动级数及假定的切换电流 $I_2$，求出电动机接入总启动电阻时的转速 $n_2$（r/min）（图 14-17 中的 $b$ 点）。
$$n_2 = n_1 \frac{U_N - I_2 R_2}{U_N - I_2 r_N} \tag{14-62}$$

式中　$n_1$——自然机械特性曲线上 $h$ 点的转速，r/min；

$U_N$——外加直流额定电压，V；

$r_N$——电动机电枢回路总内阻，$r_N = r_a + r_{cq}$；

$r_a$——电动机电枢和补偿极以及电刷电阻之和，Ω；

$r_{cq}$——电动机串励绕组电阻，Ω，$r_{cq} = r_1 + r_2 + r_3$。

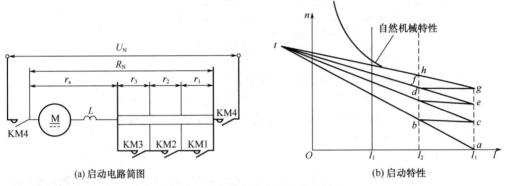

图 14-17　串励直流电动机启动特性

4) 根据已定的 $I_1$ 和 $I_2$ 值，在自然机械特性曲线上找出相应的 $g$ 点和 $h$ 点，并在人工机械特性曲线上找出相应的 $a$ 点与 $b$ 点。通过 $g$、$h$ 与 $a$、$b$ 点分别画两条直线交于 $t$ 点。

5) 在 $I_1$ 与 $I_2$ 间绘制三级启动曲线，如果作出的启动特性与自然机械特性的交点正合适，则表明所取的 $I_1$、$I_2$ 值合适，否则应改变 $I_1$ 值，重新绘制启动特性，直到合适。

6) 求启动时的外接电阻及各级电阻值（Ω）
$$\left. \begin{aligned} R_q &= R_s - r_N \\ r_1 &= \frac{ac}{ga} R_q \\ r_2 &= \frac{ce}{ga} R_q \\ r_3 &= \frac{eg}{ga} R_q \end{aligned} \right\} \tag{14-63}$$

式中　$R_q$——启动时外接的总电阻，Ω；

$r_1, r_2, r_3$——分别为各级的启动电阻值，Ω。

# 14.4　交、直流电动机调速技术

调速即速度控制，指在传动系统运行中人为或自动地改变电动机的转速，以满足工作机械对不同转速的要求。从机械特性上看，就是通过改变电动机的参数或外加电压等方法来改变电动机的机械特性，从而改变它与工作机械特性的交点，改变电动机的稳定运转速度。调速指令通过人工设置或经上级控制器设置，调速系统按设定值改变电动机转速。

## 14.4.1 直流电动机调速

（1）直流电动机调速的分类

① 开环调速和闭环调速　电动机的转速给定被设置后不能自动纠正转速偏差的调速方式称为开环调速；具有自纠偏能力，能根据转速给定和实际值之差自动校正转速，使转速不随负载、电网波动及环境温度变化而变化的调速方式称为闭环调速。

② 无级调速和有级调速　无级调速又成为连续调速，指电动机的转速可以平滑调节。其特点为转速均匀变化，适应性强，易实现调速自动化，因此在工业装置中被广泛应用。有级调速又称为间断调速或分级调速。它的转速只有有限的几级，调速范围有限，且不易实现调速自动化。数字控制的调速系统，由于速度给定被量化后是间断的，严格说来属有级调速，但由于级数非常多，极差很小，仍认为是无级调速。

③ 向上调速和向下调速　在额定工况（施加额定频率的额定电压、带额定负载）运行的电动机的转速成为额定转速，也称为基本转速或基速。从基速向提高转速方向的调速称为向上调速，例如直流电动机的弱磁调速；从基速向降低转速方向的调速称为向下调速，例如直流电动机的降压调速。

④ 恒转矩调速和恒功率调速　在调速过程中，在流过固定电流（电动机发热情况不变）的条件下，若电动机产生的转矩维持恒定值不变，则称为这种调速方式为恒转矩调速。这时，电动机输出的功率与转速成正比。在流过固定额定电流的条件下，若电动机输出的功率维持额定值不变，则称这种调速方式为恒功率调速。这时，电动机产生的转矩与转速成反比。

对直流电动机而言，在忽略电动机电枢内阻压降后，近似认为电动机电压 $U=C_e\Phi n$，电动机转矩 $T=C_m\Phi I$，功率 $P=UI=(C_e/C_m)nT$（式中，$C_e$ 和 $C_m$ 是电动机常数；$n$ 是转速；$\Phi$ 是磁通；$I$ 是电枢电流）。若调速时维持磁通额定值不变，通过改变电压调节转速，则额定电流产生的转矩也维持额定值不变，功率与转速成正比，这种调速方式是恒转矩调速；若调速时维持电压不变，通过改变磁通调速则磁通与转速成反比，相应额定电流产生的转矩与转速成反比，而功率不变，这种调速方式为恒功率调速。

恒转矩和恒功率调速方式的选择应与生产机械负载类型相配合，详情参见第 14.1 节。如果恒转矩调速方式用于恒功率类型的负载，电动机功率需按最大转矩和最高转速之积来选择，导致电动机功率比负载功率大许多倍（恒功率负载最大转矩出现在最低速，高转速时转矩最小，转矩和转速的乘积远小于最大转矩和最高转速之积）。如果电动机的恒功率调速范围和负载要求的恒功率范围一致，电动机容量最小。如果负载要求的恒功率范围大，电动机的恒功率调速范围受到机械和电气条件的限制不能满足时，只能适当放大电动机容量，增大调速系统的恒功率调速范围。

（2）直流电动机的调速原理

直流电动机的机械特性方程式为

$$n=\frac{U}{C_e\Phi}-\frac{R_0 T}{C_e C_T \Phi^2}=n_0-\frac{R_0 T}{C_e C_T \Phi^2} \tag{14-64}$$

式中　$U$——加在电枢回路上的电压；
　　　$C_e$——电动势常数；
　　　$\Phi$——电动机磁通；
　　　$R_0$——电动机电枢电路的电阻；
　　　$C_T$——转矩常数；
　　　$T$——电动机转矩；
　　　$n_0$——理想空载转速，$n_0=U/C_e\Phi$。

此公式也是直流电动机的调速公式，改变加在电动机电枢回路电阻 $R_0$、外加电压 $U$ 及磁通 $\Phi$ 中的任何一个参数，就可以改变电动机的机械特性，从而对电动机进行调速。

(3) 直流电动机的调速方法

① 改变电枢回路电阻调速　从式(14-64)可知，当电枢电路串联附加电阻 $R$ 时（见图14-18），其特性方程式变为

$$n=n_0-\frac{R_0+R}{C_eC_T\Phi^2}T \qquad (14\text{-}65)$$

式中　$R_0$——电动机电枢电路的电阻；
　　　$R$——电枢电路外串附加电阻。

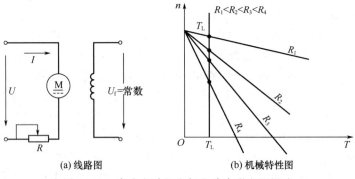

图 14-18　直流电动机电枢电路串联电阻调速

从式(14-65)可以看出：电动机电枢电路中串联电阻时，特性的斜率增加；在一定负载转矩下，电动机的转速降增加，因而实际转速降低了。图14-18所示为不同附加电阻值时的一组特性曲线。如果负载转矩 $T_L$ 为常数，则

$$n=n_0-\frac{T_LR_0}{C_eC_T\Phi^2}-\frac{T_LR}{C_eC_T\Phi^2}=A-BR \qquad (14\text{-}66)$$

式中　$A=n_0-\dfrac{T_LR_0}{C_eC_T\Phi^2}$；
　　　$B=\dfrac{T_L}{C_eC_T\Phi^2}$；
　　　$A$、$B$ 均为常数。

式(14-66)表明了控制量 $R$ 与被控制量 $n$ 之间的关系，其调速特性曲线见图14-19。由图14-19可知：当 $R=0$ 时，电动机工作在额定转速 $n_N$（当外加电压及励磁电流均为额定值时）；当 $R=R_1$ 时，转速为 $n_1$，并且 $n_1<n_N$；当 $R=R_2$ 时，电动机堵转（$n=0$），此时

$$R_2=\frac{U}{I_L}-R_0 \qquad (14\text{-}67)$$

式中 $I_L$——产生足以平衡负载转矩 $T_L$ 所需要的电流。

当 $R > R_2$ 时，转速变为负值，即电动机将要反转，这种情况称为负载倒拉反转制动（如为了平稳而缓慢地下放重物）。这时可以加大电枢回路附加电阻 $R$，使电动机产生的转矩小于负载转矩 $T_L$，电动机减速，直到停转，在重物作用下电动机又反转起来，重物以低速下放。但要注意，这时不能断开直流电动机的电源，否则由于没有电动机所产生的制动转矩，会使重物越降越快，容易发生事故。

用电枢回路串联电阻的方法调速，因其机械特性变软，系统转速受负载影响大，轻载时达不到调速的目的，重载时还会产生堵转现象，而且在串联电阻中流过的是电枢电流，长期运行损耗也大，经济性差，因此在使用上有一定局限性。

电枢电路串联电阻的调速方法，属于恒转矩调速，并且只能在需要向下调速（降低转速）时使用。在工业生产中，小容量时可串一台手动或电动变阻器来进行调速，在较大容量时多用继电器-接触器系统来切换电枢串联电阻，故多属于有级调速。

② 改变电枢电压调速  当改变电枢电压调速时，理想空载转速 $n_0$ 也将改变，但机械特性的斜率不变，这时机械特性方程为

$$n = \frac{U'}{C_e \Phi} - \frac{RT}{C_e C_T \Phi^2} = n_0' - K_m T \tag{14-68}$$

式中 $U'$——改变后的电枢电压；

$n_0'$——改变电压后的理想空载转速，$n_0' = U'/(C_e \Phi)$；

$K_m$  特性曲线的斜率，$K_m = R/(C_e C_T \Phi^2)$。

其特性曲线是一族以 $U'$ 为参数的平行直线，见图 14-20。由图可见，在整个调速范围内均有较大的硬度，在允许的转速变化率范围内，可获得较低的稳定转速。这种调速方式的调速范围较宽，一般可达 10~12，如果采用闭环控制系统，调速范围可达几百至几千。

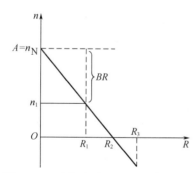

图 14-19  电枢串联电阻时的调速特性

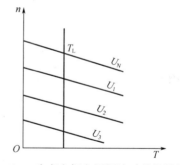

图 14-20  改变电枢电压调速时的机械特性

改变电枢电压调速方式属于恒转矩调速，并在空载或负载转矩时也能得到稳定转速，通过电压正反向变化，还能使电动机平滑地启动和四个象限工作，实现回馈制动。这种调速方式控制功率较小，功率较高，配上各种调节器可组成性能指标较高的调速系统，因而在工业中得到了广泛的应用。

为了改变电动机的电枢电压，需要有独立的可调压的电源，常采用的有直流发电机、晶闸管变流器和各种电力电子器件构成的直流电源等，各种方案的比较见表 14-15。

③ 改变磁通调速  在电动机励磁回路中改变其串联电阻 $R_f$ 的大小 [见图 14-21(a)] 或采用专门的励磁调节器来控制励磁电压 [见图 14-21(b)]，都可以改变励磁电流和磁通。这

时,电动机的电枢电压通常保持为额定值 $U_N$,因为

$$n = \frac{U_N}{C_e\Phi} - \frac{R}{C_e C_T \Phi^2} T = \frac{U_N}{C_e\Phi} - \frac{R}{C_e\Phi} I \qquad (14\text{-}69)$$

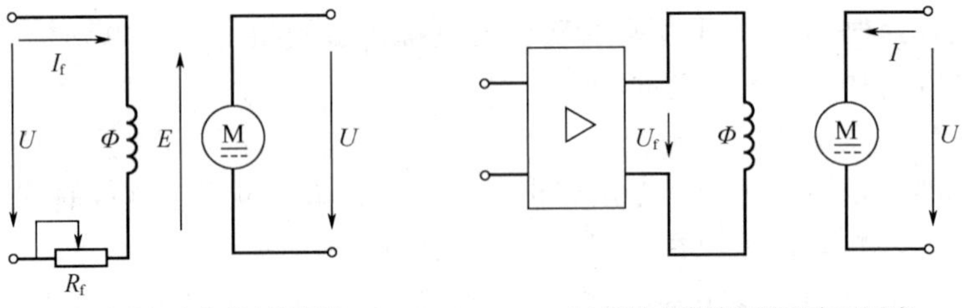

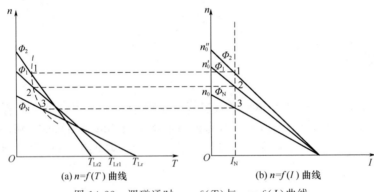

(a) 励磁回路串联电阻调速　　　　(b) 用放大器控制励磁电压调速

图 14-21　直流电动机改变磁通的调速线路

所以,理想空载转速 $[U_N/(C_e\Phi)]$ 与磁通($\Phi$)成反比;电动机机械特性的斜率与磁通的二次方成反比。此时,转矩和电流与转速的关系见图 14-22。

(a) $n=f(T)$ 曲线　　　　(b) $n=f(I)$ 曲线

图 14-22　调磁通时 $n=f(T)$ 与 $n=f(I)$ 曲线

表 14-15　直流电动机改变电压调速的方法

| 变压方法 | 原理电路 | 装置组成 | 性能及适用场合 |
|---|---|---|---|
| 电动机-发电机组(旋转变流机组) | 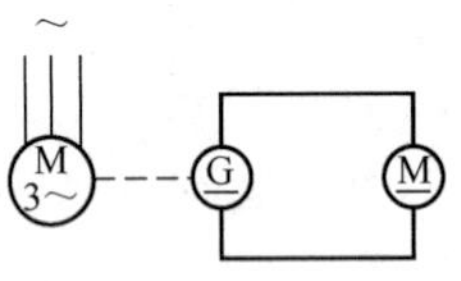 | 原动机可以用同步电动机、绕线转子异步电动机(包括带飞轮和转差调节的机组)、笼型异步电动机、柴油机等。励磁方式有励磁机、电机扩大机、磁放大器和晶闸管励磁装置等。控制方式有继电器-接触器、磁放大器和半导体控制装置等 | 输出电流无脉动,带飞轮的机组对冲击负载有缓冲作用,采用同步电动机的机组能提供无功功率,改善功率因数。因为有旋转机组,效率较低,噪声、振动大。继电器-接触器和电机扩大机控制时,控制功率大,构成闭环系统一般动态指标较差,用晶闸管励磁可提高动态指标 |
| 晶闸管变流器 | 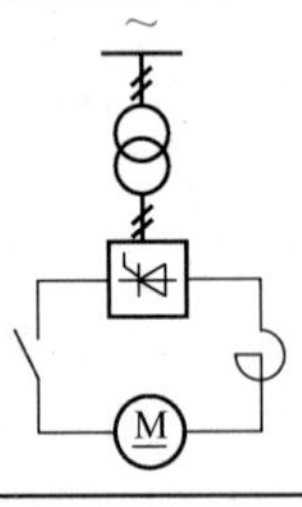 | 包括交流变压器、晶闸管变流装置、平波电抗器和半导体控制装置等 | 效率高,噪声、振动小,控制功率小,构成闭环系统动态指标好。但输出电流有脉动,功率因数低,对电网的冲击和高次谐波影响大 |

续表

| 变压方法 | 原理电路 | 装置组成 | 性能及适用场合 |
|---|---|---|---|
| 直流斩波器 | | 包括晶闸管（或其他电力电子器件）、换相电感电容、输入滤波电感电容及半导体控制装置等 | 适用于由公共直流电源或蓄电池及恒定电压直流电源供电的场合，如电机车、蓄电池车等电动车辆 |
| 柴油交流发电机-硅整流器 | | 柴油交流发电机、硅整流装置及相应的控制装置等 | 改变交流发电机电压，经硅整流装置整流得到可变直流电压，用于电动轮车等独立电源场合 |
| 交流调压器硅整流器 | | 调压变压器、硅整流装置等 | 效率高，噪声、振动小，输出电流脉动较小，比晶闸管供电功率因数有改善，但实现自动调速较困难。适用于不经常调速的小功率（<15kW）手动开环控制场合 |
| 升压机组 | | 与公共直流电源串联的直流发电机或晶闸管变流装置及相应的控制装置 | 适用于公共直流电源供电场合，设备较经济，但调速范围不大 |

在调速过程中，为了使电动机的容量得到充分利用，应该使电枢电流一直保持在额定电流 $I_N$ 不变，见图 14-22(b) 中的垂直虚线。这时，磁通与转速成双曲线关系，$\Phi \propto 1/n$，即 $T \propto 1/n$，[见图 14-22(a) 中的虚线]。在虚线左边各点工作时，电动机没有得到充分利用；在虚线右边各点工作时，电动机处于过载工作状态，此时电动机不能长期工作。因此，改变磁通调速适合于带恒功率负载，即为恒功率调速。

采用改变励磁进行调速时，在高速下由于电枢电流去磁作用增大，使转速特性变得不稳定，换向性能也会下降。因此，采用这种方法的调速范围很有限。无换向极电动机的调速范围为基速的 1.5 倍左右，有换向极电动机的调速范围为基速的 3～4 倍，有补偿绕组电动机的调速范围为基速的 4～5 倍。

④ 三种调速方法的性能比较　直流电动机三种调速方法的性能比较见表 14-16。

表 14-16　调速方式的性能比较

| 调速方式 | 方法 | 控制装置 | 调速范围 | 转速变化率 | 平滑性 | 动态性能 | 恒转矩恒功率 | 效率 |
|---|---|---|---|---|---|---|---|---|
| 改变电枢电阻 | 串电枢电阻 | 变阻器或接触器、电阻器 | 2∶1 | 低速时大 | 用变阻器比较好，用接触器和电阻器较差 | 无自动调节能力 | 恒转矩 | 低 |
| 改变电枢电压 | 电动机-发电机组 | 发电机组或电机扩大机（磁放大器） | 1∶10～1∶20 | 小 | 好 | 较好 | 恒转矩 | 60%～70% |
| | 静止变流器 | 晶闸管变流器 | 1∶50～1∶100 | 小 | 好 | 好 | 恒转矩 | 80%～90% |
| | 斩波器-脉冲调制 | 晶体管或晶闸管开关电路 | 1∶50～1∶100 | 小 | 好 | 好 | 恒转矩 | 80%～90% |

续表

| 调速方式方法 | | 控制装置 | 调速范围 | 转速变化率 | 平滑性 | 动态性能 | 恒转矩恒功率 | 效率 |
|---|---|---|---|---|---|---|---|---|
| 改变磁通 | 串联电阻或用可变直流电源 | 直流电源变阻器 | 1:3~1:5 | 较大 | 较好 | 差 | 恒功率 | 80%~90% |
| | | 电机扩大机或磁放大器 | | | 好 | 较好 | | |
| | | 晶闸管变流器 | | | | 好 | | |

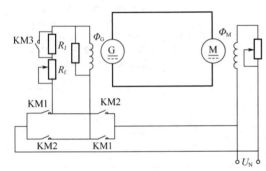

图 14-23 发电机-电动机组调速系统

(4) 直流传动系统的调速方案选择

1) 发电机-电动机组调速系统 直流发电机-直流电动机组组成的调速系统如图 14-23 所示。电枢主回路由一台直流发电机对一台直流电动机供电，电动机速度连续可调，并且在电动机额定电枢电压以下，靠调整发电机输出端电压（调压调速）来调整电动机转速，当电动机电压达到额定值以后，靠减弱电动机励磁电流，电动机升速一直达到电动机最高额定转速。

近年来，在发电机励磁和电动机励磁回路中，多采用晶闸管变流器传动方案，用控制两套晶闸管装置输出电压分别改变发电机输出电压和电动机励磁电流，实现速度控制，对于需要正/反转的可逆直流调速系统，通常发电机励磁晶闸管装置为双向可逆装置，而电动机晶闸管装置为单向不可逆装置。

2) 斩波器调速系统

① 基本工作原理与电路结构 斩波器是一种采用电力电子开关的调速系统。它能从恒定的直流电源产生出经过斩波的可变直流电压，从而达到调速的目的。斩波器分降压和升压两种。

a. 降压斩波器 如图 14-24 所示给出了简单的降压斩波器调速系统电路和斩波后的电压波形。在图 14-24(a) 中，UCH 是斩波器，$E$ 是一个恒压直流电源，VD 是续流二极管，$L$ 是平波电抗器。在 $t_{on}$ 期间内，UCH 导通，电源 $E$ 和直流电动机 M 接通；在 $t_{off}$ 期间内，UCH 关断，电动机电枢电流 $I_M$ 经 VD 流通，加在电动机上的平均电压为：

$$U_M = \frac{t_{on}}{t_{on}+t_{off}}U = \frac{t_{on}}{T}U = kU \tag{14-70}$$

式中 $t_{on}$——导通时间；

$t_{off}$——截止时间；

$U$——恒压电源电压值；

$T$——斩波周期，$T = t_{on}+t_{off}$；

$k$——占空比（工作率）。

由式 (14-70) 可知，改变占空比 $k$ 就可以改变加在电动机上的平均电压 $U_M$，从而进行调速。占空比 $k$ 的改变可以有以下两种方法：

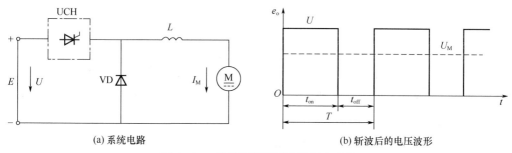

(a) 系统电路　　　　　　　　　　(b) 斩波后的电压波形

图 14-24　简单的降压斩波器调速系统

第一种方法——恒频系统。$T$ 保持不变（即频率保持不变），只改变导通时间 $t_{on}$，即脉宽调制（PWM）方式。

第二种方法——变频系统。改变 $T$（即改变频率），但同时保持导通时间 $t_{on}$ 不变或者保持导通时间 $t_{off}$ 不变，即频率调制（FM）方式。

变频系统频率变化范围必须与调压（即调速）范围相适应。因而在调压范围较大时，频率变化范围也必须大，这就给滤波器的设计带来困难，同时对信号传输和通信干扰的可能性也加大。另外，在输出电压很低时，其频率比较低，较长的关断时间容易使电动机电流断续。所以，斩波器调速应优先采用恒频调速。

b. 升压斩波器　升压斩波器的基本电路、电流波形和输出特性如图 14-25 所示。

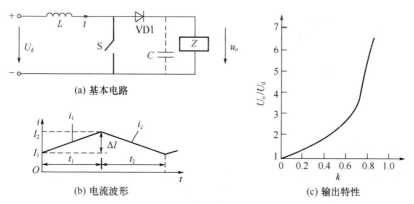

(a) 基本电路

(b) 电流波形　　　　　　(c) 输出特性

图 14-25　升压斩波器的基本电路、电流波形和输出波形

在 $t_1$ 时间里，开关 S 导通，于是有：

$$u_L = U_d = L\frac{di}{dt} \tag{14-71}$$

将上式积分，得电感上的峰-峰脉动电流为

$$\Delta I = \frac{U_d}{L}t_1 \tag{14-72}$$

在 $t_2$ 时间间隔里，开关 S 断开，且输出电压保持恒定的 $U_o$，于是有

$$u_L = U_o - U_d = L\frac{di}{dt} \tag{14-73}$$

$$\Delta I = \frac{U_o - U_d}{L}t_2 \tag{14-74}$$

由式(14-70) 和式(14-69)，可得

$$U_o = \frac{U_d}{1-k} \tag{14-75}$$

由式(14-75)可知,随着 $k$ 的增加,输出电压将超过电源电压 $U_d$。当 $k=0$ 时,输出电压为 $U_d$;当 $k \to 1$ 时,输出电压将变得非常大,如图14-25(c)所示。利用升压斩波电路可以实现两个直流电压源之间的能量转换,如图14-26(a)所示。该电路工作于两种模式,其等效电路如图14-26(b)所示。

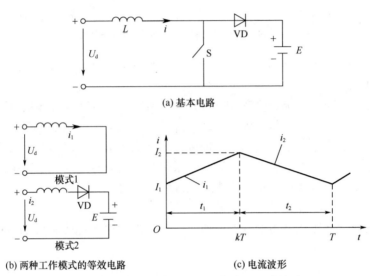

图14-26 升压斩波电路能量传输原理说明图

当工作于模式1(S导通)时

$$U_d = L \frac{di}{dt} \tag{14-76}$$

所以
$$i_1(t) = \frac{U_d}{L} t + I_1 \tag{14-77}$$

上式中,$I_1$ 为工作模式1时的初始电流。在此期间,电感中电流上升的必要条件为:

$$\frac{di_1}{dt} > 0 \text{ 或 } U_d > 0 \tag{14-78}$$

当工作于模式2(S断开)时

$$U_d = L \frac{di_2}{dt} + E \tag{14-79}$$

所以
$$i_2(t) = \frac{U_d - E}{L} t + I_2 \tag{14-80}$$

上式中,$I_2$ 为工作模式2时的初始电流。在此期间,电感中电流下降的必要条件为:

$$\frac{di_2}{dt} < 0 \text{ 或 } U_d < E \tag{14-81}$$

如果不能满足式(14-81),则电流将继续上升,直到系统崩溃为止。考虑到式(14-78)和式(14-80)的条件,则有:

$$0 < U_d < E \tag{14-82}$$

上式表明:若 $E$ 为稳定的直流电源,$U_d$ 为不断下降的直流电动机的电压,则通过适当的控制，就能把电动机中的能量反馈到稳定的直流电源，实现直流电动机的再生制动。利用上述两种基本电路的思想就可构成运行于各种象限的斩波电路结构，见表 14-17。

表 14-17 斩波器的电路结构

| 型式 | 斩波器的电路结构 | $U_o$-$I_o$ 特性 |
|---|---|---|
| 第一象限斩波器 | | |
| 第二象限或再生斩波器 | | |
| A 型两象限斩波器 | | |
| B 型两象限斩波器 | | |
| 四象限斩波器 | | |

② 可逆斩波电路

a. 电流可逆斩波电路　斩波电路用于拖动直流电动机时，常要使电动机既可电动运行，又可再生制动，将能量反馈。降压斩波电路拖动直流电动机时，电动机工作于第Ⅰ象限；升压斩波电路中，电动机则工作于第Ⅱ象限。电流可逆斩波电路是指将降压斩波电路与升压斩波电路组合，电动机的电枢电流可正可负，但电压只能是一种极性，故其可工作于第Ⅰ象限和第Ⅱ象限（如图 14-27 所示）。IGBT V1 和二极管 VD1 构成降压斩波电路，由电源向直流电动机供电，电动机为电动运行，工作于第Ⅰ象限；IGBT V2 和二极管 VD2 构成升压斩波

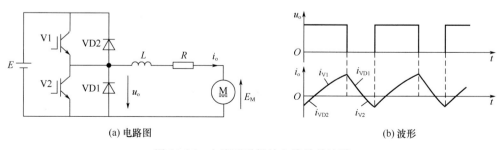

图 14-27　电流可逆斩波电路及其波形

电路，把直流电动机的动能转变为电能反馈到电源，使电动机做再生制动运行，工作于第Ⅱ象限；需要注意的是，必须防止 V1 和 V2 同时导通而导致的电源短路。

当如图 14-27 所示的电路只做降压斩波器运行时，V2 和 VD2 总处于断态；当如图 14-27 所示的电路只做升压斩波器运行时，则 V1 和 VD1 总处于断态；此外，该电路还有第三种工作方式，即一个周期内交替地作为降压斩波电路和升压斩波电路工作。在第三种工作方式下，当降压斩波电路或升压斩波电路的电流断续而为零时，使另一个斩波电路工作，让电流反方向流过，这样电动机电枢回路总有电流流过。在一个周期内，电枢电流沿正、负两个方向流通，电流不断，所以响应很快。

b. 桥式可逆斩波电路　如图 14-27 所示的电流可逆斩波电路：电枢电流可逆，两象限运行，但电压极性是单向的。当需要电动机进行正、反转以及可电动又可制动的场合，需将两个电流可逆斩波电路组合起来，分别向电动机提供正向和反向电压，成为桥式可逆斩波电路（如图 14-28 所示）。

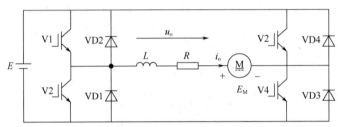

图 14-28　桥式可逆斩波电路

当使 V4 保持通态时，如图 14-28 所示的电路等效为电流可逆斩波电路，向电动机提供正电压，可使电动机工作于第Ⅰ、Ⅱ象限，即正转电动和正转再生制动状态；当使 V2 保持通态时，V3、VD3 和 V4、VD4 等效为又一组（电压反向）电流可逆斩波电路，向电动机提供负电压，可使电动机工作于第Ⅲ、Ⅳ象限。其中，V3 和 VD3 构成降压斩波电路，向电动机供电，使其工作于第Ⅲ象限即反转电动状态；V4 和 VD4 构成升压斩波电路，可使电动机工作于第Ⅳ象限即反转再生制动状态。

3) 晶闸管变流装置主回路方案选择　晶闸管变流调速装置的主回路设备通常包括变流变压器（或交流进线电抗器）、晶闸管变流器、直流滤波电抗器、交直流侧过电压吸收器以及过电流保护和快速断路器等。变流装置的主回路方案应按照生产机械的工作制和传动电动机的容量范围，参照表 14-18 选取。常用变流器线路有关的计算系数及特点见表 14-19。

4) 变流变压器的计算

① 变流电压的原始方程　假定整流回路电感足够大，并忽略变压器及主回路馈线电阻，则

$$U_\mathrm{d}=K_\mathrm{UV}U_\mathrm{V\phi}\left(b\cos\alpha_\mathrm{min}-K_\mathrm{X}\frac{e}{100}\times\frac{I_\mathrm{Tmax}}{I_\mathrm{TN}}\right)-nU_\mathrm{df} \qquad (14\text{-}83)$$

式中　　$U_\mathrm{d}$——变流器输出电压平均值，V；

$K_\mathrm{UV}$——整流电压计算系数（见表 14-19）；

$U_\mathrm{V\phi}$——变流变压器二次相电压，V；

$b$——电网电压向下波动系数，无特殊要求时，可取 $b=0.95$；

$\alpha_\mathrm{min}$——最小触发延迟角，$\cos\alpha_\mathrm{min}$ 取 $0.85\sim1.0$；（在可逆系统中，有环流系统接近该值下限，无环流系统接近上限）；

## 表14-18 变流装置主回路方案对照表

| 主电路接线方案 | 不可逆接线方式 | 电动机励磁可逆接线方式 | 交叉可逆接线方式 | 反并联可逆接线方式 |
|---|---|---|---|---|
| 性能特点 | (1) 只可提供单一方向转矩,变流器只限于整流状态工作,机械的减速、停车不能用变流装置控制<br>(2) 设备费用少,晶闸管数量少,控制线路及保护简单<br>(3) 不宜用在经常启动、停车或要求调速的场合 | (1) 主电路电流单向,靠改变电动机励磁电流方向实现电动机转矩可逆,变流器工作在整流状态,机械的减速、停车可通过变流器控制实现制动<br>(2) 主电路设备少,晶闸管数量少,保护线路简单,在大容量中较为经济<br>(3) 磁场反向存在0.5～2.0s死区,不宜工作在频繁正反转系统 | (1) 靠两套变流装置实现主电路电流双向可逆。同时,两套变流器间存在环流回路,通过控制装置和环流电抗器$L_1$、$L_2$控制环流为额定电流的5%～10%。因此,变流器内电流连续,可改变电动机空载时变流器特性和减少电流换向死区时间至0～1ms<br>(2) 设备费用高,变流变压器、变流装置多用于快速性和精度要求较高的位置整控制系统等 | (1) 靠正反向两组晶闸管实现主电路电流双向可逆。电流换向同时通过逻辑控制的触发脉冲,一定时序、选择封锁和释放晶闸管,为保证由午导通转为封锁的晶闸管电流方向可靠复阻断,一般需有5～10ms的切换死区时间<br>(2) 接线方式(a) 使用一台变流变压器和两套晶闸管变流器,每套变流器有独立的环流限制故障情况下环流电抗器、主电路接线较为复杂<br>(2) 接线方式(b) 的设备费用少、晶闸管间设电抗器、主电路回路不设环流电抗器和快速断路器,设备紧凑,对主回路有较高要求 |
| 适用范围 | 多用于单方向连续运行或某些缓慢减速及负载变动不大的机械,容量范围一般为100kW以下,适用的生产机械包括风机、水泵和线材轧机以及造纸机等 | 多用于要求正反转可逆,但不频繁反转和调速的机械,容量范围在300kW以上。适用大型卷扬机和厚板轧机如大型卷扬机和厚板轧机 | 控制灵活、电流换向无死区时,快速性机械特性要求较高的生产机械,大中容量、已普遍应用于数千瓦的机械中,容量可达数千瓦、压下装置驱动系统等 | 可灵活实现四象限内电动机频繁启、制动和调速、运转状态、快速性好(数毫秒)、便于组成有电流闭环的调速控制装置,已普遍应用于各类控制性能高的生产机械中、装置容量可达数千瓦,适用于轧机主传动机械以及卷扬机主传动电动机等 |

注:符号T为变流变压器;U为晶闸管变流器;$L$、$L_1$、$L_2$为环流电抗器;QF为快速断路器;LF为滤波电抗器;M为传动直流电动机。

表 14-19 常用大功率传动用整流器线路有关计算系数及特点

| 接法 | 换相电抗电压降计算系数 $K_X$ | 整流电压计算系数 $K_{UV}$ | 晶闸管电压计算系数 $K_{UT}$ | 晶闸管电流计算系数 $K_{IT}$ | 变压器阀侧相电流计算系数 $K_{IV}$ | 变压器网侧相电流计算系数 $K_{IL}$ | 变压器等值容量计算系数 $K_{ST}$ | 变压器漏感计算系数 $K_{TL}$ | 变压器电感折算系数 $K_L$ | 变压器电阻折算系数 $K_R$ | 整流线路最大滞后时间 $T_{dm}$/ms | 特点及适用范围 ||||| 备注 |
|---|---|---|---|---|---|---|---|---|---|---|---|---|---|---|---|---|---|
| | | | | | | | | | | | | 线路组成 | 电压脉动 | 能否逆变 | 变压器利用率 | 应用范围 | |
| 三相全桥 | 0.5 | 2.34 | 2.45 | 0.367 | 0.816 | 0.816 | 1.05 | 1.22 | 2 | 2 | 3.3 | 较复杂 | 小 | 能 | 好 | 应用范围较广 | |
| 双反星形带平衡电抗器 | 2 | 1.17 | 2.45 | 0.184 | 0.289 | 0.408 | 1.27 | 2.45 | 1 | 1 | 3.3 | 较复杂 | 小 | 能 | 较好 | 多用于大电流输出的直流电源系统,调速系统较少采用 | |
| 双桥串联[①] | 0.259 | 4.68 | 2.45 | 0.367 | 0.816 | 1.58 | 1.03 | 0.634 | 4 | 4 | 3.3 | 复杂 | 最小 | 能 | 最好 | 1000kW 以上,晶闸管需串联之处 | |
| 双桥并联[①] | 0.259 | 2.34 | 2.45 | 0.183 | 0.408 | 0.79 | 1.03 | 1.268 | 1 | 1 | 3.3 | 复杂 | 最小 | 能 | 最好 | 1000kW 以上,晶闸管不需串联之处 | 需增加平衡电抗器 |

① 双桥串联或并联是指整流变压器有两组阀侧绕组(或两台变压器)分别接成 y(Y)和 d(△)组成两组三相桥式整流后再串联或通过平衡电抗器并联构成 12 脉波相整流的线路。

$K_X$——换相电抗压降计算系数（见表14-19）；

$e$——变压器阻抗电压百分值，当无法预先知道变压器阻抗电压百分值时，可以根据变压器的容量按表14-20进行估算；

$I_{Tmax}/I_{TN}$——变流变压器允许过载系数；

$n$——电流通过晶闸管的器件数；

$U_{df}$——晶闸管正向瞬态电压降，取1.5V。

表14-20 变压器阻抗电压百分值 $e$

| 变压器的容量/kV·A | 变压器阻抗电压百分值 $e/\%$ |
|---|---|
| 100以下 | 5 |
| 100~1000 | 5~7 |
| 1000以上 | 7~10 |

② 变流变压器二次相电压 对于电压调节系统，按式(14-83)计算，变流器输出电压等于电动机额定电压，即 $U_d=U_{MN}$。变流变压器阀侧（二次）相电压（V）为

$$U_{V\phi}=\frac{U_{MN}+nU_{df}}{K_{UV}\left(b\cos\alpha_{min}-K_X\dfrac{e}{100}\times\dfrac{I_{Tmax}}{I_{TN}}\right)} \tag{14-84}$$

对于转速调节系数，按式(14-83)计算，变流器输出电压（V）为

$$U_d=U_{MN}+\left(\frac{I_{Mmax}}{I_{MN}}-1\right)I_{MN}R_{Ma}+\frac{I_{Mmax}}{I_{MN}}I_{MN}R_{ad}+K_{DF}K_{UV}U_{V\phi} \tag{14-85}$$

变流变压器二次相电压（V）为

$$U_{V\phi}=\frac{U_{MN}+\left(\dfrac{I_{Mmax}}{I_{MN}}-1\right)I_{MN}R_{Ma}+\dfrac{I_{Mmax}}{I_{MN}}I_{MN}R_{ad}+nU_{df}}{K_{UV}\left(b\cos\alpha_{min}-K_X\dfrac{e}{100}\times\dfrac{I_{Tmax}}{I_{TN}}-K_{DF}\right)} \tag{14-86}$$

式中 $U_{MN}$——电动机额定电压，V；

$I_{MN}$——电动机额定电流，A；

$I_{Mmax}/I_{MN}$——电动机允许过载倍数，一般情况下，认为 $I_{Mmax}/I_{MN}=I_{Tmax}/I_{TN}$；

$R_{Ma}$——电动机电枢回路电阻，Ω；

$R_{ad}$——电动机电枢回路附加电阻，Ω；

$K_{DF}$——考虑动态特性的调节裕度，一般 $K_{DF}$ 在 0.05~0.10 范围内选取。

对于转速调节系统，按式(14-86)选择的二次相电压 $U_{V\phi}$，还应该校验在电动机为额定转速并超调5%及供电交流电网电压下波动 $b=0.95$ 时是否满足下式：

$$0.95K_{UV}U_{V\phi}\cos\beta_{min}\geqslant 1.05(U_{MN}-I_{MN}R_{Ma}) \tag{14-87}$$

$$\beta_{min}=\gamma+u=\arccos\left[\cos\gamma-2K_X\frac{e}{100}\times\frac{I_{Mmax}}{I_{MN}}\right] \tag{14-88}$$

式中 $\beta_{min}$——系统允许的最小触发超前角；

$\gamma$——最小安全储备角，通常 $\gamma=10°\sim 20°$；

$u$——重叠角。

对于励磁电流调节系统，有

$$U_d = U_{fN} + L_f \frac{di_f}{dt} \tag{14-89}$$

变流变压器二次相电压（V）为

$$U_{V\phi} = \frac{U_{fN} + L_f \dfrac{di_f}{dt}}{K_{UV}\left(b\cos\alpha_{min} - K_X \dfrac{e}{100}\right)} \tag{14-90}$$

式中　$U_{fN}$——额定励磁电压，V；

　　　$L_f$——励磁绕组电感，H；

　　　$di_f/dt$——励磁电流变化率，A/s；

　　　$\alpha_{min}$——最小触发延迟角，对于电动机励磁，通常取 $\alpha_{min} = 10° \sim 20°$。

在一般情况下，励磁电流不需要强励；在特殊场合下，要求励磁电流超调，电流强励倍数可考虑 1.2～1.3 倍。在要求励磁电流快速变化的条件下，考虑 $L_f(di_f/dt)$ 对输出电压的影响，电压强迫倍数一般取 2～4 倍。

上述计算公式是同时考虑了各种不利的因素来计算 $U_{V\phi}$ 的。如果实际上不需要同时考虑各种不利因素相叠加时，上述计算公式中的一些参数如 $b$、$I_{Mmax}/I_{MN}$ 以及 $K_{DF}$ 等的值可按实际情况决定。

当整流线路采用三相桥式整流，并采用速度调节系统时，一般情况下，等效 Y 连接的阀侧相电压 $U_{V\phi}$ 与电动机额定电压 $U_{MN}$ 有下列关系：

对不可逆系统

$$\sqrt{3}U_{V\phi} = 0.95 \sim 1.0 U_{MN} \tag{14-91}$$

对可逆系统

$$\sqrt{3}U_{V\phi} = 1.05 \sim 1.1 U_{MN} \tag{14-92}$$

在实际应用中，标准变流器系列已规定了阀侧电压值，使用时不必计算。例如，对中小功率装置，晶闸管变流器主电路采用三相全控桥线路时，变流变压器二次线电压和直流电动机额定电压的匹配见表 14-21。

表 14-21　国内中小功率标准变流器系列阀侧电压值　　单位：V

| 不可逆系统 | | 可逆系统 | |
| --- | --- | --- | --- |
| 二次线电压 $\sqrt{3}U_{V\phi}$ | 电动机额定电压 $U_{MN}$ | 二次线电压 $\sqrt{3}U_{V\phi}$ | 电动机额定电压 $U_{MN}$ |
| 210 | 220 | 230 | 220 |
| 380 | 400 | 380 | 360 |
| 420 | 440 | 460 | 440 |

③ 变流变压器的二次和一次相电流

二次（阀侧）相电流（A）为

$$I_{V\phi} = K_{IV} I_{dN} \tag{14-93}$$

式中　$K_{IV}$——二次（阀侧）相电流计算系数（见表 14-19）。

在晶闸管供电时，$I_{dN} = I_{MN}$；在晶闸管励磁时，则 $I_{dN}$ 等于额定励磁电流 $I_{fN}$。在有环流系统中，变压器设有两套独立的二次绕组（见表 14-18），在转矩换向时轮换通电，每套二次绕组的通电持续率是 50%。

二次相电流（A）为

$$I_{V\phi}=K_{IV}\left[\frac{1}{\sqrt{2}}I_{dN}+I_{K}\right] \tag{14-94}$$

通常考虑环流

$$I_{K}=(0.05\sim0.10)I_{dN} \tag{14-95}$$

变流变压器一次（网侧）相电流（A）为

$$I_{L\phi}=K_{IL}I_{dN}/K \tag{14-96}$$

式中　$K_{IL}$——一次（网侧）相电流计算系数（见表14-19）；
　　　$K$——变压器电压比。

考虑变压器励磁电流，一次电流有效值可在式（14-96）计算结果上再加上3%～5%，视变压器的容量和电磁参数而定。

④ 变压器的二次和一次容量

一次容量（V·A）

$$S_1=m_1\frac{K_{IL}}{K_{UV}}U_{d0}I_{dN} \tag{14-97}$$

二次容量（V·A）

$$S_2=m_2\frac{K_{IV}}{K_{UV}}U_{d0}I_{dN} \tag{14-98}$$

等值容量（V·A）

$$S_T=(S_1+S_2)/2=K_{ST}U_{d0}I_{dN} \tag{14-99}$$

式中　$U_{d0}$——空载整流电压；
　　$m_1,m_2$——变压器一次和二次绕组相数；对于三相全控桥：$m_1=m_2=3$；对于并联12脉波全控桥：$m_1=3$，$m_2=6$；
　　　$K_{ST}$——等值容量计算系数（见表14-19），表示变压器等值容量与理想之流功率之比，比值大小代表了变压器的利用率。

变流变压器的容量分级推荐采用表14-22所列数值。

表14-22　变流变压器容量分级推荐值　　　　　　　　单位：kV·A

| 100 | 125 | 160 | 200 | 250 | 315 | 400 | 500 | 630 | 800 |
|---|---|---|---|---|---|---|---|---|---|
| 1000 | 1250 | 1600 | 2000 | 2500 | 3150 | 4000 | 5000 | 6300 | 8000 |
| 10000 | 12500 | 16000 | (20000) | 25000 | (31500) | 40000 | (50000) | 63000 | 80000 |

注：括号内数值不推荐使用。

在设计和选择变流变压器时，还需要考虑以下因素：

a. 变流变压器短路机会较多，因此，变压器的绕组和结构应有较高的机械强度。在同等容量下，变流变压器的体积应比一般电力变压器大些。

b. 由于晶闸管装置发生过电压的机会较多，因此，变压器应有较高的绝缘强度。

c. 变流变压器的漏抗可限制短路电流，改善电网侧的电流波形。因此，变压器的漏抗可略大一些。但另一方面，漏抗增加会使换相电抗压降$\Delta U_X$增加，恶化了功率因数，故不能太大。一般的阻抗电压在5%～10%范围内。

d. 为了避免电压畸变和负载不平衡时中点浮动，变流变压器一次或二次绕组中的一个应接成三角形或者附加短路绕组。

5）交流进线电抗器的选择　对于一般单机传动系统，每台晶闸管变流器可单独用一台

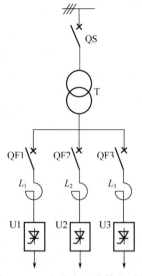

图14-29 公共变压器供电系统

变流变压器,以便将电网电压变换成变流器所需的交流电压。

若变流器所需的交流电压与电网电压相同或多台变流器共用一台变流变压器时,变流器需要经过一个交流电抗器(即进线电抗器)才可接到供电变压器或电网上。此外,还要求供电电源的容量至少是单台变流器容量的5~10倍,其典型线路如图14-29所示。通常,在单机容量超过500kW时,需要专用的变流变压器;单机容量在500kW及以下时,可以用公共的变流变压器供电,而每台晶闸管变流器分别通过进线电抗器($L_1$、$L_2$、$L_3$)供电。其主要作用除了限制晶闸管导通时的$di/dt$以及限制变流装置发生故障和短路时的短路电流上升率外,还用以改善电源电压波形,减少公用变压器与变流器之间的相互干扰。

通常考虑当供电公共变压器的短路容量为单台变流器额定容量的100倍以上时,允许采用公共变压器供电。某进线电抗器的电感量应满足:当变流器输出额定电流时,进线电抗器绕组上的电压降应不低于供电电源额定相电压的4%。据此,在晶闸管换相期间,由于换相元件将交流电压的相应相短路,造成电源电压换相瞬间出现缺口。在额定输出时,其换相缺口应不大于该瞬间电源电压的20%,电感量按下式选取

$$L = \frac{0.04 U_{V\phi}}{2\pi f \times 0.816 I_{dN}} \times 10^3 \text{(mH)} \tag{14-100}$$

式中 $U_{V\phi}$——供电电源相电压的有效值,V;

$f$——电网频率,Hz;

$I_{dN}$——变压器额定电流,A。

在设计过程中,推荐采用表14-23所列的经验数据。

表14-23 电抗器设计经验数据

| 交流输入线电压$\sqrt{3}U_{V\phi}$/V | 电抗器额定电压降<br>$\Delta U_K = 2\pi f \times 0.816 I_{dN}$/V | 电抗器额定电流/A |
|---|---|---|
| 230 | 5 | $0.816 I_{dN}$ |
| 380 | 8.8 | $0.816 I_{dN}$ |
| 460 | 10 | $0.816 I_{dN}$ |

6)直流回路电抗器的选择和计算 晶闸管变流器和直流发电机组不同,它所产生的直流电压和电流除有直流成分外,同时还包含交流的高次谐波;此外,在负载较小时,还可能出现电流断续现象。以上两种因素都会对系统的运行产生不利影响,在设计变流器时应予以注意。

由于直流脉动会使电动机的换向条件恶化,并且会增加电动机的铜损耗、铁损耗以及轴电压。因此,除需选用变流器供电的特殊系列直流电动机外,通常还采用在直流回路中附加电抗器,以限制电流的脉动。

在电流断续时,除电动机换向条件恶化,变流器内阻加大,放大倍数大大降低外,同时电动机的电枢回路时间常数也要发生变化。若调速系统中调节器的参数是按照电流连续时选择的,在电流断续时,调速系统的性能将恶化,除需在系统中采取一些自适应环节外,亦可采用增加回路电感以避免在正常工作范围内出现电流断续等措施。

在有环流系统中(见表14-18),由于存在环流回路,环流经正反向组变流器流通,故通常附加电抗器将环流限制在一定范围内。对三相全控桥可逆有环流的主回路,电抗器配置

可采用图 14-30 所示的方式。

在图 14-30(a) 所示线路中，配置了 3 台电抗器，$L_1$ 和 $L_2$ 用以抑制环流。当电动机正向运转时，变流器 U1 和电抗 $L_1$ 流过负载电流 $I_d$，同时允许电抗器 $L_1$ 饱和；变流器 U2 和电抗 $L_2$ 通过环流 $I_k$，环流电抗器 $L_2$ 不饱和，电抗值 $\omega_k L_2$ 抑制环流的大小。在电动机反向运转时，U2 和 $L_2$ 流过负载电流，$L_2$ 饱和，U1 和 $L_1$ 流过环流，$L_1$ 不饱和，其电抗用以抑制环流的大小。电枢回路电抗器 $L_3$ 用以滤平变流器输出电流的脉动分量，在最大允许过载范围内，电抗器 $L_3$ 都不应饱和。环流电抗 $L_1$ 和 $L_2$ 可接通电流时间按 50% 考虑，平波电抗器 $L_3$ 则为长期连续。图 14-30(b) 所示线路中只配置两电抗 $L_1$ 和 $L_2$，兼作抑制环路电流和平波。这两台电抗器都应在最大允许过载范围内不饱和。因为图 14-30(b) 线路中两电抗的总视在容量一般都比图 14-30(a) 线路中三个电抗器的总视容量大得多，所以通常不推荐使用图 14-30(b) 线路。

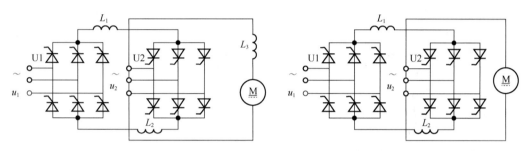

(a) 三台电抗器的线路（其中 $L_1$ 和 $L_2$ 允许饱和）　　(b) 两台电抗器的线路（其中 $L_1$ 和 $L_2$ 不允许饱和）

图 14-30　有环流可逆变流器主回路电抗器配置图

在无环流可逆变流器系统中，有时为了抑制事故情况下的短路电流上升率，以及为了使直流快速断路器在过电流切断瞬间能与快速熔断器保护相协调，在直流回路中亦需要附加一定数量的限流电抗器。对这种电抗器，由于要求的电感量较小，而且在过载短路电流下亦不饱和，故多用空心形式。随着变流器件和保护器件的不断完善，直流电动机承受过载和换向性能的不断提高，近年来，在一些中小功率的传动系统中，可以不加上述电抗器，以进一步简化主回路结构和降低费用。

在大功率系统中，为改善变流器网侧电流波形和减少输出电流脉动，多采用等效多相整流线路，电抗器用于平衡变流装置并联部分交流电压的相位差，形成多相整流电压。

设计时，应根据上述各方面的因素分别计算所需要的电抗器的电感值，然后根据功能选取其中最大值作为所选电抗器的电感值。

## 14.4.2　交流电动机调速

在交流传动系统中，交流电动机构造简单、运行可靠，在单机容量、供电电压、速度极限、维护、造价等方面均优于直流电动机，但在启、制动及调速性能优于交流调速，故在过去相当长时期内，调速领域一直以直流为主。近年来，随着电力电子技术、微电子技术、电动机和控制理论的发展，交流电动机调速系统有了很大发展，不仅电磁调速异步电动机、晶闸管串级调速系统、调压调速系统、无换相器电动机调速系统获得广泛应用，而且变频调速技术已经成熟，用晶闸管或全控型器件组成逆变器的容量从几十瓦到几兆瓦的异步电动机变频调速系统大量投入工业及商业应用；矢量变换控制、直接转矩控制等新技术在高性能交流调速系统应用中也取得了根本性突破，高性能交流调速系统已经能与直流调速系统媲美，交流调速系统已成为调速传动的主流。

(1) 交流电动机调速原理

交流电动机的转速公式为

异步电动机

$$n = 60f(1-s)/p \tag{14-101}$$

同步电动机

$$n = 60f/p \tag{14-102}$$

式中　$f$——定子（供电电源）频率，Hz；

　　　$s$——转差率；

　　　$p$——极对数。

由此可见，交流电动机有三种基本调速方式：①改变极对数 $p$；②改变转差率 $s$；③改变定子（供电电源）频率 $f$。

(2) 交流电动机调速的分类

1) 按调速方法分：改变极对数 $p$，改变转差率 $s$，改变定子（供电电源）频率。

2) 按调速效率分：高效、低效。

3) 按调速装置所在位置分：定子侧、转子侧、转子轴上。

4) 按使用的电动机分：异步电动机有笼型异步电动机、线型转子异步电动机；同步电动机有励磁同步电动机、永磁同步电动机、无刷直流电动机、开关磁阻电动机。

5) 按转速平滑性分：有级、无级。

① 有级调速包括：

a. 变极对数——变 $p$、高效、定子侧、异步电动机。

b. 转子串电阻——变 $s$、低效、转子侧、绕线转子异步电动机。

② 无级调速包括：

a. 定子侧：定子调压——变 $s$、低效、异步电动机；

　　　　　定子变频——变 $f$、高效、异步电动机或同步电动机。

b. 转子侧：串级调速（向下调）——变 $s$、高效、绕线转子异步电动机；

　　　　　双馈调速（上下调）——调 $s$、高效、绕线转子异步电动机。

c. 转子轴上：电磁转差离合器——调 $s$、低效、异步电动机或同步电动机；

　　　　　　液力偶合器——调 $s$、低效、异步电动机或同步电动机。

(3) 有级调速

① 变极调速　改变异步电动机绕组极对数，从而改变同步转速进行的调速称为变极调速。其转速按阶跃方式变化，而非连续变化。变极调速主要用于笼型异步电动机。改变电动机定子绕组的接线来改变磁极对数而实现的调速只能是有级的，且其级差比较大，适用要求几种特定速度的生产机械。变极与调压相结合的变极调压调速，变极与电磁转差离合器相结合的变极电磁调速等异步电动机调速的出现，可以得到既简单又能在相当范围内平滑调速的调速系统，且转差功率损失少，效率高。

a. 变更极对数的方法　变更极对数的常用方法有：在定子上设置单一绕组，改变其不同的接线组合，这种方法常用于 2∶1、3∶2、4∶3 的双速电动机；在定子上设置两套不同极数的独立绕组。这种方法用于 4∶3 和 6∶5 等双速电动机；在定子上设置两套不同极对数的独立绕组，而且每个独立绕组上又有不同的接线组合，得到不同的极对数，这种方法用于三速或四速电动机。

如图 14-31 所示为单绕组双速电动机的接线方法。如图 14-32 所示为双绕组三速电动机接线方法，如图 14-33 所示为四速电动机接线方法。

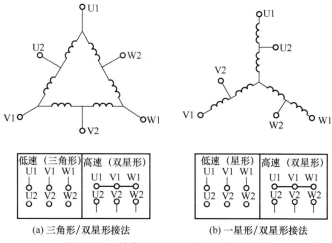

图 14-31 单绕组双速电动机的接线方法

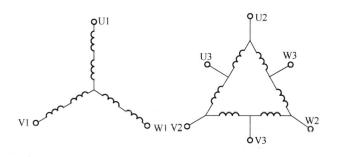

图 14-32 双绕组三速电动机接线方法

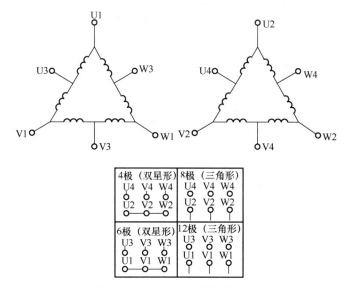

图 14-33 四速电动机接线方法

b. 变极调速的控制线路　　如图 14-34 所示为双速、三速异步电动机的控制线路图。其中图(a) 为三角形/双星形双速电动机控制线路。当合上断路器 QF，按下按钮 SB1，接触器 KM1 接通，电动机定子绕组 1U、1V、1W 接成三角形连接，电动机低速运行。按下 SB2，KM1 断电，KM2、KM3 接通，定子绕组接成双星形连接，电动机由低速变为高速运行。图(b) 为星形/三角形/双星形三速电动机控制线路。按下 SB1，KM1 接通，定子绕组接成星形连接（8 极），电动机低速运行。按下 SB2，KM1 断电，KM2 接通，另一组定子绕组 2U、2V、2W 接通电源，接成三角形连接（4 极），电动机中速运行。按下 SB3，KM2 断电，KM3、KM4 接通，定子绕组接成双星形连接（2 极）电动机高速运行。

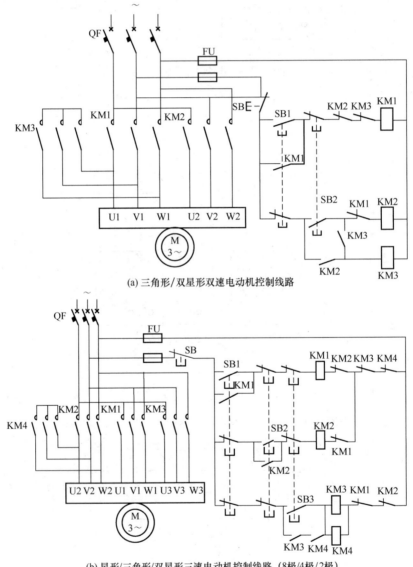

(a) 三角形/双星形双速电动机控制线路

(b) 星形/三角形/双星形三速电动机控制线路（8极/4极/2极）

图 14-34　双速、三速异步电动机的控制线路图

② 改变转子电阻调速　　转子串电阻调速实质上是改变电动机机械特性斜率，对绕线转子异步电动机进行调速的一种方式，即在转子外电路上接入可变电阻改变电动机转差率实现

调速。当忽略转子回路的电感时,电动机的额定转差率表达式为

$$S_N = \frac{\sqrt{3}\,I_{2N}}{U_{2N}} R_2 \tag{14-103}$$

式中 $S_N$——电动机的额定转差率;
$I_{2N}$——电动机转子额定电流,A;
$U_{2N}$——电动机转子额定电压,V;
$R_2$——电动机转子电阻,Ω。

由式(14-103)可知,转差率与电动机的转子电阻有关,当电动机的转子电阻增加时转差率也增加,电动机的转速下降;反之电动机的转速增加。

转子串电阻调速效率较低,但系统比较简单,故目前仍用于调速要求不高的机械,起重运输机械、交流卷扬机及一些频繁启、制动的机械。

控制转子回路电阻一般采用交流低压电控设备切除转子回路外接电阻,也可采用斩波器控制转子回路等效电阻。

当采用交流低压电控设备并利用接触器平衡切除转子电阻时,电动机的主回路接线及其启动调速特性如图 14-35 所示。各级电阻计算参考电动机启动的有关内容。

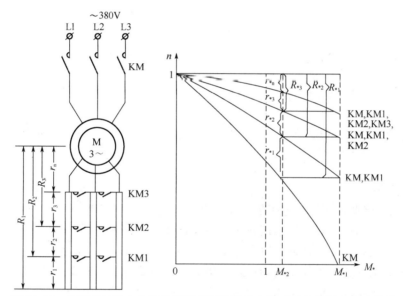

图 14-35 绕线型异步电动机采用平衡切除转子电阻时的主接线和启动特性

对于转子电流在 900A 及以下的绕线型异步电动机,一般采用如图 14-36 所示的星形连接;当转子电流达到 1800A 时,则宜接成双星形,如图 14-37 所示。

按图 14-36(a)接线,接触器可采用二极的,通过接触器触头上的电流等于线电流。此接线较方便,应用最广。按图 14-36(b)接线,接触器需采用三极的,通过接触器触头上的电流为线电流的 $1/\sqrt{3}$,因此,此接线适用于转子电流大或采用小一级接触器的场合。

按图 14-37 的双星形接法,转子电流分配在两个电阻上,除 KM4、KM5 接触器外,其余接触器均可选用较小容量的。此接线适用于大型绕线型异步电动机。

由图 14-35 可知,低速时的机械特性比较软,速度不稳定,因此这种系统也不能进行深调速,其调速范围一般为 1.3∶1。这种调速方式可用于传动起重机的桥架和行车移动以及其他一些非重力负载场合。当用于传动重力负载机械时,如起重机的提升机构、卷扬机等,

重物下降通常是把电动机接成下降而使电动机以超同步转速运转,即全速下降。当需要慢速下降时可以采用反接法,也就是把电动机接成提升,在转子中接入大电阻以较低的转速下降。在反接状态中下降荷重的时候,由于机械特性下倾得很厉害,下降速度就变得非常不稳定。但是具有超同步转速的再生制动的下降特性却是完全可以令人满意的。

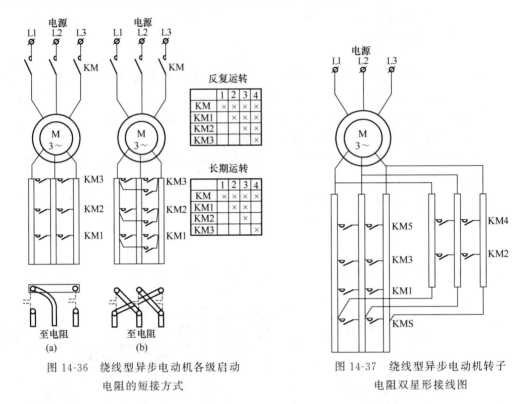

图 14-36 绕线型异步电动机各级启动电阻的短接方式

图 14-37 绕线型异步电动机转子电阻双星形接线图

(4) 无级调速

1) 定子侧交流调速系统 定子侧交流调速系统包括:定子调压和定子变频两种。在此着重讲述定子调压调速,对于变频调速将在后续章节单独讲解。

定子调压调速系统是一种通过改变定子电压幅值(频率不变),实现电动机转速调节的调速系统。这类系统适用于异步电动机,适用的调压装置是晶闸管调压器。

晶闸管交流调压装置接于交流电源和电动机之间,通过改变电动机输入电压来改变电动机的机械特性,实现调速。交流调压器的工作原理基于晶闸管移相控制,几种可能的三相交流调压电路及某一相负载上的输出电压波形如图 14-38 所示。图(a)~(e) 分别为带零线的三相调压电路、不带零线的三相调压电路、半控调压电路、晶闸管与负载接成内三角形的三相调压电路、零点三角形连接的三相调压电路。相比较而言,在图 14-38 中的图(b) 和图(e) 使用得较多。

① 调压调速特性 异步电动机的电磁转矩为

$$T = \frac{m_s}{\omega_0} \times \frac{U_s^2 \frac{r_r}{s}}{\left(r_s + \frac{r_r}{s}\right)^2 + (x_s + x_r)^2} \quad (14-104)$$

式中 $\omega_0, s$ ——同步机械角速度和转差率;

$m_s$——定子绕组的相数;
$U_s$——定子电压幅值;
$r_s, x_s$——定子电阻和漏抗;
$r_r, x_r$——折算到定子侧的转子电阻和漏抗。

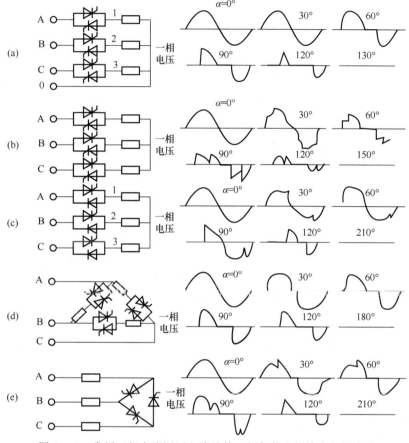

图 14-38　常用三相交流调压电路及某一相负载上的输出电压波形

对应不同的定子电压,可得到一组机械特性曲线,如图 14-39 所示。对于某一固定负载转矩 $T_L$,电动机将稳定工作于 $a$、$b$ 和 $c$ 等转速,从而实现调压调速。

普通笼型异步电动机机械特性工作段的 $s$ 很小,对恒转矩负载而言,调速范围很小,见图 14-39。但对于风机和泵类机械,由于负载转矩 $T_L=kn^2$,即与转速二次方成正比,采用调压调速可得到较宽的调速范围,如图 14-40 所示,在 $a$、$b$ 和 $c$ 三点都能稳定工作。

要扩大恒转矩负载的调速范围,常用高阻转子电动机或转子外接电阻(或频敏电阻)的绕线转子异步电动机。高阻转子异步电动机(如力矩电动机)的调压调速特性如图 14-41 所示。当其在低速工作时,特性很软,工作不易稳定,负载和电压稍有波动就会引起转速很大变化。为了提高调速硬度,减小转速波动,宜采用转速闭环控制系统,其原理如图 14-42(a) 所示,闭环控制特性如图 14-42(b) 所示。假设系统原来工作于 $a$ 点:当其开环工作时,若负载由 $T_{L1}$ 变到 $T_{L2}$,由于 $U_s$ 不变,工作点将由 $a$ 点沿同一机械特性曲线移到 $b$ 点,转速变化很大;当其闭环工作时,负载由 $T_{L1}$ 变到 $T_{L2}$,在转速调节器 ASR 的作用下,转速下降使 $U_s$ 增大,工作点将由 $a$ 点移至 $c$ 点,转速变化很小,调速范围可达 1∶10。

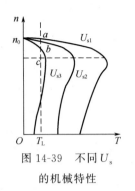

图 14-39 不同 $U_s$ 的机械特性

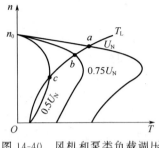

图 14-40 风机和泵类负载调压调速特性

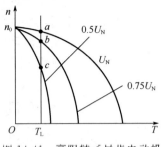

图 14-41 高阻转子异步电动机调压调速特性

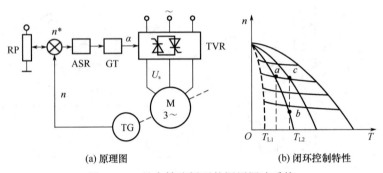

(a) 原理图　　　(b) 闭环控制特性

图 14-42 具有转速闭环的调压调速系统

TG—调速发电机；RP—给定电位器；ASR—速度调节器；GT—触发器；TVR—晶闸管调压器

② 功率损耗分析

a. 转差功率损耗系数　异步电动机调压调速系统是一种低效调速系统，随着其转速的降低，转差率加大，大量的转差功率消耗在电动机转子电阻或外加电阻（或频敏电阻）上，究竟消耗了多少转差功率是决定这类调速工作性能的重要因素。分析表明，转差功率消耗与调速范围及负载性质有密切关系。

在采用相对值计算及忽略定子电阻，定、转子漏抗的条件下：

转差功率　　　　　　　　　　$\Delta P \approx e_r i_r$　　　　　　　　　　(14-105)

转子电流　　　　　　　　　　$i_r \approx T_L = n^\alpha$　　　　　　　　　　(14-106)

式中　$e_r$——转子电动势相对值；

　　　$i_r$——转子电流相对值；

　　　$T_L$——负载转矩相对值；

　　　$n$——转速相对值；

　　　$\alpha$——负载性质指数；$\alpha=0$，表示恒转矩负载；$\alpha=1$，表示负载转矩与转速成比率；$\alpha=2$，表示负载转矩与转速二次方成比率（如风机、泵类负载）。

转子电动势相对值 $e_r$ 的基值是转差率 $s=1$（转子不转）时的转子电动势 $E_{r0}$，所以 $e_r=s$；转速相对值 $n$ 的基值是理想空载转速，所以 $n=1-s$。把上述关系式代入式(14-105)和式(14-106)，则转差功率为

$$\Delta P = s(1-s)^\alpha \quad (14-107)$$

转差功率相对值 $\Delta P$ 的基值是 $P_{r.\max}=E_{r0}I_{rN}\approx P_N$（电动机额定功率），所以它又称为转差功率损耗系数，式中 $I_{rN}$ 为转子额定电流。

不同负载特性（即不同 $\alpha$ 值）时的转差功率损耗系数曲线如图 14-43 所示。由图 14-43 可见，在 $\alpha=2$ 时，电动机的转差功率损耗系数最小，所以调压调速用于风机、泵类平方转矩负载较为合适。至于恒转矩负载，则不宜长期工作在低速下，以免电动机过热。

b. 高次谐波对电动机的影响　晶闸管调压控制装置采用相位控制，输出电压、电流都是非正弦波，含有大量高次谐波，影响电动机出力。其主要原因是：高次谐波使电动机损耗加大；高次谐波使电动机总感抗加大，降低了 $\cos\varphi$，从而影响了输出转矩；高次谐波电流会产生 6 倍于基波频率的脉动转矩，严重影响电动机正常工作。

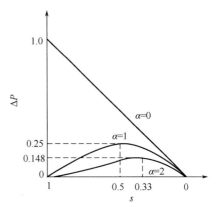

图 14-43　不同负载特性时的转差功率损耗系数曲线

在使用晶闸管调压调速装置时，考虑到谐波的影响，选用电动机时应适当增加容量，增加的百分比见表 14-24。

表 14-24　使用晶闸管调压装置，选用电动机时应适当增加的容量

| 调压器电路 | 电动机容量增加值 | 调压器电路 | 电动机容量增加值 |
| --- | --- | --- | --- |
| 三相 Y 连接[图 14-38(b)] | 增加 8% | 三相不对称 Y 连接[图 14-38(c)] | 增加 38.2% |
| 三相 YN 连接[图 14-38(a)] | 增加 14% | 零点三角形连接[图 14-38(e)] | 增加 43.4% |

③ 调压调速的优缺点及其适用范围　调压调速系统的主要优点是线路简单，价格便宜，使用维修比较方便；其主要缺点是转差功率损耗大，效率低，谐波严重。调压调速主要用于软启动。在一些要求调速精度不高（一般为 3%）、连续工作时间不长、调速范围不宽（一般在 10∶1 以内）的设备都可以使用，如低速电梯、起重机械、风机泵类机械等。随着变频调速技术的高速发展，调压调速真正用于调速，而不适用于软启动的场合将越来越少。

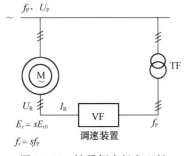

图 14-44　转子侧串级和双馈调速系统示意图

2) 转子侧交流调速系统　转子侧串级调速和双馈调速系统都是转子侧高效调速系统，只适用于绕线转子异步电动机，电动机定子绕组接电网，定子绕组经调速装置 VF 接电网，如图 14-44 所示。通过在转子回路中引入可控的附加电动势 $E_r$ 来改变转差率 $s$，从而实现调速。调速装置一端接转子绕组，其频率和电压随转差率 $s$ 变化而变化；另一端接电网，其频率和电压固定。所以，该调速装置实质上是一台变频器（从可变频率和电压变为固定频率和电压），这类调速系统亦看作为转子侧变频调速。图中 $E_{r0}$ 为转子不转（$s=1$）时的转子电动势。

这类调速系统有四种工作状态：次同步（低速同步，$s>0$）电动（转矩 $T_d>0$）状态；次同步再生（转矩 $T_d<0$）状态；超同步（高于同步速，$s<0$）电动状态；超同步再生状态。四种工作状态的功率流程如图 14-45 所示。

在电动状态，定子功率 $P_s$ 从电网流向定子，电机输出的机械功率为 $P_m=(1-s)P_s$，若 $s>0$（次同步），则 $P_m<P_s$，其差为转子功率 $P_r$，$P_r=sP_s$，经 VF 返回电网；若 $s<0$（超同步），则 $P_m>P_s$，其差为转子功率 $P_r$，$P_r=sP_s$，从电网经 VF 输入转子。

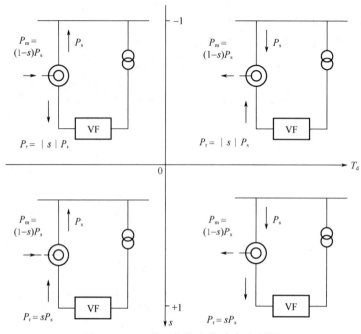

图 14-45　四种工作状态的功率流程图

在再生状态，定子功率 $P_s$ 从定子流向电网，电机输入的机械功率为 $P_m=(1-s)P_s$，若 $s>0$（次同步），则 $P_m<P_s$，其差为转子功率 $P_r$，$P_r=sP_s$，从电网经 VF 输入转子；若 $s<0$（超同步），则 $P_m>P_s$，其差为转子功率 $P_r$，$P_r=sP_s$，从经 VF 送到电网。

如果只工作在次同步电动或超同步再生状态，$P_r$ 都从转子流向电网，若 VF 采用交-直-交变频，则与转子绕组相连的整流器可使用不可控整流器（单象限变频）；如果要工作在另外两个状态，VF 必须是四象限变频器。

只工作于次同步电动状态的调速系统通常称为串级调速系统，使用单象限 VF；能工作于其他状态的系统称为双馈调速系统，使用四象限 VF。

转子侧调速系统的特点如下。

a.虽然是改变转差率 $s$ 调速，但转差功率被送回至电网或由电网供给，而没有消耗在电阻上，所以转子侧调速系统属高效调速。

b.转子侧调速多用于中压绕线转子电动机，其转子电压是低压，VF 为低压变频器，避免了定子侧中压变频带来的许多麻烦。

c.转子侧调速多用于调速范围小的场合，通常转差率 $s<0.4$，转子功率 $P_r=sP_s$ 小，VF 容量比电动机额定容量小很多。

① 串级调速系统　传统串级调速系统（晶闸管逆变串级调速）原理示意如图 14-46 所示。其调速装置 VF 是晶闸管电流型交-直-交变频器，由不可控整流器 UR、直流储能电抗器 $L$ 和晶闸管逆变器 U1 等组成。工作时通过改变 U1 的触发延迟角 $\alpha(\alpha>90°)$ 来改变直流电压 $U_{UR}$，从而改变转子电压 $U_R$，达到调速的目的。

传统串级调速系统具有转子侧高效调速的三大优点，但也存在影响其应用的缺点，主要表现在以下几个方面。

a.功率因数低。传统串级调速系统产生的无功功率由四部分组成：由电动机励磁电流产生的无功功率 $Q_{ex}$，它与电动机运行状态基本无关；电动机漏感使 UR 整流时出现较大的换

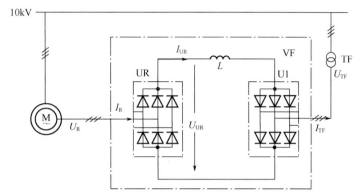

图 14-46 传统串级调速系统

相重叠角 $u$，导致转子电流滞后电动势，产生无功功率 $Q_u$，它与负载转矩近似成比例，与转速关系不大；晶闸管逆变器 U1 移相控制产生的无功功率 $Q_{T1}$，转速越高，转子电压 $U_R$ 越小，触发延迟角 $\alpha$ 越接近 $90°$，$Q_{T1}$ 越大，在同样情况下，负载转矩越大，$Q_{T1}$ 越大；由谐波产生的无功功率，这部分比较小，对功率因数影响不大。

b. 谐波严重，主要由逆变器 U1 产生。

c. 储能直流电抗器 $L$ 体积大，重量重，损耗比储能电容大。

d. 当电网故障，电压突然降低过多时，晶闸管逆变器 U1 将颠覆，烧毁快速熔断器。

e. 由于在转子回路中加入了许多元器件，使转子回路中的电阻增加，另外 UR 整流重叠角也在转子回路中引入等效电阻，导致电动机在串级调速时的机械特性变软（如图 14-47 所示），满载时的最高转速低于电动机的额定转速。

为了提高传统串级调速系统的功率因数，人们又开发出了斩波+晶闸管逆变串级调速系统和斩波+PWM 逆变串级调速系统。

② 双馈调速系统 双馈调速系统的调速装置 VF 可以是各种能四象限工作的变频装置，常用的有两种：交-交变频器和电压型双 PWM 交-直-交变频器（PWM 整流+PWM 逆变）。基于交-交变频器的双馈调速系统用于大功率场合，例如：轧机主传动、飞轮储能、大型水能发电机的变速发电等。使用交-交变频器会给电网带来较大无功功率和谐波，但由于双馈调速的调速范围较小，变频器容量远小于电动机功率，其产生的无功功率和谐波的影响不大。基于电压型双 PWM 交-直-交变频器的双馈调速系统用于中大功率场合，例如风力发电等。使用电压型双 PWM 交-直-交变频器的双馈调速系统不会给电网带来无功功率和谐波。

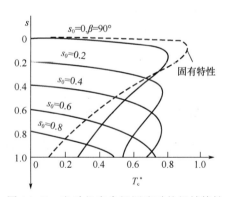

图 14-47 电动机在串级调速时的机械特性

双馈调速系统除了具有转子侧高效调速的三大优点外，还有下述特点。

a. 可以工作于次同步和超同步转速，在总调速范围不变的条件下，最大转差率可以比串级调速减小一半，相应的调速装置容量也可减小一半。

b. 可以工作于电动状态和再生发电状态，所以双馈调速系统既可用于电动机调速，也可用于发电机变速发电。

c. 转子回路中无不可控整流器，无换相重叠角，转子电流波形为正弦波。

d. 可通过改变转子电压幅值和相角,控制定子电流相位和电动机功率因数。

双馈调速系统的缺点是:四象限变频器价格高,控制复杂,难以用于普通调速场合(目前主要用于风力发电和大功率变速发电)。

3) 转子轴上交流调速系统

① 电磁转差离合器调速 电磁转差离合器调速通常是在笼型异步电机和负载之间串接电磁耦合器,调节电磁耦合器的励磁,改变转差率进行调速的一种方式。电磁转差离合器调速又称滑差调速(简称电磁调速)是由普通笼型异步电动机、电磁转差离合器与控制器组成。离合器包括电枢(主动部分)、磁极(从动部分)和励磁线圈等基本部件,笼型异步电动机作为原动机工作,它带动电磁离合器的主动部分(电枢),离合器的从动部分(磁极)与负载连在一起,它与主动部分只有磁路的联系,没有机械联系,当励磁线圈通以直流电时,沿气隙圆周各爪极将形成若干对极性交替的磁极,当电枢随传动电动机旋转时将感应产生涡流,此涡流与磁通相互作用而产生转矩,驱动带磁极的转子同向旋转,如图 14-48 所示。通过控制离合器的励磁电流即可使离合器产生不同的涡流转矩,从而实现调节离合器输出转矩和转速。如负载恒定,励磁电流增大,磁场与电枢只有较小的转差率,可产生足够大的转矩带动负载,使其转速升高,反之,转速可降低。如励磁电流恒定,负载增加则其转速降低,反之,转速升高。所以,改变励磁电流的大小,即可实现对负载的调速。

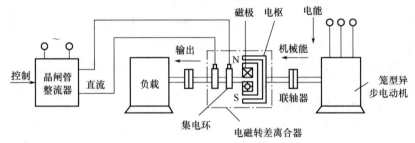

图 14-48 电磁转差离合器调速系统

电磁转差离合器调速系统在不同励磁电流时的开环机械特性如图 14-49(a) 所示,是一簇下垂软特性曲线,当空载转速 $n_0$ 时,随着转矩增加,转速下降多,励磁电流越小,特性越软,在负载转矩小于 10% 额定转矩时有一个失控区。采用转速(负反馈的)闭环控制系统可以获得如图 14-49(b) 所示较硬的机械特性。转速负反馈的作用是使负载引起的转速降低由增加励磁电流来补偿,从而使转速在负载变化时保持稳定。闭环控制的转速变化率一般

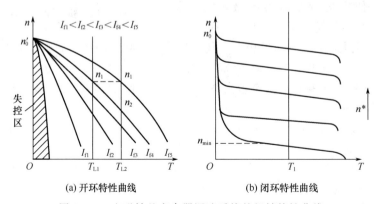

图 14-49 电磁转差离合器调速系统的机械特性曲线

在2%左右，其调速范围可达10∶1。

电磁转差离合器调速系统的特点如下。

a. 由于电磁转差离合器调速装置的电动机是笼型异步电动机，转差离合器的磁极线圈也是集中绕组，控制系统也比较简单，因而电磁转差离合器调速系统具有较高的可靠性，且价格便宜，维护比较方便。

b. 调速平滑，可以进行无级调速，调速范围较大，也有一定的调速精度。

c. 运行很平稳，不存在脉动转矩引起负载机械振动或共振问题。而且当负载或原动机受到突然的冲击时，离合器可以起缓冲的作用。

d. 对电网无谐波影响。

e. 控制装置容量小，一般为电动机容量的1%~2%，因此安装面积占地小。

f. 低速时效率很低，电磁离合器传递效率的最大值约为80%~90%。在任何转速下离合器的传递效率 $\eta$ 用下式表示

$$\eta = n_2/n_1 = 1-s \tag{14-108}$$

式中　$n_2$——离合器的输出转速，r/min；
　　　$n_1$——传动电动机转速，r/min；
　　　$s$——转差率，$s=(n_1-n_2)/n_1$。

因此随着输出转速的降低，传递效率亦相应降低，这是因为电枢中的涡流损失与转差成正比的缘故，所以这种调速系统不适于长期处于低速的生产机械。

a. 负载端速度损失大，额定转速仅为电动机同步转速的80%~85%；用低电阻端环的转差离合器时其额定转速可达95%。

b. 负载小时，有10%额定转矩的失控区。

c. 电磁转差离合器调速电机适用于通风机、水泵类负载和恒转矩负载的机械，而不适用于恒功率负载。

② 液力偶合器调速　液力偶合器调速通常是在异步电动机和负载之间串接液力偶合器，通过液力偶合器的前倾管，对偶合器内的油量进行调整，改变传动转矩从而实现调速的一种方法。

液力偶合器调速是一种低效的调速方法，其转差能量变成油的能量而消耗掉，漏油和机械磨损也是影响这种调速方法也得到广泛应用的重要原因，随着变频技术的快速发展，液力耦合器调速的应用场合必将越来越少。

(5) 变频调速

变频调速是一种高效率、高性能的调速方式，采用异步电动机（或同步机），使其在整个工作范围内保持在正常的小转差率下运转，实现无级平滑调速。随着电力电子技术及微电子技术的发展，静止变频调速在国内外已得到了广泛应用。

变频调速在工业企业主要应用于大型风机、水泵、各种单独传动的辊道、大型轧钢机及其他需要调速的场合，实现替代直流调速系统、节能等目标。

1) 变频调速的原理及其机械特性　由式(14-101) $n=60f(1-s)/p$ 可知，当转差率 $s$ 不变时，交流电动机的转速与电源频率成正比。如果忽略定子压降的影响，异步电动机的定子电压满足下列关系式

$$U_1 \approx E_1 = K_e f_1 \Phi_m \tag{14-109}$$

电动机电磁转矩 $T(\text{N·m})$、最大转矩 $T_m(\text{N·m})$ 及电磁功率 $P(\text{kW})$ 分别为

$$T = K_m \Phi_m I_2 \cos\varphi_2 \tag{14-110}$$

$$T_m = \frac{pm_1 U_1^2}{4\pi f_1(r_1 + \sqrt{r_1^2 + X_k^2})} \tag{14-111}$$

$$P = Tn/9550 \tag{14-112}$$

式中　$E_1$——定子感生电势，V；

　　　$K_e$——电势常数；

　　　$f_1$——定子电源频率，Hz；

　　　$\Phi_m$——主磁通的最大值；

　　　$K_m$——电动机的转矩常数；

　　　$I_2$——转子电流；

　　　$\cos\varphi_2$——转子功率因数；

　　　$p$——定子的极对数；

　　　$m_1$——定子的相数；

　　　$r_1$——定子绕组的电阻，Ω；

　　　$X_k$——电动机短路电抗，Ω；

　　　$n$——电动机转速，r/min。

异步电动机的变频调速，当频率较高时，由于 $X_k \gg r_1$，故式（14-111）中 $r_1$ 的影响可忽略，电动机电源电压 $U_1$，定子电源频率 $f_1$ 与最大转矩 $T_m$ 的变化满足下式

$$\frac{U_1}{f_1 \sqrt{T_m}} = 常数 \tag{14-113}$$

当频率较低时，$r_1 \gg X_k$ 忽略 $X_k$ 的影响，则由式（14-111）可得

$$\frac{U_1^2}{f_1 T_m} = 常数 \tag{14-114}$$

异步电动机从基速向下调速时，为了不使其磁通增加，通常采用 $U/f =$ 常数的控制方式。由式（14-109）可知，在调速过程中电机磁通可基本保持不变，考虑到定子电阻压降的影响，低频时电机磁通实际上将略有减小，由式（14-113）、式（14-114）可知最大转矩 $T_m$ 也将随频率的降低而减小。异步电动机采用压频比为常数控制时的机械特性如图 14-50 所示。

为了能在低速时输出最大转矩不变，应采用 $E_1/f_1 =$ 常数的协调控制。由式（14-109）可知，这时电机磁通保持恒定，因此异步电动机的效率、功率因数、最大转矩倍数均保持不变。但由于感应电势 $E_1$ 难以测量和控制，故在实际应用中，一般可在控制回路中加入一个函数发生器控制环节，以补偿低频时定子电阻所引起的电压降，使电动机在低频时仍能近似保持恒磁通。图 14-51 为函数发生器的各种补偿特性。图 14-52 为电压补偿后的恒转矩变频调速特性曲线。图 14-53 为异步电动机在不同频率时的调速特性曲线。

电动机在额定转速以上运转时，定子频率将大于额定频率，但由于电动机绕组本身不允许耐受过高的电压，电动机电压必须限制在允许值范围内，这样就不能再升高电压采用 $U_1/f_1$ 或 $E_1/f_1$ 协调控制方式。在这种情况下可以采取恒功率变频调速。由式（14-109）～式（14-111）可得

$$\frac{U_1}{\sqrt{f_1 P}} = 常数 \tag{14-115}$$

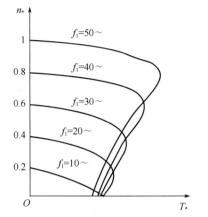

图 14-50 $U_1/f_1$ 为常数时变频调速机械特性

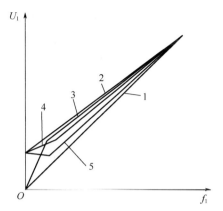

图 14-51 恒磁通变频调速时的补偿特性
1—无补偿时 $U_1$ 与 $f_1$ 的关系；
2~5—有补偿时各种 $U_1$ 与 $f_1$ 的关系

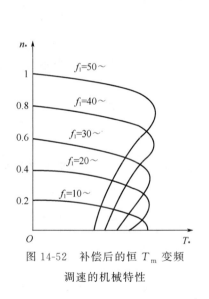

图 14-52 补偿后的恒 $T_m$ 变频
调速的机械特性

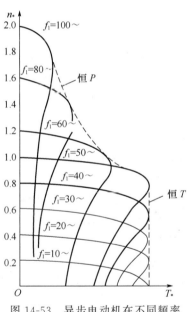

图 14-53 异步电动机在不同频率
时的调速特性曲线

如果要求恒功率调速运行，必须使 $U_1/\sqrt{f_1}$ 常数，即在频率升高时，要求电压升高相对少些。实际上在额定转速以上调速时，由于电动机定子电压受额定电压的限制，因此升高频率时，磁通减少，转矩也减少，可以得到近似恒功率调速。

2) 变频调速的分类　变频调速的变频电源可用旋转变频机组或静止变频装置。由于旋转机组变频设备体积庞大，效率较低，性能较差，故已被静止变频装置取代。静止变频调速系统通常可按其结构形式、电源性质、控制方式等几种方式进行分类。

① 按其结构形式分类　变频器按其结构形式可划分为交-直-交变频器和交-交变频器两类。

a. 交-直-交变频器　先将电网的工频交流电整流成直流电，再将此直流电逆变成频率可调的交流。因此又称之为间接变频器，如图14-54所示。调频功能由逆变器实现，调压功能视其实现环节不同，又对应有不同的结构形式。

b. 交-交变频器　是将电网的工频交流电直接变成电压和频率都可调的交流电，无需中间直流环节，故又称其为直接变频器，如图14-55所示。

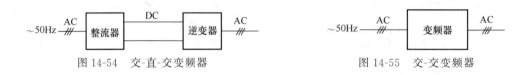

图14-54　交-直-交变频器　　　　　　图14-55　交-交变频器

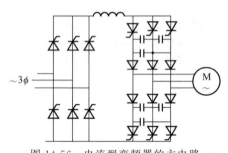

图14-56　电流型变频器的主电路

② 按其电源性质分类　当逆变器输出侧负载为交流电动机时，在负载和直流电源之间将有无功功率的交换。用于缓冲无功功率的中间直流环节的储能元件可以是电感或是电容，据此，变频器分成电流型变频器和电压型变频器两大类。

a. 电流型变频器　电流型变频器主电路的典型构成方式如图14-56所示。其特点是中间直流环节采用大电感作为储能环节，无功功率将由该电感来缓冲。由于电感的作用，直流电$I_d$趋于平稳，电动机的电流波形为方波或阶梯波，电压波形接近于正弦波。直流电源的内阻较大，近似于电流源，故称为电流源型变频器或电流型变频器。这种电流型变频器，其逆变器中的晶闸管，每周期内工作120°，属120°导电型。

电流型变频器的一个较突出的优点是，当电动机处于再生发电状态时，回馈到直流侧的再生电能可以方便地回馈到交流电网，不需在主电路内附加任何设备，只要利用网侧的不可逆变流器改变其输出电压极性（控制角$\alpha>90°$）即可。

这种电流型变频器可用于频繁急加减速的大容量电动机传动。在大容量风机、泵类节能调速中也有应用。

b. 电压型变频器　电压型变频器典型的一种主电路结构形式如图14-57所示，其中用于逆变器晶闸管的换相电路未画出。图14-57中逆变器的每个导电臂均由一个可控开关器件和一个不控器件（二极管）反并联组成。晶闸管VT1~VT6称为主开关器件，VD1~VD6称为回馈二极管。

这种变频器大多数情况下采用6脉波运行方式，晶闸管在一周期内导通180°，属180°导电型。该电路的优点是，中间直流环节的储能元件采用大电容，负载的无功功率将由它来缓冲。由于大电容的作用，主电路直流电压$E_d$比较平稳，电动机端的电压为方波或阶梯波。直流电源内阻比较小，相当于电压源，故称为电压源型变频器或电压型变频器。对负载电动机而言，变频器是一个交流电压源，在不超过容量限度的情况下，可以驱动多台电动机并联运行，具有不选择负载的通用性。缺点是电动机处于再生发电状态时，回馈到直流侧的无功能量难以回馈给交流电网。要实现这部分能量向电网的回馈，必须采用可逆变流器。如图14-58所示，网侧变流器采用两套全控整流器反并联。电动时由桥Ⅰ供电，回馈时电桥作有源逆变运行（$\alpha>90°$），将再生能量回馈给电网。

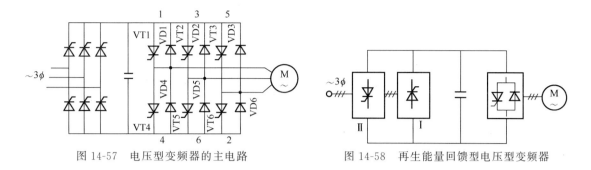

图 14-57 电压型变频器的主电路　　　　图 14-58 再生能量回馈型电压型变频器

③ 按控制方式分类

a. $U/f$ 控制　按照图 14-59 所示的电压、频率关系对变频器频率和电压进行控制，称为 $U/f$ 控制方式。基频以下可实现恒转矩调速，基频以上则可实现恒功率调速。

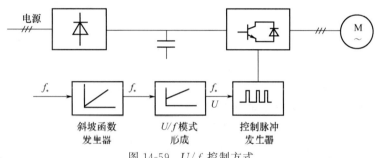

图 14-59　$U/f$ 控制方式

$U/f$ 方式又称为 VVVF（Variable Voltage Variable Frequency）控制方式，其简化的原理性框图如图 14-59 所示。主电机主逆变器采用 BJT，用 PWM 方式进行控制。逆变器的脉冲发生器同时受控于频率指令 $f_*$ 和电压指令 $U$，而 $f_*$ 与 $U$ 之间的关系是由 $U/f$ 曲线发生器（$U/f$ 模式形成）决定的。这样以 PWM 控制之后，变频器的输出频率 $f$、输出电压 $U$ 之间的关系，就是 $U/f$ 曲线发生器所确定的关系。由图可见，转速的改变是靠改变频率的设定值 $f_*$ 来实现的，电动机的实际转速要根据负载的大小，即转差率的大小来决定。负载变化时，在 $f_*$ 不变的条件下，转子转速将随负载转矩变化而变化，故它常用于速度精度要求不十分严格或负载变动较小的场合。

$U/f$ 控制是转速开环控制，无需速度传感器，控制电路简单，负载可能是通过标准异步电动机，通用性强，经济性好，是目前通用变频器产品中使用较多的一种控制方式。

b. 转差频率控制　$U/f$ 控制方式在没有任何附加措施的情况下，如果负载变化，转速也会随之变化，转速的变化量与转差成正比。$U/f$ 控制的静态调速精度显然较差，为提高调速精度，采用转差频率控制方式。

根据速度传感器的检测，可求出转差频率 $\Delta f$，再把它与频率设定值 $f_*$ 相叠加，以该叠加值作为逆变器的频率设定值 $f_{1*}$，就实现了转差补偿，这种实现转差补偿的闭环方式称为转差频率控制。与 $U/f$ 控制方式相比，其调速精度大为提高，但是，使用速度传感器求取转差频率，要针对具体电动机的机械特性调整控制参数，因而其通用性较差。

转差频率控制方式的原理框图如图 14-60(a) 所示。对应于转速的频率设定值为 $f_*$，经转差补偿后定子频率的实际设定值为：$f_{1*}=f_*+\Delta f$。由图 14-60(b) 可见，由于转差补偿的作用，其调速精度提高了。

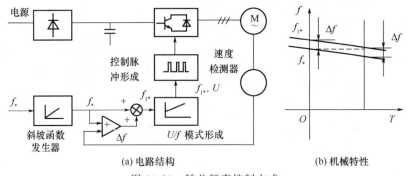

图 14-60 转差频率控制方式

c. 矢量控制　上述的 $U/f$ 控制方式和转差频率控制方式的控制思想都建立在异步电动机的静态数学模型上。因此，动态性能指标不高。对于轧钢、造纸设备等对动态性能要求较高的应用，可以采用矢量控制变频器。

采用矢量控制方式的目的，主要是为了提高变频调速的动态性能。根据交流电动机的动态数学模型、利用坐标变换手段，将交流电动机的定子电流分解成磁场分量电流和转矩分量电流，并分别加以控制，即模仿自然解耦的直流电动机控制方式，对电动机磁场和转矩分别进行控制，以获得类似于直流调速系统的动态性能。

在矢量控制方式中，磁场电流和转矩电流可以根据可测定的电动机定子电压、电流的实际值经计算求得。磁场电流和转矩电流再与相应的设定值相比较并根据需要进行校正。高性能速度调节器的输出信号可作为转矩电流（或称有功电流）的设定值，如图 14-61 所示。动态频率前馈控制 $df/dt$ 可以保证快速动态响应。

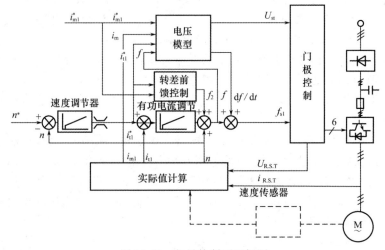

图 14-61 矢量控制原理框图

3) 交-直-交电压型变频调速

① 典型系统框图　交-直-交变频系统是先将电网的交流电压通过整流器变换成电压可调的直流电压，再由逆变器将直流电压变换为频率可调的交流电压，供给交流电动机进行变压及变频调速。由于具有将交流整流为直流的中间环节，输出频率不受电网频率的限制。根据中间环节滤波方法的不同，可分为电压型和电流型两种。电压型的直流环节采用并联电容器

滤波，直流电压波形比较平直，等效阻抗较低，较适用于对多台电动机成组供电。其输出电压波形为矩形波，而电流是由矩形波与电动机正弦感应电压之差形成的，故电流波形比较复杂。图 14-62 示出了典型交-直-交电压型变频调速系统框图。

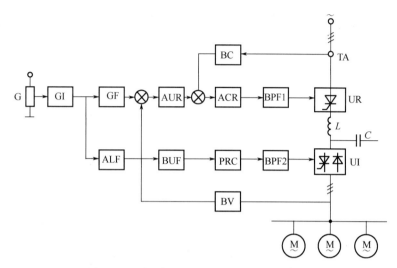

图 14-62 交-直-交电压型变频调速系统框图

G—给定电位器；GI—给定积分器；ALF—频率给定滤波器；GF—函数发生器；AUR—电压调节器；ACR—电流调节器；BUF—电压频率变换器；PRC—环形计数器；BPF1、BPF2—触发器；BC—电流变换器；BV—电压变换器；UR—整流器；UI—逆变器；TA—电流互感器

如图 14-62 所示是一种比较简单的电流内环、电压外环、频率开环的控制系统，整流器为三相全控桥，而逆变器采用带辅助晶闸管换流的变频器，为 180°导电型。控制电路分两部分，整流桥的移相控制部分和逆变桥的频率控制部分。图中 GI 为给定积分器，将阶跃输入电压变为斜率可调的斜坡电压，作为变频器输出电压和输出频率的统一指令。GF 为函数发生器，用以产生如图 14-59 所示的 $U/f \approx$ 常数的协调曲线，在其频率达到额定频率（50Hz）时，输出限幅，保证电动机由变频器的额定电压供电。AUR、ACR 分别为电压、电流调节器，BV、BC 分别为电压、电流检测变换器，它们构成如直流传动一样的电压、电流双闭环。BPF1 为变频器整流侧的触发器。ALF 为频率给定的滤波环节，用以使频率给定回路的动态过程大体与电压闭环系统等效动态过程一致，使其在调频调压过程中电压与频率协调变化。BUF 为电压频率变换器，根据输入电压大小，转换成相应大小的频率，是一种模-数变换器，要求有一定的频率范围，并且输入电压与输出频率按线性变化。PRC 为环形计数器，用以对输入频率进行分频，然后分为六路，各路在时间上相差 60°，送入逆变器触发器 BPF2，分别控制各桥臂的开关元件。

需要指出的是，电压型变频器中的电流检测变换器 BC 输入信号也可以取自整流器 UR 输出端；电压检测变换器 BV 输入信号也可以取自中间直流回路中电抗器的下端头。

②逆变器的工作原理　电压型逆变器直流中间环节采用大容量电容器滤波（通常使用电解电容），因此输出电压保持平直，不受负载影响，等值阻抗很小，可以看作电压源，故称之为电压型逆变器，其基本电路及输出波形如图 14-63 所示。

根据电压型逆变器中主逆变开关元件导通时间的不同，三相桥式电压型逆变器可分为 180°通电和 120°通电两种工作方式。180°通电型的特点是：每只主逆变开关元件的导通时间为 180°，在任意瞬间有三只主逆变元件同时导通（每相桥臂有一只元件导通），它们的换流

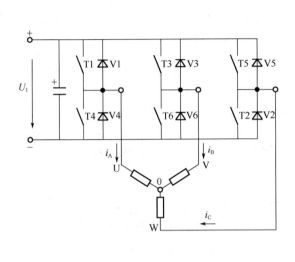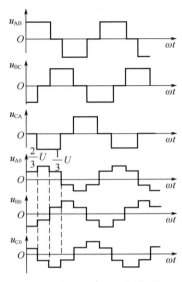

(a) 电压型逆变器基本电路　　　　(b) 电压波形（180°通电型）

图 14-63　电压型逆变器（$U=U_{AB}=U_{BC}=U_{CA}$）

是在同一相桥臂内运行。180°通电型的优点是元件利用率高，输出电压稳定，且与负载无关。120°通电型的特点是：每只主逆变元件的导通时间为120°，在任意瞬间只有两只主逆变元件同时导通，它们的换流是在相邻桥臂中进行。从换流安全的角度看，120°比180°通电型有利，这是因为同一相桥臂上的两只主逆变元件导通之间有60°的间隔。但由于在任意瞬间均有一相的两只主逆变元件都处于关断状态，这点电位受负载影响很难确定，因此对于电动机类负载，输出电压基波的大小及相位均与负载有关，所以很难确定其输出电压波形。正是由于这个原因，目前几乎所有的电压型逆变器都采用180°通电工作方式。180°导通电压型逆变器导通顺序及输出电压值见表14-25。

根据图14-63(b)的电压波形，可导出180°通电工作方式下的三相桥式电压型逆变器直流输入与交流输出量间的关系

$$U_{AB}=\sqrt{\frac{1}{2\pi}\int_0^{2\pi}U_{AB}^2\mathrm{d}t}=\frac{\sqrt{6}}{3}U_d=0.816U_d \tag{14-116}$$

$$U_{A0}=\sqrt{\frac{1}{2\pi}\int_0^{2\pi}U_{A0}^2\mathrm{d}t}=\frac{\sqrt{2}}{3}U_d=0.471U_d \tag{14-117}$$

式中　$U_{AB}$——逆变器输出线电压有效值，V；
　　　$U_d$——直流电压，V；
　　　$U_{A0}$——逆变器输出相电压有效值，V。

表 14-25　180°导通电压型逆变器导通顺序及输出电压值

| $\omega_1 t$ | 0°～60° | 60°～120° | 120°～180° | 180°～240° | 240°～300° | 300°～360° |
|---|---|---|---|---|---|---|
| 导通的晶闸管 | T1 T2 T3 | T2 T3 T4 | T3 T4 T5 | T4 T5 T6 | T5 T6 T1 | T6 T1 T2 |
| 负载等值电路 | $Z_A$ $Z_B$ 0 $Z_C$ | $Z_B$ 0 $Z_A$ $Z_C$ | $Z_B$ $Z_C$ 0 $Z_A$ | $Z_C$ 0 $Z_A$ $Z_B$ | $Z_C$ $Z_A$ 0 $Z_B$ | $Z_A$ 0 $Z_B$ $Z_C$ |

| | $\omega_1 t$ | 0°~60° | 60°~120° | 120°~180° | 180°~240° | 240°~300° | 300°~360° |
|---|---|---|---|---|---|---|---|
| 输出相电压值 | $U_{A0}$ | $+U_d/3$ | $-U_d/3$ | $-3U_d/2$ | $-U_d/3$ | $+U_d/3$ | $+3U_d/2$ |
| | $U_{B0}$ | $+U_d/3$ | $+2U_d/3$ | $+U_d/3$ | $-U_d/3$ | $-2U_d/3$ | $-U_d/3$ |
| | $U_{C0}$ | $-2U_d/3$ | $-U_d/3$ | $+U_d/3$ | $+2U_d/3$ | $+U_d/3$ | $-U_d/3$ |
| 输出线电压值 | $U_{AB}$ | 0 | $-U_d$ | $-U_d$ | 0 | $+U_d$ | $+U_d$ |
| | $U_{BC}$ | $+U_d$ | $+U_d$ | 0 | $-U_d$ | $-U_d$ | 0 |
| | $U_{CA}$ | $-U_d$ | 0 | $+U_d$ | $+U_d$ | 0 | $-U_d$ |

对逆变器输出电压进行谐波分析,将其分解成傅里叶级数得

$$U_{AB} = \frac{2\sqrt{3}}{\pi} U_d \left( \sin\omega t - \frac{1}{5}\sin5\omega t - \frac{1}{7}\sin7\omega t + \frac{1}{11}\sin11\omega t + \cdots \right) \tag{14-118}$$

其基波电压有效值 $U_{AB1}$ 与直流电压的关系为

$$U_{AB1} = \frac{\sqrt{6}}{\pi} U_d = 0.780 U_d \tag{14-119}$$

按照能量守恒关系,可得出输出线电流的有效值 $I_L$ 与输入直流电流 $I_d$ 的关系为

$$I_d = \frac{3\sqrt{2}}{\pi} I_L \cos\varphi = 1.35 I_L \cos\varphi \tag{14-120}$$

式中,$\cos\varphi$ 为负载功率因数。

4) 交-直-交电流型变频调速　电流型逆变器中的开关元件目前大多采用普通晶闸管,也可采用自关断开关元件而省掉强迫换流线路。采用强迫换流的电流型逆变器,其开关元件的换流情况与负载电动机密切相关,故变压器不能脱离电动机而空载运转。电流型逆变器目前已开始被广泛应用于单机传动,也能用于不频繁切换的多机传动。多机传动采用电压闭环控制,单机传动则即可采用电压闭环控制,也可采用转速闭环控制。

① 电流型变频调速控制系统　如图 14-64 所示为电流型变频调速控制系统工作原理框图,其主回路整流部分由三相全控桥组成,直流环节采用平波电抗器滤波,逆变部分为串联二极管式逆变电路。为保证在电动机启动或低速运行时,逆变晶闸管能可靠换相,装置设置了辅助电源外充电电路,启动时由此电源向电容器提供所需的能量,随着频率的升高,换相能量转为由主电路提供,此时辅助直流电源自动被切除。为了限制换相尖峰电压,装置采用了换相过电压吸收电路。

电流型变频调速控制系统工作原理如下:

a. 给定积分器 GI 根据电动机的工作状况自动限制加减速的时间和输出频率,防止电动机失控。

b. 电压调节器 AUR 内部包括函数发生器 GF 和绝对值变换器 BAV 函数发生器的作用是在低频时适当提高电机端电压,补偿定子电阻压降,力求做到 $E/f=$ 常数,在 AUR 的输入端还引入电流正反馈信号,对受负载影响的电机定子压降运行自动补偿。

c. 电流调节器 ACR 将电流反馈信号与输出电流的给定信号进行比较,实现对电机电流的自动控制。

d. 锯齿波发生器 GW 将正弦波同频信号转换成锯齿波信号提供给触发器。

e. 触发器 BPF 根据电流调节器输出的控制信号 $U_C$,产生整流器的触发脉冲。

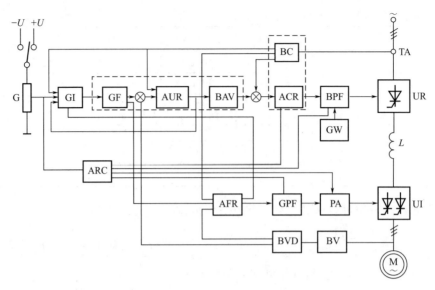

图 14-64　电流型变频调速控制系统工作原理框图

G—给定电位器；GI—给定积分器；GF—函数发生器；AUR—电压调节器；BAV—绝对值变换器；ACR—电流调节器；BPF—触发器；GW—锯齿波发生器；ARC—运转控制器；AFR—频率调节器；GPF—脉冲形成器；BVD—电压隔离器；BC—电流变换器；BV—电压变换器；PA—脉冲放大；UR—整流器；UI—逆变器；$L$—电抗器；TA—电流互感器

f. 电压隔离器 BVD 的作用是将控制电路与主电路之间进行隔离，为系统提供电压反馈信号。

g. 频率调节器 AFR 主要包括：给定滤波器、频率补偿器、电压频率变换器、数控分频器和超速检测器等。在此环节内，将函数发生器内绝对值运算器的输出信号进行滤波，然后经电压频率变换器转换成输出频率与输入电压大小成比例变化的数字信号，其输出根据需要进行分频以决定逆变器输出的最高频率。

h. 脉冲形成器 GPF 的核心是一可编程的只读存储器。本装置在低频范围采用 PWM 控制方式，以削弱低速时由于转矩脉动所引起的转速不匀。PWM 工作模式储存在存储器中。PWM 切换电路采用数字式带回环的频率比较器，由于回环的存在，从而避免了在 PWM 切换点产生振荡现象。此环节还可提供正反转控制端、脉冲封锁端、触发脉冲记忆控制端和数字频率表指示信号等。

i. 脉冲放大 PA。晶闸管对其控制极脉冲的触发功率和上升沿有一定要求，另外为缩小脉冲变压器的体积，应将 PA 输出的宽脉冲进行调制。脉冲放大电路可满足上述要求。

j. 运转控制器 ARC 可以提供系统停止、启动时对触发脉冲的封锁与开启信号、强制推 $\beta$ 信号、ACR 锁零信号、正反转切换信号、电动机堵转信号、外充电控制以及执行各种功能所需要的延时等。

与电压型变频系统不同，电压反馈不能取自中间直流回路而取自逆变器输出端。电流型变频调速系统为可逆系统，可四象限运行，根据正、反转要求，给定积分器输出正负极性不同电压。带补偿的 $E/f$ 恒定控制电流型变频系统适用于中大容量的单机传动，也有用于如车间辊道等的多机传动。

电流型逆变器还可用一套装置，顺序直接启动、制动数台电动机，以保证减少电动机启动时对电网的冲击，并使其能按工艺要求间歇运行，同时达到节能的目的。

②变频器工作原理　交-直-交电流型变频器主要由整流器、滤波器、逆变器及控制触发电路组成。整流器一般采用三相桥式晶闸管整流电路，滤波器采用平波电抗器，逆变器通常

采用串联二极管式换相的晶闸管逆变电路。交-直-交电流型变频器主回路如图 14-65 所示。

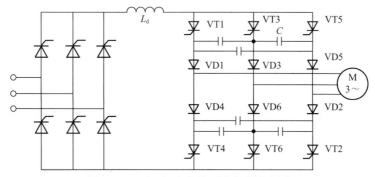

图 14-65 交-直-交电流型变频器主回路

基本的三相桥式电流型逆变电路属于 120°通电型，逆变器在任意瞬间只有两个晶闸管导通，电动机的旋转方向由晶闸管的导通顺序决定，正转时晶闸管 VT 的触发顺序为 1、2、3、4、5、6、1…，反转时触发顺序为 6、5、4、3、2、1、6…，各触发脉冲间隔 60°电角度，每个晶闸管矩导通 120°，输出电流波形为 120°矩形波，当负载为异步电动机时，输出电压由电动机感应电势决定，是具有换相脉冲电压尖峰的正弦波。

电流型变频器与电压型变频器之间的最大区别在于，前者采用大电感滤波，而后者采用大电容滤波。由于电流型变频器直流回路采用大电感滤波，所以直流电脉动很小，波形较平直，等值阻抗很高，输出电流为矩形波。由于是采用电流控制，只要改变整流电源电压极性，就能实现回馈制动。由于直流回路的电流流动方向不变，故整流器可采用不可逆三相全控桥整流电路。当电动机处于电动状态运行时，整流电压为正极性，电能从电网通过整流器传送给逆变部分；当电动机处于再生发电制动状态运行时，整流电压为负极性，电能由逆变部分经整流器回馈到电网。图 14-66 给出了这两种工作状态。

5) 脉冲宽度调制（PWM）变频调速　脉冲宽度调制（PWM）变频器的输出变频变压都是由逆变器承担，通过改变脉冲宽度控制器输出电压，通过改变调制周期来控制其输出频率。PWM 逆变器的直流电源可采用不可控整流，使其输出电压恒定不变，这样不但可以提高系统的功率因数，而且一套整流器可供多套逆变器使用，在直流母线上得到再生能量的交换，每套装置又可同时传动几台电机以实现多机传动。所以 PWM 型变频器的特点是：主回路结构简单，功率因数高，由于采用高频调制，输出波形得到改善，转矩脉冲小，但控制电路复杂。然而，随着具有自关断晶闸管（GTO）和场效应晶体管（MOSFET）等器件的普及应用，以及计算机控制技术的不断发展，PWM 变频器的应用场合将越来越广泛，其系统框图如图 14-67(a) 所示。脉冲宽度调制的方法很多，各种方法在逆变器输出电压谐波含量方面有所不同，系统控制的复杂程度也不同。三种典型的脉冲宽度调制方法为：单脉冲、多脉冲和正弦脉冲。

① 单脉冲调制　如图 14-68(a) 所示表示单脉冲调制的输出电压波形。假定脉冲宽度 $\delta$ 在 $0 \leqslant \delta \leqslant 2\pi/3$ 范围内作对称调节，则可用傅氏级数展开图 14-68(a) 中电压 $u_0$ 的波形。

$$u_0 = \sum_{n=1,3,5,\ldots}^{\infty} a_n \sin\omega t \tag{14-121}$$

$$a_n = \frac{4U_d}{n\pi} \sin\frac{n\delta}{2} \tag{14-122}$$

根据 $n=1$、3、5 和 7 所得到的 $a_n/a_{1\max}$ 比值对 $\delta$ 的关系曲线如图 14-68(b) 所示，其

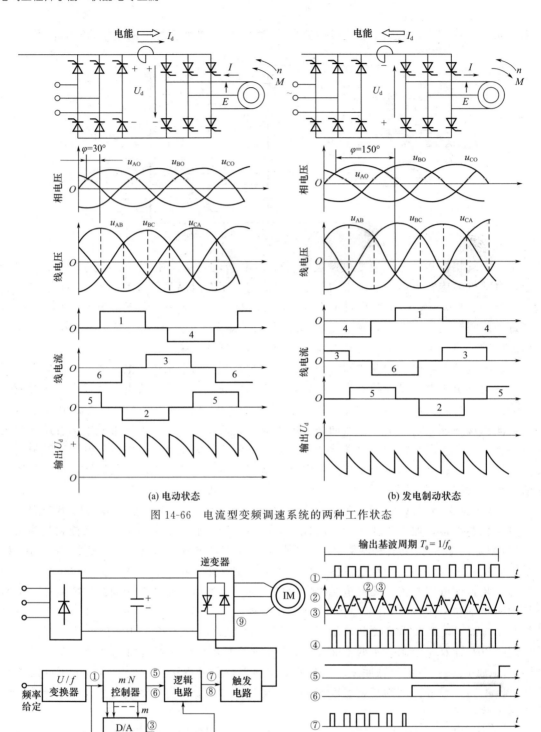

图 14-66 电流型变频调速系统的两种工作状态

(a) 电动状态  (b) 发电制动状态

图 14-67 PWM 变频调速系统

(a) 系统框图（m 调制系数）  (b) 控制电路各点波形

中 $a_{1max}$ 是当 $\delta = 2\pi/3$ 时得到的矩形波基波分量的幅值。

② 多脉冲调制 在低输出电压时,使每半周具有多个脉冲的调制法能显著减少谐波含量。由此可得到图 14-69(a) 所示的输出电压波形。每半周的脉冲数为

$$N = \frac{f_p}{2f} = 整数 \tag{14-123}$$

式中 $f_p$——每秒脉冲数;
$f$——输出电压频率。

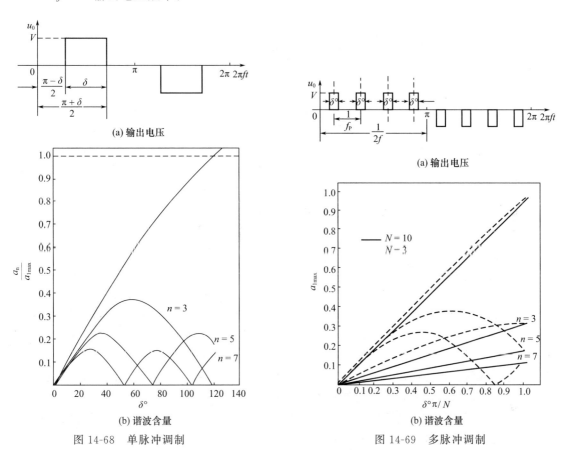

图 14-68 单脉冲调制

图 14-69 多脉冲调制

为了使输出电压从零变化到最大值 $U_d$。脉冲宽度 $\delta$ 必须在 $0 \leqslant \delta \leqslant \pi/N$ 的范围内变化。输出电压谐波含量当 $N=3$ 和 $N=10$ 时如图 14-69(b) 所示。

③ 正弦脉冲调制 采用正弦脉冲调制的输出电压波形如图 14-70 所示,在此波形中,脉冲宽度为每个脉冲在周期中所处相位角的正弦函数,图 14-70 所采用的是单极性正弦波脉冲调制方式,与之相应的是双极性调制。

控制作用决定于频率为 $f=1/T$ 而幅值 $A$ 可调的正弦波,以及具有直流分量值 $A_p$、频率 $f_p$ 及固定幅值 $2A_p$ 的三角波,$N$ 是每半周电压脉冲的数目。根据正弦波与三角波的交点可确定晶闸管开通和换相的角度。

只要改变幅值 $A$,就能控制输出电压,$A$ 的调节范围为 $0 \leqslant A \leqslant A_{max}$,其中 $A_{max} > 2A_p$。图 14-71 示出了当 $N=10$,$n=3$、5、7 时 $a_n/a_{1max}$ 与 $A/A_p$ 的函数关系曲线。

当 $0 \leqslant A/A_p \leqslant 2$ 时,$n < 2N$ 次的谐波均被消除掉,当 $A/A_p > 2$ 时由于脉冲宽度不再是

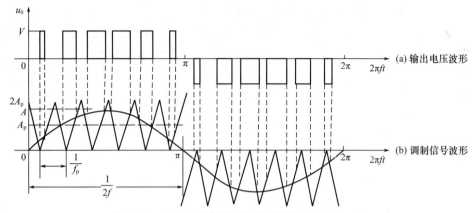

图 14-70 具有正弦脉冲调制的输出电压（$N=6$）

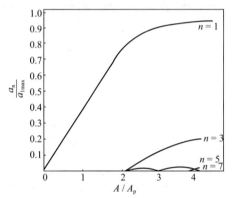

图 14-71 正弦脉冲调制谐波含量（$N=10$）

脉冲相位角的正弦函数，就出现了低次谐波。

脉宽调制变频器的主要优点是：中间直流电压不变；脉冲调压均在逆变器内部实现，可不受直流滤波回路参数的影响而实现快速的调节；电源侧功率因数较高；可以将输出电压调制成正弦波，减少谐波分量。

一般中、小容量的脉冲宽度调制变频器可以采用功率晶体管 GTR 或 IGBT 作为逆变器的开关元件，容量较大者则可以采用可关断晶闸管（GTO）。

6）交-交变频调速  交-交变频调速系统是一种不经过中间直流环节，直接将较高固定频率和电压变换为频率较低而输出电压可变的变频调速系统。交-交变频器又称周期变换器（cycle converter），是采用晶闸管作为开关元件，借助电源电压进行换流，因此通常其输出频率只能在电压频率的 1/3～1/2 及以下。这种系统特别适合于大容量的低速传动装置，例如轧钢机主传动。

① 基本工作原理  单相输出的交-交变频器工作原理如图 14-72 所示，主回路接线和直流传动中晶闸管桥反并联接线相同，其整流电压为

$$U_1 = U_{d\max}\cos\alpha_p = -U_{d\max}\cos\alpha_N \tag{14-124}$$

式中  $U_{d\max}$——$\alpha=0°$时即最大的整流电压平均值；

$\alpha_p$——正组整流器控制角；

$\alpha_N$——负组整流器控制角，$\alpha_N = \pi - \alpha_p$。

在直流传动中，$\alpha$ 角固定，则输出电压不变；控制 $\alpha$ 角，则可改变输出电压。而在交-交变频调速系统中，该输出电压的基波为正弦，则由式(14-124)，可得

$$\cos\alpha_p = \frac{U_{1m}}{U_{d\max}}\sin\omega_1 t = k\sin\omega_1 t \tag{14-125}$$

$$\alpha_p = \arccos(k\sin\omega_1 t) \tag{14-126}$$

式中  $k$——输出电压比，$k = U_{1m}/U_{d\max}$；

$\omega_1$——输出电压基波的角频率。

因此，若对正反相桥按式(14-126)控制正、反组桥的触发脉冲，每隔半波正、反组交

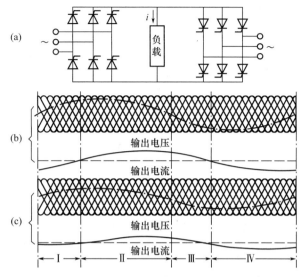

图 14-72　单相输出周波变流器电路及输出波形
(a) 电路图；(b) 输出电压和电流波形（$k=1$，$f_1/f_0=6$ 时）；
(c) 输出电压和电流波形（$k=0.5$，$f_1/f_0=6$ 时）
Ⅰ—正组逆变；Ⅱ—正组整流；Ⅲ—负组逆变；Ⅳ—负组整流

替工作，通过截取电网电压波形，即可产生所要求的输出电压。在半周中，电压和电流方向相同的期间，向电动机供给能量，电动机工作在Ⅰ、Ⅲ象限（电动状态），在电流和电压相反的区间，电动机向电网回馈能量，电动机工作在Ⅱ、Ⅳ象限（再生状态）。对三相输出的交-交变频器，因三相相位不同，由三相合成决定电动机是工作在电动状态还是再生状态，负载功率因数 $\cos\varphi>0$ 为电动状态，$\cos\varphi<0$ 为再生状态。通过改变正、负两组整流器触发角变化的频率 $f$，即可改变输出电压的频率。改变输出电压比 $k$ 值。即可改变输出电压值。在可逆直流传动中采用的工作方式（逻辑无环流、错位无环流、可控环流等），一般在交-交变频器中均可适用。因此，交-交变频器的主回路及基本控制部分可采用直流传动的相同组件和技术。避免换流失败造成环流是这种主回路的要求，另一方面万一有一组晶闸管柜发生故障，变频器还能以 V 形接线法运行，此时传动装置的电压能达到 $\sqrt{2}U_N/2\approx 70\%U_N$，电流为全电流。图 14-72 中，所示波形为无环流工作方式时（电流连续），$f_1/f_0=6$，$k=1$ 和 $k=0.5$ 时的输出电压及电流。变频器的换流方式也是采用电源自然换流。

② 主电路接线方式及环流控制　图 14-73～图 14-75 所示为几种典型的主回路接线方

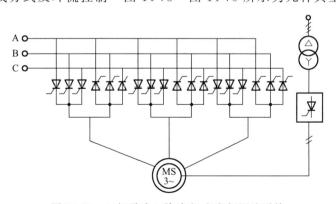

图 14-73　三相零式 3 脉波交-交变频调速系统

式。图 14-73 为三相零式 3 脉波交-交变频调速系统，图 14-74、图 14-75 为桥式接线交-交矢量控制变频调速系统。

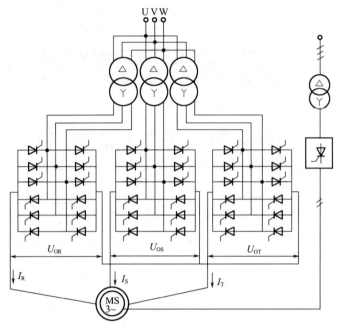

图 14-74　三相桥式 6 脉波接线交-交变频调速系统

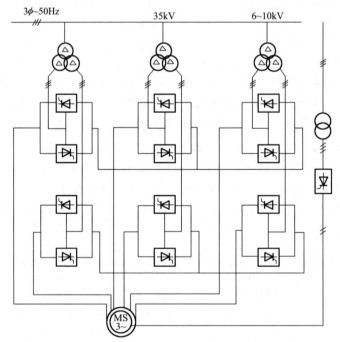

图 14-75　双三相桥式 12 脉波接线交-交变频器

交-交变频器通过每组反并联的晶闸管交替工作来产生三相低频的交流电压和交流电流供给负载。因此，如同直流可逆传动系统一样，交-交变频也有环流问题，通常处理环流的方式有以下两种。

a. 无环流工作方式  无环流系统就是控制正、反两组触发脉冲,使其一组工作,另一组封锁,以实现无环流运行。无环流控制可以类似直流系统一样,采用逻辑无环流或错位无环流控制方式。

b. 可控环流工作方式  可控环流系统是在负载电流较小的时间内让正、反组整流器按有环流方式工作,并设置不太大的限制环流电抗器来限制环流,当负载电流增大到某一设定值时,封锁另一组脉冲。即在每一个周期内采用有环流和无环流方式交替工作。目前,这种控制方式很少采用。

## 14.5 交、直流电动机的电气制动方式及计算方法

### 14.5.1 机械制动

电动机需要迅速且准确停车时,尤其是对于某些位能负载(如电梯、卷扬机、起重机的吊钩等),为防止停止时机械产生滑动,除采用电气制动方式外,还必须采用利用摩擦阻力的机械制动方式。表 14-26 列出了一般工作机械常用的几种机械制动方式。

表 14-26  几种机械制动器的制动方式

| 类别 | 结构示意 | 制动力 | 特点 |
|---|---|---|---|
| 电磁制动器 |  | 弹簧力 | 行程小,机械部分冲击小,能承受频繁动作 |
| 电动-液压制动器 |  | 弹簧力<br>重锤力 | 制动时的冲击小,通过调节液压缸行程,可用于缓慢停机 |
| 带式制动器 |  | 弹簧力<br>手动力<br>液压力 | 摩擦转矩大,用于紧急制动 |
| 固盘式制动器 |  | 弹簧力<br>电磁力<br>液压力 | 能悬吊在小型的机器上 |

选用方法是按不同的负载持续率 FC 值,用下式求出所需要的制动力矩(N·m),然后选用相应制动力矩的制动器。

$$T_b = 9550 P_N K / n_N \tag{14-127}$$

式中  $P_N$——电动机功率,kW;
$n_N$——电动机的额定转速,r/min;
$K$——安全系数,按轻型(或手动)、中型和重型,分别可取为 1.5、1.75、2。

### 14.5.2 能耗制动

能耗制动是将运转中的电动机与电源断开并改接为发电机,使电能在其绕组中消耗(必要时还可消耗在外接电阻中)的一种电制动方式。

交流笼型和绕线转子式异步电动机采用能耗制动时,应在交流供电电源断开后,立即向定子绕组(可取任意两相绕组)通入直流励磁电流 $I_f$,以便产生制动转矩。制动转矩的大小取决于直流励磁电流 $I_f$ 的大小及电动机的转速。当 $n \approx n_0$ 时,制动转矩最大;随着转速 $n$ 的降低,其制动转矩急剧减小。当 $n = (0.1 \sim 0.2)n_0$ 时,制动转矩达到最小值。为获得较好的制动特性,励磁电流 $I_f$ 通常取电动机定子空载电流 $I_0$ 的 1~3 倍。绕线转子式异步电动机能耗制动时,应在转子回路中串接 $(0.3 \sim 0.4)R_{2N}$ 的电阻,可使平均制动转矩等于额定转矩(此时平均制动转矩值为最大)。制动时,励磁所用直流电源 $U_b$ 可为 48V、10V 或 220V,为了减小在附加制动电阻 $R_b$ 上的能量损耗,在供电条件允许的情况下,$U_b$ 越小越好。在多电动机集中控制而又都采用能耗制动的情况下(如大型轧钢车间),可设置专用的直流 48V 能耗制动电源,这样更为经济。

同步电动机采用能耗制动时,可将其定子从电源上断开后,接到外接电阻或频敏变阻器上,并在转子中继续通入适当的励磁电流,电动机即转入能耗制动状态工作。此时电动机作为一台变速的发电机运转,将机械惯性能量消耗在外接电阻或频敏变阻器上。采用频敏变阻器制动,其制动性能比用电阻时更佳。

表 14-27 列举了各种电动机能耗制动的接线方式、制动特性及其适用范围。交流电动机能耗制动时的机械特性曲线,可由电动机资料查取。

表 14-27 各种电动机能耗制动性能

| 电动机类型 | 异步电动机 | 直流电动机 | 同步电动机 | |
|---|---|---|---|---|
| | | | 电阻 | 频敏变阻器 |
| 接线方式 | (接线图) | (接线图) | (接线图) | (接线图) |
| 制动特性 | (特性曲线) | (特性曲线) | (特性曲线) | (特性曲线) |
| 参数 | 一般取 $I_f = (1 \sim 3)I_0$<br>$I_f$ 越大,其制动转矩越大,制动电阻<br>$R_b = \dfrac{U_f}{I_f} - 2r_{Ma}$ | 制动电阻<br>$R_b = \dfrac{E}{I_b} - R_a$<br>一般取<br>$I_b = (1.5 \sim 2.0)I_N$ | $Z_1 = \dfrac{U_{1N}}{\sqrt{3} I_1}$<br>$R_b = K_1 Z_1 - r_{Ma}$<br>一般取 $I_1 = I_{1N}$<br>$I_f = 1 - 2I_{fN}$ | |

续表

| 电动机类型 | 异步电动机 | 直流电动机 | 同步电动机 | |
|---|---|---|---|---|
| | | | 电阻 | 频敏变阻器 |
| 特点 | (1) 制动转矩较平滑，可方便地改变制动转矩<br>(2) 制动转矩随转速的降低而减小<br>(3) 可使生产机械可靠地停止<br>(4) 能量不能回馈到电网，其效率较低<br>(5) 串励直流电动机因其励磁电流随制动电流的减小而减小，低速时不能得到其所需要的制动转矩，不宜采用能耗制动 | | | |
| 适用场所 | (1) 适用于经常启动、频繁逆转并要求迅速准确停车的机械，如轧钢车间升降台等<br>(2) 并励直流电动机一般采用能耗制动<br>(3) 同步电动机和大容量笼型异步电动机因反接制动冲击电流太大，功率因数低，亦多采用能耗制动<br>(4) 交流高压绕线转子异步电动机为防止集电环上的感应电压，亦多采用能耗制动<br>(5) 采用一套变流器供电的不可逆晶闸管供电系统，亦多采用能耗制动 | | | |

注：$I_{1N}$——定子额定电流（A）；$I_f$——励磁电流（A）；$I_{fN}$——转子额定励磁电流（A）；$I_b$——初始制动电流（A）；$K_1$——制动时阻抗与额定阻抗的比值；$U_{1N}$——定子额定电压（V）；$E$——制动时电枢反电动势（V）；$R_b$——制动电阻（Ω）；$R_a$——电枢电阻（Ω）；$R_d$——电动机定子绕组电阻（Ω）；$U_f$——直流励磁电压（V）；$r_{Ma}$——电动机定子绕组每相电阻（Ω）；$I_0$——定子空载电流（A）。

## 14.5.3 反接制动

反接制动是将三相交流异步电动机的电源相序反接或将直流电动机的电源极性反接而产生制动转矩的一种电制动方法。表 14-28 中列出了几种常用电动机采用反接制动时的接线方式、制动特性及其适用范围。

反接制动时，电动机转子电压很高，有较大的反接制动电流。为了限制反接电流，在转子中必须再串接反接制动电阻 $r_{fb}$。绕线转子异步电动机在反接制动时，转子接频敏变阻器比接电阻更好。因其阻抗可随频率的变化而变化，能自动地限制反接制动电流，因此它更适应于经常反接的系统，能获得平滑的正反向运转。

表 14-28 各种电动机反接制动性能

| 电动机类型 | 异步电动机 | 直流电动机 |
|---|---|---|
| 接线方法 | | |

续表

| 电动机类型 | 异步电动机 | 直流电动机 |
|---|---|---|
| 制动特性 | (图：异步电动机反接制动特性曲线) | (图：直流电动机反接制动特性曲线) |
| 制动电阻($\Omega$)计算 | $R_\Sigma = \dfrac{s_{fj}}{T_{fj}^*}R_{2N}$，$r_{fb}=R_\Sigma - r_N - \sum r_s$<br>$R_{2N}=\dfrac{U_{2N}}{\sqrt{3}I_{2N}}$，$r_N=s_N R_{2N}$<br>一般取 $T_{fj}^*=1.5\sim 2.0$ | $r_{fb}=\dfrac{U_N+E_{max}}{I_{bmax}}-(r_a+\sum r_s)$<br>一般取<br>$I_{bmax}=(1.5\sim 2.5)I_N$ |
| 特　点 | (1)在任何转速下制动都有较强的制动效果<br>(2)制动转矩较大且基本恒定<br>(3)制动开始时，直流电动机电枢或交流电动机定子上相当于施加两倍额定电压，为防止初始制动电流过大，应串入较大阻值的电阻，能量损耗较大，不经济<br>(4)绕线转子异步电动机采用频敏变阻器进行反接制动最为理想，这是因为反接开始时，$s_{fj}=2$，频敏变阻器阻抗增大一倍，可以较好地限制制动电流，并得到近似恒定的制动转矩<br>(5)制动到零时应切断电源，否则有自动逆转的可能 ||
| 适用的场所 | (1)适用于需要正、反转的机械，如轧钢车间辊道及其他辅助机械<br>(2)串励直流电动机多用反接制动<br>(3)笼型电动机因转子不能接入外接电阻，为防止制动电流过大而烧毁电动机，只有小功率(10kW)以下电动机才能采用反接制动 ||

注：$R_\Sigma$——反接制动时，转子回路总电阻；$r_{fb}$——反接制动电阻；$T_{fj}^*$——反接制动转矩的标幺值，$T_{fj}^*=T_{fj}/T_N$；$I_{bmax}$——允许最大的反接制动电流；$s_{fj}$——反接制动开始时，电动机的转差率，一般取 $s=2$；$E_{max}$——电动机最大反电动势；$\sum r_s$——启动电阻之和；$r_a$——电动机电枢电阻；$s_N$——额定转差率。

反接继电器 KA1、KA2 是保证当反接制动开始时，将反接电阻 $r_{fb}$ 接入电路，而当制动到电动机转速接近于零时，将电阻 $r_{fb}$ 短接。因此要正确地整定反接继电器的吸合电压及其线圈的连接点，如图 14-76 所示。继电器 KA2 的线圈连接在 A、B 两点上。当电动机反接制动开始时，KA2 断开，电阻 $r_{fb}$ 接入，以限制反接制动电流。此时使电源电压 $U_N$ 与电阻 $r_x$ 上压降相等，则电动机的反电动势 $E$ 大致上与 $r_s$ 上的压降相等，所以继电器 KA2 线圈两端电压接近于零，KA2 不吸合。当电动机转速接近零时，$E=0$，KA2 线圈两端电压升高，使 KA2 吸合，KA2 触头将 $r_{fb}$ 短接，反接制动完毕。

连接点 A 由下述关系决定，反接开始时，制动电流 $I_b=I_{bmax}$，$E=E_{max}\approx U_N$，所以有
$$I_{bmax}r_x=U_N, r_x=U_N/I_{bmax} \tag{14-128}$$

由于 $I_{bmax}=2(U_N+E_{max})/R_\Sigma$，$R_\Sigma=r_s+r_{fb}$，所以
$$r_x=R_\Sigma\dfrac{U_N}{U_N+E_{max}}\approx R_\Sigma/2 \tag{14-129}$$

即继电器 KA2 连接点 A，应设在电阻 $R_\Sigma$ 值的一半处，KA2 的吸合电压一般整定在 $(0.4\sim 0.45)U_N$。

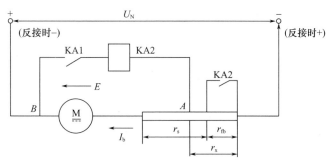

图 14-76 反接继电器整定简图

## 14.5.4 回馈制动

回馈制动是当三相交流异步电动机转速大于理想空载转速时，将电能返回电源系统的一种制动方式。当电动机被生产机械的位势负载或惯性拉着作为发电机运转时，将机械能变为电能，送回电网而得到制动转矩。此时，其转速 $n$ 大于同步转速 $n_0$，其运行特性曲线在第Ⅱ象限，此时电动机工作状态如同一个与电网并网的异步发电机，同时从电网吸取无功功率作励磁之用。三相交流异步电动机的回馈制动常用于多速（变极对数）三相交流异步电动机由高速换接到低速过程中产生制动作用。表 14-29 列出了各类电动机采用回馈制动时的接线方式、制动特性及其使用场所。

## 14.5.5 低频制动

某些大功率交流传动机械（如卷扬机等），要求有较好的制动特性，同时也要求有一个很低的稳定爬行速度，以保证停车时的准确性及减小停车时的冲击。一般可采用低频制动，如图 14-77 所示。其制动时的机械特性如图 14-78 所示。当需要从高速进行制动时，先将高压供电主电路接触器 KMF 和 KMR 断开，并将转子接触器 KM1～KM7 全部断开，转子外接电阻 $r_1～r_7$ 全部接入。然后接通接触器 KM8，通过晶闸管交-交变频器 UF 从 380V 电源向电动机定子电路中通入一个 2～4Hz 的低频、低压电源，使绕线转子异步电动机转入到制动状态，其转速从高速 $n_1$ 向低频供电时的空载同步转速 $n_0$ 进行减速。此时的制动工作方式与能耗制动完全类似。

表 14-29 回馈制动的性能

| 电动机类型 | 直流电动机 | 异步电动机 |
|---|---|---|
| 接线方式 |  |  |

续表

| 电动机类型 | 直流电动机 | 异步电动机 |
|---|---|---|
| 制动特性 | (回馈制动/电动状态曲线图) | (回馈制动/电动状态曲线图) |
| 特点 | (1)能量可回馈电网,效率高,经济<br>(2)只能在 $n>n_0$ 时得到制动转矩 | |
| 适用的场所 | 适用于位势负载场合,如高速时重物下放;获得稳定制动,如起重机下放负载等 | |

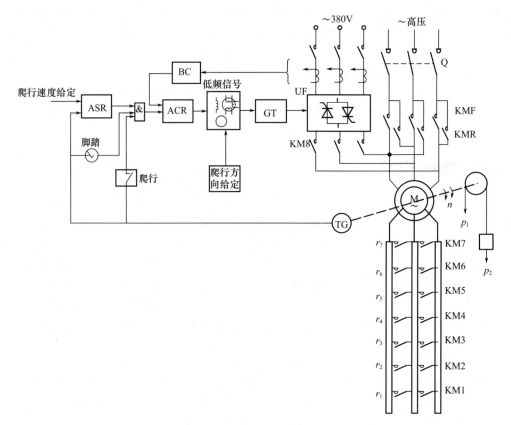

图 14-77 低频制动原理电路

UF—交-交型低频变频器；GT—触发器；ACR—电流调节器；BC—电流变换器
ASR—速度调节器；TG—测速发电机

  为了保证获得较恒定的制动转矩（制动转矩变化过大，容易引起卷扬机钢丝绳打滑），与启动过程一样，制动时转子电路中采用 7 级电阻逐级切换。全部电阻短接后，转速已减到很低速度时，绕线转子异步电动机便过渡到低频供电时的自然机械特性上，并在稳定的爬行速度下运转。当卷扬机达到停车位置时，切断低频电源（断开接触器 KM8），用机械制动器将其制动，使生产机械停在准确的位置上。由于此时转速已经很低，所以停车制动时几乎没

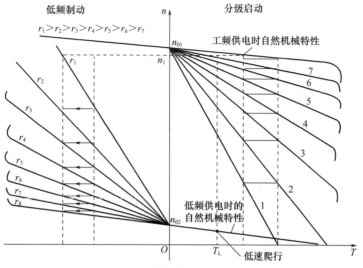

图 14-78　低频制动的机械特性

有冲击，且停车位置准确。

低频供电电源可用低频发电机组或采用晶闸管交-交变频装置，其功率大约只为主电动机功率的 5%～10%。比如，一台主电动机为 1000kW 的卷扬机，其低频供电电源容量大约为 50～100kV·A。因易于实现闭环控制，故可以获得稳定的爬行速度。

## 14.6　电动机保护配置及计算方法

3kV 及以上电动机保护详见本书 9.2.5 节，在这一节主要讲述低压电动机保护的一般规定、短路和接地故障保护电器选择以及过载与断相保护电器的选择。

### 14.6.1　低压电动机保护的一般规定

1）交流电动机应装设短路保护和接地故障的保护，并应根据电动机的用途分别装设过载保护、断相保护、低电压保护以及同步电动机的失步保护。

2）每台交流电动机应分别装设相间短路保护，但符合下列条件之一时，数台交流电动机可共用一套短路保护电器：

① 总计算电流不超过 20A，且允许无选择切断时。

② 根据工艺要求，需同时启停的一组电动机，不同时切断将危及人身设备安全时。

3）交流电动机的短路保护器件宜采用熔断器或低压断路器的瞬动过电流脱扣器，亦可采用带瞬动元件的过电流继电器。保护器件的装设应符合下列规定：

① 短路保护兼作接地故障的保护时，应在每个不接地的相线上装设。

② 仅作相间短路保护时，熔断器应在每个不接地的相线上装设，过电流脱扣器或继电器应至少在两相上装设。

③ 当只在两相上装设时，在有直接电气联系的同一网络中，保护器件应装设在相同的两相上。

4）当交流电动机正常运行、正常启动或自启动时，短路保护器件不应误动作。短路保

护器件的选择应符合下列规定:

① 正确选用保护电器的使用类别。

② 熔断体的额定电流应大于电动机的额定电流,且其安秒特性曲线计及偏差后应略高于电动机启动电流时间特性曲线。当电动机频繁启动和制动时,熔断体的额定电流应加大 1 级或 2 级。

③ 瞬动过电流脱扣器或过电流继电器瞬动元件的整定电流应取电动机启动电流周期分量最大有效值的 2～2.5 倍。

④ 当采用短延时过电流脱扣器作保护时,短延时脱扣器整定电流宜躲过启动电流周期分量最大有效值,延时不宜小于 0.1s。

5) 交流电动机的接地故障的保护应符合下列规定:

① 每台电动机应分别装设接地故障的保护,但共用一套短路保护的数台电动机可共用一套接地故障的保护器件。

② 交流电动机的间接接触防护应符合现行国家标准《低压配电设计规范》GB 50054—2011 的有关规定。

③ 当电动机的短路保护器件满足接地故障的保护要求时,应采用短路保护器件兼作接地故障的保护。

6) 交流电动机的过载保护应符合下列规定:

① 运行中容易过载的电动机、启动或自启动条件困难而需限制启动时间的电动机,应装设过载保护。连续运行的电动机宜装设过载保护,过载保护应动作于断开电源。但断电比过载造成的损失更大时,应使过载保护动作于信号。

② 短时工作或断续周期工作的电动机可以不装设过载保护,当电动机运行中可能堵转时,应装设电动机堵转的过载保护。

7) 交流电动机宜在配电线路的每相上装设过载保护器件,其动作特性应与电动机过载特性相匹配。

8) 当交流电动机正常运行、正常启动或自启动时,过载保护器件不应误动作。过载保护器件的选择应符合下列规定:

① 热过载继电器或过载脱扣器整定电流应接近但不小于电动机的额定电流。

② 过载保护的动作时限应躲过电动机正常启动或自启动时间。热过载继电器整定电流应按下式确定:

$$I_{zd} = K_k K_{jx} \frac{I_{ed}}{nK_h} \tag{14-130}$$

式中 $I_{zd}$——热过载继电器整定电流,A;

$I_{ed}$——电动机的额定电流,A;

$K_k$——可靠系数,动作于断电时取 1.2,动作于信号时取 1.05;

$K_{jx}$——接线系数,接于相电流时取 1.0,接于相电流差时取 $\sqrt{3}$;

$K_h$——热过载继电器返回系数,取 0.85;

$n$——电流互感器变比。

③ 可在启动过程的一定时限内短接或切除过载保护器件。

9) 交流电动机的断相保护应符合下列规定:

① 连续运行的三相电动机,当采用熔断器保护时,应装设断相保护;当采用低压断路器保护时,宜装设断相保护。

② 断相保护器件宜采用断相保护热继电器，亦可采用温度保护或专用断相保护装置。

10）交流电动机采用低压断路器兼作电动机控制电器时，可不装设断相保护；短时工作或断续周期工作的电动机亦可不装设断相保护。

11）交流电动机的低电压保护应符合下列规定：

① 按工艺或安全条件不允许自启动的电动机应装设低电压保护。

② 为保证重要电动机自启动而需要切除的次要电动机应装设低电压保护。次要电动机宜装设瞬时动作的低电压保护。不允许自启动的重要电动机应装设短延时的低电压保护，其时限可取 0.5~1.5s。

③ 按工艺或安全条件在长时间断电后不允许自启动的电动机，应装设长延时的低电压保护，其时限按照工艺要求确定。

④ 低电压保护器件宜采用低压断路器的欠电压脱扣器、接触器或接触器式继电器的电磁线圈，亦可采用低电压继电器和时间继电器。当采用电磁线圈作低电压保护时，其控制回路宜由电动机主回路供电；当由其他电源供电，主回路失压时，应自动断开控制电源。

⑤ 对于需要自启动不装设低电压保护或装设延时低电压保护的重要电动机，当电源电压中断后在规定时限内恢复时，控制回路应有确保电动机自启动的措施。

12）同步电动机应装设失步保护。失步保护宜动作于断开电源，亦可动作于失步再整步装置。动作于断开电源时，失步保护可由装设在转子回路中或用定子回路的过载保护兼作失步保护。必要时，应在转子回路中加装失磁保护和强行励磁装置。

13）直流电动机应装设短路保护，并根据需要装设过载保护。他励、并励及复励电动机宜装设弱磁或失磁保护。串励电动机和机械有超速危险的电动机应装设超速保护。

14）电动机的保护可采用符合现行国家标准《低压开关设备和控制设备第 4-2 部分：接触器和电动机启动器　交流电动机用半导体控制器和启动器（含软启动器）》GB 14048.6—2016 保护要求的综合保护器。

15）旋转电机励磁回路不宜装设过载保护。

## 14.6.2　短路和接地故障保护电器选择

（1）熔断器的选择

① 使用类别的选择：配电设计中最常用的 gG 和 aM 熔断器的熔断特性对比见表 14-30 和图 14-79。

表 14-30　gG 和 aM 熔断器的约定时间和约定电流

| 类别 | 额定电流 $I_r$ | 约定时间 | 约定不熔断电流 $I_{nf}$ | 约定熔断电流 $I_f$ |
|---|---|---|---|---|
| gG | $I_r \leqslant 4$ | 1h | $1.5 I_r$ | $2.1 I_r (1.6 I_r)$ |
| | $4 < I_r < 16$ | 1h | $1.5 I_r$ | $1.9 I_r (1.6 I_r)$ |
| | $16 \leqslant I_r \leqslant 63$ | 1h | $1.25 I_r$ | $1.6 I_r$ |
| | $63 < I_r \leqslant 160$ | 2h | $1.25 I_r$ | $1.6 I_r$ |
| | $160 < I_r \leqslant 400$ | 3h | $1.25 I_r$ | $1.6 I_r$ |
| | $I_r > 400$ | 4h | $1.25 I_r$ | $1.6 I_r$ |
| aM | 全部 $I_r$ | 60s | $4 I_r$ | $6.3 I_r$ |

注：括号内数据用于螺栓连接熔断器。

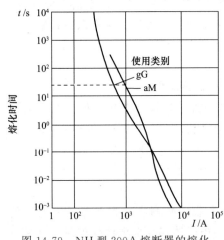

图 14-79 NH 型 200A 熔断器的熔化时间-电流特性曲线

aM 熔断器的分断范围在 $6.3I_r$ 至其额定分断电流之间，在低倍额定电流下不会导致误动作，容易躲过电动机的启动电流，但在高倍额定电流时比 gG 熔断器更"灵敏"，有利于与接触器和过载保护器协调配合。aM 熔断器的额定电流可与电动机额定电流相近而不需特意加大，对上级保护器件的选择也更有利。因此，电动机的短路和接地故障保护电器应优先选用 aM 熔断器。

② 额定电流的选择：除按规范要求直接查熔断器的安秒特性曲线外，还可采用下列方法选择熔断器。

a. aM 熔断器的熔断体额定电流可按下列两个条件选择：熔断体额定电流大于电动机的额定电流；电动机的启动电流不超过熔断体额定电流的 6.3 倍。综合上述两个条件，熔断体额定电流可按不小于电动机额定电流的 1.05~1.1 倍选择。

b. gG 熔断器的规格宜按熔断体允许通过的启动电流来选择。这种方法的优点是：可根据电动机的启动电流和启动负载直接选出熔断体规格，使用方便。

aM 和 gG 熔断器的熔断体允许通过的启动电流见表 14-31，该表适用于电动机轻载和一般负载启动。按电动机功率配置熔断器的参考表，见表 14-32。

表 14-31 熔断体允许通过的启动电流

| 熔断体额定电流/A | 允许通过的启动电流/A | | 熔断体额定电流/A | 允许通过的启动电流/A | |
|---|---|---|---|---|---|
| | aM 型熔断器 | gG 型熔断器 | | aM 型熔断器 | gG 型熔断器 |
| 2 | 12.6 | 5 | 63 | 396.9 | 240 |
| 4 | 25.2 | 10 | 80 | 504.0 | 340 |
| 6 | 37.8 | 14 | 100 | 630.0 | 400 |
| 8 | 50.4 | 22 | 125 | 787.7 | 570 |
| 10 | 63.0 | 32 | 160 | 1008 | 750 |
| 12 | 75.5 | 35 | 200 | 1260 | 1010 |
| 16 | 100.8 | 47 | 250 | 1575 | 1180 |
| 20 | 126.0 | 60 | 315 | 1985 | 1750 |
| 25 | 157.5 | 82 | 400 | 2520 | 2050 |
| 32 | 201.6 | 110 | 500 | 3150 | 2950 |
| 40 | 252.0 | 140 | 630 | 3969 | 3550 |
| 50 | 315.0 | 200 | | | |

注：1. aM 型熔断器数据引自奥地利"埃姆·斯恩特"（M·SCHNEIDER）公司的资料，其他公司的数据可能不同，但差异不大。

2. gG 型熔断器的允通启动电流是根据《低压熔断器 第 2 部分：专职人员使用的熔断器的补充要求（主要用于工业的熔断器）标准化熔断器系列示例 A 至 K》GB 135.9—2015 的图 104gG 型熔断体时间-电流带查出低限电流值，再参照我国的经验数据和欧洲熔断器协会的参考资料适当提高而得出，适用于刀形触头熔断器和圆筒帽形熔断器。

3. 本表按电动机轻载和一般负载启动编制。对于重载启动、频繁启动和制动的电动机，按表中数据查得的熔断体电流宜加大一级。

表 14-32　接电动机功率配置熔断器的参考规格

| 电动机额定功率/kW | 电动机额定电流/A | 电动机启动电流/A | 熔断体额定电流/A | |
|---|---|---|---|---|
| | | | aM 熔断器 | gG 熔断器 |
| 0.55 | 1.6 | 8 | 2 | 4 |
| 0.75 | 2.1 | 12 | 4 | 6 |
| 1.1 | 3 | 19 | 4 | 8 |
| 1.5 | 3.8 | 25 | 4 或 6 | 10 |
| 2.2 | 5.3 | 36 | 6 | 12 |
| 3 | 7.1 | 48 | 8 | 16 |
| 4 | 9.2 | 62 | 10 | 20 |
| 5.5 | 12 | 83 | 16 | 25 |
| 7.5 | 16 | 111 | 20 | 32 |
| 11 | 23 | 167 | 25 | 40 或 50 |
| 15 | 31 | 225 | 32 | 50 或 63 |
| 18.5 | 37 | 267 | 40 | 63 或 80 |
| 22 | 44 | 314 | 50 | 80 |
| 30 | 58 | 417 | 63 或 80 | 100 |
| 37 | 70 | 508 | 80 | 125 |
| 45 | 85 | 617 | 100 | 160 |
| 55 | 104 | 752 | 125 | 200 |
| 75 | 141 | 1006 | 160 | 200 |
| 90 | 168 | 1185 | 200 | 250 |
| 110 | 204 | 1388 | 250 | 315 |
| 132 | 243 | 1663 | 315 | 315 |
| 160 | 290 | 1994 | 400 | 400 |
| 200 | 361 | 2474 | 400 | 500 |
| 250 | 449 | 3061 | 500 | 630 |
| 315 | 555 | 3844 | 630 | 630 |

注：1. 电动机额定电流取 4 极和 6 极的平均值；电动机启动电流取同功率中最高两项的平均值，均为 Y2 系列的数据，但对 Y 系列也基本适用。

2. aM 熔断器规格参考了法国"溯高美"（SOCOMEC）和奥地利"埃姆斯奈特"（MSchneider）公司的资料；gG 熔断器规格参考了欧洲熔断器协会的资料，但均按国产电动机数据予以调整。

（2）低压断路器的选择

1）断路器类型及附件的选择

① 电动机主回路应采用电动机保护用低压断路器，其瞬动过电流脱扣器的动作电流与长延时脱扣器动作电流之比（以下简称瞬动电流倍数）宜为 14 倍左右或 10～20 倍可调。

② 仅用作短路保护时，即在另装过载保护电器的常见情况下，宜采用只带瞬动脱扣器的低压断路器，或把长延时脱扣器作为后备过电流保护。

③ 兼作电动机过载保护时，即在没有其他过载保护电器的情况下，低压断路器应装有瞬动脱扣器和长延时脱扣器，且必须为电动机保护型。

④ 兼作低电压保护时，即不另装接触器或启动器的情况下，低压断路器应装有低电压脱扣器。

⑤ 低压断路器的电动操作机构、分励脱扣器、辅助触点及其他附件，应根据电动机的控制要求装设。

2) 过电流脱扣器的整定电流

① 瞬动脱扣器的整定电流应为电动机启动电流的 2~2.5 倍，一般取 2.2 倍；

② 长延时脱扣器用作后备保护时，其整定电流 $I_{set}$ 应按满足相应的瞬动脱扣整定电流为电动机启动电流 2.2 倍的条件确定

$$I_{set} \geqslant \frac{2.2 I_{st}}{K_{sd}} = \frac{2.2 K_{st}}{K_{sd}} I_r \tag{14-131}$$

式中 $I_{st}$——电动机的启动电流，A；

$I_r$——电动机的额定电流，A；

$K_{sd}$——断路器的瞬动电流倍数；

$K_{st}$——电动机的堵转电流倍数。

③ 长延时脱扣器用作电动机的过载保护时，其整定电流应接近但不小于电动机的额定电流，且在 7.2 倍整定电流下的动作时间应大于电动机的启动时间。此外，相应的瞬动脱扣器应满足①的要求，否则应另装过载保护电器，而不得随意加大长延时脱扣器的整定电流。

3) 过电流脱扣器的额定电流和可调范围应根据整定电流选择；断路器的额定电流应不小于长延时脱扣器的额定电流。

4) 电动机启动冲击电流在 1/4 周波（0.005s）即达到峰值，瞬动元件是否启动仅取决于电磁力的大小，与后续的断路器机械动作固有时间无关。因此，为防止断路器在电动机启动时产生误动作，其瞬动过电流脱扣器的动作电流应躲过电动机启动电流峰值或至少高于第一半波的有效值。

### 14.6.3 过载与断相保护电器的选择

(1) 热继电器和过载脱扣器的选择

1) 类型和特性选择

① 三相电动机的热继电器宜采用断相保护型。

② 热继电器和过载脱扣器的整定电流应当可调，调整范围宜不小于其电流上限的 20%。

③ 热继电器和过载脱扣器在 7.2 倍整定电流下的动作时间应大于电动机的启动时间。为此，应根据电动机的机械负载特性选择过载保护器件的脱扣级别，详见表 14-33。

表 14-33 电动机用过载保护器件的脱扣级别和脱扣时间

| 脱扣级别 | 以整定电流倍数表示的试验电流 | | | | 适用范围 |
| --- | --- | --- | --- | --- | --- |
| | 1.05① | 1.2 | 1.5 | 7.2 | |
| | 冷态开始 | 热态 | 热态 | 冷态开始 | |
| | 脱扣时间 $t$ | | | | |
| 10A | 2h 内不脱扣 | <2h | <2min | 2s<$t$≤10s | 轻载启动 |
| 10 | 2h 内不脱扣 | <2h | <4min | 4s<$t$≤10s | 一般负载 |
| 20 | 2h 内不脱扣 | <2h | <8min | 6s<$t$≤20s | 一般负载到重载 |
| 30 | 2h 内不脱扣 | <2h | <12min | 9s<$t$≤30s | 重载启动 |

① 适用于有温度补偿的热继电器。电磁式和无温度补偿的热继电器为 1.0。

④ 热继电器的复位方式应根据防止电动机意外启动的原则而定：用按钮、自复式转换开关或类似的主令电器手动控制启停时，宜采用自动复位的热继电器。用自动接点以连续通

电方式控制启停时，应采用手动复位的热继电器，但工艺有特殊要求者除外。

2）整定电流的确定

① 一般情况下，热继电器和过载脱扣器的整定电流应接近但不小于电动机额定电流；对于有温度补偿的热继电器，整定电流应不小于电动机额定电流；对于电磁式和无温度补偿的热继电器，整定电流应不小于电动机额定电流的 1.05 倍。为了方便，设计中可按整定电流调节范围的上限不小于电动机额定电流 1.05 倍的条件选配元件的规格。在运行中，应根据实测数据对整定电流加以修正。

② 当电动机的启动时间太长而导致过载保护误动时，宜在启动过程中短接过载保护器件，也可以经速饱和电流互感器接入主回路。不能采取提高整定电流的做法，以免电动机运行过程中过载保护失灵。

③ 电动机频繁启动、制动和反向时，过载保护器件的整定电流只能适当加大。这将不能实现完全的过载保护，但一定程度的保护对防止转子受损仍然有效。

④ 当电动机的功率较大时，热继电器可接在电流互感器二次回路中，其整定电流应除以电流互感器的变比。

⑤ 当电动机采用星-三角接法启动时，热继电器的可能装设位置有三个（如图 14-80 所示），其整定电流也不同：

a. 通常，热继电器与电动机绕组串联（如图 14-80 所示的位置1），整定电流应为电动机额定电流乘以 0.58。这种配置能使电动机在星形启动时和三角形运行中都能受到保护。

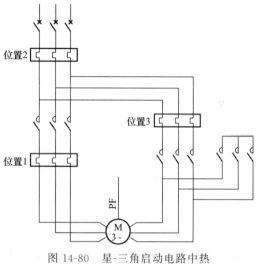

图 14-80　星-三角启动电路中热继电器的装设位置

b. 热继电器装在电源进线上（如图 14-80 所示的位置2），整定电流应为电动机的额定电流。由于线电流为相电流的 $\sqrt{3}$ 倍，在星形启动过程中，热继电器的动作时间将延长 4～6 倍，故不能提供完全的保护，但能提供启动失败的保护。

c. 热继电器装在三角形电路中（如图 14-80 所示的位置3），整定电流应为电动机额定电流乘以 0.58。在星形启动过程中，没有电流流过热继电器，这相当于解除了保护，可用于启动困难的情况。

⑥ 装有单独补偿电容器的电动机：当电容器接在热继电器之前时对整定电流无影响。当电容器接在过载保护器件之后时，整定电流应计及电容电流之影响。补偿后的电动机电流可用相量分解合成法计算，也可近似地取电动机额定电流乘以 0.92～0.95。

⑦ 三相热继电器用于单相交流或直流电路时，其三个双金属片均应加热。为此，热继电器的三个极应串联使用。

（2）过电流继电器的选择

① 过载保护用过电流继电器

a. 过载保护宜采用带瞬动元件的反时限过电流继电器，其反时限特性曲线应为电动机保护型，瞬动电流不宜小于反时限启动电流的 14 倍。

b. 过电流继电器的整定电流应按下式确定

$$I_{\text{set}} = K_{\text{rel}} K_{\text{jx}} \frac{I_{\text{r}}}{K_{\text{T}} n_{\text{TA}}} \tag{14-132}$$

式中 $I_{\text{set}}$——过电流继电器的整定电流，A；

$I_{\text{r}}$——电动机的额定电流，A；

$K_{\text{rel}}$——可靠系数，由动作电流误差决定，机电式继电器动作于断电时取 1.1～1.2，动作于信号时取 1.05；

$K_{\text{jx}}$——接线系数，接于相电流时取 1.0，接于相电流差时取 $\sqrt{3}$；

$K_{\text{T}}$——继电器返回系数，按产品数据或取 0.85～0.9；

$n_{\text{TA}}$——电流互感器变比。

【注】过电流继电器的整定电流是动作电流，为防止误动作，应引入可靠系数。热过载继电器或脱扣器的整定电流是不动作电流，故不再乘以可靠系数。

② 堵转保护用过电流继电器及时间继电器

a. 堵转保护宜采用瞬动电流继电器和时间继电器组成的定时限过电流保护。

b. 电流继电器宜按不大于电动机堵转电流的 75% 整定。时间继电器宜按正常启动时间的 1.5 倍整定。

(3) 增安型电动机过载保护的特殊要求

① 为防止增安型电动机堵转时在爆炸危险环境中产生危险的高温，过载保护电器应在电动机堵转时间 $t_e$ 内可靠动作。符合这项要求的过载保护也称为增安型电动机的堵转保护。

② 中小型增安型电动机的过载保护宜采用专用的热继电器。JRS3-63/F 型（原称 3AU59e 型）增安型电动机保护用热继电器经国家防爆电气产品质量监督检验测试中心验证，符合有关标准的要求。常用的 YA 系列增安型电动机的堵转时间和适用的 JRSJ-63/F 型热继电器的规格，可查阅相关技术手册。

③ 如增安型电动机制造厂配备或指明了专用的过载保护器时，设计中应予采用。

# 14.7 低压电动机控制电器的选择

## 14.7.1 低压交流电动机控制回路的一般要求

(1) 电动机的控制回路应装设隔离电器和短路保护电器，但由电动机主回路供电且符合下列条件之一时，可不另装设：

① 主回路短路保护器件能有效保护控制回路的线路时。

② 控制器回路接线简单、线路很短且有可靠的机械防护时。

③ 控制回路断电会造成严重后果时。

(2) 控制回路的电源及接线方式应安全可靠、简单适用，并应符合下列规定：

① 当 TN 或 TT 系统中的控制回路发生接地故障时，控制回路的接线方式应能防止电动机意外启动或不能停车。

② 对可靠性要求较高的复杂控制回路可采用不间断电源（UPS）供电，亦可采用直流电源供电。直流电源供电的控制回路宜采用不接地系统，并应装设绝缘监视装置。

③ 额定电压不超过交流 50V 或直流 120V 的控制回路的接线和布线应能防止引入较高的电压和电位。

（3）电动机的控制按钮或控制开关，宜装设在电动机附近便于操作和观察的地点。当需要在不能观察到电动机或机械的地点进行控制时，应在控制点装设指示电动机工作状态的灯光信号或相关仪表。

（4）自动控制或联锁控制的电动机应有手动控制和解除自动控制或联锁控制的措施；远方控制的电动机应有就地控制和解除远方控制的措施；当突然启动可能危及周围人员人身安全时，应在机械旁装设启动预告信号和应急断电控制开关或自锁式停止按钮。

（5）当反转会引起危险时，反接制动的电动机应采取防止制动终了时反转的措施。

（6）电动机旋转方向的错误将危及人员和设备安全时，应采取防止电动机倒相造成旋转方向错误的措施。

## 14.7.2 低压交流电动机的主回路

（1）低压交流电动机主回路宜由具有隔离功能、控制功能、短路保护功能、过载保护功能、附加保护功能的器件和布线系统等组成。

（2）隔离电器的装设应符合下列规定：

① 每台电动机的主回路上应装设隔离电器，但符合下列条件之一时，可数台电动机共用一套隔离电器：

a. 共用一套短路保护电器的一组电动机。

b. 由同一配电箱供电且允许无选择地断开的一组电动机。

② 电动机及其控制电器宜共用一套隔离电器。

③ 符合隔离要求的短路保护电器可兼作隔离电器。

④ 隔离电器宜装设在控制电器附近或其他便于操作和维修的地点。无载开断的隔离电器应能防止误操作。

（3）短路保护电器应与其负荷侧的控制电器和过载保护电器协调配合。短路保护电器的分断能力应符合现行国家标准《低压配电设计规范》GB 50054—2011 的有关规定。

（4）控制电器的装设应符合下列规定：

① 每台电动机应该分别装设控制电器，但当工艺需要时，一组电动机可以共用一套控制电器。

② 控制电器宜采用接触器、启动器或其他电动机专用的控制开关。启动次数少的电动机，其控制电器可采用低压断路器或与电动机类别相适应的隔离开关。电动机的控制电器不得采用开启式开关。

③ 控制电器应能接通和断开电动机堵转电流，其使用类别和操作频率应符合电动机的类型和机械的工作制。

④ 控制电器宜装设在便于操作和维修的地点。过载保护电器的装设宜靠近控制电器或为其组成部分。

（5）导线或电缆的选择应符合下列规定：

① 电动机主回路导线或电缆的载流量不应小于电动机的额定电流。当电动机经常接近满载工作时，导线或电缆载流量宜有适当的裕量；当电动机为短时工作或断续工作时，其导线或电缆在短时负载下或断续负载下的载流量不应小于电动机的短时工作电流或额定负载持续率下的额定电流。

② 电动机主回路的导线或电缆应按机械强度和电压损失进行校验。对于向一级负荷配电的末端线路以及少数更换导线很困难的重要末端线路，尚应校验导线或电缆在短路条件下的热稳定。

③ 绕线式电动机转子回路导线或电缆载流量应符合下列规定：

a. 启动后电刷不短接时，其载流量不应小于转子额定电流。当电动机为断续工作时，应采用导线或电缆在断续负载下的载流量。

b. 启动后电刷短接，当机械的启动静阻转矩不超过电动机额定转矩的 50% 时，不宜小于转子额定电流的 35%；当机械的启动静阻转矩超过电动机额定转矩的 50% 时，不宜小于转子额定电流的 50%。

三相交流异步电动机的常用接线见图 14-81 和图 14-82。

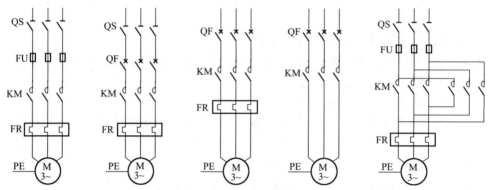

(a) 典型接线，短路和接地故障保护电器为熔断器；(b) 典型接线，短路和接地故障保护电器为断路器；
(c) 断路器兼作隔离电器；(d) 不装设过载保护或断路器兼作过载保护；(e) 双向（可逆）旋转的接线示例

图 14-81　笼型电动机主回路常用接线
QS—隔离器或隔离开关；FU—熔断器；KM—接触器；FR—热继电器；QF—低压断路器

### 14.7.3　启动控制电器的选择

（1）定子回路启动控制电器的选择

① 启动控制电器应采用接触器、启动器或其他电动机专用控制开关。启动次数少的电动机可采用低压断路器兼作控制电器。符合控制和保护要求时，3kW 及以下的电动机可采用封闭式开关熔断器组合电器。

② 控制电器应能接通和断开电动机堵转电流，其使用类别及操作频率应符合电动机的类型和机械的工作制：

a. 绕线转子电动机应采用 AC-2 类接触器；

b. 不频繁启动的笼型电动机应采用 AC-3 类接触器；

c. 密接通断、反接制动及反向的笼型电动机应采用 AC-4 类接触器。

③ 接触器在规定工作条件（包括使用类别、操作频率、工作电压）下的额定工作电流应不小于电动机的额定电流。接触器的规格也可按规定工作条件下控制的电动机功率来选择；制造厂通常给出 AC-3 条件下控制的电动机功率。用于连续工作制时，应尽量选用银或银基触头的接触器，如为铜触头，应按 8h 工作制额定值的 50% 来选择。

④ 根据 GB/T 14048.1—2012《低压开关设备和控制设备第 1 部分：总则》，启动器是"启动和停止电动机所需的所有开关电器与适当的过载保护电器组合的电器"。因此，启动器的选择应同时符合接触器和过载保护电器的要求。

⑤ 开关熔断器组和熔断器式开关的额定电流，应按所需的熔断器额定电流选择，但不

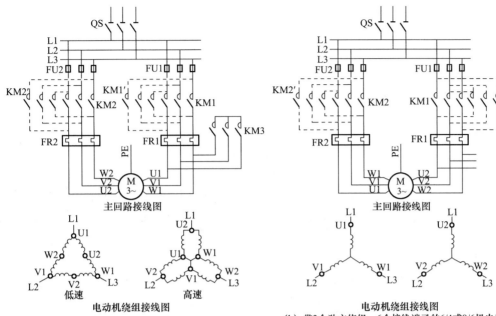

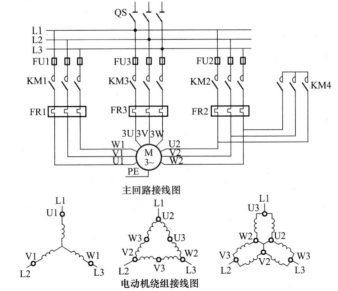

图 14-82 变极多速电动机的主回路及其绕组接线

注：虚线表示用于可逆旋转的接线。其他符号同图 14-81。

小于电动机额定电流的 1.5 倍。

有关定子回路启动控制电器选择的其他要求详见本书 7.3.2 节。

（2）转子回路启动控制电器的选择

绕线型异步电动机转子回路启动控制电器包括串入转子回路的频敏变阻器、电阻器及接入、切除上述设备时采用的接触器。

绕线型异步电动机启动时采用的频敏变阻器及电阻器的选择方法详见本书14.3节。

采用转子串电阻调速时，电阻值的选择方法详见本书14.4节。

反接制动时接入转子回路电阻器的选择方法详见本书14.5节。

接入、切除频敏电阻器和电阻器的接触器的选择方法根据转子回路的电压、电流选择接触器的形式及额定工作电压、额定工作电流、额定通断能力和耐受过载电流能力等参数，具体可参考本书7.3.2节。

（3）启动控制电器及过载保护电器与短路保护电器的协调配合

1）协调配合的基本要求　启动控制电器及过载保护电器（以下统称启动器）应与短路保护电器互相协调配合。根据GB 14048.4—2020《低压开关设备和控制设备第4-1部分：接触器和电动机启动器　机电式接触器和电动机启动器（含电动机保护器）》，其协调配合的要点如下。

① 过载保护电器（OPLD）与短路保护电器（SCPD）之间应有选择性：

a. 在OLPD与SCPD两条时间-电流特性曲线交点所对应的电流（大致相当于电动机堵转电流）以下，SCPD不应动作，而OLPD应动作使启动器断开；启动器应无损坏。

b. 在两条曲线交点对应的电流以上，SCPD应在OLPD动作之前动作；启动器应满足制造厂规定的协调配合条件。

② 短路情况下的协调配合条件允许有两类：

a. 1类配合　启动器在短路情况下可以损坏，但不应对周围人身和设备造成危害。

b. 2类配合　启动器在短路情况下不应对人身和设备造成危害，且应能继续使用，但允许有容易分开的触头熔焊。

③ 上述各项要求，由启动器制造厂通过试验来验证。

④ 启动器供货商应成套供应或推荐适用的短路保护电器，以保证协调配合的要求。

2）协调配合类型的选择

① 一般情况下，1类配合是可以接受的。短路的发生显然是电动机或其末端线路电气元件损坏所致，因而检查和更换元器件是难免的。

② 对连续运行要求很高的电动机或容易达到所需配合条件时，直选用2类配合。

3）启动器与熔断器的协调配合　采用熔断器作短路保护，容易达到其协调配合的相关要求，包括2类配合。国内外多家启动器或接触器制造厂提供了适用的熔断器配套规格。表14-34列出了部分国产型号接触器与熔断器的协调配合规格。

表14-34　部分国产接触器与熔断器的协调配合

| 熔断器型号、规格 | 接触器型号、规格（380V，AC-3的额定工作电流） | | | | |
|---|---|---|---|---|---|
| RL6、RT16-10 | CJ45-6.3 | | | | |
| RT16-16 | CJ45-9M、9、12 | | GC1-09 | | |
| RT16-20 | | CJ20-9 | GC1-12 | CK1-10 | NC8-09 |
| RT16-25 | | | GC1-16 | | NC8-12 |
| RT16-32 | | CJ20-16 | GC1-25 | CK1-16 | |
| RT16-40 | CJ45-16、25 | | | | |
| RT16-50 | CJ45-32、40 | CJ20-25 | GC1-32 | CK1-25 | NC8-16、25 |
| RT16-63 | | | GC1-40、50 | | NC8-32 |

续表

| 熔断器型号、规格 | 接触器型号、规格（380V,AC-3 的额定工作电流） | | | | |
|---|---|---|---|---|---|
| RT16-80 | | CJ20-40 | GC1-63 | CK1-40 | NC8-40 |
| RT16-100 | CJ45-50、63 | | GC1-80 | | NC8-50 |
| RT16-125 | CJ45-75、95 | | GC1-95 | | NC8-63 |
| RT16-160 | CJ45-110、140 | CJ20-63 | | CK1-63～80 | NC8-80 |
| RT16-200 | | | | | NC8-100 |
| RT16-250 | CJ45-170、205 | CJ20-100 | GC1-100、125 | CK1-100～125 | |
| RT16-315 | CJ45-250、300 | CJ20-160 | GC1-160～250 | CK1-160～250 | |
| RT16-400 | | CJ20-250 | | | |
| RT16-500 | CJ45-400、475 | CJ20-400 | GC1-350～500 | CK1-315～500 | |
| RT16-630 | | CJ20-630 | GC1-630 | | |
| RT16-800 | | | GC1-800 | | |
| 协调配合条件 | 2 类配合 | 2 类配合 | | | |

4) 启动器与低压断路器的协调配合 低压断路器在短路分断时间内的焦耳积分（$I^2t$）高于熔断器相应的 $I^2t$。

## 14.8 电动机调速系统性能指标

任何一台需要转速控制的设备，其生产工艺对控制性能都有一定的要求。例如，精密机床要求加工精度达到几十微米至几微米；重型机床的进给机构需要在很宽的范围内调速，最高和最低相差近 300 倍；容量几千千瓦的初轧机轧辊电动机在不到 1s 的时间内就得完成从正转到反转的过程；高速造纸机的抄纸速度达 1000m/min，要求稳速误差小于 0.01%。所有这些要求，都可转化成电气传动控制系统的静态和动态指标，作为设计系统时的依据。

电气传动控制系统的动态性能指标主要是指在给定信号或扰动信号作用下，系统输出的动态响应中的各项指标。静态性能指标主要是指在控制信号和扰动信号作用结束后 3～4 倍动态调节时间后的系统输出的实际值各项性能指标。

这些性能指标用于评价或考核电气传动控制系统的品质。

如果没有特别规定，测量电气传动控制系统的性能指标可以在以下条件下进行：

① 基本速度（或额定功率）；

② 电动机额定电压；

③ 空载（一般应将电动机与负载机械的联轴器、齿轮箱等脱开，否则应相应降低系统的性能指标，并注意阶跃给定下机械实际承受的能力）。

将测量结果等效折算到额定条件下，作为系统的性能指标。

### 14.8.1 静态性能指标

（1）稳态调速精度

稳态调速精度是转速给定值 $n^*$ 与实际值 $n$ 之差 $\Delta n$ 的相对值（%），其基值为电动机额

定转速 $n_N$。在计算 $\Delta n$ 时，要考虑三个导致转速变化的因素：

① 负载转矩变化（从空载至额定转矩 $T_N$）；

② 环境温度变化（$\pm 10$℃）；

③ 供电电网电压变化（$-5\% \sim +10\%$）。

$$稳态调速精度 = \frac{\Delta n}{n_N} \times 100\% = \frac{n^* - n}{n_N} \times 100\% \tag{14-133}$$

(2) 静差率和调速范围

静差率又称为转速变化率，是指在某一设定的转速下，负载由空载（$\leqslant 0.1 T_N$）到额定负载（$T_N$）变化时，空载转速 $n_0$ 与额定负载下的转速 $n$ 之差的相对值（%），其基值是 $n$（如图 14-83 所示）。

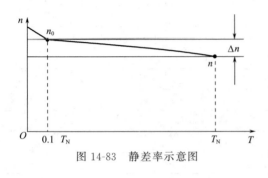

图 14-83 静差率示意图

静差率与调速系统机械特性的硬度有关，特性越硬，静差率越小；另外，静差率还与工作转速有关，转速越低，静差率越大。

调速范围又称为调速比，是指在符合规定的静差率条件下，电动机从最高转速 $n_{max}$ 到最低转速 $n_{min}$ 的转速变化倍数（如图 14-84 所示）。

$$调速范围 = n_{max}/n_{min} \tag{14-134}$$

调速范围和静差率两项指标不是相互孤立的，必须同时提出才有意义。

(3) 稳速精度

稳速精度是指在规定的电网质量和负载扰动条件下，按给定转速在规定的运行时间 $T$ 内连续运行，每隔一定的时间间隔 $t_s$ 测量一次转速平均值，取其中的转速最大值 $n_{tmax}$ 和转速最小值 $n_{tmin}$，稳速精度值（%）按下式计算（如图 14-85 所示）：

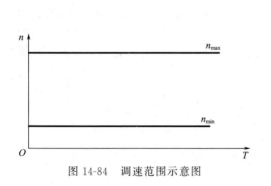

图 14-84 调速范围示意图

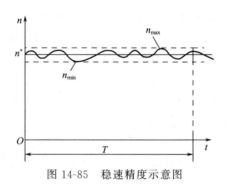

图 14-85 稳速精度示意图

$$稳速精度 = \frac{n_{tmax} - n_{tmin}}{n_{tmax} + n_{tmin}} \times 100\% \tag{14-135}$$

(4) 转速分辨率

在数字控制调速系统中，转速设置值被量化后，严格说来调速是有级的。转速分辨率是指相邻两级转速设定之差 $\Delta n^*$ 的相对值（%），其基值是最高转速设定值 $n_{max}^*$，即

$$转速分辨率 = \frac{\Delta n^*}{n_{max}^*} \times 100\% \tag{14-136}$$

转速分辨率取决于数字控制器的位数。

## 14.8.2 动态性能指标

(1) 阶跃给定信号响应指标

在一般电气传动控制系统中，典型的响应特性是速度给定、电流给定（或转矩给定），在阶跃变化后，其实际速度、实际电流（或实际转矩）跟随初始给定条件变化的时间响应曲线，如图 14-86 所示。

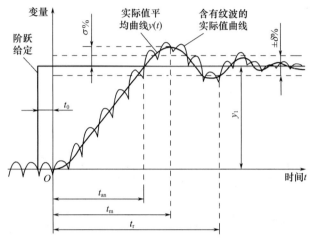

图 14-86 在阶跃给定控制信号下的系统响应

$y_1$—阶跃给定值；$t_0$—信号传输时间；$t_m$—实际值达到最大峰值的时间；$t_{an}$—响应时间；
$t_r$—调节时间；$\pm\delta\%$—动态响应偏差带；$\sigma\%$—超调量

由于系统输出时间响应曲线可能含有大量纹波，如果合同没有特别约定，时间响应曲线应为平均曲线。

此外，从给定信号发出到实际值开始响应可能存在传输延时（滞后）时间 $t_0$，在具体测量考核时，应予以注意。

① 响应时间 $t_{an}$　响应时间 $t_{an}$，又称起调时间，是指在规定的运行和使用条件下，施加规定的单位阶跃给定信号，系统实际值第一次达到给定值的时间。

② 动态响应偏差带 $\pm\delta\%$　实际值与给定值相比较的正负偏差值范围，以实际值与给定值相比较的偏差值除以最大给定值的百分数表示，如果没有特别规定，该偏差带一般为 $\pm 2\%$ 左右。

③ 超调量 $\sigma\%$　实际值超过给定值的最大数值除以最大给定值的绝对值，以百分数表示。

$$\sigma\% = \left| \frac{y(t_m) - y_1}{y_m} \right| \times 100\% \tag{14-137}$$

式中　$y(t_m)$——实际值超过给定值的最大数值；
　　　$y_1$——给定值；
　　　$y_m$——最大给定值。

④ 调节时间 $t_r$　实际值进入偏差带 $\pm\delta\%$、且不会再超出该偏差带的时间。

⑤ 振荡次数 $N$　实际值在 $t_r$ 调节时间内围绕给定值摆动的次数。

(2) 斜坡给定信号响应指标

斜坡给定信号的动态响应指标主要是实际值的跟踪误差 $\delta_t\%$，定义为给定值以商定的固定斜率变化至额定值，实际值在跟随给定值变化过程中的误差值与最大给定值的比值，以百分数表示，如图 14-87 所示。

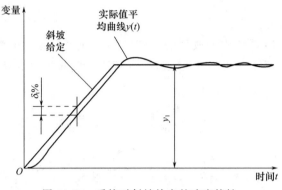

图 14-87　系统对斜坡给定的响应特性

$y_1$—稳态给定值；$\delta_t\%$—跟踪误差

(3) 阶跃扰动信号作用下的指标

这些指标是指在给定不变的情况下，在阶跃扰动作用下的控制系统性能指标，主要以动态波动量、回升时间、回复时间和动态偏差面积等指标衡量，如图 14-88 所示。

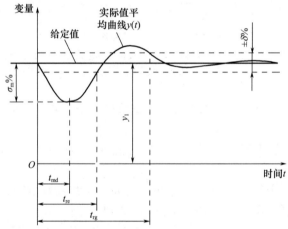

图 14-88　系统对阶跃扰动信号的动态响应

$y_1$—给定值；$\sigma_m\%$—动态波动量；$t_{md}$—达到最大偏差的时间；$t_{re}$—动态恢复时间；$t_{rg}$—调节时间；$\pm\delta\%$—偏差带

速度控制系统中的负载转矩跃变以及电网电压快速波动等一般属于阶跃变化的扰动信号。一般在额定阶跃转矩扰动下考核各项指标。

① 动态波动量 $\sigma_m\%$　在动态扰动下，实际值与给定值的最大偏差值与最大给定值之比，以百分数表示。

$$\sigma_m\% = \left| \frac{y(t_{md}) - y_1}{y_m} \right| \times 100\% \qquad (14\text{-}138)$$

式中　$y(t_{md})$——实际值与给定值的最大偏差；

$y_1$——给定值；

$y_m$——最大给定值。

② 动态波动恢复时间 $t_{re}$ 在动态扰动下，实际值从开始波动到第一次恢复到偏差带 $\pm\delta\%$ 的时间。

③ 动态调节时间 $t_{rg}$ 实际值在动态扰动下，从开始波动到第一次恢复到偏差带 $\pm\delta\%$ 的时间。

④ 动态偏差面积 $A_m\%$ 动态波动量 $\sigma_m\%$ 与动态波动恢复时间 $t_{re}$ 乘积的 1/2 作为动态偏差面积。

$$A_m\% = \left| \frac{\sigma\% \times t_{re}}{2} \right| \tag{14-139}$$

$A_m\%$ 是衡量电气传动控制系统最重要的动态性能指标之一。

## 14.9 PLC 的应用

可编程控制器是一种专为工业环境下应用而设计的、以微处理芯片为核心的新型工业控制装置。在可编程控制器出现以前，继电器控制得到了广泛应用，使其在工业控制中占主导地位。但是，继电器控制系统是靠硬连线逻辑构成系统，接线复杂，对生产工艺变化的适应性差，并且体积大、可靠性低、查找故障困难。1969 年，美国的数字公司（DEC）研制出了世界上第一台可编程控制器，并在通用公司汽车生产线上首次应用成功。当时人们把它称为可编程逻辑控制器（Programmable Logic Controller），简称 PLC。初期的 PLC 仅具备逻辑控制、定时、计数等功能，只是用它来取代继电器控制。随着微电子技术和计算机技术的发展，20 世纪 70 年代中期出现了微处理器和微型计算机，微机技术被应用到 PLC 中，使其不仅具有逻辑控制功能，而且还增加了运算数据、传送和处理等功能，成为具有计算机功能的工业控制装置。1980 年，美国电气制造商协会（NEMA）正式将其命名为可编程控制器（Programmable Controller）。

国际电工委员会（IEC）于 1987 年 2 月颁布了可编程序控制器标准的第三稿，对可编程控制器做了如下定义：可编程控制器是一种数字运算操作的电子系统，专为工业环境下的应用而设计，它采用可编程存储器，用来在其内部存储执行逻辑运算、顺序控制、定时、计数和算术运算等操作的命令，并通过数字式或模拟式的输入和输出，控制各种类型的生产机械或生产过程。其有关的外围设备都应按照易于与工业控制系统连成一体，易于扩充功能的原则而设计。由 PLC 的定义可以看出：①PLC 为适应各种较为恶劣的工业环境而设计；②PLC 具有与计算机相似的结构，是一种工业通用计算机；③PLC 必须经过用户二次开发编程方可使用。我国从 1974 年开始研制可编程控制器，1977 年应用于工业。如今，可编程控制器已经大量应用于各种电气设备中。

### 14.9.1 PLC 的系统组成

PLC 是一种以微处理器为核心的专用于工业控制的特殊计算机，其硬件配置与一般微型微计算机类似，如图 14-89 所示。虽然 PLC 的具体结构多种多样，但其基本结构相同，即主要由中央处理单元（CPU）、存储单元、输入单元、输出单元、电源及编程器等构成。

（1）中央处理单元

中央处理单元（CPU）是 PLC 的核心组成部分，是系统的控制中枢，起着总指挥的作用。其主要功能是接收并储存从编程器输入的用户程序和数据；按存放的先后次序取出指令并进行执行；检查电源、存储器、输入输出设备以及警戒定时器的状态等。

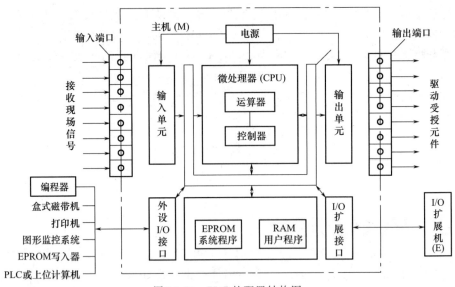

图 14-89  PLC 的配置结构图

PLC 常用的 CPU 主要采用通用微处理器、单片机和双极型位片式微处理器三种。通用微处理器常用的是 8 位处理器和 16 位处理器，如 8085、8086、M6809 等。单片机常用的是 8031、8051 等。双极型位片式微处理器常用的有 AM2900、AM2901、AM2903 等。

在小型 PLC 中，大多采用 8 位微处理器和单片机；在中型 PLC 中，大多采用 16 位微处理器和单片机；在大型 PLC 中，大多采用单片机和双极型位片式微处理器。微处理器的位数越高，运算速度越快，指令功能越强。

（2）存储器

PLC 的存储器是一些具有记忆功能的电子器件，主要用于存放系统程序、用户程序和工作数据等信息。存放系统软件的存储器称为系统程序存储器，存放应用软件的存储器称为用户程序存储器，存放工作数据的存储器称为数据存储器。

① PLC 常用的存储器类型

a. RAM（Random Access Memory）。RAM 是一种读/写存储器，又称为随机存储器。它读写方便，存储速度快，由锂电池支持的 RAM 可以满足各种需要。PLC 中的 RAM 一般用作用户程序存储器和数据存储器。

b. ROM（Read Only Memory）。ROM 称为只读存储器，其内容一般不能修改，掉电后不会丢失。在 PLC 中一般用于存储系统程序。

c. EPROM（Erasble Programmable Read Only Memory）。EPROM 是一种可擦除的只读存储器。在紫外线连续照射约 20min 后，即能将存储器内的所有内容清除。若加高电平（12.5V 或 24V）可以写入程序。在断电的情况下，存储器的内容保持不变。这类存储器可以用来存储系统程序和用户程序。

d. $E^2$PROM（Electrical Erasble Programmable Read Only Memory）。$E^2$PROM 是一种可电擦除的只读存储器，使用编程器就可以对存储的内容进行修改。它兼有 RAM 和 EPROM 的优点。但要对其某单元写入时，必须首先擦除该存储单元的内容，且执行读/写操作的总次数有限，约 1 万次。

② PLC 存储空间的分配  PLC 的存储空间一般可分为三个区域：系统程序存储区、系统 RAM 存储区（包括输入/输出映像区和系统软设备）、用户程序存储区。

a. 系统程序存储区 一般采用 ROM 或 EPROM 存储器。该存储区用于存放系统程序。包括监控程序、功能子程序、管理程序、命令解释程序、系统诊断程序等。这些程序和硬件决定了 PLC 的各项性能。

b. 系统 RAM 存储区 包括 I/O 映像区以及逻辑线圈、数据寄存器、计数器、定时器等设备的存储器区。

c. 用户程序存储区 可用于存放用户自行编制的各种用户程序。该区一般采用 EPROM 或 $E^2$PROM 存储器，或者采用加备用电池的 RAM。不同类型的 PLC，其存储容量各不相同。中小容量 PLC 一般不超过 8KB，大型 PLC 的存储容量高达几百 KB。

（3）输入/输出（I/O）单元

输入/输出信号分为数字量（包括开关量）和模拟量。相应的输入/输出模块包括：数字量输入模块、数字量输出模块、模拟量输入模块、模拟量输出模块。

下面以开关量为例介绍 I/O 单元。I/O 单元是 PLC 与现场的 I/O 设备或其他外设之间的连接部件。PLC 通过输入单元把工业设备或生产过程的状态、信息读入主机，通过用户程序的运算与操作，把结果通过输出单元输出给执行机构。输入单元对输入信号进行滤波、隔离、电平转换等，把输入信号安全可靠地传送到 PLC 内部，输出单元把用户程序的运算结果输出到 PLC 外部。输出单元具有隔离 PLC 内部电路和外部执行元件的作用，还具有功率放大的作用。

① 输入单元 PLC 的输入单元通常有三种类型：直流 12～24V 输入，交流 100～120V 或 200～240V 输入，交直流 12～24V 输入。如图 14-90 所示为两种典型的 PLC 输入电路。外部输入开关通过输入端子与 PLC 相连接。

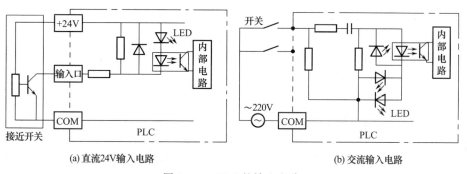

图 14-90 PLC 的输入电路

输入电路的一次电路和二次电路间有光电隔离器件，将现场与 PLC 内部在电气上隔离。电路上设有 RC 滤波器，用于消除输入触点的抖动和输入线引入的外部噪声的干扰。当输入开关闭合时，一次电路中流过电流，输入指示灯亮，光电隔离器中的发光二极管发光，光耦合三极管从截止状态变为饱和导通状态，从而使 PLC 的输入数据发生改变。

② 输出单元 PLC 的输出通常有以下三种形式（如图 14-91 所示）：

a. 继电器输出型 PLC 输出时，通过内部驱动电路接通或断开输出继电器的线圈，使继电器的触点闭合或断开，用继电器触点控制外电路的通断。

b. 晶体管输出型 通过光电隔离器件使开关晶体管导通或截止，以控制外电路的接通或断开。

c. 双向晶闸管输出型 采用的是光耦合双向晶闸管。

每种输出电路都有隔离措施。继电器输出型利用继电器的触点和线圈将 PLC 的内部电路与外部负载电路进行电气隔离（机械绝缘）；晶体管输出型是在 PLC 的内部电路与输出晶

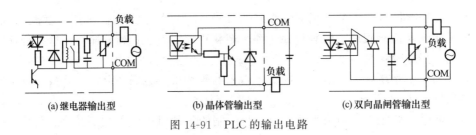

图 14-91 PLC 的输出电路

体管之间实现光电隔离；双向晶闸管输出型是在 PLC 内部电路与双向晶闸管之间采用光触发晶闸管进行隔离。

输出电路的负载电源由外部提供。电源电压的大小应根据输出器件类型与负载要求确定。允许流过的输出电流一般为 0.5~2A，其额定值与负载性质有关。PLC 的外部负载通常有接触器、电磁阀、信号灯、执行器等，但不可以直接带电动机。

（4）电源

PLC 的工作电源一般为单相交流电源或直流电源。要求额定电压为 AC100~240V，额定频率为 50~60Hz，电压允许范围为 AC85~264V，允许瞬间停电时间为 10ms 以下；用直流供电的 PLC 机种，要求输入信号电压为 DC24V，输入信号电流为 7mA。PLC 都包括一个稳压电源用于对 CPU 和 I/O 单元供电，有的 PLC 的电源与 CPU 合为一体，有的 PLC 特别是大中型 PLC，则备有专用的电源模块。另外，有的 PLC 电源部分还提供 DC24V 稳压输出，用于对外部传感器供电。

（5）编程器

PLC 是靠顺序地执行其内部存储的程序来完成某一工作的，程序的输入装置称为编程器。编程器主要由键盘、显示器和通信接口等设备组成，编程器的主要任务是输入程序、调试程序和监控程序的执行。

（6）智能接口模块

随着 PLC 应用范围的扩大，各 PLC 生产厂家在提高主机性能的同时，还开发了各种专门用途的智能接口模块，以满足各种工业控制的要求。这些模块包括：高速计数模块、定位控制模块、PID 模块、网络模块、中断控制模块、温度传感器输入模块和语言输出模块等。智能接口模块是一个独立的计算机系统。从模块组成结构上看，它有自己的 CPU、系统程序、存储器以及接口电路等。它与 PLC 的 CPU 通过系统总线相连接，进行数据交换，并在 CPU 模块的协调下独立地进行工作。

## 14.9.2 PLC 的软件与汇编语言

（1）PLC 的软件

PLC 系统由软件系统和硬件系统共同构成。PLC 软件系统分为系统程序和用户程序两大类。系统程序含系统的管理程序、用户指令的解释程序，另外还包括一些供系统调用的专用标准程序模块等。系统管理程序完成机内运行相关时间分配、存储空间分配及系统自检等工作。用户指令的解释程序完成用户指令变换到机器码的工作。系统程序在用户使用 PLC 之前就已经装入机内，并永久保存，在各种控制工作中不需要做调整。用户程序是用户为达到某种控制目的，采用 PLC 厂家提供的编程语言编写的程序，是一定控制功能的表述。同一台 PLC 用于不同的控制目的时就需要编制不同的用户程序。用户程序存入 PLC 后，如需改变控制目的，还可以多次改写。

（2）PLC 的编程语言

根据系统配置和控制要求编制用户程序，是 PLC 应用于工业控制的一个重要环节。为使广大电气工程技术人员很快掌握 PLC 的编程方法，通常 PLC 不采用微型计算机的编程语言，PLC 的系统软件为用户创立了一套易学易懂、应用简便的编程语言，它是 PLC 能够迅速推广应用的一个重要因素。由于 PLC 诞生至今时间不长，发展迅速，因此其硬件、软件尚无统一标准，不同生产厂商、不同机型 PLC 产品采用的编程语言只能适应自己的相关产品，国际电工委员会 1994 年规定的（IEC 1131）PLC 编程语言有以下五种。

① 梯形图编程语言（Ladder Diagram）。这是目前 PLC 使用最广、最受电气技术人员欢迎的一种编程语言。因为，梯形图不但与传统继电器控制电路图相似，设计思路也与继电器控制图基本一致，还很容易由电气控制线路转化而来。由于梯形图是 PLC 用户程序的一种图形表达式，如图 14-92(a) 所示，因此梯形图设计又称为 PLC 程序设计或编程。

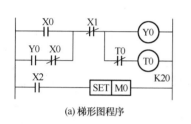

```
0  LD    X0   ……←与母线相连      7  ANT  T0   ……←串联T0动断触点
1  LD    Y0   ……←与母线相连      8  OUT  T0   ……←驱动T0线圈 (3步)
2  ANI   X0   ……←串联X0动断触点      SP   K20  ……←设定延时时间
3  ORB        ……←并联Y0、X0组成的块   11 LD    X2   ……←与母线相连
4  ANI   X1   ……←串联X1动断触点   12 SET  M10  ……←使M0置1
5  OUT   Y0   ……←驱动指令
```

(a) 梯形图程序　　　　　　　　　　　　(b) 指令表程序

图 14-92　PLC 的编程语言

② 指令表编程语言（Instruction List）。它与汇编语言相似，但比编程语言更简单。它采用助记符指令（又称语句），并以程序执行顺序逐句编写成指令表。指令表可直接键入简易编程器，其功能与梯形图完全相同。由于简易编程器既没有大屏幕显示梯形图，也没有梯形图编程功能，所以小型 PLC 采用指令表编程语言更为方便、实用。如图 14-92(b) 所示是图 14-92(a) 梯形图程序的指令表。指令表与梯形图有严格的一一对应关系。由于不同型号 PLC 的助记符、指令格式和参数表示方法各不相同，因此它们的指令表也不相同。

③ 顺序功能图编程语言（Sequential Function Chart）。简称为 SFC 编程语言，又称为功能表图或状态转移图。它是将一个完整的控制过程分为若干个阶段（状态），各阶段具有不同动作，阶段间有一定的转换条件，条件满足就实现状态转移，上一状态动作结束，下一状态动作开始，用这种方式表达一个完整控制过程。

举例：组合机床动力头进给运动如下所示：

```
            Y0、Y1 均为 ON
    快进─────────────→
                        Y1 为 ON
              工进─────────→
          Y2 为 ON
    ←─────────────── 快退
```

可用顺序功能图来实现，如图 14-93 所示。当按启动按钮 X0 则由线圈 Y0、Y1 完成动力头快进，碰到限位开关 X1 后变为由线圈 Y1 完成工作进给，碰到 X2 后，由线圈 Y2 得电完成快速退回原位。

④ 逻辑图编程语言（Logic Chart）。逻辑图编程语言也是一种图形编程语言，采用逻辑电路规定的"与""或""非"等逻辑图符号，依控制顺序组合而成，如图 14-94 所示的就是用此语言编制的一段 PLC 程序。

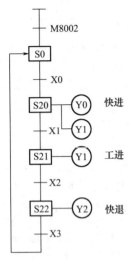

图 14-93 组合机床动力头状态转移图

⑤ 高级编程语言。随着软件技术的发展，为增强 PLC 的运算功能和数据处理能力并方便用户使用，许多大、中型 PLC 已采用类似 BASIC、FORTAN、C 等高级语言的 PLC 专用编程语言，实现程序的自动编译。

目前各种类型的 PLC 一般都能同时使用两种以上的语言，且大多数都能同时使用梯形图编程语言和指令表编程语言。虽然不同的厂家梯形图编程语言和指令表编程语言的使用方式有差异，但其编程原理和基本方法是相同的。

(3) PLC 梯形图的特点

① PLC 的梯形图是按"从上到下"的原则按行绘制的，两侧的竖线类似电器控制图的电源线，通常称为母线（Bus Bar）；梯形图的每一行是按"从左到右"的原则绘制，左侧为输入接点逻辑程序，最右侧为输出元件线圈。

② 继电器控制电路左右母线为电源线，中间各支路都加有电压，当支路接通时有电流流过支路上的触点与线圈。而梯形图的左右母线是一种界限线，并未加电压，梯形图中的支路（逻辑行）接通时，并没有电流流动，有时称"电流"流过，只是一种假想电流，是为了分析方便而说的。且假想电流在图中只能从左向右作单方向的流动。层次改变（接通的顺序）也只能先上后下，与程序编写时的步序号是一致的。

③ 梯形图中的输入接点如 X0、X1、X2 等，输出线圈如 Y0、Y1、Y2 等不是物理接点和线圈，而是输入、输出存储器中输入、输出点的状态，也不是解算时现场开关的实际状态；输出线圈只对应输出映像区的相应位，该位的状态必须通过 I/O 模块上对应的输出单元才能驱动现场执行机构。

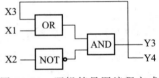

图 14-94 逻辑符号图编程方式

④ 梯形图中使用的各种 PLC 内部器件，如辅助继电器、定时器、计数器等各种软继电器，它不是真正的电气器件，但具有相应的功能，因此按电气控制系统中相应器件的名称称呼。梯形图中每个软继电器相应于 PLC 存储器中的一位，相应位为"1"，表示继电器线圈通电，或动合接点闭合，或动断接点断开；相应位为"0"，表示继电器线圈断电，或动合接点断开，或动断接点闭合。

⑤ 梯形图中的继电器，其动合、动断触点的数目是无限的（也不会磨损），在梯形图设计过程中需要多少就使用多少，给设计带来很大方便。对于外部输入信号，只要接入单触点到 PLC 即可。

⑥ 电器控制电路中各支路是同时加上电压并行工作的。而 PLC 是采用不断循环、顺序扫描的方式工作，梯形图中各元件是按扫描顺序依次执行的，是一种串行处理方式。由于扫描时间很短（一般不过几十毫秒），所以梯形图的控制效果与电器控制电路的控制效果基本相同。在设计梯形图时，对这种并行处理与串行处理的差别有时应予注意，特别是那些在程序执行阶段还要随时对输入、输出状态存储器进行刷新操作的 PLC，不要因为对串行处理这一特点考虑不够而引起误操作。

## 14.9.3 PLC 的工作原理

PLC 控制任务的完成是在其硬件的支持下，通过执行反映控制要求的用户程序来实现的，这一点与计算机的工作原理一致。但个人计算机与 PLC 的工作方式有所不同。计算机一般采用等待命令工作方式，如常见的键盘扫描或 I/O 扫描方式，当键盘按下或 I/O 口有信号时产生中断转入相应子程序。而 PLC 确定了工作任务，装入了专用程序成为一种专用机，它采用循环扫描的工作方式，系统工作任务管理及用户程序的执行都通过循环扫描的方式来完成，也称为巡回扫描的工作机制。

(1) 巡回扫描机制

PLC 的巡回扫描，即是对整个程序巡回执行的工作方式，就是说用户程序的执行不是从头到尾只执行一次，而是执行一次以后，又返回去执行第二次、第三次……直到停机。因此，PLC 可以被看成是在系统软件支持下的一种扫描设备，PLC 开机后，一直在周而复始地循环扫描并执行由系统软件规定好的任务。如图 14-95 所示是小型 PLC 的 CPU 工作流程图。

由图 14-95 可知，PLC 的工作过程可以分为四个扫描阶段：

① 一般内部处理扫描阶段。包括硬件初始化、I/O 模块配置检查、停电保持范围设定和其他初始化处理等工作。

② 通信服务与自诊断阶段。在此阶段 PLC 的 CPU 完成一些与编程器或其他外设的通信，完成数据的接收和发送任务、响应编程器键入的命令、更新编程器显示内容、更新时钟和特殊寄存器内容等工作。

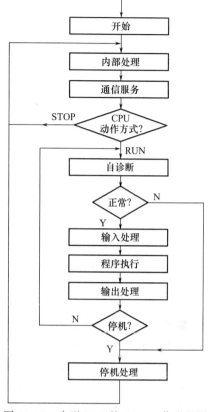

图 14-95　小型 PLC 的 CPU 工作流程图

PLC 具有很强的自诊断功能，如电源检测、内部硬件是否正常、程序语法是否有误等，一旦出错或异常 CPU 能根据错误类型和程序内容产生提示信息，甚至停止扫描或强制为 STOP 状态。

③ 执行用户程序扫描阶段。此阶段包括输入采样、程序执行、输出处理三阶段。

④ 数据输入/输出扫描阶段。此阶段将输入现场信号扫描到输入映像寄存器；将输出映像寄存器中的结果去驱动生产现场。

(2) I/O 映像区

在正常情况下，一个用户程序扫描周期由三个阶段组成，如图 14-96 所示。

① 输入采样阶段　PLC 的核心模块 CPU 不能直接与外部接线端子联系。送到 PLC 端子上的输入信号经过电平转换、光电隔离、滤波处理等一系列电路进入缓冲器等待采样，没有 CPU 采样的"允许"，外界信号是不能进入内存的。在 PLC 的存储器中，有一个专门存放输入输出信号状态的区域，称为输入映像寄存器和输出映像寄存器，PLC 梯形图中别的编程元件也有对应的映像存储区，它们称为元件映像寄存器。

在输入处理阶段，PLC 把所有外部输入电路的接通/断开（ON/OFF）状态读入输入映像寄存器。外接的输入触点电路接通时，对应的输入映像寄存器为"1"，梯形图中对应的输入继电器的动合触点接通，动断触点断开。外接的输入触点电路断开时，对应的输入映像寄存器为"0"，梯形图中对应的输入继电器的动合触点断开，动断触点接通。

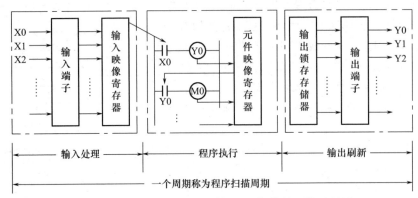

图 14-96  PLC 用户程序扫描和 I/O 操作的工作过程图

值得注意的是，只有在采样时刻，输入映像寄存器中的内容才与输入信号一致，而其他时间范围内输入信号的变化是不会影响输入映像寄存器中的内容的，输入信号变化了的状态只能在下一个扫描周期的输入处理阶段被读入。因此，如果输入是脉冲信号，则该脉冲信号的宽度必须大于一个扫描周期，才能保证在任何情况下，该输入均能被读入。由于 PLC 扫描周期一般只有几十毫秒，所以两次采样间隔很短，对一般开关量来说，可以认为没有因间断采样引起的误差，即认为输入信号一旦变化，就能立即进入输入映像寄存器内。但对于实时性很强的应用，由于循环扫描而造成的输入延迟就必须考虑。

② 程序执行阶段　PLC 用户程序由若干条指令组成，指令在存储器中按步序号顺序排列。在没有跳转指令时，CPU 从第一条指令开始，逐条顺序地执行用户程序，直到用户程序结束之处。在执行指令时，从输入映像寄存器或元件映像寄存器中将有关编程元件的 "0" / "1" 状态读出来，并根据指令要求执行相应的逻辑运算，将运算结果写入对应的元件映像寄存器中。因此，各编程元件的映像寄存器（输入映像寄存器除外）的内容随着程序的执行而变化。

③ 输出处理阶段　在输出处理阶段，CPU 将输出映像寄存器的 "0" / "1" 状态传送到输出锁存器。当梯形图中某一输出继电器的线圈 "通电" 时，对应的输出映像寄存器为 "1" 状态。信号经输出模块隔离和功率放大后，继电器型输出模块中对应的硬件继电器的线圈通电，其动合触点闭合，使外部负载通电工作。

若梯形图中输出继电器的线圈 "断电"，对应的输出映像寄存器为 "0" 状态，在输出处理阶段后，继电器型输出模块中对应的硬件继电器的线圈断电，其动合触点断开，外部负载断电，停止工作。当某一编程元件对应的映像寄存器为 "1" 状态时，称该编程元件状态为 ON，映像寄存器为 "0" 状态时，称该编程元件状态为 OFF。

以上方式称为成批输入/输出方式(或称为刷新方式)。

上述输入映像区、输出映像区集中在一起就是一般所称的 I/O 映像区，映像区的大小随系统输入、输出信号的多少，即输入、输出点数而定。

I/O 映像区的设置，使计算机执行用户程序所需信号状态及执行结果都与 I/O 映像区发生联系，只有计算机扫描执行到输入输出服务过程时，CPU 才从实际的输入点读入有关信号状态，存放于输入映像区，并将暂时存放在输出映像区内的运行结果传送至实际输出点。

由此可见，I/O 映像区的建立，使 PLC 系统变成数字采样控制系统，虽然不像硬件逻辑系统那样随时反映工作状态变化对系统的控制作用，但在采样时基本符合其实际工作状态，只要采样周期 $T$ 足够小，即采样频率足够高，就可以认为这样的采样控制系统有足够的精度，可以满足实时控制的要求。

（3）工作方式、工作状态与扫描周期

在 PLC 程序中，梯形图中的各软继电器处于周期巡回扫描中，它们的动作取决于程序的扫描顺序，这种工作方式称为串行工作方式。而继电器控制系统中，当各继电器都处于被制约状态，应吸合的继电器同时吸合，应释放的继电器同时释放，这种工作方式就称为并行工作方式。

PLC 的工作状态有停止（STOP）和运行（RUN）两种状态。当通过方式选择开关选择 STOP 状态时，PLC 只进行内部处理和通信服务等内容，可对 PLC 进行联机或者离线编程。当向 CPU 发出信号，使其进入 RUN 状态，就采用周期巡回扫描方式执行用户程序。

PLC 在运行工作状态时，执行一次如图 14-95 所示的扫描操作所需要的时间称为扫描周期，一般值为几十至 100ms。在如图 14-97 所示的程序中，PLC 采用巡回扫描工作方式，在图 14-97(a) 中，要使 M3 线圈为 "ON" 状态，只需要一个扫描周期时间即可完成对 M3 的刷新。而在图 14-97(b) 中要使 M3 线圈为 "ON" 状态，就需要四个扫描周期（即 4 次循环）的才能完成对 M3 的刷新。各线圈的状态见表 14-35。

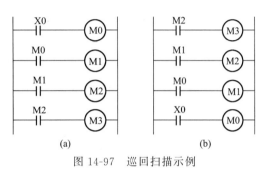

图 14-97 巡回扫描示例

表 14-35 各线圈巡回扫描状态表

| 图(a) | | 图(b) | | | | |
|---|---|---|---|---|---|---|
| 元 件 | 状 态 | 元 件 | 状 态 | | | |
| | 第一次 | | 第一次扫描状态 | 第二次… | 第三次… | 第四次… |
| X0 | ON | 线圈 M3 | OFF | OFF | OFF | ON |
| 线圈 M0 | ON | 线圈 M2 | OFF | OFF | ON | ON |
| 线圈 M1 | ON | 线圈 M1 | OFF | ON | ON | ON |
| 线圈 M2 | ON | 线圈 M0 | ON | ON | ON | ON |
| 线圈 M3 | ON | X0 | ON | ON | ON | ON |

（4）I/O 响应时间

在 PLC 控制系统中，输入信号发生变化，必将引起有关输出信号的变化，这之间是有一定的时间延迟的。如图 14-97(b) 所示中输入 X0 为 ON 后，经过 4 个扫描周期 M3 才为 ON。把从 PLC 系统的某一输入信号变化到系统有关输出端信号发生改变所需的时间定义为 I/O 响应时间。

由 PLC 的巡回扫描过程可知，外界信号必须在前一个扫描周期的 I/O 扫描阶段之前准备好，并由 PLC 读入到输入映像区，在计算机内经历一个扫描周期的时间，在本扫描周期的 I/O 扫描阶段输出给外设，这是系统必须有的扫描时间，如图 14-98 所示。

从 PLC 的输入信号开始变化、信号稳定到 CPU 读入的时间称为输入延迟时间。输入信号的出现有一定的随机性，信号的稳定时间是输入端硬件参数设定的，在计算机输入模块选定之后是一个常数，CPU I/O 扫描阶段读入该信号的时间则是随机的，因此输入延迟时间具有一定的随机性。

同输入延迟时间相类似，从 PLC 的输出数据由输出映像区送到外设，到数据在外设稳

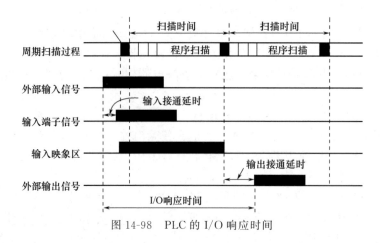

图 14-98 PLC 的 I/O 响应时间

定的时间称为输出延迟时间。输出延迟时间由 PLC 的外部接口的相关参数而定，当系统确定之后，输出延迟时间也是一个常数。

由此可见，I/O 响应时间必须有：一个扫描周期、一个输出延迟时间和大约一个 I/O 扫描阶段的时间。最后一项主要受信号具体读入时机的影响，信号读入的时机不同，可能略小于或略大于 I/O 扫描阶段的时间。

### 14.9.4 PLC 的网络通信技术

通常把具有一定的编码、格式和长度要求的数字信息称为数据信息。数据通信就是把数据信息以适当方式通过传送线路从一台机器传送到另一台或几台机器，从而高效率地完成相互间的数据传送、信息交换和通信处理。这里的机器主要指计算机、PLC、变频器或具有数字通信功能的其他数字设备。数据通信的任务是把地理位置不同的计算机和 PLC 及其他数字设备连接起来，高效率地完成数据传送、信息交换和通信处理。

(1) 并行通信和串行通信

① 并行通信  并行数据通信是以字节或字为单位的数据传输方式，除了 8 根或 16 根数据线和一根公共线外，还需要通信双方联络用的控制线。并行通信的传输速度快，但是传输线根数多，成本高，一般用于近距离的数据传输，例如打印机与计算机之间的数据传输。

② 串行通信  串行数据通信是以二进制的位为单位的数据传输方式，每次只传送一位，除了公共线外，在一个数据传输方向上只需要一根数据线，这根线既作为数据线又作为通信联络的控制线，数据信号和联络信号在这根线上按位进行传送。串行通信需要的信号线少，最少的只需要两根线（双绞线），适合于距离较远的场合。计算机和 PLC 都有通用的串行通信接口（例如 RS-232 和 RS-485），在工业控制中一般使用串行通信。

(2) 异步通信与同步通信

在串行通信中，接收方和发送方的传送速率应相同，但是实际的发送速率与接收速率之间总是有一些微小的差别，如果不采取措施，在连续传送大量信息时，将会因积累误差而造成错位，使接收方收到错误信息。为了解决这一问题，需要使发送过程和接收过程保持同步，这是数据通信中十分重要的问题。如果同步不好，就会导致误码增多，严重时可能使整个系统不能正常工作。目前解决同步技术问题的方法有两种，即异步通信和同步通信。

① 异步通信  异步通信亦称起止式通信，它是通过起止位来实现收发同步的目的，其信息格式如图 14-99 所示。发送的字符由一个起始位、7~8 个数据位、1 个奇偶校验位（可

以没有）、1 位或 2 位停止位组成。在通信开始之前，通信的双方需要对所采用的信息格式和数据的传输速率作相同的约定。接收方检测到停止位和起始位之间的下降沿后，将其作为接收起始点，在每一位的中点接收信息。由于一个字符中包含的位数不多，即使发送方和接收方的收发频率略有不同，也不会因两台机器之间的时钟周期的积累误差而导致收发错位。异步通信传送附加的非有效信息较多，传输效率较低。

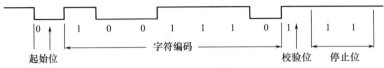

图 14-99  异步通信信息格式

② 同步通信  同步通信是以字节为单位（一个字节由 8 位二进制数组成），每次传送 1～2 个同步字符、若干个数据字节和校验字符。同步字符起联络作用，用它通知接收方开始接收数据。在同步通信中，发送方和接收方要保持完全同步，这意味着发送方和接收方应使用同一个时钟脉冲。可以通过调制解调方式在数据流中提取同步信号，使接收方得到与发送方完全相同的接收时钟信号。由于同步通信方式不需要在每个数据字符中加起始位、停止位和奇偶检验位，只需要在数据块（往往很长）之前加一、两个同步字符，所以传输效率高，但是对硬件的要求较高，一般用于高速通信。

数据传输速率是指单位时间内传输的信息量，它是衡量系统传输能力的主要指标。在串行通信中，传输速率（又称波特率）的单位是波特，即每秒传送的二进制位数，其符号为 bit/s 或 bps。常用的标准波特率为 300bit/s、600bit/s、1200bit/s、2400bit/s、4800bit/s、9600bit/s 等（成倍增加）。不同的串行通信网络的传输速率差别极大，有的只有数 bit/s，高速串行通信网络的传输速率可达 1Gbit/s。

(3) 单工与双工通信方式

单工通信方式只能沿单一方向发送或接收数据。双工通信方式的信息可以沿两个方向传送，每一个站既可以发送数据，也可以接收数据。双工通信方式又分为全双工和半双工两种不同的通信方式。

单工通信方式只能沿单一的方向发送或接收数据，不能反向。

全双工通信方式如图 14-100 所示，全双工方式数据的发送和接收分别使用两根或两组不同的数据线，通信的双方都能在同一时刻接收和发送信息。

半双工通信方式如图 14-101 所示，半双工方式用同一组线（例如双绞线）接收和发送数据，通信的某一方在同一时刻只能发送数据或接收数据。

图 14-100  全双工通信方式

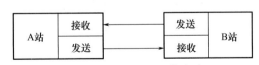
图 14-101  半双工通信方式

(4) 串行通信的接口标准

① RS-232C  RS-232C 是美国 EIA（电子工业联合会）于 1969 年公布的串行通信接口协议，至今仍在计算机和可编程控制器等数字设备中广泛使用。RS-232C 采用负逻辑，用 -5～-15V 表示逻辑状态"1"，用 +5～+15V 表示逻辑状态"0"。RS-232C 的最大通信距离为 15m，最高传输速率为 20Kbit/s，只能进行一对一的通信。RS-232C 可使用 9 针或

25 针的 D 型连接器，PLC 一般使用 9 针的连接器，距离较近时只需要 3 根线（如图 14-102 所示），其中 GND 为信号地。RS-232C 使用单端驱动、单端接收的电路（如图 14-103 所示），容易受到公共地线上电位差和外部引入的干扰信号的影响。

② RS-422A　美国的 EIA（电子工业联合会）于 1977 年制定了串行通信标准 RS-499，对 RS-232C 的电气特性做了改进，RS-422 是 RS-499 的子集。RS-422 采用平衡驱动差分接收电路（如图 14-104 所示），从根本上取消了信号地线。平衡驱动器相当于两个单端驱动器，其输入信号相同，两个输入信号互为反相信号，图中的小圆圈表示反相。外部输入的干扰信号主要以共模方式出现，两根传输线上的共模干扰信号相同，因接收器是差分输入，共模信号可以互相抵消。只要接收器有足够的抗共模干扰能力，就能从干扰信号中识别出驱动器输出的有用信号，从而克服外部干扰的影响。

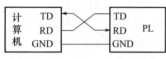
图 14-102　RS-232C 信号连接
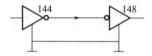
图 14-103　单端驱动单端接收

图 14-104　平衡驱动差分接收

RS-422A 在最大传输速率（10Mbit/s）时，允许的最大通信距离为 12m。传输速率为 100Kbit/s 时，最大通信距离为 1200m。一台驱动器可以连接 10 台接收器。

③ RS-485　在实际工业控制中，要求以最少的信号线完成通信任务，在目前 PLC 组成的网络控制系统中广泛使用 RS-485 串行接口总线。RS-485 是 RS-422A 的变形，RS-422A 采用的是全双工通信方式，两对平衡差分信号线分别用于发送和接收。RS-485 通常采用的是半双工通信方式，只是一对平衡差分信号线，不能同时发送和接收。

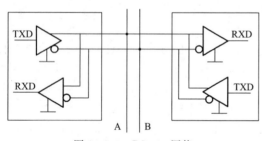
图 14-105　RS-485 网络

如图 14-105 所示，使用 RS-485 通信接口和双绞线可以组成串行通信网络，构成分布式系统，系统中最多可以有 32 个网站，新的接口器件已允许连接 128 个网站。

RS-485 的特点是通信速率较高（速率可达 10Mbit/s 以上），具有较强的抗干扰能力，输出阻抗低，并且无接地回路，传输距离较远，适于远距离数据传输。

(5) 网络参考模型

网络协议对计算机网络来说是非常重要的。不同的厂家有不同的网络产品，所使用的协议也不一样，如果没有一套通用的计算机网络通信标准，要实现不同厂家生产的智能设备之间的通信，将会付出昂贵的代价。

国际标准化组织 ISO 于 1981 年提出了一个网络体系结构——七层参考模型，称为开放系统互连模型 OSI（Open System Interconnection/Reference Model），作为通信网络国际标准化的参考模型。OSI 参考模型将整个网络通信功能划分为 7 个层次，如图 14-106 所示。

① 物理层（PH）　物理层的下面是物理介质（媒体），例如双绞线、同轴电缆等。物理层为建立、维护和释放数据链路实体之间的二进制比特传输的物理连接提供机械的、电气的、功能的和规程的特性。RS-232C，RS-422A/RS-485 等就是物理层标准的例子。因此，这一层表示了用户软件与硬件之间的实际连接。

② 数据链路层（DL）　它把物理层的数据打包成帧。数据以帧为单位传送，每一帧包

含一定数量的数据和必要的控制信息,例如同步信息、地址信息、差错控制和流量控制信息。数据链路层负责在两个相邻节点间的链路上,实现差错控制、数据成帧、同步控制等。

③ 网络层(N) 这一层定义网络操作系统通信用协议,为信息确定地址,把逻辑地址和名字翻译成物理地址。网络层的主要功能是报文包的分段、报文包阻塞的处理和通信子网中路径的选择。

④ 传输层(T) 这一层负责错误的确认和恢复,以确保信息的可靠传递。传输层的信息传送单位是报文(Message),其主要功能是流量控制、差错控制、连接支持,传输层向上一层提供一个可靠的端到端(end-to-end)的数据传输服务。

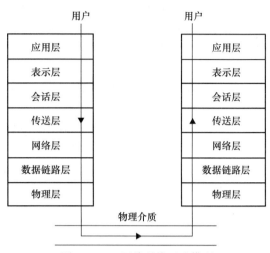

图 14-106 开放系统互连模型

⑤ 会话层(S) 会话层的功能是支持通信管理和实现最终用户应用进程之间的同步,允许在不同机器上的两个应用建立、使用和结束会话,按正确的顺序收发数据,进行各种对话。

⑥ 表示层(P) 表示层包含了处理网络应用程序数据格式的协议,它把应用层信息内容的形式进行变换,例如数据加密/解密、信息压缩/解压,把应用层提供的信息变成能够共同理解的形式。

⑦ 应用层(A) 应用层作为 OSI 的最高层,为最终用户的应用服务提供信息交换,负责整个网络应用程序一起很好地工作,为应用接口提供操作标准。

(6)现场总线技术

在传统的自动化工厂中,生产现场的传感器、调节器、变送器、执行器、变频器等数字设备和装置都是通过信号电缆与计算机、PLC 相连的。当这些装置和设备相距较远、分布较广时,会造成电缆的用量和安装铺设费用增加,从而使整个项目的投资成本增高,此外还存在系统连线复杂、可靠性下降、维护工作量增大、系统扩展困难等问题。因此如何将分散在现场的各种设备,通过可靠、快速、适用于工业环境的、低廉的通信与总线连接起来,构成一种现场总线网络系统,以实现现场设备的有效监控就是人们迫切需要解决的问题。现场总线就是在这种背景下产生的。

① 现场总线的概念 国际电工委员会 IEC 和现场总线基金会(FF)对现场总线(Fieldbus)的定义是:"安装在制造和过程区域的现场装置与控制室内的自动控制装置之间的数字式、串行、多点通信的数据总线称为现场总线"。也就是说现场总线是一种连接智能现场设备和自动化系统的数字、双向传输、多分支结构的通信网络。它是当前工业自动化的热点之一。现场总线以开放的、独立的、全数字化的双向多变量通信代替 0~10mA 或 4~20mA 现场电动仪表信号。现场总线 I/O 集检测、数据处理、通信为一体,可以代替变送器、调节器、记录仪等模拟仪表,它不需框架、机柜,可直接安装在现场导轨槽上。现场总线 I/O 的接线极为简单,只需一根电缆,从主机开始,沿数据链从一个现场总线 I/O 连接到下一个现场总线 I/O。使用现场总线后,自控系统的配线、安装、调试和维护等方面的费用可节约 2/3 左右,现场总线 I/O 与 PLC 可组成廉价的 DCS(Distributed Control Systems,分布式控制系统)系统。

② 几种主要的现场总线

a. 基金会现场总线（Foundation Fieldbus） 现场总线基金会（FF）是不依附于某个公司或企业集团的非商业化国际标准化组织，它致力于建立国际上统一的现场总线协议。基金会现场总线（FF）标准无专利许可要求，可供所有的生产厂家使用，其总线标准、产品检验等信息全部公开。

b. PROFIBUS（过程现场总线） PROFIBUS（Process Field Bus）是德国标准（DIN19245）和欧洲标准（EN50170）的现场总线标准。由 PROFIBUS-DP、PROFIBUS-FMS、PROFIBUS-PA 系列组成。DP 用于分散外设间高速数据传输，适用于加工自动化领域。FMS 适用于纺织、楼宇自动化、可编程控制器、低压开关等。PA 用于过程自动化的总线类型，服从 IEC 1158-2 标准。PROFIBUS 支持主-从系统、纯主站系统、多主多从混合系统等几种传输方式。PROFIBUS 的传输速率为 9.6Kbit/s 至 12Mbit/s，最大传输距离在 9.6Kbit/s 下为 1200m，在 12Mbit/s 下为 200m，可采用中继器延长至 10km，传输介质为双绞线或者光缆，最多可挂接 127 个站点。

c. LonWorks（局域操作网络） LonWorks（Local Operating Network）采用符合 ISO/OSI 模型全部 7 层标准的 LonTalk 通信协议，它被封装在称之为 Neuron（神经元）的芯片中。该芯片有 3 个 8 位的 CPU，第一个是介质访问控制处理器，第二个为网络处理器，第三个是应用处理器，它执行用户程序及其调用操作系统服务。Neuron 芯片还固化了 34 种 I/O 控制对象，目前已有几家公司推出了 LonWorks 产品。

d. CAN（控制器局域网络） 在现场总线领域中，在 IEC 61158 和 IEC 62026 标准之前，CAN（Controller Area Network）总线是唯一被批准为国际标准的现场总线。CAN 总线的总线规范已被国际标准化组织（ISO）制定为国际标准 ISO 11898 和 ISO 11519。CAN 总线得到了主要计算机芯片商的支持。它们纷纷推出带有 CAN 接口的微处理器（MCU）芯片。带有 CAN 的 MCU 芯片总量已超过 1 亿片，因此在接口芯片技术方面 CAN 已经遥遥领先于其他所有现场总线。一些主要的 PLC 厂家将现场总线作为 PLC 控制系统中的底层网络，例如 S7-200 系列 PLC 配备相应的通信模块后可接入 PROFIBUS 网络和 AS-i（actuator sensor interface，传感器/执行器接口）网络。PLC 与现场总线相结合，可以组成价格便宜、功能强大的分布式控制系统。

## 14.9.5 PLC 的分类与主要技术指标

（1）PLC 的分类

目前 PLC 的种类很多，规格性能不一。对 PLC 的分类，通常可根据其结构形式、容量或功能进行。

① 按结构形式的分类 按照硬件的结构形式，PLC 可分为以下三种。

a. 整体式 PLC：这种结构的 PLC 将电源、CPU、输入/输出部件等集成在一起，装在一个箱体内，通常称为主机。整体式结构的 PLC 具有结构紧凑、体积小、重量轻、价格较低等特点，但主机的 I/O 点数固定，使用不太灵活。小型的 PLC 通常使用这种结构，适用于简单的控制场合。

b. 模块式 PLC：也称积木式结构，即把 PLC 的各组成部分以模块的形式分开，如电源模块、CPU、输入模块、输出模块等，把这些模块插在底板上，组装在一个机架内。这种结构的 PLC 组装灵活、装配方便、便于扩展，但结构较复杂、价格较高。大型的 PLC 通常采用这种结构，适用于比较复杂的控制场合。

c. 叠装式 PLC：这是一种新的结构形式，它吸收了整体式和模块式 PLC 的优点，如日本三菱公司的 FX2 系列，它的基本单元、扩展单元和扩展模块等高等宽，但是各自的长度不同。它们不用基板，仅用扁平电缆，紧密拼装后组成一个整齐的长方体，输入、输出点数的配置也相当灵活。

② 按容量的分类　PLC 的容量主要指其输入输出点数。按容量大小，可将 PLC 分为以下三种。

　　a. 小型 PLC：I/O 点数一般在 256 点以下；
　　b. 中型 PLC：I/O 点数一般在 256～1024 点之间；
　　c. 大型 PLC：I/O 点数在 1024 点以上。

③ 按功能的分类　按 PLC 功能上的强弱，可分为以下三种。

　　a. 低档机：具有逻辑运算、计时、计数等功能，有的具备一定的算术运算、数据处理和传送等功能，可实现逻辑、顺序、计时计数等控制功能。

　　b. 中档机：除具有低档机的功能外，还具有较强的模拟量输入输出、算术运算、数据传送等功能，可完成既有开关量又有模拟量的控制任务。

　　c. 高档机：除具有中档机的功能外，还具有带符号运算、矩阵运算等功能，使其运算能力更强大，还具有模拟量调节、联网通信等功能，能进行智能控制、远程控制、大规模控制，可构成分布式控制系统，实现工厂自动化管理。

(2) PLC 的主要技术指标

PLC 的主要技术指标包括以下几种。

① 用户存储器容量　PLC 的存储器由系统程序存储器、用户程序存储器和数据存储器三部分组成。PLC 的存储容量一般指用户程序存储器和数据存储器容量之和，表征系统提供给用户的可用资源，是系统性能的一项重要技术指标。通常用 K 字、K 字节（KB）或 K 位来表示，其中 1K=1024，也有的 PLC 直接用所能存放的程序量表示。在一些 PLC 中存放的程序的地址单位为"步"，每一步占用两个字节，一条基本指令一般为一步。功能复杂的基本指令及功能指令往往有若干步。小型 PLC 用户存储器容量多为几 KB，而大型 PLC 可达到几 MB。

② 输入输出点数　输入输出的点数是指外部输入输出端子的数量，决定了 PLC 可控制的输入开关信号和输出开关信号的总体数量。它是描述 PLC 大小的一个重要参数。

③ 扫描速度　扫描速度与扫描周期成反比。通常是指 PLC 扫描 1KB 用户程序所需的时间，一般以 ms/KB 为单位。其中 CPU 的类型、机器字长等因素直接影响 PLC 的运算精度和运行速度。

④ 编程指令的种类和功能　某种程序上用户程序所完成的控制功能受限于 PLC 指令的种类和功能。PLC 指令的种类和功能越多，用户编程就越方便简单。

⑤ 内部寄存器的配置和容量　用户编制 PLC 程序时，需要大量使用 PLC 内部的寄存器存放变量、中间结果、定时计数及各种标志位等数据信息，因此内部寄存器的数量直接关系到用户程序的编制。

⑥ PLC 的扩展能力　在进行 PLC 选型时，其扩展性是一个非常重要的因素。可扩展性包括存储容量的扩展、输入输出点数的扩展、模块的扩展、通信联网功能的扩展等。

另外，PLC 的电源、编程语言和编程器、通信接口类型等也是不可忽视的指标。

# 第15章 建筑智能化

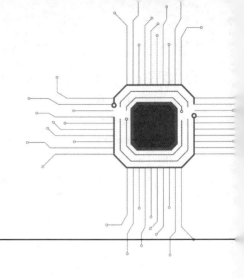

## 15.1 火灾自动报警系统及消防联动控制

### 15.1.1 建筑分类和耐火等级

1) 民用建筑根据其建筑高度和层数可分为单层、多层民用建筑和高层民用建筑。高层民用建筑根据其建筑高度、使用功能和楼层的建筑面积可分为一类和二类。民用建筑的分类应符合表 15-1 的规定。

表 15-1 民用建筑的分类

| 名称 | 高层民用建筑及其裙房 | | 单层或多层民用建筑 |
| --- | --- | --- | --- |
| | 一类 | 二类 | |
| 居宅建筑 | 建筑高度大于 54m 的住宅建筑（包括设置商业服务网点的住宅建筑） | 建筑高度大于 27m,但不大于 54m 的住宅建筑（包括设置商业服务网点的住宅建筑） | 建筑高度不大于 27m 的住宅建筑（包括设置商业服务网点的住宅建筑） |
| 公共建筑 | (1)建筑高度大于 50m 的公共建筑<br>(2)建筑高度 24m 以上任一楼层建筑面积大于 1000m² 的商店、展览、电信、邮政、财贸金融建筑和其他多种功能组合的建筑<br>(3)医院建筑、重要公共建筑、独立建造的老年人照料设施<br>(4)省级及以上广播电视和防灾指挥调度建筑、网局级和省级电力调度建筑<br>(5)藏书超过 100 万册的图书馆、书库 | 除一类高层公共建筑外的其他高层公共建筑 | (1)建筑高度大于 24m 的单层公共建筑<br>(2)建筑高度不大于 24m 的其他公共建筑 |

注：1. 表中未列入的建筑，其类别应根据本表类比确定。
2. 除另有规定外，宿舍、公寓等非住宅类居住建筑的防火设计，应符合有关公共建筑的要求。
3. 除另有规定外，裙房的防火设计应按高层民用建筑考虑。

2) 民用建筑的耐火等级应分为一～四级。除另有规定者外，不同耐火等级建筑相应构件的燃烧性能和耐火极限不应低于表 15-2 的规定。

3) 民用建筑的耐火等级应根据其建筑高度、使用功能、重要性和火灾扑救难度等确定，并应符合下列规定：

① 地下、半地下建筑（室）和一类高层建筑的耐火等级不应低于一级；

② 单层或多层重要公共建筑和二类高层建筑的耐火等级不应低于二级；

③ 除木结构建筑外,老年人照料设施的耐火等级不应低于三级。

表 15-2　不同耐火等级建筑构件的燃烧性能和耐火极限　　　　单位:h

| 构件名称 | | 耐火等级 | | | |
|---|---|---|---|---|---|
| | | 一级 | 二级 | 三级 | 四级 |
| 墙 | 防火墙 | 不燃性 3.00 | 不燃性 3.00 | 不燃性 3.00 | 不燃性 3.00 |
| | 承重墙 | 不燃性 3.00 | 不燃性 2.50 | 不燃性 2.00 | 难燃性 0.50 |
| | 非承重外墙 | 不燃性 1.00 | 不燃性 1.00 | 不燃性 0.50 | 可燃性 |
| | 楼梯间和前室的墙 电梯井的墙 住宅建筑单元之间的墙和分户墙 | 不燃性 2.00 | 不燃性 2.00 | 不燃性 1.50 | 难燃性 0.50 |
| | 疏散走道两侧的隔墙 | 不燃性 1.00 | 不燃性 1.00 | 不燃性 0.50 | 难燃性 0.25 |
| | 房间隔墙 | 不燃性 0.75 | 不燃性 0.50 | 难燃性 0.50 | 难燃性 0.25 |
| 柱 | | 不燃性 3.00 | 不燃性 2.50 | 不燃性 2.00 | 难燃性 0.50 |
| 梁 | | 不燃性 2.00 | 不燃性 1.50 | 不燃性 1.00 | 难燃性 0.50 |
| 楼板 | | 不燃性 1.50 | 不燃性 1.00 | 不燃性 0.50 | 可燃性 |
| 屋顶承重构件 | | 不燃性 1.50 | 不燃性 1.00 | 可燃性 0.50 | 可燃性 |
| 疏散楼梯 | | 不燃性 1.50 | 不燃性 1.00 | 不燃性 0.50 | 可燃性 |
| 吊顶(包括吊顶搁栅) | | 不燃性 0.25 | 难燃性 0.25 | 难燃性 0.15 | 可燃性 |

注:1.除另有规定者外,以木柱承重且墙体采用不燃材料的建筑,其耐火等级应按四级确定。
　　2.住宅建筑构件的耐火极限和燃烧性能可按《住宅建筑规范》GB 50368—2005 的规定执行。

4)建筑高度大于 100m 的民用建筑,其楼板的耐火极限不应低于 2.00h。一、二级耐火等级的建筑的上人平屋顶,其屋面板的耐火极限分别不应低于 1.50h 和 1.00h。

5)一、二级耐火等级建筑的屋面板应采用不燃材料。屋面防水层宜采用不燃、难燃材料,当采用可燃防水材料且铺设在可燃、难燃保温材料上时,防水材料或可燃、难燃保温材料应采用不燃材料作防护层。

6)二级耐火等级建筑内采用难燃性的房间隔墙,其耐火极限不应低于 0.75h;当房间建筑面积不大于 100m² 时,房间的隔墙可采用耐火极限不低于 0.50h 的难燃性墙体或耐火极限不低于 0.30h 的不燃性墙体。二级耐火等级多层住宅建筑中采用预应力钢筋混凝土的楼板,其耐火极限不应低于 0.75h。

7) 建筑中的非承重外墙、房间隔墙和屋面板，当确需采用金属夹芯板材时，其芯材应为不燃材料，且耐火极限应符合有关规定。

8) 二级耐火等级建筑内采用不燃材料的吊顶，其耐火极限不限。三级耐火等级的医疗建筑、中小学校的教学建筑、老年人照料设施及托儿所、幼儿园的儿童用房和儿童游乐厅等儿童活动场所的吊顶，应采用不燃材料；当采用难燃材料时，其耐火极限不低于0.25h。二、三级耐火等级建筑中门厅、走道的吊顶应采用不燃材料。

9) 建筑内预制钢筋混凝土构件的节点外露部位，应采取防火保护措施，且节点的耐火极限不应低于相应构件的耐火极限。

### 15.1.2 火灾自动报警系统的基本规定

#### 15.1.2.1 一般规定

1) 火灾自动报警系统可用于人员居住和经常有人滞留的场所、存放重要物资或燃烧后产生严重污染需要及时报警的场所。

2) 火灾自动报警系统应设有自动和手动两种触发装置。

3) 火灾自动报警系统设备应选择符合国家有关标准和有关市场准入制度的产品。

4) 系统中各类设备之间的接口和通信协议的兼容性应符合现行国家标准《火灾自动报警系统组件兼容性要求》GB 22134—2008 的有关规定。

5) 任一台火灾报警控制器所连接的火灾探测器、手动火灾报警按钮和模块等设备总数和地址总数，均不应超过3200点，其中每一总线回路连接设备的总数不宜超过200点，且应留有不少于额定容量10%的余量；任一台消防联动控制器地址总数或火灾报警控制器（联动型）所控制的各类模块总数不应超过1600点，每一联动总线回路连接设备的总数不宜超过100点，且应留有不少于额定容量10%的余量。

6) 系统总线上应设置总线短路隔离器，每只总线短路隔离器保护的火灾探测器、手动火灾报警按钮和模块等消防设备的总数不应超过32点；总线穿越防火分区时，应在穿越处设置总线短路隔离器。

7) 高度超过100m的建筑中，除消防控制室内设置的控制器外，每台控制器直接控制的火灾探测器、手动报警按钮和模块等设备不应跨越避难层。

8) 水泵控制柜、风机控制柜等消防电气控制装置不应采用变频启动方式。

9) 地铁列车上设置的火灾自动报警系统，应能通过无线网络等方式将列车上发生火灾的部位信息传输给消防控制室。

#### 15.1.2.2 系统形式的选择和设计要求

典型火灾自动报警系统框图如图15-1所示；区域报警系统框图如图15-2所示；集中报警系统框图如图15-3所示；火灾报警控制器与消防联动控制器容量要求如图15-4所示；总线短路隔离器的设置如图15-5所示；集中报警系统示例如图15-6所示。

1) 火灾自动报警系统形式的选择，应符合下列规定：

① 仅需要报警，不需要联动自动消防设备的保护对象宜采用区域报警系统。

② 不仅需要报警，同时需要联动自动消防设备，且只设置一台具有集中控制功能的火灾报警控制器和消防联动控制器的保护对象，应采用集中报警系统，并应设置一个消防控制室。

# 第15章 建筑智能化

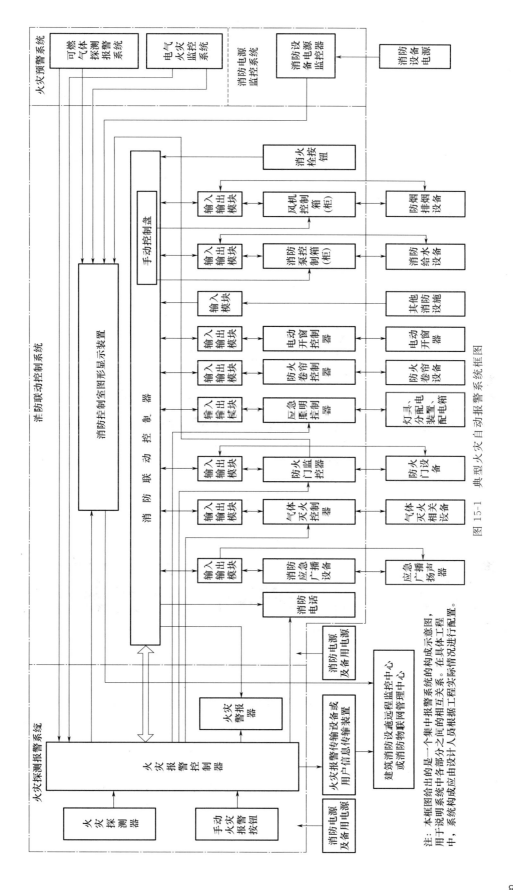

图 15-1 典型火灾自动报警系统框图

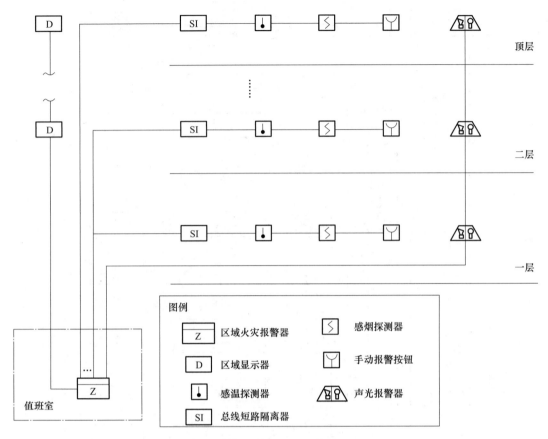

图 15-2　区域报警系统框图

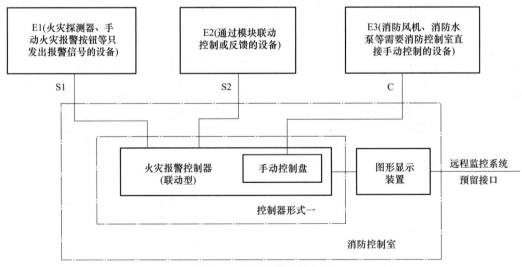

图 15-3　集中报警系统框图

第 15 章 建筑智能化

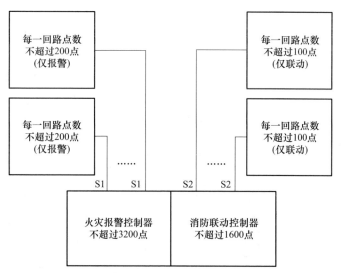

图 15-4 火灾报警控制器与消防联动控制器的容量要求

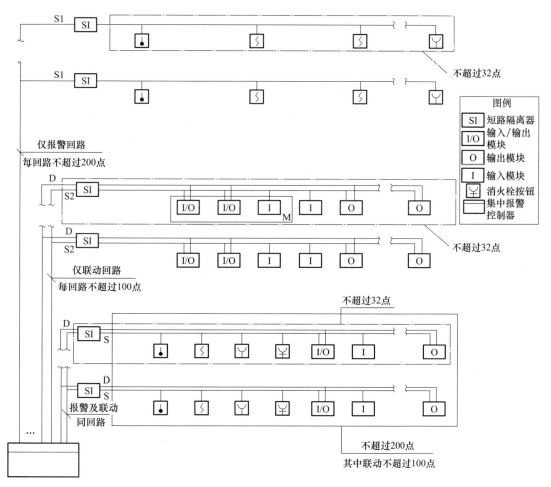

图 15-5 总线短路隔离器的设置（树形结构）

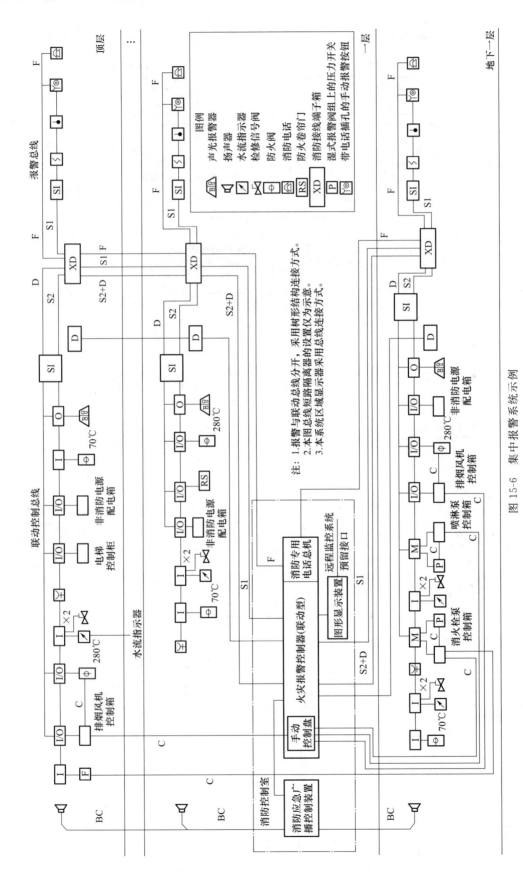

图 15-6 集中报警系统示例

③ 设置两个及以上消防控制室的保护对象，或已设置两个及以上集中报警系统的保护对象，应采用控制中心报警系统。

2）区域报警系统的设计，应符合下列规定：

① 系统应由火灾探测器、手动火灾报警按钮、火灾声光警报器及火灾报警控制器等组成，系统中可包括消防控制室图形显示装置和指示楼层的区域显示器。

② 火灾报警控制器应设置在有人值班的场所。

③ 系统设置消防控制室图形显示装置时，该装置应具有传输表 15-3 和表 15-4 规定的有关信息的功能；系统未设置消防控制室图形显示装置时，应设置火警传输设备。

表 15-3 火灾报警、建筑消防设施运行状态信息表

| 设施名称 | | 内容 |
| --- | --- | --- |
| 火灾探测报警系统 | | 火灾报警信息、可燃气体探测报警信息、电气火灾监控报警信息、屏蔽信息、故障信息 |
| 消防联动控制系统 | 消防联动控制器 | 动作状态、屏蔽信息、故障信息 |
| | 消火栓系统 | 消防水泵电源的工作状态，消防水泵的启、停状态和故障状态，消防水箱（池）水位、管网压力报警信息及消防栓按钮的报警信息 |
| | 自动喷水灭火系统、水喷雾（细水雾）灭火系统（泵供水方式） | 喷淋消防泵电源工作状态、启停状态和故障状态，水流指示器、信号阀、报警阀、压力开关的正常状态和动作状态 |
| | 气体灭火系统、细水雾灭火系统（压力容器供水方式） | 系统的手动、自动工作状态及故障状态，阀驱动装置的正常状态和动作状态，防护区域中的防火门（窗）、防火阀、通风空调等设备的正常工作状态和动作状态，系统的启动和停止信息、延时状态信号、压力反馈信号，喷洒各阶段的动作状态 |
| | 泡沫灭火系统 | 消防水泵、泡沫液泵电源的工作状态，系统的手动、自动工作状态及故障状态，消防水泵、泡沫液泵的正常工作状态和动作状态 |
| | 干粉灭火系统 | 系统的手动、自动工作状态及故障状态，阀驱动装置的正常状态和动作状态，系统的启、停信息，紧急停止信号和管网压力信号 |
| | 防烟排烟系统 | 系统的手动、自动工作状态，防烟排烟风机电源的工作状态，风机、电动防火阀、电动排烟防火阀、常闭送风口、排烟阀（口）、电动排烟窗、电控挡烟垂壁的正常工作状态和动作状态 |
| | 防火门及卷帘系统 | 防火卷帘控制器、防火门监控器的工作状态和故障状态，卷帘门的正常工作状态，具有反馈信号的各类防火门、疏散门的工作状态和故障状态等动态信息 |
| | 消防电梯 | 消防电梯的停用和故障状态 |
| | 消防应急广播 | 消防应急广播的启动、停止和故障状态 |
| | 消防应急照明和疏散指示系统 | 消防应急照明和疏散指示系统的故障状态和应急工作状态信息 |
| | 消防电源 | 系统内各消防设备供电电源和备用电源工作状态和欠压报警信息 |

表 15-4 消防安全管理信息表

| 序号 | 名称 | 内容 |
| --- | --- | --- |
| 1 | 基本情况 | 单位名称、编号、类别、地址、联系电话、邮政编码、消防控制室电话；单位职工人数、成立时间、上级主管（或管辖）单位名称、占地面积、总建筑面积、单位总平面图（含消防车道、毗邻建筑等）；单位法人代表、消防安全责任人、消防安全管理人及专兼职消防管理人的姓名、身份证号码、电话 |

续表

| 序号 | 名称 | | 内容 |
|---|---|---|---|
| 2 | 主要建、构筑物等信息 | 建(构)筑 | 建筑物名称、编号、使用性质、耐火等级、结构类型、建筑高度、地上层数及建筑面积、地下层数及建筑面积、隧道高度及长度等、建造日期、主要储存物名称及数量、建筑物内最大容纳人数、建筑立面图及消防设施平面布置图;消防控制室位置、安全出口的数量、位置及形式(指疏散楼梯);毗邻建筑的使用性质、结构类型、建筑高度、与本建筑的间距 |
| | | 堆场 | 堆场名称、主要堆放物品名称、总储量、最大堆高、堆场平面图(含消防车道、防火间距) |
| | | 储罐 | 储罐区名称、储罐类型(指地上、地下、立式、卧式、浮顶、固定顶等)、总容积、最大单罐容积及高度、储存物名称、性质和形态、储罐区平面图(含消防车道、防火间距) |
| | | 装置 | 装置区名称、占地面积、最大高度、设计日产量、主要原料、主要产品、装置区平面图(含消防车道、防火间距) |
| 3 | 单位(场所)内消防安全重点部位信息 | | 重点部位名称、所在位置、使用性质、建筑面积、耐火等级、有无消防设施、责任人姓名、身份证号码及电话 |
| 4 | 室内外消防设施信息 | 火灾自动报警系统 | 设置部位、系统形式、维保单位名称、联系电话;控制器(含火灾报警、消防联动、可燃气体报警、电气火灾监控等)、探测器(含火灾探测、可燃气体探测、电气火灾探测等)、手动火灾报警按钮、消防电气控制装置等的类型、型号、数量、制造商;火灾自动报警系统图 |
| | | 消防水泵 | 市政给水管网形式(指环状、支状)及管径、市政管网向建(构)筑物供水的进水管数量及管径、消防水池位置及容量、屋顶水箱位置及容量、其他水源形式及供水量、消防泵房设置位置及水泵数量、消防给水系统平面布置图 |
| | | 室外消防栓 | 室外消火栓管网形式(指环状、支状)及管径、消防栓数量、室外消火栓平面布置图 |
| | | 室内消防栓系统 | 室内消火栓管网形式(指环状、支状)及管径、消防栓数量、水泵接合器位置及数量、有无与本系统相连的屋顶消防水箱 |
| | | 自动喷水灭火系统(含雨淋、水幕) | 设置部位、系统形式(指湿式、干式、预作用,开式、闭式等)、报警阀位置及数量、水泵接合器位置及数量、有无与本系统相连的屋顶消防水箱、自动喷水灭火系统图 |
| | | 水喷雾(细水雾)灭火系统 | 设置部位、报警位置及数量、水喷(细水雾)灭火系统图 |
| | | 气体灭火系统 | 系统形式(指有管网、无管网、组合分配、独立式、高压、低压等)、系统保护的防护区数量及位置、手动控制装置的位置、钢瓶间位置、灭火剂类型、气体灭火系统图 |
| | | 泡沫灭火系统 | 设置部位、泡沫种类(指低倍、中倍、高倍、抗溶、氟蛋白等)、系统形式(指液上、液下,固定、半固定等)、泡沫灭火系统图 |
| | | 干粉灭火系统 | 设置部位、干粉储罐位置、干粉灭火系统图 |
| | | 防烟排烟系统 | 设置部位、风机安装位置与数量、风机类型、防烟排烟系统图 |
| | | 防火门及卷帘 | 设置部位、数量 |
| | | 消防应急广播 | 设置部位、数量、消防应急广播系统图 |
| | | 应急照明及疏散指示系统 | 设置部位、数量、应急照明及疏散指示系统图 |
| | | 消防电源 | 设置部位、消防主电源在配电室是否有独立配电柜供电、备用电源形式(市电、发电机组、EPS等) |
| | | 灭火器 | 设置部位、配置类型(指手提式、推车式等)、数量、生产日期、更换药剂日期 |

续表

| 序号 | 名称 | | 内容 |
|---|---|---|---|
| 5 | 消防设施定期检查及维护保养信息 | | 检查人姓名、检查日期、检查类别(指日检、月检、季检、年检等)、检查内容(指各类消防设施相关技术规范规定的内容)及处理结果,维护保养日期、内容 |
| 6 | 日常防火巡查记录 | 基本信息 | 值班人员姓名、每日巡查次数、巡查时间、巡查部位 |
| | | 用火用电 | 用火、用电、用气有无违章情况 |
| | | 疏散通道 | 安全出口、疏散通道、疏散楼梯是否畅通,是否堆放可燃物;疏散走道、疏散楼梯、顶棚装修材料是否合格 |
| | | 防火门、防火卷帘 | 常闭防火门是否处正常作状态,是否被锁闭;防火卷帘是否处于正常工作状态,防火卷帘下方是否堆放物品影响使用 |
| | | 消防设施 | 疏散指示标志、应急照明是否处于正常完好状态;火灾自动报警系统探测器是否处于正常完好状态;自动喷水灭火系统喷头、末端放(试)水装置、报警阀是否处于正常完好状态;室内、室外消火栓系统是否处于正常完好状态;灭火器是否处于正常完好状态 |
| 7 | 火灾信息 | | 起火时间、起火部位、起火原因、报警方式(指自动、人工等)、灭火方式(指气体、喷水、水喷雾、泡沫、干粉火火系统、火火器、消防队等) |

3) 集中报警系统的设计,应符合下列规定:

① 系统应由火灾探测器、手动火灾报警按钮、火灾声光警报器、消防应急广播、消防专用电话、消防控制室图形显示装置、火灾报警控制器、消防联动控制器等组成。

② 系统中的火灾报警控制器、消防联动控制器和消防控制室图形显示装置、消防应急广播控制装置、消防专用电话总机等起集中控制作用的消防设备,应设置在消防控制室内。

③ 系统设置的消防控制室图形显示装置应具有传输表 15-3 和表 15-4 规定的有关信息的功能。

4) 控制中心报警系统的设计,应符合下列规定:

① 有两个及以上消防控制室时,应确定一个主消防控制室。

② 主消防控制室应能显示所有火灾报警信号和联动控制状态信号,并应能控制重要的消防设备;各分消防控制室内消防设备之间可互相传输、显示状态信息,但不应互相控制。

③ 其他设计应符合 15.1.2.2 第 3) 条的规定。

### 15.1.2.3 报警区域和探测区域的划分

1) 报警区域的划分应符合下列规定:

① 报警区域应根据防火分区或楼层划分,可将一个防火分区或一个楼层划分为一个报警区域,也可将发生火灾时需要同时联动消防设备的相邻几个防火分区或楼层划分为一个报警区域。

② 电缆隧道的一个报警区域应由一个封闭长度区间组成,一个报警区域不应超过相连的 3 个封闭长度区间;道路隧道的报警区域应根据排烟系统或灭火系统的联动需要确定,且不宜超过 150m。

③ 甲、乙、丙类液体储罐区的报警区域应由一个储罐区组成,每个 $50000m^3$ 及以上的外浮顶储罐应单独划分为一个报警区域。

④ 列车的报警区域应按车厢划分,每节车厢应划分为一个报警区域。

2) 探测区域的划分应符合下列规定:

① 探测区域应按独立房(套)间划分,一个探测区域的面积不宜超过 500m²;从主要入口能看清其内部,且面积不超过 1000m² 的房间,也可划为一个探测区域。

② 红外光束感烟火灾探测器和缆式线型感温火灾探测器的探测区域的长度,不宜超过 100m;空气管差温火灾探测器的探测区域长度宜为 20~100m。

3) 下列场所应单独划分探测区域:

① 敞开或封闭楼梯间、防烟楼梯间。

② 防烟楼梯间前室、消防电梯前室、消防电梯与防烟楼梯间合用的前室、走道、坡道。

③ 电气管道井、通信管道井、电缆隧道。

④ 建筑物闷顶、夹层。

### 15.1.2.4 消防控制室

1) 具有消防联动功能的火灾自动报警系统的保护对象中应设置消防控制室。

2) 消防控制室内设置的消防设备应包括火灾报警控制器、消防联动控制器、消防控制室图形显示装置、消防专用电话总机、消防应急广播控制装置、消防应急照明和疏散指示系统控制装置、消防电源监控器等设备或具有相应功能的组合设备。消防控制室内设置的消防控制室图形显示装置应能显示表 15-3 规定的建筑物内设置的全部消防系统及相关设备的动态信息和表 15-4 规定的消防安全管理信息,并应为远程监控系统预留接口,同时应具有向远程监控系统传输表 15-3 和表 15-4 规定的有关信息的功能。

3) 消防控制室应设有用于火灾报警的外线电话。

4) 消防控制室应有相应的竣工图纸、各分系统控制逻辑关系说明、设备使用说明书、系统操作规程、应急预案、值班制度、维护保养制度及值班记录等文件资料。

5) 消防控制室送、回风管的穿墙处应设防火阀。

6) 消防控制室内严禁穿过与消防设施无关的电气线路及管路。

7) 消防控制室不应设置在电磁场干扰较强及其他影响消防控制设备工作的场所附近。

8) 消防控制室内设备的布置应符合下列规定:

① 设备面盘前的操作距离,单列布置时不应小于 1.5m;双列布置时不应小于 2m。

② 在值班人员经常工作的一面,设备面盘至墙的距离不应小于 3m。

③ 设备面盘后的维修距离不宜小于 1m。

④ 设备面盘的排列长度大于 4m 时,其两端应设置宽度不小于 1m 的通道。

⑤ 与建筑其他弱电系统合用的消防控制室内,消防设备应集中设置,并应与其他设备间有明显间隔。

9) 消防控制室的显示与控制、信息记录、信息传输,应符合现行国家标准《消防控制室通用技术要求》GB 25506—2010 的有关规定。

## 15.1.3 消防联动控制设计

### 15.1.3.1 一般规定

1) 消防联动控制器应能按设定的控制逻辑向各相关的受控设备发出联动控制信号,并接受相关设备的联动反馈信号。

2) 消防联动控制器的电压控制输出应采用直流 24V,其电源容量应满足受控消防设备同时启动且维持工作的控制容量要求。

3) 各受控设备接口的特性参数应与消防联动控制器发出的联动控制信号相匹配。

4) 消防水泵、防烟和排烟风机的控制设备，除应采用联动控制方式外，还应在消防控制室设置手动直接控制装置。

5) 启动电流较大的消防设备宜分时启动。

6) 需要火灾自动报警系统联动控制的消防设备，其联动触发信号应采用两个独立的报警触发装置报警信号的"与"逻辑组合。

### 15.1.3.2 自动喷水灭火系统的联动控制设计

1) 湿式系统（如图15-7所示）和干式系统的联动控制设计，应符合下列规定：

① 联动控制方式，应由湿式报警阀压力开关的动作信号作为触发信号，直接控制启动喷淋消防泵，联动控制不应受消防联动控制器处于自动或手动状态影响。

② 手动控制方式，应将喷淋消防泵控制箱（柜）的启动、停止按钮用专用线路直接连接至设置在消防控制室内的消防联动控制器的手动控制盘，直接手动控制喷淋消防泵的启动和停止。

③ 水流指示器、信号阀、压力开关、喷淋消防泵的启动和停止的动作信号应反馈至消防联动控制器。

2) 预作用系统的联动控制设计，应符合下列规定：

① 联动控制方式，应由同一报警区域内两只及以上独立的感烟火灾探测器或一只感烟火灾探测器与一只手动火灾报警按钮的报警信号，作为预作用阀组开启的联动触发信号。由消防联动控制器控制预作用阀组的开启，使系统转变为湿式系统；当系统设有快速排气装置时，应联动控制排气阀前的电动阀的开启。湿式系统的联动控制设计应符合15.1.3.2第1)条的规定。

② 手动控制方式，应将喷淋消防泵控制箱（柜）的启动和停止按钮、预作用阀组和快速排气阀入口前的电动阀的启动和停止按钮，用专用线路直接连接至设置在消防控制室内的消防联动控制器的手动控制盘，直接手动控制喷淋消防泵的启动、停止及预作用阀组和电动阀的开启。

③ 水流指示器、信号阀、压力开关、喷淋消防泵的启动和停止的动作信号，有压气体管道气压状态信号和快速排气阀入口前电动阀的动作信号应反馈至消防联动控制器。

3) 雨淋系统（如图15-8所示）的联动控制设计，应符合下列规定：

① 联动控制方式，应由同一报警区域内两只及以上独立的感温火灾探测器或一只感温火灾探测器与一只手动火灾报警按钮的报警信号，作为雨淋阀组开启的联动触发信号，应由消防联动控制器控制雨淋阀组的开启。

② 手动控制方式，应将雨淋消防泵控制箱（柜）的启动和停止按钮、雨淋阀组的启动和停止按钮，用专用线路直接连接至设置在消防控制室内的消防联动控制器的手动控制盘，直接手动控制雨淋消防泵的启动、停止及雨淋阀组的开启。

③ 水流指示器、压力开关、雨淋阀组、雨淋消防泵的启动和停止的动作信号应反馈至消防联动控制器。

4) 自动控制的水幕系统的联动控制设计，应符合下列规定：

① 联动控制方式，当自动控制的水幕系统用于防火卷帘的保护时，应由防火卷帘下落到楼板面的动作信号与本报警区域内任一火灾探测器或手动火灾报警按钮的报警信号作为水

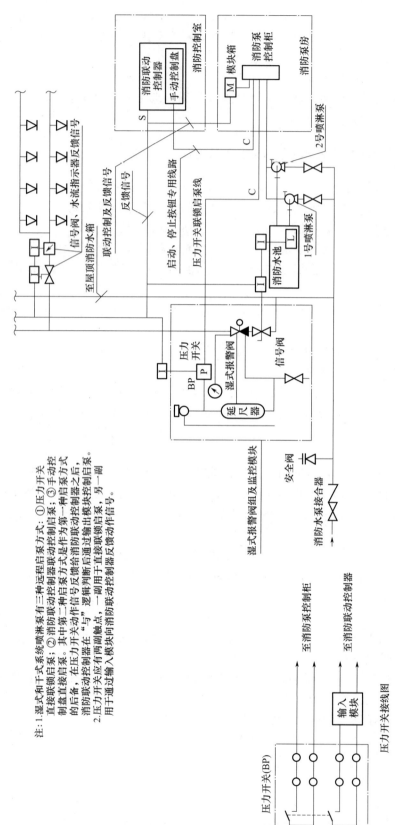

图 15-7 湿式自动喷水灭火系统联动控制示意图

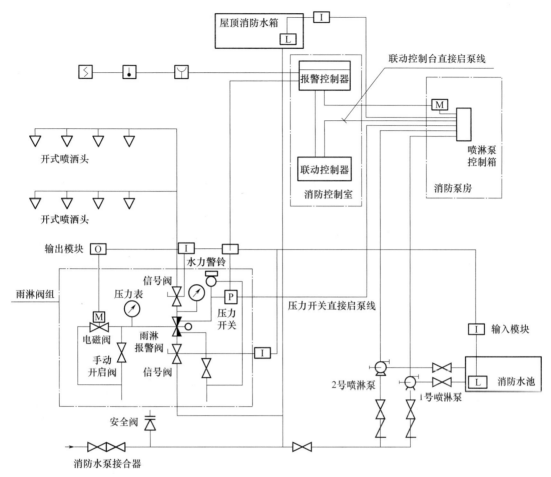

注：1.雨淋系统采用开式喷头，雨淋阀动作后该区域所有喷头同时喷水灭火。
2.水喷雾灭火系统、细水雾灭火系统、水幕系统控制关系与本图相同。

图 15-8 雨淋自动灭火系统联动控制示意图

幕阀组启动的联动触发信号，并应由消防联动控制器联动控制水幕系统相关控制阀组的启动；仅用水幕系统作为防火分隔时，应由该报警区域内两只独立的感温火灾探测器的火灾报警信号作为水幕阀组启动的联动触发信号，并应由消防联动控制器联动控制水幕系统相关控制阀组的启动。

② 手动控制方式，应将水幕系统相关控制阀组和消防泵控制箱（柜）的启动、停止按钮用专用线路直接连接至设置在消防控制室内的消防联动控制器的手动控制盘，并应直接手动控制消防泵的启动、停止及水幕系统相关控制阀组的开启。

③ 压力开关、水幕系统相关控制阀组和消防泵的启动、停止的动作信号，应反馈至消防联动控制器。

### 15.1.3.3 消火栓系统（如图 15-9 所示）的联动控制设计

1) 联动控制方式，应由消火栓系统出水干管上设置的低压压力开关、高位消防水箱出水管上设置的流量开关或报警阀压力开关等信号作为触发信号，直接控制启动消火栓泵，联动控制不应受消防联动控制器处于自动或手动状态影响。当设置消火栓按钮时，消火栓按钮

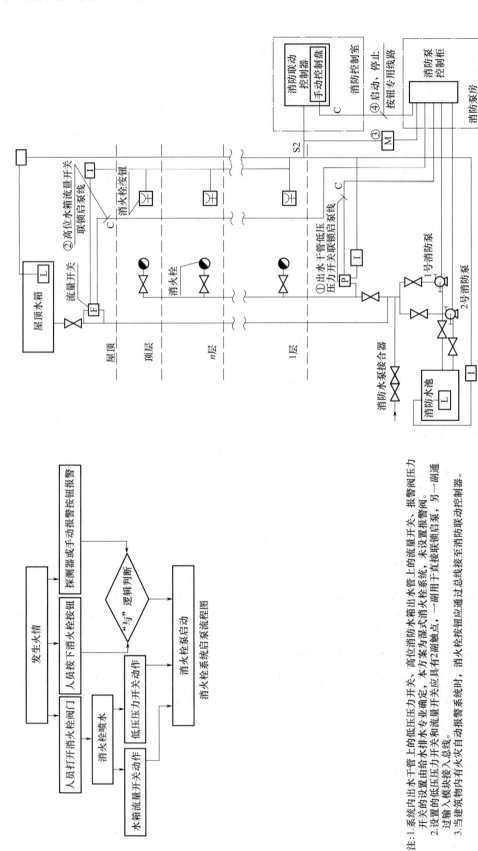

图 15-9 消火栓系统联动控制设计示意图

的动作信号应作为报警信号及启动消火栓泵的联动触发信号,由消防联动控制器联动控制消火栓泵的启动。

2) 手动控制方式,应将消火栓泵控制箱(柜)的启动与停止按钮用专用线路直接连接至设置在消防控制室内的消防联动控制器的手动控制盘,并应直接手动控制消火栓泵的启动与停止。

3) 消火栓泵的动作信号应反馈至消防联动控制器。

### 15.1.3.4 气体灭火系统、泡沫灭火系统的联动控制设计

1) 气体灭火系统(如图 15-10 所示)、泡沫灭火系统应分别由专用的气体灭火控制器、泡沫灭火控制器控制。

2) 气体灭火控制器、泡沫灭火控制器直接连接火灾探测器时,气体灭火系统、泡沫灭火系统的自动控制方式应符合下列规定:

① 应由同一防护区域内两只独立的火灾探测器的报警信号、一只火灾探测器与一只手动火灾报警按钮的报警信号或防护区外的紧急启动信号,作为系统的联动触发信号,探测器的组合宜采用感烟火灾探测器和感温火灾探测器,各类探测器应按 15.1.5.2 节的规定分别计算保护面积。

② 气体灭火控制器、泡沫灭火控制器在接收到满足联动逻辑关系的首个联动触发信号后,应启动设置在该防护区内的火灾声光警报器,且联动触发信号应为任一防护区域内设置的感烟火灾探测器、其他类型火灾探测器或手动火灾报警按钮的首次报警信号;在接收到第二个联动触发信号后,应发出联动控制信号,且联动触发信号应为同一防护区域内与首次报警的火灾探测器或手动火灾报警按钮相邻的感温火灾探测器、火焰探测器或手动火灾报警按钮的报警信号。

③ 联动控制信号应包括下列内容:

a. 关闭防护区域的送(排)风机及送(排)风阀门;

b. 停止通风和空气调节系统及关闭设置在该防护区域的电动防火阀;

c. 联动控制防护区域开口封闭装置的启动,包括关闭防护区域的门、窗;

d. 启动气体灭火装置、泡沫灭火装置、气体灭火控制器、泡沫灭火控制器,可设定不大于 30s 的延迟喷射时间。

④ 平时无人工作的防护区,可设置为无延迟的喷射,应在接收到满足联动逻辑关系的首个联动触发信号后按上述第③款规定执行除启动气体灭火装置、泡沫灭火装置外的联动控制;在接收到第二个联动触发信号后,应启动气体灭火装置、泡沫灭火装置。

⑤ 气体灭火防护区出口外上方应设置表示气体喷洒的火灾声光警报器,指示气体释放的声信号应与该保护对象中设置的火灾声警报器的声信号有明显区别。启动气体灭火装置和泡沫灭火装置的同时,应启动设置在防护区入口处表示气体喷洒的火灾声光警报器;组合分配系统应首先开启相应防护区域的选择阀,然后启动气体灭火装置、泡沫灭火装置。

3) 气体灭火控制器、泡沫灭火控制器不直接连接火灾探测器时,气体灭火系统、泡沫灭火系统的自动控制方式应符合下列规定:

① 气体灭火系统、泡沫灭火系统的联动触发信号应由火灾报警控制器或消防联动控制器发出。

② 气体灭火系统、泡沫灭火系统的联动触发信号和联动控制均应符合上述第2)条的规定。

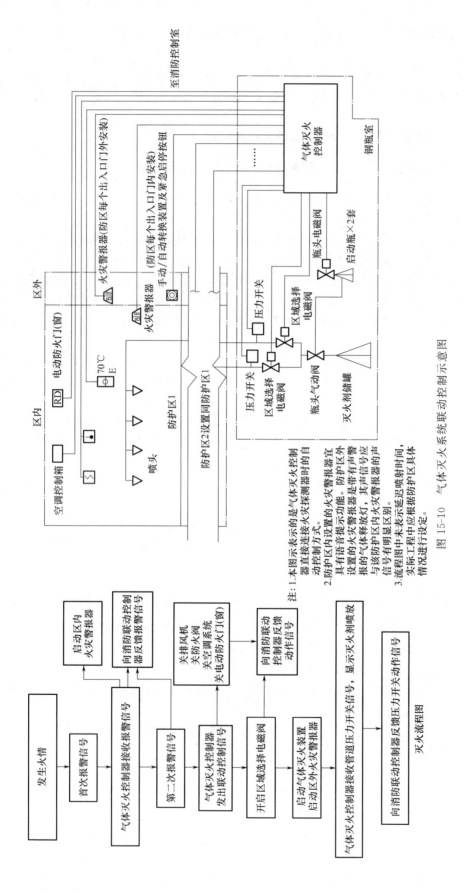

图 15-10 气体灭火系统联动控制示意图

4) 气体灭火系统、泡沫灭火系统的手动控制方式应符合下列规定：

① 在防护区疏散出口的门外应设置气体灭火装置、泡沫灭火装置的手动启动和停止按钮，手动启动按钮按下时，气体灭火控制器、泡沫灭火控制器应执行符合上述第2）条第③款和第⑤款规定的联动操作；手动停止按钮按下时，气体灭火控制器、泡沫灭火控制器应停止正在执行的联动操作。

② 气体灭火控制器、泡沫灭火控制器上应设置对应于不同防护区的手动启动和停止按钮，手动启动按钮按下时，气体灭火控制器、泡沫火火控制器应执行符合上述第2）条第③款和第⑤款规定的联动操作；手动停止按钮按下时，气体灭火控制器、泡沫灭火控制器应停止正在执行的联动操作。

5) 气体火火装置、泡沫灭火装置启动及喷放各阶段的联动控制及系统的反馈信号，应反馈至消防联动控制器。系统的联动反馈信号应包括下列内容：

① 气体灭火控制器、泡沫灭火控制器直接连接的火灾探测器的报警信号。

② 选择阀的动作信号。

③ 压力开关的动作信号。

6) 在防护区域内设有手动与自动控制转换装置的系统，其手动或自动控制方式的工作状态应在防护区内、外的手动和自动控制状态显示装置上显示，该状态信号应反馈至消防联动控制器。

### 15.1.3.5 防烟排烟系统（如图 15-11 所示）的联动控制设计

1) 防烟系统的联动控制方式应符合下列规定：

① 应由加压送风口所在防火分区内的两只独立的火灾探测器或一只火灾探测器与一只手动火灾报警按钮的报警信号，作为送风口开启和加压送风机启动的联动触发信号，并应由消防联动控制器联动控制相关层前室等需要加压送风场所的加压送风口开启和加压送风机启动。

② 应由同一防烟分区内且位于电动挡烟垂壁附近的两只独立的感烟火灾探测器的报警信号，作为电动挡烟垂壁降落的联动触发信号，并应由消防联动控制器联动控制电动挡烟垂壁的降落。

2) 排烟系统的联动控制方式应符合下列规定：

① 应由同一防烟分区内的两只独立的火灾探测器的报警信号，作为排烟口、排烟窗或排烟阀开启的联动触发信号，并应由消防联动控制器联动控制排烟口、排烟窗或排烟阀的开启，同时停止该防烟分区的空气调节系统。

② 应由排烟口、排烟窗或排烟阀开启的动作信号，作为排烟风机启动的联动触发信号，并应由消防联动控制器联动控制排烟风机的启动。

3) 防烟系统、排烟系统的手动控制方式，应能在消防控制室内的消防联动控制器上手动控制送风口、电动挡烟垂壁、排烟门、排烟窗、排烟阀的开启或关闭及防烟风机、排烟风机等设备的启动或停止，防烟、排烟风机的启动、停止按钮应采用专用线路直接连接至设置在消防控制室内的消防联动控制器的手动控制盘，并应直接手动控制防烟、排烟风机的启动与停止。

4) 送风口、排烟口、排烟窗或排烟阀开启和关闭的动作信号，防烟、排烟风机启动和停止及电动防火阀关闭的动作信号，均应反馈至消防联动控制器。

5) 排烟风机入口处的总管上设置的 280℃ 排烟防火阀在关闭后应直接联动控制风机停止，排烟防火阀及风机的动作信号应反馈至消防联动控制器。

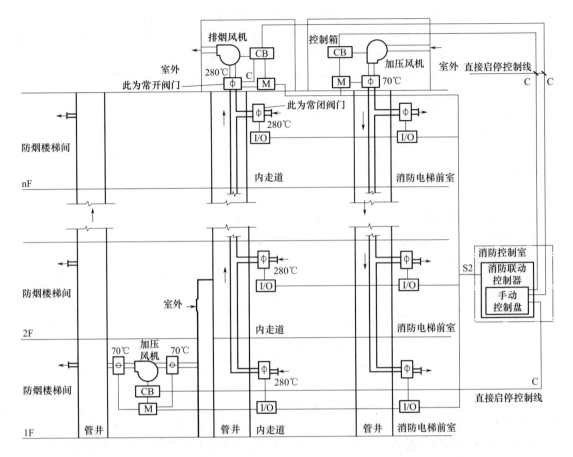

注：1. 消防控制室手动控制送风口、电动挡烟垂壁、排烟口、排烟窗、排烟阀的开启或关闭由总线控制盘上的一键式操作按键通过总线实现。
2. 消防控制室手动控制防烟、排烟风机的启停由手动控制盘通过专用线路实现。

图 15-11 防烟排烟系统联动控制示意图

### 15.1.3.6 防火门及防火卷帘系统的联动控制设计

1) 防火门系统的联动控制设计，应符合下列规定：

① 应由常开防火门所在防火分区内的两只独立的火灾探测器或一只火灾探测器与一只手动火灾报警按钮的报警信号，作为常开防火门关闭的联动触发信号。联动触发信号应由火灾报警控制器或消防联动控制器发出，并应由消防联动控制器或防火门监控器联动控制防火门关闭。

② 疏散通道上各防火门的开启、关闭及故障状态信号应反馈至防火门监控器。

2) 防火卷帘的升降应由防火卷帘控制器控制。

3) 疏散通道上设置的防火卷帘的联动控制设计，应符合下列规定：

① 联动控制方式 防火分区内任两只独立的感烟火灾探测器或任一只专门用于联动防火卷帘的感烟火灾探测器的报警信号应联动控制防火卷帘下降至距楼板 1.8m 处；任一只专门用于联动防火卷帘的感温火灾探测器的报警信号应联动控制防火卷帘下降到楼板面；在卷帘的任一侧距卷帘纵深 0.5~5m 内应设置不少于两只专门用于联动防火卷帘的感温火灾探测器。

② 手动控制方式　应由防火卷帘两侧设置的手动控制按钮控制防火卷帘的升降。

4）非疏散通道上设置的防火卷帘的联动控制设计，应符合下列规定：

① 联动控制方式　应由防火卷帘所在防火分区内任两只独立的火灾探测器的报警信号，作为防火卷帘下降的联动触发信号，并应联动控制防火卷帘直接下降到楼板面。

② 手动控制方式　应由防火卷帘两侧设置的手动控制按钮控制防火卷帘的升降，并应能在消防控制室内的消防联动控制器上手动控制防火卷帘的降落。

5）防火卷帘下降至距楼板面1.8m处、下降到楼板面的动作信号和防火卷帘控制器直接连接的感烟、感温火灾探测器的报警信号，应反馈至消防联动控制器。

### 15.1.3.7　电梯的联动控制设计

1）消防联动控制器应具有发出联动控制信号强制所有电梯停于首层或电梯转换层的功能。

2）电梯运行状态信息和停于首层或转换层的反馈信号，应传送给消防控制室显示，轿厢内应设置能直接与消防控制室通话的专用电话。

### 15.1.3.8　火灾警报和消防应急广播系统的联动控制设计

1）火灾自动报警系统应设置火灾声光警报器，并应在确认火灾后启动建筑内的所有火灾声光警报器。

2）未设置消防联动控制器的火灾自动报警系统，火灾声光警报器应由火灾报警控制器控制；设置消防联动控制器的火灾自动报警系统，火灾声光警报器应由火灾报警控制器或消防联动控制器控制。

3）公共场所宜设置具有同一种火灾变调声的火灾声警报器；具有多个报警区域的保护对象，宜选用带有语音提示的火灾声警报器；学校、工厂等各类日常使用电铃的场所，不应使用警铃作为火灾声警报器。

4）火灾声警报器设置带有语音提示功能时，应同时设置语音同步器。

5）同一建筑内设置多个火灾声警报器时，火灾自动报警系统应能同时启动和停止所有火灾声警报器工作。

6）火灾声警报器单次发出火灾警报时间宜为8～20s，同时设有消防应急广播时，火灾声警报应与消防应急广播交替循环播放。

7）集中报警系统和控制中心报警系统应设置消防应急广播。

8）消防应急广播系统的联动控制信号应由消防联动控制器发出。当确认火灾后，应同时向全楼进行广播。

9）消防应急广播的单次语音播放时间宜为10～30s，应与火灾声警报器分时交替工作，可采取1次火灾声警报器播放、1次或2次消防应急广播播放的交替工作方式循环播放。

10）在消防控制室应能手动或按预设控制逻辑联动控制选择广播分区、启动或停止应急广播系统，并应能监听消防应急广播。在通过传声器进行应急广播时，应自动对广播内容进行录音。

11）消防控制室内应能显示消防应急广播的广播分区的工作状态。

12）消防应急广播与普通广播或背景音乐广播合用时，应具有强制切入消防应急广播的功能。

### 15.1.3.9 消防应急照明和疏散指示系统的联动控制设计

1) 消防应急照明和疏散指示系统的联动控制设计，应符合下列规定：

① 集中控制型消防应急照明和疏散指示系统，应由火灾报警控制器或消防联动控制器启动应急照明控制器实现。

② 集中电源非集中控制型消防应急照明和疏散指示系统，应由消防联动控制器联动应急照明集中电源和应急照明分配电装置实现。

③ 自带电源非集中控制型消防应急照明和疏散指示系统，应由消防联动控制器联动消防应急照明配电箱实现。

2) 当确认火灾后，由发生火灾的报警区域开始，顺序启动全楼疏散通道的消防应急照明和疏散指示系统，系统全部投入应急状态的启动时间不应大于5s。

### 15.1.3.10 相关联动控制设计

1) 消防联动控制器应具有切断火灾区域及相关区域的非消防电源的功能。当需要切断正常照明时，宜在自动喷淋系统、消火栓系统动作前切断。

2) 消防联动控制器应具有自动打开涉及疏散的电动栅杆等的功能，宜开启相关区域安全技术防范系统的摄像机监视火灾现场。

3) 消防联动控制器应具有打开疏散通道上由门禁系统控制的门和庭院等电动大门的功能，并应具有打开停车场出入口挡杆的功能。

## 15.1.4 火灾探测器的选择

### 15.1.4.1 一般规定

火灾探测器的选择，应符合下列规定：

① 对火灾初期有阴燃阶段，产生大量的烟和少量的热，很少或没有火焰辐射的场所，应选择感烟火灾探测器。

② 对火灾发展迅速，可产生大量热、烟和火焰辐射的场所，可选择感温火灾探测器、感烟火灾探测器、火焰探测器或其组合。

③ 对火灾发展迅速，有强烈火焰辐射和少量烟、热的场所，应选择火焰探测器。

④ 对火灾初期可能产生一氧化碳气体且需要早期探测的场所，宜增设一氧化碳火灾探测器。

⑤ 对使用、生产可燃气体或可燃蒸气的场所，应选择可燃气体探测器。

⑥ 应根据保护场所可能发生火灾的部位和燃烧材料的分析，以及火灾探测器的类型、灵敏度和响应时间（火灾发展过程中，各种火灾探测器的报警反应时间，如图15-12所示）等选择相应的火灾探测器。对火灾形成特征不可预料的场所，可根据模拟试验的结果选择火灾探测器。

⑦ 同一探测区域内设置多个火灾探测器时，可选择具有复合判断火灾功能的火灾探测器和火灾报警控制器。

### 15.1.4.2 点型火灾探测器的选择

1) 对不同高度的房间，可按表15-5选择点型火灾探测器。点型感温火灾探测器分类见表15-6。

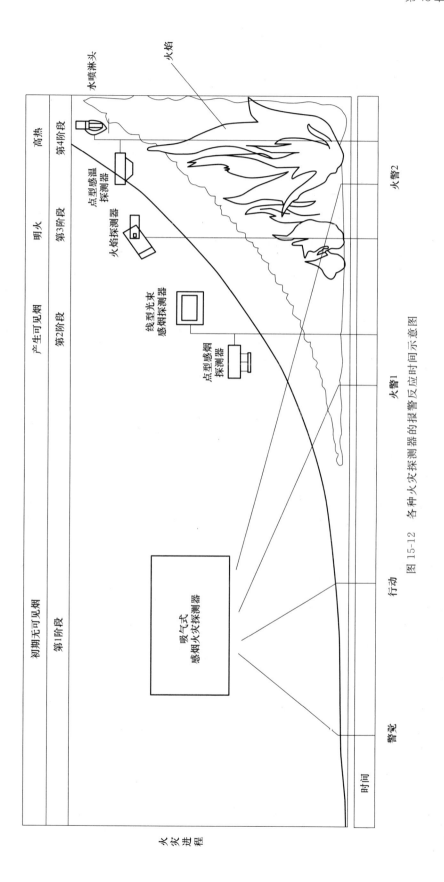

图 15-12 各种火灾探测器的报警反应时间示意图

表 15-5　对不同高度的房间点型火灾探测器的选择

| 房间高度 h /m | 点型感烟火灾探测器 | 点型感温火灾探测器 | | | 火焰探测器 |
|---|---|---|---|---|---|
| | | A1、A2 | B | C、D、E、F、G | |
| $12<h\leqslant20$ | 不适合 | 不适合 | 不适合 | 不适合 | 适合 |
| $8<h\leqslant12$ | 适合 | 不适合 | 不适合 | 不适合 | 适合 |
| $6<h\leqslant8$ | 适合 | 适合 | 不适合 | 不适合 | 适合 |
| $4<h\leqslant6$ | 适合 | 适合 | 适合 | 不适合 | 适合 |
| $h\leqslant4$ | 适合 | 适合 | 适合 | 适合 | 适合 |

表 15-6　点型感温火灾探测器分类

| 探测器类别 | 典型应用温度/℃ | 最高应用温度/℃ | 动作温度下限值/℃ | 动作温度上限值/℃ |
|---|---|---|---|---|
| A1 | 25 | 50 | 54 | 65 |
| A2 | 25 | 50 | 54 | 70 |
| B | 40 | 65 | 69 | 85 |
| C | 55 | 80 | 84 | 100 |
| D | 70 | 95 | 99 | 115 |
| E | 85 | 110 | 114 | 130 |
| F | 100 | 125 | 129 | 145 |
| G | 115 | 140 | 144 | 160 |

2) 下列场所宜选择感烟火灾探测器：
① 饭店、旅馆、教学楼、办公楼的厅堂、卧室、办公室、商场、列车载客车厢等。
② 计算机房、通信机房、电影或电视放映室等。
③ 楼梯、走道、电梯机房、车库等。
④ 书库、档案库等。

3) 符合下列条件之一的场所，不宜选择点型离子感烟火灾探测器：
① 相对湿度经常大于 95%。
② 气流速度大于 5m/s。
③ 有大量粉尘、水雾滞留。
④ 可能产生腐蚀性气体。
⑤ 在正常情况下有烟滞留。
⑥ 产生醇类、醚类、酮类等有机物质。

4) 符合下列条件之一的场所，不宜选择点型光电感烟火灾探测器：
① 有大量粉尘、水雾滞留。
② 可能产生蒸气和油雾。
③ 在正常情况下有烟滞留。

5) 符合下列条件之一的场所，宜选择点型感温火灾探测器，且应根据使用场所的典型应用温度和最高应用温度，选择感温火灾探测器：
① 相对湿度经常大于 95%。

② 可能发生无烟火灾。
③ 有大量粉尘。
④ 吸烟室等在正常情况下有烟和蒸气滞留的场所。
⑤ 厨房、锅炉房、发电机房、烘干车间等不宜安装感烟火灾探测器的场所。
⑥ 需要联动熄灭"安全出口"标志灯的安全出口内侧。
⑦ 其他无人滞留且不适合安装感烟火灾探测器，但发生火灾时需要及时报警的场所。

6）可能产生阴燃火或发生火灾不及时报警将造成重大损失的场所，不宜选择点型感温火灾探测器；温度在 0℃ 以下的场所，不宜选择定温探测器；温度变化较大的场所，不宜选择具有差温特性的探测器。

7）符合下列条件之一的场所，宜选择点型火焰探测器或图像型火焰探测器：
① 火灾时有强烈的火焰辐射。
② 可能发生液体燃烧火灾等无阴燃阶段的火灾。
③ 需要对火焰做出快速反应。

8）符合下列条件之一的场所，不宜选择点型火焰探测器或图像型火焰探测器：
① 在火焰出现前有浓烟扩散。
② 探测器的镜头易被污染。
③ 探测器的"视线"易被油雾、烟雾、水雾和冰雪遮挡。
④ 探测区域内的可燃物是金属和无机物时。
⑤ 探测器易受阳光、白炽灯等光源直接或间接照射。

9）探测区域内正常情况下有高温物体的场所，不宜选择单波段红外火焰探测器。

10）正常情况下有明火作业，探测器易受 X 射线、弧光和闪电等影响的场所，不宜选择紫外火焰探测器。

11）下列场所宜选择可燃气体探测器：
① 使用可燃气体的场所。
② 煤气站和煤气表房以及存储液化石油气罐的场所。
③ 其他散发可燃气体和可燃蒸气的场所。

12）在火灾初期产生一氧化碳的下列场所可采用点型一氧化碳火灾探测器：
① 烟不容易对流或顶棚下方有热屏障的场所。
② 在房顶上无法安装其他点型火焰探测器的场所。
③ 需要多信号复合报警的场所。

13）污物较多且必须安装感烟火灾探测器的场所，应选择间断吸气的点型吸气式感烟火灾探测器或具有过滤网和管路自清洗功能的管路采样吸气式感烟火灾探测器。

### 15.1.4.3 线型火灾探测器的选择

1）无遮挡的大空间或有特殊要求的房间，宜选择线型光束感烟火灾探测器。
2）符合下列之一的场所，不宜选择线型光束感烟火灾探测器：
① 有大量粉尘、水雾滞留。
② 可能产生蒸气和油雾。
③ 在正常情况下有烟滞留。
④ 固定探测器的建筑结构由于振动等会产生较大位移的场所。
3）下列场所或部位，宜选择缆式线型感温火灾探测器：

① 电缆隧道、电缆竖井、电缆夹层、电缆桥架。
② 不易安装点型火焰探测器的夹层、闷顶。
③ 各种皮带输送装置。
④ 其他环境恶劣不适合点型火焰探测器安装的危险场所。
4) 下列场所或部位，宜选择线型光纤感温火灾探测器。
① 除液化石油气外的石油储罐。
② 需要设置线型感温火灾探测器的易燃易爆场所。
③ 需要监测环境温度的地下空间等场所宜设置具有实时温度监测功能的线型光纤感温火灾探测器。
④ 公路隧道、敷设动力电缆的铁路隧道和城市地铁隧道等。
5) 线型定温探测器的选择，应保证其不动作温度符合设置场所的最高环境温度的要求。

### 15.1.4.4 通过管路采样的吸气式感烟火灾探测器的选择

1) 下列场所宜采用吸气式感烟火灾探测器：
① 具有高速气流的场所。
② 点型感烟、感温火灾探测器不适宜的大空间、舞台上方、建筑高度超过12m或有特殊要求的场所。
③ 低温场所。
④ 需要进行隐蔽探测的场所。
⑤ 需要进行火灾早期探测的重要场所。
⑥ 人员不宜进入的场所。
2) 灰尘比较大的场所，不应选择没有过滤网和管路自清洗功能的管路采样式吸气感烟火灾探测器。

## 15.1.5 系统设备的设置

### 15.1.5.1 火灾报警控制器和消防联动控制器的设置

1) 火灾报警控制器和消防联动控制器，应设置在消防控制室内或有人值班的房间和场所。
2) 火灾报警控制器和消防联动控制器等在消防控制室内的布置，应符合15.1.2.4节第8) 条的规定。
3) 火灾报警控制器和消防联动控制器安装在墙上时，其主显示屏高度宜为1.5～1.8m，其靠近门轴的侧面距墙不应小于0.5m，正面操作距离不应小于1.2m。
4) 集中报警系统和控制中心报警系统中的区域火灾报警控制器在满足下列条件时，可设置在无人值班的场所：
① 本区域内无需要手动控制的消防联动设备。
② 本火灾报警控制器的所有信息在集中火灾报警控制器上均有显示，且能接收起集中控制功能的火灾报警控制器的联动控制信号，并自动启动相应的消防设备。
③ 设置的场所只有值班人员可以进入。

### 15.1.5.2 火灾探测器的设置

1) 点型火灾探测器的设置应符合下列规定：
① 探测区域的每个房间至少应设置一只火灾探测器。

② 感烟火灾探测器和 A1、A2、B 型感温火灾探测器的保护面积和保护半径,应按表 15-7 确定;C、D、E、F、G 型感温火灾探测器的保护面积和保护半径应根据生产企业设计说明书确定,但不应超过表 15-7 规定。

表 15-7 感烟火灾探测器和 A1、A2、B 型感温火灾探测器的保护面积和保护半径

| 火灾探测器的种类 | 地面面积 $S/m^2$ | 房间高度 $h/m$ | 一只探测器的保护面积 $A$ 和保护半径 $R$ | | | | | |
|---|---|---|---|---|---|---|---|---|
| | | | 屋顶坡度 $\theta$ | | | | | |
| | | | $\theta \leqslant 15°$ | | $15° < \theta \leqslant 30°$ | | $\theta > 30°$ | |
| | | | $A/m^2$ | $R/m$ | $A/m^2$ | $R/m$ | $A/m^2$ | $R/m$ |
| 感烟火灾探测器 | $S \leqslant 80$ | $h \leqslant 12$ | 80 | 6.7 | 80 | 7.2 | 80 | 8.0 |
| | $S > 80$ | $6 < h \leqslant 12$ | 80 | 6.7 | 100 | 8.0 | 120 | 9.9 |
| | | $h \leqslant 6$ | 60 | 5.8 | 80 | 7.2 | 100 | 9.0 |
| 感温火灾探测器 | $S \leqslant 30$ | $h \leqslant 8$ | 30 | 4.4 | 30 | 4.9 | 30 | 5.5 |
| | $S > 30$ | $h \leqslant 8$ | 20 | 3.6 | 30 | 4.9 | 40 | 6.3 |

注:建筑高度不超过 14m 的封闭探测空间,且火灾初期会产生大量的烟时,可设置点型感烟火灾探测器。

③ 感烟火灾探测器、感温火灾探测器的安装间距,应根据探测器的保护面积 $A$ 和保护半径 $R$ 确定,并不应超过图 15-13 探测器安装间距极限曲线 $D_1 \sim D_{11}$(含 $D_9'$)所规定的范围。

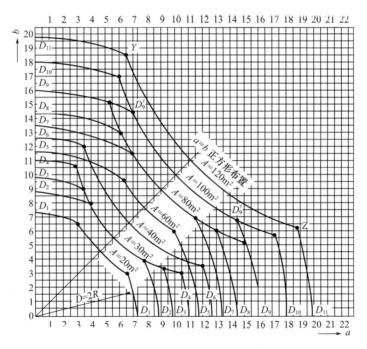

图 15-13 探测器安装间距的极限曲线

$A$—探测器的保护面积,$m^2$;$a$,$b$—探测器的安装间距,m;$D_1 \sim D_{11}$(含 $D_9'$)—在不同保护面积 $A$ 和保护半径下确定探测器安装间距 $a$、$b$ 的极限曲线;$Y$,$Z$—极限曲线的端点(在 $Y$ 和 $Z$ 两点间的曲线范围内,保护面积可得到充分利用)

④ 一个探测区域内所需设置的探测器数量,不应小于下式的计算值:

$$N = S/(KA) \tag{15-1}$$

式中　$N$——探测器数量,只,$N$应取整数;

　　　$S$——该探测区域面积,$m^2$;

　　　$K$——修正系数,容纳人数超过 10000 人的公共场所宜取 0.7~0.8;容纳人数为 2000~10000 人的公共场所宜取 0.8~0.9;容纳人数为 500~2000 人的公共场所宜取 0.9~1.0;其他场所可取 1.0;

　　　$A$——探测器的保护面积,$m^2$。

2) 在有梁的顶棚上设置点型感烟火灾探测器、感温火灾探测器时,应符合下列规定:

① 当梁突出顶棚的高度小于 200mm 时,可不计梁对探测器保护面积的影响。

② 当梁突出顶棚的高度为 200~600mm 时,应按图 15-14 和表 15-8 确定梁对探测器保护面积的影响和一只探测器能够保护的梁间区域的数量。

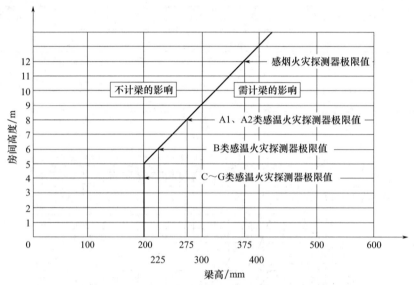

图 15-14　不同高度的房间梁对探测器设置的影响

表 15-8　按梁间区域面积确定一只探测器保护的梁间区域的个数

| 探测器的保护面积 $A/m^2$ | | 梁隔断的梁间区域面积 $Q/m^2$ | 一只探测器保护的梁间区域的个数 |
| --- | --- | --- | --- |
| 感温探测器 | 20 | $Q>12$ | 1 |
| | | $8<Q\leqslant12$ | 2 |
| | | $6<Q\leqslant8$ | 3 |
| | | $4<Q\leqslant6$ | 4 |
| | | $Q\leqslant4$ | 5 |
| | 30 | $Q>18$ | 1 |
| | | $12<Q\leqslant18$ | 2 |
| | | $9<Q\leqslant12$ | 3 |
| | | $6<Q\leqslant9$ | 4 |
| | | $Q\leqslant6$ | 5 |

续表

| 探测器的保护面积 $A/m^2$ | | 梁隔断的梁间区域面积 $Q/m^2$ | 一只探测器保护的梁间区域的个数 |
|---|---|---|---|
| 感烟探测器 | 60 | $Q>36$ | 1 |
| | | $24<Q\leqslant36$ | 2 |
| | | $18<Q\leqslant24$ | 3 |
| | | $12<Q\leqslant18$ | 4 |
| | | $Q\leqslant12$ | 5 |
| | 80 | $Q>48$ | 1 |
| | | $32<Q\leqslant48$ | 2 |
| | | $24<Q\leqslant32$ | 3 |
| | | $16<Q\leqslant24$ | 4 |
| | | $Q\leqslant16$ | 5 |

③ 当梁突出顶棚的高度超过600mm时，被梁隔断的每个梁间区域至少应设置一只探测器。

④ 当被梁隔断的区域面积超过一只探测器的保护面积时，被隔断的区域应按前述第1)条第④款规定计算探测器的设置数量。

⑤ 当梁间净距小于1m时，可不计梁对探测器保护面积的影响。

3) 在宽度小于3m的内走道顶棚上设置点型探测器时，宜居中布置。感温火灾探测器的安装间距不应超过10m；感烟火灾探测器的安装间距不应超过15m；探测器至端墙的距离，不应大于探测器安装间距的1/2。

4) 点型探测器至墙壁、梁边的水平距离，不应小于0.5m。

5) 点型探测器周围0.5m内，不应有遮挡物。

6) 房间被书架、设备或隔断等分隔，其顶部全顶棚或梁的距离小于房间净高的5%时，每个被隔开的部分至少应安装一只探测器。

7) 点型探测器至空调送风口边的水平距离不应小于1.5m，并宜接近回风口安装。探测器至多孔送风顶棚孔口的水平距离不应小于0.5m。

8) 当屋顶有热屏障时，点型感烟火灾探测器下表面至顶棚或屋顶的距离，应符合表15-9所示的有关规定。

表15-9 点型感烟火灾探测器下表面至顶棚或屋顶的距离

| 探测器的安装高度 $h/m$ | 点型感烟火灾探测器下表面至顶棚或屋顶的距离 $d/mm$ | | | | | |
|---|---|---|---|---|---|---|
| | 顶棚或屋顶坡度 $\theta$ | | | | | |
| | $\theta\leqslant15°$ | | $15°<\theta\leqslant30°$ | | $\theta>30°$ | |
| | 最小 | 最大 | 最小 | 最大 | 最小 | 最大 |
| $h\leqslant6$ | 30 | 200 | 200 | 300 | 300 | 500 |
| $6<h\leqslant8$ | 70 | 250 | 250 | 400 | 400 | 600 |
| $8<h\leqslant10$ | 100 | 300 | 300 | 500 | 500 | 700 |
| $10<h\leqslant12$ | 150 | 350 | 350 | 600 | 600 | 800 |

9) 锯齿型屋顶和坡度大于15°的人字形屋顶，应在每个屋脊处设置一排点型探测器，探测器下表面至屋顶最高处的距离，应符合前述第8) 条的规定。

10) 点型探测器宜水平安装。当倾斜安装时，倾斜角不应大于45°。

11) 在电梯井、升降机井设置点型探测器时，其位置宜在井道上方的机房顶棚上。

12) 一氧化碳火灾探测器可设置在任何气体可以扩散到的任何部位。

13) 火焰探测器和图像型火灾探测器的设置应符合下列规定：

① 应计及探测器的探测视角及最大探测距离，可通过选择探测距离长、火灾报警响应时间短的火焰探测器，提高保护面积要求和报警时间要求。

探测器的安装高度应与探测器的灵敏度等级相适应。

② 探测器的探测区内不应存在遮挡物。

③ 应避免光源直接照射在探测器的探测窗口。

④ 单波段的火焰探测器不应设置在平时有阳光、白炽灯等光源直接或间接照射的场所。

14) 线型光束感烟火灾探测器的设置应符合下列规定：

① 探测器的光束轴线至顶棚的垂直距离宜为0.3~1.0m，距地高度不宜超过20m。

② 相邻两组探测器的水平距离不应大于14m，探测器至侧墙水平距离不应大于7m，且不应小于0.5m，探测器的发射器和接收器之间的距离不宜超过100m。

③ 探测器应设置在固定结构上。

④ 探测器的设置应保证其接收端避开日光和人工光源直接照射。

⑤ 选择反射式探测器时，应保证在反射板与探测器间任何部位进行模拟试验时，探测器均能正确响应。

15) 线型感温火灾探测器的设置应符合下列规定：

① 探测器在保护电缆、堆垛等类似保护对象时，应采用接触式布置；在各种皮带输送装置上设置时，宜设置在装置的过热点附近。

② 设置在顶棚下方的线型感温火灾探测器，至顶棚的距离宜为0.1m。探测器的保护半径应符合点型感温火灾探测器的保护半径要求；探测器至墙壁的距离宜为1~1.5m。

③ 光栅光纤感温火灾探测器每个光栅的保护面积和保护半径，应符合点型感温火灾探测器的保护面积和保护半径要求。

④ 设置线型感温火灾探测器的场所有联动要求时，宜采用两只不同火灾探测器的报警信号组合。

⑤ 与线型感温火灾探测器连接的模块不宜设置在长期潮湿或温度变化较大的场所。

16) 管路采样式吸气感烟火灾探测器的设置，应符合下列规定：

① 非高灵敏型探测器的采样管网安装高度不应超过16m；高灵敏型探测器的采样管网安装高度可超过16m；采样管网安装高度超过16m时，灵敏度可调的探测器应设置为高灵敏度，且应减小采样管长度和采样孔数量。

② 探测器的每个采样孔的保护面积、保护半径，应符合点型感烟火灾探测器的保护面积、保护半径的要求。

③ 一个探测单元的采样管总长不宜超过200m，单管长度不宜超过100m，同一根采样管不应穿越防火分区。采样孔总数不宜超过100个，单管上的采样孔数量不宜超过25个。

④ 当采样管道采用毛细管布置方式时，毛细管长度不宜超过4m。

⑤ 吸气管路和采样孔应有明显的火灾探测器标识。

⑥ 有过梁、空间支架的建筑中，采样管路应固定在过梁、空间支架上。

⑦ 当采样管道布置形式为垂直采样时,每2℃温差间隔或3m间隔（取最小者）应设置一个采样孔,样孔不应背对气流方向。

⑧ 采样管网应按经过确认的设计软件或方法进行设计。

⑨ 探测器的火灾报警信号、故障信号等信息应传给火灾报警控制器,涉及消防联动控制时,探测器的火灾报警信号还应传给消防联动控制器。

17) 感烟火灾探测器在格栅吊顶场所的设置,应符合下列规定：

① 镂空面积与总面积的比例不大于15%时,探测器应设置在吊顶下方。

② 镂空面积与总面积的比例大于30%时,探测器应设置在吊顶上方。

③ 镂空面积与总面积的比例为15%~30%时,探测器设置部位应根据实际试验结果确定。

④ 探测器设置在吊顶上方且火警确认灯无法观察时,应在吊顶下方设置火警确认灯。

⑤ 地铁站台等有活塞风影响的场所,镂空面积与总面积的比例为30%~70%时,探测器宜同时设置在吊顶上方和下方。

18) 本节未涉及的其他火灾探测器的设置应按照企业提供的设计手册或使用说明书进行设置,必要时可通过模拟保护对象火灾场景等方式对探测器的设置情况进行验证。

### 15.1.5.3 手动火灾报警按钮的设置

1) 每个防火分区应至少设置一个手动火灾报警按钮。从一个防火分区内任何位置到最邻近的一个手动火灾报警按钮的距离不应大于30m。手动火灾报警按钮宜设置在公共活动场所出入口处。列车上设置的手动火灾报警按钮,应在每节车厢的出入口和中间部位。

2) 手动火灾报警按钮应设置在明显的和便于操作部位。当采用壁挂方式安装时,其底边距地高度宜为1.3~1.5m,且应有明显的标志。

### 15.1.5.4 区域显示器的设置

1) 每个报警区域宜设置一台区域显示器（火灾显示盘）；宾馆、饭店等场所宜在每个报警区域设置一台区域显示器。当一个报警区域包括多个楼层时,可在每楼层设置一台仅显示本楼层的区域显示器。

2) 火灾显示盘应设置在出入口等明显的和便于操作部位。当采用壁挂方式安装时,其底边距地高度宜为1.3~1.5m。

### 15.1.5.5 火灾报警器的设置

1) 火灾光警报器应设置在每个楼层的楼梯口、消防电梯前室、建筑内部拐角等处的明显部位,且不宜与安全出口指示标志灯具设置在同一面墙上。

2) 每个报警区域内应均匀设置火灾警报器,其声压级不应小于60dB（A）；在环境噪声大于60dB（A）的场所,其声压级应高于背景噪声15dB（A）。

3) 火灾警报器采用壁挂方式安装时,其底边距地面高度应大于2.2m。

### 15.1.5.6 消防应急广播的设置

1) 消防应急广播扬声器的设置,应符合下列规定：

① 民用建筑内扬声器应设置在走道和大厅等公共场所。每个扬声器的额定功率不应小于3W,其数量应能保证从一个防火分区内的任何部位到最近一个扬声器的直线距离不大于

25m，走道末端距最近的扬声器距离不应大于 12.5m。

② 在环境噪声大于 60dB（A）的场所设置的扬声器，在其播放范围内最远点的播放声压级应高于背景噪声 15dB（A）。

③ 客房设置专用扬声器时，其功率不宜小于 1W。

2）壁挂扬声器的底边距地面高度应大于 2.2m。

### 15.1.5.7 消防专用电话的设置

1）消防专用电话网络应为独立的消防通信系统。
2）消防控制室应设置消防专用电话总机。
3）多线制消防专用电话系统中的每个电话分机应与总机单独连接。
4）电话分机或电话插孔的设置，应符合下列规定：

① 消防水泵房、发电机房、配变电室、计算机网络机房、主要通风和空调机房、防排烟机房、灭火控制系统操作装置处或控制室、企业消防站、消防值班室、总调度室、消防电梯机房及其他与消防联动控制有关的且经常有人值班的机房应设置消防专用电话分机。消防专用电话分机，应固定安装在明显且便于使用的部位，并应有区别于普通电话的标识。

② 设有手动火灾报警按钮或消火栓按钮等处，宜设置电话插孔，并宜选择带有电话插孔的手动火灾报警按钮。

③ 各避难层应每隔 20m 设置一个消防专用电话分机或电话插孔。

④ 电话插孔在墙上安装时，其底边距地面高度宜为 1.3～1.5m。

5）消防控制室、消防值班室或企业消防站等处，应设置可直接报警的外线电话。

### 15.1.5.8 模块的设置

1）每个报警区域内的模块宜相对集中设置在本报警区域内金属模块箱中。
2）模块严禁设置在配电（控制）柜（箱）内。
3）模块不应控制其他报警区域的设备。
4）未集中设置的模块附近应有不小于 100mm×100mm 的标识。

### 15.1.5.9 消防控制室图形显示装置的设置

1）消防控制室图形显示装置应设置在消防控制室内，并应符合火灾报警控制器的安装设置要求。

2）消防控制室图形显示装置与火灾报警控制器、消防联动控制器、电气火灾监控设备、可燃气体报警控制器等消防设备之间，应采用专线路连接。

### 15.1.5.10 火灾报警传输设备或用户信息传输装置的设置

1）火灾报警传输设备或用户信息传输装置，应设置在消防控制室内；未设置消防控制室时，应设置在火灾报警控制器附近的明显部位。

2）火灾报警传输设备或用户信息传输装置与火灾报警控制器、消防联动控制器等设备之间，应采用专用线路连接。

3）火灾报警传输设备或用户信息传输装置的设置，应保证有足够的操作和检修间距。

4）火灾报警传输设备或用户信息传输装置的手动报警装置，应设置在便于操作的明显部位。

## 15.1.5.11 防火门监控器的设置

1）防火门监控器应设置在消防控制室内，未设置消防控制室时，应设置在有人值班的场所。

2）电动开门器的手动控制按钮应设置在防火门内侧墙面上，距门不宜超过 0.5m，底边距地面高度宜为 0.9~1.3m。

3）防火门监控器的设置应符合火灾报警控制器的安装设置要求。

## 15.1.6 典型场所火灾自动报警系统

### 15.1.6.1 住宅建筑火灾自动报警系统（如图 15-15 所示）

（1）一般规定

1）住宅建筑火灾自动报警系统可根据保护对象的具体情况按下列分类：

① A 类系统可由火灾报警控制器、手动火灾报警按钮、家用火灾探测器、火灾声警报器、应急广播等设备组成。

② B 类系统可由控制中心监控设备、家用火灾报警控制器、家用火灾探测器、火灾声警报器等设备组成。

③ C 类系统可由家用火灾报警控制器、家用火灾探测器、火灾声警报器等设备组成。

④ D 类系统可由独立式火灾探测报警器、火灾声警报器等设备组成。

2）住宅建筑火灾自动报警系统的选择应符合下列规定：

① 有物业集中监控管理且设有需联动控制的消防设施的住宅建筑应选用 A 类系统。

② 仅有物业集中监控管理的住宅建筑宜选用 A 类或 B 类系统。

③ 没有物业集中监控管理的住宅建筑宜选用 C 类系统。

④ 别墅式住宅和已投入使用的住宅建筑可选用 D 类系统。

（2）系统设计

1）A 类系统的设计应符合下列规定：

① 系统在公共部位的设计应符合 15.1.2~15.1.5 节的规定。

② 住户内设置的家用火灾探测器可接入家用火灾报警控制器，也可直接接入火灾报警控制器。

③ 设置的家用火灾报警控制器应将火灾报警信息、故障信息等相关信息传输给相连接的火灾报警控制器。

④ 建筑公共部位设置的火灾探测器应直接接入火灾报警控制器。

2）B 类和 C 类系统的设计应符合下列规定：

① 住户内设置的家用火灾探测器应接入家用火灾报警控制器。

② 家用火灾报警控制器应能启动设置在公共部位的火灾声报警器。

③ B 类系统中，设置在每户住宅内的家用火灾报警控制器应连接到控制中心监控设备，控制中心监控设备应能显示发生火灾的住户。

3）D 类系统的设计应符合下列规定：

① 有多个起居室的住户，宜采用互连型独立式火灾探测报警器。

② 宜选择电池供电时间不少于 3 年的独立式火灾探测报警器。

4）采用无线方式将独立式火灾探测报警器组成系统时，系统设计应符合 A 类、B 类或 C 类系统之一的设计要求。

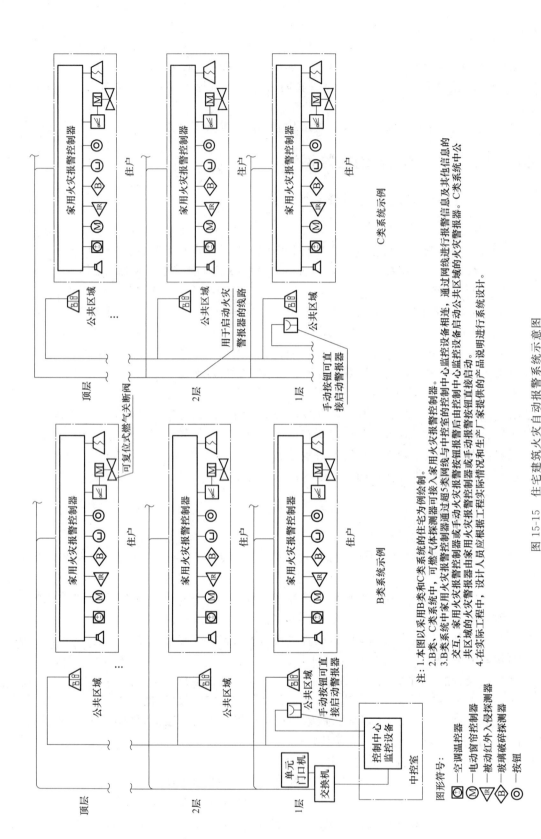

图 15-15 住宅建筑火灾自动报警系统示意图

(3) 火灾探测器的设置

1) 每间卧室、起居室内应至少设计一只感烟火灾探测器。

2) 可燃气体探测器在厨房设置时，应符合下列规定：

① 使用天然气的用户应选择甲烷探测器，使用液化气的用户应选择丙烷探测器，使用煤制气的用户应选择一氧化碳探测器。

② 连接燃气灶具的软管及接头在橱柜内部时，探测器宜设置在橱柜内部。

③ 甲烷探测器应设置在厨房顶部，丙烷探测器应设置在厨房下部，一氧化碳探测器可设置在厨房下部，也可设置在其他部位。

④ 可燃气体探测器不宜设置在灶具正上方。

⑤ 宜采用具有联动关断燃气关断阀功能的可燃气体探测器。

⑥ 探测器联动的燃气关断阀宜为用户可以自己复位的关断阀，并应具有胶管脱落自动保护功能。

(4) 家用火灾报警控制器的设置

1) 家用火灾报警控制器应独立设置在每户内，且应设置在明显和便于操作的部位。当采用壁挂方式安装时，其底边距地高度宜为 1.3～1.7m。

2) 具有可视对讲功能的家用火灾报警控制器宜设置在进户门附近。

(5) 火灾声警报器的设置

1) 住宅建筑公共部位设置的火灾声警报器应具有语音功能，且应能接受联动控制或由手动火灾报警按钮信号直接控制发出警报。

2) 每台警报器覆盖的楼层不应超过3层，且首层明显部位应设置用于直接启动火灾声警报器的手动火灾报警按钮。

(6) 应急广播的设置

1) 住宅建筑内设置的应急广播应能接受联动控制或由手动火灾报警按钮信号直接控制进行广播。

2) 每台扬声器覆盖的楼层不应超过3层。

3) 广播功率放大器应具有消防电话插孔，消防电话插入后应能直接讲话。

4) 广播功率放大器应配有备用电池，电池持续工作不能达到1h时，应能向消防控制室或物业值班室发送报警信息。

5) 广播功率放大器应设置在首层内走道侧面墙上，箱体面板应有防止非专业人员打开的措施。

### 15.1.6.2 可燃气体探测报警系统

(1) 一般规定

1) 可燃气体探测报警系统应由可燃气体报警控制器、可燃气体探测器和火灾声光警报器等组成。

2) 可燃气体探测报警系统应独立组成，可燃气体探测器不应接入火灾报警控制器的探测器回路；当可燃气体的报警信号需要接入火灾自动报警系统时，应由可燃气体报警控制器接入。

3) 石化行业涉及过程控制的可燃气体探测器，可按《石油化工可燃气体和有毒气体检测报警设计标准》GB/T 50493—2019 有关规定设置，但其报警信号应接入消防控制室。

4) 可燃气体报警控制器的报警信息和故障信息，应在消防控制室图形显示装置或起集中控制功能的火灾报警控制器上显示，但该类信息与火灾报警信息的显示应有区别。

5）可燃气体报警控制器发出报警信号时，应能启动保护区域的火灾声光警报器。

6）可燃气体探测报警系统保护区域内有联动和警报要求时，应由可燃气体报警控制器或消防联动控制器联动实现。

7）可燃气体探测报警系统设置在有防爆要求的场所时，尚应符合有关防爆要求。

（2）可燃气体探测器的设置

1）探测气体密度小于空气密度的可燃气体探测器应设置在被保护空间的顶部，探测气体密度大于空气密度的可燃气体探测器应设置在被保护空间的下部，探测气体密度与空气密度相当时，可燃气体探测器可设置在被保护空间的中间部位或顶部。

2）可燃气体探测器宜设置在可能产生可燃气体部位附近。

3）点型可燃气体探测器的保护半径，应符合现行国家标准《石油化工可燃气体和有毒气体检测报警设计标准》GB/T 50493—2019 的有关规定。

4）线型可燃气体探测器的保护区域长度不宜大于 60m。

（3）可燃气体报警控制器的设置

1）当有消防控制室时，可燃气体报警控制器可设置在保护区域附近；当无消防控制室时，可燃气体报警控制器应设置在有人值班的场所。

2）可燃气体报警控制器的设置应符合火灾报警控制器的安装设置要求。

### 15.1.6.3 电气火灾监控系统

（1）一般规定

1）电气火灾监控系统可用于具有电气火灾危险的场所。

2）电气火灾监控系统应由下列部分或全部设备组成：

① 电气火灾监控器。

② 剩余电流式电气火灾监控探测器。

③ 测温式电气火灾监控探测器。

3）电气火灾监控系统应根据建筑物的性质及电气火灾危险性设置，并应根据电气线路敷设和用电设备的具体情况，确定电气火灾监控探测器的形式与安装位置。在无消防控制室且电气火灾监控探测器设置数量不超过 8 只时，可采用独立式电气火灾监控探测器。

4）独立式电气火灾监控探测器不应接入火灾报警控制器的探测器回路。

5）在设置消防控制室的场所，电气火灾监控器的报警信息和故障信息应在消防控制室图形显示装置或起集中控制功能的火灾报警控制器上显示，但该类信息与火灾报警信息的显示应有区别。

6）电气火灾监控系统的设置不应影响供电系统的正常工作，不宜自动切断供电电源。

7）当线型感温火灾探测器用于电气火灾监控时，可接入电气火灾监控器。

（2）剩余电流式电气火灾监控探测器的设置

1）剩余电流式电气火灾监控探测器应以设置在低压配电系统首端为基本原则，宜设置在第一级配电柜（箱）的出线端。在供电线路泄漏电流大于 500mA 时，宜在其下一级配电柜（箱）设置。

2）剩余电流式电气火灾监控探测器不宜设置在 IT 系统的配电线路和消防配电线路中。

3）选择剩余电流式电气火灾监控探测器时，应计及供电系统自然漏流的影响，并应选择参数合适的探测器；探测器报警值宜为 300~500mA。

4）具有探测线路故障电弧功能的电气火灾监控探测器，其保护线路的长度小宜大于100m。

（3）测温式电气火灾监控探测器的设置

1）测温式电气火灾监控探测器应设置在电缆接头、端子、重点发热部件等部位。

2）保护对象为1000V及以下的配电线路，测温式电气火灾监控探测器应采用接触式布置。

3）保护对象为1000V以上的供电线路，测温式电气火灾监控探测器宜选择光栅光纤测温式或红外测温式电气火灾监控探测器，光栅光纤测温式电气火灾监控探测器应直接设置在保护对象的表面。

（4）独立式电气火灾监控探测器的设置

1）独立式电气火灾监控探测器的设置应符合15.1.6.3节第（2）条和第（3）条的规定。

2）设有火灾自动报警系统时，独立式电气火灾监控探测器的报警信息和故障信息应在消防控制室图形显示装置或集中火灾报警控制器上显示；但该类信息与火灾报警信息显示应有区别。

3）未设置火灾自动报警系统时，独立式电气火灾监控探测器应将报警信号传至有人值班的场所。

（5）电气火灾监控器的设置

1）设有消防控制室时，电气火灾监控器应设置在消防控制室内或保护区域附近；设置在保护区域附近时，应将报警信息和故障信息传入消防控制室。

2）未设消防控制室时，电气火灾监控器应设置在有人值班的场所。

### 15.1.6.4 其他典型场所火灾自动报警系统

（1）道路隧道

1）城市道路隧道、特长双向公路隧道和道路中的水底隧道，应同时采用线塑光纤感温火灾探测器和点型红外火焰探测器（或图像型火灾探测器）；其他公路隧道应采用线型光纤感温火灾探测器或点型红外火焰探测器。

2）线型光纤感温火灾探测器应设置在车道顶部距顶棚100～200mm，线型光栅光纤感温火灾探测器的光栅间距不应大于10m；每根分布式线型光纤感温火灾探测器和线型光栅光纤感温火灾探测保护车道的数量不应超过2条；点型红外火焰探测器或图像型火灾探测器应设置在行车道侧面墙上距行车道地面高度2.7～3.5m，并应保证无探测盲区；在行车道两侧设置时，探测器应交错设置。

3）火灾自动报警系统需联动消防设施时，其报警区域长度不宜大于150m。

4）隧道出入口以及隧道内每隔200m处应设置报警电话，每隔50m处应设置手动火灾报警按钮和闪烁红光的火灾声光警报器。隧道入口前方50～250m内应设置指示隧道内发生火灾的声光警报装置。

5）隧道用电缆通道宜设置线型感温火灾探测器，主要设备房内的配电线路应设置电气火灾监控探测器。

6）隧道中设置的火灾自动报警系统宜联动隧道中设置的视频监视系统确认火灾。

7）火灾自动报警系统应将火灾报警信号传输给隧道中央控制管理设备。

8）消防应急广播可与隧道内设置的有线广播合用，其设置应符合15.1.5.6节的规定。

9）消防专用电话可与隧道内设置的紧急电话合用，其设置应符合15.1.5.7节的规定。

10) 消防联动控制器应能手动控制与正常通风合用的排烟风机。

11) 隧道内设置的消防设备的防护等级不应低于 IP65。

(2) 油罐区

1) 外浮顶油罐宜采用线型光纤感温火灾探测器，且每只线型光纤感温火灾探测器应只能保护一个油罐，并应设置在浮盘的堰板上。

2) 除浮顶和卧式油罐外的其他油罐宜采用火焰探测器。

3) 采用光栅光纤感温火灾探测器保护外浮顶油罐时，两个相邻光栅间距离不应大于 3m。

4) 油罐区可在高架杆等高位处设置点型红外火焰探测器或图像型火灾探测器作辅助探测。

5) 火灾报警信号宜联动报警区域内的工业视频装置确认火灾。

(3) 电缆隧道

1) 隧道外的电缆接头、端子等发热部位应设置测温式电气火灾监控探测器，探测器的设置应符合 15.1.6.3 节的有关规定；除隧道内所有电缆的燃烧性能均为 A 级外，隧道内应沿电缆设置线型感温火灾探测器，且在电缆接头、端子等发热部位应保证有效探测长度；隧道内设置的线型感温火灾探测器可接入电气火灾监控器。

2) 无外部火源进入的电缆隧道应在电缆层上表面设置线型感温火灾探测器；有外部火源进入可能的电缆隧道在电缆层上表面和隧道顶部，均应设置线型感温火灾探测器。

3) 线型感温火灾探测器采用"S"形布置或有外部火源进入可能的电缆隧道内，应采用能响应火焰规模不大于 100mm 的线型感温火灾探测器。

4) 线型感温火灾探测器应采用接触式的敷设方式对隧道内的所有的动力电缆进行探测；缆式线型感温火灾探测器应采用"S"形布置在每层电缆的上表面，线型光纤感温火灾探测器应采用一根感温光缆保护一根动力电缆的方式，并应沿动力电缆敷设。

5) 分布式线型光纤感温火灾探测器在电缆接头、端子等发热部位敷设时，其感温光缆的延展长度不应少于探测单元长度的 1.5 倍；线型光栅光纤感温火灾探测器在电缆接头、端子等发热部位应设置感温光栅。

6) 其他隧道内设置动力电缆时，除隧道顶部可不设置线型感温火灾探测器外，探测器设置均应符合本节（15.1 节）的规定。

(4) 高度大于 12m 的空间场所

1) 高度大于 12m 的空间场所宜同时选择两种及以上火灾参数的火灾探测器。

2) 火灾初期产生大量烟的场所，应选择线型光束感烟火灾探测器、管路吸气式感烟火灾探测器或图像型感烟火灾探测器。

3) 线型光束感烟火灾探测器的设置应符合下列要求：

① 探测器应设置在建筑顶部。

② 探测器宜采用分层组网的探测方式。

③ 建筑高度不超过 16m 时，宜在 6~7m 增设一层探测器。

④ 建筑高度超过 16m 但不超过 26m 时，宜在 6~7m 和 11~12m 处各增设一层探测器。

⑤ 由开窗或通风空调形成的对流层为 7~13m 时，可将增设的一层探测器设置在对流层下面 1m 处。

⑥ 分层设置的探测器保护面积可按常规计算，并宜与下层探测器交错布置。

4) 管路吸气式感烟火灾探测器的设置应符合下列要求：

① 探测器的采样管宜采用水平和垂直结合的布管方式，并应保证至少有 2 个采样孔在

16m 以下，并宜有 2 个采样孔设置在开窗或通风空调对流层下面 1m 处。

② 可在回风口处设置起辅助报警作用的采样孔。

5）火灾初期产生少量烟并产生明显火焰的场所，应选择 1 级灵敏度的点型红外火焰探测器或图像型火焰探测器，并应降低探测器设置高度。

6）电气线路应设置电气火灾监控探测器，照明线路上应设置具有探测故障电弧功能的电气火灾监控探测器。

### 15.1.7 火灾自动报警系统的供电

（1）一般规定

1）火灾自动报警系统应设置交流（AC）电源和蓄电池备用电源。

2）火灾自动报警系统的交流电源应采用消防电源，直流备用电源可采用火灾报警控制器和消防联动控制器自带的蓄电池电源或消防设备应急电源。当直流备用电源采用消防设备应急电源时，火灾报警控制器和消防联动控制器应采用单独的供电回路，并应保证在系统处于最大负载状态下不影响火灾报警控制器和消防联动控制器的正常工作。

3）消防控制室图形显示装置、消防通信设备等的电源，宜由交流不停电系统（UPS）或消防设备应急电源供电。

4）火灾自动报警系统主电源不应设置剩余电流动作保护和过负荷保护装置。

5）消防设备应急电源输出功率应大于火灾自动报警及联动控制系统全负荷功率的 120%，蓄电池组的额定容量应保证火灾自动报警及联动控制系统在火灾状态同时工作负荷率下连续工作 3h 以上。

6）消防用电设备应采用专用的供电回路，其配电设备应设有明显标志，其配电线路和控制回路宜按防火分区划分。

（2）系统接地

1）火灾自动报警系统接地装置的接地电阻值应符合下列要求：

① 采用共用接地装置时，接地电阻值不应大于 1Ω。

② 采用专用接地装置时，接地电阻值不应大于 4Ω。

2）消防控制室内的电气和电子设备的金属外壳、机柜、机架和金属管、槽等，应采用等电位连接。

3）由消防控制室接地板引至各消防电子设备的专用接地线应选用铜芯绝缘导线，其线芯截面面积不应小于 $4mm^2$。

4）消防控制室接地板与建筑接地体之间，应采用线芯截面面积不小于 $25mm^2$ 铜芯绝缘导线连接。

### 15.1.8 火灾自动报警系统的布线

（1）一般规定

1）火灾自动报警系统的传输线路和 50V 以下供电的控制线路，应采用电压等级不低于交流 300/500V 的铜芯绝缘导线或铜芯电缆。采用交流 220/380V 的供电和控制线路应采用电压等级不低于交流 450/750V 的铜芯绝缘导线或铜芯电缆。

2）火灾自动报警系统传输线路的线芯截面选择，除应满足自动报警装置技术条件的要求外，还应满足机械强度的要求。铜芯绝缘导线、铜芯电缆线芯的最小截面面积不应小于

表 15-10 的规定。

表 15-10　铜芯绝缘导线和铜芯电缆的线芯最小截面面积

| 序号 | 类别 | 线芯的最小截面面积/mm² |
|---|---|---|
| 1 | 穿管敷设的绝缘导线 | 1.00 |
| 2 | 线槽内敷设的绝缘导线 | 0.75 |
| 3 | 多芯电缆 | 0.50 |

3）火灾自动报警系统的供电线路和传输线路设置在室外时，应埋地敷设。

4）火灾自动报警系统的供电线路和传输线路设置在地（水）下隧道或湿度大于90%的场所时，线路及接线处应做防水处理。

5）采用无线通信方式的系统设计，应符合下列规定：

① 无线通信模块的设置间距不应大于额定通信距离的75%。

② 无线通信模块应设置在明显部位，且应有明显标识。

（2）室内布线

1）火灾自动报警系统的传输线路应采用穿金属管、可挠（金属）电气导管、B1级以上的刚性塑料管或封闭式线槽保护。

2）火灾自动报警系统的电源线路、消防联动控制线路应采用耐火类铜芯电线电缆，报警总线、消防应急广播和消防专用电话线等传输线路应采用阻燃或阻燃耐火类电线电缆。

3）线路暗敷设时，应采用金属管、可挠（金属）电气导管或B1级以上的刚性塑料管保护，并应敷设在不燃烧体的结构层内，且保护层厚度不宜小于30mm；线路明敷设时，应采用金属管、可挠（金属）电气导管或金属封闭线槽保护；矿物绝缘类不燃性电缆可直接明敷。

4）火灾自动报警系统用的电缆竖井，宜与电力、照明用的低压配电线路电缆竖井分别设置。如受条件限制必须合用时，应将火灾自动报警系统用的电缆和电力、照明用的低压配电线路电缆分别布置在竖井的两侧。

5）不同电压等级的线缆不应穿入同一根保护管内，当合用同一线槽时，线槽内应有隔板分隔。

6）采用穿管水平敷设时，除报警总线外，不同防火分区的线路不应穿入同一根管内。

7）从接线盒、线槽等处引到探测器底座盒、控制设备盒、扬声器箱的线路均应加金属保护管保护。

8）火灾探测器的传输线路，宜选择不同颜色的绝缘导线或电缆。正极"＋"线应为红色，负极"－"线应为蓝色或黑色。在同一工程中，相同用途导线的颜色应一致，接线端子应有标号。

# 15.2　建筑设备监控系统

楼宇设备监控系统又称建筑设备自动化系统（Building Automation System，BAS），它是智能楼宇中应用计算机进行监控管理的重要设施。智能楼宇中有大量的电气设备、空调暖通设备、给排水设备、电梯设备等，这些机电设备分散在各个机房、各个楼层，要对其实施监视、测量、控制和管理是一件十分复杂的事情。BAS利用计算机技术、网络通信技术、自动控制技术对上述相关机电设备进行智能化管理，以达到舒适、安全、可靠、经济与节能的目的，为用户提供良好的工作和生活环境，并使系统中的各设备处于最佳运行状态。

### 15.2.1 一般规定

1) 建筑设备监控系统（BAS）可对下列子系统进行设备运行和建筑节能的监测与控制：
① 冷热源系统；
② 空调及通风系统；
③ 给排水系统；
④ 供配电系统；
⑤ 照明系统；
⑥ 电梯和自动扶梯系统。
2) 建筑设备监控系统设计应符合下列规定：
① 系统应支持开放式系统技术，宜建立分布式控制网络；
② 系统与产品的开放性宜满足可互通信、可互操作、可互换用要求；
③ 在主系统对第三方子系统只监视不控制的场所，也可选择只满足可互通信的产品；
④ 在主系统与第三方子系统有联动要求的场合，宜选择能满足可互操作的产品；
⑤ 系统集成应由硬件和软件的可集成性确定，并应符合现行国家标准《智能建筑设计标准》GB 50314—2015 的规定；
⑥ 应采取必要的防范措施，确保系统和信息的安全性；
⑦ 应根据建筑的功能、重要性等确定采取冗余、容错等技术。
3) 设计建筑设备监控系统时，应根据监控功能需求设置监控点。
4) 建筑设备监控系统规模，可按实时数据库的硬件点位数区分，宜符合表 15-11 的规定。

表 15-11 建筑设备监控系统规模

| 系统规模 | 实时数据库点数 |
| --- | --- |
| 小型系统 | 999 及以下 |
| 中型系统 | 1000～2999 |
| 大型系统 | 3000 及以上 |

5) 系统应具备系统自诊断和故障部件自动隔离、自动恢复、故障报警功能。
6) 当工程有智能建筑集成要求时，BAS 应提供与火灾自动报警系统（FAS）及安全防范系统（SAS）的通信接口，构成建筑设备管理系统（BMS）。

### 15.2.2 系统网络结构

建筑设备监控系统（BAS），宜采用分布式系统和多层次的网络结构。并应根据系统的规模、功能要求及选用产品的特点，采用单层、两层或三层的网络结构，但不同网络结构均应满足分布式系统集中监视操作和分散采集控制的原则。

大型系统宜采用三层或两层网络结构，三层网络结构由管理、控制、现场（设备）三个网络层构成。中、小型系统宜采用两层或单层的网络结构，其中两层网络结构宜由管理层和现场层构成，单层网络结构宜由现场层为骨干构成。监控系统网络拓扑结构示例如图 15-16 所示；监控系统分布示意图如图 15-17 所示。

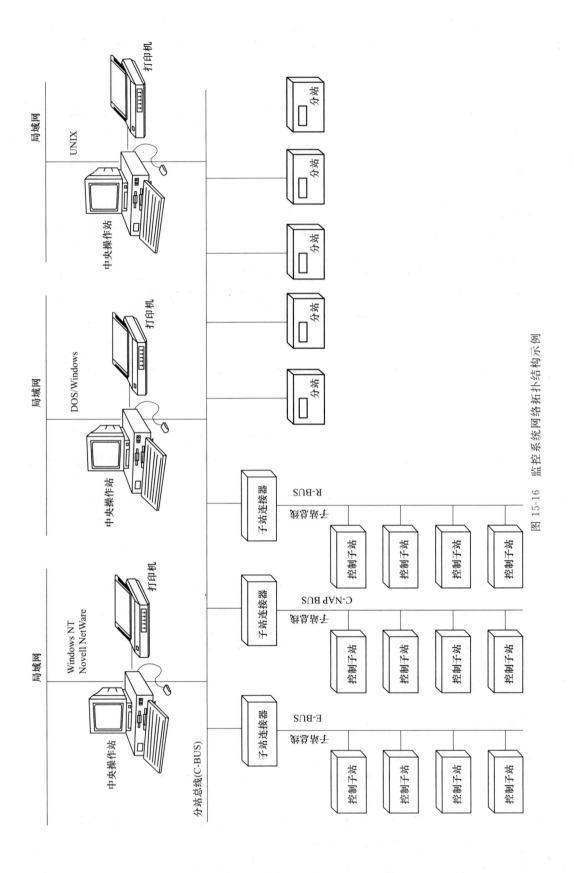

图 15-16 监控系统网络拓扑结构示例

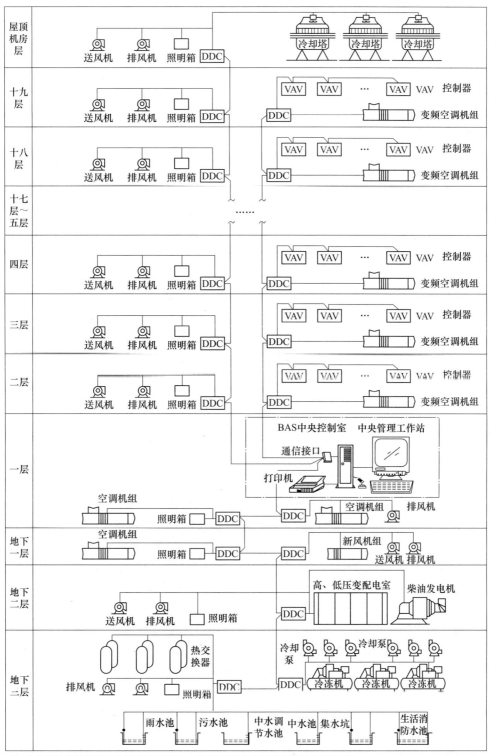

注：1. 本图仅举例说明BAS的控制系统图，不同建筑设备布置应根据具体情况而定。
2. DDC控制器可根据经济合理的原则采用按楼层或按设备控制方式进行布置。

图 15-17　监控系统分布示意图

各网络层应符合下列规定:
① 管理网络层应完成系统集中监控和各子系统的功能集成;
② 控制网络层应完成建筑设备的自动控制;
③ 现场(设备)网络层应完成末端设备控制和现场仪表(设备)的信息采集和处理。

用于网络互联的通信接口设备,应根据各层不同情况,以 ISO/OSI 开放式系统互联模型为参照体系,合理选择中继器、网桥、路由器、网关等互联通信接口设备。

### 15.2.2.1 管理网络层

1) 管理网络层的中央管理工作站应具有下列功能:
① 监控系统的运行参数;
② 检测可控的子系统对控制命令的响应情况;
③ 显示和记录各种测量数据、运行状态、故障报警等信息;
④ 数据报表和打印。

2) 管理网络层设计应符合下列规定:
① 管理网络层由安装在计算机上的操作站和服务器、本层网络、网络设备及系统辅助设施组成,本层网络宜采用以太网;
② 操作站与服务器之间宜采用客户机/服务器或浏览器/服务器的体系结构;当需要远程监控时,客户机/服务器的体系结构应支持 Web 服务器;
③ 应采用开放的操作系统、可互换用的即插即用的硬件结构体系;
④ 宜采用 TCP/IP 通信协议;
⑤ 在系统中存在异构的第三方子系统且其具有独立的监控主机时,服务器、操作站宜配用标准软件数据接口;在第三方子系统不能与主系统网络直接相连的情况下,宜由第三方子系统生产厂家提供其产品的通信接口、协议和规约,完成硬件连接平台和协议转换驱动;
⑥ 服务器应为操作站提供数据库访问,并宜采集设备控制器、末端设备控制器、传感器、执行器、阀门、风阀、变频器数据,采集过程历史数据,提供服务器配置数据,存储用户定义数据的应用信息结构,生成报警和事件记录、趋势图、报表,提供系统状态信息;
⑦ 操作站软件根据需要可安装在多台计算机/操作站上,宜建立多台操作站并行工作的局域网系统;
⑧ 管理网络层应具有与互联网联网的能力,提供互联网用户通信接口技术;用户可通过 Web 浏览器,远程查看建筑设备监控系统的各种数据或进行远程操作;
⑨ 当管理网络层的服务器和操作站发生故障或停止工作时,不应影响设备控制器、末端设备控制器和现场仪表运行,控制网络层、现场网络层通信不应因此中断。

3) 当不同地理位置上分布有多组相同种类的建筑设备监控系统时,宜采用分布式服务器结构 DSA(Distributed Server Architecture)和虚拟专用网络通信方式。每个建筑设备监控系统服务器管理的数据库应互相透明,从不同的建筑设备监控系统的操作站均可访问其他建筑设备监控系统的服务器,与该系统的数据库进行数据交换,使这些独立的服务器连接成为逻辑上的一个整体系统。

4) 管理网络层的配置应符合下列规定:
① 宜采用星形拓扑结构,选用对绞电缆作为传输介质,在管理网络层布线使用建筑物的综合布线系统的情况下,也可采用环形、总线拓扑结构;
② 服务器与操作站之间的连接宜选用交换机;

③ 管理网络层的服务器和至少一个操作站应位于监控中心内；

④ 在建筑设备监控系统（BAS）中，某些子系统有自己独立的监控室，且这些监控室位于建筑物不同地点时，管理网络层本层网络宜使用建筑物的综合布线系统组成；

⑤ 在建筑设备监控系统（BAS）的设备控制器带有以太网接口的场合，管理网络层本层网络及控制网络层本层网络宜统一使用建筑物的综合布线系统组成。

#### 15.2.2.2 控制网络层

1）控制网络层应完成对主控项目的开环控制和闭环控制、监控点逻辑开关表控制和监控点时间表控制。

2）控制网络层的本层网络可采用以太组网方式，并使用建筑物的综合布线系统组网，也可采用控制网络层自行布线的控制总线拓扑结构。

3）控制网络层的本层网络宜采用非屏蔽或屏蔽对绞电缆作为传输介质，在布线困难的场所，也可采用无线传输。

4）控制网络层的设备控制器可采用直接数字控制器（DDC）、可编程逻辑控制器（PLC）或兼有DDC，PLC特性的混合型控制器（HC，Hybrid Controller）。在民用建筑中，设备控制器宜选用DDC控制器，并应符合下列规定：

① 设备控制器的CPU不宜低于32位；

② RAM数据应有72h以上的断电保护；

③ 系统软件应存储在ROM中，应用程序软件应存储在EPROM或Flash-EPROM中；

④ 硬件和软件宜采用模块化结构；

⑤ 控制器的I/O模块应包括AI、AO、DI、DO、PI等类型；

⑥ 控制器的I/O模块宜包括集中安装在控制器箱体及其扩展箱体内的I/O模块和可远程分散安装的分布式智能I/O模块两大类；

⑦ 带有以太网接口的设备控制器可具备服务器和网络控制器的部分功能；

⑧ 应提供与控制网络层本层网络的通信接口，便于设备控制器与本层网络连接并与连接其上的其他设备控制器通信；

⑨ 宜提供与现场网络层本层网络的通信接口，便于设备控制器与现场网络层本层网络连接并与连接其上的末端设备控制器、分布式智能I/O模块、智能传感器、智能调节阀等现场设备通信；

⑩ 宜提供至少一个通信接口与便携式计算机在现场连接；

⑪ 设备控制器宜提供基于单参数单向一对一传输电缆的数字量和模拟量输入输出以及高速计数脉冲输入；

⑫ 设备控制器规模以硬件监控点数量区分，每台不宜超过256点；

⑬ 设备控制器宜通过中文可视图形化编程工程软件进行组态；

⑭ 设备控制器宜选用挂墙的箱式结构或小型落地柜式结构；分布式智能I/O模块宜采用可直接安装在建筑设备控制柜中的导轨式模块结构；

⑮ 应提供设备控制器典型配置时的平均无故障工作时间；

⑯ 每个设备控制器在管理网络层故障时应能继续独立工作。

5）每台设备控制器的硬件监控点数应留有余量，点数余量不宜小于总点数的15%。

6）控制网络层的配置应符合下列规定：

① 控制网络层本层网络使用建筑物的综合布线系统时，应确保其满足控制网络对确定性及实时性的要求。

② 控制网络层本层网络使用自行布线的控制总线拓扑结构时，本层网络可包括并行工作的多条控制总线，每条控制总线可通过网络控制器/通信接口与管理网络层连接，也可通过管理网络层服务器的通信接口或内置通信网卡直接与服务器连接。

③ 当设备控制器带有以太网接口时，可通过交换机与中央管理工作站进行通信，在具有强电磁干扰区域，设备控制器与接入层交换机之间的水平连接馈线宜选择屏蔽对绞电缆。

④ 在使用总线拓扑结构的控制总线连接各设备控制器时，控制总线应采用屏蔽对绞电缆并应单独敷设，同时应保证屏蔽线的屏蔽层有良好的接地。

⑤ 设备控制器之间通信，均应为对等式（peer to peer）直接数据通信。

⑥ 设备控制器可与现场网络层的智能现场仪表、末端设备控制器和分布式智能 I/O 模块进行通信。

⑦ 设备控制器的电源宜采用建筑设备管理系统机房集中供电方式，供电线缆可与通信线缆分别敷设。

⑧ 选择设备控制器时，应保证每台建筑机电设备的监控任务均由同一台设备控制器完成，与每台新风机组或空调机组设备控制器相关的风机盘管或变风量箱末端设备控制器，均宜连接在从该台设备控制器引出的现场总线上。

⑨ 设备控制器选型号时，可以允许相邻的两台以上的新风机组或空调机组的监控任务由一台设备控制器完成。

⑩ 在冷冻站、热交换站、变配电所等多台设备集中的场所，宜选择大型设备控制器。

⑪ 设备控制器宜按建筑机电设备的楼层平面布置进行划分，其位置应设在冷冻站、热交换站、空调机房、新风机房等控制参数较为集中之处，也可设置在最靠近上述建筑机电设备机房的弱电竖井或弱电间中。

⑫ 当设备控制器设置在建筑机电设备机房内时，宜采用单参数单向一对一传输电缆将配置在建筑机电设备上的现场仪表、电控柜上的 I/O 接点与控制器箱体内的 I/O 模块连接起来，一对一传输电缆的长度不宜超过 50m。

⑬ 当风机盘管或变风量箱所处位置分散且与相关的新风机组或空调机组距离较远时，则风机盘管或变风量箱宜由靠近风机盘管或变风量箱的末端设备控制器进行直接控制，机组的设备控制器可对风机盘管或变风量箱进行间接的、高一层次的联动控制或解耦控制。

⑭ 连接 AI、AO 信号的一对一传输电缆可采用屏蔽对绞电缆，屏蔽层应可靠接地。连接 DI、DO 信号的一对一传输电缆可采用非屏蔽对绞电缆。

⑮ 各 I/O 模块宜具有可带电拔插的功能，可带电对故障单元进行更换。

### 15.2.2.3 现场网络层

1) 中型及以上系统的现场网络层，宜由本层网络及其所连接的末端设备控制器、分布式智能 I/O 模块和传感器、电量变送器、照度变送器、执行器、阀门、风阀、变频器等智能现场仪表组成。

2) 现场网络层本层网络宜采用符合现行国家标准的现场总线。

3) 末端设备控制器应具有对末端设备进行控制的功能，并能独立于设备控制器和中央管理工作站完成控制操作。

4) 智能现场仪表应通过现场总线与设备控制器进行通信。

5）末端设备控制器和分布式智能 I/O 模块，应与常规现场仪表、末端设备电控箱进行一对一的配线连接。

6）现场网络层的配置应符合下列规定：

① 本层网络宜采用总线拓扑结构，也可采用环形、星形或自由拓扑结构，用屏蔽对绞电缆作为传输介质；

② 现场网络层本层网络可包括并行工作的多条现场总线；

③ 末端设备控制器和/或分布式智能 I/O 模块，当采用以太网通信接口时，可通过交换机与中央管理工作站进行通信；

④ 末端设备控制器和分布式智能 I/O 模块应安装在相关的末端设备附近，并宜直接安装在末端设备的控制柜（箱）里；

⑤ 划分为某块设备控制器组成部分的那些分布式智能 I/O 模块，宜连接在该设备控制器引出的现场总线上。

### 15.2.2.4 建筑设备监控系统的软件

1）建筑设备监控系统的软件宜选择功能齐全、质量安全可靠、调用灵活的主系统生产厂家有效最新版本基础上的综合软件包，综合软件包应满足监控功能强大、操作方便、信息管理功能周详、软件组态容易等要求。在选用第三方子系统时，应满足综合软件包与第三方子系统软件相互兼容。

2）对应于建筑设备监控系统的三个网络层，综合软件包应具有下列对应的基本软件：

① 管理网络层的操作站和服务器软件；

② 控制网络层的设备控制器软件；

③ 现场网络层的末端设备控制器软件。

3）管理网络层/中央管理工作站应配置服务器软件、操作站软件、用户工具软件和可选择的其他软件，并应符合下列规定：

① 服务器软件、操作站软件应支持客户机/服务器体系结构；

② 对于有远程浏览器访问需求的场所，服务器软件、操作站软件应支持互联网连接，并支持浏览器/服务器体系结构；

③ 对于有集成建筑设备管理系统 BMS 需求的场所，服务器软件、操作站软件应支持现行开放系统技术标准；

④ 服务器软件、操作站软件应采用成熟、稳定的主流操作系统；

⑤ 服务器软件、操作站软件应能在全中文图形化操作界面下，对设备运行状况进行监视、控制、报警、操作与管理，并具有必要的中文提示、帮助等功能；

⑥ 用户工具软件应为中文可视界面，具有建立建筑设备监控系统网络、组建数据库、绘制操作站显示图形的功能。

4）控制网络层/设备控制器软件应为模块化结构，并应符合下列规定：

① 宜选择中文图形模块化的标准组态工具软件，该软件可在操作站或现场便携式计算机上编制设备控制器控制程序软件、应用程序软件和专用节能管理软件；

② 应提供设备控制器的自诊断程序软件，自诊断内容应包括 CPU 及内存的自检、开关输出回读比较、模拟输入通道正确性比较、模拟输出通道正确性比较等；

③ 应提供独立运行的设备控制器仿真调试软件，检查设备控制器模块、监控点配置是否正确，检验控制策略、开关逻辑表、时间程序表等各项内容设计是否满足控制要求。

5) 现场网络层软件应符合下列规定：
① 现场网络层的操作系统软件应具有系统内核小、内存空间需求少、实时性强的特点；
② 末端设备控制器、分布式智能 I/O 模块、智能仪表的功能，宜符合智能仪表行业产品规范的规定，并可以和符合同行业产品规范的第三方生产厂家的末端设备控制器、分布式智能 I/O 模块、智能仪表实现互操作或互换用。

### 15.2.2.5　现场仪表的选择

1) 现场检测仪表的选择应符合下列规定：
① 检测仪表的测量精度应满足被测参数的量程以及被测参数测量通道的精度。
② 检测仪表的精度等级应选择比要求的被测参数测量精度至少高一个精度等级。
③ A/D 转换电路宜根据测量精度要求选择 12 位或 16 位的 AI 模块。
④ 检测仪表的响应时间应满足测量通道对采样时间的要求。
⑤ 在满足现场检测仪表测量范围的情况下，宜使现场检测仪表的量程最小，以减小现场检测仪表测量的绝对误差。
⑥ 温度检测仪表的量程应为测点工作温度变化范围的 1.2～1.5 倍，管道内温度传感器热响应时间不应大于 25s，当在室内或室外安装时，热响应时间不应大于 150s。
⑦ 仅用于一般温度测量的温度传感器，宜采用二线制的分度号为 Pt100 的 B 级精度；当参数参与自动控制和经济核算时，宜采用三线制的分度号为 Pt100 的 A 级精度。
⑧ 湿度检测仪表应安装在附近没有热源、水滴且空气流通，能反映被测房间或风道空气状态的位置，其响应时间不应大于 150s，在测量范围为 0～100%RH 时，检测仪表精度宜选择在 2%～5%。
⑨ 测量稳定的压力时，正常工作压力值应在压力检测仪表测量范围上限值的 1/3～2/3，测量脉动压力时，正常工作压力值应在检测仪表测量范围上限值的 1/3～1/2。
⑩ 流量检测仪表量程应为系统最大流量的 1.2～1.3 倍，且应耐受管道介质的最大压力，并具有瞬态输出；流量检测仪表的安装部位，应能满足上游 10D（管径）、下游 5D 的直管段要求。当采用电磁流量计、涡轮流量计时，其精度宜为 1.5%。
⑪ 液位检测仪表宜使正常工作液位处于仪表满量程的 50%。
⑫ 成分检测仪表的量程应按检测气体及其浓度进行选择，一氧化碳气体浓度宜按 0～$300 \times 10^{-6}$ 或 0～$500 \times 10^{-6}$；二氧化碳气体浓度宜按 0～$2000 \times 10^{-6}$ 或 0～$10000 \times 10^{-6}$。
⑬ 风量检测仪表宜采用皮托管风量测量装置，其测量的风速范围宜为 2～16m/s，测量精度不应小于 5%。
⑭ 当以安全保护和设备状态监视为使用目的时，宜选择开关量信号输出的检测仪表，不宜使用模拟量信号输出的检测仪表。

2) 调节阀和风阀的选择应符合下列规定：
① 水管道的两通阀宜选用等百分比流量特性；
② 蒸汽两通阀，当压力损失比大于或等于 0.6 时，宜选用线性流量特性；小于 0.6 时，宜选用等百分比流量特性；
③ 空调系统宜选择多叶对开型风阀，风阀面积由风管尺寸决定，并应根据风阀面积选择风阀执行器，执行器扭矩应能可靠关闭风阀；风阀面积过大时，可选多台执行器并联工作。

3) 执行器宜选用电动执行器，其输出的力或扭矩应使阀门或风阀在最大流体压力时能可靠地开启和闭合。

### 15.2.3 冷热源系统监控

1) 建筑设备监控系统应对冷热源系统设备进行监控。
2) 电动压缩式制冷系统的监控（如图 15-18 所示）应符合下列规定：

① 冷水机组/空气源热泵的电机、压缩机、蒸发器、冷凝器等内部设备的自动控制和安全保护由机组自带控制系统监控，应由供应商提供数据总线通信接口，直接与建筑设备监控系统交换数据。冷水及冷却水系统外部水路参数监测与控制，应由设备控制器完成。

② 当系统中有多台冷水机组/空气源热泵时，机组的节能群控宜由机组供应商完成后通过通信接口将数据传给建筑设备监控系统；当无此项功能时，机组的节能群控应由建筑设备监控系统完成。

③ 机组自带的控制系统通信接口应能接受下列控制和状态查询指令：
a. 机组启停控制和状态查询；
b. 机组制冷功率控制和状态查询；
c. 机组工作状态、故障、报警信息查询。

④ 建筑设备监控系统应具有下列控制功能：
a. 对制冷系统设备进行启、停的顺序控制；
b. 对冷冻水供回水压差进行恒定闭环控制；
c. 对机组冷冻水、冷却水及冷却塔进水电动阀控制；
d. 压差旁路二通阀调节控制；
e. 备用泵投切、冷却塔风机启停控制；
f. 冷水机低流量保护的开关量控制；
g. 宜能按照累计运行时间进行设备的轮换使用；
h. 宜能根据冷量需求确定机组运行台数的节能控制；
i. 宜对机组出水温度进行优化设定；
j. 冷却水最低水温控制；
k. 冷却塔风机台数控制或风机调速控制；
l. 水泵的保护控制；
m. 应能根据膨胀水箱内水位自动启停补水泵；
n. 宜能自动控制水泵运行台数或频率；
o. 冷却塔风机联动控制，应根据设定的冷却水温度上、下限启停风机。

⑤ 建筑设备监控系统应具有下列监测功能：
a. 监测冷水供水、回水温度及压力，并具有自动显示、超限报警、历史数据记录、打印及绘制趋势图功能；
b. 监测冷水供水流量，并具有瞬时值显示、流量计算、超限报警、历史数据记录、打印及绘制趋势图功能；
c. 能根据冷水供回水温差及流量瞬时值计算冷量和累计冷量消耗；
d. 当系统有冷水过滤器时，应监测水过滤器前后压差，并设置堵塞报警；
e. 监测进、出冷水机的冷却水水温，并能自动显示、极限值报警、历史数据记录、打印；
f. 监测冷却塔、膨胀水箱、补水箱内水位，水箱内水位开关的高低水位或气体定压罐内高低压力越限时，应报警、历史数据记录和打印；

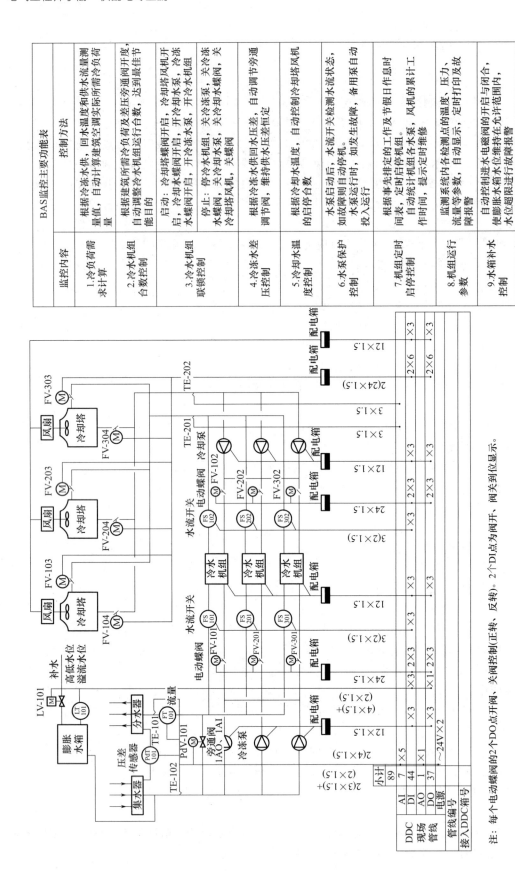

图 15-18 电动压缩式制冷系统监控示意图

g. 监测分、集水器的温度和压力（或压差）；

h. 监测水泵进、出口压力；

i. 监测并记录系统内的水泵、风机、冷水机组等设备的运行状态及运行时间；

j. 监测冷水机组的蒸发器和冷凝器侧的水流开关状态。

3）溴化锂吸收式制冷系统的监控应符合下列规定：

① 机组的高压发生器、低压发生器、溶液泵、蒸发器、吸收器（冷凝器）、直燃型的燃烧器等内部设备宜由机组自带的控制器监控，并由供应商提供的数据总线通信接口，直接与建筑设备监控系统交换数据。冷水及冷却水系统的外部水路的参数监测与控制及各设备顺序控制，应由建筑设备监控系统控制器完成。

② 建筑设备监控系统的控制功能及工艺参数的监测应符合上述第2）条第③款、第④款、第⑤款的规定。

③ 溴化锂吸收式制冷系统应设置冷却水温度低于24℃时的防溴化锂结晶报警及联锁控制。

4）冰蓄冷系统的监控应符合下列规定：

① 宜选用PLC可编程逻辑控制器或HC混合型控制器（PLC+DDC）。

② 应监测蓄冰槽进出口乙二醇溶液温度，并具有自动显示、极限报警、历史数据记录、打印及绘制趋势图功能。

③ 应监测蓄冰槽液位、蓄冰量测量，并具有自动显示、极限报警、历史数据记录、打印及绘制趋势图功能。

④ 冰蓄冷系统交换器二次冷水及冷却水系统的监控与压缩式制冷系统相同，除应符合上述第2）条第④款、第⑤款的规定外，尚应增加下列控制：

a. 换热器二次冷媒侧应设置防冻开关保护控制；

b. 乙二醇泵的启停控制；

c. 设备控制器应有主机蓄冷、主机供冷、融冰供冷、主机和蓄冷设备同时供冷运行模式参数设置。同时应具有主机优先、融冰优先、固定比例供冷运行模式的自动切换，并应根据数据库的负荷预测数据进行综合优化控制。

5）热源系统的监控应符合下列规定：

① 当热源采用锅炉时，其监控应由设备本身自带的控制盘完成，经供应商提供的数据通信总线接口，将数据信息接入建筑设备监控系统。

② 当系统中有多台锅炉时，锅炉的节能群控应由锅炉供应商完成后，通过通信接口将数据传给建筑设备监控系统。

③ 建筑设备监控系统应具有下列监控功能：

a. 监测锅炉的启停和工作状态、故障报警信息；

b. 监测锅炉的烟道温度及热水或蒸汽压力、温度、流量；

c. 监测补水箱的水位；

d. 监测锅炉的油耗或气耗；

e. 监测锅炉一次侧水泵的运行状态、压差、旁通阀的开度及供回水温度。

④ 当热源采用城市热网热水时，建筑设备监控系统应完成对城市热网热水温度信号的采集并可采用电动阀调节流量。

6）热交换系统建筑设备监控系统（如图15-19所示）应具有下列监控功能：

① 应设置热交换系统的启、停顺序控制；

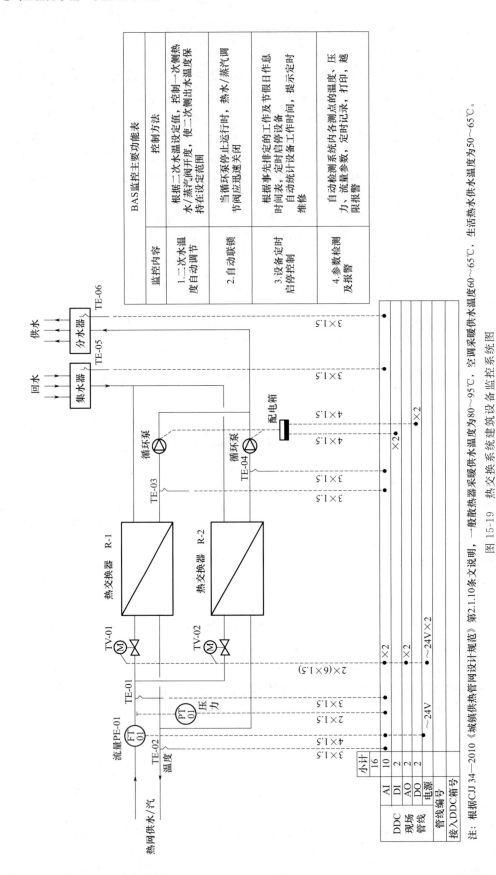

图 15-19 热交换系统建筑设备监控系统图

② 应根据二次供水温度设定值控制一次侧温度调节阀开度，使二次侧热水温度保持在设定范围；

③ 宜设置二次供回水恒定压差控制；根据设在二次供回水管道上的差压变送器测量值，调节旁通阀开度或热水泵变频器频率以改变水泵转速，保持供回水压差在设定值范围；

④ 应监测汽-水交换器的蒸汽温度、二次供回水温度、供回水压力、二次侧压差和旁通阀开度、补水箱的水位、水流开关状态，并监测热水循环泵的运行状态；当温度、压力超限及热水循环泵故障时报警；

⑤ 应监测水-水交换器的一次供回水温度、压力，二次供回水温度、压力，二次侧压差和旁通阀开度，补水箱的水位，水流开关状态；并监测热水循环泵运行状态，当温度、压力超限及热水循环泵故障时报警；

⑥ 多台热交换器及热水循环泵并联设置时，应在每台热交换器的二次进水处设置电动蝶阀，根据二次侧供回水温差和流量，调节热交换器台数；

⑦ 宜具有二次水流量测量的瞬时值显示、流量计算、历史数据记录、打印等功能；

⑧ 当需经济核算时，应根据二次供回水温差及流量瞬时值计算热量和累计热量消耗。

## 15.2.4 空调及通风系统监控

1）新风机组监控系统图示例如图15-20所示。新风机组的监控应符合下列规定：
① 新风机与新风阀应设联锁控制。
② 应设置新风机的自动/手动启停控制。
③ 当发生火灾时，应接受消防联动控制信号联锁停机。
④ 在寒冷地区，新风机组应设置防冻开关报警和联锁控制。
⑤ 新风机组应设置送风温度自动调节系统。
⑥ 新风机组宜设置送风湿度自动调节系统。
⑦ 新风机组送风温度设定值应根据供冷和供热工况能自动调整。
⑧ 宜能根据新风机组送风温度来调节水阀的开度。
⑨ 新风机组宜设置由室内$CO_2$浓度控制送风量的自动调节系统；在人员密度相对较大且变化较大的房间，可根据室内$CO_2$浓度或人数/人流监测，修改最小新风比或最小新风量的设定值。
⑩ 新风机组的监测应符合下列规定：
a. 新风机组应设置送风温度、湿度显示；
b. 应设置新风过滤器两侧压差监测、压差超限报警；
c. 应设置机组的自动/手动、启停状态的监测及阀门状态显示；
d. 宜设置室外温、湿度监测；
e. 应监测风机、水阀、风阀等设备的启停状态和运行参数。
⑪ 当新风机组采用自带完整的控制系统设备时，应预留通信接口，并将信息纳入建筑设备监控系统。

2）对空调机组的监控应符合下列规定：
① 空调机组应设置风机、新风阀、回风阀、水阀的联锁控制。
② 应设置空调机组的自动/手动启停控制。
③ 当发生火灾时，应接收消防联动控制信号联锁停机。
④ 寒冷地区，空调机组应设置防冻开关报警和联锁控制。

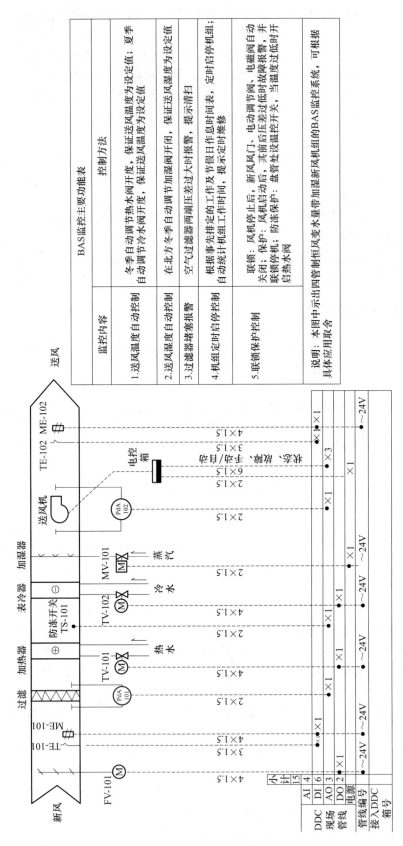

图 15-20 新风机组监控系统图示例

⑤ 机组送风温度设定值应能根据供冷和供热工况而改变。
⑥ 宜能根据机组送/回风温度调节水阀的开度。
⑦ 宜能根据季节变化调节风阀的开度。
⑧ 在定风量空调系统（如图 15-21 所示）中，应根据回风或室内温度设定值，比例、积分连续调节冷水阀或热水阀开度，保持回风或室内温度不变。
⑨ 在定风量空调系统中，应根据回风或室内湿度设定值，开关量控制或连续调节加湿除湿过程，保持回风或室内湿度不变。
⑩ 在定风量空调系统中，宜设置根据回风或室内的 $CO_2$ 浓度控制新风量的自动调节系统。
⑪ 当采用单回路调节不能满足系统控制要求时，宜采用串级调节系统。
⑫ 在变风量空调机组（如图 15-22 所示）中，风机宜采用变频控制方式，对系统最小风量进行控制；送风量的控制应采用定静压法、变静压法或总风量法，并符合下列要求：

a. 当采用定静压法时，应根据送风静压设定值控制变速风机转速或调节送风温度；

b. 当采用变静压法时，应使送风管道静压值处于最小状态，且变风量箱风阀均处于 85%～99% 的开度，并在送风管道静压值处于最小状态时通过变频调节空调系统送风量；

c. 当采用总风量法时，应根据所有变风量末端装置实时风量之和，控制风机转速调节空调系统的送风量。

⑬ 空调机组的监测应符合下列规定：

a. 空调机组应设置送、回风温度显示、趋势图；当有湿度控制要求时，应设置送、回风湿度显示；

b. 空气过滤器应设置两侧压差的监测，超限报警；

c. 宜设置室外（或新风）温、湿度监测及送风风速监测；

d. 应设置机组的自动/手动、启停状态的监测；

e. 当有 $CO_2$ 浓度控制要求时，应设置 $CO_2$ 浓度监测，并显示其瞬时值。

⑭ 当空调机组采用自带完整的控制系统设备时，应预留通信接口，并将信息纳入建筑设备监控系统。

3) 风机盘管的监控应符合下列规定：

① 风机盘管宜由开关式温度控制器自动控制电动水阀通断，手动三速开关控制风机高、中、低三种风速转换；

② 风机启停应与电动水阀联锁，两管制冬夏均运行的风机盘管宜设手动控制冬夏季切换开关；

③ 控制要求高的场所，宜由专用的风机盘管微控制器控制；微控制器应提供四管制的热水阀、冷冻水阀连续调节和风机三速控制，冬夏季自动切换两管制系统；

④ 微控制器应提供以太网或现场总线通信接口，构成开放式现场网络层；

⑤ 联网型的风机盘管微控制器应能通过建筑设备监控系统来控制风机盘管的启停和温度调节，亦可采用自成系统的设备。

4) 变风量空调系统末端装置的选择，应符合下列规定：

① 当选用压力有关型变风量装置时，宜采用室内温度传感器、微控制器及电动风阀构成单回路闭环调节系统；控制器宜选择一体化微控制器，温度控制器与风阀电动执行器制成一体，可直接安装在变风量箱上；

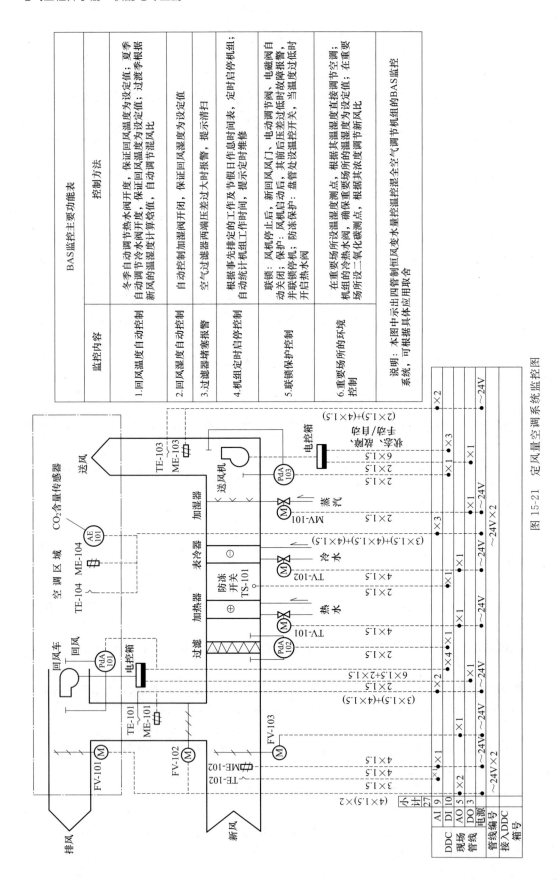

图 15-21 定风量空调系统监控图

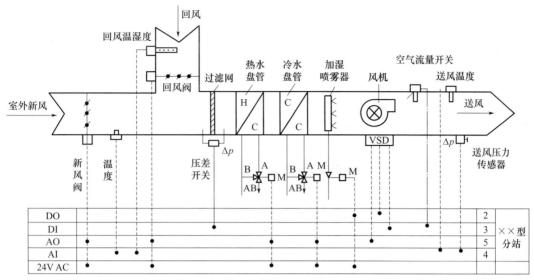

图 15-22 变风量空调机组空气处理控制方案

② 当选用压力无关型变风量装置时，宜采用室内温度作为主调节参数，变风量装置风阀入口风量或风阀开度作为副调节参数，构成串级调节系统；控制器宜选择一体化微控制器，串级控制器与风阀电动执行器制成一体，可直接安装在变风量装置上。

5) 变风量空调系统末端装置的监控，应符合下列规定：

① 应监测变风量空调系统末端房间的温度、静压；

② 应监测变风量空调系统末端装置的风量；

③ 应通过控制器调节变风量空调末端送风、回风风门开度及控制变风量空调末端再热器开关。

6) 通风系统设备的监控，应符合下列规定：

① 应监测各风机运行状态，自动/手动状态及累计运行时间；

② 宜按照使用时间来控制风机的定时启/停；

③ 应监测风机的故障报警信号；

④ 宜能根据服务区域的风量平衡和压力等参数控制风机的启停台数和转速；

⑤ 在地下停车库，可根据车库内 CO 浓度或车辆数监测控制通风机的运行台数和转速；

⑥ 对于变配电室等发热量和通风量较大的机房，宜根据使用情况或室内温度监测控制风机的启停、运行台数和转速。

## 15.2.5 给水与排水系统监控

1) 生活给水系统的监控（如图 15-23 所示）应符合下列规定：

① 当建筑物顶部设有生活水箱时，应设置液位计测量水箱液位，其高水位、低水位值应用于控制给水泵的启停，超高水位、超低水位值用于报警；

② 当建筑物采用恒压变频给水系统时，应设置压力变送器测量给水管压力，用于调节给水泵转速以稳定供水压力，并监测水流开关状态；

③ 采用多路给水泵供水时，应具有依据相对应的液位设定值控制各供水管电动阀（或电磁阀）的开关，同时应具有各供水管电动阀（或电磁阀）与给水泵间的联锁控制功能；

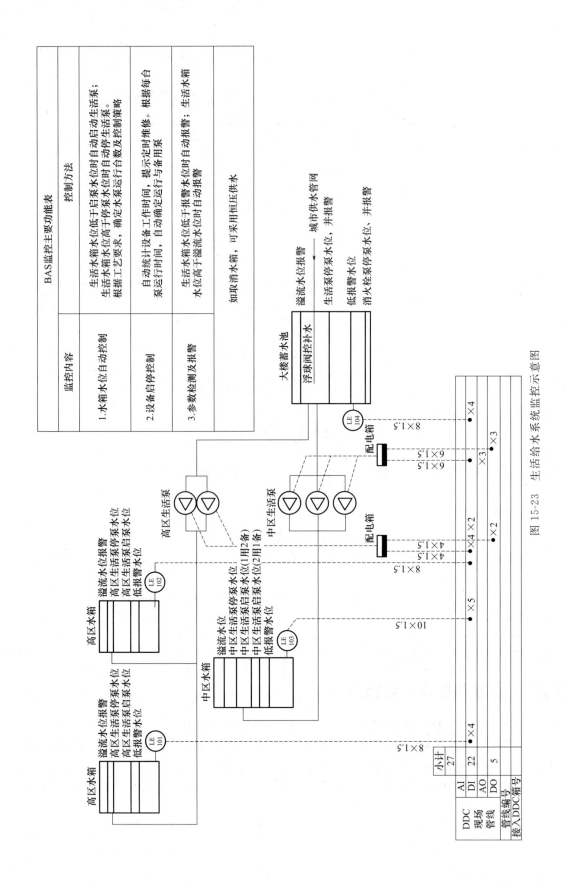

图 15-23 生活给水系统监控示意图

④ 应设置给水泵运行状态显示、故障报警;
⑤ 当生活给水主泵故障时,备用泵应自动投入运行;
⑥ 宜设置主、备用泵自动轮换工作方式;
⑦ 给水系统控制器宜有手动、自动工况转换。

2) 中水系统的监控应符合下列规定:
① 中水箱应设置液位计测量水箱液位,其上限信号用于停中水泵,下限信号用于启动中水泵;
② 中水恒压变频供水系统的监控要求同恒压变频给水系统,但应具有根据中水箱液位来控制补水电动阀(或电磁阀)的功能;
③ 主泵故障时,备用泵应自动投入运行;
④ 宜设置主、备用泵自动轮换工作方式;
⑤ 中水系统控制器宜有手动、自动工况转换。

3) 排水系统的监控应符合下列规定:
① 当建筑物内设有污水池时,应设置液位计测量水池水位,其上限信号用于启动排水泵,下限信号用于停泵;
② 应设置污水泵运行状态显示、故障报警;
③ 当排水主泵故障时,备用泵应能自动投入;
④ 排水系统的控制器应设置手动、自动工况转换;
⑤ 宜能根据累计运行时间进行多台水泵轮换开启。

4) 当给水中水排水系统采用自带完整的控制设备时,应预留通信接口,并将信息纳入建筑设备监控系统。

## 15.2.6 供配电系统监测

1) 供配电系统监测宜采用自成体系的专业系统,并应通过标准通信接口纳入建筑设备监控系统。

2) 当建筑内未设专业供配电监测系统,但设有建筑设备监控系统时,建筑设备监控系统应对供配电系统下列电气参数进行监测:
① 35kV、20kV、10kV进线断路器、馈线断路器和联络断路器,应设置分、合闸状态显示及故障跳闸报警;
② 35kV、20kV、10kV进线回路及配出回路,应设置有功功率、无功功率、功率因数、频率显示及历史数据记录;
③ 35kV、20kV、10kV进出线回路宜设置电流、电压显示及趋势图和历史数据记录;
④ 0.4kV进线开关及重要的配出开关应设置分、合闸状态显示及故障跳闸报警、脱扣记录;
⑤ 0.4kV进出线回路宜设置电流、电压、功率、电能显示、趋势图及历史数据记录;
⑥ 宜设置0.4kV零序电流显示及历史数据记录;
⑦ 宜设置功率因数补偿电流显示及历史数据记录;
⑧ 当有经济核算要求时,应设置用电量累计;
⑨ 宜设置变压器线圈温度显示、超温报警、运行时间累计及强制风冷风机运行状态显示;油冷却变压器油温、油位的监测。

3) 柴油发电机组宜设置下列监测功能:

① 柴油发电机及冷却水泵（冷却风扇）的电气参数、运行状态显示及故障报警；
② 日用油箱油位显示及超高、超低报警；
③ 蓄电池组电压显示及充电器故障报警。

### 15.2.7 照明系统监控

1) 照明系统的监控（如图 15-24 所示）应符合下列规定：
① 照明监控系统宜采用分布式模块化结构；
② 宜采用自成体系专业照明监控系统，并应通过标准通信接口纳入建筑设备监控系统；
③ 照明监控系统的控制器应有自动/手动控制功能；
④ 室内照明宜采用分区时间表和场景等控制方式；室外照明宜采用时间程序和照度等控制方式。

2) 当重要区域视频监控系统对照明有联动控制需求时，照明监控系统应设置相应功能。

### 15.2.8 电梯和自动扶梯系统监控

1) 电梯和自动扶梯宜采用自成体系专业监控系统进行监控，并纳入建筑设备监控系统。
2) 当采用建筑设备监控系统对电梯和自动扶梯进行监测时，宜符合下列规定：
① 应监测电梯、自动扶梯的运行状态及故障报警；
② 当监控电梯群组运行时，电梯群宜分组、分时段控制；
③ 宜累计每台电梯的运行时间。

### 15.2.9 建筑设备一体化监控系统

建筑设备一体化监控系统主要是基于以太网、物联网控制系统平台，将建筑内若干智能一体化控制设备以及现场的传感器、执行器、网络元件等通过通信网络连接在一起，共同实现建筑设备控制并达到各项控制目标的软硬件的集合，如图 15-25 所示。系统能将节能控制理念与配电控制技术整合为一体，结合计算机技术、网络技术、现代控制技术、配电技术等于一体，能监控建筑内各机电设备与照明设备，将各机电设备集成在一个统一的平台下，实现节能、联动控制、信息共享、综合管理。与此同时，系统又能减少很多交叉施工，将原来在施工现场做的较多工作移到成套设备厂来完成，提高了整体的工程效率与质量，也方便后期的服务，责任明确，维护有保障。

1) 建筑设备一体化监控系统应具有建筑设备监控、电力监控、照明控制、剩余电流检测、用能计量、建筑环境检测、能效管理的功能。
2) 建筑设备一体化监控系统设计应符合下列规定：
① 应选择先进、成熟和实用的技术和设备，并容易扩展、维护和升级；
② 应从硬件和软件两方面确定系统的可集成性和可兼容性；
③ 应根据建筑的功能、重要性等确定采取冗余、容错技术；
④ 系统应实现建筑机电设备和环境的采集、传输、处理和控制的功能，满足第 15.2.2 节～第 15.2.8 节的要求，并可在远程进行访问和信息管理。
3) 系统应满足计量和综合能效管理绿色建筑的要求：
① 系统设备宜包含电能的分配、变换、保护、控制、计量、安全和所控制设备的监测、计量、控制、保护功能以及人机控制操作、信息、状态的显示和网络通信功能；

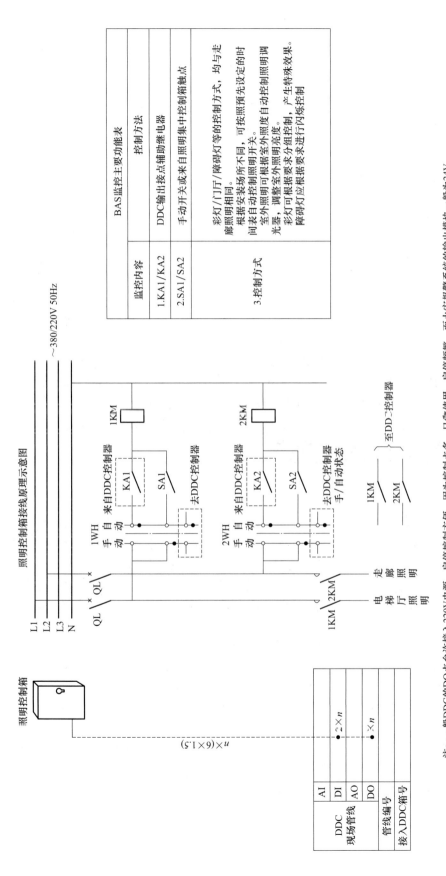

图 15-24 照明系统监控示意图

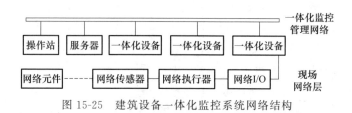

图 15-25 建筑设备一体化监控系统网络结构

② 系统应充分考虑施工和维护的可操作性。

4) 建筑设备一体化监控系统末端应为一体化控制箱（柜），宜采用以太网方式与设备控制器、网络控制器或管理中心平台间进行通信，也可采用总线方式进行通信。

5) 一体化控制箱（柜）与现场的传感器、执行器宜采用复合功能总线方式进行连接，传感器和执行器的电源可由复合功能总线提供。

6) 一体化控制箱（柜）内的控制设备应采用有效的抗干扰措施，设备和线路布置应避免强电对弱电控制元件的干扰。

7) 建筑设备一体化监控系统宜用一套软件实现建筑设备监控、电力监控、照明控制、剩余电流检测、用能计量、建筑环境检测、能效管理等功能，并实现实时、历史数据互联互通和界面整合。

8) 建筑设备一体化监控系统应具备与火灾自动报警系统（FAS，Automatic Fire Alarm System）及安全技术防范系统（SAS，Security Automation System；亦称安全防范系统，SPS，Security & Protection System）的通信接口。

## 15.3 安全技术防范系统

### 15.3.1 一般规定

1) 本节可适用于普通风险对象的单体及群体民用建筑的安全技术防范系统设计，具有高风险对象的公共建筑，其安全技术防范系统设计应符合国家相关标准的要求。

2) 安全技术防范系统宜由安防综合管理系统和相关子的系统组成。子系统可包括入侵报警系统、视频监控系统、出入口控制系统、电子巡查系统、停车库（场）管理系统以及楼宇对讲系统等。

3) 安全技术防范系统设防的区域及部位宜符合下列规定：

① 周界宜包括建筑物、建筑群外围周界、建筑物周边外墙、建筑物地面层、建筑物顶层等；

② 出入口宜包括建筑物、建筑群周界出入口、建筑物地面层出入口、房间门、建筑物内和楼群间通道出入口、安全出口、疏散出口、停车库（场）出入口等；

③ 通道宜包括周界内主要通道、门厅（大堂）、楼层通道、楼层电梯厅、自动扶梯口等；

④ 公共区域宜包括营业厅、会议厅、休息厅、功能转换层、避难层、停车库（场）等；

⑤ 重要部位宜包括重要办公室、财务出纳室、集中收款处、重要物品库房、重要机房和设备间、重要厨房等；

⑥ 民用建筑场所设置的视频监控设备，不得直接朝向涉密和敏感的有关设施。

4）安全技术防范系统设计宜采用网络化、数字化技术，系统设计前宜对项目进行风险和安全需求分析。

5）安全技术防范系统设计，除应符合本节相关要求外，尚应符合《安全防范工程技术标准》GB 50348—2018 和《智能建筑设计标准》GB 50314—2015 等有关规定。

## 15.3.2　入侵报警系统

1）入侵报警系统的设防，应符合下列规定：

① 系统应根据整体纵深防护和局部纵深防护的原则，分别设置或综合设置建筑物、建筑群周界防护、区域防护、空间防护、重点目标防护系统；

② 周界设置入侵探测器时，应构成连续无间断的警戒线（面），每个独立防区长度不宜大于 200m；

③ 建筑物地面层与顶层的出入口、外窗宜设置入侵探测器；

④ 重要通道及出入口宜设置入侵探测器；

⑤ 重要部位宜设置入侵探测器，财务出纳室、重要物品库房应设置入侵探测器和紧急报警装置。

2）入侵报警系统设计应符合下列规定：

① 系统宜由前端探测设备、传输单元、控制设备、显示记录设备等组成；

② 系统宜与视频监控系统、出入口控制系统等联动；

③ 根据需要，系统除应具有本地报警功能外，还应具有异地报警的相应接口；

④ 系统应具有自检、故障报警、防破坏报警等功能；

⑤ 应根据防护要求和设防特点，选择不同技术性能的入侵探测器。

3）入侵探测器的选择与设置应符合下列规定：

① 探测器的灵敏度、探测距离、覆盖面积应能满足防护要求；

② 报警区域应按不同目标区域相对独立性划分；当防护区域较大、报警点分散时，应采用带有地址码的探测器；

③ 防护目标应在入侵探测器的有效探测范围内，入侵探测器覆盖范围内应无盲区；

④ 被动红外探测器的防护区域内，不应有影响探测的障碍物，并应避免受热源干扰；

⑤ 拾音器的安装位置应与摄像机相配合，音频信号应接入该摄像机音频通道上；

⑥ 采用室外双光束或多光束主动红外探测器时，探测器最远警戒距离不应大于其最大探测距离的 70%；围墙顶端与最下一道光束距离不应大于 0.3m；

⑦ 紧急报警按钮的设置应隐蔽、安全和便于操作。

4）系统信号传输宜采用有线传输为主、无线传输为辅的方式。

5）控制、显示记录设备应符合下列要求：

① 系统布防、撤防、报警、故障等信息的存储时间不应小于 30d；

② 系统应显示和记录发生的入侵事件、时间和地点；重要目标的入侵报警系统应有声音或视频复核功能；

③ 系统宜能按时间、区域、部位任意编程设防和撤防；

④ 除特殊要求外，系统报警响应时间不应大于 5s；

⑤ 报警控制器应具有驱动外围设备功能，并应具有与其他系统集成、联网的接口；

⑥ 报警控制器应设有备用电源，备用电源容量应保证系统正常工作 8h。

### 15.3.3 视频监控系统

1) 视频监控摄像机的设防应符合下列规定：
① 周界宜配合周界入侵探测器设置监控摄像机；
② 公共建筑地面层出入口、门厅（大堂）、主要通道、电梯轿厢、停车库（场）行车道及出入口等应设置监控摄像机；
③ 建筑物楼层通道、电梯厅、自动扶梯口、停车库（场）内宜设置监控摄像机；
④ 建筑物内重要部位应设置监控摄像机；超高层建筑的避难层（间）应设置监控摄像机；
⑤ 安全运营、安全生产、安全防范等其他场所宜设置监控摄像机；
⑥ 监控摄像机设置部位宜符合表 15-12 的规定。

表 15-12 监控摄像机设置部位要求

| 部位＼建设项目 | 旅馆建筑 | 商店建筑 | 办公建筑 | 交通建筑 | 住宅建筑 | 观演建筑 | 文化建筑 | 医院建筑 | 体育建筑 | 教育建筑 |
|---|---|---|---|---|---|---|---|---|---|---|
| 车行人行出入口 | ★ | ★ | ★ | ★ | ★ | ★ | ★ | ★ | ★ | ★ |
| 主要通道 | ★ | ★ | ★ | ★ | ☆ | ★ | ★ | ★ | ★ | ★ |
| 大堂 | ★ | ☆ | ★ | ★ | ★ | ★ | ★ | ★ | ★ | ★ |
| 总服务台、接待处 | ★ | ★ | ☆ | ★ | ☆ | ☆ | ☆ | ★ | ★ | ☆ |
| 电梯厅、扶梯、楼梯口 | ☆ | ☆ | ☆ | ★ | — | ☆ | ☆ | ★ | ★ | ☆ |
| 电梯轿厢 | ★ | ★ | ★ | ★ | ☆ | ★ | ★ | ★ | ★ | ★ |
| 售票、收费处 | ★ | ★ | ★ | ★ | — | ★ | ★ | ★ | ★ | ★ |
| 卸货处 | ☆ | ★ | — | ★ | — | ★ | ★ | ☆ | — | — |
| 多功能厅 | ☆ | ☆ | △ | ☆ | — | ★ | ☆ | ☆ | ☆ | △ |
| 重要部位 | ★ | ★ | ★ | ★ | ☆ | ★ | ★ | ★ | ★ | ☆ |
| 避难层 | ★ | — | ★ | ★ | ★ | — | — | ★ | — | — |
| 物品存放场所出入口 | ★ | ★ | ☆ | ★ | — | ★ | ★ | ☆ | ★ | △ |
| 检票、检查处 | — | — | — | ★ | — | ★ | ★ | ☆ | — | ★ |
| 停车库(场)行车道 | ★ | ★ | ★ | ★ | ☆ | ★ | ★ | ★ | ★ | ☆ |
| 营业厅、等候区 | ☆ | ☆ | ☆ | ★ | — | ☆ | ☆ | ☆ | ☆ | ☆ |
| 正门外周围、周界 | ☆ | ☆ | ☆ | ☆ | ☆ | ☆ | ☆ | △ | ☆ | ☆ |

注："★"应设置摄像机的部位；"☆"宜设置摄像机的部位；"△"可设置或预埋管线部位。"—"无此部位或不必设置。

2) 视频监控系统设计宜符合下列规定：
① 系统宜由前端设备、传输单元、控制设备、显示设备、记录设备等组成；
② 系统设计宜满足监控区域有效覆盖、合理布局、图像清晰、控制有效的基本要求；
③ 系统图像质量的主观评价，可采用五级损伤制评定，图像等级应符合表 15-13 的规定；系统在正常工作条件下，监视图像质量不应低于 4 级，回放图像质量不应低于 3 级；

表 15-13 五级损伤制评定图像等级

| 图像等级 | 模拟图像质量主观评价 | 数字图像质量主观评价 |
| --- | --- | --- |
| 5 | 不觉察有损伤或干扰 | 不觉察 |
| 4 | 稍有觉察损伤或干扰,但不令人讨厌 | 可觉察,但不讨厌 |
| 3 | 有明显损伤或干扰,令人感到讨厌 | 稍有讨厌 |
| 2 | 损伤或干扰较严重,令人相当讨厌 | 讨厌 |
| 1 | 损伤或干扰极严重,不能观看 | 非常讨厌 |

④ 系统的制式宜与通用的电视制式一致；所选用的设备、部件在连接端口应保持物理特性一致、输入输出信号特性一致；

⑤ 根据系统的规模、业态管理要求，设置安防监控（分）中心；

⑥ 系统宜与入侵报警系统、出入口控制系统、火灾自动报警系统联动。

3) 数字视频监控系统（如图 15-26 所示）应符合下列规定：

① 系统宜采用专用信息网络，系统应满足图像的原始完整性和实时性的要求；

② 传输的图像质量不宜低于 4CIF（704×576），单路图像占用网络带宽不宜低于 2Mbps；

【注】QCIF 全称 Quarter Common Intermediate Format。QCIF 是常用的标准化图像格式。在 H.323 协议簇中，规定了视频采集设备的标准采集分辨率。QCIF=176×144 像素。CIF 是常用的标准化图像格式（Common Intermediate Format）。在 H.323 协议簇中，规定了视频采集设备的标准采集分辨率。CIF=352×288 像素。下面为 5 种 CIF 图像格式的参数说明。参数次序为"图像格式亮度取样的像素个数（dx）和亮度取样的行数（dy）、色度取样的像素个数（dx/2）和色度取样的行数（dy/2）"。

sub-QCIF 128×96 64 48

QCIF 176×144 88 72

CIF 352×288 176 144

4CIF 704×576 352 288（即我们经常说的 D1）

16CIF 1408×1152 704 576

目前监控行业中主要使用 QCIF（176×144）、CIF（352×288）、HALF D1(704×288)、D1(704×576)

③ 视频编码设备应采用主流编码标准，视频图像分辨率应支持 4CIF（704×576）及以上；

④ 视频解码设备应具有以太网接口，支持 TCP/IP 协议，宜扩展支持 SIP、RTSP、RTP、RTCP 等网络协议；

⑤ 系统的带宽设计应能满足前端设备接入监控中心、用户终端接入监控中心的带宽要求并留有余量；

⑥ 系统中所有接入设备的网络端口应予以管理；需要与外网互联的系统，应具有保证信息安全的功能；

⑦ 系统应提供开放的控制接口及二次开发的软件接口。

4) 模拟视频监控系统（如图 15-27 所示）的技术指标应符合下列规定：

① 宜选用彩色 CCD 摄像机，彩色摄像机的水平清晰度宜在 400TVL（Transmission Line Pulsing，电视行）以上；

【注】CCD 摄像机是电荷耦合器件（Charge Coupled Device）的简称，它能够将光线变为电荷并将电荷存储及转移，也可将存储之电荷取出使电压发生变化，因此是理想的摄像机元件，以其构成的 CCD 摄像机具有体积小、重量轻、不受磁场影响、具有抗振动和撞击之特性而被广泛应用。

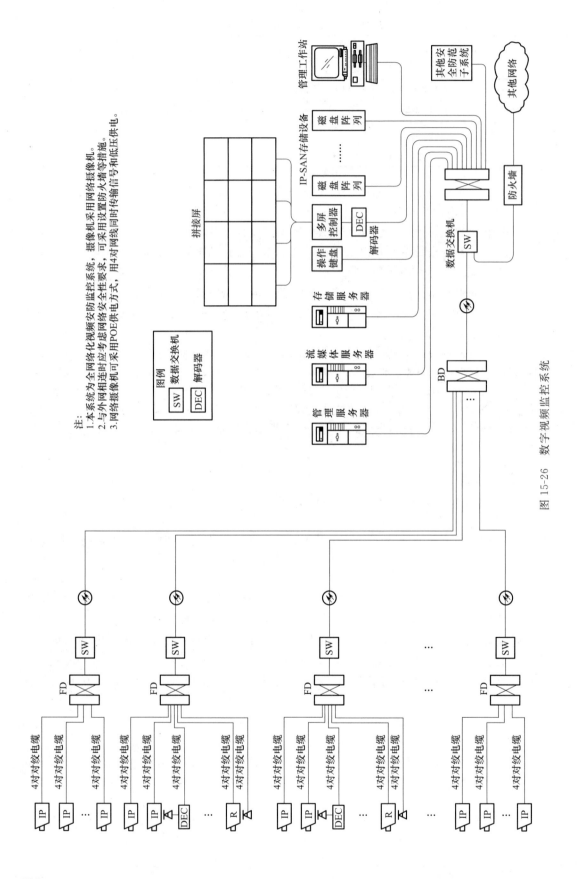

图 15-26 数字视频监控系统

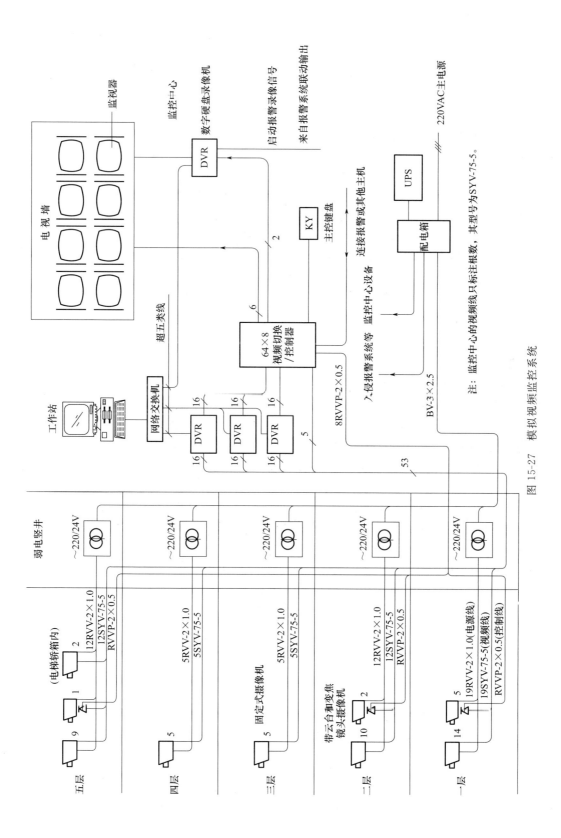

图 15-27 模拟视频监控系统

② 摄像机信噪比不应低于 46dB；

③ 图像画面灰度不应低于 8 级。

5) 数字视频监控系统的技术指标应符合下列规定：

① 宜选用彩色 CCD 或 CMOS 摄像机，单画面像素不应小于 4CIF（704×576），单路显示帧率不宜小于 25fps（frames per second，每秒传输帧数）；

② 系统峰值信噪比（PSNR，Peak Signal to Noise Ratio）不应低于 32dB；

③ 图像画面灰度不应低于 8 级；

④ 音视频记录失步应不大于 1s。

6) 摄像机的设置应符合下列规定：

① 摄像机应设置在便于目标监视不易受外界损伤的位置；摄像机镜头应避免强光直射，宜顺光源方向对准监视目标；当必须逆光安装时，应选用具有逆光补偿功能的摄像机；

② 监视场所的最低环境照度，宜高于摄像机最低照度（灵敏度）的 50 倍；

③ 设置在室外或环境照度较低的彩色摄像机，其灵敏度不应大于 1.0lx（F1.4），或选用在低照度时能自动转换为黑白图像的彩色摄像机；

【注】灵敏度是 CCD 对环境光线的敏感程度。勒克斯（Lux，通常简写为 lx）是一个标识光强度的国际单位制单位。1 勒克斯＝1 流明/平方米＝1 烛光·球面度/平方米（1lx＝1lm/m$^2$＝1cd·sr/m$^2$）。

④ 被监视场所照度低于所采用摄像机要求的最低照度时，应加装辅助照明设施或采用带红外照明装置的摄像机；

⑤ 宜优先选用定焦距、定方向、固定/自动光圈镜头的摄像机，需大范围监控时可选用带有云台和变焦镜头的摄像机；

⑥ 应根据摄像机所安装的环境、监视要求配置适当的云台、防护罩；安装在室外的摄像机必须加装能适应现场环境的多功能防护罩；

⑦ 摄像机安装距地高度，室内宜为 2.5～5m，室外宜为 3.5～10m；

⑧ 摄像机需要隐蔽安装时应采取隐蔽措施，可采用小孔镜头或棱镜镜头；电梯轿厢内设置的摄像机应安装在电梯厢门左或右侧上部；

⑩ 电梯轿厢内设置摄像机时，视频信号电缆应选用屏蔽性能好的电梯专用电缆。

7) 摄像机镜头的选配应符合下列规定：

① 镜头的焦距应根据视场大小和镜头与监视目标的距离确定（如图 15-28 所示），可按下式计算：

$$f = AL/H \tag{15-2}$$

式中　$f$——焦距，mm；

　　　$A$——像场高，mm；

　　　$L$——物距，mm；

　　　$H$——视场高，mm。

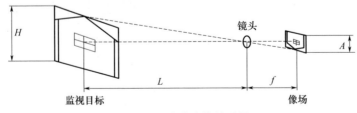

图 15-28　光学成像关系图

② 监视视野狭长的区域，可选择视角在 30°以内的长焦（望远）镜头。监视目标视距小而视角较大时，可选择视角在 55°以上的广角镜头；景深大、视角范围广且被监视目标移动时，宜选择变焦距镜头。

③ 在光照度变化范围相差 100 倍以上的场所，应选择自动电子快门、自动光圈镜头，或选用具有宽动态功能的摄像机。

④ 当有遥控要求时，可选择具有聚焦、光圈、变焦遥控功能的镜头。

⑤ 镜头接口应与摄像机的接口一致。

⑥ 镜头规格应与摄像机 CCD/CMOS 尺寸相对应。

8) 系统的信号传输应符合下列规定：

① 传输方式的选择应根据系统规模、系统功能、现场环境和管理方式综合考虑；宜采用有线传输方式，必要时可采用无线传输和有线传输混合方式；

② 当采用有线传输方式时，模拟系统传输介质宜采用同轴电缆，数字系统传输介质宜采用综合布线对绞电缆或光缆；当长距离传输或在强电磁干扰环境下传输时，应采用光缆；

③ 系统的控制信号可采用多芯电缆直接传输，或将其进行数字编码用电（光）缆传输。

9) 系统的控制设备应具有下列功能：

① 对摄像机等前端设备的控制；

② 图像显示任意编程及手动、自动切换；

③ 图像显示应具有摄像机位置编码、时间、日期等信息；

④ 对图像记录设备的控制；

⑤ 支持必要的联动控制，当报警发生时，能对报警现场的图像或声音进行复核，并能自动切换到指定的显示设备上显示和自动实时录像；

⑥ 数字系统前端设备与监控中心控制设备间端到端的信息延迟时间不应大于 2s，视频报警联动响应时间不应大于 1s；

⑦ 视频切换控制设备应具有配置信息存储功能，在断电或关机后，对所有编程设置、摄像机编号、地址、时间等均可记忆，在供电恢复或开机后，系统应恢复正常工作；

⑧ 系统宜具有自诊断功能，宜具有多级主机（主控、分控）管理功能或网络管理功能。

10) 显示设备的选择应符合下列规定：

① 显示设备可采用监视器、液晶平板显示器、背投影显示墙等；

② 宜采用彩色显示设备，最佳视距宜在 4~6 倍显示屏尺寸之间，或监视屏幕墙高的 2~4 倍距离之间；

③ 应选用比摄像机清晰度高一档（100TVL）的显示设备；固定监控终端主机显示分辨率不应小于 1024×768；

④ 显示设备的配置数量，应满足现场摄像机数量和管理使用的要求，合理确定视频输入、输出的配比关系；

⑤ 电梯轿厢内摄像机视频信号，宜与电梯运行楼层字符叠加，实时显示电梯运行信息；

⑥ 在模拟视频监控系统中，当多个摄像机需连续监视及长时间录像时，可进行多画面处理；当一路视频信号需送到多个显示设备或记录设备上时，宜采用视频分配器进行分配。

11) 图像记录设备的配备与功能应符合下列规定：

① 应采用数字技术或网络存储技术进行图像存储；

② 数字录像设备输入、输出信号，视频、音频指标应与整个系统技术指标相适应；

③ 数字录像设备应具有记录和回放全双工、报警联动、图像检索及视频丢失报警等系列功能；

④ 每路存储的图像分辨率不宜低于 4CIF，每路存储时间不应少于 30d；对于重要应用场合，记录图像速度不应小于 25fps；对于其他场所，记录速度不应小于 6fps；

⑤ 图像记录设备硬盘容量可根据录像质量要求、摄像机码流参数、记录视频路数、信号压缩方式及保存时间确定；

⑥ 数字视频监控系统应根据安全管理要求、系统规模、网络状况，选择采用分布式存储、集中式存储或混合存储方式；网络存储设备应采用 RAID（Redundant Arrays of Independent Disks，冗余磁盘阵列）技术；

⑦ 与入侵报警系统联动的视频监控系统、超高层建筑避难层（间）的视频监控系统应设置专用显示设备，宜单独配备相应的图像记录设备。

12）前端摄像机、解码器等宜由监控中心专线集中供电。前端摄像机设备距监控中心较远时，可就地供电。网络摄像机可采用 POE（以太网供电）方式。重要部位网络摄像机不宜采用 POE 供电方式。

13）系统宜采用不间断电源供电，其蓄电池组供电时间不应小于 1h。

【注】POE（Power Over Ethernet，以太网供电，有源以太网）指的是在现有的以太网布线基础架构不作任何改动的情况下，在为一些基于 IP 的终端（如 IP 电话机、无线局域网接入点 AP、网络摄像机等）传输数据信号的同时，还能为此类设备提供直流供电的技术。POE 技术能在确保现有结构化布线安全的同时保证现有网络的正常运作，最大限度地降低成本。

### 15.3.4　出入口控制系统

1）出入口控制系统（如图 15-29 所示）的设计应符合下列规定：

① 根据系统功能要求、出入权限、出入时间段、通行流量等因素，确定系统设备配置；

② 重要通道、重要部位宜设置出入口控制装置；

③ 系统应具有对强行开门、长时间不关门、通信中断、设备故障等非正常情况，实时报警功能；

④ 系统从识读至执行机构动作的响应时间不应大于 2s；现场事件信息传送至出入口管理主机的响应时间不应大于 5s。

2）出入口控制系统宜由前端识读装置与执行机构、传输单元、处理与控制设备以及相应的系统软件组成，具有放行、拒绝、记录、报警基本功能。

3）疏散通道上设置的出入口控制装置必须与火灾自动报警系统联动，在火灾或紧急疏散状态下，出入口控制装置应处于开启状态。

4）系统前端识读装置与执行机构，应保证操作的有效性和可靠性，宜具有防尾随、防返传措施。

5）出入口可设定不同的出入权限。系统应对设防区域的位置、通行对象及通行时间等进行实时控制。

6）单门出入口控制器应安装在该出入口对应的受控区内；多门出入口控制器应安装在同级别受控区或高级别受控区内。识读设备应安装在出入口附近便于目标的识读操作，安装高度距地宜为 1.4m。

7）识读设备与出入口控制器之间宜采用屏蔽对绞电缆，出入口控制器之间的通信总线最小截面积不应小于 $1.0mm^2$；多芯电缆的单芯最小截面积不应小于 $0.50mm^2$。

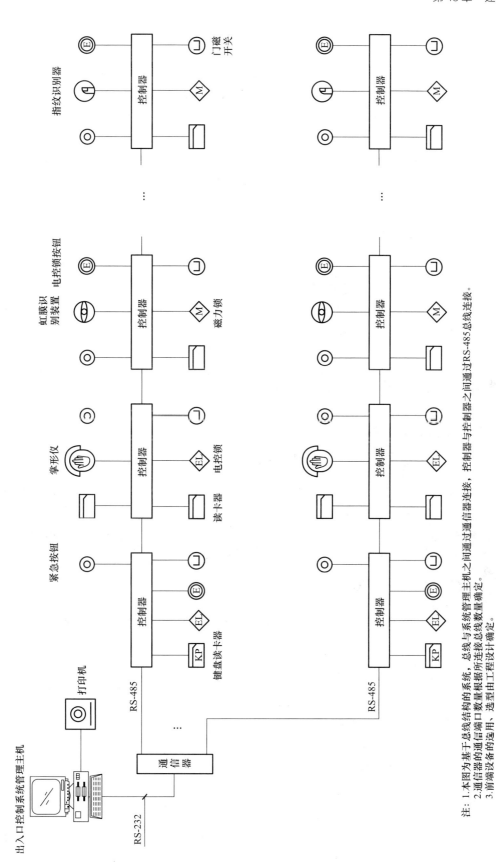

图 15-29 出入口监控系统示意图

8) 系统管理主机宜对系统中的有关信息自动记录、打印、存储,并有防篡改和防销毁等系列措施。

9) 当系统管理主机发生故障或通信线路故障时,出入口控制器应能独立工作。重要场合出入口控制器应配置 UPS,当正常电源失效时,应保证系统连续工作不少于 48h,并保证密钥信息及记录信息记忆一年不丢失。

10) 系统宜独立组网运行,并宜具有与入侵报警系统、视频监控系统联动的功能。

11) 当与一卡通联合设置时,应保证出入口控制系统的安全性要求。

12) 根据需要可在重要出入口处设置行李或包裹检查、金属探测、爆炸物探测等防爆安全检查设备。

### 15.3.5 电子巡查系统

1) 电子巡查系统可采用在线式电子巡查系统或离线式电子巡查系统。对实时巡查要求高的建筑物,宜采用在线式电子巡查系统。其他可采用离线式电子巡查系统。

2) 巡查站点应设置在建筑物出入口、楼梯前室、电梯前室、停车库(场)、重要部位附近、主要通道及其他需要设置的地方。

3) 巡查站点识读器的安装位置宜隐蔽,安装高度距地宜为 1.4m。

4) 在线式电子巡查系统宜独立设置,也可作为出入口控制系统或入侵报警系统的内置功能模块配合识读装置,达到实时巡查的目的。

5) 在线式电子巡查系统在巡查过程中发生意外情况时应能及时报警;独立设置的在线式电子巡查系统应能与安防综合管理系统联网。

6) 在线式电子巡查系统出现系统故障时,识读装置应能独立实现对该点巡查信息的记录,系统恢复后自动上传记录信息。巡查记录保存时间不宜小于 30d。

7) 离线式电子巡查系统应采用信息识读器或其他方式,对巡查行动、状态进行监督和记录。巡查人员应配备可靠的通信工具或紧急报警装置。

8) 巡查管理主机应利用软件,实现对巡查路线的设置、更改等管理,并对未巡查、未按规定路线巡查、未按时巡查等情况进行记录、报警。

### 15.3.6 停车库(场)管理系统

1) 有车辆进出控制及收费管理要求的停车库(场)宜设置停车库(场)管理系统。停车场(库)管理系统设备、线路平面图如图 15-30 所示。

2) 系统应根据用户的实际需求,合理配置下列功能:
① 入口处车辆统计与车位显示、出口处收费显示;
② 出入口电动栏杆机(道闸)自动控制;
③ 车辆出入检测与读卡识别;
④ 自动计时、计费与收费;
⑤ 出入口及场内通道行车指示;
⑥ 车位引导与调度控制;
⑦ 消防疏散联动、紧急报警、对讲;
⑧ 视频监控;
⑨ 车牌视频识别免取卡出入管理;

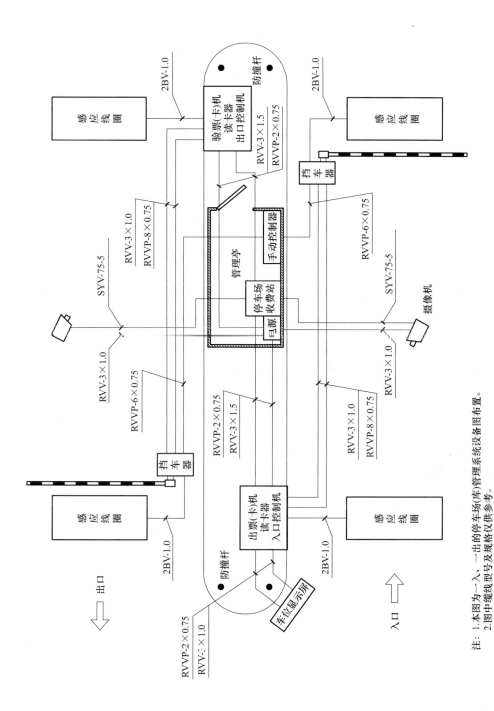

图 15-30 停车场(库)管理系统设备、线路平面图

⑩ 智能反向寻车；
⑪ 多个出入口的联网与综合管理；
⑫ 分层（区）的车辆统计与车位状况显示；
⑬ 停车场（库）分层（区）的车辆查询、自助缴费终端。

3）可根据管理需要，采用编码凭证、车牌识别或读卡器方式对出入车辆进行管理。当功能暂不明确时宜采用综合管理方式。

4）停车库（场）的入口区应设置出票读卡机、视频识别摄像机，出口区应设置验票读卡机、视频识别摄像机。停车库（场）的收费管理室宜设置在出口区域。

5）读卡器宜与出票（卡）机和验票（卡）机合放在一起，安装在车辆出入口安全岛上，距电动栏杆机距离不宜小于 2.2m，距地面高度宜为 1.0～1.4m。

6）停车库（场）内所设置的视频监控或入侵报警系统，除在收费管理室控制外，还应在安防监控中心进行集中管理、联网监控。视频识别摄像机宜安装在读卡器前方位置，摄像机距地面高度宜为 1.0～2.0m，距读卡器的距离宜为 2.5～3.5m。

7）电动栏杆机识读控制宜采用蓝牙通信技术或采用视频识别技术，有一卡通要求时应与一卡通系统联网设计。

8）停车库（场）管理系统应具备先进、灵活、高效等特点，可利用免取卡、临时卡、计次卡、储值卡等实行全自动管理。

9）车辆检测地感线圈宜为防水密封感应线圈，其他线路不得与地感线圈相交，并应与其保持不少于 0.5m 的距离。

10）自动收费管理系统可根据管理模式，采用出口处收费、服务台收费或自助缴费等形式。交费后在规定时间内，在出口直接通过车牌识别或验卡放行。并应具有违规识读、手动开闸等非法操作行为的记录和报警功能。

11）停车库（场）管理系统应自成网络、独立运行，也可与安防综合管理系统联网。

12）停车库（场）管理系统应与火灾自动报警系统联动，在火灾等紧急情况下联动打开电动栏杆机。

### 15.3.7 楼宇对讲系统

1）楼宇对讲系统（如图 15-31 所示）宜由访客呼叫机、用户接收机、管理机、电源等组成。

2）楼宇对讲系统设计宜符合下列规定：

① 别墅宜选用访客可视对讲系统；多幢别墅统一物业管理时，宜选用数字联网式访客可视对讲系统；

② 住宅小区和单元式公寓应选用联网式访客（可视）对讲系统；

③ 有楼宇对讲需求的其他民用建筑宜设置楼宇对讲系统；

④ 管理机可监控访客呼叫机并可与用户接收机双向对讲，管理机应具有优先通话功能；宜具有设备管理和权限管理功能；

⑤ 访客呼叫机应具有密码开锁功能，宜具有识读感应卡开锁功能；

⑥ 用户接收机应具有与访客呼叫机、管理机双向对讲功能、遥控开锁功能，宜具有报警求助功能和监视功能；

⑦ 楼宇对讲系统应具有与安防监控中心联网的接口，用户接收机报警求助信号应能直接传至管理机，报警求助信号宜同时传至安防监控中心。

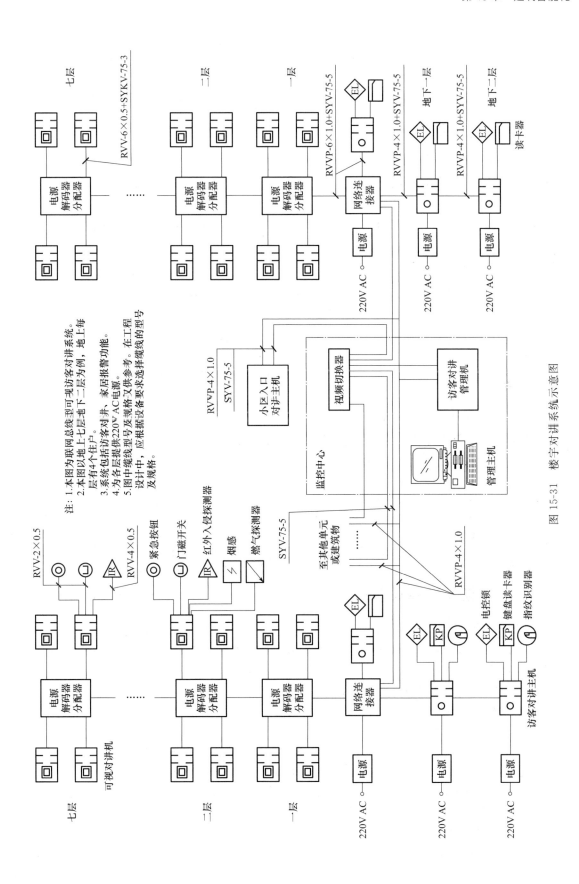

图 15-31 楼宇对讲系统示意图

3) 访客呼叫机和用户接收机安装宜符合下列规定：

① 访客呼叫机宜安装在入口防护门上或入口附近墙体上，安装高度底边距地宜为1.3m；

② 用户接收机宜安装在过厅侧墙或起居室墙上，安装高度底边距地宜为1.3m。

### 15.3.8 传输线路

1) 安全技术防范系统线缆可穿导管敷设，亦可与建筑设备监控系统共用电缆槽盒进行布线。传输线路应根据现场实际环境条件和容易遭受损坏或人为破坏等因素，采取有效的防护措施。

2) 传输线路布线设计还应符合建筑电气防火和弱电线路布线系统的相关规定。

### 15.3.9 安防监控中心

1) 设有集中监控要求的建筑应设置安防监控中心。安防监控中心应配置接收、显示、记录、控制、管理等硬件设备和管理软件。

2) 安防监控中心的使用面积应与安防系统的规模相适应，不宜小于$20m^2$。与消防控制室或智能化急控室合用时，其专用工作区面积不宜小于$12m^2$。

3) 安防监控中心接收、记录、电源装置等硬件设备宜安装在独立设备间内，并宜采取散热和降噪措施。

4) 安防监控中心应设置为禁区，应有保证自身安全的防护措施和进行内外连接的通信装置，并应设置紧急报警装置和留有向上一级接处警中心报警的通信接口。

5) 安防监控中心的设置、设备布置、环境条件及对土建专业的要求应符合智能化系统机房的有关规定。

6) 供电电源、防雷与接地设计应符合下列规定：

① 安防监控中心宜设置专用配电箱；当与消防控制室合用机房，或与智能化总控室合用机房时，配电箱可合用；

② 防雷与接地应符合智能化系统机房的有关规定。

### 15.3.10 安防综合管理系统

1) 安防综合管理系统设计包括集成系统（如图15-32所示）和安防综合管理平台设计，系统集成方式和集成范围，应根据建设单位需求、系统规模及安全管理规定等确定。

2) 安防综合管理系统宜由集成系统网络、集成系统平台（多媒体计算机及应用软件）、集成互为关联各类信息的通信接口等构成。

3) 入侵报警系统应与视频监控系统联动，当发生报警时，联动装置应能启动摄像、录音、辅助照明等装置，并自动进入实时录像状态。

4) 视频监控系统宜与火灾自动报警系统实现联动，在火灾情况下，可自动将监视图像切换至现场画面，监视火灾趋势，向消防人员提供必要信息。

5) 安防综合管理系统应采用成熟、稳定、具有简体中文界面的应用软件。系统应具有相应容量的数据库、相应的信息处理能力和管理能力。

6) 当安防综合管理系统发生故障时，各子系统应能独立运行；某一子系统的故障不应影响其他子系统的正常工作。

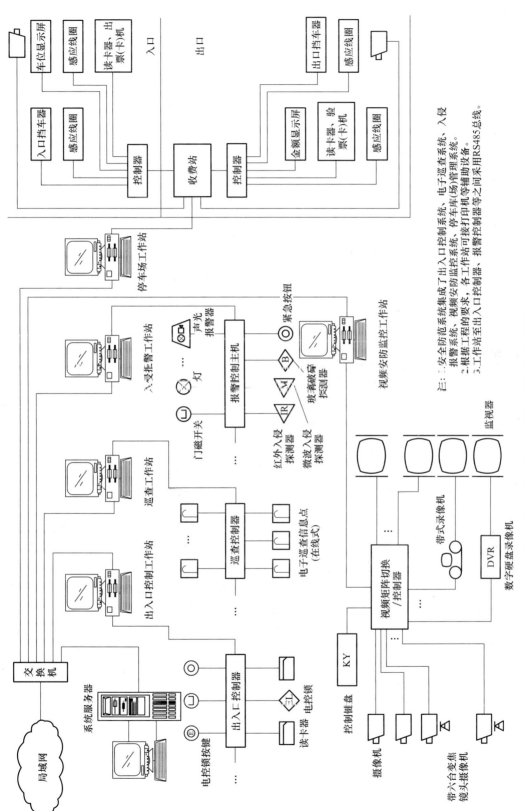

图 15-32 安全技术防范系统集成示意图

7）安防综合管理系统，宜在通用标准的软硬件平台上，实现互操作、资源共享及综合管理，并能与上一级管理系统进行更高一级的集成设计。当与公安系统联网时，应符合现行国家标准《公共安全视频监控联网系统信息传输、交换、控制技术要求》GB/T 28181—2016 的相关规定。

### 15.3.11 应急响应系统

1）大型公共建筑、超高层建筑宜以火灾自动报警系统和安全技术防范系统为基础，构建数据库资源共享的应急响应系统。

2）应急响应系统应能对所管理范围内的火灾、自然灾害、安全事故等突发公共事件实时报警与分级响应，及时掌握事件情况向上级报告，启动相应的应急预案，实行现场指挥调度、事件紧急处置、组织疏散及接收上级指令等。

3）应急响应系统宜利用建筑信息模型（BIM，Building Information Modeling）的可视化分析决策支持系统，应配置有线或无线通信、指挥调度系统、紧急报警系统、消防与安防联动控制、消防与建筑设备联动控制、应急广播与信息发布联动播放等。

4）应急响应系统应纳入建筑物所在区域应急管理体系并符合有关管理规定，系统设备可设在安防监控中心内。

## 15.4 通信网络系统

### 15.4.1 一般规定

① 通信网络系统应适应城镇建设的发展，促进民用建筑中语音、数据、图像、多媒体和网络电视等综合业务通信网络系统建设，满足用户对通信多业务的需求，实现资源共享，避免重复建设。

② 通信网络系统可包括信息接入系统、用户电话交换系统、数字无线对讲系统、移动通信室内信号覆盖系统、甚小口径卫星通信系统、数字微波通信系统、会议系统以及多媒体教学系统等。

③ 各类通信设备应具有国家电信管理部门颁发的电信设备入网许可证，其中无线通信设备应具有国家无线电管理部门核发的无线电发射设备核准证。

④ 通信网络系统工程建设应与单体或群体民用建筑同步进行建设。

⑤ 通信网络系统的供电、防雷与接地应满足智能化系统机房的有关规定。

### 15.4.2 信息接入系统

1）信息接入系统应具有开放性、安全性、灵活性和前瞻性，便于宽带业务接入。

2）信息接入系统可分有线接入网和无线接入网。

3）有线接入网应采用光纤接入方式，无线接入网宜采用宽带无线接入方式。

4）有线接入网采用光纤接入方式时，应将配线光缆接入至用户接入点处的光纤配线设备上。用户接入点应能对配线光缆与用户光缆进行互连和配线管理，并可在用户接入点处设置光分路器。

5) 光纤到建筑物和光纤到用户单元通信设施工程的设计，应满足多家电信业务经营者（含本地有线电视网络公司等）平等接入的要求。

6) 光纤用户接入点设置的位置应根据不同类型建筑及不同业态建筑区域构成的配线区，以及配线区内光纤用户密度和数量所确定，并应符合下列规定：

① 每个光纤配线区内应设置一个用户接入点，其光纤用户数量宜为 70～300 个用户单元；

② 单层或多层建筑的用户接入点，可设置在建筑的信息接入机房或综合布线系统设备间（BD）或楼层电信间（弱电间）内；

③ 单体高层建筑的用户接入点，可设置在建筑进线间附近的信息接入机房或综合布线系统设备间（BD）内；

④ 单体建筑高度大于 100m 时，用户接入点可设置在建筑的进线间附近的信息接入机房或可分别设置在建筑不同业态区域避难层的通信设施机房内；

⑤ 群体建筑的用户接入点，宜设在群体建筑的信息接入机房或建筑群物业管理综合布线系统设备间（CD），也可分别设置在各个单体建筑中综合布线系统设备间（BD）或信息网络机房内。

7) 光纤到建筑物或光纤到用户单元通信设施工程建设（如图 15-33 所示）应以用户接入点为工程界面，并应符合下列规定：

① 电信业务经营者与工程建设方共用配线箱（柜）时，由建设方提供配线箱（柜）并安装；配线箱（柜）内连接交换局侧配线光缆的配线模块应由电信业务经营者提供与安装，连接用户侧用户光缆的配线模块由建设方提供与安装；

② 电信业务经营者与工程项目建设方分别设置各自的配线箱（柜）时，各自负责提供配线箱（柜）及配线箱（柜）内光纤配线模块的安装；

③ 用户接入点处交换局侧的配线光缆应由电信业务经营者负责建设，楼内用户侧的光缆应由工程建设方负责建设；

④ 用户接入点处，用户侧至各用户单元信息配线箱的用户光缆（包括信息配线箱），以及楼层配线箱（柜）与光纤配线模块（含箱柜内光跳线）、信息出线盒与光纤适配器等通信设施由工程建设方负责建设；

⑤ 光分路器及光网络单元（ONU，Optical Network Unit）由电信业务经营者提供与安装；

⑥ 建筑内租售用户单元区域的配线设备、信息插座、用户缆线等通信设施，应由各用户单元区域内租售用户负责自建；

⑦ 建筑内租售用户单元区域内的配线设备、信息插座、用户缆线等通信设施，应由各单元区域内的租售用户负责建设。

8) 用户接入点应对引自室外配线光缆与楼内用户光缆进行互连和配线管理，可在用户接入点处设置光分路器。

9) 用户接入点的通信设施宜设置在建筑信息接入机房内。

10) 用地红线区域内通信管道及建筑内的配线管网，应由工程建设方负责建设。

## 15.4.3 用户电话交换系统

1) 用户电话交换系统可按业务使用需求分为用户电话交换机系统、调度交换系统、会议电话系统和呼叫中心系统。

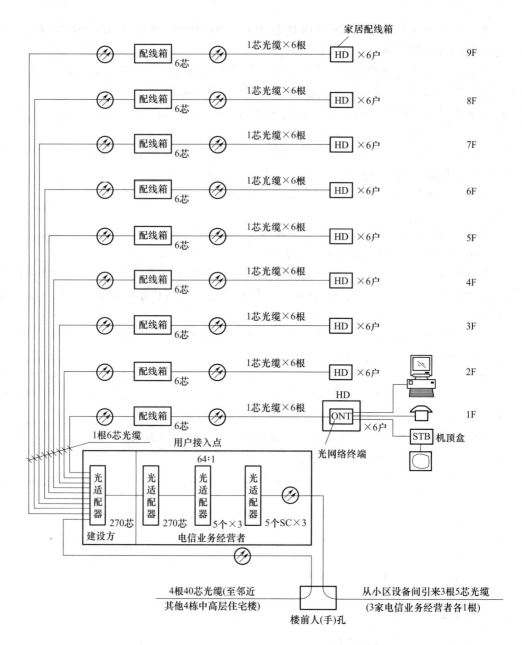

图 15-33 光纤到户通信系统示例

2) 用户电话交换系统应根据使用需求，设置在民用建筑内，并应符合下列要求：

① 系统宜由用户电话交换机、话务台、终端及辅助设备组成；

② 用户电话交换机可分为用户交换机（PBX），ISDN 用户交换机（ISPBX），IP 用户交换机（IPPBX）、软交换用户电话交换机等；

③ 用户电话交换机应提供普通电话通信、ISDN 通信和 IP 通信等多种业务；

④ 用户终端可分为普通电话终端、ISDN 终端、IP 终端等；

⑤ 用户电话交换机应根据用户使用语音、数据、图像、多媒体通信业务功能需要，提供与用户终端、专网内其他通信系统、公网等连接的通信业务接口；

⑥ 民用建筑内物业管理部门宜设置内部用户电话交换机，并满足楼内物业管理办公用房、各个机电设备用房及控制室、内部餐饮用房、大堂总服务台、门卫室及相关公共场所等处的有线通信要求。

3) 调度交换系统应符合下列要求：

① 系统应由调度交换机、调度台、调度终端及辅助设备组成；

② 调度交换机应提供与调度台、调度终端及对外的通信业务接口；

③ 调度台应配置直通键和标准键盘，可采用触摸屏、PC 等方式实现调度操作；

④ 调度终端应支持多种类型与应用场合，并配有直通键和键盘。

4) 会议电话系统应符合下列要求：

① 系统应由会议电话汇接机、会议电话终端及辅助设备组成；

② 会议电话汇接机应提供与会议电话终端和对外的通信业务接口；

③ 会议电话终端应包括多种协议终端。

5) 呼叫中心系统应符合下列要求：

① 呼叫中心应由电话交换机、各类服务器群、话务座席、局域网交换机、防火墙、路由器等设备组成；呼叫中心远端节点应由电话交换机远端设备、话务座席、局域网交换机、防火墙、路由器等设备组成；

② 电话交换机应提供与公用电话网连接的接口，应能成批处理接入呼叫中心的呼叫信号，并将呼叫信号按规定的路由分配至话务座席上；

③ Web/E-mail 服务器、WAP 服务器应提供与公用数据网连接的接口，实现呼叫由公用数据网接入呼叫中心；

④ 呼叫中心应能满足客户统一服务。

6) 用户电话交换系统机房的选址与设置应符合下列规定：

① 单体建筑的机房宜设置在裙房或地下一层（建筑物有多地下层时），同时宜靠近信息接入机房、弱电间或电信间，并方便各类管线进出的位置；不应设置在建筑物的顶层；

② 群体建筑的机房宜设置在群体建筑平面中心的位置；

③ 当建筑物为自用建筑并自建通信设施时，机房与信息网络机房可统筹设置；

④ 机房按功能分为交换机室、控制室、配线室、电源室、进线室、辅助用房，以及用户电话交换机系统的话务员室、调度系统的调度室、呼叫中心的座席室；

⑤ 电源室宜独立设置；当机房内各功能房间合设时，用户电话交换系统的话务员室、调度系统的调度室或呼叫中心的座席室与交换机室之间应设置双层玻璃隔墙；

⑥ 机房应按照各自系统工作运行管理方式、系统容量、设备及辅助用房规模等因素进行设计，其总使用面积应符合系统设备近期为主、远期扩容发展的要求；

⑦ 当系统机房合设且设备尚未选型时，机房使用面积宜符合表 15-14 的规定；

⑧ 话务员室、调度室、呼叫中心座席室可按每人 $5m^2$ 配置，辅助用房可按 $30\sim50m^2$ 配置；

⑨ 机房位置的选择及机房对环境和土建等专业的要求，尚应符合智能化系统机房的有关规定。

表 15-14 用户电话交换系统合设机房使用面积

| 交换系统容量数/门 | 交换机机房使用面积/m² | 交换系统容量数/门 | 交换机机房使用面积/m² |
|---|---|---|---|
| ≤500 | ≥30 | 2001～3000 | ≥45 |
| 501～1000 | ≥35 | 3001～4000 | ≥55 |
| 1001～2000 | ≥40 | 4001～5000 | ≥70 |

注：1. 表中机房使用面积应包括主机及配线架（柜）设备、电源室配电及蓄电池设备的使用面积；
2. 表中机房的使用面积，不包括话务员室、调度室、呼叫中心座席室及辅助用房（备品备件维修室、值班室及卫生间的使用面积）。

7) 用户电话交换系统的直流供电应符合下列要求：

① 通信设备直流电源电压宜为 48V；

② 当建筑物内设有发电机组时，蓄电池组初装容量应满足系统 0.5h 的供电时间要求；

③ 当建筑物内无发电机组时，根据需要蓄电池组应满足系统 0.5～8h 的放电时间要求；

④ 当电话交换系统对电源有特殊要求时，应增加电池组持续放电的时间。

### 15.4.4 数字无线对讲系统

1) 数字无线对讲系统宜采用 1 台或多台固定数字中继台及室内天馈线分布系统进行通信组网或可采用多个手持台（数字手持对讲机）进行单频通信组网。

2) 固定数字中继台及室内天馈线分布系统可由固定数字中继信道主机、合路器、分路器、宽带双工器、干线放大器、功率分配器、耦合分支器、射频同轴电缆或光缆、近端光信号发射器/远端光接收射频放大器、室内或室外天线、数字对讲机等组成。

3) 用地红线内的公共场所、民用建筑内对数字对讲机信号遮挡损耗较强或产生多处信号通信屏蔽及盲区的场所，宜设置固定数字中继台及天馈线分布系统。

4) 数字无线对讲系统在民用建筑用地红线内使用的专用频段应符合表 15-15 的规定。

表 15-15 数字无线对讲系统在民用建筑用地红线内使用的专用频段

| 频率范围/MHz＼频段/MHz 使用部门 | 150 | 350 | | 400 |
|---|---|---|---|---|
| | 上下行频段 | 上行频段 | 下行频段 | 上下行频段 |
| 物业管理部门 | 137～167 | — | — | 403～423.5 |
| 消防部门 | — | 351～358 | 361～368 | — |
| 公安部门 | — | 351～358 | 361～368 | — |
| 频点指配部门 | 当地无线电管理部门 | 国家工业和信息化部无线电管理局 | | 当地无线电管理部门 |

注：消防部门与公安部门共用 350MHz 频段，其中消防部门使用了上下频段中多个频点。

5) 当本地消防、公安部门对建筑内有灭火救援指挥或接处警无线对讲信号需求时，可将 350MHz 专用信号源引入，并应符合下列要求：

① 建筑物地处当地消防或公安部门室外无线通信指挥基站区域内时，专用信号源引入宜采用就近指挥基站光纤直放站信号引入方式；

② 建筑高度大于 100m 的建筑、大型或特大型建筑以及有特殊需求的场所，专用信号源引入宜采用指挥基站的微蜂窝或宏蜂窝信号引入方式；

③ 当建筑地处信号无遮挡区域时，专用信号源引入宜采用空间无线耦合信号引入方式；

同时空间无线耦合信号引入可作为光纤直放站信号源引入方式的备份；

④ 专用信号源引入建筑后，宜在消防控制室或安防监控中心与物业管理部门对讲系统信号源进行合路。

6）固定数字中继台设计应符合下列要求：

① 物业管理部门中继台数量的配置应按通话信道需求设定，其输出功率、容量应按红线内占地规模、建筑数量、建筑总面积和通话质量需求确定。

② 中继台射频发射标称功率应不大于30W(44.77dBm)，其接收灵敏度功率电平值应不低于—116dBm。

③ 中继台应具有24h连续发射能力，其内部接口应能支持内置第三方双工器，外部接口应能支持与多种第三方设备互连。

④ 中继台应具有多信道容量，信道间隔不应大于12.5kHz；每个信道宜设置1个或2个时隙。

⑤ 中继台信道的工作频率宜采用双频组网方式，其收发频率间隔应符合下列要求：

a. 工作频率为150MHz频段时，双工收发频率间隔应为5.7MHz；

b. 工作频率为350MHz频段时，双工收发频率间隔应为10.0MHz；

c. 工作频率为400MHz频段时，双工收发频率间隔应为10.0MHz。

⑥ 中继台或信号源引入设备的设置应符合下列要求：

a. 物业管理部门的中继台设备应设置在消防控制室或安防监控中心内；

b. 消防部门可根据建筑规模及重要性，在建筑内配置1~2台消防备份专用中继台，并设在消防控制室或安防监控中心内；

c. 当公安部门在建筑内需配置备份专用中继台时，可设在安防监控或消防和安防合设控制室内；

d. 当消防部门或公安部门的无线对讲系统，采用光纤直放站或微蜂窝基站信号源引入时，其专用信号源及配套设备宜设在消防控制室或安防监控中心内。

7）室内天馈线系统的分布方式应符合下列要求：

① 射频同轴电缆分布方式，宜采用无源系统或增设有源中继放大器等布线器件，分布至建筑各空间场所；

② 射频泄漏同轴电缆分布方式，宜采用泄漏同轴电缆等布线器件，分布至建筑特殊环境空间场所；

③ 光电混合分布方式，宜采用近端多路主干光信号发射器、单模光缆、远端光接收射频放大器和同轴电缆等布线器件，分布至传输距离远的建筑各空间场所。

8）室内天馈线分布系统中，各无源、有源器件应支持宽频段信号的传输，并应符合下列要求：

① 普通场所宜选用150MHz/350MHz 或 350MHz/400MHz双频段信号传输及配套器件；

② 专用或特殊场所可选用150MHz/350MHz/400MHz三频段或其他多频段信号传输及配套器件。

9）室内天馈线分布系统的缆线设计应符合下列要求：

① 高度为100m及以下的建筑，宜采用系统主干与分支路由电缆分布方式。

② 高度大于100m的建筑、大型或特大型建筑，应采用系统主干路由光缆及分支路由电缆混合分布方式。

③ 室内主干路由馈线宜采用直径不小于 7/8in（1in＝0.0254m）及以上规格的 50Ω 低损耗无卤低烟阻燃射频同轴电缆。

④ 室内水平分支馈线宜采用直径不小于 1/2in 及以上规格的 50Ω 低损耗无卤低烟阻燃射频同轴电缆。

⑤ 建筑内狭长通道与井道或难以设置天线的场所，宜采用直径不小于 7/8in 及以上规格的 50Ω 低损耗无卤低烟阻燃泄漏射频同轴电缆。

⑥ 主干路馈线采用光缆传输时，宜采用单模光缆、近端光信号发射器和远端光接收射频放大器冗余结构方式。

⑦ 当物业管理、消防或公安等多部门有对讲信号覆盖要求时，应符合下列要求：

a. 主干路由采用光缆传输时，应采用单模光缆路由和近端光信号发射器和远端光接收射频放大器冗余结构方式；

b. 各对讲覆盖信号应先合路后，再引至室内多频段天馈线分布系统；

c. 有多频段信号交叉覆盖区域时，可采用多频段合路设备（POI，Point Of Interface）进行合路覆盖；

【注】多频段合路设备（POI），目前，运营商分别建设自己的覆盖系统所带来的重复建设等问题越来越突出。POI 即多系统合路平台，主要应用在需要多网络系统接入的大型建筑、市政设施内，如大型展馆、地铁、火车站、机场、政府办公机关等场所。POI 产品实现了多频段、多信号合路功能，避免了室内分布系统建设的重复投资，是一种实现多网络信号兼容覆盖行之有效的手段。

d. 有消防部门对讲信号覆盖时，合路多频段天馈线分布系统缆线应采用无卤低烟阻燃耐火型缆线。

⑧ 室内馈线电缆应与电力电缆、接地线等电缆分开敷设，与电力电缆的安全间距应符合弱电线路布线系统中建筑物内配电管网的有关规定。

⑨ 室内馈线缆线（铜缆/光缆）垂直或水平敷设时，不应随意扭曲或相互交叉。垂直缆线敷设时，宜敷设在弱电间或电信间中的垂直金属槽盒内；水平缆线敷设时，宜敷设在水平金属槽盒或导管内。

⑩ 室内馈线电缆与电力电缆及其他弱电系统电缆交叉敷设时，应采取正交敷设方式。

⑪ 室内泄漏射频同轴电缆敷设时，应符合下列要求：

a. 避免四周有直接遮挡物；

b. 避免与通风和空调系统的风管等金属管道平行敷设；

c. 避免与无屏蔽保护措施的弱电系统其他电缆平行且毗邻敷设。

10）天馈线分布系统的天线选择及设置应符合下列要求：

① 应按建筑结构、装饰材料类型和现场信号勘查数据，选择天线类型，确定天线位置。

② 建筑内部结构复杂、无线信号传输较差的场所，应采用分布密度高、功率覆盖均匀的天线布置方式。

③ 建筑内部结构较空旷、无线信号传输较好的场所，宜采用分布密度较低、功率覆盖均匀的天线布置方式。

④ 应在连接各疏散楼梯前室或合用前室出入口附近的公共通道处设置室内全向吸顶天线。

⑤ 高层建筑宜在电梯竖井内设置八木定向天线或泄漏射频同轴电缆等。多层建筑也可在电梯前室或合用前室处设置室内吸顶全向天线，供电梯轿厢内部信号覆盖。

⑥ 室内天线宜采用 150MHz/350MHz 或 350MHz/400MHz 双频段室内收发天线；高度

大于 100m 的建筑、大型或特大型建筑以及有特殊需求的场所，宜采用多频段室内收发天线。

⑦ 室内天线输出口有效最大发射功率不应大于 15dBm/载波。

⑧ 室外天线设置应满足功率分布均匀覆盖及边界场强的控制要求，并符合下列要求：

a. 用地红线外无毗邻其他建筑物且周边为空旷场所时，红线内宜采用较低密度低功率的室外 150MHz 或 400MHz 全向立杆天线、平板定向天线或全向天线；

b. 用地红线外毗邻其他建筑场地或园区时，红线内宜采用室外光电混合分布方式及较高密度低功率的室外 150MHz 或 400MHz 全向天线。

11）室内天馈线分布系统上下行链路信号电平覆盖及场强设计应符合下列要求：

① 系统设计应满足系统上下行链路信号平衡；

② 系统室内信号覆盖强度宜分布均匀，公共走道边缘信号电平值不宜低于 $-85$dBm，且数字语音通信质量 MOS 评分等级应为 4 级及以上；地下室、疏散楼梯及电梯轿厢处不应低于 $-95$dBm，且 MOS 评分等级宜为 3 级及以上；

③ 系统室内 150MHz 或 400MHz 收发天线信号辐射至建筑楼外 50m 处的信号电平值应低于 $-105$dBm。

12）用地红线内系统室外信号覆盖设计应符合下列要求：

① 室外各区域信号覆盖强度宜均匀分布，其信号电平值不宜低于 $-90$dBm；

② 采用系统组网的室外天线射频信号至用地红线边界处电平值不宜低于 $-95$dBm。

13）系统信号传播损耗计算应符合下列要求：

① 室内收发天线信号至手持对讲机之间空间路径上传播损耗，宜采用射频电波信号自由空间模型路径传播损耗公式计算；

② 系统组网的室外天线至手持对讲机之间空间路径上传播损耗，宜采用射频电波信号室外不规则地形 Egli 模型路径传播损耗公式计算；

③ 空间射频信号穿越建筑墙体、楼板、吊顶及室内建筑装饰材料时，其传播被吸收损耗值可参见传播损耗值表 15-16 和表 15-17 所示。

14）数字无线对讲系统覆盖区域内应满足不低于 95% 覆盖率；且无线对讲的呼损率应小于 2%，接通率应大于 98%。

15）物业管理部门数字无线对讲系统与周边其他单位对讲机系统之间不应有干扰。

表 15-16　150MHz/350MHz/400MHz 频段室内天线信号穿越建筑墙体等材料时传播损耗值

| 损耗/dB　　墙体材料　　　工作频段/MHz | 混凝土墙（厚 100mm） | 砖砌墙 | 玻璃 | 混凝土楼板（厚 80mm） | 吊顶内机电金属管道 |
|---|---|---|---|---|---|
| 150/350/400 | 12~15 | 5~12 | 5~10 | 10~13 | 8 |

表 15-17　150MHz/350MHz/400MHz 频段室内天线信号穿越建筑装饰材料时传播损耗值

| 损耗/dB　　墙体材料　　　工作频段/MHz | 木板（厚 15mm） | 石膏板（厚 7mm） | 砖（厚 60mm） | 砖（含水）（厚 60mm） | 瓦（厚 15mm） | 隔热玻璃纤维 |
|---|---|---|---|---|---|---|
| 150/350/400 | 3.2 | 0.1 | 1.3 | 5.5 | 7.5 | 34.1 |

16）数字无线对讲系统与建筑内物业管理相关系统信息互通时，应符合下列要求：

① 应按建筑业态类型、物业管理需求及业务数据信号覆盖范围构建系统信息网络互通平台；

② 系统与用户电话交换系统联网进行语音信息互通时,应设置系统电话网关模块设备;

③ 系统与火灾自动报警、出入口控制、电子巡查、建筑设备管理等系统联网时,应分别设置网关模块或服务器等配套设备。

17) 由数字手持对讲机设备进行无线通信组网时,应符合下列要求:

① 对数字手持对讲机信号遮挡较弱的室内大空间、学校园区、住宅小区等场所宜采用单频组网;

② 多个数字手持对讲机单频组网时,其网中不得设置固定中继台或转发台,各数字手持对讲机发射功率宜采用3W(35dBm),其最大发射功率不得超过5W(37dBm)或按当地无线电管理部门要求设置。

18) 数字手持对讲机设备配置应符合下列要求:

① 系统采用固定数字中继台及室内天馈线分布系统组网时,手持对讲机设备最大发射功率不宜大于1W(30dBm);

② 手持对讲机宜具有独自身份认证、点对点语音通信及文字传达等功能;

19) 数字无线对讲系统设计时,其公众暴露区域内最大射频辐射电场强度、磁场强度等防护控制限定值应符合电磁兼容与电磁环境卫生的有关规定。

### 15.4.5 移动通信室内信号覆盖系统

1) 移动通信室内信号覆盖系统结构示意图如图 15-34 所示。移动通信室内信号覆盖系统应满足室内移动通信用户语音及数据通信业务需求。

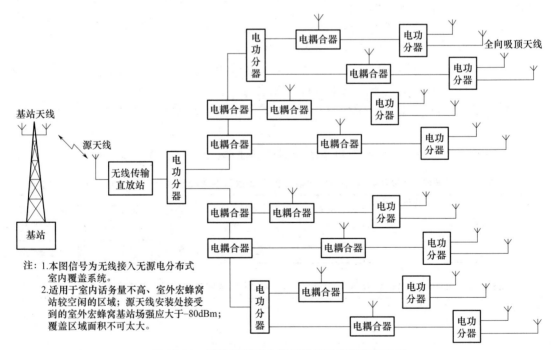

图 15-34 移动通信室内信号覆盖系统结构示意图

2) 室内信号覆盖系统应设置在民用建筑内,对移动通信信号遮挡损耗较强或通信信号盲区的场所。

3）室内信号覆盖系统由信号源和室内天馈线分布系统组成，并应符合下列要求：

① 信号源可分为宏蜂窝或微蜂窝等基站设备和直放站设备；

② 室内天馈线分布系统可为合路设备、有源/无源宽带信号设备、天线及缆线等；

③ 室内天馈线分布系统宜采用集约化方式合路设置成一套系统或可各自分别独立设置。当合路设置成一套系统时，应满足各家电信业务经营者移动通信接入系统的指标要求和上下行频段间互不干扰。

4）室内信号覆盖系统频率范围应为 800～2500MHz 频段。

5）室内信号覆盖系统的接入应满足多种技术标准的无线信号接入。

6）系统信号源的设定与引入方式应符合下列要求：

① 公共建筑内部话务量需求大或建筑高度大于 100m 的建筑、大型或特大型建筑以及有特殊需求的场所，宜选用微蜂窝或宏蜂窝基站作为系统的引入信号源；

② 建筑面积规模较小或话务量需求较少的场所，宜选用光纤直放站作为系统的引入信号源；

③ 建筑物受条件限制不具备使用光纤直放站或周边空间信号较为纯净的场所，可采用空间无线耦合信号源的引入方式；

④ 基站直接耦合或光纤直放站引入的信号源及辅助设备，宜设置在信息接入机房内；

⑤ 用于空间无线耦合信号引入的室外天线，宜设置在面对远端基站侧的建筑裙房屋顶上；天线安装位置处的接收功率应大于 $-80$dBm，其扇区内的导频信道质量（Ec/IO）值不应小于 $-6$dB，其引入信号源及辅助设备宜设在信息接入机房或楼层弱电间（弱电竖井）内。

7）室内信号覆盖系统的话务量、接通率、呼损率设置应符合下列要求：

① 建筑物室内预测话务量的计算与基站载频数的配置应符合有关移动通信标准；

② 无线覆盖的接通率应满足在覆盖区域内 95% 的位置，并满足在 99% 的时间内移动用户能接入网络；

③ 室内信号覆盖系统区域内优质的语音信道（TCH）呼损率不宜大于 1%，控制信道（SDCCH）呼损率不宜大于或等于 0.1%。

8）系统的室内天馈线分布系统设计应符合下列要求：

① 室内天馈线分布系统宜采用电信业务经营者多频段信号合路设备（POI）集约化设计方式。

② 系统的信号场强应均匀分布到室内地下室、地面上各个楼层、疏散楼梯前室和电梯轿厢中。

③ 室内信号覆盖的边缘强度值不应小于 $-75$dBm。在高层部位靠近外窗时，室内信号宜高于室外信号 8～10dB；在首层室外 10～15m 处部位，其室内辐射到室外的泄漏信号强度值宜低于 $-85$dBm。

④ 室内信号覆盖系统与室外基站信号覆盖之间，应满足信号无缝越区切换及无掉话要求。

⑤ 室内视距可见空间路径上射频信号损耗，宜采用自由空间模型路径传播损耗公式计算。

⑥ 室内天线的设置宜与室内周围环境协调一致，宜采用多个小功率天线；当设置全向吸顶天线时，宜将天线水平固定在顶部楼板或吊顶下；当设置壁挂式天线时，天线应垂直固定在墙、柱的侧壁上，安装高度距地宜高于 2.8m 及以上。

⑦ 电梯竖井内宜采用泄漏射频同轴电缆或八木定向天线。采用射频泄漏同轴电缆时，

电缆应贴电梯竖井壁敷设安装；采用八木天线时，其主瓣方向宜在竖井顶部垂直朝下安装；采用其他定向天线时，其天线应与电梯竖井壁平行朝向电梯安装。

⑧ 主干路由馈线、水平分支馈线电缆设计宜符合 15.4.4 节第 9）条的规定。

⑨ 机房引出至系统最远收发天线的馈线距离不宜大于 200m；当距离大于 200m 时，应采用单模光缆及光纤射频放大器等覆盖方式。

⑩ 系统的功分器、耦合器等器件可安装在金属槽盒或金属分线箱内。

⑪ 室内馈线缆敷设和泄漏射频同轴电缆敷设时，应符合 15.4.4 节第 9）条的规定。

⑫ 室内覆盖系统区域内最大辐射场强，应符合现行国家标准《电磁环境控制限值》GB 8702—2014 的相关要求，且室内天线输出口的最大发射功率不应大于 15dBm/载波。射频同轴电缆、光缆垂直或水平敷设时，不得扭曲或相互交叉。垂直缆线敷设时宜敷设在弱电间或电信间中的金属线槽内。水平缆线敷设时宜放置在金属线槽或导管内。

⑬ 当采用射频泄漏同轴电缆作为室内覆盖天线时，不得与未采取屏蔽隔离措施的其他系统电缆平行贴邻安装。

9）室内信号覆盖信源设备应设置在信息接入机房内，其机房应符合下列要求：

① 信息接入机房宜按有线、无线接入设备及辅助配套设备等设置要求进行集约化设计，机房面积应满足各家电信业务经营者接入系统设备使用面积的要求；

② 将各家电信业务经营者移动通信接入信源设备、有线通信接入设备及辅助配套设备同设于一间集约化信息接入机房时，其面积应符合智能化系统机房的相关规定。

10）移动通信室内信号覆盖系统设计时，其公众暴露区域内电磁环境控制限制方式要求应符合电磁兼容与电磁环境卫生的有关规定。

## 15.4.6 甚小口径卫星通信系统

1）民用建筑可根据用户实际使用需求设置甚小口径卫星通信系统。

2）甚小口径卫星通信系统可由通信卫星转发器、主站、终端站和系统网管设施组成。

3）甚小口径卫星通信系统网络的控制、监测、卫星通信的信道分配和通信链路的建立应符合地面枢纽中心站的要求。

4）甚小口径卫星通信系统网络的拓扑结构可分为星状网、网状网和混合网。

5）单点对单点或单点对多点之间的通信网络应用于专用业务网。

6）甚小口径卫星通信系统的工作频率应符合下列要求：

① 工作频率在 C 频段时，上行频率应为 5850～6425MHz；下行频率应为 3625～4200MHz；

② 工作频率在 Ku 频段时，上行频率应为 14.000～14.500GHz；下行频率应为 12.250～12.750GHz；

③ 工作频率在 Ka 频段时，上行频率应为 27.500～31.00GHz；下行频率应为 17.700～21.200GHz。

7）语音网、数据网和多媒体业务网应能满足语音通信、数据传递、文件交换、图像传输等多媒体通信业务。

8）甚小口径卫星通信系统采用 Ka 频段通信时，应能利用宽带卫星网络向用户提供千兆比特级的高速数据、高清晰度会议电视、交互式多媒体等通信业务。

9）甚小口径卫星通信系统应根据用户的业务类型、业务量大小、通信质量、响应时间等要求进行设计，应具有较好的灵活性、适应性和可扩展性，并满足现有业务量和新增业务量的需求。

10）甚小口径卫星通信系统网络接口应具有支持多种网络接口和通信协议的能力，并能根据用户具体要求进行协议转换、操作和维护。

11）甚小口径卫星通信系统地面固定端站应符合下列规定：

① 端站的站址选择应避开天线周边的建筑物、广告牌、各种高塔和地形地物对天线电波的阻挡和反射引起的干扰，并应对附近现有或潜在的雷达干扰以及附近高压或超高压设备电磁干扰进行前期评估，其干扰电平应符合端站建立的要求；

② 端站的站址选择应避免与附近其他电气设备之间的干扰；

③ 天线到前端机房接收机端口的缆线长度不宜大于20m；

④ 端站的接收天线直径在C频段数字通信时，宜采用不大于1.8m；在Ku频段数字通信时宜采用1.2～1.8m；在Ka频段数字通信时宜采用0.6～2.0m；

⑤ 端站选用Ka频段接收天线时，应分析端站通信链路的余量和信号雨衰；

⑥ 端站站址应提供坚固的天线安装基础，满足抗震、抗风等自然灾害的要求。

### 15.4.7 数字微波通信系统

1）民用建筑可根据用户需求设置数字微波通信系统。

2）数字微波通信系统宜由中心站（基站）、点或多点方向的终端站（外围站）和系统网管设施等组成，并可在视距阻挡或距离较远处加设中继站。

3）应按照单点对单点或单点对多点方式或按信息通信用户实际需求，构建无线电链状网、星状网或树状网；并可作为用户近距离信息通信专用或生产业务的备用网。

4）系统中心站（基站）主机设备站房宜设在用户单位数据中心或用户电话交换机房或安防监控中心附近处，并满足用户信息网络、用户电话交换网络、会议电视、高清晰度视频图像等信息通信业务远端接入联网需求。

5）数字微波通信系统使用频段应避开当地雷达和卫星地面通信等大功率发射机所使用的频率，宜采用2400～2483.5MHz频段或5725～5850MHz频段。

6）系统室外天线规格应根据天线增益指标、传输距离、周边电磁场及当地气象环境确定，并符合下列要求：

① 点对点通信时，可选用直径为0.3m或0.6m及以上微波天线；

② 点对多点通信时，可选用小型内置高增益扇形微波天线；

③ 地处低腐蚀且风沙与飓风高发区域，应选用耐普通腐蚀且抗风沙与强风的微波天线；

④ 地处高盐雾、腐蚀介质和高温严寒区域，应选用耐腐蚀、耐高温和严寒的微波天线。

7）室外天线金属支架应耐腐蚀且结实牢固，并固定安装在建筑屋顶上。

8）室外天线的设置应避免电磁辐射对人体的有害的影响，其所致公众暴露的最大辐射防护限值应符合电磁兼容与电磁环境卫生的有关规定。

9）室外天线引至室内收发机信号装置的馈线不宜过长。系统在分米波段工作时，馈线可采用同轴电缆；在厘米波段工作时，宜采用圆波导馈线。馈线及电源线引入室内时应加设浪涌保护器。

10）数字微波通信系统应采用国家对外开放的工作频段，当需采用其他专用的工作频段及技术要求时，应符合国家或地方无线电管理部门的规定。

### 15.4.8 会议系统

#### 15.4.8.1 会议电视系统

1) 会议电视系统应满足本地会场与远端会场交互式实时通信的要求,可按用户使用需求构建双方或多方会议电视系统。

2) 会议电视系统可分为以下系统:
① 个人终端型会议电视系统;
② 小型会议电视系统;
③ 中型会议电视系统;
④ 大型及特大型会议电视系统;
⑤ 远程呈现会议电视系统。

3) 会议电视系统设备组成宜符合下列要求:
① 个人终端型会议电视系统,宜由个人桌面电脑终端主机和配套的视音频设备与软件组成,或由内嵌视音频部件与软件的专用桌面会议终端设备组成,也可由无线通信链接的个人便携式移动终端设备组成。
② 小型会议电视系统宜由下列设备组成:
a. 宜由多点控制单元（MCU）、会议高清显示终端主机、高清晰度摄像机、全向麦克风等设备组成;
b. 宜由一体化式多点控制单元、终端控制主机、高清晰度摄像机、全向麦克风、高清晰度电视机或投影仪等设备组成;
c. 系统可按需求增加录制、播放和会议管理服务器等设备。
③ 中型会议电视系统宜由终端控制主机、一体化式或插卡式多点控制单元、高清晰度摄像机、会场扩声、会议发言、音视频矩阵、录制与播放、会议管理、高清晰度液晶屏或投影仪等子系统设备组成。
④ 大型及特大型会议电视系统宜由终端控制主机、插卡式多点控制单元、视频显示、全景及跟踪摄像机、会场扩声、会议发言、音视频混合矩阵、录制与播放、会议管理等子系统设备组成。
⑤ 远程呈现会议电视系统应由终端控制主机、高清晰度液晶显示拼接屏、高清晰度摄像机和高保真音频等设备组成。
⑥ 会议电视系统应根据会议的重要性和可靠性,配置 IP 电话等备份设备。

4) 会议电视系统应具有下列基本功能:
① 在显示设备上应能收看对方或多方会议的现场图像、数据文本;
② 在显示设备上应能监察发送的图像与数据文本;
③ 在显示设备上应能收看到当前会议系统网络上运行的实时数据信息;
④ 应能进行流畅的交互式语音与图像沟通。

5) 设为主会场的中大型及特大型会议电视系统,应具有对整个会议系统进行控制和管理的功能。

6) 会议电视系统采用多点控制单元（MCU）设备组网时,系统功能应符合下列要求:
① 网内任意会场均可具备主会场控制和管理的功能;
② 网内一方作为主会场时,会场显示屏幕上应能呈现出其他分会场传送来的视频图像、电子文本、电子白板等画面;

③ 任何一方应能远程遥控对方会场授权控制的一体化高清晰度摄像机及场景高清晰度摄像机；
④ 主会场宜能控制所有会场的全部画面；
⑤ 主会场应能控制主会场发言模式与分会场发言模式的转换；
⑥ 显示屏幕上，应能叠加各会场地点名称等文字说明；
⑦ 同一个多点控制单元设备能支持不同传输速率的会议电视，支持召开多组会议同时进行；
⑧ 网内系统在多个多点控制单元中，应支持主从级联、互为备份等功能；
⑨ 多点控制单元应按系统与会方最多数量配置，并留有扩展余量；
⑩ 多点控制单元设备组网时，宜具有网闸（GK）组网功能。

7) 会议电视系统可采用自建专用网络或租用电信部门有线或无线通信、数字微波通信、甚小口径卫星通信等组网方式。

8) 会议电视系统的自适应传输应符合 H.320、H.323、SIP 等多种标准协议。

9) 会议电视系统应支持 H.239 双码流标准协议。当采用 IP 网络传输时，应采用标准的以太网通信接口方式组网。系统终端视频图像质量评分等级应不低于四级，其图像标准、帧率及信号传输双向对称带宽宜满足相关性能参数要求。

10) 会议电视系统用房应符合下列规定：

① 会议电视系统用房宜采用矩形房间，会场面积应按参加会议总人数及设备机房需求确定，具体要求可符合表 15-18 的规定。

表 15-18 会议电视规模、设备机房和控制室面积、会议人数

| 会议电视规模与形式 | | 会议室面积 /m² | 设备机房、控制室 /m² | 参会人数 /人 |
|---|---|---|---|---|
| 个人终端型 | 有线连接 | 4～6 | — | 1～2 |
| | 无线连接 | — | — | 1 |
| 小型 1 | | 15～20 | — | ≤8 |
| 小型 2 | | 20～35 | — | 9～16 |
| 中型 | | 35～120 | 5～8 | 16～50 |
| 大型 | | 120～220 | 15～20 | 50～100 |
| 特大型 | | ≥220 | 20～30 | ≥100 |
| 远程呈现 | | 50～100 | 5 | 6～16 |

② 个人终端型会议电视宜采用面向工作台上液晶终端主机的桌椅布置。

③ 小型会议电视室宜采用面向显示屏做 U 形会议桌椅的布置。

④ 中型、大型或特大型会议电视场所内会议桌椅宜面向显示屏幕扇形排列布置，第一排会议桌椅与单屏幕（双屏幕）显示部分之间距离宜为 2.0～4.0m。

⑤ 大型或特大型会场的控制室可按实际需求设置双层单向透明观察窗。观察窗不宜小于宽 1.2m、高 0.8m，窗口下沿距控制室内地面为 0.9m。控制室内主机设备间与值机操作间的间隔设计，宜符合隔声且通气的要求。

⑥ 会场参会人员观看投影幕布或显示屏上中西文字体的最小视距，前排视距宜按视频显示画面对角线尺寸 1.5～2 倍计算；后排最远视距宜按视频显示画面对角线尺寸 4～5 倍计算。超出视距时应在室内中场或后场区域增设辅助显示屏。

11) 会议电视系统设备布置应符合下列规定：

① 会议室内摄像机宜设置在会场正前方或左右两侧，使参会人员均被纳入摄录视角范围内；

② 全景彩色摄像机宜设置在房间后面墙角上，便于获得全景或局部特写的图像；

③ 文本摄像机、白板摄像机、实物投影仪、音视频等设备应设置在会议电视室内合适的位置；

④ 会议室内应按会场面积大小、参会人数和使用需求设置主/副屏投影机及投影幕布或主/副液晶显示屏设备，会场投影幕布或显示设备的布置应满足全场参会人员能处在良好的视距和视角范围内，其配置要求可按表 15-19 的规定执行；

⑤ 会议室内设置主屏和副屏时，主屏宜设置在参会人员前端左侧，且能显示各分会场，副屏宜设置在右侧，且能显示视频会议期间对方的数据、文本、白板等信息内容；

表 15-19 会议电视室内主屏、副屏及中后场辅助显示屏的配置

| 会议电视规模与形式 | | 采用高清高亮度投影机时 | | | 采用高清高亮度显示屏时 | | | 中后场辅助高晰高亮度显示屏 | |
|---|---|---|---|---|---|---|---|---|---|
| | | 主屏台数 | 副屏台数 | 16:9 宽屏幕布/in | 主屏台数 | 副屏台数 | 16:9 液晶显示屏/in | 同步显示主屏与副屏/台数 | 16:9 液晶显示屏/in |
| 个人终端型 | 有线连接 | — | — | — | 1 | — | ≥21 | — | — |
| | 无线连接 | — | — | — | 1 | — | ≤15 | — | — |
| 小型 | | — | — | — | 1 | — | ≥32 | — | — |
| 中型 | | 1 | 1 | ≥100 | 1 | 1 | ≥55 | ≥2 | ≥40 |
| 大型 | | 1 | 1 | ≥120 | 1 | 1 | ≥82 | ≥4 | ≥55 |
| 特大型 | | ≥1 | ≥1 | ≥150 | ≥1 | ≥1 | ≥100 | ≥4 | ≥82 |
| 远程呈现 | | — | — | — | 3 | — | ≥55 | — | — |

注：中型、大型或特大型会议电视室内中场或后场区域，宜在两侧墙上或顶部增设悬挂会场辅助高清晰度、高亮度液晶显示屏，并可通过分配器等设备同步显示主屏及副屏上视频会议内容。

⑥ 全向麦克风不应与本地会议扩声系统同时使用；会议扩声话筒应置于各个扬声器的指向辐射外。

12) 会议电视系统的会场电子声学环境、建筑声学和建筑环境应符合下列规定：

① 会议电视会场的扩声和建筑声学设计应满足语言清晰度的要求；

② 会议电视会场应按照会场房间的体型和容积等因素选择合理的混响时间，会议室混响时间宜控制在 0.4s 以内，并应符合现行国家标准《剧场、电影院和多用途厅堂建筑声学技术规范》GB/T 50356—2005 的规定；

③ 应构建会议电视会场的建筑声学环境。

13) 在主席台、发言席、参会第一排座席附近应设置信息接线盒和电源插座。

14) 会议电视系统设计除应执行本标准规定外，尚应符合现行国家标准《会议电视会场系统工程设计规范》GB 50635—2010 的有关规定。

### 15.4.8.2 电子会议系统

1) 电子会议系统的设置应符合下列规定：

① 应根据会议厅堂的规模、使用性质和功能要求设置会议系统；电子会议系统可包括

会议讨论系统、同声传译系统、表决系统、扩声系统、显示系统、会议摄像系统、录制和播放系统、集中控制系统和会场出入口签到管理系统等全部或部分子系统；

② 电子会议系统工程应选用稳定可靠的产品和技术，宜具备支持多种通信媒体、多种物理接口的能力，宜具有技术升级、设备更新的灵活性、设备的易管理性；

③ 电子会议系统工程设备选型时，应将各子系统集成，并应保证各系统之间的兼容性和良好配接性。

2）电子会议讨论系统设计应符合下列规定：

① 有固定座席的会议场所，宜采用有线会议讨论系统；座席布局不固定的临时会场或对安装布线有限制的会场，宜采用无线会议讨论系统；也可采用有线/无线混合系统；

② 在同一建筑物内安装多套无线会议讨论系统，或在会场附近有与本系统相同或相近频段的射频设备工作时，不宜采用射频会议讨论系统；有保密性和防恶意干扰要求时，不宜采用无线会议讨论系统；

③ 采用红外线会议讨论系统时，会场不宜使用等离子显示器，应对门、窗等采取防红外线泄漏措施；红外辐射单元之间应进行必要的延时设定，或使用相同长度的同轴电缆进行红外发射波的叠加校正；

④ 传声器数量大于 20 只时不宜采用星形会议讨论系统；传声器数量大于 100 只时，宜采用数字会议讨论系统；会议单元到会议系统控制主机的距离大于 50m 时，系统宜采用数字传输方式。

3）电子会议同声传译系统设计应符合下列规定：

① 有固定座席的场所可采用有线同声传译系统或无线同声传译系统，不设固定座席的场所，宜采用无线同声传译系统；有需要时，也可采用有线和无线混合系统。

② 有线语言分配系统设计应符合下列要求：

a. 通道选择器数量大于 100 只时，宜采用数字有线语言分配系统；

b. 通道选择器、翻译单元到会议系统控制主机的最远距离大于 50m 时，宜采用数字有线语言分配系统。

③ 当会议室同时设有会议讨论系统和同声传译系统时，宜将会议讨论系统和同声传译系统进行集成。

④ 同声传译系统语言清晰度应达到良好及以上，语言传输指数 STI（Speech Transmission Index）≥0.60。

⑤ 红外线会议同声传译系统的设计，应符合现行国家标准《红外线同声传译系统工程技术规范》GB 50524—2010 的有关规定。

⑥ 同声传译系统宜设专用的译员室，并应符合下列规定：

a. 译员室的位置应靠近会议厅（或观众厅），并宜通过观察窗清楚地看到主席台（或观众厅）的主要部分，观察窗应采用中空玻璃隔声窗；

b. 译员室的室内使用面积宜并坐两个译员；房间的三个尺寸要互不相同，其最小尺寸不宜小于 2.5m×2.4m×2.3m（长×宽×高）；

c. 译员室与机房（控制室）之间宜设连接信号，室外宜设译音工作状态指示信号；

d. 译员室的室内应进行吸声隔声处理并宜设置带有声闸的双层隔声门，译员座席之间宜设置隔声设施，译员室的室内噪声不应高于 NR 20，并做好消声处理。

4）电子会议扩声系统设计除应符合第 15.6.3 节的规定外，还应符合下列规定：

① 对于语言清晰度要求较高的会议场所、同声传译等应按一级会议扩声系统进行设计；

② 对于语言清晰度要求不高的会议场所，宜按二级会议扩声系统进行设计；

③ 一级、二级会议扩声系统声学特性指标应符合表 15-20 的要求。

表 15-20 会议扩声系统声学特性指标

| 等级 | 语言传输指数 STI | 最大声压级/dB | 传输频率特性 | 传声增益/dB | 声场不均匀度/dB | 系统总噪声级 |
| --- | --- | --- | --- | --- | --- | --- |
| 一级 | 大于或等于 0.6 | 额定通带内：大于或等于 98dB | 以 125Hz~4kHz 的平均声压级为 0dB，在此频带内允许范围：-6~+4dB；63~125Hz 和 4~8kHz 的允许范围见图 15-35 | 125Hz~4kHz 的平均值大于或等于-10dB | 1kHz、4kHz 时小于或等于 8dB | NR-20 |
| 二级 | 大于或等于 0.5 | 额定通带内：大于或等于 95dB | 以 125Hz~4kHz 的平均声压级为 0dB，在此频带内允许范围：-6~+4dB；63~125Hz 和 4~8kHz 的允许范围见图 15-36 | 125Hz~4kHz 的平均值大于或等于-12dB | 1kHz、4kHz 时小于或等于 10dB | NR-25 |

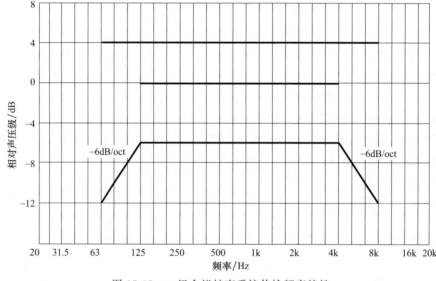

图 15-35　一级会议扩声系统传输频率特性

5) 电子会议表决系统设计应符合下列规定：

① 设置固定座席的场所，可采用有线会议表决系统或无线会议表决系统；不设固定座席的场所，宜采用无线会议表决系统；

② 同时设置会议讨论系统和会议表决系统时，宜将会议讨论系统和会议表决系统进行集成；

③ 表决器数量大于 500 台时，宜采用全双工数字网络有线会议表决系统。

6) 电子会议显示系统设计应符合下列规定：

① 显示系统应具有良好的可扩展性和可维护性，并应与会议室多媒体系统兼容；

② 用于数字信息讨论、汇报和培训的会议室，宜采用具有交互式电子白板功能的显示系统；

③ 显示屏幕的屏前亮度，宜高于会场环境光产生的屏前亮度 $100\sim150\mathrm{cd/m^2}$；

④ 显示系统的性能设计，应符合现行国家标准《视频显示系统工程技术规范》GB 50464—2008 和《会议电视会场系统工程设计规范》GB 50635—2010 的有关规定。

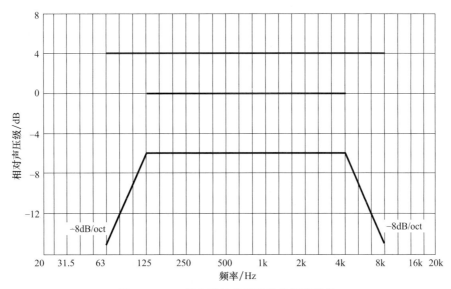

图 15-36 二级会议扩声系统传输频率特性

7）电子会议摄像系统设计应符合下列规定：

① 会议摄像系统应能实现各台摄像机视频信号之间的快速切换。

② 当发言者开启传声器时，会议摄像机应自动跟踪发言者，自动对焦放大，并联动视频显示设备，同时显示发言者图像。

③ 会议摄像系统宜具有屏幕字符显示功能，可在预置位显示对应座席代表姓名等信息。

④ 会议摄像机清晰度应符合下列规定：

a. 黑白模拟摄像机水平清晰度不应低于 570 线；

b. 彩色模拟摄像机水平清晰度不应低于 480 线；

c. 标准清晰度数字摄像机水平清晰度和垂直清晰度不应低于 450 线；

d. 高清晰度数字摄像机水平清晰度和垂直清晰度不应低于 720 线，有条件时，应选用 1080i 和 1080P。

8）电子会议录制与播放系统设计应符合下列规定：

① 会议录播系统应具有对音频、视频和计算机信号录制、直播、点播的功能；

② 会议录播系统应具有对会议室内各种制式信号（AV、RGB、VGA、HDMI、SDI 等）进行采集、编码、传输、混合、存储的能力；

③ 在设计 AV、VGA 等信号切换控制系统及 IP 网络通信系统时，应为会议录播系统的接入预留接口；

④ 会议录播系统宜支持 2 路 AV 信号和 1 路 VGA 信号同步录制，并宜具备扩展能力；

⑤ 局域网环境下直播延时应小于 500ms。

9）电子会议集中控制系统设计应符合下列规定：

① 宜具有开放式的可编程控制平台和控制逻辑及人性化的中文界面；

② 宜能与会议各子系统进行连接通信，并能对会议系统进行控制；

③ 宜能对会场电动设备进行集中控制；

④ 可实现与安全防范系统信号、环境传感信号的联动。

10) 会场出入口签到管理系统设计应符合下列规定：

① 会场出入口签到管理系统应为会议组织者实时提供应到人数、实到人数及与会代表的座席位置等出席会议的人员情况；

② 会场出入口签到管理系统宜具有对与会人员的进出授权、记录、查询及统计等多种功能，并应在与会人员进入会场的同时完成签到工作；

③ 会场各签到机宜采用以太网连接方式，并应保证安全可靠；

④ 签到机读卡时应无方向性，远距离会议签到机感应距离不宜小于1.2m，近距离会议签到机感应距离不宜小于0.1m；

⑤ 每位与会人员的会议签到识别时间应少于0.1s。

11) 大型会议厅堂宜设置控制室，控制室的观察窗宜能开启。

12) 使用移动式设备的会议室，应在摄像机、监视器等设备附近设置专用电源插座回路，并应与会场扩声、会议显示系统设备采用同相电源。

### 15.4.9 多媒体教学系统

多媒体教学环境可按教学模式分为：数字交互式语言学习系统、多媒体普通教室教学系统、多媒体阶梯教室教学系统、计算机网络多媒体教室教学系统和交互式视频多媒体教室教学系统等。多媒体教学系统教师授课设备和学员学习设备的主要功能及技术指标，应符合国家相关标准规定。

#### 15.4.9.1 数字交互式语言学习系统

1) 语言实验教室中数字交互式语言学习系统宜由教师主控单元、学员单元、系统操作及教学应用软件等组成。

2) 学员单元设备可分为终端型和计算机型两类。

3) 数字语音信号在教师主控单元、学员单元之间全通道传输时，系统设备可按技术参数及性能要求分A、B为两个级别。A、B两个级别应分别达到以下要求：

① 频率响应：A级为125～10000Hz（±2dB）；B级为150～6300Hz（±2dB）；

② 信噪比（A计权）：A级为不小于65dB；B级为不小于55dB；

③ 谐波失真：A级为不大于0.2%；B级为不大于1%；

④ 教师广播声音延迟：A级为不大于30ms；B级为不大于80ms；

⑤ 学生之间对讲声音延迟：A级为不大于30ms；B级为不大于80ms；

⑥ 声音断裂：声音信号中间断裂时间要求不大于10ms；出现声音断裂频率，平均3min内不多于2次；

⑦ 变速播放比：在满足频偏不大于0.5%，失真率不大于3%的条件下，播放变速比应在±30%之间可调；

⑧ 学生声道要求：A级为双声道；B级为单声道。

4) 数字交互式语言学习系统应以系统基本配置为基础，并可按需进行设备扩展。

5) 数字交互式语言教学及多媒体教学系统应具有教师与学生之间的互动等功能，并能完整记录授课时学生的语言学习情况。

6) 每间语言实验教室内应配置1套授课教师主控单元和多套学员单元，其学员单元数量应根据实际上课人员数量配置且留有余量。

7) 数字交互式语言学习系统应具有教师与学员之间交互通话、个别通话、分组通话、分组讨论、示范等功能。

8）数字交互式语言学习系统的组网方式应符合下列要求：

① 学员一单元应能通过网络名称或 IP 地址访问教师主控单元，实现教室内网络互通；

② 任何一台计算机应能通过网络访问教学主干网络实现互通；

③ 教室内连接学员单元接口的传输速率应支持 100Mbps 及以上自适应的要求，上联教学网络主干应支持 1000Mbps 及以上。

9）语言实验教室平面设计和教学等设备布置应符合下列要求：

① 语言实验教室宜采用长方形教室布局，学生单元应按标准的二座席位学员单元设备桌规格位置和教师单元主控制台规格位置进行平面设置，每位学员人均使用面积不应小于 $2m^2$；

② 根据不同教学模式需求，按实际需求可在教师讲台处设置不小于 $20m^2$ 的学员上台表演区域；

③ 语言实验教室区域宜设置教学辅助用房，安放视听设备或储藏视听教学资料；

④ 教室内设置专用话筒和壁挂扬声器音箱时，应避免话筒播音时的啸叫，扬声器音箱箱体安装距地高度不宜低于 2.4m；

⑤ 教室内需设置带云台变焦高清摄像机进行教学观测监控和评估时，摄像机宜分别明装在教室前墙和后墙上，高度不宜小于 2.4m；

⑥ 教室可设置由教师主控制台控制的室内电动遮光窗帘和区域照明调光；

⑦ 教室内教师单元和学员单元的网络及配电线缆的布线路由应符合相关标准要求。

10）语言实验教室的室内环境应符合下列要求：

① 语言实验教室不宜设置在建筑物的底层及地下各层，教室和教学辅助用房选址位置设计应符合智能化系统机房设置的有关规定。

② 教室内横梁下距活动地板面净高不宜低于 3.1m。

③ 教室内系统网络及配电线缆布线的金属管槽可按下列方式敷设：

a. 可在楼板上防静电全钢活动地板内敷设，地板架空高度不宜低于 0.25m；

b. 可在楼板上硬木制地板内敷设，地板架空高度不宜低于 0.15m；其金属管槽可嵌装或暗埋在架空的木制地板中；

c. 可在楼板的垫层及找平层内敷设，楼板的厚度应满足预先布局暗埋的金属槽管及过路盒或出线盒的敷设。

d. 教室围护结构的隔声、混响时间、噪声限值、楼面均布活荷载值、消防报警与安全防范系统、室内照明、设备等电位接地、师生课桌椅的环保指标等均应符合现行国家标准的相关规定。

### 15.4.9.2 多媒体普通教室教学系统

1）可按不同教学系统硬件设备和相关配套教学设备组成不同类型的多媒体普通教室，可分为：

① 电视机型多媒体普通教室；

② 投影机型多媒体普通教室；

③ 交互式触控一体机型多媒体普通教室。

2）多媒体普通教室中教师授课设备和学员学习设备，应以教学基本配置为基础，并根据教学的实际需求增设扩展设备。

3) 电视机型多媒体普通教室中教学系统应符合下列要求：
① 宜具有1台教学计算机终端和不少于1台16∶9宽高比例显示屏的电视机；
② 教学计算机终端显示屏分辨率及电视机屏幕分辨率不宜低于100万像素；
③ 教学计算机终端可通过网络卡、射频信号转换卡与校园计算机和有线电视网络连接。
4) 投影机型多媒体普通教室中教学系统应符合下列要求：
① 系统由教师授课的计算机终端、投影仪、投影幕布或交互式电子白板、视频实物展示台、音视频播放设备、有线电视射频信号转换器等高清晰度视频设备组成；
② 多媒体教师讲台中内置网络中央集中控制设备时，应能对教室内各教学基本配置设备和扩展配置的设备进行现场集中控制，并应满足对每个教学设备的实时监控管理；
③ 授课采用交互式电子白板时，宜选用高亮度超短焦投影仪和对角线不小于82in规格、16∶9高分辨率显示电子白板，并可嵌装在双门或三门移动书写绿板框架内；
④ 授课采用投影幕布时，宜选用高清高亮度投影仪和对角线不小于100in、16∶9宽高比例、宽视觉角度显示电动投影幕布，并与教师书写的移动绿板配套设置；
⑤ 多媒体教师讲台内配置射频信号转换器时，应将有线电视信号转换为音视频信号上传至教室投影仪接口上，并可通过红外手动遥控器或中央集中控制设备面板手动切换频道；
⑥ 授课教室可根据教学需求增设教学监控高清摄像机和高保真拾音器、教室灯光控制等扩展设备，并可由网络中央集中控制设备进行信号连接、传输及控制；
⑦ 多媒体教师讲台中内置教师身份识别读卡机、电控锁和教学设备防盗报警装置时，应能通过中央集中控制设备的讲台状态检测功能模块，对讲台进行安全管理并可上传信息；
⑧ 多媒体教师讲台内的网络中央集中控制设备，应具有上联用户网络综合信息管理平台接口。
5) 交互式触控一体机型多媒体普通教室的教学系统应符合下列要求：
① 交互式触控一体机宜选用图像分辨率不低于200万像素、16∶9宽高比例、对角线70in及以上规格显示屏且内嵌防眩光硬屏的薄型触控一体机，一体机可嵌装在双门或三门防眩光无尘的移动绿板框架内；
② 教室中其他教学设备配置可参见上述第4)条的规定。
6) 多媒体普通教室教学系统的组网方式应符合下列要求：
① 宜按用户单位教学等多网合一的组网方式；接入多媒体普通教室内多个网络系统的缆线宜与用户单位各对应主干网络互通；
② 教室内采用标准的TCP/IP协议网络接口时，其传输速率应支持100Mbps及以上的要求；
③ 各普通教室内网络中央集中控制设备，应由用户单位网络综合信息管理平台软件进行控制；
④ 各教室内宜设无线网络收发基站AP点，其传输速率应支持300Mbps及以上要求。
7) 多媒体普通教室的室内环境要求可参见语言实验教室的室内环境相关要求。

### 15.4.9.3 多媒体阶梯教室教学系统

1) 多媒体阶梯教室可按不同教学系统软硬件设备及配套设备组合成不同类型的多媒体教室，其教室可分为：
① 多媒体阶梯教室普通教学系统；
② 多媒体阶梯教室高级教学系统。

2) 阶梯教室教师授课设备和学生学习设备，应以教学系统基本配置为基础，并可根据教学模式、教学需求、教学环境、教学服务层次等要求增设相对应的扩展设备。

3) 多媒体阶梯教室的教学系统应按基本配置与扩展配置相结合的方式进行设计。

4) 多媒体阶梯教室的普通教学系统应符合下列要求：

① 系统由授课的计算机终端、投影机及幕布、视频实物展示台、音频与视频播放设备、场景摄像机、有线电视射频信号转换器等基础和扩展设备组成；

② 授课的投影仪不宜少于1台，并可设置在教师书写绿板或白板的正前方或左右侧；

③ 投影幕布宜采用对角线120in、16：9宽高比例、宽视觉角度显示的固定或电动幕布；

④ 按教学需求，可设置多套课堂教学场景高清摄像机和高保真拾音器，并进行实时录制；

⑤ 阶梯教室的语言扩声系统混响时间宜为1.3s，特性指标应符合表15-33会议扩声系统声学特性指标二级标准要求；

⑥ 阶梯教室普通教学系统其他要求参见15.4.9.1节第10）条和15.4.9.2节第4）条的规定。

5) 多媒体阶梯教室高级教学系统应符合下列要求：

① 系统由授课的计算机终端、投影机及幕布、交互式触控一体机、数字视频实物展示台、音视频播放设备、摄像机、有线电视射频信号转换器等组成；

② 授课的高亮度投影仪不宜少于2台，并设置在教师书写白板的正前方或左右侧；

③ 投影幕布不宜低于对角线120in、16：9宽高比例、宽视觉角度显示的固定或电动幕布，幕布底边距教室地面不宜低于1.4m；

④ 教室内宜设置不少于2套自平衡式上下推拉书写白板；

⑤ 教室内可按授课教学需求，配置1套可移动的交互式触控一体机；

⑥ 教室内应设置多套课堂教学场景高清摄像机和高保真拾音器，并进行实时录制；

⑦ 阶梯教室的语言扩声系统特性指标与混响时间的标准要求，可参见本节第4）条第⑤款的规定；

⑧ 阶梯教室高级教学系统其他要求参见15.4.9.1节第10）条和15.4.9.2节第4）条的规定。

6) 多媒体阶梯教室教学系统的组网方式应符合下列要求：

① 接入多媒体阶梯教室内的多个网络缆线应与用户单位各对应主干网络互通；

② 阶梯教室普通教学系统中各个教学子系统宜由网络中央集成控制系统进行连接控制，并具有上联用户单位网络综合信息管理平台接口，传输速率应支持1000Mbps及以上的要求；

③ 阶梯教室高级教学系统设备宜通过网络教学平台软件与上联网、城域网、广域网上教学平台链接；宜采用标准的TCP/IP协议网络光接口，传输速率应支持1000Mbps及以上的要求；

④ 多媒体阶梯教室中宜设置无线网络收发基站AP点，基站的个数与信道数应满足课堂教学人员的使用要求，其传输速率应支持300Mbps及以上要求。

7) 多媒体阶梯教室平面设计和教学设备布置应符合下列要求：

① 阶梯教室内应以教师书写板为中心，学员课桌椅宜采用扇形平面及梯阶升高空间方式布局；

② 可按实际教学需求，设置1个固定式或1个移动式多媒体教师讲台；

③ 阶梯教室宜采用长方形教室横向布局方式，课桌椅数量应按多班学员合用人数确定；教室宜按90人/100人座课椅或140人/150人座课椅设置；

④ 阶梯教室旁应设置教学辅助用房和音视频及网络教学设备控制室；教学辅助用房和教学设备控制室使用面积应按设置的教学橱柜、桌椅、设备机柜及控制桌占用面积设定，并应留有扩展的余量；

⑤ 每个阶梯教室旁宜设置 1 间音视频及网络教学设备控制室，其使用面积宜不小于 $12m^2$；

⑥ 宜在多个阶梯教室处合设 1 间存放教学器件与资料的教学辅助用房，其使用面积宜不小于 $24m^2$；

⑦ 教学辅助用房或音视频及网络设备控制室内楼面均布活荷载值不应低于 $3.5kN/m^2$；

⑧ 阶梯教室最后一排座椅的学员，应能清晰目视前方教师书写板书和投影幕布上的文字；

⑨ 阶梯教室内中央区域第一排学生桌椅左右侧，应各设置 1 个无障碍专用席位，并在席位上方设置专用课桌板；

⑩ 阶梯教室内设置专用话筒和专用壁挂扬声器音箱时，应避免话筒播音时的啸叫；扩声扬声器主音箱箱底安装距地高度不宜低于 2.4m；

⑪ 教学场景录制或教学观测监控与评估用的摄像专用一体机，应明装在教室前墙书写板的两侧和后墙上，前墙上安装时底部距地不宜低于 2.4m，后墙上不宜低于 1.8m；

⑫ 多媒体教师讲台宜具有控制教室内电动遮光窗帘开合、前后区域照明调光等功能。

8) 阶梯教室内室内环境应符合下列要求：

① 教室前部授课区域建筑地面与吊平顶之间的净高不宜低于 3.1m，后部学习区域最小净高不应低于 2.2m；

② 教室内其他室内环境要求可参见 15.4.9.1 节第 10) 条的规定。

### 15.4.9.4 计算机网络多媒体教室教学系统

1) 教室中教学系统应包括教师网络授课设备、学员有线或无线网络学习终端机及多媒体电子教室系统等设备，并配置系统操作及教学应用软件。

2) 教室内宜构建本地局域网，其网络接入交换机的背板带宽及传输速率应满足教学时各位学生 10M/100Mbps 及以上自适应快速上网的需求。

3) 移动计算机网络多媒体教室应设置无线网络收发基站 AP 点，基站点设置的信道数和传输速率应满足教师授课和每位学员快速上网的需求。

4) 网络多媒体教室计算机教学授课时，每位学员宜配置 1 台网络固定台式或移动式终端机，满足教师授课时能对学员分别进行一对一的信息互动交流。

5) 网络多媒体教室中不同的配置可构成不同种类的网络教室模式，根据需要可增加网络教学平台应用软件和增加扩展设备的方式进行配置设计。

6) 计算机网络多媒体教室的组网方式应符合下列要求：

① 学员计算机可通过网络名称或 IP 地址访问教师授课计算机并实现教室内网络互通的要求；

② 教室内任一台计算机应能通过网络访问到用户单位教学主干网络实现互通的要求；

③ 教室内网络设备连接学员学习计算机的传输速率应支持 10M/100Mbps 自适应的要求，上联教学网主干应支持 1000Mbps 及以上要求。

7) 计算机网络多媒体教室平面设计和教学等设备布置应符合下列要求：

① 宜采用长方形教室竖向布局方式，其学员与教室使用面积可参见相关标准要求；

② 网络多媒体教室平面设计及教学等设备布置可参见 15.4.9.1 节第 9) 条的规定。

8) 计算机网络多媒体教室的室内环境要求可参见 15.4.9.1 节第 10) 条的规定。

## 15.4.9.5 交互式多媒体教室教学系统

1) 教室可按不同教学系统硬件设备及配套教学设备组合成不同终端类型的交互式音视频多媒体教室，其多媒体教室可分为：

① 基于计算机网络普通终端型；

② 基于专用触控一体机终端型。

2) 交互式音视频教学系统宜用于案例教学、网络学堂、虚拟教学等本地或异地交互式教学模式。

3) 教学系统应以基本配置为基础，并按教学模式、教学环境等需求增配设备。

4) 教学系统应支持双码流等标准协议，满足教学期间同时向多处教学单位或教室传送音视频和数据的技术要求。

5) 基于计算机网络普通终端型交互式音视频多媒体教室应符合下列规定：

① 教室内计算机局域有/无线网络与网络普通终端等硬件设备应满足教学配置指标要求；

② 教室内每位学员应配置 1 台网络普通终端机及显示屏顶部高清摄像机与耳机话筒组合件；

③ 网络普通终端机可采用对角线不小于 23in、16∶9 宽高比例、1360×720（像素）及以上高清晰度显示屏；

④ 应根据多点教室交互式教学规模的需求，配置多点控制单元（MCU）设备；

⑤ 网络普通终端机应具有实时播放的多个交互式视频教学窗口的用户专用操作系统软件和标准的应用等软件；

⑥ 系统视频图像单向传输延时不宜大于 100ms，双向传输延时不宜大于 200ms。

6) 基于专用触控一体机终端型交互式视频多媒体教室应符合下列规定：

① 教室内可采用 1 台对角线不小于 70in 专用触控一体机终端机和 1 块及以上对应规格尺寸辅助教学显示屏；

② 应根据多点教室交互式教学规模的需求，配置多点控制单元（MCU）设备，满足多点教室交互式多媒体教学系统设备组网的要求；

③ 系统设备的应用功能，应满足交互式多媒体教学需求；

④ 系统设备应具有交互式视频教学多窗口的用户专用软件操作系统和标准的应用等软件；

⑤ 系统视频图像单向传输延时不宜大于 100ms，双向传输延时不宜大于 200ms；

⑥ 系统应支持网络动态速率自动调整等功能。

7) 教学系统宜采用基于 H.26x 或 MPEGx 等系列高清晰视频图像等压缩编解码格式，并满足基于 TCP/IP 方式传输的要求。

8) 教学系统配套的摄像机单元设备宜采用 720P 及以上专用高清晰度彩色摄像机。

9) 教学系统配套的管理软件应具有教学登记、过程控制、教学内容的传送、各教室的分屏设定和对终端视频信号进行监测等功能。

10) 教学系统在使用单位内多个本地教室进行视频交互时，应接入使用单位教学主干网络，其传输速率应支持 1000Mbps 及以上的要求。

11) 教学系统在本地与异地多个教室进行音视频交互时，不同组网方式应符合下列要求：

① 宜接入基于 H.323 通信协议的城域网或广域网上教学通信平台，以 TCP/IP 方式进行传输；

② 可接入基于 SIP 通信协议的城域网或广域网上教学通信平台，以 SIP 方式进行传输。

12) 交互式视频教学系统的多点控制单元、音视频通信协议、图像传输质量等要求可参见 15.4.8.1 节第 6) 条、第 8) 条、第 9) 条的相关要求。

13) 交互式多媒体教室的室内用房、设备布置、电声学与建筑声学、建筑环境等要求可参 15.4.9.3 节第 4) 条的相关规定。

## 15.5 有线电视和卫星电视接收系统

### 15.5.1 一般规定

1) 有线电视系统的设计应与该地区基础设施规划及有线广播电视网络的发展相适应。

2) 有线电视系统应采用成熟、先进的通信和网络技术，系统应按双向、交互、多业务网络的要求进行规划设计，满足三网融合的技术要求。

3) 自设卫星电视接收信号、自设节目源信号宜与有线电视信号混合后传输。

4) 有线电视系统设计除应符合本节相关要求外，尚应符合《有线电视网络工程设计标准》GB/T 50200—2018、《智能建筑设计标准》GB 50314—2015 及有关标准的规定。

### 15.5.2 有线电视系统设计原则

1) 民用建筑有线电视系统应由自设前端或分配网络的接入点开始设计，并应明确下列主要技术条件和要求：

① 系统的组网形式；

② 有线电视信号接入点接口的技术参数；

③ 用户终端的分布位置、数量及功能需求。

2) 自设前端的民用建筑有线电视系统，宜将当地有线电视信号接至自设前端，设计时除应符合上述第 1) 条规定外，还应明确下列主要条件和技术要求：

① 自设前端时各类自设节目信号源的数量、类别；

② 卫星电视接收天线设置点周围的地形，以及干扰源状况等。

3) 有线电视系统波段划分应符合表 15-21 的规定。

表 15-21 有线电视系统波段划分

| 波段名称 | 频率范围/MHz | 业务内容 |
|---|---|---|
| R | 5~65 | 上行业务 |
| X | 65~87 | 过渡带 |
| FM | 87~108 | 声音广播业务 |
| A | 110~1000 | 下行业务 |

4) 当利用有线电视系统传播自设卫星电视接收信号、自设节目源信号时，有线电视频道配置宜符合下列规定：

① 保持当地有线电视原传输频道直播；

② 强场强信号转换为避开当地有线电视开路频道播出；

③ 选择受环境电磁场干扰小的频道播出。

5) 有线电视系统应根据系统的组网形式、用户终端的分布、数量设计接入点，接入点宜设置在用户终端密集区的中心位置。

6) 有线电视系统可根据用户选择的业务类型，提供相应的用户终端信息接口。

### 15.5.3 有线电视系统接入

1) 民用建筑有线电视系统的接入点宜有标识，接入点位置宜便于系统接入和系统维护管理。

2) HFC（Hybrid Fiber Coaxial，混合光纤同轴电缆）组网的有线电视系统，下行信号宜引自分前端、总前端或自设前端；IP组网的有线电视系统，下行信号宜引自汇聚节点、核心节点或自设前端；上行信号引自用户终端。

3) 有线电视系统的自设前端设备宜设置在有线电视前端机房内。

4) 光交接箱宜设置在建设用地红线内。

5) HFC 组网的光节点和 IP 组网的接入节点宜设置在建筑物内。

### 15.5.4 卫星电视接收系统

1) 卫星电视接收系统宜由抛物面天线、馈源、高频头、功率分配器和卫星接收机组成。

2) 用于卫星电视接收系统的接收站天线，其主要电性能要求宜符合表 15-22 的规定。

表 15-22　C 频段、Ku 频段天线主要电性能要求

| 技术参数 | C 频段要求 | Ku 频段要求 |
| --- | --- | --- |
| 接收频段 | 3.7~4.2GHz | 10.9~12.8GHz |
| 天线增益 | 40dB | 46dB |
| 天线效率 | 55% | 58% |
| 噪声温度 | ≤48K | ≤55K |
| 驻波系数 | ≤1.3 | ≤1.35 |

3) C 频段、Ku 频段高频头的主要技术参数，宜符合表 15-23 的规定。

表 15-23　C 频段、Ku 频段高频头主要技术参数

| 技术参数 | C 频段要求 | Ku 频段要求 | 备注 |
| --- | --- | --- | --- |
| 工作频段 | 3.7~4.2GHz | 11.7~12.2GHz | 可扩展 |
| 输出频率范围 | 950~2150MHz | | — |
| 功率增益 | ≥60dB | ≥50dB | — |
| 振幅/频率特性 | ≤3.5dB | ±3dB | 带宽 500MHz |
| 噪声温度 | ≤18K | <20K | -25~25℃ |
| 镜像干扰抑制比 | ≥50dB | ≥40dB | — |
| 输出口回波损耗 | ≥10dB | ≥10dB | — |

4) 卫星电视接收机应选用高灵敏、低噪声的设备。

5) 卫星电视接收站站址的选择，应符合下列规定：

① 宜选择在周围无微波站和雷达站等干扰源处，并应避开同频干扰；

② 应远离高压线和飞机主航道；

③ 应考虑风沙、尘埃及腐蚀性气体等环境污染因素；
④ 卫星信号接收方向应保证无遮挡；
⑤ 卫星电视接收站信号衰减不应超过 12dB；信号线保护导管截面积不应小于馈线截面积的 4 倍。

6) 卫星电视接收天线的选择，应符合下列规定：
① 卫星电视接收天线应根据所接收卫星采用的转发器，选用 C 频段或 Ku 频段抛物面天线；天线增益应满足卫星电视接收机对输入信号质量的要求；
② 当天线直径大于或等于 4.5m，且对其效率及信噪比均有较高要求时，宜采用后馈式抛物面天线；当天线直径小于 4.5m 时，宜采用前馈式抛物面天线；当天线直径小于或等于 1.5m 时，Ku 频段电视接收天线宜采用偏馈式抛物面天线；
③ 天线直径大于或等于 5m 时，宜采用内置伺服系统的天线；
④ 在建筑物上架设的天线基础设计应计算其自重荷载及风荷载；
⑤ 天线的结构强度应满足其工作环境的要求；沿海地区宜选用耐腐蚀结构天线，风力较大地区宜选用网状天线。

### 15.5.5 自设前端

1) 自设前端设备应根据节目源种类、传输方式及功能需求设置，并应与当地有线电视城域网协调。
2) 自设前端设施宜设在用户区域的中心部位，且宜靠近信号源。
3) 自设前端系统的载噪比应满足《有线电视网络工程设计标准》GB/T 50200—2018、《有线电视广播系统技术规范》GY/T 106—1999 中规定的相应基本模式的指标分配要求。
4) 自设前端系统不宜采用带放大器的混合器。当采用插入损耗小的分配式多路混合器时，其空闲端应终接 75Ω 负载电阻。
5) 自设前端的上行和下行信号采用电信号传输时，应选用屏蔽电缆。
6) 自设前端输出的系统传输信号电平应符合下列规定：
① 直接馈送给屏蔽电缆时，应采用低位频段低电平、高位频段高电平的电平倾斜方式；
② 通过光链路馈送给屏蔽电缆时，下行光发射机的高频输入应采用电平平坦方式。
7) 自设前端供电宜采用 UPS 电源装置，其标称功率不应小于使用功率的 1.5 倍。
8) 前端放大器应满足工作频带、增益、噪声系数、非线性失真等指标要求，放大器的类型宜根据其在系统中所处的位置确定。

### 15.5.6 HFC 接入分配网

1) 民用建筑有线电视系统可采用 HFC 接入分配网，系统的接入点至光节点应采用光信号传输，光节点至用户终端可采用电信号传输。
2) HFC 接入分配网宜采用光纤到楼（层）（FTTB），同轴电缆到用户终端的传输和分配方式。
3) HFC 接入分配网模拟电视和数字电视的上行和下行传输通道主要技术参数：载噪比 C/N、载波复合二次差拍比 C/CSO、载波复合三次差拍比 C/CTB 三项指标应符合现行国家标准《有线电视网络工程设计标准》GB/T 50200—2018 的规定。
4) 光节点设备宜选用 2 端口或 4 端口型，每个端口标称上行输入电平应为 104dBμV，每个端口覆盖用户终端不宜超过 200 个。

5）模拟电视用户端输入端口电平为 60～80dBμV，数字电视用户端输入端口电平为 50～75dBμV。

6）光节点端口与用户终端之间的链路损耗指标应满足以下要求：
① 光节点端口与用户终端之间的上行信号，链路损耗不应大于 30dB；
② 光节点同一端口下任意两个用户终端间的下行信号，链路损耗差值不应大于 8dB；
③ 光节点同一端口下任意两个用户终端间的上行信号，链路损耗差值不应大于 6dB。

7）建筑物按光纤到楼（层），同轴电缆到用户终端方式设计时，应符合下列规定：
① 系统应采用双向传输网络，所有设备器件均应具有双向传输功能；
② 同轴电缆双向传输分配网应采用分支分配结构和等功率电平分配设计；
③ 分配网中宜采用无源集中分配到用户终端方式；
④ 各类设备、器件、连接器、电缆均应具有良好的屏蔽性能，屏蔽系数应大于或等于 100dB；
⑤ 当线路实际损耗较大时，宜配置放大器，光节点后设置的延长放大器不应超过二级；
⑥ HFC 网络内任何有源设备的输出信号总功率不应超过 20dBm；
⑦ 从光节点端口到用户终端，分配器的串接数不宜大于三级；
⑧ 光节点设备、线路放大器等有源设备应采用供电器集中供电方式，供电器宜采用 60V 或 90V 交流电输出。

8）基于同轴电缆的以太网（EOC）组网方式的网络性能和设备指标应符合现行国家标准《有线电视网络工程设计标准》GB/T 50200—2018 的规定。

【注】EOC（Ethernet Over Cable）是基于有线电视同轴电缆网使用以太网协议的接入技术。其基本原理是采用特定的介质转换技术（主要包括阻抗变换、平衡/不平衡变换等），将符合 802.3 系列标准的数据信号通过入户同轴电缆传输。该技术可以充分利用有线电视网络已有的入户同轴电缆资源，解决最后 100m 的接入问题。根据介质转换技术的不同，EOC 技术又分为有源 EOC 技术和无源 EOC 技术。

无源 EOC 传输技术是利用有线电视信号在 111～860MHz 频率范围内传输，基带数据信号在 0～20MHz 频率范围内传输的特性，采用二/四变换、高/低通滤波等技术，把电视信号与数据信号通过合路器映射到入户同轴电缆并传送到用户家中，在用户端再通过分离器将电视信号与数据信号分离，分别传送到不同终端。该系统可为每个用户提供 10Mbit/s 全双工带宽。无源 EOC 接入技术对现有的有线电视网络系统改造工作量较小，无需增加额外的有源设备，安装使用方便，运营维护成本低，是一种经济的用户接入技术。

有源 EOC 是在用户楼道附近采用有源设备通过 QAM/FDQAM 调制、多载波 OFDM 等方式将有线电视信号与数字信号复合到同轴电缆网中进行传送的用户接入技术。其主要技术有 HiNOC（Highperformance Network Over Coax）、BIOC（Broadcasting and Interactivity Over Cable）、HomePNA（Home Phoneline Network Alliance）、MOCA（Media Over Coax Alliance）等。这些技术虽然采用的调制技术和系统原理不尽相同，但其网络结构和建设要求基本类似，为方便描述，统一归类为有源 EOC 接入技术。这一类技术能满足视频、语音、数据等三网融合业务的承载需求，此处重点介绍 HiNOC。HiNOC 利用有线电视网络的同轴电缆，通过增加 HiNOC Bridge（HB）和 HiNOC Modem（HM）等相关设备，实现高速和高质量多业务接入。HiNOC 使用 860MHz 以上的全余频段传送数据信号，以 16MHz 频带作为一个数据传输信道，采用 QAM 调制方法，可自适应使用 BPSK 到 256QAM 的调制技术。系统由 HiNOC 头端设备和处于同一信道的 HM 构成，HiNOC 技术支持在多个信道同时构建多个相互独立的分配网络。头端设备可以是只支持一个信道的 HB，也可以是支持多个信道集成的 HiNOC Switch（HS）。

## 15.5.7 IP 接入分配网

1）民用建筑有线电视系统可采用 IP 接入分配网，系统接入点至用户配线箱/家居配线箱应采用光信号传输，用户配线箱/家居配线箱至用户终端设备可采用光信号或电信号传输。

2) IP 接入分配网应采用光纤到户（FTTH）和光缆、同轴电缆、对绞电缆或无线到用户终端设备的传输和分配方式。

3) 光纤到公共建筑用户配线箱的设计应符合第 15.8 节和现行国家标准《综合布线系统工程设计规范》GB 50311—2016 的相关规定。

4) 光纤到住宅建筑家居配线箱的设计应符合现行国家标准《有线电视网络工程设计标准》GB/T 50200—2018 和《住宅区和住宅建筑内光纤到户通信设施工程设计规范》GB 50846—2012 的相关规定。

### 15.5.8 传输线路选择

1) 当有线电视系统采用 IP 接入分配网时，传输线缆选用宜符合下列规定：
① 由接入点端口至建筑物楼（层）配线箱之间的光缆宜采用 G.652D 光缆；
② 由楼（层）配线箱至用户配线箱/家居配线箱之间的光缆宜采用 G.657A 光缆；进入用户配线箱/家居配线箱的光纤应为 1 芯或 2 芯；
③ 用户配线箱/家居配线箱至用户终端设备之间可采用光缆、同轴电缆和对绞电缆。

2) 当有线电视系统采用 HFC 接入分配网光纤到楼（层）（FTTB）时，传输线缆选用宜符合下列规定：
① 由接入点端口至光节点端口之间的光缆宜采用 G.652D 单模光纤光缆；
② 由光节点端口至楼（层）配线箱的主干电缆宜选用 75-9 同轴电缆；楼配线箱至层配线箱的支干电缆宜选用 75-7 同轴电缆；层配线箱至用户配线箱/家居配线箱/用户终端的支线电缆宜选用 75-5 同轴电缆。

3) 射频信号传输电缆宜采用特性阻抗为 75Ω 的同轴电缆；数字信号传输电缆宜采用六类及以上的对绞电缆。

4) 同轴电缆的敷设长度若超过 30m，宜调整配线箱的位置或改用大一级线径的同轴电缆。

5) 对绞电缆水平敷设长度应符合第 15.8 节和现行国家标准《综合布线系统工程设计规范》GB 50311—2016 的相关规定。

## 15.6 公共广播与厅堂扩声系统

### 15.6.1 一般规定

1) 公共广播系统的设置应符合下列规定：
① 办公建筑、商店建筑、教育建筑、交通建筑等宜设置业务广播；
② 星级旅馆、大型公共活动场所等建筑物，宜设置背景广播；
③ 有应对突发公共事件要求的建筑物应设置应急广播或紧急广播。

2) 厅堂扩声系统的设置应符合下列规定：
① 扩声系统应根据建筑物的使用功能、建筑设计和建筑声学设计等因素确定；
② 扩声系统的设计应与建筑设计、建筑声学设计同步进行，并与其他有关专业密切配合；
③ 除专用音乐厅、剧院、会议厅外，其他场所的扩声系统宜按多功能使用要求设置；
④ 专用的大型舞厅、娱乐厅应根据建筑声学条件，设置相应的扩声系统；

⑤ 扩声系统应保证听众有足够的声压级，声音清晰、声场均匀；
⑥ 扩声系统对服务区以外有人区域不应造成环境噪声污染。
3）下列场所宜设置扩声系统：
① 最远听众距离讲台大于 10m 的会议场所；
② 厅堂容积大于 $1000m^2$ 的多功能场所；
③ 其他音视频节目播放，需要扩声的场所。

### 15.6.2 公共广播系统

1）公共广播应采用单声道播放，并能实时发布语音广播，且应有一个广播传声器处于最高广播优先级。
2）公共广播系统可选用无源终端方式、有源终端方式或无源终端和有源终端混合方式。
3）建筑物中设有公共广播系统时，应设置广播控制室。
4）公共广播系统应按播音控制、广播线路路由等进行分区，宜符合下列规定：
① 建筑物宜按楼层或功能分区；
② 业务部门与公共场所宜分别设区；
③ 广播扬声器音量需要调节的场所，宜单独设区或增加音量控制器；
④ 每一个分区内广播扬声器总功率不宜大于 200W，且应与分路控制器的容量相适应；
⑤ 消防应急广播的分区应与建筑防火分区相适应。
5）公共广播系统宜采用定压输出，输出电压宜采用 70V 或 100V。
6）公共广播系统的传输线路，衰减不宜大于 3dB（1000Hz）。
7）公共广播系统传输回路宜采用二线制。当公共广播兼作紧急广播时，有音量调节装置的回路应设控制线。
8）航站楼、客运码头、铁路旅客站和汽车客运站的旅客大厅等环境噪声较高的场所设置公共广播系统时，系统应能根据噪声的大小自动调节音量，广播声压级应比环境噪声高 10～15dB。应从建筑声学和广播系统两方面采取措施，满足语言清晰度的要求。
9）多用途公共广播系统，在发生火灾时，应强制切换至消防应急广播状态，并应符合下列规定：
① 消防应急广播系统设置专用功放设备与控制设备，仅利用公共广播系统的传输线路和扬声器时，应由消防控制室切换传输线路，实施消防应急广播；
② 消防应急广播系统全部利用公共广播系统，只在消防控制室设应急播放装置时，应强制公共广播系统进行消防应急广播；按预设程序自动或手动控制相应的广播分区进行消防应急广播，并监视系统的工作状态；
③ 在发生火灾时，应将客房背景广播强切至消防应急广播。
10）紧急广播系统应符合下列规定：
① 当公共广播系统有多种用途时，紧急广播应具有最高级别的优先权；系统应能在手动或警报信号触发的 10s 内，按疏散预案向相关广播区域播放警示信号（含警笛）、警报语音或实时指挥语音；
② 以现场环境噪声为基准，紧急广播的声压级应比环境噪声高 12dB 或以上；
③ 紧急广播系统设备应处于热备用状态，或具有定时自检和故障自动告警功能；
④ 紧急广播功放设备的容量应支持系统所有扬声器同时播放的要求；

⑤ 发布紧急广播时，音量应能自动调节至不小于应备声压级界定的音量；
⑥ 当需要手动发布紧急广播时，应能一键到位；
⑦ 单台广播功放设备故障不应导致整个广播系统失效；
⑧ 单个广播扬声器故障不应导致整个广播分区失效。

11) 公共广播系统在各广播服务区内的电声性能指标应符合现行国家标准《公共广播系统工程技术规范》GB 50526—2010 的规定。

### 15.6.3 厅堂扩声系统

1) 厅堂扩声系统的技术指标应根据厅堂的用途、类别、服务对象等因素确定。
2) 会议厅、报告厅等专用会议场所，扩声系统设计应符合下列规定：
① 多功能会议场所的扩声系统设计应满足多用途功能需求；
② 会议扩声系统设计应满足与其他子系统的联动功能；
③ 多个会议室可具有集中控制管理功能。
3) 室内、室外扩声系统的声场应符合下列规定：
① 室内声场计算宜采用声能密度叠加法，考虑直达声和混响声的叠加，提高 50ms 以前的声能密度，减弱声反馈，提高语言清晰度；
② 室外扩声应以直达声为主，避免出现 50ms 以后的反射声；
③ 辅助音箱或补声音箱应设置相应的时间延时及频率补偿，保证覆盖区域的音质及声像一致。
4) 扩声系统的功率传输应符合下列规定：
① 厅堂类建筑扩声系统宜采用定阻输出，并应符合下列要求：
a. 用户负载功率应与功放设备的额定功率匹配；
b. 功放设备的输出阻抗应与负载阻抗匹配；
c. 对空闲分路或剩余功率应配接阻抗相等的假负载，假负载的功率不应小于所替代的负载功率的 1.5 倍；
d. 低阻抗输出的扩声系统传输线路的阻抗，应限制在功放设备额定输出阻抗的允许偏差范围内。
② 体育场、广场类建筑扩声系统，宜采用定压输出。
③ 自功放设备输出端至最远扬声器间的线路衰耗，在 1000Hz 时不应大于 0.5dB。
5) 扩声系统的功放设备应根据需要合理配置，并应符合下列规定：
① 对前期分频控制的扩声系统，其分频功率输出传输线路应分别单独分路配线；
② 同一供声覆盖范围的不同分路扬声器（或扬声器系统）不应接至同一功放设备；
③ 重要场所的功放设备，应具备多路备份信号同时接入工作模式，且可进行自动、手动切换。
6) 扩声系统兼作消防应急广播时，应满足消防应急广播的控制要求。
7) 扩声系统的厅堂混响时间、声压级、功率及缆线选择应符合《民用建筑电气设计标准》GB 51348—2019 附录 F、附录 G 的规定。

### 15.6.4 设备选择

1) 公共广播、扩声系统设备应根据用户性质、系统功能、系统性能指标的要求进行选择。

2）传声器的选择应符合下列规定：
① 传声器的类别应根据使用性质确定，其灵敏度、频率特性和阻抗等均应与前级设备的要求相匹配；
② 在选定传声器的频率响应特性时，应与系统中其他设备的频率响应特性相适应；传声器阻抗及输出平衡性等应与调音台或前级放大器相匹配；
③ 应根据场所需求合理选择指向性传声器，减少声反馈，提高语言清晰度；
④ 应根据实际情况合理选择传声器的类型，满足语言或音乐扩声的要求；
⑤ 当传声器的连接线超过 10m 时，应选择平衡式、低阻抗传声器；
⑥ 录音与扩声中主传声器应选用灵敏度高、频带宽、音色好、多指向性的高质量电容传声器。

3）扩声系统前级放大器、调音控制台、扩声控制台、传译控制台等前端控制设备，应满足传声器和线路输入、输出的数量要求，并具有转送信号功能，其选择应符合下列规定：
① 调音台的输入路数宜根据使用功能确定；
② 调音台的声道输出应与扩声系统相对应；
③ 在多功能厅堂的扩声系统中，前级放大器宜有 3~8 路输入；
④ 前级放大器输出端除主通路输出外，还应考虑线路输出、供外送节目信号和录音输出等用；
⑤ 对于大型比较复杂的扩声系统，各通道信号应独立传输，各通道应由双路信号输入，一用一备；
⑥ 重要活动场所应设置备份调音台。

4）公共广播系统功放设备的容量，宜按下列公式计算：

$$P = K_1 K_2 \sum P_0 \tag{15-3}$$

$$P_0 = K_i P_i \tag{15-4}$$

式中　$P$——功放设备输出总电功率，W；

　　　$P_0$——每分路同时广播时最大电功率，W；

　　　$P_i$——第 $i$ 支路的用户设备额定容量，W；

　　　$K_i$——第 $i$ 支路的同时需要系数（背景广播时，旅馆客房节目每套 $K_i$ 应为 0.2~0.4；一般背景广播 $K_i$ 应为 0.5~0.6；业务广播时，$K_i$ 应为 0.7~0.8；应急广播时，$K_i$ 应为 1.0）；

　　　$K_1$——线路衰耗补偿系数（线路衰耗 1dB 时应为 1.26，线路衰耗 2dB 时应为 1.58，线路衰耗 3dB 时应为 2）；

　　　$K_2$——老化系数，宜为 1.2~1.4。

5）厅堂扩声系统功放设备的配置与选择应有功率储备，语言扩声应为 2~3 倍，演出扩声应为 4~6 倍，音乐扩声应为 6~8 倍或以上。

6）公共广播、扩声系统功放设备应设置备用单元，其备用数量应根据广播、扩声的重要程度确定。备用单元应设自动或手动投入环节，重要场所的公共广播、扩声系统的备用单元应自动投入。

7）公共广播扬声器的选择应满足灵敏度、频响、指向性等特性及播放效果的要求，并应符合下列规定：
① 办公室、生活间、客房等可采用 1~3W 的扬声器；

② 走廊、门厅及公共场所的背景音乐、业务广播等宜采用3～5W扬声器；
③ 在建筑装饰和室内净高允许的情况下，对大空间的场所宜采用声柱或组合音箱；
④ 扬声器提供的声压级宜比环境噪声高10～15dB，但最高声压级不宜超过90dB；
⑤ 在噪声高、潮湿的场所设置扬声器时，应采用号筒扬声器；
⑥ 室外扬声器的防护等级应为IP56。

8) 扩声扬声器系统应根据厅堂功能、厅堂容积、空间高度、混响时间等因素选择，并应符合下列要求：
① 扬声器系统可选用点声源扬声器系统或线性阵列扬声器系统；
② 会议扩声系统，宜根据会议室形状、容积，采用强指向性扬声器系统或吸顶扬声器系统方式布置；
③ 厅堂扩声系统，根据主席台台口尺寸，扬声器系统可采用左右双通道和左中右三通道系统，以及辅助通道系统方式布置；
④ 具有演出功能的厅堂宜设独立的次低频扬声器系统、效果扬声器系统及舞台返听扬声器系统。

## 15.6.5 设备布置

1) 传声器的设置应符合下列规定：
① 应合理布置扬声器和传声器，使传声器位于扬声器辐射角之外；
② 当室内声场不均匀时，传声器宜避免设在声压级高的部位；
③ 传声器应远离谐波干扰源及其辐射范围；
④ 厅堂类会议场所应在主席台台口和观众席等处分别设置传声器插座；
⑤ 具有演出功能的会议场所，现场多个工位同时需要传声器信号时，宜设置传声器信号分配系统。

2) 扩声系统应采取声反馈抑制措施，除应符合上述第1)条的有关规定外，尚应符合下列要求：
① 室内会场应具有合适的混响时间，以及平直的频率特性；
② 应选择指向性强的扬声器和传声器，减少传声器拾到扬声器直达声引起的扩声啸叫；
③ 必要时可使用均衡器来补偿声场频率特性，改善声反馈；
④ 扩声系统宜加入反馈抑制器或移频器来抑制声反馈；
⑤ 扩声系统应留有不少于6dB的工作余量；
⑥ 当多只传声器同时使用时，可采用自动混音台或音频媒体矩阵处理器，合理控制扬声器扩声与传声器拾音，提高传声增益，增加扩声总声压级。

3) 设备机柜布置应符合智能化系统机房的有关规定。

4) 厅堂扩声扬声器的布置宜采用集中布置、分散布置及混合布置，并应符合下列规定：
① 集中布置时，应使听众区的直达声较均匀地覆盖全场，并减少声反馈。下列情况，扬声器系统宜采用集中布置方式：
a. 设有舞台并要求视听效果一致；
b. 受建筑体型限制不宜分散布置。
② 分散布置时，应控制靠近前台第一排扬声器的功率，减少声反馈。应防止听众区产生双声现象，必要时可在不同通路采取相对时间延迟措施。下列情况，扬声器系统宜采用分

散式布置方式：
    a. 建筑物内大厅净高较高，纵向距离长或大厅被分隔成几部分使用时，不宜集中布置；
    b. 系统需要采用多通道扩声，播放立体声节目。
  ③ 下列情况，扬声器或扬声器组宜采用混合布置方式：
    a. 对眺台过深或设楼座的剧院等，宜在被遮挡的声影部位布置辅助扬声器系统；
    b. 对大型或纵向距离较长的大厅，除集中设置扬声器系统外，宜在后区布置辅助扬声器系统；
    c. 对各方向均有观众的场所宜混合布置，控制扬声器指向性及声压级，避免听到回声。
  ④ 返听扬声器应安装在靠近舞台台口位置，并应独立控制。
  ⑤ 重要扩声场所扬声器的布置方式宜根据建筑声学实测结果确定。
 5）公共广播扬声器的布置应符合下列规定：
  ① 扬声器的中心间距应根据空间净高、声场均匀度要求、扬声器的指向性等因素确定。要求较高的场所，声场不均匀度不宜大于 6dB。
  ② 扬声器在吊顶安装时，应根据场所按以下公式确定其间距：
    a. 门厅、电梯厅、休息厅内扬声器间距可按下式计算：

$$L=(2\sim 2.5)H \tag{15-5}$$

式中  $L$——扬声器安装间距，m；
       $H$——扬声器安装高度，m。
    b. 走道内扬声器间距可按下式计算：

$$L=(3\sim 3.5)H \tag{15-6}$$

    c. 会议厅、多功能厅、餐厅内扬声器间距可按下式计算：

$$L=2(H-1.3)\tan\frac{\theta}{2} \tag{15-7}$$

式中  $\theta$——扬声器的辐射角，宜大于或等于 90°。
  ③ 根据公共场所的使用要求，扬声器的输出宜设置音量调节装置。兼作多种用途的场所，背景音乐扬声器的分路宜安装控制开关。
 6）在厅堂集中布置扬声器时，应符合下列规定：
  ① 扬声器或扬声器组至最远听众的距离，不应大于临界距离的 3 倍；
  ② 扬声器或扬声器组与任一只传声器之间的距离，应大于临界距离；
  ③ 扬声器的轴线不应对准主席台和其他设有传声器之处；对主席台上空附近的扬声器或扬声器组应单独控制；
  ④ 看到发言人位置应与听到扬声器组扩声方位相同，达到声像方位一致。
 7）广场类室外扩声扬声器或扬声器组的设置应符合下列规定：
  ① 满足供声范围内的声压级及声场均匀度的要求；
  ② 扬声器或扬声器组的声辐射范围应避开障碍物；
  ③ 控制反射声或因不同扬声器、扬声器组的声程差引起的双重声，应在直达声后 50ms 内到达听众区。

## 15.6.6 线路及敷设

1）公共广播系统传输线路的选择应符合下列规定：
  ① 当传输距离在 3km 以内时，广播传输线路宜采用双绞多股铜芯塑料绝缘软线；

② 当传输距离大于 3km，且终端功率在千瓦级以上时，广播传输线路宜采用五类屏蔽对绞电缆或光缆。

2) 室内广播、扩声线路敷设，应符合下列规定：
① 室内广播、扩声线路宜穿导管或线槽敷设；
② 功放设备输出分路应满足系统通道的要求，不同分路的导线宜采用不同颜色的绝缘线区别；
③ 广播、扩声线路与扬声器的连接应保持同相位；
④ 当广播、扩声系统和消防应急广播系统合用一套系统或共用扬声器和传输线路时，广播、扩声线路的选用及敷设应符合建筑电气防火的有关规定；
⑤ 信号源的线路应采用屏蔽线并穿金属导管敷设，且不得与广播、扩声传输线路同槽、同导管敷设。

3) 在安装有晶闸管调光设备的场所，扩声系统线路的敷设应采取下列防干扰措施：
① 传声器线路宜采用四芯屏蔽对绞电缆穿金属导管敷设，且避免与电气管线平行敷设；
② 调音台或前级控制台的进出线路均应采用屏蔽线。

4) 室外广播、扩声线路可采用电缆直接埋地、地下排管及室外架空敷设方式，并应符合下列规定：
① 直埋电缆路由不应通过预留用地或规划未定的场所；宜敷设在绿化地下面，当穿越道路时，穿越段应穿金属导管保护；
② 在室外架设的广播、扩声传输线路宜采用控制电缆；与路灯照明线路同杆架设时，广播线应在路灯照明线的下面；
③ 室外广播、扩声传输线路至建筑物间的架空距离超过 10m 时，应加装吊线；
④ 当采用地下排管敷设时，应符合弱电线路布线系统的相关规定。

### 15.6.7 控制室

1) 广播控制室的设置应符合下列规定：
① 业务广播控制室宜靠近业务主管部门；
② 广播控制室与消防控制室合用时，应符合建筑电气防火以及弱电线路布线系统的有关规定。

2) 广播控制室的技术用房应符合下列规定：
① 广播系统一般只设置控制室，当需要高质量录播时应增设录播室；如控制室存在噪声干扰时，应进行降噪处理；
② 大型广播系统宜设置机房、录播室、办公室和库房等附属用房。

3) 需要接收无线电台信号的广播控制室，当接收点信号场强小于 1mV/m 时，应设置室外接收天线装置，并做好防雷措施。

4) 扩声控制室，应能通过观察窗看到舞台（讲台）活动区和大部分观众席，宜设在下列位置：
① 剧院类建筑，宜设在观众厅后部；
② 体育场、馆类建筑，宜设在主席台侧；
③ 会议厅、报告厅类建筑，宜设在厅的侧面或后部；
④ 当控制室的位置受到条件限制，宜通过视频监视系统了解现场实况。

5) 扩声控制室内的设备布置应符合下列规定：
① 控制台宜紧靠观察窗垂直布置，便于观察现场；
② 设备机柜宜布置在操作人员能直接监视到的部位；当设备较多时，应设置设备间。
6) 公共广播、厅堂扩声系统用房的土建及设施要求，应符合智能化系统机房的相关规定。

### 15.6.8 供电电源、防雷与接地

1) 公共广播、厅堂扩声系统的供电电源应符合下列规定：
① 紧急广播系统应设置 220V 或 24V 备用电源，主/备电源切换时间不应大于 1s；
② 供电电源，宜由不带舞台调光设备的变压器供电；当无法避免时，调音台或前级控制台的电源，宜经单相隔离变压器供电。
2) 公共广播、厅堂扩声系统的防雷与接地应符合智能化系统机房的有关规定。

## 15.7 呼叫信号和信息发布系统

### 15.7.1 一般规定

1) 呼叫信号系统包括病房护理呼叫信号系统、候诊呼叫信号系统、老年人公寓呼叫信号系统、营业厅呼叫信号系统、电梯多方通话系统和公共求助呼叫信号系统等。
2) 信息发布系统包括公共场所的信息引导及发布电子显示系统、时钟系统等。
3) 呼叫信号和信息发布系统宜采用数字化、网络化技术形式组网。

### 15.7.2 呼叫信号系统设计

1) 呼叫信号系统宜由主机、呼叫分机、信号传输、呼叫提示等单元组成。
2) 医院病房护理呼叫信号系统（如图 15-37 所示）设计应符合下列规定：
① 根据医院的规模、医护标准的要求，在医院病房区宜设置护理呼叫信号系统。
② 护理呼叫信号系统，应按护理区及医护责任体系划分为若干信号管理单元，各管理单元主机应设在本单元护士站。
③ 护理呼叫信号系统呼叫分机单元，应使用 50V 及以下安全电压。
④ 护理呼叫信号系统应具有下列功能：
a. 应随时接收患者呼叫，准确显示呼叫患者床位号或房间号；
b. 当患者呼叫时，护士站应有明显的声、光提示，病房门口宜具有光提示，走廊宜具有提示显示屏；
c. 多路同时呼叫时，能对呼叫者逐一记忆、显示、检索可查；
d. 特护患者应具有优先呼叫权；
e. 病房卫生间的呼叫，在主机处应具有紧急呼叫提示；
f. 对医护人员未做临床处置的患者呼叫，其提示信号应持续保留；
g. 具有医护人员与患者双向通话功能的系统，宜限定最长通话时间，对通话内容宜能录音、回放；

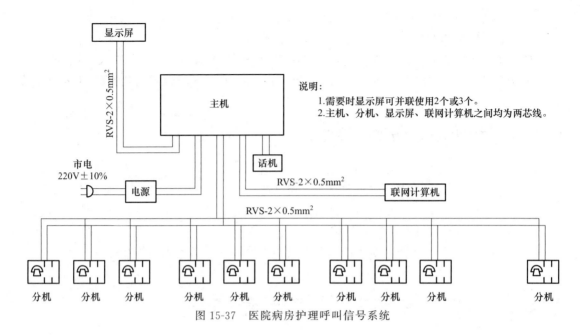

图 15-37 医院病房护理呼叫信号系统

h. 危险禁区病房或隔离病房宜具备现场图像显示功能,并可在护士站对分机呼叫复位、清除;

i. 宜具有护理信息自动记录功能;

j. 宜具有故障自检功能。

3) 医院候诊呼叫信号系统(如图 15-38 所示)设计应符合下列规定:

① 医院门诊区的候诊室、检验室、放射科、药房、出入院手续办理处等,宜设置候诊呼叫信号系统。

② 设置医院信息管理系统(HIS,Hospital Information System)的医院,候诊呼叫信号系统应与 HIS 联网,设置出诊席虚拟叫号器,实行挂号、候诊、就诊一体化管理和信息统计及数据分析。

③ 候诊呼叫信号系统的功能应符合下列要求:

a. 就诊排队应以科室初诊、复诊、指定医生就诊等分类录入,自动排序;

b. 随时接收医生呼叫,并应在候诊区的主显示屏上准确显示候诊号及就诊席号;

c. 当多路同时呼叫时,宜逐一记忆、记录,并按录入排序,分类自动分诊;

d. 分诊台可对候诊厅语音提示,音量可调,应保证有效提示;

e. 诊室分机与分诊台主机可双向通话;

f. 诊室门口宜设置提示分屏;

g. 有特殊医疗工艺要求科室的候诊,宜具备图像显示功能。

4) 老年人照料设施建筑宜设置呼叫信号系统。

5) 老年人照料设施建筑呼叫信号系统设计应符合下列规定:

① 老年人照料设施建筑呼叫信号系统,应按看护区及看护责任体系划分为若干信号管理单元,各管理单元的呼叫主机应设在看护服务站。

② 呼叫分机单元,应使用 50V 及以下安全电压。

③ 呼叫信号系统的功能应符合下列要求:

a. 呼叫主机应随时接受居住者呼叫,准确显示呼叫者号或房间号;

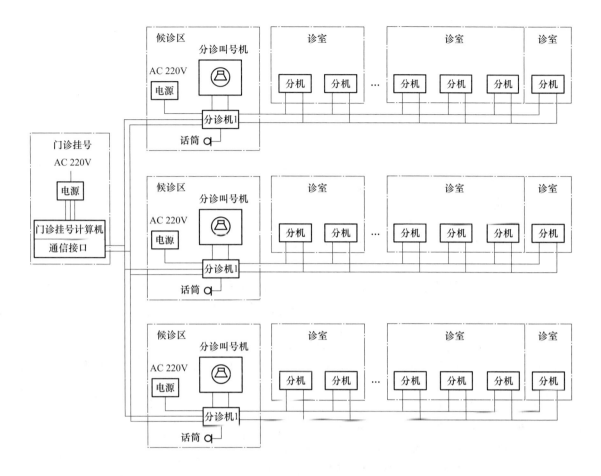

注：1.候诊叫号系统是从门诊挂号开始，到各个诊区之间搭建一个总线系统平台，将每个就医者的挂号资料(挂号医生通过简单的询问得出的初步就诊建议)、就诊科室、就诊号等通过挂号处的电脑主机输送到相应诊区；分诊台处的分机及诊区显示屏分别显示当前的就诊情况、每位就诊者的序号等，使就诊病人合理安排时间，安心就诊。免去了人工分诊给医护人员和就诊病人带来的诸多不便。
2.候诊叫号系统包括多线制和总线制两种形式，目前多采用总线(二总线或四总线)系统；通过系统集成和配套软件实现各种功能。
3.候诊叫号系统的一般功能。
3.1 随时接受诊区内各诊室医生对就诊者的呼叫，候诊区的声音提示装置及显示屏幕能准确提示就诊者诊号以及到哪个诊室就诊。
3.2 几个诊室同时呼叫时，能逐一记忆、显示，并自动分配就诊者到不同诊室就诊。
3.3 通过各自的功能键，挂号处与各诊区分诊台之间、诊区分诊台与各诊室之间可以实现双向呼叫，双功通话，随时互相了解情况。
3.4 候诊区的扬声器及显示屏同时具有广播及宣教功能。在无人呼叫时可根据不同诊区的特点播放一些疾病预防、自诊断、治疗等常识性的宣传片，或播放一些轻松的节目以缓解病人的紧张情绪。
4.候诊叫号系统的设计应注意以下几点：
4.1 显示屏显示内容简单明了，显示被呼叫者诊号及要就诊的诊室。
4.2 显示屏一般设在诊区分诊台上方或附近容易看见的地方；分诊控制机设在分诊台，由医护人员操作和管理。
4.3 诊室分机安装在医生工作台上方容易操作的地方，一般距工作台0.3m左右。
4.4 候诊叫号系统的订货和安装一般在主体建筑施工结束后进行，设计中应考虑预留后期安装的技术条件。

图 15-38 医院候诊呼叫信号系统示例

b.当有呼叫时，看护服务站呼叫主机上应有声、光提示，寓所门口宜有光提示，走廊宜有显示屏备忘提示；

c.应允许多路同时呼叫，对呼叫者逐一记忆、显示，检索可查；

d.特护老年人应设置优先呼叫权；

e.寓所卫生间的呼叫，应在主机处有紧急呼叫提示；

f. 对看护人员未做临场处置的呼叫，其提示信号应持续保留；

g. 具有看护人员与居住者双向通话功能的系统，宜限定最长通话时间，对通话内容宜能录音、回放；

h. 宜具有看护信息自动记录功能；

i. 宜具有故障自检功能。

④ 呼叫信号系统除应具备有线呼叫信号设施外，还可设置园区范围内无线追踪定位寻叫设施，并应具备在园区范围内无线追踪定位、呼叫和双向通话的功能。

6) 营业厅呼叫信号系统设计应符合下列规定：

① 电信、邮政、银行及水、电、燃气、供暖等营业厅、仓库货场提货处等场所，宜设置营业厅呼叫信号系统。

② 营业厅呼叫信号系统的功能应符合下列要求：

a. 客户排队应按普通客户、贵宾客户分类录入，自动排序；

b. 随时接受柜员呼叫，应准确显示客户号和接受服务的窗口号；

c. 当多路同时呼叫时，宜逐一记忆、记录，并按录入排序，分类自动分派；

d. 呼叫方式的选取，应保证有效提示和营业环境的肃静；

e. 宜具有客户对柜员服务评价的功能。

7) 电梯多方通话系统设计应符合下列规定：

① 电梯轿厢（轿顶、井道底坑）、电梯机房、物业管理室或消防控制室，宜设置电梯多方通话系统。

② 系统宜由管理主机、分机和传输线路组成。

③ 电梯多方通话系统的功能应符合下列要求：

a. 系统设置的通信终端均应具有多方通话功能；

b. 系统应具有确定呼叫者地址的功能；

c. 当呼叫繁忙时，应能呼叫保持及等待；

d. 当多路同时呼叫时，应能逐一记忆、可查。

④ 当建筑物内消防电话为多线制调度主机时，也可用消防电话替代电梯多方通话系统。

⑤ 当电梯轿厢、电梯机房、物业管理室内设有互拨的电话分机时，可不再设置本系统。

8) 公共求助呼叫信号系统设计应符合下列规定：

① 无障碍卫生间应设置公共求助呼叫信号装置。

② 停车库无障碍车位宜设置公共求助呼叫信号装置。

③ 系统主机宜设于物业管理室或消防控制室。

④ 公共求助呼叫信号系统的功能应符合下列要求：

a. 无障碍卫生间当采用求助按钮方式时，应设于厕位或洗手位伸手可及处；求助按钮宜按高、低位分别设置，高位按钮底边距地 0.8~1.0m，低位按钮底边距地 0.4~0.5m；

b. 系统应具有确定求助地址的功能；

c. 无障碍卫生间门口应设置声光报警器。

### 15.7.3 信息引导及发布系统设计

1) 信息引导及发布系统宜由播控中心单元、数据资源库单元、传输单元、播放单元、显示查询单元等组成。

2) 显示查询单元的设计应符合下列规定：

① 显示及查询单元的设置方案，应根据使用要求、显示及查询装置的光电技术指标、环境适应条件和安装方式等因素确定。

② 宜采用 LED 模组拼装矩阵显示装置、液晶显示屏 LCD 等显示方案。

③ LED 模组拼装矩阵显示装置的屏面规格，应根据显示装置的文字及图像功能确定，并符合下列规定：

a. 应兼顾有效视距内远端视距最小可鉴别细节和近端视距图像像素点识别模糊原则，确定基本像素中心距；

b. 应满足满屏最大文字容量要求，且最小文字规格由远端视距确定；

c. 宜满足图像级别对应的像素数的规定；

d. 应兼顾文字显示和图像显示的要求确定显示屏面尺寸；当文字显示和图像显示对显示屏面尺寸要求矛盾时，应首先满足文字显示要求；多功能显示屏的长高比宜为 16：9。

④ 采用 LED 模组拼装矩阵显示装置时，应按下列技术要求进行设计：

a. 光学性能：分辨力、亮度、对比度、白场色温、闪烁、视角、组字、均匀性等；

b. 电性能：最大换帧频率、刷新频率、灰度等级、信噪比、像素失控率、伴音功率、耗电指标等；

c. 环境条件：照度（主动光方案指照度上限，被动光方案指照度下限）、温度、相对湿度以及气体腐蚀性等；

d. 机械结构：外壳防护等级、模组拼接的平整度、像素中心距精度、水平错位精度、垂直错位精度等；

e. 平均无故障运行时间等。

⑤ 当显示屏以小显示幅面完成大篇幅文字显示时，应采用文字单行左移或多行上移的显示方式。

⑥ 显示单元的设计还应符合国家标准《视频显示系统工程技术规范》GB 50464—2008 的相关规定。

3) 播放单元的设计应符合下列规定：

① 播放单元宜具有数据缓存功能；

② 当要求多个显示终端显示相同内容时，可采用一台播放器对多台显示终端的分组同步模式，播放器宜就近设置于弱电间内；

③ 当播放器与显示终端一对一设置时，宜采用播放显示一体机；当播放器与显示终端分离设置时，播放器不宜外挂于显示终端上或设置于吊顶内。

4) 传输单元的设计应符合下列规定：

① 应根据系统传输制式配置交换机和相应区段的线缆；

② 播控中心单元至播放单元宜采用数字网络（交换机、光缆、对绞线）；

③ 播放单元至显示查询单元宜采用模拟线缆；当传输长度超过线缆的规制限度时，应增设中继设备。

5) 播控中心单元的设计应符合下列规定：

① 播控中心单元宜由服务器、控制器、多制式信号采集接口、应用软件等组成；

② 应具有多通道播放、多画面显示、多列表播放等功能；

③ 应能支持多种格式的文本、图像、视频播放；

④ 应能对系统所有显示终端实行点控、组控和强切播放；

⑤ 应对系统所有播放内容实行电子审核、签发制；

⑥ 宜支持设置区域分控单元；

⑦ 室外设置的主动光信息显示装置，应具有昼场、夜场亮度调节功能。

6) 数据资源库单元的设计应符合下列规定：

① 应具有信息采集、节目制作、数据存储和播放记录功能；

② 数据资源库的容量配置应满足近、远期使用要求。

### 15.7.4 时钟系统设计

1) 时钟系统宜由母钟、子钟、标准时间信号接收、信号传输、接口、监控管理等单元组成。

2) 母钟单元宜采用主机、备机的配置方式，并应符合下列规定：

① 主机、备机之间应能实现自动或手动切换；

② 当时钟系统规模较大或线路传输距离较远时，可设置二级母钟；

③ 二级母钟接收中心母钟发出的标准时间信号，应随时与中心母钟保持同步。

3) 子钟单元显示形式可为指针式或数字式，并应符合下列规定：

① 子钟单元应接收时钟系统传送的标准时间信号，对自身精度进行校准，并在接收到标准时间信号后，向母钟单元回送自身工作状态；

② 子钟单元应具有独立计时功能，平时跟踪母钟单元（中心母钟或二级母钟）工作；

③ 当母钟单元故障，或因其他原因无法接收标准时间信号时，子钟单元应能以自身的精度继续工作，并向时钟系统监控管理单元发出告警。

4) 有获取高精度时间基准要求的时钟系统应设置标准时间信号接收单元。时钟系统宜采用一种或几种标准时间作为系统的时间基准。

5) 信号传输单元应由传输通道、传输线路组成，并应符合下列规定：

① 传输通道可采用同步数字体系（SDH，Synchronous Digital Hierarchy）等通信方式；

② 当传输线路采用专网传输时，信号线路宜采用不低于五类非屏蔽对绞电缆、屏蔽对绞电缆或光缆；

③ 当有远程传输要求时，可借用通信线路或综合网络传输，传输线应相对集中并加标识。

6) 接口单元应为时钟系统远程维护和有统一校时要求的系统提供接入通道。

7) 监控管理单元应具有集中维护功能、运行管理功能和自诊断功能。

8) 塔钟设计应符合下列规定：

① 塔钟应配置照明或装饰照明、多媒体报时单元；

② 塔钟应结合城市规划及环境空间设计。

9) 子钟网络宜按负荷能力划分为若干分路，每分路宜合理划分为若干支路，每支路单面子钟的数量应按系统要求进行限制。

10) 子钟的指针式或数字式显示形式及安装地点，应根据使用需求加以确定，并应与建筑环境装饰相协调。子钟的安装高度，室内不应低于2m，室外不应低于3.5m。指针式时钟视距可按表15-24选定。

表 15-24 指针式时钟视距表

| 子钟钟面直径/cm | 最佳视距/m | | 可辨视距/m | |
|---|---|---|---|---|
| | 室内 | 室外 | 室内 | 室外 |
| 8~12 | 3 | — | 6 | — |

续表

| 子钟钟面直径/cm | 最佳视距/m | | 可辨视距/m | |
|---|---|---|---|---|
| | 室内 | 室外 | 室内 | 室外 |
| 15 | 4 | — | 8 | — |
| 20 | 5 | — | 10 | — |
| 25 | 6 | — | 12 | — |
| 30 | 10 | — | 20 | — |
| 40 | 15 | 15 | 30 | 30 |
| 50 | 25 | 25 | 50 | 50 |
| 60 | — | 40 | — | 80 |
| 70 | — | 60 | — | 100 |
| 80 | — | 100 | — | 150 |
| 100 | — | 140 | — | 180 |

## 15.7.5 设备选择及机房

1）呼叫信号设备应根据其对讲量指标、操作程式以及可靠性等择优选用，并应合理确定所需功能。

2）在满足设计指标的前提下，信息发布系统应选择低能耗显示装置。

3）大型重要比赛中与信息显示装置配接的专用计时设备，应选用符合赛事管理部门需求的设备。

4）信息显示装置的屏体构造，应便于显示器件的维护和更换。

5）信息显示装置的配电柜（箱）、驱动柜（箱）及其他设备，不宜远离屏体安装。

6）信息显示装置的控制室与设备机房设置，应符合下列规定：

① 信息显示装置的控制室、设备机房，应贴近或邻近显示屏设置；

② 民用机场航站楼、铁路客运站、汽车客运站和城市轨道交通站的信息显示装置控制室，宜与运营调度室合设或相邻设置；

③ 金融、证券、期货、电信营业厅等场所的信息显示装置的控制室，宜与信息网络机房合设或相邻设置；

④ 大型体育馆（场）的信息显示装置的控制室，宜与扩声控制室合设；当显示装置控制室与扩声控制室分设时，其位置宜直视显示屏，或通过间接方式监视显示屏工作状态；

⑤ 信息显示装置控制室设置除应符合本节规定外，尚应符合智能化系统机房的有关规定。

7）母钟站站址宜与电话交换机房、有线电视前端机房及信息网络机房等合并设置。

## 15.7.6 供电电源、防雷与接地

1）信息显示装置，当用电负荷不大于8kW时，可采用单相交流电源供电；当用电负荷大于8kW时，可采用三相交流电源供电，并宜做到三相负荷平衡。

2）重要场所或重大比赛期间使用的信息显示装置，应对其计算机系统配备不间断电源装置（UPS），UPS后备时间不应少于30min。

3) 母钟站应设不间断电源装置供电。时钟系统的防雷与接地宜与信息网络机房统一设置。

4) 母钟站直流 24V 供电回路电压损失不应超过 0.8V。

5) 呼叫信号和信息发布系统的防雷与接地应符合智能化系统机房的有关规定。

## 15.8 综合布线系统

### 15.8.1 一般规定

1) 综合布线系统应根据建筑物的性质、环境、功能、应用网络、用户近期业务需求及中远期发展，确定系统等级和进行系统配置。

2) 综合布线系统应采用开放式网络拓扑结构，应能满足语音、数据、图文和视频等信息传输的要求。

3) 综合布线系统中同一信道及链路中选用的线缆、连接器件、跳线等级和类别必须保持一致，并满足传输性能的要求。

4) 综合布线系统在公用电信网络已实现光纤传输的地区，公共建筑内设置用户单元的通信设施工程必须采用光纤到用户单元的方式建设。

5) 综合布线系统设计除符合本节规定外，尚应符合现行国家标准《综合布线系统工程设计规范》GB 50311—2016 的规定。

### 15.8.2 系统设计

1) 综合布线系统的构成，应符合下列规定（图 15-39）：

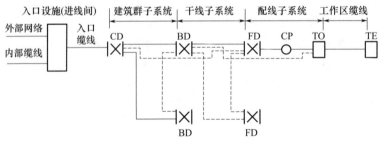

图 15-39 综合布线系统构成

① 配线子系统中可以设置集合点（CP，Consolidation Point），也可不设置集合点；

② 建筑物配线设备（BD，Building Distributor）之间、建筑物楼层配线设备（FD，Floor Distributor）之间可以设置主干线缆互通；

③ FD 可以经过主干线缆连至建筑群配线设备（CD，Campus Distrbutor），信息插座（TO，Telecommunications Outlet）也可以经过水平线缆连至 BD；

④ 设置了设备间的建筑物，设备间所在楼层的 FD 可以和设备间中的 BD 和 CD 及入口设施安装在同一场地；

⑤ 单栋建筑物，无建筑群配线设备 CD，入口设施和 BD 之间可设置互通的路由。

2) 综合布线系统光纤信道的构成应符合下列规定：

① 水平光缆和主干光缆在楼层电信间（弱电间）的光配线设备（FD）经光纤跳线连接

时，应符合图 15-40 的连接模式；

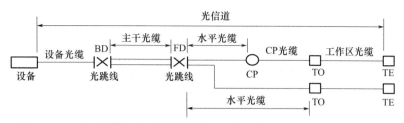

图 15-40　水平光缆和主干光缆在楼层配线设备（FD）经光纤跳线连接

② 水平光缆和主干光缆在楼层电信间的配线设备（FD）处经接续（熔接或机械连接）互通时，FD 处只设水平光缆和主干光缆光纤之间的接续点；

③ 水平光缆或主干光缆经楼层电信间（弱电间）直接连接到大楼设备间光配线设备（BD）互通时，FD 处仅作为光缆路径空间；

④ 当工作区用户终端设备或某区域网络设备需直接与公用电信网进行互通时，宜将光缆从工作区直接布放到电信业务经营者提供的入口设施处的光配线设备。

3）电缆布线系统的分级与类别划分应符合表 15-25 的规定。

表 15-25　电缆布线系统的分级与类别

| 系统分级 | 系统产品类别 | 支持最高带宽/Hz | 支持应用器件 | |
|---|---|---|---|---|
| | | | 电缆 | 连接硬件 |
| A | — | 100k | — | — |
| B | — | 1M | — | — |
| C | 3 类（大对数） | 16M | 3 类 | 3 类 |
| D | 5 类（屏蔽和非屏蔽） | 100M | 5 类 | 5 类 |
| E | 6 类（屏蔽和非屏蔽） | 250M | 6 类 | 6 类 |
| $E_A$ | $6_A$ 类（屏蔽和非屏蔽） | 500M | $6_A$ 类 | $6_A$ 类 |
| F | 7 类（屏蔽） | 600M | 7 类 | 7 类 |
| $F_A$ | $7_A$ 类（屏蔽） | 1000M | $7_A$ 类 | $7_A$ 类 |

注：5、$6_A$、7、$7_A$ 类布线系统应能支持向下兼容的应用。

4）光纤信道的分级和其支持的应用长度，应符合表 15-26 的规定。

表 15-26　光纤信道的分级和其支持的应用长度

| 光纤信道等级 | 支持的应用长度/m |
|---|---|
| OF-300 | ≥300 |
| OF-500 | ≥500 |
| OF-2000 | ≥2000 |

5）综合布线系统各段线缆的长度划分应符合下列规定：

① 配线子系统信道的最大长度不应大于 100m。各线缆应符合图 15-41 中线缆划分和表 15-27 中线缆长度的规定。

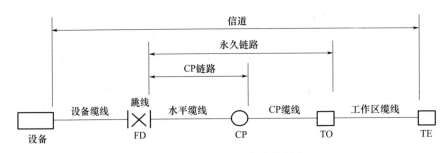

图 15-41 配线子系统线缆划分

注：1. 当 CP 不存在时，水平线缆连接 FD 与 TO；
　　2. FD 中的跳线可以不存在，设备线缆直接连至 FD 水平侧的配线设备。

表 15-27 配线子系统线缆长度

| 项目 | 最小长度/m | 最大长度/m |
| --- | --- | --- |
| FD-CP | 15 | 85 |
| CP-TO | 5 | — |
| FD-TO(无 CP) | 15 | 90 |
| 工作区线缆① | 2 | 5 |
| 跳线 | 2 | — |
| FD 设备线缆② | 2 | 5 |
| 设备线缆与跳线总长度 | — | 10 |

① 如果此处没有设置跳线时，设备线缆的长度不应小于 1m；
② 如果此处没有交叉连接时，设备线缆的长度不应小于 1m。

② 干线子系统信道各线缆应符合图 15-42 中的划分规定。

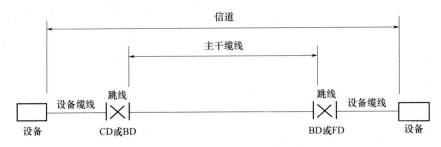

图 15-42 干线子系统线缆划分

③ 建筑物与建筑群配线设备之间（FD 与 BD、FD 与 CD、BD 与 BD、BD 与 CD 之间）组成的信道出现 4 个连接器件时，主干线缆的长度不应小于 15m。

6）一个独立的需要设置终端设备（TE，Terminal Equipment）的区域宜划分为一个工作区。工作区面积的划分，应根据不同建筑物的功能和应用，并作具体分析后确定。当终端设备需求不明确时，工作区面积宜符合表 15-28 的规定。

表 15-28 工作区面积划分

| 建筑物类型及功能 | 工作区面积/m² |
| --- | --- |
| 信息中心、网管中心、呼叫中心、金融中心、证交中心、调度中心、特种阅览室等终端设备较为密集的场地 | 3~5 |
| 办公区 | 5~10 |

续表

| 建筑物类型及功能 | 工作区面积/m² |
|---|---|
| 图书馆阅览室 | 5～10 |
| 体育场馆业务区 | 5～50 |
| 医院业务区 | 10～50 |
| 学校教室、实验室 | 20～50 |
| 档案馆 | 20～50 |
| 展览区 | 20～60 |
| 商场 | 20～60 |
| 航站楼、铁路客运站公共区域 | 50～100 |

7) 配线子系统应由工作区的信息插座模块、信息插座模块到电信间配线设备（FD）的水平线缆、电信间的配线设备和设备线缆及跳线等组成，并应符合下列规定：

① 电信间 FD（设备间 BD、进线间 CD）的干线侧配线设备与水平侧配线设备之间，电话交换系统配线采用跳线连接方式；计算机网络设备配线的数据主干线缆与网络交换机之间、网络交换机与水平线缆之间，可采用楼层配线设备跳线交叉连接或不经楼层配线设备跳线，而采用设备线缆直接连接。

② 配线子系统水平线缆宜采用非屏蔽或屏蔽 4 对对绞电缆，在工程需要时也可采用室内多模光缆，当与外部配线网络或电信业务经营者的配线系统、传输设备直接互通时，应采用单模光缆。

③ 从电信间至每一个工作区水平光缆宜按 2 芯配置；光纤至工作区域满足用户群或大客户使用时，光纤芯数不应小于 2 芯备份，按 4 芯或 2 根 2 芯水平光缆配置。

④ 配线子系统中可以设置集合点（CP），同一个水平电缆路由中不应超过一个集合点（CP），集合点配线设备与 FD 之间水平缆线的长度不应小于 15m。当设置集合点时，宜按能支持 12 个工作区所需的铜缆或光缆配置。

8) 干线子系统应由设备间到电信间的主干线缆、安装在设备间的建筑物配线设备（BD）及设备线缆和跳线组成，并应符合下列规定：

① 干线子系统应用于数据时宜采用光缆，并设置光缆作备份，当不超过 90m 长度限值时，根据需要也可设置对绞电缆作为备份；

② 语音大对数主干电缆宜采用点对点成端，也可采用分支递减端接；

③ 若计算机主机和电话交换机设置在建筑物内不同的设备间，宜采用不同的主干线缆分别满足语音和数据传输的需要；

④ 当工作区至电信间的水平光缆需延伸至设备间的光配线设备（BD/CD）时，主干光缆的容量应包括所延伸的水平光缆光纤的容量在内。

9) 建筑群子系统应由连接多个建筑物之间的主干电缆和光缆、建筑群配线设备（CD）及设备线缆和跳线组成，并应符合下列规定：

① 建筑物间的数据干线宜采用多模、单模光缆，语音主干可采用 3 类或 5 类大对数对绞电缆；

② 建筑群和建筑物间的干线电缆、光缆布线的交接不应多于两次，从楼层配线设备（FD）到建筑群配线设备（CD）之间只应通过一个建筑物配线设备（BD）。

10) 设备间应设在每幢建筑物的适当位置。建筑物配线设备、建筑群配线设备、以太网交换机、电话交换机、计算机网络设备、入口设施宜安装在设备间内。

11) 进线间是建筑物外部通信和信息管线的引入场地，也可作为入口设施的安装空间，并应符合下列规定：

① 建筑群主干电缆和光缆，公用网和专用网电缆、光缆等室外线缆进入建筑物时，应在进线间由器件成端转换成室内电缆、光缆；

② 电信业务经营者在进线间设置安装的入口配线设备应与 BD 或 CD 之间敷设相应的连接电缆、光缆，路由应互通；

③ 进线间应满足室外引入线缆的敷设与成端位置及数量、线缆的盘长空间和线缆的弯曲半径等要求，并应提供不少于 3 家电信业务经营者安装入口设施使用的空间与面积，且不应小于 $10m^2$；

④ 在进线间线路入口处的管孔数量应满足建筑物之间、外部接入各类通信业务、多家电信业务经营者线缆接入的需求，并应留有不少于 4 孔的余量。

12) 设备间、电信间、进线间和工作区的配线设备、线缆、信息插座模块等设施的管理宜符合下列规定：

① 综合布线的每一电缆、光缆、配线设备、终接点、接地装置、敷设管线等组成部分均应给定唯一的标识符，并设置标签；标识符应采用统一数量的字母和数字等标明；

② 电缆和光缆的两端均应采用相同的标识符；

③ 设备间、电信间、进线间的配线设备宜采用统一的色标，区别各类业务与用途的配线区；

④ 所有标识符应保持清晰，并满足使用环境要求；

⑤ 综合布线系统的文档记录与保存宜采用计算机进行管理；工程简单且规模较小的综合布线系统可按图纸资料等纸质文档进行管理；

⑥ 为提高布线维护水平与保证网络安全，工程规模较大的综合布线系统宜采用智能配线系统对配线设备端口进行实时管理，以显示与记录配线设备的连接、使用及变更状况。

13) 建筑物内设置用户单元的通信设施工程应符合下列规定：

① 每一个光纤配线区所辖用户单元数量宜为 70~300 个，每一个用户单元区域内应设置 1 个用户信息配线箱，并应明装在建筑物柱子或承重墙上不易变更的部位；

② 用户接入点至用户单元信息配线箱的光缆光纤芯数应根据用户对通信业务的需求及配置等级确定，每个用户单元高配置时，应配置 2 根光缆，每根光缆 2 芯光纤；低配置时，应配置 1 根光缆，每根光缆 2 芯光纤；

③ 当单栋建筑物作为 1 个独立光纤配线区时，用户接入点应设于本建筑物综合布线系统设备间（BD）或信息机房内，但电信业务经营者应有独立的设备安装空间；

④ 当大型建筑物或超高层建筑物划分为多个光纤配线区时，用户接入点应按照用户单元的分布情况均匀地设置在建筑物不同区域的楼层设备间或电信间内；

⑤ 由多栋建筑物形成的建筑群组成 1 个光纤配线区时，用户接入点应设于建筑群物业管理机房、综合布线设备间或信息机房内，但电信业务经营者应有独立的安装空间。

14) 采用综合布线系统作为建筑智能化系统设备之间传输介质时，应满足下列应用条件：

① 综合布线系统的传输带宽与传输速率；

② 综合布线系统的应用传输距离；

③ 智能化系统设备的接口类型；

④ 智能化系统对屏蔽与非屏蔽电缆或光缆的选择要求；

⑤ 以太网供电（POE）的方式及供电线路对实际允许承载的电流与功耗。

### 15.8.3 系统配置

1) 综合布线系统等级与产品类别的选用应综合建筑物的功能、应用网络、业务的类型及发展、性能价格、现场安装条件等因素确定,并应符合表 15-29 和下列规定:

表 15-29 布线系统等级与类别的选用

| 业务种类 | | 配线子系统 | | 干线子系统 | | 建筑群子系统 | |
|---|---|---|---|---|---|---|---|
| | | 等级 | 类别 | 等级 | 类别 | 等级 | 类别 |
| 语音 | | D/E | 5/6 | C/D | 3/5（大对数） | C | 3（室外大对数） |
| 数据 | 电缆 | $D、E、E_A、F、F_A$ | $5、6、6_A、7、7_A$ | $E、E_A、F、F_A$ | $6、6_A、7、7_A$（4 对） | — | — |
| | 光纤 | OF-300 OF-500 OF-2000 | OM1、OM2、OM3、OM4 多模光缆;OS1、OS2 单模光缆及相应等级连接器件 | OF-300 OF-500 OF-2000 | OM1、OM2、OM3、OM4 多模光缆;OS1、OS2 单模光缆及相应等级连接器件 | OF-300 OF-500 OF-2000 | OS1/OS2 单模光缆及相应等级连接器件 |
| 其他应用 | | 建筑其他弱电子系统采用网络端口传送数字信息时,可采用 $5/6/6_A$ 类 4 对绞电缆和 OM1/OM2/OM3/OM4 多模、OS1/OS2 单模光缆及相应等级连接器件 | | | | | |

① 综合布线系统的光纤信道应采用标称波长为 850nm 和 1300nm 的多模光纤（OM1、OM2、OM3、OM4）；标称波长为 1310nm 和 1550nm（OS1），1310nm、1383nm 和 1550nm（OS2）的单模光纤。

② 单模和多模光缆的选用应符合网络的构成方式及光纤在网络中的传输距离。在楼内宜采用多模光缆,超过多模光纤支持的应用长度或需直接与电信业务经营者通信设施相连时应采用单模光缆。

③ 配线设备连接的跳线宜采用产业化制造的光、电各类跳线,跳线的类别应符合综合布线系统的等级要求。

④ 工作区信息点为电端口时应采用 8 位模块通用插座,光端口时应采用 SC 或 LC 光纤连接器件及适配器。

2) 每个工作区信息插座配置数量应根据用户的性质、网络构成和实际需求,确定冗余和发展裕量,办公区信息插座数量不明确时,配置宜符合表 15-30 的规定。

表 15-30 办公区信息插座数量配置

| 建筑物功能区 | 信息插座数量（每一工作区） | | | 备注 |
|---|---|---|---|---|
| | 语音 | 数据 | 光纤（双工端口） | |
| 办公区（基本配置） | 1个 | 1个 | — | — |
| 办公区（高配置） | 1个 | 2个 | 1个 | 对数据信息有较大的需求 |
| 出租或大客户区域 | 2个或2个以上 | 2个或2个以上 | 1个或1个以上 | 指整个区域的配置量 |
| 办公区（政务工程） | 2～5个 | 2～5个 | 1个或1个以上 | 涉及内、外网络时 |

注:1. 对出租的用户区域可设置光纤用户单元信息配线箱,大客户区域也可以为公共设施的场地,如商场、会议中心、会展中心等。
2. 办公区宜设置无线网络,工作区也可以设置无线 Wi-Fi 覆盖系统 AP 设施的信息插座。

3) 配线子系统工作区的信息插座应支持不同的终端设备接入,水平线缆配置应符合下列规定:

① 从电信间 FD 到工作区每一个 RJ45(8 位模块通用插座)应连接 1 根 4 对对绞电缆;

② 每一个双工或两个单工光纤连接器件及适配器应连接 1 根 2 芯光缆;

③ 光纤至工作区域满足用户群或大客户使用时,水平光缆光纤芯数至少应有 2 芯备份,应按 4 芯或 2 根 2 芯光缆配置。

4) 配线子系统中可以设置集合点(CP),同一个水平电缆路由中不允许超过一个集合点(CP),集合点配线设备与 FD 之间水平线缆的长度不应小于 15m。当设置集合点时,宜按能支持 12 个工作区所需的铜缆或光缆配置。

5) 电信间 FD 主干侧各类配线模块,应按电话、计算机网络的构成及主干电缆或光缆所需容量、模块类型和规格进行配置。主干线缆的配置应符合下列规定:

① 对于语音业务,大对数主干电缆的对数应按每一个语音信息插座(8 位模块)配置 1 对线,并在总需求线对的基础上至少预留 10% 的备用线对;

② 对于数据业务,应按每台以太网交换机(SW)设置一个主干端口和一个备份端口配置;当主干端口为电端口时,每个主干端口应按 1 根 4 对对绞电缆容量配置;当主干端口为光端口时,每个主干端口应按 1 芯或 2 芯光纤容量配置。

6) 干线子系统线缆的配置应与配线设备容量保持一致,并应符合下列规定:

① 干线子系统所需要的电缆总对数和光缆总芯数应满足工程的实际需求,并留有适当的备份容量;

② 当工作区至电信间的配线光缆延伸到建筑群设备间的配线设备(CD)或建筑物设备间的配线设备(BD)时,主干光缆光纤的容量应包括所延伸的配线光缆光纤的容量;

③ 设备间内安装的配线设备(BD)干线侧容量应与主干线缆的容量相一致,设备侧的容量应与设备端口容量相一致或与 BD 干线侧配线设备容量相同。

7) 电信业务经营者在进线间设置的入口配线设备,应与 BD 或 CD 之间敷设互通的电缆、光缆的类型与容量相一致。

8) 建筑群配线设备(CD)的内线侧容量应与 BD 连接的建筑群主干线缆容量一致。CD 的外线侧容量应与外部引入的主干线缆容量一致。

### 15.8.4 系统指标

1) 综合布线系统对绞电缆布线信道器件的标称阻抗,对 D 级、E 级、F 级为 100Ω,A 级、B 级、C 级可为 100Ω 或 120Ω。对绞电缆基本电气特性应符合下列规定:

① 插入损耗运用在阻抗失配与高频时体现其特性;

② 信道每个线对中的两个导体之间的直流(DC)环路电阻不平衡度对所有类别不应超过 3%;

③ 电缆在所有的温度下应用时,D 类、E 类、$E_A$ 类、F 类、$F_A$ 类信道每一导体最小载流量应为 0.175A(DC);

④ 布线系统在工作环境温度下,D 类、E 类、$E_A$ 类、F 类、$F_A$ 类信道应支持任意导体之间 72V(DC)的工作电压;

⑤ 布线系统在工作环境温度下,D 类、E 类、$E_A$ 类、F 类、$F_A$ 类信道每个线对应支持承载 10W 的功率;

⑥ 对绞电缆的性能指标参数应包括衰减、等电平远端串音衰减、等电平远端串音衰减

功率和、衰减远端串音比、衰减远端串音比功率和、耦合衰减、转移阻抗、不平衡衰减（近端）、近端串音功率和、外部串音（$E_A$、$F_A$）；

⑦ 2m、5m 对绞电缆跳线的指标参数值应包括回波损耗、近端串音。

2) 对绞电缆连接器件基本电气特性应符合下列规定：

① 配线设备模块工作环境的温度要求为 $-10\sim+60℃$；

② 应该具有唯一的标记或颜色；

③ 连接器件支持导体为 0.4~0.8mm 线径的连接；

④ 连接器件的插拔率大于或等于 500 次；

⑤ 配线子系统一般采用 RJ45 模块通用插座进行端接，$7/7_A$ 类布线系统采用非 RJ45 方式终接；

⑥ 连接器件的性能指标参数应符合国家现行产品标准的要求。

3) 对绞电缆布线系统永久链路、CP 链路及信道的性能指标参数应包括回波损耗、插入损耗、近端串音、近端串音功率和、衰减近端串音比、衰减近端串音比功率和、衰减远端串音比、衰减远端串音比功率和、直流环路电阻、时延、时延偏差、外部近端串音功率和、外部远端串音比功率和等，性能指标参数应符合规定值的要求。

4) 屏蔽布线系统电缆的对绞线对传输性能要求应符合上述第 3) 条规定，并应满足非平衡衰减、传输阻抗、耦合衰减及屏蔽衰减的要求。

5) 光纤布线系统各等级（OF-300、OF-500、OF-2000）的光纤信道衰减值，应符合传输性能指标的要求。

6) 综合布线系统的线缆结构、直径、材料、承受拉力、弯曲半径等产品技术指标应符合设计要求。

### 15.8.5 设备间及电信间

1) 设备间应根据主干线缆的传输距离、敷设路由和数量，设置在靠近用户密度中心和主干线缆竖井位置。

2) 设备间内应有足够的设备安装空间，且使用面积不应小于 $10m^2$，设备间的宽度不宜小于 2.5m。设备间使用面积的计算宜符合下列规定：

① 当系统信息插座大于 6000 个时，应根据工程的具体情况每增加 1000 个信息点，宜增加 $2m^2$；

② 设备间安装程控用户交换机、信息网络设备或光纤到用户单元通信设施机柜时相应增加面积；

③ 光纤到用户单元通信设施工程使用的设备间，当采用 800mm 宽机柜时，设备间面积不应小于 $15m^2$。

3) 电信间的使用面积不应小于 $5m^2$，电信间的数量应按所服务楼层范围及工作区面积来确定。当该层信息点数量不大于 400 个，最长水平电缆长度小于或等于 90m 时，宜设置 1 个电信间；最长水平线缆长度大于 90m 时，宜设 2 个或多个电信间；每层的信息点数量较少，最长水平线缆长度不大于 90m 的情况下，宜几个楼层合设一个电信间。

4) 设备安装宜符合下列规定：

① 综合布线系统宜采用标准 19in 机柜；

② 机柜单排安装时，前面净空不应小于 1.0m，后面及侧面净空不应小于 0.8m；多排安装时，列间距不应小于 1.2m；

③ 设备间和电信间内壁挂式配线设备底部离地面的高度不宜小于0.5m；

④ 公共场所安装配线箱时，暗装箱体底边距地不宜小于0.5m，明装式箱体底面距地不宜小于1.8m。

5) 设备间及电信间应采用外开丙级防火门，地面应高出本层地面0.1m及以上或设置防水门槛。

6) 设备间及电信间的设计除符合本节规定外，尚应符合智能化系统机房的有关规定。

### 15.8.6 工作区设备

1) 工作区信息插座的安装宜符合下列规定：

① 暗装在地面上的信息插座，应满足防水和抗压要求；

② 墙面或柱子上的信息插座底边距地面的高度宜为0.3m；

③ 设置工作台的场所，信息插座宜安装在工作台面以上。

2) 信息插座模块宜采用标准86系列面板，光纤模块安装底盒深度不应小于60mm。

3) 集合点（CP）箱、多用户信息插座箱、用户单元信息配线箱应设置在建筑物的固定位置，安装在墙面或柱上时底边距地面的高度不宜小于0.5m。

4) 每一个工作区至少应配置2个220V/10A带保护接地的单相交流电源插座。

### 15.8.7 线缆选择和敷设

1) 综合布线系统应根据环境条件、用户对电磁兼容性要求、带宽要求采用相应的线缆和配线设备，并应符合下列规定：

① 综合布线区域内存在的电磁干扰场强高于3V/m时，应采用屏蔽布线系统或光缆布线系统；

② 用户对防电磁干扰和防信息泄露有较高要求或对网络有安全保密的需要时，应采用屏蔽布线系统或光缆布线系统；

③ 采用非屏蔽布线无法满足安装现场条件对线缆的间距要求时，应采用金属导管，金属槽盒敷设，或采用屏蔽布线系统及光缆布线系统。

2) 当综合布线采用屏蔽布线系统时，采用的电缆、连接器件、跳线等都应屏蔽，并应符合下列规定：

① 采用屏蔽布线系统时，各个布线链路的屏蔽层应保持连续性；

② 屏蔽布线系统中所选用的信息插座、对绞电缆、连接器件、跳线等所组成的布线链路应具有良好的屏蔽及导通特性；

③ 采用屏蔽布线系统时，屏蔽配线设备（FD或BD、CD）端必须良好接地。

3) 综合布线系统选用的电缆、光缆应根据建筑物的使用性质、火灾危险程度、系统设备的重要性和线缆的敷设方式，选用相应阻燃等级的线缆，并应符合建筑电气防火的规定。

4) 从电信间引出的水平线缆，成束敷设时，宜采用槽盒的敷设方式。从槽盒引出至信息插座，可采用金属导管或可弯曲金属导管敷设。

5) 干线子系统垂直通道宜采用电缆竖井方式。电缆竖井的位置上下宜对齐。

6) 建筑群之间的线缆宜采用地下管道或电缆沟敷设方式，并应预留备用管道。

7) 综合布线系统线缆的弯曲半径应符合表15-31的规定。

表 15-31 线缆敷设弯曲半径

| 线缆类型 | 弯曲半径 |
|---|---|
| 2 芯或 4 芯水平光缆 | >25mm |
| 其他芯数和主干光缆 | 不小于光缆外径的 10 倍 |
| 4 对屏蔽、非屏蔽电缆 | 不小于电缆外径的 4 倍 |
| 大对数主干电缆 | 不小于电缆外径的 10 倍 |
| 室外光缆、电缆 | 不小于线缆外径的 10 倍 |

注：当线缆采用电缆桥架布放时，桥架内侧的弯曲半径不应小于 300mm。

8) 光纤到用户单元的用户光缆敷设与接续应符合下列规定：
① 用户光缆光纤接续宜采用熔接方式。
② 在用户接入点配线设备及信息配线箱内宜采用熔接尾纤方式终接，不具备熔接条件时可采用现场组装光纤连接器件终接。
③ 每一光纤链路中宜采用相同类型的光纤连接器件。
④ 采用金属加强芯的光缆，金属构件应接地。
⑤ 室内光缆预留长度应符合下列规定：
a. 光缆在配线柜（架）处预留长度应为 3～5m；
b. 光缆在楼层配线箱处预留长度应为 1～1.5m；
c. 光缆在信息配线箱终接时预留长度不应小于 0.5m；
d. 光缆纤芯不做终接时，应保留光缆施工预留长度。
⑥ 光缆敷设安装的最小静态弯曲半径应符合表 15-32 的规定。

9) 当线缆需要在导管与槽盒内敷设时，管径与槽盒截面积利用率应符合弱电线路布线系统的有关规定。

表 15-32 光缆敷设安装的最小静态弯曲半径

| 光缆类型 | | 静态弯曲半径 |
|---|---|---|
| 室内外光缆 | | $15D/15H$ |
| 微型自承式通信用室外光缆 | | $10D/10H$ 且不小于 30mm |
| 管道入户光缆 | G.652D 光纤 | $10D/10H$ 且不小于 30mm |
| 蝶形引入光缆 | G.657A 光纤 | $5D/5H$ 且不小于 15mm |
| 室内布线光缆 | G.657B 光纤 | $5D/5H$ 且不小于 10mm |

注：$D$ 为缆芯处圆形护套外径，$H$ 为缆芯处扁形护套短轴的高度。

### 15.8.8 接地

1) 当线缆从建筑物外部进入建筑物时，电缆、光缆的金属护套、金属构件及金属保护导管应接地。

2) 进线间、设备间、电信间应设置等电位接地端子箱（板）。每个配线柜（架）应采用两根不等长、其截面积不小于 $6mm^2$ 的绝缘铜导线敷设至等电位接地端子箱（板）。

3) 综合布线系统应采用共用接地装置，当单独设置接地体时，接地电阻不应大于 $4\Omega$。当接地系统中存在两个不同的接地网时，其接地电位差有效值不应大于 1V。

## 参 考 文 献

[1] 《绝缘配合 第1部分：定义、原则和规则》GB 311.1—2012.
[2] 《电磁环境控制限值》GB 8702—2014.
[3] 《电气简图用图形符号 第7部分：开关、控制和保护器件》GB/T 4728.7—2008.
[4] 《户外严酷条件下的电气设施 第1部分：范围和定义》GB 9089.1—2008.
[5] 《户外严酷条件下的电气设施 第2部分：一般防护要求》GB 9089.2—2008.
[6] 《防止静电事故通用导则》GB 12158—2006.
[7] 《电能质量 供电电压允许偏差》GB 12325—2008.
[8] 《电能质量 电压波动和闪变》GB 12326—2008.
[9] 《用电安全导则》GB/T 13869—2017.
[10] 《电流对人和家畜的效应》（第1部分：通用部分）GB/T 13870.1—2008.
[11] 《电流对人和家畜的效应》（第2部分：特殊情况）GB/T 13870.2—2016.
[12] 《系统接地的型式及安全技术要求》GB 14050—2008.
[13] 《电能质量 公用电网谐波》GB/T 14549—1993.
[14] 《电能质量 三相电压不平衡》GB/T 15543—2008.
[15] 《可编程序控制器 第3部分：编程语言》GB/T 15969.3—2017.
[16] 《低压电气装置 第4-42部分：安全防护 热效应保护》GB/T 16895.2—2017.
[17] 《低压电气装置 第5-54部分：电气设备的选择和安装 接地配置和保护导体》GB/T 16895.3—2017.
[18] 《建筑物电气装置》（第5部分：电气设备的选择和安装 第53章：开关设备和控制设备）GB 16895.4—1997.
[19] 《低压电气装置 第4-43部分：安全防护 过电流保护》GB 16895.5—2012.
[20] 《低压电气装置第5-52部分：电气设备的选择和安装 布线系统》GB/T 16895.6—2014.
[21] 《低压电气装置》（第7-706部分：特殊装置或场所的要求 活动受限制的可导电场所）GB 16895.8—2010.
[22] 《建筑物电气装置》（第7部分：特殊装置或场所的要求 第707节：数据处理设备用电气装置的接地要求）GB/T 16895.9—2000.
[23] 《低压电气装置 第4-44部分：安全防护 电压骚扰和电磁骚扰防护》GB/T 16895.10—2010.
[24] 《低压电气装置 第4-41部分：安全防护 电击防护》GB 16895.21—2020.
[25] 《电击防护 装置和设备的通用部分》GB/T 17045—2020.
[26] 《用能单位能源计量器具配备和管理通则》GB 17167—2006.
[27] 《电力变压器能效限定值及能效等级》GB 20052—2020.
[28] 《建筑设计防火规范》GB 50016—2014(2020修订版).
[29] 《建筑照明设计标准》GB 50034—2013.
[30] 《人民防空地下室设计规范》GB 50038—2005.
[31] 《供配电系统设计规范》GB 50052—2009.
[32] 《20kV及以下变电所设计规范》GB 50053—2013.
[33] 《低压配电设计规范》GB 50054—2011.
[34] 《通用用电设备配电设计规范》GB 50055—2011.
[35] 《建筑物防雷设计规范》GB 50057—2010.
[36] 《爆炸危险环境电力装置设计规范》GB 50058—2014.
[37] 《35～110kV变电站设计规范》GB 50059—2011.
[38] 《3～110kV高压配电装置设计规范》GB 50060—2008.
[39] 《66kV及以下架空电力线路设计规范》GB 50061—2010.
[40] 《电力装置的继电保护和自动装置设计规范》GB 50062—2008.
[41] 《电力装置电测量仪表装置设计规范》GB 50063—2017.
[42] 《交流电气装置的过电压保护和绝缘配合设计规范》GB/T 50064—2014.
[43] 《交流电气装置的接地设计规范》GB/T 50065—2011.

[44]《汽车库、修车库、停车场设计防火规范》GB 50067—2014.
[45]《人民防空工程设计防火规范》GB 50098—2009.
[46]《工业电视系统工程设计标准》GB/T 50115—2019.
[47]《火灾自动报警系统设计规范》GB 50116—2013.
[48]《石油化工企业设计防火规范》GB 50160—2008.
[49]《数据中心设计规范》GB 50174—2017.
[50]《民用闭路监视电视系统工程技术规范》GB 50198—2011.
[51]《有线电视系统工程技术标准》GB 50200—2018.
[52]《电力工程电缆设计标准》GB 50217—2018.
[53]《并联电容器装置设计规范》GB 50227—2017.
[54]《火力发电厂与变电站设计防火标准》GB 50229—2019.
[55]《电力设施抗震设计规范》GB 50260—2013.
[56]《城市电力规划规范》GB 50293—2014.
[57]《综合布线系统工程设计规范》GB/T 50311—2016.
[58]《智能建筑设计标准》GB/T 50314—2015.
[59]《建筑物电子信息系统防雷技术规范》GB 50343—2012.
[60]《安全防范工程技术标准》GB 50348—2018.
[61]《厅堂扩声系统设计规范》GB 50371—2006.
[62]《绿色建筑评价标准》GB/T 50378—2019.
[63]《入侵报警系统工程设计规范》GB 50394—2007.
[64]《视频安防监控系统工程设计规范》GB 50395—2007.
[65]《出入口控制系统工程设计规范》GB 50396—2007.
[66]《钢铁冶金企业设计防火标准》GB 50414—2018.
[67]《视频显示系统工程技术规范》GB 50464—2008.
[68]《红外线同声传译系统工程技术规范》GB 50524—2010.
[69]《公共广播系统工程技术规范》GB 50526—2010.
[70]《110~750kV架空输电线路设计规范》GB 50545—2010.
[71]《会议电视会场系统工程设计规范》GB 50635—2010.
[72]《电子会议系统工程设计规范》GB 50799—2012.
[73]《消防应急照明和疏散指示系统技术标准》GB 51309—2018.
[74]《民用建筑电气设计标准》GB 51348—2019.
[75]《住宅建筑电气设计规范》JGJ 242—2011.
[76]《配电变压器能效技术经济评价导则》DL/T 985—2012.
[77]《电力工程直流电源系统设计技术规程》DL/T 5044—2014.
[78]《导体和电器选择设计技术规定》DL 5222—2005.
[79] 中国电力企业联合会. 《工程建设标准强制性条文》（电力工程部分）2016年版. 北京：中国电力出版社，2018.
[80] 能源部西北电力设计院. 电力工程电气设计手册（电气一次部分）. 北京：中国电力出版社，1989.
[81] 能源部西北电力设计院. 电力工程电气设计手册（电气二次部分）. 北京：中国电力出版社，1991.
[82]《钢铁企业电力设计手册》编委会. 钢铁企业电力设计手册（上、下册）. 北京：冶金工业出版社，1996.
[83] 天津电气传动设计研究所. 电气传动自动化技术手册. 3版. 北京：机械工业出版社，2011.
[84] 中国航空工业规划设计研究院. 工业与民用供配电设计手册. 4版. 上、下册. 北京：中国电力出版社，2016.
[85] 北京照明学会照明设计专业委员会. 照明设计手册. 3版. 北京：中国电力出版社，2017.
[86] 中国电力工程顾问集团有限公司，中国能源建设集团规划设计有限公司. 电力工程设计手册20：架空输电线路设计. 北京：中国电力出版社，2019.
[87] 薛竟翔，郭彦申，杨贵恒. UPS电源技术及应用. 北京：化学工业出版社，2021.
[88] 杨贵恒. 通信电源系统考试通关宝典. 北京：化学工业出版社，2021.

[89] 杨贵恒.电子工程师手册（基础卷）.北京：化学工业出版社，2020.
[90] 杨贵恒.电子工程师手册（提高卷）.北京：化学工业出版社，2020.
[91] 杨贵恒，甘剑锋，文武松.电子工程师手册（设计卷）.北京：化学工业出版社，2020.
[92] 张颖超，杨贵恒，李龙.高频开关电源技术及应用.北京：化学工业出版社，2020.
[93] 杨贵恒.电气工程师手册（专业基础篇）.北京：化学工业出版社，2019.
[94] 强生泽，阮喻，杨贵恒.电工技术基础与技能.北京：化学工业出版社，2019.
[95] 严健，杨贵恒，邓志明.内燃机构造与维修.北京：化学工业出版社，2019.
[96] 杨贵恒.发电机组维修技术.2版.北京：化学工业出版社，2018.
[97] 杨贵恒.噪声与振动控制技术及其应用.北京：化学工业出版社，2018.
[98] 强生泽，杨贵恒，常思浩.通信电源系统与勤务.北京：中国电力出版社，2018.
[99] 杨贵恒，张颖超，曹均灿.电力电子电源技术及应用.北京：机械工业出版社，2017.
[100] 杨贵恒，杨玉祥，王秋虹.化学电源技术及其应用.北京：化学工业出版社，2017.
[101] 聂金铜，杨贵恒，叶奇睿.开关电源设计入门与实例剖析.北京：化学工业出版社，2016.
[102] 杨贵恒.通信电源设备使用与维护.北京：中国电力出版社，2016.
[103] 杨贵恒.内燃发电机组技术手册.北京：化学工业出版社，2015.
[104] 杨贵恒，张海呈，张颖超.太阳能光伏发电系统及其应用.2版.北京：化学工业出版社，2015.
[105] 文武松，王璐，杨贵恒.单片机原理及应用.北京：机械工业出版社，2015.
[106] 杨贵恒，常思浩，贺明智.电气工程师手册（供配电）.北京：化学工业出版社，2014.
[107] 文武松，杨贵恒，王璐.单片机实战宝典.北京：机械工业出版社，2014.
[108] 杨贵恒.柴油发电机组实用技术技能.北京：化学工业出版社，2013.
[109] 《地震震级的规定》GB 17740—2017.
[110] 《中国地震烈度表》GB/T 17742—2020.
[111] 《高压交流开关设备和控制设备标准的共用技术要求》GB/T 11022—2020.
[112] 《机械产品环境条件 湿热》GB/T 14092.1—2009.
[113] 《化工企业腐蚀环境电力设计规程》HG/T 20666—1999.
[114] 《特殊环境条件高原用低压电器技术条件》GB/T 20645—2006.
[115] 《低压熔断器 第1部分：基本要求》GB 13539.1—2015.
[116] 《低压熔断器 第2部分：专职人员使用的熔断器的补充要求（主要用于工业的熔断器）标准化熔断器系统示例 A 至 K》GB/T 13539.2—2015.
[117] 《低压熔断器 第3部分：非熟练人员使用的熔断器的补充要求（主要用于家用和类似用途的熔断器）标准化熔断器系统示例 A 至 F》GB/T 13539.3—2017.
[118] 《低压熔断器 第4部分：半导体设备保护用熔断体的补充要求》GB/T 13539.4—2016.
[119] 《低压熔断器 第5部分：低压熔断器应用指南》GB/T 13539.5—2020.
[120] 《低压熔断器 第6部分：太阳能光伏系统保护用熔断体的补充要求》GB/T 13539.6—2013.
[121] 《低压开关设备和控制设备 第1部分：总则》GB/T 14048.1—2012.
[122] 《低压开关设备和控制设备 第2部分：断路器》GB/T 14048.2—2020.
[123] 《低压开关设备和控制设备 第3部分：开关、隔离器、隔离开关及熔断器组合电器》GB 14048.3—2017.
[124] 《低压开关设备和控制设备 第4-1部分：接触器和电动机启动器 机电式接触器和电动机启动器（含电动机保护器）》GB 14048.4—2020.
[125] 《阻燃和耐火电线电缆或光缆通则》GB/T 12666—2019.
[126] 上海市电气工程设计研究会.实用电气工程设计手册.上海：上海科学技术文献出版社，2011.
[127] 《电能计量装置技术管理规程》DL/T 448—2016.
[128] 张鹤鸣，刘耀元.可编程控制器原理及应用教程.北京：北京大学出版社，2007.
[129] 罗光伟.可编程控制器教程.合肥：电子科技大学出版社，2007.
[130] 王永华.现代电气控制及PLC应用技术.2版.北京：北京航空航天大学出版社，2008.
[131] 程浩忠，艾芊，张志刚，等.电能质量.清华大学出版社，2006.

[132] 戴瑜兴，黄铁兵，梁志超.民用建筑电气设计手册.2版.北京：中国建筑工业出版社，2007.
[133] 白忠敏，刘百震，於崇干.电力工程直流系统设计手册.2版.北京：中国电力出版社，2009.
[134] 黎连业，黎恒浩，王华.建筑弱电工程设计施工手册.北京：中国电力出版社，2010.
[135] 梁华，梁晨.智能建筑弱电工程设计与安装.北京：中国建筑工业出版社，2011.
[136] 注册电气工程师职业资格考试复习指导教材委员会.注册电气工程师职业资格考试专业考试复习指导书（供配电专业）.北京：中国电力出版社，2016.